MÉTALLURGIE DU FER

I

PARIS

BAUDRY ET Cie, ÉDITEURS

MANUEL

DE LA

MÉTALLURGIE DU FER

MANUEL

THÉORIQUE ET PRATIQUE

DE LA

MÉTALLURGIE DU FER

PAR

A. LEDEBUR

PROFESSEUR DE MÉTALLURGIE A L'ÉCOLE DES MINES DE FREIBERG (SAXE)

TRADUIT DE L'ALLEMAND

PAR

BARBARY DE LANGLADE

ANCIEN ÉLÈVE DE L'ÉCOLE POLYTECHNIQUE, INGÉNIEUR CIVIL DES MINES
MAITRE DE FORGES

REVU ET ANNOTÉ

PAR

F. VALTON

INGÉNIEUR CIVIL DES MINES
ANCIEN CHEF DE SERVICE DES HAUTS-FOURNEAUX ET ACIÉRIES DE TERRE-NOIRE
CHEVALIER DE LA LÉGION D'HONNEUR

TOME SECOND

PARIS

LIBRAIRIE POLYTECHNIQUE BAUDRY ET Cⁱᵉ, ÉDITEURS

15, RUE DES SAINTS-PERES, 15

MAISON A LIÈGE, 21, RUE DE LA RÉGENCE

1895

CHAPITRE VI

PRODUITS ACCESSOIRES DES HAUTS-FOURNEAUX ET LEURS EMPLOIS

CHAPITRE VII

LA DEUXIÈME FUSION ET L'ÉPURATION DE LA FONTE

TROISIÈME PARTIE

LE FER MALLÉABLE ET SA FABRICATION

CHAPITRE Ier

CLASSIFICATION DES FERS ET DES ACIERS ; LEURS PROPRIÉTÉS ; ESSAIS AUXQUELS ON LES SOUMET

CHAPITRE II

APPAREILS MÉCANIQUES DESTINÉS A AMÉLIORER LE FER ET L'ACIER ET A LEUR DONNER UNE FORME DÉTERMINÉE

CHAPITRE III

FABRICATION DU FER PAR SOUDAGE

CHAPITRE IV

FABRICATION DU FER ET DE L'ACIER PAR FUSION

CHAPITRE V

AFFINAGE PAR CÉMENTATION OXYDANTE, FONTE MALLÉABLE

CHAPITRE VI

ACIER DE CÉMENTATION

CHAPITRE VII

ÉLABORATION COMPLÉMENTAIRE DU FER ET DE L'ACIER

TABLE DES MATIÈRES

DU

DEUXIÈME VOLUME

DEUXIÈME PARTIE

LA FONTE ET SA FABRICATION
(Suite)

CHAPITRE V
LA FUSION AU HAUT-FOURNEAU

CHAPITRE V

LA FUSION AU HAUT-FOURNEAU

1. — Opérations préparatoires.

(a) *Séchage, chauffage, mise en feu.* — Les matériaux employés à la construction des hauts-fourneaux renferment une certaine quantité d'humidité qui, transformée brusquement en vapeur par un chauffage précipité, pourrait désagréger les mortiers et produire des fissures dans les pierres et les briques. Il est donc indispensable de sécher avec précaution les maçonneries et de les chauffer peu à peu avant de procéder à la mise en feu ; ces ménagements sont encore plus nécessaires pour les fourneaux établis en pisé.

Pour sécher un haut-fourneau et en commencer le chauffage on installe, en avant du creuset, une grille que l'on alimente avec un combustible, et on dirige les produits de la combustion vers l'ouvrage et la cuve qui font office de cheminée ; cette grille de 0mq,50 à 1mq est simplement supportée par des briques ; on la surmonte d'une chambre de combustion qui débouche dans le haut-fourneau ; si celui-ci est à poitrine ouverte, la dame et la tympe ne devant être mises en place qu'ultérieurement, la communication s'établit très facilement ; dans les fourneaux à poitrine fermée on ménage à cet effet une ouverture que l'on bouche ensuite soit avec des pierres, soit avec des briques.

Dans certains cas, qui réclament des précautions particulières, comme les revêtements en pisé, par exemple, on établit la grille à une petite distance en avant du creuset et on laisse les produits de la combustion s'y diriger spontanément, sans les guider par un carneau ; ils se mélangent alors, avant d'entrer dans l'ouvrage par tirage naturel, à une certaine quantité d'air et ne viennent en contact avec les matériaux qu'à une température réduite ; de temps en temps on rapproche la grille à mesure que le séchage s'avance : il faut, en toutes circonstances, chauffer très peu au début, et augmenter graduellement la chaleur en ayant soin de la maintenir sans interruption afin d'éviter tout refroidissement.

On alimente cette grille soit avec des combustibles crus, soit avec du coke ; ce dernier contenant moins d'eau est d'un meilleur usage.

Lorsque le fourneau doit marcher à gueulard ouvert, on couvre partiellement celui-ci avec des plaques de fonte ou des tôles supportées par des traverses en fer, pour diminuer le tirage et obliger les gaz à séjourner plus longtemps en contact avec les parois du fourneau ; on évite en même temps par là que la neige ou la pluie ne tombent dans l'intérieur. S'il existe un appareil de fermeture, quelquefois on ne le met en place qu'au moment de la mise en feu ; ailleurs on l'installe avant le séchage ou au début de cette opération et on laisse échapper les gaz par le tuyau qui surmonte la prise de gaz.

Le séchage et le chauffage préalable sont prolongés plus ou moins longtemps suivant la nature et l'état des matériaux ; on doit aussi tenir compte parfois des nécessités·commerciales, mais, lorsqu'on n'est pas tenu de se hâter, il vaut mieux, pour la conservation des constructions, maintenir quelques jours de plus ce chauffage qui ne consomme que très peu de combustible ; pour les maçonneries en pierres réfractaires ou en briques, le minimum est de dix jours, et il est plus prudent de consacrer deux semaines à ces opérations préliminaires ; lorsqu'on a affaire à un pisé, il faut y employer quatre et mieux six semaines. Dans tous les cas, il faut que la chaleur soit sensible sur les parois extérieures des étalages et de l'ouvrage.

Généralement on ne met les tuyères en place que lorsque le chauffage est terminé, jusque-là les embrasures qui doivent les recevoir sont bouchées au moyen de briques.

Lorsque le haut-fourneau a été suffisamment séché et chauffé, on enlève la grille, on nettoie le creuset et on se met en mesure de pouvoir donner le vent.

Autrefois la mise en feu d'un haut-fourneau était une opération extrêmement longue et compliquée ; on commençait par fermer l'ouverture du creuset et de l'ouvrage avec des briques, celles des tuyères avec de l'argile, de manière à ne laisser entrer que très peu d'air. Cela fait, on jetait au fond du creuset des charbons allumés et par dessus une couche de charbon ou de coke, et, pour ne pas étouffer le feu, on attendait qu'il eût atteint le dessus de cette couche avant d'ajouter de nouveau combustible. On réglait le tirage en ouvrant ou en fermant les ouvertures ménagées à cet effet dans l'ouvrage. Souvent, par excès de précaution, on cherchait à retarder la combustion par tous les moyens possibles, et on continuait ainsi à remplir le fourneau de combustible jusqu'au gueulard, ou presque jusqu'au gueulard.

Lorsqu'on avait affaire à de petits hauts-fourneaux au bois, il fallait plusieurs jours pour les remplir de cette façon. Pour les grands fourneaux au coke on y eût mis des semaines. Pendant ce temps les cendres s'accumulaient dans le creuset et l'auraient bouché si on ne les avait enlevées. On pratiquait ce nettoyage au moyen d'une opération qui caractérise ce mode de mise en feu, on *faisait des grilles*.

À cet effet, on enlevait les pierres ou les briques qui fermaient le creuset ; si la poitrine était ouverte, la dame n'était pas en place et l'ouverture au dessus de la tympe était fermée par un mur en briques ; on plaçait donc en travers devant cette ouverture une forte barre de fer dont les deux extrémités étaient solidement appuyées sur des briques ou de toute autre façon, et dont le niveau supérieur était un peu plus bas que le haut de l'ouverture du creuset ; ensuite on faisait pénétrer dans l'ouvrage jusqu'à toucher la paroi opposée (rustine) de longues barres de fer, maintenues horizontalement, qui s'appuyaient sur la traverse et passaient sous la partie supérieure de l'ouverture. On espaçait ces barres de manière à former une véritable grille qui laissait tamiser les cendres et les menus charbons et retenait les gros fragments de combustible. Ces barres étaient chargées à l'extérieur du fourneau d'une manière quelconque pour qu'elles fussent assurées dans leur position horizontale, et, avec de longs râbles, on attirait tout ce qui se trouvait en dessous. La chaleur qui se dégageait de cette masse de charbons enflammés rendait le travail très pénible ; il fallait cependant le recommencer au moins toutes les 12 heures et, pour un grand fourneau, on ne faisait pas moins de 50 ou 60 grilles.

Lorsque le haut-fourneau était ainsi rempli de combustible, on commençait à faire des charges avec un peu de minerai. Les maîtres fondeurs les plus prudents laissaient la combustion se poursuivre par tirage naturel jusqu'à ce qu'il se produisît un peu de scories ; la plupart du temps, cependant, on débouchait les tuyères dès qu'on avait fait quelques charges de minerai et on donnait le vent avec une faible pression ; on continuait d'ailleurs à faire des grilles jusqu'à ce que le laitier fondu commençât à paraître aux tuyères ; dès qu'on l'apercevait, on mettait en place la dame, on fermait la poitrine si elle devait l'être ; on augmentait peu à peu la proportion de minerai dans la charge, et au bout d'un temps variant de 4 à 8 semaines depuis le moment où on avait commencé à charger du combustible le fourneau arrivait à la marche normale.

Pour la mise en feu des hauts-fourneaux au charbon de bois, on suit encore quelquefois cette méthode qui a l'avantage d'offrir une très grande sécurité ; il faut reconnaître d'ailleurs que lorsque le volume du fourneau est petit, la consommation de combustible et le temps perdu n'ont qu'une faible importance.

Il ne saurait en être de même avec les hauts-fourneaux de plus en plus grands que l'on construit depuis un certain nombre d'années ; le procédé d'allumage que nous venons de décrire entraînerait à une dépense exorbitante et prendrait un temps considérable. C'est en Angleterre qu'on a commencé à réduire le temps employé à la mise en feu. Au début on remplissait le creuset de bois sur lequel on versait du coke jusqu'à moitié de la hauteur de l'appareil, puis on faisait des charges régulières avec de petites quantités de minerai, on allumait le bois, on achevait de remplir la cuve avec de faibles charges et enfin on donnait le vent [1]. Lurmann, à Georgs-Marienhutte, a fait un pas de plus en supprimant les grilles qui, tout en étant très pénibles pour le personnel, entraînaient une perte de temps considérable.

Lorsque le combustible employé pour la mise en feu est du coke, on doit l'additionner d'une quantité de castine suffisante pour produire un laitier fusible qui s'écoule facilement hors du creuset.

Aujourd'hui on ne remplit le fourneau de coke que jusqu'au quart ou au tiers de sa hauteur en y ajoutant 1,5 de castine pour 1 de cendre dans le coke. On fait ensuite quelques charges de coke et castine avec un peu de laitier ; la somme du poids de la castine et de laitier peut égaler le poids du coke. Si le laitier dont on dispose est très calcaire, on peut même supprimer la castine ; comme il a une chaleur spécifique élevée, ce laitier absorbe une quantité de chaleur relativement grande qu'il entraîne avec lui et communique aux parois du creuset où il s'accumule, le bas du fourneau se trouve ainsi préparé dans les meilleures conditions à recevoir la fonte qui n'est pas exposée à s'y figer [2].

A la suite de ces charges contenant du laitier, on en fait 5 ou 6 avec une proportion du lit de fusion égale au tiers de ce qu'elle est en marche normale, à laquelle on ajoute encore du laitier ; les 5 ou 6 charges suivantes contiennent moitié de la charge normale ; on continue ainsi en augmentant graduellement jusqu'à ce que le fourneau soit à peu près complètement rempli.

Pour éviter que les charges en tombant du gueulard dans les parties inférieures du fourneau ne se tassent de façon à gêner le passage des gaz, on les fait quelquefois descendre dans des caisses ou des paniers au moyen d'un treuil installé sur la plate-forme et on les étale alors avec soin sur toute la surface. Dans ce cas on ne met en place les appareils de fermeture que quand le remplissage est terminé.

---

[1] D'après Percy (traduction française de Petitgand et Ronna, T. III, p. 266) le premier fourneau mis en feu de cette façon fut celui d'Ebbwale sous la direction de l'ingénieur Parry en 1863.

[2] Schinz a trouvé que vers 1250°, la chaleur spécifique du laitier atteint 0,29 et celle de a fonte tout au plus la moitié. (*Documente, etc.*, p. 33 et 34.)

Ceci achevé, on bouche les ouvertures qui avaient été ménagées dans l'ouvrage et, lorsqu'on s'est assuré que tout est en état, on établit la communication entre le réservoir d'eau et tous les appareils de refroidissement, tuyères, tympes, etc. ; enfin on introduit le feu par le trou de coulée ; ou bien, s'il existe d'autres hauts-fourneaux en feu permettant d'allumer les appareils à air chaud immédiatement, on souffle avec du vent fortement chauffé qui enflamme le coke.

Lorsqu'on allume du bois entassé sous le coke, on attend pour donner le vent, que le laitier fondu se présente aux tuyères.

L'ouverture ménagée pour la sortie de la fonte a été bouchée avec de la terre fortement tassée, dans laquelle on conserve seulement un trou suffisant pour la coulée, en damant cette terre autour d'un morceau de bois [1].

A la mise en feu on ne donne le vent qu'à une faible pression ; ordinairement, pour chauffer autant que possible le creuset des fourneaux à poitrine fermée, on laisse les gaz sortir en partie par le trou de coulée et on ne bouche complètement celui-ci que lorsque le laitier commence à s'y montrer bien liquide. Dès que le gaz sortant du gueulard paraît combustible, on l'utilise pour le chauffage des chaudières et des appareils à air chaud.

C'est d'après la nature de la fonte et des laitiers qu'on décide si la pression du vent doit être augmentée et s'il convient de modifier la charge, mais au bout de trois ou quatre jours on doit arriver à la marche normale.

Le lecteur trouvera dans les ouvrages à consulter la description de la mise en feu de plusieurs hauts-fourneaux.

(b) *Service d'un haut-fourneau en marche.* — Pour desservir un haut-fourneau en marche normale, il faut : transporter les matières premières, combustibles et lit de fusion, les mesurer ou les peser, opérer les mélanges dans les proportions voulues, faire monter les charges sur la plate-forme du gueulard, et les introduire dans le haut-fourneau quand le niveau des charges précédentes s'est suffisamment abaissé. On doit, en outre, surveiller les tuyères, les débarrasser au besoin des matières qui peuvent les obstruer, veiller à l'écoulement des laitiers, enlever celui qui est déjà écoulé, préparer les moules qui recevront la fonte, et faire les coulées à des intervalles déterminés.

Le mélange de minerais qu'on charge dans le haut-fourneau pour produire telle ou telle espèce de fonte se nomme le *lit de fusion*. Pour simplifier le mouvement et ne pas aller chercher à chaque charge, les minerais à leurs

---

[1] L'ouverture ménagée, dans la dame pour les hauts-fourneaux à poitrine ouverte, et dans la paroi pour les autres, doit être beaucoup plus grande qu'il n'est nécessaire pour la sortie de la fonte, afin que, s'il est nécessaire, on puisse travailler par là dans le fourneau sans endommager la maçonnerie. C'est pourquoi le bouchage en terre est indispensable : quand le trou réservé pour la coulée s'agrandit, on renouvelle ce garnissage.

dépôts souvent très éloignés, on a généralement, à proximité du haut-fourneau, une halle de mélanges où se prépare le lit de fusion, et pendant le jour on y réunit la quantité nécessaire au roulement de vingt-quatre heures ; de cette halle, on transporte alors au fourneau chaque charge séparément.

Le service de la halle des mélanges varie avec la dimension des hauts-fourneaux et le nombre des minerais différents qui entrent dans le lit de fusion.

Un haut-fourneau est d'autant plus sensible aux irrégularités qui peuvent se produire dans les mélanges que ses dimensions sont plus petites et qu'il entre plus d'éléments différents dans les charges.

Aussi, pour les fourneaux au bois produisant de la fonte grise, doit-on apporter les plus grands soins à la préparation des lits de fusion.

Le sol de la halle est recouvert de plaques de fonte sur lesquelles on étend, en couches superposées bien régulières, les diverses variétés de minerais. On obtient ainsi des tas ayant la forme de troncs de pyramides à base rectangulaire de 0,75 à 1^m de hauteur. Chaque couche est formée d'une seule espèce de minerais, et avant de la recouvrir par une autre, on a le soin de régulariser la surface au moyen de râbles en bois.

S'il doit entrer des fondants dans le lit de fusion, on les introduit entre les couches de minerais qui constituent le tas. C'est là qu'on vient prendre la quantité de matières nécessaire pour une charge ; on attaque le tas à la pioche par tranches verticales, on mélange à la pelle et on obtient ainsi une homogénéité aussi complète que possible. Avant qu'un tas soit épuisé, il doit y en avoir un autre préparé dans une autre partie de la halle pour qu'il n'y ait pas d'interruption ; c'est ainsi que se préparent les charges encore aujourd'hui pour l'alimentation des fourneaux au charbon de bois.

Pour les grands hauts-fourneaux au coke, la préparation du lit de fusion est beaucoup plus simple ; on se borne à faire dans la halle des mélanges, des tas des divers minerais bien séparés par des planches ou autrement ; pour composer la charge, on va prendre dans chacun de ces tas les quantités voulues et on charge sans faire le mélange, celui-ci s'opère dans le fourneau ; lorsque les dépôts de minerais ne sont pas très éloignés des fourneaux, on se passe même de halle de mélanges et on transporte directement les matières aux monte-charges.

Pour les transports de matières on se sert de wagonnets à deux ou quatre roues roulant sur des rails ; s'ils doivent être déchargés au gueulard, on les construit en tôle et on les dispose de telle sorte que la caisse bascule autour d'un axe horizontal et se vide ainsi complètement. Les fig. 161 et 162 représentent deux types très employés ; *a* est l'axe autour duquel la caisse bascule ; le premier se vide complètement de lui-même quand le mouvement de bascule est accompli ; dans le second, l'avant est fermé par une porte mobile autour d'un axe supérieur et retenue par un verrou. Celui-ci tiré, la porte s'ouvre d'elle-même, et en levant l'arrière on fait tomber la charge ; c'est celui qu'on emploie principalement pour le combustible.

Les wagonnets à minerai ont une capacité variant de 3 à 4 hectolitres, ceux à combustible en cubent de 4 à 6.

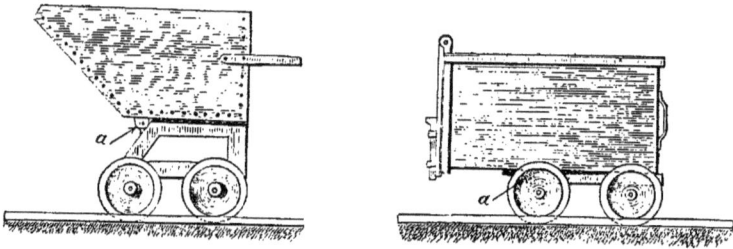

Fig. 161 et 162. — Wagonnets pour le chargement des hauts-fourneaux.

Les minerais, les fondants et les combustibles sont mesurés tantôt au poids, tantôt au volume ; dans ce dernier cas, le wagonnet lui-même sert de mesure, et de temps en temps on vérifie le poids des matières qu'il contient pour rectifier au besoin le rapport entre les divers éléments de la charge. Cette dernière méthode est plus simple, parce qu'elle n'entraîne que de rares pesées et qu'on n'a pas à tenir compte de l'eau absorbée pendant les intempéries; certains minerais, comme les hématites brunes, peuvent présenter de très grands écarts suivant que le temps est sec ou pluvieux. D'un autre côté, il ne faut pas perdre de vue que le poids spécifique des combustibles, qu'il s'agisse de charbon de bois ou de coke, est susceptible de varier beaucoup, lors même qu'ils proviennent de la même source : on est donc exposé, par l'évaluation au volume, à en mettre plus ou moins pour une même quantité de lit de fusion.

Dans un assez grand nombre d'usines l'atelier de carbonisation est établi dans le voisinage des hauts-fourneaux et une partie du coke consommé passe immédiatement des fours dans les wagons de chargement; il conserve alors de 5 à 10 % de l'eau qui a servi à l'éteindre ; ailleurs l'alimentation en coke provient de fours situés dans une région plus ou moins éloignée; on est contraint, dans ce cas, de constituer un stock pour parer à toutes les éventualités, et le combustible emmagasiné de la sorte en plein air se trouve exposé à toutes les intempéries ; nous savons que le coke peut absorber, dans les plus mauvaises conditions, jusqu'à 50 % d'eau. On s'exposerait donc à de graves erreurs si on réglait la charge par le poids de combustible chargé et la mesure au volume est la seule qui soit admissible. Comme cependant sur les livres de roulement la consommation doit être inscrite en poids, on devra de temps en temps vérifier le chiffre servant à la transformation, en pesant des wagons de coke, à l'état d'humidité normale.

Quant aux minerais, dans les anciens hauts-fourneaux au charbon de bois, où l'on employait des minerais menus, ou cassés à faibles dimensions, on établissait également la charge au volume, en remplissant des boîtes ou paniers en fer, de poids connu, et l'on faisait varier le nombre de ces unités, généralement petites, suivant l'allure du fourneau. Aujourd'hui, dans les grands hauts-fourneaux, chaque charge représente en poids plusieurs tonnes, et les minerais sont amenés dans des wagons; en outre, dans la plupart des cas, le lit de fusion se compose de plusieurs sortes de minerais et de fondants; il est donc indispensable de procéder par pesées fort exactes et de confier ce travail à des agents présentant toute garantie. Dans quelques usines qui ne consomment qu'une seule espèce de minerai, on se contente quelquefois, cependant, de doser au volume. (V.)

Quelques soins d'ailleurs qu'on apporte à tenir compte de tout ce qui peut influer sur la marche d'un fourneau, il est absolument impossible d'éviter complètement les variations dans l'allure ; on est donc conduit à modifier, suivant les faits qu'on observe, la proportion entre le combustible et le lit de fusion.

Ces corrections peuvent être faites en faisant varier un seul des éléments de la charge, c'est-à-dire en augmentant par exemple ou en diminuant la proportion de combustible sans toucher au lit de fusion, ou inversement. L'usage général est de ne pas changer la charge de combustible et de faire porter les modifications sur le lit de fusion; cette manière de faire est en effet préférable, parce que les matières du lit de fusion ont une densité beaucoup plus forte que le combustible ; quoique leur poids soit deux ou trois fois plus considérable, elles occupent néanmoins moins de place, tout changement dans le volume du combustible apporterait donc une perturbation plus grande dans la descente des charges.

Lorsqu'on a une modification à faire dans la proportion entre le combustible et le lit de fusion, il paraît au premier abord plus simple d'augmenter ou de diminuer le premier. Ce n'est cependant jamais ainsi qu'on procède. Remarquons, en effet, que le combustible étant évalué au volume, on devrait laisser à l'appréciation du personnel la modification à faire sur la manière de remplir les wagons, tandis qu'il est facile de constater, par un simple coup d'œil, si ceux-ci sont convenablement chargés lorsqu'ils doivent être pleins ; en outre tout changement dans le poids du coke, entraînant une augmentation ou une diminution dans celui du fondant destiné à scorifier les cendres, il faudrait, du même coup, toucher au lit de fusion ; il est donc beaucoup plus simple de faire porter les variations à introduire sur ce dernier et c'est ce que l'on fait partout. (V.)

La quantité de combustible chargé à la fois dépend principalement des dimensions du haut-fourneau ; est-elle trop volumineuse, il en résulte que le niveau doit s'abaisser profondément pour qu'on en puisse faire une nouvelle, et l'introduction de celle-ci produit un refroidissement jusque dans une région où la réduction doit commencer à s'effectuer. C'est là une considération dont il est indispensable de tenir compte; il ne faut pas cependant arriver à des charges trop petites, qui ont d'autres inconvénients, comme d'augmenter le nombre des manœuvres, et par conséquent d'accroître la main-d'œuvre, de multiplier les ouvertures du gueulard et les pertes de gaz.

Quand les fourneaux sont pourvus d'appareils de chargement automatiques, tels que ceux de Parry, de Hoff, de Langen, la bonne distribution des matières chargées dépend du volume qu'elles occupent, et pour chaque appareil il existe, au point de vue de la charge de combustible, un volume plus convenable que tout autre, que la pratique indique et auquel on doit s'attacher sous peine de déranger l'allure.

Dans les fourneaux au charbon de bois qui n'ont qu'une faible capacité et qui consomment un combustible très léger, on procède par charges très réduites; les plus petits sont alimentés par unités de 50^k; en moyenne, on adopte les charges de 100 à 150^k, on atteint rarement 200^k. Avec le coke, on descend rarement au-dessous de 2000^k et on atteint ordinairement 3000 et 4000^k. On a fréquemment remarqué que l'allure s'améliorait quand on procédait par charges plus considérables.

Pour indiquer aux ouvriers chargés de composer la charge les divers éléments qui doivent y entrer et la proportion de chacun d'eux, on dispose, en lieu convenable, un tableau sur lequel sont inscrites les instructions nécessaires.

Enlèvement du laitier. — Cette opération est très simple lorsque le laitier possède une fluidité suffisante pour s'écouler facilement. C'est ce qui arrive dans tous les hauts-fourneaux au coke soufflés avec de l'air chaud, et dans ceux au bois marchant en fonte blanche ; au sortir de la tuyère spéciale qui lui est destinée, ou du bec de la dame, le laitier s'écoule dans un chenal garni de terre qui le conduit au point où il doit être recueilli ; le fondeur surveille l'ouverture qui lui donne issue, pour s'assurer qu'elle ne s'obstrue pas.

Quant à la manière dont on rassemble le laitier écoulé et dont on le traite ensuite, elle varie suivant l'emploi auquel on le destine : nous reviendrons sur ce point dans le chapitre suivant. La plupart du temps, on le reçoit simplement dans un chariot où il se solidifie et qui sert à le transporter au crassier : ce chariot ou wagon spécial se compose le plus souvent d'une forte plaque de fonte reposant sur deux essieux et qui sert de fond à une caisse formée de quatre autres plaques réunies entre elles et fixées sur le fond, de telle sorte que le tout puisse s'enlever facilement ; dans quelques usines, la caisse est un tronc de cône ou de pyramide reposant par sa grande base sur la plaque de fond ; on dispose au point de déchargement une grue qui l'enlève, il ne reste plus alors qu'à culbuter le bloc de laitier refroidi : souvent même la plaque de fond est établie de manière à pouvoir basculer et la grue, en soulevant la caisse, produit le mouvement de renversement du bloc [1]. Il

---

[1] Des dessins d'un wagonnet de ce genre se trouvent dans *Stahl und Eisen* ; 1885, p. 685.

existe d'ailleurs une grande variété de dispositions de ce genre, combinées pour satisfaire aux exigences locales. Inutile de faire remarquer que le laitier devant couler de lui-même par dessus le bord de la caisse, le fond du creuset doit être prévu à un niveau tel, au-dessus du sol de l'usine, que cet écoulement se fasse sans difficulté.

Lorsqu'on fabrique de la fonte de moulage au bois, le laitier n'est pas toujours assez fluide pour couler naturellement d'une façon continue; c'est pour cela que ces fourneaux ont généralement la poitrine ouverte ; on recouvre alors de fraisil la portion du bain qui se trouve dans l'avant-creuset, entre la tympe et la dame, pour en empêcher le refroidissement; de temps en temps, lorsque le niveau du laitier monte dans l'avant-creuset, on soulève avec un ringard la croûte de laitier à demi solidifiée qui est devant la tympe et on la tire avec des crochets par dessus le bord de la dame. Si on le juge nécessaire, on enfonce des ringards sous la tympe jusque dans l'ouvrage pour *travailler* le fourneau, en retirer les parties de laitier non fluides et permettre à celles qui sont liquides de sortir, puis on regarnit de fraisil.

Coulée. — Lorsqu'il s'est accumulé dans le creuset une assez grande quantité de fonte pour qu'il n'y ait plus au-dessus qu'une mince couche de laitier, on *coule*. On fait de deux à cinq coulées par 24 heures, suivant la capacité du creuset et la production.

D'une coulée à l'autre on doit préparer les moules destinés à recevoir la fonte. Ces moules sont naturellement à un niveau inférieur à celui du trou de coulée et on les fait à la distance de 4 à 8ᵐ. On les établit, au moyen d'un modèle en bois, dans du sable à grains moyennement fins, laissant bien passer les gaz, analogue au sable vert des fonderies ; ils sont découverts et ont une section trapézoïdale ou circulaire suivant le type adopté par l'usine. Les pièces de fonte ainsi obtenues prennent le nom de *gueusets*.

Pour que ces moules soient remplis régulièrement par la fonte qui s'écoule ils doivent être disposés d'une façon convenable à côté les uns des autres. On commence d'abord par établir la *mère-gueuse* qui reçoit la fonte sortant du haut-fourneau, en lui faisant occuper un des côtés de la surface du chantier. De celle-ci partent les moules des gueuses intermédiaires, installés perpendiculairement à la mère et séparés les uns des autres par des intervalles de 2ᵐ ; et c'est de ces moules que partent ceux des gueusets, qui sont alors parallèles à la mère ; on les fait très rapprochés les uns des autres, disposés comme les dents d'un peigne ; ils ont 1ᵐ,50 de longueur en général. Au moyen de plaques de fer en forme de pelles enduites de terre argileuse et que l'on place dans la mère, on arrête le courant de fonte et on l'oblige à se distribuer convenablement. On laisse d'abord le métal couler dans la première dérivation partant de la mère et remplir le premier rang de gueusets qui y correspond, puis on enlève la plaque formant barrage et on remplit le deuxième rang et ainsi de suite.

Lorsqu'on produit de la fonte blanche ordinaire, on coule souvent dans des coquilles en fonte au lieu de moules en sable qui doivent être refaits après chaque coulée, de la même façon et sur la même aire pour recevoir la coulée suivante. L'emploi des coquilles permet d'éviter ce travail et d'obtenir des gueusets plus propres, tandis que ceux coulés en sable en retiennent toujours une certaine quantité. Les coquilles soumises à chaque coulée aux alternatives de chauffage et de refroidissement se détériorent promptement et doivent être remplacées fréquemment, et leur emploi n'est guère plus économique que celui du sable. On aurait tort, d'ailleurs, de s'en servir pour la fonte grise ou la fonte spéculaire dont un refroidissement brusque modifie la texture ; or c'est généralement à l'aspect de la cassure que l'on apprécie la valeur commerciale de ces fontes ; on les présenterait donc dans de mauvaises conditions si elles étaient coulées en coquille, car la fonte grise y prend un grain plus fin, et les spiegel-eisens sont à facettes plus petites et peuvent même sembler rayonnés.

Dans un grand nombre d'usines anglaises et allemandes, la coulée se fait à l'air libre, ; dans d'autres, au contraire, et particulièrement dans les anciennes, on a construit une halle de coulée où les ouvriers sont abrités contre la pluie et la neige, en même temps que les moules sont moins exposés à être mouillés et détruits par des averses subites.

Lorsqu'on est prêt à faire une coulée, si le fourneau est à poitrine ouverte, on est obligé d'arrêter complètement le vent, sans quoi, la surface des matières fondues baissant dans le creuset, les gaz s'échapperaient par dessous la tympe en produisant une flamme tellement forte que les ouvriers seraient contraints de s'éloigner. Quand la poitrine est fermée, on continue à souffler pendant toute la durée de la coulée et même un peu de temps après qu'elle est terminée, pour nettoyer le creuset, puis on arrête la soufflerie dès qu'on a fermé les clapets de sûreté des porte-vent pour empêcher les gaz de rebrousser dans les conduites ; on nettoie le trou de coulée avec un ringard et on le rebouche de nouveau avec de la terre réfractaire ou un mélange de sable et d'argile, puis on redonne le vent. Le trou d'écoulement du laitier doit être également bouché avec un peu de terre jusqu'au moment où le laitier s'y présente.

Dans les fourneaux à poitrine ouverte, aussitôt après la coulée, on souffle un moment pour débarrasser le creuset autant que possible des escarbilles et des fraisils, puis on arrête de nouveau le vent, et avec des ringards et des crochets qu'on fait pénétrer sous la tympe, on enlève toutes les matières qui se sont accrochées aux parois ; on remplit de nouveau l'avant-creuset avec du fraisil ou de l'argile ; si la soufflerie donne une forte pression, on place sur ces matières une plaque de fonte qui les maintient en place et on donne le vent. Nous avons, à propos de la tuyère à laitiers de Lürmann, indiqué combien cet arrêt prolongé était préjudiciable pour la bonne marche et la production du haut-fourneau (page 394 t. I).

(c) *Travaux de réparation à exécuter à l'intérieur des hauts-fourneaux.* — Il arrive assez fréquemment qu'on doit exécuter certains travaux dans l'intérieur d'un haut-fourneau, principalement lorsque la chemise est enveloppée d'un massif extérieur ou d'une enveloppe en tôle et nécessite une réparation qui ne peut être faite qu'en pénétrant dans la cuve ; il en est également ainsi quand il se forme au-dessous du gueulard d'abondants dépôts de cadmies qu'on ne peut laisser en place sans s'exposer à des dérangements d'allures, comme nous l'avons signalé page 342 t. I.

Lorsqu'on doit entreprendre un travail de ce genre, on commence par préparer le fourneau en faisant quelques charges contenant une proportion réduite de lit de fusion, puis quelques autres dans lesquelles on remplace celui-ci par du laitier de bonne allure, ensuite on laisse baisser le niveau des charges de manière à découvrir le point à réparer. On arrête enfin le vent, on bouche les tuyères et toutes les autres ouvertures avec de la terre argileuse, et on étend sur la surface supérieure des charges une couche de laitier finement pulvérisé, qui doit s'opposer au passage du gaz oxyde de carbone. Si la réparation doit durer longtemps, il est bon d'établir des aspirateurs qui prennent le gaz immédiatement au-dessus du niveau supérieur des charges. Malgré ces précautions, il faut éviter de laisser longtemps les mêmes ouvriers dans l'intérieur de la cuve où ils se trouvent exposés à l'action des gaz du fourneau.

On est arrivé de la sorte à reconstruire une grande partie de la chemise sans mettre hors [1].

Il est particulièrement difficile de faire disparaître les *accrochages* qui, pour différentes causes, se forment quelquefois dans les hauts-fourneaux. Les lits de fusion très réfractaires, surtout ceux qui contiennent un excès de chaux, amènent fréquemment des désordres de ce genre, si la température vient à baisser dans la zône de fusion, si le chargement n'a pas été fait d'une manière régulière ou si les charges ont été bouleversées de telle sorte que les différents éléments du mélange ne se présentent pas en proportion convenable dans la partie où se fait la fusion, ou pour tout autre motif ; l'anthracite, avec lequel un grand nombre de hauts-fourneaux sont alimentés, entraîne fréquemment des accidents de ce genre ; c'est un combustible qui a le défaut d'éclater au feu et de se réduire en poussière ; celle-ci forme parfois, au-

---

[1] Voir dans les ouvrages à consulter la note de Burgers.

dessus des tuyères avec le laitier demi-fondu, des blocs qui s'opposent au passage des gaz.

Tant que ces accrochages n'ont pas atteint un volume assez considérable pour empêcher le vent de pénétrer dans le fourneau, on doit employer tous les moyens possibles pour augmenter la température dans la région supérieure aux tuyères et pour en amener la fusion. Dans tous les cas, il convient de diminuer le poids de la charge et même de faire quelques charges blanches, c'est-à-dire de combustible seul. Cela ne suffit pas toujours, cependant, pour faire disparaître les masses de matières ainsi arrêtées dans leur descente, parce qu'avant que les nouvelles charges arrivent au bas des fourneaux, le mal s'est aggravé au point que le fourneau est entièrement bouché ou étouffé.

Il faut donc trouver le moyen d'introduire du combustible par le bas dans l'ouvrage et de lui fournir du vent très chaud. Pour atteindre ce but, on se voit forcé quelquefois de percer la paroi du fourneau à un endroit convenablement choisi, opération toujours extrêmement difficile, à laquelle on ne doit procéder qu'avec une grande circonspection. Si l'accrochage se trouve à une grande distance des tuyères, on dispose une ou plusieurs tuyères à une hauteur telle que l'accrochage ne soit pas éloigné des points où se produira une forte chaleur.

On est quelquefois sorti d'embarras en plaçant une tuyère immédiatement au-dessus de la masse de matières qui produit l'obstruction, parce qu'en creant en ce point un centre de combustion, on y développe une grande quantité de chaleur ; on a également obtenu de très bons résultats de l'introduction de pétrole par les buses : on dispose, à cet effet, un réservoir de pétrole assez haut au-dessus des tuyères pour que la pression du liquide soit supérieure à celle du vent : un tuyau en fer muni d'un robinet amène à la buse un courant de pétrole qui s'évapore et est entraîné par le vent : la température s'élève rapidement et on a réussi souvent à se débarrasser ainsi d'accrochages importants [1].

Tant que les gaz peuvent circuler, les charges réduites descendent peu à peu et les craintes de voir le fourneau complètement obstrué diminuent, mais si l'appareil est entièrement bouché on ne peut le sauver qu'en agissant avec promptitude et énergie, on doit se résoudre à ouvrir dans les parois un trou suffisamment grand pour pouvoir y introduire du combustible et attaquer directement l'accrochage avec des pinces ou des ringards.

Dans les usines américaines on a quelquefois eu recours à des moyens plus violents encore ; on a introduit sous la masse figée, des charges de poudre ou de dynamite enfermées dans des caisses en bois et on en a déterminé

[1] Cet expédient a été imaginé par M. Criner, ingénieur de la Cⁱᵉ de Terrenoire.

l'explosion ; ailleurs on a brisé l'accrochage à coups de canon tirés verticalement [1].

(d) *Arrêts momentanés et Mise-hors.* — Des circonstances particulières peuvent obliger à suspendre la marche d'un haut-fourneau pendant quelques jours, et même quelques semaines, sans qu'il soit nécessaire de procéder à une mise hors qui entraine la reconstruction de l'ouvrage et un rallumage toujours coûteux. Le cas se présente par exemple, lorsque les matières premières viennent à manquer par suite d'état de guerre, de mauvaise saison ou d'accidents analogues ; il peut arriver aussi qu'on ait à faire à la cuve une réparation qui ne soit posssible qu'en pénétrant dans l'intérieur, etc., etc.

On suspend la marche d'un haut-fourneau en le bouchant ; lorsqu'on a le temps de préparer l'arrêt, on fait quelques charges blanches ne comprenant que le combustible et la quantité de castine nécessaire pour la fusion des cendres, on fait écouler la fonte et le laitier de manière à vider complètement le creuset, on arrête le vent, et on bouche hermétiquement toutes les ouvertures avec de la terre ou de l'argile ; si le niveau vient à baisser dans la cuve, on fait quelques charges de combustible pour le maintenir ; un haut-fourneau peut rester dans cet état pendant plusieurs semaines et reprendre ensuite, au bout d'un temps relativement très court, son allure normale. Lorsqu'on veut le remettre en marche, on commence par donner peu de vent pour éviter que le minerai n'arrive trop vite dans la zone de fusion incomplètement réduit, et on maintient cette allure lente jusqu'à ce que le fourneau soit revenu à sa température normale. En 1889 plusieurs hauts-fourneaux de la Westphalie, au moment de la grève des mineurs, ont été maintenus bouchés de la sorte pendant trois semaines sans qu'il en soit résulté de désordres graves dans leur marche ultérieure [2].

Quand les déformations et l'usure d'un haut-fourneau sont devenues assez importantes pour influer d'une manière fâcheuse et persistante sur son allure, il faut se résoudre à le reconstruire et procéder à la mise-hors ; d'autres circonstances que nous n'avons pas à énumérer peuvent également obliger à prendre cette décision.

C'est, d'ailleurs, une opération très simple. On cesse de charger et on continue à souffler jusqu'à ce qu'on ne voie plus paraître aux tuyères de matière en fusion. Ensuite on enlève la dame ou bien on perce la paroi du creuset selon que le fourneau est à poitrine ouverte ou fermée, et avec de longs râbles en fer on achève de vider le creuset en enlevant toutes les matières demi-fondues et incandescentes qui s'y trouvent encore ; puis on laisse refroidir.

A mesure que le niveau des charges baisse, la flamme du gueulard devient

[1] Transact. of the Amer. Instit. of minning Engineers, T. IX, p. 46 et 64.
[2] Pour les détails voir Stahl und Eisen ; 1889, p. 991.

plus longue et plus chaude, parce que les gaz ne sont plus refroidis par le contact de matières froides constamment renouvelées, et aussi parce que la résistance à la circulation de ces gaz diminue. Aussi doit-on avoir le soin d'enlever les appareils de fermeture qui seraient mis hors d'usage par la chaleur à laquelle ils seraient exposés.

Lorsqu'on met hors de cette façon, il est d'usage de prévenir le voisinage, afin que la flamme qui projette une grande lueur pendant la nuit ne fasse pas supposer un incendie.

On peut d'ailleurs, au moyen d'un artifice très simple qui s'est généralisé vers 1870, empêcher la flamme de se développer et la cuve de souffrir pendant la mise-hors ; il suffit, dès que la flamme augmente d'intensité, de charger du calcaire dans le fourneau et de maintenir celui-ci plein jusqu'au moment où on arrête le vent. La partie inférieure reste pleine de chaux cuite infusible que l'on emploie ultérieurement à la fabrication du mortier.

À notre connaissance, les mises hors avec calcaire étaient pratiquées dès 1850 et peut-être avant, dans les petits fourneaux au charbon de bois du Berry ; à cette époque les gueulards étaient généralement couverts par une toiture qui abritait tout le massif, et sous laquelle on accumulait les charges pour le travail de la nuit ; la longue flamme qui se dégage pendant la mise hors aurait compromis ces constructions légères si on n'avait eu recours à quelqu'artifice.

Aujourd'hui les gueulards sont dégagés et à ciel ouvert, la capacité des fourneaux est infiniment plus grande et on s'astreint rarement à les remplir de calcaire ; cette pratique a l'inconvénient de retarder le refroidissement, de prolonger le chômage et de produire une quantité de chaux plus ou moins bien cuite, dont il n'est pas toujours facile de se débarrasser. (V.)

2. — Phénomènes physiques et actions chimiques qui se produisent dans les hauts-fourneaux.

(a) *Marche de l'opération.* — Nous avons déjà décrit sommairement page 385 t. I les phénomènes successifs qui constituent l'opération d'un haut-fourneau en marche, lorsque nous avons expliqué les motifs qui ont fait adopter le profil intérieur tel que nous le connaissons. Il ressort de ce que nous avons exposé précédemment que la transformation des minerais en fonte passe par trois phases successives : réduction, carburation, fusion. Avant que la carburation commence à s'effectuer le minerai qui est généralement froid, au moment où on l'introduit par le gueulard, doit être porté à la température à laquelle la réduction peut s'opérer.

À partir du gueulard, il existe donc dans le fourneau une certaine capacité dans laquelle le minerai absorbe de la chaleur sans qu'aucun autre phénomène s'y produise.

Pour fixer les idées, on divise le fourneau en plusieurs zones qu'on nomme zone de chauffage préalable, zone de réduction et zone de fusion ; la première commence au gueulard même, la seconde descend jusqu'au bas des étalages, la troisième occupe l'ouvrage[1].

Cette division aussi nettement établie pourrait cependant donner naissance à des idées fausses, et on ne doit l'admettre qu'avec une certaine réserve.

Il faut bien, en effet, remarquer que les charges en descendant ne se maintiennent pas en couches horizontales ; le frottement qui se produit contre les parois retarde le mouvement des matières placées à la circonférence de telle sorte qu'une charge horizontale au départ ne tarde pas à prendre la forme d'un entonnoir ; les morceaux les plus denses et les moins rugueux, les minerais et la castine, se rassemblent au fond de l'entonnoir et arrivent au bas du fourneau avant le combustible avec lequel ils ont été chargés.

A propos des prises de gaz, nous avons déjà signalé les inconvénients de cette tendance des matières minérales à se concentrer dans le voisinage de l'axe en repoussant le combustible vers la circonférence, et nous avons indiqué jusqu'à quel point on pouvait la combattre, en employant certains artifices de chargement ; malgré tout, cependant, l'entonnoir se forme inévitablement, il en résulte que les zones ne sont pas limitées par des plans horizontaux et que les parties de la charge qui sont au centre ont d'autant plus d'avance sur celles qui les entourent qu'on considère une section plus éloignée du gueulard.

Il faut ajouter que les gaz qui sont le véhicule de la chaleur et le principal agent de réduction, ne se répartissent pas uniformément dans toute la section horizontale ; la quantité de gaz qui passe en un point donné est en raison inverse de la résistance qui est opposée à son mouvement, elle est donc plus considérable le long des parois.

Il ne faut pas croire non plus qu'un morceau de minerai ne commence à absorber de carbone que quand il est complètement transformé en fer. Ces deux phénomènes se passent simultanément et de proche en proche de l'extérieur à l'intérieur de chaque morceau. L'enveloppe extérieure peut être transformée en carbure de fer, alors que le centre est encore à l'état d'oxyde. Il arrive même que la réduction s'achève après le commencement de la fusion, par l'action du carbone à la chaleur blanche sur la scorie, en d'autres termes qu'une certaine quantité d'oxyde de fer, très faible quand l'allure est bonne, passe dans le laitier et n'est réduite que par le carbone dans la partie la plus basse du haut-fourneau.

[1] Ces dénominations furent employées pour la première fois par Schærer dans sa métallurgie en 1853. Une figure représentait un tracé de fourneau dans lequel les zones étaient limitées par des lignes horizontales ; entre la zone de réduction et celle de fusion, Schærer en intercalait une autre dite de carburation, mais, comme nous le verrons plus loin, la carburation s'effectue en même temps que la réduction, c'est donc une erreur de limiter de cette façon une zone de carburation.

Dès que la charge est introduite dans le fourneau, la température des matières s'élève au contact des gaz chauds, l'eau qui n'est pas combinée et même l'eau d'hydratation, surtout celle qui se trouve dans les hématites brunes, sont éliminées plus ou moins rapidement à l'état de vapeur ; il existe sous ce rapport de très grandes différences entre la manière dont se comportent les minerais hydratés : quelques-uns perdent leur eau à une température dépassant à peine 100°, d'autres au contraire ne se décomposent complètement que vers 400 ou 500°. Ebelmen a constaté que des minerais en grains, deux heures après leur introduction dans le fourneau et arrivés à la profondeur de 2m,50 au-dessous du gueulard où ils n'avaient pas encore atteint la température du rouge, n'avaient perdu qu'un tiers de leur eau d'hydratation ; à 4m,30 de profondeur, au rouge sombre correspondant environ à 500° et après 4h 1/2, ils n'étaient pas encore complètement déshydratés.

Cette vaporisation de l'eau absorbe de la chaleur et abaisse la température au gueulard, ainsi s'expliquent les variations de chaleur des gaz entre deux charges successives, variations qui, comme il est facile de le constater, dépassent 100° dans un grand nombre de hauts-fourneaux.

Toutes choses égales d'ailleurs, la température au gueulard est plus basse lorsqu'on traite des minerais chargés d'eau que lorsqu'ils sont secs.

Il existe d'ailleurs d'autres causes qui influent sur cette température, c'est ainsi qu'elle est plus basse lorsque les opérations qui se passent dans les parties inférieures du haut-fourneau ont dépensé une plus grande quantité de chaleur, plus basse également quand la vitesse ascensionnelle des gaz est faible : la chaleur au gueulard dépend donc du rapport entre le volume du fourneau et la quantité de gaz qui y circule ; il arrive que dans certains fourneaux, cette température est de 50°, tandis que dans d'autres elle atteint et dépasse 500".

La dépense de chaleur, qu'occasionne la vaporisation de l'eau contenue dans les hématites brunes, a souvent fait naître l'idée de les griller avant leur traitement au haut-fourneau. On supposait qu'il y aurait économie de combustible si, par un grillage préalable, on supprimait cette cause de dépense de chaleur ; mais on a constaté qu'on n'atteignait qu'exceptionnellement le but qu'on se proposait ; il arrive, en effet, lorsqu'on grille ces minerais, que la température s'élève au gueulard et que les gaz emportent une plus grande quantité de chaleur. Il est probable, cependant, que la chaleur étant plus grande au gueulard, la réduction commence à une moindre profondeur, et que le minerai reste plus longtemps en contact avec les gaz réducteurs ; d'un autre côté ce genre de minerai est d'une réduction généralement facile, l'avantage d'un grillage préalable est donc insignifiant. On ne peut espérer un profit de cette pratique que lorsqu'on a affaire à de petits hauts-fourneaux.

A 300°, la réduction par l'oxyde de carbone des gaz commence à se produire, mais elle reste faible tant que le minerai n'a pas atteint une région plus chaude ; comme nous l'avons indiqué page 293 t. I, le fer ne peut arriver à l'état métallique que vers 900° ; d'un autre côté, si les minerais demeurent longtemps exposés à une température de 400°, ils se chargent d'un dépôt de carbone [1].

Les charges renferment souvent des carbonates, fers spathiques, sphérosidérites, ou calcaires ; ces corps commencent à se décomposer à 800° environ ; d'après les expériences de Schinz, le carbonate de fer se réduit dans un courant de gaz contenant 34 °/₀ d'oxyde de carbone et de l'azote à une température inférieure à 800°, c'est pourquoi la réduction des minerais carbonatés est beaucoup plus facile lorsqu'ils ont été préalablement grillés ; d'un autre côté, Schœffel a constaté qu'un minerai à gangue de calcaire spathique dont la teneur en acide carbonique était de 12,11 °/₀, en contenait encore un peu plus de 5 °/₀, c'est-à-dire plus d'un tiers de la quantité primitive, après avoir été soumis, dans un haut-fourneau, au courant de gaz à une température de 900°.

La décomposition des carbonates absorbe évidemment de la chaleur ; on a reconnu cependant presque partout qu'il n'y avait aucun avantage à calciner la castine avant de l'introduire dans le haut-fourneau [2]. On explique cette anomalie de plusieurs façons : Il est certain d'abord que, si on n'emploie pas la chaux immédiatement à sa sortie du four et si elle reste quelque temps exposée aux influences atmosphériques, elle absorbe à nouveau de l'eau et de l'acide carbonique ; le but que l'on se propose n'est pas atteint complètement ; en outre l'absorption de chaleur qui résulte de la séparation de l'acide carbonique, chaleur qui est entraînée par ce gaz, n'est pas sans utilité ; elle contribue à maintenir, dans la région où se trouve encore une quantité considérable de minerai non réduit, la température au-dessous du point de fusion ; on évite ainsi la scorification du minerai, on empêche le *feu de monter*, comme on dit en termes du métier. Or nous savons qu'une scorification prématurée oblige à opérer la réduction au moyen du carbone solide, c'est-à-dire à dépenser une proportion plus grande de combustible. C'est pour

[1] On a étudié les transformations successives que subissent les minerais et la castine pendant leur descente ; à cet effet on enfermait les échantillons dans des boîtes en tôle percées de trous, qu'on laissait descendre avec les charges. Ces boîtes étaient attachées à des tiges de fer qui permettaient de les retirer lorsqu'elles avaient atteint le niveau voulu. Consulter sur ce sujet les notices de Tunner, Kupelwieser et Schœffel.

[2] Consulter à ce sujet le mémoire de M. L. Bell. — Des essais faits par l'auteur dans un petit haut-fourneau au bois, lui ont démontré que la calcination préalable est sans utilité. Dans d'autres cas, cependant, on a reconnu qu'en substituant la chaux au calcaire, on augmentait légèrement la production ou bien on diminuait la consommation de combustible, mais rarement l'avantage a été suffisant pour compenser les frais occasionnés par l'emploi de la chaux. Récemment Cochrane a prétendu avoir réalisé une économie de combustible en remplaçant la castine par la chaux. Voir Stahl und Eisen ; 1890 ; p. 29.

cette raison et pour assurer la bonne marche des hauts-fourneaux consommant du minerai spathique ou des sphérosidérites qu'il est bon de charger une partie de ces minerais à l'état cru.

Lorsque le combustible employé n'est pas carbonisé ou ne l'est qu'incomplètement, il subit aussi une transformation en descendant dans le haut-fourneau. Le bois éprouve une modification vers 150°, sa décomposition est à peu près complète à 400°, bien qu'il contienne encore, même au rouge vif, une petite quantité d'hydrogène qui persiste probablement jusqu'au moment où s'opère la combustion du charbon de bois. La température de la décomposition de la houille varie avec la nature de celle-ci, mais elle se maintient toujours au-dessus de celle du bois : ces actions absorbent de la chaleur et abaissent la température du fourneau.

La température à laquelle commence à se manifester la scorification des fondants et des minerais non réduits dépend et de la nature minéralogique de ces matières et de la composition chimique du lit de fusion ; certains éléments de la charge sont par eux-mêmes infusibles, tels sont le quartz, la chaux, la magnésie, etc. ; la scorification n'est possible alors, que s'il se produit des combinaisons entre ces différents corps ; mais pour qu'une combinaison prenne naissance, pour qu'il se forme un laitier, il faut, dans la plupart des cas, une température notablement supérieure à celle qui caractérise le point de fusion de ce laitier une fois formé ; il faut en même temps une action prolongée des éléments les uns sur les autres et cela d'autant plus que la température du milieu est plus rapprochée du point de fusion du laitier.

Il résulte de ce que nous venons d'exposer que des lits de fusion de même composition chimique, peuvent se comporter très différemment, selon que l'état physique des éléments qui les constituent est plus ou moins favorable aux combinaisons ; si, par exemple, il s'y trouve des silicates, c'est-à-dire des composés fusibles préexistants, la scorification commence plus tôt que si les éléments qui forment ces silicates sont séparés ; en outre ils pourront eux-mêmes jouer le rôle de dissolvants vis-à-vis d'autres matières et en amener la fusion. Autre exemple : un minerai de fer contenant du quartz en grains très fins répartis dans toute sa masse, à texture compacte, ne permettant pas aux agents réducteurs de le pénétrer, aura une certaine tendance à se scorifier s'il est soumis à une haute température avant que sa réduction soit achevée ; tandis qu'un autre de même composition chimique, mais dans lequel le quartz est en gros morceaux, cristallisé et par conséquent en contact moins intime avec l'oxyde de fer, n'arrivera à la scorification que s'il est maintenu très longtemps à une haute température ; lorsqu'il se formera, le laitier sera moins chargé en oxyde de fer, et la réduction directe par le carbone aura un moindre rôle à jouer.

Schinz a trouvé, en faisant des essais en petit sur des fragments de minerais siliceux exposés à diverses températures, au milieu d'une atmosphère d'oxyde de carbone, que, en l'absence de chaux, dès 800°, il se forme un silicate de fer pâteux mélangé dans la masse du minerai ; en présence de la chaux, cet effet ne se produisait pas ou était à peine sensible ; la chaux disparaissait en partie, pénétrant dans les morceaux de minerais, les faisant gonfler sans changement de forme et les rendant poreux et friables.

Erhard et Schertel ont constaté le chiffre de 1350° pour la température de formation d'un laitier composé de la manière suivante :

Silice	50
Alumine	17
Chaux	30
Protoxyde de fer .	3
	100

une fois formé ce silicate fondait à 1166°.

Le laitier qui se forme dans le haut-fourneau n'a pas la même composition que celui qui en sort parce que l'oxyde de fer et celui de manganèse et certaines autres substances qui en font partie au moment où il prend naissance, en sont éliminés ultérieurement par l'action du carbone à la chaleur blanche. Il n'est donc pas possible de déterminer, d'après la composition du laitier qui coule hors du fourneau, la température qui a été nécessaire à sa formation ; cette dernière peut, dans certains cas, être sensiblement plus basse que si le silicate s'était formé du premier coup avec les éléments définitifs.

Lorsqu'on traite des lits de fusion calcaires, avec excès de base, les laitiers se forment à une température plus élevée que quand la silice est dominante et la chaux en faible proportion ; les oxydes de fer et de manganèse provenant d'une réduction inachevée, ne peuvent se dissoudre dans un laitier franchement basique et ne peuvent donc contribuer à abaisser la température de formation ; aussi a-t-on moins à redouter une scorification anticipée avec une marche calcaire qu'avec un roulement acide.

Tandis que commence la scorification des éléments qui doivent constituer le laitier, le fer réduit, en contact avec le carbone incandescent, se charge d'une proportion plus ou moins grande de ce corps, sa température de fusion s'abaisse et il commence à fondre. Ce phénomène se produit entre 1100 et 1200°.

A mesure que les matières demi-fondues descendent, elles se trouvent exposées à une température de plus en plus élevée et l'affinité du carbone pour l'oxygène s'accroît ; à la température blanche, ce corps réduit les oxydes dissous dans le laitier et met en liberté le phosphore, et si les circonstances sont favorables, une certaine proportion de silicium et de manganèse. Comme le fer est d'une réduction plus facile que ces deux derniers corps, on ne peut obtenir une fonte siliceuse et manganésée tant que le laitier est chargé en oxyde de fer ; ce dernier serait immédialement réduit aux dépens du silicium et du manganèse.

Le phosphore au contraire est réduit dans tous les cas ; on n'en retrouve de traces dans le laitier que lorsque le lit de fusion en contient un véritable excès et que la température du fourneau est relativement basse.

L'oxyde de manganèse et la silice sont réduits dans la zone de fusion en proportion d'autant plus grande qu'il y règne une température plus élevée ; le premier se sépare plus facilement de son oxygène en présence d'une scorie basique ; au contraire la silice se réduit plutôt en contact avec une scorie siliceuse peu chargée en protoxyde de fer ; cependant, à très haute température, on peut produire une fonte riche en silicium même avec un laitier basique.

Les matières fondues arrivent enfin à la région où se produit la combustion et tombent goutte à goutte à travers les fragments de combustible, phénomène qu'il est facile d'observer en regardant par l'orifice des tuyères. Les matières liquides se rassemblent dans le creuset, se classant par densité, la fonte au fond, le laitier en dessus.

Si le lit de fusion contient du zinc, l'oxyde de ce métal est réduit vers 1100° ; comme il n'a qu'une très faible tendance à s'allier au fer et que, de plus, cette température est supérieure à celle de sa vaporisation, il est entraîné, sous forme de vapeur, par le courant gazeux. Cette réduction et cette vaporisation du zinc absorbent une grande quantité de chaleur[1], par conséquent, si un accident quelconque, la chute de cadmies, par exemple, apporte subitement dans quelque charge une proportion de zinc plus grande que celle que contient habituellement le lit de fusion, la température s'abaisse dans la zone de fusion.

Le zinc volatilisé s'oxyde en grande partie dans les régions supérieures de la cuve au contact de la vapeur d'eau et de l'acide carbonique ; une partie de l'oxyde de zinc en poussière très fine est entraînée par les gaz, une autre s'attache aux parois de la cuve dans le voisinage du gueulard et forme ce qu'on appelle des cadmies, une autre enfin se fixe sur les matières, les accompagne jusqu'à la zone de fusion et continue à troubler l'allure (voir p. 12 t. II et ci-après dans le chapitre intitulé : produits secondaires des hauts-fourneaux).

---

[1] D'après Favre et Silbermann la chaleur dégagée par la combustion du zinc est de 1291^{cal}, la réduction d'un kilogramme de zinc d'après la formule $ZnO + C = Zn + CO$ exige $\frac{16}{65}$ de carbone dont la combustion à l'état d'oxyde de carbone développe $\frac{16}{65} \times 2474 = 609^{cal}$. Par conséquent la chaleur absorbée par la production d'un kilogramme de zinc est de $1291 - 609 = 682^{cal}$. Il faudrait y ajouter la chaleur latente de vaporisation que nous ne connaissons pas.

On trouve rarement des traces de zinc dans le laitier, et on n'en a jamais rencontré dans la fonte.

Le cuivre et le plomb qui existent presque toujours, on pourrait même dire toujours, dans les lits de fusion, sont réduits complètement pendant la descente des charges, le premier s'allie au fer, une petite proportion du second se volatilise et s'échappe avec les gaz, la majeure partie coule sous la fonte sans s'allier à elle, filtre à travers les pierres ou les briques qui constituent le fond du creuset et peut être recueillie (page 420 t. I).

Le nickel, le cobalt, de même que l'antimoine et l'arsenic se comportent comme le cuivre ; l'arsenic, quoique volatil, reste presque complètement dans le métal.

Températures des diverses parties d'un haut-fourneau. — On s'est souvent préoccupé de mesurer le degré de chaleur qui règne dans les différentes parties d'un haut-fourneau, dans le but de se rendre compte des régions dans lesquelles se produisent les phénomènes que nous avons énumérés, et de comparer entre eux, au point de vue de leur marche, les différents hauts-fourneaux [1].

On a constaté de 1600 à 2000° immédiatement au-dessus des tuyères ; en ce point la température est plus élevée lorsqu'on marche en fonte grise que lorsqu'on produit de la fonte blanche ; au ventre, elle varie entre 700 et 1500°, elle dépasse même quelquefois ce dernier chiffre dans les grands hauts-fourneaux. Au gueulard elle oscille entre 200 et 400°. La mesure de ces températures présente des difficultés considérables. Si on introduit dans le fourneau des appareils, ils sont très exposés à être détruits ; aussi a-t-on généralement recours à des alliages fixés à des barres de fer et on évalue les températures d'après le point de fusion de ceux qui ont été fondus.

La température n'est pas la même dans tous les points d'une même section horizontale, elle varie du centre à la circonférence ; ce fait a été mis en évidence par les expériences de Wiebner sur un haut-fourneau de Gleiwitz [2].

Ce fourneau avait une hauteur de 13m,60 entre le niveau des tuyères et celui du gueulard :

Diamètre au niveau des tuyères . .	2,560
id. au ventre	5,340
id. au gueulard	3,920
Capacité	215m.c.

---

[1] Jahrbuch der œsterreichischen Bergakademieen. T. XXI, p. 232 (Kupelwieser).— Zeitschr. f. Berg-, Hutten und Salinenwesen in Preussischen Staate ; T. XIX (Jüngst).

[2] Zeitschr. f. Berg-,-Hutten- und Salinenwesen im Preussischen Staate ; T. XXII, p. 289. — Tunner a fait également des expériences pour constater ces différences : Jahrbuch der Bergakademieen zu Leoben u. s. w. ; T. IX, p. 296.

Température du vent . . . . . 350°
Volume de vent par minute . . . 150^m.c.

Le lit de fusion était composé de la manière suivante :

Scories d'affinage . . 180^k
Hématite brune . . 135
Fer spathique grillé . 67,5
Fer spathique cru . . 67,5
Castine 165

Une charge parcourait le fourneau en 24 heures, on produisait, dans le même temps, 36 tonnes de fonte et on consommait 1500^k de coke par tonne de fonte.

Les températures relevées sont consignées dans le tableau suivant :

	au niveau des tuyères	à						au gueulard
		0^m,44	1^m,47	5^m,54	7^m,64	9^m,83	12^m,03	
		au dessus des tuyères						
Au milieu du fourneau	1300°	1400	1400	1200	955	850	680	140
A moitié de la distance entre l'axe et les parois	1500°	1500	1300	1000	700	525	432	140
Contre les parois......	1600°	1300	1400	1200	900	815	575	290

On remarque que dans chaque section la plus haute température se trouve généralement au centre, puis contre les parois ; dans le haut de la cuve, le refroidissement est plus rapide contre les parois qu'au milieu ; ceci s'explique facilement par le mode de chargement qui consiste à accumuler le minerai à la circonférence et le coke au centre, le premier qui contient une grande quantité d'eau absorbe plus de chaleur. Comme les gaz ont une tendance à passer contre les parois de la cuve, la température y est plus élevée qu'à une distance intermédiaire entre ce point et le centre du fourneau.

Phénomènes relatifs aux éléments gazeux. — Aux transformations que subissent les corps solides, dans leur descente à travers le fourneau, correspondent des changements dans la composition des gaz qui s'élèvent depuis les tuyères jusqu'au gueulard.

L'air pénètre dans le fourneau avec pression par les tuyères, il est composé d'oxygène et d'azote, d'une petite quantité d'acide carbonique et de vapeur d'eau ; dès qu'il rencontre le combustible qui a atteint une haute température la combustion se produit ; elle est d'autant plus rapide, en d'autres termes, l'oxygène insufflé est absorbé d'autant plus vite, que la zone où il arrive est à une plus haute température et que le contact avec le combustible est plus intime ; elle est donc favorisée par le chauffage du vent, par sa division en un grand nombre de jets présentant une surface totale considérable, par l'emploi d'un combustible poreux, et, dans de certaines limites, par une forte pression qui permet au vent de pénétrer profondément, au milieu des matières accumulées, jusqu'au centre de l'ouvrage et à travers même les pores du combustible. Dans tous les cas, le produit final de la combustion est toujours de l'oxyde de carbone ; il n'en peut être autrement, puisque le courant de gaz rencontre constamment de nouveau combustible à une température élevée. Cela ne veut pas dire qu'il ne se forme une certaine quantité d'acide carbonique au moment où l'air arrive au contact du carbone, mais cet acide carbonique est immédiatement transformé en oxyde de carbone et il n'en reste plus trace. C'est ce qui explique qu'en prenant un échantillon de gaz au-dessus des tuyères on rencontre de l'oxygène libre qui disparaît d'autant plus vite que la chaleur est plus intense. On sait d'ailleurs que l'acide carbonique se dissocie à très haute température.

Par la combustion produite au niveau des tuyères, on se propose d'obtenir la température nécessaire à la fusion des matières ; cette température dépend d'ailleurs d'un certain nombre de facteurs au nombre desquels il faut compter :

1° La quantité de chaleur que peut produire le combustible ;

2° La température à laquelle ont été portées les matières qui constituent la charge dans leur descente ;

3° La température à laquelle a été porté le vent ;

Enfin la proportion que l'on a établie entre le combustible et les matières composant le lit de fusion. On conçoit, en effet, facilement que la chaleur produite doit être moindre dans la zone de fusion quand cette proportion est plus faible, puisque cette quantité de chaleur doit se répartir sur un poids plus considérable de matières.

La quantité d'acide carbonique contenue dans l'air est tellement faible qu'elle est sans influence sur la marche du fourneau, on peut n'en pas tenir compte.

Il n'en est pas de même de la vapeur d'eau ; on sait que l'air en peut contenir une proportion d'autant plus grande que sa température est plus élevée ; à 0° l'air saturé renferme 0,35 °/₀ de son poids de vapeur d'eau, à 10° la proportion s'élève à 0,70 °/₀, et à 20°, à 1,34 °/₀. Or pour brûler 1ᵏ de carbone dans le haut-fourneau il faut employer 8ᵏ,65 d'air qui, avec 0,70 °/₀ de vapeur d'eau, ce qui n'est pas rare en été, même par un temps sec, apportent dans le fourneau 0ᵏ,04 d'eau à l'état de vapeur ; au contact du charbon incandescent, cette vapeur est décomposée en hydrogène et oxyde de carbone, réaction qui absorbe une certaine quantité de chaleur que l'on peut calculer de la manière suivante :

Un kilogramme de vapeur d'eau, en se décomposant de cette façon, absorbe 1591 calories de plus qu'il n'en produit (page 108 t. I), par conséquent 0,04 de vapeur absorberont environ 62^{cal} ; comme 1^k de carbone en se transformant en oxyde de carbone développe 2473^{cal}, la présence de la vapeur d'eau aura entraîné la perte de 2,5 % de ce que le carbone est susceptible de produire ; il faudra donc un supplément de combustible pour maintenir la même température dans la zone de combustion. Dans certains cas la proportion de vapeur d'eau peut être plus considérable, et plus grande sera par conséquent la perte de calories. C'est ce qui explique un fait remarqué surtout dans les hauts-fourneaux de petite dimension. c'est-à-dire une consommation de combustible plus grande en été qu'en hiver.

Grâce à la température élevée qui règne au-dessus des tuyères, l'azote lui-même entre en combinaison et forme des cyanures alcalins aux dépens de la soude et de la potasse que contiennent les matières du lit de fusion et les cendres du combustible. Ces cyanures sont volatilisés et entraînés par le courant gazeux. L. Bell a trouvé, dans les gaz d'un haut-fourneau au coke de 24^m de hauteur, 15 grammes de cyanogène et 29 grammes de potassium et de sodium par mètre cube de gaz recueilli à 2^m.50 au-dessus des tuyères ; ces chiffres sont la moyenne de six expériences.

On a proposé, à plusieurs reprises, de recueillir ces sels alcalins en disposant un tuyau en communication avec l'intérieur de l'ouvrage à la hauteur où leur production paraît la plus abondante. On devrait les rencontrer en plus grande quantité dans les fourneaux au bois, les cendres de ce combustible étant principalement formées de carbonate de potasse [2].

La réduction directe du manganèse, du silicium et du fer contenus à l'état d'oxydes dans la scorie, réduction qui s'effectue dans la zone de fusion, augmente encore la proportion d'oxyde de carbone du courant gazeux, et cette augmentation ne s'arrête que lorsque le gaz arrive dans la région où commence à se manifester l'action réductrice sur les oxydes de fer qui ne sont pas encore à l'état de fusion. A partir de ce point la teneur des gaz en oxyde de carbone devrait aller sans cesse en diminuant et celle en acide carbonique augmenter jusqu'au gueulard ; mais il n'en est généralement pas ainsi, parce que les gaz agissent non seulement sur le minerai mais encore sur le combustible ; une partie de l'acide carbonique est décomposée par le carbone et il se reconstitue de l'oxyde de carbone : lors donc que la quantité de ce dernier gaz formé aux tuyères est suffisante pour la réduction des oxydes métalliques, cette nouvelle formation constitue une dépense inutile de combustible, puisque le carbone qu'elle consomme se trouve entraîné hors du fourneau sans avoir été utilisé.

[1] Voir Percy, métallurgie, édition française ; T. III, p. 198.

Cette action du carbone sur l'acide carbonique est facilitée par une température élevée de la zone de réduction, un contact prolongé entre le carbone et l'acide carbonique et par la nature du combustible présentant une plus grande surface. On comprend donc que le refroidissement résultant, dans cette région du fourneau, de la décomposition du calcaire ou de celle du combustible non carbonisé, puisse être plus favorable que nuisible à la bonne utilisation du carbone ; le dégagement de l'acide carbonique provenant du calcaire pourrait, il est vrai, donner lieu à une consommation inutile de carbone, mais il est accompagné d'une telle absorption de chaleur que la réaction de ce gaz sur le carbone n'est pas à craindre ; on comprend de même pourquoi le peu d'épaisseur des parois de la cuve dans les fourneaux actuels est sans mauvaise influence sur la consommation de combustible.

A ce point de vue aussi, une hauteur exagérée du fourneau est sans avantage, car si elle assure le maintien, pendant un temps plus long, des minerais en contact avec les gaz réducteurs, elle expose du même coup l'acide carbonique à une action plus prolongée sur le carbone ; lors donc que cette hauteur est suffisante pour que la réduction aussi complète que possible s'effectue, tout accroissement de hauteur sera préjudiciable en favorisant cette décomposition de l'acide carbonique.

La hauteur qu'un haut-fourneau peut atteindre utilement dépend d'ailleurs du genre de combustible qu'il est appelé à consommer. Nous savons que le charbon de bois brûle plus facilement que le coke, que celui-ci quand il est poreux se consume plus aisément que lorsqu'il est dur et à texture serrée, que l'anthracite enfin est d'une combustion plus difficile encore ; en d'autres termes ces divers états du carbone se comportent d'une manière différente vis-à-vis de l'oxygène et résistent plus ou moins à son action, qu'il provienne de l'air insufflé ou de la décomposition de l'acide carbonique. Mettant à part la plus grande friabilité des combustibles légers qui obligerait déjà à réduire la hauteur des fourneaux dans lesquels ils doivent être consommés, nous voyons qu'il existe une relation entre cette hauteur et la facilité plus ou moins grande avec laquelle ce combustible se combine avec l'oxygène. C'est donc avec ceux qui sont les plus denses que l'on peut, sans inconvénient, arriver aux plus grandes hauteurs.

Il faut rappeler, toutefois, que l'anthracite ayant le défaut de se briser sous l'influence de la chaleur et de mettre par là un obstacle souvent difficile à surmonter au passage des gaz, est d'un emploi difficile dans les fourneaux très élevés.

Les combustibles menus qui offrent à l'action des gaz chargés d'acide carbonique une plus grande surface exposent naturellement à une dépense exagérée.

La pratique a démontré qu'il existe, pour le courant gazeux ascendant, une certaine vitesse plus convenable que toute autre et qu'on ne peut diminuer sans qu'il en résulte une plus grande consommation de carbone, précisément parce qu'à cette vitesse réduite correspond une action plus prolongée de cet élément sur l'acide carbonique. Une vitesse exagérée a d'autres inconvénients, puisqu'il peut arriver que le contact des minerais avec les gaz réducteurs ne soit pas suffisamment prolongé, et qu'il faille consommer du carbone directement dans la zone de fusion pour achever la réduction.

Dans un haut-fourneau de dimensions déterminées, la vitesse du courant gazeux dépend de la quantité de combustible brûlé dans un temps donné, qui, elle-même, est réglée par le volume de vent introduit par les tuyères ; par conséquent pour obtenir du combustible l'emploi le plus avantageux, il faut lancer dans le haut-fourneau un volume de vent qui ne soit ni trop faible ni trop considérable.

En tous cas plus un fourneau est élevé et plus il faut imprimer de vitesse aux gaz pour éviter le contact trop prolongé entre le carbone et l'acide carbonique, et, comme la résistance croit avec la vitesse, il est nécessaire que le vent arrive avec une pression plus forte et que la machine soufflante produise une quantité de travail supplémentaire.

Les cyanures, qui se forment au dessus des tuyères, sont en partie décomposés au contact des minerais incandescents non réduits et exercent eux-mêmes une action désoxydante énergique. L. Bell n'a trouvé dans les gaz du gueulard, par mètre cube, que $3^g,9$ de cyanogène et 9^g de potassium et de sodium, tandis qu'au dessus des tuyères, il avait constaté l'existence de 13^g du premier élément et 29 des seconds : ainsi donc, dans la traversée du haut-fourneau, les gaz avaient perdu 80 % du cyanogène et 69 % des métaux alcalins. Les alcalis abandonnés par le courant gazeux, au moment de la décomposition des cyanures, se fixent sur le minerai et descendent avec lui jusque dans la partie inférieure du fourneau où ils se trouvent dans les conditions les plus favorables pour constituer de nouveaux cyanures et être repris par le courant gazeux. A partir d'une mise en feu la quantité de cyanures qui se forme va donc en augmentant par le fait d'additions successives d'alcalis jusqu'à ce qu'il s'établisse une sorte d'équilibre entre le poids des alcalis amenés par les charges, celui qui est entraîné par les gaz et celui qu'absorbent les laitiers.

Lorsqu'on alimente le haut-fourneau avec un combustible non carbonisé, les matières volatiles qu'il dégage, composées principalement d'oxyde de carbone et de carbure d'hydrogène, se mêlent au courant gazeux ; les hydrocarbures les plus carburés se décomposent, leur carbone participe à la réduction ; quant à ceux qui le sont moins, on les retrouve dans les gaz.

A mesure que les gaz atteignent les parties plus élevées de la cuve, ils contiennent une proportion croissante d'oxygène, en s'approchant du gueulard, ils se chargent de vapeur d'eau qu'ils entraînent hors du fourneau ; à ce point ils renferment donc : azote, oxyde de carbone, acide carbonique, hydrogènes carbonés, hydrogène libre, une certaine quantité de vapeur d'eau et des poussières dont nous indiquerons plus loin la composition chimique lorsque nous passerons en revue les produits secondaires des hauts-fourneaux.

Etudes sur les gaz. — L'analyse des gaz recueillis à différentes hauteurs dans le haut-fourneau permet de se rendre compte des phénomènes qui s'y accomplissent, et c'est ainsi qu'on a pu acquérir les premières notions sur les réactions successives qui constituent l'opération de cet appareil. C'est en 1839 que les premières études de ce genre ont été entreprises avec succès par Bunsen sur le petit fourneau de Veckerhagen près Cassel; le même sujet fut repris plus tard par Ebelmen en France, par Rinman et Fernquist en Suède, par Bunsen et Playfair en Angleterre, par Tunner et Richter et plus récemment par Kupelweiser et Schœffel en Styrie [1].

Il est bon de faire remarquer qu'il est très difficile d'obtenir une bonne prise d'essai lorsqu'on veut analyser les gaz, principalement dans les régions situées au-dessous du gueulard : le combustible, comme on le sait, s'accumule près de la circonférence et le minerai avec les fondants se rassemblent vers le milieu de chaque section ; il en résulte que l'échantillon pris dans le voisinage de l'axe diffère beaucoup de celui qu'on recueille près de la circonférence. Lorsque le gueulard est fermé, il se fait un mélange à peu près homogène et on se contente de faire les prises sur un point de la conduite.

Nous avons indiqué que l'analyse des gaz avait été d'un grand secours pour révéler les diverses réactions qui s'effectuent dans l'intérieur d'un haut-fourneau. On en jugera par les considérations suivantes :

L'oxygène contenu dans le gaz pris en un point quelconque ne peut provenir que de deux sources : l'air insufflé d'une part, les matières chargées d'autre part.

L'air aspiré à l'extérieur par la machine soufflante et insufflé par les tuyères introduit, par le bas du fourneau, de l'oxygène libre et une petite quantité de vapeur d'eau qui se décompose devant les tuyères en deux volumes d'hydrogène pour 1 d'oxygène. Si donc on connaît par l'analyse du gaz recueilli dans

---

[1] Les premiers essais de Bunsen sont décrits dans les annales de Poggendorf, T. 46, en 1839, p. 193 : ceux d'Ebelmen, dans les annales des mines, série III, T. 20, p. 395, série IV, T. 5, p. 24 : T. 19, p. 117 ; ceux de Bunsen et Playfair dans : Report of the British association 1846, p. 170 ; quant aux essais de Styrie, on en trouvera la nomenclature dans les ouvrages à consulter. La métallurgie de Percy contient un résumé de toutes les études faites jusqu'en 1866.

Actuellement on se borne presque toujours à analyser les gaz du gueulard, parce qu'il suffit de connaître leur composition pour en tirer des conclusions très importantes au sujet de l'allure du haut-fourneau. Nous donnons plus loin des détails sur ce sujet.

cette région, la proportion d'hydrogène qu'il contient, on en peut conclure la quantité d'oxygène correspondante due à la présence de l'eau dans l'air insufflé.

Négligeant la petite quantité de cyanogène et de cyanures qui se forme dans l'ouvrage, on peut admettre que l'azote n'éprouve aucune modification ; or, on sait que 100 d'azote correspond en volume à 26,5 d'oxygène, il est donc facile en connaissant l'azote contenu dans un mètre cube de gaz d'en conclure la quantité d'oxygène correspondante provenant de l'air. Par conséquent si, du volume total d'oxygène contenu dans le gaz, on retranche ce qui provient de l'air et s'il y a un excédant, c'est généralement le cas, il est incontestable que cet oxygène provient des matières du lit de fusion ou du combustible, c'est-à-dire de la réduction des oxydes, de la décomposition des carbonates ou de celle des combustibles oxygénés, et, en analysant les matières du lit de fusion prises dans la même région que le gaz, on peut se rendre compte de l'origine de l'oxygène.

Si, au contraire, le gaz soumis à l'analyse contient moins d'oxygène que l'air n'en a apporté, il faut admettre qu'il s'est fait une oxydation de corps solides ou en fusion, fer, manganèse ou silicium.

Il est très simple de calculer le volume d'oxygène contenu dans les gaz ; il s'y trouve, en effet, combiné avec le carbone sous la forme d'oxyde de carbone ou sous celle d'acide carbonique, et nous savons que le premier contient 1 2 volume d'oxygène, et le second son propre volume.

La composition du gaz se modifie à mesure qu'il s'élève dans le fourneau, mais il est un élément qui reste invariable, ne subit ni augmentation ni diminution ; il est donc naturel de prendre ce corps comme base, et d'y rapporter les autres en établissant leur proportion par rapport à un volume de gaz contenant 100 d'azote.

Supposons par exemple qu'en un point du haut-fourneau la composition du gaz recueilli soit la suivante en volume :

Azote.	58,80
Acide carbonique	11,20
Oxyde de carbone	25,30
Hydrogène libre	3,60
Hydrogène protocarboné CH_4	0,90

L'hydrogène peut provenir en partie du combustible si le gaz est emprunté aux régions les plus élevées du haut-fourneau ; si on a déterminé combien le gaz pris immédiatement au-dessus des tuyères en contient, on saura dans quelle proportion il a été fourni par l'air insufflé.

Admettons que dans l'exemple ci-dessus, le gaz recueilli dans le voisinage des tuyères contienne en volume 0,70 d'hydrogène, la quantité d'oxygène associée pour former la vapeur d'eau sera 0,35.

Les 58,80 d'azote ont apporté $\frac{26,5}{100} \times 58,80 = 15,58$ d'oxygène qui ajoutés à celui fourni par la vapeur d'eau, 0,35, font un total de 15,93 provenant de l'air.

L'acide carbonique contient son propre volume d'oxygène . . 　11,20

l'oxyde de carbone la moitié de son volume $= \frac{25,30}{2} = $ . . . . 　12,65

il existe donc dans le gaz, en volume, une quantité d'oxygène $=$. 　23,85

le lit de fusion a donc fourni $23,85 - 15,93 = 7,92$, et si on rapporte ce chiffre à 100 d'azote, $\frac{7,92}{58,80} \times 100 = 13,48$.

Le gaz, pour 100 d'azote, contient 13,48 d'oxygène provenant du lit de fusion.

En analysant les matières solides prises au même point que le gaz, on saurait exactement si l'oxygène fourni par le lit de fusion est dû à la réduction des minerais, à la décomposition des carbonates ou des combustibles, mais si on connaît exactement le point où le gaz a été recueilli et la composition du lit de fusion avant son introduction dans le fourneau, on peut déjà arriver à des conclusions fort intéressantes.

On peut également obtenir, sous une autre forme, des données sur la manière dont s'effectuent les réactions dans le haut-fourneau en déterminant les volumes d'acide carbonique et d'oxyde de carbone contenus dans les échantillons de gaz pris à différentes hauteurs, et rapportés à la quantité de gaz qui renferme 100 d'azote.

Un volume d'acide carbonique, de même qu'un volume d'oxyde de carbone, contient un demi-volume de vapeur de carbone; par conséquent dans l'exemple que nous avons choisi à 58,80 d'azote correspond ;

$$\frac{11,20 + 25,30}{2} = 18,25 \text{ vol. de vapeur de carbone}$$

ou pour 100 d'azote, 31,03. Si, pendant la marche ascendante du gaz, on constate que le rapport entre les volumes de vapeur de carbone et d'azote, $\frac{C}{Az}$, augmente, on en conclut, ou bien qu'une réduction directe s'est produite, c'est-à-dire qu'une certaine quantité de carbone, empruntée directement au combustible, s'est transformée en oxyde de carbone ou en acide carbonique, ou bien qu'une certaine proportion de carbone a été brûlée par l'acide carbonique, ces deux cas ayant la même influence sur la consommation de combustible, ou bien enfin que des carbonates se sont décomposés.

Si au contraire on remarque dans ce même rapport $\frac{C}{Az}$ une diminution, on peut l'attribuer à une dissociation dans les parties hautes du fourneau de l'oxyde de carbone accompagnée de dépôt de carbone ; on peut admettre également, lorsqu'on emploie de la chaux au lieu de castine, que cette chaux a absorbé une certaine quantité d'acide carbonique ; le même phénomène a pu se produire avec le fer spathique calciné.

Dans les régions inférieures du fourneau, une diminution de ce rapport prouverait que la composition du gaz indiquée par l'analyse ne représente pas la moyenne réelle correspondant à la section considérée, car la quantité de gaz carburé ou de carbone absorbée par le fer pour se transformer en fonte est trop faible pour être reconnue par l'analyse.

Il est encore possible de tirer des conclusions importantes de l'examen du rapport qui existe entre l'acide carbonique et l'oxyde de carbone d'un échantillon de gaz donné : le résultat de la combustion du carbone par l'air est presqu'exclusivement de l'oxyde de carbone, c'est ce qui ressort des analyses de gaz recueilli dans les régions des tuyères et nous en avons expliqué la raison ; la petite quantité d'acide carbonique que l'on peut rencontrer en certains points de cette région, disparaît promptement, surtout si le vent est très chauffé, et si le combustible est facile à brûler ; donc, là le rapport $\dfrac{CO^2}{CO} = 0$.

Lorsque l'allure du fourneau est normale, ce rapport augmente à mesure que le gaz se rapproche du gueulard puisque la réduction indirecte, c'est-à-dire par le gaz, a pour effet de transformer l'oxyde de carbone en acide carbonique d'une part, que d'autre part les carbonates se décomposent, et qu'enfin l'oxyde de carbone lui-même perd du carbone et se convertit en acide carbonique, $2CO = C + CO^2$.

Si donc, dans le mouvement ascendant du gaz, on constate une diminution dans le rapport $\dfrac{CO^2}{CO}$, on en peut conclure avec certitude, qu'il se fait une réduction directe du minerai par le carbone dont le résultat est la production d'une nouvelle quantité d'oxyde de carbone, ou qu'il s'opère une combustion de carbone par l'acide carbonique.

L'hydrogène que l'on trouve dans le gaz provient, comme nous l'avons indiqué précédemment, d'une part de la vapeur d'eau introduite avec l'air par les tuyères, et d'autre part du combustible qui en renferme presque toujours une certaine quantité ; le premier est mis en liberté dès la région des tuyères, et si la proportion de ce gaz augmente dans les parties plus élevées, cela ne peut provenir que de l'apport fait par le combustible : s'il se produit au contraire une diminution, on doit l'attribuer à une réduction d'oxydes faite aux dépens de l'hydrogène lui-même.

Quant aux carbures d'hydrogène, ils sont apportés par le combustible ; les charbons de bois et les cokes en contiennent de petites quantités, mais on en rencontre des proportions plus considérables dans les combustibles crus ou incomplètement carbonisés. En chauffant du charbon de bois à 800°, Rinman a recueilli un gaz qui renfermait 20,4 % de carbure CH_4. Bunsen, dans un essai du même genre, obtint de 11 à 21 % du même gaz. Le premier de ces savants a constaté que le gaz fabriqué avec du charbon de bois contient, pour 100 d'azote, 0,5 de carbure.

Dans les gaz de haut-fourneau recueillis dans les régions supérieures on trouve jusqu'à 3 % de carbure CH_4 lorsqu'on consomme des combustibles carbonisés, et 8 % et plus si ceux-ci sont employés crus. Le carbure CH_2, qu'on ne rencontre que dans ce dernier cas, est rapidement décomposé.

En 1871 et 1872, Schœffel a étudié les gaz d'un des hauts-fourneaux d'Eisenerz appartenant à la société d'Innerberg [1], il était établi de la manière suivante :

Hauteur totale.	$13^m,30$
De la sole au ventre.	$3^m,80$
Diamètre au creuset.	$1^m,50$
Id. au ventre.	$2^m,60$
Id. au gueulard.	$1^m,70$
Id. de la trémie.	$0^m,90$

Cette dernière était du système Pford. Le cube total était de 35^{mc}. Quatre tuyères lançaient par minute 35^{mc} de vent. Le fourneau était alimenté avec du fer spathique grillé contenant encore 12 % d'acide carbonique, et rendant 50 % de fer ; on y ajoutait 7,5 % de schiste argileux et 2 % de grenailles de fonte extraites du laitier. Le minerai passait des fours de grillage au gueulard sans se refroidir, aussi la température de celui-ci était-elle exceptionnellement élevée, environ 500°. Le fourneau donnait par 24 heures $18^t,5$ de fonte blanche et $13^t,5$ de laitier ; on brûlait 750 de charbon de bois pour 1000 de fonte, le minerai ne séjournerait que 7 heures dans le fourneau. Les résultats des analyses des gaz sont consignés dans le tableau suivant.

ANALYSES DES GAZ DU HAUT-FOURNEAU D'EISENERZ PAR SCHŒFFEL.

Profondeur à laquelle le gaz a été recueilli au-dessous du gueulard	Volumes de					Dans un volume de gaz contenant 100 d'Azote		Rapport $\dfrac{CO_2}{CO}$
	CO_2	CO	CH_4	H	Az	Oxygène du lit de fusion	Vapeur de Carbone	
Au gueulard	13,96	24,44	0,34	4,85	55,42	19,5	34,6	0,57
A $4^m,40$ en-dessous	14,64	26,30	»	8,20	50,86	26,7	40,2	0,55
» $5^m,70$ id.	12,67	25,99	0,93	6,90	53,15	24,1	36,3	0,49
» $9^m,10$ id.	12,78	28,57	0,20	2,84	56,23	20,3	36,8	0,44
» $10^m,10$ id.	12,07	29,33	0,03	2,78	56,55	19,5	36,7	0,41
» $10^m,70$ id.	7,92	29,01	»	2,31	60,76	9,2	30,4	0,27
Région des tuyères	2,07	33,72	0,06	1,39	62,63	2,7	28,5	0,06

[1] Jahrbuch der Bergakademien zu Leoben ; T. XXI, p. 232-188.

[2] Lorsque le mémoire de Schœffel présentait plusieurs résultats pour le même point du haut-fourneau, nous avons adopté une moyenne ; nous avons écarté quelques résultats douteux, notamment ceux correspondant à 8^m et à $8^m,80$.

Si on examine les variations qui se produisent dans la quantité d'oxygène provenant du lit de fusion, on reconnaît qu'elle augmente à mesure que le gaz est pris plus loin des tuyères jusqu'à 4ᵐ,40 au-dessous du gueulard, ce qui est d'accord avec la théorie : on voit de plus que cette augmentation est rapide jusqu'à 10ᵐ.10, c'est-à-dire jusqu'au ventre et plus lente au-dessus ; on en conclut que la réduction s'effectuait principalement dans la région inférieure du fourneau. ce qu'ont confirmé les analyses des minerais, et ce que suffit à expliquer la rapidité de l'allure et le court séjour des matières dans la cuve.

On conçoit moins facilement la diminution de la proportion d'oxygène près du gueulard, correspondante à une moindre quantité de carbone. On peut, il est vrai, expliquer cette anomalie par une absorption d'acide carbonique par la chaux des minerais spathiques. mais il est plus rationnel d'admettre un manque d'homogénéité des gaz résultant de l'appel de la prise qui se fait dans cette région : dans tous les cas, l'analyse prouve que la réduction n'a pas lieu dans cette partie du fourneau.

La proportion de carbone augmente dans les gaz à partir des tuyères jusqu'au ventre, à 10ᵐ,10 du gueulard, ce qui provient de la décomposition des carbonates qui y existent encore et probablement de la combustion directe du carbone ou de son action sur l'acide carbonique ; le rapport $\frac{CO^2}{CO}$ croît rapidement à mesure que l'on s'éloigne des tuyères, ce qui prouve que la réduction indirecte joue un rôle important. et que la totalité de l'acide carbonique qui en résulte et de celui que dégagent les carbonates par leur décomposition, n'est pas transformée en oxyde de carbone.

A partir de ce niveau jusqu'à 5,70 au-dessous du gueulard, le carbone reste à peu près constant, le rapport $\frac{CO^2}{CO}$ augmente peu à peu : la réduction indirecte, bien que faible, est donc dans cette zone le phénomène dominant.

Quant à l'accroissement du carbone qui se produit avant le niveau de 4ᵐ,40 au-dessous du gueulard, on doit l'attribuer au dégagement de l'acide carbonique persistant dans le minerai : l'augmentation du rapport $\frac{CO^2}{CO}$ a la même origine.

Les expériences de Rinman sur un haut-fourneau suédois qui était alimenté avec des minerais magnétiques grillés ont mis en évidence la différence de composition des gaz, selon qu'on les recueille près de l'axe ou à la circonférence. Le gueulard était à 12ᵐ,02 au-dessus du niveau des tuyères.

ANALYSES DES GAZ D'UN HAUT-FOURNEAU SUÉDOIS PAR RINMAN

Hauteurs des prises au-dessus des tuyères	Proportions en volumes									
	près des parois					près de l'axe				
	Az	CO_2	CO	H	CH_4	Az	CO_2	CO	H	CH_4
10m,09	58,80	11,20	25,50	3,60	0,90	»	»	»	»	»
6m,97	61,90	4,90	30,75	2,45	»	61,00	8,75	26,65	3,50	0,10
4m,38	65,45	1,10	32,35	1,10	»	»	»	»	»	»
2m,15	68,80	4,20	26,30	0,70	»	64,05	2,35	33,05	0,55	»

Si on calcule, en partant de ces résultats, l'oxygène provenant du lit de fusion, la proportion de carbone, et le rapport $\frac{CO_2}{CO}$, on trouve en moyenne les chiffres suivants :

Hauteurs des prises au-dessus des tuyères	En volumes		$\frac{CO_2}{CO}$
	Oxygène provenant du lit de fusion	Carbone	
10m,09	14,2	31,2	0,44
6m,97	8,0	28,9	0,24
4m,38	»	25,5	0,03
2m,15	0,8	24,4	0,18

A l'examen de ces chiffres, on reconnaît que la marche de l'opération dans le fourneau suédois diffère beaucoup de celle du fourneau styrien. C'est seulement vers la hauteur de 7m au-dessus des tuyères que l'oxygène du lit de fusion commence à passer dans les gaz, la réduction se fait presqu'entièrement dans la moitié supérieure du fourneau, grâce à la descente beaucoup moins rapide des matières.

D'après les renseignements que nous avons puisés à une autre source, ce fourneau était soufflé par trois tuyères de 50mm de diamètre ; le vent était introduit sous une pression de 43mm de mercure, à la température de 75°; il recevait donc au plus par minute 20mc d'air, c'est-à-dire un peu plus de moitié de ce qui était admis dans celui d'Eisenerz, bien que les capacités fussent peu différentes l'une de l'autre ; pour une même quantité de combustible, le poids du lit de fusion était moins grand dans le fourneau suédois, mais, en tous cas, le minerai y séjournait plus longtemps, la combustion par le vent des tuyères ne produisait que lentement l'oxyde de carbone, car à partir de ce point, le rapport $\frac{CO_2}{CO}$ commençait par diminuer, ce qui tenait probablement à la faible température du vent, puis, à $4^m,38$, ce rapport augmentait, ce qui indiquait que la réduction par l'oxyde de carbone s'effectuait et qu'en même temps il se faisait une réduction directe ou que l'acide carbonique était décomposé par le carbone, puisque la proportion de carbone contenue dans les gaz subissait un accroissement.

Il y a plus de vingt ans que les analyses dont nous venons de discuter les résultats ont été faites, et les hauts-fourneaux actuels marchent dans des conditions bien différentes de celles que nous trouvons dans les deux exemples cités ; ceux-ci montrent cependant le parti qu'on peut tirer de l'examen de la composition des gaz pour l'appréciation des réactions qui se passent dans les hauts-fourneaux.

Nous avons fait remarquer page 296 t. 1, que le fer ne peut être ramené à l'état métallique par les gaz, que lorsque ceux-ci contiennent un grand excès d'oxyde de carbone : par conséquent, il n'est pas possible d'utiliser pour la réduction la quantité totale de ce gaz produite dans le haut-fourneau et d'obtenir qu'il n'en reste plus au gueulard. Cependant le rapport $\frac{CO_2}{CO}$ indique approximativement le degré d'utilisation du combustible. En effet, pour obtenir la fusion des matières dans la zone convenable, il faut y développer une certaine quantité de chaleur, et comme de la production de l'oxyde de carbone on en obtient beaucoup moins que de celle de l'acide carbonique, on sera amené, pour avoir le nombre de calories nécessaire, à brûler une plus grande quantité de carbone. D'un autre côté, toute transformation de l'acide carbonique résultant de la réduction du minerai en oxyde de carbone détermine, sans effet utile, une consommation supplémentaire de combustible et abaisse la teneur du gaz en acide carbonique ; toute réduction directe de l'oxyde de fer par le carbone est une cause de dépense en combustible et de production d'oxyde de carbone, effets qui se réunissent pour diminuer le rapport $\frac{CO_2}{CO}$. On voit que ce rapport indique bien réellement le bon ou le mauvais emploi du combustible.

Il ne faut pas oublier, cependant, que la dépense en combustible dépend aussi de la difficulté plus ou moins grande avec laquelle le minerai se réduit et en même temps de la nature de la fonte produite. Ce serait donc une erreur de baser exclusivement sur la valeur de ce rapport la comparaison de la marche de deux hauts-fourneaux fonctionnant dans des conditions différentes.

(b) Influence de l'emploi de l'air chaud. — Dès que Neilson eut imaginé d'employer l'air préalablement chauffé pour le soufflage des hauts-fourneaux, et qu'il eut appliqué cette idée en Écosse, on reconnut bientôt qu'il suffisait de donner au vent une température très modérée, pour voir diminuer sensiblement la consommation de combustible et en même temps augmenter la

production. Ces avantages devinrent plus évidents encore lorsque le perfectionnement des appareils permit d'atteindre de plus hautes températures, mais on remarqua aussi que la fonte ne possédait plus les mêmes propriétés que lorsqu'elle était produite à l'air froid. On apprit cependant à combattre cette influence par des modifications dans les lits de fusion et à tirer parti de la fonte en tenant compte de sa nouvelle manière d'être [1] et dès lors l'espèce d'ostracisme, qui à l'origine avait frappé les fontes produites à l'air chaud, n'eurent plus de raison d'être.

On entreprit alors d'étudier au point de vue scientifique l'action de l'air chaud et on ne fut pas peu surpris de constater que la quantité de combustible économisé représentait, comme nombre de calories, une valeur notablement supérieure à celle fournie par l'apport du vent chauffé ; on remarqua en outre que, a mesure que la température du vent était élevée, celle du gueulard baissait.

Il n'est pas difficile de reconnaître que ces deux faits sont étroitement liés l'un à l'autre et d'en trouver l'explication. Pour chaque kilogramme de fonte obtenu, il a fallu que le fourneau ait reçu une certaine quantité de chaleur résultant, ordinairement, de la combustion par le vent d'une certaine quantité de combustible ; et chaque unité de ce dernier brûlé dans un tel but, donne naissance à un volume déterminé de gaz qui s'élève dans le fourneau ; si donc, une partie de cette chaleur nécessaire, au lieu de provenir de la combustion du carbone, est apportée par le vent chaud, il y aura moins de carbone brûlé, partant moins de gaz produits et cela d'autant plus que la somme de chaleur introduite par le vent sera plus considérable ; la quantité de gaz étant plus faible, ceux-ci sont plus vite et plus complètement dépouillés au profit des matières solides qu'ils traversent dans leur mouvement ascensionnel, la chaleur qu'ils emportaient est donc mieux utilisée et la température est moindre au gueulard.

Il pourrait arriver souvent que le courant gazeux devenant plus faible, la quantité de carbone solide brûlé par l'acide carbonique augmentât ; il faut remarquer cependant que ces gaz mieux refroidis seraient peu disposés à se prêter à cette réaction ; pour la rendre moins à craindre, il suffit, d'ailleurs, de presser l'allure, ce qui a pour effet immédiat d'augmenter la production.

Lorsqu'on accroît ainsi la quantité de chaleur venue de l'extérieur et qui

---

[1] On s'aperçut, par exemple, que la fonte à l'air chaud, convenait moins bien pour la fabrication des pièces moulées en 1re fusion ; sa teneur plus forte en silicium la disposait à être plus souvent limailleuse ou bourrue ; en outre la résistance était moindre. On peut, par la composition du lit de fusion diminuer la richesse en silicium ; d'un autre côté, les fondeurs, qui renonçaient à travailler en 1re fusion, constataient que cette même fonte se comportait mieux pour la 2e fusion qui a généralement pour effet d'augmenter la ténacité, de sorte que dans les cas ordinaires, on ne trouve pas, dans la différence de propriétés mécaniques, de motifs sérieux de renoncer aux avantages qui résultent de l'emploi de l'air chaud.

vient s'ajouter à celle produite par la combustion, la température résultant de celle-ci devant les tuyères s'élève ; mais une température élevée augmente l'affinité du carbone pour l'oxygène, la combustion est donc plus rapide, l'oxygène libre et l'acide carbonique qui a pu se former au premier moment disparaissent plus rapidement, l'espace dans lequel se développe la chaleur est plus restreint ; cette haute température s'abaisse rapidement pour les motifs que nous avons développés, et aussi parce qu'elle est circonscrite dans une zone plus réduite.

Lors donc que l'on emploie l'air chaud, on peut éviter ou du moins rendre plus rare le danger de voir le feu monter, c'est-à-dire de voir les régions supérieures acquérir une température élevée.

D'un autre côté, le gueulard étant plus froid, surtout si on consomme des minerais très hydratés, les minerais se préparent moins promptement dans les parties hautes de la cuve, la réduction commence plus tard, et peut être moins complète : ces inconvénients sont plus à redouter si le fourneau est bas, parce que les minerais y séjournent moins longtemps.

Il faut remarquer en outre que le carbone qui brûle devant les tuyères est destiné non seulement à développer le nombre de calories nécessaires pour la fusion des matières, fonte et laitier, mais aussi à donner naissance à l'oxyde de carbone qui doit assurer la réduction des minerais ; or, comme le chauffage de l'air a pour effet de diminuer la quantité de carbone consommé il en résulte qu'il existe, à l'économie de combustible que l'on peut réaliser par ce chauffage, une limite au-delà de laquelle il ne se produit pas une quantité d'oxyde de carbone suffisante pour opérer la réduction par le gaz ; on se verrait donc obligé de demander ce complément de réduction au carbone solide, d'où consommation supplémentaire de combustible ; il est évident que cette limite est plus vite atteinte, lorsque, sans autre modification, on introduit l'usage du vent chauffé dans un fourneau marchant à l'air froid avec une faible proportion de combustible résultant de l'emploi d'un minerai facile à traiter, et de la fabrication d'une fonte blanche pauvre en silicium et en manganèse ; on se rappelle, en effet, que la réduction du silicium et du manganèse se fait principalement par le carbone solide et exige une plus grande quantité de chaleur.

Ajoutons enfin que l'avantage de circonscrire la combustion dans une région moins étendue est d'autant plus sensible que le combustible employé est plus difficile à brûler ; il est donc plus grand pour l'anthracite que pour le coke, et pour celui-ci que pour le charbon de bois.

En résumé, nous devons admettre que la limite au-delà de laquelle il est inutile et quelquefois nuisible, d'élever la température du vent, est d'autant plus basse :

1° Que le fourneau a une moindre hauteur ;

2° Que le minerai est d'une réduction plus facile ;

3° Que la fonte produite doit renfermer moins de silicium et de manganèse ;

4° Que le combustible brûle avec plus de facilité.

Ces conclusions sont confirmées par la pratique ; ainsi dans les grands hauts-fourneaux alimentés-avec du coke, de la houille crue ou de l'anthracite et marchant en fontes grises ou riches en manganèse, on peut porter le vent à 800° sans dépasser la limite de l'utilité ; on ne l'atteint même pas si le minerai est d'une réduction difficile, tandis que si ces mêmes fourneaux produisent de la fonte blanche et si on chauffe le vent au-dessus de 400 ou 500°, on n'en retire aucun avantage, on éprouve même plus de difficulté à maintenir, sans altération, l'allure en fonte blanche, parce que la haute température dans la région des tuyères tend toujours à amener la réduction d'une certaine quantité de silice.

Lorsqu'on a affaire à des hauts-fourneaux de moindre dimension, au charbon de bois, on ne chauffe guère le vent au-dessus de 400 ou 500° pour l'allure en fonte grise, et pour celle en fonte blanche, obtenue de minerais faciles à réduire, on ne dépasse pas 300° [1].

Nous avons nous-même constaté qu'en élevant la température du vent au-delà de 300° dans un très petit haut-fourneau au charbon de bois produisant de la fonte grise avec des limonites d'un traitement facile, on n'obtenait aucune amélioration sous le rapport de la production ou de l'économie de combustible ; comme l'avantage était absolument nul, après un roulement de plusieurs semaines avec du vent porté à très haute température on ramena celle-ci à 300°.

Le chauffage du vent a une influence considérable sur la composition de la fonte et par conséquent sur ses propriétés physiques ; la température plus élevée qui règne devant les tuyères exalte l'affinité du carbone pour l'oxygène, ce qui favorise la réduction de la silice et des oxydes de manganèse ; c'est donc avec raison qu'on a recours au vent très chaud pour produire les fontes riches en silicium et en manganèse ; lorsqu'au contraire on veut obtenir des fontes propres au moulage en première fusion, on doit éviter l'introduction de ces deux éléments dans le métal, et pour cela réduire la température du vent ; lorsque les minerais dont on dispose sont peu siliceux et pauvres en manganèse, on peut combattre la tendance à la réduction qui résulte du soufflage au vent très chauffé, mais il est difficile d'éviter complètement la production d'une certaine quantité de silicium et l'apparition du graphite même dans les fontes blanches.

Le carbone contenu dans la fonte en fusion est un agent particulièrement

[1] Jahrbuch der œsterreichischen Bergakademieen; T. XXI ; p. 357. Tunner.

efficace de réduction pour le silicium ; c'est ce qui explique pourquoi la
fonte à l'air chaud est souvent moins carburée que celle obtenue avec de
l'air froid. Les analyses de deux fontes au charbon de bois sortant du même
fourneau d'Ilsenburg produites avec les mêmes minerais, l'une à l'air
chaud et l'autre à l'air froid, font ressortir cette différence de composition.

	à l'air chaud	à l'air froid
Carbone	4.063	4,363
Silicium	1.168	0.635
Manganèse	0,382	0,298
Phosphore	0,545	0,559
Soufre	0,031	0,034
Cuivre	0,016	0,023
Arsenic	traces	0,000
Antimoine	0,050	0,031
Chrome	0,034	0,030
Vanadium	0,014	0,022

c) *Influence de la pression et du volume de l'air injecté dans le haut-fourneau.* — Pour une bonne marche du haut-fourneau, il est nécessaire que l'air
que l'on y lance ait une certaine pression qui dépend des dimensions de
l'appareil et de la nature du combustible.

En augmentant la pression manométrique de l'air, on fait croître en même
temps la vitesse d'écoulement et la force vive ; le vent peut vaincre plus facilement les obstacles que lui opposent les fragments de combustible et pénétrer plus avant dans l'ouvrage ; les molécules d'oxygène, en vertu de la force
vive dont elles sont animées, viennent en contact plus intime avec le carbone
et donnent plus rapidement naissance au gaz oxyde de carbone. La combustion s'opère donc dans une région plus restreinte ; c'est ainsi qu'une augmentation de pression amène le même résultat que le chauffage du vent.

Plus le combustible est compact et par conséquent difficile à brûler, plus
il est utile d'employer une forte pression, puisque l'air, en pénétrant avec
une plus grande force, produira une chaleur plus également répartie dans
toute la section horizontale, et s'opposera à ce qu'elle se localise dans le voisinage des parois ; d'un autre côté les minerais qui descendent vers le milieu
du fourneau recevront plus de chaleur et se trouveront mieux exposés aux
phénomènes de réduction par le gaz.

La pression doit, d'ailleurs, être d'autant plus forte que le diamètre de l'ouvrage, au niveau des tuyères, est plus grand ; nous avons indiqué page 42, t. I,
qu'en faisant saillir l'extrémité des tuyères hors de la paroi intérieure de
l'ouvrage on permettait au vent de pénétrer plus avant ; c'est là une disposition qu'il importe de ne pas négliger.

D'un autre côté, une pression exagérée peut amener la production de tourbillons ou de remous qui troublent la répartition du vent et peuvent réagir sur la machine soufflante et diminuer son rendement.

La pression que marque le manomètre placé sur la conduite ne dépend pas uniquement de la vitesse imprimée au vent, elle résulte aussi de la contre-pression qui existe dans l'intérieur du haut-fourneau ; plus celle-ci est élevée et plus celle qu'on mesure au manomètre doit lui être supérieure pour qu'elle puisse la surmonter et communiquer aux gaz leur mouvement ascendant. La pression dans l'ouvrage augmente naturellement avec la hauteur du fourneau puisqu'elle est due à la résistance que le courant gazeux éprouve de la part des matières accumulées sur toute la hauteur ; elle dépend aussi de la grosseur des morceaux de minerais et de fondants, car les gaz traversent plus difficilement les couches composées de minerais menus qui ont plus de tendance à se tasser ; on doit donc tenir compte en réglant la pression du vent, et de la hauteur du fourneau, et du plus ou moins de perméabilité des charges.

Quand on augmente la pression du vent dans un haut-fourneau sans réduire le diamètre des buses, on lance dans l'ouvrage une quantité de vent plus considérable, on brûle dans le même temps une plus grande quantité de combustible, on développe plus de chaleur et la production de fonte s'accroît ; en même temps les gaz montent avec plus de vitesse puisque leur volume est proportionnel à la quantité de combustible brûlé ; ils sont donc plus chauds en arrivant au gueulard ; la chaleur semble, dès lors, moins bien utilisée, mais, par contre, la rapidité du mouvement des gaz n'est pas favorable à l'action de l'acide carbonique sur le carbone dans les régions supérieures et la température plus élevée de cette zone facilite la réduction du minerai par l'oxyde de carbone.

Ces résultats avantageux ne sont obtenus, cependant, que si, avant l'augmentation de pression, le courant gazeux n'avait pas atteint la limite normale de vitesse que nous avons indiquée et qui dépend de la rapidité plus ou moins grande avec laquelle on obtient la réduction du minerai et la combustion du carbone.

Si au contraire, la quantité de vent, qui résulte d'une augmentation de pression, devient telle que la vitesse du gaz dépasse la normale, la descente des charges se précipite, les minerais arrivent dans la zone de fusion incomplètement préparés et se scorifient, la réduction par le carbone solide doit intervenir en plus grande proportion, la température baisse là où il est nécessaire qu'elle soit plus élevée et il se forme *un loup*, si on ne réagit pas au plus vite.

Il résulte de toutes les considérations que nous venons d'exposer qu'il n'est pas possible de fixer théoriquement avec exactitude la pression et la quantité de vent qu'il est convenable d'attribuer à un haut-fourneau de dimensions déterminées, fonctionnant dans telles ou telles conditions. Comme nous l'avons signalé, la pression dépend du diamètre de l'ouvrage, de la hauteur du haut-fourneau, de la compacité du combustible et de la nature des minerais ; elle varie donc d'un fourneau à l'autre dans les limites que nous avons indiquées plus haut.

Quant à la quantité de vent, d'où dépend la production, elle doit être réglée d'après la capacité du fourneau d'une part et d'autre part d'après la facilité plus ou moins grande avec laquelle le minerai se réduit.

Le temps pendant lequel le minerai séjourne dans le haut-fourneau varie naturellement avec la capacité de celui-ci et avec la quantité de vent soufflé. Dans les petits hauts-fourneaux au charbon de bois traitant des minerais faciles à réduire, comme ceux des Alpes autrichiennes, un séjour de six heures est suffisant ; dans les grands hauts-fourneaux au combustible minéral en allure de fonte grise, les minerais mettent parfois plus de 60 heures pour traverser toute la hauteur et l'expérience a démontré que toute diminution de ce laps de temps aboutit à une augmentation dans la consommation de combustible pour la même quantité de minerai.

d ALLURE CHAUDE. ALLURE FROIDE. — Lorsque le travail d'un haut-fourneau se fait d'une façon normale, dans les conditions que nous avons énumérées, on dit qu'il marche en allure chaude ; l'allure devient froide si la marche est anormale.

L'allure froide peut être amenée par diverses causes dont les plus fréquentes sont les suivantes : irrégularité dans le chargement ; augmentation accidentelle de l'humidité des matières chargées en conséquence de pluies prolongées ; qualité défectueuse du combustible ; mauvaise condition du lit de fusion qui fait que la fusion commence avant que la réduction soit suffisante ; refroidissement du vent ; introduction d'eau dans l'ouvrage par des tuyères ou d'autres appareils réfrigérants en mauvais état ; irrégularités dans la descente des charges, provoquée par une forme mauvaise du haut-fourneau à la suite d'une campagne trop prolongée ; marche trop lente due à un volume de vent insuffisant ; etc.

Dans certaines circonstances, il est difficile de déterminer la cause des accidents qui se produisent ; on en voit seulement les effets ; dans tous les cas la réduction s'opère dans de moins bonnes conditions, le minerai non réduit arrive en plus grande proportion dans la zone de fusion où il est désoxydé par le carbone solide, ce qui amène une absorption plus importante de chaleur ; l'équilibre qui existait antérieurement entre les calories dégagées et celles dépensées, se trouve rompu ; le fourneau se refroidit de plus en plus, l'allure devient de plus en plus froide, à moins qu'on applique promptement le remède convenable : la zone de fusion est obstruée par des matières solidifiées, le vent ne peut se frayer un passage, le feu s'éteint et tout devient froid ; il semble qu'on assiste à la fin d'un être animé.

Le principal souci d'un fondeur doit donc être de saisir assez tôt les signes précurseurs de l'allure froide pour pouvoir appliquer à temps les mesures qui lui permettent de la combattre.

Ce sont ordinairement les laitiers qui fournissent les indications les plus nettes lorsque l'allure froide commence à se manifester ; ceux qui, en bonne marche, étaient de couleur claire deviennent plus sombres, ils passent ensuite à la coloration verte puis au noir ; comme la réduction du fer se poursuit dans la zone de fusion, l'oxyde de carbone qui en résulte reste emprisonné dans le laitier qui se montre criblé de soufflures ; c'est ce qui apparaît surtout dans ceux qui sont visqueux, comme en produisent les hauts-fourneaux au charbon de bois marchant en fonte grise.

Nous avons analysé des laitiers d'un de ces fourneaux établi à Zorge dans le Hartz, les uns correspondant à une allure chaude, les autres à une allure froide ; les résultats mettent en évidence les différences de composition suivantes.

	Laitiers gris bleu d'allure chaude.	Laitiers noirs verdâtres d'allure froide.
Silice.	49,30	48,62
Alumine.	12,17	10,75
Chaux	31,23	26,02
Magnésie	2,28	1,15
Protoxyde de fer . . .	0,79	8,59
Protoxyde de manganèse.	0,95	1,47
Soufre	0,19	0,06
Calcium.	0,24	0,08
Potasse	2,61	non dosé.

On remarque que les laitiers d'allure froide contiennent plus de protoxyde de fer et de protoxyde de manganèse et une moindre quantité de soufre ; nous avons indiqué page 374, t. I, la composition de deux fontes correspondantes, celle qui provenait d'allure froide était plus sulfureuse que l'autre ; c'est un résultat que l'on peut constater dans presque tous les cas.

La proportion de laitier, en allure froide est plus grande, puisque de plus fortes doses d'éléments tels que le fer, le manganèse et le silicium se trouvent scorifiés au lieu de passer dans la fonte après réduction; ce laitier lui-même est plus fluide parce qu'il contient en plus grandes quantités les bases métalliques, mais en même temps il se solidifie plus rapidement ; si le refroidissement du fourneau augmente, il perd sa fluidité, il est plus froid.

Lorsqu'on a l'habitude d'observer la manière d'être d'un laitier d'allure chaude, c'est-à-dire, sa couleur et sa fluidité, le changement qui se produit au début d'une allure froide devient très facile à saisir.

La fonte éprouve également des modifications plus ou moins profondes, mais elles se manifestent plus tard : ainsi elle contient moins de silicium et de manganèse qu'auparavant ; sa teneur en carbone elle-même diminue parce que le métal, se trouvant en contact dans la zone de fusion avec un laitier chargé d'oxydes métalliques, ne peut dissoudre autant de carbone qui serait brûlé par ces oxydes[1] ; si on marchait en fonte grise, celle-ci deviendra moins graphiteuse, puis blanche grenue lorsque l'allure froide se confirmera : si on produisait du spiegeleisen, il se transformera d'abord en fonte blanche rayonnée, puis en fonte caverneuse. Un œil exercé reconnaît le changement d'allure à la manière dont la fonte se présente à la coulée ; lorsque l'allure devient froide, la couleur du métal est moins vive et sa fluidité diminue parce qu'il contient moins de silicium et de manganèse, il coule difficilement, lance de nombreuses étincelles, se solidifie brusquement et présente souvent à la surface des cavités profondes.

Lorsqu'on regarde par la tuyère d'un fourneau en allure chaude et que l'œil s'est habitué à cette vive lumière, on distingue le combustible qui brûle sous l'action du vent et les matières liquéfiées qui tombent en forme de gouttes ; l'éclat est vif et blanc, ce qui indique une haute température ; il s'attache peu de matières au nez des tuyères et celles qui s'y arrêtent sont faciles à enlever ; si l'allure devient froide, au contraire, l'éclat de la tuyère est moindre, le laitier semble flotter et bouillonne sous le dégagement d'oxyde de carbone qui résulte de la réduction de l'oxyde de fer qu'il contient : si du fer réduit peu carburé, par conséquent difficile à fondre, se présente au-dessus des tuyères et rencontre leurs parois refroidies, ou celles d'autres appareils réfrigérants, il s'y fixe et constitue des accrochages formés surtout de fer métallique, qui grossissent par l'apport de nouvelles particules ferreuses et peuvent envahir l'ouvrage tout entier si on ne les enlève pas ; or ce fer tenace est beaucoup plus difficile à arracher que les accrochages formés par les scories.

Dans les hauts-fourneaux au coke soufflés avec du vent à haute température, on est rarement exposé à pareil accident : il n'en est pas de même dans les hauts-fourneaux au charbon de bois marchant en fonte grise avec du vent beaucoup moins chaud. Les métallurgistes qui ont eu affaire à des fourneaux marchant à l'air froid (ils sont peu nombreux aujourd'hui) se souviennent certainement des difficultés qu'on rencontrait lorsqu'il s'agissait d'enlever ces accrochages composés de fer ; il fallait introduire par dessous la tympe de lourdes barres de fer qu'on enfonçait à coups de masse et qui

---

[1] Nous avons décrit page 199, t. I, la réaction qui se produit entre le laitier et la fonte et les changements de composition qui en résultent. On trouvera pages 373 et 374, t. I, les analyses de fontes provenant d'un même fourneau marchant avec des allures différentes.

servaient à soulever et à arracher, à force de pesées et de secousses, les matières solidifiées.

Depuis qu'on a appliqué le vent chaud même aux fourneaux au charbon de bois, ce travail est devenu beaucoup plus rare et moins pénible ; l'obligation d'y recourir de temps en temps avait déterminé la disposition à poitrine ouverte et à avant-creuset ; dans un fourneau à poitrine fermée, une pareille manœuvre serait impossible.

Lorsqu'un fourneau marche à gueulard ouvert, ce qui est rare aujourd'hui, le changement d'aspect de la flamme indique aussi très nettement le commencement d'allure froide ; cette flamme devient moins vive, la couleur bleue qu'elle possède en bonne marche, devient jaune ; le dépôt pulvérulent qu'elle forme sur les parties les plus froides du gueulard et qui est généralement blanc, est moins abondant et passe également au jaune. Si le gueulard est fermé, on peut avoir des indications par l'apparence des produits de la combustion de ces gaz à l'extrémité des cheminées des appareils à air chaud ou des chaudières à vapeur ; ces fumées en allure chaude sont chargées d'une abondante poussière blanche ; lorsqu'il se produit un dérangement, la poussière est moins abondante, la fumée plus transparente et jaunâtre.

Toutefois les caractères de la flamme ou des fumées varient avec les conditions ordinaires du roulement, et il faut étudier ceux qui correspondent à une bonne allure dans chaque cas particulier pour pouvoir en tirer des conséquences sur la marche d'un haut-fourneau.

Lorsque l'allure froide résulte d'une proportion trop forte de minerais et de fondants par rapport au poids du combustible, on dit qu'il y a *surcharge de minerais* ; un lit de fusion trop faible, par contre, amène une allure dont la chaleur est exagérée, la réduction devient trop active et la fonte trop graphiteuse.

Pour guérir une maladie, il est essentiel de ne pas se tromper sur le diagnostic ; la même recommandation peut s'appliquer au traitement des accidents de hauts-fourneaux ; lors donc que les signes d'allure froide se manifestent, on doit immédiatement en rechercher l'origine ; si la proportion de lit de fusion est trop forte, il faut la diminuer sans retard ; il n'est malheureusement pas toujours possible de découvrir du premier coup la véritable cause du mal, mais, en tous cas, on doit prendre, sans hésiter, les mesures nécessaires pour relever la température et ramener l'allure chaude. Il est toujours bon de diminuer le poids de la charge de lit de fusion et c'est ordinairement le premier moyen auquel on a recours pour ramener la bonne allure ; mais le résultat de cette mesure se fait attendre d'autant plus longtemps que les charges descendent plus lentement dans le fourneau et y font un plus long séjour ; on arrive donc plus rapidement à une amélioration si on peut élever la température du vent, ou, tout au moins, on empêche le mal de s'aggraver. Si le changement d'allure provient d'une descente trop rapide des charges, il faut réduire la quantité de vent introduit, la marche étant plus lente le minerai est mieux préparé et la réduction directe par le carbone a un moindre rôle à jouer. Ce moyen réussit souvent dans les petits hauts-fourneaux, à condition qu'on réduise en même temps le poids de la charge. Dans d'autres cas, quoique plus rarement, on a obtenu de bons résultats d'une augmentation de pression du vent.

Il faut bien se rappeler que plus un fourneau est petit et plus il est sensible à toutes les influences qui peuvent amener l'allure froide ; aussi doit-on, dans ce cas, veiller avec un soin tout particulier au chargement, à la température du vent, à la pression, etc.

Il est un genre d'accident assez fréquent, dont les conséquences peuvent être très graves, et qui consiste en un arrêt dans la descente des charges, suivi d'une chute brusque de toutes les matières contenues dans le fourneau : l'arrêt peut durer plusieurs heures et la hauteur de chute que l'on connaît par l'abaissement brusque de la surface supérieure des matières, peut atteindre cinq mètres et même plus dans les grands hauts-fourneaux. Quelquefois, ce fait se produit lorsque le fourneau est en allure froide : mais le plus souvent il précède un changement d'allure et en est la cause déterminante, parce qu'à la suite d'une chute importante, une grande quantité de minerai arrive brusquement dans la zone de combustion sans être suffisamment préparée : en outre, le nombre de charges nouvelles qu'on est obligé de faire coup sur coup pour remplir le fourneau, amène un refroidissement exagéré. Dans quelques cas cependant une chute se produit en allure chaude et passe sans qu'on en soit averti par des modifications dans la nature de la fonte et des laitiers ; mais il peut arriver aussi qu'elle soit accompagnée d'une sorte d'explosion projetant hors du gueulard des fragments de minerai et de combustible avec une telle force que l'appareil de chargement peut être mis hors de service. Il est même arrivé que les toitures des bâtiments voisins aient subi de graves avaries du fait de matières lancées à de grandes hauteurs.

L'arrêt ou la suspension des charges dans un haut-fourneau est toujours occasionné par des masses de matières qui s'arc-boutent dans les étalages et plus rarement dans l'ouvrage : les charges supérieures reposent sur cette sorte de voûte et le combustible qui se trouve au-dessous se consume en fondant les minerais avec lesquels il est mélangé. Il se forme de cette façon un vide qui prend de plus en plus d'importance, jusqu'à ce que les masses suspendues s'écroulent entraînant avec elles toutes les charges qu'elles supportaient.

On provoque quelquefois cet écroulement en arrêtant le vent brusquement, ce qui supprime la pression inférieure qui contribuait à soutenir les voûtes.

La formation de ces masses arc-boutées peut être due à diverses circonstances. Si, par exemple, le profil intérieur du haut-fourneau n'a pas été conçu de manière à faciliter la descente des charges, il peut se produire des accrochages dans la région des étalages ; c'est ce qui arrive lorsque la transition entre ceux-ci et le ventre est trop brusque, c'est-à-dire lorsque leur pente n'est pas assez forte. Il en est de même lorsque l'ouvrage est trop large et la pression du vent trop faible pour cette largeur, auquel cas le vent ne pénètre pas jusqu'au centre ; il peut arriver alors que les minerais qui descendent dans l'axe du fourneau soient incomplètement réduits et qu'ils s'agglomèrent ensemble et provoquent des suspensions. Losqu'il en est ainsi, on peut obtenir de bons résultats en avançant les tuyères dans l'ouvrage.

Un ouvrage trop étroit peut également déterminer des accrochages et la formation d'une voûte, en rendant la descente des charges plus difficile ; dans ce cas, en reconstruisant cette partie du fourneau après la mise-hors, on devra lui donner plus de largeur pour éviter le retour de pareils accidents.

Une mauvaise répartition de la charge au gueulard, d'où résulterait la concentration des minerais vers l'axe ou leur mélange imparfait avec les fondants, provoquerait aussi l'agglomération de masses demi-fondues.

Lorsqu'on doit employer des minerais très menus et secs, ils peuvent se frayer un passage entre les fragments de combustible et arriver trop tôt, c'est-à-dire, imparfaitement réduits au bas des étalages, s'y agglomérer et former des masses qui arrêtent la descente des charges ; on a quelquefois remédié à l'inconvénient que présentent les minerais menus en les mouillant avant de les charger, mais cet artifice a pour effet de refroidir le fourneau et d'augmenter la consommation de combustible.

Lorsque le feu monte (page 18, t. II), soit parce que le vent n'est pas chauffé suffisamment, soit parce qu'il est mal réparti dans l'ouvrage, soit pour toute autre cause, il peut en résulter des chutes.

Le même accident peut être produit par la fixation dans le minerai d'une proportion exagérée de carbone provenant de la décomposition de l'oxyde de carbone, parce qu'elle a pour effet de désagréger le minerai, de le réduire en poussière et de former ainsi, avec ce mélange de carbone et d'oxyde de fer en partie réduit, un composé infusible qui vient se tasser dans les sections les plus étroites du fourneau et arrête le mouvement descendant des charges. Dans ce cas, l'allure reste chaude, et on doit conjurer le péril en faisant artificiellement monter le feu par l'emploi momentané du vent froid ; le dépôt de carbone brûle, et la masse qui s'est formée entre en fusion.

L'arrêt des charges a évidemment pour conséquence de diminuer la production du fourneau ; s'il en résulte des explosions la vie des ouvriers peut être compromise, comme l'existence du fourneau lui-même, et si les masses agglutinées s'opposent au passage des gaz, il se forme des accrochages ; nous

avons indiqué, page 13, t. II, les moyens en usage pour se débarrasser de ces
derniers, mais il n'en est pas moins important de chercher à éviter des accidents de ce genre ; lorsqu'ils se produisent, on doit faire tous ses efforts
pour en limiter la durée. Les moyens auxquels on peut recourir pour atteindre
ce but varient avec la cause originelle, et nous avons montré que des remèdes
très différents, appliqués suivant les circonstances, pouvaient amener au résultat désiré. On trouvera dans les ouvrages à consulter des détails sur les
accidents de ce genre.

3. — Conduite du haut-fourneau en vue de produire une fonte déterminée ; calcul du lit de fusion.

(a) GÉNÉRALITÉS.

La nature de la fonte produite dans un haut-fourneau dépend essentiellement :

1° De la *composition chimique des diverses sortes de minerais* employés : un
minerai pauvre en manganèse ne peut donner une fonte très manganésée ; il
n'est pas possible d'obtenir une fonte peu phosphoreuse d'un minerai qui
contient une forte dose de phosphore.

2° De la *température qui règne dans la zone de fusion ;* la réduction des
oxydes de manganèse et de la silice, par exemple, exige une température
élevée ; on ne peut donc pas, avec des fourneaux marchant à basse température, fabriquer des fontes riches en manganèse ou en silicium. Or, nous
savons que la chaleur qui règne dans un fourneau dépend de celle qui est
apportée par le vent, de la nature du combustible, de la proportion de ce dernier relativement à celle du lit de fusion, enfin de la quantité de chaleur absorbée par le fourneau, qui est elle-même plus grande lorsqu'on traite des
minerais réfractaires et qu'on veut introduire dans la fonte plus de silicium
et de manganèse [1] ; il faut donc consommer d'autant plus de combustible et
employer de l'air d'autant plus chaud qu'on veut obtenir des fontes plus
riches en manganèse ou en silicium, et qu'on doit traiter des minerais plus
réfractaires.

3° De la *quantité d'air qui pénètre dans le haut-fourneau* ou, pour mieux
dire, du rapport entre cette quantité d'air et la capacité de l'appareil : en effet,
la rapidité de la fusion et, par conséquent, la production du fourneau, dépend

---

[1] Lorsqu'on traite des minerais réfractaires, la réduction directe, qui est accompagnée d'une
absorption plus grande de chaleur, prend plus d'importance, aussi le manganèse et le silicium,
qui ne sont obtenus que par réduction directe du carbone, consomment-ils une plus grande
quantité de chaleur.

du volume de vent introduit dans un temps donné ; mais à mesure que la vitesse augmente, on est plus exposé à voir le minerai se scorifier, parce qu'il est incomplètement réduit, et à ne produire qu'un métal pauvre en silicium ou en manganèse ; un haut-fourneau auquel on demande de produire de la fonte blanche, peut donc supporter, exige même une allure plus précipitée que celui qui doit produire une fonte grise ou manganésée.

4° *De la composition chimique du lit de fusion*, d'où résulte celle *du laitier ;* la fonte que l'on obtient avec une faible consommation de combustible, et à basse température, comme la fonte blanche, et plus particulièrement celle qui est phosphoreuse, ne pourrait pas se produire si le laitier était réfractaire, puisque celui-ci ne trouverait pas la chaleur nécessaire à sa fusion. D'autre part, lorsque le métal doit contenir une forte proportion de corps d'une réduction difficile et exige une haute température, comme la fonte grise, le ferro-silicium, le ferro-manganèse, le spiegeleisen, le laitier doit avoir une composition telle qu'il n'entre pas trop tôt en fusion, car il entraînerait une quantité de protoxyde de fer qui s'opposerait à la réduction des autres éléments.

La composition du laitier a d'ailleurs une autre influence sur celle de la fonte : c'est ainsi qu'on obtient plus de manganèse si le laitier est plus basique ; pour le silicium, au contraire, un excès de base n'est pas favorable ; si les matières chargées contiennent du soufre, ce corps n'est absorbé par le laitier que s'il renferme un excès de chaux ; lors donc qu'on consomme des combustibles minéraux, du coke par exemple, où le soufre se rencontre toujours en plus ou moins grande quantité, on n'obtiendra qu'un métal sans valeur s'il est accompagné d'un laitier trop siliceux ; on ne doit pas aller au-delà du protosilicate.

Si l'on combine l'emploi simultané de plusieurs minerais de nature différente, ou si, à un minerai unique, on ajoute les fondants convenables, on peut obtenir les diverses qualités de fonte; il n'en est pas moins vrai que, généralement, chaque nature de minerai est mieux appropriée à la fabrication d'une variété de fonte déterminée ; les minerais de surface, par exemple, qui renferment le plus souvent en mélange du quartz en grains, de même que les hématites rouges siliceuses, ont presque toujours une tendance à produire de la fonte grise ; les carbonates spathiques, riches en manganèse, alors même qu'on les traite en vue d'obtenir cette même fonte, ont une propension à fournir un métal qui blanchit lorsqu'on le refroidit brusquement ; ils conviennent donc mieux à la fabrication des fontes blanches et des spiegeleisen. Lorsqu'un minerai est très alumineux, il donne plus facilement de la fonte grise, parce que l'alumine a pour propriété d'élever la température de formation et de fusion des laitiers. A l'inverse, il est très difficile d'obtenir une fonte suffisamment grise de matières pauvres en alumine.

Il est aisé de comprendre qu'on ne doit pas employer, pour la fabrication d'une nature déterminée de fonte, des minerais dont certains éléments, en passant dans le métal, seraient préjudiciables à son emploi ultérieur. Ainsi, les applications auxquelles est destinée la fonte spéculaire (spiegeleisen) ne permettent pas qu'elle soit phosphoreuse : il en est de même pour celle qui doit être affinée par le procédé Bessemer acide ; tandis que lorsqu'il s'agit de fonte de moulage ou de fonte blanche, la proportion plus ou moins grande de phosphore n'a pas la même importance ; le procédé Bessemer basique, au contraire, exige une fonte très phosphoreuse : c'est donc à cet usage qu'on pourra consacrer les minerais phosphoreux. Pour la fonte de moulage, le manganèse qui les dispose à blanchir facilement est un inconvénient ; il est utile, au contraire, dans les emplois pour lesquels on produit les fontes blanches ; par conséquent, les minerais qui sont à la fois phosphoreux et manganésés, s'appliqueront mieux à la fabrication de ces dernières : quand ils contiendront du phosphore et peu de manganèse, on pourra les utiliser à la production des deux sortes de fontes et souvent même, s'ils sont alumineux, ils se prêteront mieux à donner de la fonte grise.

Ces considérations générales doivent servir de guide dans le choix des minerais dont on peut disposer.

(b) *Conditions dans lesquelles se produisent les principales sortes de fonte aux hauts-fourneaux. — Ferrosilicium.* — La température doit être très élevée dans la zône de fusion : pour assurer la chaleur nécessaire et fournir la quantité de carbone indispensable à la réduction de la silice, qui ne se fait que directement puisque l'oxyde de carbone est sans action sur ce corps, il est nécessaire d'avoir une forte proportion de combustible par rapport au lit de fusion, et cela d'autant plus, qu'on voudra incorporer dans la fonte une quantité de silicium plus considérable. Il est indispensable de souffler du vent très chaud. On atteint, d'ailleurs, plus facilement la température voulue avec du coke qu'avec du charbon de bois [1]. Le laitier à son arrivée dans la zone de fusion doit contenir très peu de fer à l'état d'oxyde qui retarderait la production du silicium. On en conclut que les minerais d'une réduction facile, comme les hématites rouges et brunes, conviennent mieux que tous autres et particulièrement que les fers magnétiques et les scories.

On ne doit employer pour cet usage que des minerais peu phosphoreux, parce que la présence du phosphore dans le ferrosilicium nuirait à son emploi. Le laitier sera assez réfractaire pour ne pas entrer prématurément en

---

[1] Ce fait qui peut paraître étrange peut s'expliquer de la manière suivante : Comme le coke est plus dense, sa combustion se produit dans un espace plus restreint ; il en résulte que les produits de la combustion ne sont pas, dès leur formation, mis en contact avec une aussi grande quantité de corps absorbant la chaleur, par conséquent la température peut s'élever davantage.

fusion, cas auquel il absorberait du protoxyde de fer. La réduction de la silice serait plus facile si les laitiers étaient très siliceux, mais la présence du soufre dans le coke ne permet pas d'adopter cette composition; d'un autre côté, en présence de laitiers très basiques, on obtiendrait difficilement du silicium. On évite ces deux écueils en composant des laitiers alumineux qui ne s'opposent pas comme ceux qui sont calcaires à la production du silicium, et qui sont suffisamment réfractaires pour ne pas entrer trop tôt en fusion. Nous donnons comme exemples la composition de deux laitiers provenant de la fabrication de ferrosilicium à 14 % de silicium :

	I	II
Silice.	33,40	27,70
Alumine.	24,56	26,70
Chaux.	25,92	34,69
Magnésie	6,97	3,45
Protoxyde de fer.	0,31	Traces
Protoxyde de manganèse	0,37	Traces
Soufre	3,45	2,45
Calcium.	4,31	3,08
Alcalis et pertes	1,01	1,93
	100,00	100,00

Fonte grise. — Pour obtenir la fonte grise, il faut remplir à peu près les mêmes conditions que pour le ferrosilicium, mais la consommation de combustible peut être moindre puisqu'il n'est plus nécessaire de réduire une aussi grande quantité de silice ; il n'est pas nécessaire d'avoir des laitiers aussi réfractaires. Lorsqu'on traite des minerais siliceux au charbon de bois, on marche généralement avec des laitiers dont la composition est favorable à la production du silicium, parce qu'on ajoute aussi peu de castine que possible, pour ne pas diminuer la richesse du lit de fusion, de telle sorte que ce sont ordinairement des bisilicates et même parfois des silicates plus acides encore ; leur point de fusion est relativement bas lorsqu'ils ne contiennent pas trop d'alumine ; si au contraire la gangue des minerais est calcaire, comme dans les minerais spathiques, on ne pourrait arriver à des laitiers suffisamment acides que par des additions de quantités importantes de matières siliceuses, ce qui diminuerait d'autant le rendement du lit de fusion ; dans ce cas, on cherche à composer un laitier intermédiaire entre le proto et le bisilicate. La température peu élevée des fourneaux au charbon de bois ne permettrait pas de fondre facilement un laitier plus basique que le protosilicate, et d'ailleurs il se prêterait mal à la réduction de la silice. Cependant, si la gangue contient beaucoup de magnésie, on doit ajouter de la castine, parce qu'un laitier contenant une trop forte proportion de magnésie par rapport à la chaux est difficilement fusible : c'est le cas qui se présente dans les fourneaux de Hongrie.

Ces considérations font comprendre pourquoi la composition des laitiers des fourneaux au bois marchant en fonte grise est aussi variée. Elle est comprise en général entre les limites suivantes :

Silice de 45 à 65 %
Alumine de 10 à 5 %
Bases de 45 à 30 %

On trouvera dans le tableau suivant les résultats d'analyses de laitiers obtenus à des époques différentes, mais toujours à l'air chaud.

LAITIERS DE FONTE GRISE. (HAUTS-FOURNEAUX AU CHARBON DE BOIS.)

Hauts-fourneaux de	SiO₂	Al₂O₃	MgO	CaO	MnO	FeO	Alcalis	CaS	Degré d'acidité	Observations
Jenbach (Tyrol).	66,90	14,08	4,48	12,24	0,85	0,83	n. d.	0,38	2,4	Min. fer spathique argileux. (Berg. u. hut. Ztg. 1873, p. 93.
Grœditz (Saxe)..	63,98	3,33	0,88	22,53	5,53	1,82	3,33	0,03	2,3	Beau laitier bleu. Min. de minières avec castine.
Id.	61,30	4,73	4,10	19,89	3,16	1,59	n. d.	n d.	2,3	Laitier presque blanc. id.
Pfeilhammer (Saxe)..	56,10	5,20	7,21	21,78	6,30	2,70	"	"	2,2	bleu clair cristallisé. (Ledebur.)
Ilsenburg (Hartz).	56,89	6,38	2,64	28,46	2,01	1,72	1,30	"	2,3	Kerl. (Grundriss, etc., p. 167.)
Rubeland (id.)..	53,79	13,04	0,57	25,67	2,20	2,44	n. d.	"	2,0	Id. id. id.
Kolaputak (Hongrie)..	53,40	7,65	13,40	17,00	5,17	1,07	"	0,95	1,8	Kerpely.(Ungarn Eisensteine, etc., p. 84.)
Zorge (Hartz)...	49,30	12,17	2,28	31,23	0,95	0,79	2,61	0,43	1,8	Gris bleu. (Ledebur.) Voir p. 42, t. II.
Edsken (Suède).	46,37	4,30	7,40	38,14	1,86	0,95	0,43	0,07	1,7	Percy-Wedding. (Metall., t. III, p. 746.)
Derno (Hongrie).	45,57	7,35	6,13	33,20	2,81	0,90	n. d.	2,10	1,5	Kerpely. Comme ci-dessus.
Krompach (id.)	44,90	7,00	14,12	25,05	4,09	0,92	2,52	0,41	1,3	Fer spathique magnésien et castine.(Ledebur.)
Neuberg (Styrie)	40,95	8,70	16,32	30,35	2,18	0,60	0,32	"	1,1	Kerl. Comme ci-dessus.

On voit par les résultats de ces analyses qu'il est possible de produire de la fonte grise avec des laitiers de natures très différentes, mais on peut remarquer, en même temps, que quelques-uns d'entre eux, obtenus dans des contrées diverses les unes des autres et à des époques éloignées, se ressemblent d'une manière frappante ; ceux de Pfeilhammer et d'Ilsenburg par exemple, ceux de Krompach et de Neuberg également ; il est bon de tenir compte cependant de ce fait, c'est que les fourneaux qui ont produit des laitiers semblables, consommaient des minerais de même composition.

Lorsqu'on travaille au coke, on ne peut pas admettre de laitiers plus acides que les protosilicates ; pour faciliter la production du silicium, il est utile qu'ils contiennent une proportion suffisante d'alumine ; il ne faut pas oublier, cependant, que les protosilicates très alumineux peuvent être très fusibles comme le montre le tableau graphique de la page 207, t. I, et que, par conséquent, quand ils sont exposés à la haute température qui règne dans les fourneaux au coke, ils sont susceptibles de fondre en entraînant la scorification du fer ; dans ce cas on obtiendrait difficilement de la fonte grise. Aussi, ajoute-t-on plus de calcaire qu'il n'est nécessaire pour arriver au protosilicate, et on établit des laitiers correspondant au titre d'acidité 0,7 et même au-dessous [1].

Si la température est très élevée, les laitiers surchargés de chaux absorbent presque complètement le soufre, et c'est ce qui explique que les fontes grises au coke soient, en général, moins sulfureuses que celles fabriquées au charbon de bois, bien que la chose paraisse surprenante au premier abord.

La composition des laitiers de fonte grise au coke est ordinairement comprise entre les limites suivantes :

$$\begin{array}{lll} \text{Silice} & . & . & . & . & \text{de 30 à 35 \%} \\ \text{Alumine} & . & . & . & \text{de 15 à 10 \%} \\ \text{Bases} & . & . & . & . & \text{de 50 à 55 \%} \end{array}$$

LAITIERS DE FONTES GRISES (HAUTS-FOURNEAUX AU COKE, A L'ANTHRACITE, A LA HOUILLE)

Hauts-fourneaux de	SiO₂	Al₂O₃	MgO	CaO	MaO	FeO	Alcalis	CaS	Degré d'acidité	Observations
Mulheim sur la Ruhr 1882	27,50	9,75	1,37	58,90	n. d.	n. d.	n. d.	n. d.	0,66	fonte n° 1
id. id. id.	31,37	13,09	1,16	52,04	n. d	n. d.	n. d.	n. d.	0,75	id. 2 *Stahl und Eisen,*
id. id. id.	31,20	10,81	1,08	53,17	n. d.	n. d.	n. d.	n. d.	0,80	id. 3 2e année, p. 216.
id. id. id.	32,20	8,17	n. d.	48,92	4,79	n. d	n. d.	n. d.	0,90	id. 4
Hœrde.	29,45	12.83	8,10	39,78	1,95	0,54	n. d.	8°20	0,74	f. Bessemer. anal. de l'usine.
id.	29,40	11.70	11,54	36,11	0,20	0,80	n. d.	9,08	0,76	id. de moulage
Kœnigin-Marienhutte près Zwickau 1881.	30,20	9,22	12,31	39,23	1.13	0,32	2,35	4,79	0,74	f. Bessemer (*Ledebur*).
Schwechat près Vienne .	33,25	12,17	12,94	31,26	4,01	0,95	1,56	1,08	0,82	Contient 0,11 de phosphate de chaux.
Georgs-Marienhutte . . .	33,60	11,20	8,00	27,02	10,98	0,97	n. d.	2,42	0,90	BaS = 4,04. — f. Bessemer avec 3,9 0/0 Mn.
Zeltweg (Styrie)	33,35	13,21	7,32	37,71	1.43	0,21	n. d.	5,51	0,87	*Oesterr. Jahrb.,* t. XXIV, p. 336.
Origine inconnue ; provient probablement du traitement des minettes	37,10	16,70	1,90	38,50	0,70	0,40	n. d.	4,10	1,00	Platz. l. vitreux filants.
id. id. id.	35,40	9,20	2,30	47,20	0,40	0,40	n. d.	4,60	1,00	id. l. courts ne filant pas.
Luxembourg	37,38	10,94	1,99	46,14	0,72	1,00	n. d.	n. d.	1,00	de minette.
Provenant de minerais alumineux anglais . . .	24,92	23,64	13,41	37,31	n. d.	n. d.	n. d.	n. d.	0,50	très peu fluide.
id. id. id.	26,46	19,54	13,24	35,50	n. d.	n. d.	n. d.	n. d.	0,58	meilleur.
id. id. id.	27,05	24,69	3,55	36,56	0,35	0,72	1,45	4,30	0,60	Kerl.
Almond (Falkirk)	28,59	22,32	7,78	36,76	0,50	0,37	0,63	3,25	0,61	*Journal of the I. a St. Institut.,* 1886, p. 89.
Anniston (Alabama V. S.).	40,51	19,56	1,09	30,80	»	1,20	n. d	2,61	1,10	Kupelweiser (*Expos. de 1876, Philad.*).
Cédar-Point (à l'anthracite)	47,94	12,01	4,36	31,20	0,19	1,55	n. d.	1,75	1,50	

Exceptionnellement, lorsque le combustible est presqu'exempt de soufre, on trouve des laitiers plus siliceux, comme en contient le tableau ci-dessus ;

[1] Dans le calcul de l'acidité on compte l'alumine comme base.

si au contraire les minerais sont très alumineux, la teneur en silice peut tomber à 25 °/₀ (voir le tableau) ; dans ce dernier cas la somme de la silice et de l'alumine est à peu près la même que dans les laitiers moins alumineux. Cette remarque justifie jusqu'à un certain point l'assimilation de l'alumine à la silice dans les laitiers (page 200, t. I).

Fonte rayonnée et fonte blanche ordinaire. — Lorsqu'on veut obtenir de la fonte blanche ordinaire, on doit éviter la production de silicium qui tend à faire cristalliser le carbone sous forme de graphite; le moyen le plus simple d'arriver à ce résultat consiste à développer, dans la zone de fusion, une température peu élevée ; on fait donc porter au combustible une plus forte proportion de lit de fusion que pour la fabrication des fontes précédentes, et on donne au vent moins de chaleur ; cependant, comme on tient à se mettre en garde contre une allure dangereuse, on combine les laitiers de façon que leur température de formation et de fusion soit plus basse ; on dispose donc les mélanges de matières de façon à obtenir un protosilicate pour les fourneaux au coke, et à peu près un sesquisilicate pour ceux au charbon de bois, et on y introduit une proportion modérée d'alumine.

Si on lance dans le fourneau le même volume de vent que pour la fonte grise, on fond dans le même temps une plus grande quantité de minerai, et on produit plus de fonte ; d'un autre côté, comme on n'a pas à se préoccuper de la réduction de la silice ni de celle des oxydes de manganèse, on peut imprimer au fourneau une marche plus rapide. La présence d'une dose élevée de phosphore vient encore en aide à cette rapidité d'allure, puisqu'elle abaisse le point de fusion de la fonte, de sorte qu'une fonte phosphoreuse obtenue en allure accélérée est encore suffisamment fluide ; telle est celle qu'on désigne sous le nom de fonte Thomas.

Il est vrai qu'une marche rapide, surtout avec des minerais difficiles à réduire, favorise le passage d'oxyde de fer dans le laitier et diminue par conséquent le rendement des minerais. Si cette proportion d'oxyde dans le laitier augmente au-delà d'une certaine limite, on n'obtient plus qu'un métal froid, pâteux et rempli de soufflures, dont il a été question page 42, t. II, et qui n'a que peu de valeur ; dans ce cas, l'allure est décidément froide, le fourneau voit sa chaleur diminuer et se trouve en danger.

Lorsqu'on a en vue de produire une fonte rayonnée ou très rayonnée, qui se distingue de la précédente parce qu'elle est plus carburée et renferme quelques centièmes de manganèse, il faut introduire dans le lit de fusion des

¹ On pourrait objecter ici que la chaux et l'oxyde de fer forment des composés fusibles (p. 166, 224) et que, par conséquent, un excès de chaux au lieu de s'opposer à la scorification de l'oxyde de fer, la favoriserait, mais dans cette région du haut-fourneau où la fusion du laitier commence à se produire, il n'existe plus de sesquioxyde de fer, et le protoxyde de fer est une base énergique dont la réduction est rendue plus difficile par la présence des laitiers acides et plus facile au contraire par celle des laitiers basiques.

minerais manganésés, diminuer la charge et marcher plus lentement ; la température est, dans ces conditions, plus élevée dans le haut-fourneau, mais une partie seulement du manganèse, un tiers environ, passe dans la fonte, le reste concourant à la composition du laitier où il est nécessaire pour empêcher la formation de silicium qui amènerait le dépôt de graphite, c'est-à-dire une fonte grise. C'est ce qu'il n'est pas toujours facile d'éviter ; on passe, au contraire, à la fonte blanche ordinaire si la température est trop basse ou la marche trop rapide pour permettre la réduction d'une partie de l'oxyde de manganèse.

Quand le lit de fusion est très chargé en manganèse et le combustible en forte proportion, on arrive à produire un métal qui se rapproche du spiegeleisen.

On verra, d'après les analyses dont les résultats sont réunis dans le tableau ci-dessous, qu'en général la composition des laitiers correspondant à ces sortes de fontes est comprise entre les limites suivantes :

	Hauts-fourneaux au charbon de bois.	Hauts-fourneaux au coke.
Silice . .	de 45 à 50 $\%$	de 30 à 40 $\%$
Alumine. .	de 10 à 5 $\%$	de 10 à 5 $\%$
Bases . .	de 45 à 55 $\%$	de 60 à 55 $\%$

LAITIERS DE FONTES RAYONNÉES ET DE FONTES BLANCHES ORDINAIRES.

Hauts-fourneaux de	SiO_2	Al_2O_3	MgO	CaO	MnO	FeO	Alcalis	CaS	Degré d'acidité	Observations
Neuberg (Styrie). . .	43,70	10,40	13,17	23,54	5,10	0,13	2,22	1,24	1,3	f. blanche rayonnée.
Judenburg (id.) . .	47,28	6,36	8,72	21,77	14,30	1,12	1,54	1,17	1,5	f. id. id.
Reschitza (Hongrie).	45,56	8,69	9,15	25,79	8,83	0,79	traces	1,40	1,4	f. finement rayonnée.
Bogschau (id.)	48,80	8,88	4,11	26,50	9,02	2,26	0,05	0,20	1,6	id. id. id.
Usine du Bas-Rhin. .	42,23	9.84	1,32	37,13	0,97	2,60	n. d.	4,32	1,3	f. blanche ordinaire.
Gutehoffnungshütte 1879 . .	39,45	10,70	2,34	36,42	1,95	6,04	1,79	1,05	1,1	id. id. id. laitier noir cristallisé
Union de Dortmund 1883. .	34,82	8,52	5,52	40,52	5,47	0,26	n. d.	5,01	1,0	f. Thomas contient 0,16 0/0 Ph₂O₅.
Hœrde 1882.	32,45	12,38	9.00	35,05	6,31	0,58	n. d	4,25	0,8	id. id. 0,02 id.
Vulcan(Duisburg)1883	31,92	9,83	2,03	46,73	3.78	0,71	n. d.	4,36	0,9	id. id. 0,31 id.
Ilsede	29,85	10,60	3,69	37,49	13,58	0,59	n. d.	2,97	0,8	f. blanche rayonnée à 3 0/0 de Ph contient 0,61 de Ph₂O₅.
Usine du Bas-Rhin. .	35,80	12,60	2,89	37,11	5,94	0,24	n. d.	4,64	1,0	f. blanche rayonnée.
Georgs-Marienhütte.	40,65	4,44	8,87	32,90	5,16	2,99	n. d.	2,34	1,2	id. id. id.
Gleiwitz.	38,40	6,99	6.83	38,60	5,26	0 63	n. d.	2,40	1,1	f. spéculaire produite avec 4 de scories d'affinage, 3 d'hématite brune, 3 de fer spath. et castine. Voir analyse, p. 378, t. I.

Fonte spéculaire ou spiegeleisen. — Ce genre de fonte doit contenir une forte proportion de manganèse, beaucoup de carbone et peu de silicium. Nous savons déjà que le manganèse métallique ne se produit qu'au contact du carbone solide et seulement lorsqu'il ne se trouve pas en présence d'oxyde de fer qui jouerait à son égard le rôle d'oxydant ; un laitier chargé d'oxyde de fer empêche donc l'oxyde de manganèse d'être réduit. Il est, par conséquent, nécessaire d'assurer avant tout la réduction totale des minerais de fer et avantageux d'employer ceux dont la réduction est la plus facile.

L'élément principal de cette fabrication est généralement le fer spathique grillé auquel on ajoute des hématites brunes et rouges manganésifères, la réduction facile de ces minerais laisse plus de temps pour l'absorption du carbone.

Inutile de rappeler que l'on doit exclure les matières phosphoreuses des lits de fusion destinés à produire ce genre de fonte.

Il est rare que les fers spathiques seuls permettent de fabriquer des spiegeleisen riches, il faut généralement les mélanger avec de véritables minerais de manganèse.

Pour assurer la réduction des oxydes de ce corps, il faut une haute température dans la zone de fusion et un laitier basique ; on atteindra donc mieux le but poursuivi dans un fourneau au coke avec du vent très chaud, que dans un fourneau au charbon de bois ; comme l'absorption de chaleur est considérable, la consommation de combustible sera élevée ; quant au laitier on lui donnera la composition d'un protosilicate ou d'un silicate plus basique encore ; lorsqu'on en rencontre de plus siliceux, ils contiennent une forte proportion de manganèse et proviennent le plus souvent de fourneaux au charbon de bois alimentés avec du vent faiblement chauffé et par conséquent incapables de fondre des laitiers plus basiques et moins chargés d'oxydes métalliques.

Les conditions à remplir pour la fabrication du spiegeleisen sont donc celles que nous avons indiquées pour la fonte très grise, mais il existe toujours une certaine quantité de manganèse dans les laitiers même les plus basiques, sans quoi la fonte serait grise ou truitée. Ordinairement dans un fourneau soufflé avec du vent porté à très haute température on retrouve dans les laitiers de 30 à 40 °/₀ du manganèse contenu dans le lit de fusion. Si on ralentit l'allure et si on augmente la proportion de combustible, on parvient à utiliser une plus grande partie du manganèse, mais on obtient en même temps du silicium et la formation du graphite.

Il est facile de se rendre compte de l'effet qui résulte de la présence du manganèse dans le laitier ; comme celui-ci est très basique, la réduction de la silice est impossible tant qu'il renferme à haute dose des oxydes métalliques plus facilement réductibles par le carbone que la silice, mais si la teneur du laitier en oxyde de manganèse diminue, l'action réductrice du fourneau se portera sur la silice et donnera naissance à du silicium.

Un minerai alumineux se prête mal à la fabrication du spiegeleisen parce que l'alumine est une base faible qui prend la place d'autres plus énergiques, et ne s'oppose pas autant que celles-ci à la réduction de la silice et par conséquent à la production de fonte graphiteuse.

Dans les hauts-fourneaux au coke on cherche en général à obtenir un laitier de la composition suivante :

Silice. . . . . 30 %.
Alumine . . . . 10 %.
Protoxyde de manganèse de . . . 5 à 15 %.
Chaux et magnésie de . . . . . 55 à 45 %.

la teneur en oxyde de manganèse augmente avec la richesse du métal qu'on veut obtenir.

Lorsqu'on emploie pour cette fabrication des fourneaux au charbon de bois, on compose presque toujours des laitiers un peu plus siliceux afin d'avoir un point de fusion moins élevé, on perd plus de manganèse et avec les mêmes minerais on produit une fonte à moindre teneur.

LAITIERS DE SPIEGELEISEN.

Hauts-fourneaux de	SiO$_2$	Al$_2$O$_3$	MgO	CaO	MnO	FeO	Alcalis	CaS	Degré d'acidité	Observations
Hœrde.	29,00	8,11	7,14	43,05	7,04	0,42	n. d	3,74	0,8	Sp. à 10 ou 12%.
Creuzthal.	32,66	9,49	8,30	20,09	12.78	4,41	n. d.	12,17?	1,0	Sp. à 11,5%.
id.	30,70	11,60	8,51	35,73	8,78	0,48	n. d.	4,13	0,8	id. id.
Usine du Bas-Rhin . . .	37,72	8,04	6,30	31,30	11,51	0,20	n. d.	4,80	1,1	Sp. à 16%
Georgs-Marienhutte. . .	30,65	9,18	7,58	40,75	2,97	1,54	n. d.	2,22	0,8	BaS = 5,24 — sp. à 4,75%.
Reschitza (charbon de bois) 1877.	41,22	6,45	1,18	9,55	39,49	1,03	0,60	0,21	1,4	Sp. à 7%, perte énorme de Mn.

Nous devons faire remarquer qu'à la haute température à laquelle on produit les fontes spéculaires très manganésées, une partie du manganèse se volatilise devant les tuyères, est entraîné par les gaz, transformé en oxyde brun dans les régions supérieures du fourneau par la vapeur d'eau et l'acide carbonique, et accompagne les gaz hors de l'appareil. Whiting a reconnu que dans une fabrication de spiegeleisen à 30 % de manganèse, 1,7 % du manganèse contenu dans les minerais disparaît de la sorte [1].

Ferromanganèse. — Cette fonte devant contenir une plus grande proportion de manganèse que la précédente, il faut s'attacher plus encore à remplir toutes les conditions qui favorisent la production de ce métal et la réduction de ses oxydes : haute température, laitier très basique chargé en manganèse,

[1] Transactions of the American Institute of mining Engineers, T. XX, p. 290.

consommation de combustible considérable. Plus l'alliage doit être riche, plus le minerai devra se rapprocher de celui de manganèse : on arrivera de la sorte aux minerais de manganèse purs auxquels on ajoutera seulement les fondants nécessaires pour constituer un bon laitier.

La température à laquelle les ferromanganèses se produisent étant supérieure à celle qui correspond à la volatilisation du manganèse pur, une partie du métal se transforme en vapeur comme dans le cas précédent ; cette vapeur s'oxyde en gagnant les parties supérieures de la cuve aux dépens de la vapeur d'eau et de l'acide carbonique ou de l'oxygène même des minerais ; grâce à l'extrême division de cet oxyde, il est entraîné par les gaz et on le voit s'échapper du fourneau sous forme de fumées rousses.

La proportion de manganèse perdue de cette façon augmente avec la richesse du produit obtenu ; d'après Schilling, à un ferromanganèse à 60 ou 70 % correspondrait une perte par volatilisation de 17 % ; si on aborde le métal à 80 %, l'entraînement est encore plus considérable ; cependant les avis ne sont pas unanimes sur ce point car Whiting a constaté qu'en fabriquant un alliage à 83 %, la perte en manganèse ne dépassait pas 5,4 %.

La volatilisation partielle du manganèse est généralement admise aujourd'hui ; elle a été signalée pour la première fois en 1878, par M. S. Jordan dans une communication adressée à l'Académie des sciences (voir les comptes-rendus). La perte qui en résulte varie de 8 à 11 % de la quantité de manganèse contenue dans les minerais ; une partie se retrouve dans les poussières, comme on le verra dans le chapitre suivant où on trouvera quelques analyses de ces matières ; la proportion de manganèse métal peut s'y élever à 15 %.

Lors donc qu'on étudie un lit de fusion pour fontes manganésées, il faut prévoir de ce chef une diminution de 10 à 11 % sur le rendement du manganèse. (V.)

Comme le courant gazeux ascendant en traversant les charges composées d'une forte proportion de combustible se dépouille moins de sa chaleur, le haut-fourneau s'échauffe beaucoup ; en outre si on traite des minerais plus oxygénés que le sesquioxyde Mn_2O_3, les gaz riches en oxyde de carbone les ramènent à la composition de ce dernier, ou même au protoxyde MnO avec dégagement de chaleur qui se produit dans les régions supérieures ; si, par exemple, on traite le bioxyde MnO_2 et que la réduction le transforme en MnO, il se fait une absorption de 1348cal. par kilog. d'oxygène enlevé au minerai ; par contre l'oxydation de l'oxyde de carbone qui s'effectue d'après la formule :
$$MnO^2 + CO = MnO + CO^2$$
développe 4205cal. par kilog. d'oxygène ; il y a donc un excédent de
$$4205 - 1348 = 2857 \text{cal.} \, [1]$$

---

[1] D'après ce que nous avons dit page 48, t. I. la quantité de chaleur dégagée par la transformation de MnO en MnO^2 est de $2115 - 1723 = 392$cal par kilog. de manganèse, donc pour un kilog. d'oxygène on aura $\frac{55}{16} \times 392 = 1348$cal.

La décomposition des oxydes de manganèse très oxygénés par l'oxyde de
carbone commence à 300° et même un peu au-dessous ; d'autre part, les gaz
possèdent jusqu'au gueulard une température élevée en raison même de
l'allure qu'on doit imprimer au fourneau, par conséquent c'est dans la région tout à fait supérieure que les réactions précédentes se passeront et que
se produira cet excessif développement de chaleur. On est donc exposé à
voir la chaleur monter dans le fourneau et cela d'autant plus que la grande
quantité de combustible, dont ce genre de fabrication nécessite l'emploi,
augmente encore ce danger. C'est là une des difficultés les plus grandes de la
fabrication du ferromanganèse au haut-fourneau ; les briques de la cuve se
dégradent, surtout si elles ne sont pas suffisamment rafraîchies, il arrive
même que la chemise réfractaire se perce de part en part.

D'un autre côté la fumée qu'entraînent les gaz et leur haute température
rend plus difficile l'emploi des prises de gaz qui courent le risque d'être
promptement mises hors de service par la chaleur ou encombrées par les
poussières ; aussi au début de cette industrie, c'est-à-dire de 1875 à 1883 on
laissait les gaz s'échapper à l'air libre en produisant une grande flamme. Actuellement on ferme les fourneaux de la même façon que les autres ; les gaz
après avoir été purifiés sont mêlés avec ceux des fourneaux voisins.

En somme, à mesure qu'on augmente la teneur en manganèse du produit,
on en perd par volatilisation ou dans les laitiers une plus forte proportion,
on consomme plus de combustible, et le feu a plus de tendance à monter et à
accroître les difficultés [1].

LAITIERS DE FERROMANGANÈSES.

Hauts-fourneaux de	SiO$_2$	Al$_2$O$_3$	MgO	CaO	MnO	FeO	Alcalis	CaS	Degré d'aci-dité	Observations
Reschitza.	36,60	9,49	5,14	19,98	27,69	0,74	traces	0,23	1,00	f. à 34 %, chaux faible, forte perte en MnO.
Usine du Bas-Rhin . . .	30,04	14,84	1,37	31,24	17,00	0,33	n. d	4,48	0,80	f. à 60%.
Hœrde.	26,50	8.10	8,30	42,40	10,76	n. d.	n.d.	4.87	0,65	f. à 50%.
Phœnix 1878	26,65	15,15	0,86	41,29	14,94	0,79	n. d.	n. d.	0,60	f. à 57%.
id. 1880	23,50	15,30	2,72	48,94	7,63	0,71	n. d.	n. d.	0,50	f. à 66%, faible perte en MnO.
id. 1879	17,88	6,88	»	27,38	44,65	0,50	n. d.	n. d.	0,45	f. à 75%.

[1] On a fait à Hœrde en 1881 des essais pour se rendre compte de l'élévation de température
occasionnée par l'emploi de minerais de manganèse très oxygénés. La composition de ces
minerais correspondait à peu près à Mn$_5$O$_8$; les observations ont été faites 3 fois en 48 heures, sur la température des gaz au gueulard. On a trouvé 650°, 600°, 725°, soit en moyenne
660°. Lorsque ces mêmes minerais ont été amenés à l'état de Mn$_3$O$_4$, en les exposant avant le
chargement à l'action des gaz d'un four à coke et sans qu'aucune autre modification se soit
produite, on a constaté les températures de 525°, 600°, 475° et 525°, en moyenne 530° ; on a
donc obtenu un abaissement de 130° en prenant des minerais moins oxydés.

Un grand nombre de minerais de manganèse employés aux hauts-fourneaux renferment ce métal à l'état de bioxyde MnO_2; celui-ci se décompose au rouge sombre en se transformant en Mn_3O_4 d'après la formule : $3MnO_2 = Mn_3O_4 + 2O$; cet oxygène agit immédiatement sur le carbone, au moins en partie, et contribue à maintenir dans la région supérieure du fourneau une très haute température, ce qui est préjudiciable à tous égards; il en résulte même pour les parois réfractaires une usure très rapide. On a proposé de soumettre ces minerais à une calcination préalable, ce qui serait d'autant plus facile qu'une température dépassant à peine le rouge sombre serait suffisante; malheureusement la plupart des minerais de manganèse sont menus ou même pulvérulents, ce qui exigerait des dispositions de fours spéciales, lesquelles quoique pratiquées dans des circonstances spéciales, ne sont pas très répandues.

Aux analyses de laitiers données par l'auteur, nous ajouterons les suivantes qui présentent quelqu'intérêt.

LAITIERS DE FERROMANGANÈSES.

HAUTS-FOURNEAUX DE	SiO₂	Al₂O₃	MgO	CaO	BaO	FeO	MnO	Degré d'acidité	OBSERVATIONS
Jauerburg (Carniole 1873) .	37,20	8,00	4,35	23,65	»	0,63	25,70	1,09	40 à 45 % de Mn
Terrenoire.	26,65	7,10	2,20	37,60	8,55	1,40	14,97	0,48	84 % »
Usine anglaise	29,50	12,70	0,50	43,30	»	n d.	14,01	0,73	20 % »
id.	23,70	11,30	»	41,60	4,00	n. d.	13,80	0,63	45 % »
id.	25,40	10,00	7,00	43,70	»	n. d.	13,90	0,59	62 % »
id.	28,90	13,50	»	43,45	»	n. d.	14,15	0,70	70 % »
id.	26,50	12,20	1.15	46,65	»	n. d.	13,50	0,67	85 % »

C'est à Jauerburg que furent fabriqués en 1872 les premiers ferromanganèses au moyen du haut-fourneau; le combustible employé était du charbon de bois.

A Terrenoire on cherchait à augmenter la fusibilité des laitiers en introduisant une base supplémentaire, la baryte, sous forme de sulfate naturel; on arrivait ainsi à un degré d'acidité extrêmement réduit.

Les cinq dernières analyses qui se rapportent à la production d'alliages à différentes teneurs dans la même usine, démontrent que quelle que soit cette teneur, le laitier renferme toujours à peu près la même quantité d'oxyde correspondant à une perte d'environ 10 % du manganèse métal. On comprend immédiatement l'intérêt qu'il y a à réduire au minimum la proportion de laitier en employant les moyens suivants : 1° rechercher les minerais les plus pauvres en silice; 2° employer des cokes contenant le moins de cendres possible; 3° revêtir le creuset et l'ouvrage des fourneaux en carbone.

Dans les cinq roulements correspondant à ces analyses, le poids du laitier par rapport à celui du métal obtenu variait de 0,73 à 0,87 %; par contre l'utilisation du manganèse croissait avec la teneur.

Elle était pour l'alliage à 20 % de 72,5 %.
Id.   id.   id.   45 % id. 78 %.
Id.   id.   id.   62 % id. 80 %.
Id.   id.   id.   70 % id. 83,5 %.
Id.   id.   id.   85 % id. 84 %.

La production journalière et la consommation de combustible par tonne de fonte étaient les suivantes :

Alliage à 20 °/₀ production 60ᵗ avec coke 1.500 °/₀₀
Id.   45 °/₀   id.   45   id.   2.000 °/₀₀
Id.   62 °/₀   id.   34   id.   2.500 °/₀₀
Id.   70 °/₀   id.   30   id.   2.650 °/₀₀
Id.   85 °/₀   id.   25   id.   3.000 °/₀₀

On trouvera sur l'historique de la fabrication du ferro-manganèse et sur la fabrication de ce métal, des renseignements complets dans les notices suivantes : Génie civil, tome VII, pages 3, 21, 50; Bulletin de la Société de l'Industrie minérale, 2ᵉ série, tome III, 2ᵉ livraison. (V.)

(c) *Calcul du lit de fusion.* — Pour assurer à un haut-fourneau une marche satisfaisante, il faut, avant tout, combiner le mélange des minerais et des fondants de façon à constituer un laitier dont le degré de fusibilité convienne à la nature de la fonte que l'on veut obtenir ; il faut en outre que le rapport entre les poids de ce laitier et de la fonte produite se maintienne entre certaines limites.

On peut arriver à ce résultat par des moyens empiriques et c'est ainsi qu'on procédait autrefois ; on essayait différents lits de fusion et on s'arrêtait à celui qui répondait le mieux au but qu'on se proposait, mais on arrive plus promptement au but par le calcul, c'est-à-dire par la méthode *stœchiométrique* [1].

L'emploi de cette méthode exige une connaissance complète de la composition chimique du laitier qui, étant données la nature du combustible dont on peut disposer et la température à laquelle il convient de porter le vent, est la plus favorable à la production de la qualité de fonte que l'on a en vue. On prend pour base des analyses bien exactes de laitiers obtenus dans des conditions analogues; nous avons d'ailleurs indiqué plus haut celles qui correspondaient le mieux aux diverses sortes de fonte.

Comme le nombre de corps qui peuvent entrer dans la composition d'un laitier est considérable et comme, en outre, les lits de fusion sont de nature très variée, il serait, la plupart du temps, impossible d'arriver avec les minerais et les fondants dont on dispose à reproduire un silicate identique au type choisi ; on se contente donc de chercher une combinaison qui permette de s'en rapprocher le plus possible dans ses propriétés essentielles, c'est-à-dire surtout dans son degré de fusibilité.

A ce point de vue, ce qu'il importe de considérer avant tout c'est le rapport entre la silice et l'alumine d'une part et les bases fortes, chaux et magnésie, d'autre part ; il faut également tenir compte de la proportion entre la chaux

[1] Stœchiométrie, partie de la chimie qui traite des proportions dans lesquelles les diverses substances se combinent entre elles. Etym : Στοιχεῖον, élément ; μετρον, mesure. (Littré, dictionnaire de la langue française.)

et la magnésie, car nous savons qu'elle n'est pas indifférente ; une forte dose
de magnésie rend le laitier réfractaire ; en faible quantité, au contraire, ce
corps augmente la fusibilité.

Il ne suffit pas cependant que le laitier ait une composition déterminée,
encore faut-il examiner la quantité qu'il s'en produit par tonne de fonte ; en
effet si la proportion en est très forte, la quantité de chaleur dépensée pour la
fondre sera plus considérable, ce qui se traduira par une plus forte consommation de combustible.

D'un autre côté, s'il se forme très peu de laitier, le moindre changement
dans l'allure fait varier sa composition, la marche du fourneau est plus
affectée par les circonstances qui peuvent avoir quelqu'influence, on arrive
plus facilement à l'allure froide. On ne peut s'imaginer ce que serait l'allure
d'un fourneau dans lequel il ne se produirait pas de laitier. Généralement,
lorsqu'il s'en forme peu, on éprouve plus de difficulté à obtenir des fontes
grises ou spéculaires ; il est rare cependant qu'on soit obligé d'ajouter des
matières stériles dans le seul but d'augmenter la proportion de laitier.

Dans les hauts-fourneaux de Bilbao qui traitent exclusivement des minerais du pays et marchent avec un lit de fusion contenant 47,5 °/₀ de fer et
rendent 51,5 °/₀ de fonte, la proportion entre le laitier et la fonte ne doit pas
dépasser 0,37. En Styrie et en Carinthie où l'on fabrique de la fonte blanche
avec des minerais faciles à réduire et du charbon de bois, cette proportion
est de 0,6 ; dans le Cleveland, pour des fontes de moulage, on arrive à 1,5 et
quelquefois 2. Une plus forte proportion de laitier amènerait une telle consommation de combustible qu'il y aurait fort peu de cas où la dépense qui
en résulterait pourrait être admise ; le rendement en métal d'un lit de fusion
oscille entre 25 et 40 °/₀, dans certains fourneaux des Alpes il s'élève à 50 °/₀ ;
au dessous de 25 il est rare que la fabrication soit profitable.

S'il n'existe pas de haut-fourneau absolument sans laitier, on en rencontre un
certain nombre dans lesquels celui-ci ne se montre qu'au moment de la coulée alors
que l'on vide entièrement le fourneau. Nous avons été à plusieurs reprises témoin
de ce fait en Suède et dans les usines de l'Oural, où on traite au charbon de bois
des minerais d'une extrême pureté. C'est donc une erreur de croire, comme on l'en-
seignait autrefois, qu'une quantité minimum de laitier soit nécessaire ; disons seulement qu'elle est inévitable puisqu'il est impossible de trouver un combustible sans
cendres, et d'empêcher l'action des oxydes de fer sur le revêtement des appareils.
La réduction des oxydes, la carburation du fer et sa fusion peuvent se faire sans
l'intervention des laitiers ; il n'en est plus de même lorsqu'on veut produire des
fontes riches en manganèse.

On a quelquefois ajouté à un minerai très riche, sans gangue, une matière
stérile comme le gneiss ou le granite, avec une quantité de calcaire convenable
pour former un silicate fusible ; on créait de toutes pièces un laitier avec des
matières étrangères au lit de fusion et cette création coûtait fort cher ; il eût été
plus simple, si on croyait à la nécessité de la présence d'une certaine quantité de

laitier, une fois celui-ci produit, de le repasser indéfiniment dans le fourneau ; car là il existait entre la chaleur de formation et celle de fusion un écart considérable.

Nous avons des exemples de fourneaux au coke marchant avec 32 °/₀ de laitier en fonte grise. Un oxyde absolument pur traité avec du coke à 10 °/₀ de cendres, pourrait être fondu avec une proportion de 12 à 15 °/₀ de laitier ; mais on obtiendrait difficilement de la fonte grise. Les hauts-fourneaux consommant le minerai de Bilbao à 54 ou 55 °/₀, produisent de 500 à 600ᵏ de laitier par tonne de fonte. Dans le Cleveland on arrive à 1420ᵏ de laitier par tonne. (V.)

Lorsqu'on établit par le calcul la composition d'un lit de fusion en combinant les divers éléments dont on dispose, on doit également tenir compte de leur prix de revient ; il peut se faire, en effet, que le coût de l'un d'eux soit trop élevé ou que la quantité qu'il est possible de s'en procurer soit trop faible, pour qu'on ait le moyen de le faire figurer en forte proportion.

Enfin les quantités de phosphore et de manganèse qu'on peut admettre dans la fonte sont un des éléments qui doivent entrer en considération ; pour certains usages le premier de ces corps ne peut être admis sans inconvénient qu'à très faible dose ; pour d'autres, les fontes destinées au moulage ou au puddlage par exemple, on peut en tolérer d'assez grandes quantités, et pour le procédé Thomas, il y a intérêt à en introduire le plus possible ; on en peut dire autant du manganèse.

Il existe plusieurs méthodes pour calculer les proportions dans lesquelles doivent entrer les minerais et les fondants dont on dispose pour obtenir un laitier de composition donnée.

Procédé stœchiométrique de Mrazek. — Mrazek est le premier qui ait trouvé une méthode générale permettant de déterminer aussi rapidement que possible ces proportions[1]. Son procédé est un peu compliqué, aussi l'emploie-t-on rarement, il est cependant d'une application facile pourvu qu'on ait établi à l'avance les données qui doivent servir de base aux calculs, dans tous les cas qui peuvent se présenter ; il a, d'ailleurs, servi de point de départ à d'autres méthodes plus simples ; c'est pour ce motif que nous allons le décrire tout d'abord.

Mrazek est parti de ce principe généralement admis autrefois que les éléments du laitier et, surtout la silice et les bases, formaient des combinaisons chimiques réelles, en raison de leurs poids moléculaires, et que les bases pouvaient se substituer les unes aux autres dans la proportion de leurs équivalents, d'où résultait que le calcul du lit de fusion devait s'appuyer sur la stœchiométrie.

Partant de ce principe on doit commencer par analyser très exactement les minerais, les fondants et les cendres de combustibles et au moyen des résul-

---

[1] Jahrbuch der Bergakademieen zu Leoben Pzibram et Schemnitz, T. XVIII, p. 282.

TABLEAU STECHIOMÉTRIQUE DES MINERAIS ET FONDANTS DE L'USINE DE . . .

DÉSIGNATION des MINERAIS, des fondants et des cendres	MATIÈRES passant dans les laitiers						FER	OXYGÈNE des matières passant dans les laitiers				Oxygène total des bases B	Oxygène total des acides S	EXCÈS d'oxygène pour former un protosilicate		bisilicate		ÉQUIVALENTS STECHIOMÉTRIQUES. Quantités de minerais ou de fondants nécessaires pour avoir un excès de 1% d'oxygène dans le cas d'un protosilicate		bisilicate	
	MnO	CaO	MgO	Al_2O_3	SiO_2	Total		MnO	CaO	MgO	Al_2O_3			oxygène provenant des bases	des acides	des bases	des acides	dans les bases $\frac{1}{2}$	dans les acides $\frac{1}{5}$	dans les bases $\frac{1}{5}$	dans les acides $\frac{1}{6}$
	1	2	3	4	5	6	7	8	9	10	11	12	13	14	15	16	17	18	19	20	21
M. du lias oolith. brun. 1	0,007	»	»	0,065	0,156	0,228	0,425	0,001	»	»	0,0305	0,0321	0,0832	»	»	»	0,0190	»	19,59	»	52,62
M. spathique. 2	0,023	0,159	0,083	»	0,011	0,278	0,226	0,0051	0,0454	0,0340	»	0,0845	0,0059	0,0786	0,0511	0,0845	»	12,72	»	12,97	»
M. de minière ou de surface 3	0,003	0,012	»	0,010	0,095	0,420	0,403	0,0007	0,0034	»	0,0047	0,0088	0,0506	»	0,0418	»	0,0330	»	23,52	»	30,50
Castine. 4	»	0,518	»	»	0,021	0,539	»	»	0,1680	»	»	0,1480	0,0112	0,1368	»	0,1424	»	7,31	»	7,02	»
Cendres de coke 5	»	0,200	»	0,150	0,500	0,850	0,100	»	0,0571	»	0,0705	0,1270	0,2664	»	0,1388	»	0,0112	»	7,20	»	89,28

tats obtenus, construire un tableau semblable à celui que nous donnons page 63.

Les nombres portés dans les 5 premières colonnes indiquent les quantités des divers éléments qui se trouvent dans l'unité de poids des minerais et des fondants et qui doivent passer dans les laitiers. Il ne faut pas oublier, cependant, qu'une partie de ces éléments peut être réduite et entrer dans la composition de la fonte, sous forme de silicium et de manganèse ; on devra donc en tenir compte ; le plus souvent on ne s'éloignera pas de la vérité en admettant que la moitié du manganèse fera partie du laitier et l'autre moitié du métal ; si la fonte produite doit être blanche, on négligera la quantité de silice réduite ; pour une· fonte grise on supposera qu'il s'en réduira $\frac{1}{25}$ de la quantité de fer contenue dans le minerai, ce qui correspondra à une teneur de 2 % environ de silicium.

Lorsque la proportion de laitier par rapport à la fonte est considérable, on peut même négliger complètement la quantité de silice nécessaire à fournir le silicium de la fonte parce que le calcul ne tient pas compte de la volatilisation de certains éléments sous forme de chlorures, de cyanures, de sulfures, pas plus que de la petite quantité de fer retenu à l'état d'oxyde dans le laitier, toutes choses qui obligent à rectifier, dans la pratique, les chiffres obtenus.

La sixième colonne contient les sommes des éléments scorifiables, la 7ᵉ la quantité de fer qu'on devra augmenter de celle du manganèse, si celui-ci joue un rôle important dans la composition de la fonte. Ces deux dernières colonnes permettent de déterminer rapidement la proportion de laitier et de fonte que donnera un mélange déterminé et le rendement en métal.

Les colonnes de 8 à 13 indiquent les quantités d'oxygène que renferment les poids des divers éléments figurant dans les colonnes 1 à 5 ; les chiffres de la 12ᵉ représentent la somme de ceux inscrits dans les quatre premières, 8, 9, 10, 11 ; c'est la quantité totale d'oxygène contenue dans les bases, que nous désignerons par B ; dans la 13ᵉ on trouve la quantité d'oxygène de la silice soit S. La proportion $\frac{S}{B}$ détermine le type de silicate que donneraient les minerais, les fondants et les cendres.

Les nombres des 4 colonnes suivantes : 14, 15, 16 et 17 sont obtenus au moyen des précédents, ils représentent l'excès d'oxygène qu'apportent les bases ou la silice de chacune des matières premières en sus de la quantité nécessaire pour former le type de silicate que l'on a choisi. Pour établir le tableau que nous donnons comme exemple, on a pris deux types de silicate, un protosilicate et un bisilicate, on aurait aussi bien pu prendre pour base des calculs un silicate quelconque.

Considérons le minerai liasique (n° 1) ; il contient d'après la colonne 12, par kilog., 0ᵏ,0321 d'oxygène venant des bases et 0ᵏ,0832 venant de la silice, pour former un protosilicate dans lequel les quantités d'oxygène sont égales de part et d'autre, le minerai contient un excès de cet élément dans la silice $0^k,0832 — 0^k,0321 = 0^k,0511$, c'est cet excès d'oxygène $0^k,0511$ qui figure dans la 15e colonne.

Si c'est un bisilicate que l'on désire former, à $0^k,0321$ dans les bases devra correspondre dans la silice 0^k0642, l'excès sera $0^k,0642 — 0^k,0321 = 0,0190$ que nous inscrirons dans la 17e colonne.

En désignant les chiffres de la colonne 12 par B, ceux de la colonne 13 par S, ceux des 14e et 15e par β et ceux des 16e et 17e par σ, nous aurons pour les divers silicates :

$$\text{pour un silicate } \left(\frac{2}{3}\right) \dots \quad \begin{cases} \beta = B - \dfrac{1}{2} S. \\[2mm] \sigma = S - \dfrac{2}{3} B. \end{cases}$$

$$\text{pour un protosilicate (1)} \dots \quad \begin{cases} \beta = B - S. \\[1mm] \sigma = S - B. \end{cases}$$

$$\text{pour un sesquisilicate } \left(\frac{3}{2}\right) \dots \quad \begin{cases} \beta = B - \dfrac{2}{3} S \\[2mm] \sigma = S - 1\dfrac{1}{2} B. \end{cases}$$

$$\text{pour un bisilicate (2)} \dots \quad \begin{cases} \beta = B - \dfrac{1}{2} S. \\[2mm] \sigma = S - 2B. \end{cases}$$

et, en général pour former un silicate dans lequel le rapport entre l'oxygène des bases et celui de la silice est n.

$$\beta = B - \frac{1}{n} S.$$

$$\sigma = S - nB.$$

Dans les colonnes 18, 19, 20 et 21, $\dfrac{1}{\beta}$ et $\dfrac{1}{\sigma}$ indiquent la quantité de minerai, de fondant ou de cendres qu'il faut ajouter pour fournir 1^k d'oxygène en sus de ce qui est nécessaire pour la constitution du silicate choisi. En effet, si 1^k de minerai contient β d'oxygène en excès dans les bases pour la formation du silicate donné, $\dfrac{1}{\beta}$ contiendra un excès d'oxygène de 1^k; il en serait de même si cet excédant provenait de la silice.

Par exemple pour la composition d'un protosilicate le minerai n° 1 contient par unité de poids $0^k,0511$ d'oxygène en excès dans la silice, il faudra donc $\dfrac{1}{0,0511} = 19^k,59$ de ce minerai pour fournir 1^k d'oxygène en excès ; c'est ce chiffre de $19^k,59$ qui figure dans la colonne n° 19.

Les chiffres des colonnes 18, 19, 20 et 21, désignés sous le nom d'*équivalents stœchiométriques*, indiquent les poids des différents minerais, fondants, etc., qui apportent le même excès d'oxygène pour la formation d'un silicate donné ; ce sont donc bien des nombres équivalents ; ils montrent par quels poids d'un minerai ou d'un fondant, on peut remplacer tel ou tel autre avec la certitude d'obtenir un laitier possédant le même degré d'acidité.

Chaque équivalent basique uni au nombre d'équivalents acides qui correspond au type de silicate voulu, produira ce silicate. Pour obtenir un protosilicate (colonnes 18 et 19) il faudra unir un équivalent acide à un équivalent basique, pour un bisilicate (colonnes 20 et 21), un équivalent basique à deux équivalents acides et ainsi pour tous les autres.

Le tableau que nous avons dressé, nous montre immédiatement, par exemple, qu'avec le minerai du lias et le fer spathique on pourrait obtenir un protosilicate ou un bisilicate sans ajouter de fondant ; dans les deux cas le premier fournit l'équivalent acide, le second l'équivalent basique.

S'il s'agit d'un protosilicate on prendra 19,59 du n° 1 et 12,72 du n° 2, car

$$
\left.
\begin{array}{l}
19,59 \times 0,0321 = 0,629 \\
12,72 \times 0,0845 = 1,075
\end{array}
\right\} \text{ 1,704 d'oxygène dans les bases.}
$$

$$
\left.
\begin{array}{l}
19,59 \times 0,0832 = 1,629 \\
12,72 \times 0,0059 = 0,075
\end{array}
\right\} \text{ 1,704 d'oxygène dans la silice.}
$$

Pour un bisilicate on prendra deux équivalents du lias et un de fer spathique :

$$
\left.
\begin{array}{l}
103,24 \times 0,0321 = 3,378 \\
12,72 \times 0,0845 = 1,036
\end{array}
\right\} \text{ 4,114 d'oxygène dans les bases.}
$$

$$
\left.
\begin{array}{l}
103,24 \times 0,0832 = 8,756 \\
12,72 \times 0,0059 = 0,072
\end{array}
\right\} \text{ 8,828 d'oxygène dans le silice.}
$$

Il va sans dire que si le minerai spathique est chargé après avoir été grillé, c'est sur le minerai grillé que l'analyse a dû être faite.

Lorsqu'on connaît la composition chimique de chaque minerai et qu'on en a inscrit les résultats dans le tableau, colonnes 1 à 5, aussitôt qu'on a déterminé comme ci-dessus la proportion de chacun d'eux que l'on doit employer, il est facile de calculer la composition élémentaire du laitier.

Prenons le cas d'un protosilicate obtenu avec $19^k,59$ du minerai n° 1 et $12^k,72$ du n° 2, et voyons ce que ces minerais contiennent de chacune des matières scorifiables.

$$
\begin{array}{llll}
\text{MnO} & \left\{\begin{array}{l} \text{N}^o\ 1 \\ \text{N}^o\ 2 \end{array}\right. & \begin{array}{l} 19,59 \times 0,007 = 0,137 \\ 12,72 \times 0,023 = 0,292 \end{array} & \left.\begin{array}{l} \\ \end{array}\right\} 0,429 \\[1em]
\text{CaO} & \left\{\begin{array}{l} \text{N}^o\ 1 \\ \text{N}^o\ 2 \end{array}\right. & \begin{array}{l} 19,59 \qquad » \qquad » \\ 12,72 \times 0,159 = 2,022 \end{array} & \left.\begin{array}{l} \\ \end{array}\right\} 2,022 \\[1em]
\text{MgO} & \left\{\begin{array}{l} \text{N}^o\ 1 \\ \text{N}^o\ 2 \end{array}\right. & \begin{array}{l} 19,59 \qquad » \qquad » \\ 12,72 \times 0,085 = 1,081 \end{array} & \left.\begin{array}{l} \\ \end{array}\right\} 1,081 \\[1em]
\text{Al}_2\text{O}_3 & \left\{\begin{array}{l} \text{N}^o\ 1 \\ \text{N}^o\ 2 \end{array}\right. & \begin{array}{l} 19,59 \times 0,065 = 1,273 \\ 12,72 \qquad » \qquad » \end{array} & \left.\begin{array}{l} \\ \end{array}\right\} 1,273 \\[1em]
\text{SiO}_2 & \left\{\begin{array}{l} \text{N}^o\ 1 \\ \text{N}^o\ 2 \end{array}\right. & \begin{array}{l} 19,59 \times 0,156 = 3,057 \\ 12,72 \times 0,011 = 0,139 \end{array} & \left.\begin{array}{l} \\ \end{array}\right\} 3,196
\end{array} \right\} 8,001.
$$

On voit donc que 19,59 + 12,72 de minerais = 32^k,31 produiront 8^k,001 de laitier dont il serait facile de calculer la composition en centièmes.

Si on voulait avoir seulement le poids total du laitier, sans sa composition élémentaire, on prendrait les chiffres de la 6e colonne

$$19,59 \times 0,228 + 12,72 \times 0,278 = 8,002.$$

Quant à la quantité de fonte produite on la tirera de la colonne n° 7 :

$$
\begin{array}{lll}
\text{N}^o\ 1 & 19,59 \times 0,428 = 8,384 & \left.\begin{array}{l} \\ \end{array}\right\} 11,258. \\
\text{N}^o\ 2 & 12,72 \times 0,226 = 2,874 &
\end{array}
$$

32^k,31 de lit de fusion contiennent 11^k,258 de fer, soit 34,8 °/$_0$; comme le fer absorbe du carbone pour constituer la fonte on aura un rendement d'environ 36 °/$_0$.

Le rapport entre le poids du laitier et celui de la fonte serait $\dfrac{8,001}{11,258} = 0,7$, ce qui est convenable pour une bonne allure.

Si le combustible employé renferme une notable proportion de cendres, il est indispensable de les faire entrer en ligne de compte, ce qui peut se faire de la manière suivante :

On détermine la proportion de cendres que contient le combustible et la composition élémentaire de celle-ci que l'on inscrit sur le tableau. On évalue ensuite la quantité de combustible nécessaire pour traiter 100^k de lit de fusion ; elle varie entre 30^k et 40^k, supposons 35 en moyenne, on en conclut le poids nécessaire pour traiter le lit de fusion et celui des cendres : il ne reste plus qu'à chercher sur le tableau la quantité de minerai ou de fondant nécessaire pour scorifier ces cendres.

Reprenons, par exemple, le mélange de minerais ci-dessus, et supposons que nous devions le fondre avec un coke à 10 °/$_0$ de cendres, 32^k,31 de lit de fusion exigeront à peu près 12^k de coke qui contiendront 1^k,2 de cendres : l'équivalent de la cendre est acide et égal à 7,2, 1^k,2 est donc un sixième

d'équivalent qui exigera pour sa saturation un sixième d'équivalent basique.
Si nous empruntons celui-ci au minerai spathique n° 2, nous en devrons
ajouter $\frac{1}{6} \times 12,72 = 2^k,12$ et la charge se composera dès lors de :

19,59 de minerai liasique,

14,84 de minerai spathique.

Si l'on préfère employer du calcaire, on trouvera son équivalent sur le
tableau, colonne 18 ; il est égal à 7,31 dont. $\frac{1}{6} = 1,22$. On ajoutera $1^k,22$
de calcaire au lit de fusion.

Il est également possible de tenir compte du soufre qui est apporté par les
combustibles minéraux et qui passe, pour la plus grande partie, dans le laitier
où il forme du sulfure de calcium. On opérera de la manière suivante :

Pour 1^k de soufre il faut $0^k,8$ de calcium qui correspond à $1^k,12$ de chaux,
quantité qui contient $0^k,32$ d'oxygène ; ce poids de chaux $1^k,12$, emprunté
au lit de fusion, doit être remplacé par une quantité équivalente de base ;
supposons, par exemple, que les 12^k de coke ci-dessus tiennent 2 % de soufre c'est-à-dire $0^k,024$, il faudra ajouter au lit de fusion un corps basique de
poids suffisant pour fournir un excès d'oxygène provenant des bases égal à
$0,024 \times 0,32 = 0,008$,   c'est-à-dire, augmenter la proportion de minerai
spathique de $0,008 \times 12,72 = 0^k,1$.   Nous avons supposé que la totalité du
soufre passait dans le laitier, ce qui ne se réalise jamais ; il est vrai que le
minerai lui-même peut en renfermer dont nous n'avons pas tenu compte. Cet
exemple montre, d'ailleurs, qu'une teneur même assez élevée de soufre
n'exige pas de changement important dans la composition du lit de fusion,
dans la plupart des cas on ne s'en préoccupe pas.

Quand on a calculé les proportions des matières qui doivent entrer dans le
mélange, il est facile d'en déduire le rapport entre la chaux et la magnésie ;
quant au phosphore on admet, pour plus de simplicité, qu'il se trouve en
entier dans la fonte.

Il peut arriver qu'on ait à employer un grand nombre de minerais et de
fondants, dans ce cas on procède comme nous venons de le faire pour deux
minerais en observant la règle suivante : *le rapport de la somme de tous les
équivalents acides à la somme de tous les équivalents basiques doit être égal à
la fraction qui représente le degré du silicate ;* à chaque équivalent basique doit
correspondre un équivalent acide pour former un protosilicate, deux pour un
bisilicate, deux tiers pour un sesquisilicate et ainsi de suite. Si l'on doit mélanger ensemble plusieurs matières basiques et plusieurs autres qui renferment un excès d'acide, on les distribuera de manière à former le mélange le
plus avantageux en tenant compte de leurs propriétés particulières ; on fera en
sorte que la proportion d'alumine ne soit ni trop forte ni trop faible, que le
rapport entre la chaux et la magnésie soit convenable ; on examinera le ren-

dement du lit de fusion, le poids du laitier comparé à celui de la fonte ; on tiendra compte des matières étrangères, phosphore, soufre, manganèse, apportées par certains minerais et susceptibles d'avoir une influence sérieuse sur la qualité du produit ; enfin, on ne négligera pas la question de prix des minerais et des fondants, car le revient de la fonte en dépend en grande partie.

Supposons, par exemple, qu'il faille composer un lit de fusion dont le laitier ait la forme d'un bisilicate en employant le minerai liasique n° 1, le minerai de minière n° 3 et le calcaire n° 4, avec faculté de recourir au spathique n° 2 si on le juge nécessaire, en s'astreignant à obtenir, entre l'alumine et la somme de la chaux et de la magnésie, un rapport qui ne dépasse pas celui de 1 à 3.

Nous savons que dans un bisilicate chaque équivalent basique doit se trouver en présence de deux équivalents acides ; or, les colonnes 20 et 21 du tableau stœchiométrique nous montrent que les minerais 1 et 3 ont tous deux un équivalent acide, tandis que le calcaire n° 4 et le fer spathique ont un équivalent basique, il faut donc de toute nécessité introduire avec les minerais 1 et 3 ou du calcaire ou du fer spathique.

Examinons d'abord la combinaison qu'on peut obtenir en laissant de côté ce dernier.

$$
\left.\begin{array}{l}
1 \text{ équiv. du n° 1} = 52,62 \\
1 \quad - \quad \text{du n° 3} = 30,30 \\
1 \quad = \quad \text{du n° 4} = 7,02
\end{array}\right\} \; 89,94.
$$

Voyons dans ce mélange quel sera le rapport de l'alumine à la somme de la chaux et de la magnésie :

	Al_2O_3	$CaO + MgO$
52,62 du n° 1 contiennent	3,42	»
30,30 du n° 3 —	0,36	0,36
7,02 du n° 4 —	»	3,63
	3.72	3.99

La proportion d'alumine est trop forte, il est donc nécessaire de diminuer la quantité du minerai n° 1, prenons :

	Al_2O_3	$CaO + MgO$
0,2 équiv. du n° 1 = 10,52 apportant	0,68	»
1,8 — du n° 3 = 54,54 —	0,54	0,65
1 — du n° 4 = 7,02 —	»	3,63
	1,22	4,28

le rapport entre l'alumine et les autres bases $= \dfrac{1}{3.5}$: si maintenant nous voulons connaître le rendement de ce lit de fusion, nous aurons

$$\begin{array}{llll}
\text{N° 1} & 10,52 & \text{contient en fer} & 4,50 \\
\text{N° 3} & 54,54 & - \quad - & 21,97 \\
\text{N° 4} & 7,02 & - \quad - & » \\
\hline
\text{lit de fusion} & 72,08 & - \quad - & 26,47 \quad \text{ou } 36,7 \text{ }^0/_0
\end{array}$$

avec le carbone de la fonte on aura un rendement de 38 %; c'est là un lit de fusion très convenable et il ne semble pas nécessaire de l'enrichir en remplaçant une partie de la castine par du fer spathique.

Il peut cependant y avoir intérêt à diminuer la proportion de phosphore de cette fonte : admettons que le n° 1 en contienne 0,5 %; le n° 3, 0,06 et que le n° 2 en soit exempt ; calculons d'abord ce que le dernier lit de fusion apporte de ce corps.

N° 1. $10,52 \times 0,5 = 0,052$ ⎱ 0,379 qui rapportés au 26,47 de fer donne une
N° 3. $54,54 \times 0,6 = 0,327$ ⎰

teneur en phosphore de 1,4 % ; remplaçons le calcaire par du fer spathique, nous aurons la combinaison suivante :

	Al₂O₃	CaO,MgO	Fe	Ph
	Al_2O_3	CaO,MgO	Fe	Ph
0,2 équiv. de N° 1 = 10,52 contenant.	0,68	»	4,50	0,052
1,8 id. N° 3 = 54,54 id.	0,54	0,65	21,97	0,327
1 id. N° 2 = 12,27 id.	»	2,99	2,77	»
	77,33	1,22	3,64	29,24	0,379

Le rapport entre l'alumine et les autres bases $\dfrac{1,22}{1,64}$ est convenable, le rendement $\dfrac{29,24 \times 100}{77,33} = 37,8$ également, mais il y a encore 1,3 % de phosphore dans le métal, ce qui n'est pas une notable amélioration ; cette fonte pourrait cependant être employée pour la fabrication des moulages, pourvu qu'elle ne contint pas trop de manganèse.

Si on suppose que la moitié de l'oxyde de manganèse des divers minerais de notre tableau soit réduit, le lit de fusion sans minerai spathique donnera le métal à 1/2 % de manganèse ; celui où intervient le fer spathique produirait une fonte à 1,4 %, ce qui serait moins convenable pour le moulage.

Il est également intéressant de connaître le prix de revient de ces différents lits de fusion et de les comparer entre eux.

Supposons que les prix des différentes matières rendues à l'usine soient les suivants pour une tonne :

$$\begin{array}{lr}
\text{Minerai liasique} \dotfill & 11^f,25 \\
\text{Minerai de surface} \dotfill & 7^f,50 \\
\text{Fer spathique} \dotfill & 10^f,00 \\
\text{Calcaire} \dotfill & 5^f,00
\end{array}$$

Nous aurions pour le 1er lit de fusion

10k,52	de minerai liasique contenant	4k,50	de fer coûtant	0f,1183
54k,54	id. de minière id.	21k,97	id. id.	0f,4090
7k,02	de calcaire	»	» id.	0f,0351
72k,08	de lit de fusion id.	26k,47	id. id.	0f,5624

soit par tonne de fer   21f.43.

Pour le second

10k,52	de minerai liasique contenant	4k,50	de fer coûtant	0f,1183
54k,54	de id. de minière id.	21k,97	id. id.	0f,4090
12k,27	de fer spathique id.	2k,77	id. id.	0f,1227
77k,33	de lit de fusion id.	29k,24	id. id.	0f,6500

ou par tonne de fer 22f,23, soit 0f,80 de plus que dans le premier cas ; il n'y a donc pas intérêt à employer le minerai spathique.

On ne peut admettre de laitier bisilicaté que si on emploie, comme combustible. le charbon de bois, par conséquent, si la fonte est obtenue par la combustion du coke, il faut s'astreindre à former un protosilicate ou à composer un laitier plus basique encore en tenant compte des cendres. Nous avons, d'ailleurs, indiqué comment on peut procéder.

Lorsqu'on a établi pour les matières dont on dispose le tableau stœchiométrique, on peut donc, en fort peu de temps, calculer un lit de fusion correspondant à une composition de laitier déterminé; si la nature des matières est telle qu'il soit impossible, en les combinant, d'arriver à tel ou tel laitier, on le reconnaît immédiatement : ce tableau permet, avec la même facilité, d'établir un lit de fusion nouveau ou de modifier celui qui est employé jusquelà, ce qui peut devenir indispensable, par exemple si l'approvisionnement d'un minerai touche à sa fin, s'il devient opportun d'en introduire un nouveau, s'il est utile de diminuer la teneur en phosphore ou d'augmenter la proportion de manganèse, toutes circonstances qui dans la pratique se présentent plus souvent que l'étude complète d'un lit de fusion nouveau. La solution de tous ces problèmes est d'autant plus facile qu'on opère sur un laitier dont la composition est déjà éprouvée et qu'il ne s'agit plus que de remplacer une matière par une autre sans apporter de modifications profondes dans la nature de ce laitier : le silicate conserve évidemment le même degré d'acidité si, à un certain poids d'une matière on substitue un poids d'une autre dans le même rapport que les équivalents stœchiométriques.

Ainsi 19k,59 de minerai liasique n° 1 équivalent à 23k,92 de minerai de minière n° 3 pour former un protosilicate, si donc le lit de fusion qu'il s'agit de modifier renferme 25k du premier on devra lui substituer $\frac{23,92}{19,59} \times 25 = 30\text{k},50$

de minerai de minière et le nouveau silicate possédera le même degré d'acidité
que le premier ; la proportion d'alumine diminuera un peu ; si on voulait la
maintenir, il faudrait introduire, dans le lit de fusion, une matière argileuse,
un schiste par exemple ; on commencerait donc par déterminer la composition
exacte de cette matière, on la ferait figurer dans le tableau et on verrait immédiatement combien il en faut employer[1].

Procédé plus simple de Platz. — La complication de la méthode de Mrazek
que nous venons de décrire résulte principalement de la nécessité de calculer la teneur en oxygène pour en déduire l'équivalent stœchiométrique. On
simplifie considérablement le travail en ne s'astreignant pas à obtenir un silicate d'un degré déterminé et en se bornant, comme le propose Platz, à établir une sorte d'équilibre entre la silice et l'alumine d'une part et les bases
de la forme RO(CaO, MgO, MnO, FeO, BaO, SrO) d'autre part[2] ; il ne faut pas
oublier, toutefois, que toute substitution d'une base à une autre dans le laitier entraîne une différence dans le point de fusion (voir pages 201 à 209, t. I),
alors même que la substitution a lieu dans le rapport des poids moléculaires.
En prenant pour point de départ cet ordre de faits, il semble qu'il n'y ait aucune nécessité de rechercher la production d'un silicate déterminé. On voit
en effet d'après les tableaux graphiques fig. 50, page 207, t. I, que l'alumine peut
remplacer la silice puisque le point de fusion minimum peut être atteint avec
une teneur en alumine d'autant plus grande que la proportion de silice est
plus faible et inversement.

Si, d'ailleurs, on compose son lit de fusion de façon que le rapport entre
la silice et l'alumine se maintienne dans les limites qui ont été reconnues
convenables dans des laitiers déjà éprouvés et dont on a apprécié le degré
de fusibilité, il n'est pas douteux qu'on ne puisse arriver par cette voie plus
simple à un résultat satisfaisant.

Pour faire le calcul, on détermine le rapport entre la somme du poids des
bases en y comprenant le calcium uni au soufre, et les poids réunis de la
silice et de l'alumine ; prenons par exemple comme type un silicate dans
lequel, sur 100 parties, la silice et l'alumine comptent pour 48,5, les bases réunies pour 47,5 et le sulfure de calcium pour 4 ; dans le calcul on remplacera
ces 4 parties de sulfure par 3 de chaux qui contiennent à peu près la même
quantité de calcium. Les éléments oxygénés qui entrent dans la composition
d'un pareil laitier sont donc, en y comprenant les 3 parties de chaux qui doivent fournir le calcium au soufre, 49 parties de silice et alumine et 51 de bases.

[1] Consulter : Carl. A. M. Balling, Compendium der metallurgischen Chemie ; Bonn, 1882,
p. 99, et Th. Beckert, Zeitfaden zur Eisenhuttenkunde. Berlin, 1885, p. 192, où on trouvera un
procédé pour simplifier le calcul en employant un triangle rectangle dans lequel les longueurs des côtés de l'angle droit sont dans les mêmes proportions que le rapport entre la
silice et les bases.

[2] *Stahl und Eisen*, 1892, p. 2.

Voulons-nous obtenir un pareil laitier avec le minerai liasique n° 1 et le calcaire n° 4 du tableau de la page 63, t. II, nous trouverons de la manière suivante les proportions dans lesquelles elles doivent entrer dans le lit de fusion ; nous admettons que le tiers ou la moitié de l'oxyde de manganèse passe dans le laitier. Sur 100ᵏ de minerai n° 1 le laitier retiendra :

	SiO₂	Al₂O₃	MnO	CaO	MgO,
	15,6	6,5	0,7	»	»

soit 22,1 pour la somme de la silice et de l'alumine ; pour que le rapport de la somme des bases à la somme de l'alumine et de la silice soit égal à $\frac{31}{49}$ il faudra, comme bases, un poids de $22,1 \times \frac{31}{49} = 22,3$.

Or le calcaire contient 2,1 de silice et 51,8 de chaux, ces 2,1 de silice neutraliseront $2,1\frac{31}{49} = 2,2$ de chaux, il en restera par conséquent un excédent de $51,8 — 2,2 = 49,6$; il faut donc introduire dans le lit de fusion, une quantité de calcaire de $22,3 \times \frac{100}{49,6} = 45$.

Si ce lit de fusion composé de 100 de minerai et de 45 de calcaire est traité avec du coke à 10 °/₀ de cendres ayant la même composition que celles du tableau, et si on consomme 60ᵏ de coke pour 145 de lit de fusion, le poids des cendres à scorifier étant de 6ᵏ qui apporteront $SiO_2 = 3$; $Al_2O_3 = 0,9$; $CaO = 1,2$, les 3,9 de silice et d'alumine emploieront $3,9\frac{31}{49} = 4$ de bases ; mais les cendres en fournissent déjà 1,2, le calcaire devra donc en apporter 2,8, et on devra en ajouter $2,8\frac{100}{49,6} = 5,6$ au nombre 45 précédemment trouvé. La charge se composera en nombres ronds des éléments suivants :

	SiO₂	Al₂O₂	MnO	CaO	MgO	Fe
100 min. du lias . .	15,6	6,5	0,7	»	»	42,8
6 cendres . . .	3,0	0,9	»	1,2	»	0,6
51 castine	1,0	»	»	26,4	»	»
	19,6	7,4	0,7	27,6	7	43,4
ou en centièmes . . .	35,4	13,4	1,3	49,9		

Le silicate ainsi formé est du degré d'acidité 0,9, le lit de fusion rend 29 °/₀ de fer ou 31 °/₀ de fonte : le rapport entre le poids du laitier et celui de la fonte sera de $\frac{55}{31}$ ou $\frac{1,8}{1}$, ce qui n'est pas très favorable ; il serait donc utile, pour améliorer le rendement, d'introduire une certaine quantité de minerai peu chargé en silice et en alumine.

On calcule de la même façon le lit de fusion dans lequel le calcaire est remplacé par un minerai contenant un excès de base ; lorsqu'on doit mélanger un plus grand nombre de minerais, on simplifie les opérations en construisant un tableau dans lequel on fait figurer pour chacune des matières qui doit entrer dans le lit de fusion la quantité de base qui lui manque ou qu'elle apporte en excès pour former un laitier d'un type donné, c'est-à-dire dans lequel le rapport entre la somme des bases et celle de la silice et de l'alumine est fixé.

Ainsi, si nous reprenons les mêmes matières que celles qui figurent dans le tableau stœchiométrique, nous formerons le nouveau tableau suivant :

MINERAIS et FONDANTS	Matières passant dans les laitiers et contenues dans 100 de minerais, de castine ou de cendres.						Fe	Pour la formation d'un laitier dans lequel le rapport $\frac{\text{Bases}}{SiO_2+Al_2O_3}=\frac{51}{49}$.	
	SiO$_2$	Al$_2$O$_3$	CaO	M$_g$O	MnO	Total		Poids des bases à ajouter pour 100 de minerai, de castine ou de cendres.	Poids des bases en excès pour 100 de minerai, de castine ou de cendres.
Minerais du lias N° 1 .	15,6	6,5	»	»	0,7	22,8	42,8	22,3	»
id. spathique N° 2 . .	1,1	»	15,9	8,5	2,3	27,8	22,6	»	2,5
id. de minière N° 3 .	9,5	1,0	1,2	»	0,3	12,0	40,3	9,4	»
Calcaire N° 4 .	2,1	»	51,8	»	»	53,9	»	»	49,6
Cendres de coke N° 5 .	50,0	15,0	20,0	»	»	85,0	10,0	46,0	»

Si on veut, par exemple, employer 40 de minerai du lias, 40 de minerai de minière et 20 de spathique avec la quantité de castine nécessaire pour obtenir un laitier du type fixé, on établit le calcul comme suit :

$$40 \text{ de minerai du lias exigent : } 40\frac{22,3}{100} = 8,9 \text{ de bases.}$$

$$40 \text{ de minerai de minière id. } 40\frac{9,4}{100} = 3,7 \text{ id.}$$

$$\text{Total . . . . } 12,6 \text{ id.}$$

$$20 \text{ de spathique ont un excès de } 20\frac{25,5}{100} = 5,1 \text{ id.} \left.\right\} \text{diff. } = 7,5.$$

il faut donc faire une addition de $7,5\frac{100}{49,6} = 15,1$ de calcaire.

Pour fondre les 115^k de ce lit de fusion, on emploiera 46^k de coke à 10 °/₀ de cendres qui contiendront 4^k,6 de cendres exigeant : $4,6\frac{46}{100} = 2^k,1$ de bases qui seront fournies par $2,1\frac{100}{49,6} = 4,2$ de castine ; l'addition totale de calcaire sera donc de 19^k,3 et le laitier produit aura la composition suivante :

	SiO$_2$	Al$_2$O$_3$	CaO	MgO	MnO	Fe
40^k minerai du lias .	6,2	2,6	„	„	0,3	17,1
40^k id. de minière	3,8	0,4	0,5	„	0,1	16,1
20^k fer spathique . .	0,2	„	3,2	1,7	0,5	4,5
19^k,3 calcaire . . .	0,4	„	10,0	„	„	
4^k,6 de cendres . .	2,3	0,7	0,9	„	„	0,4
Totaux .	12,9	3,7	14,6	1,7	0,9	38,1
en centièmes. .	38,1	10,9	43,2	5,0	2,8	
	49			51		

4. — Emploi des divers combustibles.

Coke et charbon de bois. — On emploie généralement dans les hauts-fourneaux les combustibles carbonisés, c'est-à-dire le coke et le charbon de bois :
ce n'est que dans des circonstances tout à fait particulières qu'on utilise d'autres matières et surtout celles qui n'ont subi aucune cuisson. Le coke et le
charbon de bois ont, pour les fours à cuve en général et surtout pour les
hauts-fourneaux, l'avantage de ne dégager par distillation que de très faibles
quantités de gaz et de vapeurs, tandis que les combustibles crus fournissent
en abondance des gaz qui viennent se mêler à ceux résultant de la combustion et produisent un notable accroissement de pression dans l'appareil. En
outre les cokes et les charbons de bois conservent leur forme et leurs dimensions ; la houille et le bois au contraire changent de volume par l'effet de la
chaleur et amènent par cela même des dérangements dans l'allure ; on sait,
en effet, combien le bois, par exemple, diminue de volume par la cuisson :
certaines houilles de leur côté se gonflent, s'agglutinent, d'autres décrépitent
et tombent en poussière; ces diverses transformations produisent, dans le
fourneau, des troubles auxquels il est difficile de remédier.

Enfin, lorsqu'on transforme en coke des charbons gras, on a de plus l'avantage de pouvoir les pulvériser et de les préparer mécaniquement avant la
cuisson, de manière à réduire la proportion de cendres.

Nous avons expliqué antérieurement comment la dimension, la forme et
l'allure du fourneau devaient être déterminées d'après la nature du combustible,
sa plus ou moins grande compacité, le plus ou moins de facilité qu'on
éprouve à le brûler et sa teneur en cendres ; nous nous contenterons donc
de résumer ici en quelques lignes ce que nous avons développé ailleurs.

Des deux combustibles, coke et charbon de bois, le premier est le plus
dense et celui qui résiste le plus à l'action du feu, aussi est-il moins sensible à
l'action de l'acide carbonique à haute température (CO$_2$ + C = 2CO, c'est ce

qui permet de l'appliquer aux fourneaux de plus grande hauteur (p. 97, t. 1).
Dans certaines usines américaines cependant, où on a voulu obtenir de fortes
productions, on a construit des fourneaux au charbon de bois aussi grands
que beaucoup de fourneaux au coke, le seul avantage qu'on en ait tiré c'est
une augmentation du tonnage journalier.

Avec le coke on emploie une pression très élevée pour vaincre la difficulté
qu'il éprouve à se consumer et pour faire pénétrer l'air dans toute la section
et assurer la circulation des gaz malgré les résistances qu'oppose la haute
colonne de matières chargées.

Grâce à une haute température du vent, on triomphe également du peu de
combustibilité du coke ou de l'anthracite.

Lorsqu'on marche au charbon de bois même en fonte grise, la chaleur
apportée par le vent qui a passé dans les appareils en briques est trop élevée
(p. 38, t. II), ce qui n'a lieu, pour la marche au coke, que lorsqu'on se propose
de fabriquer des fontes blanches ordinaires.

On a cependant introduit depuis peu dans les usines de l'Oural alimentées avec
du charbon de bois, des appareils Cowper pour le chauffage du vent ; les résultats
paraissent fort satisfaisants, on a pu obtenir ainsi des fontes Bessemer à 1,4 % de
silicium, ce qui était presque impossible avec les appareils en fonte. (V.)

La grande proportion de cendres que contiennent certains cokes, et la nature de ces cendres, obligent à admettre, dans le lit de fusion, une quantité
de fondants suffisante pour les scorifier ; en outre, on doit composer des laitiers plus basiques que pour le charbon de bois, en raison de la quantité de
soufre que le coke apporte toujours avec lui. Cela est surtout nécessaire
lorsqu'on se propose de faire de la fonte grise ; rappelons que ces laitiers
basiques nécessitent la production de très hautes températures, et qu'il serait
difficile et dangereux de chercher à y recourir dans les fourneaux au charbon
de bois.

Houille et anthracite. — Quand on peut se procurer de la houille sèche, peu
sulfureuse et en morceaux de dimension convenable, on l'emploie en mélange avec le coke. On réalise ainsi une certaine économie ; on a remarqué,
d'autre part, que cette pratique n'était pas sans avoir de bons résultats sur la
marche du fourneau surtout quand on fabrique de la fonte grise, ce qui peut
s'expliquer ainsi : si l'allure du fourneau est telle qu'on soit exposé à voir le
feu monter et la température devenir excessive dans les régions supérieures,
la chaleur qu'absorbe la décomposition de la houille a pour effet d'abaisser
cette température, ce qui diminue en même temps la tendance de l'acide
carbonique à se transformer en oxyde de carbone. Dans les zones supérieures
du fourneau, les gaz qui se dégagent de la houille et qui sont principalement
composés d'hydrocarbures, se mélangent avec ceux résultant de la combustion et augmentent leur pouvoir réducteur. C'est ainsi que, même dans quel-

ques petits hauts-fourneaux au bois, qui travaillent en fonte de moulage pour
première fusion, on a trouvé quelqu'avantage à remplacer 10 °/₀ de ce combustible par un poids égal de houille sèche, peu sulfureuse, pauvre en cendres et riche en éléments volatils [1].

Cet artifice permet quelquefois d'obtenir plus facilement de la fonte grise
et graphiteuse propre à la fonderie ; dans les usines de la Haute-Silésie dont
les fourneaux sont installés pour brûler du coke, on charge quelquefois le
tiers du combustible à l'état cru, sous forme de houille sèche en gros morceaux. Comme cependant cette houille est d'un prix élevé, on trouve souvent plus économique de revenir au coke seul.

C'est surtout en Ecosse que la houille est employée à l'état cru dans les
hauts-fourneaux : on peut avancer que tous, ou presque tous les fourneaux
sont alimentés avec un charbon maigre, riche en gaz, faiblement collant, contenant peu de cendre et se rencontrant en gros morceaux, qu'on trouve en abondance dans la région. Lorsqu'on emploie des houilles de ce genre dans des fourneaux construits pour marcher au coke, il se produit un refroidissement
considérable dû au dégagement de gaz ; cet effet peut avoir quelqu'utilité si on
n'introduit la houille que pour une partie de la charge de combustible et dans
certains cas particuliers, mais employée seule, elle peut amener des troubles
graves ; la perte de chaleur résultant de cette décomposition de la houille doit
être, en général, compensée par une plus forte consommation. En adoptant
de très larges gueulards et un vent très chaud, on atténue ces inconvénients
sans les faire disparaître complètement ; dans tous les cas, la conduite du
haut-fourneau est plus difficile qu'avec le coke.

Le système imaginé par Ferrie, et appliqué depuis 1870 à un certain nombre de fourneaux placés dans les mêmes conditions, consiste à chauffer fortement la partie supérieure de la cuve pour provoquer la volatilisation des
gaz de la houille immédiatement après le chargement : ce système eut quelque succès ; on s'aperçut bientôt cependant qu'il contribuait à rendre la
descente des charges plus irrégulière : il a été très probablement la cause
d'un grand nombre de dérangements d'allure, aussi paraît-il abandonné aujourd'hui ; les gaz de ces hauts-fourneaux entraînent une grande quantité de
goudrons et de sels ammoniacaux provenant de la décomposition de la houille,
et on avait adapté aux hauts-fourneaux écossais, des appareils propres à
recueillir ces produits, dès que l'on s'était rendu compte de l'avantage qu'on
trouvait à faire une opération de ce genre sur les gaz des fours à coke. (Voir
les ouvrages à consulter.)

On a d'autres difficultés à vaincre lorsqu'on alimente les hauts-fourneaux
avec de l'anthracite, comme on le fait en Pensylvanie. C'est, nous le savons,

[1] A Groditz en Saxe on a employé pendant plusieurs années de cette façon de la houille
appartenant à la variété dite fusain (p. 63, t. I) et provenant de Zwickau.

le combustible le plus riche en carbone et le plus pauvre en matières volatiles ; il se rapproche du coke au point de vue de la composition, mais il en
diffère beaucoup sous le rapport des qualités physiques ; l'anthracite est
dense, difficile à brûler et se brise en petits fragments sous l'action de la chaleur, ce qui en rend très délicat l'emploi dans les hauts-fourneaux.

Quelques hauts-fourneaux, en France, emploient comme combustible des mélanges de coke et de briquettes fabriquées avec des charbons maigres sans que la
substitution de cette matière au coke ait amené de modification dans l'allure, ni
d'augmentation dans la dépense. Il résulte généralement de cette pratique des gaz
plus riches.

D'une manière générale, quand un fourneau se refroidit pour une cause quelconque et que les gaz deviennent de mauvaise nature, ce qui tend à aggraver le
mal, on peut ajouter à la charge de combustible une petite quantité de houille ; le
gaz devient meilleur, permet de relever promptement la température et d'améliorer
l'allure. C'est un artifice à recommander surtout pour les fourneaux isolés qui
n'ont pas la ressource d'emprunter du gaz de bonne qualité à leurs voisins. (V.)

La combustion de l'anthracite étant difficile, il semble naturel de le consommer sous forme de fragments assez petits afin de multiplier les surfaces
de contact avec le vent ; les morceaux de 100^{mm} de diamètre paraissent être
les plus convenables ; on doit également augmenter la pression du vent, car
les faibles dimensions des fragments de combustible ont pour effet de rendre
les charges très compactes et très difficiles à traverser par les gaz ; la tendance de cette espèce de [houille à se briser sous l'impression de la chaleur
accroît encore cette compacité. Aussi établit-on les machines soufflantes de
telle façon qu'elles puissent fournir une pression de 1^k,5 par centimètre
carré, bien qu'on marche généralement avec 0^k,6 ou 1^k au plus, ce qui est
déjà bien supérieur à la plupart des pressions usitées dans les fourneaux au
coke. On adopte également, pour le vent, le chauffage à très haute température.

Un embarras particulier qui se présente fréquemment dans ces hauts-
fourneaux provient d'empâtements formés par des mélanges, à peu près par
moitié, d'anthracite en poudre et de minerai qui s'arrêtent en forme de
couronne contre les parois pendant le soufflage et qui menacent d'étouffer le
feu. Si les appareils à air chaud sont en bon état, on peut avec du vent fortement chauffé et une pression considérable, traverser cette masse compacte
et la fondre. Dans d'autres cas, si la masse n'est pas trop agglomérée par le
refroidissement, on enlève la poussière avec des pelles et des râbles et quand
on rencontre le combustible en morceaux suffisamment gros pour que le vent
puisse le traverser, on donne le vent.

Si l'accrochage s'est formé en un point plus élevé du fourneau on n'a
d'autre ressource que de pratiquer à cet endroit une ouverture pour atteindre,
briser, fondre ou faire descendre le loup. Ce sont les accidents dus à l'em-

ploi de l'anthracite qui ont amené les Américains à recourir à des moyens exceptionnels pour débarrasser les fourneaux encombrés, comme le sautage à la poudre, les coups de canon, etc.

Lignites. — Dans certains hauts-fourneaux primitivement alimentés avec du charbon de bois, mais pour lesquels le prix de ce combustible était devenu trop élevé et qui se trouvaient en même temps trop éloignés des houillères pour recourir au coke, on a essayé à plusieurs reprises de brûler des lignites lorsqu'on pouvait s'en procurer à bas prix. C'est un combustible d'un emploi difficile parce qu'il contient une énorme proportion de gaz et d'eau, qu'il se brise sous l'action de la chaleur et que, par conséquent, il supporte mal la carbonisation.

C'est principalement dans les Alpes autrichiennes qu'on a multiplié les tentatives dans ce sens : en Hongrie on a alimenté partiellement avec du lignite quelques fourneaux au charbon de bois ; d'après les résultats obtenus, on reconnaît que, lorsqu'on veut employer le lignite seul on se trouve aux prises avec d'énormes difficultés, tandis qu'en le mélangeant avec du charbon de bois, et même avec du coke on peut en tirer un certain parti, pourvu qu'il soit d'un prix modéré.

Même dans ce cas, il paraît être utile de carboniser le lignite au moins partiellement pour le débarrasser d'une proportion plus ou moins forte des matières volatiles qu'il renferme.

A Zeltweg et à Prœvali, on mélangeait le lignite avec du coke ; à Vordernberg avec du charbon de bois.

Celui qu'on employait à Vordernberg venait de Kœplach, il avait la structure du bois et contenait :

Carbone 41,80
Gaz 28,86
Eau 26,00
Cendres 3,34

quand on eut reconnu qu'un simple séchage à 70° ne donnait pas de résultats satisfaisants, on essaya de carboniser ce lignite dans des fours spéciaux permettant d'élever la température à 300°[1], le rendement était de 45 à 48 % et le produit de cette opération renfermait :

Carbone, ... 80,5
Cendres. 7,1

les frais de carbonisation, y compris le combustible consommé, la main-d'œuvre, l'amortissement s'élevaient à 3f,25 par tonne de lignite carbonisé.

Le produit restait la plupart du temps mou et friable, il en fallait 130k pour remplacer 100k de charbon de bois, les fragments trop menus gênaient la

---

[1] Pour la construction et le fonctionnement de ces fours consulter : Oesterr. Zeitschr. für Berg-und Hüttenwesen, 1882, p. 45.

marche du fourneau ; comme ce dernier était de faible hauteur ($10^m,50$), on a, cependant, pu remplacer par ce combustible carbonisé 40 % du charbon de bois précédemment employé.

A Zeltweg et à Prœvali, où les fourneaux ont plus de hauteur, on a pu parfois substituer du lignite à 40 % de la charge de coke.

Tourbe crue ou carbonisée. — La tourbe contenant une grande quantité d'eau et de matières volatiles, n'est, pas plus que le lignite, dans de bonnes conditions pour remplacer le charbon de bois ou le coke dans l'alimentation d'un haut-fourneau, mais on a pu employer cette matière transformée en charbon en la mélangeant avec un combustible plus parfait ; de 1870 à 1880 on a fait dans ce but, à Vordernberg, de nombreux essais. On a reconnu que la tourbe, séchée à l'air et moulée sous forme de boules, se prêtait le mieux à cette transformation ; elle contenait de 1,7 à 4 % de cendres et 31 de carbone ; 100^k remplaçaient seulement, après séchage, 34^k de charbon de bois ; en carbonisant cette matière dans des fours Barff et Thursfield on obtenait un produit composé de :

Carbone fixe 64,5
Gaz combustible. . . . . . , . . 30,8
Cendres. 4,6

dont 100^k remplaçaient 91 de charbon de bois.

Avec la tourbe séchée ou carbonisée on pouvait maintenir une marche convenable en ne dépassant pas la proportion de 2/3 de tourbe pour 1/3 de charbon de bois.

Bois. — Le bois dégage, au moment où il se transforme en charbon, une quantité considérable de matières volatiles et diminue de volume ; il serait donc à peu près impossible de s'en servir exclusivement dans un haut-fourneau ; on en a cependant employé avec quelqu'avantage dans une certaine proportion, après avoir eu la précaution de le sécher dans des chambres chauffées. Plusieurs hauts-fourneaux du Hartz ont marché de 1850 à 1870 avec volumes égaux de bois sec et de charbon de bois, de sorte que le poids du bois chargé était de beaucoup supérieur à celui du charbon, et le bois remplaçait en réalité une quantité de charbon plus grande que celle qu'il aurait produite par la carbonisation ordinaire. On s'explique suffisamment ce fait, si on remarque que, en carbonisant le bois en meules, on ne peut éviter de brûler une certaine partie du charbon et que, d'un autre côté, les gaz que dégage le bois, augmentent la quantité d'éléments réducteurs et diminuent la proportion d'acide carbonique dans les gaz du gueulard. Ils rendent par conséquent plus difficile la transformation de l'acide carbonique en oxyde de carbone aux dépens du charbon dans la partie haute du haut-fourneau. Enfin le refroidissement produit par le dégagement de ces gaz peut être avantageux à ce même point de vue.

Mais dans les contrées où la carbonisation se fait à une grande distance de l'usine et où, par conséquent, les frais de transport du bois et du charbon de bois constituent une partie importante de leur prix de revient, il faut tenir compte de ce que 100^k de bois ne produisent que 22^k de charbon ; le poids du bois à transporter est donc beaucoup plus élevé que celui du charbon. C'est cette différence considérable qui permet de comprendre pourquoi l'emploi du bois dans les hauts-fourneaux ne s'est fait que dans des cas tout à fait exceptionnels.

Gaz. — On a proposé, à différentes reprises, on a même essayé d'alimenter de combustible des hauts-fourneaux au moyen de gaz de gazogènes, principalement de gaz à l'air. Si on se reporte, cependant, aux diverses réactions qui se produisent dans les hauts-fourneaux, on est inévitablement amené à conclure que sans combustible solide, il est à peu près impossible de réaliser une marche régulière et rémunératrice. Rappelons que le carbone a, dans le fourneau, deux rôles à remplir ; en se transformant en oxyde de carbone, il fournit l'élément réducteur, tandis que sa combustion a produit la chaleur nécessaire à la fusion des matières. Si cette chaleur provient de la combustion d'un gaz, le produit qui en résultera sera de l'acide carbonique, et, si on a employé des carbures d'hydrogène gazeux, ils introduiront de la vapeur d'eau qui, à la température de fusion de la fonte, se comportera comme un oxydant au lieu d'agir comme l'élément réducteur qui est indispensable à la décomposition des oxydes.

Les produits de la combustion doivent donc être dilués dans un grand excès de gaz non brûlés, c'est dire qu'il faudra consommer une énorme quantité de gaz pour empêcher cette action oxydante ou du moins pour l'atténuer suffisamment ; d'un autre côté la quantité de gaz non brûlés qu'il faudrait élever à la température de la zone de fusion, pour servir ensuite à la réduction, rend plus difficile la production de cette chaleur.

On ne surmonterait pas davantage cette difficulté en chauffant à très haute température le gaz et l'air avant de les introduire dans le fourneau puisque, dès que se fait la combustion du gaz, il se forme de l'acide carbonique et de la vapeur d'eau.

Il serait peut-être plus rationnel de souffler dans un fourneau consommant un combustible solide, une certaine proportion de gaz réducteurs pour faciliter la désoxydation du minerai par l'oxyde de carbone et surtout diminuer la combustion du carbone par l'acide carbonique dans la région située au-dessus de la zone de fusion, mais, le plus souvent, il serait très onéreux d'introduire ainsi du gaz spécialement fabriqué pour cet usage, et l'économie qu'on pourrait réaliser sur le combustible serait compensée et au-delà par les frais qu'occasionnerait cette pratique.

3. — Calculs relatifs à la marche d'un haut-fourneau; balance des quantités de chaleur.

Si au lieu de suivre pas à pas les diverses réactions qui se passent dans les hauts-fourneaux, on se borne à examiner les transformations défini-tives que subit le lit de fusion et le degré d'utilisation de combustible, on peut se dispenser de faire des prises de gaz à différentes hauteurs pour les soumettre à l'analyse, opération difficile, délicate et sujette à de nombreuses erreurs ; il est également inutile de prendre des minerais dans les divers états par lesquels ils passent et dans différents points du fourneau ; il suffit de comparer la composition des corps introduits, minerais, fondants, combustibles et air avec celle des produits, fontes, laitiers, gaz du gueu-lard, et de connaître le poids relatif de chacun d'eux, puisqu'on doit re-trouver, dans ce qui sort du fourneau, tous les éléments qui y ont été introduits ; la forme sous laquelle ils se présentent peut varier, comme, par exemple, le rapport entre l'acide carbonique et l'oxyde de carbone dans les gaz, rapport qui dépend, en premier lieu, de la proportion plus ou moins grande de minerai réduit par le carbone solide, et en second lieu de l'action plus ou moins active du carbone sur l'acide carbonique. La connaissance de cette proportion permet de calculer les quantités d'oxyde de carbone prove-nant de la combustion devant les tuyères et celles qui sont dues à la réduc-tion directe.

Balance des matières. — *Exemple de calcul*[1]. — Dans le haut-fourneau n° 2 de Vordernberg, produisant de la fonte blanche destinée au puddlage, on em-ployait pour obtenir 100^k de fonte :

$$
\begin{array}{ll}
\text{Minerai . . . .} & 212^k,69 \\
\text{Schiste argileux . . . . .} & 13^k,90 \\
\text{Charbon de bois . . . . . .} & 74^k,00 \\
\end{array}
$$

$\frac{1}{3}$ du minerai environ était chargé à l'état cru, les deux autres tiers étaient grillés, le mélange de ce minerai sous les deux états avait la composition suivante :

	pour 100^k	pour 212^k,69
Fe_2O_3	54,93	116,82
FeO	8,48	18,04
CaO	9,58	20,37
Mn_3O_4	4,97	10,57
Al_2O_3	3,00	6,38
MgO	1,83	3 89
SiO_2	4,92	10,46
H_2O	4,48	9,52
CO_2	7,81	16,64
	100,00	212,69
teneur en carbone de CO_2 . . .	2,13	4,54

[1] D'après F. Friderici ; *Oesterr. Zeitschr. für Berg-und Hüttenwesen*, 1882, p. 2.

Le schiste argileux était composé comme suit :

	pour 100^k	pour 13^k,90
SiO_2	78.38	10,90
Al_2O_3	13,99	1,95
CaO	0,53	0,07
Fe_2O_3	3.90	0,54
H_2O	3.20	0,44
	100,00	13,90

Le charbon de bois renfermait :

	pour 100^k	pour 74^k
C	85,10	62,97
CO_2	3,26	2,41
CO	1,36	1,00
CH_4	0,70	0,52
H	0,07	0,05
Az	0,51	0,39
H_2O	7,00	5,18
Cendres	2.00	1,48
	100,00	74.00

il s'y trouvait en C de   C . . . 85,10   62,97

de CO_2. . . 0,89   0,66

de   CO . . 0,58   87,09   0,43   64,44

de CH_4. . . 0,52   0,38

La composition moyenne du mélange employé pour produire 100^k de fonte était donc :

Fe_2O_3 { des minerais. 116,82 / du schiste . 0,54

total . . 117,36 contenant fer . . 82,15 ; oxygène 35,21

FeO   des minerais. 18,04   id. . . 14,03 ;   id.   4,01

96,18

SiO_2 { des minerais. 10,46 / du schiste . 10,90

total . . 21,36   id. en silicium   9,98 ;   id.   11,38

Al_2O_3 { des minerais. 6,38 / du schiste . 1,95

total . . 8,33

CaO $\begin{cases} \text{des minerais.} & 20,37 \\ \text{du schiste} & 0,07 \\ \hline \text{total} & 20,44 \end{cases}$

MgO   des minerais .   3,89
Mn₃O₄   id.   10,57   mangan.   7,62   oxygène   2,95

Alcalis du charbon de
  bois   1,48

H₂O $\begin{cases} \text{des minerais.} & 9,52 \\ \text{du schiste} & 0,44 \\ \text{du charbon} & 5,18 \\ \hline \text{total} & 15,14 \end{cases}$

CO₂ $\begin{cases} \text{des minerais.} & 16,64 \\ \text{du charbon} & 2,41 \\ \hline \text{total} & 19,05 \end{cases}$ contenant carbone   5,20 ; oxygène   13,85

CO   du charbon .   1,00   id.   id.   0,43 ;   id.   0,57
CH₄   id.   0,52   id.   id.   0,38
C   id   62,97   id.   ïd.   62,97
                                                    ―――
                            total   . . .   68,98

H   id.   0,05
Az   id.   0,39

Tous ces corps doivent se retrouver dans la fonte, les laitiers ou les gaz du gueulard.

La fonte contenait :

C   . . .   3,122
Si   . . .   0,152   provenant de la réduction de   0,330   de   SiO₂
Mn   . . .   2,220   id.   id.   id.   3,080   de   Mn₃O₄
Fe   . . .   94,506
            ―――
            100,000

Les 100ᵏ de fonte étaient accompagnés de 64ᵏ,38 de laitier de la composition suivante :

FeO   . $\begin{cases} \text{Fe, } (96,180 - 94,506 = 1,47. \\ \text{O,} \qquad\qquad\quad = 0,47. \end{cases}$ 2,14   soit en centièmes   3,32

MnO   . $\begin{cases} \text{Mn}_3\text{O}_4 \ (10,57 - 3,08 = 7,49 \\ \text{correspondant à 7,07 MnO et} \\ \text{1,59 d'oxygène.} \end{cases}$ 7,07   id.   10,98

SiO₂   (Oxyg. 11,21.   21,03   id.   32,76
Al₂O₃   8,33   id.   12,93

CaO . . . . 20,44 soit en centièmes 31,75
MgO 3,89   id.   6,04
Alcalis[1] 1,48   id.   2,22

                                        64,38   100,00

La composition des laitiers ainsi calculée, a été confirmée par l'analyse et la proportion du poids du laitier à celui de la fonte $\dfrac{64,38}{100,00}$ s'est également vérifiée.

Les gaz du gueulard étaient composés par 100^k comme suit :

CO_2 . . . . .   22,37 contenant en carbone   6,10 ⎫
CO   23,84   id.   id.   10,22 ⎬ 16,60
CH_4   0,37   id.   id.   0,28 ⎭
H   0,09
Az   33,33

              100,00

Nous avons vu que, pour 100^k de fonte produite, le fourneau recevait 68^k,98 de carbone provenant, soit du charbon, soit de l'acide carbonique des matières ; or, la fonte retient 3,122 de cette quantité, on doit donc trouver, pour 100 de fonte, dans les gaz un poids de carbone représenté par :

$$68,98 - 3,122 = 65,858 ;$$

donc à la production de 100^k de fonte correspond, au gueulard, une quantité de gaz telle qu'avec la composition ci-dessus elle renferme 65,85 de carbone ; ce calcul effectué nous donne les résultats suivants :

CO_2 = 88,76 contenant en carb. 24,22, en oxy. . 64,54
CO = 94,58   id   id.   40,54   id.   . 54,04
CH_4 =   1,46   id.   id.   1,09 en hydrog.   0,37
H =   0,35   0,35
Az = 211,58

Totaux 396^k,73   id.   id. C = 65^k,85   O = 118^k,58 H = 0^k,72

donc à 100^k de fonte correspondent, au gueulard, 396^k,73 de gaz.

Or, il résulte des analyses des minerais et des fondants que le lit de fusion a fourni 19^k,50 d'acide carbonique, par conséquent 88^k,76 — 19^k,50 = 69^k,71 proviennent de la réduction des minerais par l'oxyde de carbone ; cette réaction a dû enlever aux minerais

$$\frac{4}{11} \times 69,71 = 25^k,35 \quad \text{d'oxygène.}$$

D'un autre côté, l'oxygène enlevé au minerai par réduction se composait de

---

[1] On a supposé que les cendres du charbon ne contenaient que des alcalis ; elles sont en si faible quantité que l'erreur qui peut en résulter est sans importance.

$$39^k,22 - 0^k,47 = 38^k,75 \quad \text{en combinaison avec le fer,}$$
$$2^k,95 - 1^k,59 = 1^k,36 \qquad \text{id.} \qquad \text{le manganèse,}$$
$$\underline{11^k,38 - 11^k,21 = 0^k,17} \qquad \text{id.} \qquad \text{le silicium,}$$
$$40^k,28$$

On voit donc que $25^k,35$ de cet oxygène ou 62% de la quantité totale ($40^k,28$) a été enlevé au fer par l'oxyde de carbone et le reste 38% est dû à la réduction directe.

L'oxygène enlevé au minerai par l'oxyde de carbone se trouve au gueulard sous forme d'acide carbonique, celui absorbé par le carbone solide, à l'état d'oxyde de carbone ; il est bon de remarquer que si l'acide carbonique résultant de la réduction du minerai se transforme en oxyde de carbone en absorbant un 2e atome de carbone, l'oxygène qu'il avait reçu du minerai vient se ranger à côté de celui qui a été enlevé directement par le carbone ; dans ce cas, en effet, la consommation de combustible est la même que si le carbone avait agi directement.

On peut faire des calculs analogues sur tous les autres corps.

On peut, par exemple, tirer des calculs précédents le volume d'air lancé dans le fourneau et cela de plusieurs manières :

Par 100^k de fonte produite, les gaz du gueulard contiennent en oxygène $118^k,58$.

Or les oxydes réduits en ont fourni . . . . . $40^k,28$ ⎫

l'acide carbonique du minerai et du charbon de bois . $13^k,85$ ⎬ $54,70$

l'oxyde de carbone du charbon . . . . $0^k,57$ ⎭

l'air a donc apporté . . . . $63,88$

total .   . $118,58$

Nous ne tenons pas compte de l'oxygène provenant de l'humidité de l'air [1].

Ces $63^k,88$ d'oxygène correspondent à $\dfrac{63,88}{23} \times 100 = 277^k,7$ d'air ou $215^{mc},2$, insufflés par 100^k de fonte ; or le fourneau produisait 15000^k par 24 heures soit $10^k,4$ par minute ; il entrait donc dans le fourneau $\dfrac{10^k,4 \times 215,2}{100} = 22^{mc},4$ par minute.

[1] On pourrait le déterminer en déduisant de la proportion d'hydrogène contenue dans les gaz du gueulard celle qui provient du combustible, mais il semble qu'il y ait eu une légère erreur, dans cet exemple, sur les chiffres relatifs à l'hydrogène. Il y aurait par 100^k de fonte dans les gaz $0^k,72$ d'hydrogène, dont $0^k,14$ proviennent de l'hydrocarbure CH_4, et de l'hydrogène libre $\qquad\qquad\quad 0^k,05$

Total.   . $0^k,19$

il resterait donc, dus à la décomposition de la vapeur d'eau, $0^k,72 - 0^k,19 = 0^k,53$ qui correspondent à $4^k,24$ d'eau, chiffre évidemment exagéré.

Si les analyses, et surtout si les chiffres relatifs aux hydrocarbures, sont exacts, il faudrait supposer qu'une partie de l'humidité des charges a été décomposée.

On arrive à peu près au même résultat en partant de la proportion d'azote ; nous avions par 100ᵏ de fonte 211ᵏ,50 d'azote dans les gaz représentant 169ᵐᶜ,2 qui correspondent à $\dfrac{169,2}{79} = 214^{mc},2$ ou 22ᵐᶜ,2 par minute.

En calculant le volume d'air introduit d'après la section des buses et la pression du vent, et en se servant des tables d'Hauer on trouve le chiffre de 23ᵐᶜ.

Balance des quantités de chaleur. — Les résultats fournis par le calcul précédent nous mettent à même d'établir la balance des quantités de chaleur pour ce haut-fourneau.

Un haut-fourneau reçoit de l'extérieur une certaine quantité de chaleur et, en même temps, des éléments destinés à en développer, il en résulte une somme de chaleur qui est employée, partie à produire les transformations de matières, partie à échauffer les gaz qui s'échappent, une autre partie enfin est perdue par le rayonnement, etc.

La balance des quantités de chaleur consiste donc à établir, d'un côté la somme de celles qui sont reçues, de l'autre la somme de celles qui sont absorbées, utilisées ou perdues ; ces deux sommes doivent être égales.

Des calculs de ce genre répétés à des moments différents et pour des roulements variés n'ont pas seulement un intérêt théorique ; de même qu'un commerçant ne voit clairement l'état de ses affaires et les raisons des pertes ou des bénéfices qu'après avoir inscrit, en les classant avec soin, ses recettes et ses dépenses, établi la balance et comparé la somme des débits à celle des crédits, de même le métallurgiste, en faisant la balance de chaleur de son fourneau, arrive à des chiffres qui lui permettent de reconnaître les motifs qui ont amené une plus ou moins bonne utilisation du combustible, à divers moments, et dans les différentes circonstances : il en conclut la marche à suivre pour écarter tout ce qui peut modifier son allure d'une manière fâcheuse, et pour éviter des essais qui n'auraient aucune chance de succès.

Pas plus que pour la balance des matières il n'est nécessaire, pour celle des quantités de chaleur, de connaître les réactions successives de l'opération. Un kilogramme de carbone en se transformant finalement en oxyde de carbone développe toujours la même quantité de chaleur, soit que le produit immédiat ait été de l'oxyde de carbone, soit que la moitié ait d'abord formé de l'acide carbonique qui, au contact du carbone, ait été ramené à l'état d'oxyde. De même 1ᵏ d'oxyde de fer absorbe toujours la même quantité de chaleur, soit qu'il ait été réduit à l'état de fer du premier coup, soit qu'il ait passé par des états intermédiaires avant d'arriver à l'état métallique, et quel que soit le mode de réduction qui l'ait amené à cet état, oxyde de carbone, ou carbone solide : il suffit donc de connaître, pour établir la balance, la situation des matières à l'entrée et à la sortie.

Comme, dans la plupart des cas, l'hydrogène et ses carbures n'interviennent que fort peu, ou ne jouent aucun rôle dans le développement de la chaleur, il n'est pas indispensable de faire une analyse complète des gaz du
gueulard ; ainsi que l'a fait remarquer Gruner [1], il suffit de connaître le rapport $\dfrac{CO_2}{CO}$ pour en tirer les enseignements nécessaires. On sait la quantité de
matières et de combustible que l'on emploie pour produire 1^k de fonte, on
sait combien ce kilogr. retient de carbone, par conséquent tout le carbone
excédant doit se retrouver dans les gaz.

Soit p le poids de carbone qui se trouve dans les gaz par kilog. de fonte,
y le poids d'oxyde de carbone, m le rapport $\dfrac{CO_2}{CO}$ déterminé par l'analyse, le
poids de l'acide carbonique sera égal à my et nous aurons :

$$ p = \frac{3}{7} y + \frac{3}{11} my \qquad \text{d'où} \qquad y = \frac{77p}{33 + 21m}. $$

On a donc ainsi les poids absolus de l'oxyde de carbone et de l'acide carbonique contenus dans les gaz correspondant à 1^k de fonte. Avec ces données on peut établir la balance de chaleur.

Premier exemple. — Considérons d'abord le fourneau de Vordernberg dont
nous avons indiqué les conditions de marche et voyons quelle est la quantité de chaleur reçue.

1. CHALEUR REÇUE. — *(a) provenant de la combustion du carbone.* — Le carbone
brûlé, soit par l'air insufflé, soit par l'oxygène du minerai, se trouve dans les
gaz du fourneau à l'état de CO_2 et de CO. Ces gaz, pour la quantité correspondant à 1^k de fonte, contenaient, d'après le calcul que nous avons fait, $0^k,8876$
d'acide carbonique, dont $0^k,1905$ provenaient des matières chargées, il y
avait donc $0^k,8876 — 0^k,1905 = 0^k,6971$ d'acide carbonique provenant de la
combustion du carbone, ce qui correspond à $0^k,1901$ de carbone.

Dans cette même quantité de gaz on trouvait $0^k,9458$ de CO dont $0,01$ préexistait dans le charbon de bois, donc $0^k,9358$ provenaient de la combustion
du carbone et représentant $0^k,4011$ de carbone.

La combustion du carbone avait produit par conséquent :

par sa combustion en CO_2 . . . . . . $0,1901 \times 8080 = 1536^{cal}$
       id.   id. CO . . . . . $0,4011 \times 2473 = \underline{992^{cal}}$
                                                            2528^{cal}

(b) provenant de l'air chaud. — La température de l'air insufflé était de
$300°$; la quantité introduite par kil. de fonte était d'après notre calcul $2^k,777$;
la chaleur spécifique étant de $0,237$, l'air chaud apportait :

$$ 2,777 \times 0,237 \times 300 = 198^{cal} ; $$

nous ne tenons pas compte de l'humidité de l'air, l'erreur qui en résulte
étant insignifiante.

[1] Annales des mines, Série VIII, T, II, p. 18.

Le fourneau a donc reçu $2528 + 198 = 2726^{cal}$ par kilogramme de fonte produite.

2. CHALEUR DÉPENSÉE. — (a) pour la réduction :

0,8215 de Fe provenant de Fe_2O_3 ont exigé pour être réduits :

$$0,8215 \times 1796 = \hspace{4cm} 1475^{cal}$$

$0.1403 - 0,0167$ de Fe provenant de FeO ont exigé :

$$0,1236 \times 1352 = \hspace{4cm} 167^{cal}$$

0,0222 de Mn provenant de Mn_3O_4 ont absorbé :

$$0,0222 \times 2100 = \hspace{4cm} 46^{cal}$$

0,0015 de Si provenant de SiO_2 ont absorbé :

$$0,0015 \times 7830 = \hspace{4cm} 12^{cal}$$

La réduction des oxydes a consommé [1] .... 1700^{cal}

(b) Chaleur emportée par 1^k de fonte [2]. .... 263^{cal}

(c) Chaleur emportée par les laitiers. — Pour 1^k de fonte on produisait $0^k,6438$ de laitier ; or le laitier de fonte blanche emporte 430^{cal} [3], $0^k,6438$ entraînaient .... 260^{cal}

(d) Chaleur emportée par les gaz. — Pour 1^k de fonte il se dégageait du gueulard $3^k,967$ de gaz, leur température était de 173°, leur chaleur spécifique moyenne 0,237, ils enlevaient donc :

$$3,967 \times 0,237 \times 173 = \hspace{4cm} 188^{cal}$$

NOTA (pour plus d'exactitude il eût fallu calculer séparément la chaleur emportée par chacun des éléments du gaz.)

(e) Chaleur absorbée pour vaporiser l'eau introduite dans le fourneau et porter la vapeur à la température des gaz. — L'eau contenue dans le lit de fusion et dans le combustible était à l'état d'humidité, son poids par kil. de fonte était de $0^k,1514$; les matières chargées étant à 7°, il a fallu d'abord élever de 93° la température de l'eau, puis la vaporiser ; la chaleur latente de vaporisation étant de 536^{cal}.

$$(93 + 536) \times 0,1514 = \hspace{4cm} 95^{cal}$$

chauffer ensuite cette vapeur à 173°

$$0,1514 \times 73 \times 0,48 = \hspace{4cm} 5$$

De ce double fait il y a absorption de 100,00

---

[1] Voyez pour le fer la page 48, la quantité de chaleur développée par Mn se transformant en Mn_3O_4 a été prise en chiffres ronds.

[2] Il est facile de mesurer dans chaque cas particulier la chaleur emportée par la fonte liquide ; il suffit d'en verser un certain poids dans un calorimètre, mais on peut, le plus souvent, se contenter d'appliquer à cette valeur un chiffre moyen. Gruner a trouvé 280 à 285^{cal} pour la fonte blanche (Études sur les hauts-fourneaux, p. 189).

[3] Gruner a trouvé 450 pour les laitiers de fonte blanche et 500 pour ceux de fonte grise.

(f) *Décomposition des carbonates.* — On devait enlever au lit de fusion par kil. de fonte produite $0^k,1664$ d'acide carbonique, ce qui prenait :[1]

$$0,1664 \times 943 = \qquad\qquad 157^{cal}$$

(e) *Refroidissement des tuyères.* — 4 tuyères recevaient par minute 6 litres d'eau dont la température s'élevait de 13°, et comme on produisait par minute $10^k,4$ de fonte, à chaque kilog. correspondait une consommation de $0^k,58$ d'eau qui enlevait :

$$0,58 \times 13 = \qquad\qquad 7^{cal}$$

Tous ces chiffres calculés, nous pouvons établir la balance de la manière suivante :

BALANCE DE CHALEUR

Chaleur reçue		*Chaleur dépensée*	
(a) de la combustion du carbone	2528	(a) pour la réduction	1700
(b) de l'air chaud	198	(b) emportée par la fonte . .	205
	2726	(c) id. par les laitiers.	260
		(d) id. par les gaz . .	188
		(e) employée à chauffer et vap. l'eau	100
		(f) employée à décomposer les carbonates	157
		(g) employée à refroidir les tuyères	7
		(h) pertes par rayonnement, différence	49
			2726

2e *exemple.* — Nous prendrons, pour second exemple, un haut-fourneau au coke d'Ormesby ayant $23^m,20$ de hauteur, 584^{mc} de capacité et produisant par 24 heures 63.000^k de fonte grise n° 3[2].

Pour produire 1^k de fonte on consommait :

$1^k,100$ de coke contenant 92,5 % de carbone, soit donc en carbone $1^k,017$;

$2,440$ de minerai (Blackband grillé dont le fer était à l'état de Fe_2O_3) ;

[1] D'après Thomson la décomposition de 1^k de carbonate de chaux, c'est-à-dire la séparation de l'acide carbonique et de la chaux absorbe 425^{cal} (Wagners Jahresbericht für chemische Technologie, 1880, p. 397). Comme 1^k de carbonate de chaux contient 56 de chaux et 44 d'acide carbonique, ce chiffre correspond à 943^{cal} par kil. d'acide carbonique enlevé à la chaux. On ne possède pas jusqu'ici de renseignements sur la chaleur de décomposition du carbonate de fer, nous admettons, faute de mieux, la même valeur que pour le carbonate de chaux.

[2] Les données de cet exemple sont empruntées en partie au mémoire de Gruner dont il a été souvent question (Annales des mines, Série VII, T. II, p. 52) ; en partie à ceux de L. Bell (Production et consommation de la chaleur dans les hauts-fourneaux). Bien qu'elles ne soient qu'approximatives elles remplissent suffisamment notre but qui est de comparer l'emploi de la chaleur dans un haut-fourneau au coke marchant en fonte grise, à celui qu'on obtient dans un haut-fourneau au bois produisant de la fonte blanche.

0,625 de castine contenant 43 °/₀ d'acide carbonique, c'est-à-dire 0,073 de carbone et 0,197 d'oxygène formant ensemble 0,270 de CO_2.

On produisait $1^k,480$ de laitier.

Le vent était chauffé à 780° et les gaz du gueulard avaient une température de 412°.

Le rapport $\dfrac{CO_2}{CO}$ était égal à 0,542.

La composition de la fonte n'était pas donnée, mais nous pouvons la supposer semblable à celle de la fonte courante du Cleveland n° 3 et admettre qu'elle renfermait :

C	3,4
Si	1,2
Mn	0,5
Ph	1,3
Fe	93,6
total	100,0

La quantité de carbone introduite dans le haut-fourneau par kilog. de fonte était donc :

provenant du coke	1,017
id. de CO_2	0,073
	1,090
la fonte retenait	0,034
différence	$1^k,056$

qui devait se retrouver dans les gaz du gueulard.

La quantité d'oxyde de carbone contenue dans les gaz du gueulard est fournie par la formule que nous avons indiquée :

$$y = \frac{77 \times 1,056}{33 + 21 \times 0,542} = 1^k,831.$$

l'acide carbonique, my, sera :

$$0,542 \times 1,831 = 0^k,992.$$

Avec ces éléments, nous pouvons calculer la quantité de gaz produits et celle de l'air insufflé par kilog. de fonte

En effet :

$1^k,831$ de CO contient	$1^k,046$	d'oxygène
0,992 de CO_2 id.	0,721	id.
Le gaz renferme donc . . .	1,767	id.

Examinons ce que le lit de fusion a pu en apporter.

L'acide carbonique de la castine a apporté . . . 0,197 d'oxy.

$1^k,337$ de Fe_2O_3 produisant Fe = 0,936 a apporté . 0,401 id.

0 ,023 de SiO_2 id.   Si = 0,012   id.   . 0,013 id.

0 ,007 de Mn_3O_4 id.   Mn = 0,005   id.   . 0,002 id.

0 ,029 de Ph_2O_5 id.   Ph = 0,013   id.   . 0,016 id.

Total de l'oxygène provenant du lit de fusion. 0,629

L'air a donc apporté $1^k,767 - 0,629 = 1^k,138$ d'oxygène correspondant à

$1,138 \times \dfrac{77}{23} = 3^k,810$ d'azote ; on a insufflé pour obtenir 1^k de fonte

$$1^k,138 + 3^k,810 = 4^k,948 \text{ d'air,}$$

et les $6^k,633$ de gaz du gueulard étaient composés comme suit :

CO 1,831
CO_2 0,992
Az. 3,810
                      6,633

Nous supposons ce gaz exempt de vapeur d'eau.

Ceci posé, établissons les chaleurs reçues et dépensées :

1. CHALEUR REÇUES. — (a) *Combustion du carbone.* — Par kilog. de fonte produite, les gaz du gueulard contenaient $0^k,992$ d'acide carbonique dont $0^k,270$ provenaient du lit de fusion, l'excédant soit 0,722 étaient dus à la combustion de $0^k,197$ de carbone.

Le carbone total brûlé était égal à $1^k,017 - 0^k,034 = 0,983$ dont 0,197 passaient à l'état de CO_2 ; le reste, 0,786, était transformé en CO.

On doit donc calculer ainsi la chaleur développée :

pour la production de CO_2 $0^k,197 \times 8080 = 1591^{cal.}$
id.   id.   de CO $0 ,786 \times 2473 = 1943^{cal.}$

Total. $3534^{cal.}$

(b) *Provenant de l'air chaud.*

$4^k,948$ d'air chauffé à 780° ont apporté :

$4,948 \times 780 \times 0,237 =$ $914^{cal.}$

Total de la chaleur reçue. 4448

2. CHALEUR DÉPENSÉE. — (a) *pour la réduction*

$0^k,936$ de fer provenant de Fe_2O_3 ont exigé $0,936 \times 1796 =$ $1681^{cal.}$

0 ,012 de Si   id. SiO_2 id. $0,012 \times 7830 =$ $94^{cal.}$

0 ,005 de Mn   id. Mn_3O_4 id. $0,005 \times 2000 =$ $10^{cal.}$

0 ,013 de Ph   id. Ph_2O_5 id. $0,013 \times 5700 =$ $75^{cal.}$

Total. . . . $1860^{cal.}$

(*b*) *Emportée par la fonte*   280cal.

(*c*)   id.   *par les laitiers* $1^k,480 \times 500 =$ 740cal.

(*d*)   id.   *par les gaz* $6,663 \times 413 \times 0,237 =$ 647cal.

(*e*) *Absorbée pour vaporiser l'eau et amener la vapeur à* 412°. Nous ignorons combien le minerai contenait d'eau hygrométrique, mais nous pouvons admettre qu'il en renfermait 4 % et le coke 2,5 %.

On avait à vaporiser :

$$0^k,097 + 0^k,028 = 0^k,125 \text{ d'eau provenant de}$$
$$2^k44 \text{ de minerai et de } 1,10 \text{ de coke}$$

La vaporisation absorbait : $0,125 \,(90 + 536) = 78^{cal}.$ }

le chauffage de la vapeur à 412° : $0,125 \times 312 \times 0,48 = 18$ }   96cal

(f) *Décomposition de la castine*   254cal.

La balance peut s'établir de la manière suivante :

BALANCE DES CHALEURS

Chaleurs reçues		*Chaleurs dépensées*	
(*a*) de la combustion du carbone	3534	(*a*) pour la réduction. . . .	1860
(*b*) de l'air chaud	914	(*b*) emportée par la fonte. .	280
		(*c*) id. par le laitier. .	740
Total. . .	4448	(*d*) id. par les gaz . .	647
		(*e*) employée à vaporiser l'eau, etc.	96
		(*f*) employée à décomposer les carbonates	254
		(*g.h*) refroidiss. des tuyères, pertes	571
		Total. . .	4448

On voit que, dans le haut-fourneau au coke marchant en fonte grise, la plupart des éléments de dépense de chaleur sont plus élevés que dans le haut-fourneau au charbon de bois, ce qu'explique suffisamment la différence de conditions de marche ; la réduction exige plus de chaleur parce que le silicium et le phosphore, qui entrent dans la composition de la fonte grise, en absorbent une plus grande quantité ; la fonte elle-même emporte plus de chaleur quand elle est grise que lorsqu'elle est blanche ; la différence provenant des laitiers est beaucoup plus considérable ; pour la même quantité de fonte, les laitiers du fourneau au coke entraînent presque trois fois plus de chaleur que ceux de l'autre fourneau, parce que les minerais du Cleveland et les cendres de coke apportent une plus grande quantité d'éléments à scorifier, et exigent par conséquent une plus forte proportion de castine que les minerais du fourneau de Vordernberg et le charbon de bois. D'ailleurs on force la dose de castine pour obtenir un laitier basique ; on produit donc deux fois plus de laitier et à poids égal, ils entraînent plus de chaleur.

Il en est de même pour le nombre de calories emporté par les gaz du gueulard ; pour fournir la quantité de chaleur nécessaire à la réduction, à la fusion du laitier, etc., dans le fourneau au coke, il faut consommer plus de combustible, produire par conséquent plus de gaz qui emportent une plus grande quantité de chaleur ; l'acide carbonique provenant de la décomposition des carbonates en entraîne également une forte consommation.

Enfin le fourneau au coke ayant une allure moins rapide, c'est-à-dire produisant moins de fonte par mètre cube de capacité, doit perdre plus de chaleur par rayonnement ; à Ormesby, le fourneau avait une capacité de 584mo et produisait 63 000^k de fonte par 24 heures soit 108^k par mètre cube, tandis qu'à Vordernberg, le fourneau de 31^{mc} produisait 15 000^k soit 470^k par mètre cube, c'est-à-dire quatre fois plus que l'autre. Ajoutons encore que dans le fourneau au coke la température est et doit être plus élevée, les parois plus chauffées doivent être plus soigneusement réfroidies, à surface égale elles rayonnent davantage, toutes choses qui se traduisent par des consommations de chaleur.

6. — Résultats du travail des hauts-fourneaux.

La marche d'un haut-fourneau est résumée sur un livre *de roulement* sur lequel on porte chaque jour les quantités de minerais, de fondants et de combustibles consommés, et le poids de la fonte produite, de façon que, d'un seul coup d'œil, on puisse faire la comparaison des matières employées et des résultats obtenus d'un jour à l'autre ; on réunit généralement, en les additionnant, les données ainsi recueillies, par semaine, par mois et par année.

Sur ce livre on doit porter chaque jour également les indications relatives à la pression du vent, à la température, à la nature de la fonte, relater, en un mot, tous les détails qui peuvent intéresser la marche ; c'est un véritable journal qui, tenu avec soin, est très instructif pour quiconque veut l'étudier avec attention.

A des intervalles réguliers, toutes les semaines, tous les mois, à la fin de l'année surtout, on établit le résultat moyen en totalisant les sommes partielles du mouvement journalier et on le compare avec ceux obtenus précédemment, ou ceux d'un autre établissement du même genre et on en conclut la bonne ou la mauvaise marche de l'appareil.

Il est évident que des fourneaux de capacités différentes, ne consommant ni les mêmes minerais, ni les mêmes combustibles, produisant des fontes qui n'ont pas la même composition ni la même nature, ne peuvent réaliser des résultats semblables les uns aux autres, il n'en est pas moins vrai que des comparaisons faites, même dans ces conditions, ont au moins l'avantage de permettre de se rendre compte de l'influence de ces diverses circonstances, volumes, nature des minerais, réduction plus ou moins facile, etc.

Les résultats du roulement les plus intéressants à étudier sont les suivants :

(a) *Quantité de fonte produite pendant un temps donné.* — Dans certaines contrées on compare les productions par semaine, dans d'autres on préfère prendre pour base la journée de 24 heures, quoi qu'il en soit, la puissance de production d'un haut-fourneau dépend de plusieurs circonstances, et tout d'abord de ses dimensions, il est clair que, avec les mêmes minerais et pour la même quantité de fonte, un grand fourneau produira plus qu'un petit ; mais nous avons déjà fait remarquer que l'accroissement de production n'était pas proportionnel à celui du volume, un fourneau ayant une capacité double d'un autre ne donnera pas deux fois plus de fonte.

La nature des minerais traités influe de son côté sur la production ; ceux qui sont d'une réduction difficile doivent faire un plus long séjour dans l'appareil pour y être plus longtemps exposés au gaz oxyde de carbone ; on obtiendra donc moins de fonte dans l'unité de temps.

Si ces minerais sont très riches, ils contiennent moins de gangue et exigent moins de fondants, le même volume du fourneau en contiendra davantage, et, si on conserve la même vitesse de descente, le fourneau produira plus de fonte ; dans ce cas la proportion de laitier est moindre, d'où moindre consommation de chaleur.

Il faut également tenir compte de la nature de la fonte demandée : c'est avec la marche en fonte blanche ordinaire qu'on obtient le maximum de production ; on peut admettre que la puissance de fabrication d'un même haut-fourneau variera d'après la nature des fontes qu'il produit de la manière suivante :

S'il fait en fonte blanche ordinaire par **24 heures** . . . . 100^t
il produira en fonte grise . . . . 63^t
en spiegeleisen à 10 ou à 12 °|$_0$ de manganèse . . . . 60^t
en spiegeleisen à 40 °/$_0$ de manganèse . . . . 40^t
en ferrosilicium à 13 ou 15 °/$_0$ de silicium . . . . 33^t
en ferromanganèse à 60 °/$_0$ . . . . 25^t

Il ne faut pas oublier, enfin, quand on veut comparer la production journalière de plusieurs hauts-fourneaux, que, dans beaucoup de cas, on pourrait la rendre plus considérable en introduisant plus de vent, si on n'était arrêté par la crainte de voir augmenter la consommation de combustible par tonne de fonte. Pour chaque haut-fourneau en effet, le minimum de consommation correspond à une vitesse déterminée, au-delà de laquelle l'allure est moins favorable et l'utilisation du combustible moins complète ; sans doute, la quantité produite sera plus grande, mais on ne doit adopter cette allure que si le prix de vente de la fonte est élevé, et celui du combustible assez bas pour que le bénéfice résultant d'un surplus de fabrication compense et au-delà l'excès de consommation.

Depuis le commencement du xixᵉ siècle la production des hauts-fourneaux a toujours été en croissant, à mesure que les dimensions augmentaient et que les appareils à air chaud se perfectionnaient ; à l'enfance des hauts-fourneaux on n'arrivait pas à en obtenir une tonne par 24 heures, tandis qu'aujourd'hui une fabrication qui ne dépasse pas 5000ᵏ est tout à fait exceptionnelle et ne se rencontre guère que là où on fait de la fonte pour moulages en première fusion ; en Suède, actuellement, les fourneaux au charbon de bois donnent de 12 à 20 tonnes par jour ; aux États-Unis, on en trouve de plus grandes dimensions, tel que celui de Hinkle à Ashland qui a 18ᵐ de hauteur et 3ᵐ,60 au ventre, et d'où sortent plus de 80 tonnes de fonte en 24 heures ; telle a été la moyenne du mois d'août 1888 au mois d'août 1889 [1].

Dans les hauts-fourneaux au coke de dimensions moyennes (350 à 450ᵐᶜ) on produit de 100 à 150ᵗ de fonte blanche ordinaire et de 70 à 120ᵗ de fonte grise. Parmi les hauts-fourneaux allemands ce sont ceux d'Ilsede qui se distinguent par leur forte production ; ils traitent des hématites brunes en grains de réduction facile et les transforment en fonte blanche ordinaire très phosphoreuse employée pour la fabrication de l'acier Bessemer basique ; pendant l'année 1891, les hauts-fourneaux 1 et 2 de cette usine ont donné chacun en moyenne 187ᵗ par jour.

Certains grands fourneaux américains se signalent aussi par la quantité de fonte qui en sort chaque jour, grâce à la richesse des minerais qu'ils emploient, et, on peut le dire, au peu d'importance qu'on attache dans cette contrée à la consommation de combustible ; avec une capacité de 500 à 600ᵐᶜ, ils produisent plus de 300ᵗ par jour ; le haut-fourneau de Lucy, par exemple, de l'usine Edgard Thomson, qui en 1889 avait une capacité de 515ᵐᶜ, donnait 315ᵗ de fonte par jour ; à Pittsburg, un autre, marchant en fonte Bessemer, produisait 250ᵗ en moyenne, et par exception jusqu'à 414ᵗ [2]. Les minerais traités dans le premier venaient du lac Supérieur et rendaient 61 % ; on y ajoutait 28 de castine pour 100 de minerai ; il se produisait 540ᵏ de laitier par tonne de fonte.

Par contre les grands hauts-fourneaux du Cleveland, dont le volume intérieur s'élève jusqu'à 1100ᵐᶜ, ne donnent que 130ᵗ par jour ; il est vrai qu'ils ont trois fois plus de laitier à fondre, environ 390ᵗ par jour [3].

[1] *Journal of the charcoal Iron Workers*, T. VIII, p. 274.
[2] *Stahl und Eisen*, 1890, p. 1013. — 1889, p. 977.
[3] L. Bell, en établissant la balance des quantités de chaleur fait voir plus nettement les causes de la différence qui existe entre la puissance de production des fourneaux de Cleveland et celle des hauts-fourneaux américains. *Journal of the Iron and Steel Institute*, 1890, II, p. 40.

(b) *Poids du lit de fusion par* 1000^k *de combustible*. — Ce poids est naturellement plus élevé pour la fonte blanche ordinaire que lorsqu'on fabrique des fontes grises ou spéculaires; il dépend, d'ailleurs, de la richesse des minerais et de la facilité plus ou moins grande avec laquelle ils se réduisent; la capacité du haut-fourneau, la température du vent, la nature du combustible, etc. ont aussi leur influence.

Ordinairement on fait porter à 1000^k de coke de 2000 à 3000^k de lit de fusion: pour le charbon de bois, on oscille de 2000 à 3500^k; il est clair que la charge la plus faible en lit de fusion correspond à la plus grande teneur en fer; cette valeur ne peut donc pas donner idée de l'utilisation plus ou moins bonne du combustible; dans une marche au charbon de bois pour fonte grise, avec un lit de fusion rendant 33 %, la charge peut s'élever à 2600 pour 1000; à Vordernberg, où le lit de fusion que nous avons étudié rendait 44,5 % et où on produisait de la fonte blanche, on faisait porter à 1000^k de combustible 3330^k de matières; dans la même usine, et dans un fourneau plus petit, on ne dépassait pas 3000^k.

En Suède, où les minerais sont difficiles à réduire, mais riches, pour la fonte blanche on charge 2400^k de lit de fusion par tonne de charbon de bois, et 2100^k pour la fonte grise. On se tient aux mêmes chiffres dans l'Amérique du Nord; dans le Cleveland, où on consomme des sphérosidérites d'une réduction facile, on atteint 2700^k et 2800^k par tonne de coke en fabriquant de la fonte grise.

Dans le Luxembourg et en Lorraine, le minerai consommé est la minette; on fait porter dans ces conditions 2800^k à 3000^k à la tonne de coke pour la fonte blanche; dans la Westphalie rhénane, on va de 2300^k en fonte grise à 3000^k en fonte blanche; à Ilsède, par exemple, en 1890, on chargeait chaque tonne de combustible de 2950^k de lit de fusion.

(c) *Rendement du lit de fusion et des minerais*. — Lorsqu'on connaît d'une part la quantité de matières composant le lit de fusion, qui a été consommée dans un temps donné, et d'autre part le poids de la fonte produite dans le même temps, il est facile de calculer le rendement des matières, et c'est un point dont il est très utile de suivre les variations; il fournit des renseignements précieux sur la marche du haut-fourneau; on comprend que la production journalière doit augmenter, et la consommation de combustible diminuer lorsque le minerai ou le lit de fusion devient plus riche; cependant une certaine partie du fer passe dans la scorie; d'un autre côté, le fer lui-même absorbe, en diverses proportions, certains éléments, silicium, carbone, phosphore, manganèse; il en résulte que le rendement réel ne concorde généralement pas avec celui que fournit l'analyse chimique; il est inférieur à ce dernier dans un seul cas, c'est celui où on marche en allure très froide, parce qu'une forte proportion de fer passe dans la scorie; si on marche en fonte blanche ordinaire, il y a égalité entre les résultats ; si on produit des fontes grises ou spéculaires, le rendement du haut-fourneau est supérieur à celui du laboratoire.

Dans la plupart des cas, le rendement est compris entre 30 et 40 %; il faut que les prix des matières et des combustibles soient très bas pour qu'on puisse traiter, avec avantage, des lits de fusion rendant moins de 25 %. On se trouve généralement dans les conditions les plus favorables quand on traite un lit de fusion rendant plus de 40 %. Dans l'Amérique du Nord, où la production est exceptionnellement forte, on atteint 48 %; il en est dé même à Bilbao.

Les lits de fusion pour fonte grise ou spéculaire sont, la plupart du temps, plus pauvres, soit parce qu'on est obligé de maintenir des laitiers plus basiques, soit parce que la fabrication de ce genre de métal est plus facile en présence d'un bain de laitier plus abondant.

(d) *Consommation de combustible par tonne de fonte.* — Il est très important de se rendre compte de cet élément, parce qu'il indique à quel point la chaleur a été utilisée, et qu'il a une influence considérable sur le prix de revient.

Dans les régions supérieures du fourneau, les oxydes de fer sont réduits à l'état de protoxyde par l'excès d'oxyde de carbone qui se trouve en contact avec eux ; pour transformer ce protoxyde en fer métallique, il faut que le gaz contienne une proportion d'oxyde de carbone correspondant à la formule $FeO + 3CO = Fe + CO_2 + 2CO$, par conséquent, pour un atome de fer, c'est-à-dire 56, il faudrait 3 atomes, ou 36 de carbone transformé en oxyde par le vent ; soit pour 1000^k, 643^k de carbone, à quoi il faut ajouter 40^k de carbone qui passent dans la fonte, soit un total de 683^k. Si on arrive à compenser au moyen de la chaleur développée par la combustion de ces 643^k et de celle qu'apporte le vent, la quantité dépensée par le haut-fourneau, on obtiendra 1040 de fonte pour 683 de carbone. ce qui revient à 657 pour 1000 ; on consomme davantage, lorsque, ce qui est le cas le plus général, la dépense du fourneau en chaleur est supérieure.

Si, au contraire, la quantité de chaleur dont le fourneau doit être pourvu, est inférieure à celle que produit la combustion augmentée de celle qui est apportée par le vent, ce qui peut se présenter quand on traite des lits de fusion très riches avec du vent très chaud, la consommation de carbone peut être inférieure au chiffre indiqué ci dessus, à condition qu'une partie du protoxyde de fer soit réduit directement par le carbone et non par l'oxyde de carbone. Dans ce cas un excès de corps réducteur n'est pas nécessaire $(FeO + C = Fe + CO)$, 12 de carbone suffisent pour réduire 56 de fer, soit 214 au lieu de 643 par 1000 de fer. Il est vrai que l'absorption de chaleur est plus grande que lorsque la réduction a lieu par l'oxyde de carbone (p. 297, t. I.) et qu'en même temps il y a moins de chaleur développée dans le haut-fourneau puisqu'une partie du carbone n'est pas brûlée par le vent, mais est consommée directement par la réduction.

Il résulte de ces considérations que, s'il existe un excès de chaleur, alors qu'on opère la réduction totale par l'oxyde de carbone, l'équilibre se rétablira très vite dès qu'on diminuera la proportion de combustible chargé et qu'on provoquera ainsi la réduction partielle du minerai par le carbone ; nous en concluons qu'on ne peut pas diminuer beaucoup la consommation au-dessous de la limite que nous avons indiquée plus haut [1].

Tamm a constaté dans un fourneau Suédois une consommation de carbone de 584^k : à Vordernberg elle était de 629^k, et dans la même usine, à un fourneau plus grand, elle se réduisait à 536^k : ces résultats doivent être considérés comme les meilleurs que l'on puisse obtenir.

Il ne faut pas perdre de vue que les fourneaux ne sont pas alimentés avec du carbone pur et que les combustibles contiennent de l'eau et des cendres, un peu d'hydrogène, de l'azote, etc. ; c'est ainsi que le charbon de bois abrité sous des halles ne renferme guère plus de 80 % de carbone ; s'il a été exposé à la pluie, à la neige, sa teneur est plus faible encore ; il en est de même du coke qui, en outre, contient une plus forte proportion de cendres, il ne faut donc pas espérer réduire beaucoup la consommation de combustible au-dessous de 630^k par tonne même dans les circonstances les plus favorables.

Nous savons déjà que c'est la fonte blanche ordinaire qui exige la moindre quantité de combustible, celle-ci augmente à mesure que l'on veut obtenir un métal contenant plus de silicium ou de manganèse ; on brûlera également plus de combustible avec un minerai difficile à réduire, dans un fourneau de petite dimension, avec un lit de fusion pauvre, et du vent peu chauffé.

L'expérience a démontré que, toutes choses égales d'ailleurs, la marche au charbon de bois emploie moins de combustible que la marche au coke ; c'est surtout à la forte proportion de cendres que retient ce dernier qu'il faut attribuer cette supériorité du charbon de bois ; à tous les points de vue, ces cendres sont désavantageuses, plus leur teneur est forte et moindre est celle du carbone, moins par conséquent le combustible dégagera de chaleur, mais en outre leur scorification exigera presque toujours une dose supplémentaire de castine, et une quantité de chaleur qui devra être fournie par un nouvel excès de combustible.

Dans certaines usines de Styrie et de Carinthie, dans lesquelles on traite au charbon de bois des minerais spathiques grillés d'une réduction facile, et où on produit des fontes blanches ordinaires, on ne consomme pas plus

---

[1] Akermann (*Stahl und Eisen.* 1883. p. 149.)

de 650^k de combustible ; dans la même contrée, des hauts-fourneaux plus petits, alimentés avec des lits de fusion plus pauvres vont jusqu'à 750, ce qui est un fort bon résultat encore. En Suède on brûle 920^k de charbon de bois pour la fonte blanche et 1025 pour la grise ; quelques fourneaux suédois ont cependant de moindres consommations.

Dans l'Amérique du Nord, au charbon de bois, il faut de 820^k à 900^k par tonne de fonte blanche, 1200 et même davantage parfois pour la fonte grise.

Lorsqu'on emploie du coke, dans les meilleures conditions, minerais faciles à réduire, faible proportion de cendres, fourneaux à grande production, on descend rarement au-dessous de 850^k par tonne en fabriquant de la fonte blanche ; à Ilsede on arrive à 880^k, à Donawitz à 850^k ; si les conditions sont moins bonnes on atteint 1100[1]. C'est dans le fourneau de Lucy que nous avons déjà cité qu'on atteint le minimum 857^k par tonne de fonte grise ; d'autres consomment de 1000 à 1500.

Les grands hauts-fourneaux du Cleveland obtiennent 900^k à 1000^k ; en Allemagne, pour une fonte à 2 ou 3 °/$_0$ de silicium on brûle de 1200^k à 1400^k ; à mesure qu'on veut réduire plus de silicium, la consommation de combustible doit augmenter ; pour du ferrosilicium à 10 °/$_0$, il faut au moins 2000^k, 15 °/$_0$ exige au minimum 2500^k.

Si on fabrique de la fonte spéculaire, tant que la teneur en manganèse ne dépasse pas 12 °/$_0$, on consomme une quantité intermédiaire entre celle qui suffit à la production de la fonte blanche et celle qu'exige la fonte grise ; dans les provinces Rhénanes et en Westphalie on fabrique ces fontes à grandes facettes avec 1100^k à 1200^k de coke ; si on arrive à 20 °/$_0$ il faut de 1400^k à 1600^k ; la fabrication du ferromanganèse demande 2000^k et même plus.

Les hauts-fourneaux alimentés avec de l'anthracite consomment généralement un peu plus que ceux qui brûlent du coke.

Nous donnons, figures 162bis, les profils d'un certain nombre de hauts-fourneaux et nous présentons, dans un tableau, leurs principales dimensions et leurs conditions de marche en rapportant la production, non pas seulement à la capacité comme on le fait habituellement, mais aussi à la section qu'ils présentent au niveau des tuyères ; c'est là, en effet, nous semble-t-il, que l'on peut réellement comparer les vitesses, puisque c'est là que passent en dernier lieu toutes les matières solides de même que tous les gaz passent par le gueulard, c'est là qu'est l'origine de leur mouvement qui est déterminé par l'introduction du vent, mouvement plus ou moins précipité, suivant que cette introduction est plus ou moins abondante ; la capacité, qui varie dans des limites considérables, peut être plus ou moins bien employée, quelquefois insuffisante pour que les réactions s'y fassent complètement, elle est aussi parfois exagérée, par conséquent inutile.

Il ne faut pas oublier, cependant, que la vitesse, ou si l'on veut, la quantité du

---

[1] *Transactions of the American Institute of Mining Engineers*, T. XX, p. 255.

DIMENSIONS ET CONDITIONS DE MARCHE DES HAUTS-FOURNEAUX REPRÉSENTÉS FIGURE 162bis.

DÉSIGNATION des HAUTS-FOURNEAUX	NATURE ET RENDEMENT des MINERAIS	Hauteur (mètres)	Diamètre au ventre (mètres)	Diamètre aux tuyères (mètres)	Capacité (mètres cubes)	Section aux tuyères (mètres carrés)	Température du vent	Fonte produite en 24 heures (tonnes)	Laitier par tonne de fonte (tonnes)	Combustible par tonne de fonte (tonnes)	Fonte par mètre cube de capacité et par 24 heures (tonnes)	Fonte par mètre carré de section aux tuyères et par heure (tonnes)	Matières solides Fonte et Laitiers passant devant les tuyères par mèt. carré de section et par heure (tonnes)
Solenzara (Corse). Ch. de bois.	Mokta. Elbe. 60 %.	9,00	2,10	0,80	16	0,30	200°	16,5	0,321	0,960	1,030	1,375	1,810
Ria (Pyr.-Oriental.) id.	Spathique grillé. 55%.	11,05	2,20	1,22	29	1,16	500	15,0	0,420	0,800	0,514	0,537	0,762
Firminy (Loire). Coke.	?	16,70	5,00	1,80	204	2,34	825	70 0	?	0,950	0,342	1,148	?
Bilbao. id.	Hématites. 54 %.	23,40	4,90	2,88	332	6,30	730	74,5	0,493	0,880	0,226	0,478	0,712
Clarence. Nos 1 et 2. id.	Sphérosidérite grillée. 41%.	24,40	5,20	2,44	325	4,06	750	64,0	1,420	1,085	0,197	0,572	1,415
id. Nos 3,4,5,6. id.	id.	id.	7,62	2,60	700	5,30	id.	74,0	id.	id.	0,106	0,581	1,405
id. Nos 7 et 8. id.	id.	id.	7,31	2,44	610	4,66	id.	63,0	id.	id.	0,104	0,560	1,360
id. Nos 9 et 10. id.	id.	id.	7,62	3,05	645	7,30	id.	76,5	id.	id.	0,119	0,435	1,030
id. Nos 11 et 12. id.	id.	id.	7,00	2,44	570	4,66	id.	72,0	id.	id.	0,144	0,642	1,530
Pompey.	Minette 34,5 %	19,00	5,30	2,20	266	3,80	800	75,0	1,200	1,200	0,282	0,822	1,795
Edgar Thomson F.	Lac Supérieur, etc. 62%.	24,30	6,70	3,35	515	8,80	600	236,0	545	865	0,460	1,120	1,720
Lucy.	id. id. id.	25,80	6,10	3,35	388	8,80	600	264,0	545	1,162	0,675	1,240	1,800

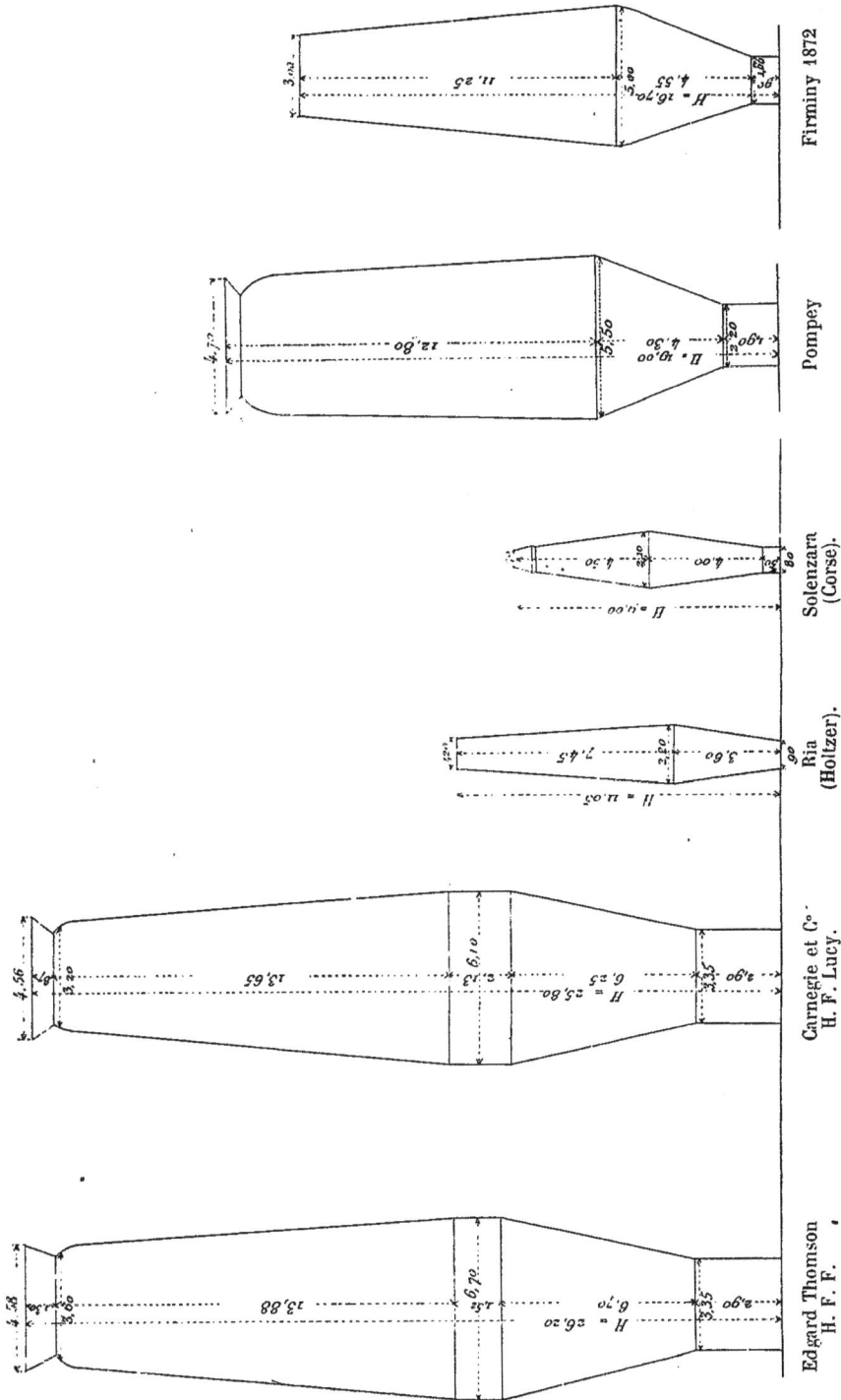

Fig. 62 bis. — Divers profils de hauts-fourneaux.

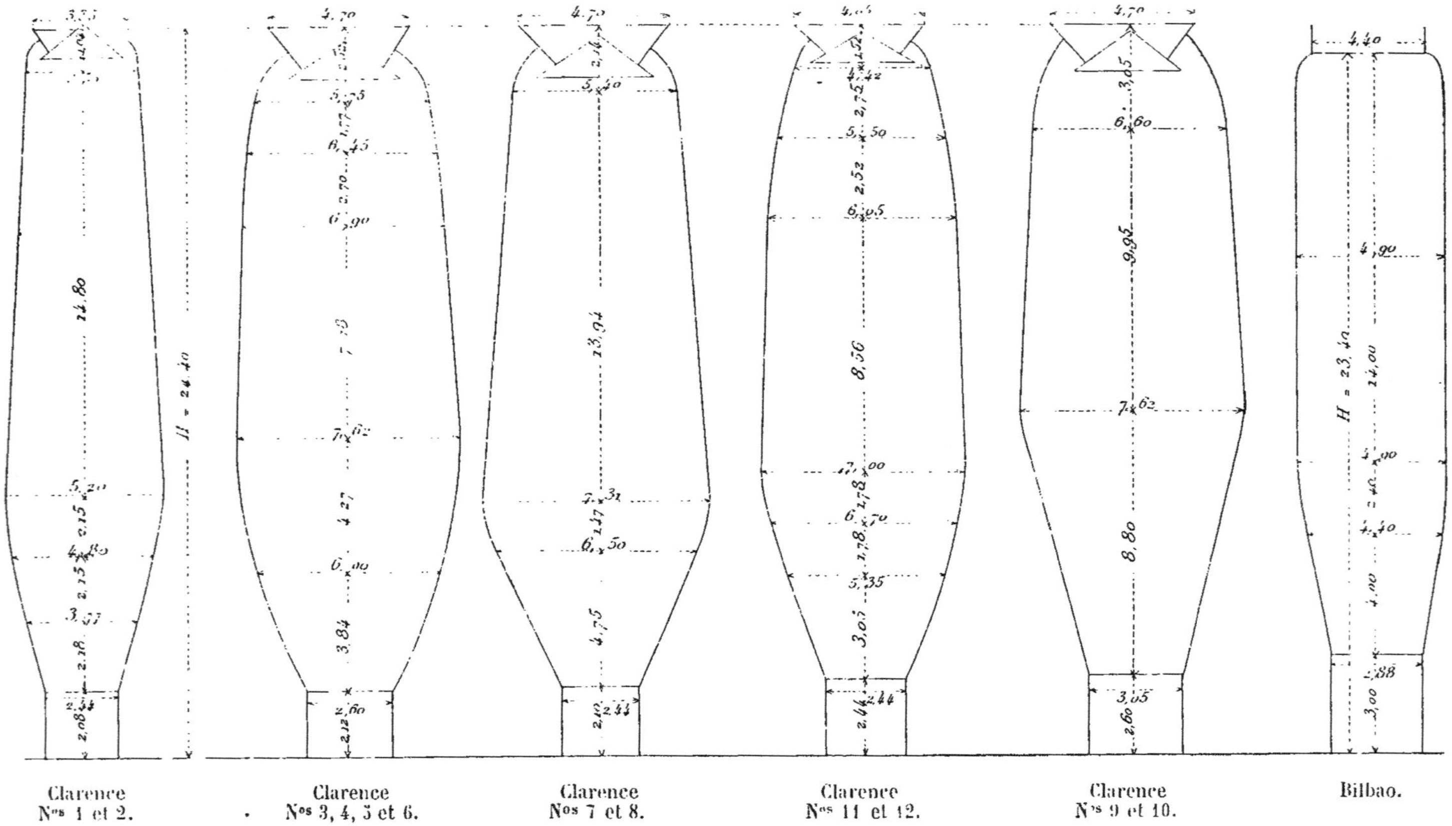

Fig. 162 bis. — Divers profils de hauts-fourneaux

vent soufflé est souvent limitée par la puissance de la soufflerie et qu'elle n'indique pas toujours, de la part de la personne qui dirige la marche du fourneau, un parti pris déterminé ; il n'est pas possible de la modifier aussi facilement qu'on peut le faire de telle ou telle dimension de haut-fourneau.

Nous ne prétendons pas, d'ailleurs, comparer absolument entre eux ces hauts-fourneaux placés dans des conditions très différentes et, pour la plupart, dans les contrées très éloignées les unes des autres. On ne pourrait le faire d'une manière complète qu'en établissant dans chaque cas la balance des matières et celle des quantités de chaleur produites et utilisées, et pour entreprendre ce travail nous ne possédons pas toujours les éléments essentiels ; notre but est d'exposer quelques exemples de fourneaux, pour la plupart, en activité et de tirer, des données numériques que nous possédons, quelques enseignements.

En tête du tableau, nous avons placé le fourneau de Solenzara (Corse) qui a marché régulièrement pendant plusieurs années avant 1870 et pendant une courte période après cette époque. Il consommait principalement des minerais provenant de l'île d'Elbe et de Mokta, et des charbons de bois du pays ; il produisait des fontes de bonne qualité avec du vent modérément chauffé ; nous ne connaissons pas de fourneau de moindre capacité (16^{mc}) et où le rapport du produit à cette capacité soit plus considérable ; la vitesse des matières composant la charge y était énorme, on peut même dire exagérée ; il n'est pas douteux qu'un séjour plus prolongé dans le fourneau obtenu par une diminution de vitesse, ou un agrandissement de la cuve surtout en hauteur, eût amené une économie dans la consommation du combustible.

Les renseignements que nous indiquons sur cette usine ont été puisés par nous-même dans les livres de roulement il y a plus de vingt années.

En second lieu nous présentons un autre fourneau au charbon de bois actuellement en marche, c'est celui de Ria (Pyrénées-Orientales) appartenant à MM. Holtzer. Profils et données numériques sont tirés du *Bulletin de l'Industrie minérale*, 3ᵉ série, p. 379. On y consomme des minerais spathiques grillés rendant 55 °/₀, et on y produit des fontes manganésées que l'on convertit en acier dans les établissements Holtzer (Loire). La consommation de combustible n'est pas exagérée, la vitesse assez grande, mais pas comparable cependant à celle du fourneau de Solenzara.

Vient ensuite le fourneau de Firminy (Loire) sur lequel nous avons trouvé dans le même mémoire, les renseignements incomplets qui figurent au tableau, puis un fourneau de Biscaye (Bilbao). A la suite nous présentons cinq types de hauts-fourneaux établis dans l'usine de Clarence (Cleveland) que nous devons à l'obligeance des propriétaires, MM. Bell frères : ils diffèrent notablement les uns des autres et offrent un intérêt d'autant plus grand que c'est de cette usine que sont sorties les études les plus scientifiques et les plus fructueuses sur les hauts-fourneaux, grâce aux recherches poursuivies avec une infatigable ardeur par M. Lowthian Bell.

Nous donnons ensuite les conditions de marche d'un haut-fourneau de l'usine de Pompey consommant des minettes, c'est-à-dire un minerai qui ne rend que 34,5 °/₀ et enfin deux fourneaux américains, le fourneau F de l'usine de Edgar Thomson (*Journal of the Iron and steel Institute*, 1890, special volume, p. 240), et celui de Lucy appartenant à Carnegie Phipps et Cᵉ (même volume, page 248). Ces deux fourneaux ont beaucoup occupé le monde métallurgique depuis quelques années.

Si nous considérons maintenant les chiffres relatifs à la proportion de laitier par tonne de fonte, nous avons dans ce tableau les exemples des deux extrêmes, 0ᵗ321 pour Solenzara, 1k420 pour Clarence; bien que la minette de Pompey soit plus pauvre elle produit moins de laitier parce qu'elle contient de l'eau et de l'acide carbonique tandis que la sphérosidérite du Cleveland est employée après grillage.

Dans les exemples que nous avons choisis, la production de fonte par 24 heures varie de 15k à Ria à 264k dans le fourneau de Lucy ; dans tous les autres elle se maintient entre 63k et 76 (nous ne considérons que la marche en fonte grise); la capacité des appareils varie d'une manière beaucoup plus étendue de 204mc à Firminy à 700mc à Clarence (fig. 3, 4, 5 et 6). Nous ne connaissons qu'imparfaitement la composition du lit de fusion de la première de ces usines, mais nous avons tout lieu de croire qu'on y employait des minerais purs et riches, donnant lieu à la formation d'une faible proportion de laitier.

Nous voyons que, d'une manière générale, la production d'un haut-fourneau est loin d'être proportionnelle à son volume; plus celui-ci augmente et plus diminue le rendement du mètre cube. Ce résultat est bien sensible dans les fourneaux de Clarence qui consomment tous le même minerai et se trouvent placés sous tous les rapports dans les mêmes conditions; c'est celui dont le volume intérieur est le moindre dont le mètre cube correspond à la plus forte production; nous savons d'ailleurs, par les récentes communications de M. L. Bell, qu'il ne consomme pas plus de combustible que les autres et que la température des gaz du gueulard y est plus faible, ce qui indique une bonne utilisation de la chaleur. On serait donc en droit d'admettre que, pour le minerai traité dans cette usine, le profil des fourneaux 1 et 2 est le plus convenable et que l'excès de capacité des autres est sans utilité.

Remarquons en passant la forte production par mètre cube du fourneau relativement petit de Pompey.

Examinons maintenant les deux dernières colonnes du tableau qui indiquent par heure et par mètre carré de section aux tuyères, la première la production de fonte, la seconde celle de la fonte et du laitier réunis, ce que nous appellerons l'*écoulement* des matières solides liquéfiées.

On peut faire tout d'abord un rapprochement assez singulier entre le fourneau au charbon de bois de Solenzara produisant 1375k de fonte avec un écoulement de 1800k de matières et celui au coke de Lucy qui donne 1240k de fonte et 1800k de fonte et laitier. A peu près même richesse de minerai et consommation de combustible correspondante, si on tiens compte des cendres du coke. On peut dire de tous deux qu'ils sont animés d'une vitesse exagérée, si on s'en rapporte à leur consommation de combustible.

Les fourneaux de Clarence peuvent donner lieu, sous ce rapport, à des observations intéressantes; celui qui produit le moins de fonte et dont par conséquent l'écoulement est le plus faible, puisque la proportion entre la fonte et le laitier est constante, est un fourneau de grande capacité dont l'ouvrage a été agrandi. Nous devons supposer que la quantité de vent qu'il reçoit n'a pas été augmentée en même temps que le diamètre de l'ouvrage. Les fourneaux 1 et 2 conservent leur supériorité.

Les fourneaux américains sont animés d'une vitesse plus grande; l'ouvrage a 8mq,80 de section et produit par mètre carré de 1100 à 1250k de fonte ; il reçoit une quantité de vent beaucoup plus considérable. On peut se demander si cette vitesse extrême est réellement avantageuse, si elle n'est pas accompagnée d'inconvénients.

Il est évident *à priori* qu'il n'y a pas de limite à la production d'un fourneau ; en fournissant aux tuyères une quantité de vent de plus en plus grande, on brûlera, dans un temps donné, de plus en plus de coke; on sera naturellement amené pour diviser le volume de vent en jets d'un diamètre modéré, à multiplier le nombre de tuyères, et pour loger celles-ci sans affaiblir outre mesure la construction, à augmenter le diamètre de l'ouvrage en même temps que la pression du vent qui rencontrera plus d'obstacles pour pénétrer jusqu'au centre. Au point de vue de l'allure, il n'y aura pas d'exagération, tant que la réduction du minerai se fera dans la zone convenable, que la température des gaz au gueulard restera modérée, et la consommation de combustible réduite au minimum.

Il ne faut pas croire, cependant, qu'on puisse augmenter indéfiniment la vitesse de descente des matières. Si à la petite base d'un tronc de cône renversé, rempli d'un sel soluble, on injecte de l'eau chaude en minces filets, de manière à produire la fusion de ce sel et par conséquent la descente des parties situées au-dessus, et si on augmente de plus en plus, soit la quantité d'eau, soit la température de celle-ci pour obtenir une fusion plus rapide, il arrive un moment où l'écoulement du sel ne se fait plus que par saccades, la partie centrale gagnant de plus en plus d'avance sur l'autre ; cet effet est d'autant plus sensible que le cône est plus ouvert, sa surface plus rugueuse, sa hauteur plus grande. Un effet analogue doit se produire dans les étalages d'un haut-fourneau dans lequel on provoque une descente trop rapide des matières ; il se traduit par des irrégularités, des chûtes successives.

Cette considération doit faire préférer les étalages à pente rapide de 72 à 75°, de faible hauteur, ce qui conduit, pour obtenir un séjour suffisant des matières et l'utilisation de la chaleur, à adopter pour la cuve une grande hauteur; il est probable que, à chaque type de minerai traité, peut-être même à chaque grosseur des éléments du lit de fusion, correspond une vitesse plus favorable que toute autre.

Nous admettrions volontiers, comme moyenne, une vitesse produisant, par mètre carré de section, de 650 à 700^k de fonte en une heure et une forme élancée du fourneau avec la hauteur d'autant plus grande que le minerai serait plus difficile à réduire.

On peut se demander s'il y a grand avantage à pousser la production d'un fourneau à l'extrême, même en admettant que la consommation de combustible reste normale. Il faut bien remarquer en effet que les frais de production restent sensiblement les mêmes, si, dans tous les cas, ils sont réduits à ce qu'ils doivent être. La main-d'œuvre, par exemple, est presqu'exactement proportionnelle au produit obtenu puisqu'elle doit dépendre exclusivement des quantités de matières transportées, chargées ou enlevées, minerais, fondants, fontes et laitiers ; pour doubler la quantité de fonte produite par un lit de fusion déterminé, il faudra deux fois plus de vent, deux fois plus d'appareils à air chaud, etc.

Sans doute, si nous poussons les choses à l'extrême, un fourneau produisant 300^k par jour grèvera moins le capital de construction que trois fourneaux de 100 tonnes, mais il lui faudra le même nombre d'appareils accessoires, chaudières, souffleries, chauffes, etc. Sans doute encore sa perte de chaleur par rayonnement sera moindre puisque plus petite sera la surface extérieure, mais ce faible avantage ne sera-t-il pas compensé et au-delà par une rapide usure ?

Malgré tous les artifices usités pour lui conserver ses formes et qui entraînent d'ailleurs, eux aussi, une dépense de chaleur, si on parvient à empêcher ou à retarder l'usure par le feu, on ne pourra s'opposer à celle que produit le frottement des matières et qui croît en même temps que la quantité et la vitesse de celles-ci, pas plus qu'on ne pourra empêcher la désagrégation des matériaux par les vapeurs et par la pénération du carbone. Les hauts-fourneaux du Cleveland demeurent en bonne marche dix-huit années et plus, en existe-t-il aux Etats-Unis, parmi ceux à marche rapide, qui soient encore en bon état au bout de la moitié de ce temps ? (V.)

5 Prix de revient de la fonte. — Le prix de revient de la fonte est un point de la plus grande importance à connaître puisque c'est, de la différence entre ce prix et celui de la vente, que dépend la bonne ou mauvaise marche de l'entreprise. Il est cependant le plus difficile à déterminer avec certitude ; il se compose des éléments suivants :

1° Dépense en minerais par tonne de fonte.

2° Dépense en fondants, castines, etc.

3° Dépense en combustible.

4° Frais de main-d'œuvre, ils varient suivant les circonstances locales, c'est-à-dire suivant le taux des salaires en usage dans la localité considérée ; d'une manière générale, cette dépense par tonne diminue quand la production augmente, elle est donc plus élevée dans les usines au charbon de bois que dans celles où l'on consomme du coke, pour une fabrication de fonte grise que pour celle de fonte blanche ordinaire.

Dans les hauts-fourneaux du continent européen, les frais de main-d'œuvre varient de 3f,75 à 5f par tonne, ils sont même quelquefois inférieurs à 3f,75 lorsque les conditions sont très favorables ; avec le charbon de bois on arrive à 12f,50 et plus, en raison des faibles productions que l'on obtient.

Aux États-Unis les salaires sont plus élevés qu'en Europe : aussi malgré la forte production des hauts-fourneaux, la main-d'œuvre atteint-elle un chiffre considérable ; c'est ce qui explique la tendance des Américains à augmenter sans cesse la puissance des appareils et la vitesse de l'allure, au risque de raccourcir les campagnes et de consommer plus de combustible.

5° Frais généraux. On comprend sous cette dénomination un grand nombre de frais qui, comptés séparément, seraient trop insignifiants, ou sont de nature trop variable pour faire l'objet de chapitres distincts les uns des autres. Ainsi nous comprenons, sous ce titre, les dépenses des machines, salaires, graissage, réparations qui leur incombent ; les dépenses en outillage et en matériel, outils de toutes sortes, wagonnets pour le transport des laitiers, appointements des employés et surveillants, frais de bureau, impositions, amortissement, éclairage, etc.

Si l'usine comprend d'autres fabrications que celle de la fonte, quelques-uns de ces frais, comme les appointements, les frais de bureau, etc., doivent être répartis entre elles. Le plus souvent on prend, pour base de la répartition, les salaires totaux attribués aux divers ateliers.

Si on calcule le prix de revient de la fonte sur les données fournies par un roulement de longue durée, une année entière par exemple, la comptabilité fournit immédiatement le chiffre des frais généraux ; mais si on veut obtenir ce prix de revient pour une courte période, un mois par exemple, les renseignements fournis par la comptabilité ne sont plus exacts, parce que certaines dépenses comprises sous ce titre ne se font qu'à des époques déterminées et par sommes importantes, comme le paiement des impôts, etc.; on prend alors un chiffre provisoire, en supposant que ces frais sont les mêmes que dans les années précédentes. On obtiendrait des chiffres plus près de la vérité en admettant qu'ils varient comme les salaires ; ils augmentent et diminuent en effet généralement comme le nombre d'ouvriers employés.

Dans les conditions normales, les frais généraux par tonne de fonte ne sont pas très élevés lorsque le chiffre des salaires ne l'est pas lui-même.

Quelques-unes des dépenses que nous classons parmi les frais généraux dans les exemples que nous donnons plus loin peuvent figurer à des comptes distincts, lorsqu'on désire avoir le moyen d'établir des comparaisons entre les diverses époques et rechercher les motifs des variations qui ont pu se produire, tels sont par exemple les frais de combustibles pour chaudières à vapeur, ceux qui se rapportent aux ateliers auxiliaires, etc.; mais pour le but que nous nous proposons ici, c'est-à-dire pour permettre d'embrasser d'un coup d'œil les éléments qui influent sur le prix de revient, il serait plus nuisible qu'utile de compliquer nos calculs en y ajoutant ces détails.

La fonte blanche phosphoreuse peu manganésée, destinée au Bessemer-Thomas ou au puddlage, est généralement celle dont le prix de revient est le moins élevé; c'est celle dont la production atteint le maximum et qui emploie la moindre quantité de combustible ; on peut, presque toujours, la produire avec des minerais à bas prix ; viennent ensuite les fontes blanches rayonnées et les fontes spéculaires; le prix de ces dernières augmente avec la proportion de manganèse ; les fontes grises peu phosphoreuses coûtent un peu plus que celles qui sont riches en phosphore et proviennent du traitement des minettes.

En France on comprend, en général, sous le nom de frais généraux, les frais de direction, d'administration, les impôts etc., toutes dépenses qui échappent, pour ainsi dire, à la fabrication proprement dite. En ce qui concerne le service des hauts-fourneaux, il y a intérêt à grouper les dépenses sous un certain nombre de titres qui pourraient être les suivants :

     Minerais et fondants;
     Combustibles ;
     Main-d'œuvre directe ;
     Machines et chaudières ;
     Appareils à air chaud;
     Décrassage ;
     Entretien et réparations.

Chacun de ces comptes peut lui-même être subdivisé en plusieurs autres et *cette multiplication qui n'est jamais trop grande* permet de suivre les variations qui se produisent dans les moindres éléments du prix de revient et d'en rechercher les causes.

Quand au contraire on n'a en vue que d'étudier un lit de fusion au point de vue du résultat qu'il peut donner comme prix de revient, il suffira de réunir les frais de toutes sortes sous les titres suivants :

Minerais et fondants ;

Combustibles ;

Frais de fabrication ;

Frais généraux ;

ces deux derniers étant considérés en quelque sorte comme invariables et puisés dans de résultats antérieurs sous forme d'abonnement. (V.)

Nous allons donner ci-après quelques exemples de prix de revient :

1° Supposons qu'on a consommé pendant un certain laps de temps les quantités de matières dont nous donnons l'énumération et dont nous supposons les prix établis à l'usine ; nous admettrons que les frais de main-d'œuvre se sont élevés à $6^f,028$ par tonne de fonte et que d'après les résultats de l'année précédente le rapport entre les frais généraux et la main-d'œuvre ait été de 1,1 à 1. Nous établirons le prix de la tonne de fonte, pendant le laps de temps considéré, de la manière suivante :

1430^k minerai houiller grillé, à 12^f,075 la tonne.			17^f,267
550^k hématite rouge,	à 18 , 75	id. .	10 ,312
390^k scories d'affinage,	à 7 , 50	id. .	2 ,925
675^k castine,	à 6 , 25	id. .	4 ,218
1720^k coke,	à 16 ,875	id. .	29 ,025
Main-d'œuvre			6 ,025
Frais généraux.			6 ,627
TOTAL.			70^f,399

2° Fonte grise du Cleveland à 1,4 % de phosphore, obtenue en traitant la sphérosidérite grillée (1878) :

Minerais.	15^f,725
Coke.	16 ,662
Castine	3 ,125
Salaires (main-d'œuvre)	5 .100
Frais généraux.	4 ,887
TOTAL	43^f,499

3° Meilleures fontes de la Westphalie rhénane, les moins phosphoreuses et les plus riches en silicium, pendant l'année 1878 :

Minerais.	34^f,937
Coke.	21 ,750
Castine	5 ,375
Main-d'œuvre	5 ,450
Frais généraux.	7 ,562
TOTAL.	75^f,074

4° Dans un haut-fourneau du Luxembourg qui traitait de la minette appartenant à l'usine, en mélange avec des minerais manganésifères et des scories de puddlage, sans autres additions, et qui produisent de la fonte blanche phosphoreuse, le prix de revient de la tonne de fonte pendant l'année 1887 a été le suivant :

2985^k de minette,   à 2^f la tonne.   5^f,962

   242^k de minerai manganésifère, à 19 ,375   id. .   4 ,687

      57^k de scorie de puddlage,   à 1 ,500   id. .   0 ,087

1001^k de coke,   à 18 ,675   id. .   18 ,700

Main-d'œuvre,   3 ,025 .   .   .   3 ,025

Frais généraux,   2 ,625 .   .   .   2 ,625

                              TOTAL. . . . . .   35^f,086

5° Dans un haut-fourneau de l'Amérique du Nord, marchant tantôt en fonte grise, tantôt en fonte blanche, et dont la production moyenne était de 50 tonnes par 24 heures, on obtenait, en 1883, le prix de revient suivant :

2000^k de minerai, à 23^f,887 la tonne. .   .   .   .   47^f,775

1500^k de coke,   à 19 ,250   id. .   .   .   .   .   28 ,875

Castine .   .   .   .   5 ,250

Main-d'œuvre et frais généraux. .   .   .   .   14 ,175

                              TOTAL. . . . . .   96^f,075

6° Prix de revient de la fonte produite à l'anthracite au fourneau de Cedar-Point (Port-Henry, sur le lac Champlain), aux Etats-Unis, pendant l'année 1875 :

Minerai .   .   .   .   40^f,500

Anthracite .   .   .   .   37 ,500

Castine .   .   .   .   2 ,875

Main-d'œuvre .   .   .   .   7 ,500

Frais généraux. .   .   .   .   10 ,000

                              TOTAL. . . . . .   98^f,375

7° D'autre part, un rapport du secrétaire de l'association des maîtres de forges de l'Est indique pour le prix de revient moyen de la fonte à l'anthracite, pendant l'année 1875, en Pensylvanie, les chiffres suivants :

Minerai .   .   .   .   54^f,10

Anthracite .   .   .   .   36 ,03

Castine .   .   .   .   5 ,15

Main-d'œuvre .   .   .   .   12 ,85

Frais généraux. .   .   .   .   9 ,30

                              TOTAL. . . . . .   117^f,45 [1]

---

[1] Les renseignements que nous donnons ci-dessus sur différents prix de revient ont été puisés aux sources suivantes : N° 2, Wachler, *Vergleichende Qualitätsuntersuchungen reinisch-westfalischen und ausländischen Giessereiroheisens*, p. 34 ; N° 3, même source, p. 33 ; N° 4, *Stahl und Eisen*, 1890, p. 682 ; N° 5, *Stahl und Eisen*, 1884, p. 233 ; N° 6, *Küpelwieser, Das Hüttenwesen*, p. 80 ; N° 7, id., p. 77.

Ouvrages à consulter

(a) Traités.

Percy, *Métallurgie*, traduction française de Petitgand et Ronna, tome III.

E. F. Dürre, *Die Anlage und Betrieb der Eisenhütten*, tome II.

M. L. Gruner, *Études sur les hauts-fourneaux. Annales des mines*, 7e série, tome II, p, 1.

R. Akerman, *Studien über die Wärmeverhältnisse des Eisenhochofen - processes* (traduction de Tunner 1875.)

J. L. Lowthian Bell, *Sur le développement et la consommation de charbon dans les fourneaux de diverses dimensions.*

J. L. Lowthian Bell, *Principles of the manufacture of iron and steel with some notes on the economical conditions of their production.* London 1884. *Principes de la fabrication du fer et de l'acier*, traduction française de Hallopeau. Paris 1888.

(b) Notices

F. Lürmann, *Ueber die Inbetriebsetzung von Kokshochöfen. Berggeist* 1869.

L. Merlet, *Das Anblasen des Hochofens in Zeltweg. Jahrbuch der Bergakademieen zu Leoben u. a.* 1874, tome XXII, p. 263.

J. Kennedy, *Blast-furnace Working. Trans of the americ. Instit. of min. Engineers*, tome VIII, p. 348.

E. Bellani, *Das Anblasen der Kokshochöfen, Oest. Zeit. f. Berg. u. Hüttenwesen*, 1873, p. 25.

Anblasen und Betrieb des Hochofens der Crozer Eisenwerke in Virginia. Stahl und Eisen, 1885, p. 84.

Anblasen eines Hochofens in Alabama, Stahl und Eisen 1889, p. 816.

Füllen und Anblasen eines amerikanischen Hochofens. Stahl und Eisen, 1890, p. 702.

American blast-furnace practice Trans. of the americ. Instit. of mining Engineers, tome XX, p. 255.

T. F. Witherbee, *Notes on two scaffolds at Cedar Point furnace. Transactions, etc.*, tome IX, p. 41.

J. P. Witherow, *Removing scaffolds in blast-furnace. Transactions of the americ. Institute of Mining Engineers*, tome IX, p. 60.

T. F. Witherbee, *Removing obstructions from blast-furnace hearths and boshes. Transac. of the americ. Instit. of Mining Engineers*, tome XIII, p. 675.

W. J. Taylor, *The use of high explosives in the blast-furnace and of a waterspray for cooling in blowing down. Transact. of the americ. Instit. of Mining Engineers*, tome VIII, p. 670.

F. Lürmann, *Beseitigung von Versetzungen in Hochofengestellen. Stahl und Eisen*, 1886, p. 461.

Büttgenbach, *Die Rettung eines Hochofens auf Neusser Hütte Wochenschr. des Ver. deutsch. Ingenieure* 1881, p. 23.

Burgers, *Einbau eines neuen Schachtes bei gedämpften Hochofen. Wochenschr. des Ver. deutsch. Ingenieure*, 1879, p. 354.

F. Lürmann, *Dämpfen von Hochöfen. Stahl und Eisen*, 1889, p. 991.
  id.   *Ueber Schlackentransport,*   id.   1884, p. 143.
  id.   *Neuere Schlackenwagen.*   id.   1891, p. 370.
Amerikanische Schlackenwagen.   id.   1892, p. 253.

H. Wedding, *Fortschritte des deutschen Hochofenbetriebes. Stahl und Eisen,* 1890, p. 930.

Das Hangen der Gichten in den Hochöfen. Stahl und Eisen, 1892, p. 114, 336, 467, 528. 582.

Rob. Bunsen, *Ueber die gas förmigen Produkte des Hochofens und ihre Benutzung als Brennmaterial, Poggendorffs Annalen,* tome XLVI, p. 193.

Th. Scheerer *und* Chr. Lang, *Untersuchung der Gichtgase eines norwechen Eisenhochofens, Poggendorffs Annalen,* tome LX, p. 489.

L. Rinman *und* B. Fernquist, *Untersuchungen über Zusammensetzung, Pressung und Temperatur der Hochofengase. Berg- und hüttenw. Ztg.* 1865, p. 257.

G. Wepfer, *Versuche über den Niedergang der Gichten im Hochofen. Berg- und hutt. Ztg.* 1865, p. 398.

A. Tamm, *Researches on the composition of the gases escaping from the Swedish Blast-furnaces. Iron,* tome XVI, p. 23, 46, 310, 400, 411; tome XVII p. 22, 58.

C. Cochrane, *On the Working of blast-furnaces with special reference to the analysis of the escaping gases. Iron,* tome XXI, p. 96.

C. Schinz, *Die Chemie des Hochofens nach Bells Untersuchungen. Dinglers polyt. Journ.,* tome CXCIV, p. 111.

L. Bell, *Chemical phenomena of iron smelting. Journal of the Iron and Steel Instit.,* 1872, I, p. 1.

L. Bell, *On the use of the caustic lime in the blast-furnace. Journal of the Iron and Steel Instit.,* 1875, II, p. 400.

C. Cochrane, *Results of blast-furnace practice with lime as flux. Journal of the Iron and Steel Instit.* 1889, II, p. 389.

Kosmann, *Ueber die Verwendung von Aetzkalk beim Hochofensbetriebe. Stahl und Eisen,* 1891, p. 311.

R. Akermann, *Ueber die Reduction oxydirten Eisens durch Kohlenoxyd. Stahl und Eisen,* 1883, p. 149.

P. Tunner, *Ein Beitrag zur Kenntniss des Hochofenprocesses durch direkte Bestimmungen. Jahrbuch der österr. Bergak.,* tome IX, p. 280; tome X, p. 491.

P. Tunner, *Der mit Holzkohle und leicht reducirbaren Erzen betriebene Hochofenprocess Jahrbuch der österr. Bergak.,* tome XXI, p. 228.

P. Tunner, *Zur Beurtheilung des Werthes von hocherhitztem Winde. Jarhrbuch der österr. Bergak.,* tome XXI, p. 345.

F. Kupelwieser *und* R. Schœffel. *Beiträge zum Stadium des Hochofenprocesses durch direkte Bestimmungen. Jahrbuch der österr. Bergakad.,* tome XXI, p. 169 et 367.

W. M. Brown, *The practical metallurgy of titaniferous ores. Transact. of the americ. Instit. of Mining Engineers,* tome XI, p. 159.

J. Pattinson, *Carbon and deposits from blast-furnace on Cleveland. Journal of the Iron and Steel Instit.,* 1876, p. 85.

M. A. Jaumain, *De la composition et de la température des gaz de hauts-fourneaux. Annales des mines,* série 7, tome XX, p. 323.

L. Gruner, *Note sur les hauts-fourneaux belges à l'occasion du mémoire de M. Jau-*

main sur la température et la composition des gaz sortant du gueulard. Annales des mines, série 7, tome XX, p. 336.

F. Lürmann, *Ueber die Zusammensetzung und Temperatur der Hochofengase. Zeitschr. des Ver. deutsch. Ingenieure* 1882, p. 266.

Ed. Bellani, *Untersuchungen über die Brennbarkeit der Hochofengase. Oesterr. Zeitschr. für Berg- und Hüttenw.*, 1876, p. 444.

H. Fehland, *Ueber die Durchgangszeit der Gichten im Hochofen. Stahl und Eisen*, 1884, p. 331.

L. Bell, *On the reduction of iron ores in the blast-furnace. Journal of the Iron and Steel Instit.*, 1887, p. 74.

W. Robinson, *The effect of velocity and tension of gases on the reduction of ores in the blast-furnace. Transact. of the americ. Inst. of Mining Engineers*, tome XVII, p. 282.

S. D. Mills, *Moisture in the blast. Journal of the Association of Charcoal Iron-Workers*, tome VIII, p. 306.

G. Hilgenstock, *Ueber das Verhalten des Phosphors im Hochofen. Stahl und Eisen*, 1884, p. 2.

W. Mrázek, *Ueber Stöchiometrische Entwürfe von Eisenhochofen-Beschickungen und Hülfstabellen für dieselbe. Jahrbuch der Bergakad. zu Leoben, etc.*, tome XVIII, p. 282.

W. Mrázek, *Schnelle Stöchiometrische Methode zum Entwerfen von Eisenhochofen-Beschickungen. Jahrbuch der Bergakad. zu Leoben, etc.*, tome XIX, p. 375.

H. C. Jenkins, *A graphic method for calculating blast-furnace charges. Journal of the Iron and Steel Instit.*, 1891, p. 151.

Fr. Told, *Hochofenschlaken-Berechnung. Oest. Zeitschr. für Berg- und Hütt.*, 1892, p. 15.

B. Platz, *Ueber Berechnung des Kalksteinzuschlages und Hochofenschlacken. Stahl und Eisen*, 1892, p. 2.

H. Wedding, *Ueber den Hochofenbetrieb mit rohen Steinkohlen. Zeitschr. für Berg- und Hütten- und Salinenwesen in Preussen*, tome XIX, p. 5.

Anwendung von Steinkohlen beim Hochofenbetriebe. Berggeist, 1869, p. 313.

Ferries selbstkokender Steinkohlenhochofen, Dingl. polyt Journal, tome CCI, p. 108 et 515.

W. Ferrie. *Neuerungen an Hochöfen. Stahl und Eisen* 1882, II, p. 567.

W. Jones. *The present position and prospects of processes for the recovery of tar and ammonia from blast-furnaces. Journal of the Iron and Steel Instit.*, 1885, II, p. 410.

Recovery of tar and ammonia from blast-furnace gases. Engineering and Mining Journal, tome XLV, p. 340.

J. M. Hartmann, *Ueber amerikanische Anthrazit-Hochöfen. Oesterr. Zeitschr. für Berg- und Hütt.*, 1882, p. 489.

E. Heyrowsky, *Ueber Verwendung roher Braunkohlen beim Hochofen. Zeitschr. des berg-und huttenw. Ver. für St. u. K.*, 1875, p. 135.

F. Kupelwieser, *Studien über die Verwendung von Braunkohlen beim Hochofenbetriebe. Zeitschr. des berg- und huttenw. Ver. für St. und K.*, 1881, p. 260.

P. Tunner. *Ueber die Verwendung von Ligniten oder Braunkohlen im Hochofen. Stahl und Eisen*, 1882, p. 426.

F. Friederici, *Ueber Verwendung von Braunkohlen im Hochofen. Oesterr. Zeitschr. für Berg- und Hüttenw.*, 1882, p. 1.

A. Enigl, *Ueber Mitverwendung von Maschinentorf beim Hochofenbetriebe. Zeitschr. des berg- und hüttenw. fur St. und K.*, 1879, p. 260.

F. Lürmann, *Ueber Preis und Qualität von Koks und kohlen für den Hochofenbetrieb. Stahl und Eisen*, 1884, p. 278.

L. Bell, *The use of raw-coal in the blast-furnace. Journal of the Iron and Steel Instit.*, 1884, p. 332.

W. Thörner, *Beiträge zum Studium von Steinkohlen, Koks und Holzkohlen als Hochofenbrennmaterial. Stahl und Eisen*, 1886, p. 71.

G. Jantzen, *Holzkohle und koks im Hochofenbetriebe. Stahl und Eisen*, 1886, p. 83.

H. Wedding, *Die Wärmeverluste bei Hochöfen. Stahl und Eisen*, 1892, p. 1029.

J. Wolters, *Des meilleurs moyens pratiques d'obtenir économiquement une grande production dans les hauts-fourneaux sans nuire à la qualité. Revue universelle des mines*, 1878, tome II, p. 73. tome III, p, 17; tome IV, p. 770,

H. Schellhammer, *Studien über die Windführung beim Hochofen. Oesterr. Zeitschr.*, 1882, p. 421.

J. Wolters, *Etude sur la fabrication de la fonte blanche pour fer fort, au moyen de minettes ou minerais oolithiques du Luxembourg. Revue universelle des mines*, tome XXXIX (1876), p. 685.

J. Birkinbine, *Operation of the Warwick furnace. Transaction of the americ. Instit. of Mining Engineers*, tome XIV, p. 833.

J. Birkinbine. *Comparison of blast-furnace records. Transaction of the americ. Instit. of Mining Engineers*, tome XV, p. 147.

J. Gayley, *The development of american blast-furnace. The Journal of Iron and Steel Instit.*, 1890, II, p. 18.

CHAPITRE VI

PRODUITS ACCESSOIRES DES HAUTS-FOURNEAUX ET LEURS EMPLOIS

1. — Gaz.

Grâce aux phénomènes auxquels les gaz ont pris part dans la fabrication de la fonte, les gaz qui s'échappent du gueulard du haut-fourneau possèdent une grande puissance calorifique et ont, par conséquent, une valeur importante.

Leur composition varie avec la marche du fourneau, la facilité plus ou moins grande avec laquelle les minerais se laissent réduire et les autres conditions du roulement; après élimination de la vapeur d'eau qu'ils entraînent, on y trouve cinq éléments divers oscillant entre les limites indiquées dans le tableau ci-dessous :

	En volumes	En poids
Azote.	de 55 à 65, moyenne 60	de 54 à 60, moyenne 58
Oxyde de carbone	de 20 à 32, id. 24	de 22 à 30, id. 24
Acide carbonique.	de 6 à 18, id. 12	de 8 à 23, id. 17
Hydrogène	de 1 à 6, id. 2	de 0 à 0,4, id. 0,2
Carbure d'hydrogène. . .	de 0 à 6, id. 2	de 0 à 3,. id. 0,8

Dans le tableau suivant nous donnons les résultats de six analyses de gaz à titre d'exemples.

ÉCHANTILLONS DE GAZ PROVENANT DE	EN VOLUMES					EN POIDS				
	Az	CO	CO$_2$	H	CH$_4$	Az	CO	CO$_2$	H	CH$_4$
Haut-fourneau au charbon de bois de Vordenberg, en fonte blanche, 1881	56,7	25,5	15.3	1,7	0,8	53,3	23,8	22,4	0,1	0,4
Haut-fourneau au charbon de bois de Suède. . .	57,3	23,1	14,8	4,3	0,5	55,0	22,1	22,3	0,3	0,3
Haut-fourneau au coke du Cleveland, d'après L. Bell.	59,8	26,4	11,7	2,1	»	57,4	25,2	17,3	0,1	»
Haut-fourneau au coke du Phœnix, n° 11, 1875, en fonte blanche ordinaire.	59,0	28,4	10,7	1,7	0,5	56,9	26,9	15,9	0,1	0.2
Même fourneau en fonte manganésée, allure très chaude	62,8	31,0	5,3	0,5	0,4	61,5	30,1	8,1	0,03	0,2
Haut-fourneau au coke de Esch, fonte grise avec minette.	59,8	23,5	13,6	0,1	2,2	56,0	21,0	20,2	0,01	1,9

Aux analyses de gaz données par l'auteur, nous ajouterons les deux suivantes qui proviennent d'un haut-fourneau travaillant en ferro-manganèse riche :

	1		2	
	En volume	en poids.	En volume	en poids.
CO_2	1,0	1,56	4	6,20
O	4,0	4,35	5	5,30
CO	23,0	22,80	25	24,45
Az	71,0	71,00	65	64,00

L'oxygène libre qui se trouve en forte proportion provient évidemment de la décomposition partielle de l'oxyde MnO_2, décomposition qui se fait à une température trop basse pour que l'oxygène considérablement dilué puisse agir sur l'oxyde de carbone. (V.)

Ces gaz contiennent toujours en outre de la vapeur d'eau, dans ceux de l'usine du Phœnix, par exemple, on en a trouvé 8 % en volume et 5 % en poids ; dans ceux du fourneau de Esch, il y en avait en volume 15,4 %, en poids 10,3 % ; ils entraînent, en plus, des poussières dont le poids varie entre 1 gramme et 5ᵍ par mètre cube.

Nous avons indiqué dans d'autres parties de ce manuel les moyens employés pour débarrasser les gaz de l'eau et des poussières et pour les utiliser comme combustibles.

Il est facile de comprendre que si, avant de brûler le gaz tel qu'il se trouve après sa purification, on transformait en oxyde de carbone, l'acide carbonique qu'il renferme, ce qu'on réaliserait sans peine en lui faisant traverser un appareil rempli de coke incandescent analogue à celui qui sert pour la fabrication du gaz à l'eau, on recueillerait un mélange gazeux, dans lequel la proportion d'azote serait inférieure à celle qui se trouve dans les gaz de gazogène ordinaire, il aurait par conséquent une puissance calorifique et un effet pyrométrique plus considérables ; c'est ce qui résulte des conditions dans lesquelles ces deux sortes de gaz se trouvent formés ; dans un gazogène ordinaire, en effet, l'oxygène introduit pour la transformation du carbone en gaz est accompagné d'une proportion constante d'azote, tandis que dans le haut-fourneau, une partie de l'oxygène des gaz provient des matières du lit de fusion et, par conséquent, n'apporte pas d'azote.

Jusqu'à présent, cependant, on n'a pas essayé de tirer parti de cette condition particulière, probablement parce que, telle qu'elle est, la composition des gaz suffit à produire la chaleur nécessaire pour l'alimentation des chaudières et le chauffage du vent et qu'il arrive rarement qu'on ait besoin d'une plus grande quantité de combustible gazeux pour le service des hauts-fourneaux, et d'ailleurs si les gaz n'étaient pas assez abondants on pourrait recourir à un combustible solide.

Voir sur la régénération du gaz de haut-fourneau c'est-à-dire sur la transfor-mation en oxyde de carbone de l'acide carbonique qu'il contient, la notice de F. Gau-tier, Génie Civil, tome V, p. 9. Cette idée a été reprise et appliquée avec un succès encore discuté, par Frédéric Siemens, aux fours à chaleur régénérée. Voir p. 163, fours Biedermann et Harvey. (V.)

2. — Laitiers.

La plupart des hauts-fourneaux produisent une quantité de laitier à peu près égale en poids à la fonte coulée ; dans beaucoup de circonstances même la proportion en est plus considérable et si on remarque que la densité de ce silicate est à peine le tiers de celle de la fonte, on en doit conclure que, lorsque tous les laitiers d'un seul haut-fourneau de grandes dimensions doi-vent être accumulés, au bout de fort peu de temps, ils couvrent une énorme surface ; l'embarras qui en résulte, pour les usines dans lesquelles un grand nombre de hauts-fourneaux sont en feu, peut devenir tel, qu'on se trouve dans l'impossibilité d'assurer l'évacuation de ce produit encombrant par simple entassement sur un terrain sacrifié pour cet usage.

C'est probablement cette situation qui a poussé les maîtres de forges à chercher les moyens d'utiliser ces matières : lorsqu'une application permet de réaliser un bénéfice, il y a double avantage et double profit.

On a réussi à employer les laitiers à un certain nombre d'usages que nous allons énumérer.

1° *Construction de chaussées, pavage des rues.* — Cette application est extrè-mement simple et, lorsque la nature du laitier s'y prête, on y a fréquemment recours ; la construction des chemins de fer l'utilise sous cette forme dans beaucoup de contrées ; le silicate qui se comporte le mieux dans ce cas est celui qui a l'aspect pierreux, ne contient pas un excès de chaux et est capa-ble de résister aux influences atmosphériques. On donne à la matière la forme la mieux appropriée à l'usage auquel on la destine : quelquefois on emploie les blocs tels qu'ils sortent des wagonnets dans lesquels ils ont été coulés ; c'est ainsi que, pour construire les digues de la Tees dans le Cleveland, on s'est servi de blocs pesant jusqu'à 3500^k : on les transportait dans le wagon-net même du fourneau, jusqu'à 10 kilomètres. Plus fréquemment on les concasse à la main ou à la machine en fragments de la grosseur du poing ; il est bon, dans tous les cas, que le laitier soit coulé en masses assez volumi-neuses pour que le refroidissement se fasse lentement, c'est à cette con-dition que le produit acquiert de la résistance ; il a quelquefois alors la du-reté du basalte et la dépasse même fréquemment.

2° *Sable.* — Le sable préparé avec le laitier peut être employé à un grand nombre d'usages. Là où on ne trouve pas à sa disposition de sable naturel de bonne qualité, on l'utilise pour sabler les allées et les routes ; mélangé à la chaux, il constitue un excellent mortier ; on en peut aussi faire de très bonnes briques comme nous le verrons plus loin.

Il existe plusieurs façons de réduire les laitiers à l'état de sable ; ceux de fonte grise au charbon de bois sont visqueux et renferment fréquemment des grenailles de fonte qu'il y a intérêt à ne pas laisser perdre ; dans ce but on pulvérise le laitier au moyen d'un bocard dont le produit passe ensuite par un lavoir qui permet de séparer les parties métalliques. Les choses peuvent être disposées de la manière suivante : la plaque sur laquelle battent les pilons forme le fond d'une caisse dont un des petits côtés est plus bas que les autres et ne dépasse le niveau de la plaque que de $0^m,10$; à la suite se trouve un canal découvert qui débouche dans une auge un peu plate ; on fixe dans le canal de petites traverses de faible hauteur disposées comme celles des lavoirs à minerais, p. 242, qui arrêtent les grenailles. Avant d'introduire les morceaux de laitier dans le bocard, on doit avoir le soin de briser ceux qui sont de trop grande dimension ; tandis que les pilons travaillent, on mène dans la caisse un courant d'eau continu venant d'un réservoir supérieur, de manière à assurer un jet abondant sous les pilons ; l'eau entraîne le sable menu, et laisse dans la caisse les fragments insuffisamment broyés et les grenailles ; dans le canal et dans le bassin qui sont à la suite, le sable de laitier se classe de lui-même ; à la sortie du bocard on trouve d'abord quelques petits grains de fonte, puis le gros sable ; celui-ci devient de plus en plus fin à mesure qu'on s'éloigne du point de départ et on peut ainsi recueillir du sable de diverses grosseurs ; les grains de fonte auxquels on donne dans certains pays le nom de *cline* sont réunis et comme ils seraient exposés à se rouiller promptement on les repasse immédiatement au fourneau : dans certains petits hauts-fourneaux au bois, la quantité de métal ainsi récupérée a une réelle importance.

Si les laitiers sont très fluides, ils ne contiennent que des quantités insignifiantes de grenailles ; tels sont ceux de la plupart des fourneaux au coke, et aussi ceux des fourneaux au charbon de bois marchant en fonte blanche ; dans ce cas on facilite le broyage en granulant le laitier ; on le fait, dans ce but, couler à sa sortie du fourneau dans une eau courante : il se divise spontanément en petites plaquettes ou en grains de quelques millimètres de grosseur ; il peut, dans ce premier état, être appliqué à une foule d'usages, et s'il est nécessaire de le broyer davantage, cette opération préparatoire facilite singulièrement le travail ultérieur. On emploie ordinairement pour granuler le laitier l'eau qui a servi à rafraîchir les tuyères ; le sable se rassemble dans un bassin inférieur, d'où l'eau s'écoule par un déversoir.

Quand on fait cette granulation en grand, on ajoute à l'installation précédente un appareil qui enlève le sable à mesure qu'il se dépose, une chaîne à godets, par exemple, qui le puise dans le bassin et le déverse dans un wagonnet placé sur une voie ferrée. On a quelquefois établi des machines plus compliquées et plus coûteuses, mais celle que nous indiquons suffit dans tous les cas.

3° *Laine de laitier.* — Lorsqu'on soumet le laitier liquide à l'action d'un jet de vapeur ou d'air, il se divise en particules ou grains très petits dont chacun est terminé par une sorte de queue formée de filaments plus ou moins longs auxquels on donne le nom de laine de laitier. Le procédé de fabrication est des plus simples : sous le canal par lequel le laitier se rend dans le wagonnet, on dispose un tuyau à vapeur de 6 à 8^{mm} de diamètre, de telle sorte que le laitier en tombant soit rencontré par le jet de vapeur ; le filet de laitier ne doit pas avoir plus de 10 à 15^{mm} de grosseur : la laine produite est recueillie dans une chambre en tôle ayant au moins 2^m de longueur, ouverte du côté par lequel arrive le laitier et munie à la partie supérieure ou plafond, d'ouvertures pour l'échappement de la vapeur. Si on divise cette chambre en deux parties par une cloison horizontale, le produit le plus fin se réunit dans la partie supérieure. Il est préférable de former les parois de toile métallique à laquelle la laine adhère plus facilement et qui permet à la vapeur de s'échapper aisément [1].

La laine de laitier a la propriété de très mal conduire la chaleur, on l'a donc employée il y a quelques dizaines d'années pour faire des enveloppes protectrices contre la déperdition de chaleur, revêtir des conduites de vapeur ou de vent chaud par exemple. Cette matière a cependant l'inconvénient de se décomposer lentement sous l'action de l'humidité et de l'air ; cet effet se produit principalement avec les laitiers de fourneaux au coke contenant de fortes proportions de chaux et de soufre ; il se forme des carbonates et des sulfates de chaux et cette substance qui était primitivement souple comme de la laine devient dure et pierreuse ; le soufre s'unit au fer, au contact duquel il se trouve, pour constituer un sulfure qui se transforme peu à peu en sulfate et le métal se détruit ainsi progressivement.

Dans les habitations où l'on a tenté de garnir avec cette matière les vides qui existent entre les plafonds et les planchers, on a constaté des dégagements d'hydrogène sulfuré qui rendaient les locaux inhabitables.

Les inconvénients, qui se présentent fréquemment lorsqu'on fait usage de ce produit, en ont considérablement restreint l'emploi, de telle sorte que la fabrication de la laine de laitier a été plus ou moins abandonnée. Peut-être s'est-on effrayé outre mesure de quelques accidents isolés. Il n'en est pas moins certain que cette matière, lorsqu'elle provient d'un laitier peu calcaire

---

[1] On trouvera le dessin d'une chambre de ce genre en toile métallique dans le *Journal of the Iron and Steel Institute*, 1877, II. Du reste l'installation est des plus simples et peut se comprendre même sans voir le dessin (Description p. 450.)

et contenant peu de soufre, est d'un emploi économique, et que, grâce à sa faible conductibilité, elle peut rendre de réels services dans les cas que nous avons indiqués.

D'après les expériences de C. E. Emery son pouvoir conducteur est le cinquième ou le sixième de celui de l'air [1].

Le laitier de fourneau au charbon de bois est celui qui donne les meilleurs résultats, parce qu'il contient ordinairement moins de soufre et plus de silicium.

4° *Ciment* (*Mortiers hydrauliques*). — Ainsi que nous l'avons indiqué plus haut, le sable de laitier peut remplacer avantageusement le sable ordinaire dans la préparation des mortiers ; si on le mélange à de la chaux éteinte, dans la proportion de 3 ou 5 parties pour une de chaux (en poids), on obtient un mortier hydraulique, c'est-à-dire susceptible de faire prise sous l'eau.

Vers 1865 on a fait des essais de résistance à l'écrasement sur différents mortiers durcis à l'air ; ils avaient été obtenus des mélanges suivants :

1° Sable ordinaire à grains rugueux et chaux.

2° Sable ordinaire, pouzzolane des bords du Rhin et chaux.

3° Sable de laitier et chaux

La résistance de ce dernier était de 9 à 16 fois plus grande que celle du premier, 2 à 3 fois plus considérable que celle du deuxième mélange ; après avoir été conservés dans la terre humide, les mortiers de laitiers gardaient leur supériorité [2] ; les résultats de ces essais et des études ultérieures amenèrent à penser qu'il serait possible d'améliorer les mortiers de laitier et d'en obtenir un ciment équivalent à celui de pouzzolane [3]. C'est en effet ce qui s'est passé, avec plein succès, et il existe aujourd'hui un grand nombre d'usines consacrées à cette industrie.

Tous les laitiers ne sont pas également propres à cette fabrication ; ceux qui s'y prêtent le moins sont ceux qui contiennent la plus forte proportion de silice ; l'on préfère donc les silicates très calcaires et peu alumineux, aussi les laitiers de fourneaux au charbon de bois ne donnent-ils pas de bons ré- sultats. D'après Tetmajer on doit éliminer tous ceux dans lesquels le rapport entre la chaux et la silice ne dépasse pas l'unité, et les meilleurs présentent entre la chaux, la silice et l'alumine le même rapport que les nombres 46, 30 et 16 [4].

[1] *Engineering and Mining Journal*, T. XXXII, p. 219; *Oesterr. Zeitschr. für Berg- und Hüttenw*, 1881, p. 615.

[2] *Zeitschr. d. Ingenieur- und Architekten-Vereines für das Konigreich Hannover*, T. XIII, 1867, p. 303.

[3] Le ciment de pouzzolane est fabriqué en mélangeant de la chaux éteinte avec de la pouzzolane ou du trass; dans le ciment de laitier c'est ce dernier corps qui remplace la pouzzolane.

[4] Voir parmi les ouvrages à consulter les mémoires spéciaux et entr'autres : *Notizblatt des Ziegler- und Kalkbrenner-Vereins*, 1887, N° 2.

Une dose modérée de soufre est sans inconvénient.

On commence par granuler le laitier dans l'eau comme nous l'avons indiqué plus haut ; cette opération est indispensable parce que, non seulement elle divise le laitier, mais encore elle lui fait subir des transformations physiques et chimiques avantageuses : on a constaté d'une façon indubitable qu'il n'était pas possible de se servir de laitier refroidi lentement. Le résultat de la granulation est d'autant meilleur que le laitier était plus fluide et l'eau plus froide.

La masse granulée est séchée complètement soit sur des plaques de fonte, soit au moyen d'appareils plus compliqués mais plus expéditifs ; on fait, par exemple, circuler la matière pulvérulente au sens contraire d'un courant d'air chaud dans un cylindre horizontal animé d'un mouvement de rotation autour de son axe, le sable avance dans le cylindre grâce à une hélice saillante en tôle, fixée sur sa paroi intérieure ; on peut sans inconvénient chauffer jusqu'à l'incandescence.

Lorsque le sable de laitier est sec on le réduit en poussière fine par un moyen quelconque avant de le mélanger à la chaux que l'on a préparée d'un autre côté. Cette chaux est éteinte de façon à rester pulvérulente, on ne l'arrose qu'avec la quantité d'eau strictement nécessaire pour qu'elle tombe en poussière ; un ou deux jours après qu'elle a été aspergée ainsi, on la passe au tamis, pour en séparer les incuits, etc., puis on la mélange avec le laitier finement pulvérisé ; pour 100 parties de laitier, on ajoute de 15 à 30 parties de chaux, quelquefois même davantage, suivant que le laitier est plus ou moins calcaire, la proportion entre la chaux ajoutée et celle qui existe dans le laitier est comprise entre 1/2 et 1 : le mélange se fait, habituellement, dans un moulin à boulets qui achève le broyage des matières, et le produit est de qualité d'autant meilleure qu'il a été moulu plus finement.

Voici par exemple l'analyse d'un bon ciment de laitier indiqué par Prost et qui provenait de Donjeux [1] :

Sable.	0,25
Silice.	23,85
Alumine	13,95
Oxyde de fer	1,10
Chaux	51,40
Magnésie.	1,95
Acide sulfurique	0,45
Perte au feu	7,05

Un grand nombre de laitiers de hauts-fourneaux peuvent également être utilisés dans la fabrication du ciment de Portland [2].

[1] Voir les ouvrages à consulter.

[2] On fabrique ordinairement le ciment de Portland, en mélangeant intimement dans

La composition de ce ciment est à peu près la suivante :

Chaux	de 55 à 63 moyenne	60 °/°.
Alumine	de 6 à 10 Id.	7,5 °/°.
Silice.	de 22 à 26 Id.	24 °/°.

On y trouve en outre de petites quantités d'oxyde de fer, d'alcalis, etc.

Pour arriver à une composition analogue, on est obligé d'ajouter au laitier de la chaux et quelquefois de l'alumine, on mélange donc les matières après les avoir réduites en poudres fines, et on les transforme en briquettes auxquelles on fait subir une cuisson, puis un broyage comme pour le ciment de Portland.

Les laitiers riches en alumine d'un grand nombre de hauts-fourneaux anglais conviennent parfaitement à cette fabrication.

Dans le cas où on devrait augmenter la teneur en alumine, Roth conseille de faire des additions de Bauxite.

5° *Briques de laitier.* — De tous les emplois que l'on peut faire des laitiers, c'est celui qui consiste à les transformer en briques obtenues par moulage, pour remplacer les briques ordinaires, qui fournit les résultats les plus avantageux, pourvu toutefois que les installations spéciales aient été faites convenablement et que les circonstances locales ne soient pas telles qu'on puisse s'y procurer les matériaux de construction à un prix extrêmement bas.

Plusieurs méthodes sont employées pour fabriquer les briques de laitier.

Celle qui paraît la plus simple au premier abord consiste à couler directement dans des moules le laitier liquide tel qu'il sort du haut-fourneau ; malheureusement cette matière est d'autant plus fragile qu'elle est refroidie plus brusquement, et la coulât-on en masses dix fois plus considérables que les briques ordinaires, elle se briserait encore ; cela tient à ce que le refroidissement de la surface donne naissance à des tensions qui provoquent la rupture. Pour éviter cet inconvénient, on a essayé d'enfourner les briques encore rouges dans des fours à recuire où le refroidissement s'effectue en plusieurs jours comme pour certains objets en verre ; mais cet artifice augmentait la dépense dans une forte proportion.

Dans un certain nombre d'usines, pour éviter l'éclatement des briques, on mélange le laitier liquide avec des corps inertes, qui sont destinés à produire le même effet que le sable ou l'argile cuite que l'on introduit dans l'argile grasse pour l'amaigrir et diminuer la contraction produite par la chaleur. On se sert, à cet effet, de fraisil de charbon de bois ou de coke, de sable quartzeux

certaines proportions, du calcaire ou de la marne avec de l'argile finement pulvérisée. On forme des briquettes avec cette pâte, on les cuit jusqu'à scorification et on les réduit en poudre.

à gros grains, de fragments de briques ou de matières analogues qui, occupant un certain volume, diminuent la quantité de laitier liquide et la contraction totale ; les briques ainsi obtenues ont moins de tendance à éclater parce que les corps inertes répandus dans la masse les rendent plus poreuses, empêchent la formation des fissures ou, tout au moins, s'opposent à leur développement.

Le mélange se fait à la pelle dans la rigole même qui conduit le laitier aux moules ; ceux-ci sont formés de plaques de fonte assemblées sur un fond de même métal, de manière à pouvoir se séparer facilement ; on recouvre le tout d'un couvercle qui peut être chargé de poids s'il est nécessaire. Même dans ce cas il est bon de refroidir lentement les briques obtenues.

On ne peut utiliser de cette façon les laitiers très calcaires qui se dilatent à l'air et tombent en poussière ; les plus convenables sont ceux qui sont moyennement calcaires et par conséquent fluides ; ce sont les mêmes qu'on emploie à l'état brut comme matériaux de construction.

On ne peut davantage traiter ainsi les silicates visqueux coulant difficilement, comme on en rencontre dans la plupart des hauts-fourneaux au charbon de bois ; pour ceux-là on emploie un autre artifice lorsqu'on veut les transformer en briques : on puise avec une cuillère le laitier pâteux et on le verse sur une plaque de fonte où sa surface se refroidit ; on obtient ainsi une sorte de gâteau informe encore plastique, à demi solidifié extérieurement, que l'on pétrit avec une pelle et une barre de bois et que l'on force à pénétrer dans un moule en fonte en ayant soin de placer à l'intérieur les parties les moins chaudes ; on rend ainsi le refroidissement plus uniforme et on évite la rupture de la brique.

Les matériaux qu'on fabrique de cette façon se comportent très bien dans les murs des maisons d'habitation et dans les constructions du même genre ; cependant, s'ils se trouvent exposés à des froids très vifs avant d'être employés dans les maçonneries, ils éclatent fréquemment, il faut donc les mettre en œuvre aussitôt que possible.

Lorsqu'on fabrique des briques de laitier par les diverses méthodes que nous venons de décrire, on doit, de préférence, leur donner des dimensions plus grandes que celles des briques ordinaires, pour diminuer la rapidité du refroidissement, économiser la main-d'œuvre et le mortier employé dans les constructions. Cependant pour qu'il soit possible de les associer aux briques ordinaires, en les plaçant dans les parties les plus exposées aux dégradations, comme les angles, les ouvertures, etc., on choisit pour leurs dimensions des multiples de celles de ces matériaux augmentées de l'épaisseur des joints.

Pour transformer en briques les laitiers chargés de chaux qu'on obtient aujourd'hui dans la plupart des hauts-fourneaux au coke, on ne peut employer que le procédé que nous allons décrire ; c'est d'ailleurs le plus fréquemment appliqué, malgré la plus grande complication qu'entraîne son installation, parce que les produits qu'il fournit se distinguent par leur qualité excellente et régulière.

C'est vers 1860 que Lürmann installa cette fabrication nouvelle à Georgs-Marienhütte, près d'Osnabruck ; plus tard, on créa à Osnabruck même un atelier spécial travaillant sur une grande échelle et tirant sa matière première de Georgs-Marienhütte. Depuis on utilise le même procédé dans un grand nombre d'usines.

Le laitier destiné à la confection de ces briques est tout d'abord transformé en sable par son contact avec une eau courante : on s'en sert tel quel pour les briques destinées aux constructions ordinaires ; quand on veut des produits de plus belle apparence, on broie ce sable pour en rendre le grain plus fin.

Le sable humide est mélangé avec une proportion de chaux vive qui dépend de sa propre composition et particulièrement de sa teneur en chaux ; on la fait varier également selon qu'on veut obtenir une plus ou moins grande résistance à l'écrasement.

Des briques fabriquées en Angleterre par ce procédé contenaient 30 % de chaux, 25 de silice, 22 d'alumine et 10 % d'eau ; le reste se composait de magnésie, d'oxyde de fer, etc.

Lorsque le laitier est basique, on ne doit donc employer qu'une petite quantité de chaux ; il n'est jamais nécessaire d'ajouter de l'eau, le sable en contient plus qu'il n'est nécessaire.

On introduit le mélange de sable et de chaux dans des moules en fonte ou en acier de forme convenable et on le soumet à une forte pression fournie par la vapeur ou un appareil hydraulique ; la force de l'homme serait insuffisante.

La machine construite par Wood [1] se compose de deux trémies qui laissent couler l'une le sable, l'autre la chaux en proportion convenable dans un malaxeur muni de couteaux qui travaillent le mélange ; celui-ci sort par le bas de l'appareil et pénètre dans des moules disposés symétriquement au nombre de six sur une plaque tournante ; deux moules se remplissent pendant que deux autres sont soumis à la pression et que les deux derniers se vident, après quoi la table reprend son mouvement de rotation. Les moules se composent de boîtes découvertes à fond mobile ; lorsqu'ils se trouvent dans la position convenable, une came fait mouvoir un piston en acier qui presse verticalement sous le fond, tandis que le dessus est fermé par un couvercle fixé à un levier chargé d'un contrepoids. En faisant varier ce contrepoids, on règle la pression d'après les dimensions de la brique, et on évite ainsi les

---

[1] Le dessin de cette machine se trouve dans le *Journal of the Iron and Steel Institute*, 1877, II.

ruptures qui pourraient se produire lorsqu'un moule trop rempli ne permettrait pas au piston d'accomplir sa course normale.

Quand la plaque tournante et le moule, qui vient d'être comprimé, a fait
un certain mouvement, un autre piston agit en dessous et soulève la brique
que l'on relève et qu'on laisse durcir à l'air sous un hangar où elle doit
séjourner de six à huit jours, après quoi on l'expose à l'air libre ; cinq à six
semaines après les briques sont dures comme de la pierre et prêtes à être
employées.

Une machine de ce genre, munie de deux pistons compresseurs, peut faire
par jour dix milliers de briques.

Les briques fabriquées par ce procédé offrent, sur les briques ordinaires, un
certain nombre d'avantages ; si on emploie le sable tel qu'il sort du bassin de
granulation, elles sont plus légères tout en présentant une aussi grande résistance ; si on a procédé à un broyage subséquent, la brique est aussi lourde
que celles que l'on fabrique en terre argileuse, mais elle est beaucoup plus
résistante.

La résistance à l'écrasement par centimètre carré constatée dans une série
d'essais faits sur diverses sortes de briques en 1875, est indiquée dans le
tableau suivant :

	Se feuillent sous la charge de	S'écrasent sous la charge de
	Kilos	Kilos
Briques en laitier d'Osnabruck en sable granulé. .	92,4	110,5
Briques en laitier de Siegen en sable granulé . . .	116,2	148,3
Briques en laitier de Siegen en sable granulé et en	144,9	186,2
laitier fusé spontanément	58,9	90,9
Briques en terre cuite ordinaire de Siégen.		
id. id. très cuite »	84,6	97,8
id. id. choisies »	95,2	117,2
id. id. d'Osnabruck ordinaire	67,9	87,9
id. id. id. très cuite	89,0	107,3

De nouveaux essais sur la résistance à l'écrasement des briques de laitier
ont donné jusqu'à 129^k et 155^k par centimètre carré; par contre, lorsqu'elles
étaient simplement pressées à la main, on n'obtenait que 31 et 32^k.

Cette résistance augmente d'ailleurs avec le temps comme celle des mortiers: d'après le professeur Pettenkofer, la porosité et la perméabilité de ces
matériaux sont plus grandes que celles des briques ordinaires, ce qui n'est
pas sans avoir une certaine importance pour les maisons d'habitation; lorsqu'elles sont sèches, elles laissent passer quatre à cinq fois plus d'air.

Pour les usages ordinaires on donne aux briques de laitier les mêmes dimensions qu'à celles usuellement employées, mais on peut varier les formes

en préparant les moules convenablement. On peut obtenir ainsi des briques profilées : on peut également leur donner l'apparence de pierres naturelles, en y incorporant des matières colorantes ; c'est ainsi qu'on utilise une partie des laitiers de l'usine de Witkowitz : on imite à volonté les marbres, les diabases, etc. On polit les pièces après leur durcissement complet et on les emploie non seulement comme matériaux de construction, mais encore comme revêtements, monuments funèbres, dessus de table, etc.

6° *Fabrication du verre.* — Les laitiers par leur composition se rapprochent beaucoup du verre, et surtout de celui qu'on emploie à la fabrication des bouteilles : aussi a-t-on cherché à les utiliser en y ajoutant les éléments qui s'y trouvent en quantité insuffisante.

D'après Britten, le verre à bouteilles est à peu près composé de la manière suivante :

Silice.	de 45 à 60 %
Chaux.	de 18 à 28
Magnésie. . . .	de 0 à 7
Alumine. . . .	de 6 à 12
Alcalis	de 2 à 7
Oxyde de fer. . . .	de 2 à 6

Il suffit donc, la plupart du temps, d'ajouter peu de chose au laitier pour lui donner la composition convenable ; c'est généralement la silice qui fait défaut ; cependant certains laitiers de fourneaux au bois ont exactement la composition du verre et lorsqu'ils sont refroidis en lames minces, ils en ont tous les caractères. Quelques hauts-fourneaux anglais livrent à des verreries des laitiers qui renferment jusqu'à 38 % de silice ; on n'a plus qu'à ajouter dans le four de verrerie des alcalis, du sable et les matières destinées à colorer ou à décolorer, suivant la qualité du verre qu'on se propose de fabriquer.

On a, à plusieurs reprises, essayé d'utiliser sinon le laitier lui-même, du moins la chaleur qu'il emporte à la sortie du fourneau ; on peut par exemple recueillir cette chaleur dans l'eau qui sert à l'alimentation des chaudières à vapeur. Chez MM. Bell frères à Clarence, on conduit des laitiers dans des chariots en fer au-dessous des bassins dans lesquels on évapore les dissolutions salines ; arrivés dans des chambres convenablement disposées, les laitiers sont aspergés d'eau qui se réduit en vapeur ; celle-ci chauffe par son contact le fond des bassins, ou traverse, pour s'échapper, de nombreux tubes placés au milieu du liquide à évaporer, lorsque le laitier arrosé ne produit plus de vapeur on l'enlève et on le remplace par un autre.

En Angleterre et en Allemagne on emploie fréquemment le laitier pour le remblayage des mines. (V.)

3. — Cadmies.

Nous avons, à plusieurs reprises, signalé la formation de cadmies dans les hauts-fourneaux : elles proviennent de la réduction de l'oxyde de zinc que contiennent certains minerais, et de la volatilisation du métal parvenu dans les régions inférieures. A mesure que la vapeur de zinc s'élève dans le haut-fourneau, elle se trouve en contact avec des quantités graduellement croissantes d'acide carbonique et de vapeur d'eau qui l'oxydent peu à peu. L'oxyde ainsi produit se fixe aux parois de la cuve un peu au-dessous du gueulard et forme un anneau dont l'épaisseur augmente de plus en plus. Lorsqu'on casse des fragments de cadmie, on y trouve une texture feuilletée et une coloration d'un jaune verdâtre ; les feuillets sont disposés parallèlement aux parois de la cuve.

Les cadmies contiennent de l'oxyde de zinc en majeure partie, un peu d'oxyde de fer, de plomb métallique et de sable. Ebelmen a trouvé dans les cadmies du haut-fourneau de Treveray :

Oxyde de zinc	91,6
Protoxyde de fer	3,0
Oxyde de plomb	1,6
Sulfure de plomb	1,6
Plomb métallique	1,4
Sable	0,8
	100,0

La zone où se forme ce dépôt dépend de la hauteur du fourneau et de la température du gueulard. Généralement on la trouve à 1^m ou 2^m au-dessous du gueulard.

Lorsque les minerais contiennent du zinc en forte proportion, il est indispensable de détacher de temps en temps les cadmies et de les enlever par le gueulard pour éviter qu'elles n'obstruent outre mesure le passage, ou bien, qu'en se détachant seules, elles se mêlent aux charges et ne viennent déranger l'allure ou altérer la qualité de la fonte. Nous avons exposé page 12, t. II comment on procédait à cette opération. Les cadmies se vendent aux usines à zinc qui en extraient le métal. En 1891, trente fourneaux de la Haute-Silésie ont livré ainsi 760.000^k de cadmies.

4. — Plomb.

Nous avons eu plusieurs fois l'occasion d'expliquer comment on recueillait le plomb qui se rassemble dans les parties basses des hauts-fourneaux qui traitent des minerais plombifères ; nous avons ajouté que ce métal contenait généralement de l'argent ; en 1891, en Haute-Silésie, il a été vendu ainsi aux ateliers spéciaux 1.228.000^k de plomb argentifère.

5. — Poussières.

Il se dépose dans les parties les plus froides du gueulard, dans les conduites de gaz, dans les appareils à air chaud et dans les carneaux des chaudières à vapeur, une poussière blanche ou jaune, composée de matières solides pulvérulentes et de matières qui ont passé par l'état de vapeur. Beaucoup de ces éléments ont existé, sans doute, sous une autre forme dans les gaz et ont éprouvé une transformation par suite d'oxydations ou de quelqu'autre action chimique ; nous avons indiqué, page 52, t. I, les artifices employés pour obliger ces poussières à se déposer lorsqu'elles se trouvent en proportion considérable dans les gaz.

Il se produit des quantités fort variables de poussières dans les divers hauts-fourneaux, et leur composition chimique présente également des différences notables. On y trouve toujours de la silice qui provient probablement en partie de minerai réduit en poussière, en partie de l'oxydation de composés gazeux de silicium ; on y trouve aussi des alcalis à l'état de cyanures, des chlorures, des sulfates et des carbonates. Ces derniers sont probablement le résultat de la décomposition des cyanures, tandis que les sulfates viennent de l'oxydation des sulfures ; on y trouve aussi de l'oxyde de fer, de la chaux, de la magnésie qui proviennent probablement du broyage partiel des matières solides de la charge [1]. Lorsque les fourneaux traitent des minerais contenant du zinc et du plomb, on retrouve dans les poussières des oxydes de ces deux métaux.

ANALYSES DE POUSSIÈRES

	HAUT-FOURNEAU AU BOIS de Rothehütte. (Zeitschr. f. Berg- und Hutten. u. Salinen, T. IX.)	HAUT-FOURNEAU AU BOIS de Grœditz. (Analyse de Ledebur.)	HAUT-FOURNEAU AU COKE de Mulheim-s-Ruhr. (Stahl und Eisen, 1882, p. 216.)	HAUT-FOURNEAU AU COKE de Gleiwitz (Hte-Silésie). (Zeitschr. f. Berg- u. Hutten. u. Salinen, T. XXII, p. 266.)	HAUT-FOURNEAU AU COKE de Esch. traitant la minette. (Stahl und Eisen, 1890, p. 593.)
SiO_2	35,88	52,66	24,05	7,45	10,10
CaO	16,64	4,12	25,95	3,14	8,20
MgO	1,97	traces	2,31	2,90	0,79
Fe_2O_3	3,46	23,70	0,91	20,41	29,50
MnO	2,40	3,04	0,37	1,34	0,50
Al_2O_3	4,94	2,26	10,09	2,07	10,73
ZnO	2,23	»	1,30	26,88	7,45
PbO	»	»	»	13,65	non dosé
Alcalis	12,84	5,02	26,58	7,96	2,17
SO_3	20,89	4,01	»	»	0,58
Ph_2O_3	0,10!	»	»	»	1,63
CO_2	»	non dosé	non dosé	4,36	»
C	»	»	»	7,04	13,74
S	»	»	1,71	0,24	»
Cl	traces	traces	»	»	»

[1] L'oxyde de fer peut provenir de la décomposition des chlorures de fer gazeux.

Nous donnons dans le tableau précédent quelques exemples de compositions de poussières :

Lorsqu'on laisse la poussière se déposer dans de longues conduites, on reconnaît que la composition varie d'un point à l'autre à mesure qu'on s'éloigne du gueulard ; cela tient à la différence de densité des divers éléments qui la constituent. Dans les conduites du fourneau de Redenhutte, dont nous avons décrit les appareils employés pour le nettoyage des gaz, on a trouvé les dépôts formés comme suit :

	POUSSIÈRES RECUEILLIES DANS LES DÉPOTS					POUSSIÈRES RECUEILLIES dans les galeries en briques
	1	2	3	4	5	
SiO₂	22,56	14,17	10,66	10,41	7,49	10,28
Zn	19,44	25,92	30,45	32,00	35,32	42,40
Pb	8,50	7,92	7,18	6,89	7,24	6,13
Fe	14,17	12,45	7,45	6,72	3,99	Non dosé

Nous donnons ci-dessous les résultats d'analyses de quatre échantillons de poussières recueillies dans les prises de gaz de hauts-fourneaux produisant du ferromanganèse riche ; on n'a dosé que les éléments principaux.

	1	2	3	4
SiO₂	27,50	23,00	18,00	10,60
CaO	12,20	14,10	25,70	19,30
BaO	1,57	»	»	»
Fe₂O₃	8,56	1,68	4,31	3,21
Mn₃O₄	31,90	19,50	19,00	11,40
ZnO	1,70	16,60	9,00	41,40
Al₂O₃	3,31	5,07	4,00	2,50

On voit que la proportion de manganèse ainsi perdue peut être très importante ; une partie provient probablement de l'entraînement mécanique par le courant gazeux du minerai le plus menu. (V.)

Lorsqu'on arrose les gaz avec de l'eau pour les purifier, les sels solubles sont retenus et on les retrouve par évaporation. On a analysé dans le laboratoire de l'auteur le résidu de l'évaporation de l'eau qui avait servi au lavage des gaz d'un haut-fourneau, à Hœrde, et on a obtenu les résultats suivants :

Sulfocyanate d'ammoniaque. . .	0,69
Chlorure de sodium.	13,02
Id. de potassium. . . .	19,26
Id. de magnésium . . .	10,95
Id. d'ammoniaque . . .	6,59
Id. de fer.	0,54
Id. de manganèse . . .	0,10
Sulfate de chaux	5,27
Id. de potasse. . . .	31,14
Silice.	0,64
Oxyde de fer.	1,47
Eau	9,92
TOTAL. . . .	99,59

Quand les poussières contiennent des quantités suffisantes de zinc ou de plomb pour qu'on en puisse tirer parti, on les vend aux fonderies de ces métaux ; les trente hauts-fourneaux de la Haute-Silésie déjà cités, ont vendu, en 1891, 8450 tonnes de poussières zincifères, soit en moyenne 282 tonnes par fourneau ; si elles renferment une assez grande quantité de sels solubles utilisables, comme le sulfate de potasse, par exemple, on leur fait subir un traitement pour les recueillir ; dans les autres cas, on les envoie au crassier.

6. — Produits accidentels.

Les produits que nous rangeons sous ce titre, n'ont aucune importance au point de vue du profit qu'on en peut tirer, mais ils sont nombreux et peuvent servir à jeter une certaine lumière sur les phénomènes qui se produisent dans le travail du haut-fourneau.

On trouve particulièrement ces diverses matières dans les loups qui restent au fond des creusets après une mise hors. Le métal de ces masses s'étant refroidi avec une extrême lenteur présente fréquemment des particularités remarquables ; il est généralement peu carburé et ressemble au fer malléable, dans sa cassure on remarque de grandes lamelles. Ailleurs, et surtout dans les fourneaux où une fonte très carburée est restée longtemps en contact avec les parois de l'ouvrage et s'est refroidie lentement, on rencontre des parties dont l'aspect rappelle la fonte spéculaire, mais dont les facettes sont couvertes de graphite ; elles ne contiennent que peu de carbone, 1,5 à 2,5 % avec 3 à 4 % de silicium.

C'est également dans les loups qu'on trouve les cristaux cubiques de cyanure d'azote et de titane qu'on a pris longtemps pour du cuivre, ensuite pour du titane métallique. jusqu'à ce que Wœlher en eut fait l'analyse. On peut isoler ces cristaux du fer qui les enveloppe et en recueillir de grandes quantités en dissolvant la partie ferreuse dans l'acide chlorhydrique.

On découvre quelquefois, dans certains points des hauts-fourneaux éteints, de la silice cristallisée en aiguilles extrêmement fines ; elle provient probablement de la décomposition du sulfure de silicium (p. 319, T. I) : on y voit aussi des aiguilles cristallines formées par des combinaisons de zinc et de silice ; ces dernières se logent dans les fentes des parois de l'ouvrage, quelquefois à la surface ou à l'intérieur des loups : il s'y rencontre aussi des cristaux d'oxyde de zinc.

On peut également considérer comme produits accidentels le cyanure de potassium : bien que sa formation soit tout à fait normale et constante et qu'il soit régulièrement entraîné par le courant gazeux dans sa marche ascendante et décomposé en partie dans le trajet, il peut arriver que certaines quantités de ce sel s'arrêtent en tel ou tel point du fourneau. Dans le vide qu'on avait laissé en murant une tuyère à Hœrde, on trouva un sel blanc qui, analysé par l'auteur. fut trouvé composé de la manière suivante :

Carbonate de potasse 34
Chlorure de potassium 9
Oxyde de zinc 27
Fer Mang. Chaux 30
                                          ——
                                          100

Il est probable que le carbonate de potasse provenait de la décomposition du cyanure de potassium.

De 1840 à 1850, dans le fourneau de Mariazell on a recueilli de si grandes quantités de cyanure de potassium d'une ouverture ménagée dans le haut de la tympe pour éclairer l'usine pendant la nuit. au moyen de la flamme qui en sortait, que ce sel a pu être utilisé pour les procédés de galvanisation ; on en a également rencontré de grandes quantités dans les conduites de gaz de la même usine [1].

Ouvrages à consulter.

(a) Traités.

Percy, Métallurgie, traduction française de Petitgand et Roma, tome III, p. 599 et 600.
C. Stöckmann, Die Gase des Hochofens und der Siemens-Generatoren. Ruhrort, 1876.

[1] Annalen der Chemie und Pharmacie. T. XLVII. p. 150. — Percy, traduction Petitgand et Roma, T. III, p. 199.

L. Roth, *Der Bauxit und Seine Verwendung zur Herstellung von Cement aus Hocho-fenschlacke*. Wetzlar 1882.

(b) Notices.

F. Lürmann, *Ueber Hochofenschlacken und deren Verwendung. Zeitschr. des Archi-tekten und Ingenieur Vereins für Hannover*, tome XIII, p. 297.

F. Lürmann, *Ueber die Fortschritte der Schlackenfabrikation in Osnabrück und über andere Schlackenpräparate. Zeitschr. des Ver. deutsch. Ingenieure*, tome XIX (1875), p. 185.

E. Paschen, *Ueber Ausnutzung der Hochofenschlacken durch Granulation. Zeitschr. des Ver. deutsch. Ingenieure*, tome XVIII (1874), p. 321.

Schmidhammer, *Vorrichtung zur Granulation der Hochofenschlacken mittelst Wasserstromes. Rittinger, Erfahrungen* 1868, p. 19.

Ch. Wood, *The utilization of slag. The Journal of the Iron and Steel Institute*, 1873, p. 186.

Ch. Wood, *On the progress of the slag industries during the last four years. The Journal of the Iron and Steel Institute*, 1877, II, p. 443.

P. Tunner, *Der Fortschritt der Schlackenindustrie während der letzen vier Jahre. Zeitschr. des berg und hüttenm. Ver. für Steiermark und Kärnten*, 1877, p. 404.

Ueber Verwendungsarten der Schlacken in Grossbritannien. Zeitschr. des berg und hüttenm. Ver. für Steierm. u. Karn., 1880, p. 353.

L. Tetmajer, *Der Schlackencement. Notizblatt des Ziegler und Kalkbrenner Vereins*, 1887, Nᵒ 2.

A. Prost, *Note sur la fabrication et les propriétés des ciments de laitiers. Annales des mines*, série 8, tome XVI, p. 158.

Zur Kenntniss des Schlackencementes. Thonindustrie-Zeitung, 1892, Nᵒ 2.

Ueber Hochofenschlacken und deren Verwendung. Dingl. polyt. Journ., tome CCLXXIX, p. 22.

M. Paulowich, *Ueber die Verwerthung der Hochofenschlacken für Bauzwecke. Oest. Zeitschr. für Berg und Hüttenm.* 1891, p. 333.

Chr. Meinecke, *Chlorverbindungen im Hochofen. Berg und hütt. Ztg.*, 1875, p. 47.

G. Williger, *Bleigewinnung im Hochofen. Berg und hütten Ztg.*, 1882, p. 81.

CHAPITRE VII

LA DEUXIÈME FUSION ET L'ÉPURATION DE LA FONTE

I. — Deuxième fusion.

A. Généralités. — Il est très rare aujourd'hui que la fonte, après sa sortie du haut-fourneau, n'ait pas à subir de nouvelles opérations métallurgiques, soit qu'on veuille la transformer en pièces moulées, soit qu'on la destine à la fabrication d'un métal malléable par les procédés d'affinage que nous décrirons dans la troisième partie de ce manuel.

Ces nouvelles opérations exigent presque toujours que la fonte revienne à l'état liquide ; il est clair que si on les lui faisait subir à sa sortie du haut-fourneau, on économiserait les frais d'une deuxième fusion, mais la fonte, au moment de sa production, ne répond pas toujours, comme qualité, à l'application que l'on a en vue et la quantité dont on dispose, au moment de la coulée, n'est que rarement celle qui est nécessaire : nous savons, en effet, combien de causes peuvent faire varier la nature du produit d'un haut-fourneau et altérer l'allure ; on est, en outre, fréquemment contraint d'employer des mélanges qui satisfont mieux aux exigences du travail ; il arrive enfin, que les conditions locales ne permettent pas, dans tous les cas, de rapprocher suffisamment les appareils producteurs du métal, de ceux où il doit subir les transformations voulues de telle façon que les diverses opérations se suivent sans interruptions.

De là la nécessité de disposer de moyens d'opérer une nouvelle fusion.

Lorsque c'est à un affinage que l'on doit procéder, la fusion se fait, dans certains cas, dans le four lui-même réservé à cette opération ; nous décrirons dans la 3e partie les appareils employés à cet effet ; dans tous les autres cas, la fusion s'effectue dans des fours spéciaux et le métal qui en sort est tantôt distribué dans les moules, tantôt transvasé dans d'autres appareils où il sera converti en fer ou en acier.

Pendant le cours de cette deuxième fusion, la fonte est inévitablement soumise à certaines actions chimiques qui en modifient plus ou moins la nature ; c'est ainsi que les gaz de la combustion agissent fréquemment comme oxydants sur le métal en fusion et éliminent de cette façon, en partie du moins, quelques-uns de ses éléments tels que le manganèse et le silicium ; dans d'autres circonstances il y a absorption par le métal de corps étrangers tels que le carbone, le soufre, le silicium lorsque la fonte se trouve, dans certaines conditions, en contact, soit avec le combustible, soit avec des parois de fours susceptibles de les lui abandonner. Ces altérations dépendent du système employé pour opérer la fusion, et on doit en tenir compte, lorsqu'on fait choix de la fonte à refondre, pour que le métal définitif réponde bien au but qu'on se propose.

B. FUSION AU CREUSET. — Le creuset est le plus ancien des appareils employés pour refondre la fonte[1] ; on y a encore recours quand on ne veut fondre qu'une faible quantité de métal à la fois, ou lorsqu'on veut le soustraire, autant que possible, à l'action que les produits de la combustion pourraient exercer sur ses qualités.

Ce procédé a l'inconvénient d'être très coûteux ; la consommation de creusets est une cause de dépenses importantes et le combustible est mal utilisé ; aussi, lorsqu'on n'a pas de raisons spéciales pour donner la préférence au creuset, se sert-on généralement des autres moyens de fusion que nous décrirons plus loin.

(a) *Fours à creusets.* — Le four le plus simple et le plus fréquemment employé pour la fusion au creuset, est une cuve peu profonde, munie à la partie inférieure d'une grille sur laquelle reposent les creusets, au milieu du combustible qui est le plus souvent du coke. Les fours peuvent contenir, suivant leurs dimensions, un ou plusieurs creusets, mais comme il est d'autant plus difficile d'obtenir un chauffage uniforme que le nombre en est plus grand, on en met rarement plus de 4 ou 5 dans la même enceinte et jamais plus de 9. La section de la cuve est carrée, circulaire ou oblongue.

Les figures 163 et 164 représentent un four à deux creusets ; dans le voisinage de la grille, là où l'air pénètre dans le four, la température est relativement basse et le fond du creuset resterait froid s'il reposait immédiatement sur la grille, aussi le place-t-on sur un support en terre réfractaire, auquel on donne le nom de *fromage*, qui a de 0^m,07 à 0^m,10 de hauteur. La profondeur de la cuve est, en général, double de la hauteur du creuset et on laisse entre celui-ci et la paroi du four un vide de 0^m,06. Pour la commodité du service,

---

[1] Les peuples civilisés les plus anciens employaient déjà des creusets pour fondre les métaux, l'or, l'argent, le bronze ; on les chauffait dans des foyers alimentés avec du charbon de bois. On trouvera dans l'ouvrage de Beck : *Geschichte des Eisens*, T. I, p. 75 le dessin d'un four usité dans l'ancienne Thèbes pour fondre les métaux au creuset.

on dispose ordinairement le four comme le montre la figure ; il est construit
au-dessous du sol de l'atelier et son ouverture supérieure ne dépasse celui-
ci que de quelques centimètres. Pour que le tirage se fasse convenablement

Fig. 163

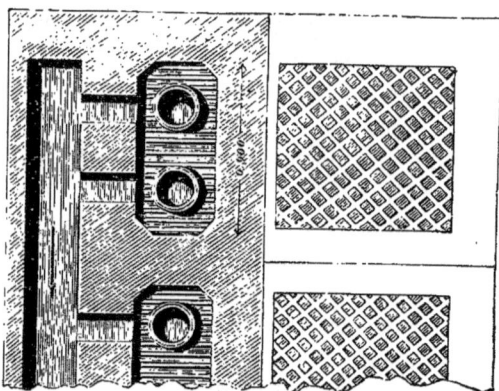

Fig. 164
Four à creusets pour la deuxième fusion de la fonte

sous la grille, on doit ménager, à côté du four, une fosse assez large, par
laquelle arrive l'air destiné à la combustion, et qui sert également d'accès sous
la grille lorsqu'il est utile de la nettoyer. Pour éviter les accidents on recouvre cette fosse d'une plaque en fonte à jours qu'il est facile d'enlever lorsque
cela est nécessaire.

Le rampant est ménagé dans une des parois de la cuve, à un niveau plus élevé que le dessus du creuset, il conduit les produits de la combustion, soit directement dans la cheminée, si celle-ci est placée immédiatement derrière le four, soit dans un carneau commun à plusieurs fours comme on le voit sur la figure ; quand la section est rectangulaire ou oblongue, on dispose plusieurs rampants pour rendre la combustion plus régulière, on en met un par creuset ou par rangée de creusets ; la section totale des rampants est comprise entre $\frac{1}{4}$ et $\frac{1}{8}$ de la surface de la grille.

Pour que l'air ne soit pas appelé dans le rampant par la partie supérieure de la cuve, ce qui nuirait au tirage et amènerait un centre de combustion inutile au-dessus des creusets, on recouvre le four d'un cadre en fonte garni de briques réfractaires ; si le four est petit on se contente de tirer cette porte avec un crochet, lorsqu'on veut ouvrir le four pour charger du combustible on enlever le creuset ; dans les grands fours on l'établit avec des charnières comme un clapet, l'extrémité opposée est fixée à une chaîne qui passe sur une poulie et porte un contrepoids faisant à peu près équilibre au poids de la porte.

La profondeur de la cuve est si faible que le tirage de la cheminée suffit pour appeler sous la grille la quantité d'air nécessaire, mais la cheminée doit avoir de 10^m à 15^m de hauteur et sa section doit être comprise entre $\frac{1}{3}$ et $\frac{1}{6}$ de celle du four ; un registre permet de régler le tirage ; si celui-ci est trop faible, la fusion ne se fait que lentement, les produits de la combustion contiennent un excès d'oxyde de carbone et la consommation de combustible est plus élevée.

Lorsqu'on emploie les fours semblables à ceux que nous venons de décrire, dès que la charge de métal est fondue et que le niveau du coke s'est suffisamment abaissé, on saisit le creuset avec des tenailles, on l'enlève par l'ouverture supérieure du four et on va le vider. Cette manœuvre est très délicate, elle a, en outre, pour effet de mettre les creusets promptement hors de service, soit par la pression qu'exercent les tenailles, soit par le fait du refroidissement trop rapide auquel ils sont exposés après avoir été vidés.

Si le four ne doit contenir qu'un seul creuset, on peut utiliser avec avantage l'appareil portatif inventé par Piat, fondeur à Paris, dans lequel le creuset se trouve fixé et se vide sans sortir de la cuve qui le contient.

La fig. 165 représente une coupe verticale de ce four et la fig. 166 la manière de couler. Le four est enveloppé de tôle et porte une ceinture en fer pourvue de deux tourillons solides placés sur deux faces opposées. Pendant la fusion, le four est supporté par ses deux tourillons sur deux flasques en fonte fixes. ou bien il repose sur un soubassement en maçonnerie ; l'extrémité des tourillons est carrée de façon à s'adapter aux clefs et aux leviers

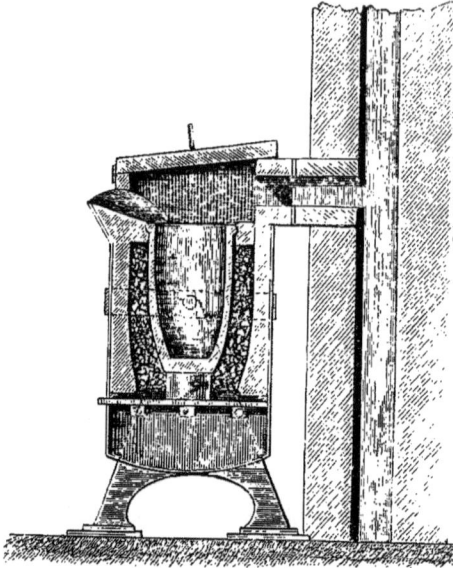

Fig. 165. — Four à creuset portatif de Piat

usités dans les fonderies pour porter et vider les poches de grandes dimensions. C'est ainsi qu'on amène le four Piat au point convenable et qu'on le

Fig. 166. — Coulée avec le four portatif de Piat

vide ; ceux qui sont d'un poids trop considérable sont enlevés par une grue qui saisit, par l'intermédiaire d'un balancier attaché à sa chaîne. les tourillons et transporte le tout au point voulu ; là on coule en renversant le four au moyen des clefs ordinaires. On peut voir sur la fig. 165 comment le four est mis en relation avec la cheminée ainsi que la disposition du bec de coulée[1].

On applique rarement à la fusion de la fonte les fours à réverbère qui servent à celle de l'acier au creuset et que nous décrirons ultérieurement ; on obtiendrait sans aucun doute de bons résultats de ceux du système Siemens, mais la construction et l'entretien de ces appareils entraînent d'assez fortes dépenses, ils s'adaptent mal d'ailleurs à un travail restreint et intermittent ; lorsqu'on a de grandes quantités de fonte à refondre on renonce aux creusets pour adopter d'autres systèmes de fusion.

Les creusets sont fabriqués avec des mélanges de terre très réfractaire et du graphite qui amaigrit la pâte et a l'avantage d'être infusible ; il augmente donc la résistance de la terre à la chaleur et s'oppose, en outre, à l'action des gaz oxydants, tels que l'oxygène, l'acide carbonique et la vapeur d'eau, qui peuvent pénétrer à travers les pores du creuset incandescent ; la proportion de graphite varie entre 20 et 70 %. Nous donnerons d'ailleurs des indications plus détaillées sur la fabrication des creusets lorsqu'il s'agira de la fusion de l'acier.

(b) *La fusion et ses résultats.* — Dans les fours à creuset que nous venons de décrire, on emploie, comme combustible, du coke ; le charbon de bois ne produirait pas un degré de chaleur suffisant, il se formerait trop d'oxyde de carbone, et pour la même quantité de fonte, on en brûlerait deux fois plus ; la marche du travail est la suivante : on commence par remplir les creusets avec de la fonte en petits fragments pour qu'il y ait moins de vides, et, pour soustraire le métal à l'action des gaz et des poussières, on couvre avec un couvercle, puis on met le tout dans le four ; l'opération commence aussitôt ; pendant que dure la fusion, le fondeur n'a pas d'autre soin à prendre que de charger de temps en temps du coke, lorsqu'il constate que le niveau du combustible a baissé suffisamment ; à partir du moment où le creuset est en place, il faut 2 ou 3 heures pour opérer la fusion. Quand le métal est entièrement devenu liquide, il est bon de laisser le creuset dans le four un certain laps de temps supplémentaire, pour augmenter la chaleur, sans quoi le métal ne remplirait pas convenablement les moules.

Lorsque la température voulue est atteinte, on saisit le creuset avec des tenailles, on l'enlève et on pratique la coulée.

Le déchet est d'environ 2 %, c'est-à-dire que 100k chargés ne donnent que 98k (1020 pour 1000). La perte provient, en partie du sable qui adhérait aux gueusets et qu'on a pesé comme fonte, en partie des grenailles qui s'échappent pendant la coulée. On brûle 1000 de coke pour 1000 de fonte obtenue ; on dépasse même ce chiffre, si le coke est moins dense, par conséquent plus

---

[1] Steffen a décrit dans *Stahl und Eisen*, 1890, p. 189, une disposition du four Piat qui comporte quelques modifications.

facile à enflammer, et si le four a été chargé froid : dans les circonstances les plus favorables on descend jusqu'à 750ᵏ.

(c) *Réactions chimiques qui accompagnent la fusion au creuset*. — Bien que le creuset fermé maintienne presque complètement le métal à l'abri des gaz de la combustion et du combustible lui-même, il se produit néanmoins quelques réactions chimiques qui méritent de fixer l'attention.

Une certaine quantité d'air reste emprisonnée dans le creuset, en outre les fragments de fonte sont généralement couverts d'une mince couche de rouille ou d'oxyde magnétique qui s'est formé au contact de l'air pendant le refroidissement; cet air et ces oxydes donnent lieu à une légère oxydation. Si la fonte est pauvre en manganèse et en silicium, cette action de l'oxygène se porte sur le carbone dont la teneur diminue ; si, au contraire, le manganèse est en quantité importante, il s'oppose à la combustion du carbone parce que son affinité pour l'oxygène est exaltée par la présence de la silice contenue dans la matière du creuset. Lorsque les doses de manganèse et de carbone sont faibles, c'est sur le silicium que se concentre l'oxydation. Cette combustion est ordinairement terminée dès que le métal est entièrement fondu, l'oxygène libre est absorbé, et les oxydes sont réduits. C'est alors que commence le surchauffage dont nous avons fait mention [2], et qui est accompagné de réactions nouvelles. A ce moment, en effet, le carbone de la fonte et le manganèse, s'il en existe, tendent à réduire la silice des parois du creuset, le silicium passe dans la fonte, le carbone et le manganèse correspondants sont éliminés. Ces réactions sont d'autant plus actives que la fonte est moins riche d'avance en silicium et que la température est plus élevée ; la nature des parois du creuset n'est pas indifférente : la proportion de silice qu'elles contiennent et la forme sous laquelle elle s'y trouve ont une certaine influence sur la production du silicium. D'un autre côté, le graphite du creuset fournit du carbone au métal et arrive à remplacer celui qui a été employé à réduire la silice. Il arrive souvent, lorsque la fonte est peu carburée, qu'on en trouve davantage dans le produit de la fusion ; ce dernier phénomène se présente surtout avec les creusets dans la composition desquels entre une grande proportion de graphite.

La fonte refondue et surchauffée dans un creuset contient donc en général plus de silicium et moins de manganèse qu'auparavant. Une forte dose de manganèse est favorable à la production du silicium. Si la fonte employée est très carburée et le creuset peu graphiteux, la teneur en carbone peut diminuer mais le plus souvent c'est le phénomène inverse que l'on constate.

Müller a pris de la fonte blanche et l'a refondue trois fois successivement

---

[1] Tant qu'il reste dans le creuset des fragments de fonte à l'état solide, il ne peut y avoir de surchauffage, l'excédant de chaleur fourni étant employé à achever la fusion ; c'est un phénomène analogue à celui qui se produit quand la glace fond dans de l'eau.

dans des creusets composés de 3 parties de graphite pour 3 $^1/_4$ d'argile, il a reconnu dans le métal les variations consécutives suivantes :

	C	Si	Mn
Avant la fusion	3,59	0,07	2,04
Après la 1re fusion au creuset .	3,71	0,57	1,91
id. 2e id. id. .	3,77	0,76	1,85
id. 3e id. id. .	3,63	1,07	1,86 [1]

Après chaque nouvelle fusion on remarquait dans le métal une plus grande proportion de graphite qu'expliquait la plus forte teneur en silicium. A la suite d'une quatrième fusion la fonte était complètement grise, mais le produit de cette dernière n'a pas été analysé.

Boussingault, de son côté, a également entrepris de refondre de la fonte blanche ; il a trouvé les résultats suivants :

	C	Si	Mn	Ph	S
Avant fusion au creuset .	3,80	0,42	2,58	0,07	0,10
Après id. id. .	3,44	0,66	1,73	0,08	0,02

On remarque que cette opération a fait perdre à la fonte une fraction importante du carbone qu'elle contenait ; cela fait supposer que le creuset, dont s'est servi l'expérimentateur, contenait peu de graphite. La diminution de la proportion de soufre est très remarquable, elle correspond à ce que nous avons exposé pages 325 et 326 T. I, sur l'influence du carbone sur le soufre de la fonte.

L'augmentation de la richesse en silicium qui se produit toujours pendant le surchauffage, donne à la fonte une plus grande valeur et la rend plus propre aux usages auxquels on la destine [2], pourvu toutefois que cette teneur ne dépasse pas certaines limites, elle permet, en tous cas, de prendre pour point de départ une fonte peu chargée en silicium en tenant compte de l'absorption qui s'en fait après la fusion et qui est d'ailleurs assez faible.

C. Fusion de la fonte au four a réverbère

(a) *Historique.* — C'est en Angleterre, vers le milieu du xviiie siècle, qu'on a employé pour la première fois les fours à réverbère pour la fusion de la fonte. Les creusets des hauts-fourneaux qui fournissaient la fonte liquide aux

---

[1] *Stahl und Eisen*, 1885, p. 181.
[2] *Annales de Chimie et de Physique*, 5e série, T. V, p. 236.
[4] Le plus souvent, lorsqu'on refond de la fonte au creuset, on a pour objet de couler des pièces destinées à être transformées en fonte malléable. Nous reviendrons sur ce sujet dans la 3e partie et nous donnerons des détails sur la composition du métal qui convient le mieux à cette application.

fonderies n'étaient pas toujours suffisamment grands pour contenir la quantité de métal nécessaire au coulage de grosses pièces : on fut donc amené à établir, à côté des fourneaux, des fours susceptibles d'être mis promptement en activité, de contenir une masse considérable de métal en fusion, et d'être arrêtés ensuite sans inconvénient. On essaya d'abord d'utiliser des fours semblables à ceux qui servaient depuis des siècles à la fusion du bronze et qui n'avaient pas de cheminées, mais on reconnut bientôt qu'ils étaient incapables de fondre et de surchauffer la fonte : on les munit donc de cheminées pour activer le tirage, et on obtint, dès lors, le résultat désiré.

En 1765 on possédait déjà, dans le Cumberland, des fours à réverbère pour la fusion de la fonte, différant peu de ceux qu'on emploie aujourd'hui [1].

Actuellement on a rarement recours aux fours à réverbère pour la fusion de la fonte, sauf le cas où on veut fondre et accumuler une assez grande quantité de fonte, de 5 à 10 tonnes par exemple, pour couler de grosses pièces, et ou on tient à n'avoir dans le métal que de faibles doses de silicium et de manganèse. La plupart du temps on emploie les cubilots auxquels nous arriverons bientôt. Il est encore plus rare qu'on utilise ces fours pour fournir la fonte aux appareils Bessemer.

(b) Fours à réverbère. — La plupart des fours à réverbère destinés à fondre la fonte sont chauffés au moyen de grilles ordinaires, ils ne travaillent que d'une façon intermittente et les fours à gaz qui coûtent beaucoup plus cher d'installation, ne s'appliquent que fort mal à un service de ce genre.

Les figures 167, 168 et 169 représentent un four à réverbère pour la fusion de la fonte ; le bassin dans lequel se rassemble la fonte est très rapproché de l'autel ; le trou de coulée *a* et la porte de chargement sont sur la même face du four : on introduit la fonte par cette porte *b* que l'on bouche ensuite avec des briques : la fonte doit être empilée le plus près possible du rampant : à mesure que la fusion se fait, le métal coule, en sens contraire du courant gazeux, sur la sole inclinée, et vient se réunir dans le bassin. La voûte est fortement abaissée au-dessus de cette partie du four afin que la flamme soit rabattue et que, avant la fusion, ce bassin soit énergiquement chauffé ; cette disposition a en outre l'avantage de maintenir la fonte lorsqu'elle y est rassemblée, à une haute température. C'est une condition qu'il est indispensable de remplir si on veut que le four fonctionne dans de bonnes conditions ; cette portion de la voûte souffre beaucoup surtout si on l'abaisse dans une forte proportion, elle doit être construite avec un soin tout particu-

---

[1] On trouvera des dessins de ces fours dans l'ouvrage de Jars, *Voyages métallurgiques*, 1774, Lyon, T. I, planche VI ; et des dessins détaillés d'un ancien four sans cheminée et de deux autres perfectionnés pourvus de cheminées, pour la fusion de la fonte dans le traité de G. Monge, *Description de l'Art de fabriquer les canons*, Paris, An II, pl. XVI et XXV.

lier. On voit en *c* une petite porte qui permet de suivre la marche de la fusion et de diviser les masses qui pourraient se former.

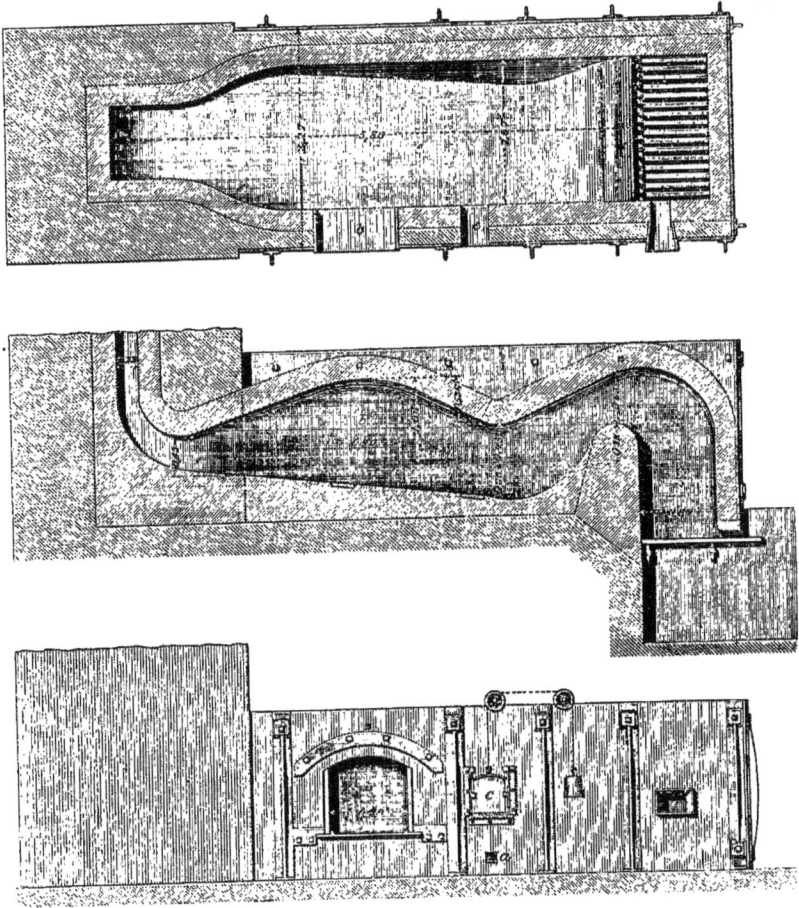

Fig. 167, 168 et 169. — Four à réverbère pour la fusion de la fonte

Dans d'anciens fours à réverbères, comme on en trouve encore dans le pays de Siegen, le bassin dans lequel se rassemble la fonte liquide n'est pas situé près de l'autel, mais, au contraire, à l'autre extrémité du four, au-dessous du conduit, qui, partant de la voûte, dirige les produits de la combustion vers la cheminée placée latéralement. Dans ce cas, la fonte se charge près de l'autel sur une sole inclinée vers le bassin, de telle sorte que le mouvement des gaz et celui du métal liquide se font dans le même sens. Le trou de coulée se trouve à l'extrémité du four. Ces fours ont donc la même forme que celui que nous avons représenté fig. 21, p. 141, T. I, sauf que le conduit des fumées part de la voûte. La construction est plus simple que dans le premier four, la voûte est moins exposée à recevoir des coups de feu, mais la chaleur doit être moins bien utilisée.

On construit habituellement l'intérieur du four avec des briques argileuses, mais la voûte se fait parfois avec des briques de Dinas ; quant à la sole, elle est en pisé réfractaire damé sur un fond en sable, en débris de briques, ou autres matériaux du même genre.

Pour la construction des fours à réverbère de fonderie, il convient d'adopter les règles suivantes :

La surface de la sole, depuis l'autel jusqu'au rampant, doit être de $0^{mq},5$ à 1^{mq} par tonne de fonte chargée ; on ne comprend dans cette surface ni celle de l'autel, ni celle du rampant ; on donnera proportionnellement plus de surface pour une faible charge totale que pour une grande.

La longueur de la sole sera de 3 à 4^m.

La surface de grille sera $\frac{1}{3}$ de celle de la sole.

La section libre au-dessus de l'autel sera 0,5 ou 0,7 de la surface de grille.

La section du rampant $\frac{1}{9}$ ou $\frac{1}{10}$ de la même surface.

La cheminée, dans sa partie la plus resserrée, aura comme section $\frac{1}{5}$ de la surface de la grille, sa hauteur sera d'environ 25 mètres.

Exceptionnellement, on emploie pour la fusion de la fonte les fours à réverbère du système Siemens, lorsque le travail du four peut se poursuivre longtemps sans interruption, que le coke est d'un prix élevé et qu'on peut à très bon compte se procurer d'autres combustibles, tels que des lignites. La disposition générale de ces fours est la même que celle que nous avons représentée fig. 23 à 26, p. 148, T. I [1].

Nous avons employé à Terrenoire pendant nombre d'années pour la fusion du spiegeleisen destiné à la recarburation du métal Bessemer, un four à réverbère chauffé au gaz, système Ponsard, avec sole en carbone. Cette opération se fait dans des conditions désavantageuses puisqu'elle se compose d'une suite de petites fusions dans une capacité généralement trop grande. On peut admettre cependant que, si les soufflages se suivent régulièrement d'heure en heure, on ne consommera pas pour la fusion du spiegel plus de 25 % de houille. Grâce à la sole en carbone la perte en mangagèse est insignifiante ; dans les cubilots ordinaires au contraire il faut admettre un abaissement de teneur de 18 à 22 %.

Dans l'acierie de Nijni-Salda (Oural) pour parer à l'insuffisance des hauts-fourneaux, on a installé deux fours à réverbère Siemens pour la fusion de la fonte qui

---

[1] Tel est le cas de l'usine de Tœplitz dans laquelle les fours à fondre la fonte pour les appareils Thomas (Bessemer basique) sont chauffés avec des lignites; pour les détails voir *Stahl und Eisen*. 1883, p. 211.

ont donné toute satisfaction ; on les utilise depuis quelques années pour réchauffer la fonte des hauts-fourneaux trop pauvres en silicium ; on arrive par cet artifice à obtenir des soufflages très courts et un métal suffisamment chaud. Nous y reviendrons dans la troisième partie. (V.)

(c) *Fusion de la fonte au four à réverbère et ses résultats.* — Lorsqu'on ne doit faire que des fusions isolées après lesquelles on laisse refroidir le four, on charge la fonte avant l'allumage, et on la dispose de façon qu'elle soit frappée par la flamme ; cela fait, on bouche la porte de chargement et on allume ; le fondeur n'a plus alors qu'à entretenir le feu, surveiller la fusion et détacher les blocs qui peuvent se coller à la sole. Quand la fusion est complète, on donne un coup de feu pour surchauffer le métal et on procède à la coulée. Si on emploie un four Siemens, on commence par élever sa température à pleine chaleur avant de charger la fonte, et on dispose celle-ci au milieu de la sole.

Le temps employé pour fondre une charge dans un four à réverbère à grille, à partir de l'allumage, varie de cinq à six heures ; si on fait plusieurs charges successives, en chargeant dans le four déjà chaud, la durée de la fusion n'est plus que de trois ou quatre heures ; dans un four Siemens chauffé à bonne température avant le chargement, il ne faut pas plus de deux heures.

Les fours à grille emploient la houille comme combustible ; dans les meilleures conditions, on ne consomme pas moins de 350^k par tonne de fonte, on atteint quelquefois 500, 700 et même 1000^k si le four est en mauvais état. Si on emploie des lignites, de la tourbe ou du bois, la consommation s'augmente à mesure que la valeur du combustible diminue. A Tœplitz, on charge à la fois dans le four 6500^k de fonte et on emploie pour les fondre 450^k de lignite par tonne de métal.

La fusion au four à réverbère donne lieu à un déchet compris entre 5 et 8 % du poids de la fonte chargée.

(d) *Réactions chimiques qui se passent dans la fusion au four à réverbère.* — La température à laquelle il est nécessaire d'arriver pour fondre et surchauffer la fonte oblige à produire une combustion aussi complète que possible, et, par conséquent, à développer une flamme qui contient de l'oxygène libre, de l'acide carbonique et de la vapeur d'eau ; cette flamme agit pendant plusieurs heures sur la fonte qui lui présente une grande surface ; il en résulte donc une oxydation particlle de tous les éléments du métal, oxydation qui dépend pour chacun d'eux, en partie, de la proportion dans laquelle il se trouvait au début de l'opération.

Ainsi le fer qui est en grand excès et qui donne, par conséquent, plus de prise à l'action de la flamme, est toujours oxydé, bien qu'il soit moins avide d'oxygène que le manganèse et le silicium ; le manganèse, dont l'affinité pour l'oxygène est développée par son contact avec les parois siliceuses, brûle également ; plus la fonte en contient et plus le fer est protégé ; le silicium est oxydé de son côté, tandis que le carbone n'est éliminé que si, dans le métal, il n'existe que de faibles quantités de manganèse et de silicium.

On peut conclure de ces considérations que, si on veut éviter la perte en carbone, il faut prendre pour point de départ une fonte riche en manganèse et en silicium ; 2 % de manganèse suffisent pour garantir le carbone contre l'oxydation, à moins que celle-ci prenne des proportions anormales, par exemple, quand la fusion est très lente.

Ordinairement la fusion au réverbère fait perdre $\frac{1}{3}$ ou $\frac{1}{2}$ du manganèse contenu, $\frac{1}{4}$ ou $\frac{1}{2}$ du silicium et tout au plus $\frac{1}{6}$ du carbone.

Le phosphore reste dans le bain parce que le carbone de la fonte et la silice des parois empêchent son élimination.

Le cuivre, l'arsenic, l'antimoine, comme nous l'avons exposé antérieurement, s'y retrouvent également.

Il se fait peut-être une faible élimination du soufre, mais si les combustibles en contiennent, le fer à l'état liquide peut en absorber. Dans ce cas, la proportion de soufre augmente plutôt que de diminuer ; nous ne possédons pas de données précises sur ce point.

D. Fusion de la fonte au cubilot

(a) *Historique.* — On désigne sous le nom de *cubilots* les fours à cuve destinés à la fusion de la fonte, dans lesquels le métal se trouve en contact avec le combustible ; ce mot vient de l'anglais *cupola* qui veut dire « coupole » ; il est donc mal choisi, puisque l'appareil auquel il s'applique n'a pas de coupole ; c'est cependant celui qui a été adopté dans la plupart des contrées (les Anglais se servent des mots « cupola furnace » et les Allemands de celui de Kupolœfen) [1].

On employait en Chine en 1630 des fours à cuve pour fondre la fonte. La figure 170, que nous reproduisons, est tirée d'un ouvrage publié en cette année par le savant chinois Sung ; elle représente un des anciens cubilots, avec lequel on coulait des chaudières en fonte ; on remarque sur la surface de l'enveloppe une inscription qui signifie « On fond de la fonte dans ce four. » On trouve, dans le même livre, le dessin d'un autre four destiné à produire de la

---

[1] On ignore quelle peut être l'origine de cette dénomination. On sait cependant qu'on donnait autrefois le nom de fours à coupole aux fours à réverbère qui étaient recouverts d'une voûte en forme de coupole et qu'on employait pour refondre la fonte ; il est probable qu'on a conservé le nom pour désigner un appareil destiné au même usage, bien qu'il fût de forme très différente.

fonte avec du minerai [1]. L'appareil reçoit le vent d'une soufflerie à caisse mue à la main, semblable à celles qui sont encore en usage en Chine.

Pour ce qui est du continent Européen, c'est en France, au commencement du XVIIIe siècle, qu'on trouve les premières traces des fours à cuve pour la fusion de la fonte, on les appliquait surtout à celle des débris de métal. Des fondeurs ambulants parcouraient le pays et fabriquaient, sur place, certaines pièces légères, comme des marmites, des plaques de foyers, etc., selon les besoins des clients. Leur four se composait d'une petite cuve cylindrique ou-

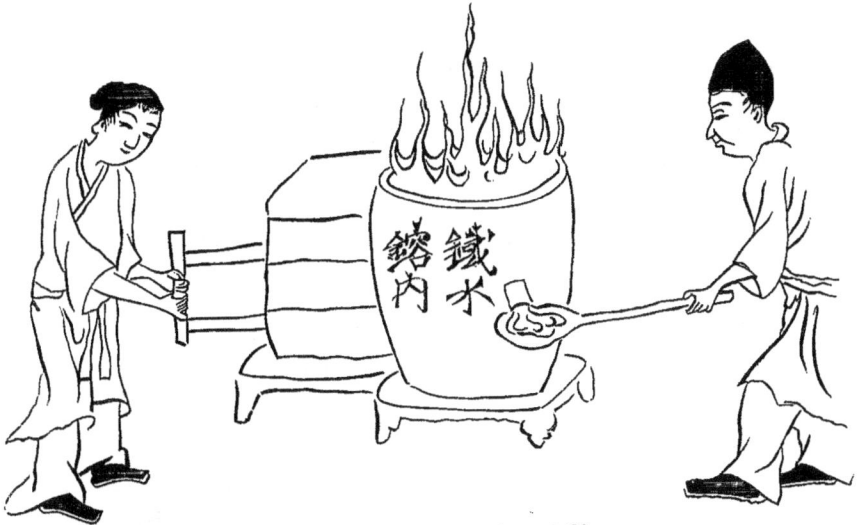

Fig. 170. — Cubilot chinois en 1630.

verte par les deux extrémités et portative qu'on appelait « *la manche* » et qui avait environ 0^m,60 de hauteur ; elle reposait par son bord inférieur sur un creuset ou poche de coulée, installé dans le sol à fleur de terre ; on bouchait les joints avec de la terre, la cuve était remplie de charbon de bois, le vent était introduit par une ouverture latérale et, lorsque le four était arrivé à la chaleur blanche, on chargeait par l'extrémité supérieure de petits fragments de vieille fonte. Lorsque la quantité de métal fondu était suffisante, on culbutait la manche sur le sol, on enlevait le creuset et on remplissait les moules [2].

La fig. 171 est extraite de l'ouvrage de Réaumur intitulé : « *L'art de cou-*

---

[1] On trouvera un dessin de ces derniers fours dans : *Glasers Annalen für Gewerbe und Bauwesen* ; T. XVI, p. 191.

[2] On a donné pendant longtemps, et jusqu'à 1830 à ces fours le nom de « *fours à manche* ». Voir, par exemple, les Annales des mines. S. II. T. VI (1819), p. 83.

vertir le fer forgé en acier, et l'art d'adoucir le fer fondu ou de faire des ouvrages en fer fondu aussi finis que le fer forgé », publié en 1722 ; elle représente un atelier où s'opère ce genre de travail. On voit au milieu un four en activité pourvu de ses soufflets, le creuset qui se trouve endessous est masqué par un tas de charbon de bois ; à droite on aperçoit un autre creuset qu'on est en train de vider dans un moule ; derrière, renversée par terre, se trouve la manche et plus loin les soufflets près de l'excavation où était logé le creuset.

Fig. 171. — Four à manche pour la fusion de la fonte (1724).

La simplicité de ces petits appareils et la facilité, avec laquelle on les mettait en œuvre, les fit adopter dans un grand nombre de fonderies importantes en France. Plus tard, en plusieurs endroits, on les remplaça par des fours d'une seule pièce portés par deux tourillons qui permettaient de vider le creuset en faisant basculer l'appareil. Ces nouveaux fours oscillants ont été adoptés avec empressement et d'une manière presque générale, ils ont été d'un usage très répandu jusqu'en 1810 [1].

Les grands fours fixes, pour la fusion de la fonte dans les fonderies, apparaissent pour la première fois en Angleterre en 1790 ou quelques années avant ; c'est un anglais nommé Wilkinson qui en fut l'inventeur ou qui du moins obtint un brevet pour certaines dispositions particulières des fours qu'il construisait ; c'est pourquoi, vers cette époque, on donnait quelquefois à ces appareils le nom de *fours Wilkinson* : on retrouve cette dénomination dans les publications faites vers 1843, bien qu'on eût, depuis le commencement du siècle, adopté le nom de cubilot.

Ces nouveaux appareils se distinguaient des précédents par leur plus grande dimension et par leur mode de coulée ; celle-ci s'effectuait en perçant un trou au niveau du fond, de sorte que le four pouvait travailler d'une manière continue. Les fours Wilkinson ressemblent, par leurs traits principaux, aux cubilots actuels, mais de nombreux perfectionnements d'une grande importance y ont été apportés [2].

(b) *Cubilots.* — La combustion, dans la plupart des cubilots, est alimentée par une soufflerie ; on supprime, cependant, quelquefois celle-ci en fermant le gueulard au moyen d'un appareil analogue à celui des hauts-fourneaux et en lançant dans le tuyau d'échappement des gaz, un jet de vapeur, qui produit une aspiration comme dans les cubilots de Woodward et d'Herbertz [3] ; mais l'avantage qui résulte de la suppression de la soufflerie est compensé par une plus grande consommation de vapeur et par la difficulté qu'on rencontre, avec l'emploi de ce système, lorsqu'on veut fondre rapidement de grandes quantités de fonte ; aussi n'en a-t-on fait que des applications rares et isolées.

La pression du vent fourni au cubilot ne doit jamais être forte, nous en donnerons plus loin la raison, elle dépasse rarement $0^m,05$ par centimètre carré (0,500 de hauteur d'eau) et le plus souvent elle n'atteint pas ce chiffre. Aussi ne convient-il pas d'employer de souffleries à piston dont l'installation est très coûteuse, de même que l'entretien, et dont le rendement est d'autant plus faible que la pression qu'on demande est moins élevée. On a toujours recours à des ventilateurs à ailettes ou à ceux des systèmes Root, Krigar, ou

---

[1] Un dessin de ce four oscillant se trouve dans l'ouvrage de Réaumur cité plus haut ; il a été reproduit dans *Stahl und Eisen* 1885, planche VII (mars). Un four oscillant de plus grande dimension, dont on se servait au commencement de ce siècle, est figuré dans l'ouvrage de Norberg : *Ueber die Produktion des Roheisens in Russland and über eine neue Schmelzmethode in Sturzofen. Freiberg* 1805.

[2] On trouve des dessins du four Wilkinson dans plusieurs publications, entre autres dans les Annales des arts et manufactures, T. I, p. 156 et dans *Blumhof; Encyklopädie der Eisenhuttenkunde, Giessen* 1816.

[3] *Berg- und hüttenmännische Zeitung*, 1866, p. 44, 66 ; 1869, p. 305 ; *Stahl und Eisen*, 1886, p. 399 et 557 *Glasers Annalen*, T. XIX, p. 172.

enfin à ceux à hélice etc., etc. ; ils suffisent tous parfaitement à remplir le but
qu'on se propose, sont moins dispendieux et moins encombrants que les machines soufflantes [1].

Lorsqu'on veut calculer la quantité de vent que reçoit un cubilot, on doit
prendre pour base la composition des gaz du gueulard et la quantité de combustible brûlé et non la pression du vent et la section des buses : les résistances que les gaz rencontrent dans le cubilot ont plus d'influence sur la pression que la vitesse du courant lancé à l'orifice des buses. D'après la composition moyenne des gaz on peut admettre, pour le calcul, que le four reçoit
$8^{mc},5$ de vent par kilog. de combustible brûlé [2].

On considérait autrefois les cubilots comme une variété de hauts-fourneaux
de petite dimension et on les alimentait de vent en conséquence, sans se
rendre compte que, dans les hauts-fourneaux, un des rôles du combustible est
de réduire le minerai, tandis que le cubilot n'a à opérer qu'une fusion de
métal : dans un cas, on doit chercher à transformer en oxyde de carbone tout
le combustible qui se présente devant les tuyères, dans l'autre, on en consommera d'autant moins qu'on le brûlera davantage à l'état d'acide carbonique.

Jusque vers 1865, la plupart des cubilots n'étaient munis que de deux
petites tuyères au moyen desquelles on soufflait une faible quantité de vent
à haute pression ; la combustion se produisait donc comme dans les hauts-
fourneaux, et une flamme longue et bleue s'échappait du gueulard indiquant,
dans les gaz, une forte proportion d'oxyde de carbone. Lorsqu'on eut mieux
compris la différence de l'effet à produire, on changea la manière dont le
vent était fourni et on obtint immédiatement une réduction des 2/3 sur la
consommation de combustible [3].

Pour atteindre le but, qui est de produire, au niveau des tuyères, la plus
grande proportion possible d'acide carbonique, il faut remplir les conditions
suivantes :

1° Employer un combustible dense : le charbon de bois, à l'opposé de ce
qui se passe dans les hauts-fourneaux, donne toujours des résultats moins
satisfaisants.

2° Donner beaucoup de vitesse aux gaz, pour éviter la transformation de
l'acide carbonique en oxyde de carbone qui ne manquerait pas de se faire,

---

[1] Consulter au sujet de la construction de ces appareils : *von Hauer*, *Huttenwesensmaschinen*
Leipzig, 1876, p. 208 ; *Dürre Anlage und Betrieb des Eisenhütten*, T. III, p. 81 ; du même :
Handbuch des Eissengiessereibetriebes, 3e édit., T. I, p. 655.

[2] Selon Lurmann il faut 8^k23 d'air par kilog. de carbone. *Stahl und Eisen*, 1891, p. 309.

[3] On reconnaît sans peine que cette économie puisse être réalisée quand on compare les
quantités de chaleur développées par la combustion du carbone, soit à l'état d'oxyde de
carbone, soit à celui d'acide carbonique, on obtient dans le premier cas 2473^{cal} et dans le
second 8080^{cal} par kilog de carbone.

si le contact entre le gaz et le combustible était prolongé ; une allure rapide est donc avantageuse et on ne l'obtient qu'en donnant beaucoup de vent.

L'ouvrage ou la zone de fusion devra avoir une section de 700 à 1000^{cq} par tonne de fonte fondue à l'heure ; cette section sera d'autant plus petite que la quantité du coke sera meilleure.

4° Employer le vent à faible pression et très divisé ; nous avons déjà indiqué ce moyen (p. 38 et 39, T. I) pour faciliter la formation de l'acide carbonique ; ajoutons qu'à travail égal, la soufflerie fournira d'autant plus de vent qu'on lui demandera une plus faible pression ; une grande quantité de vent est favorable à la bonne utilisation du combustible. On déterminera donc la section des orifices de sortie du vent de telle façon que la pression, dans la conduite, soit strictement suffisante pour vaincre les résistances que l'air rencontre dans l'intérieur du four. Une pression de 0^k,050 par centim. carré équivalant à une hauteur d'eau de 0^m,500 est la limite supérieure qu'il ne convient pas de dépasser et au-dessous de laquelle on reste le plus souvent.

La section des orifices par lesquels le vent pénètre dans le fourneau doit être calculée largement ; on peut la faire varier entre $\frac{1}{8}$ et $\frac{1}{2}$ de la plus petite section transversale du cubilot sans craindre d'exagération ; ces orifices peuvent être disposés de diverses façons et les nombreux systèmes de cubilot qui se sont succédé, depuis un certain nombre d'années, ne diffèrent en réalité les uns des autres que par le mode de distribution du vent. Il est même assez malaisé d'apprécier les avantages que ces divers systèmes ont les uns par rapport aux autres, du moment qu'ils satisfont aux deux conditions fondamentales, introduire beaucoup de vent et le diviser suffisamment.

Dans certains cubilots, les tuyères sont réparties sur une circonférence, dans d'autres il en existe deux rangs superposés avec un intervalle de 0^m,500 à 1^m ; ailleurs on les distribue sur une hélice à pas allongé. Quelquefois elles sont étroites et hautes pour que le vent agisse sur une zone plus étendue, etc. Les quelques exemples que nous donnons plus loin feront comprendre ces diverses dispositions.

La forme intérieure des cubilots varie beaucoup ; la plus simple est celle d'un cylindre ; quelquefois on remplace celui-ci par un cône posé sur sa grande base pour que les morceaux de fonte un peu longs soient moins exposés à rester suspendus. Assez souvent, la partie inférieure est rétrécie comme dans les hauts-fourneaux, soit pour que l'air pénètre plus facilement jusqu'au centre, soit pour que les parties qui s'usent le plus aient une surépaisseur ; lorsque les cubilots ont une grande section, il est utile de leur donner une forme méplate et de placer les tuyères sur les grands côtés pour que le vent atteigne plus facilement les parties centrales.

Quant à la hauteur, si elle est insuffisante, les gaz sortent trop chauds du gueulard ; d'autre part, lorsqu'elle est exagérée, ils éprouvent plus de résistance à circuler, et si la pression est limitée, la production diminue ; en outre, un contact trop prolongé entre l'acide carbonique et le combustible favorise la décomposition de ce gaz aux dépens du carbone. La hauteur du gueulard, au-dessus des tuyères les plus basses, doit être comprise entre $2^m,50$ et $4^m,50$.

Le creuset, c'est-à-dire la partie dans laquelle se rassemble la fonte liquide, ressemble parfois à celui d'un haut-fourneau à poitrine fermée ; il commence immédiatement au-dessous des tuyères (fig. 172) ; ailleurs, on dispose à côté de la cuve un avant-creuset (fig. 174) dans lequel la fonte s'accumule ; cette disposition, préconisée par Krigar, est à recommander particulièrement dans les cas où on doit fondre une quantité considérable de métal, avant de procéder à la coulée. La fusion se poursuit alors dans le cubilot sans être influencée par la plus ou moins grande hauteur de fonte dans le creuset.

Le trou de coulée qui est placé au point le plus bas du creuset, est ordinairement à $0^m,300$ et jusqu'à $0^m,900$ au-dessus du sol de l'usine. Lorsque la fonte doit être reçue dans une poche en sortant du cubilot, on dispose au-devant du trou un chenal en fonte ou en tôle que l'on garnit de terre et de sable et qui conduit le métal liquide dans la poche placée au-dessous.

L'emploi de l'air chaud pour le soufflage des cubilots serait nuisible, parce qu'il favorise la production de l'oxyde de carbone (p.39,T.I), et la faible économie qu'on pourrait trouver dans le chauffage du vent serait plus que compensée par un excès de consommation résultant de cette réaction. A l'époque où on introduisit le vent chaud dans les hauts-fourneaux, les idées fausses qui s'étaient répandues sur les effets de cette nouvelle pratique amenèrent les fondeurs à l'étendre aux cubilots ; mais on dut reconnaître bientôt que l'application du vent chaud aux cubilots ne procurait aucun avantage et qu'on était entré dans une mauvaise voie. Si on se conforme, au contraire, aux règles que nous avons énumérées ci-dessus, on parvient à réduire au minimum la consommation du combustible.

Cependant le chauffage du vent à 100°, qu'on obtient parfois en faisant circuler l'air dans des carneaux ménagés au milieu des parois, est sans inconvénient : il n'en résulte d'ailleurs aucun profit.

Pour la construction des cubilots, on emploie généralement des briques argileuses de 200 à 400^{mm} de longueur et on protège la maçonnerie par une enveloppe en tôle. On leur a rarement appliqué les appareils de refroidissement employés pour les hauts-fourneaux, parce que la mise en feu est si rapide qu'il est facile et peu dispendieux d'arrêter l'appareil pour le réparer, ou même reconstruire complètement la maçonnerie, ce qui demande peu de temps. Dans quelques usines, cependant, on s'est servi d'une cuve en tôle nue refroidie par un courant d'eau dans la région de la zone de fusion. Cet exemple a d'ailleurs été peu suivi, bien qu'il ait été reconnu que la tôle se comportait très bien et que la consommation de combustible n'était pas beaucoup plus élevée [1].

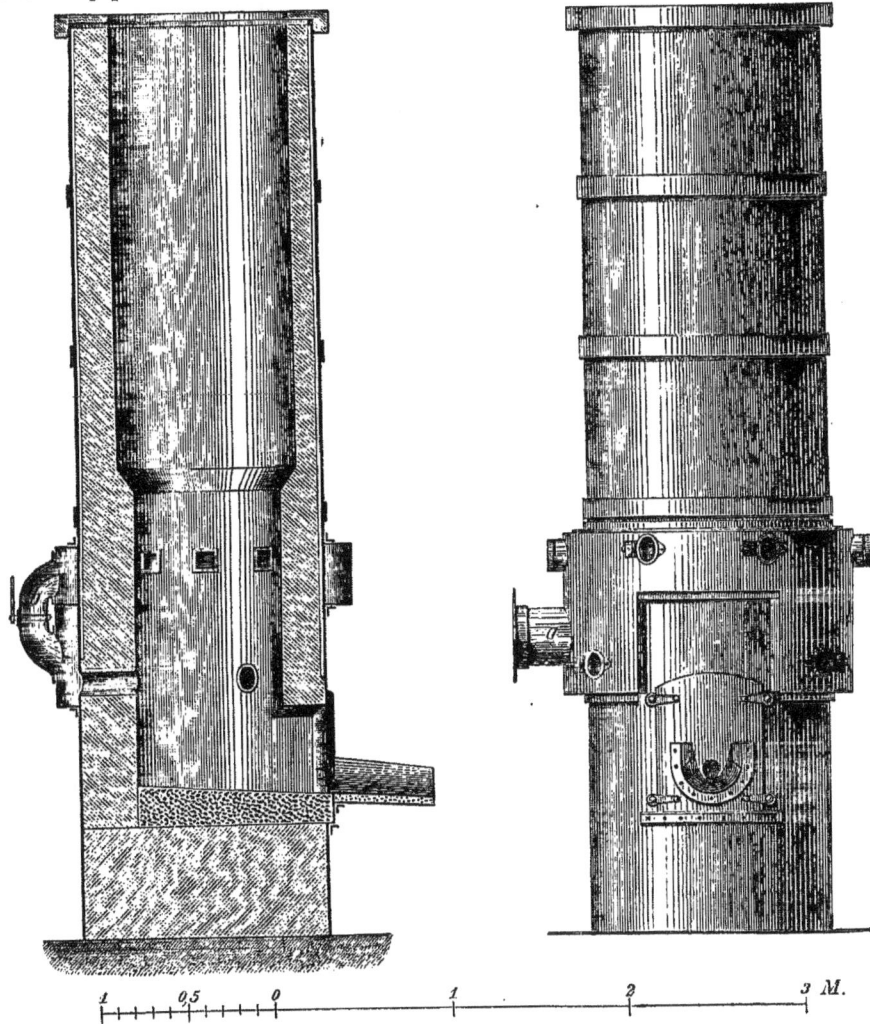

Fig. 172.

Cubilot Ireland.

Fig. 173.

Nous allons compléter ces indications par la description de quelques types de cubilots ayant fait leurs preuves.

[1] On trouvera des détails sur cette disposition dans : *Berg- und hüttenmannishe Zeitung*, 1878, p. 149 (Cubilot de Groditz) et dans *Oesterr. Zeitschr. fur Berg- und Huttenwesen*, 1882, p. 526 (Cubilot Gmelins.)

Les fig. 172 et 173 représentent une forme de cubilot très fréquemment adoptée ; elle est caractérisée par le mode de distribution du vent qui se fait au moyen de deux étages de tuyères séparés par un intervalle qui varie de 0m,500 à 1m : elle est due à un Anglais, Ireland, et c'est de ce nom qu'on désigne ordinairement ce genre de cubilots [1].

L'existence de deux rangs de tuyères au lieu d'un seul, permet, sans affaiblir la construction, de souffler par un grand nombre d'ouvertures et de distribuer le vent dans une région plus étendue. Le cubilot que nous représentons a trois grandes tuyères au rang inférieur et six plus petites à la rangée supérieure. On a trouvé avantageux d'attribuer à la somme des sections des premières une valeur double de la somme de celles du rang supérieur; il serait préférable d'augmenter encore cette proportion. Il n'y a, par contre, aucune utilité à faire les unes rondes et les autres rectangulaires ou carrées.

Le vent arrive dans une boîte rivée à l'enveloppe qui le distribue aux tuyères : il est bon de diviser la boîte par une cloison horizontale qui rende indépendantes l'une de l'autre les deux rangées de tuyères et permette de ne souffler que par le rang inférieur pendant la mise en feu : la combustion étant concentrée dans la partie la plus base, celle-ci s'échauffe plus vite et on est moins exposé à voir se figer les premières parties de fonte qui arrivent dans le creuset. Cette disposition de la boîte à vent est indiquée sur la figure ; les deux compartiments communiquent par le tuyau b qui est muni d'un papillon, le vent arrive dans le plus bas par le tuyau a.

Pour pouvoir suivre ce qui se passe dans le cubilot et nettoyer les tuyères en cas de besoin, on dispose en face de chacune d'elles un regard fermé par une plaque de mica, qui peut s'ouvrir et laisser passer un outil.

On pénètre dans l'intérieur du cubilot, pour le réparer ou le reconstruire, par une ouverture située du côté de la coulée et qui pendant le travail est bouchée avec des briques; on y ménage seulement un trou pour la coulée du métal, à hauteur convenable. Comme la poussée du métal pourrait déplacer les briques, on recouvre extérieurement cette ouverture d'une plaque en forme de porte solidement arrêtée. Cette plaque est percée d'un trou correspondant à celui de la maçonnerie, pour la coulée ; elle porte le chenal et repose sur une cornière rivée à l'enveloppe.

Un système tout spécial de distribution de vent se remarque dans les cubilots construits à Hanovre, par Krigar, depuis 1865, et qui portent son nom. Il est encore fréquemment adopté aujourd'hui dans sa forme primitive que nous représentons fig. 174. On y remarque également une boîte à vent ou de distribution d qui enveloppe la chemise en tôle, mais le vent ne pénètre pas dans la cuve par une série de tuyères comme dans le type précédent. Il plonge

[1] On trouvera des dessins d'un ancien cubilot Ireland dans l'ouvrage de Ledebur : *Handbuch der Eisen und Stahlgiesserei*, 2e édition, p. 107.

par deux fentes verticales *ff* placées aux deux extrémités d'un diamètre, passe par de larges ouvertures voûtées dont les piéds-droits reposent sur le fond et arrive dans l'intérieur du four. La longueur de chacune de ces fentes *f* est généralement égale à $\frac{1}{5}$ ou $\frac{1}{6}$ de la circonférence totale intérieure de la cuve, la hauteur des ouvertures voûtées varie de $0^m,400$ à $0^m,700$, suivant que le

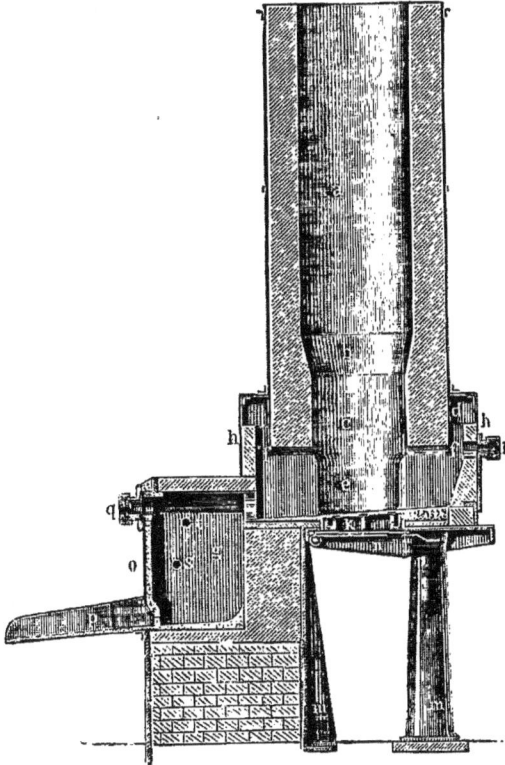

Fig. 174. — Cubilot Krigar.

cubilot est pourvu ou non d'un avant-creuset. Nous avons expliqué plus haut en quoi consistait l'avant-creuset destiné à emmagasiner la fonte liquide; *s* et *t* sont des ouvertures destinées à l'écoulement de la scorie; l'avant-creuset est fermé sur le devant par une porte *o*, à laquelle est fixé le chenal de coulée *p*; *q* et *r* sont des regards munis de plaques de mica.

La sole du cubilot, au-dessous de la zone de fusion, est disposée d'une façon particulière : elle se compose d'une forte plaque de fonte *n* sur laquelle est fixée l'enveloppe en tôle du cubilot; cette plaque est reliée, d'une part, à celle qui forme la paroi postérieure, et est portée, d'autre part, par deux co-

lonnettes en fonte dont une seule est visible sur la figure, en *m* ; au milieu
de la plaque *n* est ménagée une ouverture d'un diamètre à peu près égal à
celui de la cuve ; un clapet *k*, maintenu par un verrou ou un tourniquet,
ferme l'ouverture pendant la fusion. Il est d'ailleurs protégé par une couche
de terre bien damée et séchée qui forme la sole. Quand la fusion est terminée,
on fait glisser le verrou ou bien on manœuvre le tourniquet, et tout le contenu du cubilot tombe par cette ouverture sur le sol de l'atelier.

La forme intérieure du cubilot et la distribution de vent qui le caractérise
ont subi avec le temps de nombreuses modifications qui ne peuvent pas être
considérées comme des améliorations essentielles, et le type que nous venons
de décrire, tel qu'il est, donne de très bons résultats [1].

L'avant-creuset et le clapet de la sole ont été adaptés à un grand nombre de
cubilots de types très différents de celui-ci.

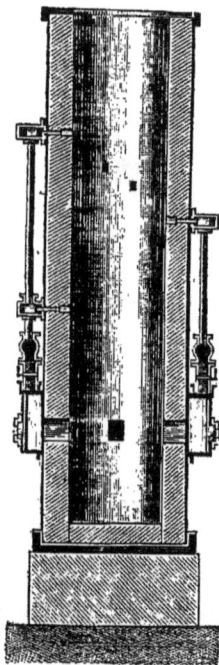

Fig. 175. Fig. 176.

Cubilot Greiner et Erpf.

Nous indiquerons comme dernier exemple des cubilots récemment créés
celui de Greiner et Erpf, que nous représentons par les figures 175 et 176,

[1] Dans l'ouvrage de Ledebur déjà cité, on trouve le dessin d'un cubilot Krigar construit
dans ces dernières années.

dans lequel on se propose de brûler l'oxyde de carbone qui s'est formé devant les tuyères. A cet effet, on introduit en différents points de la cuve une petite quantité d'air que l'on peut régler à volonté et qui est destiné à opérer cette combustion : les petites tuyères qui distribuent cet air sont réparties le long d'une hélice à pas allongé, ce qui permet d'en placer un grand nombre, et d'éviter la production dans une même section d'une combustion trop énergique. Des robinets permettent de régler ou de supprimer le vent de chacune de ces tuyères.

Il est facile de déterminer par tâtonnement à quelle hauteur on peut donner du vent sans provoquer l'incandescence du coke et en déterminant simplement la production d'une petite flamme bleue due à la combustion de l'oxyde de carbone.

Le vent est distribué à la rangée des tuyères inférieures par une boîte annulaire semblable à celle de la plupart des cubilots, un tuyau annulaire, placé au-dessus, alimente les petites tuyères avec lesquelles il est mis en relation par une série de petits tuyaux verticaux pourvus chacun d'un robinet.

Lorsqu'on veille avec soin à ce que chacune des tuyères reçoive la quantité d'air voulue, ce genre de cubilots donne de très bons résultats, mais s'il y a négligence, il peut arriver que le coke soit porté à l'incandescence dans les régions supérieures, ce qui donne lieu à la régénération de l'oxyde de carbone : si, d'un autre côté, on donne du vent dans un point où la combustion du gaz ne peut se faire, soit parce que la température est trop basse, soit parce que l'oxyde de carbone est en trop faible proportion, le travail dépensé par la soufflerie pour fournir ce vent est perdu.

On trouvera dans le *Génie Civil*, tome XI, p. 381 et tome XIII, p. 66, des études intéressantes sur les cubilots modernes avec figures. (V.)

c) Conduite de l'opération et ses résultats. — Nous avons déjà dit que les cubilots étaient alimentés avec du coke ; on n'emploie le charbon de bois que dans les contrées où l'on ne peut se procurer du coke qu'avec de très grandes difficultés et à un prix excessivement élevé ; pour la fusion d'une tonne de fonte il faut deux à trois fois plus de charbon de bois que de coke.

La conduite de l'opération est assez simple. Lorsque le four est prêt, que la cuve et le creuset ont été mis en état, on allume, sur la sole, un feu de bois, de tourbe ou de combustible analogue, puis on remplit le cubilot jusqu'à la moitié de sa hauteur avec du coke auquel on ajoute une quantité de castine suffisante pour scorifier les cendres et surtout pour retenir le soufre du combustible ; le poids de castine doit être une fois et demie ou deux fois celui des cendres. Si donc on consomme un coke à 10 %, de cendres, on ajoutera par tonne, de 150 à 200^k de castine ; un excès de calcaire est d'ailleurs sans inconvénient. Si on négligeait de faire cette addition, la première fonte qui arrive dans le creuset et qui a filtré à travers le coke presque toujours sulfureux, serait elle-même chargée de soufre et par conséquent pâteuse, blanche et dure.

Pendant l'allumage, on laisse entrer l'air par le trou de coulée et par quelques-uns des regards des tuyères, de manière à entretenir la combustion : lorsque le coke paraît bien nettement incandescent devant les tuyères, on achève de remplir la cuve avec des charges alternatives de coke et de fonte, puis on donne le vent ; chaque charge de coke doit être additionnée de la quantité de castine correspondante.

On souffle immédiatement à pleine pression en laissant le trou de coulée ouvert pendant quelque temps, de façon que les gaz s'échappant en partie par cet orifice, contribuent à échauffer la sole ; si cette ouverture était insuffisante, la fonte se refroidirait au contact de la sole et des parois du creuset insuffisamment chauffées ; quelquefois même on trouve avantage à laisser tout autour de la sole et à son niveau un certain nombre d'ouvertures supplémentaires pour assurer le bon chauffage de tout le pourtour du creuset.

Lorsque la fonte commence à se montrer à l'état liquide, on ferme toutes ces ouvertures avec de la terre et la fusion continue sans interruption ; on débouche de temps en temps le trou de coulée pour prendre la fonte et évacuer le laitier.

On doit régler la proportion entre le poids de la fonte et celui du coke, d'après la nature de ce dernier, la disposition du cubilot, la quantité de vent qu'on introduit et la température que la fonte doit atteindre après sa fusion : dans les circonstances les plus favorables on peut fondre 20 de fonte avec 1 de coke (5 %), mais le plus souvent on ne dépasse pas 10 à 15 (6,7 à 10° °). Lorsque l'appareil marche d'une manière continue, l'unité de coke porte un poids moindre de coke que lorsque la fusion est isolée, parce que cette dernière profite de la grande quantité de chaleur emmagasinée dans les parois pendant l'allumage ; ce sont les premières charges seulement qui recueillent le bénéfice de cette chaleur ; il ne faut donc pas commencer, comme dans les hauts-fourneaux, par de faibles charges, mais au contraire arriver du premier coup aux plus fortes.

Le volume de la charge de coke dépend du diamètre du cubilot ; on se trouve dans les meilleures conditions quand on le règle à 80ᵏ par mètre carré de section ; le poids de fonte est déterminé comme nous l'avons indiqué ci-dessus et la pratique montre promptement ce qu'il doit être.

On continue donc à charger coke, fonte et castine pendant toute la durée de la fusion. Lorsque toute la fonte dont on a besoin est fondue, on coule, on arrête le vent, on ouvre la porte et on fait sortir du cubilot le coke qui n'est pas brûlé et qu'on éteint avec de l'eau pour l'employer ultérieurement à un nouvel allumage, puis on laisse l'appareil se refroidir pour pouvoir le réparer le lendemain.

Les cubilots de moyennes dimensions, établis dans les proportions que nous avons indiquées, donnent par heure de 4 à 6 tonnes de fonte liquide et consomment de 70^k à 150^k de coke par tonne de fonte, y compris le combustible d'allumage. Les cubilots de fonderie ne travaillent généralement que quelques heures par jour ; ceux, au contraire, qui alimentent des appareils Bessemer restent en marche non interrompue jusqu'à ce qu'il devienne nécessaire de réparer leur revêtement.

Les déchets par oxydation ou pertes à la coulée varient ordinairement entre 3 et 6 %.

Si on compare, au point de vue des résultats, les cubilots avec les fours à réverbère on voit que, dans les premiers, la chaleur est beaucoup mieux utilisée, ce qui est le propre de tous les fours à cuve (pages 137 et 172, T. I) ; le cubilot offre en outre l'avantage de fondre à volonté des quantités de fonte plus ou moins grandes et de fournir, à tout moment, du métal se présentant dans les meilleures conditions de chaleur ; nous ferons observer plus loin que les transformations chimiques, que la fonte subit pendant sa fusion, sont, en général, moins grandes au cubilot.

Il s'ensuit que, pour la deuxième fusion, l'emploi du cubilot est le cas général, celui des creusets et des fours à réverbère l'exception. On rencontre encore assez fréquemment ces deux derniers systèmes, mais appliqués dans des circonstances toutes particulières.

(d) *Réactions chimiques de la fusion au cubilot.* — Lorsque, dans le but d'économiser le combustible, on réduit à son extrême limite le rapport entre l'oxyde de carbone et l'acide carbonique en cherchant à ne produire que ce dernier gaz, on obtient un mélange gazeux qui exerce une action oxydante bien caractérisée sur le métal en fusion ; elle était très faible dans les cubilots de la première moitié du siècle, parce qu'on y consommait beaucoup plus de combustible et qu'on y produisait une forte proportion d'oxyde de carbone ; la nature des gaz que l'on obtient aujourd'hui est tout à fait différente, comme leur mode d'agir sur la fonte avec laquelle ils se trouvent en contact.

La fonte est soumise dans le cubilot aux mêmes transformations que celles qu'elle éprouve dans le four à réverbère ; elles sont cependant moins profondes parce que, dans ce dernier appareil, elle restait pendant des heures exposée au contact des gaz à haute température, tandis que dans le cubilot un gueuset de fonte est fondu totalement en moins d'une demi-heure, qu'il traverse en ruisselant un coke incandescent qui le préserve partiellement de l'oxydation, et qu'il se rassemble au fond du creuset sous une couche de laitier où il se trouve à l'abri de toute action ultérieure.

Comme dans les fours à réverbère, l'oxydation se porte principalement sur le manganèse et le silicium en même temps que sur le fer qui forme toujours l'élément principal. Là aussi la tendance du manganèse à s'unir à la silice des parois facilite son oxydation ménageant celle du silicium : là encore, une forte proportion de manganèse et une faible teneur en silicium peuvent amener la réduction de cette même silice par le manganèse.

En soumettant à une seule fusion au cubilot diverses fontes très manganésees, Kœppen a constaté les résultats consignés dans le tableau suivant [1] :

NATURE DES FONTES	AVANT LA FUSION			APRÈS LA FUSION		
	Mn	C	Si	Mn	C	Si
Fonte spéculaire.	14,81	3,98	0,14	8,91	4,13	0,50
id.	14,25	4,40	0,12	10,52	4,62	0,49
id.	14,98	4,48	0,12	11,06	4,60	0,42
id.	16,24	4,62	0,40	10,98	4,96	0,66
id.	14,93	3,63	0,33	12,03	3,67	0,41
Fonte Bessemer grise . .	3,67	4,58	2,27	2,58	4,67	2,44

Dans toutes ces expériences, la perte en manganèse a été considérable, tandis que la teneur en carbone et en silicium a éprouvé une augmentation, ce qui tient en partie au déchet sur le métal, en partie à la réduction de la silice par le manganèse.

Si on soumet à des essais du même genre des fontes moins manganésées, on constate que celles qui perdent le moins de silicium sont les plus riches en manganèse, ce qui confirme ce que nous savons déjà de l'influence de ce corps.

A Gutehoffnungshütte, Scheffer a fondu dans un petit cubilot dont le revêtement était très siliceux, trois sortes de fontes grises, et a soumis chacune d'elles à quatre fusions successives : les analyses ont été faites dans notre laboratoire et ont donné les résultats suivants [2] :

NATURE DES FONTES	AVANT FUSION					APRÈS FUSION				
	C	Si	Mn	Cu	Ph	C	Si	Mn	Cu	Ph
Coltness no 1.	4,06	2,52	1,27	0,05	0,73	3,49	2,08	0,46	0,06	0,87
Gutehoffnungshütte no 1.	4,15	2,05	0,77	0,06	0,61	3,46	1,55	0,12	0,05	0,72
Gleiwitz.	4,17	1,52	2,08	0,07	0,33	3,68	1,33	0,73	0,07	0,47

[1] *Dinglers polyt. Journal*, T. CCXXXII, p. 53.
[2] Le lecteur trouvera dans : *Jahrbuche für Berg- und Hüttenwesen im Königreiche Sachsen auf das Jahr* 1880, p. 5, les résultats des analyses après chacune des quatre fusions.

La fonte qui a perdu la plus grande quantité de manganèse est précisément celle qui en contenait le plus, mais, par contre, elle a conservé plus de silicium ; celle de Gutehoffnungshütte ne contenait plus que 75,4 °/₀ de son silicium primitif, tandis que celle de Gleiwitz en a conservé 87,3 °/₀.

Nous en devons conclure que, bien que la présence du manganèse dans une fonte luicommunique une tendance à blanchir et à être dure, plus une fonte grise en contiendra et plus elle pourra, sans devenir blanche, supporter de fusions en contact avec un revêtement siliceux.

Il est probable que les additions de castine contrecarrent la tendance du manganèse à s'oxyder et facilitent au contraire la combustion du silicium, mais on n'a pas fait, sur ce point, d'expériences comparatives.

Si une fonte perdait par sa fusion au cubilot unetrop forte proportion de manganèse et de silicium pour se prêter à un usage déterminé, on devrait la remplacer par une autre plus riche en ces deux éléments pour être certain d'y trouver après la fusion les teneurs voulues ; c'est là une pratique à laquelle on a recours journellement dans les fonderies.

Pour la plupart des pièces moulées la fonte doit contenir une dose modérée de graphite et être facile à entamer au burin, à la mèche etc. ; le graphite ne pouvant exister que dans un métal renfermant du silicium, et celui-ci étant éliminé peu à peu par les fusions successives, le graphite diminue à chaque nouvelle refonte et finit par se trouver en dose insuffisante ; c'est ainsi qu'une fonte grise refondue plusieurs fois devient blanche. Il faut donc que la fonte que l'on choisit soit assez riche en silicium pour l'être suffisamment encore après une deuxième fusion.

Il arrive fréquemment, cependant, qu'on est dans l'obligation d'employer des fontes à faible teneur en silicium, particulièrement des débris de coulées, des jets, des pièces rebutées etc. ; dans ce cas, on a recours à la fonte riche en graphite et en silicium connue dans le commerce comme N° 1 ; en la mélangeant avec l'autre, on établit une compensation. Dans toutes les fonderies, où on repasse au cubilot les débris de l'usine, on est obligé d'employer, de cette façon, une certaine proportion de N° 1 ; il est certain qu'une petite quantité de ferro-silicium rendrait le même service, mais serait le plus souvent d'un prix plus élevé.

Dans les fonderies françaises, l'emploi du ferro-silicium s'est rapidement développé et est aujourd'hui complètement entré dans la pratique, il permet de repasser avec succès au cubilot des fontes blanchies par plusieurs fusions successives, des débris de toutes sortes peu carburés et qu'on ne pouvait traiter qu'en mélange avec de fortes proportions de fontes N° 1. En fondant ensemble, avec une charge de coke double de la charge ordinaire, des riblons de fer ou d'acier et une proportion de ferro-silicium telle qu'on introduise 2 °/₀ de silicium dans le mélange, on obtient une fonte grise propre au moulage. Voir F. Gautier, les alliages métalliques. *Bulletin de l'Industrie minérale*, 2ᵉ série, tome III, 3ᵉ livraison, 1889. (V.)

La teneur en carbone de la fonte n'éprouve pas de grandes modifications par suite de la refonte ; elle peut diminuer lorsqu'on part d'une fonte très carburée et peu manganésée, augmenter au contraire si on soumet à la fusion un métal peu carburé en présence d'un excès de combustible ; dans ce dernier cas il emprunte du carbone au coke au travers duquel il ruisselle.

Le manganèse à haute dose protège le carbone contre l'oxydation, c'est pour cette raison que dans les expériences de Kœppen, la proportion de carbone avait augmenté puisque la même quantité se trouvait répartie sur un poids moindre ; dans les essais de Scheffer au contraire le carbone avait subi une oxydation partielle.

Jungst a reconnu qu'en refondant six fois une fonte qui ne contenait que 3,1 % de carbone, teneur assez faible, le produit final en renfermait 3,34 %, tandis que la proportion de manganèse était passée de 2 % à 0,36 % et celle du silicium de 2,30 % à 1,16 %. Moins une fonte est carburée et plus elle a de tendance à se saturer de carbone au contact du coke incandescent, alors même que l'oxydation est assez active pour éliminer, en grande partie, le manganèse et le silicium.

Il s'en suit qu'il n'est pas possible de refondre au cubilot du fer ou de l'acier, sans qu'il se produise une absorption de carbone suffisante pour transformer ces métaux en fonte. Lorsqu'on fond, de cette façon, des débris d'acier pour fabriquer comme nous le décrirons dans la 3e partie, des moulages en *acier adouci*, on constate que le produit contient au moins 2,9 % de carbone et souvent plus de 3,9 % ; c'est ce qui résulte d'un très grand nombre d'analyses.

Pas plus au cubilot qu'au réverbère la proportion de phosphore ne diminue ; comme, en raison du déchet, le poids total du métal est réduit par la 2e fusion, il se produit même, dans le résultat final, une augmentation sur la teneur de cet élément.

Le cuivre, le cobalt et le nickel se comportent comme le phosphore.

Si on n'ajoute pas aux charges de coke une quantité suffisante de castine, la teneur en soufre peut augmenter considérablement surtout si la fonte est peu manganésée : dans ses essais Jungst employait un métal qui renfermait primitivement 0,06 % de soufre, après les trois premières fusions il ne s'était pas produit de changement, après la quatrième, il trouvait 0 10 %, après la sixième, 0,20 %. Une semblable augmentation porterait une grave atteinte à la qualité et à la valeur de la fonte, quel que fût l'usage auquel elle serait destinée.

La scorie qui se forme dans la fusion au cubilot se compose des éléments oxydés de la fonte, des cendres des combustibles, du calcaire ajouté pour les fondre et des matières du revêtement ; elle varie donc avec l'importance des additions de castine, la proportion de combustible consommé et la teneur de la fonte en manganèse ; plus cette dernière est élevée et moins le fer sera oxydé. Nous donnons ci-dessous plusieurs analyses de scories de cubilot qui peuvent jeter quelque lumière sur cette question.

NUMÉROS des échantillons	SiO$_2$	Al$_2$O$_3$	FeO	MnO	CuO	MgO	KO	Ca	S	Ph$_2$O$_5$
1	6005	18,00	4,61	8,29	6,29	0,25	n. d.	0,41	0,33	»
2	56,04	11,55	15,34	4,02	9,74	0,51	id.	0,21	0,17	»
3	55,01	11,61	14,91	1,06	15,05	0,49	id.	0,28	0,22	»
4	50,48	10,68	20,98	4,01	9,85	0,84	id.	0,22	0,18	»
5	46,70	9,30	7,36	2,79	31,44	0,15	0,72	0,50	0,40	»
6	37,05	11,08	1,59	14,09	29,64	0,79	n. d.	1,98	1,58	0,10

Le N° 1 était une ancienne scorie de cubilot indiquée comme provenant d'allure chaude ; le combustible employé devait être du charbon de bois et la consommation élevée ; la fusion a donc eu lieu au milieu d'un courant de gaz riche en oxyde de carbone, et la dose de calcaire ajoutée a été faible. (Analysée par l'auteur.)

Les N°s 2, 3 et 4 proviennent des fonderies du Hanovre, elles ont été analysées par Fischer.

Le N° 5 provient d'un cubilot Krigar et d'une fusion dans laquelle on a ajouté de la houille et une forte quantité de castine ; analysée dans le laboratoire de l'auteur.

Le N° 6 correspond à la fusion d'une fonte blanche pour Bessemer basique ; analysée par l'auteur ; elle contient beaucoup de chaux et de manganèse et c'est celle qui est la plus riche en soufre ; ce dernier élément provient non seulement du combustible mais aussi de la fonte qui en contenait 0,42°/$_0$, dose excessive, avant la fusion ; refondue la fonte n'en renfermait plus que 0,09 °/$_0$.

La composition des gaz recueillis au gueulard mesure très clairement le degré d'utilisation du combustible. La chaleur développée par une quantité donnée de combustible est d'autant plus grande que le rapport entre l'acide carbonique et l'oxyde de carbone est plus faible.

Nous donnons ci-après quelques exemples de cette composition ; on remarquera que la combustion a été complète dans les cubilots Greiner et Herbertz ; dans ce dernier il y a un excès d'air relativement considérable.

PROVENANCE DES ÉCHANTILLONS DE GAZ	Az volume	CO$_2$ vol.	CO vol.	O vol.
[1] Ancien cubilot d'après Ebelmen 1844	73,36	11,65	14,16	»
id. id. id. id.	73,96	11,60	13,56	»
[2] Cubilot Krigar, moyenne de 20 essais d'après Fischer	79,7	16,4	3,9	»
id. id. id. 6 id. id. id.	81,6	13,3	5,1	»
Nouveau cubilot id. 7 id. id. id.	79,5	13,1	7,4	»
id. id. id. 15 id. id. id.	78,5	15,1	6,4	»
[3] Cubilot Ireland d'après Beckert	n.d.	13,8	4,0	»
id id. id. id	n.d.	12,5	11,7	»
id. id. id. id.	n.d.	15,0	8,0	»
[4] Cubilot Greiner et Erpf	79,9	18,7	1,2	»
Cubilot Herbertz d'après Beckert	n.d.	10,7	»	6,7
id. id. id. id.	id.	11,5	3,4	8,2

2. — Épuration de la fonte.

A. *Généralités.* — Lorsque la fonte contient certains éléments qui en rendent l'emploi difficile ou en diminuent la valeur, il est possible de les éliminer en tout ou en partie par un traitement spécial. On donne à cette opération le nom de *finage*; on l'applique principalement à la fonte qui doit être convertie en fer par les procédés de soudage.

Les principaux corps dont on peut ainsi provoquer l'élimination sans déterminer le départ du carbone, sont : le silicium, le manganèse, le phosphore et le soufre. Ainsi que nous l'avons indiqué précédemment, on ne peut débarrasser la fonte d'aucun des corps suivants : cuivre, nickel, cobalt, arsenic et antimoine.

B. *Élimination du silicium et du manganèse.* — Nous avons vu que la fusion au cubilot et au four à réverbère élimine en partie le silicium et le manganèse, on peut en obtenir le départ complet en augmentant l'action oxydante, soit par une insufflation d'air, soit par l'addition de corps susceptibles de fournir de l'oxygène, tels que les oxydes de fer.

C'est ordinairement du silicium que l'on cherche à se débarrasser, mais on n'y peut parvenir sans oxyder en même temps la plus grande partie du man-

[1] *Annales des mines*: S. 4, T. V, p. 61.
[2] *Dinglers polyt. Journal*, T. CCXXXI, p. 38.
[3] *Stahl und Eisen*, 1886, p. 557.
[4] *Journal of the Iron and steel Institute*, 1888, T. II, p. 247.

ganèse ; on ne peut non plus éviter de brûler une certaine quantité de fer qui passe dans la scorie [1].

Autrefois, lorsque les hauts-fourneaux produisaient principalement de la fonte de moulage, les ateliers d'affinage ne recevaient pas d'autre fonte et le *mazéage* jouait, dans les forges, un rôle important ; on désignait ainsi l'opération qui avait pour but l'élimination du silicium. En soumettant la fonte grise à ce procédé d'épuration on la débarrassait du silicium et du manganèse qu'elle pouvait contenir, elle devenait blanche et s'affinait dès lors avec une beaucoup plus grande rapidité ; il ne restait plus, en effet, à enlever que le carbone, les fours à ce destinés produisaient davantage, leur puissance était mieux utilisée.

Le mazéage a énormément perdu de son importance depuis que, la consommation du fer s'étant accrue, on a été amené à fabriquer spécialement de la fonte blanche aux hauts-fourneaux, et qu'on a mieux su produire, à volonté, des qualités de fonte déterminées. Nous avons vu que le prix de revient de cette fonte est inférieur à celui des autres ; ce serait donc une manœuvre éminemment fausse, que d'appliquer à la fabrication du fer une fonte grise, à laquelle on serait contraint de faire subir une épuration préalable. On n'emploie plus cette opération préparatoire que là où les minerais se prêtent mal à la production de la fonte blanche, par exemple, lorsqu'ils renferment trop d'alumine et pas assez de manganèse, ce qui arrive dans la Haute-Silésie.

Quelquefois, on maze la fonte dans le fourneau lui-même au moyen d'une tuyère plongeante qui souffle à la surface du bain métallique : on estime que l'opération est terminée, quand la fonte commence à lancer des étincelles, ce qui indique que l'oxydation se porte sur le carbone.

D'autres fois, on introduit par les tuyères des minerais ou des scories très ferrugineuses finement pulvérisées qui sont entraînées par le vent ; quand on emploie cet artifice, on dit qu'on *nourrit* le haut-fourneau ; il a l'inconvénient d'amener presque toujours une allure froide qui se prolonge plusieurs jours ; on l'utilisait néanmoins dans les anciens fourneaux au charbon de bois qui coulaient des pièces moulées en première fusion, lorsque la fonte semblait trop graphiteuse.

Vers 1845, on employait, dans la Haute-Silésie, un four chauffé au gaz sur la sole duquel on refondait la fonte, on produisait ensuite un mazéage en soufflant sur le bain. Ce four a été décrit dans les publications et les traités de métallurgie sous le nom de mazerie de Eck [2] ; il en existe encore un,

---

[1] On n'a pas pour but dans cette opération de brûler le carbone, ce qui équivaudrait à transformer la fonte en fer ou en acier, ce serait là une opération d'affinage, dont nous ne nous occuperons que dans la 3e partie.

[2] Voir : *Z B. Karstens Archiv. für Mineralogie*, 1843, p. 795.— *Berg- und huttenmannische Zeitung* 1843, p. 611 ; 1846, p. 833 ; et *Wedding, Darstellung des Schwiedbaren Eisens*, p. 35.

relique du temps passé, dans une usine de la Haute-Silésie, mais il ne sert plus au mazéage.

Dans d'autres usines, on utilise, pour le mazéage, des bas foyers [1] entourés de plaques de fonte refroidies, dans lesquels la fonte est fondue entre deux rangées de tuyères plongeantes placées vis-à-vis l'une de l'autre; on y consomme une quantité de coke considérable ; afin de faciliter le départ du silicium on ajoute généralement au métal une forte proportion de scories ferrugineuses.

On trouve encore de ces fineries dans quelques usines de la Haute-Silésie; on y brûle 300^{k} de coke par tonne de fonte et le déchet est de 10 °/$_0$. C'est comme on le voit une opération assez coûteuse.

La fonte mazée est blanche, à grains fins comme la fonte froide, elle contient ordinairement de 3 à 3,5 °/$_0$ de carbone et au plus 0,2 °/$_0$ de manganèse et de silicium.

La scorie est riche en oxyde de fer ; elle contient en outre du protoxyde de manganèse, de la silice empruntée au revêtement du four ou à la sole et quelques autres éléments.

On trouvera ci-dessous deux exemples de sa composition.

	N° 1	N° 2
Silice	25,77	36,80
Protoxyde de fer . . .	65,52	43,93
Protoxyde de manganèse .	1,57	7,23
Alumine	3,60	4,12
Chaux	0,45	4,51
Magnésie	1,28	1,16
Acide phosphorique . .	3,00	0,42

La première vient d'une usine anglaise, l'analyse est empruntée à la métallurgie de Percy (trad. française T. III, p. 489).

La seconde a été produite à Laurahutte et analysée par l'auteur.

C. *Déphosphoration de la fonte.* — Lorsqu'on fabrique du fer ou de l'acier par soudage, c'est-à-dire, sans que ces métaux soient obtenus à l'état de fusion, on peut éliminer une partie du phosphore que contient la fonte ; le produit reste néanmoins d'autant plus chargé de phosphore que la fonte dont il provient l'était elle-même davantage ; mais, jusqu'à 1879, on ne pouvait en aucune façon enlever cette impureté aux métaux fabriqués par les procédés de fusion (Bessemer, Martin, etc.); on l'a cependant tenté à plusieurs reprises, quand on eut reconnu l'influence pernicieuse que ce corps exerce sur le fer et sur l'acier. On a constaté qu'il est possible d'éliminer le phosphore avant

---

[1] On donne à ces tours le nom de mazeries anglaises ou de fineries anglaises, voir Percy trad. de Petitgand et Ronna, T. III, p. 471.

le carbone dans une fonte, si on met celle-ci en présence d'une scorie très basique à une température peu supérieure au point de fusion (p. 322, T. I) ; dans ce cas, tout le silicium et la majeure partie du manganèse disparaissent en même temps. Les matières qui conviennent le mieux pour produire l'oxydation sont : les minerais de fer, les battitures, les scories riches en fer, qui produisent en même temps une scorie très ferrugineuse et assez fusible.

On n'obtiendrait pas une scorie suffisamment basique, si on opérait au contact d'un revêtement siliceux qui serait attaqué ; on ne doit donc pas employer d'appareil garni de matériaux argileux ; un grand nombre de tentatives ont échoué parce qu'on n'a pas tenu compte de cette condition ; les fours à réverbère destinés au mazéage que nous avons cité page 165, T. II et qui avaient été construits avec l'espoir d'enlever le phosphore en même temps que le silicium par l'action des gaz oxydants, ont amené un résultat tout opposé à celui qu'on attendait parce qu'ils étaient construits en briques réfractaires argileuses ; grâce au déchet du métal la teneur en phosphore initiale de 0,49 °/₀ y devenait 0,57 °/₀.

Dans les fineries anglaises, le résultat est un peu meilleur parce que les parois latérales sont formées par des plaques de fonte refroidies au moyen d'un courant d'eau ; la sole seule est en sable et peut fournir de la silice ; aussi les analyses des scories de fineries constatent-elles l'entraînement d'une certaine quantité de phosphore d'autant plus grande que le caractère basique est plus accentué.

C'est principalement au métallurgiste anglais Lowthian Bell qu'appartient le mérite d'avoir découvert, à la suite d'essais nombreux, dans quelles conditions il est possible de déphosphorer la fonte. Vers 1875 il fit connaître un procédé qui apportait une solution intéressante du problème de la déphosphoration de ce métal.

Ce procédé consiste à mélanger la fonte liquide sortant d'un cubilot ou d'un haut-fourneau, aussi intimement que possible, avec des matières très riches en oxydes de fer, maintenues elles-mêmes à l'état liquide ou tout au moins chauffées préalablement à haute température ; on emploie généralement à cet effet des battitures, des scories d'affinage ou des minerais. Lorsque la réaction entre la fonte et les scories s'est produite, le métal se sépare naturellement des scories qui contiennent le phosphore et qui sont plus légères ; on opère dans un appareil revêtu d'oxyde de fer, ayant la forme d'une auge ou d'un bassin oblong, recouvert d'une voûte, d'environ 4ᵐ de longueur et pouvant osciller comme un balancier sur deux tourillons horizontaux ; le mouvement d'oscillation qui dure dix minutes environ est imprimé par une machine à vapeur, la fonte et la scorie parcourent 60 ou 80 fois la longueur de l'appareil.

On arrive ainsi à transformer la fonte grise du Cleveland, qui contient

1 1/2 % de phosphore, en une fonte blanche qui n'en renferme plus que 0,22 % et quelquefois moins : la teneur en silicium, qui était primitivement de 1,8 % tombe à 0,03. Lorsqu'on employait à cette opération le minerai même du Cleveland, on en consommait 50ᵏ pour 100ᵏ de fonte.

A peu près à l'époque où L. Bell poursuivait ses essais et en communiquait les résultats à l' « Iron and steel Institute », Krupp, à Essen, prenait un brevet (1877) pour une méthode de déphosphoration reposant sur le même principe. Le premier cependant ne faisait pas intervenir le manganèse, tandis que Krupp recommande d'opérer sur une fonte contenant une faible proportion de cet élément, qui a l'avantage de préserver le carbone de l'oxydation et de fournir à la scorie une base énergique. L'opération se faisait dans un four Pernot.

Le procédé Krupp a été employé pendant plusieurs années à Essen et dans quelques usines de l'Amérique du Nord. Holley, dans une note que nous indiquons à la fin de ce chapitre parmi les pièces à consulter, a étudié la marche de l'opération au point de vue chimique et a groupé les résultats des analyses dans le tableau suivant :

	C	Si	P	S	Mn	Cu
Fonte de l'usine du Phénix.	3,30	0,39	0,74	0,09	2,32	0,14
4 minutes après chargement.	3,27	0,02	0,16	0,02	0,04	0,15
5 1/2 id. id.	3,27	0,01	0,14	0,02	0,12	0,14
7 id. id.	3,32	0,02	0,10	0,03	0,06	0,14

La scorie contenait à la fin de l'opération :

SiO_2 13,0
FeO 51,0
MnO 16,6
Al_2O_3 11,6
CaO 0,7
Ph_2O_5 6,0

La fonte d'Ilsède traitée de la même façon avec le minerai qui a servi à la produire a donné les résultats suivants :

FONTE D'ILSÈDE	C	Si	Ph	Mn
Avant traitement	2,50	0,25	2,92	2,61
Après traitement	2,40	traces	0,80	traces

Et la scorie contenait :

SiO₂	10,40
FeO	41,00
MnO	19,30
Al₂O₃	2,00
CuO	7,30
MgO	0,70
Ph₂O₅	20,00

Les frais d'épuration varient de 5^f à $7^f,50$ par tonne de fonte, lorsqu'on prend celle-ci directement au fourneau.

Ces deux procédés sont devenus inutiles avant d'avoir reçu de nombreuses applications, parce que leur apparition a précédé fort peu la découverte d'une méthode de fabrication des fers et des aciers presqu'entièrement exempts de phosphore en partant, comme matière première, des fontes les plus phosphoreuses; nous décrirons ultérieurement ce nouveau procédé ; nous avons tenu cependant à signaler les inventions de L. Bell et de Krupp, parce qu'elles mettent en évidence la manière dont se comporte la fonte lorsqu'on la met en contact avec des matières oxydantes, dans des conditions déterminées.

D. *Désulfuration des fontes.* — Nous avons indiqué déjà qu'on ne peut enlever le soufre à la fonte par une action oxydante ou que du moins l'effet en est excessivement faible; la désulfuration cependant peut s'effectuer, si on met la fonte en présence d'une scorie très basique et surtout très chargée en chaux [1]; elle se produit également lorsqu'on ajoute à la fonte liquide un métal qui ait pour le soufre plus d'affinité que le fer et qui forme un sulfure insoluble dans le bain métallique. La pratique a démontré que le manganèse était dans ce cas et jouissait de cette propriété.

Nous avons montré, page 162, T. II, qu'en fondant, dans un cubilot ordinaire, de la fonte sulfureuse avec des additions suffisantes de castine, on pouvait enlever au métal une partie du soufre qu'il renfermait et le faire passer dans la scorie; mais il est difficile d'obtenir et de conserver des scories très basiques dans un cubilot revêtu de matières siliceuses où elles trouvent toujours à se saturer de silice : il est clair qu'on peut plus aisément réaliser des conditions convenables en garnissant le four de matériaux basiques, par exemple de briques de magnésie.

---

[1] On peut conclure de ce que nous avons établi précédemment que la désulfuration par le contact de scories très calcaires ne peut se réaliser qu'en présence du carbone. Lorsqu'on fait agir des scories basiques sur la fonte, le carbone contenu dans celle-ci suffit pour que la réaction se produise ; elle serait plus difficile, si le métal était peu carburé, elle est tout à fait nulle avec du fer que l'on peut laisser pendant plusieurs heures au contact de scories très calcaires sans que la teneur du métal en soufre diminue.

D'un autre côté, les scories très calcaires sont difficiles à fondre, mais elles deviennent plus fusibles si on remplace une partie du calcaire par du spath-fluor (p. 208 T. I). Rollet a fait à Givors des essais de désulfuration dans un cubilot revêtu de matériaux basiques, en faisant des additions de calcaire et de spath-fluor; il ajoutait par tonne de fonte 80ᵏ de calcaire et 25ᵏ de spath; pour obtenir en même temps une déphosphoration partielle sous l'action oxydante du vent, il faut augmenter le poids des additions.

Les résultats d'analyses faites par Rollet prouvent qu'on réussit, en effet, à éliminer une très grande partie du soufre.

		C	Si	Mn	S	Ph
1ᵉʳ essai	avant fusion. .	3,50	0,90	1,30	0,22	0,07
	après id. . . .	3,50	0,38	0,81	0,01	0,05
2ᵉ essai	avant id. . . .	2,90	0,65	traces	0,37	0,37
	après id. . .	3,08	0,06	id.	0,01	0,07
3ᵉ essai	avant id. . .	2,55	0,45	id.	0,52	1,95
	après id. . . .	3,80	0,12	id.	0,04	0,41

Ainsi que nous l'avons fait observer plus haut, il n'y a pas à s'occuper de cette déphosphoration partielle, mais la désulfuration est intéressante surtout, lorsqu'avant tout traitement ultérieur, la fonte doit passer par le cubilot.

Le procédé Rollet est employé dans plusieurs forges françaises pour épurer les fontes destinées à la production des fers et des aciers de qualité tout-à-fait supérieure. Rollet affirme pouvoir enlever 99 % de soufre et 80 % du phosphore contenus dans les fontes. Dans les dernières dispositions de son appareil, il fait intervenir le minerai de fer pur comme oxydant du phosphore et sépare la scorie du métal dès sa formation; il emploie le vent chauffé.

L'enlèvement du phosphore est aujourd'hui secondaire; pour la production des fers et des aciers supérieurs, dont le prix est élevé, il sera toujours loisible de recourir aux fontes non phosphoreuses; mais on a souvent à craindre l'influence du soufre même à très faible dose; le procédé Rollet rend donc des services réels à l'industrie du fer. Voir *Journal of the Iron and steel Institute*, 1890, p. 158. (V)

Depuis 1890, on emploie sur une grande échelle, dans l'usine de Horde, le manganèse à l'état métallique pour désulfurer la fonte que l'on prend directement au fourneau pour la conduire aux appareils Bessemer à garniture basique. Cette fonte très phosphoreuse, à faible teneur en silicium, est produite au haut-fourneau à une température relativement basse; elle contient de 1,5 % à 2 % de manganèse, de sorte que pendant son séjour prolongé dans le creuset et pendant la coulée même, il se fait déjà une élimination de produits riches en soufre et en manganèse.

Cependant, lorsque la production est élevée et les coulées fréquentes, le métal séjourne peu de temps dans le creuset ; en outre, si la chaleur vient à baisser dans le fourneau, la fonte contient moins de manganèse et plus de soufre ; pour remédier à cet état de choses, obtenir une fonte dont la composition soit à peu près constante et à moindre teneur en soufre, on mélange, dans un récipient de grand volume, la fonte provenant de plusieurs coulées et même, ce qui vaut mieux encore, de plusieurs fourneaux différents ; on y ajoute une fonte riche en manganèse et on laisse reposer 20' au moins. Il se forme, à la surface du bain métallique, une scorie riche en soufre et en manganèse que l'on enlève, et la fonte se trouve ainsi débarrassée de la majeure partie du soufre qu'elle contenait.

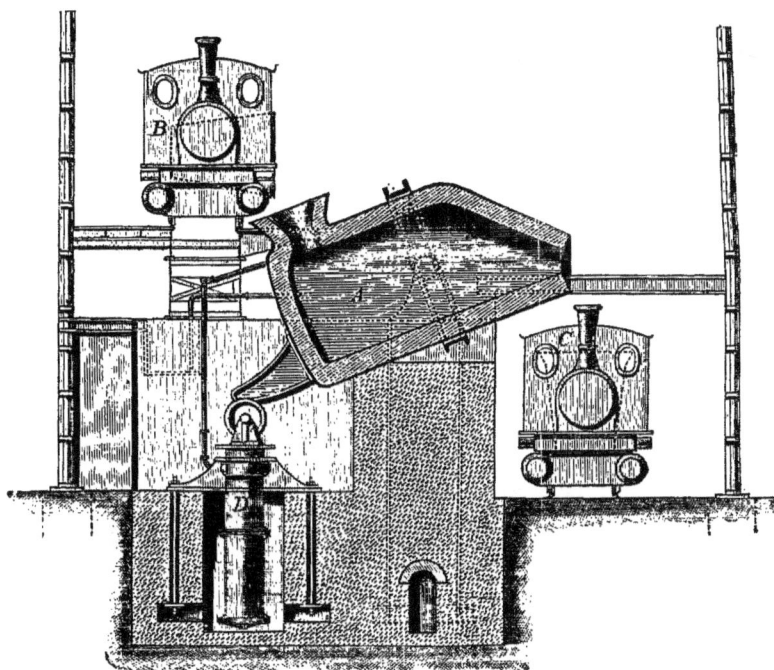

Fig. 177. — Mélangeur de fontes.

La fig. 177 représente l'appareil où se fait le mélange. *A* est le récipient, il peut contenir de 70 à 80 tonnes de métal ; il est garni intérieurement de briques réfractaires argileuses et est porté par deux tourillons horizontaux qui permettent de le faire basculer. *B* est une locomotive circulant sur une voie supérieure et amenant la poche dans laquelle on va recueillir la fonte de plusieurs hauts-fourneaux pour la verser dans le réservoir *A* ; *C* est une seconde locomotive qui traîne une autre poche destinée à recevoir la fonte désulfurée et à la porter à l'atelier Bessemer. Pour verser la fonte du réservoir dans cette seconde poche, on soulève le fond au moyen d'un appareil hydraulique *D*.

On n'enlève chaque fois qu'une faible partie du contenu du réservoir *A*, et on la remplace immédiatement par de nouvelle fonte venant du haut-fourneau, de sorte que la composition moyenne varie peu. La masse considérable de métal rassemblée dans le même vaisseau conserve assez bien sa température, pour qu'après plusieurs heures la fonte ait encore une fluidité suffisante.

La désulfuration est considérable, pourvu que la teneur en manganèse ne descende pas au-dessous de 1,5 %.

Pour se rendre un compte exact de l'épuration qui se produit, il faut faire un grand nombre de prises d'essai, et sur le métal amené au réservoir, et sur celui qu'on en retire ; c'est ainsi qu'on a opéré pour obtenir les résultats suivants :

	Si	Ph	Mn	S
Moyenne de 15 prises d'essai sur la fonte versée le même jour dans le réservoir et provenant de diverses coulées.	0,24	2,22	2,70	0,137
Moyenne de 15 prises sur la fonte désulfurée le même jour	0,23	2,13	2,42	0,038
Moy. de 13 prises sur la fonte amenée au réservoir.	0,31	2,16	2,16?	0,111
Moy. de 14 prises sur la fonte désulfurée	0,27	2,02	2,16	0,040
Moy. de 23 prises faites dans le courant d'un mois sur la fonte amenée au réservoir	n.d.	n.d.	n.d.	0,163
Moy de 23 prises faites en même temps sur la fonte désulfurée.	0,22	2,80	1,46	0,060

La fonte provenant du récipient est plus sulfureuse dès qu'elle contient moins de manganèse ; c'est ce qui ressort du tableau précédent. Si la teneur en manganèse descend à 1 %, la fonte conserve 0,09 de soufre.

La composition de la scorie qui se forme dans ce réservoir est fort variable, elle contient de 2 % à 17 % de soufre, elle dépend du contact plus ou moins intime qui s'est établi entre la scorie liquide et l'air qui brûle le sulfure avec dégagement d'acide sulfureux. Voici quelques exemples de la composition de ces scories :

	1	2	3
SiO_2	18,90	35,70	n. d.
Al_2O_3	5,00	n. d.	2,46

MnO	20,23	36,38	43,22
MnS	28,01	14,11	19,02
FeO	25,46	5,01	6,78
CaS	3,53	»	»
CuO	»	n. d.	2,58
MgO	0.43	id.	0,19
Pb_2O_5.	n. d.	id.	0 31

La scorie N⁰ 1 provient de Hœrde (*Stahl und Eisen*, 1891, p. 801) ;
Celle N⁰ 2 provient de Hayange (*Journal of the Iron and steel Institute*, 1892, I, p. 112) ;
Celle N⁰ 3 provient de la Haute-Silésie (même source).

Ouvrages à consulter.

(a) *Traités.*

E. F. Dürre, *Handbuch des Eisengiessereibetriebes*, 3⁰ édition, tome I, p. 475 à 654.
A. Ledebur, *Handbuch der Eisen und Stahlgiesserei*, 2⁰ édition, p. 78-149.
G. Wedding, *Die Darstellung des schmiedbaren Eisens*, 1875, p. 24.

(b) *Notices.*

F. Fischer, *Ueber Kupolöfen. Dingl. polyt Journ.*, tome CXXXI, p. 38.
A. Ledebur, *Ueber Kupolöfen Civilingenieur*, tome XIII, 8⁰ livraison.
G. Ahlemayer, *Der Ibrüggersche Kupolöfen. Glasers Annalem für Gewerbe und Bauwesen*, tome IX, p. 231.
H. Frey, *Der Faulersche Kupolofen. Zeitschr. d. berg- und huttenw. Ver. f. Stei. u. Kärt.*, 1881, p. 321.
Amerikanische Kupolöfen für Bessemerhütten. Dingl. polyt. Journ., tome CCXLI, p. 296 (tiré de l'*Engineering*, 1880, p. 592).
A. Ledebur, *Kupolofen mit Wasserkühlung. Berg und huttenw. Ztg.* 1878, p. 150.
O. Gmelin, *Ein neuer Kupolofen mit Wasserkühlung. Oest. Zeitschr. f. Berg und Hüttenwesen*, 1882, p. 526.
A. Ledebur, *Das Kupolofenschmelzen in alter und neuer Zeit. Stahl und Eisen*, 1885, p. 121.
Beckert, *Kupolofen mit Dampfstrahl. Stahl und Eisen*, 1886, p. 399, 557.
A. Gouvy, *Etude sur les cubilots pour la fusion de la fonte. Bulletins de la Société des Ingénieurs civils*, mai 1887.
Wagner, *Ueber den Bau von Gussflammöfen und deren Betrieb. Oest. Zeitschr. f. B u. hütt.*, 1857, p. 115.
K. Wittgenstein und A. Kurzwernhart, *Ueber die Fabrikation von Stahlschienen mit Braunkohlen in Teplitz. Stahl und Eisen*, 1883, p. 211.
L. Bell, *On the separation of carbon, silicon, sulphur and phosphorus in the refining and puddling furnaces. Journal of the Iron and Steel Institute*, 1877, p. 108, 322.

L. Bell, *On the separation of phosphorus from pig-iron Journal of the Iron and Steel Institute*, 1878, p. 17.

A. Holley, *Washing phosphoric pig-iron for the open-hearth process at Krupps works. Transaction of the American Institute of mining Engineers*, tome VIII, p. 156.

C. Petersen, *Die Entphosphorung des Roheisens nach Krupps Patent. Wochenschr. d. Ver. deutsch Ingenieure*, 1880, p. 36.

P Tunner, *Der Hamoirprocess. Zeitschr. d. berg. u. hutt. Ver. f. Steirm. u Kärt.* 1878, p. 1.

A Rollet, *Le cubilot comme appareil épurateur des fontes. Bulletin de la Société de l'industrie minérale*, 1882, p. 879.

P. Tunner, *Zur Abscheidung des Schwefels aus flüssigen Roheisen. Oest Zeitschr. f. berg. u. Hutt.*, 1891, p. 205.

J. Massenez, *On the elimination of sulphur from pig-iron. Journal of the Iron and Steel Institute*, 1891, II, p. 76.

G. Hilgenstock, *Ueber das Schwefelabscheidungs-Verfahren. Stahl und Eisen*, 1891, p. 798.

TROISIÈME PARTIE

LE FER MALLÉABLE ET SA FABRICATION

CHAPITRE PREMIER

CLASSIFICATION DES FERS ET DES ACIERS ; LEURS PROPRIÉTES ; ESSAIS AUXQUELS ON LES SOUMET

---

1. — Classification.

Nous avons indiqué au début de cet ouvrage (page 5, que, dans l'industrie, on fabrique le fer et l'acier presqu'exclusivement par deux procédés, le soudage et la fusion ; dans le premier, le métal, sans atteindre le point où il se liquéfie, arrive, au moyen de la chaleur, à un degré de plasticité suffisant pour subir les transformations voulues, mais conserve, emprisonnée entre ses particules métalliques, une partie de la scorie au milieu de laquelle il a pris naissance ; obtenu par fusion, au contraire, le métal ne renferme pas de scorie.

Chacun de ces deux procédés comprend d'ailleurs plusieurs variantes dont la désignation est le plus souvent ajoutée à celle du produit, c'est ainsi qu'on fabrique du fer et de l'acier par soudage, au bas foyer ou au four à puddler, du fer et de l'acier par fusion à l'appareil Bessemer, au four Martin ou au creuset.

Il existe en outre un certain nombre de produits malléables que leurs propriétés et leur mode de fabrication ne permettent pas de faire rentrer dans ces deux divisions générales du soudage et de la fusion, bien qu'ils soient parfois destinés à être transformés ultérieurement en fers ou en aciers soudés ou fondus, ou qu'ils soient obtenus eux-mêmes en prenant un de ces derniers produits comme matière première.

Si, par exemple, on maintient longtemps et à haute température une fonte pauvre en silicium et en manganèse en présence et au contact de peroxyde de fer ou de toute autre matière pouvant céder de l'oxygène, le carbone de cette fonte est éliminé et il reste un métal malléable ; inversement, si on met en contact, dans des conditions déterminées, du fer peu carburé et du charbon, le métal absorbe le carbone et se transforme en acier de cémentation.

La distinction entre le fer et l'acier n'est pas toujours nettement établie, comme nous l'avons exposé page 5, T. 1 ; en Allemagne, l'usage a prévalu de désigner sous le nom d'acier (Stahl) le métal carburé durcissant franchement par la trempe et de conserver le nom de fer malléable (Schmiedeeisen) au fer qui ne trempe pas quel que soit son mode de fabrication.

2. — Texture.

La texture naturelle du fer et de l'acier est grenue et cristalline ; tous les produits obtenus par fusion la possèdent et on la retrouve même dans ceux du soudage, si on les casse d'une façon particulière.

La dimension des facettes qui limitent les grains dépend à la fois de la composition chimique et du travail mécanique que le métal a subi. Le carbone, le manganèse et le tungstène ont pour effet de diminuer la grosseur du grain, le phosphore, au contraire, la développe ; aussi l'acier montre-t-il un grain plus fin que le fer, cette finesse augmente avec la dureté ; les variétés les plus dures possèdent un grain tellement fin qu'on ne peut le distinguer à l'œil nu et que la cassure présente un aspect mat et velouté.

On regarde habituellement un gros grain comme caractérisant un métal cassant à froid, parce que le phosphore, dont la présence a pour résultat de développer les dimensions des grains, rend en même temps le métal fragile (p. 322, T. I). Il ne faut pas oublier cependant que l'on peut être induit en erreur par une cassure à gros grains et que le fer, très pur et peu carburé, rompu d'une certaine façon, offre à l'œil un aspect semblable, bien qu'il doive à sa pureté, au point de vue chimique, une grande ténacité ; tel est le fer de Suède produit par l'affinage au bas foyer.

Le fer à gros grain fragile à froid, c'est-à-dire phosphoreux, possède cependant, dans la plupart des cas, un éclat plus vif avec un reflet bleuâtre, tandis que le fer pur peu carburé a plutôt une teinte tirant sur le jaune. Il faut d'ailleurs un œil exercé pour distinguer ces nuances. Mais on a peu d'occasions de rencontrer le fer pur et on se trompera rarement en attribuant à la présence du phosphore le développement exagéré du grain d'un échantillon de fer.

Le travail mécanique, martelage ou laminage diminue la grosseur du grain d'une façon d'autant plus nette que la température à laquelle il est appliqué est moins élevée. Le fer peu carburé et pur, coulé en gros lingots, présente un grain tellement large qu'il semble posséder une structure plutôt lamelleuse que grenue ; dans le voisinage des surfaces de refroidissement, les plans de séparation des cristaux sont orientés normalement à ces surfaces ; étiré au rouge vif en barres de quelques centimètres d'épaisseur, ce même fer devient à grains fins, et cette transformation s'accentue de plus en plus, à mesure que la section de la barre diminue et que le travail d'étirage s'achève à une température plus basse.

Lorsqu'on maintient pendant un temps prolongé une pièce de fer fondu au rouge vif sans dépasser ce degré de chaleur, sa texture éprouve une transformation analogue à celle produite par le travail mécanique, le grain devient plus fin et plus régulier.

Si on prend une barre dont le grain est devenu fin à la suite d'un étirage convenable, si on la réchauffe à une température voisine du point de fusion et si on la laisse refroidir ensuite sans lui faire subir un nouveau travail mécanique, le grain se montre plus gros.

L'état particulier qu'on désigne sous le nom de *structure à nerf* se rencontre dans le fer obtenu par soudage auquel on fait subir un étirage à froid poussé jusqu'à la rupture, par exemple, au moyen d'une machine opérant par traction. On voit également le même phénomène se produire quand, après avoir donné un coup de tranche sur un seul côté de l'échantillon, on le plie graduellement jusqu'à ce que la rupture se manifeste ; on reconnaît alors dans la cassure la présence d'un grand nombre de fibres parallèles orientées dans le sens du dernier étirage et, par conséquent, suivant la longueur de la barre. La production de ces fibres est due aux efforts mécaniques auxquels ont été soumis les grains cristallins du fer, lorsque le travail s'est terminé à une température trop basse pour que le métal ait conservé une grande plasticité ; l'effort mécanique a fait glisser les uns sur les autres les grains cristallins qui étaient en contact avant l'étirage (voy. fig. 194) et il s'est formé des fibres composées de files de cristaux soudés ensemble, pareils aux filaments d'une corde et n'ayant avec les fibres voisines qu'une adhérence limitée. Aussi le fer à nerf possède-t-il une ténacité beaucoup moins grande dans le sens perpendiculaire aux fibres que dans l'autre.

Quand on ploie le métal à froid jusqu'à la rupture, les fibres glissent les unes sur les autres et se montrent distinctes. Si, au contraire, on parvient à casser la barre sans lui faire subir de flexion, on ne reconnaît, sur la cassure faite normalement aux fibres, que les faces de séparation des cristaux et la section paraît à grains, sauf en quelques points où l'on distingue quelques fibres.

On obtient ce dernier genre de cassure en entaillant la barre de fer tout autour d'une même section, là où on veut produire la rupture, et en la frappant d'un coup sec.

Le métal acquiert plus difficilement la texture à nerf lorsqu'il y a peu de différence entre la température à laquelle il devient malléable et celle à laquelle il se désagrège sans le moindre effort mécanique ; aussi les fers très carburés ou très phosphoreux ne sont-ils jamais à nerf.

La présence de scories interposées favorise le développement du nerf. Ces scories sont à l'état liquide à la température à laquelle le nerf peut se produire ; elles facilitent le glissement les unes sur les autres des molécules de fer au milieu desquelles elles se trouvent ; c'est pour ce motif qu'il est tellement difficile d'obtenir quelque trace de nerf dans le fer fondu, alors même qu'on opère sur la qualité la moins carburée, qu'on pousse plus loin l'étirage et qu'on prend, avec plus de soins, toutes les précautions voulues.

Tous les corps étrangers solides, qui ne sont pas susceptibles de s'allier au fer et qui restent disséminés entre les molécules métalliques ont pour effet de donner l'apparence du nerf. C'est ainsi que lorsque, dans le but de purifier le fer au four à puddler, on a fait des additions de chaux, celle-ci, infusible de sa nature, demeurant isolée et à l'état pulvérulent dans les loupes, a rendu impossible la production d'un fer à grains. Il en est de même pour le fer fondu suroxydé, et pour celui qu'on a, dans certaines circonstances, coulé directement dans les lingotières à une température voisine du point de solidification ; la scorie restait emprisonnée entre les cristaux du métal et à l'étirage on obtenait un nerf. Inutile de faire remarquer qu'on arrivait ainsi à enlever au produit sa principale qualité qui est de ne pas contenir de scorie. Un métal fondu criblé de soufflures plus ou moins oxydées prend également, à l'étirage, l'apparence du nerf. (V.)

L'étirage au laminoir est plus favorable que le travail au marteau à la production du nerf, parce que le mode d'action des cylindres aide au mouvement des molécules dans le sens de la longueur de la barre.

Les échantillons de forte section ne présentent jamais de nerf parce qu'ils se refroidissent moins pendant l'étirage, ils demeurent plus plastiques pendant toute la durée du travail, et leurs éléments peuvent se déplacer sans perdre de leur adhérence.

Le fer nerveux chauffé au blanc redevient à grain s'il est martelé avec précaution à la chaleur blanche.

Les fibres sont longues dans le fer de bonne qualité, courtes au contraire dans les qualités inférieures, et, dans ce cas, on met cette texture moins satisfaisante sur le compte du soufre ou de scories en excès.

La texture nerveuse indique généralement un métal malléable, facile à souder, et ductile parce qu'elle ne peut que rarement se rencontrer dans un fer carburé ou phosphoreux, il ne faudrait pas en conclure cependant que tout fer possédant ces qualités présentera une cassure à nerf.

On ne doit pas employer le fer à nerf pour les pièces qui peuvent être exposées à se fendre ou dans lesquelles les pailles doivent être évitées, par exemple, pour la fabrication des fils de fer, des clous, etc.

On observe souvent, dans la cassure de fers en forts échantillons obtenus par soudage, un mélange de gros grains, de grains fins et de nerf; ce manque d'homogénéité est de mauvais augure au point de vue de la résistance aux efforts mécaniques.

En résumé, l'aspect de la cassure peut être un indice de la qualité du fer et de l'acier, lorsqu'on connaît les circonstances dans lesquelles la texture a pu se produire ; autrement on est exposé à commettre des erreurs d'appréciation. Le travail auquel le métal a été soumis influe en effet sur sa structure intime; nous savons de plus que la façon dont se présente la cassure dépend du procédé employé pour la déterminer. Lorsqu'une pièce obtenue par soudage, comme une partie de charpente, un anneau de chaîne, un essieu, est brisée sous l'action d'un choc vif, on constate souvent la présence de gros grains alors qu'on n'a employé que du fer à nerf ; il est donc arrivé fréquemment que l'aspect des cassures a fait commettre des erreurs sur la nature du métal.

3. — Malléabilité, Ductilité.

On dit qu'un corps est malléable à chaud lorsqu'en le frappant avec un marteau après l'avoir chauffé on peut lui faire subir un changement de forme sans le briser.

Si on élève la température pour faire subir au métal cette épreuve, c'est afin qu'il oppose moins de résistance au changement de forme, en d'autres termes c'est pour diminuer sa dureté.

Le degré de malléabilité d'un corps est en raison inverse de la quantité de travail mécanique nécessaire pour produire une déformation donnée, dans les conditions de température les plus favorables ; il est en raison directe de l'importance de la déformation qu'il peut subir sans inconvénient.

À une température quelconque mais déterminée, tous les corps possèdent une certaine limite d'élasticité et une certaine résistance à la rupture ; on ne peut modifier leur forme qu'en dépassant la première, mais, si l'on pousse l'effort au-delà de la seconde, le corps se désagrège ou se brise.

Un corps sera d'autant plus malléable qu'il y aura un écart plus grand entre l'effort qui correspond à sa limite d'élasticité et celui qui produira la rupture.

La malléabilité à chaud n'augmente pas toujours proportionnellement à la température ; lorsque, par exemple, certains fers ou certains aciers atteignent un degré de chaleur particulier à chacun d'eux, ordinairement compris entre le rouge sombre et le rouge vif, la limite d'élasticité se rapproche tellement de la résistance à la rupture, que le métal se brise dès que la première est dépassée, en sorte que l'étirage est impossible, le métal est rouverin. Cependant, assez fréquemment, les fers et les aciers rouverins ne perdent leur malléabilité qu'à une certaine température et la retrouvent au-dessus et au-dessous de ce point critique.

Le fer pur est très malléable à chaud ; dans la plupart des cas, cette propriété diminue à mesure que le métal contient plus de corps étrangers ; les différents corps cependant n'agissent pas de la même façon.

A mesure que la teneur en *carbone* augmente, la malléabilité diminue, elle disparaît entièrement lorsque la teneur de cet élément atteint 2,3 $\%$. Le fer s'est transformé en fonte.

L'influence du *silicium* est moindre. Mrazek a constaté qu'un fer à peu près sans carbone, mais tenant 7,42 $\%$ de silicium, était malléable à la chaleur blanche et pouvait être forgé au rouge avec quelques précautions [1] ; d'après Hadfield, des échantillons contenant jusqu'à 5,5 $\%$ de silicium et de 0,14 à 0,26 $\%$ de carbone étaient très malléables à la chaleur jaune ; tandis que des proportions de 7, 2 $\%$ et 8,8 $\%$ de silicium déterminaient la désagrégation complète sous le marteau à la même température [2] ; il n'est pas douteux cependant que, lorsqu'on ajoute à un bain de fer ou d'acier fondu une certaine quantité de silicium sous forme de ferro-silicium, sans y joindre un autre élément tel que le manganèse qui soit également capable de décomposer l'oxyde de fer, on obtient un métal rouverin, ce qui semble contraire aux résultats précédents.

On dit même avoir observé que 0,1 $\%$ de silicium, quelquefois une moindre proportion, rend le fer rouverin. Si le fer fondu était chargé d'oxygène avant l'addition, et si la proportion de silicium ajouté était relativement faible, il faudrait attribuer l'état rouverin à l'oxyde de fer qui restait dans le métal plutôt qu'à la dose de silicium qu'il pouvait encore contenir [3].

D'un autre côté, il est probable que le fer ou l'acier obtenus par fusion doivent contenir, en dissolution ou dans un état de division très grand, la silice qui résulte de l'action du silicium sur l'oxyde de fer du bain, et que c'est cette silice et non le silicium qui rend le métal rouverin [4]. Pourcel a reconnu qu'en chauffant dans un courant de chlore un échantillon de fer fondu dans lequel on n'avait cherché à éliminer l'oxygène que par une addition de silicium, on obtenait

[1] *Jahrbuch der öst. Bergakad.* T. XX, p. 408; *Stahl und Eisen,* 1889, p. 1002.
[2] *Journal of the Iron and Steel Institute,* 1889, p. 222.
[3] Voir les expériences que Turner et quelques autres expérimentateurs ont faites et dont les résultats sont consignés dans le *Journal of the chemical Society,* 1887, p. 129.
[4] Rappelons à ce propos que les précipités qui se forment dans les dissolutions froides ne se déposent pas toujours immédiatement et que, souvent, la séparation complète ne se produit qu'au bout de quelques heures. Si on provoquait la congélation du liquide dès que le précipité s'est formé, celui-ci resterait disséminé au milieu de la masse solidifiée dont il altérerait les propriétés.

un résidu de silicate de fer composé d'un réseau dont la forme générale était la même que celle de l'échantillon. Si on traitait de la même manière un métal dans lequel on avait ajouté du manganèse en même temps que du silicium, on ne trouvait aucun résidu [1]. Turner a également trouvé de la silice dans un fer fondu auquel on avait ajouté du silicium sans manganèse [2]. Le rôle du manganèse n'a pas été bien éclairci, il peut se faire qu'il empêche le silicium de s'oxyder (p. 317, T. I, 159, T. II) et que l'oxyde de manganèse se sépare plus facilement du métal que sa silice, ou qu'il forme avec celle-ci un silicate ; ce dernier ne demeurerait pas aussi disséminé dans le métal fondu que le silicate de fer observé d'une manière si nette par Pourcel.

Le *phosphore* qui se trouve dans le fer ou l'acier fabriqué industriellement n'a pas d'influence notable sur la malléabilité à chaud ; il est rare d'ailleurs que la teneur dépasse 0,4 %. On a constaté en plusieurs circonstances que du fer renfermant 1 % de phosphore se laisse encore assez bien travailler au rouge et au blanc pourvu qu'il ne contienne pas d'autres corps nuisibles.

Le *soufre* est l'ennemi le plus redoutable du fer au point de vue de sa malléabilité à chaud ; nous avons indiqué, p. 327, T. I, qu'on a reconnu que le fer exempt de manganèse commence à être légèrement rouverin, lorsqu'il contient 0,02 % de soufre [3]. Il n'est pas douteux que, dans un fer de ce genre obtenu par soudage, une proportion de 0,10 % de soufre détermine le caractère rouverin.

Il est certainement difficile de faire des observations bien exactes sur l'influence d'aussi petites doses de ce métalloïde, parce que le fer renferme ordinairement en même temps d'autres éléments qui jouent un rôle analogue, tels que le cuivre, l'arsenic et l'antimoine. Le manganèse se comporte tout différemment ; d'après les expériences de Wasum [1], les fers qui contiennent à la fois du soufre et du manganèse en proportions diverses donnent lieu aux observations suivantes :

COMPOSITION CHIMIQUE						MALLÉABILITÉ
C	Si	Ph	Cu	Mn	S	A CHAUD
0,280	0,160	0,049	0,050	0,634	0,119	Bonne.
0,393	0,141	0,065	0,040	0,695	0,158	id.
0,258	0,136	0,043	0,076	0,500	0,201	Métal très rouverin.
0,307	0,075	0,039	0,057	0,488	0,214	id. id.
0,224	0,089	0,030	0,066	0,480	0,231	Extrêmement rouverin, tombe en morceaux.

[1] *Journal of the Iron and Steel Institute*, 1887, I, p. 44.
[2] *Journal of the Chemical Society*, 1877, p. 142.
[3] Cette observation a été faite par le professeur Eggertz ; *Jern Kontorets annaler*, 1860, p. 15.
[4] *Stahl und Eisen*, 1882, p. 192.

Les procédés de fabrication du fer par soudage ne se prêtent pas à ce que le métal renferme du manganèse ; il n'en est pas de même du métal fondu auquel on fait généralement des additions manganésées, aussi ce dernier est-il moins sensible à l'influence du soufre.

Nous avons fait remarquer page 326, T. I que le fer sulfureux, quoique rouverin, se laisse convenablement travailler à la forge à la chaleur blanche.

L'*oxygène* agit comme le soufre, mais avec moins d'énergie, sur la malléabilité à chaud. Une quantité de 0,1 °/₀ d'oxygène correspondant à 0,5 °/₀ de protoxyde de fer suffit à rendre le fer rouverin ; à la chaleur blanche, le forgeage se fait sans difficulté. Ce n'est d'ailleurs que dans le métal qui a subi la fusion que l'oxygène peut se rencontrer.

Si, à un métal oxydé, on ajoute une proportion suffisante de manganèse, l'oxyde de fer en dissolution est décomposé et le caractère rouverin disparaît : pour obtenir ce résultat, il est nécessaire d'employer un excès de manganèse ; on peut également décomposer l'oxyde de fer par des additions de silicium ou d'aluminium, mais aucun de ces deux corps ne fait disparaître l'état rouverin résultant de la présence du soufre ; le silicium employé seul ne produit aucune amélioration sur un métal rendu fragile à chaud par la présence de l'oxygène.

C'est, croyons-nous, dans le Bulletin de l'Industrie minérale, tome XI (1866) qu'a été signalée pour la première fois, comme réaction dominante de l'opération Bessemer, la combustion du fer et la présence dans le métal, à tout instant de l'opération, de l'oxyde de fer, présence que l'analyse chimique révélait et à laquelle nous n'avons pas hésité à attribuer le caractère rouverin du métal coulé sans addition préalable manganésée. C'est à la suite de ces observations que nous avons compris et expliqué le rôle du manganèse.

(Voir Bulletin de l'Industrie minérale 2ᵉ série, t. III. Gautier, Les alliages ferrométalliques). (V.)

L'*arsenic* produit sur la malléabilité à chaud le même effet que le soufre et peut être également combattu par le manganèse. Harbord et Tucker ont examiné trois échantillons de fers très malléables auxquels on avait ajouté de l'arsenic et reconnu qu'ils avaient presqu'entièrement perdu leur malléabilité. Ces fers avaient la composition suivante :

	1	2	3
Carbone. . .	0,066	0,080	0,100
Phosphore. .	0,056	0,078	0,079
Manganèse. .	0,140	0,120	0,120
Soufre . . .	0,054	0,046	0,039
Arsenic . . .	0,050	0,083	0,148

L'oxygène n'a pas été dosé, il est probable que cet élément a joué un rôle dans l'apparition de l'état rouverin. Par contre, un échantillon contenant

0.170 °/₀ d'arsenic, 0,031 de soufre et 0,123 de carbone est devenu malléable à chaud lorsque sa teneur en manganèse a été élevée à 0,350 °/₀ [1].

On n'a pas encore recherché si le manganèse atténuait le manque de malléabilité provoqué par la présence de l'*antimoine*.

Wasum a étudié, sur cinq échantillons de compositions différentes, l'influence du *cuivre* seul, ou du cuivre et du soufre, sur la malléabilité à chaud ; les résultats qu'il a obtenus et qui sont consignés dans le tableau suivant sont très instructifs.

COMPOSITION CHIMIQUE						MALLÉABILITÉ
C	Si	Ph	Mn	S	Cu	à chaud.
0,276	0,144	0,064	0,778	0,059	0,452	très bonne.
0,233	0,091	0,050	0 709	0,060	0,862	bonne, légère tendance au rouverin.
0,311	0,051	0,061	0,514	0,107	0,849	id. id.
0,281	0,169	0,059	0,594	0,170	0.429	rouverin, peut encore être utilisé.
0,235	0,164	0,045	0,468	0,173	0,573	id . id.
0,262	0,131	0,052	0,635	0,189	0,406	id . id .

On voit que 0,452 °/₀ de cuivre avec 0,059 de soufre n'ont pas eu d'influence fâcheuse parce qu'en même temps le métal contenait, dans le premier échantillon, 0,778 de manganèse ; 0,862 de cuivre avec mêmes doses de soufre et de manganèse n'ont que faiblement diminué la malléabilité à chaud ; si la teneur en manganèse diminue cette qualité disparaît rapidement [2].

Choubley a trouvé, de son côté, qu'on pouvait travailler avec succès à la forge, à la température rouge et au-dessus, les échantillons contenant :

Cuivre de. . . .   0.360 à 0,480
Carbone de. . .   0.500 à 0,600
Soufre de .   .   0,050 à 0.070
Manganèse de. .   0,360 à 0,540 [3].

Nous avons indiqué, pages 339 et 340, T. I, qu'il suffisait de faibles quantités d'*étain*, de *bismuth* ou de *zinc* pour diminuer la malléabilité du fer à chaud.

Quant au *manganèse*, on croit généralement qu'il augmente cette propriété parce qu'il neutralise par sa présence la fâcheuse influence du soufre, de l'arsenic et du cuivre, mais cela n'est exact que dans certaines conditions.

[1] *Journal of the Iron and Steel Institute*, 1888, T. I.
[2] *Stahl und Eisen*, 1882, p. 192.
[3] Bulletin de la Société de l'industrie minérale 1884, mars. Les essais ont été faits à dessein sur des aciers renfermant environ 0,200 °/₀ de phosphore pour vérifier si le cuivre, en présence du phosphore, produirait des résultats plus mauvais que dans les expériences de Wasum.

Une proportion modérée de ce corps, environ 0,700 °/₀ ou un peu plus, améliore certainement la malléabilité d'un fer relativement chargé d'éléments nuisibles, mais une proportion plus forte de manganèse rend le métal moins malléable en ce sens qu'il devient plus difficile de modifier sa forme et qu'il faut une quantité de travail plus considérable pour produire l'étirage.

Comme il n'a pas été possible, jusqu'à présent, de fabriquer un fer riche en manganèse sans le charger en même temps d'une forte proportion de carbone, on n'a pu estimer exactement l'effet produit sur la malléabilité par le manganèse seul. D'après Howe, l'acier au manganèse se forge bien à la température jaune, mais il est plus dur à travailler que celui qui ne contient que du carbone, et il se brise sous le marteau à la chaleur blanche [1].

Hadfield a préparé des éprouvettes forgées qui contenaient 22 °/₀ de manganèse et 2 °/₀ de carbone [2].

Le *nickel* a peu d'influence sur la malléabilité à chaud ; on a pu forger des alliages contenant 4,59 °/₀ de nickel et 0,35 de carbone ; d'après Riley, cependant, on ne doit chauffer et forger qu'avec précaution un fer contenant 25 °/₀ de nickel [3]. On avait cru remarquer autrefois que de très petites quantités de nickel rendaient le fer rouverin ; cette erreur provenait de ce que le nickel qu'on produisait à cette époque renfermait toujours du soufre, de l'arsenic et du cuivre que l'on introduisait dans le bain de fer.

L'*aluminium* ajouté au métal fondu en forte proportion diminue sa malléabilité à chaud. Hadfield a reconnu que cette propriété disparaît lorsque la teneur en aluminium s'élève à 5 °/₀, mais à la dose de 2,2 °/₀, la proportion de carbone étant de 0,24, ce corps n'empêche pas le fer de se laisser travailler convenablement à chaud.

Comme le manganèse, le *chrome* augmente la résistance que le métal oppose aux déformations, ce qui équivaut à une diminution dans la malléabilité, mais celle-ci est peu sensible si on veut ne pas tenir compte de la plus grande somme de travail exigé par l'étirage. Le chrome ne rend jamais le fer rouverin, cependant le fer très chargé de chrome résiste moins bien à la chaleur que celui qui en contient de moindres quantités. Il est juste d'ajouter que les alliages riches en chrome qu'on a obtenus jusqu'à ce jour sont, en même temps, très carburés, ce qui ne permet pas de dégager nettement l'influence du chrome seul.

D'après les essais d'Hadfield, un acier chromé contenant 11,1 °/₀ de chrome et 1,27 °/₀ de carbone se forge bien; la malléabilité à chaud devient très faible lorsque la proportion de chrome s'élève à 15,1 °/₀, tandis que celle du carbone est de 1,79 ; elle disparaît tout à fait avec 16,7 du premier de ces corps et

---

[1] *Stahl und Eisen*, 1891, p. 994.
[2] *Journal of the Iron and Steel Institute*, 1888, II, p. 52.
[3] *Journal of the Iron and Steel Institute*, 1889, I, p. 46.

2,12 du second. D'autres expérimentateurs sont arrivés au même résultat [1].

Le *tungstène* se comporte comme le chrome. D'après Howe, l'acier wolframé à 7 % de tungstène et 2 % de carbone se forge bien à la chaleur jaune
mais cesse d'être malléable au blanc [2]. Cette perte de malléabilité tient autant à la forte proportion de carbone qu'à la présence du tungstène.

Ce n'est pas toujours chose facile que de découvrir la raison pour laquelle
un fer est rouverin, car il existe un grand nombre de corps dont la présence
détermine cet état ; si le métal en renferme plusieurs à la fois, il suffit d'une
très petite quantité de chacun d'eux pour le rendre peu malléable à chaud.
Il arrive même fréquemment que deux échantillons de même composition
chimique se comportent à la forge de façons très différentes comme le
montre l'exemple suivant :

NATURE DES ÉCHANTILLONS	C	Si	Mn	Ph	S	As	Sb	Cu	O
Acier Martin rouverin. . . .	0,10	0,06	0,29	0,17	0,07	0,02	0,03	0,18	n. d.
Acier Martin se comportant bien à la forge, de même usine	0,21	0,03	0,55	0,15	0,05	0,03	0 04	0,16	n. d.

L'échantillon rouverin contenait plus de soufre et moins de manganèse, il
pouvait renfermer un peu plus d'oxygène [3].

Les corps étrangers qui se trouvent interposés entre les fibres ou les grains
du fer et qui ne se liquéfient pas à la température à laquelle on forge le
métal, empêchent l'adhérence des parties métalliques entre elles et provoquent la formation de pailles ou de criques. Ce défaut se manifeste surtout
dans les échantillons de faible section : on dit alors que le métal est *lâche* ou
mou ; il se comporte un peu comme le fer rouverin, mais on aurait tort de le
confondre avec ce dernier comme on le fait trop souvent. Ce défaut se rencontre la plupart du temps dans le fer obtenu par soudage au contact de
scories *sèches,* c'est-à-dire basiques et surtout calcaires et qui sont trop peu
fusibles pour se liquéfier et s'écouler pendant le travail d'étirage. La présence
de ces scories détermine des criques sur les angles pendant le forgeage ou le

---

On trouvera dans la métallurgie de l'acier de Howe un grand nombre de résultats d'expériences qui, en général, confirment ceux que nous venons d'indiquer ; voir p. 92 de la traduction française.

[2] Métallurgie de l'acier, traduction française, p. 98.

[3] Les analyses de ces deux aciers ont été faites par l'auteur, malheureusement on ne connaît
pas, pour le dosage de l'oxygène, de méthode facile à appliquer et dont les résultats soient
certains. Voir à ce sujet : *Stahl und Eisen*, 1882, p. 193 ; 1893, p. 294.

laminage des échantillons de faible section, tandis que les gros échantillons se comportent très bien.

Un fer cornière mince provenant de soudage et dont les bords étaient très criqués, avait la composition suivante :

C	Si	Mn	S	As	Sb	Cu
n. d.	0,00	traces	0,023	0,020	0,019	0,056

l'analyse a été faite par l'auteur [1]. Ce métal ne contenait que de très faibles doses des éléments qui rendent le fer rouverin, mais il renfermait 0,41 °/₀ de scories dans lesquelles nous avons trouvé :

$$\text{Silice} \ldots \ldots \ldots \ldots \quad 15,2 \text{ °/}_\text{o},$$
$$\text{Acide phosphorique} \ldots \ldots \quad 26,0 \text{ »,}$$
$$\text{Chaux} \ldots \ldots \ldots \ldots \quad 4,0 \text{ »,}$$

de l'alumine et, comme de raison, des oxydes de fer. On ne peut guère attribuer qu'à la présence de ces scories la production des criques sur les bords de la cornière ; le fer n'était pas rouverin, il était lâche et mou.

Tous les fers deviennent plus ou moins cassants lorsque, pendant l'étirage à chaud, ils arrivent à la température de 300 à 400°, c'est-à-dire au-dessous du rouge ; il se forme des criques que, fort souvent, on ne distingue pas, mais qui plus tard peuvent déterminer des cassures ; à cette température, le fer supporte moins bien la déformation que lorsqu'il est froid. Des barres, qui, à la température ordinaire et au rouge, résistent parfaitement au pliage complet, c'est-à-dire obtenu de telle façon que les deux parties voisines du pli viennent en contact absolu l'une avec l'autre, se brisent bien avant d'avoir atteint cette limite lorsqu'elles se trouvent à ce degré de chaleur critique (entre 300 et 400°).

Le même fait se constate pendant l'étirage [2] ; on dit alors que le fer casse au *bleu*, parce que, si le métal est dépouillé de la couche de battitures qui l'enveloppe et s'il arrive au contact de l'air à cette température, il se couvre d'une pellicule bleue, le bleu du recuit.

On doit tenir compte de cette propriété du fer lorsque sa température s'abaisse au-dessous du rouge pendant qu'on lui fait subir une déformation qui exige un travail prolongé, comme par exemple, un étirage au marteau ou au laminoir, un pliage, un travail de chaudronnerie, etc. Dans ce cas, il faut réchauffer la pièce avant de poursuivre l'opération, sans quoi on risquerait fort

---

[1] Comme nous l'avons déjà fait remarquer, l'oxygène ne peut être combiné au fer obtenu par soudage ; lorsqu'on en a reconnu dans un métal de ce genre, il provenait de la scorie interposée.

[2] On trouvera dans *Glasers annalen für Geiverbe und Bauwesen*, T. XX, p. 21, le compte rendu d'expériences faites sur ce sujet.

de la détériorer. Un grand nombre d'accidents se sont produits parce qu'on a négligé de prendre cette précaution. (Explosions de chaudières, ruptures de pièces soumises à des efforts de traction ou de compression.)

C'est en 1875 que nous avons eu, par hasard, l'occasion de reconnaître l'existence d'une certaine fragilité des fers et des aciers, de quelque provenance et de quelque qualité qu'ils fussent, à la température voisine de 300°; nous avons, à cette époque, signalé ce phénomène singulier dans un Bulletin mensuel de l'Industrie minérale appelant l'attention des constructeurs sur le danger qui pouvait en résulter dans certaines circonstances. Lorsqu'on chauffe au rouge vif une barre de fer ou d'acier par une de ses extrémités dans un feu de forge, et, qu'après l'avoir retirée du feu on la replie sur elle-même successivement en partant de la partie la plus chaude et s'avançant vers celle qui est complètement froide, comme l'indique la figure ci-dessus, il arrive un moment où il se produit, sur le pli, des criques ou une cassure complète; au-delà, c'est-à-dire, sur une partie de la barre plus froide, le pliage continue à se faire sans difficulté. Une étude plus complète a permis de fixer entre des limites très étroites de température la production de cette fragilité spéciale qu'on a désignée sous le nom de fragilité *au bleu*. (Voir Howe, *Métallurgie de l'acier*, traduction française de Hock, page 292, et *Génie civil*, tome VI, p. 413.) V.

4. — Soudage.

On dit qu'un métal peut se souder lorsqu'en soumettant deux fragments à l'action d'une force extérieure suffisante, on réussit à les unir de façon à ne former qu'un seul corps; il est nécessaire de rapprocher par une pression convenable les molécules appartenant aux deux surfaces de contact, de telle sorte que les attractions moléculaires entrent en jeu. Pour que les deux surfaces s'appliquent bien exactement l'une sur l'autre, il est utile que les deux corps se trouvent dans un certain état de ramollissement qu'on réalise en élevant leur température jusqu'à un degré particulier [1].

Tous les métaux ne sont pas susceptibles de se souder avec la même facilité; un grand nombre d'entre eux, en effet, lorsqu'ils atteignent une certaine température, passent brusquement de l'état solide à l'état liquide, tandis que le soudage ne s'obtient que si la matière est dans un état de ramollissement suffisant.

Certains fers se soudent avec plus de facilité que quelque métal que ce soit, et cette propriété, éminemment précieuse, est utilisée tant pour la fabrication même du métal que pour son emploi ultérieur.

Il existe entre les diverses sortes de fer et d'acier, comme entre les autres métaux, de grandes différences au point de vue de la facilité du soudage, sui-

---

[1] Certains corps qui ne sont pas des métaux, tels que le verre, la cire, le bitume, etc., jouissent de propriétés semblables à celle des métaux soudables; en les ramollissant par la chaleur on peut réunir ensemble des fragments de ces corps.

vant que le passage de l'état solide à l'état liquide est plus ou moins brusque. En général, les fers se soudent d'autant plus aisément que ce changement d'état se fait plus graduellement sous l'action de la chaleur ; plus le métal se ramollit avant d'arriver à la fusion et plus le soudage est facile à obtenir; d'où l'on peut conclure que le *fer le plus pur est celui qui se soude le mieux*. Nous savons en effet que la plupart des éléments étrangers qu'on rencontre alliés au fer en abaissent la température de fusion ; ils augmentent en outre la dureté et la fragilité du métal lorsqu'il approche du point de fusion, d'où résulte un plus rapide changement d'état ; aussi ne peut-on souder ni la fonte, ni l'acier très chargé d'éléments étrangers.

Remarquons d'ailleurs qu'une même proportion de ces corps étrangers ne produit pas nécessairement le même effet au point de vue de la soudabilité, ce qu'il est aisé de concevoir puisque chacun d'eux abaisse, d'une façon qui lui est particulière, le point de fusion et agit différemment sur la dureté de l'alliage dans le voisinage de ce même point.

Plus un fer contient de carbone et moins il est facile à souder. Un acier à 1 % peut cependant se souder sans grands efforts s'il ne contient pas d'autres éléments qui interviennent pour augmenter la difficulté ; on peut même encore souder de l'acier à 1,2 % de carbone; au-delà, ce n'est plus possible ; lorsqu'un acier renferme certains éléments qui nuisent à sa soudabilité, on ne peut même atteindre cette proportion de carbone.

L'influence du *silicium* sur le soudage n'est pas toujours identique à elle-même ; la présence de ce corps produit un résultat tout différent suivant qu'il préexistait dans le métal au moment de sa fabrication, ou qu'il a été ajouté à la fin d'une opération, alors que celui-ci était plus ou moins chargé d'oxygène (p. 183, T.II). Dans le premier cas, le fer peut contenir une assez forte proportion de silicium sans que son soudage devienne plus difficile, tandis que dans le second, une très faible quantité de silicium rend tout soudage impossible.

Mrazek assure qu'on peut réussir à souder du fer exempt de manganèse et contenant 7,42 % de silicium avec des traces de carbone; il avait obtenu ce produit en fondant du fil de fer avec du quartz, du spath-fluor et du sodium.

Un acier Bessemer de Neuberg, contenant 0,97 % de silicium, 0,47 % de carbone et 0,94 % de manganèse, a été essayé par le même expérimentateur et se soudait parfaitement sans aucun artifice spécial [1] ; mais lorsqu'Hadfield prépara, pour les essais qu'il poursuivait à Sheffield, des fers chargés de doses différentes de silicium, en partant d'un fer fabriqué par soudage et par conséquent pauvre en carbone et en manganèse, l'amenant à l'état de fusion et y ajoutant du ferro-silicium, il constata que le produit obtenu ne pouvait être

---

[1] *Jahrbuch der œsterr. Bergakademieen*, T. XX, p. 408.

soudé dès que la proportion de silicium s'élevait à 0,2 %[1]. La pratique confirme la justesse de ces observations : si, en effet, on transforme en fer ou en acier, a haute température, une fonte très riche en silicium et si on arrête l'affinage avant que ce corps ait été complètement éliminé, le produit se soude généralement bien, alors même que la teneur en silicium est assez élevée ; si, au contraire, on fait une addition de ferro-silicium dans un bain complètement décarburé et par conséquent contenant de l'oxygène, on reconnaît ordinairement que le métal n'est pas soudable ; c'est ce qui explique ce fait surprenant au premier abord, qu'un fer carburé contenant une assez forte proportion de silicium, se soude mieux, plus facilement, qu'un autre à moindre teneur en carbone renfermant la même quantité de silicium.

Un fer carburé ne doit contenir que très peu de silicium pour être soudable : il est rare qu'on en trouve plus de 0,02 % dans le fer doux très soudable. L'auteur a essayé neuf échantillons de fer de ce genre, ils contenaient en moyenne 0,01 % de silicium et 0,14 de carbone ; cinq échantillons de fer impossible à souder contenaient 0,11 % de silicium et 0,22 % de carbone[2].

Dans un fer peu carburé, le *phosphore* n'a que peu d'influence sur la faculté de souder ; un fer obtenu par soudage contenant 0,4 de phosphore et 0,1 de carbone, ou moins encore, se soude facilement[3] ; néanmoins, les fers contenant du carbone en plus forte proportion voient leur soudabilité diminuer lorsqu'ils sont en même temps phosphoreux.

Le *soufre* qui rend le fer rouverin n'a que peu d'influence sur la soudabilité, parce qu'il n'empêche pas le travail de forgeage à la température blanche qui convient au soudage du fer peu carburé ; en trop forte proportion cependant il peut avoir des inconvénients, mais comme on évite, en général, de laisser dans le fer obtenu par soudage plus de 0,10 de soufre et dans le métal fondu plus de 0,04, parce qu'à dose plus forte, le métal serait trop rouverin, ces faibles quantités sont sans influence sensible sur la soudabilité.

Holley a constaté que 0,046 % de soufre n'empêche pas de souder du fer ordinaire[4], et même, d'après les expériences d'Harbord et de Tucker, un fer fondu renfermant 0,123 de soufre et 0,51 de manganèse, se souderait encore facilement[5].

L'*oxygène*, à l'état de protoxyde de fer, agit de la même façon que le soufre : dans un fer carburé, qu'on peut porter à la température du blanc sou-

---

[1] *Journal of the Iron and Steel Institute*, 1889, II, p. 222.

[2] *Glasers Annalen für Gewerbe und Bauwesen*, T. X, p. 181.

[3] La proportion de phosphore qu'on trouve dans le fer ou l'acier obtenus par soudage, provient toujours en partie de la scorie interposée qui est généralement très chargée de cet élément. On trouvera des détails à ce sujet dans le chapitre III.

[4] *Transactions of the American Institute of mining Engineers*, T. VI, p. 111.

[5] *Journal of the Iron and Steel Institute*, 1886, p. 701.

dant sans qu'il cesse d'être malléable, de petites quantités d'oxygène sont sans influence sur la soudabilité.

Un fer fondu, obtenu par le procédé Bessemer-Thomas, contenant 0,037 de carbone et 0,244 d'oxygène, qui se brisait sous le marteau au rouge, se soudait sans difficulté à la chaleur blanche [1].

L'*arsenic* et l'*antimoine* rendent le soudage très difficile ; Akerman l'a trouvé impossible pour un fer contenant 0,05 d'arsenic [2] ; les essais de Harbord et Tucker établissent, d'un autre côté, qu'un fer fondu renfermant 0,123 de carbone avec 0,350 % de manganèse et 0,171 d'arsenic peut être soudé avec quelques précautions, mais que la soudabilité diminue rapidement, si la dose de ce dernier élément devient plus forte [3].

De très faibles proportions d'*étain* s'opposent absolument au soudage. Les recherches à ce sujet ont été peu nombreuses parce que l'étain ne peut se trouver dans le fer que par suite de négligence dans la fabrication [4].

La quantité de *cuivre* qui peut se trouver alliée au fer et qui ne dépasse pas 0,4 % n'a que peu d'influence sur la soudabilité.

Holley a constaté qu'un fer obtenu par soudage, dans lequel il y avait 0,31 % de cuivre et 0,03 de carbone, exempt d'ailleurs de tout autre élément nuisible, se soudait convenablement ; il est vrai que d'autres échantillons de même composition se sont moins bien comportés [5]. L'auteur a essayé, de son côté, un échantillon de fer fondu qui renfermait 0,36 % de cuivre avec 0,10 de carbone, très peu de soufre et de phosphore et pas de silicium ; le soudage s'obtenait sans difficulté [6].

Lorsque la teneur en *manganèse* dépasse 1 %, le métal devient difficile à souder ; l'échantillon d'acier sur lequel Mrazek a fait des expériences et qui contenait 0,94 de manganèse et 0,97 de silicium avec 0,47 de carbone se soudait assez bien ; il en était de même d'un morceau de fer fondu dans lequel on trouvait 0,785 % de manganèse, 0,026 de silicium et 0,153 de carbone, essayé par Ratcliffe [7]. Un autre se soudait également bien avec 0,70 de manganèse, 0,47 de carbone et 0,12 de silicium (essayé par l'auteur).

On admet en général que, pour obtenir un soudage facile, il faut abaisser autant que possible la teneur en manganèse, surtout pour le fer qui exige, pour se souder, une température plus élevée que l'acier. Dans un fer contenant 0,10 de carbone, la teneur en manganèse ne devrait pas dépasser 0,4 %.

[1] *Jahrbuch für Berg- und Hüttenwesen im Königreiche Sachsen auf das Jahr 1883*, p. 22.
[2] *Journal of the Iron and Steel Institute*, 1888, p. 195.
[3] *Journal of the Iron and Steel Institute*, 1888, I, p. 186.
[4] *Transactions of the American Institute of mining Engineers*, T. V, p. 454.
[5] *Transactions of the American Institute of mining Engineers*, T. VI, p. 115.
[6] *Glasers Annalen für Gewerbe und Bauwesen*, T. X, p. 181.
[7] *Journal of the Iron and Steel Institute*, 1879.

Les observations multipliées faites dans les forges conduisent à admettre que l'influence du manganèse comme celle du silicium varie avec la façon dont ce corps a été introduit dans le métal ; si sa présence résulte d'une addition faite dans un métal oxydé, ayant laissé un excès de manganèse, la soudabilité est moins complète que lorsque cet élément était primitivement associé au fer. Il n'a pas encore été fait d'expériences suivies et complètes sur ce sujet.

Les doses de *nickel* inférieures à 1 % ne diminuent pas d'une manière sensible la soudabilité ; des proportions croissantes la font disparaître peu à peu [1].

Il suffit de 0,5 % de *chrome* et même d'une moindre quantité pour empêcher le soudage. Hadfield a constaté qu'un fer renfermant 0,29 % de chrome avec 0,16 de carbone, 0,07 de silicium et 0,29 de manganèse était impossible à souder .

L'*aluminium* produit un effet analogue ; un échantillon dans lequel se trouvaient 0,61 % d'aluminium, 0,20 de carbone, 0,20 de silicium et 0,11 de manganèse, essayé au point de vue du soudage par Hadfield, a donné un résultat absolument négatif ; il faut admettre que de moindres quantités seraient tout aussi pernicieuses [2].

Le *tungstène* semble avoir une influence moins fâcheuse ; jusqu'à présent on n'a guère eu l'occasion de faire des expériences à ce sujet sur du fer wolframé peu carburé, mais on a pu souder de l'acier contenant 7,8 % de tungstène et 1,9 % de carbone en employant le soudage électrique [3].

Pour que le soudage réussisse, il faut que les surfaces mises en contact soient débarrassées des oxydes et de tous les corps étrangers qui les couvrent ; les moyens mécaniques, la lime par exemple, ne suffisent pas à assurer ce résultat, parce que le fer se couvre d'oxyde à des températures bien inférieures à celle qu'on doit atteindre pour le soudage. On est donc obligé de recourir à un artifice qui consiste à saupoudrer les surfaces qu'on veut mettre en contact avec une substance pulvérulente capable de former avec l'oxyde de fer une scorie liquide qui est éliminée par la pression ou par le choc du marteau. On donne à ces substances le nom de *poudres à souder ;* leur composition varie suivant la température à laquelle doit s'opérer le soudage et qui est d'autant moins élevée que le métal est plus carburé ; si on peut réunir les pièces à un degré de chaleur voisin du blanc, on n'a, comme

[1] *Journal of the Iron and Steel Institute*, 1889, I.
[2] *Journal of the Iron and Steel Institute*, 1890, II, p. 180.
[3] Howe. métallurgie de l'acier, édition française, p. 98.
Il ne faut pas oublier qu'on peut souder ensemble par l'électricité, qui produit une véritable fusion, des corps qui ne peuvent l'être par les procédés ordinaires et qu'on déclare non soudables. L'acier à 1,9 % de carbone, sans tungstène, ne se soude pas dans le sens ordinaire de ce mot.

poudre à souder, que l'embarras du choix, du sable ou de l'argile pulvérisée suffisent ; le fer obtenu par un procédé de soudage, généralement peu carburé et chargé de scories, se soude sans aucun artifice ; sa propre scorie suffit pour décaper les surfaces et mettre le métal à nu lorsqu'elle est chassée par la pression ou le choc du marteau ; c'est ce qui explique pourquoi ce genre de fer se soude généralement avec plus de facilité que celui qui a subi une fusion et ne contient plus de scories [1].

Une *chaude suante* est en général le signe d'un soudage s'effectuant dans de bonnes conditions ; on y voit, sous l'action du marteau ou du laminoir, la scorie s'échapper en abondance entre les deux surfaces que l'on veut réunir.

La chaleur blanche est celle qui convient le mieux pour souder le fer peu carburé obtenu lui-même par soudage. La chaleur jaune est la meilleure pour l'acier de dureté moyenne, celle qui est rouge-vif, voisine du jaune, est la seule qu'on puisse appliquer à l'acier dur.

Le fer fondu, même très peu carburé, ne supporte pas aussi bien que l'autre, une haute température.

Les diverses poudres à souder recommandées pour l'acier sont de compositions fort variables ; elles contiennent ordinairement des alcalis qui ont la propriété d'abaisser le point de fusion des scories ; on y fait également entrer de la baryte qui augmente la fluidité, du borax, de l'acide borique dont l'action dissolvante est connue ; on y ajoute aussi fréquemment des corps capables de fournir du carbone pour compenser ce que le métal peut perdre pendant qu'il est incandescent ; à cet effet on emploie le prussiate de potasse ou simplement la colophane.

On obtient une poudre, qui donne de bons résultats, en mélangeant : six parties de borax avec sept parties de limaille de fer. Nous donnons ci-dessous la composition de quelques autres poudres :

1		2	
Acide borique.	41,5	Borax.	8
Sel marin	35,0	Prussiate de potasse.	1
Prussiate de potasse. . .	15,5	Sel ammoniac . .	1
Carbonate de soude calciné.	8,5		

Le soudage est un excellent moyen de réparer les pièces brisées, de réunir

[1] Il faut ajouter que le métal fondu renferme, presque toujours, en plus fortes proportions un certain nombre de corps étrangers qui font obstacle au soudage, tels que le manganèse, le silicium, le soufre, etc. En outre, on ne peut traiter ce genre de métal de la même façon que celui obtenu par soudage ; le fer fondu doit être chauffé rapidement et martelé à coups fortement portés et répétés. Aussi les ouvriers, habitués à travailler seulement du fer ou de l'acier obtenus par soudage, déclarent-ils fréquemment insoudable un métal fondu, fer ou acier, que d'autres, au contraire, en opérant convenablement, soudent avec la plus grande facilité. Pour les détails sur le soudage consulter : *Mittheilungen des mechanisch-technischen Laboratoriums der technischen Hochschulen zu München*, chap. XII (*Bauschinger*).

les extrémités de pièces annulaires et aussi de débarrasser le fer des scories qu'il renferme lorsqu'il a été obtenu sans fusion. C'est en effet le travail mécanique, c'est-à-dire l'étirage à chaud, qui permet de chasser la scorie interposée, ce à quoi il réussit d'autant mieux que ce travail est poussé plus loin et la section plus réduite. Pour obtenir ce résultat, on commence par étirer le fer brut en barres minces carrées ou plates que l'on coupe et dont on forme des paquets dont un nouvel étirage permet de souder les éléments ; cette opération, à laquelle on donne le nom de *corroyage*, est répétée autant de fois qu'on le juge nécessaire et on finit par obtenir un métal plus pur et de meilleure qualité que s'il provenait, sans corroyage, du métal brut sortant du four d'affinage.

On utilise aussi, en les soudant, des débris de fer, des ferrailles, etc., et on produit ainsi un métal de qualité améliorée.

Faisons remarquer cependant qu'en général, lorsque deux morceaux de fer ont été réunis par un soudage, on ne peut s'assurer que l'opération est réussie qu'en faisant subir à la pièce des essais mécaniques, et il faut admettre que *quelque bonne que soit une soudure, le métal n'a jamais, au point où elle a été effectuée, la même résistance, la même ténacité que dans les autres parties ;* il arrive fréquemment qu'on peut séparer l'une de l'autre deux parties de métal paraissant bien soudées en faisant subir simplement au point de soudure une série de flexions.

La commission chargée de l'étude de ces questions par *l'Union pour le développement de l'industrie* est arrivée à la suite de nombreuses expériences aux conclusions suivantes :

La résistance d'un fer obtenu par fusion, non soudé, contenant environ 0,2 % de carbone, de 0,2 à 0,3 de manganèse, c'est-à-dire moyennement dur, est égale à celle du même métal soudé multipliée par 1,725.

La résistance d'un fer fondu non soudé, contenant environ 0,1 de carbone et 0,2 de manganèse, est égale à celle du même métal soudé multipliée par 1,410.

La résistance d'un fer obtenu par un procédé de soudage dans une partie où l'on n'a pas fait de soudure, est égale à celle du même fer dans une partie soudée multipliée par 1,229 [1].

Bien qu'on puisse peut-être attribuer les moins bons résultats obtenus sur le métal fondu soudé à une mauvaise exécution des soudages, il n'en est pas moins vrai que les conclusions de la commission se sont trouvées confirmées par les constatations ultérieures.

En résumé, le fer fondu, qui n'a besoin d'être corroyé ni soudé puis-

[1] *Verhandlungen d. Vereins z. Beförderung d. Gewerbfleisses*, 1883, p. 46.
[2] On en trouvera des exemples dans le travail déjà cité : *Mittheilungen des mechanisch-technischen Laboratoriums des technischen Hochschule zu München*, chap. XII.

qu'il ne contient pas de scories, est supérieur, au point de vue de la ténacité et de la résistance à l'usure, au fer obtenu par soudage. Les objets fabriqués en métal fondu durent un temps beaucoup plus long. Chacun sait qu'on voit les rails en acier fabriqués avec du métal soudé s'effeuiller sous l'action des roues, les plans de soudages s'ouvrant peu à peu ; il en est de même pour toutes les pièces soumises à une usure résultant d'actions mécaniques répétées.

5. — Température de fusion.

La température de fusion du fer et de l'acier dépend principalement de la proportion de carbone que contient le métal, les autres corps dont l'influence pourrait la modifier ne se rencontrant la plupart du temps qu'en trop faibles proportions ; elle est généralement comprise entre 1330 et 1480°. Le Chatelier a trouvé les nombres suivants :

1475° pour un fer à 0,1 % de carbone
1455° id. acier à 0,3 % id.
1410° id. id. à 0,9 % id. [1]

Osmond indique 1420° pour un acier à 0,7 % de carbone, 1380° pour un autre contenant :

Chrome   .   .   .   .   .   .   3,19 %
Carbone   .   .   .   .   .   .   0,77 %
Silicium   .   .   .   .   .   .   0,50 %
Manganèse.   .   .   .   .   .   0,61 %

Un acier à 1,3 % de carbone et ne contenant que des traces d'autres corps étrangers doit fondre vers 1360°.

6. — Dureté, Trempe et Recuit.

Le fer pur est relativement mou, mais sa dureté s'accroît à mesure qu'il s'allie à des corps étrangers ; nous avons exposé dans la première partie de cet ouvrage, pages 315, 320, 322, 337, 338, T. I, l'influence que chacun d'eux exerce sur la dureté du fer ; on a vu que, parmi ces éléments que l'on rencontre unis au fer, le carbone et le manganèse sont les principaux et que tous deux, le premier surtout sous la forme de carbone de trempe, ont une action prépondérante sur cette propriété du métal ; on a vu aussi que la dureté provoquée par le second n'augmente pas proportionnellement à la teneur, car elle est plus faible pour un fer tenant 10 % de manganèse que pour celui qui en contient 6 %, et elle augmente de nouveau au-dessus de 10.

[1] Comptes rendus, T. CXL, p. 471.

Dans certaines circonstances et, dans le but d'augmenter la dureté du métal, on ajoute à l'acier en fusion, du manganèse, du tunsgtène, du chrome ou du nickel, et on obtient ainsi des aciers au manganèse, au tungstène, au chrome ou au nickel.

L'acier au *manganèse* a été rarement employé jusqu'ici; on en coule cependant des roues de tramways et d'autres objets moulés qui ont à résister plutôt à l'usure qu'aux chocs ; dans ce cas le métal renferme 10 % de manganèse ; on emploie également ce métal après forgeage pour faire des boulons de pont, des essieux de voiture, etc [1]. Nous donnons ci-dessous la composition de deux aciers au manganèse.

	Mn	C	Si	S	Ph
Acier laminé de Sheffield .	12,35	1,20	0,36	0,06	0,08
Acier laminé de Hœrde . .	10,61	1,27	0,04	0,03	0,02

L'acier au *tungstène* est souvent employé pour la fabrication des outils dont le tranchant ne doit pas être aigu et qu'on destine à travailler des métaux très durs, comme par exemple la fonte trempée. Il contient de 2 à 9 % de tungstène et quelquefois davantage, sa dureté est considérable ; les fortes teneurs rayent le verre sans être trempées ; on ne les soumet guère à cette épreuve qu'ils supporteraient difficilement sans se rompre.

Lorsque, pour fabriquer cet acier, on emploie un alliage de fer et de tungstène fabriqué avec du wolfram, on y trouve, en général, de 1 à 2 % de manganèse (p. 338, T. 1). On admet que la présence de ce dernier corps diminue la fragilité et augmente la malléabilité à chaud. Nous donnons ci-dessous la composition de quelques outils faits avec de l'acier au tungstène.

PROVENANCE DES ACIERS	NOM DE L'AUTEUR de l'analyse.	COMPOSITION			
		C	Si	W	Mn
Acier au tungstène de Bochum	Ledebur	1,43	0,19	1,94	0,44
id. id. de Styrie	id.	1,20	0,21	6,45	0,35
id. id. d'Angleterre. . . .	id.	1,70	0,82	8,25	1,26
id. id. id. . . .	Gintl	0,38	0,76	8,74	2,48
id. id. id. . .	Heeren	0,42	0,76	8,81	2,57

Acier au *chrome*. — Cet acier, dans lequel la proportion de chrome dépasse rarement 2 % et est souvent inférieure à 1 %, est employé quelquefois à la confection de certains outils, moins souvent cependant que celui au tungstène ; on en fabrique également des tôles qui ont besoin de posséder une dureté

[1] *Stahl und Eisen*, 1891, p. 993.

exceptionnelle pour coffres-forts, blindages, etc., enfin des projectiles destinés
à perforer des blindages en métal dur.

On a essayé, mais sans succès, d'appliquer aussi cet acier à d'autres usages, comme les ressorts, les bandages de roues de wagons, etc. Selon Hadfield le chrome seul ne permet pas d'obtenir un acier de grande dureté, mais
celle-ci devient extrême par la présence simultanée du chrome et du carbone ;
elle dépasse alors celle que le carbone seul peut donner [1].

COMPOSITION DE QUELQUES ACIERS AU CHROME

PROVENANCE DES ACIERS	NOM DE L'AUTEUR de l'analyse.	COMPOSITION			
		C	Cr	Mn	Si
Unieux (Loire)	Brustlein	0,60	2,20	n. d.	n. d.
Brooklyn (Etats-Unis)	Thurston	0,63	1,04	0,05	0,15
id. id.	id.	0,44	0,92	0,03	0,12
id. id.	Howe. Cet acier contenait 0,73 W.	0,29	1,32	0,15	0,15

Acier au *nickel*. — Depuis 1885 on se sert d'acier au nickel pour la fabrication de certaines plaques de blindage. De même que le chrome, le nickel augmente la dureté, surtout lorsque l'acier contient en même temps une certaine proportion de carbone, aussi les plaques de blindage au nickel ont-elles
une teneur en carbone d'au moins 0,5 %. Ci-dessous trois exemples :

ACIERS AU NICKEL	C	Ni	Mn	Si	Ph	S
Plaque de blindage.	0,90	2,39	1,05	0,06	0,02	0,01
id.	0,88	2,50	1,10	0,08	0,02	0,02
id.	0,26	2,67	0,79	0,05	0,07	0,01

Nous entendons par *dureté naturelle* d'un fer ou d'un acier celle que possède le métal lorsqu'il a été refroidi à l'air après avoir été coulé ou après
avoir subi un étirage à la chaleur rouge ; la dureté augmente en effet par
l'application d'un travail mécanique capable de modifier la forme, exécuté à
froid, ou par un refroidissement brusque opéré sur un métal alors qu'il est à
la température de 700° environ ; une immersion dans l'eau détermine une

[1] *Stahl und Eisen*, 1893, p. 21.

augmentation de dureté considérable surtout lorsque la proportion de carbone est élevée.

Celle qui résulte d'un travail à froid est une propriété commune à la plupart des métaux ; elle varie cependant de l'un à l'autre et, pour le fer en particulier, dépend de sa composition. Plus la dureté naturelle est grande et plus rapidement elle croîtra sous l'influence d'un travail à froid ; or nous avons vu que la plupart des éléments étrangers associés au fer augmentent sa dureté, ses alliages avec le carbone, le manganèse, le chrome, le tungstène verront donc leur dureté exaltée par l'application d'un étirage à basse température.

C'est là un fait de la plus haute importance ; comme nous l'avons indiqué et comme nous aurons occasion de le répéter, à une plus grande dureté correspond une fragilité croissante, si bien qu'on serait amené dans la plupart des cas à renoncer au travail à froid si on ne possédait un moyen simple de ramener la dureté à ce qu'elle était dans le principe ; il suffit, en effet, pour obtenir ce résultat, de soumettre le métal à une température variable avec sa nature, mais qui pour le fer et les métaux dont le point de fusion est élevé, est le plus souvent la chaleur rouge.

Quant au durcissement résultant d'un refroidissement brusque, c'est-à-dire de la trempe, nous avons admis qu'il devait servir à distinguer l'acier du fer ; lorsque le métal ne contient pas d'autres corps étrangers que le carbone, la teneur limite de celui-ci pour que la trempe soit bien nette est 0,5 % : pour la même dose de carbone, l'acier obtenu par fusion est plus sensible que celui provenant d'un procédé de soudage.

C'est grâce au changement d'état du carbone provoqué par la trempe que se produit le durcissement de l'acier (pages 307 et 309, T. I). Le fer ou l'acier incandescent ne contient que du carbone de trempe qui se transforme peu à peu en carbone de carbure par un refroidissement lent, celui-ci se sépare du métal ; il demeure d'autant moins de carbone de trempe que la température s'est abaissée moins rapidement. Les résultats d'analyses de fers et d'aciers avant et après la trempe, que nous avons donnés page 311, T. I, mettent ce phénomène parfaitement en relief. La dureté augmente en même temps que la proportion de carbone de trempe ; il en résulte qu'aucun corps ne peut, à ce point de vue, produire le même effet que le carbone et que, à mesure que le métal est moins carburé, il devient moins apte à acquérir de la dureté ; il existe cependant un certain nombre de corps dont la présence exalte l'action du carbone parce qu'ils lui communiquent une propension particulière à demeurer, en plus grande proportion, à l'état de carbone de trempe, ou en d'autres termes parce qu'ils rendent plus difficile sa transformation en carbone de carbure [1].

[1] Comme on le voit par les analyses de la page 311, il reste toujours du carbone de carbure

Ce sont surtout le manganèse et le chrome qui produisent cet effet; si nous nous reportons aux analyses de la page 311, nous voyons que, dans l'acier à outils non trempé contenant 0,11 °/₀ de manganèse, la proportion entre le carbone de trempe et celui à l'état de carbure était $\dfrac{0,22}{0,71} = 0,3$, dans le même acier trempé elle devient $\dfrac{0,68}{0,38} = 1,7$; tandis que dans les expériences de Mukai, sur un métal contenant 10,6 °/₀ de manganèse et 1,2 °/₀ de carbone total, cette même proportion était de $\dfrac{0,07}{0,59} = 1,1$ avant la trempe et est devenue $\dfrac{0,82}{0,28} = 2,9$ après [1].

On peut conclure des expériences de Hadfield que nous avons fréquemment citées, que le chrome agit de même sur la manière dont le carbone se comporte ; un acier, renfermant 2 °/₀ de chrome ou un peu plus et 0,77 °/₀ de carbone, acquiert déjà par simple refroidissement au contact de l'air une plus grande dureté lorsque la section de l'échantillon est mince que lorsqu'elle est épaisse ; dans ce dernier cas le refroidissement est en effet plus lent.

Le tungstène paraît agir de la même façon.

Il faut que l'acier trempé soit très carburé pour qu'il puisse rayer le verre; les Allemands, cependant, désignent par l'expression *Glashärte* (dureté du verre), la dureté de tout acier trempé qui n'a pas subi de recuit.

Il ne peut jamais y avoir de trempe si l'acier n'est pas à la température convenable au moment où on le refroidit brusquement. Cette opération faite à une température trop basse n'augmente nullement la dureté et, en général, ne produit aucun effet. Si, au contraire, on pratique l'immersion à un degré de chaleur trop élevé, la dureté n'est pas accrue et on s'expose à altérer le métal. Lorsqu'on trempe à l'eau de l'acier trop chaud, l'effet du refroidissement n'est pas aussi vif, parce que l'excès de chaleur que possède le métal est employé à réchauffer l'eau et lorsque l'acier se trouve arrivé à la température à laquelle la trempe peut se produire normalement, l'abaissement de température n'est plus assez brusque dans une eau insuffisamment froide ; il en résulte que le durcissement est moindre.

Dans la pratique, c'est à la couleur du métal incandescent que l'on juge s'il est à la température normale convenant à la trempe, la couleur rouge som-

---

dans l'acier trempé et un acier donné acquiert une dureté d'autant plus grande que la proportion entre son carbone de carbure et celui de trempe est plus faible.

[1] *Studien über Manganstahl*, p. 18. Dans un autre acier au manganèse contenant 12,3 °/₀ de ce corps et environ 1,2 °/₀ de carbone, la différence n'était pas aussi sensible ; avant la trempe on avait le rapport $\dfrac{0,42}{0,77} = 0,5$ et après $\dfrac{0,75}{0,41} = 1,8$.

bre est celle qui convient à l'acier dur et le rouge cerise au métal plus doux.

La trempe provoque des tensions dans les pièces qui y sont soumises parce que le refroidissement brusque qu'elle exige se fait forcément d'une façon irrégulière ; il en résulte qu'elles seraient exposées à se briser si on les mettait en service immédiatement telles qu'elles sortent du bain de trempe. On fait disparaître ces tensions en réchauffant avec précaution les objets trempés ; c'est ce qu'on appelle le recuit. Nous devons ajouter que cette dernière opération fait perdre au métal une partie de la dureté qu'on lui avait communiquée, et cela d'autant plus que le recuit a été fait à une température plus élevée ; la durée même de ce recuit joue un rôle important. Lorsqu'on désire réduire la dureté d'un acier jusqu'à un point déterminé, on doit le plonger dans l'eau dès qu'il a atteint la température convenable, sans quoi il continuerait à s'adoucir quand bien même la température du métal resterait la même.

Le recuit a pour effet de transformer en carbone de carbure une certaine quantité de carbone de trempe (voir les analyses de la page 311) et un refroidissement brusque, après le recuit, ne durcit pas le métal parce que la température de recuit est beaucoup plus basse que celle de trempe.

Lorsque l'acier trempé est soumis à une élévation de température même insignifiante, sa dureté diminue : si on l'y maintient longtemps, ou si on répète souvent cette opération, la perte de dureté devient importante ; une bonne ménagère n'ignore pas, bien qu'elle n'en saisisse pas le motif, que des couteaux de table cessent de couper convenablement si on les lave souvent à l'eau bouillante au lieu de les tremper dans l'eau tiède.

Les Allemands désignent par le nom de *Anlasshärte* la dureté après recuit ; celle-ci se rapproche d'autant plus de la dureté naturelle que le recuit a été fait à un degré de chaleur plus élevé et qu'il a été plus prolongé.

Le degré de recuit se reconnaît à la coloration que prend l'acier dans les points dépourvus d'oxyde, coloration qui est due à la formation d'une pellicule d'oxyde qui s'épaissit en changeant de teinte, à mesure que la température s'élève ; bien que ces colorations ne soient pas exactement les mêmes pour les différentes sortes d'acier aux mêmes degrés de chaleur, elles se succèdent néanmoins toujours dans le même ordre comme l'indique le tableau suivant :

Vers 200°, coloration jaune paille.

Id.	240°,	id.	jaune plus foncé.
Id.	250°,	id.	brun-clair.
Id.	265°,	id.	brun-rouge.
Id.	275°,	id.	rouge-pourpre.
Id.	285°,	id.	violet.

Vers 295°, coloration bleu de bluet.

Id. 315°,　id.　　bleu vif ou gris bleu.

Id. 330°,　id.　　gris.

Dès que les objets à recuire ont atteint la coloration convenable, il faut les plonger immédiatement dans l'eau pour éviter qu'ils ne continuent à s'adoucir sous l'influence prolongée de la chaleur ; sans cet artifice ils conserveraient moins de dureté qu'on ne désire.

Plus la dureté naturelle d'un acier est grande, ce qu'il doit à sa teneur en carbone, et plus la trempe augmentera la dureté ; plus aussi il en conservera après recuit à une couleur donnée. Il faut donc, pour obtenir un degré de dureté déterminé, que l'acier le plus dur soit le plus fortement recuit.

Les tensions provenant de la trempe et par conséquent les dangers de rupture diminuent en même temps que la température du recuit s'élève. A ce point de vue, il semble qu'on devrait employer pour tous les usages auxquels s'applique l'acier, du métal aussi dur que possible et le recuire au degré particulièrement convenable pour l'objet en vue. Mais il ne faut pas oublier que l'acier dur est plus cassant et plus sensible à l'influence des corps nuisibles et principalement du phosphore que celui qui a une moindre dureté naturelle ; il faut plus de précautions pour le fabriquer, le travailler et surtout pour le tremper et le recuire ; il coûte par conséquent plus cher et il est plus difficile à mettre en œuvre.

On choisit donc l'acier suivant l'emploi auquel on le destine et on le recuit en tenant compte de sa nature particulière et du service qu'on doit lui demander. Par exemple on prendra de l'acier à 1,2 ou 1,4 °/₀ de carbone pour confectionner des rasoirs et des instruments qui exigent une grande dureté et on les recuira au rouge-brun ; pour les mèches les plus dures et les outils de raboteuses, on choisira de l'acier à 1 °/₀ ou 1,2 °/₀ de carbone et le recuit sera fait au rouge-pourpre ou au jaune foncé, suivant qu'ils devront attaquer un métal plus ou moins dur ; de l'acier à 0,9 °/₀ de carbone recuit au rouge conviendra pour les fraises, les fleurets de mine et les limes [1] ; pour les coins de monnayage, le métal à 0,7 ou 0,8 °/₀ de carbone recuit au jaune sera préférable ; enfin pour les couteaux de table et les marteaux ordinaires on prend de l'acier à 0,6 ou 0,7 de carbone que l'on recuit au bleu.

Si l'acier est très dur et si le refroidissement qu'il subit au moment de la trempe est très considérable, le retrait inégal des différentes parties de la pièce peut provoquer des fissures à l'intérieur ou à l'extérieur et même la briser en morceaux. Ce danger est d'autant plus à redouter que la pièce a des épaisseurs plus différentes dans ses diverses parties.

En pareil cas, au lieu de tremper à l'eau froide, on emploie l'eau tiède ou

---

[1] Dans les limes on ne recuit au bleu que la queue, le reste ne subit aucun recuit.

des liquides moins bons conducteurs de la chaleur, comme l'eau de savon, un lait de chaux, l'huile. Au contraire, les aciers moins durs à l'état naturel, pour lesquels le danger de rupture est moins à craindre, peuvent acquérir une dureté plus grande par la trempe dans des liquides meilleurs conducteurs que l'eau pure, comme de l'eau mélangée d'acide sulfurique ou tout autre mélange analogue [1].

La trempe a pour effet de diminuer la densité de l'acier ; il semble que lorsque le métal a été dilaté par la chaleur et qu'on vient à le refroidir brusquement, la contraction ne puisse se faire aussi rapidement que la perte de chaleur ; cette contraction s'arrête naturellement dès que le métal est froid et les pièces trempées occupent un volume plus considérable que celles à l'état naturel. Ainsi un poinçon qui a été ajusté dans un trou ne peut plus passer quand il a été trempé ; un fil d'acier trempé ne passe plus par la filière d'où il est sorti ; il faut remarquer cependant que la longueur d'une barre ne change pas ; d'après Caron, elle augmenterait même ; un anneau en acier est d'un plus petit diamètre intérieur après la trempe qu'avant cette opération.

La densité de l'acier diminue donc d'autant plus que sa dureté naturelle est plus grande et qu'il a été trempé à plus haute température. Metcalf et Langley ont choisi des aciers de diverses natures, ils les ont chauffés à des températures différentes et noté les variations de leurs poids spécifiques ; ces résultats sont consignés dans le tableau suivant [2] :

DENSITÉS DES ACIERS SOUMIS A DIVERS TRAITEMENTS

TRAITEMENTS DIVERS	TENEURS EN CARBONE °/₀					
	0,529	0,649	0,841	0,871	1,005	1,079
Avant trempe	7,844	7,824	7,829	7,825	7,826	7,825
Trempé au rouge sombre	7,831	7,806	7,812	7,790	7,812	7,811
id. au rouge	7,826	7,849	7,808	7,773	7,789	7,798
id. au rouge vif	7,823	7,830	7,780	7,758	7,755	7,769
id. au jaune.	7,814	7,811	7,784	7,755	7,749	7,741
id. au blanc naissant. . .	7,818	7,791	7,789	7,752	7,744	7,690

Par contre, le recuit augmente la densité de l'acier et lui restitue celle qu'il possédait à l'état naturel s'il est poussé jusqu'à la température correspondante à la coloration grise.

---

[1] On trouvera des détails sur la trempe dans l'ouvrage de Fridolin Reiser, *Das Härten des Stahles*, Leipzig, 1881.

[2] *Zeitschr. d. berg-und huttenmannischen Vereins für Steiermark und Karnten*, 1880, p. 109.

Dans quelques usines en France et en Angleterre on a trempé les projectiles en acier et les plaques de blindage dans un bain de plomb fondu. Ce corps, meilleur conducteur que l'eau et l'huile, abaisse certainement la température de la pièce trempée plus rapidement jusqu'à son propre point de fusion (334°). Il résulte des épreuves qui ont été communiquées sur le métal traité de cette façon que la trempe au plomb donne au métal moins de résistance à la rupture et une plus faible limite d'élasticité que la trempe à l'huile, mais l'allongement est plus considérable ; d'après Howe on ne peut pas voir dans ce procédé de trempe une amélioration qu'on ne puisse obtenir par la trempe à l'huile suivie d'un recuit.

(Voir Howe, *Métallurgie de l'acier*, traduction française de Hock, page 462.) V.

Propriétés mécaniques.

(a) *Généralités.* — Au nombre des propriétés mécaniques des fers et des aciers, la plus importante est la résistance à la rupture ; c'est celle-là principalement que nous allons examiner présentement, sans oublier cependant qu'employés dans les constructions ces métaux doivent posséder d'autres propriétés étroitement liées à celle-ci et dont il est également nécessaire de tenir compte.

La ténacité, par exemple, n'est autre chose que la résistance qu'oppose à la rupture un corps dont la limite d'élasticité est dépassée. Ces deux propriétés, ténacité et résistance à la rupture proprement dite, varient suivant que le corps considéré est soumis à des efforts de traction, de compression, de flexion, etc.

Lorsqu'on fait une épreuve à la traction, on évalue la ténacité soit d'après l'allongement constaté, soit d'après la diminution de section au point de striction et au moment de la rupture. La ténacité a, jusqu'à un certain point, pour conséquence la ductilité, car plus un corps est tenace moins sa rupture est brusque et mieux il résiste aux efforts mécaniques, aux ébranlements violents, etc.

Pour bien saisir les avantages attachés à la ténacité, il suffit de remarquer que tout changement de forme supporté par un corps avant qu'il se rompe absorbe une certaine quantité de travail mécanique et que si la quantité de travail qu'il est susceptible d'absorber ainsi est égale ou supérieure à celle que met en jeu l'agent extérieur qui s'impose momentanément à ce corps, la rupture n'a pas lieu ; si au contraire le corps ne change pas de forme, le même effort mécanique produit la rupture.

Quant à la résistance au choc, l'expérience nous apprend qu'il ne suffit pas, pour l'apprécier, de constater le changement de forme qu'éprouve la pièce lorsqu'on la soumet à un essai à la traction ; il faut en même temps l'essayer directement par le choc.

La striction, c'est-à-dire la diminution de section observée dans les épreuves par traction, n'est pas toujours proportionnelle à l'allongement, parce que, suivant la nature du métal soumis à l'essai, cet allongement se produit sur une longueur plus ou moins grande du barreau essayé. Nous nous bornerons à ajouter que la comparaison entre les nombres qui indiquent la résistance et la striction ne peut permettre de juger la qualité relative des fers et des aciers qu'à la condition de soumettre aux essais des éprouvettes d'égales dimensions et surtout de sections égales.

La ténacité est en général d'autant plus grande que l'écart entre la limite d'élasticité et la résistance à la rupture est plus considérable; elle diminue donc lorsque la première s'élève sans que la seconde éprouve de modification.

L'élasticité est la propriété que possèdent les corps de supporter les changements de forme momentanés sous l'influence de forces extérieures dont l'effet n'atteint pas la limite d'élasticité. Ces changements de forme passagers absorbent également une certaine quantité de travail ; un corps doué d'élasticité est donc moins exposé à se briser qu'un autre qui ne jouirait de cette propriété qu'à un moindre degré.

Un corps est fragile s'il ne possède ni ténacité, ni élasticité, c'est-à-dire lorsqu'il ne peut supporter aucun changement de forme; sa limite d'élasticité est voisine de sa limite de résistance et son coefficient ou module d'élasticité est considérable.

La résistance du fer ou de l'acier à la rupture et les propriétés qui s'y rattachent dépendent de sa composition chimique, de la méthode employée pour sa fabrication et du travail mécanique auquel il a été soumis avant l'essai. La valeur de cette résistance varie donc dans des limites considérables; certains fers de peu de valeur, susceptibles cependant de quelques applications, ont une résistance à la rupture de 25^k par millimètre carré, tandis que certaines qualités d'acier atteignent et dépassent 180^k.

On peut admettre en général que les fers et les aciers présentant une résistance à la rupture élevée ne possèdent qu'une ténacité restreinte, et, réciproquement, qu'on ne rencontre une grande ténacité que dans le métal qui n'offre qu'une résistance à la rupture de valeur moyenne.

Le meilleur métal est celui qui réunit ces deux propriétés au maximum. Cette considération a souvent fait songer à déduire de la valeur de la résistance et de celle de la ténacité un nombre qui puisse servir de mesure à la qualité du métal. Wœhler a proposé de prendre pour base la somme de la résistance à la rupture par millimètre carré et de la diminution de section ou striction pour cent, et de regarder cette somme comme caractérisant la qualité. Par exemple, la qualité d'un fer présentant une résistance à la rupture de 57^k et une striction de 40 °/₀ serait représentée par la somme de ces deux nombres, c'est-à-dire 97 ; un autre échantillon rompant sous une charge de

43^k avec une striction de 45 °/₀ serait représenté, comme qualité, par le nombre 88, etc.

Suivant qu'un échantillon de fer ou d'acier est destiné à tel ou tel usage, il n'est pas indifférent qu'il possède une grande résistance à la rupture avec une moindre ténacité, ou une plus faible résistance, mais une ténacité supérieure. Il ne suffit donc pas d'imposer au nombre représentant la somme de ces deux qualités un certain minimum, encore faut-il déterminer une limite pour chacun de ces deux résultats du travail mécanique, résistance à la rupture et striction, au-dessous de laquelle il ne sera pas permis de descendre. La somme de ces deux minima doit rester au-dessous du chiffre qu'on exige dans la pratique.

Depuis 1878, dans un grand nombre de Compagnies de chemins de fer, on exige des fabricants que les fers ou les aciers qu'ils livrent satisfassent à des nombres calculés d'après la méthode de Wœhler et cette condition figure dans leurs cahiers des charges [1]; on a reproché, non sans raison, à cette pratique de confondre deux propriétés contraires, résistance à la traction et diminution de section, et on a ajouté que la valeur de la striction ne correspondait pas d'une manière nette à la résistance aux efforts violents [2].

Une méthode proposée par Tetmajer n'a pas été considérée comme beaucoup meilleure, elle consiste à prendre comme mesure de la qualité d'un métal le produit de l'allongement par la charge de rupture [3].

(b) *Influence du mode de fabrication.* — Nous ne pourrons indiquer en détail jusqu'à quel point les méthodes de fabrication influent sur les propriétés des produits que lorsque nous aurons décrit ces méthodes elles-mêmes, mais nous pouvons déclarer tout de suite qu'il existe des différences caractéristiques entre le métal, fer ou acier, obtenu par soudage et celui qui résulte d'un procédé de fusion.

Les produits de la première classe se composent d'une multitude de grains soudés les uns avec les autres, au milieu desquels reste de la scorie emprisonnée; pour se débarrasser de cette scorie, il est nécessaire la plupart du temps d'étirer le métal en barres minces que l'on soude de nouveau ensemble par un réchauffage et un nouvel étirage, or nous savons que chacune de ces opérations diminue la ténacité (p. 195, T. II). Les fers et les aciers obtenus par fusion ne contiennent pas de scories; leur qualité est donc supérieure à celle des métaux précédents, pourvu que leur composition chimique soit telle qu'elle convienne à l'usage en vue et pourvu que leur fabrication et les opérations successives auxquelles ils ont été soumis aient été exécutées avec les soins convenables; pour une même résistance, ces produits ont une plus

---

[1] Pour les détails consulter : *Glasers Annalen für Gewerbe und Bauwesen*, T. X, p. 68.
[2] *Stahl und Eisen*, 1883, p. 7 et 113; *Civil ingenieur*, 1884, p. 93.
[3] *Stahl und Eisen*, 1881, p. 100 et 190; 1882, p. 365.

grande ténacité et pour la même ténacité ils présentent une résistance supérieure à la rupture.

C'est ce qui ressort des propositions faites par les métallurgistes allemands pour les livraisons de ces deux classes de fers et d'aciers [1].

Le syndicat s'est arrêté aux chiffres suivants :

le fer pour constructions, obtenu par soudage, devra donner au moins 34[k] de résistance à la rupture par millimètre carré et s'allonger de 12 %;

le fer fondu, destiné au même usage, offrira comme résistance un minimum de 37[k] et un allongement de 20 % ;

pour les tôles de chaudière en fer soudé, on aura comme résistance au moins 30[k] et comme allongement 5 % ; celles en métal fondu devront donner 36[k] et 20 % d'allongement ; et ainsi de suite ; pour toutes les applications on rencontre des différences du même ordre entre les deux classes de métaux.

Si malgré cette supériorité admise du fer fondu, il se fabrique encore, dans le monde entier, autant de fer par soudage que par fusion, il en faut chercher la raison dans des considérations de diverses natures ; nous devons reconnaître tout d'abord que le fer et l'acier soudés se forgent et se soudent plus aisément ; ils ne sont pas susceptibles de se détériorer autant lorsqu'on les chauffe à trop haute température ; il en résulte que le forgeron rencontre moins de difficulté à les mettre en œuvre, sa peine est moindre ; ce genre de métal résiste mieux aux diverses influences qui peuvent en altérer la qualité au moment où l'on termine les pièces et où on les travaille à la couleur bleue (entre 300 et 400°) ; il est moins fragile, s'écrouit moins promptement par un étirage à froid ; il supporte mieux les tensions résultant d'un travail inégal dans ses différentes parties comme il arrive pour certaines tôles, tensions qui provoquent parfois des ruptures brusques des tôles en fer ou en acier fondu, comme si le métal était fragile.

C'est pour ne pas avoir tenu compte de ces différences en mettant en œuvre le fer ou l'acier fondus, qu'on s'est exposé à de mauvais résultats et qu'on a provoqué à l'égard de ce genre de métal un sentiment de méfiance qui ne disparaîtra entièrement que quand les ouvriers seront bien convaincus que le métal fondu doit être traité avec plus de soins et d'une manière spéciale.

(c) *Influence de la composition chimique.* — C'est dans le fer absolument pur qu'on rencontre le maximum de ténacité, mais sa résistance à la rupture n'est pas élevée. En s'alliant au fer, les éléments étrangers diminuent toujours la première de ces qualités, quelques-uns augmentent la seconde pourvu toutefois qu'ils n'y soient pas à trop forte dose ; pour chacun d'eux il existe

[1] Proposition pour les livraisons de fer et d'acier, rédigées par le syndicat des maîtres de forges allemands. Dusseldorf, 1893.

une teneur limite au delà de laquelle l'effet inverse commence à se produire. Cette teneur est plus faible pour les métalloïdes que pour les métaux et reste souvent au-dessous de 1 %.

Il est assez difficile d'ailleurs de déterminer ce maximum parce que, la plupart du temps, le fer renferme à la fois plusieurs corps qui lui sont alliés et que chacun d'eux exerce sur les propriétés du métal une influence différente.

Influence du carbone. — On admet généralement que, lorsque le fer ne contient que de faibles quantités d'autres éléments, la dose de carbone qui donne le maximum de résistance est d'environ 1 % ou un peu plus. On n'a fait d'expériences à ce sujet que sur des fers et des aciers produits par fusion. A mesure que la teneur en carbone augmente la ténacité diminue rapidement, elle disparaît presque complètement quand l'acier renferme 1 % de ce corps.

FERS ET ACIERS CARBURÉS [1]

NATURE des ECHANTILLONS	Longueur des éprouvettes entre repères.	COMPOSITION CHIMIQUE					PROPRIÉTÉS MÉCANIQUES		
		C	Mn	Ph	Si	S	Résistance à la rupture p^r mill. carré.	Charge par mill. carré à la limite d'élasticité.	Allongement p. °/₀ de la longueur primitive.
Métal Martin de Terrenoire	200ᵐᵐ	0,15	0,21	0,04	traces	traces	36,4	18,2	32,3
id. id.	id.	0,49	0,20	0,07	id.	id.	48,0	23,0	24,8
id. id.	id.	0,71	0,26	0,06	id.	id.	68,2	30,8	10,0
id. id.	id.	0,88	0,25	0,06	id.	id.	73,2	32,8	8,4
id. id.	id.	1,05	0,25	0,06	id.	id.	86,0	39,5	5,2
id. de Reschitza	250	0,12	n. d.	n. d.	n. d.	n. d.	49,17	20,10	31,0
id. id.	id.	0,28	id.	id.	id.	id.	49,58	23,58	28,6
id. id.	id.	0,50	id.	id.	id.	id.	54,44	23,58	23,8
id. id.	id.	0,75	id.	id.	id.	id.	69,79	25,70	17,3
id. id.	id.	1,00	id.	id.	id.	id.	77,85	28,06	2,7
id. id.	id.	1,15	id.	id.	id.	id.	60,35	36,06	»

Influence du silicium. — Il est rare que le fer ou l'acier renferme plus de 0,7 % de silicium, dose dont l'influence est faible quand le fer est peu carburé et peu manganésé. Hadfield a étudié des alliages à proportions croissantes de silicium et a obtenu les résultats consignés dans le tableau suivant[2] :

[1] Les chiffres de ce tableau sont extraits des documents publiés à l'occasion de l'exposition universelle de 1878 par les usines de Terrenoire et de Reschitza.
[2] *Journal of the Iron and Steel Institute*, 1889, p. 222.

FERS ET ACIERS SILICIÉS

NATURE des ÉCHANTILLONS	COMPOSITION CHIMIQUE					PROPRIÉTÉS MÉCANIQUES		
	C	Si	Mn	S	Ph	Résistance à la traction p. mmc	Limite d'élasticité p. mmc.	Allongement %/o sur 50 millim.
Ronds de 28ᵐᵐ 1/2.	0,14	0,19	0,14	0,08	0,05	51,81	34.54	30,07
id.	0,18	0,77	0,21	n. d.	n. d.	53,38	39,25	29,50
id.	0,19	1,57	0,28	id.	id.	58,87	43,96	31,10
id	0,20	2,14	0,25	0,06	0,04	62,01	48,67	18,18
id.	0,20	2,68	0,25	n. d.	n. d.	66,72	50,24	17,60
id.	0,21	3,40	0,29	id.	id.	74,57	54,94	11,10
id.	0,23	4,30	0,36	id.	id.	76,93	70,65	0,00
id.	0,26	5,08	0,29	0,06	0,04	75,36	indéterminable	0,30

Ce tableau est extrait du mémoire d'Hadfield qui renferme un beaucoup plus grand nombre de résultats. La plus grande résistance correspond à une teneur en silicium de 4,3 %, mais, dans ce métal, la limite d'élasticité est très voisine de la charge de rupture, il est donc très fragile. Si on compare ces résultats avec ceux du tableau précédent, on en peut conclure qu'à résistance égale le fer carburé a plus de ténacité que celui qui renferme du silicium : on ne tient donc pas à rencontrer de fortes proportions de silicium dans les fers qui doivent avoir une grande ténacité [1].

Influence du manganèse. — Le fer et l'acier fondus peuvent tenir jusqu'à 1 % de manganèse, dans le métal obtenu par soudage on n'en rencontre pas plus de 0,1 % surtout lorsqu'il est peu carburé. Le manganèse produit sur les qualités du fer les mêmes effets que le carbone, mais dans une moindre proportion; il augmente la résistance et diminue la ténacité, comme on peut le voir dans tableau suivant.

[1] Si on comparait entre eux, sans leur faire subir de correction, les nombres, qui dans ces deux tableaux expriment l'allongement pour cent, on serait induit en erreur; dans le premier en effet l'extension du métal a été rapportée en centièmes d'une longueur primitive qui était de 200 millimètres à Terrenoire, de 250 à Reschitza, tandis que les éprouvettes d'Hadfield n'avaient que 50 millimètres entre les repères. Plus la longueur est réduite et plus l'allongement paraît élevé.

FERS ET ACIERS MANGANÉSÉS

NATURE des ÉCHANTILLONS (long. entre repères 200mm.)	COMPOSITION CHIMIQUE				PROPRIÉTÉS MÉCANIQUES		
	Mn	C	Ph	Si	Résistance à la rupture p. mm°	Limite d'élasticité par mm°.	Allongement p.º/₀
Métal Martin de Terrenoire¹ en ronds de 20ᵐᵐ	0,52	0,45	0,06	traces	51,8	26,3	24,5
id.	1,06	0,46	0,07	id.	61,1	31,2	21,4
id.	1,30	0,51	0,06	id.	76,5	41,2	17,4
id.	2,01	0,56	0,06	id.	88,5	47,2	10,5
Acier fondu de Kapfenberg² .	0,30	1,00	0,09	0,26	90,7	n. d.	11,5
id.	2,33	0,71	0,04	0,43	96,1	n. d.	5,53

Hadfield a fait des essais sur des aciers au manganèse non trempés ; il mesurait les allongements sur une longueur de 200 millimètres ; nous donnons ci-dessous quelques-uns des résultats obtenus.

ACIERS AU MANGANÈSE (HADFIELD) [3]

NATURE DES ÉCHANTILLONS	Composition Chimique			PROP. MÉCANIQUES	
	C	Si	Mn	Résistance à la rupture p. mm°.	Allongement p. º/₀
Acier au manganèse	0,40	0,15	2,30	87ᵏ9	6,0
id.	0,40	0,09	3,89	59,5	1,0
id.	0,47	0,44	7,22	42,3	2,0
id.	0,61	0,30	9,37	51,8	5,0
id.	0,85	0,28	14,01	56,5	2,0
id.	1,60	0,26	19,10	81,6	1,0

Ces nombres ne permettent pas d'apprécier exactement l'influence du manganèse parce que chaque augmentation dans la proportion de ce corps est

---

¹ Extrait des documents de l'exposition de 1878 cités plus haut.
² A. v. Kerpely Ungarns Eisensteine und Eisenhuttenerzeugnisse, p. 78.
³ Journal of the Iron and Steel Institute, 1888, II, p. 70.

accompagnée par une plus forte teneur en carbone ; on voit cependant qu'au-delà de la proportion de 2 °/₀ de manganèse, la résistance a plutôt une tendance à décroître et que le métal devient immédiatement fragile.

Nous indiquerons dans le paragraphe intitulé : « Influence de la trempe », les modifications que produit dans ce genre d'acier, la trempe à l'eau.

Influence du chrome. — Il n'a pas été possible jusqu'à présent de se rendre un compte exact de l'influence du chrome parce qu'on n'a pas réussi à obtenir du fer très chargé de chrome qui ne soit pas en même temps très carburé ; on a cependant avancé qu'en ajoutant du chrome à du fer fondu on en augmente considérablement la résistance à la rupture sans que la fragilité accroisse aussi vite qu'avec le carbone.

La preuve de cette assertion reste cependant à faire. L'acier chromé renfermant de 1 à 6 °/₀ de chrome est doué incontestablement d'une grande résistance, mais il est au moins aussi fragile que l'acier au carbone correspondant. Nous donnons ci-dessous quelques-uns des résultats obtenus.

ACIERS CHROMÉS

NATURE des ÉCHANTILLONS	COMPOSITION CHIMIQUE				PROPRIÉTÉS MÉCANIQUES		
	C	Cr	Si	Mn	Résistance à la rupture par mm².	Limite d'élasticité par mme.	Allongement p. °/°
Acier chromé d'Hadfield[1], barreaux de 20ᵐᵐ	0,16	0,29	0,07	0,18	43,9	33,0	41,9
id.	0,12	0,84	0,08	0,18	49,5	34,5	40,0
id.	0,21	1,51	0,14	0,12	59,6	37,7	37,1
id.	0,41	3,17	0,18	0,28	100,5	47,1	21,6
id.	0,86	6,89	0,31	0,29	113,8	62,8	13,5
id.	0,71	9,18	0,36	0,25	95,8	47,1	17,6
Acier chromé de Brooklyn. .	1,01	0,35	traces	traces	84,2	54,8	13,7
id. de Dœhlen[2] . .	0,94	0,51	0,12	0,00	86,9	indéterminé	15,7

Influence du tungstène. — Dans tous les essais entrepris jusqu'à ce jour pour étudier l'influence du tungstène, on a employé des échantillons d'acier contenant en même temps du carbone ; on a constaté dans tous les cas une

---

[1] *Stahl und Eisen*, 1893, p. 20. L'allongement a été mesuré en partant d'une longueur de 51ᵐᵐ entre les repères. Cette dimension n'est pas indiquée pour les échantillons de Brooklyn et de Dœhlen.

[2] *Jahrbuch für Berg- und Hüttenwesen im Kœnigreiche Sachsen auf das Jahr* 1879, p. 115.

résistance assez élevée, mais en même temps beaucoup de fragilité ; ci-dessous trois exemples de ce métal [1] :

ACIER WOLFRAMÉ (OU AU TUNGSTÈNE)

NATURE des ÉCHANTILLONS	COMPOSITION CHIMIQUE				PROPRIÉTÉS MÉCANIQUES		
	W	C	Mn	Si	Résistance à la rupture par mm².	Limite d'élasticité par mm².	Allongement p. °/°
Acier au tungstène de Bochum .	1,94	1,43	0,44	0,19	96,53	indét.	3,0
id. provenance inconnue.	2,58	1,36	0,23	0 42	92,70	id .	2,0
id. de Styrie	6,45	1,20	0,34	0,21	133,9	55,1	0,7

Influence du nickel. — Bien que le nickel soit d'un prix beaucoup plus élevé que le fer, on a commencé dès 1885 à introduire ce métal dans le fer et dans l'acier fondus, soit au creuset, soit au four Martin, afin d'obtenir certaines pièces pour lesquelles le prix de revient est sans importance, et où on recherche principalement un métal dur, tenace, sans fragilité et supportant facilement le travail du laminage. Telles sont, par exemple, les plaques de blindage pour navires.

ACIERS AU NICKEL

NATURE DE L'ÉCHANTILLON	Composition Chimique.			Propriétés Mécaniques.		
	C	Ni	Mn	Résistance à la rupture par mm².	Limite d'élasticité par mm².	Allongement p. °/₀.
A. au nickel (usine française) Riley [2], laminé . .	0,35	3,0	0,57	80,3	49,4	sur 200ᵐᵐ indét.
id.	0,50	5,0	0,34	81,8	48,9	14,0
id.	0 27	25,0	0,85	80,9	60,1	10,5
A. au nickel, laminé et recuit (autre usine française) Gautier [3]	0,57	3,53	0,07	73,2	indét.	sur 100ᵐᵐ 16,5
id.	0,30	4,56	n. d.	57,6	indét.	19,0
id .	0,30	6,75	n. d.	59,8	indét.	19,0

[1] *Jahrbuch* (comme ci-dessus), p. 119. On n'indique pas la longueur sur laquelle a été mesuré l'allongement.
[2] *Stahl und Eisen*, 1889, p. 861.
[3] Les alliages ferro-métalliques. *Bulletin de l'industrie minérale.* S. 2, T. III, 3ᵉ livraison. F. Gautier.

Le nickel pouvant être obtenu à peu près exempt de carbone, il est plus facile avec ce métal qu'avec les précédents de régler le degré de carburation indépendamment de l'addition de nickel. Ce corps a en outre l'avantage de résister aux agents d'oxydation, si bien que la quantité ajoutée au bain de fer ou d'acier se retrouve intégralement dans le produit final.

Les résultats rassemblés dans le tableau ci-dessus ne montrent pas d'une façon bien nette l'influence du nickel sur les propriétés mécaniques, parce que les teneurs en carbone et en manganèse sont très variables et qu'en outre les indications contenues dans les divers mémoires auxquels nous empruntons ces chiffres sont remplies de contradictions.

Cependant, en comparant ces nombres avec ceux du tableau relatif aux aciers carburés, on peut conclure qu'en introduisant dans le métal de 3 à 5 °/₀ de nickel, on augmente notablement sa limite d'élasticité, sa résistance à la rupture, sans le rendre fragile ; mais ces teneurs semblent être la limite qu'il ne faut pas dépasser ; une plus forte proportion de nickel serait plus nuisible qu'utile. L'acier qui en contient 25 °/₀ n'a pas plus de résistance que celui qui en renferme 5 °/₀ et il est plus fragile.

Influence de l'aluminium. — Le prix de l'aluminium ayant considérablement baissé depuis quelque temps, on emploie ce métal dans différentes circonstances pour désoxyder le fer en fusion peu carburé ; on ne peut arriver d'une manière certaine à ce résultat qu'en ajoutant un excès de réactif ; il importe donc de connaître l'influence que ce qui reste de ce métal peut exercer sur le produit. Hadfield a fait des essais nombreux pour étudier cette question et les résultats qu'il a obtenus sont indiqués dans le tableau suivant[1].

ACIERS CONTENANT DE L'ALUMINIUM

NATURE de L'ÉCHANTILLON	COMPOSITION CHIMIQUE						PROPRIÉTÉS MÉCANIQUES		
	C	Al	Si	S	Ph	Mn	Résistance à la rupture p. mm².	Limite d'élasticité p. mm².	Allongement p. 100.
Barreau forgé, tourné à 20ᵐᵐ	0,22	0,15	0,09	n. d.	n. d.	0,07	45,5	32,9	36,7
id.	0,15	0,38	0,18	0,10	0,04	0,18	47,1	36,1	37,8
id.	0,20	0,61	0,12	n. d.	n. d.	0,11	43,9	33,7	38,4
id.	0,26	1,16	0,15	0,08	0,04	0,11	51,8	36,1	32,0
id.	0,21	1,60	0,18	n. d.	n. d.	0,18	48,6	31,4	32,7
id	0,24	2,24	0,18	id.	id.	0,32	51,0	33,7	20,6
id.	0,22	5,60	0,20	0,08	0,03	0,22	59,6	indét.	3,6

[1] *Journal of the Iron and Steel Institute*, 1890, II, p. 161.

On voit que l'aluminium a peu d'influence sur la résistance. cependant lorsque la teneur arrive à 2 °/₀, l'allongement diminue, par conséquent la ténacité doit être moindre, ce qui s'accorde du reste avec les observations qu'on peut tirer de la mesure de la striction après rupture, ainsi :

Avec une teneur de 1,60 °/₀, la striction était de 52,14 °/₀.

Avec   2,24,   elle se réduisait à 24,64.

Et avec   5,60,   elle devenait 3,96.

Influence du phosphore. — Ainsi que nous l'avons indiqué p. 322, T. I, le phosphore rend le fer fragile, cassant à froid ; son influence est d'autant plus sensible que le métal est plus carburé.

Il en résulte qu'elle se montre mieux dans l'acier que dans le fer doux et, pour que le métal puisse conserver quelque valeur, il doit contenir d'autant moins de phosphore que sa teneur en carbone est plus élevée.

Dès que la proportion de phosphore dépasse un certain chiffre, assez faible d'ailleurs, on voit diminuer la résistance à la flexion même sous une charge appliquée progressivement ; aussi considère-t-on cet élément comme un des ennemis les plus à redouter du fer et de l'acier.

On remarque en général que le métal obtenu par soudage paraît moins sensible à l'action du phosphore que celui qui provient d'un procédé de fusion, et que, par conséquent, on peut en tolérer de plus fortes teneurs dans le premier que dans le second. Dans le métal fondu, on considère une proportion de 0,2 °/₀ comme assez élevée et inadmissible lorsqu'on tient à la ténacité, tandis qu'un fer soudé contient parfois 0,3 et même 0,4 de phosphore ; il est dans ces conditions certainement fragile, mais il peut néanmoins être utilisé pour un certain nombre d'usages courants.

·Cette différence apparente de sensibilité tient en grande partie à ce que les méthodes ordinairement employées pour doser le phosphore ne permettent pas de distinguer ce qui est réellement allié au fer, de ce que contient la scorie emprisonnée entre les molécules du fer provenant de soudage ; en réalité. ce fer est moins phosphoreux qu'il ne paraît et que ne semble l'indiquer l'analyse. La scorie contient une grande quantité de phosphore quand elle résulte de l'affinage d'une fonte qui, elle-même, en renferme beaucoup [1] ; et sans aucun doute, on peut lui attribuer le quart ou le cinquième de la quantité trouvée dans un fer ou un acier dans lequel il est demeuré une proportion importante de scorie ; cette partie du phosphore est sans influence sur la qualité du métal. Ce sont précisément ces fers et ces aciers, dans lesquels il est resté beaucoup de scorie, qui passent pour les moins sensibles à la présence du phosphore.

Il est juste d'ajouter qu'on exige beaucoup plus comme propriétés méca-

---

[1] Pour plus de détails à ce sujet consulter *Stahl und Eisen*, 1890, p. 513.

niques des fers et des aciers fondus que de ceux obtenus par soudage ; la même dose de phosphore altère donc d'une façon plus saillante la qualité des premiers que celle des seconds.

On a émis l'idée que ce corps se trouvait peut-être sous des formes différentes dans ces deux sortes de métaux, de même que le carbone affecte des états divers dans les aciers et les fontes, et que c'était à cette cause qu'on devait attribuer ces variations dans l'influence du phosphore sur les propriétés du fer et de l'acier. Pour confirmer cette explication, il serait nécessaire d'entreprendre de nouvelles recherches, car celles qui ont été faites jusqu'à ce jour n'autorisent nullement à admettre que le phosphore subisse des changements d'état [1].

FERS ET ACIERS PHOSPHOREUX

NATURE des ÉCHANTILLONS	COMPOSITION CHIMIQUE				PROPRIÉTÉS MÉCANIQUES		
	Ph	C	Si	S	Résistance à la rupture p. mme.	Limite d'élasticité p. mme.	Allongement p. 100.
Fer de Suède affiné au bas foyer.	0,015	0,06	0,04	0,02	34,0	13,4	20,5
Id. id.	0,026	0,05	0,02	0,01	31,2	15,0	25,5
Id. puddlé.	0,016	0,07	0,10	0,00	33,2	15,6	22,0
Fer du Yorkshire puddlé (best).	0.090	0,07	0,06	n.d.	36,0	18,6	9,5
Id. id.	0,120	0,15	0,21	id.	38,9	17,7	9,5
Fer de Staffordshire puddlé . .	0,250	0,06	0,20	0,02	34,4	15,3	8,5

Tous les allongements ont été mesurés sur 200 millimètres. On ne remarque pas que la présence du phosphore, même à la dose de 0,25 °/₀, ait diminué la résistance à la rupture, mais on voit la ténacité baisser à mesure que la proportion de ce corps augmente, l'allongement devient de plus en plus faible [2].

. Bien que, depuis la découverte des procédés de déphosphoration, la fabrication du fer fondu phosphoreux ait perdu tout intérêt, nous croyons utile de rappeler les produits de ce genre obtenus à Terrenoire et dans quelques autres usines, et les résultats qu'ils donnaient aux essais à la traction et au choc, comparés à ceux des séries carburées et manganésées.

Comme la brochure dans laquelle ces divers résultats étaient exposés est diffi-

[1] Voir Stahl und Eisen, 1887, p. 180 et 1888, p. 182.
[2] Von Kerpely a obtenu des résultats du même genre dans les nombreux essais auxquels il a soumis des fers et des aciers de Hongrie. Ungarns Eisensteine und Eisenhüttenerzengnisse, p. 60.

cile à rencontrer aujourd'hui nous en reproduisons, dans le tableau suivant, quelques chiffres qui permettront de constater que, pourvu que le fer fût pauvre en carbone et suffisamment manganésé, on pouvait y laisser près de trois millièmes de phosphore sans arriver à la fragilité. Dans les essais à la traction L représente la limite d'élasticité, R la charge de rupture et a l'allongement °/$_o$. (V.)

		COMPOSITION CHIMIQUE			ESSAIS A LA TRACTION sur barrettes de 20^{mm} distance entre les repères 200^{mm}			ESSAIS AU CHOC	
		C.	Mn.	Ph.	L.	R.	a. °/$_o$	Hauteur de chute. Mètres.	Flèche avant rupture. Millim.
					K.	K.			
Série carburée. . . .		0,150	0,213	0,035	18,2	36,4	32,3	4,00	87,0
		0,490	0,200	0,070	23,0	48,0	24,8	4,00	62,0
		0,709	0,266	0,062	30,8	68,2	10,0	3,00	19,0
		0,875	0,250	0,055	32,8	73,2	8,4	2,50	12,0
		1,050	0,255	0,063	39,5	86,0	5,2	2,00	5,0
Série manganésée . .		0,450	0,521	0,067	26,3	51,8	24,5	4,00	63,0
		0,467	1,060	0,072	31,2	61,1	21,4	4,00	49,0
		0,515	1,305	0,061	41,2	76,5	17,4	3,00	20,5
		0,560	2,009	0,058	47,7	88,5	10,5	2,50	9,5
Série phosphorée . .		0,310	0,746	0,247	33,4	55,2	23,5	4,00	41,0
		0,274	0,800	0,273	36,2	56,2	24,0	2,50	29,0
		0,310	0,693	0,398	37,8	59,7	25,2	1,50	6,0

Influence du cuivre, du soufre et de l'arsenic. — Les aciers fabriqués industriellement contiennent en général de trop faibles quantités de ces éléments pour que leur présence puisse influer d'une manière sensible sur les propriétés mécaniques ; il n'est pas douteux, cependant, d'après ce que nous savons de leur action sur la malléabilité à chaud et sur la soudabilité, qu'on éprouverait des mécomptes si on en augmentait volontairement la proportion. Aussi n'a-t-il été fait que fort peu d'expériences sur l'influence que ces corps peuvent exercer sur la résistance des fers et des aciers.

Holtzer avait préparé pour l'exposition universelle de Paris en 1889 quelques éprouvettes désignées comme *acier au cuivre*, qui contenaient jusqu'à 4 °/$_o$ de ce dernier métal. Le résultat des essais auxquels on les soumit démontra qu'une addition de cuivre est sans utilité [1].

[1] On trouve quelques détails à ce sujet dans la métallurgie de l'acier de Howe (édition française, p. 457). Dans cet ouvrage, cependant, il n'existe pas d'indications de la teneur en carbone, en manganèse, etc., des éprouvettes essayées au point de vue de l'influence du cuivre ; la proportion même de ce dernier élément n'est pas nettement déterminée ; il en résulte que les nombres relatifs à la résistance à la rupture et aux autres propriétés mécaniques n'ont qu'une faible valeur, aussi n'avons-nous pas cru utile de les reproduire ici.

V. Kerpely a fait quelques études sur l'*influence du soufre* au point de vue de la résistance du fer et de l'acier fabriqués par les procédés de soudage. Il projetait dans un four à puddler une certaine quantité de ce corps qui se mêlait en partie à la charge, puis il faisait étirer le métal obtenu en barre ronde de 10 millimètres.

Le fer contenant 0,05 % de soufre avait comme résistance à la rupture 41^k,4 et comme allongement 21,5 % ; celui dans lequel la teneur en soufre était de 0,12 % présentait une résistance de 38^k et un allongement de 20,4 % ; enfin dans le métal à 0,49 % de soufre la résistance descendait à 36^k,6 et l'allongement à 11,6 %.

Ces résultats indiquent bien que la qualité du métal va en s'altérant à mesure qu'il contient une plus forte proportion de cet élément nuisible, mais comme, en résumé, le fer et l'acier ordinaire n'arrivent jamais à de pareilles teneurs, que son influence, à des doses moins fortes, sur la malléabilité à chaud et la soudabilité sont hors de toute comparaison avec celle qui résulte de ces essais sur la résistance, il n'y a pas lieu de s'y arrêter.

Harbord et Tucker ont étudié l'action de l'*arsenic* sur les propriétés mécaniques du fer et de l'acier ; la résistance à la traction opérée sans chocs ne paraissait pas sensiblement diminuée même à des teneurs de 0,9 % d'arsenic. mais la fragilité croissait très vite avec la proportion de ce corps.

La relation qui peut exister entre la composition chimique des fers et des aciers et leurs propriétés mécaniques a fait et fait encore aujourd'hui l'objet de nombreuses et intéressantes études. Nous citerons parmi les premières et les plus sérieuses celle que V. Deshayes a publiée en 1879 dans les Annales des mines (mars-avril) et, du même auteur, le travail sur le classement et emploi des aciers (Paris 1880). (V.)

(*d*). *Influence de la quantité de travail mécanique.* — *Tout travail qui produit dans le métal un changement de forme, en obligeant les molécules à glisser les unes sur les autres, par un forgeage au marteau, au laminoir, à la presse ou par un tréfilage, modifie ses propriétés mécaniques ; généralement la résistance augmente et la ténacité diminue.*

Ces modifications varient d'intensité avec la température à laquelle se fait le travail mécanique, elles sont d'autant plus profondes que le degré de chaleur est moins élevé, et la ténacité, par exemple, diminue considérablement au bleu (p. 188, T. II).

Si le travail s'exécute à la chaleur jaune ou à une autre plus élevée, il y a peu de changement dans les propriétés mécaniques ; il se produit cependant, dans la plupart des cas, une augmentation dans la résistance sans perte de ténacité ; la qualité du métal se trouve donc améliorée. C'est ce qui se passe lorsqu'on réchauffe à la température jaune des lingots de fer ou d'acier fondu et qu'on les soumet à un forgeage ou à un laminage : le grain devient plus fin, la résistance augmente sans que la ténacité diminue.

Ces modifications ne peuvent être attribuées qu'à des phénomènes d'ordre physique, car il n'y a pas de changement d'état du carbone comme lors de la trempe. Le travail mécanique produit d'ailleurs dans la plupart des métaux des changements analogues.

Wedding a pris des barres carrées de 42 millimètres de section et des a forgées à des températures diverses, puis essayées à la traction ; il a obtenu les résultats suivants [1] :

ESSAIS DE WEDDING SUR L'INFLUENCE DE LA TEMPÉRATURE DU TRAVAIL

NATURE DES ÉCHANTILLONS ESSAYÉS	Résistance à la traction par mmc.	Allongement p. 100 ; longeur primitive 50mmo.	Striction pour 100.
Barre carrée de 42mmo.	44k,5	21,9	57,8
Même barre forgée à froid en carré de 28mmo . . .	72 ,2	2,3	32,1
Même barre forgée au bleu en carré de 28mmo . .	53 ,5	5,9	54,1
Même barre forgée au rouge en carré de 28mmc . .	47 ,8	17,6	63,8

Sattmann a fait des essais sur des barrettes découpées dans les tôles de 10mm d'épaisseur ; les unes étaient en métal Martin à 0,19 °/° de carbone fabriqué sur sole acide, les autres en métal Martin à 0,15 °/° de carbone obtenu sur sole basique [2] ; nous donnons plus loin un tableau dans lequel sont présentés les résultats de ces essais.

En soumettant à la flexion des barrettes préparées comme celles de Wedding, Sattmann a constaté que l'échantillon d'acier Martin obtenu sur sole acide, forgé à la chaleur bleue, se rompait quand le pliage atteignait 160° ; le même métal chauffé à la teinte jaune du recuit s'est plié à 180°, mais il s'est produit quelques criques sur le pli ; l'acier Martin basique s'est comporté de la même façon. Tous les autres échantillons chauffés à plus haute ou plus basse température ont supporté le pliage à 180° sans crique.

Les résultats consignés sur ce tableau font ressortir nettement l'influence qu'exerce l'élaboration du métal à diverses températures ; la résistance augmente et l'allongement diminue si l'étirage se fait entre 10° et 600° ; l'altération la plus profonde se manifeste dans le cas où le travail a été appliqué à la chaleur jaune ou bleue du recuit (entre 200 et 320°). Au delà du rouge sombre, l'altération diminue, la striction devient même plus considérable qu'avant l'étirage.

[1] Procès-verbal des séances du Vereins für Beförderung des Gewerbfleisses, 1889, p. 91.
[2] Stahl und Eisen, 1892, p. 551.

ESSAIS DE SATTMANN SUR L'INFLUENCE DE LA TEMPÉRATURE DU TRAVAIL

CONDITIONS ET TEMPÉRATURES du TRAVAIL MÉCANIQUE	FER FONDU MARTIN					
	obtenu sur sole acide.			obtenu sur sole basique.		
	Résistance à la traction p. mm. c.	allongement p. 100 longueur primitive = 200ᵐᵐ	Striction p. 100.	Résistance à la traction p. mm. c.	allongement p. 100 longueur primitive = 200ᵐᵐ	Striction p. 100.
Barrettes avant forgeage (10ᵐᵐ d'épaisseur). . .	41,1	24,5	59,0	36,0	28,5	65,0
id. réduites à 9ᵐᵐ p forgeage à — 19°	41,5	15,0	59,8	39,8	19,5	64,0
id. id. id. + 10°	40,3	7,0	53,7	44,6	7,5	64,6
id. id id. environ + 40°	49,7	7,0	50,6	47,9	7,0	55,5
id. id. id. id. + 200° (jaune de recuit.)	58,4	4,0	37,8	48,4	7,0	57,2
id. id. id. id. + 320° (bleu de recuit.)	59,2	4,0	47,2	48,4	7,0	56,7
id. id. id. id. + 600° (rouge sombre.)	43,5	12,0	56,0	42,9	10,0	56,0
id. id. id. id. + 800° (rouge cerise.)	42,4	16,0	56,2	40,4	21,5	64,7
id. id. id. id. + 1000° (rouge vif.)	42,5	22,5	64,5	38,0	22,0	67,6
id. id. id. id. + 1100° (jaune.)	41,4	22,5	62,5	36,7	21,0	67,3
id. id. id. id + 1300° (blanc.)	41,5	18,5	61,0	36,2	19,5	68,9

Ce qui est étrange, c'est que le forgeage à la plus basse température a produit moins de changement que celui exécuté à 10°, température initiale. Ce fait aurait d'ailleurs besoin d'être confirmé par de nouvelles expériences [1].

Ces modifications dans les propriétés physiques se reconnaissent très nettement lorsqu'on pratique le tréfilage à la température ordinaire. La résistance augmente, la limite d'élasticité croît plus rapidement encore, si bien que le métal devient cassant. Howard a constaté qu'une verge de fer fondu

[1] Il est bon de faire remarquer que les températures indiquées sont celles que possédaient les échantillons au début du forgeage et que cette opération élevait d'autant plus leur température qu'ils étaient plus froids parce que leur chaleur spécifique était plus faible. Il peut se faire que ces barrettes, qui n'étaient pas très épaisses, soient arrivées au rouge par le fait d'un étirage rapide sous un marteau-pilon à grande vitesse ; Sattmann lui-même suppose que les échantillons forgés à + 10° ont pu atteindre la température dangereuse, c'est-à-dire s'échauffer au-dessus de 200° et que ceux qui étaient plus froids au début de l'étirage n'ont pu arriver à ce degré de chaleur.

passée par une filière qui réduisait à un diamètre de 49ᵐᵐ celui de 51ᵐᵐ,5 qu'elle possédait, avait éprouvé les changements indiqués ci-dessous :

	Avant tréfilage.	Après tréfilage
Limite d'élasticité p. mmc	19ᵏ	43ᵏ
Résistance à la traction id.	39ᵏ	51ᵏ
Allongement p. 100.	23,9 %	2,7 %
Striction p. 100.	42,9 %	33,5 %

Dans le tableau suivant nous reproduisons les résultats des essais comparatifs obtenus par Thurston sur le laminage à chaud et à froid [1].

COMPARAISON ENTRE LE LAMINAGE A CHAUD ET LE LAMINAGE A FROID
PAR THURSTON

CONDITIONS DES ESSAIS	Diamètre de l'éprouvette essayée au millim.	Limite d'élasticité p. mmc.	Résistance à la traction p. mmc.	Allongement p. 100.	Striction p. 100.	Essai au choc [2]
		K.	K.			
Laminé à chaud .	44,4	21,7	34,1	30,0	41,4	1920
à froid . .	id.	44,9	46,9	6,0	29,4	527
à chaud .	38,1	23,5	34,7	25,7	40,2	1572
à froid. .	id.	40,0	48,0	7,6	28,3	668
à chaud .	19,0	16,6	34,5	21,6	37,8	1169
à froid . .	id.	40,0	46,0	9,0	29,7	801
à chaud .	6,3	15,6	35,7	16,9	47,3	888
à froid. .	id.	35,7	45.3	3,4	29,6	264

Si on examine la colonne des essais au choc, on constate bien nettement que le laminage à froid augmente la fragilité.

Lorsqu'on travaille le fer à une température inférieure au rouge, son coefficient d'élasticité, c'est-à-dire la force nécessaire pour lui faire subir un changement de forme passager, augmente en même temps que la limite d'élasticité. Thurston a trouvé que, dans les essais rapportés ci-dessus, le coefficient d'élasticité était 4,2 fois plus grand pour un échantillon laminé à froid que pour le même étiré à chaud. Le fer traité à froid devient plus raide, il résiste davantage aux changements de forme. On met souvent à profit cette propriété ; c'est ainsi qu'on transforme en ressorts des fils de fer doux, qu'on en

---

[1] *Revue universelle des mines*, série II, T. XVIII (1885, II), p. 338.
[2] Les nombres inscrits dans cette colonne sont des kilogrammètres, ils représentent la quantité de kilogrammètres nécessaire pour amener la rupture.

fait des pointes de Paris, etc, en élevant le coefficient d'élasticité du métal par un trélilage à la température ordinaire.

De même on lamine à froid des arbres de transmission pour qu'ils résistent mieux à la torsion [1]. On emploie également des ronds laminés à froid pour tiges de piston et de soupapes, ce qui a l'avantage de supprimer le travail du tour.

Le perçage à froid au poinçon des pièces destinées à recevoir une rivure modifie d'une façon analogue les propriétés physiques du fer et de l'acier, ce qui doit être tenu en sérieuse considération ; autour du trou fait par le poinçon, le métal se trouve comprimé, la résistance est plus grande, mais il est devenu plus fragile. Barba a détaché cette portion de métal et les essais auxquels il l'a soumise lui ont démontré qu'elle était devenue entièrement cassante [2] ; on reconnait qu'à une certaine distance du trou le métal est plus doux que près du trou lui-même ; par conséquent, l'effort auquel on soumet la pièce se répartit de façon inégale ; la partie la moins dure s'étire et laisse porter toute la charge à celle qui est la plus fragile, ce qui provoque la rupture à l'endroit percé.

Lorsqu'on compare les conditions de résistance d'une plaque percée au poinçon et d'une autre qui n'a pas subi de perçage, on constate que la première a, non seulement moins de ténacité et donne moins d'allongement, mais encore une moindre résistance à la traction.

Plus le métal possède de résistance et de ténacité et plus grande est l'altération produite par le poinçonnage à froid. Tetmajer a reconnu que, dans une tôle obtenue par soudage, le poinçonnage diminue la résistance de 20 % [3]. Dans des recherches du même ordre, Considère a trouvé, pour diverses sortes de fers et d'aciers, les résultats consignés dans le tableau suivant :

INFLUENCE DU POINÇONNAGE A FROID, ÉTUDES DE CONSIDÈRE

NATURE DES ÉCHANTILLONS	Résistance par mm. c. avant poinçonnage	Perte de résistance p. 100
Fer de qualité supérieure fabriqué par soudage . . .	37,3 ᴷ	19
Fer à gros grains id.	41,0	21
Fer fondu très doux. C = 0,18 %. Mn = 0,27 %.	47,0	20
Id. doux. C = 0,22 %. Mn = 0,34 %.	52,5	22
Id. demi-doux. C = 0,33 %. Mn = 0,38 %.	60,0	33
Acier fondu. C = 0,66 %. Mn = 0,50 %.	81,7	34

[1] Voir Revue universelle des mines déjà citée. 2e série, T. XVIII, 1885.
[2] Étude sur l'emploi de l'acier dans les constructions. 1875.
[3] Stahl und Eisen, 1886, p. 176.

L'épaisseur de la pièce et le rapport entre cette épaisseur et le diamètre du trou exercent aussi une influence sur la perte de résistance due au poinçonnage à froid. Considère, dans les essais que nous venons de signaler, a observé que des fers de 1 millimètre d'épaisseur perdaient 12 %, tandis que la résistance diminuait de 22 % dans ceux de 8 millimètres.

Ces résultats sont fort importants; les chaudières à vapeur, les ponts, etc., construits avec des fers et des aciers réunis par des rivures dont les trous auraient simplement été percés au poinçon, seraient, par cela même, de résistance bien inférieure qui pourrait arriver à la fragilité.

On fait, d'ailleurs, disparaître ce danger en enlevant avec une mèche la partie du métal qui a subi une altération.

C'est ce qui ressort des essais de Hill sur des échantillons de fer fondu contenant 0,33 % de carbone.

Avant le poinçonnage il trouvait : résistance 58ᵏ,80, allongement 18,80 % ;
Après le poinçonnage (trous de 19ᵐᵐ) id.   42ᵏ,72   id.   3,10 % ;
Après élargissement à 20ᵐᵐ au moyen
d'une mèche . . . . id.   58ᵏ,31   id.   15,70%.[1]

Depuis que ces faits sont confirmés, il est de règle d'élargir, avec un outil tranchant, les trous faits au poinçon dans toutes les pièces qui exigent une certaine résistance ; même pour les plus grands trous de poinçon, il suffit d'enlever 1 millimètre tout autour.

Le tableau suivant montre les changements qui se produisent dans les pièces de fer ou d'acier fondu lorsqu'on les forge à très haute température[2] ; les échantillons qui ont servi à ces expériences étaient des lingots de fer ou d'acier Bessemer provenant de Fagersta (Suède) ; leur section primitive était un carré de 152ᵐᵐ de côté, on les amenait par le forgeage à n'avoir que 51ᵐᵐ ; les éprouvettes étaient toutes préparées sur le tour.

INFLUENCE DE L'ÉTIRAGE A HAUTE TEMPÉRATURE (KIRKALDY)

CONDITIONS DE L'ÉPREUVE	Teneur en carbone.	Limite d'élasticité p. mm. c.	Résistance à la traction p. mm. c.	Allongement p. 100 long. primit. 254 mm.	Striction p. 100.
Avant étirage	0,20	15,6	37,2	11,6	11,9
Après id.	0,20	27,7	42,1	22,5	61,3
Avant id.	0,40	19,9	38,8	3,4	4,2
Après id	0,40	27,6	52,7	17,9	52,5
Avant id.	0,60	27,3	46,8	1,7	2,3
Après id.	0,60	35,5	68,8	10,2	28,4
Avant id.	0,80	33,5	47,2	1,1	1,5
Après id.	0,80	46.8	69,3	2.2	3,2

[1] *Transactions of the American Institute of mining Engineers.* 1883.
[2] Expériences faites par Kirkaldy et publiées par R. Akermann. *Journal of the Iron and Steel Institute,* 1870, II, p. 504.

(*e*) *Influence de la trempe*. — Lorsqu'après avoir chauffé du fer ou de l'acier à la température qui convient à la trempe, on le plonge dans l'eau ou dans un liquide produisant un effet analogue, on modifie ses propriétés mécaniques, et ces modifications sont de même nature que celles qui résultent d'un étirage ; la résistance subit une augmentation et la déformation est moindre.

La trempe ne détermine un accroissement de dureté bien nette que sur l'acier, mais elle n'est pas sans changer également les propriétés mécaniques du fer doux ; dans tous les cas, l'effet produit est d'autant plus sensible que la teneur en carbone est plus élevée.

INFLUENCE DE LA TREMPE [1]

NATURE DES ÉCHANTILLONS	Résistance a la traction p. mm. c.	Allongement p. 100	Striction p. 100	Limite d'élasticité p. mm. c.
	K.			
Fer de Surahammar (soudage) à 0,2 % de C., laminé . . .	34,0	19,1	ind.	ind.
id. id. id. id. id. trempé à l'eau.	48,5	6,2	33,9	»
Fer de Lesjöfors (soudage) à 0,07 % C., id.	32,9	24,2	70,2	»
Id. id id . id. id. trempé à l'eau.	44,3	8,0	63,8	»
Fer fondu de Högbo à 0,33 % de C., forgé	50,2	6,0	62,4	»
Id. id. id. id. trempé à l'eau.	56,2	13,0	57,6	»
Acier fondu de Wykmanshyttan à 0,69 % C., laminé	72,8	11,3	37,7	»
Id. id. id. id. trempé à l'huile.	96,1	2,0	0,4	»
Id. id. à 1,22 % C., laminé	101,7	4,5	4,8	»
Id. id. id. id. trempé à l'huile.	137,0	1,1	26,0	»
Fer fondu de Motala à 0,2 % C., tôle	42,6	26,9	50,1	21,5
Id. id. id. id. trempé à l'eau.	63,5	15,7	33,3	24,3
Fer fondu de Terrenoire à 0,15 % C.; 0,21 % Mn., laminé.	36,4	32,3	65,7	18,2
Id. id. id. id. id., trempé à l'huile.	46,8	23,7	66,1	31,4
Id. id. id. id. id., trempé à l'eau.	50,4	18,2	71,2	33,1
Acier fondu de Terrenoire à 0,49 % C.; 0,20 Mn., laminé	48,0	24,8	40,3	23.0
Id. id. id. id. id., trempé à l'huile.	71,0	12,5	26,8	46,4
Id. id. id. id. id., trempé à l'eau.	78,2	7,0	35,6	49,3
Id. id. à 1,05 % C.; 0,25 Mn., laminé	86,0	5,2	4,5	39,5
Id. id. id. id. id., trempé à l'huile.	130,8	1,0	2,0	92,6
Id. id. id. id. id., trempé à l'eau	brisé	»	»	»
Fer fondu id. à 0,2 % C.; 0,2 Si ; 0,6 Mn ; brut	49,0	26,3	ind.	23,4
Id. id. id. id. Id. id. trempé à l'huile	59,0	16,8	,	33,1
Acier Martin id. à 0.5 % C.; 0,4 % Si ; 0,9 % Mn., brut	76,5	9,3	»	35,2
Id. id. id. id. id. trempé à l'huile.	83,0	7,2	»	45,0

[1] Ce tableau est tiré du mémoire d'Akerman déjà cité. *Iron and Steel Institute*, 1879, II. *On hardening Iron and Steel*.

Sattmann a étudié l'influence que peut avoir sur la trempe la température du métal au moment où on le plonge dans le liquide[1] ; sur le fer fondu doux, on ne produit un effet notable que lorsqu'on opère sur le métal porté au rouge, environ 800° ; au rouge vif et au jaune, on obtient des modifications moins sensibles ; il en est de même pour l'acier.

Les changements qui résultent de la trempe tiennent aux transformations du carbone, mais comme le fer le plus doux, sans durcir sensiblement, n'en éprouve pas moins une altération dans ses propriétés mécaniques, il faut admettre qu'il se détermine, pendant la trempe, une action mécanique sur les molécules du métal. Il est bon de rappeler ici que les barres de fer fondu doux, particulièrement celles qui proviennent de traitement sur sole basique, supportent aussi bien le pliage à fond après la trempe qu'auparavant ; quelquefois même elles se comportent mieux à cet égard après avoir été trempées, c'est un fait qui n'a pas encore trouvé d'explication.

Il en résulte que, si on essaie, au moyen d'un pliage, la ténacité du fer fondu doux, on peut être amené à tirer du résultat une conclusion absolument contraire à l'une des règles générales que nous avons données plus haut.

La manière dont se comporte l'acier au manganèse contenant de 9 à 18 % de ce dernier corps, est, d'une façon toute spéciale, en contradiction avec la règle. La trempe augmente la dureté, mais développe en même temps, la ténacité, elle le rend moins fragile.

INFLUENCE DE LA TREMPE SUR L'ACIER AU MANGANÈSE

NATURE DES ÉCHANTILLONS	COMPOSITION CHIMIQUE			Propriét. mécaniq.	
	C	Si	Mn	Résistance à la traction p. mm. c.	Allongement p. 100.
Forgé et refroidi naturellement	0,61	0,30	9,37	51,8	5,0
Trempé à l'huile au jaune de recuit				59,6	13,0
Trempé à l'eau à la même température				61,2	15,0
Forgé et refroidi naturellement	1,10	0,16	12,60	61,2	2,0
Trempé à l'huile au jaune de recuit				78,5	28,0
Trempé à l'eau à la même température				84,8	27,0
Forgé et refroidi naturellement	0,85	0,28	14,01	56,5	2,0
Trempé à l'huile au jaune de recuit				86,3	27,0
Trempé à l'eau à la même température				105,1	44,0
Forgé et refroidi naturellement	1,60	0,26	19,1	81,6	1,0
Trempé à l'eau au jaune de recuit				92,6	4,0

[1] *Stahl und Eisen*, 1892, p. 557.

Le tableau précédent relate quelques résultats des expériences d'Hadfield sur son acier au manganèse [1]; les éprouvettes avaient 19^{mm} de diamètre et la longueur primitive entre repères était de 200^{mm}.

Ces résultats sont d'autant plus frappants que le carbone a éprouvé les mêmes transformations que lorsqu'on soumet à la trempe de l'acier ordinaire (p. 200, T. II).

(*f*) *Influence du recuit à haute température.* — Lorsqu'on chauffe du fer ou de l'acier jusqu'à l'incandescence et qu'on le laisse refroidir lentement, ou du moins sans précipiter le refroidissement, on fait éprouver aux propriétés mécaniques du métal des modifications considérables.

A la suite de ce traitement appliqué à du fer ou à de l'acier qui n'a subi aucun étirage, soit au marteau, soit au laminoir, à la presse ou à la filière, on voit la résistance augmenter en même temps que la ténacité.

Ce chauffage, poussé jusqu'à l'incandescence, améliore donc sa qualité et produit un résultat analogue à celui d'un étirage à haute température. La chaleur rouge-cerise est celle qui paraît produire le meilleur effet ; si la température est plus basse, le métal n'éprouve aucune modification sensible: plus haute, elle détermine une altération dans ses propriétés.

L'incandescence doit être maintenue pendant quelques heures au moins et même, pour les pièces de grand volume, pendant plusieurs jours.

Nous empruntons à une source anglaise les renseignements suivants sur les transformations résultant de l'emploi de ce recuit, dans les propriétés mécaniques de pièces de moulage en fer ou en acier fondu [2].

INFLUENCE DU RECUIT A HAUTE TEMPÉRATURE

		Résistance à la traction p. mm. c.	Allongement p. 100.
1	Avant recuit à haute température	60,0	4,0
	Après id. id. . . .	70,5	8,0
2	Avant id. id.	49,0	4,2
	Après id. id. . . .	56,9	14,6
3	Avant id. id.	34,0	1,0
	Après id. id.	44,0	13,0
4	Avant id. id.	67,1	2,0
	Après id. id.	66,5	12,0
5	Avant id. id.	54,0	1,6
	Après id. id.	72,3	7,2
6	Avant id. id.	46,5	13,3
	Après id. id. . . .	47,0	27,5

[1] *Journal of the Iron and Steel Institute,* 1888, II, p. 70.
[2] *Iron,* T. XVI, 1880, II, p. 487. Le nom de l'auteur n'est pas indiqué.

Holley a fait des expériences sur des objets moulés fabriqués à Terrenoire et dont les uns avaient subi un recuit à haute température, tandis que d'autres avaient au préalable été chauffés, trempés puis recuits [1]; les résultats de ces essais sont reproduits dans le tableau suivant.

INFLUENCE DU RECUIT A HAUTE TEMPÉRATURE (HOLLEY)

NATURE DES ÉCHANTILLONS	COMPOSITION CHIMIQUE			PROPRIÉTÉS MÉCANIQUES		
	C	Si	Mn	Limite d'élasticité p. mm. c.	Résistance à la traction p. mm. c.	Allongement p. 100
Métal à l'état brut	0,26	0,26	0,41	18,2	47,3	13,5
» recuit				21,3	47,9	27,5
» trempé, puis recuit				31,2	55,8	20,3
» à l'état brut	0,32	0,30	0,48	18,1	56,8	14,8
» recuit				20,2	54,2	21,5
» trempé, puis recuit				35,5	67,7	11,0
» à l'état brut	0,42	0,27	0,75	32.1	60,2	2,7
» recuit				35,8	73,9	13,0
» trempé, puis recuit				37,8	76,0	11,7
» à l'état brut	0,45	0,35	1,10	30,8	59,8	2,8
» recuit				34,0	74,0	17,5
» trempé, puis recuit				45,0	85,0	8,0
» à l'état brut	0,55	0,40	1,05	25,3	58,0	4,0
» recuit				25,3	73,0	9,8
» trempé, puis recuit				28,8	77,2	6,5
» à l'état brut	0,63	0,55	0,95	27,8	54,1	1,6
» recuit				33,0	75,7	7,2
» trempé, puis recuit				46,0	113,7	0,8

Il est de règle de recuire à l'incandescence toutes les pièces moulées de fer et d'acier ; c'est en effet le moyen de développer toutes leurs qualités. Cette amélioration est due à plusieurs causes ; le recuit a pour effet de transformer en carbone de recuit une partie du carbone de trempe, de détruire les tensions résultant d'inégalités dans le refroidissement, de transformer enfin, en grain fin, le grain grossier qui caractérise le métal brut.

Les expériences faites sur les pièces moulées de Terrenoire démontrent qu'une trempe suivie de recuit permet de faire varier dans une large mesure les propriétés mécaniques du métal.

[1] *Metallurgical Review.* T. II, p. 220 et dans le mémoire d'Akerman déjà cité : *On hardening Iron and Steel.*

Lorsqu'on recuit dans les mêmes conditions le fer et l'acier dont le coefficient et la limite d'élasticité et la résistance à la traction ont été augmentés par un étirage au marteau, au laminoir ou à la filière, au détriment de la ténacité, en un mot un métal écroui, on peut ramener, non seulement, toutes ces propriétés mécaniques à leur valeur primitive, mais même obtenir une modification plus profonde. Le recuit rend le métal écroui plus tenace, plus ductile, mais il lui fait perdre de son élasticité et de sa résistance. La chaleur rouge est la plus convenable pour produire ce résultat. D'après les expériences de Bauschinger [1], une température inférieure à 450° pour le fer et l'acier fondu et à 400° pour le métal obtenu par soudage est généralement sans effet ; par contre un degré de chaleur trop élevé expose le métal à être brûlé. Il n'est pas nécessaire, pour faire disparaître l'écrouissage, de chauffer aussi longtemps que pour recuire les pièces moulées.

Pour les pièces ayant subi un étirage, l'effet du recuit est purement physique comme l'écrouissage lui-même. Le carbone n'éprouve que peu ou point de modification.

Wedding a essayé à ce point de vue les échantillons de fer fondu dont il est question p. 218, T. II, il a trouvé les résultats suivants :

INFLUENCE DU RECUIT A HAUTE TEMPÉRATURE SUR LE MÉTAL ÉCROUI

NATURE DES ÉCHANTILLONS	Résistance p. mm. c.	Allongement p. 100	Striction p. 100
Métal à l'état primitif.	44,5	21,9	57,8
id. après un premier recuit à l'incandescence.	44,3	22,3	55,5
id. après forgeage succédant au recuit. . . .	72,2	2,3	32,1
id. après nouveau recuit succédant au forgeage	45,3	18,4	54,7

De son côté Sattmann a examiné les échantillons qui ont fourni les résultats reproduits dans le tableau de la page 219, T. II ; nous empruntons à son travail les chiffres suivants :

INFLUENCE DU RECUIT SUR LE MÉTAL FORGÉ (SATTMANN)

NATURE DES ÉCHANTILLONS	Résistance par mm. c.	Allongement °/₀	Striction °/₀₀
Métal à l'état primitif.	41,1	24,5	59,0
id. après forgeage.	49,3	7,0	55,7
id. après recuit succédant au forgeage . . .	39,0	24,0	61,7

[1] *Mittheilungen aus dem mechanisch-technischen Laboratorium in München.* Chap. 13, p. 26.

Thurston a étudié l'influence du recuit sur le métal laminé à froid [1].

INFLUENCE DU RECUIT SUR LE MÉTAL LAMINÉ A FROID (THURSTON)

NATURE DE L'ECHANTILLON	Limite d'élasticité par mm. c	Résistance par mm. c.	Allongement °/₀.
Avant laminage à froid.	21,9	36,9	24,6
Après id. id	41,4	48,5	10,4
Après recuit succédant au laminage.	23,2	37,6	25,0

Enfin Wertheim a examiné l'influence du recuit sur des fils de fer et d'acier.

INFLUENCE DU RECUIT SUR DES FILS DE FER ET D'ACIER (WERTHEIM)

NATURE DES ÉCHANTILLONS	Résistance par mm. c.	Limite d'élasticité par mm c.
Fil de fer non recuit à haute température.	61,0	32,5
id. recuit id. id.	48,8	5,0
Fil d'acier non recuit id. id.	80,0	55,6
id. recuit id. id.	65,7	5,0

On a souvent recours, dans la pratique, à l'emploi du recuit pour modifier les propriétés mécaniques des métaux; lorsque, par exemple, on a produit sur un fer ou un acier une déformation à froid, comme le tréfilage, la limite d'élasticité et la résistance se rapprochent et deviennent tellement voisines qu'on ne pourrait plus dépasser la première, ce qui est indispensable pour produire un changement de forme, sans arriver à la rupture ; on recuit donc le métal à l'incandescence avant d'atteindre cette limite et de poursuivre l'étirage, et on lui restitue ainsi sa ductilité primitive.

On soumet également au recuit les pièces qui doivent avoir une ductilité plus grande que celle que lui laisse le travail ; telles sont par exemple les tôles qui doivent résister à un pliage à froid de quelqu'importance ; de même encore les fils de fer destinés à faire des liens, etc.

---

[1] *Engineering and mining Journal*, t. XLVII, p. 26.
[2] *Annales de Chimie et de Physique*, série 3, tome XII.

Le même recuit fait disparaître l'effet fâcheux du poinçonnage, effet sur lequel nous avons insisté p. 222, T. II. Tetmajer a fait à ce sujet un certain nombre d'essais sur des tôles de fer soudé et sur des poutrelles de fer fondu [1].

EFFET DU RECUIT SUR LE MÉTAL POINÇONNÉ (TETMAJER)

NATURE DES ÉCHANTILLONS	RÉSISTANCE A LA TRACTION p. mm. c. sur	
	le fer soudé	le fer fondu
Avant poinçonnage.	42,0	44,8
Après poinçonnage, sans recuit.	35,7	35,3
Après recuit succédant au poinçonnage.	42,7	48,6

Lorsqu'on recuit à l'incandescence du fer ou de l'acier dont les propriétés mécaniques ont été modifiées par la trempe, on ramène le métal à ce qu'il était auparavant; le carbone qui s'était transformé revient à son premier état.

Les températures de recuit inférieures à l'incandescence qui font prendre à l'acier trempé les couleurs que nous avons énumérées et diminuent la dureté, ont pour effet, en même temps, de réduire la résistance et la fragilité que la trempe lui avait communiquées; l'intensité de cet effet du recuit dépend de la température à laquelle il est poussé et de sa durée ; mais l'acier ne revient complètement à son état normal que si le chauffage est porté jusqu'à l'incandescence. C'est du moins ce qui résulte des essais faits jusqu'à ce jour.

Nous reproduisons ci-dessous les résultats d'expériences qui prouvent qu'on ne réussit pas à ramener à l'état primitif de l'acier trempé en le maintenant longtemps aux températures de recuit inférieures à l'incandescence.

INFLUENCE DE LA TEMPÉRATURE DE RECUIT SUR L'ACIER TREMPÉ

NATURE DES ÉCHANTILLONS	Résistance à la traction p. mm. c	Striction %
Acier fondu au creuset à 0,62 %, état naturel	60,1	54,0
Le même, après trempe	108,0	2,5
Le même, recuit pendant une demi-heure à 240°.	85,9	7,0 [1]

[1] Stahl und Eisen, 1886, p. 175 ; Werthbestimmung deutscher Normalprofile, Zurich 1885, p. 64.

[2] D'après Styffe, Jernkontorets Annaler, 1866 ; voir aussi le mémoire d'Akerman déjà cité On hardening, etc.

(g) *Fragilité résultant d'un décapage.* — Nous avons signalé p. 345, T. I que lorsqu'on soumet le fer et l'acier à l'action d'un acide étendu qui donne lieu à un dégagement d'hydrogène, ce gaz est absorbé à l'état naissant par le métal et le rend fragile ; nous avons ajouté que, si l'on chauffe modérément la pièce qui s'est associé l'hydrogène, ou, si elle reste longtemps dans un lieu sec à la température ordinaire, le gaz se dégage et le métal reprend ses qualités primitives. Ce phénomène se manifeste principalement, lorsqu'on cherche à enlever par un acide faible la couche d'oxyde qui couvre la surface du métal, et la fragilité qui en résulte se montre lorsqu'on soumet le fer ou l'acier à l'épreuve de la flexion ; cet effet est d'autant plus sensible que l'échantillon est de plus petite section. Certains fils, qui résistaient à 10 flexions par exemple avant décapage, se brisent à la 2ᵉ où à la 3ᵉ, lorsqu'ils ont passé par le décapage, c'est-à-dire lorsqu'ils sont restés trois ou quatre heures dans un acide étendu. La différence est quelquefois même plus considérable encore.

L'acier, surtout celui qui a été trempé, alors même qu'il a été recuit à une température inférieure à l'incandescence est particulièrement sensible à cette influence. Des ressorts trempés et recuits au bleu, qui dans cet état supportaient 169^k,5 par millimètre carré, se rompaient après décapage sous une charge de 102^k,5 [1] ; pendant le décapage on avait mis ces ressorts en contact avec du zinc pour empêcher la dissolution du fer par l'acide ; il est probable que cette disposition a augmenté l'absorption de l'hydrogène et la perte de résistance du métal [2].

Le décapage diminue également la résistance au choc; des barres d'acier non trempé contenant 0,51 % de carbone et ayant une section carrée de 50 millimètres de côté furent posées successivement sur deux supports espacés de 0^m,60 et soumises au choc d'un mouton de 55^k environ ; avant décapage, la rupture était produite en moyenne par un travail de 1683 kilogrammètres ; après décapage la rupture se produisait après 895 kilogm. [3].

Cette absorption d'hydrogène ne semble pas, cependant, modifier sensiblement la résistance à la traction et l'élasticité mise en jeu par ce genre d'épreuve. Des fils de fer ont donné 55^k de résistance et 4 % d'allongement avant décapage qui, après, présentaient 55^k,8 de résistance et 3,5 % d'allongement ; des fils d'acier qui donnaient avant 121^k de résistance et 8,7 % d'allongement, résistaient après à une charge de 121^k,7 avec un allongement de 9 %.

---

[1] *Stahl und Eisen*, 1887, p. 690. On trouvera dans les ouvrages à consulter de nombreux exemples de ce phénomène.

[2] Le zinc est électropositif par rapport au fer, c'est donc sur ce dernier que l'hydrogène se dégageait tandis que le zinc était oxydé.

[3] *Stahl und Eisen*, 1889, p. 754.

Il faut évidemment dans la pratique tenir compte de ces phénomènes ; si, après avoir recuit du fil de fer ou d'acier, on le décape pour enlever la couche d'oxyde qui le recouvre, il devient tellement fragile, qu'il est impossible de l'étirer à la filière ; mais si on le laisse pendant quelque temps exposé à l'air, il perd cette fragilité. Les ressorts d'acier se brisent si on les met en service immédiatement après qu'ils ont été décapés ; quelques jours après ils se comportent fort bien parce que l'effet du décapage ne se fait plus sentir. Les câbles de fer et d'acier que l'on emploie dans les mines et qui demeurent constamment en contact avec des eaux acides, peuvent, pour ce motif, devenir cassants et occasionner des accidents, mais ils reprennent toutes leurs qualités si on les soustrait pendant un certain temps à cette influence.

(*h*) *Influence de la forme et de la dimension des pièces.* — La forme de la section des pièces de fer et d'acier ne parait pas avoir d'influence sur les propriétés mécaniques du métal. A la demande du syndicat des maitres de forges allemands, on a soumis à des essais comparatifs des barres carrées, d'autres rectangulaires, et enfin d'autres rondes, et on a constaté qu'elles donnaient toutes les mêmes chiffres comme résistance à la traction [1]. Cependant Barba et Gœdicke ont reconnu que les barres rectangulaires fournissaient plus d'allongement que les rondes : d'après le premier, le maximum d'allongement correspond à une section telle que l'épaisseur soit le sixième de la largeur.

Les propriétés mécaniques varient au contraire très sensiblement avec la grandeur de la section ; la résistance par millimètre carré augmente à mesure que la section diminue ; ce fait doit être attribué à l'amélioration résultant d'une élaboration mécanique poussée d'autant plus loin que la section finale est plus réduite. Par contre l'allongement au moment de la rupture diminue en même temps que la section ; il est bien entendu qu'on doit, pour mesurer l'allongement, partir d'un intervalle entre repères toujours le même.

Ces changements de propriétés ne prouvent pas que la ténacité ait diminué, ils tiennent à ce que, pour une longueur donnée, le rapport entre la longueur et la section est d'autant plus grand que celle-ci est moindre.

Si deux barres de même longueur, mais de section différente, ont la même striction, 25 % par exemple, l'allongement absolu qui en résultera sera plus grand pour la barre la plus grosse que pour celle qui l'est moins.

Le tableau suivant indique le résultat d'essais faits sur des poutrelles, des fers plats et ronds provenant du même fer fondu [2].

[1] *Stahl und Eisen,* 1881, p. 7 ; 1892, p. 938.
[2] *Stahl und Eisen,* 1892, p. 942.

INFLUENCE DE LA QUANTITÉ DE TRAVAIL D'ÉTIRAGE

NATURE DES ÉCHANTILLONS	Epaisseur du barreau d'épreuve.	Résistance à la traction par mm. c.	Allongement %, long. primit. 200ᵐᵐ.
Poutrelles.	16,7	38,9	30,5
id. plus minces	10,8	40,6	27,0
id. encore plus minces. . . .	7,2	44,7	23,5
Fer rond de 28ᵐᵐ de diamètre	28,0	40,4	31,5
id. 20 id.	20,0	40,0	29,0
id. 12 id.	12,0	42,9	25,0
id. 8 id.	8,0	46,9	16,5

La résistance augmente bien nettement à mesure que la section diminue ; cela est surtout sensible pour le fer obtenu par soudage, ce qui s'explique non seulement par un étirage plus prolongé, mais aussi par une expulsion de plus en plus complète de la scorie.

L'allongement pour cent de la longueur primitive est le même pour tous les échantillons de section quelconque fabriqués avec le même métal pourvu que le rapport entre la longueur primitive et la section soit constant. Il en résulte que la longueur entre repères, par rapport à laquelle on mesure l'allongement, est plus petit pour les échantillons de faible section que pour les autres.

Il ne faut pas négliger de tenir compte de l'influence de la section pour apprécier les qualités du métal au point de vue des usages auxquels il est destiné.

(i) *Influence des ébranlements répétés.* — On a souvent prétendu, surtout autrefois, avoir observé que le fer soumis pendant longtemps à des vibrations ou à des ébranlements continus éprouvait, dans sa texture, une transformation qui avait pour effet de diminuer sa résistance et sa ténacité. C'est ce qui se produirait à la longue notamment dans les essieux de wagons, dans les chaînes de grues, etc. ; le fer à nerf, reconnu comme tenace, se changerait graduellement en fer à grains cassant, et on ne devrait pas attribuer à d'autres causes la rupture de certaines pièces qui, pendant un temps très long, avaient fait un excellent service.

Si ces faits étaient exacts, les vibrations prolongées et incessamment répétées produiraient le même effet que le chauffage du métal à un point voisin de celui de la fusion, suivi d'un refroidissement, phénomène sur lequel nous reviendrons bientôt.

Les expériences de Wœhler en 1870 parurent confirmer cette opinion ; elles semblaient très complètes et il les avait transformées en loi générale qui peut être énoncée de la manière suivante : *La rupture d'un corps peut être obtenue en le soumettant à un assez grand nombre de fois à des actions mécaniques qui sont loin d'atteindre la limite de résistance qui le caractérise* [1]. Mais des recherches plus récentes ont démontré qu'un nombre illimité d'efforts mécaniques ne peut déterminer la rupture que dans le cas où ils dépassent une certaine valeur relative.

On a reconnu en même temps que c'était une erreur de croire que la rupture occasionnée par une série d'efforts répétés provenait d'un changement de texture du métal, et que des vibrations réitérées étaient capables de transformer en fer à grain du fer à nerf obtenu par soudage. Nous avons fait observer p. 179, T. II que l'aspect de la cassure du fer à nerf dépendait de la façon dont la pièce avait été rompue et que lorsque la rupture était produite par un effort brusque, la section de rupture d'un fer à nerf, paraissait à grains. Or c'est précisément dans ces conditions, c'est-à-dire à la suite d'efforts brusques que se sont manifestées les ruptures, qui ont amené à admettre une transformation de la texture du métal.

Bauschinger a fait, en 1878, des expériences sur les maillons de chaînes d'un pont suspendu établi à Bamberg en 1829 et soumis à des vibrations constantes ; et en même temps sur des maillons de rechange fabriqués à la même époque que ceux en service et conservés en magasin. Les résultats de ces essais sont consignés dans le tableau suivant : les allongements ont été mesurés sur 200 millimètres.

INFLUENCE DES VIBRATIONS (BAUSCHINGER)

ÉTAT DES ÉCHANTILLONS	Coefficient d'élasticité par mm. c.	Charge à la limite d'élasticité.	Charge p. mm. c. au moment où l'allongement permanent commence.	Résistance à la rupture p. mm. c.	Striction %	Allongement %
Maillon de réserve.	22980	26,10	28,60	34,20	3	0,8
Maillon neuf de la même fabrique.	22980	20,00	26,70	36,80	30	5,1
Maillons vieux, usés, moy. de 3 essais	22400	20,20	25,30	33,36	30	6,4

À l'aspect de la cassure, il était impossible de reconnaître de différence entre ces échantillons ; les maillons ayant servi présentaient principalement du nerf.

[1] *Zeitschr. f. Bauwesen*, t. XX, p. 83.

Les boulons de suspension d'un pont de bois établi sur le chemin de fer d'Allgau avaient été essayés avant la pose ; Bauschinger les a essayés de nouveau après un service de 25 années et a constaté que leurs propriétés mécaniques n'étaient nullement altérées.

Voici les résultats moyens d'un grand nombre d'essais :

Avant emploi. Limite d'élasticité 23^k,10   résistance à la rupture 31^k,20.
Après 25 ans.   id.   id.   20^k,13   id.   id.   31^k,00.

En 1888 Belelusky a comparé les propriétés mécaniques des maillons de chaines du pont de Kiew demeurés en service pendant 40 ans avec ceux de rechange fabriqués avec le même métal et conservés en magasin ; il n'a trouvé aucune différence ; tous les échantillons essayés étaient à nerf[1].

Enfin les très nombreuses expériences faites par Bauschinger dans le laboratoire d'essais mécaniques techniques de Munich, où des barres de fer et d'acier ont été soumises à des ébranlements et à des vibrations répétés, l'ont amené à formuler les conclusions suivantes :

La structure du fer et de l'acier n'éprouve aucun changement par suite d'ébranlements répétés fréquemment et même plusieurs millions de fois.

(*k*) *Influence de la température.* — Les propriétés mécaniques du fer et de l'acier varient avec la température et comme ces modifications sont très importantes à connaître au point de vue des emplois auxquels ces métaux peuvent être destinés, il a été fait, sur ce sujet, des essais assez nombreux ; cependant, jusqu'à ce jour, toutes les questions que soulève ce phénomène n'ont pas reçu de solutions entièrement satisfaisantes.

En général, à mesure que la température s'élève, la résistance et le coefficient d'élasticité diminuent ; cependant entre 100° et 300° la résistance est souvent un peu plus forte qu'à 10 ou 15°.

Au-dessous de 0°, ou entre 100 et 300° la ductilité est plus faible, la striction moindre et la fragilité plus grande que vers 15 ou 20°. Au-dessus de 400, on voit la ductilité augmenter d'abord, puis décroître rapidement lorsqu'on dépasse 600°. Ce que nous avons signalé, d'ailleurs page 182, T. II, à propos du métal rouverin, montre suffisamment que les modifications qu'éprouvent les propriétés mécaniques du métal, à mesure qu'on élève sa température, varient dans une large mesure et dépendent en partie de la composition chimique.

C'est ici le moment de citer quelques-uns des résultats obtenus par Kollmann[2] sur un fer puddlé à nerf obtenu par soudage à Gutehoffnungshutte, assez fragile à froid, sur un fer puddlé à grains de même provenance, et sur du métal Bessemer ; nous les réunissons dans les tableaux suivants :

---

[1] *Stahl und Eisen*, 1889, p. 917.
[2] *Verhandlungen d. Ver. zur Beförderung des Gewerbfleisses*, 1880, p. 92.

INFLUENCE DE LA TEMPÉRATURE (KOLLMANN)

NATURE DES ÉCHANTILLONS		Tempéra-ture	Charges de rupture p. mm. c.	Striction °/°	Allongement °/°
Fer puddlé à nerf, C¹. Cassant à froid	C. 0,10 Ph. 0,34	20	37,5	20,0	16,1 à 19,0
		133	37,0	23,1	24,1
		245	35,0	32,1	31,2
		310	33,5	34,0	33,0
		340	32,1	38,2	35,0
		410	27,0	44,1	43,1
		510	11,1	54,7	37,0
		610	7,0	45,2	23,0
		730	5,0	41,9	45,0
		810	4,0	39,3	20,0
		1080	1,2	90,5	5,0
Fer puddlé à grain, C¹.	C. 0,12 Ph. 0,20 Si. 0,11 Mn.0,14	20	40,0	23,8	20,0
		125	40,1	24,3	23,5
		190	39,8	18,7	20,0
		240	39,5	25,2	26,0
		310	38,5	26,3	30,0
		360	36,5	18,7	20,0
		440	28,2	49,5	58,5
		500	17,6	55,2	52,0
		1040	2,3	92,4	7,0
Métal Bessemer, C¹. .	C. 0,23 Si. 0,30 Ph. 0,09 Mn. 0,86 S. 0,05	20	59,6	22,1	14,5
		120	59,0	27,3	19,2
		230	57,8	31,2	24,2
		290	55,7	25,1	19,8
		360	47,2	60,0	55,3
		410	31,9	72,7	80,0
		500	20,0	74,8	100,0
		1080	3,3	97,4	11,0

Dans ces exemples, l'augmentation de résistance et la perte de ténacité entre 100 et 400° n'apparaissent pas.

Voici d'autre part quelques-uns des résultats obtenus sur du fer fondu dans les essais entrepris par le bureau technique royal de Charlottenburg [1].

[1] Mittheilungen der Königlichen technischen Versuchsanstalten, 1890, chap. IV.

INFLUENCE DE LA TEMPÉRATURE (BUREAU DE CHARLOTTENBURG)

NATURE des ÉCHANTILLONS	Température	Limite d'élasticité p. mm. c.	Résistance à la traction p. mm. c.	Allongement p. 100 sur 200ᵐᵐ.	Striction p. 100
		k	k		
Fer fondu Nº 1	— 20	12,3	41,2	31,9	55,8
	+ 20	16,5	38,4	30,4	58,6
	+ 100	14,6	39,1	14,1	50,9
	+ 200	18,1	50,3	15,8	41,5
	+ 300	10,3	47,4	20,0	22,9
	+ 400	6,5	34,1	35,0	57,5
	+ 500	»	19,3	50,0	79,6
	+ 600	»	10,7	76,7	90,5
Fer fondu Nº 2	— 20	15,8	46,7	26,8	48,7
	+ 20	17,1	43,7	28,9	48,7
	+ 100	16,7	43,9	15,6	43,7
	+ 200	18,9	54,8	14,8	33,2
	+ 300	12,7	52,9	22,6	27,6
	+ 400	11,1	43,2	29,5	50,6
	+ 500	»	22,6	44,9	79,5
	+ 600	»	10,9	67,3	96,0
Fer fondu Nº 3	— 20	17,7	50,1	26,9	57,5
	+ 20	25,8	47,0	28,6	61,5
	+ 100	21,9	46,7	18,6	55,4
	+ 200	17,6	57,0	12,9	36,3
	+ 300	16,8	44,7	5,1	8,5
	+ 400	»	43,2	30,9	44,5
	+ 500	»	26,6	44,8	74,1
	+ 600	»	13,4	56,9	89,3

Pour tous ces échantillons, la ténacité a éprouvé une diminution très nette entre 100 et 300°, tandis qu'entre 200 et 300°, la résistance a été presque constamment plus grande qu'à la température ordinaire.

Ces résultats sont d'accord avec ceux obtenus par Huston et Walrand [1] dans leurs essais sur des fers puddlés et des fers fondus.

Steiner a étudié, de son côté, l'influence des basses températures. Le tableau suivant reproduit quelques-uns des résultats qu'il a obtenus [2].

[1] Zeitschr. d. Ver. deutsch Ingenieure, 1886, p. 138.
[2] Zeitschr. d. Oesterr. Ingenieur und Architekten- Vereins, 1891, Nᵒˢ 8 et 10.

INFLUENCE DES BASSES TEMPÉRATURES (STEINER)

NATURE DES ÉCHANTILLONS	Tempéra-ture	Résistance à la traction p. mm. c.	Résistance au moment de la rupture	Allongement p. 100 sur 200 mm	Striction p. 100
Fer obtenu par soudage	− 50°	42,4	32.8	15,0	51,0
	+ 18,5	41,3	27,1	18,5	48,0
Fer fondu Martin	− 40	43,7	31,8	17,0	60,0
	− 23	40,7	26,4	26,0	61,2
	+ 25	40,7	25,8	30,5	63,2
Fer fondu Bessemer Thomas	− 50	40,9	32,8	17,0	67,7
	+ 25	38,0	25,8	28,8	69,3

Il résulte de ces chiffres et des précédents que, pendant l'hiver, la résistance du fer et de l'acier à une charge imposée sans choc est plus grande que pendant l'été ; si néanmoins les pièces exposées à des chocs plus ou moins violents, comme les bandages de roues, les rails, etc., se rompent plus fréquemment dans la saison froide, cela peut s'expliquer en partie par leur plus grande raideur, en partie par l'extrême dureté du sol qui les supporte [1].

On voit également que l'allongement est moindre à basse température, ce qui indique un accroissement de raideur ; les essais de Köpcke et Hartig mettent encore mieux en évidence cette influence des basses températures [2] ; ils ont essayé au choc des barres dont la température était comprise entre 15 et 20° puis entre − 40 et − 80° et ils ont mesuré la flexion produite par le coup de mouton.

Voici les valeurs moyennes des nombreux résultats obtenus :

1re série. Fer puddlé à la température ordinaire, flèche 13mm,7.
       id.   refroidi   id.   10,2.
     Fer fondu à la température ordinaire,   id.   15,0.
       id.   refroidi   id.   10,0.
2e série. Fer puddlé à la temp. ordinaire   id.   10,6.
       id.   refroidi   id.   7,2.
     Fer fondu à la temp. ordinaire   id.   11,5.
       id.   refroidi   id.   7,7.

[1] Le nombre de ces ruptures est beaucoup plus considérable en hiver qu'en été ; d'après une statistique dressée par l'administration des chemins de fer de l'État en Allemagne, il s'est produit pendant les trois mois de janvier, février et mars, près de fois 16 plus de rupture qu'en juillet, août, septembre. (*Zeitschr. d. Ver. deutsch Ingenieure*, 1892, p. 430.
[2] *Civil Ingenieur*, 1892, ch. III.

La même quantité de travail mécanique produit donc une moindre déformation sur un métal très froid que sur le même à la température ordinaire. D'autre part, Martens a constaté que le fer doux fondu peut supporter sans se rompre des flexions poussées très loin alors même qu'il est maintenu à une température de — 70°[1].

8. — Fer et acier brûlés.

Lorsque le fer et l'acier sont maintenus trop longtemps à une température voisine du point de fusion sans être soumis à un étirage, ou lorsqu'on les chauffe en contact avec des corps oxydants, l'air atmosphérique ou des produits de combustion, ils se détériorent, et on dit qu'ils sont *brûlés*, bien que l'oxydation n'ait porté que sur une partie des éléments qui les constituent. Cette expression s'emploie d'ailleurs dans des cas très différents et s'applique à des pertes de qualités d'origines très diverses.

Si on chauffe, de manière à produire un commencement de fusion, un fer obtenu par soudage et très peu carburé et si on le laisse ensuite refroidir lentement, on reconnaît qu'il a pris une texture à gros grains cristallins qui peuvent avoir 10 millimètres de diamètre et possèdent un éclat particulier ; le métal est devenu fragile et, même au rouge, on ne peut l'étirer qu'avec de grandes difficultés.

On trouve du fer brûlé de ce genre dans les loups qui se produisent parfois sur les soles des fours à souder, ou parmi les décombres d'un incendie dans lequel des pièces de fer ont été chauffées jusqu'à la fusion.

L'analyse d'un loup de four à souder nous a donné les résultats suivants :

C	Si	Ph	S	O	Mn	Cu
0,052	0,00	0,223	traces	0,177	0,00	0,450.

L'oxygène provenait certainement de la scorie qui se trouvait mélangée avec le fer demi-fondu ; il a été absorbé par le métal et l'a rendu rouverin. La texture à gros grains cristallins qui est la conséquence d'un refroidissement très lent, à la suite d'une haute température maintenue longtemps, communique au métal une extrême fragilité ; il est facile de le briser à coups de marteau.

Nous avons eu l'occasion d'examiner des barreaux de grille de section carrée de 0m,10 de côté qui étaient restés pendant une année environ en service dans un four de verrerie. Ils se cassaient au premier coup de masse comme de la fonte blanche et montraient un gros grain blanc avec facettes de près d'un centimètre de largeur ; un martelage exécuté avec beaucoup de soins à la forge ne réussissait pas à faire disparaître la fragilité. (V.)

[1] *Stahl und Eisen*, 1892, p. 196 et 200.

Il se produit un phénomène semblable lorsque, pendant l'élaboration d'un fer peu carburé, on le maintient longtemps à la chaleur blanche (blanc soudant); il lance des étincelles lorsqu'on le retire du feu et il est plus difficile à étirer au marteau et au laminoir que le même fer convenablement chauffé; après refroidissement on y reconnaît un grain plus gros et une certaine fragilité; un étirage opéré avec précaution ne réussit pas toujours à rendre au fer ainsi altéré ses qualités premières.

Le fer fondu est encore plus sensible à l'influence d'une chauffe trop vive, et plus difficile à ramener; il exige plus de précautions.

L'émission d'étincelles indique un dégagement de gaz dû probablement à la combustion du carbone par les oxydes qui se forment à la surface du fer ou par les scories riches en protoxyde que contient le métal obtenu par soudage. Dans le fer fondu, le manganèse et le silicium absorbent l'oxygène et les produits de cette oxydation se réunissent aux silicates (que l'on nomme quelquefois *grains durs*) et qui restent enfermés dans le métal où la lime les découvre grâce à leur dureté particulière.

L'acier est plus altéré que le fer par un chauffage poussé trop loin ou trop prolongé, et sa sensibilité à cet égard est d'autant plus grande qu'il contient plus de carbone. La présence du chrome ou du tungstène exagère encore cette sensibilité. Lorsque l'acier, même à l'abri des actions chimiques, est chauffé trop fortement ou pendant un temps trop long, il acquiert, comme le fer, un grain plus gros, devient plus difficile à travailler au rouge et plus fragile à la température ordinaire; mais si on le forge au rouge, il est susceptible de reprendre ses qualités antérieures.

Il en est autrement lorsque, pendant le chauffage, l'acier se trouve en présence de l'air ou des produits de combustion riches en acide carbonique; le carbone, le manganèse, le silicium, le chrome, le tungstène contenus dans la couche de métal superficielle sont oxydés, l'acier est bien réellement brûlé. Si cette action n'a pas été poussée trop loin, on constate seulement que le grain est plus gros à la surface qu'au centre, et que la dureté y est moindre, ce qui est fâcheux lorsqu'il s'agit d'acier à outils.

Mais si l'acier est très fortement brûlé, au moment où on le retire du feu, il lance une multitude d'étincelles, les produits de l'oxydation qui ne sont point volatils restent dans le métal sous forme de grains durs, provoquent la production de criques au moment de l'étirage et font paraître le métal plus dur après refroidissement. Il est devenu fragile et a perdu une partie de ses qualités.

L'analyse chimique ne permet pas toujours de distinguer l'acier brûlé de celui qui ne l'est pas et cela est facile à comprendre, la décarburation est irrégulière, elle intéresse surtout la surface; si donc on détermine la carburation moyenne avant et après l'accident et si l'épaisseur de la pièce est un peu forte, on ne constate pas de différence sensible. Quant aux autres corps, silicium, manganèse, chrome, tungstène, qui ont pu être oxydés, ils n'en restent pas moins dans la masse et l'analyse les y retrouve en même proportion, à moins qu'on emploie, pour attaquer le métal, un procédé spécial qui isole les oxydes, par exemple un courant de chlore sec.

Le tableau suivant fournit, à titre d'exemples, quelques-uns des résultats d'analyses exécutées par l'auteur sur des aciers brûlés :

ANALYSES D'ACIERS BRULÉS [1]

NATURE DES ÉCHANTILLONS	C	Si	Ph	S	O combiné avec Fe	Mn
Acier affiné au bas foyer sain.	0,807	0,023	0,010	0,003	0,058	0,101
id. id. brûlé	0,726	0,026	0,024	0,007	0,039	0,098
Acier corroyé sain.	0,827	0,033	0,027	0,004	0,037	0,010
id. brûlé	0,723	0,033	n. d.	0,008	0,043	0,010
Acier au creuset sain	0,917	0,098	0,025	0,005	0,045	0,125
id. brûlé	0,916	0,093	0,025	0,008	0,063	0,150

Ces différents aciers ont été brûlés en demeurant à peu près quatre minutes dans un simple feu de maréchal alimenté avec du charbon de bois, à une température voisine de leur point de fusion ; au moment où on les a retirés du feu, ils lançaient une multitude d'étincelles et après refroidissement présentaient tous les caractères du métal brûlé.

Trois autres échantillons d'acier ont été maintenus pendant une heure au rouge-cerise dans un feu de maréchal alimenté avec du charbon de bois. Le degré de carburation s'est trouvé modifié comme le montrent les chiffres suivants :

Acier affiné au bas foyer   sain, teneur en carbone 1,140 %.
      Id.   brûlé   id.   1,000 %.
Acier corroyé   sain   id.   0,891 %.
      Id.   brûlé   id.   0,686 %.
Acier fondu au creuset   sain   id.   0,568 %.
      Id.   brûlé   id.   0,504 %.

[1] *Jahrbuch für das Berg- und Hüttenwesen im Königreiche Sachsen auf das Jahr 1883,* p. 25. Wedding a fait ultérieurement sur les mêmes échantillons, des études au microscope ; les résultats de ces études ainsi que la reproduction amplifiée des images obtenues se trouvent dans *Stahl und Eisen,* 1886, p. 633.
L'acier corroyé est celui qui a été obtenu par soudage et qu'on a amélioré, par plusieurs soudages successifs.

Il n'est pas possible de restituer à ce métal altéré ses qualités primitives. On a cependant proposé, pour atteindre ce but, un grand nombre de moyens reposant pour la plupart sur un chauffage à l'incandescence des pièces brûlées préalablement enveloppées de corps contenant du carbone. L'acier au carbone seul, c'est-à-dire celui obtenu par un procédé de soudage, s'améliore un peu par ces procédés, s'il n'a pas été trop brûlé, mais on ne peut ramener à leur composition primitive ceux dans lesquels le silicium, le manganèse, le chrome ou le tungstène ont été oxydés.

Dans toutes les opérations qu'on est amené à faire subir au fer et à l'acier nécessitant l'intervention d'un chauffage à haute température, on devra donc employer d'autant plus de précautions que le métal contiendra en plus fortes proportions du carbone, du silicium, du manganèse, du chrome ou du tungstène. On ne chauffera au blanc que lorsque la teneur en carbone sera inférieure à 0,6 %; à 0,7 ou 0,8 % on ne dépassera pas le jaune, et l'acier dur ne sera chauffé qu'au rouge vif. Il ne faut pas perdre de vue que le métal a d'autant plus besoin d'être mis à l'abri de l'oxydation qu'il est plus chargé de carbone et d'autres éléments étrangers.

On réussit à le préserver en le chauffant au milieu d'un feu de charbons de bois, ou dans une flamme réductrice, ou enfin en l'enveloppant de terre argileuse, etc.

9. — Essais des fers et des aciers.

Les emplois des fers et des aciers sont tellement nombreux et exigent des qualités si différentes qu'on a dû imaginer une grande variété d'épreuves pour la constatation des propriétés imposées dans chaque cas particulier. Il existe donc un grand nombre de méthodes d'essai pour ces métaux.

Lorsqu'une usine fabrique des tôles, des poutrelles, des rails, etc., il est de la plus grande importance d'avoir le moyen de s'assurer de la qualité du métal et d'acquérir la certitude que celle-ci répond convenablement à l'usage auquel il est destiné ; une mauvaise fabrication pourrait, en effet, dans la plupart des cas, entraîner des conséquences désastreuses.

Dès que le métal est fabriqué, on fait ordinairement un essai provisoire qui permet d'apprécier sa qualité ; essai d'autant plus nécessaire que la quantité produite en une seule opération est plus considérable et qu'on attache plus d'importance à la qualité.

On a recours dans ce cas à quelques procédés rapides, que nous indiquerons plus loin, au moyen desquels on se rend compte de la malléabilité à chaud, de la ténacité, etc.

Quand on produit, par un procédé de fusion, du fer ou de l'acier, une

épreuve de ce genre est faite, dans la plupart des usines, après chaque opération [1].

(a) *Essais chimiques.* — Les propriétés physiques et la composition chimique sont si intimement liées entre elles qu'il est indispensable d'analyser
le métal, si on veut avoir une idée exacte de sa nature et savoir d'où peuvent
provenir ses qualités et ses défauts. Nous avons, dans la première partie de
cet ouvrage, au chapitre VII, exposé l'influence sur les propriétés du fer et
de ses dérivés, des divers éléments qui y sont alliés, et nous sommes revenus
sur ce sujet dans ce chapitre même.

Plusieurs jours sont malheureusement nécessaires pour exécuter une analyse complète d'un fer ou d'un acier; très utile dans certains cas particuliers,
cette méthode d'épreuve n'est donc pas applicable lorsqu'il s'agit de guider
une fabrication qui se poursuit sans interruption. Certains corps cependant
exercent une action tellement dominante que de la proportion des uns (carbone, manganèse), ou de l'absence à peu près complète de certains autres
(soufre, phosphore), dépendent généralement la qualité et la valeur du produit. Cela est surtout vrai pour le fer et l'acier fondu qui contiennent fréquemment un grand nombre d'éléments étrangers.

Il est donc très utile de pouvoir contrôler la fabrication à ce point de vue,
en déterminant fréquemment les proportions de ces divers éléments et de
disposer de méthodes rapides d'analyse qui permettent de faire un grand
nombre de recherches chaque jour sans avoir l'obligation de consacrer à
chacune d'elles un temps excessif.

On a dû imaginer des méthodes expéditives pour apprécier les proportions
de quelques-uns de ces corps.

C'est ainsi que dans la plupart des usines on emploie le procédé colorimé-
trique d'Eggertz [2] pour doser le carbone du fer et de l'acier fondus. Il suffit
de quelques heures pour apprécier le degré de carburation d'un grand nombre d'échantillons, ce qui est d'autant plus important que c'est de la teneur
en carbone que dépend en grande partie la qualité du métal.

Une méthode analogue pour l'évaluation du manganèse met un chimiste à
même de faire seul, en une heure, un grand nombre de dosages de ce corps.

En deux heures on fait un dosage exact de phosphore, une demi-heure
suffit pour celui du soufre avec une approximation suffisante.

Plus on comprend d'ailleurs l'utilité de suivre la fabrication pas à pas au

---

[1] Dans ce mode de fabrication, on traite généralement en une seule fois des charges beaucoup plus fortes que par les procédés de soudage ; en outre la qualité des produits est plus
facilement influencée par des causes accidentelles.

[2] Consulter pour la marche à suivre les ouvrages spéciaux tels que : B. H. Juptner von
Jonstorff, *Handbuch für Eisenhütten-Chemiker*, Leipzig 1885 ; A. Ledebur, *Zeitfaden für
Eisenhütten-Laboratorium*, 3e édition, Brunswick 1889, et A. Blair, *Die Chemische
Untersuchung*.

moyen de l'analyse chimique et plus les procédés des laboratoires se perfectionnent ; chaque année amène de nouveaux progrès.

(b) *Épreuves à la forge.* — Commençons par rappeler que la malléabilité à chaud diminue à mesure que la teneur en carbone est plus élevée et que, par conséquent, on ne doit pas s'attendre à la rencontrer au même degré dans un acier dur et dans le fer doux : cependant un acier ne renfermant que 1 °/₀ de carbone ou très peu plus, doit encore résister aux épreuves à chaud que nous allons décrire, s'il est de bonne nature, et si on prend, pour l'y soumettre, les précautions que commande son haut degré de carburation.

On chauffe donc l'échantillon à essayer dans un feu de maréchal jusqu'au rouge vif, puis on l'étire sur l'enclume avec la panne du marteau dans le sens de la longueur, ensuite dans celui de la largeur de façon à l'aplatir. On amène ainsi l'échantillon à n'avoir plus que quelques millimètres d'épaisseur, et on examine s'il s'est produit des criques sur les bords, ou des fentes en plein métal. Lorsque le métal s'est refroidi outre mesure pendant ce forgeage, ce qui arrive fréquemment quand il est dur, on doit le réchauffer pour le terminer [1].

Après avoir étiré de cette façon l'échantillon en lame mince, on le replie plusieurs fois sur lui-même comme le montre la fig. 178 ; si le métal n'est pas rouverin, il supporte cette épreuve sans qu'il se manifeste aucune gerçure. Le rayon intérieur du pli auquel on peut arriver est d'autant plus petit que le métal est plus malléable à chaud ; il est même nul si l'échantillon est

Fig. 178. — Épreuve à chaud, étirage et pliage.

Fig. 179. — Épreuve à chaud, pliage sans forgeage.

mince et n'est absolument pas rouverin ; le fer faiblement rouverin, sans cesser d'être malléable à chaud, peut se gercer si le pliage est fait au rouge, mais il le supportera parfaitement sans criques à la chaleur jaune ou au blanc naissant.

Un autre genre d'épreuve consiste à chauffer une barre ronde ou carrée d'environ 30ᵐᵐ et lorsqu'elle est rouge à la ployer sur la bigorne sans la forger (fig. 179) ; plus l'échantillon est gros et plus elle est exposée à criquer dans ces conditions ; le métal le plus malléable sera celui qui supportera,

[1] L'étirage se fait perpendiculairement à la plus grande dimension de la panne du marteau, lors donc qu'on veut produire un élargissement dans une pièce de métal malléable il faut présenter cette dimension de la panne de telle façon qu'elle soit parallèle à la longueur de la pièce. Voir plus loin la *théorie du forgeage* dans le chap. II.

sans se rompre, le pliage le plus complet, c'est-à-dire celui pour lequel le rayon intérieur sera le plus petit. Si on soumet à cet essai une barre carrée ou méplate, on peut arrondir au préalable les angles avec une lime, ce sont en effet les parties les plus exposées à se gercer. Un fer très malléable, en barre de 30mm, peut être ployé ainsi à fond, jusqu'au contact, sans se rompre.

On peut également ployer des barres plates ou carrées en commençant par les placer en porte-à-faux sur l'angle de l'enclume et continuant l'épreuve en frappant sur l'extrémité relevée.

Si les barres de cette épaisseur ne résistent pas, on peut recommencer sur des échantillons plus minces de 15, 20 ou 25mm. On emploie aussi la presse pour ployer une barre au milieu de sa longueur jusqu'à un angle déterminé, 90°, 120, etc.

On peut encore, pour apprécier la malléabilité d'un fer à chaud, procéder de la manière suivante : On coupe un morceau de barre d'une longueur double du diamètre ou de la dimension transversale, on le chauffe au rouge, puis on le tient debout sur l'enclume et on le frappe à coups de marteau, de manière à en réduire la longueur. Ce genre d'épreuve s'applique plus particulièrement au fer obtenu par soudage, et s'il est de bonne qualité, on peut diminuer la longueur des deux tiers sans faire apparaître de fentes.

Pour s'assurer qu'un fer n'est pas rouverin, on opère souvent d'une autre façon qui donne des indications plus nettes qu'un simple pliage. On prend un morceau plat de 20 à 25mm de large sur 10 d'épaisseur, on le chauffe au rouge, puis on fait une fente au milieu de la largeur avec une tranche ; on obtient ainsi deux branches que l'on écarte jusqu'à les appliquer latéralement contre la barre, comme le montre la fig. 180 ; sur un autre point de la même barre,

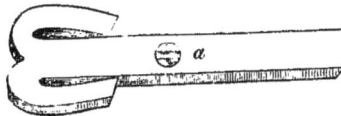

Fig. 180. — Epreuve à chaud.

en *a* par exemple, on perce avec un poinçon un trou dont le diamètre soit égal au moins à la moitié de la largeur de la barre et ne laissant par conséquent sur chaque côté qu'une faible épaisseur de fer, puis on ploie la barre sur le trou, quand toutefois le perçage n'a pas suffi à déterminer de criques ; avec un fer rouverin, il se produit des criques pendant le pliage quand le métal ne se casse pas complètement.

Pour les essais sur le métal fondu, on prend des échantillons plus minces : 3 à 5 millimètres sont suffisants.

c) Pliage à froid. – On soumet à cette épreuve les fers auxquels on demande de la ténacité; il est rare qu'on la fasse subir aux aciers contenant plus de 0,6 °/₀ de carbone.

On doit procéder différemment suivant la forme de la pièce à essayer.

Les barres sont ployées à l'étau ou à la presse, le rayon intérieur du pli dépendant de leurs dimensions et de la qualité exigée ; un fer peu carburé, peu phosphoreux, très tenace, ayant une épaisseur de 15ᵐᵐ, peut être replié sur lui-même de telle façon que le diamètre intérieur du pli ne dépasse pas son épaisseur; pour un fer de moindre qualité, on est satisfait quand ce diamètre est le double de l'épaisseur. Si les barres n'ont que de 3 à 5ᵐᵐ, elles doivent se plier sur elles-mêmes, fer contre fer. Aux échantillons de section carrée ou rectangulaire on peut arrondir les angles à la lime lorsqu'on essaie un métal très tenace.

Lorsqu'on éprouve de cette façon des échantillons découpés dans des tôles de fer obtenu par soudage, il ne faut pas perdre de vue que la résistance au pliage est plus grande dans le sens de l'étirage qu'en travers ; les tôles de chaudière, celles destinées aux constructions, sont relativement froides lorsqu'elles quittent le laminoir, et on les livre habituellement au commerce sans les recuire ; par conséquent, leur résistance à la rupture par traction est plus grande, et leur ténacité moindre que celles des fers de même qualité qui sont finis à plus haute température.

Le syndicat des maîtres de forges allemands a admis pour les épreuves de pliage les règles suivantes :

Les tôles de fer de qualité supérieure, celles qui sont destinées à être placées dans les foyers des chaudières à vapeur, provenant de procédés de soudage et ayant une épaisseur de 6 à 8ᵐᵐ, doivent supporter un pliage de 130° en long et de 110° en travers; de 8 à 10ᵐᵐ, on exige 120° en long et 100° en travers ; lorsqu'elles atteignent des épaisseurs de 20 à 22ᵐᵐ, on se contente de 60° en long et 40° en travers.

Aux tôles de moindre valeur, on ne demande pas des épreuves aussi dures [1].

Les tôles recuites en fer fondu ou en fer soudé doivent subir un pliage à 180°, le rayon de courbure à l'intérieur variant de une fois et demie à un demi de l'épaisseur, suivant la qualité demandée et l'épaisseur de l'échantillon.

Pour le métal fondu doux, on fait une épreuve, avant de couler, de la façon suivante : On puise dans le bain une cuillerée de métal que l'on verse dans un petit moule en fonte ; on obtient ainsi un petit lingot que l'on aplatit rapidement au marteau-pilon en un disque d'environ 150ᵐᵐ de diamètre et 5ᵐᵐ d'épaisseur; on trempe celui-ci dans l'eau pour le refroidir complètement,

---

[1] *Cahiers des charges pour les fournitures de fer et d'acier*, 1893, Dusseldorf.

puis on le plie suivant un diamètre ; s'il se laisse ployer à fond, on le replie suivant un diamètre perpendiculaire au premier, de manière à avoir un secteur ayant la forme d'un quart de cercle; pour réussir à pousser cette épreuve jusqu'au bout, il faut que le métal soit excessivement doux et malléable.

(d) *Epreuves par le choc.* — Ce genre d'essai a pour objet de voir jusqu'à quel point le métal peut résister aux efforts subits et aux ébranlements. Lorsque l'échantillon est sous forme de barres, on le place sur deux supports convenablement espacés et on fait tomber au milieu de l'intervalle un mouton de poids déterminé et de hauteur croissante. Cette épreuve est fréquemment employée, principalement pour les rails. Les maîtres de forges allemands ont proposé d'admettre que les rails pesant plus de 30^k le mètre, et ayant un profil d'environ 130^{mm} de hauteur, devraient supporter, sans se rompre, un choc représentant 3000 kilogrammètres, ou une série de chocs de 1200 kilogrammètres se succédant jusqu'à ce que la flèche atteigne 110^{mm}, etc.

Pour essayer des tôles au choc, on en découpe des disques qu'on fixe au moyen de boulons à la partie supérieure d'un cylindre creux, placé verticalement, et on laisse tomber le mouton au milieu.

Le comptoir des fers de Stockholm a fait des essais de ce genre pour comparer entre elles des tôles de fer obtenues par soudage et des tôles en métal fondu; elles avaient toutes 9^{mm},3 d'épaisseur, le cylindre avait un diamètre intérieur de 0^m,537, et le mouton pesait 872^k.

Les tôles de fer fondu qui contenaient de 0,14 à 0,22 °/₀ de carbone et de 0,01 à 0,03 de phosphore, ont supporté sans se rompre de cinq à neuf coups du mouton tombant de 4^m,50 ; les tôles de fer soudé, dans lesquelles la teneur en carbone était d'environ 0,10 °/₀ et celle en phosphore de 0,01 à 0,02, se fendaient fréquemment dès le premier coup ; en réduisant la hauteur de chute à 1^m,50 , elles supportaient de quatre à onze coups. Les tôles de Staffordshire qui contiennent 0,24 °/₀ de phosphore, se brisaient au premier coup de mouton tombant d'un mètre.

Ce mode d'essais au choc appliqué aux tôles de diverses qualités est développé avec figures dans le mémoire de M. D. Adamson, *Journal of the Iron and Steel Institute* 1878, t. II, p. 383. (V.)

(e) *Épreuves à la traction.* — Ce genre d'épreuve a pour but de mesurer la résistance du métal lorsqu'on le soumet à une traction et les propriétés qui se rapportent à cette résistance, comme l'allongement, l'élasticité, etc. On doit essayer ainsi le métal toutes les fois qu'il est destiné à travailler dans ces conditions et qu'une rupture pourrait entraîner des dangers sérieux.

La résistance à la traction est intimement liée à la résistance à la flexion, et comme les épreuves de flexion sont plus faciles à mettre en œuvre que celles de traction puisque le fer et l'acier se ploient aisément lorsqu'ils sont sous la forme d'échantillons suffisamment minces, on ne recourt aux essais par traction que lorsque la résistance à des efforts de ce genre est d'un intérêt capital comme pour le métal destiné à être converti en rails, en poutrelles, en tôles de chaudières, etc., dont la rupture peut mettre en danger des existences humaines.

Il existe un grand nombre de machines établies pour essayer les métaux à la traction, les unes emploient des combinaisons de poids et de leviers, les autres sont disposées pour utiliser la pression hydraulique.

Chaque machine ne peut fournir qu'un effort de traction limité ; il est donc nécessaire de réduire la section des pièces à essayer dont la dimension transversale est telle qu'on n'en pourrait obtenir la rupture que sous un effort supérieur à cette limite. Il est évident que cette réduction de section ne peut être obtenue par un étirage au marteau ou au laminoir qui modifierait les propriétés du métal, on doit avoir recours aux tours ou aux raboteuses.

Lorsqu'on fait des essais à la traction, il est utile de déterminer non seulement la résistance à la rupture c'est-à-dire la charge qui produit cette rupture, mais aussi les allongements et les strictions.

C'est dans le voisinage de la section de rupture que l'allongement est maximum, le nombre qui l'exprime en centièmes de la longueur primitive sera donc d'autant plus élevé que cette longueur sera moindre. On part habituellement d'une distance de 150 à 200^{mm} entre les repères que l'on marque au pointeau sur l'éprouvette mise en place et soumise à une faible traction pour bien l'assurer entre les mâchoires qui la tiennent.

Si le barreau est très mince on réduit quelquefois cette longueur à 50^{mm}.

Il résulte de la comparaison d'un grand nombre d'essais, mécaniques poursuivis pendant nombre d'années à Terrenoire qu'il est possible de comparer les allongements de barrettes dont la distance entre repères est différente au moyen d'une formule simple ; si a, a', a_1 sont les allongements mesurés sur 200, 100 et 250^{mm}, on emploiera les formules suivantes :

$$a' = a \left(1 + \frac{1}{100} \right), \qquad a_1 = \frac{9}{10} a.$$

(Voir les mémoires de V. Deshayes déjà cités.) (V.)

(f) *Épreuve de trempe.* — Le fer peu carburé ne prend pas la trempe, ou ne la prend que très faiblement ; ce genre d'épreuve ne s'applique donc guère qu'aux aciers proprement dits et principalement à ceux qu'on destine à a fabrication des outils, la faculté d'acquérir de la dureté étant leur qualité principale. On soumet cependant aussi à la trempe des barreaux de fer doux lorsqu'on veut se rendre compte des modifications que cette opération fait subir à leurs propriétés mécaniques.

Reiser recommande de faire l'épreuve de la trempe de la manière suivante : on fait d'abord un essai préparatoire dont le but est de déterminer la température qui convient le mieux pour tremper l'acier en question. A cet effet, on prend une barre d'environ 20ᵐᵐ de diamètre et, à partir d'une extrémité, on fait avec une tranche une série d'encoches espacées de 15ᵐᵐ et faisant tout le tour de la barre ; il suffit ordinairement de neuf ou dix encoches. On porte alors la barre dans un feu de maréchal et on la dispose de façon que l'extrémité et l'encoche la plus voisine soient seules soumises à l'action directe du feu, et on chauffe ; dès qu'on voit apparaître des étincelles de fer dans la flamme du foyer, on retire la barre et on la plonge tout entière dans l'eau froide. Lorsqu'elle est refroidie on la sèche sans la chauffer.

Au moment de l'immersion la première section de la barre était brûlée, les autres avaient acquis par conductibilité des températures variant du blanc au rouge sombre. Essayé à la lime, le premier fragment est toujours dur, parce qu'il s'est formé à la surface des oxydes (grains durs) (p. 239, T. II). La seconde section est moins dure, mais la température à laquelle elle s'est trouvée portée était supérieure à celle qui convient le mieux à la trempe et le métal n'a pas acquis toute la dureté qu'il est susceptible de présenter ; la troisième partie est plus dure que la seconde et ainsi de suite, la dureté augmentant de proche en proche, le maximum se rencontrant en général entre la sixième et la dixième section ; ce sont donc ces dernières parties de la barre qui se trouvaient à la température la plus favorable à la trempe de la qualité d'acier donnée. Au delà la dureté diminue jusqu'à n'être plus que celle du métal non trempé.

En séparant à coups de marteau les fractions de la barre les unes des autres, on reconnaît que la grosseur du grain varie en même temps que la dureté ; la partie brûlée est d'un grain gros et brillant ; celle qui possède le grain le plus fin est en même temps la plus dure.

Souvent l'acier naturellement dur se brise quand on le traite de cette façon, cela ne prouve nullement d'ailleurs qu'il soit de qualité inférieure.

Lorsqu'on a déterminé comme nous venons de l'expliquer la meilleure température de trempe pour l'acier à essayer, on en forge un barreau carré de 15 à 20ᵐᵐ de côté et on le trempe à la chaleur convenable dans de l'eau à 20° ; ce degré de chaleur est d'autant plus élevé que l'acier est naturellement moins dur. Pour effectuer la trempe on plonge l'acier verticalement dans l'eau en le faisant mouvoir en avant et en arrière ; si la pièce entière ne doit pas subir la trempe, il est bon de la mouvoir à diverses reprises verticalement de haut en bas et de bas en haut pendant qu'elle se refroidit afin que le durcissement soit graduel entre la partie trempée et celle qui ne l'est pas ; sans cette précaution il pourrait se produire une rupture.

Un acier qui ne possède pas une dureté naturelle exagérée doit pouvoir supporter cette épreuve sans se briser. La forme ronde expose moins le métal à se fendre, mais elle a l'inconvénient de mettre moins en évidence sa dureté.

Dès que l'acier est refroidi dans l'eau on le sèche, s'il n'est pas complètement dépouillé de la croûte d'oxyde qui l'entourait, on en conclut qu'il n'a pas acquis une grande dureté, celle-ci s'essaie à la lime : sur le métal dur l'outil glisse sans l'entamer, il ne mord que quand la teneur en carbone est inférieure à 0,6 ° °.

On brise ensuite le bout de l'éprouvette en la plaçant en porte-à-faux sur l'enclume et la frappant avec le marteau : l'acier dur casse au premier coup, le métal doux résiste à plusieurs.

L'aspect de la cassure fournit des indications sur la qualité du métal.

Lorsqu'on essaie un échantillon d'acier très dur qui, sous forme de barre carrée, ne résiste pas à la trempe telle que nous venons de l'indiquer, on peut recommencer l'épreuve en arrondissant les angles à la forge : si malgré cela le métal se brise encore, on doit le tremper à l'huile

On peut aussi déterminer la valeur d'un acier à outils en le forgeant sous forme de burin que l'on trempe et qu'on recuit au rouge pourpre ou au violet : on essaie ensuite ce burin sur de la fonte, du fer ou de l'acier doux. Si le tranchant, qu'on a dû aiguiser sous un angle de 60 à 70°, se mate, on en conclut que l'acier est mou et ne durcit pas suffisamment à la trempe ; s'il s'ébrèche, l'acier est fragile et ne convient pas à la fabrication d'outils dont le tranchant doit être aigu.

g) Essai aux acides. — Ce mode d'essai est souvent très utile pour étudier la structure intime des métaux et pour en découvrir certains défauts que l'œil ne peut apercevoir, tels que des manques de soudure et autres du même genre.

Il consiste à attaquer par un acide énergique la partie que l'on veut examiner ; on emploie, soit 3 parties d'acide chlorhydrique et une d'acide azotique, soit 2 d'acide azotique et une d'acide sulfurique, soit enfin de l'acide chlorhydrique seul qui donne d'aussi bons résultats, mais exige un temps plus long

A moins de motifs particuliers pour agir autrement, c'est habituellement sur une section de barre que se fait l'examen : on coupe donc celle-ci à la scie, ou on la casse, on dresse la surface à la lime ou autrement ; on la passe à la meule et on la polit de façon qu'on ne puisse à l'œil reconnaître aucune trace du passage de l'outil.

Un polissage aussi soigné n'est cependant pas nécessaire quand on veut seulement constater des défauts de soudure ou faire ressortir la texture intime du métal, il suffit dans ce cas d'un dressage de la surface avec une lime douce.

On suspend la pièce à essayer, la surface à étudier en bas, plongeant dans une capsule en porcelaine assez profonde, sans la toucher, et en contact avec l'acide.

Si la forme de l'échantillon ne se prête pas à cette manière de disposer l'épreuve, s'il s'agit par exemple d'attaquer une feuille de tôle, une pièce de forge, on fait, tout autour de la partie à étudier, un petit barrage avec de la cire et on verse l'acide dans la cuvette ainsi formée.

Pour agir profondément, on doit prolonger l'attaque une heure ou deux, et, avec de l'acide chlorhydrique seul, pas moins de douze heures ; on retire la pièce du bain de temps en temps pour la laver, brosser la surface avec une brosse dure de façon à enlever le carbone et les autres matières non dissoutes ; si le dégagement des gaz semble s'arrêter, on renouvelle le bain d'acides.

Lorsque l'attaque paraît suffisante, on lave avec beaucoup de soins l'échantillon à l'eau courante, et même si ses dimensions le permettent, on plonge dans l'eau bouillante la partie soumise à l'action des acides et on l'y laisse jusqu'à ce que celle qui demeure en dehors soit devenue très chaude, de façon que cette chaleur permette une évaporation très prompte de l'eau adhérente, quand on a sorti la pièce du bain.

Pour conserver l'épreuve ainsi obtenue sans qu'elle se rouille, il est bon de la passer, après l'avoir brossée, dans un lait de chaux, avant le bain d'eau bouillante et, quand elle sort de ce dernier, de la tremper dans de la cire fondue assez fortement chauffée, où elle reste seulement quelques secondes. On la retire et avec du papier buvard on enlève l'excès de cire qui adhère aux anfractuosités ; il reste à la surface une couche de cire mince mais suffisante pour protéger le métal contre la rouille et cependant assez transparente pour que tous les détails restent visibles.

Le professeur Arnold qui a étudié un grand nombre d'échantillons de fers et d'aciers attaqués aux acides, conseille pour conserver les surfaces de les tremper après lavages dans un bain de benzole qui enlève toute trace d'oxyde et empêche la rouille subséquente, les surfaces ainsi traitées et essuyées avec une peau de daim se conservent indéfiniment si on les enferme à l'abri de l'air. (V.)

Au contact des acides, les parties les plus denses sont moins fortement attaquées que les autres, les parties douces et moins carburées le sont plus que les dures ; lorsqu'on traite de cette façon un métal à nerf, les fibres qui n'étaient peut-être pas apparentes dans la cassure, se montrent en relief dans la section attaquée. Ainsi que nous l'avons indiqué, ces fibres se composent de chapelets de cristaux adhérant fortement les uns aux autres, elles sont juxtaposées et enchevêtrées comme les éléments d'une corde, mais elles ont moins d'adhérence entre elles que les cristaux d'une même fibre ; il en résulte que l'acide pénètre facilement entre elles, dissolvant le métal moins dense qui les sépare, tandis qu'elles-mêmes résistent mieux à cette action.

C'est pour la même raison que les défauts qui existent dans le métal sont plus faciles à reconnaître après une attaque aux acides ; ce sont toujours des fissures provenant d'un manque de soudure, ou des criques se produisant dans un fer rouverin au moment de l'étirage à chaud, etc. ; sous la morsure des acides, ces défauts s'élargissent et deviennent par conséquent plus visibles ; en même temps les parties dures ressortent en relief au-dessus des autres.

On reconnaît aisément le métal obtenu par soudage ; les acides y produisent des cavités disséminées irrégulièrement, souvent en nombre considérable ; elles ont parfois plusieurs millimètres de largeur et de profondeur. Ces cavités proviennent évidemment de scories emprisonnées dans le métal, chacune d'elles contient un grain de scorie : comme l'acide a agrandi le trou, le grain est tombé laissant l'acide pénétrer plus profondément. On trouve parfois, dans le fond des capsules où s'est faite l'attaque, des restes de ces grains de scories. Aussi est-ce dans le fer à nerf obtenu par soudage qu'on rencontre le plus grand nombre de ces cavités ; et à mesure que le fer a subi de plus nombreux corroyages, la section attaquée en présente moins.

Lorsqu'on soumet à ce traitement du fer ou de l'acier obtenu par fusion, l'action des acides met en évidence les soufflures produites par le dégagement des gaz au moment de la coulée et les vides provenant du retrait[1] : l'étirage du métal a rapproché les parois de ces soufflures et de ces vides, et elles se trouvent ainsi masquées dans la cassure, mais il n'y a pas eu soudure entre les surfaces et le manque de continuité persiste ; c'est ce que fait ressortir l'attaque par les acides qui élargit ces cavités et les rend visibles.

Ouvrages à consulter.

(a) Traités.

Henry Marion Howe, *Métallurgie de l'acier*, traduction française de Octave Hock. Paris 1894.

Knut Styffe, *Die Festigkeitseigenschaften von Eisen und Stahl*, traduction en allemand de C. M. v. Weber, Weimar 1870.

Fr. Reiser, *Das Härten des Stahles in Theorie und Praxis*. Leipzig 1881.

(b) Mémoires et Notices.

B. Braune, *Ueber Gefügeänderungen in Eisen und Stahl*. Zeitschr. d. V. deutsch. Ingenieure 1885, p. 96.

---

[1] Nous donnerons de nouveaux détails sur la production de ces soufflures et de ces cavités dans le chap. IV.

M. Janoyer, *Recherches sur la texture du fer et de l'acier avec notes de L. Gruner*. *Annales des mines*, série 7, t. V.

R. F. Tülff, *Ueber die Abhängigkeit der Structur der Bruchflächen schmiedeeiserner Stäbe von der Wirkungsweise der zerstörenden Kraft. Zeitschr. d. V. deutsch. Ingenieure* 1888, p. 501.

A. v. Kerpelv, *Ueber eine neue Blaubruchprobe für Stahl. Berg- und hüttenw. Ztg.* 1878, p. 405.

J. A. Brinell, *Ueber die Texturveränderungen des Stahles bei Erhitzung und bei Abkühlung. Stahl und Eisen*, 1885, p. 611.

H. Wedding, *Die Eigenschaften des schmiedbaren Eisens, abgeleitet aus der mikroskopischen Untersuchung des Gefüges. Stahl und Eisen*, 1885, p. 489.

A. Martens, *Ueber das Kleingefüge des schmiedbaren Eisens. Stahl und Eisen*, 1887, p. 235.

A. Ledebur, *Ueber die Blaubrüchigkeit des Eisens und Stahles. Glasers Annalen*, t. XVIII, p. 205.

E. Grosse, *Flusseisen oder Schweisseisen? Glasers Annalen*, t. XX, p. 21.

Stromeyer, *Ueber Blaubrüchigkeit. Wochenschr. d. V. deutsch. Ingenieure*, 1883, p. 369.

A. Ledebur, *Beiträge zur Metallurgie des Eisens. Glasers Annalen*, t. X, p. 179.

W. Hupfeld, *Untersuchungen über die Schweissbarkeit des Bessemer-eisens. Oesterr. Zeitschr. fur Berg- und Hüttenwesen*, 1884, N° 8.

F. Reiser, *Beiträge zur Theorie des Schweissbarkeit des Eisens. Glasers Annalen*, t. XI, p. 25.

R. Howson, *On welding iron. The Journal of the Iron and Steel Institute*, 1876, p. 357.

Dr. Böhme, *Bericht der vom Vereine zur Beförderung des Gewerbfleisses berufenen Commission für die Untersuchung der Schweissbarkeit des Eisens. Verh. d. V. zur Beförd. d. Gewerbf.*, 1883, p. 146.

Bauschinger, *Vergleichende Versuche über die Schweissbarkeit des Fluss- und Schweisseisens. Stahl und Eisen*, 1886, p. 89.

Jarolimek, *Ueber das Harten des Stahles. Oesterr. Zeitschr. für Berg- und Hüttenwesen*, 1876, p. 69.

P. v. Tunner, *Ueber das Härten des Stahles, seine Ursachen und Wirkungen. Zeitschr. d. berg- und hüttenw. Ver. für Steiermark und Karnten*, 1879, p. 307.

W. Metcalf, *Ueber das Harten des Stahles. Zeitschr. d. berg- und hüttenw. Ver. für Steiermark und Karnten*, 1880, p. 103.

R Åkerman, *On hardening iron and steel. The Journal of the Iron and Steel Institute*, 1879, II.

A. Martens, *Ueber das Härten des Stahles. Centralzeitung für Optik und Mechanik*, 1883.

Versuche mit Platten aus Schweisseisen und aus Flusseisen. Stahl und Eisen, 1882, p. 137.

Ed. Richards, *Ueber gewisse Eigenschaften des weichen Stahles. Glasers Annalen*, t. X, p. 271.

L. Tetmajer, *Bericht über die vergleichende Werthbestimmung einer Reihe deutscher Normalprofile in Flusseisen und Schweisseisen*, Zurich 1885.

Ueber die zulässige Inanspruchnahme der Eisenconstructionen. Stahl und Eisen 1889, p. 303, 390.

Ergebnisse der Untersuchungen von Kesselblechen aus Flusseisen und Schweisseisen. Mittheilungen der Konigl. technis. Versuchsanstalten zu Berlin, 1889, 3° livraison.

Vergleichende Untersuchungen von Kesselblechen aus Thomas-Martin-und Schweisseisen. Stahl und Eisen, 1890, p. 526.

L. Tetmajer, *Das basische Convertereisen als Baumaterial. Stahl und Eisen*, 1890, p. 1047.

Mehrtens, *Ueber die beim Bau von Eisenbahnbrücken mit der Verwendung von Flusseisen gemachten Erfahrungen. Stahl und Eisen*, 1891, p. 707.

R. Krohn, *Verwendung des Flusseisens im Brückenbau. Stahl und Eisen*, 1891, p. 804.

A. Martens, *Ueber die Verwendbarkeit des Flusseisens als Constructionsmaterial. Zeitschr. d. V. deutsch. Ingenieure*, 1892, p. 172.

F. Kintzlé, *Die Verwendung des Flusseisens zu Bauzwecken. Zeitschr. d. V. deutsch. Ingenieure*, 1892, p. 81.

A. Ledebur, *Ueber den Einfluss eines Siliciumgehaltes auf Schmiedbares Eisen. Stahl und Eisen*, 1889, p. 1000.

H. Wedding, *Der Einfluss des Mangans auf die Festigkeit des Eisens. Verh. d. V. zur Beförd. d. Gewerb.*, 1881, p. 509.

R. A. Hadfield, *On manganese steel. Journal of the Iron and Steel Institute*, 1888, II, p. 41.

J. D. Weeks, *Tests of manganese. Iron*, t. XXVIII, p. 543.

A. Ledebur, *Ueber Manganstahl. Stahl und Eisen*, 1893, p. 504.

R. A. Hadfield, *On Aluminium steel. Journal of the Iron and Steel Institute*, 1890, II, p. 161.

R. A. Hadfield, *Alloys of Iron and Chromium. Journal of the Iron and Steel Institute*, 1892, t. II, p. 49.

A. Ledebur, *Ueber den Phosphorgehalt des Schmiedbaren Eisens. Stahl und Eisen*, 1890, p. 513.

J. Bauschinger, *Veränderungen der Elastizitätsgrenze und Festigkeit des Eisens und Stahles durch Strecken und Quetschen, Erwärmen und Abkühlen und oftmals wiederholte Beanspruchung. Mittheilungen aus dem mechanisch-technischen Laboratorium der technischen Hochschule zu München*, 13e livraison.

Festigkeit heiss und kalt bearbeiten Eisens. Sitzungsberichte d. V. zur Beförd. d. Gewerb., 1889, p. 92.

A. Sattmann, *Ueber die Veränderungen der Eigenschaften des Flusseisens, welche dur physikalische Ursachen bedingt sind. Stahl und Eisen.*, 1884, p. 266 ; 1892, p. 550.

L. Tetmajer, *Einfluss der Lochung auf die Festigkeitsverhaltnisse des Schweisseisens. Stahl und Eisen*, 1886, p. 173.

Ueber einige Ergebnisse bei der Prüfung von Augenstaben amerikanischer Eisenbahnbrücken. Stahl und Eisen, 1893, p. 194.

M. Rudeloff, *Ueber den Einfluss des Ausglühens auf die physikalischen Eigenschaften von Eisen- und Stahldrähten. Stahl und Eisen*, 1892, p. 63.

Untersuchungen über Festigkeitsänderungen durch Ausglühen und Anlassen weichen Stahles. Zeitschr. d. V. deutsch. Ingenieure, 1887, p. 51.

Ueber das Strecken von Eisen und Stahl auf kaltem Wege. Stahl und Eisen, 1891, p. 91, 177.

A. Ledebur, *Ueber die Beizbrüchigkeit des Eisens. Stahl und Eisen*, 1887, p. 681 ; 1889, p. 745.

Badecker, *Versuche über das Verbeizen von Stahl und Eisendraht. Zeitschr. d. V. deutsch. Ingenieure*, 1888, p. 186.

F. Krause, *Ueber die Veränderung der Zugfestigkeit und Dehnbarkeit von Stahl und Eisen bei gewissen Erwärmungsgraden. Zeitschr. d. V. deutsch. Ingenieure,* 1886, p. 137.

J. Bauschinger, *Das Krystallinischwerden und die Festigkeitverminderung des Eisens durch Gebrauch. Dingl. polyt. Journal,* t. CCXXXV, p. 169.

F. Gautier, *Résistance du fer et de l'acier à des températures inférieures à 0°. Génie civil,* tome I, p. 481 (1881).

G. Pisati et G. Saporito-Ricca, *Festigkeit des Eisens bei verschiedenen Temperaturen. Beiblätter zu Poggendorfs Annalen der Physik und Chemie,* tome I, p. 305.

J. Kollmann, *Ueber die Festigkeit des erhitzten Eisens. Verh. d. Ver. Beförd. d. Gewerbfl.,* 1880, p. 92.

M. Müller und Lühmann, *Ueber die Widerstandsfähigkeit eiserner Constructions theile bei erhörter Temperatur Verh. d. Ver. z. Beförd. d. Gewerbfl.,* 1887, p. 73.

A. Martens, *Ueber das Verhalten von Eisen und Eisenconstructionen im Feuer. Stahl und Eisen,* 1888, p. 76.

Untersuchungen über den Einfluss der Wärme auf die Festigkeitseigenschaften des Eisens. Verh. d. Ver. z. Beförd. d. Gewerbfl., 1891, p. 165.

Le Chatelier, *Résistance et malléabilité du fer et de l'acier à des températures diverses. Comptes rendus,* t. CIX.

M. Rudeloff, *Neuere Untersuchungen über den Einfluss höherer Wärmegrade auf die Eigenschaften von Stahl und Eisen. Zeitschr. d. Ver. deutsch. Ingenieure,* 1891, p. 388.

Eisen und Stahl bei höheren Temperaturen. Stahl und Eisen, 1890, p. 708.

Untersuchungen über den Einfluss der Wärme auf die Festigkeitseigenschaften des Eisens. Stahl und Eisen, 1890, p. 843.

Verhalten verschiedener Eisensorten bei abnorm niedriger Temperatur. Stahl und Eisen, 1891, p. 1031.

A. Vavra, *Zur Frostbrüchigkeit des weichen Thomaseisens. Oesterr. Zeitschr. f. Berg- und Hüttenwesen,* 1892, p. 139.

Mehrtens, *Kältebiegeversuche mit Flusseisen. Stahl und Eisen,* 1892, p. 196 et 220.

Kopke et Hartig, *Das Verhalten von Flusseisen in grosser Kälte. Civilingenieur,* 3e livraison.

A. Ledebur, *Das Verbrennen des Eisens und Stahles. Jahrbuch für Berg- und Hüttenwesen im Königreiche Sachsen auf das Jahr 1883,* p. 19.

A. Martens. *Eisen und Stahl. Erweiterter Sonderabdruck aus der Zeitschr. d. Ver. deutsch. Ingenieure.* Berlin 1882

J. Bauschinger, *Ueber Einrichtungen und Ziele von Prüfungsanstalten für Baumaterialien, insbesondere für Eisen und Stahl. Zeitschr. d. Ver. deutsch. Ingenieure,* 1879, p. 50.

M. Rudeloff, *Ueber Festigkeitsprobirmaschinen. Stahl und Eisen,* 1888, p. 809; 1891, p. 467.

E. Hartig, *Ueber die Constanten der Zerreissungsfestigkeit und deren vergleichende Anwendung für verschiedene Materialien,* 1884, p. 94.

Brauns, *Ueber Qualitätsuntersuchungen von Eisen und Stahl und Anstellung von Zerreissproben. Stahl und Eisen,* 1883, p. 3.

CHAPITRE II

APPAREILS MÉCANIQUES DESTINÉS A AMÉLIORER LE FER ET L'ACIER ET A LEUR DONNER UNE FORME DÉTERMINÉE

Dans la plupart des cas le fer et l'acier ne peuvent être employés sous la forme qu'ils affectent au moment où ils sortent des fours ou des autres appareils dans lesquels ils ont été produits, on doit donc leur faire subir un travail par des moyens mécaniques, lequel a pour effet d'en améliorer la qualité et de les amener à une forme, à un profil déterminé.

Obtenus par un procédé de soudage, le fer et l'acier renferment une grande quantité de scories ; si on ne les soumet pas à une fusion, on doit, pour éliminer, au moins en partie, ces impuretés, chauffer le métal à une température assez élevée pour le ramollir et liquéfier la scorie, puis lui appliquer soit une forte pression, soit un martelage à coups répétés.

Les lingots résultant d'une fusion contiennent le plus ordinairement à l'intérieur des cavités produites par le dégagement des gaz ou par le retassement ; dans ce cas, le travail à la presse, au marteau ou au laminoir a pour effet de rapprocher jusqu'au contact les parois de ces cavités et de diminuer leur effet nuisible [1].

D'un autre côté, nous avons fait observer que le travail à chaud modifie d'une manière notable la texture, et améliore les propriétés mécaniques ; il a en même temps pour effet de changer la forme extérieure ; on l'utilise donc pour donner au métal un profil qui réponde à l'emploi auquel il est destiné

---

[1] Il est facile d'amener en contact les surfaces intérieures des cavités, mais il est rare qu'on puisse arriver à les souder. Après l'étirage à chaud, les soufflures ne se distinguent plus à l'œil nu dans les cassures, mais elles se révèlent quand on soumet celles-ci à l'essai aux acides ; on reconnaît alors qu'il existe une solution de continuité là où se trouvait la soufflure ou la cavité due au retassement.

et le presenter sous une forme marchande, c'est à-dire en barres de toutes sortes, en tôle, etc.

En exécutant ce travail sans l'aide de machines, c'est-à-dire avec un marteau à main, on ne pourrait obtenir de résultat qu'en opérant sur de très petits échantillons et la production serait insignifiante, aussi faut-il remonter à l'enfance de la métallurgie, ou pénétrer dans les contrées les plus reculées, pour retrouver ce procédé primitif. Dans tous les pays civilisés on a recours depuis longtemps à des appareils mis en mouvement par l'eau ou par la vapeur, et c'est en grande partie à la puissance des engins modernes de cinglage, d'ébauchage et de finissage que l'industrie du fer doit son énorme développement.

I. — Marteaux.

Les premiers outils dont on se soit servi pour étirer le fer sont les marteaux ; chez les peuples policés, le marteau à main a remplacé depuis des siècles la simple pierre avec laquelle on forgeait le fer dans l'antiquité (voir fig. 19, p. 134) ; dès qu'on eut découvert le moyen d'utiliser les chutes d'eau, on ajusta des tourillons au marteau de forgeron, on souleva la tête au moyen de cames et on eut ainsi le premier marteau mû mécaniquement.

Pour corroyer et étirer le fer, le marteau agit par coups répétés ; son effet théorique est égal à sa force vive qu'on représente par la formule suivante : soit M la masse, c'est-à-dire le poids du marteau divisé par l'accélération due à la pesanteur, $\dfrac{P}{g}$, et v la vitesse au moment du choc, l'effet du choc est mesuré par $\dfrac{Mv^2}{2}$, c'est-à-dire par sa puissance vive.

Ce serait cependant une erreur de croire qu'il est indifférent d'employer, dans un cas donné, un marteau lourd animé d'une faible vitesse ou un marteau léger doué d'une grande vitesse, l'expression $\dfrac{Mv^2}{2}$ ayant, dans les deux cas, la même valeur.

Le marteau doit être d'autant plus lourd que la pièce à forger est elle-même plus forte et plus dure et cela pour plusieurs raisons.

En premier lieu, la vitesse v ne peut pas dépasser une certaine limite sans exposer la pièce en mouvement à se briser, la masse doit donc être, dans une certaine mesure, proportionnelle à l'effet que doit produire le coup, c'est dire que, pour forger des pièces volumineuses, il faut employer de gros marteaux.

En outre, à mesure que la vitesse dont le marteau est animé au moment du choc s'accroît, le temps pendant lequel s'exerce l'action mécanique sur la pièce à forger devient plus court, en sorte que les molécules qui reçoivent le choc ont moins de temps pour en transmettre l'effet à celles qui se trouvent plus éloignées de la surface; pour une puissance vive donnée l'effet d'un coup de marteau sera d'autant plus limité à la surface et agira par conséquent d'autant moins sur les molécules intérieures que la vitesse sera plus grande.

Il en résulte que, soit qu'il s'agisse d'obtenir d'un forgeage une amélioration de qualité par l'expulsion de la scorie ou l'aplatissement des soufflures, soit qu'on ait en vue de modifier le grain du métal, la puissance vive du marteau et son poids devront être en rapport avec la grosseur de la pièce à traiter.

C'est pourquoi la dimension du marteau s'est accrue en même temps que celle des pièces à forger, et pourquoi les plus lourds qu'on ait construits jusqu'à ce jour sont employés au travail de l'acier fondu. C'est en effet par la fusion qu'on obtient les plus gros blocs de métal et dans les lingots d'acier qu'on rencontre le maximum de résistance aux déformations.

D'après Angstrom, le poids d'un marteau, à quelque type qu'il appartienne, doit être dix fois celui de la pièce à forger. (*Vernhontorets Annalen*, tome XLVIII, p. 48.) L'enclume avec la chabotte doit peser huit fois autant que le marteau pour forger du fer doux et douze fois pour l'acier. (V.)

A chaque marteau correspond une *enclume* sur laquelle repose la pièce à travailler ; les parties du marteau et de l'enclume qui viennent en contact avec la pièce à forger sont les *pannes*.

L'enclume repose sur une fondation, à laquelle on donne le nom de *chabotte*, dont le rôle est d'absorber l'excédant de puissance vive du marteau, c'est-à-dire la partie de cette puissance qui n'a pas été employée au travail de déformation ; sans cet intermédiaire, les trépidations se transmettraient avec une extrême violence au sol et dans toutes les parties voisines. La chabotte est donc d'autant plus efficace qu'elle est plus lourde ; les marteaux d'un poids considérable sont pourvus de chabottes très volumineuses en rapport avec leur importance.

Hauer indique pour le calcul des chabottes de marteaux en général et en particulier pour celles des marteaux-pilons, les règles suivantes :

Soient Q le poids de la chabotte en kilogrammes ;

　　G celui du marteau en kilogrammes ;

　　v la vitesse au moment du choc, en mètres ;

　　g l'accélération due à la pesanteur, $9^m,810$.

On aura :

Pour le fer doux　　　Q compris entre　$2G \dfrac{v^2}{g}$　et　$2,5 \dfrac{Gv^2}{g}$.

Pour l'acier　　　　　Q compris entre　$3G \dfrac{v^2}{g}$　et　$4G \dfrac{v^2}{g}$.

Les chabottes doivent être, autant que possible, formées d'une seule pièce ou tout au moins d'un petit nombre de parties ; on a donc l'habitude de les couler sur place pour éviter les embarras qu'entraînerait le transport de masses considérables. Nous indiquerons, pour chaque type de marteau, la disposition de la chabotte la plus convenable.

Une couche élastique formée de pièces de bois et disposée sous la chabotte amortit les vibrations et en empêche la transmission aux constructions voisines.

Pour les marteaux dont le manche est en bois, on remplace la chabotte par un *stoc* c'est-à-dire par une forte pièce de bois plantée verticalement dans le sol.

Le moteur est le plus souvent l'eau ou la vapeur ; nous signalons ci-après les types de marteaux les plus employés dans les forges, mais nous laisserons de côté ceux qui, de petite dimension, sont réservés à la fabrication de menus objets en fer ou en acier.

(a) *Marteau frontal.* — Ce marteau est rarement employé aujourd'hui, on ne le trouve plus que dans les forges qui disposent d'une très grande puissance hydraulique et n'ont pas de motif pour l'économiser.

La fig. 181 représente un appareil de ce genre [1]. La tête est coulée d'une seule pièce avec le manche et les tourillons, ce qui donne à l'ensemble la

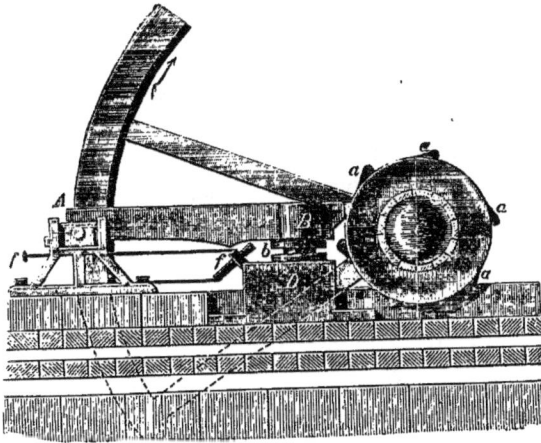

Fig. 181. — Marteau frontal.

forme d'un T, dont les bras sont les tourillons et reposent sur les paliers *A* ; on fixe à la tête une pièce *b* en fer, en fonte ou en acier qui présente une panne, elle est maintenue par la queue qui pénètre dans la tête du marteau et y est fixée par des coins en bois et des clavettes.

[1] Kerl, *Grundriss des Eisenhuttenkunde.*

La chabotte D repose sur une fondation composée de fortes traverses en chêne.

La bague qui porte les cames est placée en avant de la tête en a a sur un arbre dont l'axe de rotation est parallèle à celui des tourillons, et qui est mis en mouvement par un moteur hydraulique ; il porte un volant et est muni d'un frein qui permet d'en arrêter rapidement le mouvement.

La pièce f qu'on voit derrière la tête sert à *brider* le marteau, c'est-à-dire à le maintenir soulevé suffisamment pour que les cames n'aient plus prise. Afin d'éviter que les cames venant frapper sous la tête du marteau ne l'usent rapidement, on fixe en cet endroit une plaque d'acier facile à changer.

La tête, le manche et les tourillons d'un semblable appareil pèsent ensemble de 2500 à 8000^k suivant les usines ; la levée mesurée sur l'enclume varie de 0^m,30 à 0^m,60 ; on obtient de 50 à 100 coups par minute.

Il est évident que dans ce mode de construction, le poids de l'appareil est mal utilisé, le manche et les tourillons en constituent une partie considérable ; lors donc qu'on veut obtenir d'un pareil outil un effet important, on est conduit à donner à l'ensemble un poids énorme ; son installation devient extrêmement coûteuse. Ce marteau, comme on le voit, ne peut être abordé que d'un côté, ce qui est fort gênant pour la manœuvre des pièces à forger.

(*b*) *Marteau de côté.* — Ce genre de marteau a été très employé jusque vers le milieu de notre siècle pour le cinglage des loupes et l'étirage du fer affiné au bas foyer ; le nombre en a diminué beaucoup depuis que les feux d'affinerie ont été supprimés dans la plupart des contrées ; on en rencontre cependant encore dans les usines qui ont conservé ce genre d'industrie et dans les petites aciéries pourvues de moteurs hydrauliques, où on les emploie à l'étirage de l'acier ou à d'autres usages analogues.

Ces marteaux sont montés avec un manche en bois doué d'une grande ténacité, la tête est en fer forgé avec panne aciérée ou en acier fondu ; le manche étant léger, le centre de gravité de la partie mobile est dans la tête ou du moins s'en trouve très rapproché et le poids, par conséquent, est mieux utilisé que dans le type précédent. La bague à cames est à côté du marteau et l'arbre qui lui donne le mouvement est parallèle au manche qui reçoit le coup de came, en un point placé entre la tête et l'axe d'oscillation.

La fig. 182 représente un marteau de côté construit en 1840 [1], depuis cette époque on y a introduit peu de modifications. B est la tête du marteau, elle est fixée au moyen de coins en bois au manche A, à l'autre extrémité duquel on assujettit l'*hurse* ou *hurasse* en fonte D munie de deux tourillons coniques qui oscillent dans des *boîtes* logées dans les *jambières* TT ; l'arbre à cames W est souvent en bois et porte, à son autre extrémité, la roue hydraulique. La

[1] Weissbach, *Ingenieur und Maschinen Mechanik.*

bague à cames, appelée aussi le *tourniquet*, est fixée sur l'arbre au point convenable pour que les cames *EE* viennent frapper le manche près de la

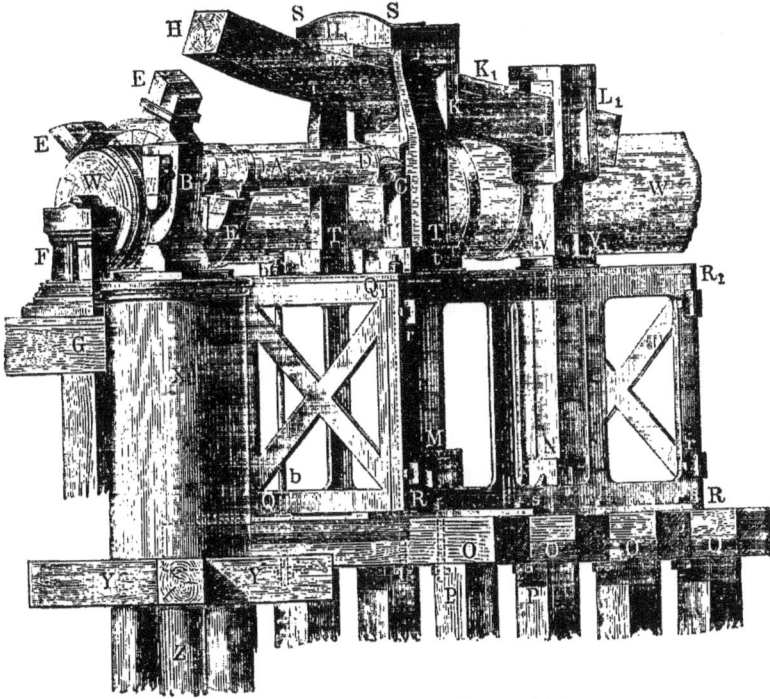

Fig. 182. — Marteau de côté (ensemble).

tête du marteau. En cet endroit le manche est garni d'une *braie* ou plaque de fer qui le protège contre l'usure. Les cames en fonte sont garnies de sabots

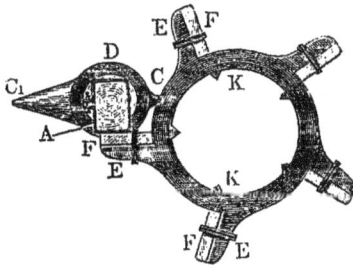

Fig. 183. — Marteau de côté (disposition des cames).

F (183) en bois du côté où elles attaquent le manche du marteau ; on fixe ces sabots au moyen d'une bande de fer.

Le coup de came communique à ces marteaux une force vive telle qu'ils tendent à s'élever plus haut que le point où la came les abandonne; cette hauteur croît avec la vitesse de rotation de l'arbre des cames, on doit donc faire varier cette vitesse selon que l'on veut obtenir un coup plus ou moins fort. Si le marteau pouvait s'élever librement jusqu'à la hauteur à laquelle les cames le lancent, il arriverait que une ou plusieurs cames 'passeraient avant que le marteau retombât, puisque la vitesse de rotation croissant, la hauteur serait plus grande et le temps de chute plus long, le marteau *camerait* suivant l'expression des forgerons. On pourrait remédier à cet inconvénient en diminuant le nombre des cames, mais celui des coups diminuerait en même temps. Si, au contraire, dès que la came a abandonné le marteau, on fait buter celui-ci contre un corps élastique disposé au-dessus, il est renvoyé vers l'enclume et acquiert presque la même vitesse, au moment du choc, que celle qu'il devrait à la chute, s'il avait pu s'élever librement. De plus il retombe en un temps beaucoup plus court, on peut donc obtenir un grand nombre de coups à la minute, tout en conservant une grande vitesse au moment du choc. Le corps élastique contre lequel le marteau vient buter se nomme le *ressort* ou le *rabat* ; plus il a d'élasticité et mieux il remplit son rôle.

Le rabat des marteaux de côté, est une pièce de bois élastique *H* qui traverse la *poupée K* et va s'appuyer, s'encastrer dans un logement ménagé dans le *carreau L*. L'extrémité libre reçoit le choc que vient lui donner la tête du marteau.

Il est évident qu'à égalité de vitesse de l'arbre, la came reste d'autant moins de temps en prise que la circonférence décrite par son extrémité est plus petite ; plus ce cercle est grand, plus le marteau est éloigné de l'enclume au moment où la came l'abandonne, et plus il est nécessaire que le rabat soit élevé ; il faut donc plus de temps pour que le marteau accomplisse son évolution et il ne peut frapper un grand nombre de coups sans *camer*, c'est-à-dire sans retomber sur la came suivante au lieu de frapper l'enclume. Il est donc préférable que le cercle décrit par l'extrémité des cames soit de petit diamètre, pour que les coups se succèdent rapidement et l'arbre doit passer très près du marteau. C'est pour cette raison que, ainsi qu'on le remarque sur la fig. 182, les branches de l'hurse sont inégales, celle qui est du côté de l'arbre des cames est aussi courte que possible pour que la jambière correspondante ne gêne pas l'arbre. L'autre branche est plus longue pour donner plus d'aisance. C'est pour cette raison que les jambières ne sont pas placées symétriquement.

Il faut relier très solidement ensemble toutes les pièces qui composent ce système, pour qu'il ne soit pas disloqué par les chocs que reçoit le rabat. On établit sur une fondation en bois *OP* un châssis en fonte à jour QRQ_1R_1 qu'on remplit de terre bien damée. La poupée et le carreau qui reçoivent plus directement les secousses transmises par le ressort, traversent la caisse et sont fixées à la plaque de fond MN au moyen de coins. Les jambières s'ajustent dans les boîtes t qui font corps avec la plaque supérieure du châssis ; elles sont reliées entre elles par le chapeau S venu de fonte avec la poupée.

L'enclume en fonte ou en acier fondu est indépendante ; elle est fixée sur un bloc de chêne X qui repose sur des piliers et des traverses YZ.

Le poids de la tête de ces marteaux est compris entre 150^k et 500^k, la levée varie de 0^m,50 à 0,80 et ils frappent de 80 à 130 coups par minute.

Ces marteaux présentent plus de commodité pour le forgeage que les marteaux fronteaux, leur poids est mieux utilisé, mais on ne peut pas augmenter indéfiniment leur puissance en donnant plus de poids à la tête parce que le manche en bois serait exposé à se briser trop fréquemment.

(c) *Marteaux à queue ou martinets.* — Ceux-ci agissent à peu près de la même façon que les précédents et sont employés à des opérations analogues ; mais ils en diffèrent en ce que les cames agissent sur l'extrémité du manche qui dépasse l'axe de rotation ; l'arbre qui porte les cames, au lieu de se trouver contre le manche, comme dans le marteau de côté, est tout à fait derrière et parallèle à l'axe d'oscillation.

La fig. 184 indique la disposition générale d'un appareil de ce genre ; W est la bague qui porte les cames, L le manche consolidé par un grand

Fig. 184. — Marteau à queue ou Martinet.

nombre de frettes, C l'enclume établie sur un stoc en bois D comme dans les marteaux de côté ; pour accélérer la retombée du marteau, on fixe sur un bloc de bois S une pièce, en fer, en fonte ou en acier, sur laquelle vient frapper à chaque coup l'extrémité de la queue du marteau et c'est cette queue elle-même qui fait ressort.

Le marteau à queue présente de nombreux avantages sur le précédent,

auquel il ressemble à première vue ; l'absence du ressort en dessus simplifie
énormément la construction ; il suffit en effet d'établir sur deux longuerines
des jambières en bois ou en fonte réunies entre elles à leurs extrémités ; les
mêmes longuerines maintiennent en place le stoc du ressort; l'arbre à cames
étant relégué derrière le marteau, on peut donner à la bague un plus petit
diamètre ; cela permet de diminuer la levée et d'augmenter le nombre de
coups par minute, soit en adoptant un plus grand nombre de cames, soit en
faisant tourner l'arbre plus vite : il est donc possible de battre plus de coups
dans un temps donné.

L'enclume est libre sur trois faces, ce qui rend le travail plus facile qu'avec
le marteau de côté qu'on ne peut aborder sur deux faces.

La supériorité que présentent sur les précédents, les marteaux à queue au
point de vue du prix d'installation, du plus grand nombre de coups qu'on en
peut obtenir et d'un abord plus facile, l'ont fait conserver, alors même qu'on
emploie la vapeur pour le mettre en mouvement; c'est ainsi que, au lieu
d'appareils mécaniques plus coûteux, on préfère souvent établir de petits
marteaux à queue mus par des machines spéciales, ou empruntant la force
à un arbre de transmission.

Leur puissance est cependant limitée comme celle des marteaux de côté
par l'emploi du bois pour constituer le manche ; celui-ci se rompt très fréquemment lorsque le poids de la tête dépasse une certaine limite ; il varie
suivant que l'outil est destiné à étirer rapidement des fers ou des aciers de
petite dimension ou qu'on l'emploie à corroyer le métal; il est compris entre
50^k et 350^k.

Les plus petits frappent jusqu'à 300 coups par minute avec une levée qui,
quelquefois, ne dépasse pas 0^m,15 ; les plus gros frappent 120 coups et leur levée
atteint 0^m,48.

(d) *Marteaux-pilons.* — Le marteau-pilon ordinaire se compose essentiellement d'un mouton attaché à la tige d'un piston que soulève la vapeur. La
figure 185 représente un de ces appareils.

Dans ce genre de marteaux, la masse qui produit le choc est animée d'un
mouvement rectiligne, la panne du marteau et celle de l'enclume restent
toujours parallèles, ce qui n'a pas lieu dans les types précédents dont la
masse frappante décrit un arc de cercle ; avec le marteau-pilon on peut donc
frapper avec autant de facilité sur une pièce épaisse que sur une pièce mince ;
ce n'est cependant pas le seul avantage que cet outil présente. Nous avons
vu, par exemple, que dans le marteau à manche on ne peut augmenter la
puissance des coups qu'en accélérant l'allure de l'outil, c'est-à-dire en produisant un coup de came qui augmenterait la levée si celle-ci n'était pas
limitée par le rabat, mais on est bientôt arrêté dans cette voie par la crainte
de faire casser le marteau, surtout si le rabat est absent ; d'un autre côté, le

nombre de coups dans un temps donné, augmente nécessairement si on les
veut plus violents ; or, il n'est pas toujours utile que les coups les plus forts,

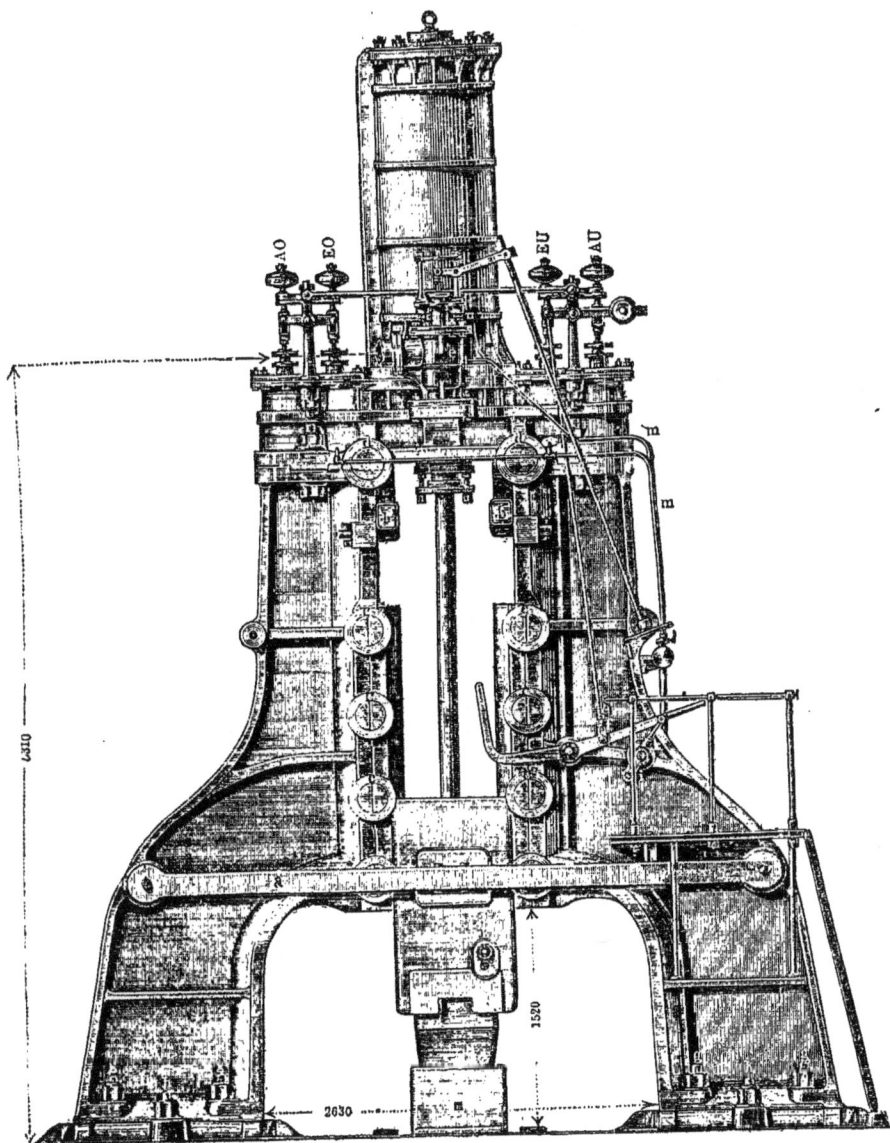

Fig. 185. — Marteau-pilon de 5000 kilos à double effet.

comme intensité, se succèdent d'une manière plus précipitée ; ainsi, par
exemple, si on a à travailler des pièces volumineuses qui sont plus longues

à faire mouvoir sur l'enclume, c'est avec une allure lente qu'il y aurait avantage à faire coïncider les coups les plus forts ; c'est ce qu'il est impossible de réaliser avec les marteaux que nous venons de décrire.

Avec les marteaux-pilons, au contraire, on peut à volonté limiter la course en laissant échapper la vapeur, ou maintenir le mouton en l'air aussi longtemps qu'on le désire, ce qui donne toute facilité de préparer la pièce à recevoir le coup suivant ; enfin il est possible de réduire la force du coup autant qu'il est nécessaire même avec les marteaux les plus lourds, en admettant la vapeur sous le piston avant qu'il soit arrivé au bas de sa course ; chacun connaît ce tour d'adresse que ne manquent pas d'exécuter les marteleurs et qui consiste à casser la coquille d'une noix posée sur l'enclume, sans écraser la noix elle-même.

Ces avantages suffisent amplement à justifier la préférence qu'on accorde aujourd'hui au marteau-pilon, surtout lorsqu'on se propose de forger de grosses pièces de fer ou d'acier ; les frais d'installation, certainement plus considérables, sont largement compensés par la facilité du travail.

Nous avons fait observer d'ailleurs que les autres systèmes de marteaux ne peuvent atteindre à une très grande puissance, tandis qu'en augmentant la masse du mouton et la hauteur de chute, on peut arriver à une puissance pour ainsi dire illimitée, en tous cas, bien supérieure à celle des précédents appareils. L'industrie du fer produit aujourd'hui des blocs qu'il serait absolument impossible de travailler avec les autres marteaux et pour le forgeage desquels l'emploi du pilon est de toute nécessité.

Dans le tableau suivant nous avons réuni un certain nombre de données sur quelques pilons destinés à divers usages, on y trouvera le poids, la hauteur de chute et le nombre de coups par minute.

USAGE DES DIFFÉRENTS MARTEAUX	POIDS de la masse frappante	LEVÉE maximum	NOMBRE de coups par minute
Petits marteaux à grande vitesse pour le forgeage de petites pièces.	de 50k à 500k	de 0m,15 à 0m,60	de 200 à 500
Pour forgeages moyens	de 500k à 1000k	de 0m,60 à 1m,00	de 100 à 200
Pour cinglage des loupes puddlées.	de 1500k à 2500k	de 1m,00 à 1m,50	de 80 à 100
Pour souder les paquets, les gros fers et surtout les paquets de tôles.	de 5000k à 10000k	de 1m,50 à 2m,50	de 60 à 80
Pour étirage de moyens lingots d'acier.	de 10000k à 20000k	de 2m,00 à 3m,00	de 60 à 80
Pour les gros lingots d'acier, jusqu'à.	150000k	6m,00	60

Dès 1784, James Watt, l'inventeur de la machine à vapeur qui porte son nom, prit un brevet pour la construction d'un marteau-pilon à vapeur, mais il ne mit jamais cette idée à exécution ; il faut reconnaître, d'ailleurs, qu'à cette époque, le besoin d'un appareil de forgeage mû par la vapeur ne se faisait pas encore sentir ; la consommation de fer était restreinte, le commerce ne réclamait que des pièces de faibles dimensions pour la production desquelles les marteaux mis en mouvement par des roues hydrauliques suffisaient amplement : ces appareils étaient peu coûteux et n'exigeaient pas la production de vapeur.

Cinquante-huit ans après, en 1842, les deux premiers marteaux-pilons furent construits en même temps, l'un en France, au Creusot, l'autre en Saxe, à Koënigin-Marienhutte, deux points fort éloignés l'un de l'autre, ce dernier sur les plans de l'ingénieur Nasmyth de Patricoft, à Manchester.

A côté du nom de Nasmyth, il nous paraît juste de rappeler celui de Bourdon, le créateur des pilons au Creuzot. (V.)

L'état de l'industrie du fer s'était, dans cet intervalle, profondément modifié, la construction des chemins de fer avait accru la demande dans une proportion considérable, les usines s'étaient agrandies, les moteurs hydrauliques s'étant trouvés insuffisants pour un travail si étrangement développé, avaient été remplacés par des machines à vapeur. En même temps la construction prenait une importance de plus en plus grande, réclamant des forges la livraison de pièces que les anciens marteaux étaient incapables d'élaborer.

Les marteaux-pilons arrivaient donc fort à point pour répondre à ces exigences, aussi leur emploi se généralisa-t-il promptement et devinrent-ils l'objet de nombreux perfectionnements.

Les marteaux-pilons sont à *simple* ou à *double* effet. Dans le premier cas, le mouton retombe par son seul poids lorsqu'on laisse échapper la vapeur qui a été employée à le soulever ; dans le second, on admet la vapeur en dessus du piston pour accélérer la chute, augmenter l'effet du choc et obtenir un plus grand nombre de coups par minute. Dans un marteau à double effet, la force du coup dépend principalement de la surface libre à la partie supérieure du piston sur laquelle agit la vapeur ; donc, on peut, pour un coup d'une valeur théorique donnée, réduire le poids du marteau et sa levée ; d'un autre côté, on peut obtenir un plus grand nombre de coups par minute avec une faible levée et une grande vitesse ; aussi les petits marteaux des ateliers de ferronnerie ont-ils des pistons de grande surface, une faible levée et battent-ils jusqu'à 400 coups par minute, ce qui est favorable au travail des petites pièces dont le refroidissement est très rapide.

Nous n'avons pas besoin de rappeler que le poids du marteau doit être en rapport avec celui de la pièce à forger ; une masse de fer ou d'acier de fortes dimensions conserve longtemps la chaleur qu'on lui a communiquée ; il faut d'ailleurs un temps plus long pour la manœuvrer entre deux coups ; on a donc avantage, dans ce cas, à ne pas précipiter la marche du marteau ;

aussi les plus puissants sont-ils généralement à simple effet, ce qui en rend la construction moins compliquée.

En somme la plupart des marteaux dont la masse frappante pèse moins de 20 tonnes sont à double effet ; au-dessus on les établit à simple effet.

Comme toutes les machines à vapeur, les marteaux-pilons sont pourvus d'organes servant à l'admission et à l'échappement de la vapeur dont la manœuvre se fait au moyen de leviers et de bielles ; pour les plus petits on adopte la distribution par tiroirs, à ceux plus importants on applique des soupapes équilibrées ; dans les premiers, on rend la manœuvre de distribution automatique ; dès que le marteau a été mis en mouvement, il continue à marcher seul, on peut d'ailleurs à tout instant modifier le fonctionnement de la distribution, ou introduire la vapeur sous le piston pour amortir la force du coup.

Dans les grands marteaux au contraire la distribution automatique est sans utilité, puisque la manœuvre est plus lente, les coups moins nombreux et que le mécanicien a toujours le temps d'agir sur les organes de distribution ; on se borne donc généralement à établir un arrêt pour empêcher le marteau de monter trop haut et de venir frapper le fond du cylindre.

Afin de mieux faire connaître la disposition générale d'un marteau-pilon, dont l'étude détaillée appartient à la mécanique, nous donnons ici, fig. 185, le dessin d'un appareil de ce genre construit par G. Brinkmann et Cie de Witten sur la Ruhr : le marteau pèse 5000^k, il est à double effet : la soupape EU admet la vapeur sous le piston, AU est l'échappement correspondant, EO et AO servent à l'admission et à l'échappement sur la face supérieure du piston ; un galet r, fixé sur le marteau lui-même, limite la course ascendante en venant agir sur le levier f qui, par l'intermédiaire d'une tringle, ferme l'admission de la vapeur en dessous et laisse la course s'achever par la détente seule ; une bielle horizontale rend solidaire le mouvement des deux soupapes d'admission en dessous et en dessus du piston ; comme le piston continue à monter sans que la soupape AO soit ouverte, la vapeur qui remplit la partie supérieure du cylindre se trouve emprisonnée, elle se comprime ; à ce moment l'admission se fait en dessus en même temps que l'échappement s'ouvre en dessous et le piston est projeté violemment de haut en bas, tandis que la soupape d'échappement AO se soulève.

En relevant la manette du levier f, le mécanicien donne un nouveau coup de pilon : il lui est d'ailleurs possible d'arrêter complètement le mouvement avant que le système automatique fonctionne.

Le marteau peut agir comme s'il était à simple effet ; il suffit de faire mouvoir à propos l'appareil qui ouvre et ferme les soupapes : celle qui admet la vapeur en dessus du piston est commandée par un disque excentrique i contre lequel vient buter le levier f en descendant et dont on détermine la position au moyen d'un loquet *k*, cette disposition permet de retarder suffisamment l'ouverture de cette soupape pour qu'il soit possible de travailler à simple effet.

Une autre soupape placée dans la boîte *e* établit la communication avec la chaudière à vapeur.

Les jambages de ce pilon sont en fonte ; ils sont reliés entre eux par les entretoises en fer *aa* ; on voit en *gh* les boulons de fondation ; *cc* sont des frettes en fer qui rattachent les coulisses aux montants ; en *bb* on a indiqué des sabots en bois contre lesquels vient buter le marteau quand il tend à monter trop haut ; *mm* sont les tuyaux des purgeurs.

Appareils pour le service des pilons. — Lorsqu'on doit forger quelque pièce de fer ou d'acier au moyen d'un pilon de petite ou de moyenne force on la saisit avec des tenailles que manœuvrent à bras un ou plusieurs ouvriers ; il n'en peut être de même pour les masses volumineuses, notamment pour les lingots d'un poids considérable qu'on doit travailler aujourd'hui et pour la manœuvre desquels on est obligé de recourir à des appareils mécaniques.

On emploie à cet effet des grues à vapeur puissantes qui soulèvent et retournent ces blocs suspendus par des chaînes, les ouvriers armés de pinces et de crochets n'ont plus qu'à aider à ces mouvements.

L'installation de puissants marteaux demande donc, pour être complète, la construction d'un certain nombre de grues de force convenable ; on dispose ordinairement les grues, les fours et les pilons de telle façon que chaque grue puisse prendre la masse à forger dans le four et la présenter au marteau.

La fig. 186 représente l'installation d'un marteau de 80 tonnes et de ses accessoires, telle qu'elle est établie au Creusot[1]. Le pilon est au centre d'une halle construite en fer qui a 17^m de hauteur du sol au faîtage. Les jambages *A* sont en fonte et creux ; ils ont la forme d'un A : ils sont réunis par un chapeau en fonte boulonné. Le marteau est à simple effet. Le cylindre à vapeur a 1^m,90 de diamètre intérieur, la tige 0^m,36, la surface libre du piston en dessous est donc de 2^{mq},734 ; la levée maximum est de 5^m ; au niveau du sol, les montants sont écartés de 7^m,30. La distribution se fait par des soupapes manœuvrées à la main.

Les fondations reposent sur le rocher à 11^m de profondeur ; elles se composent, en partant du fond, d'une maçonnerie de ciment de 4^m d'épaisseur sur laquelle repose un lit de bois de chêne de 1^m. Par dessus se trouve la chabotte qui pèse 622 tonnes et se compose de 11 pièces de fonte ; le tout est indépendant du bâti, comme on peut le voir sur le dessin.

Le marteau est desservi par quatre grues *CC* établies, 2 en avant, 2 en arrière ; trois d'entre elles peuvent lever 100^t, la quatrième a une force de 160^t ; elles

---

[1] D'après Kerpely, *Eisen und Stahl auf der Weltaustellung zu Paris* 1878.

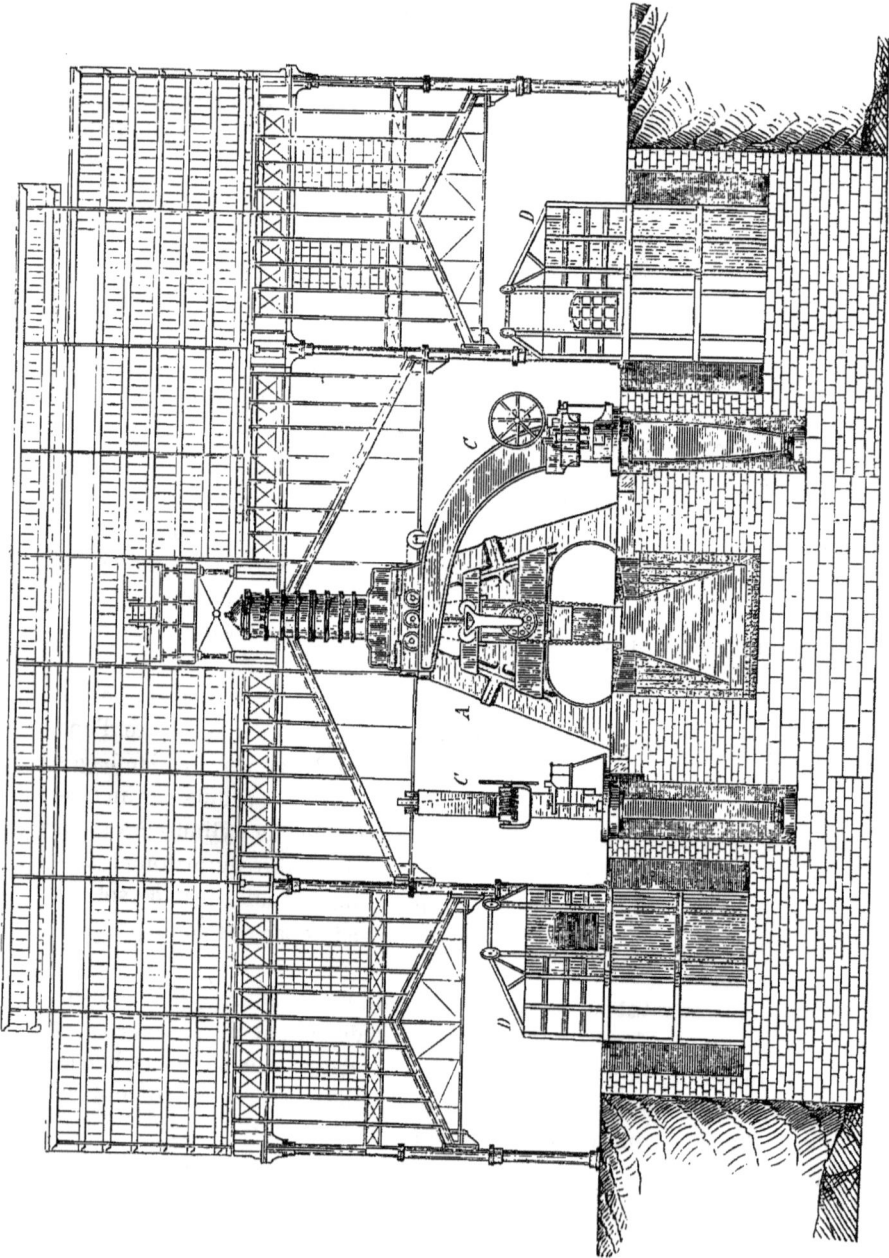

Fig 186. — Installation du marteau de 80 tonnes, au Creusot.

sont en tôle et portent chacune une machine de 60 chevaux ; le rayon maximum du cercle décrit par le crochet de la grue est de 9^m,35 ; à chacune d'elles correspond un four à réchauffer D. Un système de voies ferrées relie cet atelier à celui de l'aciérie qui se trouve à proximité.

Le marteau-pilon, installé à Terni pour le travail des gros lingots pour canons et pour blindages, est de 100 tonnes ; sa chabotte pèse 1000 tonnes ; elle a été coulée en une seule pièce dans un moule disposé sur l'emplacement même qu'elle devait occuper, au moyen de cubilots construits spécialement dans le voisinage et fournissant un jet continu de fonte.

Ce marteau-pilon a, comme particularité digne d'être signalée, qu'il emploie, au lieu de vapeur, de l'air comprimé à cinq atmosphères par une machine à colonne d'eau. (V.)

(e) *Théorie du forgeage au marteau.* — Lorsqu'un marteau frappe sur un morceau de fer ou d'acier ramolli par la chaleur, il produit, à l'endroit où porte le coup, une empreinte qui diminue l'épaisseur de la pièce ; si la surface du contact est de peu d'étendue, l'empreinte est plus profonde, l'amincissement plus considérable.

Si on se propose d'exprimer la scorie emprisonnée entre les molécules du métal, ou de faire disparaître les soufflures et non pas d'obtenir une forme déterminée, on doit faire porter autant que possible le choc sur la surface entière et pour cela employer une large panne. Dans tous les cas, le poids du marteau et sa vitesse au moment du choc doivent être proportionnés à l'épaisseur de la masse à presser, de façon que l'action pénètre jusqu'au centre ; sous le choc d'un marteau à large panne, l'épaisseur de l'objet forgé diminue, il s'aplatit en s'élargissant ; il faut donc, quand on veut éviter ce changement dans la forme le retourner, de temps en temps de 90° pour le travailler dans l'autre sens et de plus, suivant l'expression consacrée, le refouler.

Lorsqu'on emploie une panne de forme circulaire de faible diamètre, dont les arêtes sont arrondies et qu'on frappe loin des bords de la pièce, le métal est refoulé sur les côtés, il se produit un creux et en frappant une série de coups rapprochés les uns des autres, on donne à un fer primitivement plat une forme de cuvette, on l'*emboutit*. Ce mode de martelage ne sert ni pour ébaucher ni pour finir les échantillons de fer et d'acier, mais il est employé depuis longtemps pour fabriquer certains objets.

En frappant sur une barre avec une panne longue et étroite, de façon que le coup porte sur toute la largeur de la barre, on obtient, de chaque choc successif, un sillon qui réduit l'épaisseur et détermine une augmentation de longueur dans le sens perpendiculaire au sillon ; c'est ce que nous avons représenté dans la figure 187, *aa* est le sillon, la flèche indique le sens dans lequel se produit l'allongement ; en répétant les coups de proche en proche on forme ainsi une série de sillons très voisins les uns des autres, la barre s'allonge et s'amincit sans que sa largeur soit sensiblement modifiée. C'est là un mode d'étirage fréquemment employé soit pour produire le fer soit pour le mettre en œuvre ; plus la panne est étroite et l'élargissement moins prononcé et plus la réduction d'épaisseur est grande.

Fig. 187. — Étirage au marteau.

La trace des sillons successifs qui déterminent l'étirage est moins visible lorsque les coups portent très près les uns des autres ; on peut la faire disparaître entièrement en donnant quelques coups portant sur toute la surface ; il suffit d'employer une panne dont la largeur soit au moins égale à celle de la barre et de présenter celle-ci dans le sens de la longueur au lieu de la mettre en travers ; ces coups portant sur une très grande surface ne changent pas sensiblement les dimensions de la barre forgée, mais la surface devient plus unie, la barre est *parée*.

Au lieu d'avoir à étirer le fer, on peut être obligé de faire l'opération inverse, c'est-à-dire de le refouler ; on obtient ce résultat en plaçant la pièce debout sur l'enclume.

C'est pour satisfaire à ces trois opérations, étirage, refoulage et parage, qu'on donne aux marteaux, dont on veut les obtenir, les formes que nous connaissons ; les marteaux à queue, ceux de côté établis dans les usines où l'on pratique encore l'affinage au bas foyer pour fabriquer des barres de fer et d'acier, sont munis de pannes rectangulaires allongées ; l'enclume est de même forme ; l'étirage est d'autant plus rapide que le marteau est moins large, il doit cependant présenter au moins la même largeur que la barre à produire pour que le parage puisse s'exécuter facilement.

Pour produire un étirage on présente donc le fer en travers comme l'indique la fig. 188, et pour parer on le place dans le sens de la longueur ; si on veut diminuer la largeur ou parer de côté on tourne la barre sur champ. Les pannes des marteaux frontaux et des pilons ont habituellement la forme représentée par la fig. 189, elles ont en plan la forme d'un T, les deux parties sphériques qui occupent les angles rentrants ont simplement pour but d'augmenter la solidité. On présente la pièce à forger en AB ou en CD suivant qu'on veut obtenir un étirage plus ou moins rapide ; pour parer on présente la barre en EF ou en GH. A-t-on besoin de refouler, on se sert de la partie centrale. Cette dernière opération est très utile lorsqu'on commence le martelage de balles ou de lingots.

La disposition des pannes dépend également de la forme du bâti d'où ressort un accès plus ou moins facile, et de celle des pièces à produire.

Quant aux travaux d'un caractère spécial qui peuvent s'exécuter au marteau, ils ne sont plus, pour ainsi dire, du ressort des usines où se fabrique le fer. Les artifices employés pour produire tel ou tel résultat reposent d'ail-

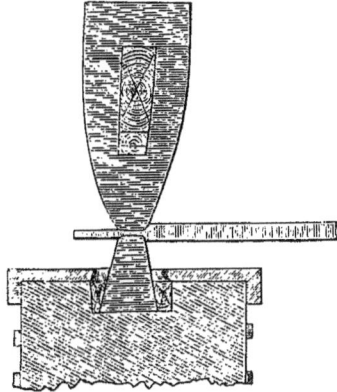

Fig. 188. — Etirage au marteau de côté ou au martinet.

leurs sur des principes tellement simples que nous ne croyons pas nécessaire de nous y arrêter ; nous nous contenterons donc de citer quelques-unes des opérations qu'on pratique au marteau.

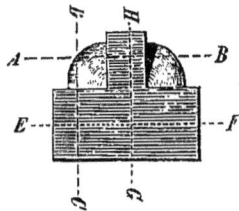

Fig. 189. — Forme des pannes des marteaux frontaux
et des pilons (plan).

L'*étampage* consiste à produire des pièces d'une forme déterminée en refoulant le métal dans des creux ménagés entre l'enclume et le marteau, c'est une sorte de moulage.

Le *découpage* à chaud au moyen de tranches et de gouges, le *perçage* à chaud au moyen de poinçons de diverses formes, qui opèrent au-dessus d'un trou correspondant, sont des opérations qu'on peut voir pratiquer dans toutes les forges et qui sortent de notre cadre.

2. — Presses.

a) Généralités. — Les marteaux agissent par le choc, la presse par simple pression sans choc, en d'autres termes, l'effet produit par le marteau a pour mesure la puissance vive de la masse qui produit le choc et dépend par conséquent de la vitesse qui anime la tête du marteau au moment où elle arrive en contact avec la pièce à forger, tandis que, dans la presse, cette vitesse est tellement faible que la pression exercée est seule à considérer.

Cette différence dans le mode de travail de ces deux appareils a des conséquences intéressantes sur le résultat obtenu dans les deux cas.

Nous avons exposé plus haut que les molécules superficielles du métal sur lequel on opère ont d'autant moins de temps pour transmettre à celles qui sont plus voisines du centre le choc qu'elles viennent de recevoir, que ce choc est plus rapide, c'est-à-dire que la vitesse de la panne, au moment du choc, est plus grande ; il en résulte que la puissance vive $\dfrac{Mc^2}{2}$ est mal utilisée ; et cela d'autant plus que les vibrations de la chabotte et du terrain environnant en absorbent une partie qui est perdue pour l'effet utile. Si on remplace le choc, que caractérise l'action rapide d'une masse animée d'une grande vitesse, par une pression agissant pendant un temps plus long, les molécules directement soumises à cette action peuvent plus aisément la transmettre aux autres, elles changent de place les unes par rapport aux autres avec plus de facilité et celles qui sont situées dans l'intérieur de la masse en ressentent plus fortement l'effet ; le travail dépensé par la machine est donc mieux utilisé.

En outre, lorsqu'on opère sur une pièce de quelqu'épaisseur et qu'on se propose, non seulement d'en modifier la forme, mais encore d'améliorer la qualité du métal, on obtient de la presse un résultat plus complet. La supériorité du travail à la presse s'accentue d'autant plus qu'on emploie des engins d'une puissance plus considérable, et on trouve généralement avantage à substituer à de nombreux coups de marteau successifs, un seul coup de presse, on gagne du temps et comme on évite la marche à vide qui se reproduit entre chaque coup de marteau, on ne dépense pas inutilement autant de travail.

Si on doit se borner à cingler des loupes de fer relativement légères et faciles à comprimer telles qu'elles sortent des feux d'affinerie ou des fours à puddler, la presse offre peu d'avantages, surtout lorsqu'on a en vue principalement l'expulsion de la scorie ; on admet même, en général, que le marteau produit une épuration plus complète et chasse mieux la scorie, mais la presse donne des résultats meilleurs lorsqu'il s'agit du travail de gros lingots d'acier ou de fer fondus ; aussi depuis 1880 l'emploi de cet appareil prend-il de plus en plus d'importance.

D'après une communication de F. Gautier [1], il a fallu 3 semaines et

Bulletin de l'industrie minérale. 2ᵉ série, t. III, livraison III (1889).

33 chaudes, dans une forge de Sheffield, pour forger, à l'aide d'un pilon de 50ᵗ, un lingot de 36500ᵏ, destiné à faire un tube de canon, tandis qu'en quatre jours et en 15 chaudes on a pu travailler un lingot de 37500ᵏ sous une presse de 4000ᵗ et l'amener au même point.

Il paraît probable que l'opération choisie comme exemple de travail au marteau, a été exécutée dans des conditions défavorables qui en ont prolongé, plus que de raison, la durée ; on peut néanmoins juger de la lenteur du travail par le nombre de chaudes nécessaire, et on voit qu'il a été, pour la presse, moitié de ce qu'il a été pour le marteau.

(b) *Description de l'appareil.* — Les presses hydrauliques sont les seules qui puissent avoir une puissance suffisante pour le travail à produire. En 1861, Haswell avait établi une presse hydraulique pour le forgeage de grosses pièces de fer et le cinglage de loupes [1] ; comme appareil à cingler, cet outil n'a été employé qu'à titre d'essai et n'a pas donné de résultat satisfaisant, mais on l'a utilisé pour forger jusque vers 1882.

Haswell avait installé, dans les ateliers des chemins de fer de l'Etat à Vienne, une presse de 750 tonnes qu'il employait principalement pour le moulage, dans des matrices en fonte, de paquets de ferraille soudés au pilon. Il obtenait ainsi en un seul coup de presse, en opérant sur le fer à la chaleur blanche, des pièces de formes assez compliquées, comme des pistons à vapeur, des jougs, des étriers, etc., etc. (V.)

La presse d'Haswell ne répondait pas cependant complètement à ce qu'exigeait le travail des gros lingots, il fallut y apporter de nombreux perfectionnements pour obtenir les fortes pressions reconnues nécessaires ; les progrès des fonderies d'acier, accomplis de 1880 à 1890, permirent d'arriver à un meilleur résultat en facilitant le remplacement des parties les plus exposées à se rompre et qui étaient primitivement en fonte, par des pièces en acier moulé ; de ce nombre étaient les cylindres ou pots de presse eux-mêmes.

Dans toutes les presses la force est fournie par des machines à vapeur, dans lesquelles la tige du piston à vapeur commande directement une pompe foulante qui envoie l'eau qu'elle aspire dans le cylindre de la presse hydraulique.

Lorsqu'on n'a pas besoin de pressions très fortes, on emploie quelquefois, comme intermédiaires, des accumulateurs.

Il existe un très grand nombre de dispositions de presses à forger ; nous donnons, comme exemple, celle des aciéries de Bochum qui est représentée, fig. 190, à l'échelle de 1/150 [2].

---

[1] Voir pour les détails : *Jahrbuch der Bergakademien zu Leoben, Schemnitz und Przibram,* t. XV, p. 166 ; *Zeitschr. d. V. deutsch. Ingenieure,* 1863, p. 287 ; *Zeitschr. d. œsterrei. Ingenieur- und Architekten-Vereins,* 1872, p. 329 ; A. Ledebur, *Die Verarbeitung der Metalle auf mechanischen Wege,* Brunswig 1877, p. 468.

[2] Brevet N° 45323. *Stahl und Eisen,* 1892, p. 166.

Le cylindre ou pot de presse se compose de deux parties de diamètres différents formant cependant une seule et même pièce ; le piston est également
tourné sur deux dimensions correspondantes ; l'eau en pression peut arriver
par le tuyau *a*, par le tuyau *b* ou par les deux ensemble et agir ainsi sur
des surfaces différentes. La panne peut donc travailler sous trois pressions

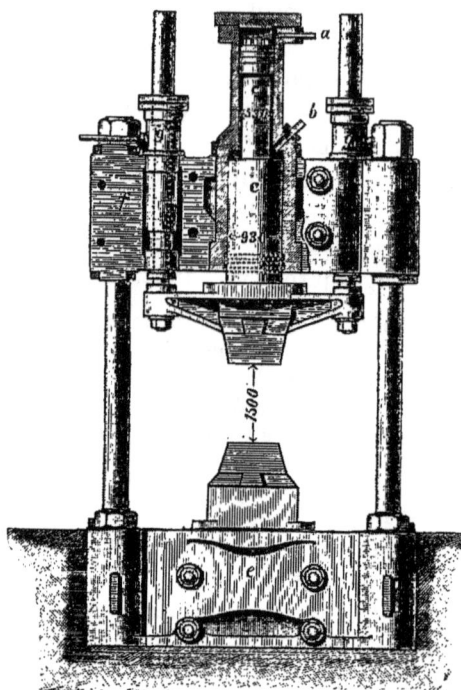

Fig. 190. — Presse à forger des aciéries de Bochum (échelle de 1/150°).

qui sont entre elles comme les nombres 1, 2 et 3. La pompe, qui n'est pas
représentée sur notre dessin, fournit de l'eau sous la pression de 600 atmosphères, ce qui correspond à une puissance, sur la panne, de 4000ᵗ quand les
orifices *a* et *b* sont ouverts.

Les deux petits cylindres *gg* sont desservis par un accumulateur spécial
fournissant de l'eau à 50 atmosphères : ils servent à relever le piston avec
lequel ils sont reliés comme l'indique le dessin ; ces deux cylindres sont en
communication constante avec l'accumulateur, en sorte qu'ils tendent toujours à relever la tête de la presse au point le plus haut de sa course ; lorsque la presse doit agir, elle a donc constamment à vaincre l'effort de ces
deux pistons accessoires qui relèvent immédiatement la panne dès qu'on a
interrompu la communication entre le grand cylindre et la pompe foulante.

Le chapeau *f* qui porte les trois cylindres est formé de deux pièces en acier coulé, il pèse 64000^k et est relié à la chabotte par quatre forts tirants. Le grand cylindre seul pèse 35000^k.

Comme les grands pilons, les presses sont desservies par des grues disposées comme nous l'avons indiqué ; on trouvera dans « Stahl und Eisen » 1893, pl. III, le dessin de la presse que nous venons de décrire, celui de la machine motrice, des accumulateurs, des grues et des fours à réchauffer.

(c) Travail de la presse. — La presse produit les changements de forme dans les mêmes conditions que le marteau ; une panne étroite déterminera un allongement dans le sens perpendiculaire au sillon qu'elle forme, une panne large chassera les molécules dans toutes les directions, elle élargira la pièce ; pour diminuer la longueur, on opérera par refoulement

Souvent il est avantageux d'employer des étampes pour forger des pièces de formes plus compliquées que celles qu'on peut obtenir avec des pannes plates.

La comparaison entre le forgeage au pilon et le forgeage à la presse a été faite à plusieurs reprises et semble toute à l'avantage de cette dernière.

Si on considère l'installation d'abord, il est certain qu'à puissance égale, la presse n'exige qu'une fondation peu importante; elle n'occupe que peu de place superficielle et est d'une moindre hauteur, ce qui permet la circulation de grues roulantes par dessus ses parties les plus élevées; elle coûte moins d'installation.

Comme dépense d'entretien, elle a l'avantage de consommer moins de vapeur que le marteau-pilon, puisqu'on peut commander les pompes par des machines perfectionnées, tandis que la dépense du pilon ne se prête à aucune amélioration de ce genre; les réparations y sont moins fréquentes, puisque, par son mode d'action, on n'a pas à redouter les vibrations, les ruptures d'organes plus ou moins malmenés.

Comme mode de travail, la presse possède également des qualités qui lui sont propres; si la pression qu'elle produit est insuffisante, il n'en résulte sur le bloc aucune déformation; mais si elle possède la puissance convenable, son action se communique de proche en proche jusqu'aux parties les plus profondes de la matière et symétriquement par rapport à un plan médian, c'est-à-dire aussi bien en dessous qu'en dessus de ce plan ; et comme la masse à forger a une température plus élevée à l'intérieur qu'aux deux surfaces en contact avec l'enclume et la tête du piston, parties qui sont refroidies par ce contact même, le bloc prend sur les côtés une forme convexe comme l'indique le croquis ci-contre A.

Sous ce rapport, l'action du pilon est très différente. Un marteau-pilon léger, agissant dans un temps très court, par coups répétés, ne produit d'effet qu'à une faible distance des deux surfaces et les côtés du bloc deviennent concaves comme en B.

Si la force vive du marteau est plus considérable par rapport à la masse traitée, l'action se propage plus profondément, mais sur la face supérieure seulement et le bloc prend la forme C. Dans tous les cas, la cassure d'un bloc forgé au pilon révèle toujours une différence de grain entre l'intérieur et l'extérieur qu'on ne retrouve pas dans ceux qui ont été forgés à la presse.

Enfin, la presse produirait trois fois plus de travail dans le même temps que le marteau-pilon.

D'un autre côté, il ne faut pas oublier que, lorsqu'il ne s'agit que d'un étirage à produire, étirage que l'on peut obtenir au laminoir, celui-ci est incomparablement plus puissant comme production; partout où le blooming est possible, partout où la fabrication de l'atelier est suffisante pour l'alimenter, c'est donc une erreur d'employer la presse. (Voir *Génie civil*, tome XX, p. 65. — *Transactions of the American mining Engineers*, tome XXI, p. 321. — *The Journal of the Iron and Steel Institute, Institute of* 1893, tome II, p. 454. — *Bulletin de l'Industrie minérale*, 2e série, tome VI, p. 1037 à 1082.) (V.)

3. — Laminoirs.

a) Généralités. — Les laminoirs sont des appareils au moyen desquels on diminue la section des barres métalliques en les faisant passer entre deux cylindres tournant en sens contraire et dont les axes sont, le plus souvent, horizontaux. Les cylindres sont mis en mouvement par des machines motrices et la barre de métal qu'on leur présente est entraînée par le frottement et passe dans l'intervalle qui se trouve ménagé entre leurs surfaces.

La fig. 191 représente un laminoir à deux cylindres, le supérieur *a* est dit mâle, l'inférieur *b* est dit femelle.

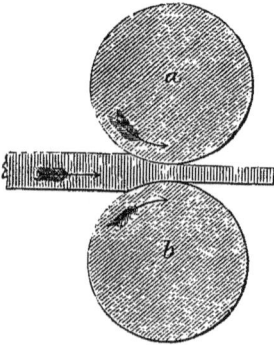

Fig. 191. — Mode de travail du laminoir à deux cylindres.

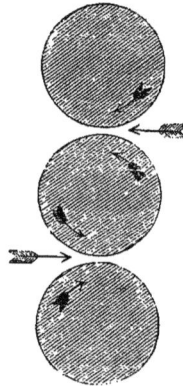

Fig. 192. Laminoir Trio.

On construit également des laminoirs à trois cylindres ou *trios* (fig. 192) dans lesquels la barre passe alternativement de gauche à droite, puis de droite à gauche suivant qu'on l'engage entre les deux cylindres inférieurs, ou entre celui du milieu et celui qui est le plus élevé. On étire ainsi le fer beaucoup plus vite parce qu'on n'est pas obligé de passer la barre par dessus les cylindres pour la représenter toujours dans le même sens. Cela est surtout important pour les échantillons de faible section qui se refroidissent plus vite, mais le cylindre moyen qui travaille deux fois plus que les autres, s'use naturellement avec plus de rapidité.

Ordinairement le mouvement est transmis aux cylindres par des pignons qui engrènent ensemble et dont les arbres sont accouplés avec les tourillons des cylindres. Un de ces pignons est mû directement ou indirectement par la machine (à vapeur ou hydraulique). Dans quelques cas particuliers, un seul cylindre reçoit le mouvement, le second, et même le troisième, dans le cas des trios, sont entraînés par le frottement et il n'existe pas de pignons.

Si le laminoir est simplement destiné à aplatir la masse de métal qu'on lui présente, comme dans la fabrication des tôles, la surface des cylindres est lisse, mais, si on doit donner aux barres des profils particuliers, les cylindres portent des cannelures dans lesquelles la section de la barre est pressée. Chaque portion de cannelure qui appartient à un cylindre est une surface de révolution et les cannelures produisent un effet analogue à celui des étampes placées sous les marteaux, ou des moules de fonderie. Un cylindre n'a pas toujours en creux la portion de cannelure qui lui incombe ; celle-ci est souvent à la surface d'un anneau saillant qui pénètre dans un creux correspondant de l'autre cylindre (fig. 195, p. 282, T. II). Les cannelures doivent être fermées et les cylindres sont ajustés l'un avec l'autre.

L'opération du laminage a une certaine analogie avec celle de l'étirage au marteau ; le cylindre inférieur joue le rôle de l'enclume, l'autre faisant l'office de marteau ; dans les deux cas, c'est-à-dire avec le laminoir comme avec le marteau, l'étirage résulte principalement de la production d'une série d'empreintes successives qui amènent une diminution de la section et un allongement correspondant dans le sens perpendiculaire à celui du sillon de l'empreinte.

Avec le marteau, il faut avancer ou reculer la barre après chaque coup, et, entre deux coups successifs, il existe un intervalle pendant lequel l'outil remonte et retombe ; le laminoir, au contraire, agit d'une manière continue, il n'y a pas de perte de temps, l'étirage s'obtient donc beaucoup plus vite, et toutes les fois qu'on doit étirer de grandes quantités de métal, on emploie le laminoir. C'est, cependant, un appareil d'une installation plus compliquée que celle d'un marteau, il occupe beaucoup plus de place ; aussi le laminoir n'a-t-il été adopté d'une manière générale que depuis le commencement du siècle [1], alors que la fabrication du fer prenait un développement considérable.

---

[1] Ce fut un Français nommé Brulier qui imagina le premier d'établir des laminoirs pour la fabrication des plaques destinées à la monnaie ; on s'en servait dès 1553. Dans la première moitié du xviiie siècle, on essaya d'appliquer ces appareils au travail du fer. Le premier brevet pour les cylindres à cannelures fut pris en 1784 par l'Anglais Henry Cort, l'inventeur du puddlage. En Allemagne le premier laminoir fut établi en 1825 à Rasselstein près Neuwied.

Il faut cependant remarquer que le laminoir ne peut fournir que des tôles et des fers de profils réguliers et à peu près uniformes, tandis que le marteau permet la fabrication des pièces de formes quelconques. Le laminoir ne pourra donc jamais remplacer complètement le marteau, pas plus qu'il n'est susceptible de remplir le même office que la presse à forger.

Quand on se sert du marteau, l'étirage est d'autant plus considérable que la panne est plus étroite ; en même temps l'élargissement est plus faible. La même observation s'applique aux laminoirs. La surface de contact entre les cylindres et la pièce à étirer est d'autant plus petite que le rayon du cylindre est plus petit lui-même, par conséquent, à pression égale, l'empreinte sera plus profonde et l'étirage plus rapide, avec des cylindres de petits diamètres. On peut donc formuler la règle suivante : *Pour étirer rapidement et élargir peu, en supposant que la pression et la vitesse à la circonférence soit la même dans tous les cas, il faut employer des cylindres d'un diamètre aussi faible que possible.*

Lorsqu'on passe une barre au laminoir, elle tend à s'élargir, elle donne donc lieu à une pression sur les côtés de la cannelure. C'est ce qui permet d'obtenir des profils à angles vifs ; si, cependant, cette pression dépasse certaines limites, elle peut retenir trop fortement la barre emprisonnée dans la cannelure et amener encore d'autres inconvénients. La limite de pression qu'il ne faut pas dépasser dépend du diamètre des cylindres, de la pression verticale à laquelle le métal est soumis, c'est-à-dire de la diminution de section de la barre dans la cannelure considérée, et surtout du rapport entre la largeur de la barre avant le passage et celle de la cannelure. Plus ce rapport sera faible et plus la barre aura de place pour s'élargir et moindre sera la pression latérale.

Nous avons vu que pour un étirage rapide, les cylindres de faible diamètre sont les plus avantageux ; il doit cependant y avoir un rapport convenable entre la grosseur de la barre qu'on présente et le diamètre des cylindres, sans quoi ceux-ci ne la saisissent pas ; c'est ce que nous allons faire comprendre.

Au point où la surface du cylindre rencontre la barre qui va s'engager (fig. 193), il se développe une pression P suivant une normale au cylindre au point de contact ; cette force peut se décomposer en deux, l'une horizontale Q qui a pour effet de repousser la barre, l'autre verticale R qui augmente le frottement et dont l'action est dirigée en sens contraire à celui de la composante Q ; R doit être plus grand que Q pour que le laminoir *morde*, c'est-à-dire oblige la pièce à passer entre les cylindres ; or, en supposant constantes la distance entre les tables des cylindres et l'épaisseur de la barre, la composante R diminue en même temps que le diamètre des cylindres, tandis que Q augmente ; il arrive donc un moment où R est insuffisant et où les cylindres ne mordent plus ; dans la pratique, on admet que le diamètre des cylindres doit être au moins égal à dix fois l'épaisseur de la barre à son entrée ou à 20 fois celle qu'elle prend à sa sortie.

Cependant, pour le laminage des gros blocs de fer et d'acier fondus, des plaques de blindage, etc., cette proportion est généralement plus faible.

Il a été fait un grand nombre de recherches, imaginé beaucoup d'hypothèses pour expliquer les phénomènes qui se produisent pendant le laminage. On ne peut encore, cependant, donner aucune théorie tout à fait satisfaisante.

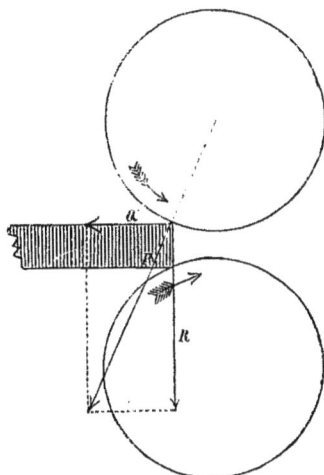

Fig. 193. — Théorie du laminage.

Une série d'essais ont été faits avec du plomb, métal malléable à froid, mais il est aisé de comprendre que le cas est tout différent, le déplacement des molécules ne peut être le même. Le fer chaud se refroidit, en effet, à la surface au contact des cylindres froids, cette surface perd donc en partie sa malléabilité, tandis que les parties intérieures la conservent. Lorsqu'on lamine un métal froid on ne rencontre pas cette même condition, aussi remarque-t-on que les pièces laminées à chaud ont les extrémités convexes, l'intérieur s'allongeant plus que la surface, tandis que les métaux laminés à froid ont les bouts concaves, et cependant dans les deux cas le déplacement moléculaire qui se produit à l'intérieur doit être le même.

On peut se rendre compte de ce qui se passe en logeant, dans la barre à laminer, une série de goupilles équidistantes perpendiculaires aux faces et arasées des deux côtés. On engage dans une cannelure la barre ainsi préparée et chauffée à la température convenable, et on arrête le laminoir avant qu'elle ne sorte des cylindres, de manière à avoir sur les différents points la representation de tous les états successifs par lesquels elle passe en se laminant.

Puis on la coupe en long suivant un plan passant par les axes de toutes les goupilles et, d'après la déformation de celle-ci, on voit quels ont été les déplacements des molécules pendant le laminage. La fig. 194 donne une idée de l'aspect que présente la barre coupée ; la pression des cylindres fait renfler

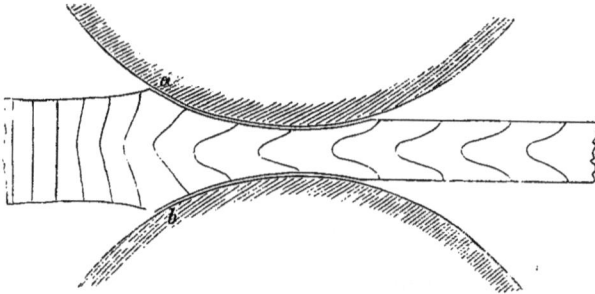

Fig. 194. — Etude sur le laminage (Hallenberg).

la barre en *ab*, dans la partie qui va entrer en prise ; la partie qui est entre les cylindres a une section plus petite que celle qui est sortie. La barre obtenue a donc une dimension plus forte que le vide de la cannelure, on doit tenir compte de cette circonstance quand on veut fabriquer des profils de dimension déterminée.

La vitesse de la barre au moment où elle va entrer en prise est moindre que celle de la surface des cylindres ; le frottement ne donne pas immédiatement à la barre toute la vitesse qu'elle doit acquérir, et on distingue à l'extrémité antérieure la trace du glissement de la surface des cylindres. Naturellement cette vitesse augmente par suite de l'étirage à la sortie, elle est supérieure à celle des cylindres, d'autant plus que l'étirage est plus considérable [1].

Description du laminoir. — La fig. 195 représente la disposition générale d'un train de laminoir à 2 paires de cylindres. *AA* sont les cages qui contiennent les paliers sur lesquels reposent les tourillons des cylindres : *BB*

[1] Hallenberg employait, pour préparer ces goupilles, du fer à nerf tourné à la dimension de 6 à 7^{mm}, il les introduisait froides dans des trous forés dans la barre à la dimension exactement nécessaire après avoir chauffé celle-ci au rouge ; la contraction produite par le refroidissement les retenait d'une façon très solide ; elles se trouvaient à 25^{mm} l'une de l'autre. Après laminage et découpage on attaquait la surface métallique par un acide, on retrouvait facilement la trace des goupilles et il était facile de se rendre compte des modifications qu'elles avaient éprouvées.

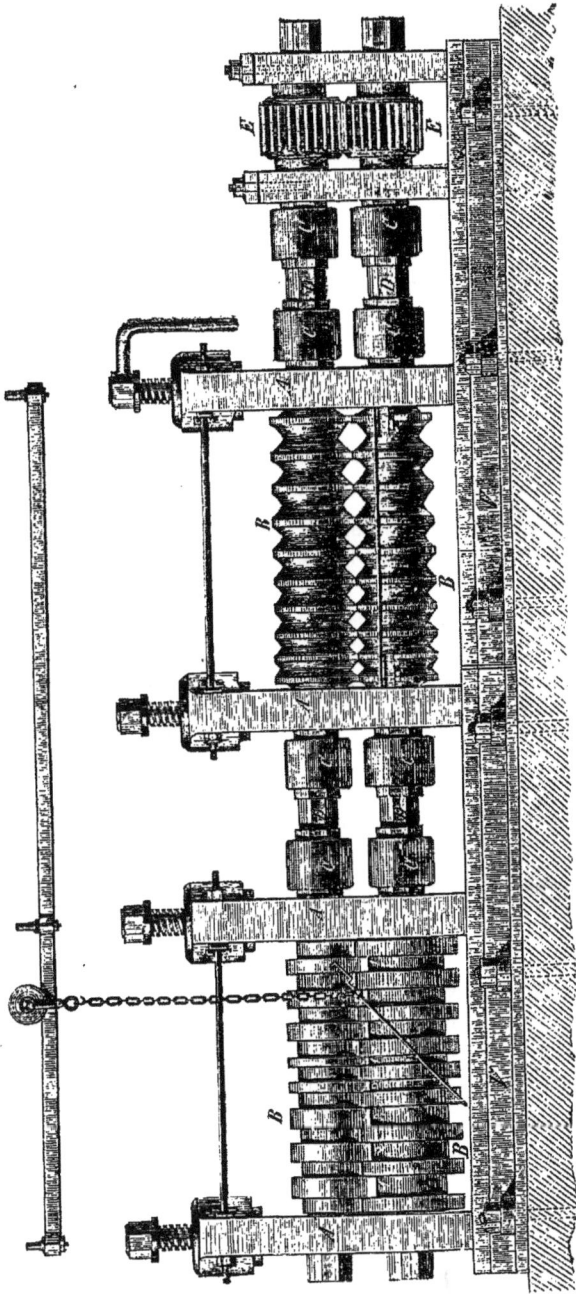

Fig. 195. — Laminoir pour le fer brut (ensemble).

sont les cylindres, ils sont pourvus de cannelures[1] : un laminoir comprend donc au moins une paire de cages et une paire de cylindres.

Les cages d'une même paire de cylindres sont réunies par des tirants à écroux qui maintiennent leur écartement ; dans le dessin, les tirants inférieurs sont masqués par les rebords des plaques de fondation.

On appelle *train* de laminoirs l'ensemble d'un appareil qui peut ne comprendre qu'une paire de cylindres, ou se composer d'un plus grand nombre. Les cylindres d'un même train sont reliés entre eux et avec les pignons E, au moyen d'*allonges* D et de *manchons* C ; ce mode d'accouplement a l'avantage de se prêter, sans inconvénients, à certaines variations dans la position des cylindres, sans rien changer à celle des pièces voisines et surtout des pignons.

En effet, les divers cylindres d'une même paire de cages qui reçoivent le mouvement de rotation de pignons n'ont pas toujours exactement les mêmes diamètres ; les dents des pignons seraient donc exposées à se briser et la marche du train deviendrait fréquemment impossible si les cylindres étaient rattachés, sans intermédiaires, aux pignons, et si la distance de leurs axes n'était pas absolument celle des axes des pignons. Les allonges et les manchons interposés laissent un certain jeu et préviennent les accidents de ce genre.

Le mouvement est ordinairement transmis par le pignon inférieur qui est actionné, soit directement par l'arbre de la machine, soit par des cordes ou des courroies, lorsque la même machine motrice fait marcher plusieurs trains.

On place le plus souvent le volant entre le train et la machine motrice, et lorsqu'une machine est attelée à plusieurs trains, chacun de ceux-ci est pourvu d'un volant.

Les trios possèdent 3 pignons, la commande est faite par celui du milieu ou par celui qui est en dessous.

Dans le type de laminoirs que nous venons d'indiquer, les cylindres tournent toujours dans le même sens ; lors donc que la cage n'en contient que deux, on doit nécessairement présenter la barre à laminer d'un seul et même côté et, par conséquent, après chaque passage la ramener de ce côté[2] ; quand les laminoirs sont montés en trios, il n'en est plus de même, la barre passe alternativement des deux côtés de la cage ; ce système permet donc de gagner du temps : dans les deux cas, cependant, on est contraint d'élever ou

----

[1] L'appareil représenté est un train de puddlage ou dégrossisseur construit vers 1865, destiné à transformer en barres des loupes cinglées au marteau. La disposition générale des trains établis plus récemment est encore la même.

[2] La pièce à laminer passe fréquemment 15 fois de suite entre les cylindres avant d'arriver à la dimension voulue.

d'abaisser la pièce, soit pour la faire passer par dessus ou par dessous les cylindres s'il n'y en a que deux, soit pour la présenter successivement entre les deux cylindres inférieurs d'un trio et entre celui du milieu et celui qui est au-dessus. Pour faciliter cette manœuvre, on doit avoir recours à des appareils d'autant plus puissants que la masse à traiter est plus lourde.

Si, après le passage d'un bloom ou d'une barre entre deux cylindres, on renverse le mouvement de rotation de ceux-ci, on peut représenter immédiatement la pièce à laminer sans avoir à la soulever ; on évite ainsi une manœuvre souvent pénible et une perte de temps ; les laminoirs qui permettent de travailler de cette façon sont dits *reversibles*. Par leur emploi on gagne le temps consacré à passer la pièce par dessus ou par dessous le laminoir à 2 cylindres, et on n'a pas l'inconvénient de l'usure inégale de ceux d'un trio ; les reversibles seraient donc beaucoup plus fréquemment employés si le renversement du mouvement de rotation ne donnait lieu à une perte de force considérable. Il faut remarquer, en effet, que toutes les pièces en mouvement d'un train sont animées d'une force vive importante qui est perdue par le fait de l'arrêt et qu'il est nécessaire de faire produire à nouveau par le moteur.

Si on devait renverser le sens du mouvement de rotation du volant, il faudrait laisser s'écouler un temps très long entre deux passages successifs, la reversibilité serait impraticable.

Certaines dispositions permettent, tout en conservant au volant son sens de rotation, de changer à volonté celui du train. La fig. 196 représente une des plus fréquemment employées : sur l'arbre du volant qui est à droite dans le dessin est calé un pignon *B* engrenant avec la roue *C* dont l'arbre peut transmettre le mouvement aux cylindres, soit par la roue *C* engrenant avec la roue *E*, soit par *G* qui commande la roue *J* par l'intermédiaire de *H* ; or *E* et *C* tournent en sens contraire, *J* et *C* dans le même sens ; le sens de rotation de l'arbre dépendra donc de l'engrenage par l'intermédiaire duquel la roue *C* transmettra le mouvement. *J* et *E* sont folles sur leurs arbres, mais elles portent des griffes *KK*. Entre ces griffes et sur le même arbre *F* se trouve un manchon *L* portant deux griffes l'une à droite, l'autre à gauche et qui tourne avec l'arbre; si donc on met en contact la griffe de droite par exemple avec la roue *E*, l'arbre tournera dans le même sens que *E* ; si au contraire on établit le contact à gauche avec *J*, c'est cette dernière roue qui lui transmettra le mouvement. Si la griffe mobile est maintenue entre les deux positions extrêmes, l'arbre reste en repos et il se produit, pour les cylindres, un moment d'arrêt entre les deux marches en sens inverse.

Ce système diminue sans doute dans une faible mesure la perte de travail mécanique due aux renversements, mais on éprouve de grandes difficultés à construire un système de roues et d'embrayages capable de résister aux chocs qui se produisent ; aussi les embrayages à griffes qui avaient été adoptés dans le principe pour la conduite des laminoirs reversibles ont-ils été abandonnés depuis qu'on a reconnu qu'il était impossible de les maintenir en bon état, quelles que fussent les dimensions des organes qui les composaient.

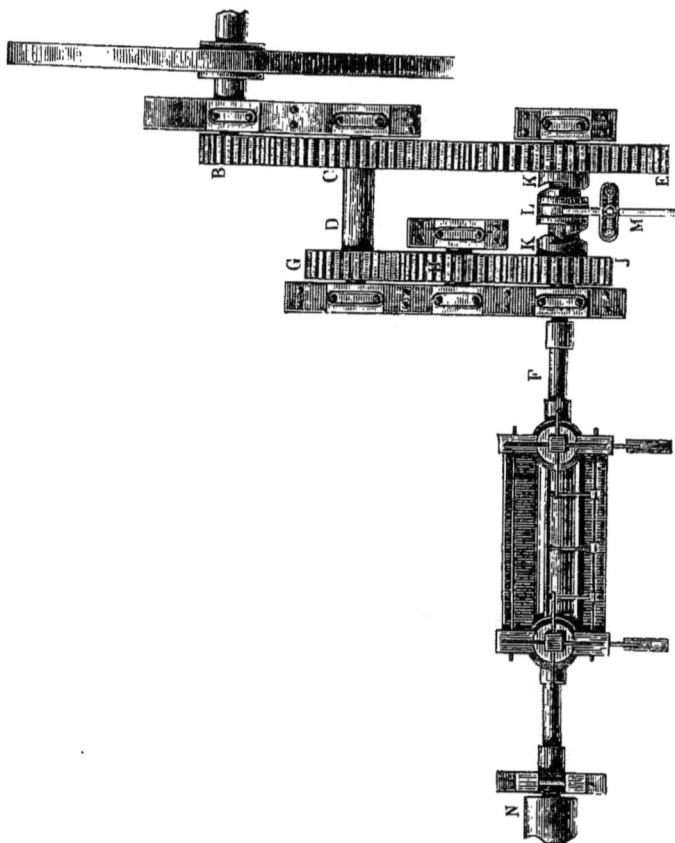

Fig. 196. — Train reversible (plan).

Les embrayages à frottement ont rendu de meilleurs services parce que leur action est moins brusque et qu'ils communiquent le mouvement d'une façon plus graduelle ; il est malheureusement difficile d'obtenir une pression suffisante pour que l'embrayage fonctionne sûrement, lorsqu'on a affaire à un laminoir dans lequel la force transmise est considérable. En Angleterre, dans quelques trains de ce genre, on a eu recours à la pression hydraulique. L'eau en pression arrive dans l'arbre qui porte l'embrayage et qui est creux ; ce système assez compliqué s'est peu répandu jusqu'à ce jour.

Il est un moyen plus simple de supprimer la difficulté qu'on éprouve à changer le sens de rotation du volant ou à transformer ce sens en un autre contraire, c'est de se passer de volant, et de confier à la machine elle-même le soin de transformer le mouvement. C'est à ce système qu'on s'est définitivement arrêté depuis qu'on a reconnu les inconvénients des systèmes reversibles avec volant.

Cependant le volant d'un laminoir est un réservoir dans lequel s'accumule le travail fourni par la machine pendant qu'elle tourne à vide et qui utilise ce travail emmagasiné pendant que la pièce à laminer passe entre les cylindres ; par conséquent, s'il n'existe pas de volant, la machine doit pouvoir, à chaque instant, fournir la quantité de travail qu'on lui demande ; elle devra posséder une plus grande puissance, elle sera donc plus coûteuse à établir et consommera plus de force motrice, eau ou vapeur.

Aussi réserve-t-on l'emploi des laminoirs reversibles à la fabrication des pièces très lourdes telles que les grandes tôles qui entraînent pour leur manœuvre des pertes de temps énormes ou exigent des dispositions mécaniques trop compliquées pour être produites à un laminoir ordinaire.

Lorsqu'on emploie comme moteur une machine à vapeur pour mettre en mouvement un train reversible, elle doit se composer de deux machines accouplées dont les manivelles sont calées à 90° ; on ne peut employer la détente que d'une façon restreinte ; dans certaines positions des manivelles il serait impossible de renverser le sens du mouvement. C'est encore là une cause de consommation de vapeur [1].

Une machine reversible à trois cylindres a été installée en 1878 aux aciéries d'Alexandrovski, près Saint-Pétersbourg ; elle avait été étudiée à Terrenoire et construite dans les ateliers de Satre et Averly à Lyon ; elle conduisait au début, d'un côté un blooming pour gros lingots de métal fondu provenant de fours Martin, et de l'autre un train à rails à deux paires de cages ; elle était établie dans les conditions suivantes :

Diamètre des cylindres à vapeur 1m,050
Course des pistons. 1m,200
Pression de la vapeur . . . . 5 atmosphères.
Détente variable Audemar, de 1/3 à 1/4.
Condensation par machine spéciale.
Nombre de tours 70
Manivelles calées à 120° l'une de l'autre.

Depuis cette époque, cette machine n'a cessé de faire un bon service ; la commande se fait avec un servo-moteur Farcot et l'obéissance de la machine est absolue ; il n'existe pas de points morts et la puissance est aussi régulière qu'il est possible de le concevoir et absolument dans la main du machiniste.

Signalons comme particularité de construction que les trois manivelles ont été

[1] On a construit depuis peu pour cet usage des machines à trois cylindres. (Stahl und Eisen, 1893, p. 183.)

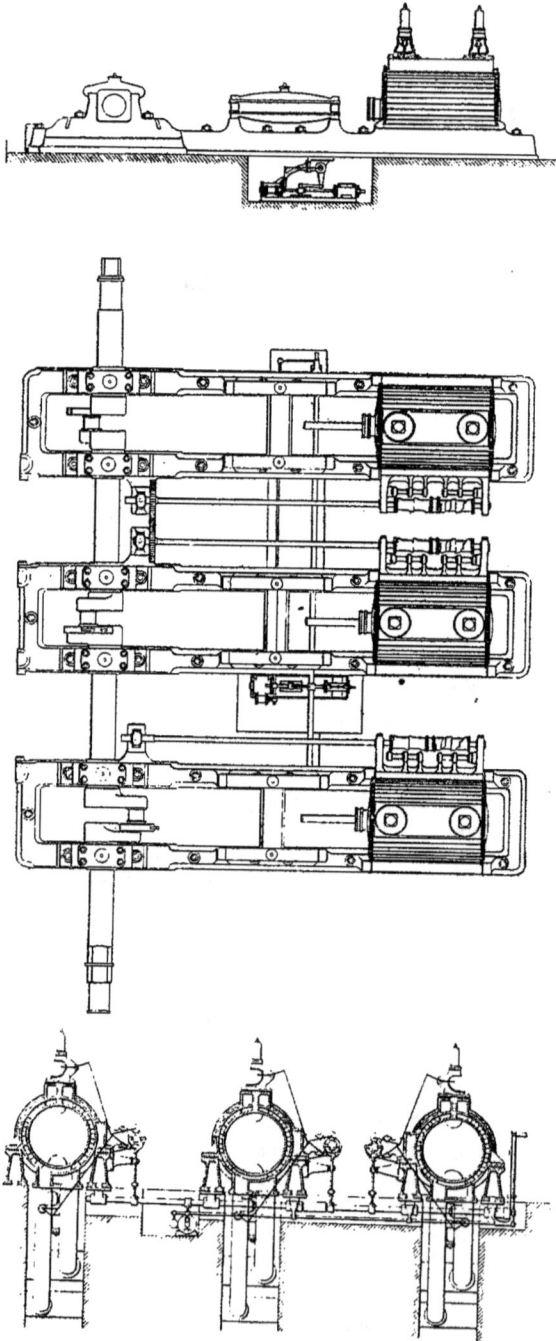

Fig. 196 bis. — Machine reversible à 3 cylindres d'Alexandrovski.

coulées en acier avec leurs boutons, dans des moules en sable et qu'elles ont résisté à tous les efforts, même à ceux résultant d'accidents graves.

Nous donnons dans la figure 196bis en plan, coupe et élévation, la disposition générale de cette machine. (V.)

(b) *Diverses parties des laminoirs — Cylindres.* — Les cylindres de laminoir peuvent être en fonte ou en acier fondu. La partie qui travaille s'appelle la *table, a*, fig. 197, à droite et à gauche de laquelle sont les tourillons ou collets, *bb*, puis les trèfles, *cc*, qui font saillie en dehors de la cage et reçoivent les

Fig. 197. — Cylindre de laminoir.

manchons d'accouplement; le profil des trèfles et celui des manchons doivent être établis de telle sorte que les premiers soient entraînés par le mouvement des seconds.

La table est ordinairement cylindrique et c'est dans ce cylindre qu'on creuse, sur le tour, les diverses cannelures. Cependant lorsque les cylindres sont de très grand diamètre et qu'on veut éviter un travail excessif aux tours, on coule les cylindres avec une forme se rapprochant de celle qu'ils auront après tournage, et l'outil n'a plus qu'à les terminer. On évite ainsi une perte de temps et de matière.

Nous avons exposé précédemment sur quelles considérations on devait s'appuyer pour déterminer le diamètre des cylindres de laminoirs; il doit être d'autant plus petit que l'échantillon à produire est lui-même de moindre section et qu'on veut étirer plus rapidement; il est évident que le poids d'un train de laminoir, les frottements qui en résultent et les frais d'installation s'élèvent ou diminuent avec le diamètre des cylindres. Les tentatives que l'on a faites pour couler des cylindres creux dans le but de réduire leur poids sont restées à l'état d'essais isolés; on doit toujours craindre en effet que des tourillons évidés n'aient pas une résistance suffisante.

Le diamètre des cylindres est compris entre 0m,200 et 1m,200, plus il est grand et plus on peut donner de longueur à la table sans craindre de la voir se rompre ou se ployer.

Pour le laminage des tôles, on doit adopter une table de dimension correspondant à la largeur des feuilles que l'on veut fabriquer, et si celle-ci est considérable, on est amené à augmenter le diamètre de manière à assurer une résistance suffisante.

Quant aux cylindres à cannelures, la longueur de leur table dépend naturellement du nombre et de la largeur des cannelures qu'ils doivent recevoir ;

en pratique elle varie de 0ᵐ,500 à 4ᵐ,000 [1]. On place les cannelures les plus profondes près des tourillons, c'est là qu'elles sont moins exposées à provoquer la rupture du cylindre.

D'après Hauer le diamètre des tourillons d doit être compris entre 0,54 et 0,60 D, D étant celui des cylindres ; la longueur l des coussinets est en général égale à $\dfrac{d}{2}$, celle des tourillons la dépasse de 1 à 2 centimètres. Le diamètre maximum des trèfles doit rester inférieur à celui des tourillons ; dans les petits cylindres la différence n'est que de quelques millimètres, dans les grands elle atteint plusieurs centimètres : leur longueur est égale à 0,7 ou 0,9 de leur diamètre maximum.

Pour laminer les tôles et surtout pour celles qui sont peu épaisses et doivent avoir une surface aussi lisse que possible, on emploie des cylindres dont la surface est durcie par la trempe en coquille ; d'après Turner, de Birmingham, les fontes qui se comportent le mieux dans ces conditions ont la composition suivante en centièmes :

Carbone combiné dans la partie non trempée	1,00
Silicium	0,85
Manganèse, moins de	1,00
Soufre, au plus	0,07
Phosphore, au plus	0.60

Cette proportion de phosphore est considérée comme utile pour donner à la fonte le degré de fluidité convenable. (V.)

Les cages et leurs accessoires. — Une cage est un bâti en fonte très robuste qui porte les paliers des cylindres : ceux du cylindre inférieur reposent sur les semelles des cages et n'ont pas de chapeaux, rien ne pouvant amener les cylindres à se soulever. Les cylindres supérieurs, au contraire, qui reçoivent de bas en haut la poussée de la pièce à laminer, tendent à s'élever, il est donc indispensable que les tourillons soient maintenus en dessus et en dessous et que le coussinet l'empêche d'obéir à la pression de bas en haut qu'il subit à chaque passage. A cet effet on adapte une forte vis verticale qui traversant la partie supérieure de la cage vient buter contre le chapeau du palier supérieur (fig. 195 et suivantes).

Les paliers (auxquels on donne aussi le nom d'*empoises*) du cylindre supérieur peuvent être installés de deux façons différentes.

Généralement, quand on a à laminer un échantillon déterminé, les cannelures ont des dimensions fixes et la distance entre les axes des cylindres est invariable, chaque passage correspond à une section unique, on ne desserre donc la vis que lorsqu'on redoute une pression exagérée. Les empoises des cylindres supérieurs sont, par conséquent, disposées de telle sorte que, lorsque les cylindres sont à la distance normale, la vis est serrée à fond.

---

[1] Les laminoirs à blindages de Fr. Krupp à Essen ont des tables de 4ᵐ de longueur.

Dans les laminoirs à deux cylindres à cannelures fixes, on établit les cages comme le montrent les fig. 198 à 201 [1].

Le palier du cylindre supérieur se compose de deux parties *c* et *d* dans les-

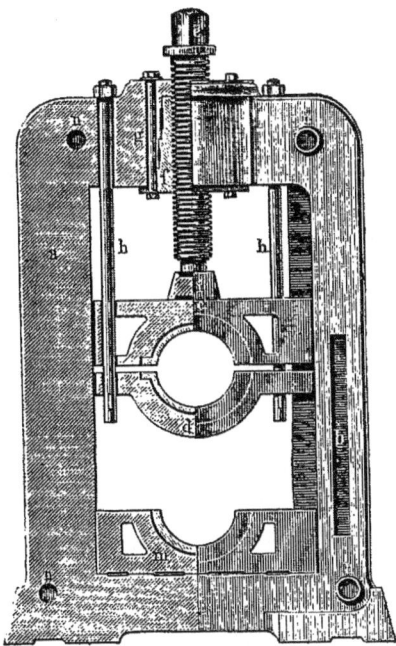

Fig. 198 (élévation et coupe longitudinale).

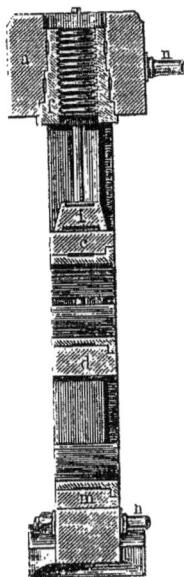

Fig. 199 (coupe transversale).

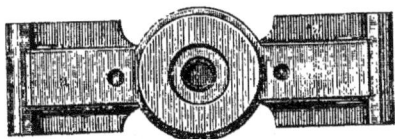

Fig. 200 (plan).

Fig. 201 (coupe horizontale).

Cage de laminoir duo.

quelles sont ajustés des coussinets en bronze ou en métal blanc antifriction ; il est supendu par des boulons *h* à la partie supérieure de la cage ; ces boulons traversent cette partie et les deux empoises *c* et *d*, ils sont retenus par des écrous au moyen desquels on règle la hauteur de l'axe des cylindres supérieurs.

La vis de pression *e* se termine en haut par une tête carrée que l'on coiffe

[1] Le système de cage que nous représentons date de 1860, on le rencontre encore dans un grand nombre d'usines actuelles ; nous indiquerons plus loin les modifications qu'on y a apportées dans les installations nouvelles.

d'une clef avec laquelle on fait tourner la vis à droite ou à gauche dans son écrou f qui est en bronze ou en fonte.

Entre la vis et l'empoise supérieure c on interpose une boîte de sûreté i dont le rôle est de se briser lorsque la pression est excessive, on évite ainsi la rupture des tourillons ou des cylindres.

En m est l'empoise du cylindre inférieur, elle est découverte et on règle sa hauteur au moyen de cales.

Une cage se coule généralement en une seule pièce, sous la semelle on ménage des portées qui sont rabotées et ajustées et reposent sur d'autres portées également dressées de la plaque de fondation.

Du côté des cylindres on a réservé dans les jambages des feuillures tt où se logent les rebords des empoises et qui s'opposent à ce qu'elles soient repoussées en dehors. les cylindres suffisent à les maintenir dans l'autre sens.

Lorsque les laminoirs sont destinés à la fabrication de petits échantillons, on règle d'une façon encore plus précise la position des empoises en logeant dans le bord de la feuillure tt des vis parallèles à l'axe des cylindres et en forçant ces vis à s'appuyer sur le rebord des empoises.

Les deux cages formant une paire sont reliées entre elles par des boulons passant par les trous nn : en hh on voit les rainures dans lesquelles se logent les supports des *plaques de garde* qui soutiennent le fer et le guident avant son passage dans les cannelures.

Lorsqu'on dispose les empoises du cylindre supérieur comme l'indique la fig. 198, chaque fois qu'on serre la vis e pour s'opposer à la montée du cylindre, on augmente le frottement sur les tourillons ; dans la disposition proposée par Daelen (*Zeitschr. d. ver. deutsch Ingenieure* 1872, p. 661), fréquemment adoptée dans les laminoirs de construction récente et que nous représentons fig. 202, cet inconvénient n'existe pas ; les boulons ne soutiennent que l'empoise supérieure qui porte elle-même l'empoise inférieure par l'intermédiaire de deux autres boulons h. La pression de la vis est alors sans influence sur le serrage du tourillon dans les coussinets.

Une autre modification très fréquemment adoptée consiste dans la suppression de la feuillure t contre laquelle s'appuie le rebord des empoises, celles-ci sont alors maintenues par des mentonnets recourbés qui permettent de régler avec une grande exactitude la position des cylindres dans le sens longitudinal ; les fig. 203 à 205 représentent cette disposition appliquée à un laminoir trio [1] : aa sont les mentonnets en fer maintenus en place par des boulons qui traversent les jambages des cages et dont la tête carrée affleure la face intérieure du bâti et se trouve enclavée dans le bâti lui-même. En

[1] *Stahl und Eisen.* 1881. p. 2. pl. 4.

serrant ou desserrant ce boulon, on fait avancer ou reculer ce mentonnet parallèlement à l'axe du cylindre et on pousse l'empoise vers le cylindre ou on lui donne du jeu.

Pour éviter les frottements inutiles dans les cages trios il faut faire en sorte que la pression produite par le passage de la barre n'agisse que sur les deux cylindres intéressés et ne porte pas sur le troisième. On atteint ce but

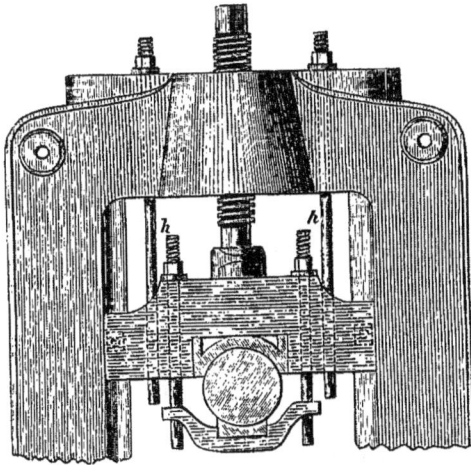

Fig. 202. — Disposition des empoises de Daelen.

en composant les empoises de pièces qui s'appuient les unes sur les autres et dont la distance se règle au moyen de cales, elles transmettent la pression de bas en haut directement à la vis de serrage.

Il existe plusieurs manières d'arriver à ce résultat. Dans la cage représentée fig. 203, le coussinet inférieur repose directement sur la base du bâti et ne porte pas de chapeau, cette disposition n'est admissible que lorsque la transmission du mouvement se fait par le pignon inférieur, on règle la hauteur du tourillon au moyen de cales placées sous le coussinet ; l'empoise inférieure du cylindre moyen s'appuie sur des saillies du jambage et on détermine la hauteur avec les cales bb ; par conséquent la pression qui se produit lors du passage de la barre entre les deux cylindres supérieurs n'intéresse pas les tourillons du cylindre inférieur. De même, lorsque ce dernier travaille avec le cylindre intermédiaire, les tourillons du troisième n'éprouvent aucune pression, parce que l'empoise supérieure du cylindre moyen et l'empoise inférieure de ce troisième ne forment qu'une seule et même pièce sur laquelle s'appuie l'empoise supérieure. L'intervalle entre ces pièces est garni de cales qui servent à transmettre la pression de l'une à l'autre et à maintenir l'écartement des cylindres tel qu'il doit être.

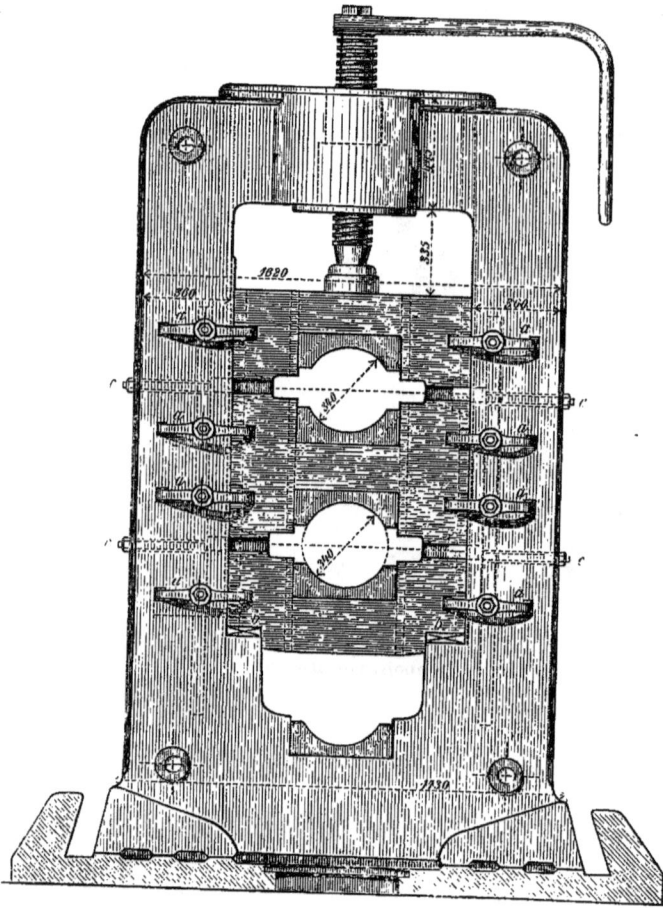

Fig. 203 (vue de face).

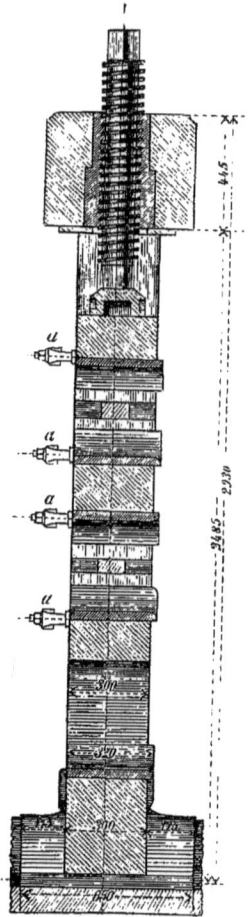

Fig. 204 (coupe verticale).

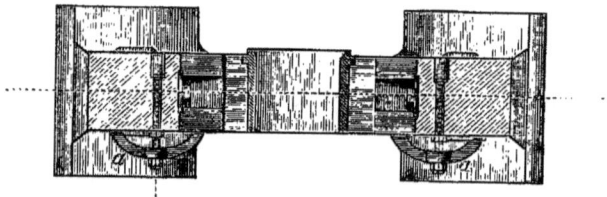

Fig. 205 (coupe horizontale).

Cage de trios avec mentonnets.

Quelquefois ces cales sont en bois, mais on obtient un meilleur réglage en employant des cales en acier faisant corps avec les boulons *cc* qui traversent les jambages et sont munis d'écrous et de contre-écrous.

Dans la cage trios d'Erdmann, le même résultat est atteint d'une autre manière ; le tourillon du cylindre supérieur est suspendu par deux boulons traversant le chapeau de la cage ; en dessous des écrous de ces boulons, sont insérés des ressorts en spirale qui suppriment l'obligation de serrer et de desserrer ces écrous chaque fois qu'on agit sur la vis de pression ; .l'effet de ces ressorts est de maintenir constamment en contact la vis de serrage et l'empoise-chapeau du cylindre supérieur.

Les deux empoises du cylindre moyen sont maintenues en place par les leviers *bbbb* qui passent à travers les montants de la cage et s'appuient par leurs extrémités sur des vis dont les écrous sont maintenus par des saillies du jambage.

En faisant tourner les écrous on allonge ou on raccourcit ces vis et on élève ou on abaisse les empoises entre lesquelles est compris le tourillon ; la pression sur le tourillon se trouve ainsi transmise au bâti. Pour empêcher les écrous de tourner pendant le travail on les arrête au moyen de pièces en fer ayant la forme de fourche que l'on peut voir sur la fig. 209.

La cage Erdmann se compose de deux pièces, deux jambages réunis par une semelle et un chapeau ; ce dernier est assujetti en place par de forts boulons à clavettes ; avec ce système de cages, le remplacement des cylindres est plus facile, ainsi que celui des autres pièces ; en général, on préfère cependant établir les cages en une seule pièce, parce qu'il y a toujours à redouter que, sous l'influence des secousses répétées, il ne se produise du jeu entre les montants et le chapeau [1].

Les fig. 210 et 211 représentent une cage trio pour petits fers, sa disposition ressemble en principe à celle des cages figurées sous les numéros 203 à 205, mais elle en diffère par certains détails : les empoises sont maintenues dans le sens longitudinal par des mentonnets en forme de C qui permettent un réglage facile ; comme, dans la fig. 210, on a supposé l'observateur placé entre les deux cages, les mentonnets ne sont pas visibles, on aperçoit seulement les têtes carrées des boulons qui traversent les montants et servent à maintenir les mentonnets en place ; on a indiqué par des carrés pointillés les surfaces de contact des mentonnets, d'une part avec le montant, d'autre part avec les empoises.

La transmission du mouvement est faite par le pignon moyen, l'axe du cylindre correspondant doit être, par conséquent, toujours à la même hau-

---

[1] On trouvera dans *Stahl und Eisen*, 1884, p. 480, la description et le dessin d'une cage Erdmann d'une forme un peu différente de celle que nous avons donnée.

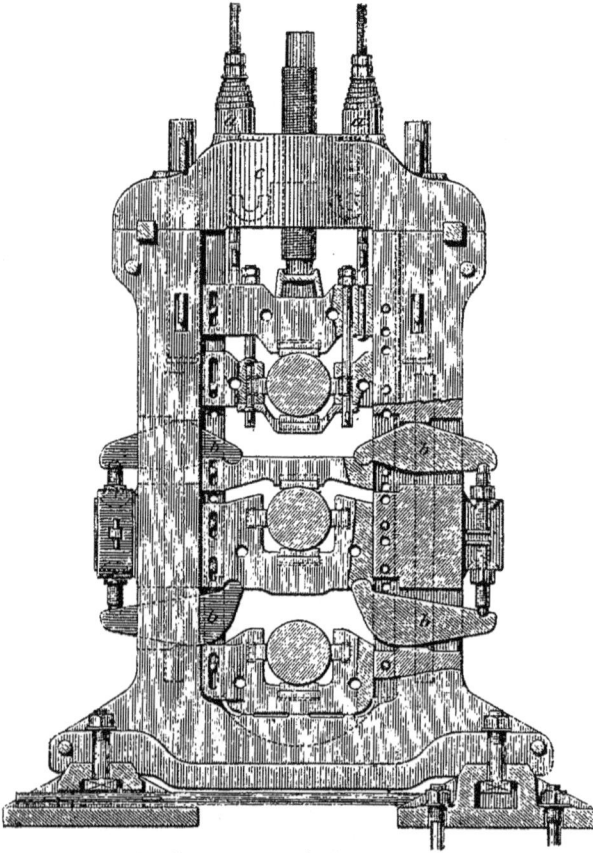

Fig. 206 (vue de face).

Fig. 209 (coupe verticale)

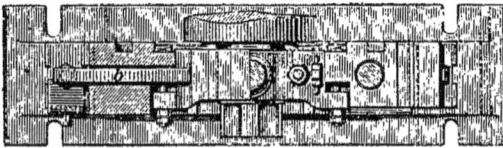

Fig. 207 (coupe horizontale).

Fig. 208 (plan).

Cage de trios d'Erdmann

teur ; son empoise inférieure repose donc sur des saillies des jambages; celle
du cylindre d'en dessous ne fait pas corps avec la semelle de la cage, on règle
sa hauteur au moyen d'un coin dont il est aisé de comprendre la disposition
et le fonctionnement ; l'empoise inférieure du cylindre d'en haut est suspendue par des boulons à l'empoise supérieure qui forme chapeau ; dans
ces conditions, les différents tourillons sont plus indépendants les uns des
autres que dans la cage représentée fig. 203.

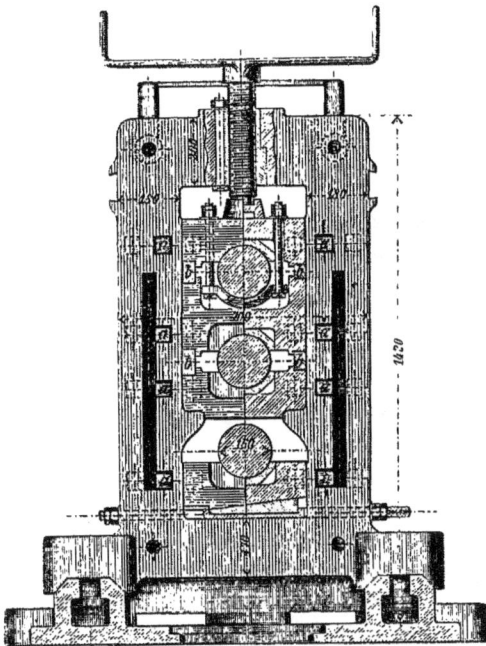

Fig. 210 (vue de face).   Fig. 211 (coupe verticale).
Cage de trios pour petits fers.

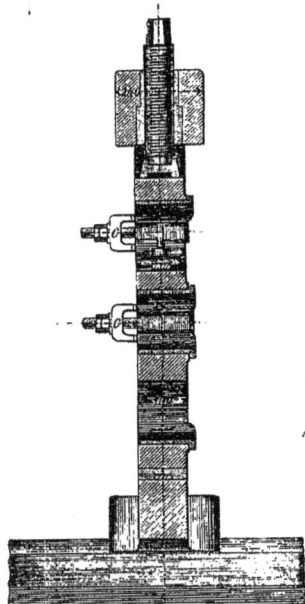

Pour transmettre la pression d'une empoise à l'autre et régler la hauteur
des cylindres, on se sert de coins en acier *bb* terminés par des tiges filetées
qui traversent les tréteaux *cc* ; ceux-ci prennent leurs points d'appui sur les
empoises elles-mêmes (fig. 211).

Toutes les cages que nous venons de décrire peuvent être considérées
comme appartenant à la même catégorie des appareils dans lesquels la distance des cylindres reste invariable pendant le laminage. Il faut recourir à
une autre disposition lorsque l'écartement des cylindres doit varier, quand,
par exemple, on doit les rapprocher après chaque passage pour diminuer successivement l'épaisseur de la pièce soumise au laminoir.

Il en est toujours ainsi pour le laminage des tôles qui s'effectue entre deux cylindres lisses que l'on rapproche l'un de l'autre après chaque passage. On

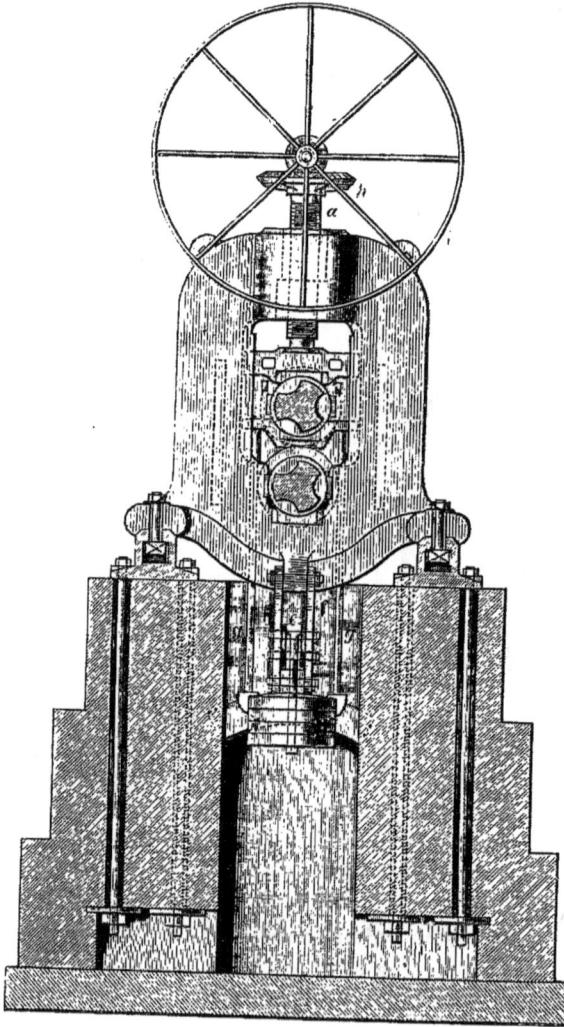

Fig. 242. — Laminoir à tôles (vue de bout).

dispose de la même façon les gros cylindres destinés à l'ébauchage des blocs de fer ou d'acier fondu, ces derniers portent des cannelures, mais comme on ne cherche pas à donner aux blooms une forme déterminée bien précise, on les étire en les passant plusieurs fois dans la même cannelure et rapprochant chaque fois les cylindres.

Ce genre de travail se pratique entre des cages à cylindres *équilibrés* dans lesquelles un système de contrepoids ou de pistons supporte les cylindres

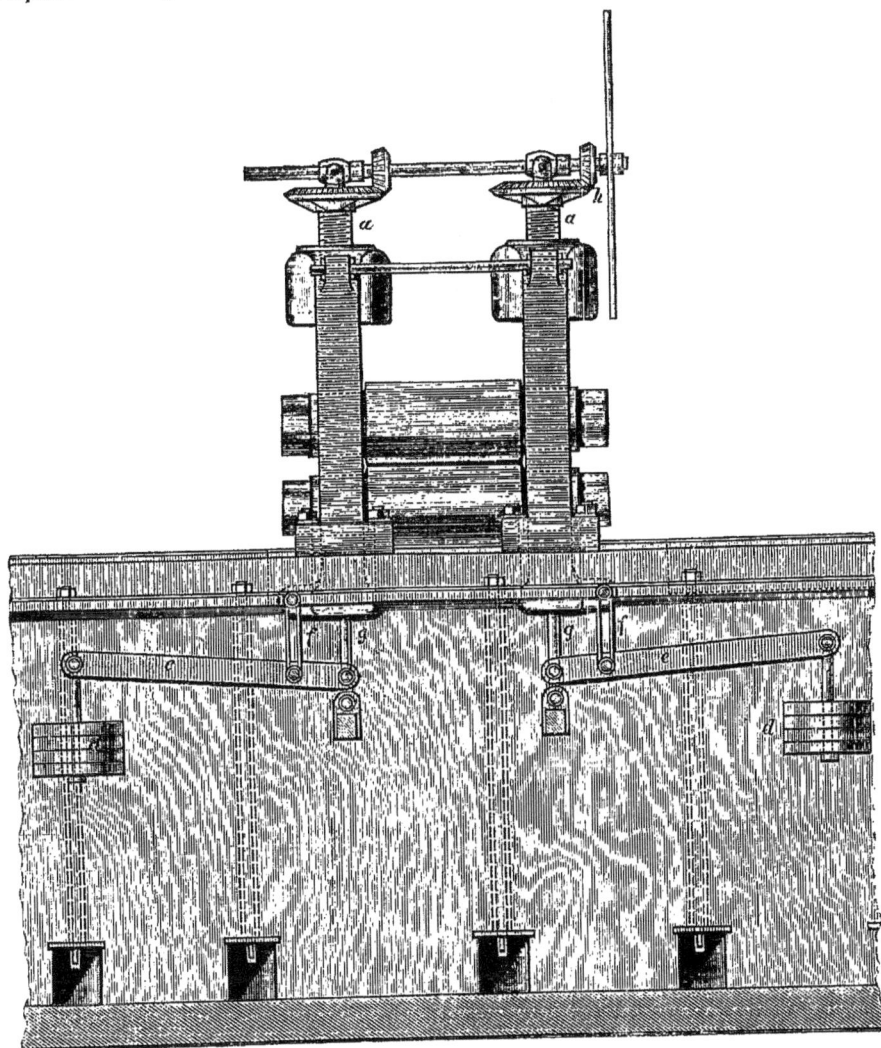

Fig. 213. — Laminoir à tôles (vue de face).

et les pièces accessoires et maintient celles-ci en contact perpétuel avec la vis de pression.

Les fig. 212 et 213 représentent une paire de cages disposée de cette façon et destinée au laminage de la tôle [1].

[1] D'après *Iron age*, 1893, p. 557.

L'empoise inférieure du cylindre d'en haut repose sur l'extrémité de deux fortes tiges verticales gg qui passent dans des trous ménagés à travers la base des cages et les empoises du cylindre inférieur ; en bas ces tiges sont fixées à une traverse qui, dans son milieu, est reliée par une double articulation à l'extrémité d'un levier e suspendu à la cage correspondante par une double bielle f, et qui porte à son autre extrémité un contrepoids d formé de disques de fonte échancrés suivant un rayon, ce qui permet d'en faire varier le nombre suivant le poids des cylindres à équilibrer.

Comme on le voit sur la fig. 213, chaque tourillon du cylindre supérieur est soutenu par un contrepoids et la hauteur se règle en serrant ou desserrant la vis de pression correspondante a, et il est facile de modifier à volonté l'intervalle entre les deux tables.

Si l'on veut que les cylindres restent toujours parallèles entre eux, il faut employer une disposition qui oblige les deux vis à tourner de la même quantité dans le même temps. Pour obtenir ce résultat, on peut coiffer chaque vis d'une roue conique h qu'on met en prise avec deux autres montées sur le même arbre horizontal et qu'on fait tourner dans un sens ou dans l'autre au moyen du volant i suivant qu'on veut élever ou abaisser le cylindre supérieur. Afin que les roues coniques se maintiennent toujours à la même distance, les deux paliers de l'arbre horizontal qui les porte sont soutenus chacun par un pivot formé par l'extrémité de la vis correspondante. De cette façon, la vis peut tourner sans entraîner dans son mouvement de rotation le palier qu'elle porte.

Au lieu de soutenir le cylindre supérieur par des leviers à contrepoids et de manœuvrer les vis à l'aide de roues dentées coniques, on a souvent recours, pour les cylindres d'un poids élevé, à des appareils dans lesquels on fait agir l'eau sous pression ; les fig. 214, 215 et 216 représentent un laminoir destiné à l'étirage de gros lingots qui est établi de cette manière.

De même que dans le système précédent, l'empoise inférieure du cylindre d'en haut repose sur deux fortes tiges de fer aa qui traversent la semelle de la cage et sont réunies par l'intermédiaire de la traverse b qui est supportée par le piston d'une presse hydraulique cc ; l'eau sous pression est fournie par un accumulateur placé en un endroit quelconque de l'atelier et qui est plus ou moins chargé suivant qu'on a besoin d'une pression plus ou moins forte.

Au-dessus des deux cages sont disposés horizontalement les deux cylindres hydrauliques d et e coulés ensemble et ne formant qu'une seule pièce ; le premier, d, dont le piston est de plus gros diamètre, a pour rôle de faire descendre les vis et de maintenir la pression pendant le laminage, l'autre e, de moindre diamètre, a pour mission de faire tourner les vis en sens contraire pour relever le cylindre ; l'eau est également fournie à ces deux appareils par

un accumulateur ; les tuyaux qui l'amènent aboutissent pour le cylindre *d*
à gauche et pour l'autre à droite. Si donc on fait agir la pression sur le premier piston en laissant ouvert l'échappement du second, le mouvement se
produit vers la droite et inversement.

Fig. 214 coupe verticale par l'axe).

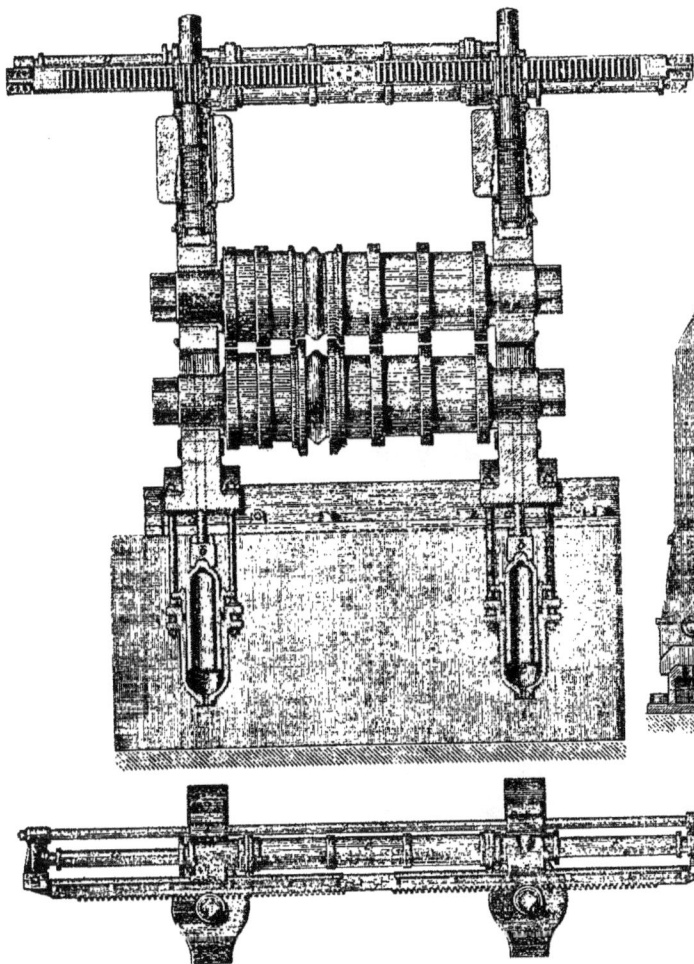

Fig. 216 (détail des cylindres hydrauliques, plan).   Fig. 215 (vue de bout.)
Blooming pour l'étirage de gros lingots (échelle de 1/60).

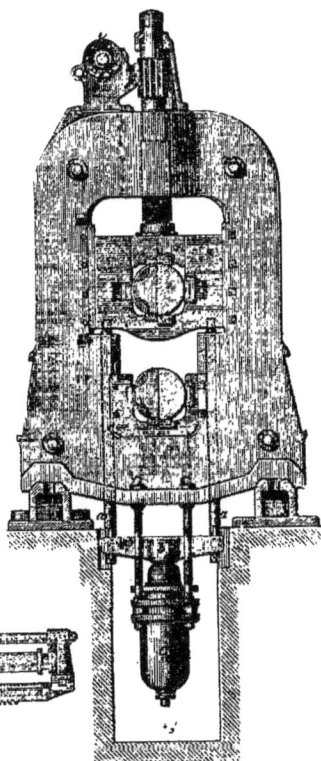

Les deux pistons sont reliés à une même crémaillère horizontale qui engrène avec des pignons formant l'extrémité supérieure des vis de pression,
les dents de ces pignons sont assez longues dans le sens vertical pour être en

prise avec la crémaillère, quelle que soit la position des vis, c'est-à-dire l'écartement des cylindres.

Ces dispositions de cylindres équilibrés sont employées dans les laminoirs
à deux cylindres, on les applique cependant quelquefois également aux trios ;
comme exemple. nous citerons le type représenté par les fig. 217, 218 et 219
qui porte le nom de son inventeur, l'ingénieur belge Lauth et qui a été adopté
dans un certain nombre de forges.

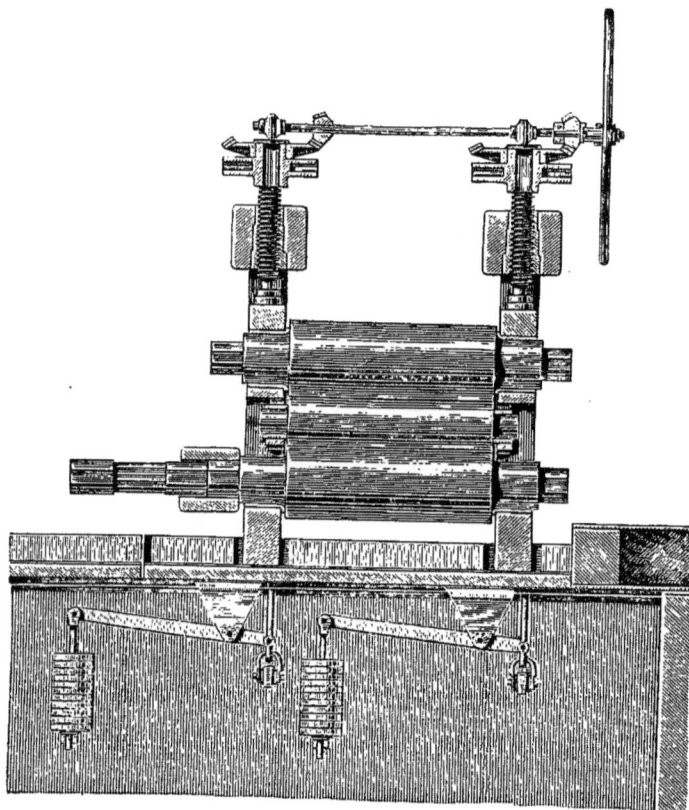

Fig. 217. — Laminoir Lauth (coupe verticale par l'axe).

Ce laminoir se compose donc de trois cylidres, le supérieur est soutenu
comme celui de la fig. 212 par des tiges d'acier verticales articulées avec des
leviers à contrepoids. Au moment où la tôle s'engage entre le cylindre inférieur et le cylindre moyen, elle soulève celui-ci qui est libre et dont la table
vient porter sur celle du cylindre d'en haut ; quelquefois, mais rarement, on
produit par un moyen quelconque le soulèvement du cylindre moyen qui
doit être aussi léger que possible pour se relever facilement et retomber

avec moins de violence sur la table inférieure après le passage de la tôle. On lui donne donc un diamètre plus petit qu'aux deux autres, ce qui n'a pas d'autre inconvénient que d'entraîner une usure plus rapide.

Dans ce système, le cylindre moyen n'est mis en mouvement que par le

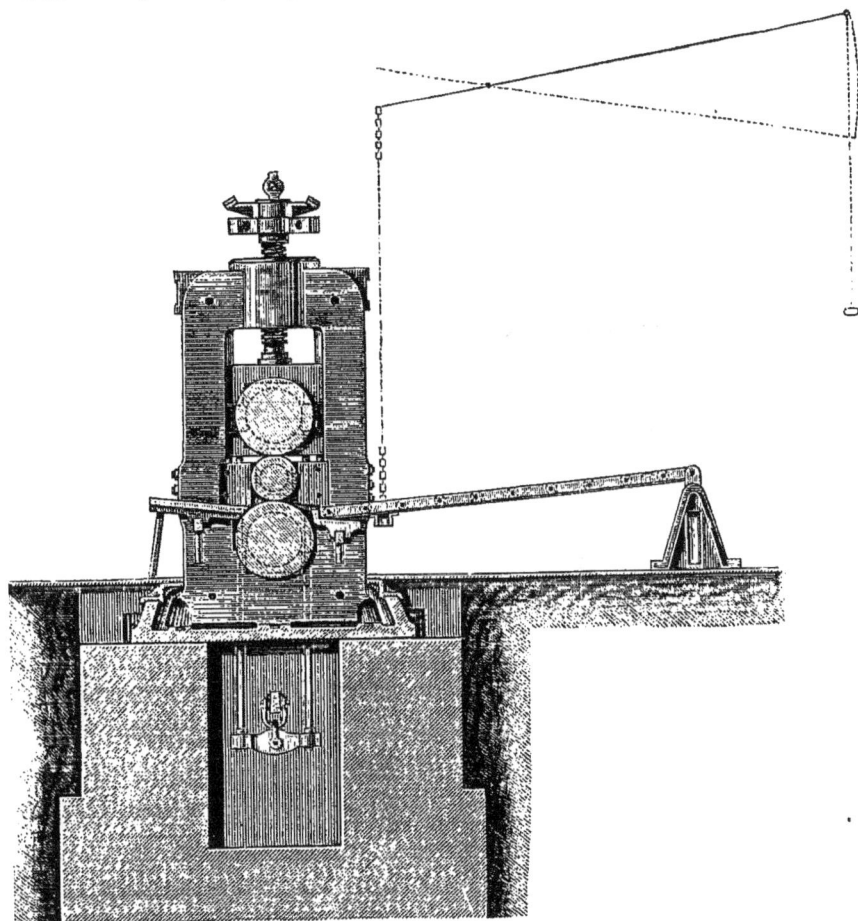

Fig. 218. — Laminoir Lauth (coupe verticale en travers).

frottement ; passe-t-on une tôle entre le cylindre du bas et le second, celui-ci vient porter sur le cylindre supérieur et par son intermédiaire, transmet la pression à la vis de serrage ; si le laminage s'opère entre le cylindre moyen et celui d'en haut, le premier vient s'appuyer sur la table inférieure qui le soutient et lui permet de résister à la pression.

Lorsque les laminoirs de ce genre sont de grande dimension, on transmet le mouvement du cylindre inférieur à celui d'en haut par l'intermédiaire de

3 pignons, mais dans ceux de moindre importance, comme celui que nous avons figuré, il n'existe pas de pignons, le cylindre inférieur seul est en relation avec la machine motrice, les autres ne tournent que par le frottement ; lorsqu'on passe la feuille entre les deux cylindres supérieurs, c'est donc le frottement produit entre le cylindre inférieur et le moyen qui effectue le travail.

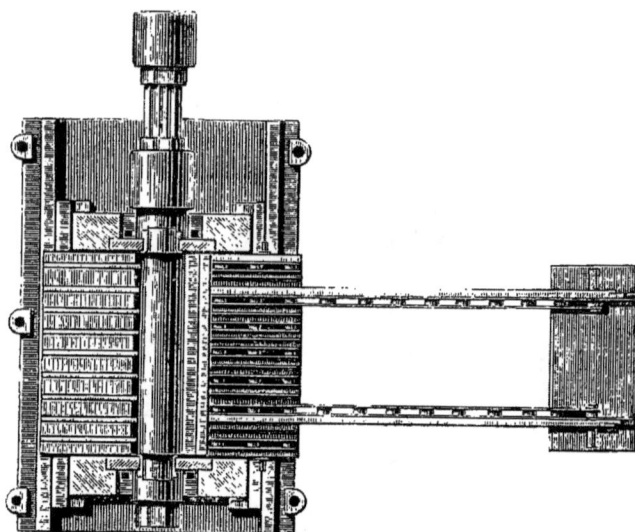

Fig. 219. — Laminoir Lauth (coupe horizontale).

A Homestead, on a établi pour le laminage des grosses tôles un train Lauth dont les cylindres extrêmes ont 0ᵐ,80 de diamètre et une longueur de table de 3 mètres. Le cylindre intermédiaire a 0ᵐ,64 de diamètre et pèse plus de 8000 kilos ; il est parfaitement équilibré. V.)

Les trios américains auxquels nous avons fait allusion et qui servent à l'ébauchage des gros lingots de fer fondu, sont également montés avec des cylindres équilibrés ; dans le train de Fritz (Bethléem), le cylindre inférieur et le cylindre supérieur sont munis de contrepoids installés comme ceux des derniers laminoirs décrits plus haut : c'est le cylindre moyen qui est en relation avec le moteur et qui est fixe ; la hauteur du cylindre supérieur se règle au moyen de vis de pression comme dans les laminoirs ordinaires à tôles ; il existe également des vis de pression pour le cylindre inférieur, les écrous sont logés dans la semelle des cages [1].

Dans les laminoirs d'Holley, les deux cylindres extrêmes sont fixes et le

---

[1] Les dessins des laminoirs de Fritz sont reproduits dans le *Journal of the Iron and Steel Institute*, 1874. II.

cylindre moyen est mobile ; les empoises sont portées par deux vis entièrement filetées dont les écroux sont pris dans l'empoise même, en faisant
tourner ces vis dans un sens ou dans l'autre on fait monter ou descendre le
cylindre, chaque vis porte une roue dentée qui reçoit le mouvement d'une
crémaillère horizontale manœuvrée par le piston d'une presse hydraulique.
Toutes les crémaillères sont reliées ensemble de telle sorte que le même
mouvement se produit simultanément dans toutes les vis [1].

On a toutefois peu employé les trios à cylindres équilibrés pour le laminage des gros lingots ; leur poids est si considérable qu'on préfère généralement recourir aux trains reversibles à deux cylindres comme celui que
nous avons représenté fig. 214 à 216.

Plaques de garde, guides, releveurs. — *Les plaques de garde* ont pour mission de faciliter l'entrée des pièces à laminer dans les cannelures en présentant une surface sur laquelle on peut les appuyer, elles servent également à
les soutenir au moment de leur sortie et à les empêcher de s'enrouler sur les
cylindres.

Les plaques de garde les plus simples sont des pièces en fer ou en fonte
dont le bord avancé vient s'appuyer à peu près tangentiellement contre la
surface du cylindre inférieur ; elles sont soutenues en arrière par des barres
de fer qui vont d'une cage à l'autre et qui sont calées dans des rainures ménagées dans les jambages des cages. On règle la hauteur de ces barres en
plaçant dans ces rainures des cales en bois ou en fer. Dans la fig. 198, la
rainure est figurée en *b* ; on la voit également dans la plupart des cages que
nous avons représentées ; sur la fig. 218, on voit à gauche du cylindre inférieur une plaque de garde de ce genre.

Les plaques de garde des cylindres à cannelures sont souvent profilées de
façon à être en contact avec le cylindre jusqu'au fond des cannelures ; fréquemment aussi elles portent du côté de l'entrée *des guides* ayant la forme
d'un chenal qui aboutit à la cannelure ; ces guides permettent de présenter
plus rapidement la pièce à laminer, ce qui est surtout utile dans les laminoirs
à grande vitesse où se fabriquent les fers de petits échantillons.

Lorsque le poids ou les dimensions de la pièce à laminer sont considérables, on garnit la plaque de garde de rouleaux faisant une légère saillie sur
leur surface supérieure, ce qui facilite le mouvement vers les cylindres.

Enfin, lorsque le laminoir tourne toujours dans le même sens, c'est-à-dire
lorsqu'il n'est pas reversible, on doit organiser des appareils qui permettent de
faire monter ou descendre la pièce que l'on lamine ; il faut, en effet, avec
ce genre de laminoirs, après chaque passe, élever la barre ou la plaque pour
la faire revenir à l'avant du train et la présenter à la passe suivante ; si on

---

[1] Ce laminoir est représenté dans l'ouvrage de Tunner, *Das Eisenhüttenwesen der Vereinigten Staaten*. Vienne 1877, pl. 1.

travaille avec un trio, il faut également lui faire parcourir de haut en bas ou de bas en haut une distance à peu près égale au diamètre du cylindre moyen.

Quand la masse à laminer est de faible dimension et n'est pas d'un poids trop fort, comme sont, par exemple, les loupes cinglées ou les balles de fer venant des feux d'affineries ou des fours à puddler, on se sert simplement d'un outil qu'on nomme *aviot* et qui est représenté fig. 195. C'est un levier suspendu à une chaîne fixée elle-même à la chape d'un galet qui roule sur un rail horizontal établi à une certaine hauteur, de telle sorte que l'outil ou les outils semblables puissent être utilisés sur toute la longueur du train.

Lorsque les masses à laminer sont d'une manœuvre plus difficile, cet outil devient insuffisant ; on a recours alors à des tabliers mobiles sur lesquels la masse repose tout entière. Ce tablier et ses accessoires constituent le *releveur*.

Un des plus simples est représenté fig. 218 et 219 ; il est destiné à recevoir la feuille de tôle qui vient de passer entre le cylindre inférieur et celui du milieu et à la relever au-dessus de ce dernier ; il est composé d'une grille formée par des barres de fer plat entre lesquelles sont disposés des rouleaux formant une légère saillie. Les deux plats qui limitent le tablier sur les côtés se prolongent à une certaine distance des cylindres et se terminent par un axe horizontal dont les extrémités sont supportées par des paliers établis à la hauteur convenable.

On soulève le releveur du côté des cylindres au moyen de deux leviers accouplés dont l'un est indiqué fig. 218.

Cette disposition suffit pour le laminoir représenté dans cette figure, qui est destiné à la fabrication des tôles minces dont le poids est faible. Après son passage entre le cylindre moyen et le cylindre supérieur, la feuille est saisie au moyen de tenailles et elle retombe sur la table ; on n'a pas à craindre de demander aux ouvriers un travail qui dépasse leurs forces, et on évite les chocs trop violents.

Pour laminer des masses plus considérables on doit organiser deux tabliers mobiles s'élevant et s'abaissant en même temps ; on peut les manœuvrer à la main par une combinaison de leviers, comme celui que nous venons de décrire, mais le plus souvent on emploie des pistons mus par la vapeur ou par l'eau sous pression ; les cylindres sont disposés en dessous des tabliers ou au dessus des laminoirs. Les tabliers de ce genre s'élèvent ou s'abaissent tout d'une pièce en restant horizontaux tandis que les précédents oscillaient autour d'un point fixe.

La transmission de mouvement des releveurs hydrauliques peut s'obtenir de diverses façons ; nous citerons, comme exemple, l'appareil représenté fig. 220. En *aa* sont figurés les tabliers avec leurs rouleaux, en *b* le cylindre hydraulique qui sert à le manœuvrer ; on comprendra facilement comment, par l'intermédiaire de bielles et de leviers, l'appareil hydraulique peut soulever ou abaisser les tabliers ; les contrepoids *cc* équilibrent en partie le poids des tabliers.

Dans les laminoirs de faibles dimensions les rouleaux des releveurs n'ont pas d'autre mission que de diminuer le frottement et de faciliter le mouvement des masses à laminer. Lorsque celles-ci deviennent plus considérables, telles que les lingots pour poutrelles ou pour rails, on utilise les rouleaux pour faire avancer ou reculer la pièce, on les anime donc d'un mouvement propre de rotation en avant et en arrière en les mettant en relation avec une machine à vapeur spéciale qui les fait tourner tous ensemble dans un sens

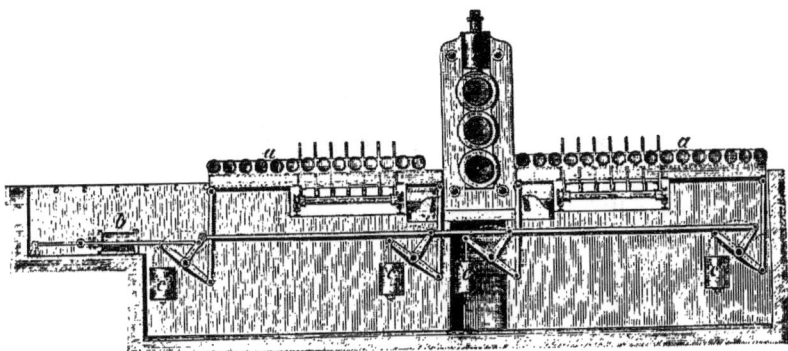

Fig. 220. — Releveur hydraulique.

ou dans l'autre de façon que le bloom qui repose sur leurs surfaces avance ou recule mécaniquement et se présente de lui-même aux diverses cannelures.

Dans ce cas les rouleaux sont de plus grand diamètre que ceux des tabliers précédents et la machine qui les met en mouvement doit pouvoir à volonté marcher en avant ou en arrière et à la vitesse que l'on désire.

Les figures 221, 222 et 223 représentent cette disposition telle qu'elle est établie dans l'aciérie d'Ebbw-vale.

Le mouvement de rotation est transmis aux rouleaux par un arbre unique qui porte des pignons coniques, cet arbre est pourvu de deux manivelles coudées sur lesquelles agissent, par l'intermédiaire de bielles, les pistons d'une machine à vapeur à deux cylindres qui ne figure pas sur le dessin. Toutes les fois qu'on renverse le mouvement des laminoirs, on change aussi le sens de rotation des rouleaux et on peut ramener le bloom à laminer près des cylindres.

Un appareil spécial fait faire quartier au bloom, c'est-à-dire le fait tourner de 90° autour d'une de ses arêtes, il peut également le transporter parallèlement à lui-même devant la cannelure convenable sans que les ouvriers aient

aucun effort à faire. A cet effet, la tige du piston du cylindre hydraulique *b*
est reliée à un wagonnet *c* disposé sous les rouleaux. Ce wagonnet porte
quatre leviers montés sur le même arbre qui peuvent passer entre les rou-

Fig. 221 (coupe verticale).

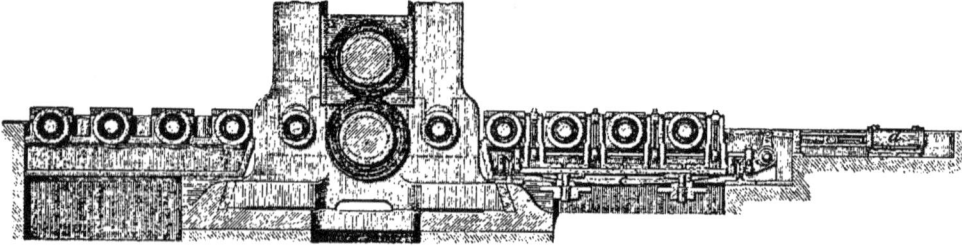

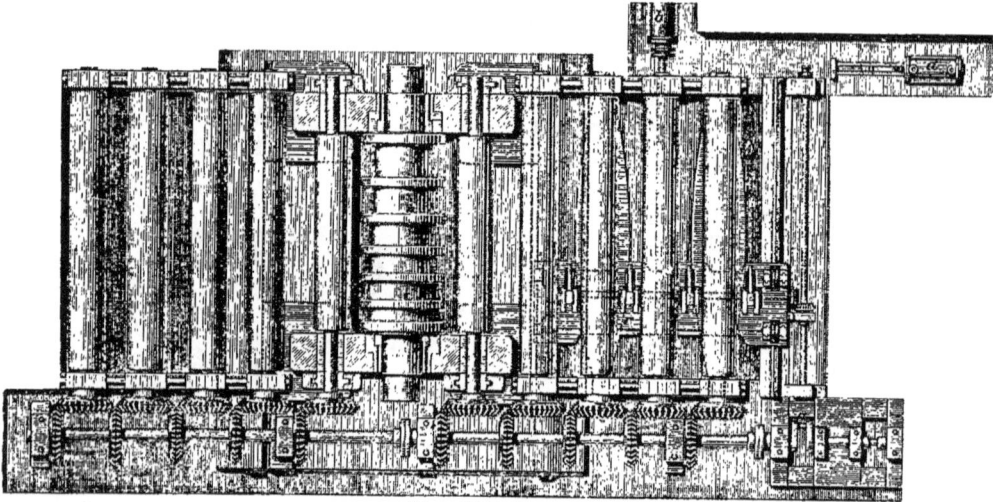

Fig. 222 (plan).

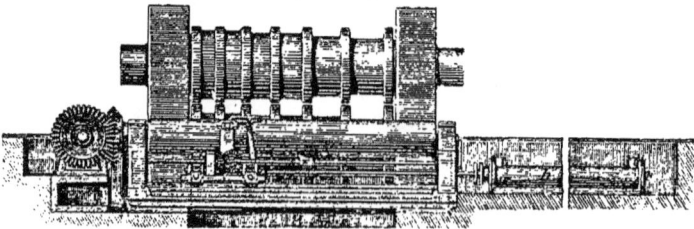

Fig. 223 (vue de face).
Rouleaux automoteurs d'Ebbw-vale.

leaux ; ils sont commandés par deux roues d'angle que le cylindre *b* peut
mettre en mouvement.

Tant que le bloom passe au laminoir les leviers sont abaissés en dessous de la surface des rouleaux, mais si on veut le faire tourner de 90°, on amène les leviers en contact avec le bloom le long de l'arête autour de laquelle doit se faire la rotation et on leur fait exécuter un mouvement de rotation qu'ils communiquent à la masse à laminer.

Si au lieu de faire tourner les leviers on se contente de leur faire soulever le bloom de telle façon qu'il ne porte plus sur les rouleaux et repose uniquement sur le wagonnet, celui-ci peut le transporter en face de la cannelure par laquelle il doit passer. La roue d'angle qui commande le mouvement des leviers peut glisser le long de son arbre et sa position est réglée par le wagonnet lui-même de telle sorte qu'elle engrène toujours convenablement avec celle de l'arbre des leviers.

Ce genre de tabliers avec rouleaux mus mécaniquement est principalement appliqué aux laminoirs reversibles et quelquefois aux trios de fortes dimensions ; dans ce dernier cas, la machine qui actionne les rouleaux s'élève et s'abaisse avec le tablier.

On peut également en établissant, comme intermédiaire, une transmission susceptible de tourner dans les deux sens, emprunter à la machine motrice du laminoir la force nécessaire pour faire marcher les rouleaux, alors même que le tablier est au haut de sa course [1].

Accouplements. — Les accouplements se font au moyen de manchons et d'allonges qui servent à relier entre eux les tourillons des cylindres et des pignons placés sur une même ligne, de façon qu'ils s'entraînent dans leur mouvement de rotation, tout en conservant une certaine liberté qui permet des variations dans la hauteur des différents axes. Il doit donc y avoir quelque jeu entre les manchons et les trèfles ; à cet effet, le trèfle qui termine les tourillons ou les allonges ne doit pas remplir exactement le vide intérieur des manchons. Il faut en outre que les allonges soient assez longues ; une variation dans la hauteur d'un cylindre aura d'autant moins d'influence sur la direction d'une allonge, que celle-ci sera plus longue.

En tout cas une allonge doit toujours avoir au moins la longueur de deux manchons pour qu'au moment de l'accouplement avec les trèfles des cylindres ou des pignons, les deux manchons soient enfilés d'avance sur l'allonge. D'après Hauer la longueur de l'allonge doit être égale au déplacement vertical du cylindre multiplié par 15 ou 20. Aussi dans les laminoirs à grosses tôles, la longueur des allonges atteint quelquefois plusieurs mètres, tandis que dans les laminoirs à petits fers (petits mills) elle est inférieure à 0^m,50.

Nous avons indiqué précédemment quelle devait être la longueur des trèfles, celle des *manchons* doit être le double avec un excédant de 10 à 20^{mm} ; leur forme extérieure est cylindrique et à l'intérieur ils ont le même profil que les

[1] On trouvera des dispositions de ce genre dans *Stahl und Eisen*, 1886, p. 667 ; et dans *Zeitschr. d. Ver. deutsch. Ingenieure*, 1892, p. 144.

trèfles avec un certain jeu. La fig. 224 représente la disposition la plus usitée du trèfle et du manchon ; l'épaisseur du manchon, en son point le plus faible, doit être égale au quart environ du diamètre maximum de l'allonge.

On donne quelquefois à cette dernière une section plus petite au milieu de

Fig. 224. — Trèfle et manchon.

sa longueur afin de créer un point faible où puisse se produire une rupture dans le cas d'une pression exagérée au laminoir : on évite ainsi le bris d'un tourillon ou d'un cylindre qui a des conséquences plus fâcheuses, au point de vue de la dépense et du temps perdu.

On emploie fréquemment aujourd'hui des manchons en acier coulé que l'on peut faire beaucoup plus minces que ceux en fonte et par conséquent plus faciles à manier ; il nous semble même préférable de constituer, comme partie faible d'un train, un manchon de ce genre dont la rupture ne peut occasionner d'accident grave et dont le remplacement peut se faire en quelques minutes. (V.)

Pignons. — Les dents des pignons conducteurs étant exposées à subir des chocs violents doivent être douées d'une grande résistance, on en réduit donc

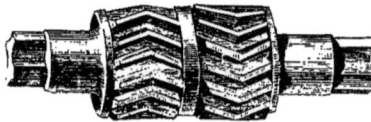

Fig. 225. — Pignons conducteurs à chevrons.

le nombre autant qu'il est possible et autant que le permet la bonne transmission du mouvement ; dans le sens de l'axe du laminoir elles doivent avoir une longueur notablement plus grande que celle qu'on leur donne dans les engrenages ordinaires ; pour augmenter leur solidité on fait venir de fonte des cordons qui les réunissent à leurs extrémités et souvent, si les pignons sont très longs, on en dispose un autre au milieu de leur longueur : ces cordons sont tournés, ils ont, comme diamètre, celui du cercle primitif, ils portent donc l'un sur l'autre.

Dans les nouveaux laminoirs, on emploie très fréquemment les pignons à chevrons, fig. 225, qui coûtent, il est vrai, un peu plus cher mais présentent une beaucoup plus grande résistance et ont une marche moins saccadée. Ces pignons sont en fonte ou en acier coulé ; lorsqu'ils sont de très grandes dimensions on les coule sous forme de couronne dentée que l'on alèse et qu'on enfile sur un arbre tourné en la fixant au moyen de clavettes.

Les cages à pignons sont établies avec chapeau mobile, ce qui facilite le remplacement des pièces usées ou brisées ; elles ont, d'ailleurs, la même forme que les autres cages du train, sauf que la vis de serrage est inutile, puisque la position des pignons doit demeurer invariable.

On s'est fréquemment bien trouvé, dans le cas des trios principalement, d'intercaler un pignon en bronze entre deux autres en fonte ou en acier. (V.)

Volants. — Le volant a pour rôle d'emmagasiner le travail pendant que le train tourne à vide et de le restituer pendant que les pièces de fer ou d'acier sont en prise. On peut donc se contenter d'une machine motrice d'autant moins puissante que le volant est d'un poids plus considérable et qu'il s'écoule un temps plus long entre deux passages successifs. Le poids d'un volant doit être en rapport avec le travail que le laminoir doit fournir pendant le passage des barres ou des plaques ; un volant trop lourd a cependant l'inconvénient d'absorber du travail en pure perte par le frottement de son arbre sur les coussinets ; il est rare qu'on lui donne moins de 15 tonnes, même dans les trains à petits fers ; pour les gros laminoirs, on va jusqu'à 30 tonnes et les trains trios destinés au laminage des poutrelles, des rails et des masses lourdes ont parfois des volants de plus de 50 tonnes.

Fondations, Plaques de fondations. — Les semelles des cages à pignons et des cages à cylindres doivent reposer sur de fortes plaques de fondation en fonte, disposées de telle sorte qu'on puisse, sans trop de difficulté, faire varier la place qu'occupent les cages dans le sens longitudinal du train ; ces plaques sont généralement évidées ; l'ancien système employé pour fixer les cages sur les plaques est représenté fig. 203 et fig. 218. La plaque porte des rebords ayant la forme de gros ergots, entre lesquels on cale les pieds des cages au moyen de bois et de coins en fer.

Les plaques, comme le dessous des cages, sont coulées avec des portées qui doivent être dressées avec le plus grand soin.

La fig. 210, page 296, représente un autre système d'assemblage de la cage avec la plaque de fondation, qui est adopté le plus souvent dans les laminoirs de construction récente ; la plaque porte de chaque côté deux nervures saillantes laissant entre elles une fente longitudinale dans laquelle peuvent glisser les boulons au moyen desquels on établit la liaison.

Quelquefois même la plaque est supprimée et on ne fixe sur les fondations de part et d'autre que des bandeaux à nervure, comme on le voit sur les figures 206, 212 et 215.

Quant aux fondations, elles consistent en deux murs parallèles réunis par des cloisons transversales convenablement espacées ; la maçonnerie est exécutée en ciment; on a soin de ménager dans les murs le logement des boulons de fondation qui relient la plaque ou les bandeaux avec la maçonnerie ; la fig. 212 indique comment cette fondation s'établit ordinairement.

(c) *Tracé des cannelures.* — C'est en grande partie à la forme des cannelures par lesquelles passe la pièce de fer ou d'acier soumise au laminage que sont dues la rapidité de l'étirage et en même temps la qualité du produit ; il est donc essentiel d'étudier avec le plus grand soin le tracé des laminoirs.

Nous nous bornerons cependant à indiquer à grands traits les règles à suivre ; le lecteur trouvera dans les traités spéciaux que nous citons à la fin du chapitre, les détails que nous ne pouvons reproduire ici.

On désigne sous le nom de *cannelures ouvertes* celles qui sont en creux dans les deux cylindres, comme dans ceux de droite de la fig. 195, p. 282 ; les cannelures *fermées* ou *emboîtantes* sont creusées dans un seul cylindre, l'autre présentant une saillie qui pénètre plus ou moins dans le creux du premier ; on peut les voir dans les cylindres de gauche de la même figure.

Il est rare que les parties saillantes appartiennent au cylindre inférieur ; en effet, des deux surfaces en contact avec la barre à laminer, il est nécessaire que celle qui fait partie du cylindre supérieur soit d'un diamètre plus grand pour, qu'en sortant, la barre s'infléchisse vers le sol ; dans ces conditions, elle rencontre le tablier ou les plaques de garde et on n'a pas à craindre qu'elle s'enroule sur le cylindre.

Deux cannelures voisines sont toujours séparées par un intervalle de 10 à 25^{mm} de largeur, que l'on nomme *cordon*, lorsque les cannelures sont fermées ; la présence des cordons diminue d'autant la place disponible sur le cylindre pour les cannelures, mais si celles-ci sont trop rapprochées, les intervalles qui les séparent, de même que les cordons, étant trop minces, sont exposés à se rompre.

Dans tous les cas, les cannelures successives par lesquelles on fait passer la pièce à laminer présentent des sections de plus en plus petites ; la dernière, qui est dite *finisseuse*, a la section qui correspond à la pièce finie.

Si on examine la suite des cannelures en partant de la finisseuse, on reconnaît que la section va sans cesse en augmentant et se transforme graduellement.

Pour passer de la section primitive à la section finale, on peut employer un plus ou moins grand nombre de cannelures ; si on préfère adopter plus de cannelures, la réduction de section est plus graduelle, mais la durée du laminage est accrue, la barre se refroidit davantage, on doit la réchauffer plusieurs fois; avec un petit nombre de cannelures, au contraire, le travail est plus rapide, mais la réduction de section étant plus importante à chaque passage, la machine motrice doit être plus puissante, le métal lui-même peut être altéré par un étirage trop brutal.

Lorsqu'un laminoir à cannelures est destiné à fabriquer un grand nombre d'échantillons différents, on est obligé de préparer une grande quantité de cylindres ; pour un certain nombre d'échantillons de forme analogue, on peut néanmoins se servir des mêmes cannelures pour les premiers passages ; dans ce cas, on réunit ces cannelures sur des cylindres qu'on nomme *ébaucheurs*, et les dernières se trouvent sur d'autres cylindres qui sont dits *finisseurs*. On diminue de cette façon le nombre de rechanges indispensables et on évite les modifications trop fréquentes dans la composition des trains. On réunit souvent aussi sur une même paire de finisseurs les cannelures correspondant à plusieurs échantillons différents.

Cette division du travail entre plusieurs paires de cylindres permet d'augmenter, en même temps, la rapidité du travail, puisqu'on peut laminer à la fois au finisseur et à l'ébaucheur.

Dans plusieurs usines américaines, on isole, dans une paire de cages spéciales, la cannelure finisseuse que l'on place tout à fait à l'extrémité du train. Les cylindres plus courts et par conséquent plus légers portent cette cannelure en double, de sorte que lorsqu'une d'elles est un peu déformée et ne donne plus le profil exact, on passe à l'autre. Le remplacement de ces cylindres peut se faire plus rapidement que celui des finisseurs ordinaires. (V.)

On appelle *ligne de laminage* une ligne horizontale passant par le centre des cannelures d'une paire de cylindres. Comme le cylindre mâle ou supérieur a un diamètre plus grand que le cylindre femelle ou inférieur, la ligne du laminage est plus éloignée de l'axe du premier que de celui du second. Lorsque les cannelures sont ouvertes, ou que les tables sont lisses, comme dans les laminoirs à tôles, la distance entre la ligne de laminage et la ligne médiane située à égale distance des deux axes et dans le même plan, varie de 1 millimètre et demi à 3 millimètres ; pour les cannelures fermées et peu profondes, elle est comprise entre 2 et 8 millimètres ; lorsque les cannelures sont très profondes, il arrive quelquefois qu'on prend plus des deux tiers de la hauteur de la cannelure en dessous de la ligne médiane ; la distance entre celle-ci et celle du laminage peut alors dépasser 25 millimètres.

Nous désignerons par le mot *avance* l'excès d'étirage produit sur la face supérieure de la barre par la plus grande vitesse à la surface du cylindre mâle.

On appelle *pression* d'une cannelure la diminution de section que cette cannelure fait éprouver à la barre.

Le rapport entre la section d'une cannelure et celle de la suivante se nomme *rapport* ou *coefficient de décroissance*.

Il est très important de le choisir convenablement, car c'est de lui que dé-

pendent le nombre de cannelures par lesquelles devra passer la barre à laminer, la durée du laminage, les frais de main-d'œuvre, le nombre de
chaudes à donner, etc.

Plus ce coefficient est grand, plus la pression est petite et les cannelures
nombreuses.

Dans la pratique, au lieu de déterminer le nombre des cannelures d'après
le coefficient de décroissance adopté, on fait l'inverse ; on arrête le nombre
des cannelures d'après les données de l'expérience, en prenant pour bases des
laminages analogues, et on calcule le coefficient de décroissance moyen
d'après les sections de la première et de la dernière cannelure. Soit H la
section de la pièce avant la première passe, h la section de la barre finie, n
le nombre de cannelures, le coefficient a sera donné par la relation

$$a = \sqrt[n]{\frac{h}{H}}$$

On peut choisir un coefficient d'autant plus faible et par conséquent réduire d'autant plus le nombre des cannelures que le métal est plus doux et
plus malléable, la machine plus puissante et la vitesse des cylindres à la circonférence plus considérable. Avec un coefficient faible on a l'avantage de
laminer plus promptement et d'opérer sur un métal plus chaud.

Le fer obtenu par soudage, pauvre en carbone et en soufre, peut supporter
un étirage brusque ; il n'en est pas de même du métal rouverin ou de l'acier
dur pour lesquels il faut des pressions moins fortes.

Le coefficient de décroissance est généralement compris entre 0,7 et 0,9
soit 0,8 en moyenne. Si on mesure les cannelures successives par lesquelles
passe une barre de fer ou d'acier, on remarque que le coefficient n'est pas
constant. Parfois même, lorque le tracé a été fait d'une manière empirique,
on trouve des variations très irrégulières ; d'autres fois, on constate que ces
variations suivent une loi. Il est certain que, dans les premières cannelures,
le métal passe très chaud, il est donc très malléable, tandis qu'il se refroidit
de plus en plus dans les passages suivants ; il serait donc naturel d'augmenter graduellement le coefficient de décroissance à mesure qu'on arrive à
des sections de plus en plus petites. D'un autre côté, pour éviter les ruptures
de cylindres, il est bon de donner moins de pression aux cannelures situées
vers le milieu de leur longueur : on applique donc à celles-ci un coefficient
plus élevé.

On peut tenir compte de toutes ces circonstances au moyen d'un tracé graphique. Il faut admettre que l'on se fixe, ou bien le nombre de cannelures,
ou le coefficient moyen ; on connaît également la section de la première
cannelure et celle de la dernière. Si on adopte un coefficient constant, il est
facile de déterminer les sections de toutes les cannelures intermédiaires. Le
nombre des cannelures est pris comme abscisse, la section comme ordonnée

dans un système de coordonnées rectangulaires. On obtient ainsi une courbe qui part de la ligne des Y avec une pente accentuée qui diminue peu à peu.

Supposons, par exemple, que le rapport entre la section de la première cannelure et celle de la dernière soit égal à $\dfrac{120}{16,8}$ et qu'il y ait 12 cannelures, sans compter la première, le coefficient de décroissance, d'après la relation établie ci-dessus, sera :

$$a = \sqrt[12]{\frac{16,28}{120}} = 0,847\,[1]\,;$$

partant de là pour calculer les sections des cannelures successives avec un coefficient invariable, on trouvera les nombres suivants :

A l'entrée	120
1re Cannelure	101,37
2e Id., ...	86,02
3e Id.	61,67
6e Id.	44,21
8e Id.	31,69
10e Id.	22,66
12e Id.	16,28

En déterminant, d'après ces nombres, les différents points de la courbe, on obtient le tracé de la fig. 226.

Si on voulait donner plus de pression dans les premières cannelures pour profiter de la plus grande malléabilité du métal due à sa haute température et le ménager davantage dans les dernières où il passe plus froid, il faudrait tracer une courbe descendant plus rapidement à l'origine, puis se rapprochant peu à peu de la première et la recoupant à la dernière cannelure, on aurait ainsi des coefficients plus élevés au départ et inférieurs au coefficient moyen à l'arrivée.

Lorsqu'au lieu d'opérer comme nous venons de l'indiquer on commence par tracer la courbe, on n'a plus qu'à mesurer les ordonnées des différents points pour en déduire les coefficients correspondants.

Supposons qu'on veuille répartir les 12 cannelures sur deux paires de cages et donner à celles qui se trouveront au milieu des cylindres moins de pression qu'aux autres. On tracerait une courbe semblable à celle qui figure en pointillé. Les cannelures 3 et 9 seront situées au milieu des cylindres ; elles correspondront aux points où la courbe est la plus aplatie, elles auront donc le plus grand coefficient, et par conséquent moins de pression que les autres.

En traçant les cannelures, il ne faut pas oublier que la diminution de sec-

[1] D'après E. Blass. — *Beitrag zur Theorie der abnahmecoefficienten bei der Walzenkalibrirung* (*St. und Eis.*, 1882, p. 189).

tion n'a lieu que dans le sens de la hauteur, normalement à l'axe des cylindres, et que la largeur de la cannelure doit être au moins égale à celle de la barre qu'on y engage. On donne même généralement un peu plus de largeur pour éviter les pressions latérales trop fortes qui auraient pour résultat non seulement de coincer le métal dans la cannelure, mais encore de produire des bavures qui ne disparaîtraient que très difficilement. Ces bavures se forment lorsque le métal pénètre dans les vides qui existent à chaque cannelure

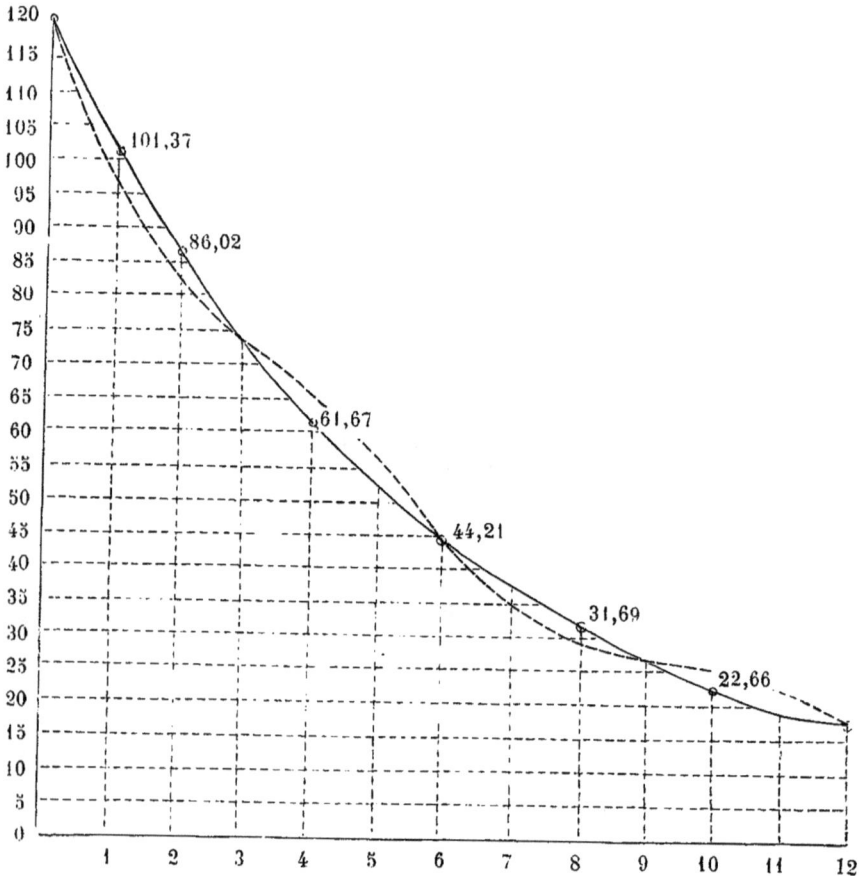

Fig. 226. — Tracé des cannelures.

entre les deux cylindres. On peut augmenter la pression verticale quand le métal trouve une place suffisante pour s'élargir puisqu'on n'a plus à redouter les pressions latérales. C'est ainsi qu'on procède pour les fers les plus minces. Après avoir fait passer la barre dans une cannelure ronde ou carrée, on la présente à une cannelure ovale, formée de deux arcs de cercle de grand rayon dans lesquels elle peut s'élargir en liberté, et on donne alors une forte pression.

Si on présente toujours les mêmes faces à la pression verticale, la barre finit par s'élargir graduellement ; il est facile de combattre cet effet en retournant la barre de 90° et la présentant ainsi à une cannelure qui ramène la largeur au point convenable.

Lorsque la section primitive et la section finale sont des cercles, des carrés ou des figures analogues, on fait tourner la barre de 90° à chaque passage ; dans ce cas, la largeur d'une cannelure est au moins égale à la hauteur de la précédente, et la hauteur est déterminée par le coefficient de décroissance ; dans la dernière cannelure, on passe plusieurs fois la barre en la tournant chaque fois de 90°, pour que la section définitive soit bien régulière.

Ainsi, par exemple, pour ébaucher des paquets ou des lingots destinés à produire des barres d'une section simple comme des ronds, des carrés, etc., on a souvent recours aux cannelures ogivales ouvertes dont le profil est formé de quatre arcs de cercle et est symétrique par rapport à deux axes perpendiculaires l'un à l'autre ; c'est ainsi qu'ont été construites les cannelures dans

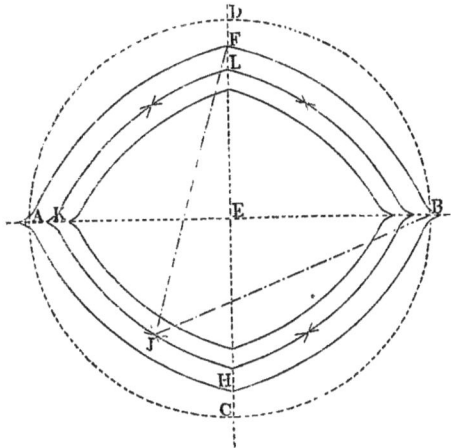

Fig. 227. — Tracé des cannelures ogivales.

les cylindres de droite de la figure 195. La figure 227 indique comment on exécute ce tracé.

Soit AB la diagonale du paquet ou du bloom à laminer, admettons pour le coefficient de décroissance le nombre 7/8, nous prendrons d'abord

$$EF = EH = 7/8 \ AE \ ;$$

pour tracer les quatre arcs qui forment le profil de la cannelure, nous adopterons $FJ = 3/4 \ AB$, et nous arrondirons les angles à la rencontre des arcs et des tables des cylindres.

Chaque cannelure ogive a pour largeur la hauteur de la précédente, ainsi
EK = EF et, si on conserve le même coefficient, EL = 7/8 EK. On trace
de la même façon les arcs de cercles de toutes les cannelures ogivales en
prenant chaque fois pour rayon une longueur égale aux 3/4 de leur plus
grande diagonale.

Les cannelures pour le fer carré ont comme les précédentes leurs diagonales
verticales et horizontales, et comme la hauteur est toujours moindre que la
largeur, elles ont la forme d'un losange dont l'angle obtus est compris entre
92° et 92°,30'.

Il ne faut pas perdre de vue que si le profil de la cannelure était formé de
lignes droites, celui de la barre qui en sortirait aurait des faces concaves, le
retrait se faisant sentir davantage au milieu que sur les arêtes. Pour éviter
cet inconvénient on remplace les lignes droites par des arcs de cercle de
grand rayon si, toutefois, les dimensions de la barre sont assez fortes pour
que la différence de retrait puisse être sensible.

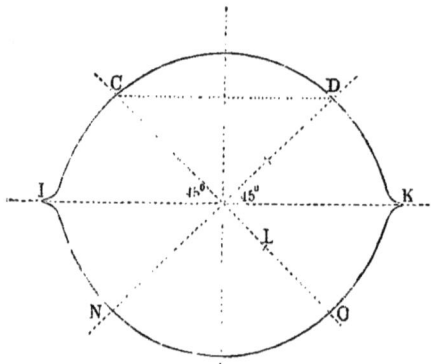

Fig. 228. — Tracé des cannelures pour ronds.

La fig. 228 représente la construction géométrique des cannelures pour fer
rond.

On trace une circonférence de diamètre égal à celui de la barre sortant du
laminoir, et dont le centre est à distance égale des deux tables, et on mène
les deux diamètres, l'un vertical, l'autre horizontal; aux extrémités du diamètre vertical on prend 4 arcs de 45° qui donnent les points C, D, M, O, et
on mène les deux diamètres CO et DN. Sur ces derniers, on détermine
4 points L tels que CL = CD qui est la corde d'un arc de 90°, et par les
points L, on mène des arcs de cercle CI, DK, IN, KO jusqu'à la rencontre des
tables sur la ligne IK, on arrondit les angles en I et K pour éviter qu'ils ne
s'égrènent.

Le diamètre de la barre qu'on présente à cette cannelure ne doit pas dépasser IK, après un premier passage on la présente plusieurs fois à la même cannelure après l'avoir tournée de 90°, et on arrive à lui donner ainsi un diamètre uniforme égal à CO.

Lorsque l'épaisseur de la barre doit être plus faible que sa largeur, on ne peut pas la tourner de 90° après chaque passage, mais, souvent, après plusieurs passages à plat on la présente de champ pour éviter que l'élargissement devienne trop considérable. C'est ainsi également qu'on procède pour le laminage des rails ainsi qu'on peut le voir sur les fig. 229 et 230 qui représentent la série complète des cannelures pour rails Vignole [1], réparties sur deux paires de cylindres. La fig. 229 indique le tracé des cannelures ébaucheuses et l'autre les finisseuses ; dans les cannelures 1, 3, 5 et 8, la pression agit de façon à diminuer la hauteur du rail ; nous reviendrons d'ailleurs sur ce point quand nous décrirons la fabrication des rails.

Le tracé des cannelures est moins simple quand il existe des différences considérables entre les épaisseurs des différentes parties d'un profil ; les parties les plus minces se refroidissent plus vite, deviennent moins malléables et peuvent se fendre. Pour éviter ces accidents on doit profiler d'abord les parties les plus épaisses et laisser les plus minces pour la fin du laminage.

On rencontre encore plus de difficulté avec les profils dont certaines parties doivent pénétrer profondément dans le corps du cylindre et se rapprocher de l'axe de rotation. Le patin des rails Vignole, qui se laminent naturellement de champ, est dans ce cas. Il en est de même pour les fers à T ou à double T dont l'âme est dans une position horizontale pendant le laminage tandis que les ailes sont verticales. Il est clair que la vitesse de la surface des cylindres qui est en contact avec les parties les plus éloignées de l'âme est de plus en plus faible à mesure qu'on s'éloigne de l'âme ; l'étirage est donc moindre dans ses parties extrêmes, il en résulte une résistance à l'étirage qui peut amener des criques dans la barre pendant le laminage, ou laisser des tensions inégales dans la pièce finie. Avec des profils de ce genre, il faut donc faire ressortir les ailes par pression latérale, ce qui présente d'autant plus de difficulté que leur surface est plus grande et qu'elles obligent à découper dans les cylindres des sillons étroits.

Lorsqu'on doit tracer les cannelures d'un trio, la difficulté est de faire acccorder chaque cannelure du cylindre moyen avec celles des deux autres de telle façon que la section aille toujours en diminuant de l'une à l'autre tout en utilisant toutes les cannelures ; on y parvient cependant sans peine lorsqu'on peut adopter des cannelures ouvertes de formes simples, si on n'est pas assujetti à donner partout des profils symétriques.

[1] D'après J. Thime, *Indicatorversuche beim Walzen von Rohschienen auf Pontiloffhütte*. Saint-Pétersbourg 1883.

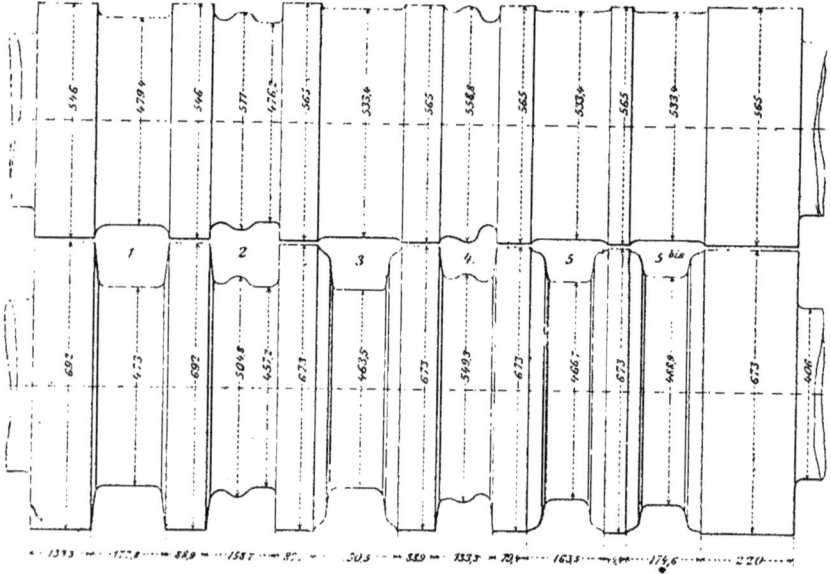

Fig. 229. — Tracé des cannelures pour rails Vignole (ébaucheur).
(Les mesures sont données en millimètres.)

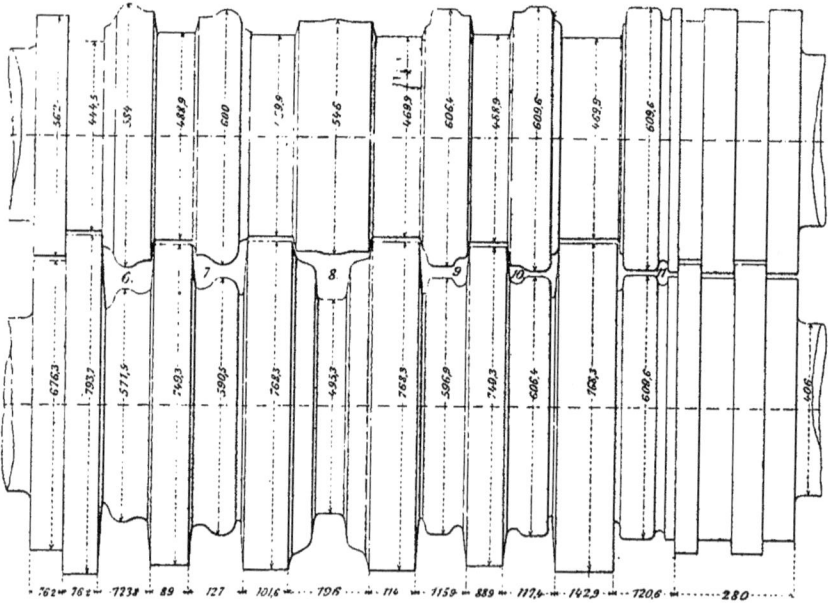

Fig. 230. — Tracé des cannelures pour rails Vignole (finisseur).
(Les mesures sont données en millimètres.)

La fig. 231 montre, par exemple, comment on peut disposer les cannelures ogives d'un trio : supposons qu'on ait adopté le nombre 7/8 comme coefficient de décroissance et que AB soit la diagonale du bloom à section carrée qui doit passer par la première cannelure ; on prend $CD = 7/8\ AB$,

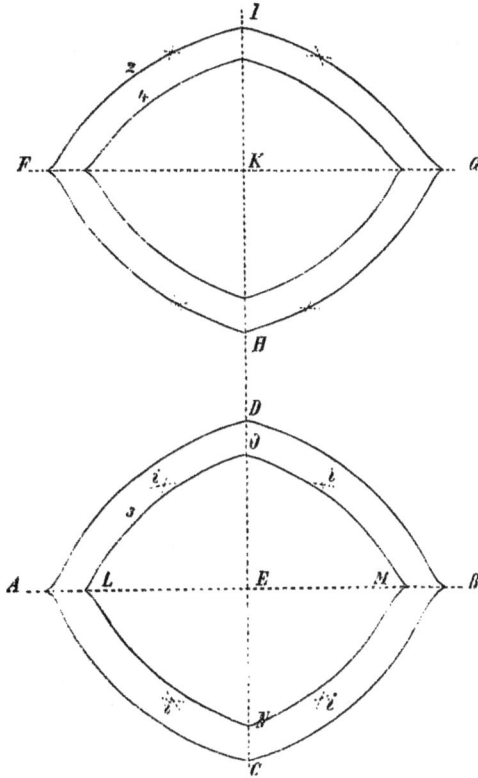

Fig. 231. — Tracé des cannelures ogives d'un trio.

$AB - CD = \dfrac{1}{8} AB$;   on partage cette différence entre AB et CD de telle sorte que la cannelure soit plus profonde dans le cylindre inférieur que dans le moyen et l'on fait

$$CE = AE - \frac{1}{3} \times \frac{1}{8}\ AB = \frac{11}{24}\ AB.$$

$$DE = AE - \frac{2}{3} \times \frac{1}{8}\ AB = \frac{10}{24}\ AB,$$

d'où résulte que $CE + DE = CD = \dfrac{21}{24}\ AB$ ou $\dfrac{7}{8}\ AB$.

On trace ensuite les arcs de cercle comme dans le cas des cannelures ogives ordinaires lorsqu'il s'agit de 2 cylindres, c'est-à-dire en prenant pour rayon $\frac{3}{4}$ AB et en faisant passer ces arcs par les points A, B, C, D et en arrondissant les angles en A et en B

La deuxième cannelure par laquelle le bloom devra passer se trouve directement au-dessus de celle-ci et appartient au cylindre moyen et à celui qui est placé le plus haut, or le tracé est déjà fait sur le cylindre moyen, FGH est identique à ABD ; on prend HJ $= \frac{7}{8}$ CD, ce qui détermine le quatrième angle de la cannelure dont les trois premiers sont connus. La troisième cannelure se trouve entre les deux cylindres inférieurs, sa largeur est égale à la hauteur de la seconde, LM = HJ, partant de là on détermine les deux autres angles en procédant comme on l'a fait pour la première cannelure et ainsi des autres.

On trouvera, dans les ouvrages de Daelen, Hollenberg, et Diekmann, des renseignements sur les procédés employés pour tracer les cannelures moins simples que les précédentes, et notamment les cannelures pour rails dans les trios. Ces procédés permettent de parvenir à accorder chacune des cannelures du cylindre moyen avec celles des deux autres.

Ordinairement on tourne la difficulté en ne faisant accorder chaque profil du cylindre moyen qu'avec un profil tracé alternativement dans le cylindre supérieur et dans le cylindre inférieur ; les cannelures utiles sont donc tantôt en haut, tantôt en bas et les fausses cannelures se réduisent à des entailles qui servent à recevoir les cordons des cylindres moyens.

On utilise ainsi moins bien la surface des cylindres puisqu'il faut deux fois plus de longueur de table pour loger le même nombre de cannelures, c'est-à-dire autant de longueur de train et une fois et demie autant de cylindres que dans les laminoirs à 2 cylindres. Or un cylindre, après le travail du tour, est une pièce coûteuse, et, d'un autre côté, chaque cylindre de plus à mettre en mouvement est une dépense de travail mécanique.

Il existe une autre disposition de laminoir à trois cylindres qui consiste à ne mettre que deux cylindres dans une cage de trio et à remplacer le troisième par un arbre qui va commander un des cylindres de la cage suivante, comme on peut le voir figure 232. Les cannelures des deux cylindres d'une même paire sont tracées comme dans les laminoirs ordinaires, il n'y a pas de fausse cannelures, on économise donc un cylindre sur trois, mais on est obligé de transporter la barre à laminer d'une paire à l'autre après chaque passage, ce qui fait disparaître en grande partie les avantages que peut offrir ce système lorsque les barres sont un peu lourdes. Pour les petits fers, au contraire, cette disposition est à recommander parce que les barres sont généralement d'une grande longueur, ce qui permet de les engager à la fois entre les cylindres de plusieurs cages ; on en voit qui passent ainsi en même temps dans 4 ou 5 cannelures.

Il nous reste à signaler quelques formes particulières de cannelures.

Lorsque, sur des cylindres lisses ou dans des cannelures ordinaires, on creuse des cavités ou on réserve des parties saillantes, l'empreinte se reproduit sur le métal et se répète à chaque tour ; c'est ce qu'on désigne sous le nom de cannelures *périodiques* ; on les emploie dans diverses circonstances et l'étude des résultats qu'on en peut obtenir rentre plutôt dans l'art d'élaborer le fer que dans la métallurgie proprement dite, nous nous bornerons donc

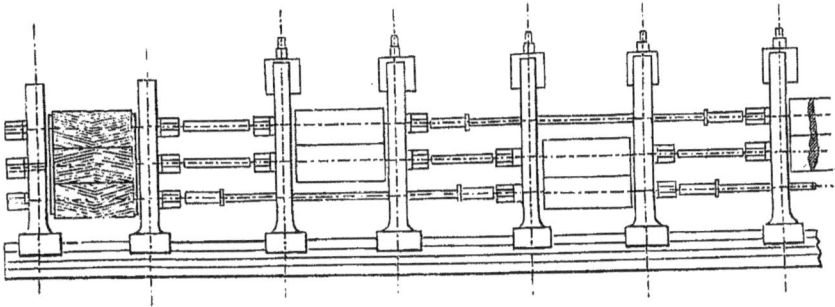

Fig. 232. — Laminoir trio simplifié.

à indiquer ici qu'on obtient de cette façon sur des barres laminées des marques, des numéros et des inscriptions diverses. On lamine aussi par un procédé analogue des barres pour fer à cheval dans lesquelles les trous se trouvent préparés, etc.

Si un des cylindres est excentré les barres ont une épaisseur périodiquement variée et forment des coins [1].

Pour obtenir des fers plats rectangulaires à angles vifs, on emploie quelquefois des cylindres à cannelures ouvertes, sans cordons, formés de plusieurs parties cylindriques de diamètres croissants juxtaposées ; ce sont les cylindres en *escaliers*. La pression latérale n'étant pas à craindre, on peut réduire l'épaisseur de l'échantillon à chaque passe dans une proportion considérable, mais les bords de la barre ne sont pas très régulièrement formés.

Remarques. — Lorsqu'il y a nécessité d'arriver à un profil final absolument exact, on doit tenir compte, dans le tracé des cannelures, de la contraction que subit le métal en se refroidissant après sa sortie de la cannelure finisseuse ; il est indispensable d'augmenter les dimensions de celle-ci de façon à compenser l'effet de cette contraction, or elle dépend à la fois de la nature du métal

---

[1] On trouvera des dessins relatifs à ce genre de laminage dans l'ouvrage de Ledebur, *Die Verarbeitung der Metalle auf mechanischen Wege*, p. 493 et 495.

et de la température à laquelle il a été fini, elle est généralement comprise entre $\frac{1}{50}$ et $\frac{1}{64}$.

Des circonstances accidentelles peuvent également avoir une influence sur le profil des barres laminées ; lorsque, par exemple, on remet un train en marche après un arrêt prolongé, les cylindres sont complètement froids et refroidissent le métal beaucoup plus qu'en allure normale ; ils s'échauffent petit à petit et le fer en sort à une température de plus en plus élevée, la contraction qu'il éprouve sera donc plus forte au bout d'un certain temps de travail du train qu'au commencement [1].

De ce que nous avons exposé précédemment on doit conclure que la température à laquelle le métal est laminé a une influence sur ses propriétés physiques, c'est-à-dire sur sa dureté, sa résistance à la traction, sa ténacité, etc.

d) Laminoirs universels. — On nomme train ou laminoir *universel* celui qui permet de faire, avec les mêmes cylindres, des barres de même forme mais de dimensions variées, ce qu'on n'obtiendrait d'un laminoir ordinaire qu'en changeant plusieurs fois les cylindres. L'avantage qui résulte d'une pareille disposition est assez considérable pour que nombre d'ingénieurs métallurgistes recherchent, depuis un certain nombre d'années, le moyen de construire un appareil de ce genre répondant à tous les besoins.

Jusqu'à ce jour le laminoir universel a principalement été employé pour la fabrication des larges plats.

Il se compose d'une paire de cylindres horizontaux dont le plus élevé repose sur des contrepoids, ce qui permet de faire varier l'écartement, et de deux cylindres verticaux qui exercent leur action latéralement sur les côtés de la barre engagée entre les deux premiers. La disposition est telle qu'on peut rapidement augmenter ou diminuer la distance qui sépare les deux cylindres verticaux. On peut donc obtenir des plats de dimensions très différentes dans cet appareil qui ne comporte qu'une paire de cages pourvue de quatre cylindres.

C'est vers l'année 1855, dans l'usine de Hœrde, que le premier train universel a été établi par Daelen ; on l'a adopté depuis dans un grand nombre de forges presque sans modifications.

La fig. 233 représente à l'échelle de $\frac{1}{32}$ le train universel de Daelen : *AA* sont les cylindres horizontaux et *BB* les cylindres verticaux. Les deux premiers reçoivent le mouvement comme à l'ordinaire des deux pignons *CC* ; le cylindre supérieur est soutenu par des leviers à contrepoids. Le mouve-

[1] Pendant le travail on arrose constamment les cylindres qui servent au laminage des gros échantillons de fer ou d'acier, néanmoins ils s'échauffent notablement.

ment de rotation est transmis aux cylindres verticaux par le plus élevé des deux pignons *C* qui engrène avec une roue *D*, celle-ci avec un pignon *E*.

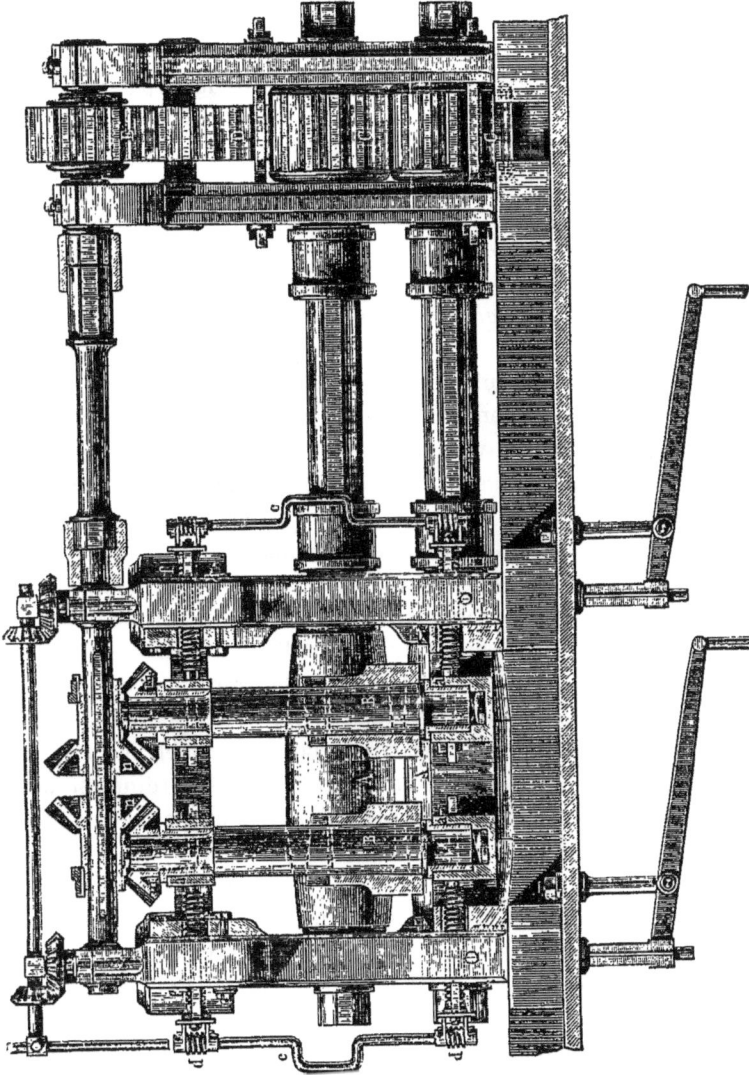

Fig. 233. — Train universel de Daelen, échelle de 1/32.

Dans une barre de métal qui passe au laminoir, la partie qui n'est pas encore engagée a une vitesse de translation moindre que la surface des cylindres, tandis que celle qui sort est animée d'une vitesse plus grande. Il faudrait donc que la vitesse à la surface des cylindres verticaux fût différente de celle des cylindres horizontaux, mais il serait très difficile de régler à l'avance ces vitesses pour qu'elles soient toujours dans le rapport convenable. On tourne la difficulté en ne calant pas sur son arbre le pignon E qui est seulement pressé à droite et à gauche par deux plateaux faisant corps avec l'arbre ; lorsque la résistance qui se produit entre les cylindres verticaux est trop forte, le pignon tourne sur son arbre en frottant contre ces plateaux. De cette façon on est moins exposé à infliger à la barre de trop grands efforts de compression ou de traction.

Les pignons coniques nn, mm transmettent le mouvement aux cylindres verticaux qui sont en acier fondu et calés sur les arbres.

On fait varier l'écartement des cylindres horizontaux AA comme dans les laminoirs à tôle ; quant à celui des cylindres verticaux, on le modifie à volonté en agissant sur les arbres coudés cc. Les arbres qui portent ces cylindres sont maintenus par des paliers aa reliés aux vis ff ; les écrous de ces vis sont fixés aux montants des cages de telle sorte qu'en faisant tourner les vis on les oblige à avancer ou à reculer en entraînant les paliers des arbres verticaux. Les têtes de vis sont en dehors des montants, elles portent des pignons qui engrènent avec des vis sans fin dd placées sur les arbres cc ; les tourillons de ces arbres sont logés dans des boîtes supportées par les collets des vis f, ils se déplacent donc en même temps qu'elles, de telle sorte que les vis sans fin engrènent toujours avec les pignons.

On place les cylindres verticaux en avant ou en arrière des cylindres horizontaux suivant le résultat qu'on cherche à obtenir pour les bords de la pièce laminée. Si on passe d'abord la barre entre les cylindres verticaux, les cylindres horizontaux agissent ensuite en l'élargissant légèrement et donnant à la tranche une forme convexe. Si, au contraire, les cylindres verticaux sont derrière les cylindres horizontaux, la tranche reçoit en dernier lieu une pression qui la refoule et il se forme une bavure sur le plat. Ordinairement on dispose le laminoir vertical en avant parce qu'il y a moins d'inconvénient à avoir une tranche un peu convexe qu'une surépaisseur sur les bords du plat.

Le laminoir de Daelen est principalement usité pour la fabrication des échantillons larges et plats tels qu'on les emploie dans la construction des chaudières à vapeur ; on s'en est servi également quelquefois pour la production des fers à double T à larges ailettes ; le lecteur trouvera, dans les ouvrages que nous indiquons à la fin de ce chapitre, des détails sur ce sujet ainsi que sur d'autres dispositions proposées pour ce genre de travail ; il en paraît tous les ans un grand nombre pour lesquelles sont pris de nouveaux brevets ; jusqu'à ce jour cependant aucun autre système, que celui que nous venons de décrire, ne s'est répandu.

Machines motrices de laminoirs. — Les laminoirs sont généralement mis en mouvement par la vapeur ; il est rare, en effet, de rencontrer des chutes d'eau assez puissantes pour fournir la force nécessaire.

Presque toujours les machines sont horizontales, à détente et souvent à condensation.

Il n'est pas rare de voir une seule machine puissante donner le mouvement à plusieurs trains à la fois, non plus, comme autrefois, par l'intermédiaire d'une série d'engrenages, mais par le moyen de cordes en chanvre, en aloès ou même en fer.

Le gros laminoir de l'usine de Terni est mis en mouvement par une turbine de 1000 chevaux ; l'usine dispose d'environ 6000 chevaux de force hydraulique.

(Voir *Notes on the Terni Steelworks by Samuelson, Journal of the Iron and steel Institute*, 1887, I, p. 31.) (V.)

Il est très important de déterminer avec exactitude la force que doit posséder une machine pour actionner un train, car un moteur de puissance exagérée est d'une installation très coûteuse et consomme un excès de vapeur : trop faible il est encore plus désavantageux, le travail ne peut se faire que lentement, ce qui augmente les frais de main-d'œuvre dans une large proportion.

Le travail produit par la machine est consommé sous deux formes différentes ; d'une part il produit l'étirage et l'entraînement du métal, de l'autre il est absorbé par les frottements ; la partie utilement employée dépend de la nature du métal et de la température à laquelle on le passe au laminoir en même temps que du coefficient de décroissance adopté ; quant à celle qui est absorbée par les frottements, elle varie avec le mode de construction des coussinets, l'état dans lequel ils se trouvent, la pression produite par le serrage des vis, etc. ; ces frottements consomment toujours une forte proportion du travail disponible qui dans certains cas peut s'élever à la moitié du total produit par la machine [1].

Lorsque la machine est pourvue d'un volant, ce qui est le cas pour tous les laminoirs non reversibles, le travail que cet organe restitue pendant le passage des barres entre les cylindres vient s'ajouter à celui que la machine fournit au même instant, et on peut se contenter d'un moteur d'une moindre puissance, surtout si l'intervalle entre deux passages est un peu long et si le volant est d'un poids considérable.

Le calcul théorique de la force nécessaire à la mise en mouvement d'un train de laminoirs ne peut donc donner de résultats bien précis, et l'on doit plutôt recourir aux indications de la pratique.

Dans ces dernières années, la nécessité d'abaisser le prix de revient en augmentant la production des trains et la vitesse des cylindres, en adoptant

---

[1] On trouvera dans *Stahl und Eisen*, 1881, p. 57 et 1884, p. 697, les résultats d'expérience faites sur ce sujet.

des trios au lieu de duos, en cherchant, en un mot, à réduire autant que possible le temps pendant lequel les trains marchent à vide, a conduit les maîtres de forge à employer des moteurs plus puissants que ceux dont on se contentait autrefois.

Pour un train de fer brut, duo ou trio, à deux paires de cages, il faut compter sur une force de 50 à 80 chevaux.

On fournit de 75 à 100 chevaux aux trains de fer marchands ronds, plats, carrés, etc. à deux cylindres, faisant 75 tours à la minute.

Les trains à grande vitesse pour les petits fers, machines, etc, faisant 400 tours à la minute et composés de 6 à 8 cages, exigent des machines de 400 à 600 chevaux.

Ceux à tôles fines, glacées, pourvus de volants, tournant à 40 tours par minute, emploient une force de 20 à 30 chevaux.

Pour les tôles à chaudière il ne faut pas moins de 100 à 200 chevaux.

Les trains reversibles, sans volant, capables de laminer les plus fortes tôles, exigent de 600 à 1000 chevaux.

C'est principalement pour la fabrication des rails qu'on a augmenté la puissance de production ; vers 1863 on laminait des rails en fer obtenu par soudage dans des trains duos et on considérait une force de 250 chevaux comme largement suffisante ; aujourd'hui on demande à un laminoir à rails une production triple de ce qu'elle était autrefois et on doit disposer de machines de 600 à 800 chevaux, quelquefois davantage.

3. — Appareils de cinglage, Presses, Moulins, etc.

Lorsqu'on emploie des appareils de ce genre on se propose uniquement de faire subir aux balles ou loupes de fer, provenant d'un procédé de soudage, une première épuration qui les débarrasse de la plus grande partie des scories emprisonnées entre les molécules de fer ; on ne peut donc employer ces outils, ni à forger des blooms de métal fondu, ni à donner au fer une forme définitive.

Lorsqu'on veut agir par pressions successives on se sert de *presses*, les appareils rotatifs, *moulins*, *laminoirs*, etc., agissent par pression continue.

Il a été imaginé un grand nombre d'appareils pour exécuter cette opération préparatoire, la plupart d'entre eux n'ont reçu qu'un petit nombre d'applications et ont cédé la place au marteau-pilon qui, presque partout, est employé pour le cinglage.

Il est une forme de presse, cependant, qui a été assez fréquemment usitée dans la plupart des ateliers de puddlage et qu'on rencontre encore aujour-

d'hui, c'est celle que nous représentons sur la fig. 234 et qu'on désigne quelquefois sous le nom de *crocodile* ou *d'alligator* en raison de son aspect.

C'est un large levier en fonte, d'une construction très robuste, oscillant sur
un axe horizontal; le bras le plus long est relié, par son extrémité, à une bielle
ou à un excentrique qui lui transmet un mouvement alternatif ; l'autre bras
forme une sorte de mâchoire sur laquelle on rapporte une plaque, en acier
ou en fonte trempée, garnie de dents inclinées vers l'arrière pour mieux main-

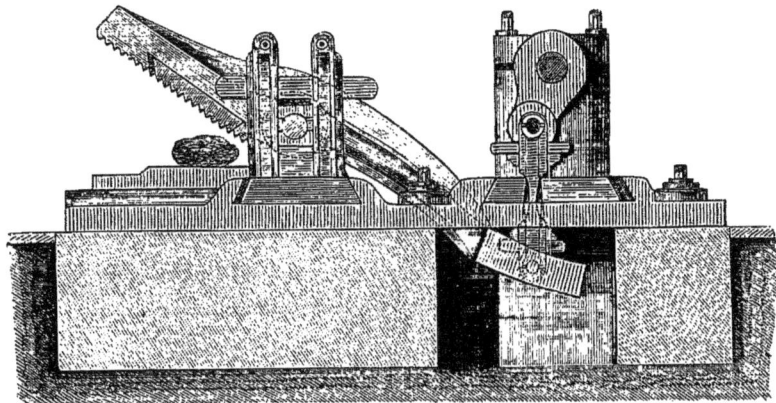

Fig. 234. — Presse à cingler les loupes.

tenir la loupe. La mâchoire inférieure est une pièce fixe, facile à remplacer
cependant, qui joue le rôle d'enclume et présente, à son extrémité, une table
plus basse, ce qui permet de donner un coup de presse par bout sur le massiau cinglé et de le refouler.

La mâchoire supérieure se lève, à son extrémité, de 25 à 30 centimètres; le
petit bras du levier a environ 1^m,30 de longueur, sa largeur est à peu près de
0^m,50; le grand bras du levier à 2^m de longueur. Un appareil de ce genre
donne de 60 à 100 coups par minute et exige une force de 10 à 12 chevaux,
il suffit à cingler les loupes d'un atelier de 12 à 16 fours à puddler.

Les appareils de ce genre sont certainement moins coûteux à installer que
les marteaux frontaux ou les pilons qu'on emploie pour le même usage ;
ils sont d'un service commode, n'exigent pas de réparations fréquentes, mais
ils ne sont applicables qu'au cinglage de loupes ni très grosses ni très petites ;
ils éliminent la scorie d'une manière moins efficace et avec moins d'énergie
que les marteaux; c'est pour cette raison que, dans la plupart des ateliers de
puddlage, on leur a substitué le marteau-pilon.

On a plus rarement encore recours aux appareils rotatifs ; aussi croyons-
nous devoir renvoyer le lecteur désireux d'en connaître la construction et le

fonctionnement aux ouvrages de Hauer et de Wedding où il trouvera des détails suffisamment complets.

Ouvrages à consulter.

(a) Traités.

J. v. Hauer, *Die Huttenwesensmaschinen*, 2ᵉ édition, 1876. (*Marteaux*, p. 290 à 468 ; *Presses et Moulins*, p. 470 à 477 ; *Laminoirs*, p. 478 à 562).

S. Jordan, *Album du cours de métallurgie*, Paris 1875.

P. v. Tunner, *Tracé des cannelures pour le laminage du fer, traduction française de F. Gautier*. Industrie minérale, 2ᵉ série, t. II, p. 625, 1873. (On y trouve également un certain nombre des tracés de Daelen.)

Daelen, Hollenberg und Diekmann, *Die Kalibrirung der Eisenwalzen*, Berlin 1870.

F. Neveu et L. Henry, *Traité pratique du laminage du fer*, Paris 1881.

A. Ledebur, *Die Verarbeitung der Metalle auf mechanischen Wege*, 1877.

E. F. Dürre, *Anlage und Betrieb der Eisenhütten*, 1892, t. III.

(b) Mémoires.

Fr. Kick, *Beiträge zur Kenntniss der Mechanik weicher Körper*. Dinglers polyt. Journ. t. CXXIV, p. 465 ; t. CCXXXIV, p. 257 et 345.

J. A. Herrick, *The eighty tons steam hammer in Creusot*. Transactions of the American Institute of Mining Engineers, t. VIII, p. 560.

Die Fundamentirung der Dampfhämmer. Stahl und Eisen, 1885, p. 71.

C. A. Angstrom, *Ueber Dampfhämmer und hydraulische Pressen*. Oesterr. Zeitschr. f. Berg- und Hüttenwesen, 1891, p. 293.

F. Gautier, *Forgeage comparé au marteau-pilon et à la presse*. Bulletin de la Société de l'Industrie minérale, 2ᵉ série, t. III, 1889.

W. D. Allen, *Die Schmiedepresse*, Stahl und Eisen, 1891, p. 895.

R. M. Daelen, *Die Schmiedpresse der Cⁱᵉ des forges de Chatillon-Commentry*. Stahl und Eisen, 1892, p. 57.

R. M. Daelen, *Die Pressen mit hohem Wasserdruck im Eisenhüttenbetriebe*. Stahl und Eisen, 1892, p. 155.

Ch. Dufour, *Etudes sur les presses à forger*. Bullet. de la Soc. de l'Industrie minérale, 3ᵉ série, t. VI, p. 1037 (1892).

Bock, *Versuche über den Kraftaufwand beim Walzen von Blech*. Jahrbuch des Bergakademien zu Leoben, t. XXI, p. 314 (1871).

C. Fink, *Theorie der Walzenarbeit*. Zeitschr. f. Berg- Hutt.- und Salinenwesen in Preussen, t. XXII, p. 200.

R. M. Daelen, *Ueber die Bestimmung der Kraftleistung der Walzenzugsmaschinen und des Kraftverbrauches beim Walzen von Stahl und Eisen*. Stahl und Eisen, 1881, p. 57 et 132.

E. Blass, *Bemerkungen über einige beim Walzen auftretende Erscheinungen*. Stahl und Eisen, 1882, p. 233.

E. Blass, *Beitrag zur Theorie der Abnahmecoëfficienten bei der Walzenkalibrirung*. Stahl und Eisen, 1882, p. 189.

E. Blass, *Zur Theorie des Walzprocesses. Stahl und Eisen*, 1882, p. 283.

J. Lüders, *Kurze Besprechung der im Jahre 1881 angestellten Versuche über den Kraftverbrauch und die Arbeitspressungen des Walzprocesses. Stahl und Eisen*, 1884, p. 697.

Hollenberg, *Bemerkungen zu den Vorgängen beim Walzen von Eisen. Stahl und Eisen*, 1883, p. 121.

P. v. Tunner, *Ueber einige Neuerungen in der Einrichtung der Walzenstreckwerke. Zeitschr. d. Berg- und huttenm. Ver. für Steiermark and Kärnten*, 1878, p. 216.

Erdmanns Triowalzwerk mit vollkommen entlasteter stellbarer Lagerung der Walzenzapfen. Zeitschr. d. berg- und huttenm. Ver. für Steiermark und Körnten, 1880, p. 362.

E. Schwarz, *Die Pracisionstellung der Walzen bei Triowalzwerken. Zehitscr. d. berg- und huttenm. Ver für Steiermark und Kärnten*, 1881, p. 14.

R. M. Daelen, *Triowalzenstander mit Präcisionslagerung. Zeitschr. d. berg- und kuttenm. V. für Steiermark und Kärnten*, 1881, p. 284.

R. M. Daelen, *Ueber die Lagerung der Walzen in ihren Gerüsten. Zeitschr. d. Ver. deutsch. Ingenieure*, 1872, p. 662 ; 1877, p. 36.

Lagerung der Walzenzapfen bei Triowalzwerken. Oesterr. Zeitschr., 1885, p. 326.

A. Spannagel, *Neue Schnellwalzwerksanlage der Eisenhütte Phöniœ. Stahl und Eisen*, 1882, p. 186.

A. L. Holley, *American Rolling Mills. The Journal of the Iron and Steel Institute*, 1874, I, p. 348.

B. C. Lauths, *Patent three-high plate and sheet rolls. The Journal of the Iron and Steel Institute*, 1872, II, p. 86.

Lautsches Walzwerk für Darstellung von Weissblechen. Oesterr. Zeitschr., 1889, p. 63.

Ueber ueuere Blockwalzwerke. Stahl und Eisen, 1885, p. 493, 774.

Das Blockwalzwerk der New-British Iron C° in Birmingham. Stahl und Eisen, 1893, p. 324.

Reversirwalzwerke in Hœrde. Stahl und Eisen, 1893, p. 12.

R. M. Daelen, *Ueber das Vor- und Rückwärtswalzeu. Zeitschr. d. Ver. deutsch. Ingenieure*, 1875, p. 98.

Graham Stevenson, *Reversing rolling mills. The Journal of the Iron and Steel Institute*, 1872, p. 74, t. II.

D. Napiers *differential friction-gear for reversing rolling mills, The Journal of the Iron and Steel Institute*, 1872, II, p. 43.

Helmholtz, *Ueber Reversirmethoden bei Walzwerken. Zeitschr. d. Ver. deutsch. Ingenieure*, t. XVI, p. 667.

P. Tunner, *Kitsons hydraulische Kupplung für Kehrwalzwerke. Zeitschr. d. Ver. z. Beförd. d. Gewerbfl.*, 1881, p. 152.

Varley and Furness, *Power couplings for rolling mills. The Journal of the Iron and Steel Institute*, 1874, p. 166, t. I.

Ueberhebvorrichtung mit beweglicher Trittplate. Stahl und Eisen, 1881, p. 147.

Ueberhebvorrichtung für Walzwerke. Dingl. polyt. Journal, t. CCXLIV, p. 363.

M. L. Valant, *Tracé des cannelures des cylindres. Revue universelle des mines*, t. XXVIII, p. 79.

W. Hewitt, *Construction of passes in rolls for reducing metals. Engineering and Mining Journal*, t. XLVI, p. 148.

R. M. Daelen, *Ueber die Erzeugung von Walzdraht. Stahl und Eisen*, 1889, p. 177.

A. Thomas, *Improvements in Belgian Three high rollings mills*. *The Journal of the Iron and Steel Institute*, 1877, II, p. 439.

A. Klomanns *Universalwalzwerk*. *Zeitschr. d. berg- und huttenm. Ver. für Steiermark und Kärnten*, 1880, p. 7.

Ueber Universalwalzwerke. *Zeitschr. d. V. deutsch. Ingenieure*, 1881, p. 570.

H. Sack, *Neue Profileisen-Universalwalzwerke. Stahl und Eisen*, 1886, p. 765.

Ein neues Universalwalzwerfahren. Stahl und Eisen, 1887, p. 451.

The Freeman Universal Mill. The Iron age, 1893, p. 674.

The Reese Universal beam mill. The Iron age, 1893. p. 724.

J. Torka, *Theorie des Mannesmannschen Röhrenwalzwerkes. Glasers Annalen*, t. XXIII, p. 109.

Reuleaux, *Das Mannesmannsche Röhrenwalzverfahren. Glasers Annalen*, t. XXVI, p. 265.

E. Freitag, *Welche Anforderungen stellt man an Walzenzugsmaschinen und wie soll man sie bauen. Oesterr. Zeitschr. für Berg- und Hüttenwesen*, 1876, p. 417.

A. Trappen, *Neue Walzenzugsmaschine der Märkischen Maschinenbauanstalt. Stahl und Eisen*, 1881, p. 47.

Ernst Klein, *Ueber die Kraftübertragung bei Drahtstrassen. Stahl und Eisen*, 1882, p. 234.

R. M. Daelen, *Ueber die Fortschritte in der Construction von Walzenzugsmaschinen. Stahl und Eisen*, 1884, p. 19.

Horn, *Ueber die Fortschritte in der Construction von Walzenzugsmaschinen. Stahl und Eisen*, 1884, p. 384.

F. Mors, *Mittheilungen aus dem Grazer Südbahnwalzwerk. Stahl und Eisen*, 1889, p. 1.

Reversirmaschine für das Panzerplattenwalzwerk von F. Krupp. Stahl und Eisen, 1890, p. 509.

Neuere Walzwerksmaschinen. Stahl und Eisen, 1893, p. 182.

CHAPITRE III

FABRICATION DU FER PAR SOUDAGE

---

1. — Généralités.

Jusque vers la fin du siècle dernier, la totalité du fer livré à la consommation était produite par des procédés de soudage, et pendant la première moitié du XIXᵉ, la quantité de fer obtenu par fusion est demeurée extrêmement faible ; la lutte entre les deux méthodes rivales n'a commencé que le jour où l'on est parvenu, par l'emploi de nouveaux modes de fabrication, à obtenir du fer fondu par grandes masses et à un prix de revient auquel on n'était pas arrivé autrefois.

En ce moment, le marché se partage à peu près également entre le fer soudé et le fer fondu, mais il est probable que la victoire finira par rester au second de ces produits.

Ce qui caractérise le fer obtenu par soudage, c'est la présence de scories disséminées dans sa masse ; cette scorie produit le même effet qu'un corps étranger empêchant le rapprochement des molécules et diminuant par conséquent la résistance du métal et sa ductilité ; on ne peut l'en débarrasser que partiellement en le soumettant à un travail mécanique prolongé, sans réussir à l'éliminer d'une manière complète.

Plus il est important que le fer possède à un haut degré les qualités de résistance, de ductilité, etc., et plus il est nécessaire que le travail mécanique qu'on lui fait subir soit considérable et le corroyage prolongé.

Dans le fer marchand ordinaire, on trouve quelquefois plus de 2 %, de scories ; il s'en rencontre en moindre proportion dans le fer de qualité supérieure et dans l'acier fabriqué par le même procédé.

Ce sont les oxydes de fer qui dominent dans cette scorie ; si pendant la fabrication, le métal a pu être soustrait au contact de l'air, la scorie qui l'imprègne peut avoir la même composition que celle qui reste dans le four après l'opération ; si au contraire les molécules de fer, au moment de leur formation, ont été exposées pendant quelque temps à l'action de l'air ou des gaz oxydants, comme il arrive dans les fours à puddler, la scorie qui reste dans le fer est beaucoup plus ferrugineuse et, souvent même, plus riche en phosphore que celle du four.

On peut se faire une idée de la proportion et de la composition des scories contenues dans le fer et l'acier obtenus par soudage, en examinant le tableau suivant qui présente le résultat d'analyses exécutées par l'auteur :

DÉSIGNATION DES ÉCHANTILLONS	Proportion des scories 0/0	COMPOSITION DES SCORIES					
		Fe [1]	SiO₂	Ph₂O₅	Mn	CaO	Al₂O₃
Fer puddlé à nerf.	4,60	n. d.	n. d.	n. d.	n. d.	n. d.	n. d.
Fer puddlé à grains fins.	3,12	id.	id.	id.	id.	id.	id.
Fer puddlé des bords du Rhin	2,34	58,40	0,40	16,10	id.	id.	id.
Fer puddlé de Bohème, barres plates .	0,41	28,56	15,18	26,01	0,80	3,93	13,17
Fer pour clous à cheval, bas-foyer, Styrie	0,35	32,00	15,40	2,70	n. d.	n. d.	n. d.
id. id. id. id. Suède.	0,17	n. d.	23,50	n. d.	id.	id.	id.

Dans tous les cas, on peut admettre comme règle que *le fer contiendra une proportion de scories d'autant moindre, que la quantité de métal produite dans chaque opération sera plus faible, que la température aura été plus élevée, la scorie plus fluide et le métal mieux garanti, avant cinglage, du contact des gaz oxydants.*

On comprend que, quand la température est très élevée, la scorie s'écoule plus facilement de la masse de fer qui est spongieuse.

On a fabriqué le fer exclusivement en traitant les minerais par procédé direct jusqu'à la fin du moyen-âge, c'est-à-dire jusqu'à l'époque où la fonte a commencé à être connue ; depuis lors, c'est ce nouveau métal qu'on a entrepris de transformer par un procédé d'affinage, et ce mode de production du fer s'est rapidement répandu, se substituant au premier peu à peu, de telle sorte qu'aujourd'hui la méthode directe n'est plus usitée que d'une manière tout à fait exceptionnelle.

Il peut sembler surprenant que le mode de fabrication le plus simple n'ait pas prévalu ; on en comprendra cependant la raison si on réfléchit que, pour obtenir la réduction à peu près complète de l'oxyde de fer et la fusion des gangues du minerai, il faut atteindre une température assez élevée, à laquelle il est impossible d'empêcher le fer d'absorber une proportion de carbone qui

[1] Ce fer est en partie à l'état de FeO, en partie à l'état de Fe₂O₃.

le transforme inévitablement en une espèce de fonte ou d'acier ; pour s'arrêter à la production d'un fer peu carburé, il faut se contenter d'une réduction moins complète, c'est dire qu'une partie importante du fer passera dans la scorie, et cette scorification, qui est d'autant plus forte que le degré de carburation que l'on veut assurer est moins élevé, constitue un déchet qui, au point de vue du prix de·revient, a une influence considérable, surtout lorsque le minerai est cher.

On a, il est vrai, cherché à tourner la difficulté, en évitant d'arriver à la fusion et en chauffant simplement à l'incandescence un mélange de minerai et de la quantité de charbon strictement nécessaire pour en opérer la réduction : mais les gangues n'étant pas séparées par fusion, on ne peut appliquer ce procédé qu'à des minerais très purs ; on est obligé, en outre, pour faciliter l'action du carbone, de réduire le minerai en fragments aussi menus que possible ; le fer obtenu à l'état d'éponge en petits éléments doit être soudé en le chauffant à la température convenable, et le déchet, pendant cette opération, est énorme et constitue une perte considérable ; si bien que le résultat de ce mode de travail est encore moins avantageux que celui qu'on obtient du traitement direct du minerai en contact avec le combustible.

On a tenté, sans plus de succès, de produire la réduction du minerai par l'oxyde de carbone au lieu de charbon de bois.

Dans les méthodes directes, le phosphore n'est pas aussi complètement réduit que dans le haut-fourneau ; les scories riches en oxyde de fer qui s'opposent à la carburation du métal, sont également un obstacle à la réduction des combinaisons oxygénées du phosphore. C'est en partie pour cette raison que les méthodes directes ont été conservées jusqu'à nos jours dans quelques contrées, telles que l'Amérique du Nord et la Finlande, où l'on trouve des minerais riches mais phosphoreux et du charbon de bois à bas prix.

Bien qu'on se rende parfaitement compte aujourd'hui des points faibles qui caractérisent tous les procédés directs de production du fer, on n'en persiste pas moins à renouveler les tentatives pour obtenir du fer ou de l'éponge à un prix inférieur au prix actuel, mais nous pouvons prédire, sans craindre de nous tromper, qu'aucun avenir n'est réservé aux méthodes directes, même aux plus récemment imaginées ; et, d'ailleurs, à mesure que les procédés de fabrication du fer par fusion se perfectionnent, ils se substituent de plus en plus à ceux qui emploient le soudage.

Si le développement des méthodes de fabrication par fusion tend à faire disparaître les procédés de soudage, il a fourni en même temps aux inventeurs de procédés directs un regain d'espérances ; renonçant à poursuivre la production directe du fer malléable, la plupart se sont bornés, depuis une trentaine d'années, et se bornent encore aujourd'hui à chercher à obtenir, par un moyen économique, des massiaux de fer brut incomplètement épurés, dont la fusion au four Martin, dans un bain de fonte, doit achever la purification ; ils pensent arriver ainsi à remplacer la ferraille qu'il est quelquefois difficile de se procurer en quantité convenable ; nous verrons, en décrivant les quelques procédés directs qui subsistent encore, que, bien que modeste, ce but n'a pu être atteint jusqu'à présent. (V.)

2. — Anciens procédés directs.

Le traitement direct des minerais de fer a presque toujours eu lieu dans des bas-foyers ou dans des fours à cuve ; les premiers portent, en allemand, le nom de *Rennfeuer*, correspondant à notre *foyer catalan ;* les seconds sont les *Stuckofen*, que nous désignons sous le nom de *fours à loupes ;* on n'a eu recours à d'autres appareils et, particulièrement aux fours à réverbères, que pour mettre en œuvre de nouveaux procédés directs qui n'ont eu aucune vitalité.

Le traitement au feu catalan ou au four à loupes date des temps préhistoriques, il existe encore de nos jours ; on donnait la préférence à l'un ou à l'autre de ces appareils suivant la nature du minerai dont on disposait, suivant le mode de soufflage qu'on pouvait employer, et aussi, souvent, pour se conformer à l'usage établi. Avec les fours à loupes il est plus facile d'obtenir la haute température et l'action réductrice nécessaires au traitement des minerais réfractaires, aussi les a-t-on principalement adoptés dans les contrées où l'on avait affaire à des minerais difficiles à réduire et dont la gangue était peu fusible ; les bas-foyers, au contraire, étaient préférés lorsqu'on disposait de minerais riches et purs, comme les hématites rouges à haute teneur.

Ajoutons qu'un bas-foyer doit être soufflé pour pouvoir être utilisé pour la fabrication du fer, tandis qu'à la rigueur, un four à loupes peut se passer de soufflerie, sa plus grande hauteur déterminant un appel qui suffit à l'introduction de l'air incessamment renouvelé ; d'où résulte que les peuples qui ne connaissaient pas le moyen de forcer le vent, ont traité le minerai dans les fours à cuve.

Dans les deux cas, le combustible est toujours le charbon de bois ; il serait impossible d'employer la houille qui n'est jamais exempte de soufre ; la température de ces fours n'est pas suffisante pour assurer la fusion d'une scorie basique capable d'absorber cet élément nuisible. Cette obligation d'employer le combustible végétal suffit pour rendre inapplicables à la grande industrie de tels moyens de fabrication ; ils ne sont admissibles qu'en vue d'une production limitée dans les pays où le bois est encore abondant.

(a) Fabrication directe du fer au bas-foyer. — Le bas-foyer, dont on se sert pour obtenir du fer ou de l'acier en traitant directement le minerai, a eu pour origine le tas de charbon dont on entretenait la combustion au moyen

de soufflets, tas qu'on a été amené à entourer d'une enceinte en maçonnerie pour l'empêcher de sedisperser (p. 134, T. 1); le minerai fondait en descendant au milieu du charbon et se réduisait partiellement pendant ce trajet ; quelquefois on repassait une seconde fois celui qui n'avait pas été suffisamment réduit par un premier traitement, et on obtenait une masse de métal mélangée d'une grande quantité de scories que l'on cinglait avec un marteau. Tels sont encore aujourd'hui les principaux traits de ce procédé qu'on retrouve pratiqué dans certaines contrées ; on peut voir dans l'île d'Elbe des traces des bas-foyers qui ont servi pour la fabrication du fer dans des temps reculés [1].

C'est également ainsi qu'on produisait le fer et l'acier dans la plupart des districts de l'Allemagne jusque pendant les premiers siècles qui ont suivi le moyen-âge [2] et dans la première moitié du xviiie siècle, il en existait encore un assez grand nombre ; ils n'ont disparu de la Haute-Silésie qu'au commencement du siècle actuel, mais on en rencontre encore en certains points de l'Espagne et de l'Amérique du Nord, sur les bords du lac Champlain, dans les états de New-York et de New-Jersey où l'on traite de cette façon des minerais magnétiques.

Les Américains désignent sous le nom de *méthode catalane* ce mode de fabrication du fer, quoique leur manière d'opérer se rapproche bien moins de celle des catalans que de celle qui était usitée en Allemagne et qui est décrite dans la métallurgie de Karsten (Manuel de métallurgie du fer traduit par Culmann ; t. III, p. 207 de la deuxième édition, 1830).

La forme générale et les détails de construction des bas-foyers, employés au traitement direct des minerais de fer, ont subi de nombreuses transformations qui sont minutieusement décrites dans les anciens ouvrages de métallurgie ; la fig. 235 qui représente une forge catalane de la première moitié du xixe siècle peut donner une idée de la disposition générale [3] ; les ouvriers sont occupés à enlever la loupe du bas-foyer, et on aperçoit vers le bas, le trou destiné à l'écoulement de la scorie dont il faut débarrasser le foyer de temps en temps ; le vent arrive du côté opposé par une tuyère inclinée qui n'est pas représentée.

Egleston donne des détails circonstanciés sur le procédé employé en Amérique, bien qu'il tende de plus en plus à être abandonné ; c'est à lui que nous empruntons la description suivante.

Le bas-foyer employé pour production directe du fer en Amérique se com-

---

[1] *Annales des mines*, série V, t. XIV (1859), p. 557.
[2] Un de ces bas-foyers datant du commencement du xvie siècle est représenté dans l'histoire du fer de Beck, t. II, p. 147 ; il est emprunté à l'ouvrage d'Agricola intitulé *de re metallica*, livre XII.
[3] *Métallurgie* de Percy, *traduction de Petitgand et Ronna*, t. II, p. 432.

pose, comme presque partout, d'une enceinte en maçonnerie rectangulaire peu élevée au-dessus du sol ; elle est garnie intérieurement de plaques de fonte, ce qui distingue ces foyers de ceux des anciens et constitue incontestablement un progrès ; autrefois, en effet, lorsque le minerai en fusion, mais non réduit, arrivait en contact avec les parois siliceuses de l'enceinte, il les attaquait et la scorie devenait de plus en plus siliceuse, la réduction était

Fig. 235. — Forge catalane, disposition générale.

rendue difficile et le déchet augmentait dans une grande proportion ; les plaques de fonte s'opposent à cette action sur la maçonnerie et le minerai est mieux utilisé.

Cinq plaques sont nécessaires pour garnir le fond et les quatre côtés ; celle dans laquelle est ménagé le trou pour l'écoulement de la scorie et celle qui lui fait face sont légèrement inclinées en dehors, les deux autres sont dressées verticalement : celle du fond est creuse et refroidie par un courant d'eau ; la tuyère, qui est quelquefois refroidie également et toujours plongeante, passe par dessus le bord d'une des plaques verticales ; l'espace libre entre les plaques a les dimensions suivantes :

Longueur . . . . . $0^m,60$
Largeur . . . . . $0^m,70$
Profondeur . . . . . $0^m,30$

Les murs qui entourent le foyer soutiennent une hotte terminée par une cheminée et ne permettent d'aborder le four que d'un seul côté ; sous la hotte, au-dessus du feu, on dispose un appareil en fonte qui sert à chauffer l'air au moyen des flammes perdues.

Avant de charger le minerai, on le grille et on le réduit en fragments de la grosseur d'un pois ; comme combustible, on emploie du charbon de bois.

Au moment de la mise au feu on garnit le fond de fraisil, par dessus on charge du charbon de bois qu'on allume et on donne le vent, puis on jette sur le charbon une certaine quantité de scorie provenant d'une opération précédente. Dès que le charbon est incandescent, on répand uniformément sur la surface, avec une pelle, de 10 à 15^k de minerai qui descend bientôt, en partie fondu, à travers le charbon, se réduit partiellement et tombe au fond du foyer où il s'agglomère ; lorsque, par suite de la combustion, le niveau du charbon s'est suffisamment abaissé, on en ajoute une nouvelle couche sur laquelle on répand du minerai et on recommence ainsi dès qu'il y a place pour une nouvelle charge de charbon et de minerai. De temps en temps l'ouvrier tâte avec un ringard, le fond du foyer et rapproche les morceaux de minerai réduit ; il reconnaît l'allure à la nature des parcelles de scories et de métal qui s'attachent au ringard, et à la couleur de la flamme qui, en bonne marche, doit être rouge ou bleuâtre. Une flamme blanche indique une allure trop chaude à la suite de laquelle on peut obtenir du fer aciéreux ; on peut abaisser la température en arrosant de temps en temps les matières contenues dans le foyer ; on fait aussi à divers intervalles écouler la scorie. Plus le fer doit être dur et carburé et plus on doit éviter de le laisser en contact avec la scorie ; il faut donc la faire écouler plus souvent.

On traite généralement dans une opération 250^k de minerai ; on obtient une loupe de 150^k ; on consomme environ 200^k de charbon de bois pour 100 de fer produit ; une opération dure à peu près 3 heures.

On cingle la loupe sous un lourd marteau, et on la transforme en un gâteau plat ou en un bloom prismatique qui est ensuite ressué et étiré.

Dans les contrées de l'Amérique du Nord, où la forge catalane (Bloomary) a été conservée, on en a modifié singulièrement la forme; nous donnons figure 235bis en plans, coupes et élévation, la disposition d'un de ces foyers perfectionnés où il serait, à première vue, difficile de reconnaître l'appareil dont se servaient les anciens. Le foyer est entièrement composé de plaques de fonte dont les plus exposées à la chaleur sont rafraîchies par des courants d'eau; le vent est chauffé par la chaleur perdue dans un groupe de trois siphons en fonte placés sous la cheminée. (V.)

La méthode employée dans les forges catalanes diffère de celle que nous venons de décrire. Au lieu de charger le minerai en couches successives alternant avec des couches de charbon, on place d'un seul coup, dans le bas-foyer, en face de la tuyère et sur un lit de charbon, toute la charge de minerai d'une opération, environ 500^k. Entre le minerai et la tuyère il reste un espace libre un peu plus grand que la moitié du volume total du foyer. On le remplit

de charbon jusqu'au niveau de la partie supérieure du tas de minerai. La
tuyère très plongeante souffle dans le charbon ; on conduit le travail de telle

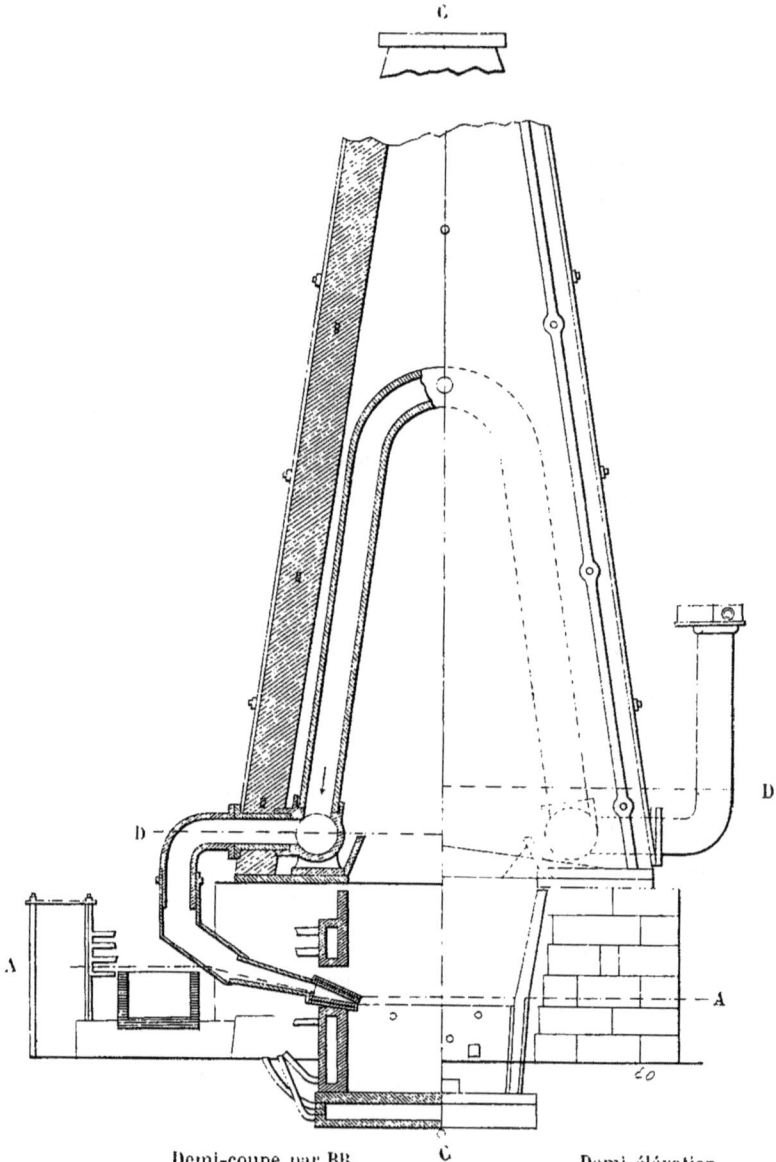

Demi-coupe par BB.   C   Demi-élévation.

Fig. 235 bis. — Foyer catalan américain.

sorte que le gaz, résultant de la combustion, très riche en oxyde de carbone,
chemine à travers le minerai et le réduise partiellement. Lorsqu'il est suffi-

samment préparé, le minerai descend peu à peu, il s'agglomère et arrive au fond en traversant la masse de charbons incandescents. Là la réduction de-

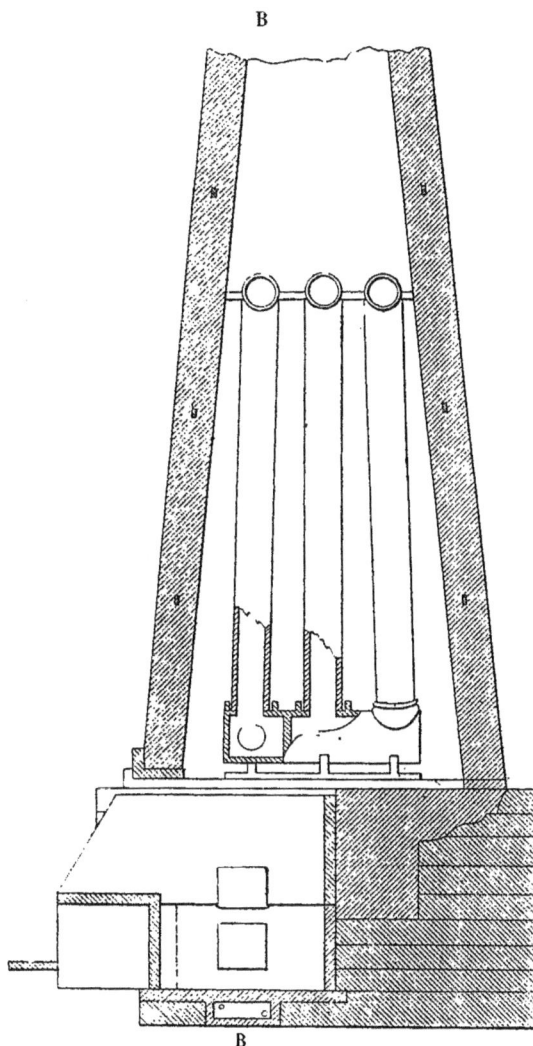

Fig. 235 bis. — Coupe par CC.

vient plus complète, il se fait même un commencement de carburation. La loupe se forme, on l'enlève dès que tout le minerai a été complètement trans- formé, on la cingle et on l'étire. Une opération dure environ 6 heures. D'a- près les renseignements que nous possédons, la consommation de charbon est plus élevée qu'en Amérique, elle est égale à trois fois et demie le poids du fer produit [1].

D'après ce que nous avons exposé précédemment, on doit comprendre que

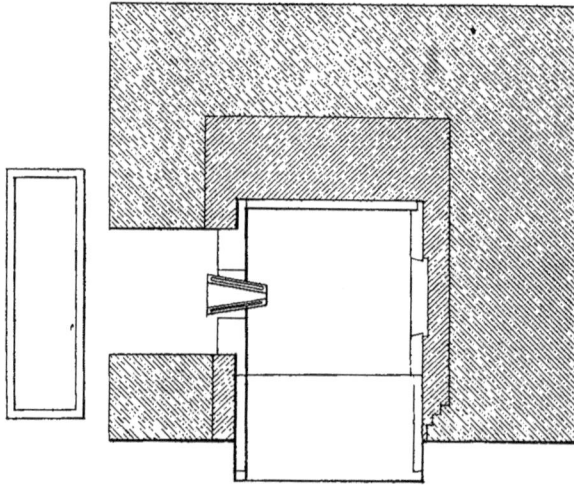

Coupe par AA.

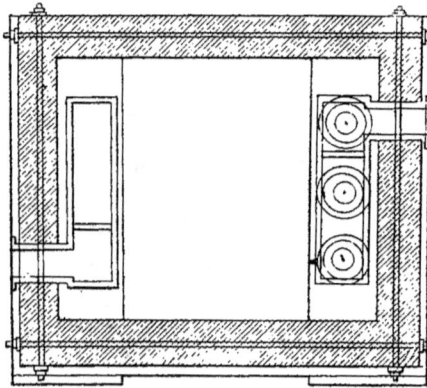

Fig. 235 bis. — Coupe par DD.

la scorie résultant de ce traitement des minerais doit être très ferrugineuse. Lorsque la proportion en est considérable on en doit conclure, ou bien que

[1] On trouvera des descriptions détaillées du procédé catalan et des autres procédés analogues dans les ouvrages suivants : E. Richard, *Etudes sur l'art d'extraire le fer de ses minerais sans le convertir en fonte*, Paris, 1838. — J. François, *Recherches sur le gisement et le traitement direct des minerais de fer dans les Pyrénées, particulièrement dans l'Ariège*, Paris 1843. — On trouvera également de nombreux détails dans la *Métallurgie* de Percy, *traduction de Petitgand et Ronna*, t. II.

le minerai contient beaucoup de manganèse ou d'autres éléments qui se scorifient, ou bien que les parois du foyer ont été fortement attaquées en quelque point, ce qui n'est possible que quand le revêtement métallique n'existe pas ; quand elle est très abondante, la scorie peut renfermer moins de fer, en tous cas le déchet est plus considérable.

Nous donnons ci-dessous les analyses d'un certain nombre de ces scories.

SCORIES DE BAS-FOYERS, CATALANS ET AUTRES.

	I	II	III	IV	V
Protoxyde de fer.	41,77	39,87	48,57	49,74	49,67
Peroxyde de fer	»	»	8,06	4,93	11,17
Protoxyde de manganèse	12,31	13,00	0,61	0,46	0,64
Alumine.	1,90	3,65	1,60	0,80	»
Chaux.	8,54	7,20	5,54	5,37	6,16
Magnésie	1,32	2,35	2,29	2,22	2,29
Acide titanique.	»	»	1,36	6,26	4,46
Acide phosphorique.	n. d.	n. d.	0,03	0,40	0,05
Silice	33,54	33,00	26,38	24,60	25,93
Soufre.	n. d.	n. d.	0,25	0,37	0,00
Fer	»	1,20	3,19	3,68	1,24
Carbone.	»	»	1,18	0,33	0,22

I. Scorie de forge catalane d'après Richard ; composition moyenne des scories qui se sont formées successivement pendant le cours d'une opération.

II. Scorie de bas-foyer, d'après François.

III. IV et V. Scories de bas-foyers, procédé direct, d'après Egleston.

Nota. — Le fer et le carbone peuvent être regardés comme ne faisant pas partie de la scorie.

A partir de la seconde moitié de notre siècle on s'est souvent servi de ces scories comme minerais dans les hauts-fourneaux et on a exploité dans ce but les dépôts que les anciens avaient accumulés de place en place et qu'on avait jusque-là considérés comme n'ayant aucune valeur.

(b) *Traitement direct dans les fours à cuve ou à loupe.* — Dans l'antiquité on employait plus fréquemment les fours à loupe que les bas-foyers pour la fabrication directe du fer et de l'acier ; les dimensions de ces appareils ainsi que leur forme variaient cependant considérablement d'une contrée à l'autre ; la loupe qu'on obtenait s'appelait en allemand *stuck* d'où le nom de *stuckofen* usité dans les pays de langue allemande.

Pour faire une opération on remplissait la cuve de charbon de bois jusqu'à une certaine hauteur, on y mettait le feu, puis on introduisait une charge de minerai et ensuite des charges successives de charbon et de minerais, à mesure que le niveau s'abaissait, jusqu'à ce que la quantité totale de minerai chargé correspondît au poids de la loupe qu'on voulait obtenir. A la fin de l'opération on enlevait la loupe, soit par le gueulard, si la profondeur n'était pas trop grande, soit par une ouverture ménagée à la partie inférieure des plus grands fours, ouverture qu'on fermait avec une pierre pendant le travail. La loupe enlevée, on recommençait, de la même manière, une nouvelle opération [1].

La proportion de combustible consommé dépendait du degré de carburation qu'on voulait obtenir, et, si on la forçait un peu, on arrivait parfois à produire de la fonte.

Certains de ces fours ont à peine 1^m de hauteur ; en Finlande ils atteignent aujourd'hui 6^m ; quant à leur forme intérieure elle est, tantôt celle d'un cylindre, tantôt celle d'un tronc de cône dont la grande base est quelquefois à la partie supérieure, quelquefois en bas ; tantôt enfin, ce sont deux troncs de cône accolés par leur plus grande base (fig. 68, p. 388, T. I), c'est ainsi que sont construits les fours à loupes actuellement en Finlande, c'est également ainsi qu'étaient établis ceux des Alpes autrichiennes qui étaient encore en service au commencement de notre siècle. Ces derniers avaient jusqu'à 5^m de hauteur, ils ont été peu à peu transformés en hauts-fourneaux, tout en conservant, à peu près, la même forme intérieure.

Autrefois on se servait principalement de fours de ce genre pour fabriquer du fer ou de l'acier; on en découvre, de temps en temps, qui ont été construits par les Romains dans les contrées riches en minerais de fer, où ces conquérants s'étaient établis d'une manière sérieuse, par exemple dans le Palatinat où on en a rencontré un certain nombre il y a une dizaine d'années [2].

L'ouvrage d'Agricola « *de re metallica* » contient le dessin d'un de ces fours datant du xvie siècle [3] ; ce sont encore les mêmes que l'on rencontre chez les peuples sauvages avec des variantes dans le mode de construction et la manière de travailler ; il ne faut pas perdre de vue, d'ailleurs, que les récits des voyageurs et les dessins qu'ils rapportent des fours employés par les peuples chez lesquels ils ont pénétré ne sont pas toujours très exacts ; faute

---

[1] Dans les nouveaux fours de ce genre qu'on emploie en Finlande, on a cherché à se soustraire à l'obligation de remplir à nouveau le four de charbon après l'enlèvement de la loupe. A cet effet la partie inférieure où se rassemble la loupe est indépendante de la cuve et portée par un chariot. Dès qu'il s'est formé une loupe d'un poids suffisant, on retire le chariot, on le remplace par un autre tout préparé. Voir pour les détails : *Stahl und Eisen*, 1887, p. 470.

[2] *Stahl und Eisen*, 1884, p. 470.

[3] Beck, *Geschichte des Eisens*, 2e partie, p. 157.

de connaissances métallurgiques suffisantes, ils n'ont pas toujours bien compris ce qu'ils ont pu voir [1].

Comme exemple d'un four de ce genre employé à l'heure actuelle par des peuples barbares nous citerons celui qui a été vu et décrit par le chevalier de Schwarz, maître de forges autrichien [2].

Les fig. 236 et 237 représentent le four avec lequel on fabrique le fer et

Fig. 236. — Fabrication du fer dans les Indes.

l'acier dans l'Inde centrale ; il est en terre et entouré d'une construction en maçonnerie ; l'intérieur de la cuve est de section carrée de 0^m,30 de côté et de 1^m de hauteur ; la tuyère est en terre cuite, elle débouche à 0^m,25 au dessus du fond et a 23^{mm} de diamètre. Le vent est fourni par deux soufflets fabri-

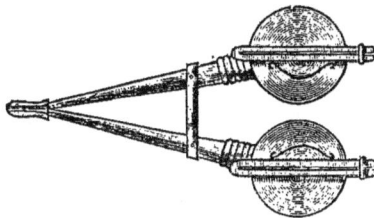

Fig. 237. — Soufflets conjugués.

qués avec des peaux de chèvre dont on a supprimé la partie arrière ; les bords de l'ouverture qui résulte de cette suppression sont attachés à deux

---

[1] L'ouvrage de Pierre Andrée, intitulé *Die Metalle bei Naturälkern*, Leipzig, 1884, contient de nombreux comptes-rendus de voyages avec des dessins intéressants au point de vue de la fabrication du fer.

[2] *Zeitschr. d. Berg- und hüttem. für Steiermark und Kärnten*, 1879, p. 1 ; *Zeitschr. d. Oesterr. Ingenieur und Architekten-Vereins* 1892, p. 189.

lames de bambou solidement liées l'une à l'autre par une de leurs extrémités et attachées d'une manière lâche à l'autre, de sorte qu'elles font ressort et en s'écartant forment deux des côtés d'une ouverture triangulaire par laquelle l'air s'introduit quand on tire la peau. Une buse en bambou est fixée du côté de la tête par des lanières. En fermant l'orifice par lequel l'air entre et en pressant sur la peau on force le vent à sortir par la buse.

Pour gonfler les outres construites de cette façon on tire les peaux vers le haut avec des courroies ou des ressorts en bambou suivant les localités, la compression s'opère avec le pied ; les deux outres soufflent alternativement.

L'ouvrier est protégé contre le rayonnement de la flamme du gueulard par un mur en dessous duquel on ménage une petite ouverture laissant échapper une courte flamme ; c'est à la couleur jaune ou bleue de cette flamme et à la force avec laquelle elle sort que l'ouvrier juge de la marche de l'opération.

Pour produire une loupe on emploie 20^k de minerai, généralement de l'hématite rouge et 20^k de charbon de bois, sans aucun fondant, le travail dure deux heures, la loupe pèse de 7^k,50 à 9^k ; on l'enlève par le gueulard au moyen de tenailles et on la porte sur une enclume où on la bat avec un marteau à main. Chaque four emploie 4 ouvriers par 24 heures et un chef qui conduit le travail, surveille les tuyères et répare le four, les autres sont chargés des soufflets. En 24 heures on fait 10 loupes et on brûle environ 200^k de charbon de bois soit 250^k pour 100^k de fer.

En Finlande ce procédé de fabrication joue encore un certain rôle [1] ; il doit en être de même dans certaines parties reculées et boisées de l'Europe.

Le four à loupes a continué à être employé en Finlande jusqu'à ce jour pour le traitement au charbon de bois des minerais des lacs qui n'ont qu'une faible valeur, mais il a été transformé depuis une quinzaine d'années par Husgafvel d'une façon originale que nous croyons devoir faire connaître à nos lecteurs.

A l'ancien four massif en maçonnerie de faible hauteur on a substitué une enveloppe en tôle à double paroi (fig. 237bis) de 8 mètres de hauteur environ, présentant intérieurement la forme d'un haut-fourneau, avec creuset, étalages, ventre et cuve ; entre les deux parois de tôle une bande de fer disposée en hélice maintient l'écartement de 18 centimètres ; le vent destiné au soufflage pénètre dans cet intervalle par différents points f_1, f_2, f_3, f_4, g, à volonté, il circule en suivant l'hélice et en s'échauffant pour aboutir à la conduite circulaire h qui le distribue aux tuyères p. Le creuset est mobile et porté sur un chariot qui repose sur une plate-forme qu'une disposition de leviers permet de lever ou d'abaisser. De cette façon, quand la loupe est formée, on détache le creuset des étalages en abaissant la plate-forme, on remplace le chariot par un autre et la fabrication peut être continue au lieu d'être inter-

---

[1] En 1890, dans la forge de Pankakoski on a produit ainsi 368^t,5 de fer brut forgé et laminé en consommant 2554^t de minerai des lacs et 5000 mètres cubes de charbon de bois ; la forge de Kiminki a traité de la même façon 420^t de minerai et consommé 989 mètres cubes de charbon de bois (*Stahl und Eisen*, 1893, p. 216).

mittente comme dans les fours à loupes ordinaires. Le creuset peut être saisi par les tourillons h et renversé ; il est en fonte épaisse avec courant d'eau intérieur.

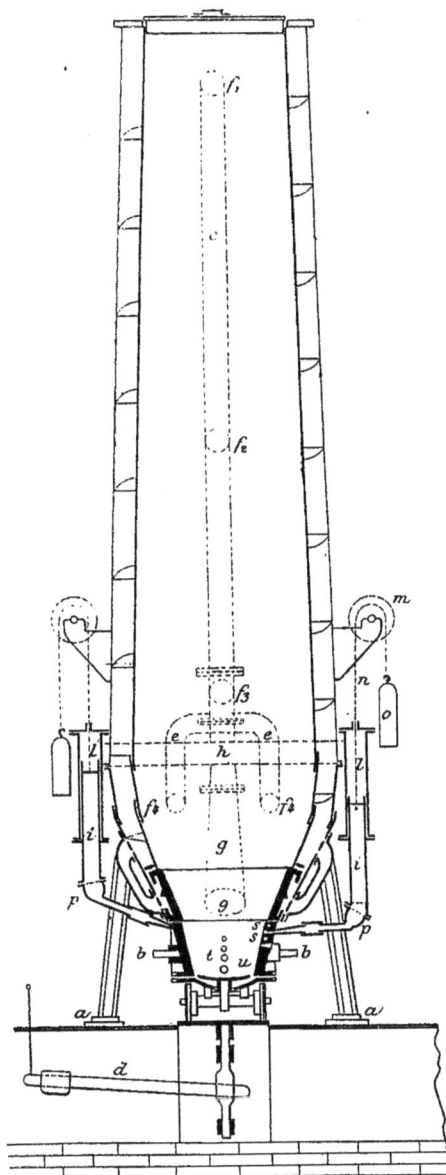

Fig. 237 bis. — Four à loupes d'Husgafvel.

Cet appareil a été monté dans plusieurs usines finnoises et dans l'Oural ; on y traite soit des minerais des lacs, soit des oxydes magnétiques, soit des scories de puddlage avec une petite quantité de castine.

Le refroidissement de la cuve résultant de la circulation de l'air destiné au soufflage a pour but de retarder les réactions de réduction et de carburation ; en réalité, la réduction se fait principalement dans la partie inférieure par le carbone solide ; on peut se demander alors pourquoi on a jugé utile d'augmenter la hauteur de l'appareil.

Il est d'ailleurs fort difficile d'éviter les accrochages sur les parois, une carburation intempestive et la production partielle de fonte; les loupes semblent avoir une composition assez irrégulière : tantôt elles sont excessivement peu carburées, d'autres fois elles contiennent jusqu'à 2 0/0 de carbone; la température étant insuffisante pour la production d'un laitier, il ne peut se former qu'une scorie tenant de 15 à 20 0/0 de fer et 45 0/0 de silice qui fait perdre de 10 à 12 0/0 du fer contenu dans le minerai.

Le four Husgafvel consomme donc plus de charbon et plus de minerai qu'un haut-fourneau alimenté avec les mêmes matières premières.

(Voir *Journal of the Iron and Steel Institute*, 1888, et *Transactions of the American Institute of mining Engineers*, T. XVI, p. 334.) (V.)

Les scories de ces fours se forment dans les mêmes conditions que celles des bas-foyers, leur composition doit donc différer fort peu ; elles sont toujours très ferrugineuses ; mais là aussi, quand la proportion de scories est forte parce que des éléments étrangers provenant, soit de la gangue, soit des parois des fours sont entrés dans leur composition, la teneur en fer est moindre son oxyde se trouvant dilué dans une plus grande masse de matières fondues. Nous donnons ci-dessous quelques exemples :

SCORIES DE FOURS A LOUPES

ÉLÉMENTS ENTRANT DANS LA SCORIE	I	II	III	IV
Protoxyde de fer	48,86	39,38	51,70	55,54
Peroxyde de fer	10,18	0,44	»	»
Protoxyde de manganèse	9,81	7,08	2,90	5,25
Alumine	2,96	9,40	4,30	19.63
Chaux	1,83	2,26	2,60	1,51
Magnésie	0,60	1,89	9,20	0,68
Acide phosphorique	2,18	0,25	n. d.	0,07
Silice	23,40	34,93	29,10	19,40

I. Scories des temps préhistoriques, recueillies dans la province du Hanovre et analysées par Haberland.

II. Scories de l'époque romaine découvertes dans les fours à cuve du Palatinat, analysées par Ledebur.

III. Scories d'un four à loupes des Alpes autrichiennes produites au commencement du XIXᵉ siècle (Karsten).

IV. Scories trouvées près d'Osnabruck dans des ruines d'un four à loupes ; analysées dans le laboratoire de Ledebur.

Des scories, recueillies dans une forêt sénégalaise, au cours d'une campagne, et analysées en France, contenaient :

	1	2
Oxyde de manganèse	5,20	2,40
Silice	31,00	28,10
Alumine	7,40	8,05
Chaux	1,25	»
Oxyde de fer	54,60	58,25

Le phosphore et le soufre n'ont pas été dosés. (V.)

(c) *Quelques nouveaux procédés directs.* — On a proposé et essayé un grand nombre de procédés ayant pour but la fabrication directe du fer et de l'acier, nous ne mentionnerons ici que ceux qui ont eu, au moins momentanément, une certaine importance.

Fabrication directe du fer et de l'acier par soudage dans des fours à réverbères. — Ce procédé a été imaginé par W. Siemens vers 1870 et mis en pratique dans l'usine de Towcester (comté de Northampton). On le mettait en œuvre de la manière suivante :

On mélangeait ensemble du minerai menu, les fondants convenables pour former avec la gangue un laitier fluide et du charbon en poudre, et on le chauffait jusqu'à la température soudante dans un four à réverbère ; le carbone réduisait l'oxyde de fer et il se formait une loupe qu'on cinglait et qu'on étirait par les moyens ordinaires.

Le four employé pour cette opération était rotatif, c'est celui que nous avons représenté fig. 43 et 44, p. 169 ; l'intérieur en était revêtu de scories très ferrugineuses.

On employait comme agent de réduction la houille en donnant la préférence à la variété grasse et riche en matières volatiles qui est d'une oxydation facile et possède une action réductrice plus énergique ; on en introduisait dans le mélange une proportion représentant le quart ou le sixième du poids du minerai et du fondant réunis.

La grosseur des fragments de minerais était comprise entre celle d'un pois et celle d'une fève, quant à la houille elle était réduite à la dimension des grains de bled.

Dans les plus grands fours préalablement chauffés, on chargeait 2500ᵏ du mélange, après quoi on donnait le gaz et l'air, puis on faisait tourner l'appareil très lentement (12 à 15 tours par heure) ; vers la fin de l'opération, on poussait la chaleur jusqu'au blanc soudant, puis avec des crochets analogues à ceux des puddleurs, on cherchait à former un certain nombre de loupes en soudant ensemble les masses ferreuses qui s'étaient produites, enfin on extrayait les loupes formées et on les portait au marteau.

Il fallait compter de 4ʰ 1/2 à 6ʰ pour le traitement d'une charge ; on retirait environ de 73 à 77 % du fer contenu dans le minerai ; il en passait donc de 23 à 27 % dans la scorie ; la consommation de houille par tonne de fer obtenu était de :

aux gazogènes de	1600ᵏ	à	1700ᵏ
dans le mélange de	400ᵏ	à	450ᵏ
total	2000ᵏ	à	2150ᵏ

D'après Tunner la composition des scories était la suivante :

SCORIE DU PROCÉDÉ DIRECT DE SIEMENS

ÉLÉMENTS CONTENUS DANS LA SCORIE	I	II
Protoxyde de fer	46,95	49,24
Peroxyde de fer	»	7,05
Alumine	16,50	20,40
Silice	28,10	18,80
Protoxyde de manganèse	0,49	traces
Chaux	0,29	»
Sulfure de calcium	2,32	0,91
Acide phosphorique	5,22	3,46

Le fer correspondant renfermait :

Phosphore	0,07
Soufre	0,03
Carbone	0,12

En somme les scories contenaient à peu près autant de fer que celles qui résultent du traitement au bas-foyer ou aux fours à loupes. Les remarques que nous avons faites pages 334 et 341, T. II font suffisamment comprendre pour quelles raisons les scories sont de cette nature et pourquoi elles sont tellement riches en oxyde de fer.

Le but que se proposait Siemens, et qu'il a poursuivi avec acharnement pendant dix années, était d'arriver à fabriquer, avec des minerais phosphoreux, un fer aussi bon que celui qu'on obtient au puddlage en partant de fontes pures et sans que le prix en fût plus élevé.

---

[1] *Das Eisenhüttenwesen der Vereinigten Staaten*, p. 71.

Ce but n'a pu être atteint complètement ; l'expérience a prouvé en effet que les loupes restaient imprégnées de scories parfois peu fluides dont on ne pouvait débarrasser le métal que par des corroyages répétés ; le prix de revient était d'ailleurs beaucoup trop élevé.

Aussi plusieurs usines qui avaient entrepris cette fabrication, Pravali en Carinthie en 1873, Pittsburg en 1878 et même Towcester y ont-elles renoncé.

Ultérieurement on a tenté d'utiliser les loupes peu phosphoreuses obtenues par cette méthode en les fondant dans un four Martin où elles se débarrassaient des scories ; ces essais ont perdu leur importance depuis qu'on a appris à déphosphorer dans ce four.

On trouvera dans le *Bulletin de l'Industrie minérale*, 2º série, T. III, p. 15, une description complète avec figure du procédé Siemens pour la production directe du fer, le résumé de la communication faite par l'inventeur et de la discussion qui l'a suivie, enfin l'opinion de Tunner sur cette méthode. (V.)

Fabrication de l'éponge de fer par réduction du minerai sans fusion de scorie. — L'ingénieur français *Adrien Chenot* est le premier qui soit parvenu à appliquer avec quelque succès ce procédé dont nous avons indiqué p. 334, T. II les traits principaux, et qui a vu le jour en 1855. L'opération se pratiquait dans des cornues verticales de 8^m,50 de hauteur, ayant comme section horizontale 2^m dans un sens et 0^m,50 dans l'autre ; elles étaient groupées en batteries comme celles d'un four Appolt, et chauffées au moyen de carneaux qui les enveloppaient ; on les déchargeait par dessous ; le minerai transformé en éponge tombait dans un refroidissoir où il restait à l'abri de l'air jusqu'à ce qu'il eût perdu toute sa chaleur sensible.

Les minerais étaient réduits en fragments d'environ trente centimètres cubes, et mélangés à la quantité de charbon théoriquement suffisante pour opérer la réduction, en supposant qu'il ne se produisît que du fer et de l'oxyde de carbone.

Par 1000^k de minerai rendant 55 °/₀ on employait environ 200^k de charbon de bois. Il fallait deux ou trois jours pour que la réduction fût complète ; une cornue dans laquelle on chargeait 4500^k produisait donc de 1500 à 2000^k d'éponge par jour.

En 1879, dans l'usine de Desierto (Biscaye), on consommait par tonne d'éponge produite 630^k de houille pour le chauffage des cornues et 320^k de fraisil de charbon de bois pour la réduction.

Le jury de l'exposition universelle de Paris, en 1855, a décerné à Chenot une médaille d'or et plusieurs usines en Espagne, en France et en Italie ont établi, à cette époque, les appareils nécessaires et ont mis ce procédé en pratique sur une assez grande échelle.

Nous avons indiqué plus haut quels étaient les points faibles de cette méthode de fabrication ; la densité de l'éponge ne dépassait pas 1,25, aussi la soumettait-on à une forte pression, au moyen d'une presse hydraulique, pour éviter de voir, pendant le réchauffage, brûler la plus grande partie du fer ; malgré cet artifice le déchet était encore considérable, le résultat peu avantageux et on dut renoncer bientôt à poursuivre l'emploi de ce procédé.

En 1878 cependant, deux forges espagnoles ont envoyé à l'exposition de Paris des échantillons de fer obtenu par le procédé Chenot [1].

On a peine à comprendre aujourd'hui qu'on ait pu considérer à l'origine le procédé Chenot comme destiné à révolutionner l'industrie du fer, alors qu'il ne peut s'appliquer qu'à des minerais absolument purs, toutes les fois qu'on ne se résout pas à refondre l'éponge au creuset ou au four Martin. On ne comprend pas davantage que, dans une seule usine, dix fours aient pu être montés, représentant une dépense considérable, pour fabriquer un produit entraînant, par tonne d'éponge, une consommation de 1400 kilos de charbon de bois pour la réduction et 1725 kilos de houille pour le chauffage des cornues : on ne pouvait transformer l'éponge en fer qu'en l'agglomérant au feu comtois au prix d'une nouvelle consommation de charbon et d'un déchet considérable.

(Voir Habets, rapport sur le matériel et les procédés de l'exploitation des mines et de la métallurgie à l'exposition de 1878 (1880). (V.)

Celui de l'américain *Blair* n'a pas mieux réussi ; il employait les mêmes appareils que Chenot, mais son réducteur était l'oxyde de carbone qui remplaçait le charbon de bois. On l'a appliqué pendant plusieurs années dans une usine de Pittsburg ; les résultats furent si mauvais qu'on dut y renoncer [2].

Deux procédés directs sont encore pratiqués dans l'Amérique du Nord avec plus de persévérance que de succès, il n'est pas inutile de les signaler.

Le premier, celui de la Compagnie dite « Carbon Iron Company », consiste à traiter, dans un four à réverbère à sole de carbone, chauffé au gaz, un mélange de minerai pur rendant 65 0/0 et de coke pulvérisé imprégné de chaux qui en retarde la combustion. C'est une combinaison de la méthode Henderson pour la préparation des alliages riches de manganèse et de fer, et du procédé direct de W. Siemens ; celui-ci avait du moins le mérite d'employer le brassage mécanique qui mélangeait les matières et agglomérait plus ou moins la loupe produite. Ce nouveau procédé oblige à un brassage fort long et fort pénible ; la perte en fer est d'environ 20 0/0 ; la consommation de houille serait au gazogène de 1500 kilos par tonne, à quoi il faudrait ajouter le coke employé à la réduction. On obtient une loupe mal agglomérée qu'on refond au four Martin.

Le procédé Adam perfectionné par Blair est une transformation du procédé Chenot ; après avoir tenté de produire l'éponge de fer en réduisant le minerai par l'oxyde de carbone, on emploie à cet usage les gaz hydrocarburés chauffés au préa-

---

[1] On trouvera dans les ouvrages suivants des détails sur le procédé Chenot, E. Grateau, Mémoire sur la fabrication de l'acier fondu par le procédé Chenot. *Revue universelle*, T. VI, p. 1 ; *Betriebsnachrichten aus dem Jahre 1879, von dem Werke d'El Desierto* ; M. Raills. Traitement de la vena dulce dans les fours à réduction Chenot, *Annales des mines*, série 7, T. XV, p. 229.

[2] Pour la disposition des appareils et la mise en œuvre du procédé Blair, voir le *Journal of the Iron and Steel Institute*, 1878, p. 47.

lable par leur passage dans des régénérateurs. L'appareil est monté au-dessus de la voûte d'un four Martin dans lequel tombe l'éponge aussitôt qu'elle est produite ; la perte en fer est également de 20 0/0 ; la scorie renferme 30 0/0 de fer. (V.)

3. — Affinage au bas-foyer.

(*a*) *Introduction.* — C'est dans le bas-foyer qu'on a commencé à convertir par affinage la fonte en fer ; le bas-foyer ou *feu d'affinerie* est une caisse découverte, rectangulaire, de faible hauteur, dans laquelle le vent est introduit par une tuyère inclinée placée sur un des côtés. Comme construction, ce foyer ressemble beaucoup à ceux que nous avons décrits précédemment et qui sont employés pour la production directe du fer ; les plus anciens étaient établis comme les feux catalans (fig. 235, p. 377, T. II), et c'est, évidemment, de ce traitement direct dans des fours de ce genre qu'on est parti, pour aboutir au feu d'affinerie.

Lorsqu'on fut arrivé à produire la fonte, on dut chercher à utiliser celle qui n'était pas transformée en pièces moulées, de même que les débris de celles-ci auxquels.on donne le nom de *bocages*. La fonte était regardée à cette époque comme un fer dont on n'avait pas suffisamment éliminé les éléments étrangers, et on supposait que pour avoir de véritable fer, il fallait la traiter comme on le faisait pour les minerais ; le four à cuve ou à loupes se prêtait mal à ce genre de travail, c'est donc au bas-foyer qu'on dut recourir.

Au premier abord il semble surprenant qu'on puisse dans le même appareil et en opérant de la même façon, tantôt réduire du minerai, tantôt oxyder de la fonte ; nous devons remarquer cependant que la réduction au bas-foyer est loin d'être complète, puisque la scorie reste très ferrugineuse ; on comprend donc que si, dans un cas, au contact du charbon incandescent, une partie du minerai se transforme en fer, dans l'autre, le jet de vent rencontrant la fonte en fusion la débarrasse de ses éléments les plus oxydables, tels que le silicium, le manganèse et le carbone ; c'est ainsi que dans le même appareil on peut, suivant les cas, produire soit une réduction, soit une oxydation.

On a dû, d'ailleurs, s'apercevoir assez promptement que des additions de minerai ou de scories riches, pouvant jouer le rôle d'agents d'oxydation, facilitaient, dans une large mesure, l'affinage de la fonte.

De même que dans les foyers employés pour la production directe du fer, c'est le charbon de bois qu'on utilise comme combustible dans les feux d'affinerie ; dans un cas comme dans l'autre, le coke est trop impur, contient une trop forte proportion de cendres et surtout de soufre pour être mis en contact avec le fer.

La transformation de la fonte en fer s'effectue tandis qu'elle tombe goutte
à goutte à travers le jet de vent lancé par la tuyère ; on soumet donc le métal
à cette action jusqu'à ce que tous les éléments étrangers et surtout le silicium, le manganèse et le carbone, aient été suffisamment éliminés ; le nombre de fusions successives qu'il faut lui faire subir dépend à la fois, et de sa
nature initiale et de la pureté qu'on veut atteindre dans le produit ; quelquefois une seule fusion suffit, le plus souvent deux sont nécessaires, il arrive
même qu'on soit obligé de faire passer une troisième et une quatrième fois,
sous le vent de la tuyère, les parties au moins qui semblent n'avoir pas
éprouvé suffisamment son influence oxydante.

Nous avons fait remarquer déjà que l'addition de certains corps et en particulier des scories très ferrugineuses ou de battitures susceptibles d'exercer
une action oxydante sur les éléments étrangers contenus dans la fonte,
avait pour effet de faciliter leur élimination. Les conditions particulières de
l'affinage au bas-foyer, et surtout la nécessité de refondre plusieurs fois et
lentement la fonte, l'impossibilité, en outre, de donner aux foyers de grandes
dimensions permettent de comprendre que la production y soit très faible.

D'un autre côté l'obligation de n'y employer comme combustible que du
charbon de bois limite ce genre d'industrie aux contrées où les forêts ont
encore une certaine étendue, le prix de revient deviendrait en effet exorbitant
s'il fallait amener le charbon d'un point éloigné ; même dans les pays les plus
favorisés sous ce rapport, on ne peut développer outre mesure une méthode
de fabrication qui consomme énormément de combustible, puisqu'on doit nécessairement régler la carbonisation sur la production possible des forêts.

Le charbon de bois qu'on pourrait obtenir de la terre toute entière serait
insuffisant pour fabriquer, par cette méthode, la quantité de fer qu'exige
aujourd'hui le marché du monde.

L'affinage au bas-foyer, qui, au commencement du siècle, constituait le
moyen principal de production du fer a donc perdu beaucoup de son importance, il n'a pu suivre le développement de la demande qui a pris un essor
extraordinaire depuis la construction des chemins de fer, et cela d'autant
plus, que le prix du combustible qui lui est indispensable a toujours été en
croissant ; il a donc complètement disparu aujourd'hui de certaines contrées
où il était des plus florissants il y a cinquante ou soixante ans.

Ce mode d'affinage ne laisse pas cependant que de présenter certains avantages ; nous avons indiqué précédemment que le fer obtenu par soudage contient d'autant moins de scories et est d'autant plus homogène qu'il est obtenu
par masses plus petites, au milieu d'une scorie plus fluide ; or, dans les feux
d'affinerie, on ne peut traiter que de petites quantités de métal à la fois [1] ;

---

[1] Il est rare qu'on traite plus de 150^k de fonte et on reste la plupart du temps bien au-
dessous de ce poids.

la température qui règne dans le foyer est très élevée, la fusion s'y fait goutte à goutte, toutes conditions favorables pour obtenir un métal contenant peu de scories et qui soit homogène.

Aussi le fer affiné (c'est ainsi qu'on désigne celui qui sort du bas-foyer) se distingue-t-il des autres obtenus par soudage, et surtout du fer puddlé, par une plus grande ténacité et par une ductilité particulière ; c'est ce qui explique qu'il existe encore, dans certaines contrées, des feux en activité dont le maintien ne se comprendrait pas sans cette supériorité.

On l'apprécie surtout pour la fabrication des tôles fines, des fers destinés aux clous à cheval, et quelques autres produits analogues, en raison de ses qualités spéciales et de la régularité qu'on y trouve ; il faut ajouter cependant que le fer fondu doux lui fait aujourd'hui une concurrence de plus en plus redoutable.

Les avantages de ce mode de fabrication du fer sont compensés d'autre part par l'inconvénient suivant :

Le départ du phosphore ne se fait pas aussi facilement au bas-foyer qu'au four à puddler ; dans les feux d'affinerie, en effet, le métal reste en contact avec le charbon incandescent, il ne baigne pas aussi complètement dans la scorie, et le milieu dans lequel s'effectue l'affinage est à une température très élevée, en sorte que la fonte phosphoreuse donne moins aisément du fer résistant à froid lorsqu'on le traite au bas-foyer que lorsqu'on l'affine au four à puddler.

Il faut donc, pour les feux d'affinerie, rechercher des fontes aussi peu phosphoreuses que possible sous peine de n'obtenir qu'un fer fragile à froid dont la valeur ne répondrait nullement au prix de revient.

Il résulte des observations précédentes que l'affinage au bas-foyer joue encore un certain rôle dans les districts où les minerais sont peu phosphoreux, le combustible minéral rare et le bois en quantité suffisante. La Suède, dont le fer affiné jouit d'une réputation universelle, est dans ce cas ; il en est de même, quoiqu'à un moindre degré, des Alpes Autrichiennes où l'on rencontre encore certains feux d'affinerie qui produisent des fers et des aciers fort appréciés même à l'étranger, quelques parties de la Russie et de l'Amérique du Nord en ont également conservé un petit nombre, en même temps que des forges à la catalane. En Allemagne, ce procédé de fabrication a été complètement abandonné.

(*b*) *Feu d'affinerie.* — La disposition des feux d'affinerie varie d'une contrée à l'autre ; celle qui est le plus employée aujourd'hui est désignée sous le nom de *feu du Lancashire* en raison du pays d'origine, nous la représentons fig. 238 et 239 [1] telle qu'elle était employée en Suède en 1885 ; ce dessin

---

[1] D'après J. v. Ehrenwerth, *Das Eisenhuttenwesen Schwedens.* Leipzig, 1885.

donne une idée assez exacte de la construction des feux d'affinerie en
général.

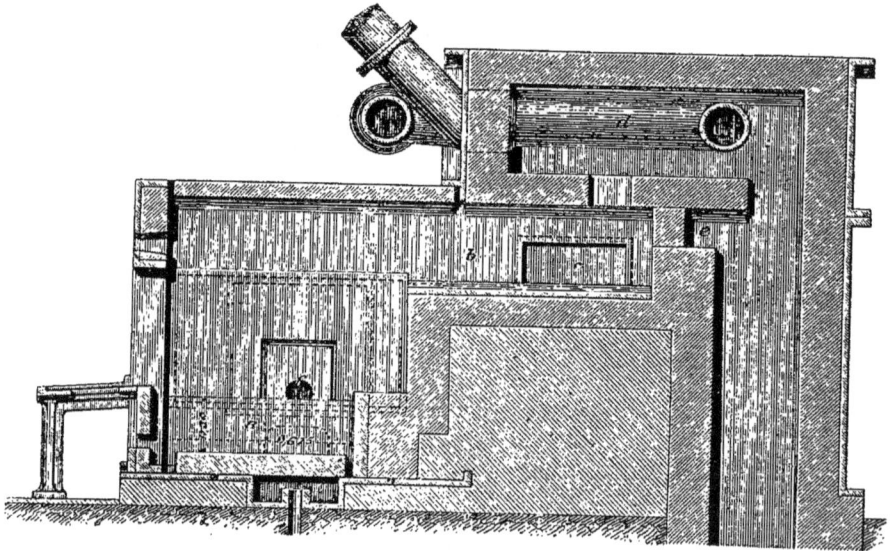

Fig. 238 (coupe verticale en long).

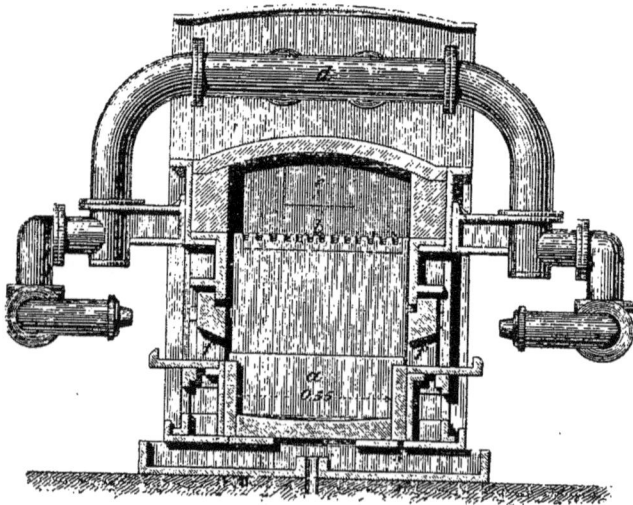

Fig. 239 (Coupe verticale en travers).
Feu d'affinerie du Lancashire (échelle de 1/25).

Le foyer proprement dit *a* est garni intérieurement de plaques ou taques
de fonte destinées à protéger les maçonneries, ce qui est plus important ici
que dans les bas-foyers employés au traitement direct des minerais ; si en

effet les scories étaient en contact avec des parois siliceuses elles s'appau-
vriraient en oxyde de fer et cesseraient d'agir comme éléments oxydants.

Ces plaques portent différentes dénominations. La plaque ou *taque de fond*,
forme naturellement le fond du foyer, elle est à peu près horizontale, la
varme est celle sur laquelle on place la tuyère ou les tuyères s'il en existe
plusieurs ; en face de la varme est le *contrevent* ; le *chio* ou *laiterol* habituellement plus mince est percé de trous à différentes hauteurs pour l'écoulement des scories ; en face du chio, se trouve la *haire* ou *rustine*. Dans le foyer
que nous représentons, il n'existe pas de contrevent parce qu'on y a disposé
deux tuyères en face l'une de l'autre, et le chio n'est percé que d'un seul orifice, les varmes, le chio et la rustine sont dressés verticalement ; ailleurs on
leur donne souvent une certaine inclinaison.

Sous le fond se trouve une seconde plaque, *la fontaine* qui sert à maintenir
de l'eau pour rafraîchir le dessous du four. On la voit en coupe dans la
fig. 239.

Le vent arrive par deux tuyères placées en face l'une de l'autre sur le bord
des varmes en *ff* ; elles plongent sous un angle de 10° environ, on n'a pas
représenté les tuyères proprement dites, mais on voit l'extrémité des conduites de vent qui y aboutissent ; elles sont à courant d'eau.

Aux anciens feux on n'adaptait qu'une tuyère ; on obtient un affinage plus
régulier en donnant le vent par deux côtés à la fois. Certains feux suédois en
possèdent même une troisième sur la rustine [1].

Souvent le feu d'affinerie est découvert comme le bas-foyer, fig. 235, et les
produits de la combustion s'échappent par une hotte placée au-dessus ; lorsqu'au contraire on veut utiliser la chaleur sensible de la flamme, on dispose
les choses de façon que celle-ci passe d'abord dans le four préparatoire *b* puis
autour de l'appareil à air chaud *d* et gagne de là la cheminée. Le four *b* a
pour but de chauffer la fonte au préalable afin qu'elle arrive au rouge dans
le foyer ; sa porte de chargement est en *c*.

L'appareil à air chaud *d* est des plus simples ; il permet de porter le vent
à 100° ou 150°. Si on veut souffler au vent froid, on empêche les flammes de
passer dans la chambre où se trouve le tuyau ; à cet effet, avec un registre ou
une brique, on ferme la communication entre *b* et *d*, on ouvre l'orifice *e* et
les gaz passent alors directement à la cheminée.

Un très grand nombre de feux d'affinerie sont dépourvus de dispositions
pour chauffer le vent ; en effet, les espérances qu'on avait conçues de l'emploi
de l'air chaud ne se sont réalisées que dans une faible mesure.

Les feux d'affinerie ont de 0^m,50 à 0^m,70 de largeur, la longueur est comprise entre les mêmes limites ; quant à la profondeur, elle varie de 0^m,16
à 0^m,26.

[1] *Oesterr. Zeitschr. für Berg- und Hüttenwesen*, 1885, N° 33.

(c) *L'affinage et ses résultats*. — Ce procédé d'affinage comporte un grand nombre de variantes, ce qu'il est facile de comprendre, si on se rappelle qu'il a été pratiqué durant des siècles, qu'il s'est développé lentement dans les contrées les plus diverses et à une époque où les relations de peuple à peuple étaient rares et difficiles, et où il n'existait pour ainsi dire pas de littérature technique. La mise en œuvre du procédé doit différer non seulement selon que l'on emploie telle ou telle fonte, mais encore suivant la nature du produit qu'on veut obtenir ; en outre, il existe des modes très divers de monter le foyer, de déterminer le poids des charges ; joignons à cela la part qui revient à la routine, aux traditions transmises de générations en générations et on comprendra que Tunner ait pu compter quatorze méthodes d'affinage au bas-foyer pour la production du fer et cinq pour celle de l'acier, méthodes qu'il a décrites dans la 2ᵉ édition de son ouvrage intitulé : *Die Stabeisen und Stahlbereitung in Frischherden*, publié en 1858. Encore ces dix-neuf méthodes ne sont-elles que des types autour desquels se groupent de nombreuses variantes.

La conduite du travail est toute différente selon qu'on a affaire à des fontes plus ou moins faciles à affiner ; la fonte contient-elle peu de silicium et de manganèse, elle compte parmi celles dont l'affinage est facile quelle que soit sa provenance et une seule fusion suffit, pourvu qu'on ajoute une grande proportion de scories riches en oxyde de fer et qu'on maintienne, sur la taque de fond, une certaine épaisseur de scorie solidifiée ; il n'y a pas lieu d'opérer de *soulèvement*, c'est-à-dire de ramener au-dessus du charbon la masse métallique qui s'est accumulée sur le fond ; c'est la méthode que les Allemands désignent par les mots « *travail à la scorie* », qui ne s'emploie guère que pour produire de l'acier.

La fonte qui s'affine difficilement est celle qui contient, en forte proportion, des éléments à oxyder, telle la fonte grise et celle qui est riche en manganèse.

Le procédé le plus communément employé aujourd'hui est celui dit *wallon* ou *à un soulèvement*, qui consiste à soumettre le métal à deux fusions successives ; on l'applique au traitement des fontes blanches ou truitées peu siliceuses.

Lorsque la fonte est grise et très siliceuse, il faut au moins trois fusions pour la convertir en fer ; on opère alors par le procédé *allemand* ou à *deux soulèvements ;* c'est celui qu'on employait pour transformer en fer la fonte des hauts-fourneaux travaillant pour moulages. Il est beaucoup moins usité aujourd'hui, depuis qu'on sait faire des fontes spécialement pour l'affinage.

Lorsqu'on travaille par le procédé allemand, après avoir divisé la loupe en *maquettes* pendant le cinglage et pendant que se fait la fusion de la charge suivante, on réchauffe ces maquettes sur le feu même, puis on les étire en barres ; dans la méthode wallonne, au contraire, le réchauffage des maquettes se fait dans un autre feu ou dans un four spécial, parce que la charge de fonte se convertit en fer plus rapidement ; quoi qu'il en soit, le procédé wallon est ordinairement plus économique.

D'après Tunner, le procédé allemand serait originaire de Franche-Comté, d'où il aurait passé en Allemagne et de là en Suède ; il a été pratiqué longtemps en France sous le nom de procédé Comtois et n'a disparu que depuis un très petit nombre d'années devant le développement des procédés de fusion. (V.)

Chacune des méthodes, dont nous venons d'indiquer les traits principaux, se subdivise en une foule d'autres qui en diffèrent par certaines particularités, soit dans le mode de travail, soit dans la disposition des feux, soit dans le poids de la charge traitée ; mais le but que nous nous proposons, en publiant ce manuel, ne nous oblige pas à donner la description de tous les procédés d'affinage au bas-foyer qui ont été en usage au commencement de ce siècle et qu'on a abandonnés depuis ; il suffira de décrire, comme exemple, celui qui est le plus répandu aujourd'hui et qu'on rencontre encore dans la plupart des forges suédoises. C'est en Angleterre qu'il a reçu ses premières applications, aussi le désigne-t-on sous le nom de méthode du Lancashire ; c'est, en réalité, un des procédés wallons [1].

Les feux du Lancashire comportent un four préparatoire ; on n'y chauffe pas le vent au-dessus de 100°, et le plus souvent même on souffle au vent froid. D'après ce que nous avons exposé de l'influence du vent chauffé sur la combustion, on doit, en effet, conclure qu'il ne peut résulter de son emploi, dans ces circonstances, une économie sensible sur la consommation de combustible ; grâce à la haute température qui règne dans l'enceinte, à la grande quantité de charbon que le vent rencontre, le chauffage du vent augmente la proportion d'oxyde de carbone dans les gaz résultant de la combustion ; les éléments étrangers se trouvent donc dans de moins bonnes conditions pour s'oxyder et leur élimination est plus lente, aussi comprend-on que l'opinion · se soit établie, qui attribue, dans certains cas, la moins bonne qualité du produit à l'emploi de vent chauffé ; il a cependant son utilité pour le traitement des fontes qui s'affinent avec une trop grande rapidité.

Comme on le voit sur les fig. 238 et 239, les feux du Lancashire ont toujours deux tuyères ; elles sont placées l'une en face de l'autre et ont 24^{mm} de diamètre, le vent est soufflé à une pression de 94 à 100^{mm} de mercure. On y traite des fontes truitées ou blanches, assez faciles à affiner, par charges de 65^k à 140^k, suivant les dimensions du foyer.

Pour faire une opération, on commence par couvrir avec du fraisil le fond du foyer, par dessus on répand quelques pelletées de scories très riches en

---

[1] D'après Percy, cette dénomination est inexacte, ce n'est pas du Lancashire, mais du sud du pays de Galles que ce procédé est originaire ; il a été importé en Suède par des ouvriers gallois.

oxyde de fer ou des battitures, puis on remplit toute la capacité de charbon de bois. La fonte est sous forme de gueusets de 2 1/2 à 3 centimètres d'épaisseur et 15 à 30 centimètres de longueur et de largeur ; ils ont été fortement chauffés dans le four préparatoire pendant l'opération précédente, on les dispose sur le charbon, on les en recouvre et on donne le vent; par dessus le tout, on jette des scories riches ou des battitures.

Pendant la fusion, qui commence bientôt, l'affineur, armé d'un ringard, empêche les fragments de fonte de descendre prématurément au fond du foyer; plus le métal est d'un affinage difficile, plus on doit prendre soin de le maintenir dans la zone où il est soumis à l'action oxydante.

Lorsque la fusion est terminée, l'ouvrier détache avec son ringard les accrochages composés de scories et de métal qui ont pu se faire le long des taques verticales et les ramène au milieu du feu pour les faire fondre immédiatement, de sorte que la partie métallique aille se réunir à celle qui s'est rassemblée sur le fond; si le bain de scories s'est élevé trop haut, on le fait couler par le chio.

Si la fusion s'est faite dans de bonnes conditions, le fer doit se trouver à l'état pâteux au fond du feu ; dans le cas contraire, on ajoute des scories riches provenant de la fin des opérations antérieures et on souffle avec du vent froid.

Cette première partie de l'opération dure environ 30'.

Alors l'affineur, au moyen d'un fort ringard, détache la masse de fer rassemblée sur le fond, la ramène au milieu du foyer et la soulève jusqu'au dessus des bords supérieurs des taques pour la soumettre à une deuxième fusion. Si, avant d'opérer ce soulèvement, il reconnaît avec son outil qu'il existe du métal liquide sur la taque de fond, il refroidit celle-ci, en faisant couler de l'eau par dessous ; il arrive ainsi à solidifier suffisamment le métal pour pouvoir le soulever avec son ringard.

A mesure que le métal arrive sur le fond, l'affineur le relève et le fait repasser sur les portions de fonte demi-affinée qui ne sont pas encore fondues, il continue ainsi jusqu'à ce qu'il obtienne une masse métallique plus ou moins spongieuse qui ne laisse plus écouler aucune particule de fer à l'état liquide, même lorsqu'il la laisse quelques minutes en repos. Cette deuxième partie de l'affinage dure encore 30'.

A ce moment, le métal est aciéreux : en divisant, comme nous l'avons indiqué, la masse métallique en petites parties qu'on relève successivement, on la soumet plus uniformément à l'action affinante et on obtient un produit plus homogène ; c'est un des avantages de la méthode ; ce sont naturellement les parties les moins affinées qui tombent le plus rapidement au fond du feu, ce sont aussi celles qu'on relève le plus grand nombre de fois, pour les soumettre de nouveau à l'action des tuyères.

La troisième partie de l'opération se nomme l'*avalage ;* le métal rassemblé sur le fond est soulevé en une seule masse et on le refond à la plus haute température qu'on puisse obtenir, soit en augmentant la pression du vent, soit en soufflant du vent chaud s'il est possible, ce qui dure encore de 15 à 30' ; puis, lorsque l'affineur s'est assuré, en sondant avec un outil, qu'il n'existe plus de métal à l'état liquide et que toutes les particules de fer sont soudées ensemble en une seule masse, il fait arrêter le vent et enlève la loupe ; il prépare ensuite le feu pour l'opération suivante.

Pendant ce temps, on cingle la loupe au marteau et on la divise en plusieurs massiaux qui sont envoyés au four à souder.

Il faut à peu près deux heures pour une opération complète ; un feu d'affinerie produit de 7 à 12^t par semaine suivant le poids de la charge, en consommant de 800 à 1000^k de charbon de bois par tonne de fer, le déchet est de 14 %, c'est-à-dire que 100 de fonte fournissent 86^k de massiaux (pour 1000 de fer on emploie 1160 de fonte). Chaque feu occupe trois hommes par poste.

Affinage pour acier. — L'affinage pour acier au bas-foyer est une opération plus délicate que celle qui a pour but de produire du fer ; dans ce dernier cas, en effet, il suffit, pour réussir, de faire un nombre de soulèvements suffisant pour exposer successivement à l'oxydation toutes les parties non décarburées de la charge, jusqu'à ce que la teneur en carbone de la masse devienne très faible (0,1 % environ) ; pour obtenir de l'acier, au contraire, on doit arrêter l'affinage avant qu'il soit complet, de manière à laisser dans le métal la proportion de carbone correspondante à la qualité que l'on veut produire ; il faut encore que cet acier soit homogène et qu'aucune partie de la charge ne soit, plus qu'une autre, exposée à l'action décarburante.

Pour fabriquer de l'acier au bas-foyer, on doit rechercher une fonte qui s'affine lentement, procéder par petites charges variant de 75 à 90^k, disposer d'un bain de scorie abondant capable de recouvrir le métal qui se réunit sur la taque de fond ; le poids de la charge étant réduit, on ne donne au foyer que 0^m,60 de longueur sur 0^m,55 de largeur, mais on augmente la profondeur qui atteint alors 0^m,30 ; de cette façon, l'affinage est plus lent ; il y a avantage à chauffer le vent, ce qui retarde la décarburation.

La fonte blanche, d'une richesse moyenne en manganèse, telle qu'on l'obtient par la fusion des minerais spathiques, est celle qui convient le mieux à ce genre de travail ; aussi est-ce particulièrement dans les contrées où se fabriquait cette espèce de fonte, que la production de l'acier par ce procédé s'est le plus développée, longtemps avant qu'on pût comprendre la raison de cette préférence.

Le manganèse, que renferme cette qualité de fonte, a l'avantage de retarder la décarburation, de rendre la scorie plus fluide et de lui permettre, par conséquent, de se séparer plus facilement du métal et, en même temps, de recouvrir la masse métallique qui se rassemble sur le fond en la préservant d'une oxydation trop rapide, conditions toutes éminemment favorables à la production de l'acier. On ne pourrait obtenir le même résultat avec des fontes grises, puisque le silicium jouerait un rôle tout différent de celui du manganèse dans une opération où il est indispensable que la scorie soit fortement basique pour conserver son caractère oxydant.

Il faut ajouter encore que les fontes provenant de minerais spathiques sont en général très peu phosphoreuses, ce qui est plus important pour le fer carburé que pour celui qui est complètement affiné.

Dans un grand nombre de localités, cependant, où cette fabrication était florissante jusqu'au milieu de ce siècle, elle a dû céder le pas aux procédés nouveaux qui permettent des productions plus considérables, et en même temps l'emploi des combustibles minéraux ; il en est notamment ainsi du pays de Siegen.

En Styrie, il joue néanmoins un rôle assez important ; là on travaille sans faire de soulèvements, on fond la fonte une seule fois et l'affinage se termine par la seule action des scories oxydantes ; pendant que se fait la fusion, on réchauffe dans le foyer même les maquettes provenant de la charge précédente et on les étire au marteau. On trouvera des détails sur cette variante du procédé dans l'ouvrage de Tunner déjà cité.

La lenteur de l'affinage pour acier entraîne une consommation de combustible assez considérable à laquelle s'ajoute encore celle qui est nécessaire à l'étirage des maquettes : elle dépasse donc celle que nous avons indiquée pour l'affinage du Lancashire ; il faut en moyenne 1600^k de charbon de bois pour une tonne d'acier ; le déchet est de 9 à 10 % (mise au mille de 1110) et le traitement d'une charge exige deux heures de travail.

(d) *Étude chimique de l'affinage au bas-foyer.* — Dans l'affinage au bas-foyer, l'oxydation des éléments tels que le carbone, le silicium, le manganèse, etc., est obtenue en partie par l'action directe de l'air insufflé, en partie par celle des scories riches en oxyde magnétique qui se forment ou qu'on ajoute à dessein. Bien que ces corps soient plus oxydables que le fer, il commence par se produire une scorie ferrugineuse qui agit comme oxydant, vis-à-vis de ces divers éléments ; il se passe en effet, dans cette opération, des phénomènes semblables à ceux qu'on remarque dans tous les cas analogues, l'oxydation se porte d'abord et principalement sur le corps qui se présente en grand excès, c'est-à-dire sur le fer dans le feu d'affinerie, parce que le fer est l'élément qui offre le plus de prise à l'air agissant sur chaque gouttelette de fonte en fusion. Si la surface exposée à l'air est assez étendue, il se forme non seulement du protoxyde de fer, mais aussi du peroxyde Fe_3O_3 ; lorsque la scorie reste un temps suffisant en contact avec la fonte, ce peroxyde est réduit à l'état de protoxyde et l'oxygène mis en liberté sert à oxyder les éléments étrangers de la fonte [1].

A la température qui règne dans les feux d'affinerie, le manganèse et le silicium sont plus oxydables que le carbone, aussi ce dernier n'est-il guère éliminé tant qu'il reste dans le métal une proportion importante des deux premiers corps ; la décarburation ne s'accentue qu'après leur élimination. Le produit peut cependant en conserver de faibles quantités, si l'affinage s'est fait rapidement. Il ne faut pas perdre de vue que les teneurs qu'indiquent les analyses de fer et d'acier affiné proviennent surtout des scories emprisonnées dans le métal.

Le phosphore ne peut être enlevé au fer que par une scorie très chargée en oxyde de fer.

Il est clair que plus la fonte contiendra de corps étrangers et principalement de silicium et de manganèse, et plus il faudra de temps pour en opérer l'affinage. C'est ainsi que les fontes grises et celles qui sont blanches mais manganésées, sont considérées comme difficiles à affiner, tandis que les fontes blanches, pauvres en manganèse, sont classées comme d'un affinage facile.

La plus ou moins grande rapidité de l'affinage peut d'ailleurs dépendre d'autres causes ; une très haute température, par exemple, agit pour la retarder ; ce fait qui semble étrange au premier abord s'explique par la plus forte proportion d'oxyde de carbone qui se produit dans ces conditions ; l'affinité du carbone pour l'oxygène est exaltée par la haute température, le charbon de bois est donc brûlé plus vite, et par l'oxygène de l'air, et par celui qui provient de la scorie ; celle-ci devient moins ferrugineuse, et comme elle se trouve enveloppée d'une atmosphère riche en oxyde de carbone, elle est dans de moins bonnes conditions pour se saturer d'oxyde de fer à nouveau.

Les tuyères très plongeantes et rapprochées du fond activent l'affinage, ce qu'il est facile de comprendre, puisque l'air, ayant une moindre couche de combustible à traverser, peut plus aisément arriver au contact du métal et de la scorie, ayant conservé une partie de son oxygène libre ; par conséquent son action oxydante s'exerce d'une façon plus vive.

En affinant rapidement on économise du temps et du combustible, mais on a plus de peine à obtenir un produit homogène, et généralement le déchet est plus grand ; on aurait donc tort d'exagérer la vitesse de l'opération dont la durée doit être réglée par la nature de la fonte et par celle du produit à obtenir.

C'est surtout dans la fabrication de l'acier que le travail doit être mené lentement ; si le métal doit conserver une certaine proportion de carbone, il

---

[1] La transformation du protoxyde en fer métallique ne peut s'effectuer qu'exceptionnellement et dans une très faible proportion (Voir p. 296).

faut éviter de pousser l'affinage trop vivement, ce qui exposerait à dépasser le point convenable.

Les recherches de laboratoire sur les phénomènes chimiques de l'affinage au bas-foyer ont été peu nombreuses ; ce procédé de fabrication avait déjà perdu une grande partie de son importance quand on a commencé à étudier, à ce point de vue, les opérations métallurgiques ; en outre, les analyses dont les résultats ont été publiés ne présentent pas, en général, des garanties absolues d'exactitude.

Au nombre des plus dignes de confiance, on peut citer celles de Botischew[1] qui a analysé le métal pris pendant les phases successives d'un affinage au bas-foyer dans la forge de Nijni-Turinsk ; nous donnons dans le tableau suivant les résultats de ces analyses.

AFFINAGE AU BAS-FOYER
ÉTUDE DU MÉTAL A SES DIFFÉRENTES PHASES (BOTISCHEW)

	Graphite	Carbone combiné	Carbone total	Silicium	Manganèse
Fonte chargée.	3,30	0,40	3,70	0,94	0,17
Métal au bout de 30'	2,56	1,23	3,81	1,10	0,09
Id. id. 1 heure	1,45	1,02	2,46	0,47	0,04
Id. id. 1ʰ50'.	»	0,54	0,54	0,26	»
Id. id. 2.30	»	0,58	0,58	0,20	»
Id. id. 2.35	»	0,20	0,20	0,16	»
Loupe avant cinglage 2.40	»	0,17	0,17	0,06	»
Loupe cinglée.	»	0,16	0,16	0,04	»
Fer fini	»	0,14	0,14	0,03	»

Comme on le voit la fonte était grise, intermédiaire entre celles qui sont faciles et celles qui sont difficiles à affiner ; la composition du métal aux différents points de l'opération est d'accord avec la succession des transformations que nous avons indiquée.

C'est d'abord le fer qui s'oxyde en plus forte proportion que les autres corps, aussi voit-on, dans les premières trente minutes, la teneur en carbone monter ; on comprend moins l'augmentation simultanée de la teneur en silicium ; s'il n'y a pas eu d'erreur dans les analyses, il faut admettre que la fusion avait lieu dans une atmosphère très chargée d'oxyde de carbone, avec

[1] Voir les ouvrages à consulter. Dans le même mémoire de Botischew on trouve un autre tableau présentant des résultats d'analyse d'une exactitude douteuse. On y voit, par exemple, une fonte contenant 6,30 °/₀ de carbone et seulement 0,17 de manganèse ; or il n'est pas possible qu'une fonte soit aussi carburée, si elle n'est pas en même temps riche en manganèse et pauvre en silicium.

du vent chauffé et en présence de scories peu basiques. Ensuite le silicium disparaît, on n'en trouve plus que de faibles traces, dues, sans aucun doute, aux scories interposées. Le carbone s'oxyde et disparaît en même temps et le manganèse, qui existait en quantité notable, est presqu'entièrement éliminé à la fin de la première heure.

Il est regrettable qu'on n'ait pas publié les résultats d'analyses concernant le soufre et le phosphore.

Les courbes que nous avons tracées sur la fig. 240 sont construites avec

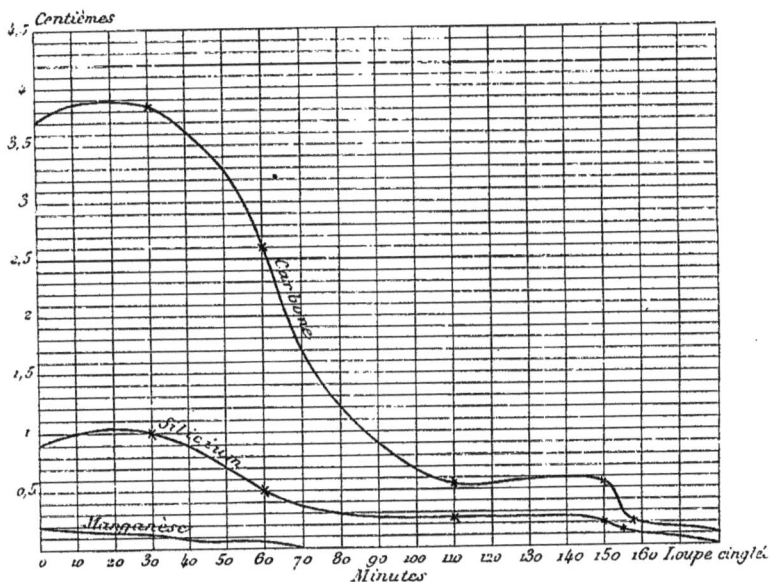

Fig. 240. — Etude graphique de l'affinage du bas-foyer.

les chiffres du tableau, en prenant les minutes pour abscisses et la teneur en centièmes pour ordonnées.

(e) *Produits de l'affinage au bas-foyer*. — Nous avons déjà indiqué ce qui distingue le fer affiné au bas-foyer de celui qui est obtenu par un autre procédé de soudage ; si l'affinage a été bien conduit, on obtient un produit plus homogène, moins imprégné de scories et par conséquent plus malléable à chaud et à froid, à moins que la présence du phosphore ne vienne altérer ses qualités. Nous avons dit que l'élimination du phosphore n'est qu'incomplète; lors donc qu'on veut avoir un produit supérieur, on doit rejeter l'emploi des fontes phosphoreuses. Il est facile de comprendre qu'un travail exécuté sans soin amène comme résultat un produit aussi peu homogène que par tout autre procédé, et aussi imprégné de scories. Il existe, en réalité, peu de fabrications qui exigent de la part de l'ouvrier plus d'habileté et d'attention soutenue. Pendant la plus grande partie de l'opération, le métal est caché par le charbon qui le recouvre, l'affineur ne peut apprécier son état que par des indices tels que l'aspect de la flamme, l'apparition et la forme des étincelles, la consistance de la masse qu'il sonde avec un ringard, etc.

Les scories qui se produisent sont plus ou moins abondantes : tous les corps qui se séparent du fer, sauf le carbone, s'y concentrent et s'y trouvent, sauf peut-être le soufre, combinés avec l'oxygène ; ces scories sont très riches en oxyde de fer, elles contiennent à la fois du protoxyde et du peroxyde, la proportion de ce dernier s'élevant à mesure que la teneur totale en fer augmente ; il est évident que la scorie est d'autant plus oxydante qu'elle renferme le fer à un état plus avancé d'oxydation, puisque, ainsi que nous l'avons répété plusieurs fois, le peroxyde de fer se transforme plus facilement en protoxyde que celui-ci en fer métallique.

La proportion de fer, qui entre dans la composition des scories, varie pendant le cours de l'opération ; elle dépend aussi de la nature de la fonte que l'on a traitée. Si, par exemple, on soumet à l'affinage une fonte riche en silicium et en manganèse, ces deux éléments sont les premiers à se séparer du fer, et plus forte est leur teneur, moins la scorie contiendra de fer.

Lorsqu'on fait, dans le cours de l'opération, écouler une partie de cette scorie, celle qui reste dans le foyer se charge promptement d'une nouvelle quantité de fer et celle qui sort de la loupe pendant le cinglage est encore plus ferrugineuse.

On appelle donc *scories pauvres* celles qui se forment au début de l'opération et *scories riches* celles qui se produisent à la fin ; les premières sont fluides ; à froid elles sont cristallines, noires ou d'un vert brunâtre quand on les examine en lames minces ; elles sont douées d'un vif éclat ; les scories riches sont pâteuses, elles se solidifient moins promptement, elles cristallisent moins facilement, sont noires avec reflet métallique ; leur densité est élevée.

On peut admettre qu'en moyenne les scories pauvres contiennent 30 % de silice et 47 % de fer, tandis que les autres renferment 12 % de silice et 60 % de fer.

Autrefois on jetait les unes et les autres au crassier ou bien on les utilisait en partie pour l'entretien des routes ; aujourd'hui on recherche celles que les anciens ont accumulées de même que celles qui proviennent du traitement direct des minerais et on les passe au haut-fourneau.

Dans le cours de la description que nous avons faite nous avons indiqué qu'on employait une partie des scories antérieures : s'il n'en était pas ainsi, on serait contraint d'oxyder une plus forte proportion de métal pour *nourrir* la scorie, le déchet serait donc plus considérable et la durée de l'opération prolongée.

SCORIES D'AFFINAGE AU BAS-FOYER

	SCORIES PAUVRES			SCORIES RICHES		
	de Rybnik d'après Karsten	d'après Rammelsberg	d'après Rammelsberg	du Hartz d'après Rammelsberg	du Hartz d'après Rammelsberg	sorties de la loupe d'après Botischew
SiO_2	28,00	30,50	31,47	17,60	14,18	3,10
FeO	61,20	48,33	44,34	67,71	65,06	Fe. 71,60
Fe_2O_3	2,25	4,57	7,72	6,14	14,93	
MnO	6,70	7,21	9,13	5,09	4,78	0,41
MgO	2,40	4,20	3,58	0,86	»	»
CaO	0,90	4,82	4,02	0,89	1,28	0,23
Al_2O_3	0,20	»	»	0,47	1,23	0,73
Ph_2O_5	non dosé	non dosé	non dosé	2,32	0,62	non dosé
S	id.	id.	id.	0,25	0,13	id.

4. — Puddlage dans les fours fixes.

(a) *Introduction*. — Dans le courant du XVIIIᵉ siècle, la consommation du fer prenait une certaine extension, tandis que le déboisement, qui s'étendait de plus en plus, rendait le combustible végétal plus cher et plus rare. On était donc forcément amené à rechercher le moyen d'employer pour l'affinage, comme on l'avait fait pour la production de la fonte, le combustible minéral au lieu du charbon de bois. Les feux d'affinerie ne se prêtaient pas à cette substitution qui mettait en contact le fer avec une matière toujours plus ou moins sulfureuse. Il fallait donc disposer des fours où le métal ne touchât pas le combustible solide et fût exclusivement soumis à l'action d'une flamme. Du même coup on pouvait employer la houille à l'état cru, ce qu'on avait depuis longtemps réalisé dans les fours à réverbère appliqués à la fusion de différents métaux.

C'est en poursuivant cette idée que l'anglais Henry Cort imagina, en 1784, le procédé d'affinage auquel on a donné le nom de *puddlage* du mot anglais « *to puddle* » qui signifie *brasser*.

Le four de Cort permettait de substituer la houille au charbon de bois pour la transformation de la fonte en fer, mais, sauf ce point, ce n'était pas un progrès dans la fabrication ; la sole était faite en matières quartzeuses, comme celle de tous les fours à réverbère usités jusque-là, et il était impossible d'obtenir, en présence de cet excès de silice, une scorie chargée d'oxyde de fer, celle qui se produisait était donc à peu près sans action sur le carbone de la fonte qui ne pouvait être oxydé que par l'action même du courant gazeux. Or dans un pareil four, le métal n'offrait aux gaz qu'une surface beaucoup moins grande que dans le feu d'affinerie où il passait goutte à goutte devant le jet de vent insufflé ; le brassage incessant du bain, que Cort dut employer dès le début, ne remédiait qu'incomplètement à cet inconvénient.

Il fallait donc un temps très long pour transformer ainsi la fonte en fer, et on n'y arrivait qu'aux dépens d'un déchet considérable et d'une très grande consommation de combustible.

Dans ces conditions, ce procédé ne pouvait être adopté que par les usines qui ne pouvaient s'approvisionner en charbon de bois et Cort mourut en 1800 sans avoir tiré parti de son invention.

Baldwin Rogers, du Glamorganshire, imagina en 1818 de faire la sole en fonte, ce qui devint un perfectionnement de la plus haute importance. Quelques années après, l'anglais Joseph Hall revêtit la sole de matières riches en oxydes de fer ; il était dès lors possible de travailler avec une scorie oxydante et d'activer l'opération. Du coup la production d'un four fut triplée et le déchet considérablement réduit. Relativement au procédé d'affinage au bas-foyer, le nouveau système de puddlage avait non seulement, comme supériorité, la facilité d'employer un combustible cru d'un prix très inférieur, il permettait encore de produire beaucoup plus avec le même nombre d'appareils. Peu de temps après, les chemins de fer commencèrent à s'établir, amenant à la fois et une énorme augmentation dans la consommation du fer et le moyen de transporter à bas prix la houille dans les contrées qui en étaient naturellement privées. Le nouveau procédé de puddlage prit donc un rapide développement partout où le besoin d'une grande production se faisait sentir, et chassa l'ancien procédé d'affinage. On l'adopta même dans les points où la houille restait à un prix élevé et on puddla au bois, au lignite, à la tourbe, crus ou carbonisés.

On n'avait en vue d'obtenir, dans les premiers temps, que du fer doux ; mais, puisque depuis longtemps on était arrivé à fabriquer de l'acier dans les feux d'affinerie, on devait être tenté de chercher à faire produire au four à puddler un métal du même genre, en arrêtant la décarburation au point convenable. Il fallut cependant nombre d'essais et beaucoup de temps avant que le résultat fût satisfaisant. C'est en Allemagne et en Autriche, qui pratiquaient depuis longtemps la fabrication de l'acier au bas-foyer, que l'acier puddlé prit naissance. D'après Tunner, une usine de Carinthie aurait, dès 1835, fabriqué de l'acier puddlé [1]. Vers 1845, plusieurs usines de Westphalie s'attachèrent à

---

[1] *Jahrbuch der Bergakademieen zu Leoben und Pzribram*, p. 281 : H. Fehland, *Geschichtliches über die Puddelstahlfabrikation. Stahl und Eisen*, 1886, p. 224.

cette fabrication, mais c'est seulement depuis l'exposition de Londres, en 1851, où plusieurs forges de cette contrée avaient envoyé des aciers puddlés, que l'attention fut attirée sur ce mode de travail.

(b) *Four à puddler.* — Bien que le chauffage au gaz présente, dans la plupart des cas, des avantages incontestables, les fours à puddler sont presque partout encore chauffés directement par des grilles ; ce qui peut s'expliquer de diverses façons ; il faut reconnaître, en premier lieu, qu'il est facile, en brûlant simplement la houille sur une grille, d'obtenir la température qu'exige l'opération du puddlage et qu'il n'est nullement nécessaire d'atteindre les degrés élevés de chaleur qu'il est si aisé d'obtenir avec le gaz ; rappelons-nous en effet que c'est surtout comme moyen d'arriver aux très hautes températures qu'on a adopté les fours à gaz pour certaines opérations métallurgiques ; en second lieu, il est très utile pour puddler d'avoir la possibilité de faire varier fréquemment et brusquement le degré de chaleur du four, ce qui est plus aisé avec un chauffage direct qu'avec la plupart des modes de chauffage au gaz ; enfin lorsque les appareils de cinglage et d'étirage ne sont pas actionnés par un moteur hydraulique, on est obligé de produire de la vapeur pour les mettre en mouvement, ce qui exige une consommation de combustible qu'on peut éviter en utilisant les flammes perdues des fours à grille ; un atelier de puddlage suffit, en général, à fournir la vapeur nécessaire pour l'étirage du fer brut qu'il produit.

Lorsqu'on a voulu appliquer au puddlage le système de chauffage Siemens, on y a reconnu un certain nombre d'inconvénients ; l'installation est certainement plus dispendieuse ; on a remarqué d'un autre côté que l'encombrement des régénérateurs par les poussières était beaucoup plus rapide quand le four était employé au puddlage que lorsqu'il avait une autre destination ; enfin le four Siemens ne se prête pas, de même que la plupart des modes de chauffage au gaz, à la production de la vapeur ; l'économie de combustible qui pourrait résulter et résulterait certainement de l'emploi du système de chauffage Siemens disparaîtrait en partie devant la nécessité de produire de la vapeur en brûlant du combustible spécialement à cet effet.

On n'y a donc recours au puddlage que lorsqu'on veut brûler des combustibles inférieurs et surtout des lignites qui fournissent plus facilement, quand on les transforme en gaz, la température nécessaire.

Dans les premiers essais de puddlage au gaz, on s'est heurté à des difficultés nombreuses que l'on a mis peut-être un peu trop vite sur le compte de l'encombrement des chambres qu'il n'était pas impossible d'éviter. M. de Langlade a réussi à puddler au gaz dans un four Siemens, aussi bien avec les gaz de hauts-fourneaux qu'avec ceux de gazogène à la houille, en prenant la précaution de laver ces gaz avant de les utiliser. Dans ces conditions, les régénérateurs peuvent travailler plus d'une année sans être nettoyés; à Assailly, notamment, un four à puddler Siemens est en marche depuis 1878 et brûle du gaz de houille lavé.

(Voir Gruner, *Traité de Métallurgie*, T. II, p. 197 et 405; de Lespinatz, *Note sur le puddlage au gaz de haut-fourneau. Bulletin de l'Industrie minérale*, 2ᵉ série, T. I, 4ᵉ livraison.) (V.)

On puddle dans des fours *simples* ou dans des fours *doubles* ; les premiers n'ont qu'une porte de travail placée sur un côté, dans les seconds deux portes sont disposées en face l'une de l'autre, ce qui permet de travailler des charges plus fortes.

Fours simples. — Ils reçoivent des charges de 220 à 275ᵏ, ils sont généralement à chauffage direct. Les fig. 241 à 244 représentent un de ces fours. La forme générale est celle de tous les fours à réverbère et le dessin la fait aisément comprendre.

A une extrémité se trouve la grille qui peut être à gradins ou à barreaux suivant la nature du combustible dont on dispose ; on la charge par le *tisard*

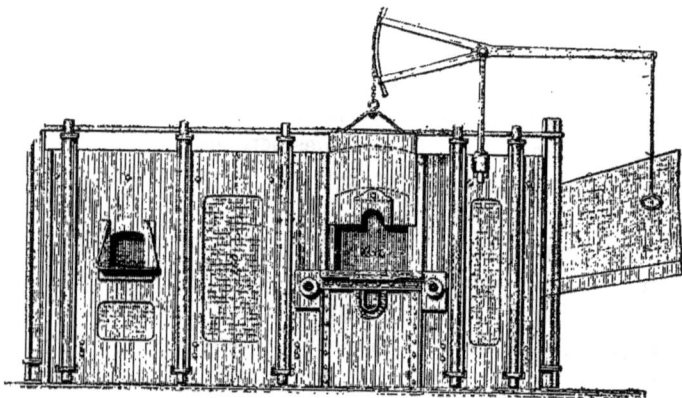

Fig. 241. — Four à puddler simple à grille-échelle de 1/40.

placé du même côté que la porte de travail. La flamme arrive dans le four par dessus le *grand autel*, elle en sort en passant au-dessus du *petit autel* et se rend à la cheminée, soit immédiatement, soit après avoir servi au chauffage de chaudières à vapeur, ainsi que l'indique la fig. 243.

Le laboratoire a une forme spéciale mais appropriée au travail du four ; en plan elle ne satisfait pas aux conditions que nous avons indiquées pages 138 et suivantes comme les plus convenables pour la meilleure utilisation de la chaleur, mais cette forme est indispensable pour qu'on puisse atteindre aisément toutes les parties du bassin avec un ringard passé par une petite ouverture ménagée dans la porte.

Lorsqu'on a déterminé la distance entre les deux autels, c'est-à-dire la longueur du four, ainsi que sa largeur aux deux autels, il ne reste plus qu'à réunir ceux-ci, d'un côté par une courbe formée d'arcs de cercle, de l'autre

par deux lignes droites partant de la porte et aboutissant à ces mêmes autels.
Comme il entre presque constamment de l'air par la porte, d'où résulterait,

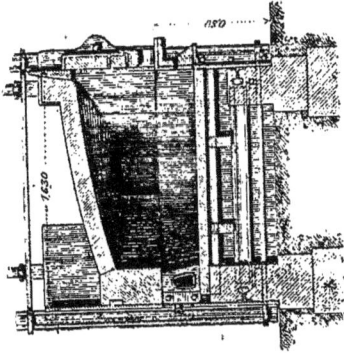

Fig. 244 (Coupe verticale en travers).

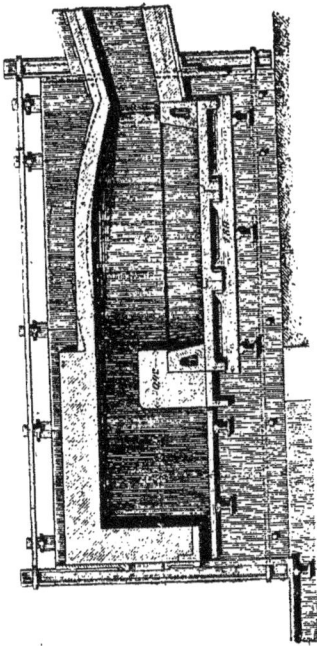

Fig. 242 (Coupe verticale en long).

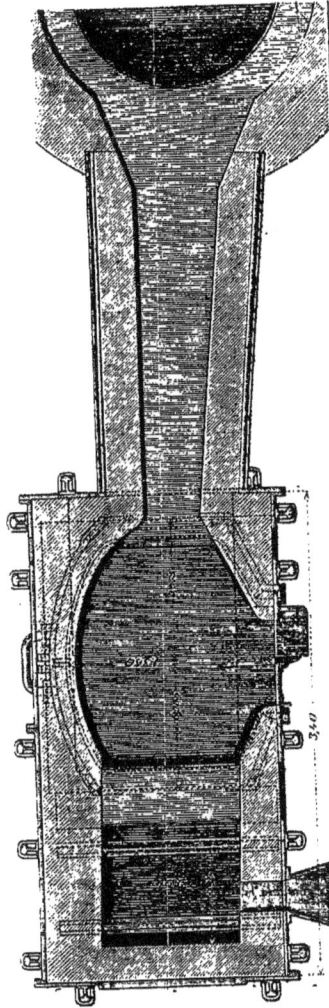

Fig. 243 (Plan-coupe).

Four à puddler simple à grille, échelle de 1/40.

si le four était symétrique par rapport à son axe longitudinal, que le chauffage de la sole serait inégal, la partie voisine de la porte se trouvant incessamment refroidie, on évite cet inconvénient en rapprochant le petit autel
de la face de la porte, de 8 à 9 centimètres, et en plaçant la porte plus près du
grand autel que du petit ; dans ces conditions l'angle formé par l'axe du four

et la ligne qui va de la porte au petit autel est plus ouvert et la flamme éprouve moins de résistance pour suivre la direction que lui imprime cette paroi. On donne à la voûte une forme destinée à produire le même effet, elle est surélevée du côté de la porte, en sorte qu'il reste plus d'espace de ce côté pour le passage de la flamme, elle suit donc plus aisément cette voie.

La sole est formée de plaques de fonte qui s'étendent sur toute la surface du four ; elles reposent sur des supports en fonte ou sur des piliers en maçonnerie qui doivent les laisser suffisamment dégagées pour qu'elles puissent être rafraîchies par l'air.

Dans quelques usines on rafraîchit les soles au moyen d'un courant d'eau ; la disposition la plus commode consiste à former la sole de deux plaques superposées, celle de dessous ayant des rebords qui forment bassin. (V.)

On refroidit également les parois latérales du bassin, ce qu'on obtient d'une façon très simple au moyen de la disposition indiquée sur le dessin : ces parois, sauf la partie qui est devant la porte, sont formées d'une ou mieux de deux caisses ou bâches en fonte dans lesquelles circule un courant d'eau ; lorsqu'il en existe deux, elles se rencontrent en face de la porte et on les assemble d'une façon quelconque de manière à n'en former qu'une ; cela constitue le *tour de feu* : l'eau, arrivant d'un réservoir supérieur, pénètre par un tuyau en fer de 25ᵐᵐ de diamètre à une extrémité du tour de feu, par le trou qu'on aperçoit entre les armatures près de la porte, parcourt toute la ceinture et ressort par l'autre extrémité où on la reçoit, soit dans un entonnoir, soit dans une bâche. Il est utile que l'eau s'échappe d'une façon apparente pour que le puddleur puisse s'assurer que l'alimentation se fait convenablement ; un four consomme de 12 à 15 litres par minute ; on fait généralement arriver l'eau du côté du grand autel parce que c'est celui qui a besoin d'être le mieux refroidi.

Dans certains cas on se contente de rafraîchir les deux autels au moyen de tuyaux dans lesquels passe un courant d'eau, d'autres fois on s'est borné à établir un courant d'air, nous avons indiqué page 173 le peu d'efficacité de l'air employé comme réfrigérant, surtout quand il n'est pas forcé par une machine soufflante.

Il est incontestable qu'un refroidissement énergique, comme celui que produit le tour de feu à courant d'eau, augmente la consommation de combustible, mais cette dépense est moindre que celle qu'entraîneraient les réparations fréquentes d'un four moins bien rafraîchi.

La sole et les parois sont garnies de scories riches provenant ordinairement des fours à puddler ou à réchauffer, auxquelles on peut substituer des minerais purs ; on introduit ces matières avant que le four ne soit en travail ; pour faire ce garnissage, on barbouille avec de l'argile la surface de la sole

et des courants d'eau qui forment le bassin, puis on charge des scories con-
cassées de grosseurs diverses, allant de celle d'une noisette à celle du poing,
on étend ces matières sur la sole, après quoi on allume le combustible placé
sur la grille. Dès que la scorie commence à se ramollir à la surface, on brise
les gros morceaux avec une barre de fer et on retourne la matière de manière
à en exposer chaque partie à la chaleur pour que le tout devienne pâteux.

Dès que ce point est atteint, on charge les battitures, de la tournure de fer
ou d'autres matières capables de fournir de l'oxyde de fer qui rendra la scorie plus pâteuse encore. Ces matières contiennent de l'oxyde magnétique ou
des éléments susceptibles d'en fournir sous l'action du courant de gaz oxydants. On les répand sur la sole uniformément, on ferme la porte et on
chauffe fortement pendant plusieurs heures. Lorsque la scorie est suffisamment fondue, on ouvre la porte, l'air froid qui s'introduit par cette ouverture
glace la surface de la scorie sur laquelle il se forme une croûte que l'on brise
et dont on relève les morceaux contre le courant d'eau de manière à donner
au bassin la forme d'une cuvette, puis on laisse le four se refroidir peu à
peu.

Un four bien garni ne doit présenter ni fissures, ni parties saillantes sur
lesquelles le fer pourrait s'accrocher, la surface de la sole doit être aussi lisse
que possible.

La garniture a ordinairement de 100 à 120^{mm} au milieu et de 120 à 150^{mm} sur
les bords.

Après chaque charge on doit examiner le four et le réparer si cela est nécessaire. Quand il est trop fortement dégradé, ce qui arrive ordinairement
après quelques mois de marche et parfois plus tôt, il faut le laisser refroidir
et le reconstruire.

La porte de chargement du four se compose d'un cadre en fonte dont la
face intérieure, en contact avec la flamme, est garnie de briques réfractaires ;
elle est suspendue par une chaîne à un levier au moyen duquel on la manœuvre, et glisse dans un châssis qui fait partie de l'armature du four ; au
milieu de la largeur, et vers le bas, on ménage une échancrure assez grande
pour qu'on puisse y passer les outils qui servent à travailler la charge ; on
évite ainsi de lever trop fréquemment la porte, ce qui aurait l'inconvénient
de faire pénétrer chaque fois une grande quantité d'air qui refroidirait le four
et oxyderait le métal ; cette ouverture dite le *trou de travail* a environ de 12
à 15e de hauteur et autant de largeur ; ses bords s'usent rapidement par suite
du frottement répété des outils, aussi adopte-t-on généralement l'usage d'une
pièce rapportée dans laquelle se trouve le trou de travail, pièce qui s'ajuste
dans la porte et qu'on peut remplacer facilement au lieu de mettre la porte
tout entière au rebut.

Dans quelques fours à puddler anglais on emploie des portes à courant d'eau qu'on alimente au moyen de tuyaux en caoutchouc ; elles durent plus longtemps et protègent mieux les ouvriers contre le rayonnement.

La porte repose sur une forte pièce de fonte ou *banc* sur lequel s'appuient tour à tour les *ringards*, les *palettes*, les *crochets* ou les *râbles* qui servent au travail du four ; cette pièce est également sujette à s'user promptement, aussi la recouvre-t-on quelquefois, dans la partie correspondante au trou de travail, d'une plaque en acier qui résiste mieux que la fonte ; cette disposition existe dans le four que nous avons représenté.

Le carneau par lequel les produits de la combustion sortent du laboratoire et qui commence au petit autel est établi dans certains cas avec une pente ascendante, dans d'autres il est incliné vers le bas ; dans la première disposition, les scories qui y pénètrent pendant la période de bouillonnement reviennent d'elles-mêmes dans le bassin ; dans la seconde, dès que cette scorie a dépassé le petit autel, elle suit la pente dans la direction du courant gazeux, se rassemble au point le plus bas et sort par une ouverture qu'on a ménagée à cet effet.

Ces deux dispositions sont également bonnes et il n'y a aucun bénéfice à adopter l'une plutôt que l'autre.

Indiquons maintenant quelques variantes au type de four dont nous avons donné le dessin.

Lorsque la houille contient peu de cendres, on emploie souvent le vent forcé qui a pour effet d'amener une économie de combustible, de s'opposer à l'entrée de l'air par la porte et de rendre plus aisé le règlement de la température [1].

Quelquefois on dispose au-delà du laboratoire une seconde enceinte dans laquelle, pendant qu'on puddle une charge, la suivante se chauffe ; c'est ce qu'on appelle le *four préparatoire*.

La flamme sortant du four à puddler proprement dit, élève la température de la fonte placée sur cette seconde sole, avant d'arriver à la chaudière à vapeur.

Lorsqu'une charge est sortie du four, l'ouvrier fait passer par dessus le petit autel la fonte ainsi préparée et la fait tomber dans le bassin de puddlage ; les fig. 245 et 246 représentent un four à puddler auquel on a ajouté un four préparatoire.

L'emploi de ce dernier réduit de 15 % la consommation de combustible et augmente dans la même proportion la production du four ; on prétend même avoir obtenu souvent des résultats plus avantageux encore, on l'aurait donc adopté partout si ces mérites n'étaient pas accompagnés d'un inconvénient, c'est-à-dire d'un déchet plus considérable.

[1] On trouvera dans *Stahl und Eisen* 1884, p. 169 et 229, des détails sur l'application du vent forcé aux fours à puddler.

Pendant le séjour prolongé de la fonte sur la sole du four préparatoire, elle s'oxyde dans une forte proportion, puis, au début de l'opération du puddlage, ce fer oxydé passe dans la scorie ; cette oxydation est plus ou moins importante suivant la nature de la fonte, elle est beaucoup plus sensible, par exemple, pour les fontes grises que pour celles qui sont blanches et un peu manganésées. C'est ce qui explique que, dans certaines contrées, comme la Styrie, la Lorraine, le four préparatoire soit généralement adopté, tandis que, dans d'autres, on ne trouve aucun bénéfice à l'employer à cause du supplément de déchet qui se produit.

La fig. 245 indique en même temps une grille à gradins en usage pour

Fig. 245.

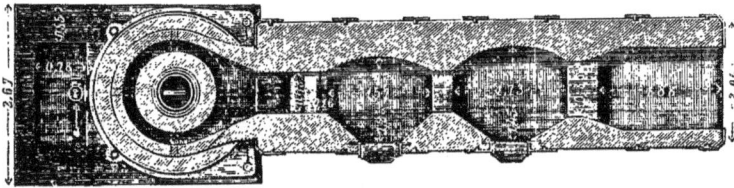

Fig. 246. — Four à puddler simple avec sole préparatoire.

brûler le lignite ; à gauche on voit la partie inférieure de la chaudière à vapeur qui est chauffée par les flammes perdues.

Les dimensions des fours à puddler simples sont en général comprises entre les limites suivantes :

Grilles. — La surface de la grille dépend de la nature du combustible et du poids de la charge, elle est généralement comprise entre 0,28 et 0,32^{mq} par 100^k de charge ; si le combustible donne beaucoup de chaleur, si la charge est forte, on peut admettre une base un peu plus faible ; dans le cas contraire, il faut la relever. Les vides entre les barreaux doivent représenter les $\frac{4}{10}$ de la surface totale de la grille ; la largeur, c'est-à-dire la distance entre la face sur laquelle est le tisard et celle qui lui est opposée, est limitée par la nécessité de laisser à l'ouvrier le moyen d'égaliser le combustible, elle est généralement de 0^m,90 à 0^m,95 ; elle doit d'ailleurs être en rapport avec la forme du four ; la longueur de la grille se déduit naturellement des dimensions de la surface et de celle de la largeur.

Le plan supérieur du grand autel est à 0ᵐ,35 et jusqu'à 0ᵐ,50 au-dessus de la grille, on adopte le chiffre le plus élevé quand la fonte est facile à traiter et le combustible en gros morceaux ; il faut, au contraire, se rapprocher de la plus faible profondeur, si la fonte est d'un affinage laborieux et si le combustible a plus de tendance à se tasser.

Les dimensions du laboratoire dépendent du poids de la charge, de la nature de la fonte et de celle du combustible ; sur une sole de grande surface, le bain a une profondeur moindre et, par conséquent, absorbe mieux la chaleur, mais il est plus difficile à travailler uniformément dans toute son étendue ; une longueur exagérée, principalement, a des inconvénients sous ce rapport. Pour une charge comprise entre 220 et 250ᵏ, la longueur intérieure entre les deux autels ne dépasse pas 1ᵐ,80 quand le combustible est à longue flamme, plus souvent même elle reste comprise entre 1ᵐ,50 et 1ᵐ,70.

La largeur mesurée entre le banc de la porte et le courant d'eau opposé est de 1ᵐ,30 à 1ᵐ,40 ; ainsi le rapport entre la largeur et la longueur est voisin de 0,80.

On donne au grand autel, comme longueur, la largeur de la grille, soit 0ᵐ,90 ou 0ᵐ,95 ; le petit autel n'a que de 0ᵐ,40 à 0ᵐ,60.

La profondeur du bassin, c'est-à-dire la hauteur du tour de feu au-dessus de la plaque de fonte qui forme la sole, varie de 0ᵐ,20 à 0ᵐ,35 comme extrêmes, le plus souvent elle est de 0ᵐ,25 à 0ᵐ,30 ; le seuil de la porte ou du banc et le petit autel sont à la même hauteur que le tour de feu ; il en résulte que si la charge monte beaucoup par l'effet du bouillonnement au moment du départ du carbone, une grande quantité de fonte et de scories peuvent s'écouler par le trou de travail d'une part et en même temps par le rampant ; c'est sans doute un inconvénient, mais d'un autre côté, si on donne au bain une trop grande profondeur, la chaleur pénètre moins bien la charge. Pour déterminer cette dimension, il faut donc tenir compte, et de la nature de la fonte, et du mode de travail ; c'est ainsi que le bassin doit être plus profond si on fait de fortes additions de scories ou si le métal lui-même en produit beaucoup et si on conserve celle-ci dans le four ainsi qu'il arrive quand on puddle pour acier ; dans ce dernier cas on donne rarement à la profondeur moins de 0ᵐ,30.

On surélève le grand autel au moyen de briques pour éviter que, pendant le bouillonnement, la scorie et le métal ne soient projetés sur la grille ; il suffit d'ailleurs d'une surcharge de 0ᵐ,15 au-dessus du courant d'eau ; en éloignant ainsi la flamme du bain [1], on rend plus difficile la transmission de

---

[1] Dans le four que nous avons représenté l'autel est un peu trop exhaussé.

la chaleur. Quant au petit autel, on le préserve des coups de feu en le re-couvrant d'une brique mince.

La hauteur de la voûte au-dessus de la sole, vers le milieu du four, varie habituellement entre 0^m,60 et 0^m,70 ; elle est plus grande quand le bassin est plus profond, parce qu'il doit toujours rester au-dessus du grand autel et du banc un passage suffisant pour les gaz. Les fours qui sont employés au puddlage pour acier ont donc une voûte plus élevée que les autres.

On va jusqu'à 0,75 ; il reste alors vers le milieu du grand autel un passage de 0^m,25 à 0^m,35.

Dans la plupart des fours à puddler, la section du rampant, à sa naissance, est le huitième de la surface totale de la grille, sa largeur est égale à la longueur du petit autel, c'est-à-dire 0^m,40 à 0^m,60, ce qui détermine la hauteur, celle-ci ne descend jamais au-dessous de 0^m,20 à 0^m,25, dimension nécessaire pour qu'il ne se produise pas d'obstruction par le fait de scories ou de métal entraînés.

On utilise ordinairement la flamme perdue des fours à puddler pour le chauffage de chaudières à vapeur que l'on dispose aussi près que possible des fours. Ces chaudières peuvent être verticales ou horizontales ; souvent une même chaudière reçoit les flammes de deux fours. Lorsqu'on emploie les chaudières horizontales, une seule cheminée peut servir au tirage de 8 à 12 fours. On protège la partie inférieure des chaudières verticales par un petit mur comme on le voit sur la fig. 245 [1].

Fours doubles. — Ces fours sont destinés au puddlage de charges variant de 450 à 600^k et quelquefois plus. Comme il n'est guère possible d'augmenter la longueur du four sans s'exposer à n'avoir pas, à l'extrémité opposée, à la grille, une température suffisante, on ne peut obtenir une surface en rapport avec le poids de la charge à traiter qu'en donnant au four plus de largeur ; mais on éprouverait alors une difficulté considérable à brasser le métal sur une surface aussi étendue, si on ne pouvait l'aborder que par une seule porte ; on a donc disposé, dans les fours doubles, deux portes semblables placées l'une en face de l'autre. Le petit autel, dans ce cas, est établi symétriquement par rapport à l'axe du four puisque la raison n'existe plus, qui le faisait rap-procher d'un côté plus que de l'autre.

Généralement les fours doubles sont chauffés au gaz parce qu'il est plus fa-cile ainsi de répartir la flamme sur toute la surface du laboratoire, et on em-ploie fréquemment, à cet effet, la disposition Bicheroux (p. 167) qui s'adapte mieux aux fours doubles à cause de la largeur de son gazogène.

L'installation générale du four et, particulièrement celle du gazogène, ainsi

---

[1] Le livre de H. Fehland intitulé : *Die Fabrikation des Eisen- und Stahldrahtes*, Weimar, 1886, contient quelques règles spéciales applicables à la construction des fours à puddler.

que la façon dont l'air est introduit sont exactement celles que nous avons décrites ; les fig. 247 et 248 représentent un de ces fours.

On utilise la flamme perdue au chauffage de chaudières à vapeur comme

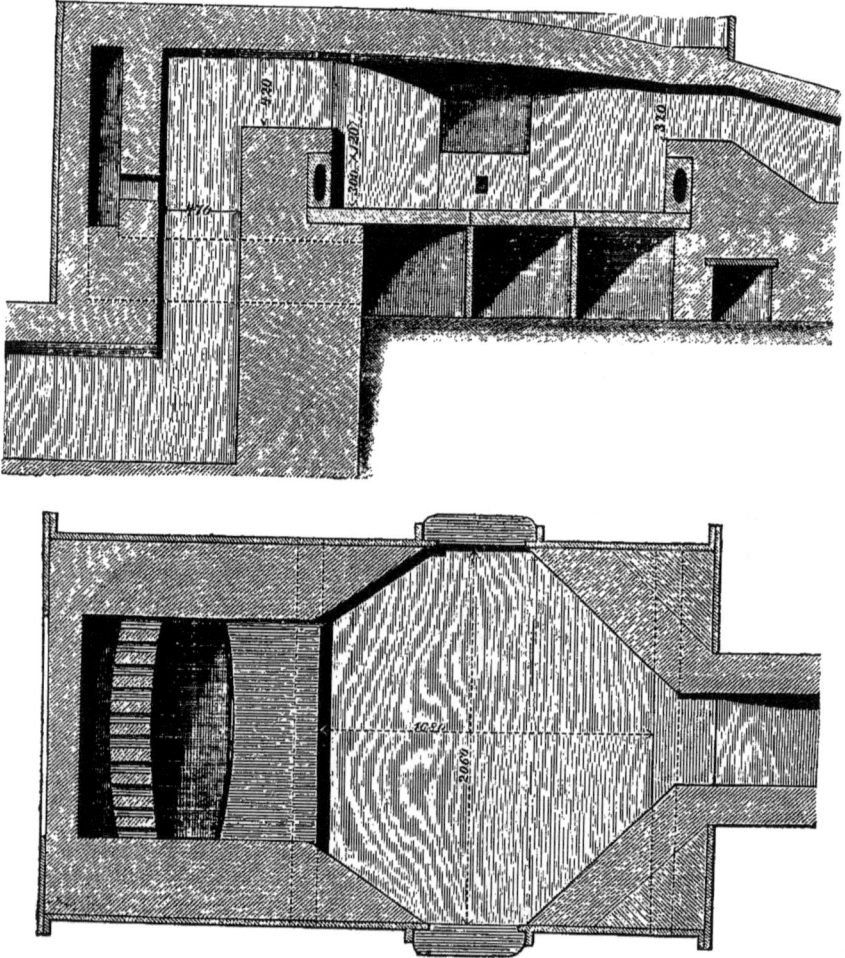

Fig. 247 et 248. — Four à puddler double, chauffage Bicheroux.

on le fait avec les fours simples pourvus de grilles et, depuis longtemps, on a adopté les fours préparatoires pour le chauffage de la fonte, ils ont moins d'inconvénients ici où l'emploi du gaz permet plus facilement une combustion complète sans excès d'air ; la flamme contient donc moins d'oxygène libre et permet de communiquer à la fonte un degré de chaleur plus élevé sans en déterminer l'oxydation.

Ces considérations ont conduit à modifier la forme de ces fours préparatoires, d'où on faisait tomber la fonte sur la sole du four à puddler après chaque charge, et on est arrivé à construire un four comprenant deux bassins identiques, chacun d'eux servant alternativement à chauffer, puis à puddler la fonte. La fonte froide est donc chargée sur la sole, où elle sera puddlée ultérieurement, et chauffée par les flammes qui ont servi au puddlage sur l'autre sole.

Il fallait cependant s'arranger pour que le bassin où s'effectue le puddlage fût toujours le premier à recevoir la flamme, puisque c'est là qu'on a besoin de la température la plus élevée.

Le moyen le plus simple d'obtenir ce résultat est d'utiliser le mode de chauffage Siemens et de changer le sens du courant gazeux chaque fois qu'on commence à puddler une nouvelle charge. C'est ainsi que sont construits les fours *Springer* qui fonctionnent dans un grand nombre d'usines [1].

On voit sur les fig. 249, 250 et 251 un four de ce genre ; les deux bassins de puddlage sont séparés l'un de l'autre par un autel à courant d'eau qui divise le four en deux parties symétriques ; au-dessus du four (fig. 249), on remarque la distribution d'eau qui alimente les trois pièces du tour de feu. Les régénérateurs ont été placés au-dessus du sol pour être plus abordables et plus faciles à nettoyer [2] ; les nettoyages se font toutes les six semaines.

La valve à gaz est à côté du four, celle de l'air est placée sous la sole de façon à déterminer : 1° un appel d'air qui rafraîchisse celle-ci ; 2° un réchauffage de l'air avant son entrée dans les régénérateurs. Contrairement à l'usage généralement adopté on donne aux chambres à air de moindres dimensions qu'aux autres parce qu'on s'est exagéré l'importance de ce chauffage préalable sous la sole.

Le four Pietzka, qui présente aussi deux soles de la même forme et de mêmes dimensions que celui de Springer, est chauffé par une grille ordinaire ; il diffère du précédent en ce qu'au lieu de renverser la direction du courant des flammes, c'est la position des bassins de puddlage par rapport à la grille que l'on change alternativement, en même temps que les voûtes qui les couvrent. Ce changement s'effectue dès qu'on a terminé une charge et on peut dès lors commencer immédiatement le puddlage de la fonte qui a été chauffée pendant l'élaboration de la charge précédente ; en même temps on introduit la quantité convenable de fonte froide sur la sole dont le travail est achevé.

Pour que cette manœuvre puisse s'exécuter, on fait reposer les soles et tout

[1] On trouve des fours Springer à Donawitz (Styrie), à Hermanshütte (Bohème), à Königin-Marienhütte (Saxe), à Maxütte (Bavière), et à Völklingen sur la Sarre ; pour d'autres détails consulter *Stahl und Eisen*, 1889, p. 554 et 776.

[2] Dans l'ouvrage de Ledebur intitulé : Chauffage au gaz, on trouve, fig. 40 et 42 le dessin d'un four de ce genre avec régénérateurs horizontaux.

Dans les fours construits plus récemment les chambres sont de même dimension.

ce qui se trouve au-dessus, tours de feu, pieds-droits, voûtes, etc., sur la tête du piston vertical d'une presse hydraulique. Lorsqu'on veut faire tourner

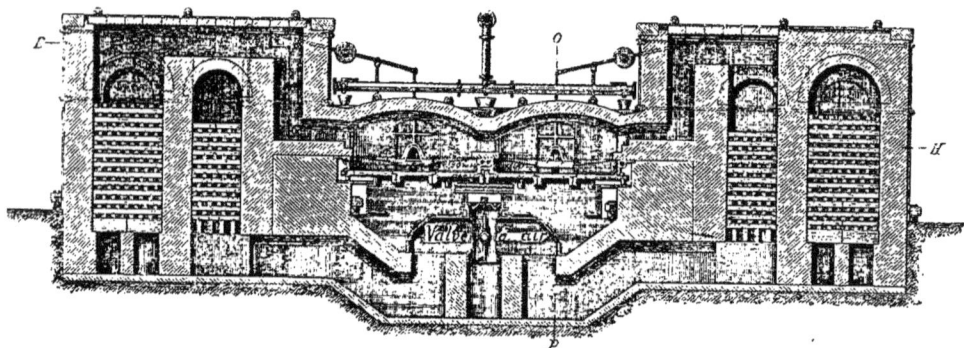

Fig. 249 (Coupe par ABCD).

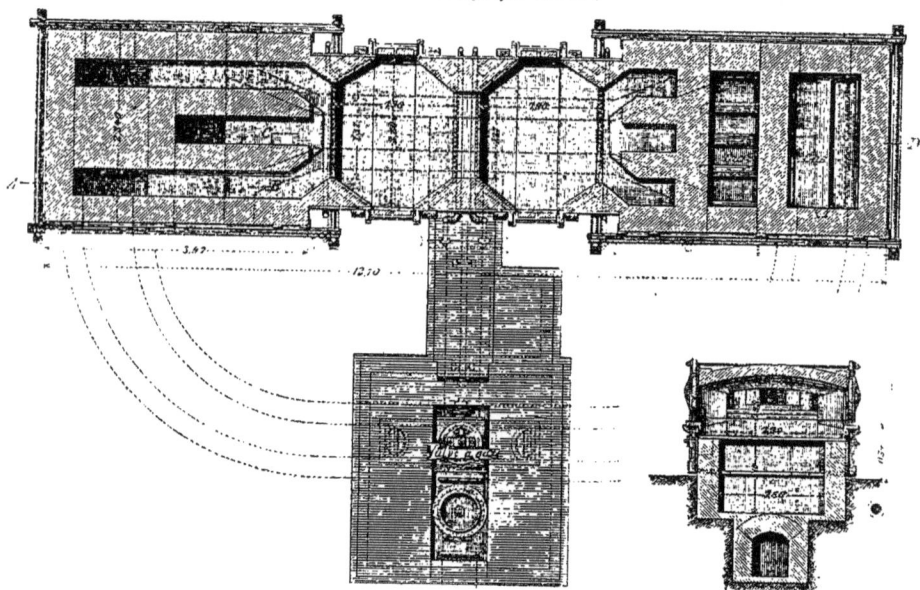

Fig. 250 (Coupe par FFGH).
Four à puddler de Springer.

Fig. 251 (Coupe par OP).

cette partie mobile, on commence par la soulever légèrement, pour dégager les deux surfaces de contact du côté de la grille et du côté du rampant, puis, à l'aide de crochets, on opère à bras la rotation, après quoi on fait redescendre le tout en place au même niveau qu'auparavant, et le four se retrouve dans une situation convenable pour le puddlage.

Les surfaces de contact entre la partie fixe et la partie mobile sont inclinées de manière qu'on puisse élever l'une sans avoir à craindre de détériorations dans l'autre [1].

Ce système de four donne les mêmes résultats que celui de Springer, mais exige une dépense de force pour les mouvements d'ascension de la partie

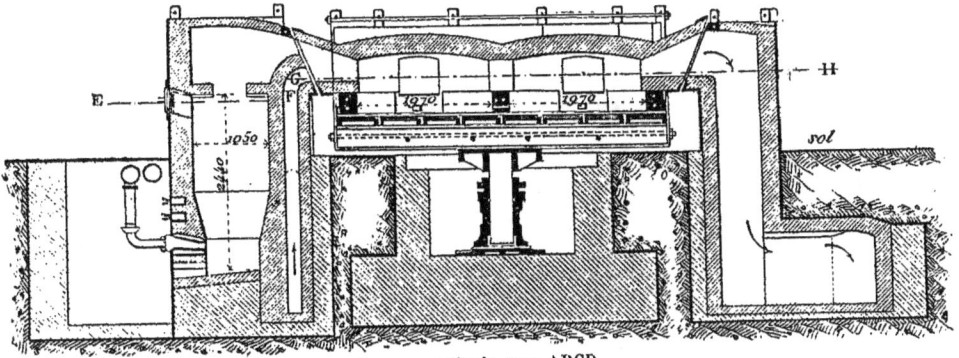

Coupe verticale par ABCD.

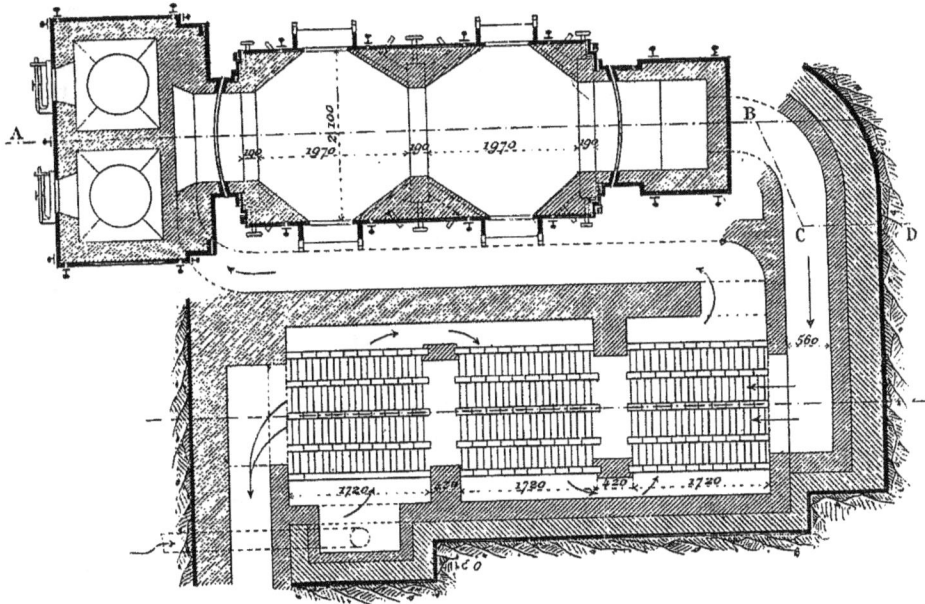

Plan-coupe par EFGH et par les régénérateurs.
Fig. 251 bis. — Four à puddler Pietzka.

[1] On trouvera des dessins du four à puddler Pietzka dans Ledebur, ouvrage déjà cité, fig. 57 et 58, p. 106; dans *Glasers Annalen Gewerbe und Bauwesen*, T. XXII, p. 169; et dans *Stahl und Eisen* 1889, pl. XV. On emploie ce four dans l'usine de Witkowitz, en Moravie, et dans quelques autres.

mobile, tandis que l'inversion des flammes du système Siemens n'en demande aucune. En outre dans une usine qui n'est pas pourvue d'appareils hydrauliques, l'installation entraîne à des frais spéciaux très importants.

La disposition du four Pietzka nous semble assez intéressante pour que nous en donnions dans la figure 251 bis une coupe longitudinale par le grand axe et un plan-coupe horizontal indiquant la forme des régénérateurs ; ces deux dessins permettent de comprendre le mode d'installation et de fonctionnement de la presse hydraulique destinée au soulèvement des deux soles et de toute la partie du four qu'elles supportent.

Ils montrent en même temps un mode de chauffage qui n'est pas sans intérêt. La grille est remplacée par deux gazogènes de petite dimension, accolés, alimentés par de l'air soufflé. Le gaz débouche dans le laboratoire en un point où il rencontre l'air qui a été chauffé par son passage dans un récupérateur de forme particulière. Après avoir traversé le four, les produits de la combustion descendent souterrainement et traversent en droite ligne une galerie dans laquelle ils se heurtent contre trois groupes de tuyaux cylindriques traversés intérieurement par l'air destiné à la combustion ; c'est, sous une autre forme, le même principe que celui du récupérateur Ponsard.

Il est aisé de voir qu'en soulevant d'une faible quantité le système des deux soles, on dégage très vite les deux surfaces coniques de contact et que, dès lors, le mouvement de rotation peut s'accomplir sans difficulté. Il suffirait en somme d'une petite pompe manœuvrée à bras ou au moyen d'un petit cheval pour produire la force nécessaire. (V.)

Dans les figures 251 ter, nous indiquons la disposition d'un four à puddler système Siemens employé pendant de longues années dans une forge des Ardennes. Les récupérateurs sont horizontaux et superposés, les empilages sont remplacés par des piles de briques disposées en quinconce. Les entrées de gaz et d'air sont toutes situées à une même extrémité du four, et la flamme venant des carneaux de droite sort par la gauche et inversement ; la porte fait face à ces carneaux. C'est ce qu'on désigne sous le nom de four en fer à cheval. On obtient ainsi un parcours suffisant pour l'utilisation de la flamme avec une sole de faible dimension. (V.)

(c) *Le puddlage, ses résultats.* — Le four étant à la chaleur convenable, on charge la fonte ; on a essayé à plusieurs reprises d'introduire la fonte à l'état liquide en la faisant fondre préalablement dans un appareil spécial, un cubilot par exemple ; on espérait ainsi augmenter la production du four et réduire la consommation de combustible [1].

Il a été reconnu qu'il n'y avait aucun bénéfice à opérer de cette façon parce que, pendant la fusion dans le bassin même du four, il se produit des réactions chimiques qui préparent et avancent l'affinage de la fonte ; l'économie de temps n'est donc pas ce que l'on pouvait espérer au premier abord, sans parler des difficultés qu'entraînerait une semblable organisation qui obligerait à régler l'allure des cubilots de telle façon qu'une charge fût exactement

[1] L'économie de combustible serait résultée de ce fait que les cubilots utilisent mieux la chaleur que les fours à réverbère.

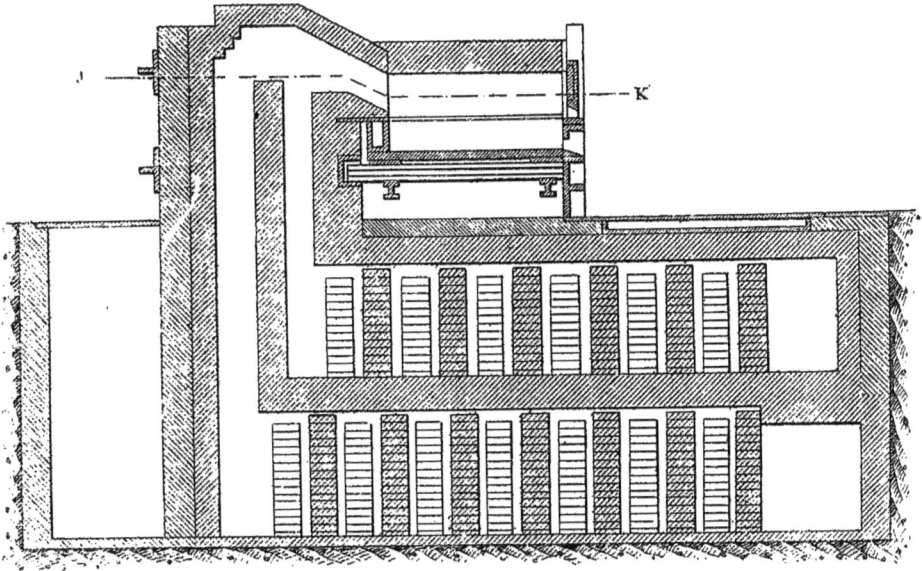

Coupe verticale suivant ABCDEF.

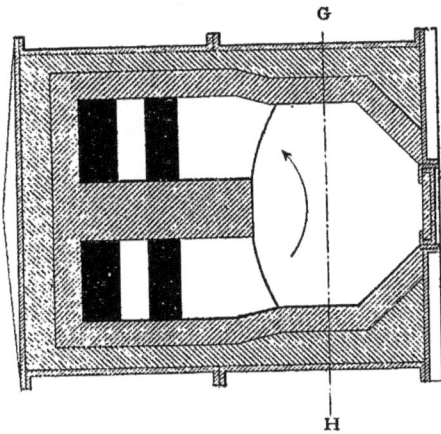

Plan-coupe suivant JK

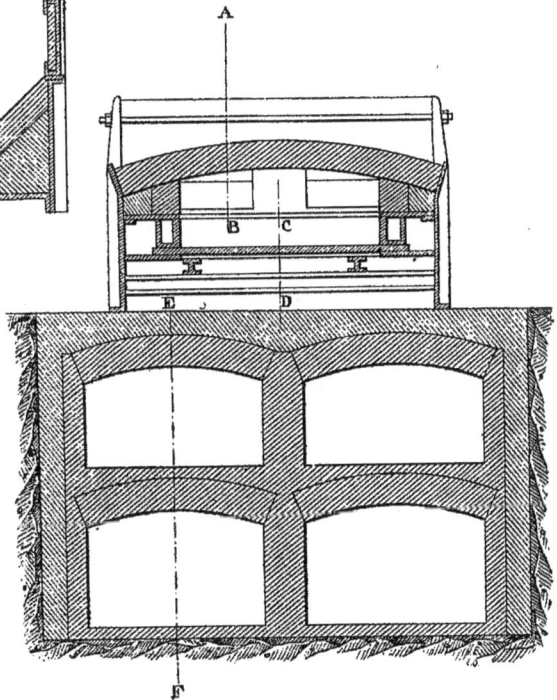

Coupe verticale suivant GH.

Fig. 251 ter. — Four à puddler au gaz système Siemens, échelle de 1/60.

fondue au moment où on devrait l'introduire dans le four. Le résultat de ces tentatives a cependant été plus satisfaisant pour les fours doubles que pour les fours simples.

Nous avons indiqué précédemment quelles considérations devaient servir de guide dans le choix des fontes à puddler : elles doivent être d'autant plus longues à transformer en fer que l'on veut obtenir celui-ci plus homogène, mieux dépouillé de scories et plus carburé, mais l'opération est dans ce cas de plus longue durée, le déchet plus grand, la dépense en combustible plus considérable.

Ordinairement, on compose une charge d'un mélange de plusieurs sortes de fontes dans lequel entrent pour la majeure partie des fontes blanches plus ou moins manganésées. S'il s'agit de fabriquer du fer à grains fins [1] ou de l'acier, on ne peut se passer de manganèse : cet élément jouit, en effet, de la propriété de retarder la décarburation, il fournit en outre une scorie assez fluide pour filtrer aisément à travers les vides de l'éponge formée par les grains de métal ; les variétés de fontes blanches rayonnées, ou spéculaires, très manganésées, sont donc indispensables pour ce genre de fabrication : on les emploie seules ou en mélange avec d'autres plus pauvres en manganèse.

Les fontes très grises, c'est-à-dire riches en silicium, sont moins avantageuses à traiter ; le silicium, en effet, retarde l'affinage puisqu'il s'oxyde avant le carbone, de plus, il rend la scorie moins basique ; son influence est donc toute différente de celle du manganèse.

Lorsqu'on ne peut pas éviter de puddler des fontes très siliceuses, on doit chercher à les mélanger à des fontes blanches. On traite assez volontiers celles qui sont truitées et qui contiennent jusqu'à 1 % de silicium, surtout si elles sont en même temps un peu manganésées.

Le puddlage élimine une partie du phosphore renfermé dans les fontes, le fer produit en retient cependant toujours une certaine proportion d'autant plus grande que le métal initial en était plus chargé : lors donc qu'on veut obtenir un métal qui ne soit pas fragile à froid, on doit rechercher des fontes peu phosphoreuses, surtout, si on a en vue la production du fer à grains fins ou de l'acier, tandis qu'on peut employer des fontes à 1 % de phosphore et plus pour la fabrication de fers ordinaires d'une moindre valeur.

Nous avons dit que, dans les fours simples, le poids de la charge est compris entre 220 et 230^k et dans les fours doubles, chauffés au gaz, entre 450^k et 600^k ; on dépasse même parfois ce dernier chiffre. On traite rarement, même dans les plus petits fours, moins de 220^k à la fois.

---

[1] Le fer à grains fin est, comme on le sait, intermédiaire entre l'acier et le fer doux à nerf ; il contient environ 0,30 % de carbone et est remarquable par sa résistance ; il contient moins de scories que le fer à nerf.

Pour charger la fonte, on dépose les fragments qui ont été préparés sur une palette dite *pelle à charger* qui s'appuie sur le banc et on va les ranger dans le milieu du four, en les plaçant de telle sorte que le métal soit, autant que possible, soumis à l'action de la flamme ; il reste presque toujours sur la sole des scories des charges précédentes, souvent on en ajoute en chargeant la fonte, en choisissant les plus riches ou en les mélangeant avec des battitures, d'autres fois ces additions ne se font que sur la fonte fondue, c'est là une question d'usages qui varient d'une localité à l'autre. Il est clair que l'introduction de ces matières froides abaisse la température du four.

La fonte grise fond plus lentement que la blanche parce que sa température de fusion est plus élevée, et cette lenteur dans la fusion entraîne une oxydation plus considérable ; il y a donc intérêt à disposer d'une haute température pour hâter ce changement d'état ; d'un autre côté, s'il y a dans le métal, une forte proportion de silicium, la combustion de ce corps développe de la chaleur et il devient nécessaire de refroidir le four après la fusion ; c'est dans ce cas qu'il est bon d'attendre que celle-ci soit terminée pour ajouter les scories. Lorsque la fonte est blanche, peu siliceuse, elle fond rapidement, s'oxyde peu, il est préférable alors de charger les matières oxydantes en même temps que le métal ou même avant, de manière qu'il repose sur un lit épais de scories.

Le poids des scories ainsi ajoutées varie avec la composition de la charge et la nature du produit qu'on veut obtenir. Lorsqu'on puddle, pour fer à nerf, de la fonte blanche peu phosphoreuse, la scorie qui reste dans le four, à la fin de chaque charge, suffit à la charge suivante ; dans ce cas, on se borne à la renouveler au bout d'un certain nombre de charges en faisant écouler celle qui a servi ainsi et la remplaçant par une nouvelle aussi peu phosphoreuse que possible, venant des fours à souder ou des laminoirs (battitures).

Si on traite des fontes phosphoreuses, on ne peut plus opérer ainsi, la scorie absorbant le phosphore à chaque charge en contiendrait bientôt une telle proportion qu'elle en serait saturée et ne pourrait plus en prendre au métal. On doit alors, après chaque charge, faire couler la scorie et la remplacer par des battitures, des crasses de fours à souder ou des minerais, cette addition pouvant s'élever de 25 à 30 % du poids de la fonte chargée.

Le chargement terminé, on baisse la porte et on bouche le trou de travail avec un *portillon*, petite plaque de tôle recourbée dans laquelle on a percé un trou de 25ᵐᵐ de diamètre qui permet de surveiller ce qui se passe dans le four. On jette généralement un peu de houille sur le banc, en dedans de la porte, et tout le long du joint inférieur ; elle s'enflamme, brûle lentement, absorbe l'oxygène de l'air qui peut être appelé sous la porte et l'empêche d'arriver dans le four à l'état libre.

Cela fait, on laisse la fonte sans la toucher, puis lorsqu'elle commence à fondre, ce qui se produit au bout de 25 ou 30 minutes dans les fours simples qui n'ont pas de sole préparatoire, on là retourne avec une palette en faisant passer, par dessus, ceux des morceaux qui se trouvaient sous les autres et étaient par conséquent moins chauffés, on détache ceux qui adhèrent à la sole et on prend soin de n'en laisser aucun couvert par la scorie ; dans ces mêmes fours, la fusion est complète 35 à 40 minutes après le commencement du chauffage.

Lorsque la fonte est blanche et peu manganésée, on aperçoit déjà, pendant la fusion, des signes de décarburation à la surface de la scorie liquide qui couvre la partie du métal fondu, on voit le gaz former des bulles et brûler avec une flamme bleuâtre.

Avec la fonte grise, ce phénomène ne se produit pas ou est à peine visible, parce que l'oxydation se porte sur le silicium et laisse le carbone intact.

Après la période de fusion, commence celle du *brassage*, opération qu'on exécute au moyen du *crochet* ou *rabot*, barre de fer de 2^m,50 à 3^m recourbée à angle droit à une de ses extrémités. L'ouvrier introduit cet outil dans le four par l'orifice de travail et, maintenant l'extrémité du crochet en contact avec la sole, donne un mouvement de va et vient de façon à tracer dans le bain une série de sillons aussi rapprochés que possible sur toute la surface de la sole ; il continue cette manœuvre jusqu'à ce que le crochet devienne trop chaud et ploie. Il le retire du four, un autre ouvrier introduit un crochet froid et remplace le premier de manière que ce brassage ne soit pas interrompu. L'outil ne peut résister à la chaleur que quelques minutes. Ce brassage a pour effet de mélanger intimement le métal avec la scorie riche en oxydes de fer ; il se dégage une quantité de plus en plus abondante d'oxyde de carbone, le bain monte peu à peu et le bouillonnement commence.

Ainsi que nous l'avons dit plus haut, la décarburation est plus lente quand la température est très élevée pendant cette phase de l'opération, parce que la grande fluidité des matières rend le mélange moins intime, aussi doit-on fermer le clapet de la cheminée, ou employer quelqu'autre artifice pour abaisser la température.

A mesure que le métal abandonne du carbone, sa température de fusion s'élève et on aperçoit bientôt des grains de fer qui apparaissent à la surface du bain, le dégagement de gaz devient de plus en plus fort, le métal de plus en plus pâteux et le bain monte jusqu'au seuil de la porte par dessus lequel, généralement, une partie de la scorie s'écoule au dehors ; c'est le moment où le bouillonnement est à son maximum : pour atteindre ce point, il faut brasser pendant 15 minutes les fontes faciles à puddler, pendant 20 ou 30' celles qui sont d'un affinage difficile.

Le bain reste pendant quelques minutes dans cet état, puis il se produit un changement dans l'aspect du métal et dans celui de la scorie qui indique nettement les progrès de la décarburation. On voit à la surface du bain en quantité de plus en plus grande, des grains métalliques, le crochet éprouve à se mouvoir une résistance croissante qui résulte de la présence du fer à une température insuffisante pour que l'état liquide persiste ; à ce moment il faut augmenter la chaleur pour éviter que le bain ne se prenne en masse ; le dégagement de gaz diminue d'intensité, le niveau du bain de scories baisse, laissant à découvert des masses informes de grains de fer plus ou moins soudés ensemble.

La période de bouillonnement terminée, on ne peut plus brasser avec des crochets, ce qui serait d'ailleurs inutile. Veut-on produire de l'acier, il faut abattre les grains de fer qui sortent du bain de scories et les noyer avec soin dans la masse liquide pour les préserver de l'oxydation par les gaz ; si au contraire on se propose de produire du fer à nerf, on termine l'affinage en faisant ce qu'on appelle *les tours de fer*, c'est-à-dire en retournant toute la masse ferreuse pour en compléter l'affinage en faisant agir bien également, sur toutes les parties, les gaz et les scories, afin d'arriver à décarburer le métal partout au même degré. Pour cette dernière opération on emploie un ringard droit, assez large, terminé par un biseau et un crochet de brassage ; on déplace donc constamment les amas de fer, on les agglomère, on les retourne, on divise ceux qui sont trop gros, dont l'intérieur pourrait échapper à un affinage complet, on détache les parties qui adhèrent aux parois ou qui restent accrochées dans les angles du bassin, et on les ramène au milieu du four. Pendant cette phase du travail, on partage la masse en un certain nombre de parties dont le poids corresponde à celui d'une loupe ou balle que l'on repousse d'abord du côté du petit autel. On en prépare ainsi de 5 à 6 représentant à peu près un poids de 40ᵏ chaque. Quand on travaille pour acier toute cette opération doit se faire plus rapidement et sans que le métal sorte du bain de scories.

On passe enfin à la confection des balles ou loupes ; on reprend successivement chacune des boules qu'on a poussées vers le petit autel, on la presse avec la palette et le crochet pour en exprimer autant que possible la scorie et souder les particules métalliques, et on lui donne une forme à peu près sphérique en la faisant rouler sur la sole où elle ramasse les petits grains de fer qui y sont encore éparpillés.

Dès qu'une loupe est terminée, on la rapproche du grand autel où elle reste pendant qu'on confectionne les autres, elle s'échauffe ainsi et acquiert une température élevée qui facilite l'expulsion des scories.

Une fois les loupes préparées, on ferme un instant le four avec le portillon pour obtenir un coup de feu et on procède au cinglage. On amène devant la porte un chariot à deux roues formé de barres de fer, on saisit la loupe avec des tenailles (écrevisses), on la place sur le chariot qu'on roule aussi promptement que possible à l'appareil de cinglage, marteau, presse, moulin, etc. L'ouvrier cingleur la travaille et lui donne la forme d'un prisme rectangulaire à angles abattus. Les premiers coups de marteau, si on pilonne, doivent être donnés avec ménagement pour éviter que la loupe se brise ou s'ouvre. La scorie coule en abondance, les particules métalliques se soudent de plus en plus ; on augmente graduellement la force des coups ou la pression.

La manière dont une loupe supporte ce travail indique déjà sa qualité ; un fer doux, homogène se soude sans difficulté : voit-on apparaître en certains points des jets de flamme bleue, on en conclut qu'il existe encore des parties de métal carburé ; dans ce cas, la loupe se soude avec peine et doit être cinglée avec précaution : si ce défaut est poussé trop loin, la loupe tombe en morceaux qu'il ne reste plus qu'à ramener au four, sans conserver l'espoir d'en améliorer sérieusement la qualité.

Les loupes d'une même charge doivent être cinglées sans interruption ; près de l'appareil de cinglage, se trouve le train de fer brut, c'est-à-dire le laminoir destiné à transformer les lopins ou massiaux en barres de fer brut. Le personnel est à son poste, chaque massiau sortant du cingleur est présenté rapidement au laminoir et transformé en barre brute.

La figure 195, page 282. T. II, représente un train à fer brut. On y voit deux paires de cages, l'une pourvue de cannelures ogives, l'autre à cannelures plates et emboîtantes ; un pareil train occupe de 4 à 5 ouvriers. Dans ces dernières années on a souvent monté ces trains en trios.

Le cinglage et le laminage en barres brutes doit se poursuivre sans interruption jusqu'à ce que toutes les loupes soient sorties du four.

Les barres sortant du laminoir ont généralement une section rectangulaire, on les traîne immédiatement sur une plaque à dresser, on les frappe à coups de maillet, puis on les laisse refroidir. Leur surface est rugueuse, couverte de gerçures et d'écailles, elles contiennent encore beaucoup de scories et on doit leur faire subir une ou plusieurs opérations nouvelles pour les transformer en fer qu'on puisse livrer au commerce.

Habituellement on en compose des paquets que l'on réchauffe et qu'on passe au laminoir ; dans quelques cas on les transforme en fer fondu.

Les barres sorties du train à fer brut et refroidies sont pesées puis cassées sous une presse ou avec une masse pour que, suivant l'aspect de la cassure, on puisse les classer par qualité, en fer à nerf, fer à grain fin, ou à gros grain, fer à grain mélangé, etc.

Lorsque le four a été vidé, on l'examine, on répare la garniture du bassin si cela paraît nécessaire, on nettoie la grille, puis on procède au travail d'une nouvelle charge.

On a souvent cherché le moyen d'activer les réactions de l'affinage et surtout d'obtenir plus complètement l'élimination du soufre et du phosphore au moyen d'addition de réactifs divers. On a proposé et tenté d'ajouter un grand nombre de substances dont l'effet ne pouvait être qu'absolument opposé au but que l'on poursuivait ; nous nous y arrêterons d'autant moins que, pour la plupart, elles dénotent chez les inventeurs une ignorance complète de la manière dont le fer se comporte dans les opérations métallurgiques. Il en est cependant quelques-unes qui peuvent agir d'une manière certaine sur le soufre et le phosphore. Les unes ont une action oxydante, abandonnant, à haute température, une partie de leur oxygène, les autres, et ce sont les plus utiles, ont pour effet de rendre les scories plus basiques et d'abaisser leur point de fusion. On sait que le phosphore et le soufre passent d'autant plus facilement dans la scorie que celle-ci est plus basique, le phosphore se transformant en phosphate et le soufre en sulfure. On sait aussi que la présence d'une scorie très riche en oxyde de fer suffit pour enlever une grande partie du phosphore, pourvu que la température ne soit pas trop élevée. D'autre part, la température de fusion des scories s'élève à mesure qu'elles contiennent une plus forte proportion d'oxyde de fer, elles deviennent *sèches* selon l'expression consacrée, et il est difficile de les expulser du fer assez complètement pour que celui-ci soit de qualité suffisante ; si donc, à côté de l'oxyde de fer, on introduit d'autres bases, surtout de l'oxyde de manganèse et des bases alcalines, on obtient le double résultat d'abaisser le point de fusion et d'avoir un degré de basicité beaucoup plus grand. Certains mélanges qu'on a préconisés à diverses reprises, ne doivent leur efficacité qu'à ces deux causes, tels sont, entre autres, des poudres contenant de l'oxyde de manganèse et du salpêtre ou azotate de potasse.

On a essayé les chlorures, les fluorures, le chlorure de sodium seul ou en mélange avec du chlorure de calcium (poudre de Scheerer), des sels alcalins de Stassfurt, du spath-fluor, etc. On a pensé pendant longtemps que le chlore et le fluor pouvaient former avec le phosphore des combinaisons volatiles ; on a reconnu qu'il n'en était rien. Le phosphore se retrouve intégralement dans les scories, tandis que le chlore, le fluor et les alcalis disparaissent peu à peu pendant l'opération. Ces corps ne sont pas, cependant, absolument sans action, ils rendent la scorie plus liquide et plus basique tout en augmentant sa fluidité.

Vers 1875 on employait très souvent le spath-fluor pour le traitement des fontes phosphoreuses ; nous avons indiqué, page 208, T. I, son influence sur la température de fusion.

A titre de renseignement, nous donnons ci-après les analyses du fer et de la scorie recueillis après le puddlage de deux charges ; la première a été puddlée à la manière ordinaire, dans la seconde, on a ajouté un mélange de spath-fluor, de minerai de manganèse, de chlorure de sodium et de chlorure de potassium. Sauf cette différence, toutes les autres conditions ont été les mêmes [1], la fonte était blanche, un peu manganésée, très phosphoreuse.

FONTES ET FERS.	TENEURS EN PHOSPHORE.	
	Sans additions.	Avec additions.
Fontes employées . .	1,95	2,11
Fer brut en barres . .	0,78	0,55
Fer fini laminé . . .	0,61	0,41

SCORIES PRISES A LA FIN DES OPÉRATIONS.

Puddlage fait :	sans additions.		avec additions.
FeO	60,18		53,04
Fe_2O_3	11,31		7,94
MnO	5,14		11,22
MgO	»		1,92
CaO	»		1,06
Ph_2O_5	16,05		17,42
SiO_2	6,10		5,86
S	0,57		0,56
Mn	0,99	Ca	0,70
Alcalis	»		non dosés
	100,33		99,72
Fe	54,72		46,81

La composition de la scorie provenant de la charge faite avec additions montre que les chlorures alcalins ont été presque complètement volatilisés et que le minerai de manganèse a été à peu près seul à produire un effet.

Actuellement, il est rare qu'on ait recours à des artifices de ce genre, les fontes très phosphoreuses sont traitées avec plus d'avantages, pour fer ou acier fondu, sur garnissages basiques, et on ne les emploie plus pour le puddlage ; quant à celles qui le sont moins, elles donnent au puddlage des produits suffisamment bons sans qu'on y fasse d'autre addition que celle de scories ferrugineuses [2].

(d) *Puddlage mécanique*. — A une époque où, dans la plupart des industries, on se préoccupe de remplacer les efforts manuels par le travail des machines, on devait chercher à faire exécuter par des appareils mécaniques la partie la plus pénible du puddlage, c'est-à-dire le brassage et ce que nous avons désigné sous le nom de tour de feu.

[1] Ces analyses ont été faites par l'auteur en 1876 dans une usine appartenant à un de ses amis qui voulait se rendre compte de l'effet produit par ces additions.

[2] On trouvera dans Wedding : *Darstellung des Schmiedbaren-Eisen*, p. 257 à 286, une liste très complète et très détaillée des additions imaginées pour le puddlage, additions qui sont le plus souvent des recettes empiriques ou ridicules.

Le professeur Schaffault de Munich est le premier qui ait donné une forme à cette conception.

Il construisit, en 1836, un appareil capable d'accomplir ces deux phases du travail [1], mais, pour le mettre en mouvement, on devait recourir à un moteur à vapeur spécial, le four devait être de grande capacité, l'installation fort coûteuse et le succès douteux ; il a cependant été installé dans une usine anglaise.

Un grand nombre de dispositions imaginées ultérieurement n'ont cherché à remplacer que le brassage à la main qui est la partie la plus pénible du travail, laissant aux ouvriers le soin d'exécuter eux-mêmes les autres opérations ; au lieu d'adapter un moteur à chaque four, on emprunte le mouvement à un arbre de transmission établi à portée des fours, l'installation est ainsi beaucoup plus simple et moins coûteuse, l'utilisation du travail mécanique est plus complète ; les appareils ne s'appliquent d'ailleurs qu'à des fours doubles traitant à la fois environ 500ᵏ, c'est là qu'ils sont le plus avantageux ; la forme ordinaire du four n'est pas modifiée et on travaille par les deux portes situées l'une en face de l'autre.

Comme type de ce genre d'appareil, nous décrirons celui qui a été imaginé par Dumeny et Lemut, ingénieurs français ; on y verra un exemple de la manière dont on peut transmettre mécaniquement aux crochets le même mouvement que les ouvriers lui font exécuter pendant la période de brassage ; il a d'ailleurs été appliqué pendant de nombreuses années dans quelques forges en France et en Lorraine ; les fig. 252, 253 et 254 suffiront pour faire comprendre la façon dont il fonctionne.

kk_1 sont deux crochets de puddlage qui pénètrent dans le four par les orifices de travail ; chacun de ces outils est supporté par une tringle hh_1 au moyen d'un joint sphérique d'un démontage facile. Ces tringles sont suspendues, par leur autre extrémité, à un point fixe autour duquel elles peuvent se mouvoir dans une direction quelconque.

A une certaine hauteur, ces tringles sont reliées aux bielles ll_1 dont l'extrémité opposée est rattachée au bouton de manivelle b qui leur imprime un mouvement de va et vient, mouvement qui est transmis par les tringles aux crochets. La manivelle b est calée sur un arbre w qui est entraîné par une courroie.

Pour faire varier graduellement l'orientation des crochets, de manière à imiter le mouvement que donne l'ouvrier quand il brasse, l'arbre w porte une vis sans fin qui transmet un mouvement de rotation très lent à la roue a et par conséquent aux boutons des manivelles c et c_1 qui sont calées sur le même arbre que la roue a.

[1] Cette machine est décrite dans : *Bayrisches Kunst- und Gerverbeblatt*, 1867, p. 132, et dans *Dinglers polyt. Journal*, T. CLXXXV, p. 242.

Les deux bielles mm_1 relient ces manivelles aux leviers g et g_1 et communiquent à ceux-ci un mouvement de rotation horizontal alternatif autour de points fixes. Chaque levier a un de ses bras attaché à une de ces bielles

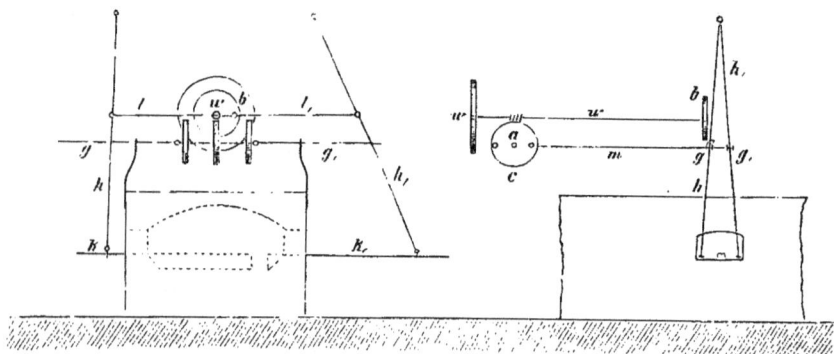

Fig. 252.

Fig. 253

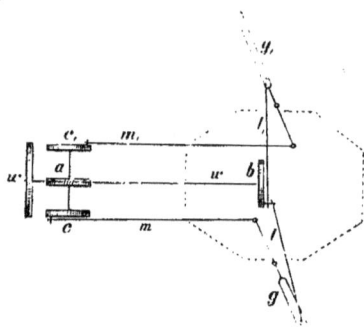

Fig. 254.
Schéma du puddlage mécanique Lemut.

mm_1, tandis que l'autre est une longue fourche à branches très proches l'une de l'autre entre lesquelles la tringle h ou h_1 passe et reste guidée dans son mouvement d'oscillation. Il en résulte que le bout du crochet de brassage, dont une extrémité est fixée à une des tringles h et qui passe par une des ouvertures ménagées pour le travail, décrit comme le bout de la tringle elle-même une série d'arcs de cercles voisins les uns des autres, et que son autre extrémité parcourt sur la sole des lignes droites correspondantes rapprochées ; elle trace donc sur la sole des sillons voisins les uns des autres comme dans le brassage à la main.

Il faut évidemment que le mouvement latéral des fourches et celui des bielles aient assez d'amplitude pour que les crochets parcourent successivement toute la surface de la sole sur laquelle ils doivent produire le brassage.

On trouvera dans les ouvrages à consulter la description de quelques autres appareils mécaniques appliqués au puddlage.

L'expérience a démontré que, si, en réalité, l'emploi de ces divers engins ne diminue pas les frais de main-d'œuvre, ils ont l'avantage de rendre le travail moins pénible, et par conséquent le recrutement des ouvriers plus facile quand on veut développer la production. Avant de se décider à y recourir, il faut donc bien se rendre compte des ressources dont on dispose en ouvriers spéciaux, de leur force et de leur aptitude.

En résumé, l'emploi de ces moyens mécaniques n'est qu'exceptionnellement adopté ; il est arrivé souvent qu'après les avoir montés, on a renoncé à les utiliser ; en général, les frais d'installation et d'entretien sont trop élevés pour les avantages qu'on en peut retirer.

(e) *Le puddlage au point de vue chimique.* — Les phénomènes chimiques auxquels donne lieu l'opération du puddlage sont analogues à ceux que nous avons décrits à propos de l'affinage au bas-foyer ; dans ce dernier, la fonte est soumise à l'action de l'oxygène contenu dans le jet de vent qui sort de la tuyère, tandis qu'au four à puddler, elle est exposée à l'influence d'un courant de gaz, produits de la combustion, qui contiennent, en même temps que de l'azote, de l'acide carbonique, de la vapeur d'eau et de l'oxygène libre, c'est-à-dire une grande quantité d'éléments oxydants [1].

Au four à puddler, comme dans les feux d'affinerie, le fer qui est en grand excès est oxydé, et le peroxyde produit sert à son tour d'oxydant pour le manganèse et le silicium. Cependant, si l'élimination des éléments étrangers qui constitue l'affinage ne devait être produite que par les gaz oxydants, on devrait se résoudre à un énorme déchet et à une lenteur extrême de l'opération ; il est donc infiniment plus profitable d'utiliser les propriétés oxydantes de corps non gazeux, tels que les scories riches en oxyde magnétique ; leur action est d'autant plus efficace et rapide, qu'elles sont mélangées plus intimement, à l'état liquide, avec le métal ; elles possèdent le grand avantage de n'agir que sur le silicium, le manganèse ou le carbone, tandis que les gaz oxydent le fer en même temps.

Dans un four à puddler à sole de fonte, une scorie de cette nature se formerait peu à peu au prix d'un déchet ; on réduit donc celui-ci lorsqu'on introduit directement, dans le four, une bonne scorie toute formée ; de composition très basique, elle aurait une action des plus énergiques sur le silicium, le phosphore et le carbone, mais sa température de fusion serait plus élevée et sa séparation du métal plus difficile ; le métal produit dans ces conditions n'aurait aucune ténacité ; il est donc nécessaire qu'elle renferme une certaine

---

[1] Fischer a trouvé dans les gaz des fours à puddler de 11 à 16 °/₀ d'acide carbonique, de 2 1/2 à 12 °/₀ d'oxygène libre et 80 °/₀ d'azote ; il n'a pas dosé la vapeur d'eau. *Dingl. polyt. Journal.* T. CCXXXVIII, p. 420.

proportion de silice que lui fournissent les fontes, si elles sont elles-mêmes siliceuses ; d'un autre côté, un excès de cet élément réduit l'action oxydante, ce à quoi on peut remédier en faisant couler hors du four une partie de la scorie et en faisant une addition de battitures.

L'allure de l'affinage dépend de la composition de la fonte, de la quantité et de la composition des scories qu'on fait intervenir et de la température du four.

On a fait, sur ce procédé d'affinage, des études plus nombreuses que sur celui du bas-foyer ; quelques exemples montreront plus clairement l'effet de ces diverses influences.

1er Exemple. — Le puddlage était pratiqué dans un four faisant partie d'un atelier d'affinage dans une forge anglaise; la grille était soufflée par dessous ; on y produisait du fer à nerf ordinaire ; la fonte était truitée, d'un affinage moyennement facile, la charge se composait de 50^k de battitures sur lesquels on mettait 200^k de fonte. Les analyses ont été exécutées par H. Louis [1].

ANALYSES DU MÉTAL

PHASES DE L'OPÉRATION	Temps écoulé après la charge	C	Si	Mn	Ph
Fonte chargée.	»	»	»	»	»
Après fusion complète	40′	2,36	1,11	0,78	0,36
Pendant le bouillonnement	48	1,89	0,14	»	0,25
Bouillonnement au maximum	53	1,75	»	0,09	0,26
Fin du bouillonnement, les grains de fer se séparent	58	1,57	»	»	0,23
Commencement des tours de fer	62	1,10	»	»	0,23
Commencement de la confection des balles	78	0,25	»	»	0,25
Fer en barres brutes	»	0,16	»	0,09	0,09

On constate immédiatement la disparition rapide du silicium, le carbone s'élimine peu à peu, tandis que la teneur en phosphore, après avoir diminué au début, reste stationnaire et ne tend à disparaître que pendant la confection des loupes. On doit sans hésitation conclure de ces chiffres que, de même que dans tous les cas analogues, le phosphore qui figure dans l'avant-dernière analyse provient en partie des scories emprisonnées dans le métal ; sans doute la quantité de scories était considérable, puisque, dans une prise de métal correspondant au commencement des tours de fer, on a trouvé jusqu'à 1,37 % de *silice*.

[1] *Journal of the Iron and Steel Institute*, 1879, p. 219.

Des chiffres du tableau ci-dessus et de la composition présumée de la fonte, nous avons tiré le tracé graphique de ce type de puddlage, fig. 255.

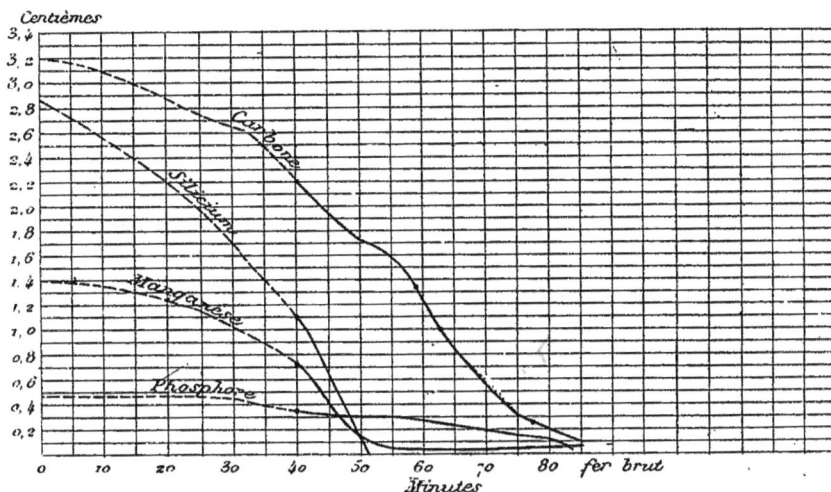

Fig. 255. — Etude graphique de l'affinage au four à puddler (fer à nerf).

2e Exemple. — Puddlage pour fer à grains, dans une forge de la Haute-Silésie, four ordinaire chauffé à la houille ; la fonte était riche en silicium et en manganèse, difficile à affiner ; les scories étaient ajoutées après la fusion. Les analyses ont été faites par J. Kollmann [1].

ANALYSES DU MÉTAL

PHASES DE L'OPÉRATION	Temps écoulé après la charge	C	Si	Mn	S	Ph
Fonte chargée	»	2,57	3,21	5,14	0,04	0,07
Après fusion complète	43	2,80	1,09	2,68	0,016	0,58
Commencement du bouillonnement . . .	52	2,89	0.23	2,53	0,013	0,56
Pendant le bouillonnement	55	2,78	0,21	2.20	0,012	0,30
Commencement des tours de fer	62	2,63	0.22	1,34	0,012	0,25
Pendant les tours de fer	91	1,65	0,23	0,65	0,012	0,21
Commencement de la confection des loupes.	96	1,38	0,21	0,32	0,011	0,18
Loupes	109	0,86	0.11	0,28	0,010	0,17
Barre brute	»	0,63	0,09	0,15	0,009	0,12

Ces analyses indiquent les transformations que subit le métal pendant le puddlage d'une fonte difficile à affiner, riche en silicium et en manganèse ; ces deux corps s'éliminent rapidement ; le poids de la masse métallique di-

[1] *Zeitschr. d. Ver. deutsch. Ingenieure* 1874, p. 326.

minuant, la proportion de carbone semble augmenter tout d'abord, jusqu'au moment où cet élément commence à s'oxyder lui-même.

Ces chiffres nous ont permis de construire le tracé graphique, fig. 256.

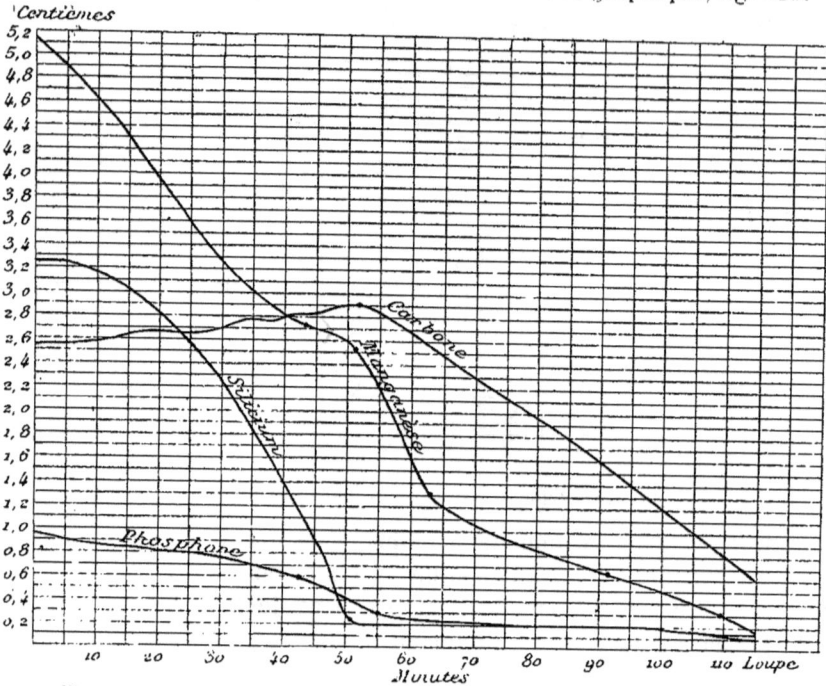

Fig. 256. — Etude graphique de l'affinage au four à puddler (fer à grains).

3e Exemple.— Puddlage pour acier, au gaz de bois, dans la forge de Zorge ; fonte chargée en silicium et en manganèse, assez difficile à affiner (ce mode de chauffage n'est plus employé). Les analyses sont de Schilling [1].

ANALYSES DU MÉTAL

PHASES DE L'OPÉRATION	Temps écoulé après la charge	C	Si	Mn	S	Ph
Fonte chargée	0	2,92	1,24	1.66	0,098	0,47
Après fusion	47'	2,49	0,34	0,47	0,030	0,24
Commencement du bouillonnement	66	2,36	0,16	0,47	0,027	0,17
Pendant le bouillonnement	80.5	2,26	0,11	0,47	0,012	0,11
Bouillonnement au maximum.	98	1,77	0,11	0,31	traces	0,08
Tours de fer	113	1,33	0,11	0,31	traces	0,07
Confection des loupes.	122	1,08	0,11	0,27	traces	0,07
Loupes	»	0,94	0,11	0,27	traces	0,07

[1] *Berg- und huttenw. Ztg.* 1863, p. 313.

La fonte contenait moins de silicium et de manganèse que la précédente ; il est probable que, dans ce four chauffé au gaz, la température était plus élevée, aussi le carbone a-t-il été oxydé pendant la fusion en même temps que les autres corps. La fig. 257 représente graphiquement la marche de [cette opération.

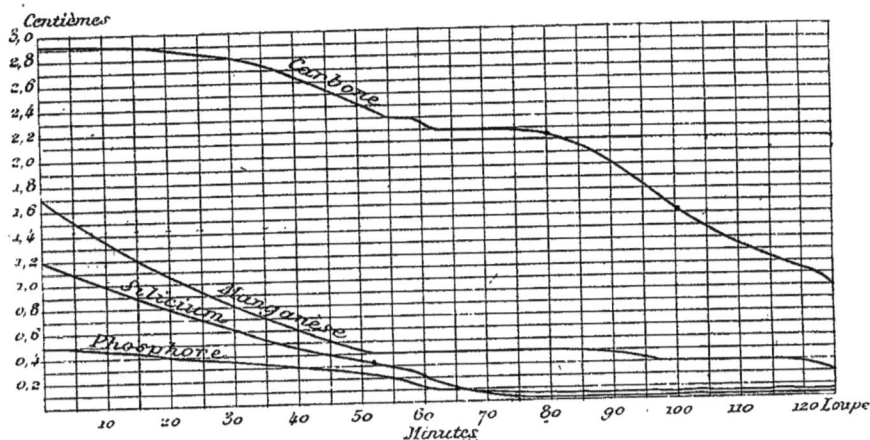

Fig. 257. — Etude graphique de l'affinage au four à puddler (acier).

En même temps qu'on faisait les prises de métal pour ces analyses, on a recueilli des scories du bain et on en a étudié la composition ; il ne faut pas oublier, cependant, qu'elles ont subi des influences étrangères à la marche de l'opération proprement dite, puisqu'elles ont reçu des additions de minerais, etc.; l'étude chimique néanmoins indique, d'une manière générale, une certaine régularité dans la façon dont leur composition se modifie.

Ainsi, on voit la proportion de silice augmenter aussitôt après la fusion, grâce à l'oxydation du silicium, puis elle reste à peu près stationnaire pendant l'affinage ; elle diminue ensuite, quand une forte proportion de fer est oxydée.

La teneur en peroxyde de fer décroît au début de l'affinage, puis elle augmente de façon à se retrouver vers la fin ce qu'elle était au commencement ; cela prouve bien nettement que, ainsi que nous l'avons fait observer, c'est ce protoxyde de fer qui est le principal agent d'oxydation pour le manganèse, le silicium, le soufre et le phosphore.

Nous donnons ci-après les analyses des scories recueillies dans les trois charges des exemples précédents :

ANALYSES DES SCORIES DU 1er EXEMPLE (FER A NERF)

PRISE D'ESSAI	SiO$_2$	Al$_2$O$_3$	Fe$_2$O$_3$	FeO	MnO	Ph$_2$O$_5$
Battitures ajoutées	14,69	1,51	15,07	63,92	3,18	1,60
40' après chargement	24,04	0,19	18,74	51,22	4,42	1,30
48 id.	27,17	n. d	5,28	59,56	5,17	2,12
53 id.	27,77	id.	4,81	59,95	5,19	2,19
58 id. . · . . .	27,46	id.	4,19	58,41	5,45	2,22
62 id.	25,72	id.	4,20	60,61	4,65	2,07
78 id.	15,79	id.	9,21	69,52	2,81	1,66

Il est juste de faire remarquer qu'avant de faire la prise d'essai vers la fin de l'opération, on avait laissé s'écouler une partie de la scorie ; l'action oxydante des gaz sur les loupes s'est continuée et a donné lieu à la production d'une nouvelle scorie très ferrugineuse.

ANALYSES DES SCORIES DU 2e EXEMPLE (FER A GRAINS)

PHASES DE L'OPÉRATION	SiO$_2$	Al$_2$O$_3$	Fe$_2$O$_3$	FeO	MnO	Ph$_2$O$_5$	Ca O
Scorie restée dans le four .	15,32	0,33	22,31	52,18	6,56	2,30	0,70
43' après chargement . . .	20,50	0,41	7,72	54,61	12,38	4,30	0,80
52 id. . . .	23,18	0,49	6,94	52,43	12,51	4,22	0,83
55 id. . . .	20,37	0,30	9,04	57,06	10,10	3,49	0,51
62 id. . . .	19,95	0,27	11,45	51,68	11,69	4,26	0,50
91 id . . .	21,91	0,30	12,36	46,76	15,87	3,10	0,43
96 id. . . .	19,45	0,34	13,48	48,04	14,40	4,17	0,62
Sortant des loupes, hors du four .	16,29	0,38	19,32	51,62	8,46	3,78	0,61

ANALYSES DES SCORIES DU 3e EXEMPLE (ACIER PUDDLÉ)

PHASES DE L'OPÉRATION	SiO$_2$	Al$_2$O$_3$	Fe$_2$O$_3$	FeO	MnO	Ph$_2$O$_5$	CaO + MgO
47' après chargement . . .	20,98	2,78	7,12	58,98	1,64	5,25	3,46
66 id. . . .	20,51	2,82	4,09	62,03	1,64	5,25	3,64
80.5 id. . .	20,12	2,87	4,12	62,14	non dosé	non dosé	3,67
98 id. . . .	20,34	2,87	5,20	61,20	id.	id.	3,21
113 id. . .	20,27	2,91	5,20	61,20	id.	id.	4,16
122 id. . . .	20,40	3,05	4,95	61,34	id.	id.	3,53
rest. au four	20,52	2,86	6,24	59,88	id	id.	3,48

(f) *Consommations de main-d'œuvre, matières premières, etc.* — Le temps nécessaire pour faire une opération complète de puddlage dépend de la nature de la fonte traitée; il varie de une heure et demie à deux heures, quand on puddle la fonte ordinaire sans chauffage préalable et l'on obtient par vingt-quatre heures de douze à seize charges. Si la fonte est très chaude, au moment où on l'introduit dans le four, on peut gagner du temps, et les fours Springer et Pietzka permettent de puddler de vingt-deux à vingt-quatre charges dans le même temps. On peut donc fabriquer en moyenne 3000^k de fer brut par vingt-quatre heures dans un four simple, 5000^k dans un four double en chargeant à froid et 10000^k avec un four double à deux soles.

Pour un four simple, le poste se compose de deux ouvriers, un troisième peut servir plusieurs fours, apportant les matières premières, aidant au transport des boules, etc. Un four double emploie double équipe.

Le déchet, c'est-à-dire la différence de poids entre la fonte chargée et le fer brut obtenu, est environ 12 % du poids de la fonte ; il peut s'élever à 15 % et descendre à 3 % ; un grand nombre d'influences diverses concourent à produire des résultats aussi différents.

Nous devons placer en première ligne celle qui résulte de la composition de la fonte ; il est clair, en effet, que la perte de poids sera d'autant plus forte qu'il y aura eu à enlever, par l'affinage, une plus grande quantité de corps étrangers, tels que le manganèse, le silicium, le phosphore.

Vient ensuite la manière dont l'oxydation s'est effectuée. Si le métal s'est trouvé soustrait autant que possible à l'action du courant gazeux, l'affinage résulte principalement de l'action du peroxyde de fer des scories, suivant les formules :

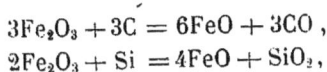

$$3Fe_2O_3 + 3C = 6FeO + 3CO,$$
$$2Fe_2O_3 + Si = 4FeO + SiO_2,$$

et ainsi de suite.

Dans ces conditions, le fer métallique n'est pas oxydé ou du moins ne l'est que dans une faible proportion; il en résulte qu'une fusion rapide et des additions abondantes ont pour effet de diminuer le déchet.

Il n'a pas encore été possible de reconnaître exactement si le protoxyde peut jouer, dans le four à puddler, le rôle d'oxydant qui satisferait aux formules :

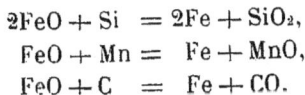

$$2FeO + Si = 2Fe + SiO_2,$$
$$FeO + Mn = Fe + MnO,$$
$$FeO + C = Fe + CO.$$

Il est plus probable, cependant, que ces réactions ne se réalisent pas, parce que les scories renferment toujours du peroxyde et que leur contact continuel avec le courant gazeux permet à cet oxyde supérieur de se reconstituer incessamment à mesure qu'une partie en est employée à oxyder un corps étranger. C'est du moins ce qui résulte de l'examen des analyses de scories.

Si, exceptionnellement, par exemple grâce à la haute température qui régnerait dans le four, le protoxyde des scories était réduit, 1 de fer se substituerait à 0,25 de silicium, à 0,98 de manganèse, ou bien à 0,81 de phosphore et le poids du fer obtenu serait supérieur à celui de la fonte employée.

Enfin, il ne faut pas oublier que l'on compte dans le poids du fer brut celui de la scorie emprisonnée dans le métal et, par conséquent, plus cette scorie est abondante et moins le déchet paraît élevé. Il n'a été fait qu'un petit nombre d'essais en vue de déterminer cette proportion de scories, mais puisque le fer du commerce peut en contenir 2 % (p. 332, T. II), on a bien le droit d'admettre que le fer brut en renferme le double de cette quantité. Si on tient compte de cette scorie, le nombre qui exprimera le déchet sera, le plus souvent, beaucoup plus fort que celui qu'on obtient directement en pesant la fonte chargée et le fer brut obtenu.

Comme nous l'avons déjà fait remarquer, le fer brut sera d'autant plus mélangé de scories que la charge aura été plus forte, et c'est en partie à cette cause que sont dus les résultats plus avantageux, en apparence, au point de vue du déchet, qu'on obtient avec les fours doubles.

La consommation de houille par tonne de fer brut dans les fours simples à chauffage direct est de 800 à 900^k, quand on traite des fontes blanches ordinaires pour fer à nerf; elle atteint 1300^k et plus, quand on puddle pour acier. Cette différence s'explique par la plus longue durée des opérations pour acier et par la nécessité de maintenir, pour cette fabrication, une haute température avec une flamme moins oxydante.

Dans les fours doubles ordinaires chauffés au gaz de houille par le système Bicheroux, la consommation descend à 650 ou 700^k, et à 500^k, dans les fours doubles à deux soles.

Si on emploie le lignite comme combustible, la consommation est inversement proportionnelle au pouvoir calorifique de la matière brûlée.

Nous avons déjà indiqué que les fours à chauffage direct et ceux qui sont chauffés au gaz sans régénérateurs utilisent leurs flammes perdues pour la production de la vapeur.

(g) *Produits.* — *Barres de fer brut.* — Le fer brut obtenu par le puddlage demeure imprégné d'une grande quantité de scories ; lorsqu'il n'est pas destiné à servir de matières premières pour une fabrication de fer fondu, il est donc nécessaire de lui faire subir une épuration par un ou plusieurs réchauffages suivis de un ou plusieurs étirages.

Nous avons déjà fait remarquer en quoi le fer puddlé différait de celui qu'on obtient par d'autres procédés de soudage et en particulier par le traitement au bas-foyer. La fonte supérieure, dans un feu d'affinerie, fournit un fer plus malléable à chaud que celui qui résulterait de son puddlage, mais les fontes de médiocre qualité, principalement celles qui sont phosphoreuses, donnent un fer suffisant à un certain nombre d'applications avec plus de facilité si on les traite au four à puddler que si on les passe au feu d'affinerie.

Scories. — Comme il est aisé de s'en convaincre en comparant les résultats d'analyses, les scories de puddlage ressemblent beaucoup à celles des bas-foyers ; toutes sont très ferrugineuses, mais celles des fours à puddler sont susceptibles d'absorber de fortes quantités d'acide phosphorique quand les fontes sont elles-mêmes phosphoreuses.

Les scories chargées de phosphore sont particulièrement recherchées pour les hauts-fourneaux qui fabriquent des fontes Thomas ; celles qui le sont moins restent dans les fours pour concourir à l'affinage jusqu'à ce qu'elles aient absorbé de telles quantités de phosphore qu'elles ne puissent plus être employées à cet usage.

5. — Puddlage dans les fours rotatifs.

(*a*) *Introduction.* — Si on communique au laboratoire d'un four à puddler un mouvement de rotation, on arrive à mélanger la fonte et la scorie comme on le fait par le brassage, et on diminue le travail opéré par la main de l'ouvrier ; c'est le but que l'on cherche à atteindre dans tout procédé de puddlage mécanique. Ce genre de four, qui supprime en réalité le brassage (puddling-process), a conservé néanmoins le nom de four à puddler. Les transformations chimiques que subit le métal sont d'ailleurs les mêmes que dans les fours fixes ; c'est toujours par l'intermédiaire des scories riches en oxydes de fer que se fait l'oxydation du silicium, du carbone, du phosphore et du manganèse, le peroxyde de fer se réduisant au minimum et le protoxyde se transformant en fer. La marche de l'opération n'est cependant pas absolument la même.

Le brassage étant supprimé, les fours rotatifs sont entièrement fermés pendant que l'affinage se produit, l'air froid n'y peut donc pénétrer, le combustible est mieux utilisé, le déchet plus faible.

Dans les fours fixes, le mélange de scories et de métal ne s'opère que là où l'outil agite ces matières ; afin qu'elles ne se séparent pas, il faut que la température soit assez basse pour que la liquidité ne soit pas parfaite ; dans les fours rotatifs au contraire, le mélange se fait d'une manière ininterrompue dans toute la masse liquide, la réaction est plus générale et il est sans inconvénient que la température soit plus élevée, ce qui rend les réactions plus vives ; le brassage au crochet n'ayant plus lieu, on peut ajouter de plus grandes quantités de corps oxydants, des scories par exemple, qu'il n'est possible de le faire dans les fours fixes, mais, d'autre part, le four restant fermé, l'oxydation par l'air est plus limitée, on doit donc comme compensation faire des additions plus considérables de scories ; celles-ci absorberont, sans doute, une plus forte proportion de phosphore; c'est également ce que la pratique a confirmé.

Malgré ces avantages qu'on ne peut méconnaître, les fours rotatifs ont été rarement employés et actuellement on y a renoncé presque partout, ce qui tient à plusieurs causes : Il faut une force motrice importante pour maintenir le four en mouvement, ce qui nécessite une dépense qui équivaut, dans certains cas, à l'économie qu'on pourrait réaliser sur la main-d'œuvre ; l'installation d'un four rotatif est beaucoup plus coûteuse que celle d'un four ordinaire, les réparations sont plus fréquentes ; la garniture est plus difficile à faire et à réussir, parce qu'elle doit résister, non seulement aux actions chimiques, mais encore aux chocs incessants qu'elle éprouve, il faut donc la renouveler plus fréquemment ; pour tirer tout le parti possible d'un four rotatif qui représente un capital important, on doit faire de fortes charges, or, tandis que, dans les fours fixes, on peut diviser la charge en un certain nombre de loupes que l'on cingle l'une après l'autre, la plupart des fours rotatifs, entre autres ceux qui ont donné les meilleurs résultats, produisent, sans l'intervention de l'ouvrier, une seule et énorme loupe pour le cinglage de laquelle il faut des appareils spéciaux ; quelques précautions que l'on prenne, le métal obtenu est plus chargé de scories que celui des fours fixes, il exige donc une plus grande somme de travail pour être transformé de façon à être utilisé.

(b) *Fours rotatifs.* — Le premier four rotatif fut établi en 1859 par un ingénieur suédois Oestlund à Finspang. Il avait la forme d'un creuset fixé à l'extrémité d'un arbre incliné: il était chauffé au gaz et recevait un jet de flamme lancé, comme avec un chalumeau, dans l'intérieur du creuset. Une disposition particulière permettait de renverser le creuset avec son arbre de manière à faire tomber la loupe lorsqu'elle était faite ; ce four n'a été établi dans aucune autre usine.

Il a été récemment repris et perfectionné par les anglais *Godfrey* et *Howson* qui l'ont monté dans quelques forges du Cleveland vers 1875 ; les résultats n'ont pas été assez satisfaisants pour que ces appareils aient reçu un plus grand nombre d'applications [1].

Le four à sole tournante de *Pernot* dont nous avons parlé p. 170 était primitivement destiné au puddlage ; mais il ne supprimait que le brassage, il ne résultait donc de son emploi qu'une faible économie de main-d'œuvre. Il avait tous les inconvénients des fours rotatifs, sans présenter les mêmes

---

[1] On trouvera des descriptions et des dessins du four Oestlund dans les ouvrages suivants : *Jahrbuch der Bergakademien zu Leoben*, etc., vol. IX, p. 162. — *Revue univ. des mines*, série II, T. III, p. 100 — Weddung : *Darstellung*, etc., p. 296, pour l'autre, voir : *Journal of the Iron and Steel Institute*, 1877, p. 416.

avantages que quelques-uns d'entre eux, aussi son adaptation au puddlage n'a pas dépassé la période des essais.

Les fours cylindriques que nous avons signalés ont eu plus de succès. Ce sont des cylindres horizontaux tournant autour de leur axe qui constituent les laboratoires.

Déjà, en 1862, Ekman avait remplacé à Finspang le four Oestlund par un four rotatif horizontal. Depuis cette époque jusqu'en 1870, on a, à plusieurs reprises, proposé des appareils établis sur ce type, mais sans aboutir à un résultat pratique ; le principal écueil, contre lequel les inventeurs venaient se heurter, était la difficulté de maintenir une garniture. En 1871, l'américain *Danks* construisit un four rotatif qui fut mieux accueilli que les précédents.

A l'extérieur le four Danks ressemblait au four rotatif Siemens représenté fig. 43 et 44, p. 169 ; il reposait de même sur des galets, et était mis en mouvement par un pignon engrenant avec une couronne dentée fixée à l'enveloppe en tôle ; ce four était généralement chauffé au gaz sans récupérateurs, la flamme arrivait par une des extrémités, traversait le laboratoire cylindrique et s'échappait vers la cheminée par l'extrémité opposée ; ce four différait, en ce point, de celui employé par Siemens (fig. 43) dans lequel le courant gazeux a la forme d'un fer à cheval, l'entrée et la sortie se faisant du même côté.

Au moyen d'une grue on enlevait la partie du rampant touchant au laboratoire, ce qui permettait l'accès dans celui-ci ; à cet effet le rampant mobile était enveloppé de tôle.

L'enveloppe du laboratoire était refroidie par un courant d'eau qui permettait d'éviter une usure trop rapide du garnissage intérieur.

Vers 1873, les fours Danks ont été installés à Middlesborough, dans quelques usines de l'Amérique du Nord et au Creusot. En Allemagne on ne les a pas plus adoptés que les autres fours rotatifs.

Le four Howson n'a reçu qu'un très petit nombre d'applications en France ; celui de Danks a été installé au Creusot et y a été conservé sous une forme un peu différente, que nous représentons dans la figure 257bis. Un des plus grands obstacles à l'emploi du four rotatif Danks était la difficulté de cingler convenablement l'énorme loupe qui en sortait. Au moyen d'une disposition spéciale du garnissage, Bouvard, ingénieur au Creusot, obtient deux loupes au lieu d'une. L'appareil est d'ailleurs construit avec un soin extrême ; il se compose, comme le montre le dessin, de trois parties *A*, *B*, *C*. *A* est le foyer soufflé, *B* le laboratoire cylindrique reposant sur quatre galets *E*, supportés par les paliers F, F ; une ceinture dentée *G* communique au laboratoire un mouvement de rotation ; un barrage *H*, refroidi intérieurement, divise la capacité intérieure en deux parties dans chacune desquelles se rassemble une loupe. Une double enveloppe assure le refroidissement constant de l'appareil. La troisième partie *C* est le rampant qui doit être enlevé pour charger le four et retirer les loupes. A cet effet, ce rampant enveloppé de tôle peut osciller autour

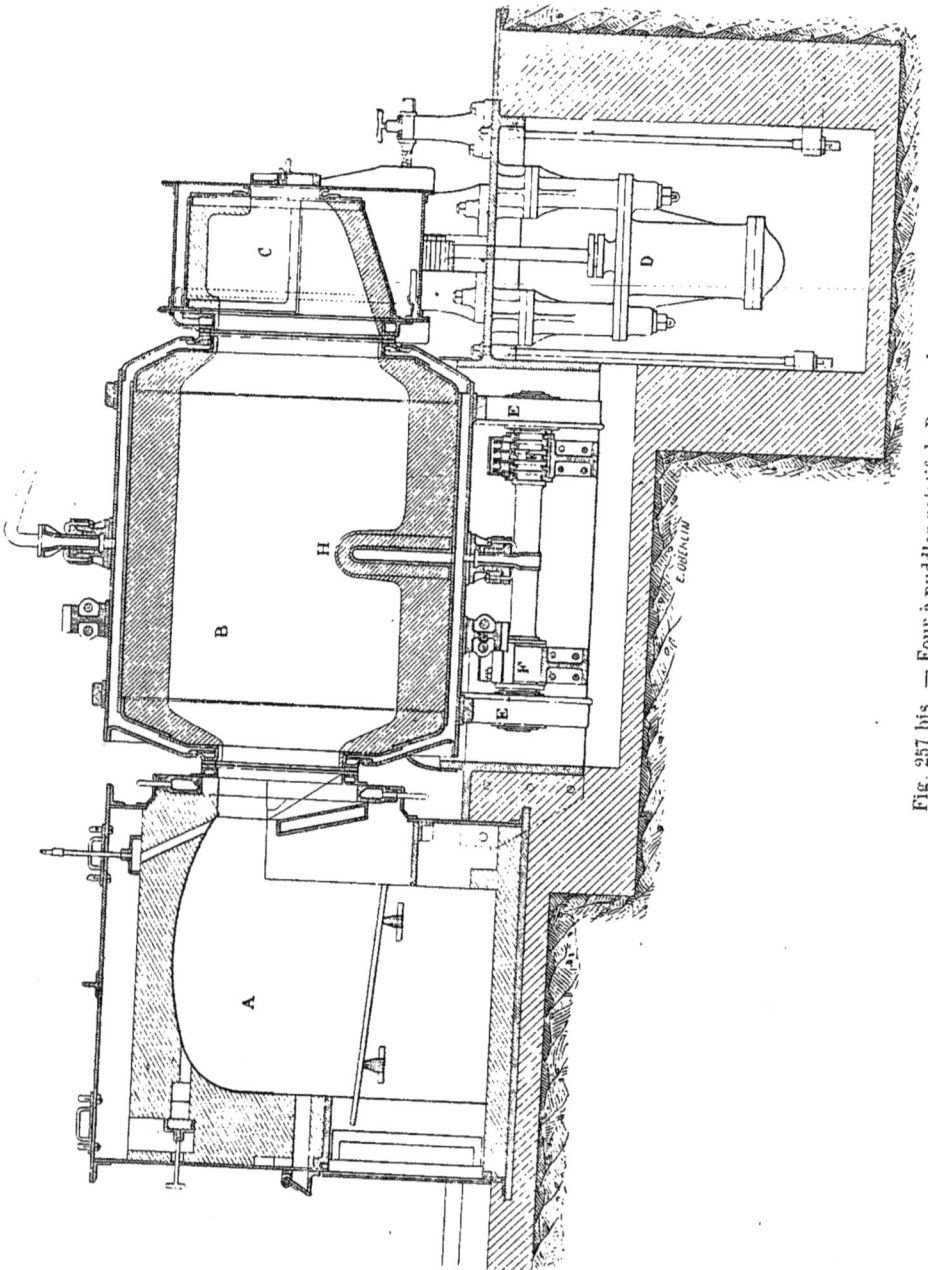

Fig. 257 bis. — Four à puddler rotatif de Bouvard.

d'un point fixe placé en dehors, il porte un segment denté engrenant avec une crémaillère formant l'extrémité de la tige d'un piston hydraulique D.

Ce four est employé pour la fabrication de certains fers spéciaux.

On trouvera dans les *Bulletins de l'Industrie minérale*, 2ᵉ série, T. I, p. 649 et T. II, p. 169, la description du four Danks et celle des opérations résumées par F. Gautier. (V.)

Pour compléter cette énumération, nous citerons le four Crampton construit en 1874 à l'arsenal de Woolwich [1] ; il ressemble au four Danks mais il est chauffé par des insufflations de houille pulvérulente. Cette invention n'a eu aucun succès.

Les fours rotatifs ayant perdu tout intérêt nous renvoyons le lecteur aux divers ouvrages que nous indiquons ci-après ; il y trouvera des détails sur la conduite du travail, l'étude chimique du procédé, les consommations, etc.

Ouvrages à consulter.

(a) *Traités.*

Percy, *Traité de métallurgie, traduction française de Petitgand et Ronna.*

H. Wedding, *Die Darstellung des Schmiedbaren Eisens*, Brunswig 1875.

P. Tunner, *Die Stabeisen- und Stahlbereitung in Frischerden*, 2ᵉ édition, Fribourg, 1858.

E. F. Dürre, *Die Anlage und der Betrieb der Eisenhütten*, t. III, Leipzig 1891.

(b) *Mémoires.*

SUR LE TRAITEMENT DIRECT DES MINERAIS POUR FER ET ACIER.

C. v. Schwarz, *Ein Eisenwerk Centralindiens. Zeitschr. d. berg- u. hüttenw. Ver. für Steiermark und Karnten*, 1879, p. 1.

E. Fuchs et E. Saladin, *Métallurgie du fer chez les Khouys. Annales des mines*, série 8, t. II, p. 287.

T. Egleston, *The American bloomary process for making iron direct from the ore. Transact. of Americ. Instit. of mining Engineers*, t. VIII, p. 515.

W. Siemens, *Some further remarks regarding the production of iron and steel by direct process. The Journ. of the Iron and Steel Instit.*, 1877, p. 345.

A. L. Holley, *Notes on the Siemens direct process. Transact. of the Americ. Instit. of mining Engineers*, t. VIII, p 321.

Late developments in the Siemens direct process. Transact. of the Americ. Instit. of mining Engineers, t. X, p. 274.

P. Tunner, *Neuere Fortschritte in der directen Darstellung des Eisens aus seine Erzen. Zeitschr. d. berg- u. hüttenm. Ver. f. Steiermark und Karnten*, 1881, p. 253.

J. Ireland, *Some recent improvements in the manufacture of iron sponge. The Journ. of the Iron and Steel Instit.*, 1878, p. 47.

[1] On en trouvera les dessins dans le : *Journal of the Iron and Steel Institute*, 1874, p. 384 ; et dans la *Revue universelle des mines*, T. XXXVII.

G. Husgafvel, *A direct method of producing malleable iron and steel. Journal of the Association of Charcoal iron workers*, t. VII, p. 280.

L. Garrisson, *Husgafvel's improved high bloomary for production of iron and steel direct from ore. Transact. of the Americ. Instit. of mining Engineers*, t. XVI, p. 334.

Neuer Finnländischer Stückofen. Stahl und Eisen, 1887, p. 471.

J. w. Ehrenwerth, *Der Eamesprocess. Oester. Zeitschr.*, 1891, p. 545.

A. Ledebur. *Ueber Darstellung von Schmiedbaren Eisen aus Erzen. Stahl und Eisen*, 1886, p. 576.

Sur l'Affinage au Bas-Foyer.

Botischew, *Ueber Veränderungen, welche das Roheisen während des Frischprocesses erleidet. Oesterr. Zeitschr. für Berg- und Hütt.*, 1862, p. 238.

R. Åkerman, *Die Schwedische Eisenindustrie. Zeitschr. d. berg- und hüttenm. Ver. f. Steiermark und Karnten*, 1877, p. 120.

J. v. Ehrenwerth, *G. A. Forsbergs Frischfeuer. Oesterr. Zeitschr. für Berg- und Hütt.*, 1885, Nº 33.

Beschreibung der Erzengung des Steirischen Herdfrischstahls. Stahl und Eisen, 1889, p. 485.

Sur le Puddlage.

K. List, *Beitrag zur Theorie des Puddelprocesses. Programm des Gewerbschule zu Hagen*, 1860, p. 4. *Wagners Jahresbericht des chemischen Technologie für* 1860, p. 46.

K. List, *Ueber das Verhalten des Siliciums beim Frischen des Roheisens. Zeitschr. d. Ver. deutsch. Ingenieure*, t. IX, p. 380.

K. List, *Anmerkungen über die Wichtigkeit des Eisenoxydgehaltes der Frischschlacken. Zeitschr. d. V. deutsch. Ingenieure*, t. XIX, p. 19.

J. Kollmann, *Beiträge zur Untersuchung des Puddelprocesses. Zeitschr. d. V. d. Ingenieure*, t. XVIII, p. 325.

A. Schilling, *Beiträge zur Kenntniss des Puddelprocesses. Berg- und hüttenw. Ztg.*, 1863, p. 313.

Chr. Lan, *Etudes sur les réactions de l'affinage des fontes. Annales des mines*, série 5, t. XV.

Dr. Drassdo, *Ueber die chemischen Vorgänge bei Ueberführung des Roheisens in Stabeisen durch den Puddelprocess. Zeitschr. f. Berg. Hutt. und- Salinenwesen*, 1863, p. 170.

G. J. Snelus, *Die chemischen Vorgänge beim Puddeln im Dauksofen. Dingl. polyt. Jour.* T. CCIV, p. 216.

H. Louis, *On the chemistry of puddling. The Journ. of the Iron and Steel Instit.*, 1879, p. 219.

L. Bell, *On the separation of carbon, etc., in refining and puddling furnaces. The Journ. of the Iron and Steel Instit.* T. II, 1877.

Petersen, *Der Puddelprocess mit Bezug auf die Entphosphorungsfrage. Wochenschr. d. V. deutsch. Ingenieure*, 1880, p. 35.

P. Roberts, *The puddling process, past and present. Transact. of the Americ. Instit. of mining Engineers*, t. VIII, p. 335.

Zusammenstellung über die Betriebsverhältnisse von Puddel und Schweissöfen. Zeitschr. d. V. deutsch. Ingenieure, t. XVI, p. 673.

L. Bell, *Price's retort furnace. The Journ. of the Iron and Steel Instit.*, 1875, p. 451.

A. Raze, *Note sur l'application du système Bicheroux aux fours à puddler. Revue universelle des mines*, série 2, t. I, p. 196 (1877).

Anwendung des Bicheroux-Systems auf Puddelöfen in der Eisenhütte zu Ougrée. Stahl und Eisen, 1882, p. 429.

J. de Macar, *Note sur l'application du système Boëtius au puddlage. Revue universelle des mines*, série 2, t. I, p. 202.

R. v. Borbely, *Ueber den Betrieb der Regeneratir-Puddelöfen. Zeitschr. d. berg- und hüttenm. Ver. f. Steiermark und Karnten*, 1878, p. 208.

Dr. Kosmann, *Ueber den Puddelbetrieb in dem Siemensschen Gasregeneratorofen. Zeitschr. f. Berg- Hutten. und Salinienwesen*, t. XVIII, p. 145 (1870).

E. Gœdicke, *Entwickelung und gegenwärtiger Stand des Puddelofenbetriebes mit Gasfeuerung. Stahl und Eisen*, 1889, p. 554.

Wedding, *Der Pietzkasche Puddelofen. Glasers Annalen für Gewerbe und Bauwesen*, t. XXII, p. 169.

Der Pietzka- Puddel- und Schweissofen. Oesterr. Zeitschr., 1892, p. 211.

Gaspuddelofen von Springer. Stahl und Eisen, 1889, p. 776.

S. Jordan, *Notice sur le puddlage mécanique en Suède. Revue universelle des mines*, série 2, t. III, p. 100 (1878).

H. Kirck, *On puddling in ordinary and rotary furnaces. The Journ. of the Iron and Steel Instit.*, 1876, p. 367 ; 1877, p. 140.

T. R. Cramptons revolving furnace and its products. *The Journ. of the Iron and Steel Instit.*, 1874, p. 384.

R. Howson, *On mechanical puddling. The Journ. of the Iron and Steel Instit.*, 1877, p. 416.

Ueber die Anwendung von Maschinen beim Puddelbetriebe. Zeitschr. d. Ver. deutsch. Ingenieure, t. XI, p. 107 (1867).

E. Fisher-Smith, *On the Casson-Dormoy puddling furnace. The Journal of the Iron and Steel Instit.*, 1876, p. 109.

Report of the Belgian commission on the vorking of the Danks rotary puddling furnace. The Journal of the Iron and Steel Instit., 1872, p. 311.

F. Kupelwieser, *Studien über die Benutzung der Abhitze von Puddel- und Schweissöfen. Jahrbuch der Bergakademieen zu Leoben und Przibram*, t. XIX, p. 289.

Th. Turner, *Economical puddling and puddling cinder. Journal of the Iron and Steel Instit.*, 1891, I, p. 119.

Fr. Gouvy, *Die Doppelexplosionen von Puddelöfen Stahl und Eisen*, 1892, p. 1001.

CHAPITRE IV

FABRICATION DU FER ET DE L'ACIER PAR FUSION

---

1. — Propriétés du fer et de l'acier obtenus par fusion.

Le fer et l'acier, qui ont passé par l'état liquide et qui ont été obtenus par un procédé de fusion, ne contiennent pas de scories ; l'ensemble d'un échantillon donné est donc à peu près homogène ; il faut bien reconnaître cependant que cette homogénéité n'est pas absolue.

Nous avons fait remarquer, en effet, page 276, que tous les fers, les aciers et les fontes obtenus industriellement sont, non pas des corps simples et purs, mais des alliages du fer avec d'autres éléments, tels que le carbone, le silicium, le soufre, le phosphore, le manganèse, etc., et que, comme la plupart des alliages métalliques, ceux du fer sont sujets à se liquater, c'est-à-dire à se transformer, par un refroidissement lent succédant à une fusion, en une série d'autres alliages de compositions diverses, possédant des points de fusion différents. Ce phénomène se produit d'une façon très nette dans la fonte qui contient relativement de grandes proportions de corps étrangers (p. 360), mais, lorsqu'on emploie des méthodes d'analyses très précises, on le constate également dans le fer et l'acier ; il en résulte que la composition chimique n'est pas absolument la même en tous les points ; ce manque d'homogénéité est surtout sensible dans les pièces d'un poids considérable, lingots ou moulages, pour lesquelles le refroidissement s'est fait plus lentement.

Dans le but de s'assurer de ces différences, Snelus a choisi un lingot prismatique de $2^m,13$ de hauteur et $0^m,48$ de côté provenant d'une coulée dans laquelle on avait, à dessein, forcé les doses de soufre et de phosphore et dont le refroidissement s'était opéré très lentement. On découpa deux plaques

minces, l'une dans la partie supérieure, l'autre dans le voisinage du fond. A
l'analyse, on reconnut la composition suivante [1] :

	Fe	C	Si	S	Ph	Mn	Cu
Partie haute	98,21	0,68	0,02	0,14	0,14	0,68	0,004
Partie basse.	99,03	0,39	0,02	0,04	0,06	0,50	0,004

On constata également qu'il existait de grandes différences entre la partie
voisine de la surface extérieure et le centre du lingot, là où la solidification
ne s'était produite que plus tard.

Pour s'en rendre compte, après avoir tracé sur les plaques des diagonales,
on y prit six échantillons en partant de l'extérieur et se rapprochant du
centre, et on les soumit à l'analyse ; le n° 1 correspondait à la prise la plus
rapprochée de l'extérieur, le n° 6 était dans l'axe. On obtint les résultats
suivants :

	PARTIE HAUTE DU LINGOT			PARTIE BASSE DU LINGOT		
	C	S	Ph	C	S	Ph
Echantillon N° 1	0,44	0,032	0,044	0,44	0,048	0,060
id. N° 2	0,54	0,048	0,060	0,42	0,056	0,062
id. N° 3	0,57	0,080	0,086	0,41	0,048	0,054
id. N° 4	0,61	0,096	0,097	0,40	0,048	0,054
id. N° 5	0,68	0,120	0,111	0,38	0,048	0,054
id. N° 6	0,77	0,187	0,142	0,37	0,044	0,032

Les différences sont, ont le voit, beaucoup plus sensibles dans la partie supérieure du lingot que dans le fond.

Ce phénomène de liquation, qui se produit dans le fer et l'acier fondus, se
manifeste de plusieurs façons. Si on examine la surface d'un lingot ou d'une
pièce de moulage on y découvre souvent un grand nombre de petits mamelons de la grosseur des grains de millet ou un peu plus gros ; ce sont des
gouttelettes d'un alliage plus fusible que la masse du métal qui ont été chas-
sées par la contraction de la partie solidifiée, de même que le mercure filtre,
par l'effet d'une forte pression, à travers les pores d'un cuir ou d'une peau de
chamois [2].

[1] Voir les ouvrages à consulter. Les nombres qui figurent dans le tableau sont des moyennes
de plusieurs analyses dont les résultats étaient concordants.
[2] Le même phénomène se produit avec la fonte, les fondeurs allemands lui ont donné le
nom de *Anbrand*. Pour plus de détails consulter A. Ledebur, *Handbuch der Eisen und
Stahlgiesserei*, 2e édition, p. 35.

L'analyse des mamelons et celle de la masse du métal a révélé les différences suivantes :

Masse du métal. . Soufre 0,03   Phosphore 0,06
Mamelons . . . Id. 0,08   Id. 0,10

On trouve des écarts encore plus grands si on prend les mamelons à l'intérieur des soufflures où l'air n'a pas pénétré et où ils se sont formés comme le produit d'une exsudation d'un alliage encore liquide renfermé dans le métal solidifié.

Reuss [1] a trouvé, à l'intérieur d'un cylindre de laminoir en acier Bessemer du poids de 6000^k, un gâteau de métal liquaté, d'une largeur de 50^{mm} sur 15^{mm} d'épaisseur ; il a analysé le métal au-dessus et au-dessous et le gâteau lui-même ; le tableau ci-dessous résume les résultats obtenus :

	C	Si	Ph	S	Mn
Masse du métal au-dessous de la soufflure .	0,309	0,252	0,079	0,055	0,960
Id. id. en dessus id.	0,680	0,326	0,318	0,325	1,490
Gâteau liquaté dans la soufflure.	1,274	0,410	0,753	0,418	1,080

On aurait tort de s'effrayer outre mesure de l'influence que peuvent avoir, sur la qualité du métal fondu, ces différences de composition d'un point à l'autre d'un bloc, moulage ou lingot ; elles portent principalement, en effet, sur la répartition du soufre et du phosphore, éléments dont on redoute à bon droit la présence et qu'on s'attache à éviter autant que possible ; les faibles quantités qu'on en tolère dans le fer et l'acier sont en général sans action sur la qualité du produit ; le silicium et le manganèse semblent se répandre assez uniformément ; quant au carbone, dont la teneur paraît varier beaucoup dans un certain nombre d'essais, on connaît la propriété qu'il possède à un haut degré de cheminer sous l'influence d'une température élevée, dans l'intérieur du métal et de tendre vers l'équilibre ; c'est sur ce phénomène que sont basées les cémentations carburantes et décarburantes. Or toutes les pièces de fer et d'acier fondus subissent, après la coulée et avant d'être employées, soit un recuit, soit un réchauffage précédant l'étirage ; c'est ce qui explique que, généralement, on ne trouve aux essais mécaniques que des variations insignifiantes dans les teneurs en carbone d'où dépend en réalité la qualité du métal pour un emploi donné. Il ne nous semble pas douteux que, si on porte les pièces de fer et d'acier à une température dépassant le rouge et qu'on les y maintienne un certain temps, il s'établisse un équilibre de composition qui n'existait pas au moment de la solidification.

Voir, sur la ségrégation et ses conséquences, la communication de Pourcel et la discussion qui l'a suivie dans les *Transactions of the American Institute of mining Engineers*, t. XXII et XXIII. (V.)

Il est extrêmement rare que la cassure d'un lingot ou d'une pièce coulée en fer fondu, qui n'a pas subi d'élaboration mécanique, se présente avec un

[1] *Stahl und Eisen*, 1891, p. 643.

aspect absolument compact, quelquefois même la section est criblée de trous de plusieurs centimètres de diamètre et de profondeur ; plus souvent, cependant, on ne remarque qu'un petit nombre de cavités de cette importance, mais, dans tous les cas, un examen à la loupe permet d'en découvrir une foule de petites disséminées sur toute l'étendue de la cassure.

Ce n'est pas d'ailleurs seulement sur le fer et l'acier qu'on remarque ce manque de continuité; la plupart des métaux, le cuivre, le nickel, l'argent, en passant de l'état liquide à l'état solide, se comportent de la même façon, et les pièces coulées avec ces divers métaux doivent fréquemment être rebutées, pour ce motif, lorsque ce défaut est trop caractérisé. Les fontes elles-mêmes, surtout celles qui sont riches en manganèse et pauvres en silicium, n'en sont pas à l'abri.

Ces solutions de continuité, auxquelles on donne généralement le nom de *soufflures*, diminuent la valeur des fers et des aciers fondus, même quand, sous forme de lingots, ils doivent subir un travail ultérieur au marteau, au laminoir ou à la presse, parce que, en admettant qu'une pression énergique, exercée à haute température, puisse amener en contact les parois intérieures de ces cavités, on n'obtient que rarement, pour ne pas dire jamais, le soudage de ces surfaces entre elles. Lors donc qu'une soufflure s'est produite à la coulée, le défaut qui en résulte persiste et bien qu'on ne puisse souvent le reconnaître à l'œil nu, il se trouve révélé par un décapage aux acides.

Les soufflures sont dues à deux causes ; la première est le retrait du métal, c'est-à-dire la diminution de volume qu'il subit en se refroidissant ; lorsqu'on vient de remplir un moule ou une lingotière, la partie de métal qui se trouve en contact avec les parois froides se solidifie immédiatement en prenant le retrait dont elle est susceptible ; il se forme donc une croûte enveloppant la masse encore liquide, croûte qui a pris à peu près tout son retrait, tandis que la partie encore en fusion qui s'y trouve renfermée comme en un vase de capacité invariable, n'a pas encore subi le sien ; elle se contracte cependant à son tour par le refroidissement et se solidifie en venant augmenter peu à peu l'épaisseur de l'enveloppe ; le métal passe donc à l'état solide par couches successives en prenant son retrait, si bien qu'il se forme un vide là où la solidification s'est faite en dernier lieu, c'est-à-dire le plus généralement dans l'axe du lingot, si celui-ci est prismatique, et dans les parties présentant le maximum d'épaisseur, lorsque la pièce a des formes plus compliquées.

Les cavités dues à cette cause sont faciles à reconnaître, leurs parois sont rugueuses et tapissées d'aspérités anguleuses provenant de la tendance du métal à cristalliser ; on y trouve même fréquemment des arborescences cristallines semblables à celles que nous avons représentées fig. 64 (p. 281) ; elles sont cependant plus rares que dans la fonte grise.

Dans une pièce moulée dont les trois dimensions, largeur, longueur et épaisseur, sont égales, la cavité occupe le centre; si une dimension dépasse de beaucoup les autres, la soufflure prend la forme d'un canal dirigé dans le même sens que cette plus grande dimension qui devient la longueur et souvent, en cassant un lingot transversalement, la cavité ne se distingue que par une porosité plus apparente et une texture plus lâche du métal dans l'axe de la cassure.

Il est facile de comprendre que la position et l'importance de cette cavité varient avec la manière dont s'est opéré le refroidissement; il peut en effet s'être produit d'une manière égale sur tous les côtés de la pièce, ou bien on a pu protéger plus ou moins telle ou telle partie.

D'un autre côté, si la soufflure résultant du retrait ne se remplit pas de gaz à mesure qu'elle se forme, gaz provenant du métal lui-même, il peut arriver que le vide y existe au sens strict du mot et que le métal incomplètement solidifié ne présentant pas une résistance suffisante, la pression atmosphérique rompe les parois de la cavité et que l'air y pénètre. On dit dans ce cas que le métal *ravale* ou *retasse*. Il se produit un entonnoir dont la partie inférieure se trouve située plus ou moins profondément dans la pièce.

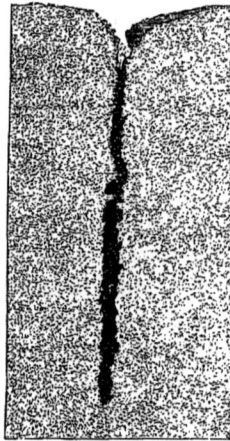

Fig. 258. — Retassement dans un lingot.

La fig. 258 représente la section longitudinale d'un lingot dans laquelle on distingue l'entonnoir de ravalement ou de retassement terminé par un canal étroit.

Le volume de la cavité due au retrait est naturellement plus grand pour les métaux dont la contraction linéaire est plus considérable, il croît avec le poids des pièces et la température à laquelle elles ont été coulées; nous n'avons pas besoin d'insister sur ces relations dont la cause est évidente et qui se trouvent décrites et expliquées dans tous les traités sur la fonderie ; nous nous bornerons à indiquer que le retrait linéaire du fer et de l'acier varie entre $\frac{1}{50}$ et $\frac{1}{72}$ des dimensions primitives (de 2 à 1,4 %). Moins le métal est carburé et plus le retrait est important ; pour la fonte on admet, le plus souvent, le chiffre de $\frac{1}{96}$ (1,04 %) ; il est donc plus difficile, pour le fer et l'acier que pour la fonte, de produire des pièces qui ne présentent pas de retassement.

Ainsi que nous l'avons dit plus haut, on trouve fréquemment dans les cavités dues au retassement des produits de liquation particulièrement riches en soufre et en phosphore. Lorsqu'on étire au laminoir ou sous le marteau, un lingot qui se trouve dans ces conditions, il demeure toujours dans la pièce, après travail, une partie moins serrée, et l'analyse chimique peut y retrouver des traces de la liquation qui s'y est opérée. Cette observation permet de se rendre compte d'un grand nombre de faits qui se manifestent pendant le travail à chaud, ou au moment des épreuves, ou même pendant le service.

Si, par exemple, pour essayer à la traction une éprouvette d'acier, on la réduit sur le tour à une dimension beaucoup plus faible que celle qu'elle avait en sortant de la forge, il se trouve que le rapport entre la partie centrale moins serrée et la section totale est plus grand, et la résistance paraît infiniment moindre. C'est généralement au point où cette partie centrale à texture plus lâche était plus importante, que la cassure se produit et on la reconnaît sur la section rompue à une couleur mate et plus sombre que le reste.

L'essai aux acides permet également de constater l'existence de la cavité qui s'est trouvée comprimée par le laminage ; il suffit de raboter la pièce jusqu'au milieu dans le sens de la longueur et de soumettre à l'action des acides la partie rabotée [1].

Nous donnons ci-dessous l'analyse de deux échantillons pris dans une barre essayée à la traction : l'un correspond à la partie centrale moins serrée, l'autre à la partie extérieure absolument saine.

Partie centrale. . S = 0,13 ; Ph = 0,15 ; Si = 0,03 ; Mn = 0,31.
Partie saine . . S = 0,06 ; Ph = 0,04 ; Si = 0,03 ; Mn = 0,25.

L'influence de la partie centrale se fait d'autant plus sentir qu'on réduit le lingot à une section plus petite ; c'est principalement pour les tôles minces qu'elle est pernicieuse ; lorsqu'en effet l'amincissement est poussé très loin, la partie moins serrée peut être mise à nu, présentant une surface rugueuse,

---

[1] Voir *Stahl und Eisen* 1889, p. 5. On y trouvera des dessins d'après nature de barres d'acier traitées de cette façon.

et provoquant l'exfoliation de la feuille ; si ces tôles sont destinées à l'étamage, on éprouve plus de difficulté à obtenir des produits convenables.

Eccles a constaté, à la suite d'expériences soignées, que, comme dans l'exemple que nous venons de citer, il se produit dans ces parties lâches, provenant du cône de retassement, une concentration de métal plus sulfureux et plus phosphoreux que le reste de la pièce [1].

Le manque de continuité provenant du retrait auquel, en fonderie on donne le nom de retassement, est bien connu des mouleurs de fonte : on y remédie en alimentant le moule à plusieurs reprises, s'il est nécessaire, et en *pompant*, c'est-à-dire en empêchant la formation d'une croûte superficielle qui s'opposerait à ce que la fonte ajoutée pût combler le vide. Cette pratique ne peut être employée pour l'acier dont la solidification est beaucoup plus rapide et c'est aux dépens de la masselotte que l'alimentation doit se faire spontanément.

Lorsque la cavité produite par le retassement communique avec l'air extérieur, sa surface s'oxyde, ce qui constitue un défaut irrémédiable dont on retrouve la trace même après l'étirage poussé à ses dernières limites. Nous l'avons constaté bien souvent dans des fils de $4^{m}/^{m}$ (machine) provenant du laminage de lingots de section carrée de $0^m,400$ de côté.

Le retassement pour le métal doux peut être évalué approximativement à 6 % du volume du bloc coulé ; si ce dernier est de forme simple, le vide se localise dans le voisinage de l'axe ; dans les moulages compliqués, il peut y avoir plusieurs centres de retassement et l'on doit employer certains artifices pour les alimenter. (V.)

La deuxième cause de formation de soufflures se trouve dans le dégagement, avant ou pendant la solidification du métal, de certains gaz qui ne peuvent arriver à la surface parce qu'ils demeurent emprisonnés dans la masse. Ce phénomène se produit avec une grande intensité dans le fer ou l'acier fondu, parce que le métal obtenu par fusion dégage plus ou moins de gaz. Dans certains cas, la surface entière des cassures est criblée de soufflures ; celles-ci se distinguent des cavités dues au retassement en ce qu'elles ne se trouvent pas dans les mêmes régions de la pièce et que leurs parois intérieures sont lisses.

Nous avons signalé, page 345, la propriété que possèdent le fer et l'acier à l'état liquide de dissoudre un certain nombre de gaz et de les laisser dégager en partie à mesure que le métal se refroidit ; en même temps que les gaz dissous sont mis en liberté, il se forme de l'oxyde de carbone qui s'échappe également ; nous avons expliqué avec détails, pages 284 et 351, les causes de cette production d'oxyde de carbone. Des analyses des gaz qui sortent du métal, on peut conclure qu'ils renferment une grande proportion d'oxyde de carbone, tandis que ceux qu'on trouve dans les soufflures sont principalement composés d'hydrogène. Cette différence provient de ce que, même après la solidification du fer ou de l'acier, le dégagement d'hydrogène

---

[1] *Journal of the Iron and Steel Institute* 1888, I, p. 70.

continue à se produire, ce gaz se concentrant dans les soufflures où on le rencontre après refroidissement à une pression élevée, plus faible cependant que celle qu'il possédait au moment de sa libération d'un métal à haute température. La production de l'oxyde de carbone cesse au contraire dès que la masse est solidifiée.

Nous ne pensons pas que la production de l'oxyde de carbone s'arrête au moment où le métal est solidifié ; elle se continue, selon nous, tant que de l'oxyde de fer et du carbone se trouvent en présence au rouge ; certains producteurs d'acier prétendent même qu'elle s'effectue à la température ordinaire et que l'acier s'adoucit d'une manière ininterrompue, lorsqu'il est exposé aux influences atmosphériques, par une action lente de la rouille sur le carbone. Quoi qu'il en soit et quelque bien que le métal ait été désoxydé par les additions convenables avant la coulée, il est incontestable que le jet de fer ou d'acier fondu s'oxyde plus ou moins superficiellement, qu'en s'épanouissant il entraîne de l'air qui peut rester emprisonné dans le métal et concourir à une nouvelle production d'oxyde de carbone. (V.)

La mise en liberté des gaz en dissolution dans le fer ou l'acier fondu se manifeste de la manière suivante : tant que la surface métallique est à l'état liquide, elle semble couverte d'une nappe de gaz enflammés, puis on voit la longueur de cette flamme diminuer et souvent, au moment où le métal devient pâteux, il se fait une projection de parcelles métalliques qui brûlent à la façon des étincelles avec un crépitement particulier.

Si la coulée se fait dans un moule découvert et si le métal a absorbé une grande quantité de gaz, on constate un phénomène tout spécial ; à l'instant où la couche supérieure se fige, la masse se gonfle, monte dans le moule à tel point que la hauteur apparente du lingot se trouve doublée. Cette augmentation de volume provient évidemment d'un dégagement de gaz qui ne trouve pas d'issue au dehors ; on dit dans ce cas que le métal *monte* ou *roche*.

La manière dont se forment les soufflures explique la régularité qu'on remarque dans leur répartition. A l'intérieur de la croûte qui se solidifie immédiatement au contact du moule, il se dégage une bulle de gaz qui y adhère à la façon des bulles d'air sur les parois d'un vase rempli d'eau. Le métal qui entoure cette bulle n'est pas absolument liquide, il ne peut se mouvoir pour la chasser, et elle ne peut passer au travers ; la solidification continuant à progresser, une plus grande quantité de gaz est mise en liberté, de nouvelles bulles viennent rencontrer la première, s'y réunissent. augmentant ses dimensions du côté de l'intérieur où le métal est encore liquide et peut se mouvoir ; la bulle prend donc la forme d'une poire couchée horizontalement, son axe étant normal à la surface de refroidissement ; si la quantité de gaz dégagé est considérable, cette bulle prend la figure d'un conduit vermiculaire ; la fig. 259 reproduit la section transversale d'un lingot dans lequel le dégagement de gaz a été modéré.

La disposition des soufflures n'est pas sans importance au point de vue de

l'emploi ultérieur du lingot, elle varie dans de certaines limites et les différences que l'on remarque proviennent en partie de la composition chimique
du métal, en partie de la température qu'il possédait au moment de la coulée.
Lorsque la croûte qui se solidifie immédiatement au contact du moule est
épaisse, les soufflures se forment loin de la surface extérieure et on comprend

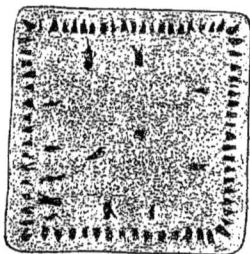

Fig. 259. — Disposition des souffleurs.

que, si le métal est près de se figer, cette croûte prendra du premier coup une
grande importance; nous savons d'un autre côté que la température de solidification dépend de la composition chimique, elle est d'autant plus basse que
le métal renferme plus de corps étrangers; dans ce cas, celui-ci restera donc
plus longtemps liquide et la croûte sera plus mince. On constate, en effet,
que les soufflures sont plus voisines de la surface lorsque le fer est allié à
une proportion assez grande de corps étrangers, que lorsqu'il est à peu
près pur.

Les soufflures voisines de la surface présentent plus d'inconvénients que
celles qui se rapprochent du centre, parce que, pendant l'étirage, elles peuvent être découvertes et former des cavités superficielles qui se traduisent
par des fissures au moment où on soumet les pièces finies à la flexion; en
outre, la région qu'elles occupent est sujette à s'user rapidement et à mettre
les pièces hors de service.

Il se forme fréquemment à l'intérieur des soufflures des exsudations de
produits liquatés qu'on ne peut d'ailleurs distinguer généralement qu'à l'aide
du microscope [1]; ce phénomène, cependant, se produit sur une trop petite
échelle pour avoir une importance comparable à celle de la liquation dans les
cavités dues au retassement.

Si, en même temps qu'une pièce coulée se solidifie, il se produit à la fois
dégagement de gaz et cavités capables de l'aspirer, il ne se fait pas de retassement.

Lorsqu'on coule le métal dans des lingotières très chaudes la croûte qui se fige au

---

[1] On trouvera dans *Stahl und Eisen* 1887, planche XII, des dessins agrandis de ces produits
liquatés qu'on rencontre dans les soufflures.

contact est très mince, les soufflures qui se produisent au voisinage c'est-à-dire très près de la surface sont fréquemment en communication avec l'extérieur et, lorsqu'on casse un lingot coulé dans ces conditions, apparaissent irisées ; leurs parois sont couvertes d'une mince pellicule d'oxyde qui s'épaissit pendant le réchauffage, empêche le rapprochement et le soudage du métal et donne des produits pailleux. (V.)

Comme ces défauts présentent de graves inconvénients, de quelque cause qu'ils proviennent, on a cherché avec persévérance les moyens de les éviter et de produire de l'acier et du fer fondu sans soufflures. Plusieurs ont été proposés pour atteindre ce but, partant de principes différents ; le choix qu'on en doit faire dépend de la nature du métal et de la disposition des moules destinés à le recevoir. Nous allons les indiquer successivement en commençant par les plus importants.

1° *Le premier consiste à diminuer le dégagement du gaz en réglant convenablement la composition chimique du métal.* Remarquons d'abord que l'oxyde de carbone ne peut exister s'il ne se trouve, en dissolution, un oxyde réductible par le carbone, du protoxyde de fer principalement; ce dernier est, en effet, de tous les oxydes qui peuvent se trouver dans le fer, le plus favorable à la production de ce gaz; plus le dégagement de l'oxyde de carbone augmente et plus l'hydrogène est mis en liberté avec abondance. Il se produit en cette circonstance un phénomène bien connu des chimistes, qui consiste en ce que le passage d'un certain gaz à travers un liquide qui en renferme un autre en dissolution, facilite le départ de celui-ci. Dans le cas qui nous occupe, le gaz dissous est l'hydrogène, et celui qui se dégage, à mesure qu'il se produit, est l'oxyde de carbone.

C'est à M. Leverrier qu'est due cette explication qui mettrait d'accord les partisans de l'absorption, à la tête desquels est le Dr Muller, qui attribuent les soufflures au dégagement de gaz absorbés par le métal ou *occlus* et les partisans de la réaction qui estiment que les soufflures sont le résultat d'une production prolongée d'oxyde de carbone ; parmi ces derniers on compte Richards, Weddings, Pourcel, Holley et nous-même.

Voir la *Revue générale des sciences pures et appliquées*, sept. 91 et le résumé dans le *Génie civil*, t. XX, p. 126 (de Billy). (V.)

On a constaté, d'un autre côté, que le fer ou l'acier contenant du silicium ou de l'aluminium laisse échapper moins d'hydrogène et que par conséquent la présence de l'un de ces deux éléments diminue la quantité des gaz dégagés.

L'observation de ces faits indique la marche à suivre pour déterminer la composition chimique, de telle sorte que le dégagement de gaz soit aussi faible que possible.

On atteindra ce résultat, d'abord en produisant le métal dans des conditions telles qu'il soit moins exposé à dissoudre de l'oxyde de fer et de l'hydrogène. C'est ce qu'on réalise dans la limite du possible par la fusion au creuset dans laquelle on obtient facilement des pièces sans soufflures ; on n'arrive pas cependant dans ce cas à soustraire absolument le fer et l'acier à l'action des gaz, puisque ceux de la combustion pénètrent à travers les pores du creuset et que la vapeur d'eau qu'ils renferment est décomposée ; son hydrogène mis en liberté peut être absorbé par le fer.

Si la teneur en carbone est élevée, il se produira moins d'oxyde de fer, le métal absorbera moins d'hydrogène, mais le degré de carburation qu'il est possible d'admettre dépend de l'emploi auquel l'acier est destiné ; le silicium, d'autre part, a moins d'influence que le carbone sur les propriétés du fer et surtout sur la manière dont il se comporte sous les efforts mécaniques et nous savons que, même en présence d'actions oxydantes, le silicium peut se maintenir dans le métal, si la température est très élevée et l'appareil dans lequel on opère à parois acides. Dans ces conditions, le carbone brûle avant le silicium, celui-ci peut même être emprunté à ces parois et s'unir au fer, ce qui est favorable à la production de l'acier fondu au creuset sans soufflures.

On a observé également que le fer et l'acier fondus, fabriqués à l'appareil Bessemer et au four Martin pourvus de revêtements acides, à très haute température, dégagent moins de gaz que ceux qui proviennent de fours ou de cornues garnis de matières basiques.

Aussi toutes les fois que le métal a été exposé à des actions oxydantes énergiques, comme cela a lieu dans les procédés Bessemer et Martin, on doit, avant de couler, faire une addition susceptible de décomposer le protoxyde de fer et de diminuer le dégagement de l'hydrogène ; or, il ne faut pas oublier qu'un fer, même très carburé, qui a été exposé à des actions oxydantes et qui n'est pas demeuré longtemps en repos à l'état liquide, peut contenir une proportion importante de protoxyde de fer ; cet oxyde, en effet, très dilué dans la masse métallique, ne peut être réduit instantanément par le carbone.

Pour assurer cette réduction, on emploie, dans la plupart des cas, le manganèse, soit sous forme de spiegeleisen, soit sous celle de ferro-manganèse ; plus l'excès de manganèse est considérable et plus rapide est la décomposition du protoxyde de fer ; cet élément a en outre l'avantage de diminuer l'influence pernicieuse du soufre que le métal peut renfermer ; c'est donc une pratique presque générale que d'en introduire, dans le bain métallique, une certaine quantité, avant de procéder à la coulée, toutes les fois qu'on a employé des actions oxydantes énergiques.

La proportion de manganèse ainsi ajoutée doit dépendre de celle de l'oxygène qui a pu être absorbée par le métal ; si celle-ci s'élève à 0,25 %, ce qui, d'après ce que nous avons exposé page 283, T. I, est la plus forte dose qu'il puisse contenir et seulement lorsque le degré de carburation est très faible, on devrait introduire 0,86 % de manganèse. En réalité, il suffirait d'une moindre quantité, parce que le carbone contenu dans l'alliage manganésé, spiegeleisen ou ferro-manganèse, agit de son côté pour amener la décomposition du protoxyde de fer ; mais plus le métal est sulfureux, plus il est utile de le mettre en présence d'un excès de manganèse. On règle donc ordinairement l'addition de telle sorte qu'au moment de la coulée le bain renferme au moins 0,25 °/₀ de manganèse ; on va quelquefois même jusqu'à 1 °/₀ ; si, cependant, on attache une grande importance à la ténacité, il faut réduire la teneur en manganèse du métal au minimum.

Indépendamment du protoxyde de fer qui peut être en dissolution dans le métal et dont la quantité est limitée, il faut bien admettre qu'il en peut demeurer en suspension, comme un précipité léger dans une liqueur. On sait les épaisses fumées d'oxyde de fer qui s'échappent des appareils Bessemer à la fin des soufflages ; nul doute que cet oxyde, qui s'est formé au sein de la masse métallique, mette un certain temps à s'en dégager ; on en voit d'ailleurs une partie se séparer au moment où l'on verse le métal dans la poche de coulée. En tous cas, il est prudent d'employer le manganèse en léger excès pour parer à la présence possible de ce supplément d'oxydation. (V)

Cependant l'addition du manganèse n'empêche pas complètement le dégagement des gaz et surtout n'agit pas avec autant d'efficacité que le silicium et l'aluminium sur celui de l'hydrogène. En outre, le protoxyde de manganèse qui se substitue à celui du fer et qui n'est pas immédiatement éliminé, bien qu'il résiste mieux que le protoxyde de fer à l'action réductrice du carbone, se décompose partiellement, en donnant naissance à de l'oxyde de carbone qui se dégage ; enfin les alliages de manganèse auxquels on peut recourir sont tous carburés et une partie de leur carbone brûle au contact du métal oxygéné produisant également de l'oxyde de carbone ; ce dernier phénomène ne donne lieu, il est vrai, qu'à une effervescence de courte durée ; on n'en doit pas moins tenir compte, pour bien comprendre l'effet produit par les additions manganésées.

On est donc conduit, pour obtenir un métal sans soufflures, à procéder à d'autres additions ; les plus fréquentes sont celles de silicium qui possède la propriété de diminuer le dégagement des gaz, grâce à son action sur le protoxyde de fer et à son influence sur la mise en liberté de l'hydrogène. S'il faut 3,5 de manganèse pour former un protoxyde avec 1 d'oxygène, 0,9 de silicium suffisent pour absorber la même quantité d'oxygène en produisant de la silice.

Il résulte cependant des enseignements de la pratique qu'une addition de silicium sans manganèse, telle qu'on peut la faire en employant le ferro-silicium, si elle diminue le dégagement des gaz, ne donne qu'un métal de médiocre qualité ; nous avons exposé avec détails, pages 182, 191, T. II, que le silicium ajouté à un métal oxygéné a une influence plus fâcheuse sur la qualité, que celui qu'il renfermait avant l'addition ; cette mauvaise influence est, au contraire, atténuée par le manganèse. On est donc amené à employer simultanément le silicium et le manganèse, ou bien on a recours aux alliages contenant en même temps ces deux éléments unis au fer (p. 379, T. I).

On devra, néanmoins, introduire le silicium avec d'autant plus de circonspection, qu'on tient davantage à la malléabilité à chaud, à la soudabilité et à la ténacité du produit.

Ces propriétés, surtout les deux premières, sont de plus grande importance pour le métal destiné à être étiré que pour celui que l'on convertit en pièces moulées ; pour ces dernières, en outre, la présence de soufflures a plus d'inconvénient et peut entraîner des rebuts, aussi y introduit-on volontiers un excès de silicium.

C'est à l'usine de Terrenoire que revient l'honneur d'avoir découvert en 1871 et vulgarisé peu après l'emploi du silicium pour la production du métal fondu sans soufflures; on attribuait, dans cette usine, la présence des soufflures au dégagement de l'oxyde de carbone résultant de l'action de l'oxyde de fer sur le carbone du métal ; le silicium, beaucoup plus oxydable que le fer, devait décomposer son oxyde sans donner lieu à une formation de gaz. Telle était la théorie du procédé, théorie qui a été très vivement attaquée en Allemagne et a excité une controverse qui attend encore une solution définitive.

Quoi qu'il en soit, le procédé a fait son chemin et est devenu d'une application générale ; c'est un mérite qu'on ne peut lui contester.

Voir F. Gautier, *Solid steel castings. Journal of the Iron and steel Institute*, 1877, p. 40 ; Holley, *Solid steel castings for ordnance, structures and general Machinery* (1878) ; F. Gautier, *Les alliages ferro-métalliques, Bulletin de l'Industrie minérale*, 2ᵉ série, t. III, 3ᵉ livraison, 1889. (V.)

Une petite addition d'aluminium est aussi très efficace pour diminuer le dégagement des gaz. On y a souvent recours depuis quelque temps (p. 340, T. I); pour absorber 1 d'oxygène, il suffit de 1,2 d'aluminium, c'est-à-dire trois fois moins que de manganèse, et très peu plus que de silicium; l'affinité de l'aluminium pour l'oxygène est beaucoup plus grande que celle des deux autres éléments et le carbone est sans action sur l'alumine produite, ce qui est important.

Il faut donc un moindre excès d'aluminium que de manganèse pour assurer la réduction du protoxyde de fer et diminuer le dégagement des gaz, mais, tandis que le manganèse qui peut rester dans le métal a l'avantage de faire disparaître l'état rouverin et n'altère pas notablement les qualités du produit, il suffit d'une très petite dose d'aluminium pour amener un résultat fâcheux, elle rend le métal moins fluide, ce qui est un obstacle au libre dégagement du gaz et favorise, par conséquent, la formation des soufflures, effet tout opposé à celui qu'on cherche à obtenir ; elle diminue également la malléabilité à chaud (p. 186, T. II), la soudabilité (p. 193, T. II) et accroît la fragilité.

On se contente donc d'ajouter au bain métallique 0,1 % d'aluminium ; on dépasse un peu cette proportion pour les pièces moulées où la malléabilité, la soudabilité, etc. ont moins d'importance, on se tient au-dessous (0,06 %) pour le métal destiné à l'étirage. En ce cas, on n'introduit cet élément dans le bain qu'après l'addition de manganèse.

L'aluminium doit être employé à l'état de métal pur et non pas sous forme de ferro-aluminium ; comme il possède une très faible densité, il faut recourir à quelqu'artifice pour qu'il ne surnage pas et qu'il soit couvert par le métal jusqu'au moment où il est dissous.

C'est au métal Mitis qu'on a emprunté l'addition de l'aluminium au fer et à l'acier fondu. Le rôle que joue cet élément n'a pas encore été bien établi ; agit-il simplement comme désoxydant avec plus d'énergie que le manganèse et le silicium ? ou bien a-t-il la propriété de maintenir les gaz en dissolution ? Toujours est-il qu'il empêche, employé à très faible dose, la production des soufflures, qu'il communique en outre au métal la propriété de se couler avec le plus grand calme comme de la fonte et de remplir les parties les plus minces des moules, même lorsqu'ils sont en sable vert. Aussi est-il entré très rapidement dans la pratique courante de tous les ateliers où l'on fabrique des moulages en fer ou en acier fondu.

Voir Howe, *Métallurgie de l'acier*, traduction française de Hock, p. 106. (V).

2° Le second moyen à employer pour combattre les soufflures, consiste à *pourvoir les pièces coulées d'une masselotte*. La masselotte est une partie supplémentaire qu'on coule en même temps que la principale et qui se trouve naturellement au-dessus ; elle doit en être séparée après la solidification du métal.

Lorsqu'on a à couler des lingots de fer et d'acier, on leur donne habituellement la forme prismatique, la plus grande dimension étant verticale. Si donc on veut munir de masselottes des lingots de 500 millimètres de hauteur, on les coulera à 600^{mm} et on retranchera au tour, ou par tout autre moyen, les 100^{mm} supplémentaires.

Cette pratique est utile à plusieurs points de vue.

Lorsqu'un lingot vient d'être coulé, il se forme presqu'immédiatement à sa surface supérieure une croûte solide qui s'oppose à l'échappement des gaz, même quand l'intérieur est encore suffisamment liquide pour que ceux-ci arrivent jusqu'en haut ; il se fait donc une accumulation de gaz à la partie supérieure qui renferme des cavités en plus grand nombre que le reste du lingot (voir fig. 260) ; par conséquent, si on prend la précaution de réserver une masselotte, c'est dans cette partie que les gaz se réuniront, laissant plus saine toute la partie inférieure que l'on doit utiliser ; si le métal retasse, c'est là également que se produira l'entonnoir, la masselotte alimentera de métal, tant qu'elle en renfermera, le vide qui tend à se produire par l'effet du retrait, on dit qu'elle *nourrit* le lingot.

Il est évident que la masselotte remplira d'autant mieux ce rôle qu'elle conservera plus longtemps le métal à l'état liquide ; la pièce doit donc être solidifiée tout entière avant la masselotte.

Par conséquent, lorsqu'il est important que la pièce soit compacte et bien saine, ce qui est particulièrement le cas pour les moulages, on donne à la masselotte un poids convenable et une forme massive [1] ; ou bien on a re-

Fig. 260. — Répartition des soufflures.

cours à quelqu'artifice pour maintenir la masse à l'état liquide à la partie supérieure. Mentionnons, entr'autres, le moyen qui consiste à préparer le moule de la masselotte en terre réfractaire que l'on porte à la chaleur blanche avant de le disposer sur celui de la pièce elle-même au moment de la coulée.

Dès celle-ci terminée, on recouvre le tout d'un couvercle également chauffé au blanc.

Un autre artifice fréquemment employé avec succès consiste à verser du métal liquide dans la masselotte à mesure que la pièce se refroidit, en ayant soin de rompre la croûte superficielle qui tend à se former.

Pour séparer la partie utilisable de la masselotte, il faut dépenser de la main-d'œuvre et le métal ainsi sacrifié ne peut être utilisé que par une

[1] Pour déterminer la forme la plus convenable à adopter pour les masselottes dans le cas des moulages qui est plutôt du ressort de la fonderie que de la métallurgie du fer, nous engageons le lecteur à se reporter aux ouvrages qui traitent spécialement de ce genre de fabrication, par exemple à celui de Ledebur intitulé : *Handbuch der Eisen- und Stahlgiesserei*, 2e édition, p. 306.

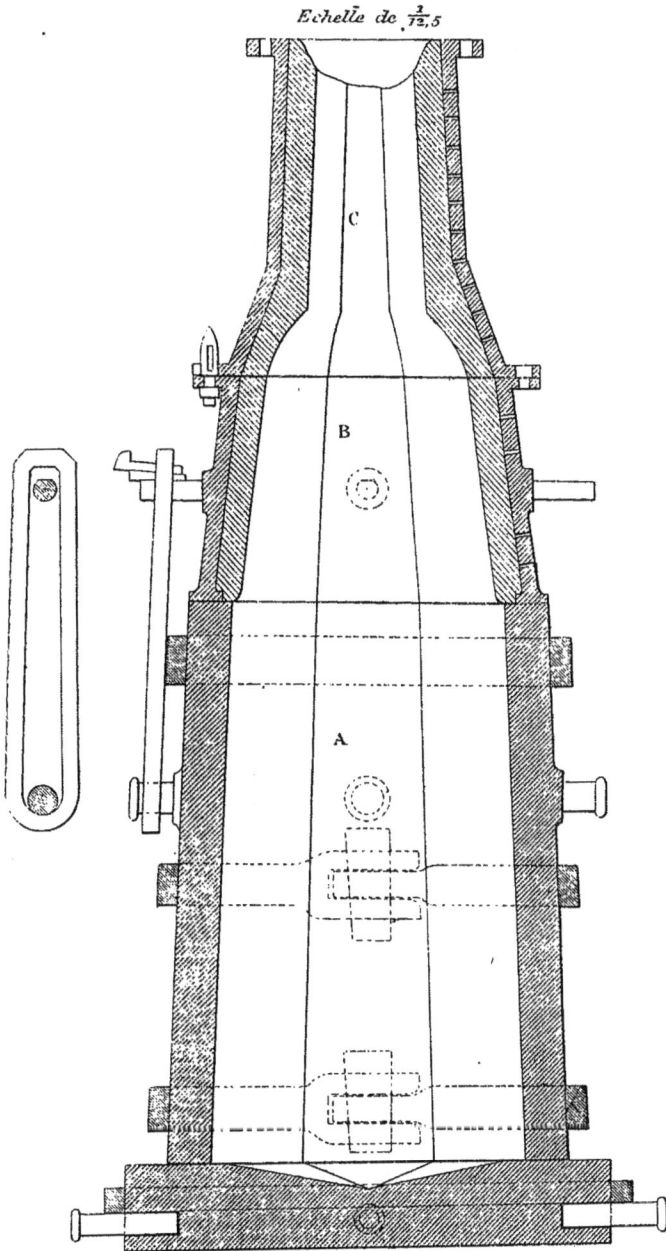

Fig. 260 bis. — Lingotière avec masselotte pour gros lingots.

deuxième fusion qui consomme du combustible et donne lieu à un déchet, aussi hésite-t-on à recourir à ce moyen, et, si on ne peut s'en dispenser, réduit-on les dimensions de la masselotte au strict nécessaire.

Nous représentons fig. 260 *bis* la disposition d'une lingotière avec masselotte, pour la coulée de gros lingots destinés à la fabrication de pièces de forges, que nous avons employée à Terrenoire depuis la fin de l'année 1870.

Le bloc de métal coulé dans ce moule se compose de trois parties : *A* le lingot proprement dit absolument compact ne montrant dans la cassure que quelques petites soufflures superficielles sans importance et seulement quand on n'employait pas d'additions de silicium, *B* la masselotte destinée à alimenter le retassement et qui était en grande partie creuse, composée d'une croûte d'épaisseur variable suivant la température du moule et celle du métal, et *C* la queue qui servait à l'emmanchement avec la tenaille pour la manœuvre du bloc à la forge. Lorsqu'on avait étiré le lingot dans une certaine mesure, on tranchait la partie *B* et *C* et on avait un bloom absolument sain. Les parties *B* et *C* du moule étaient maintenues dans un châssis en fonte revêtu de sable d'étuve séché à fond.

Cette disposition a été appliquée avec le plus grand succès à la production des plus gros lingots que l'usine ait pu couler, soit à l'atelier Bessemer soit aux fours Martin.

Ailleurs on se contente de considérer comme réservée à la masselotte la partie supérieure des lingotières ordinaires, en y ménageant une retraite dans laquelle on place des briques préalablement chauffées. (V.)

3° Le troisième moyen est *de couler les pièces ou les lingots aussi gros que possible.* Ceci ne s'applique évidemment qu'aux lingots qui doivent subir un étirage et qu'on peut ensuite débiter en morceaux ; si, par exemple, un lingot de 300^k est nécessaire pour laminer un rail, on peut en couler un de 600^k et étirer en double longueur que l'on sépare ensuite ; on peut même fabriquer des lingots pour un plus grand nombre d'unités et pratiquer la division au cours de l'étirage ou quand celui-ci est terminé.

On diminue ainsi la proportion des soufflures, parce que le lingot étant plus volumineux, se refroidit plus lentement, et n'est pas exposé à ce brusque dégagement de gaz qui se produit au moment d'une solidification trop rapide.

Il est évident que pour l'étirage de gros lingots, on est obligé d'établir des machines d'une puissance proportionnée à leur dimension ; nous avons décrit, pages 299 et 306, T. II, les laminoirs susceptibles de recevoir des lingots de grandes dimensions, de les étirer jusqu'à une certaine limite, après quoi on divise le bloom obtenu dont les différentes parties sont finies l'une après l'autre.

Il est certain que les petites soufflures superficielles ont d'autant moins d'importance que la section du lingot est plus grande et l'étirage qu'il doit subir plus considérable ; d'un autre côté, on a plus de peine à éviter, dans un gros lingot l'effet du retassement ; le vide qui en résulte est d'autant plus volumineux que la masse coulée est elle-même plus forte. Il ne nous semble donc pas toujours indiqué d'exagérer les dimensions des unités coulées sans tenir compte de la section des pièces finies. On arrive bien vite à un excès de corroyage qui représente un travail mécanique énorme, à une consommation de combustible toujours croissante et à des dépenses d'installation formidables.

Il ne paraît pas d'ailleurs démontré qu'on améliore indéfiniment la qualité du métal en augmentant l'étirage au-delà d'une certaine limite ; il nous semblerait donc préférable, pour la fabrication d'un échantillon donné, de prendre pour point de départ un lingot *sain* ayant comme section 15 ou 20 fois celle de la pièce finie, plutôt que de réduire, à grands frais, un gros lingot dans le rapport de 12500 à 1 comme on le fait quelquefois. Ces chiffres sont évidemment des extrêmes entre lesquels il y a, semble-t-il, une marge suffisante pour la vraie solution économique. (V.)

4° On peut diminuer la production des soufflures en *coulant en source*. Au lieu de couler le métal directement par la partie supérieure du moule, on peut le faire pénétrer par un canal aboutissant dans le fond ; le niveau supérieur de ce canal doit dépasser celui du moule lui-même, de manière que le métal arrive dans celui-ci à la hauteur voulue et s'y maintienne jusqu'à la solidification complète. C'est ce qu'on appelle couler en source.

Lorsqu'on laisse tomber librement dans un moule métallique, d'une grande hauteur, du fer ou de l'acier liquide, le métal commence par se pulvériser contre le fond tant que celui-ci n'est pas recouvert d'une certaine épaisseur de matière en fusion ; les petites gouttelettes ainsi produites se solidifient immédiatement et sont soulevées par la masse liquide ; elles flottent à la surface, abaissant la température des parties avec lesquelles elles sont en contact, provoquant un dégagement de gaz ; celui-ci y reste adhérent ; si les gouttelettes se sont oxydées, ce qui arrive fréquemment, elles cèdent, à leur tour, cet oxygène au carbone des parties voisines, d'où nouvelle production de gaz qui reste collé sous forme de petites bulles aux grains métalliques. Vient-on à casser un lingot coulé dans ces conditions, on trouve souvent ces globules de métal occupant le fond d'une soufflure conique ou sphérique comme on le voit dans la fig. 261.

La coulée en source permet de supprimer cette cause de soufflures.

On remarque également que dans les moules découverts, comme ceux que l'on emploie pour les lingots prismatiques destinés à être étirés, le jet de métal entraîne, en tombant, de l'air qui peut rester emprisonné en même temps et de la même façon que le gaz qui se dégage du métal lui-même ; c'est encore là une cause de soufflures que l'on peut également éviter en coulant en source au moyen d'un canal assez étroit pour qu'il reste complètement plein pendant toute la durée de la coulée.

Ajoutons que le courant ascendant de métal qui s'élève dans le moule, tend sans cesse à détacher et à entraîner les bulles de gaz qui adhèrent aux parois ou à la croûte supérieure. C'est ainsi que, dans un verre d'eau, on voit les bulles d'air adhérentes au verre se détacher et venir crever à la surface quand on agite le liquide. Il est probable que le mouvement de bas en haut est plus favorable que tout autre à l'obtention de ce résultat.

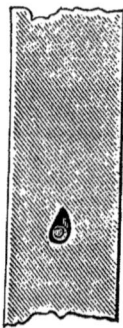

Fig. 261. — Globule métallique dans une soufflure.

Aussi coule-t-on fréquemment en source les pièces moulées en fer fondu, en acier et même en fonte, afin de les obtenir plus saines. On emploie souvent aussi cet artifice pour les lingots, bien que l'établissement du moule soit plus compliqué et que la partie du métal qui remplit le canal, et qu'on appelle la *coulée*, ne puisse être utilisée qu'en la soumettant à une nouvelle fusion ; d'un autre côté, les rebuts sont moins nombreux et l'excès de dépense qu'entraîne la coulée en source, est presque toujours compensé par les avantages qu'on retire de la production de lingots plus sains.

Il est incontestable que les lingots coulés en source sont plus sains que les autres et que leur surface est dans un état beaucoup plus satisfaisant ; lorsqu'on remplit une lingotière par le haut, le jet s'éparpille en tombant en une foule de petites gouttes qui vont frapper les parois de la lingotière ; quelques-unes y restent fixées et donnent au lingot une mauvaise apparence.

On recule cependant, la plupart du temps, devant les complications du coulage en source qui exige des fonds d'une forme spéciale, tout un attirail de moules, de briques creuses, rend le démoulage moins rapide et entraîne enfin une moindre production de lingots puisqu'il faut compter en coulée-mère et en communications de 6 à 8 % environ du poids du métal, lesquels n'ont de valeur que celle du riblon à refondre.

Lorsque, pour des raisons particulières, on est obligé de couler de petits lingots, ce qui arrive, par exemple, quand le matériel d'étirage dont on doit se servir est peu puissant, on n'a pas d'autre ressource, pour éviter les interruptions trop fréquentes du jet de métal, qui ont de graves inconvénients, et une durée exagérée du temps consacré à la coulée, que de remplir plusieurs lingotières à la fois ; la coulée en source se présente alors comme la meilleure solution. Souvent on se borne à verser directement le métal dans un lingot qui communique par le bas à un certain nombre d'autres semblables. (V.

5° On peut enfin *exercer une forte pression sur le métal pendant la solidifi-cation*. On sait qu'il est possible de s'opposer au dégagement des gaz tenus en dissolution dans un liquide en exerçant sur celui-ci une forte pression ; de même qu'on réduit d'autant plus le volume des gaz qui se dégagent que la pression à laquelle ils sont soumis est plus élevée. Le métal coulé sous forte pression présentera donc des soufflures moins nombreuses et plus petites.

On a fréquemment cherché à utiliser ce moyen pour produire des métaux sans soufflures, et différentes dispositions ont été proposées.

La fig. 262 en indique une fort simple, souvent employée pour empêcher le métal de monter dans les moules où il est coulé directement. On remplit la lingotière jusqu'à 10 centimètres du bord supérieur, on jette, au-dessus du

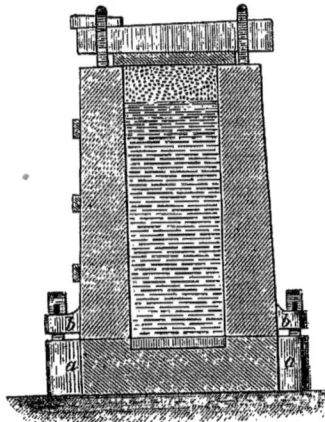

Fig. 262. — Bouchage des lingotières.

métal, du sable sec ou du sable de moulage de manière à la combler, et on recouvre le tout d'un couvercle que l'on maintient au moyen de clavettes, tandis que le métal est encore liquide ; les anneaux en fer à travers lesquels passent les clavettes ont été noyés dans la fonte, lorsqu'on a coulé les lingo-tières.

On n'obtient ainsi qu'une pression limitée et si le dégagement de gaz est très abondant, le métal filtre à travers le sable et s'échappe par le joint qui existe entre le couvercle et la lingotière.

Lorsque le métal est sujet à remonter, le sable ne suffit pas à l'arrêter et il se produit un barbotage de sable et de fer ou d'acier qui constitue une perte et ôte toute valeur à l'extrémité du lingot.

On évite cet inconvénient en couvrant la surface du lingot encore liquide d'une plaque de tôle mince qui glace immédiatement une certaine épaisseur et s'oppose au rochage. Par dessus la tôle on peut alors ajouter du sable humide et boucher la lingotière. Ailleurs, au lieu de sable, on verse de l'eau avec une poche à main. (V.)

Dans les usines de Joseph Whitworth et C°, à Manchester, on applique au métal coulé la pression hydraulique pour s'opposer au dégagement des gaz. Les moules se composent de forts anneaux en acier superposés et reliés les uns aux autres, garnis intérieurement d'une couche de matières réfractaires dans laquelle on a ménagé des évents qui permettent aux gaz de s'échapper. Les moules sont disposés sur une plateforme et lorsqu'ils sont remplis de métal liquide, on les amène sous le piston d'une presse hydraulique. Celui-ci est lui-même garni de matière réfractaire et peut être animé d'un mouvement vertical : il s'applique sur la surface du métal liquide et on l'y maintient pendant un laps de temps qui varie de vingt à quarante-cinq minutes, temps pendant lequel il exerce une pression de 600^k par centimètre carré.

Dans les lingots qui ont été traités de cette façon, il reste habituellement, dans le voisinage de l'axe, une cavité assez considérable provenant sans doute du retrait ou retassement sur laquelle la pression n'a pas exercé d'action ; elle est généralement remplie de gaz combustible qui s'est dégagé du métal.

On n'arrive donc pas ainsi au résultat qu'on se proposait d'obtenir de l'application de la compression, aussi cette méthode n'est-elle employée que pour les lingots qui doivent être évidés à l'intérieur, comme les bandages, les réservoirs à gaz, etc. ; il faut reconnaître d'ailleurs que, si on devait faire passer un grand nombre de lingots par une semblable opération, comme il faut agir rapidement avant la solidification du métal, il serait nécessaire de disposer d'une quantité correspondante de presses ; une pareille installation serait excessivement coûteuse.

Nous donnons fig. 262 *bis* la disposition du moule et de l'appareil employé par Whitworth pour la compression de l'acier liquide ; les anneaux d'acier sont représentés en *M*, on a ménagé entre eux des petits canaux pour l'échappement des gaz, lesquels aboutissent à des rainures verticales pratiquées dans le cylindre en fonte *L* renforcé par les frettes en acier *K* ; une mince couche de matière réfractaire *N* enduit les anneaux et les préserve du contact du métal. Le tout repose sur un chariot *C* qui amène le moule au-dessus du pot de presse *A* et au-dessous du piston hydraulique *G*. C'est ce dernier qui, pénétrant exactement dans la lingotière, comprime le métal.

Il est aisé de comprendre que la compression s'exerce en réalité sur le métal figé, l'état liquide persistant fort peu de temps ; elle peut empêcher le dégagement des gaz dans une partie restreinte, mais pour être réellement efficace elle devrait s'exercer sur toute la circonférence extérieure. C'est plutôt un forgeage élémentaire à la presse, dans une matrice, qu'une véritable compression sur un corps liquide. (V.)

On a également essayé d'introduire dans le moule fermé contenant le métal

liquide, soit de la vapeur d'eau sous forte pression [1], soit de l'acide carbonique liquide [2]. Les résultats n'ont pas été assez satisfaisants pour que ces
procédés fussent adoptés.

Lorsqu'on se sert de gaz oxydants comme la vapeur d'eau et l'acide carbo-

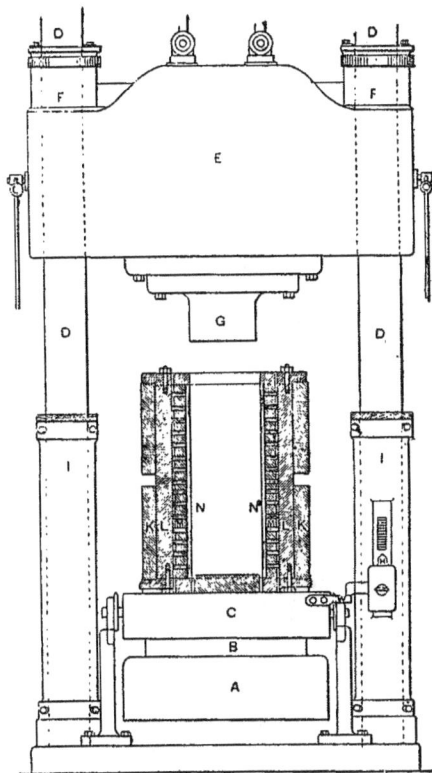

Fig. 262 bis. — Moule et presse pour la compression de l'acier liquide
(système Whitworth).

nique en contact avec du fer ou de l'acier liquide, il y a lieu de craindre qu'en
pénétrant à travers les pores du liquide ils n'y provoquent des réactions
fàcheuses au point de vue de l'emploi ultérieur.

Il résulte des considérations qui précèdent qu'on n'a recours qu'exceptionnellement à l'emploi d'une forte pression sur le métal, pendant sa solidification, pour obtenir des pièces moins soufflées.

En résumé, le moyen le plus efficace pour se garantir des soufflures consiste à pro-

---

[1] *Zeitschr. d. berg- und hüttenm. Ver. für Steiermark und Karnten*, 1880, p. 329.
[2] Essayé dans les usines Krupp. *Stahl und Eisen*, 1882, p. 161.

duire le métal à une température assez élevée pour qu'il demeure parfaitement fluide, à y faire les additions convenables de manganèse, de silicium ou d'aluminium pour combattre l'oxydation et à prendre les meilleures dispositions pour localiser la cavité résultant du retassement, toutes les fois que la masse est assez considérable pour que cette cavité ait une réelle importance. (V.)

2. — Coulée.

Lorsqu'on doit répartir dans un certain nombre de moules ou de lingotières, une grande quantité de fer ou d'acier fondus résultant d'une seule opération, on verse habituellement tout le métal dans une poche qu'on transporte ensuite au moyen d'appareils mécaniques et qu'on présente successivement au-dessus des différents moules.

La fig. 263 représente une de ces poches *A* placée au-dessus de la lingotière *B*. La poche est en tôle de 10^{mm} d'épaisseur, on la garnit intérieurement d'une couche de terre réfractaire de 70 à 100^{mm} d'épaisseur qu'on sèche avec précaution et qu'on chauffe ensuite jusqu'au rouge naissant en maintenant la poche renversée au-dessus d'un feu de coke ou d'une flamme produite par la combustion d'un gaz. Une semblable garniture résiste à plusieurs opérations, mais on doit l'examiner et la réparer, si elle est dégradée, après chaque coulée. Le métal est coulé de la poche par une ouverture pratiquée dans le fond, dans un point voisin de la paroi latérale et que l'on peut fermer avec un bouchon faisant office de soupape.

Une tige *b* se termine en bas par le bouchon *a* (les parties cachées sont figurées en pointillé). Cette tige se recourbe pour passer par dessus le bord de la poche et se fixe à une coulisse en fer *l* guidée par les pièces *c* et *d* ; un levier *f*, qu'on manœuvre à la main, permet de faire mouvoir la tige *b* de haut en bas et de bas en haut, et de régler, par conséquent, à volonté, l'écoulement du métal.

La fig. 264 représente cette même disposition à plus grande échelle. L'ouverture ménagée dans le fond de la poche est plus grande que l'orifice d'écoulement, elle se prolonge extérieurement par un bout de tuyau dans lequel on loge une pièce réfractaire *i* qui fait office de *siège* de la soupape et qu'on nomme parfois *bobêchon*. C'est à travers celle-ci que s'écoule le métal, elle doit donc être d'excellente qualité ; on la moule dans une boîte en fonte et on la cuit d'avance avec grand soin. La tige *b* se termine à la partie inférieure par un appendice sur lequel on fixe le bouchon *a* également en terre réfractaire. La figure indique suffisamment comment se fait l'union de ces parties.

La tige *b* est elle-même recouverte de terre réfractaire qu'on fait sécher avec beaucoup de soin, elle est clavetée sur la coulisse *l* ; les lettres *c* et *d* représentent les guides de la coulisse ; *f* indique la section du levier de manœuvre.

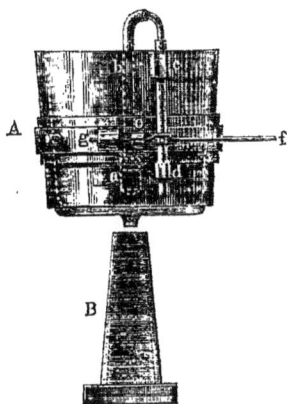

Fig. 263.
Poche de coulée et lingotière.

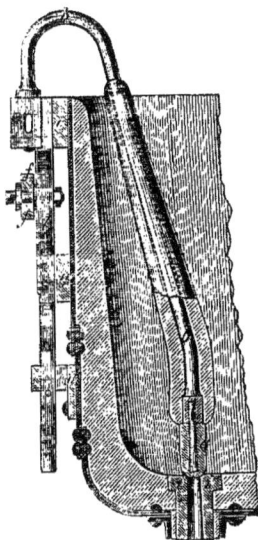

Fig. 264.
Poche de coulée (détails).

Le fond de la poche est généralement incliné vers un point de la circonférence et on y place l'orifice d'écoulement dans le voisinage de la paroi, ce qui le rend plus abordable. Dans ce cas, la tige *b* est verticale et on la garnit en y enfilant des manchons en terre réfractaire préparés d'avance et bien cuits, qui s'emboîtent les uns dans les autres. Il suffit alors de les barbouiller d'une couche mince de terre réfractaire et le séchage est rapide. Cette pièce porte le nom de *quenouille*. Le siège *i* et le bouchon *a* doivent être en composition très réfractaires et aussi durs que possible ; ils ne servent qu'une fois et doivent être changés après chaque coulée, le passage du métal liquide les usant rapidement. Le diamètre du trou par lequel s'écoule le métal doit varier suivant que l'allure est chaude ou froide, le métal dur ou doux. Pour le fer fondu, il faut préférer un orifice un peu large dans la crainte que le métal ne vienne à s'y arrêter. La pratique nous a appris que la longueur de l'ajutage ne doit pas dépasser trois diamètres. Souvent on donne à cet ajutage une section carrée qui a pour effet d'empêcher le mouvement de giration et d'épanouissement du jet.

La poche, parois et fond, peut être garnie en briques minces de formes spéciales que l'on recouvre d'une faible épaisseur de matière réfractaire. (V.)

Une forte ceinture *g* est fixée à la poche à peu près à moitié de sa hauteur et porte deux tourillons.

Cette poche pourrait être manœuvrée, comme celles des fonderies de fonte, au moyen de grues à main ou à vapeur, mais dans les fabriques de fer et d'acier fondus, les manœuvres se répètent très souvent, et on préfère généralement se servir d'appareils hydrauliques dont les mouvements sont plus précis. On évite ainsi l'intermédiaire des chaînes et des câbles qui peuvent se rompre, laisser osciller la poche et donner lieu ainsi à de graves accidents.

L'appareil hydraulique doit pouvoir élever ou abaisser suffisamment la poche pour que, d'une part, elle reçoive le métal en bonne position et que, d'autre part, elle le délivre à une série de moules qui peuvent être de hauteurs différentes.

Il faut en même temps que cette poche puisse se déplacer dans le sens horizontal, ce qui peut se faire de deux façons. Il existe donc sous ce rapport deux types d'installations.

Le premier et le plus ancien est la grue tournante. La poche est fixée à l'extrémité d'un bras horizontal porté par un arbre vertical placé lui-même à l'intérieur du piston d'un appareil hydraulique ; elle peut donc décrire une circonférence ayant pour centre l'axe de cet arbre. Les moules ou les lingotières sont disposés en cercle dans une fosse limitée par un mur circulaire, dont le fond est à 1ᵐ ou 1ᵐ,30 au-dessous du sol de l'atelier.

L'axe du cylindre hydraulique coïncide avec celui de cette fosse ; en faisant tourner le bras de la grue qui porte la poche, on fait passer celle-ci au-dessus de toutes les lingotières.

Les fig. 265 et 266 représentent à l'échelle de $\frac{1}{60}$ une grue de ce genre ; au centre on voit le cylindre a, renfermant l'eau sous pression, placé dans un puits en maçonnerie ; l'eau en pression est fournie par des pompes spéciales soit directement, soit par l'intermédiaire d'un accumulateur : elle arrive au fond du cylindre par une tubulure disposée à cet effet sur le côté, lorsque le piston doit monter. Dès qu'on ferme l'admission et qu'on ouvre l'échappement, le poids du piston et de la charge qu'il supporte chasse l'eau du cylindre et permet au piston de descendre. La figure montre comment le piston est guidé dans sa course par un presse-étoupes.

L'arbre vertical c peut tourner dans l'intérieur du piston b qui est creux ; les bras ou la volée sont formés de deux flasques en tôle soutenues à leurs extrémités par 4 tirants, comme on le voit sur les figures.

Les tourillons de la poche reposent sur les deux extrémités d'une fourche en fer qui fait corps avec l'arbre horizontal d placé entre les deux flasques et logé dans une boîte en fonte dans laquelle il peut tourner sur son axe ; l'autre extrémité de cet arbre porte, en dehors de la boîte, un engrenage à vis sans fin au moyen duquel on peut faire tourner la poche sur elle-même pour la chauffer avant la coulée ou la vider après. La vis sans fin, qui est au-dessus de l'arbre, est terminée de part et d'autre par deux têtes carrées qui traversent les flasques et sur lesquelles on emmanche deux manivelles.

A l'autre extrémité de la volée se trouve un chariot à quatre roues formant contrepoids qu'on peut éloigner ou rapprocher du centre suivant que la poche

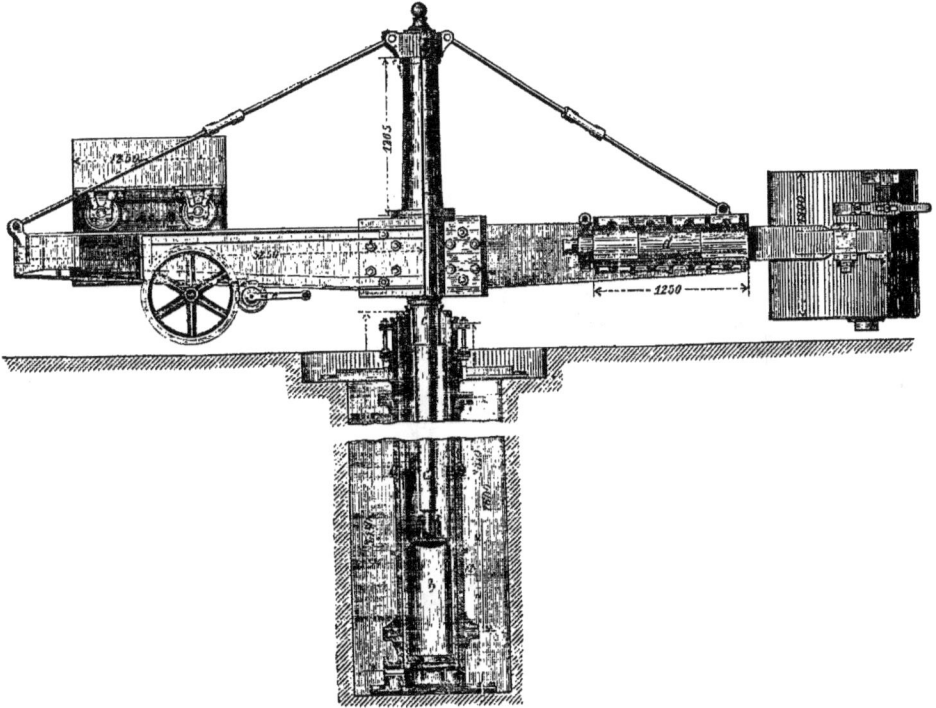

Fig. 265 (Coupe et Elévation).

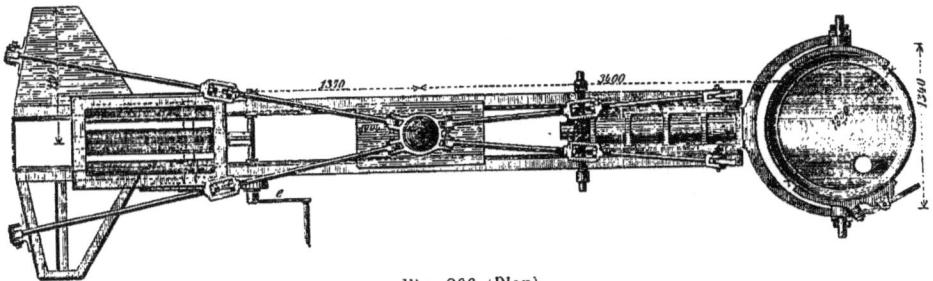

Fig. 266 (Plan).
Ensemble de la poche et de la grue hydraulique, échelle de 1/60.

est plus ou moins chargée. On le manœuvre au moyen d'une crémaillère placée sous le chariot, engrenant avec le pignon à manivelle e.

Pour faire décrire la circonférence à la poche, les ouvriers agissent au moyen de crochets sur la volée elle-même.

Dans un certain nombre de grues du même type, la poche peut être éloi-

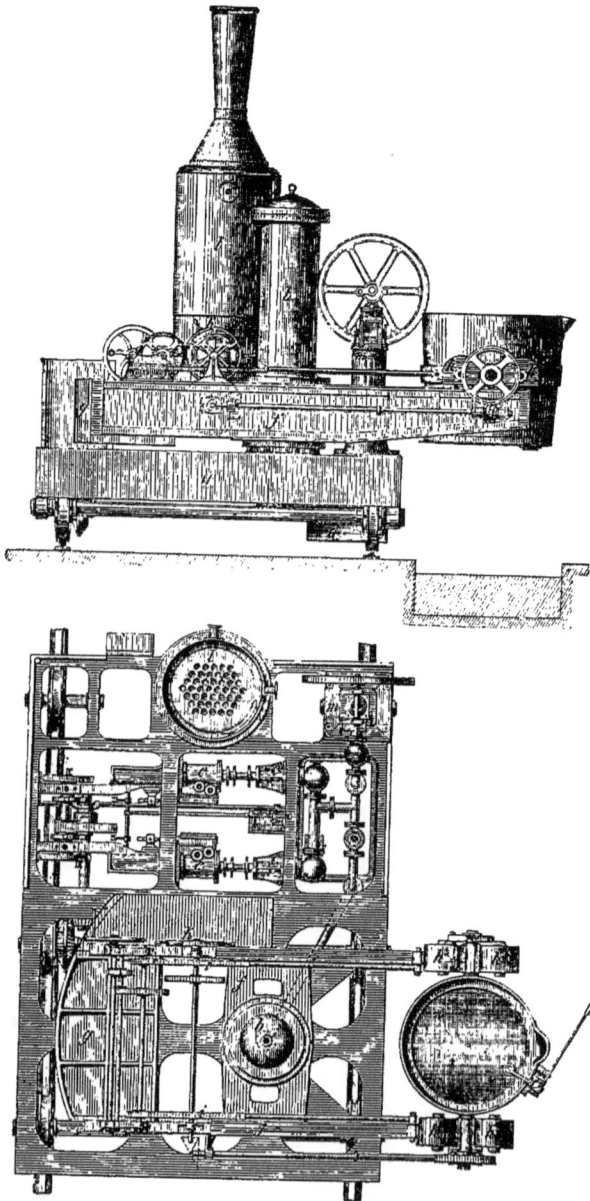

Fig. 267 et 268. — Grue roulante automotrice et sa poche.

gnée ou rapprochée de l'axe, ce qui permet de desservir plusieurs rangs de lingotières disposées sur des circonférences concentriques ; dans ce cas, la disposition est la même que celle que nous représentons fig. 267 et 268 que nous décrirons un peu plus loin.

La grue tournante a l'avantage d'être simple de construction et facile à manœuvrer, mais la circonférence que décrit la poche doit être de rayon d'autant plus grand que le nombre de lingotières à remplir est plus considérable ; or un grand rayon nécessite un ensemble volumineux, la place occupée par la fosse croît rapidement et l'installation devient très coûteuse.

Ces inconvénients sont d'autant plus sensibles que le procédé de fabrication est plus rapide et qu'il reste moins de temps, entre deux coulées, pour enlever les lingotières et les remplacer par d'autres, ce qui exige qu'on dispose d'un développement deux ou trois fois plus grand que celui nécessaire pour la coulée d'une seule opération.

On a donc adopté, avec avantage, dans les installations plus récentes, le deuxième type d'appareil, c'est-à-dire les grues roulantes qui se transportent elles-mêmes sur une voie ferrée et peuvent desservir des groupes de lingotières en aussi grand nombre qu'on peut le désirer.

Les fig. 267 et 268 représentent une grue roulante avec poche de coulée construite dans les ateliers de Markisch à Wetter sur la Ruhr, vers 1885.

Un cylindre hydraulique b est porté sur un chariot à six roues en acier ; le piston est creux et fixé au bâti du chariot ; c'est donc le cylindre qui s'élève par la pression hydraulique. L'eau est fournie par deux pompes cc, elle est puisée dans un réservoir logé sous la plateforme. Les pompes sont mises en mouvement directement par deux pistons à vapeur ee.

Le cylindre hydraulique porte deux flasques horizontales ff, faisant corps avec lui et suivant par conséquent tous ses mouvements ; elles sont établies de façon à faire décrire à la poche une demi-circonférence lui permettant de recevoir le métal d'un côté et de le distribuer dans les lingotières de l'autre, si on le juge nécessaire. Les flasques portent donc d'un côté la poche et de l'autre un contrepoids g qui l'équilibre en partie.

La poche peut être éloignée ou rapprochée du cylindre hydraulique de façon à desservir au besoin deux rangées de lingotières. A cet effet, ses tourillons sont portés par deux petits chariots h fixés à deux tirants horizontaux qui se terminent par des crémaillères ; celles-ci engrènent avec des roues k qui empruntent leur mouvement aux systèmes d'engrenages que l'on voit sur les figures ; l'amplitude de ce mouvement est de 1^m ; la course en hauteur du cylindre hydraulique est également de 1^m.

La poche peut être retournée sur elle-même, au moyen d'un engrenage à vis sans fin qui est calé sur un de ses tourillons ; l'arbre de cette vis suit naturellement la poche dans tous ses mouvements et son action peut s'exercer dans toutes les positions de celle-ci.

Les tiges des pistons à vapeur ee traversent les fonds des cylindres pour mettre en mouvement, par l'intermédiaire de bielles et de manivelles, la paire de roues centrale du chariot porteur et le faire circuler sur la voie ; un embrayage à griffe établit ou supprime la relation entre les cylindres à vapeur et ces roues motrices, lorsque, le chariot restant en place, on veut faire marcher les pompes.

Une chaudière tubulaire verticale *l* fournit la vapeur nécessaire ; elle est alimentée par un petit cheval *m* qui peut également envoyer son eau dans le cylindre *b* ; cette dernière disposition a principalement pour but de compenser les pertes d'eau qui peuvent se produire dans le presse-étoupes du cylindre hydraulique, lorsque la machine à vapeur est employée à faire circuler le chariot ; on est certain ainsi d'empêcher le cylindre hydraulique et tout son attirail de s'abaisser.

Cette grue est calculée pour une charge de dix tonnes, la pression de l'eau fournie par les pompes peut atteindre 20^k par cent. carré. La machine, la chaudière et le chariot sont recouverts de tôles ondulées qui les préservent des projections de métal.

Dans ces dernières années, on a construit, pour des fabrications peu considérables, des grues de ce genre mues à bras au moyen de manivelles et d'engrenages, ce qui suffit pour un service réduit. Lorsqu'il n'est pas utile de faire varier la hauteur de la poche, le tout se ramène à un simple chariot de coulée qui porte les tourillons de la poche. Les moules ou les lingotières sont installés dans une fosse au-dessus de laquelle le chariot circule[1].

3. — Moules et lingotières.

On distingue deux sortes de moules, ceux établis en matières plastiques, et ceux en métal.

Aux premiers, on donne la forme voulue au moyen de modèles ou de gabarits ; ils sont employés pour le coulage des pièces qui ne doivent subir aucun travail de forge et qui sont analogues à celles que l'on coule en fonte dans les fonderies. On produit de cette façon aujourd'hui un grand nombre de pièces de machines auxquelles on veut assurer une résistance supérieure à celle de la fonte, des roues d'engrenage, des manivelles, des volants, souvent aussi, des étambots, des étraves d'un poids considérable pour les constructions navales, des cylindres de presse hydraulique, etc., etc.[2]

[1] On trouvera les dessins d'un appareil de ce genre dans *Stahl und Eisen* 1890, pl. XVI et celui d'un autre pouvant être manœuvré soit à la vapeur, soit à bras, dans la même publication, 1892, pl. XII.

[2] Jusque vers l'année 1850 on n'admettait pas qu'on pût couler des pièces moulées en métal malléable, on reculait devant les difficultés résultant du dégagement des gaz au moment de la coulée, de l'énorme retrait du métal, de sa haute température de fusion accompagnée

Il est tout particulièrement important de mettre ce genre de produits à l'abri des soufflures, on doit donc, dans leur fabrication, user largement des différents artifices que nous avons indiqués, donner au métal une composition chimique convenable et employer de fortes masselottes.

On ne peut, pour les pièces de ce genre, recourir aux moules métalliques qui ne permettraient généralement pas aux différentes parties de prendre leur retrait sans se briser ; le refroidissement y étant plus rapide, les gaz s'y dégageraient en abondance et produiraient des soufflures, enfin il serait fort difficile d'obtenir des parties minces, le métal se solidifiant avant de pénétrer dans les creux profonds et étroits.

Le moulage de la fonte est, comme chacun le sait, une industrie qui existe depuis des siècles, elle a donc servi de guide aux mouleurs d'acier, mais comme la température du fer et de l'acier fondus est beaucoup plus élevée que celle de la fonte, le choix des matières à employer pour le moulage exige des soins particuliers ; on ne peut, par exemple, recourir aux moules en sable vert qui ne passent pas par l'étuve ; ceux destinés au fer et à l'acier doivent être séchés et portés à haute température avant la coulée, si on veut qu'ils ne soient pas exposés à se désagréger.

On emploie le plus souvent comme sable de moulage un mélange de terre réfractaire et de matières destinées à l'amaigrir et à diminuer le retrait produit par la cuisson ; disons plutôt que, l'argile crue n'entrant que pour une faible partie dans le mélange, le sable est un mélange de substances réfractaires non susceptibles de prendre du retrait et d'une petite quantité de terre réfractaire crue destinée à assurer une plasticité suffisante.

On le compose donc de débris d'anciens moules, de sables brûlés ayant été soumis déjà à de hautes températures, de débris de creusets à acier moulus, auxquels on ajoute une certaine proportion d'argile crue. On introduit aussi quelquefois dans le mélange du graphite, du charbon de bois ou du coke qui augmentent la perméabilité et la propriété réfractaire, opposent moins de résistance au retrait et empêchent le métal d'adhérer au moule.

Les moules ainsi préparés passent à l'étuve où on les chauffe jusqu'au rouge naissant de manière à expulser toute l'eau qu'ils renferment et on y verse le métal pendant qu'ils sont encore chauds.

On peut aussi composer les moules de sable quartzeux excessivement pur

d'une solidification trop rapide qui empêchait les moules de se remplir convenablement ; on ne connaissait pas non plus de matières assez résistantes pour préparer les moules.

Les aciéries de Bochum réussirent les premières à surmonter ces difficultés et exécutèrent en 1851 des cloches en acier fondu. En 1852, à l'exposition de Dusseldorf, ces mêmes usines apportèrent des produits de ce genre qui lui valurent une médaille d'argent. Le lecteur trouvera dans *Stahl und Eisen* 1891, p. 452, des détails sur les applications des moulages de fer et d'acier fondu et sur leurs propriétés.

aggloméré au moyen de substances organiques comme la mélasse, la farine, etc.

Quant au travail du mouleur il est le même que celui des fonderies de fonte : la description des moyens employés ne rentre pas dans le cadre que nous nous sommes tracé et se trouve d'ailleurs dans tous les ouvrages traitant spécialement de la fonderie.

Ainsi que nous l'avons fait remarquer, la préparation des moules est d'autant plus délicate que la température de fusion du métal qu'ils doivent recevoir est plus élevée. Pour l'acier véritable, qui est plus proche de la fonte, on peut employer les mêmes matières que pour celle-ci, et mouler même certaines pièces en sable vert, mais, pour le fer peu carburé, il faut recourir aux substances les plus réfractaires. Lorsqu'on a commencé à mouler l'acier, on entendait, par ce mot, du métal contenant au moins 1 % de carbone; aujourd'hui on produit des moulages avec du fer fondu à 0,3 et même moins de carbone; on n'est arrivé à ce résultat qu'en améliorant la nature même du métal, et en perfectionnant les procédés de moulage.

Les moules pour pièces en fer ou en acier fondu doivent être préparés avec des soins particuliers en raison de la température élevée du métal et de son retrait qui peut atteindre 2 %. On emploie généralement pour leur confection du sable de moulage ordinaire amaigri par un mélange de coke pulvérisé qui facilite le dégagement de la vapeur d'eau pendant le séchage et des gaz pendant la coulée. Une couche mince de matière très réfractaire, graphite de cornue à gaz, débris de creusets à acier, fer chromé pulvérisé, rendue faiblement plastique, recouvre intérieurement les parties qui seront en contact avec le métal.

On doit multiplier les évents et les points d'accès du métal au moyen de conduits assez gros pour qu'ils alimentent sûrement les parties épaisses de la pièce, de façon à éviter les cavités dues au retrait. La coulée, au lieu d'avoir, comme pour la fonte, la forme d'un entonnoir doit être renversée, présentant à sa partie inférieure un volume assez grand pour conserver le métal destiné à l'alimentation du moule.

Les moules sont fortement chauffés avant la coulée ; pour les petites pièces qui n'apportent qu'une faible somme de chaleur, on peut mouler en sable vert.

Les pièces qui sont de dépouille se coulent fréquemment en coquille, souvent on compose le moule de parties en coquille et de parties en sable.

Les noyaux et toutes les parties du moule qui pourraient gêner le retrait devront être creux, à parois assez minces pour se briser spontanément sous les efforts de contraction du métal, les angles seront garnis de congés qu'on enlèvera au burin ultérieurement. (V.)

Les moules en terre ou en sable ne peuvent être utilisés qu'une seule fois, le retrait du métal les détériore presque toujours et on est, la plupart du temps, obligé de les briser pour en retirer la pièce coulée, même lorsque celle-ci est en fonte.

Les moules métalliques n'ont pas cet inconvénient. mais ils ne sont applicables qu'aux pièces de formes très simples dont le retrait peut se faire sans être gêné par les parois du moule ; on ne se sert de moules métalliques ou lingotières que pour couler des pièces destinées à être étirées.

La section des lingots est habituellement un rectangle dont les angles sont arrondis ; pour rendre le démoulage plus facile on donne à une des extrémités des dimensions plus grandes qu'à l'autre ; ce sont donc en réalité des troncs de pyramide se rapprochant du prisme.

Le rapport entre la section et la hauteur a une grande importance. Si, pour un lingot d'un poids déterminé, on adopte une faible section et une grande hauteur, on a, il est vrai, l'avantage de réduire le travail de l'étirage que devra subir le lingot pour arriver à la dimension de la pièce finie, mais ce moindre travail ne donne pas au métal toute la qualité qu'on est en droit d'en attendre. En outre, un lingot de petite section est rarement aussi sain qu'un plus gros. Si, au contraire, on préfère une large section et une plus faible hauteur, on augmente le travail de l'étirage. Ordinairement l'épaisseur du lingot est égale à la moitié de sa hauteur, et on ajoute à la lingotière une dizaine de centimètres pour ne pas être obligé de la remplir jusqu'au bord.

Nous admettons généralement, comme hauteur d'un lingot, le triple de sa plus grande dimension transversale. Il y a des inconvénients à exagérer la hauteur, quand on ne coule pas en source, parce que le métal déjà contracté dans le fond du moule n'y touche plus absolument et qu'il reste en quelque sorte suspendu à celui de la partie supérieure, ce qui peut provoquer une cassure. (V.)

On doit, d'ailleurs, lorsqu'on arrête les dimensions d'une lingotière, tenir compte du travail que le métal devra subir, des cannelures qui recevront le lingot, etc.

Les lingotières les plus simples sont ouvertes aux deux extrémités et d'une seule pièce. Pour la coulée, on les pose sur une plaque formant fond, ce qui suffit lorsqu'on n'a pas l'intention de soumettre le métal à une pression ni de claveter le bouchon placé à la partie supérieure. Si, au contraire, on veut appliquer au métal une pression artificielle, si même on doit couvrir la surface de sable et maintenir le couvercle avec des clavettes, il est nécessaire que la lingotière soit fixée sur le fond comme l'indique la fig. 262 (p. 426, T. II). A cet effet, la plaque de fond porte des oreilles a dans lesquelles on fixe des goujons en fer carré pouvant recevoir une clavette et qui traversent deux autres oreilles bb venues de fonte.

Les parties du fond et de la lingotière qui doivent être en contact sont ajustées. Pour empêcher le métal de mordre le fond, au moment où il le touche, on protège ordinairement celui-ci avec une brique ou de la terre réfractaire qui remplit une cavité de 20^{mm} à 30^{mm} de profondeur ménagée à cet effet.

Il est rare qu'on s'astreigne à fixer les lingotières sur les fonds ; il faut éviter en général de munir ces moules, qui sont forcément assez malmenés, de parties fragiles, oreilles, goujons, etc. Il est également inutile de dresser à l'atelier la surface inférieure de la lingotière et le fond ; certains soins apportés au moulage suffisent pour assurer un contact convenable.

Pour empêcher l'usure rapide du fond qui reçoit la première impression du jet, se creuse et quelquefois se soude au lingot, on dispose quelquefois une brique comme l'indique l'auteur ; cependant celle-ci peut s'écailler et les petits fragments s'arrêter dans l'intérieur du lingot. Nous préférons jeter au fond de la lingotière un morceau de tôle de quelques millimètres d'épaisseur qui garantit parfaitement la fonte.

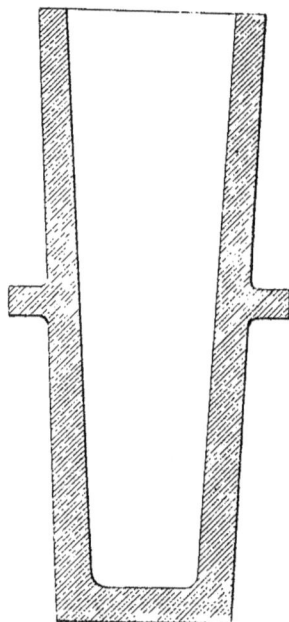

Fig. 268 bis. — Lingotière à retournement.

Pour la coulée de lingots pour rails, on emploie souvent des lingotières à *retournement* dont nous représentons un type fig. 268bis. On coule par la partie la plus large, ce qui est rationnel puisque le bas du lingot a besoin de moins de corroyage. Cette lingotière porte des tourillons venus bruts de fonte et non tournés, qui peuvent être saisis par un balancier à crochets. Ces tourillons sont placés de telle sorte que la lingotière vide se tient debout le fond en bas. Lorsqu'elle est remplie et soulevée par la grue, le moindre effort la fait basculer, le lingot tombe par terre, la lingotière se redresse et peut être immédiatement remise en place. (V.)

L'épaisseur des parois des moules dépend de la dimension des lingots, elle varie entre 60 et 100^{mm}, quelquefois on la renforce au moyen de frettes qui les empêchent de se fendre ou qui permettent de s'en servir même lorsqu'elles sont fendues.

L'expérience a démontré que les fentes se produisent sur les surfaces planes et non sur les angles dans le sens de la longueur, il est donc avantageux de renforcer l'épaisseur des faces planes comme l'indique la figure 269.

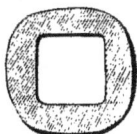

Fig. 269. — Section d'une lingotière.

Quelquefois, pour diminuer les chances de rupture, on divise les lingotières

Fig. 270. — Coulée en source (coupe verticale).

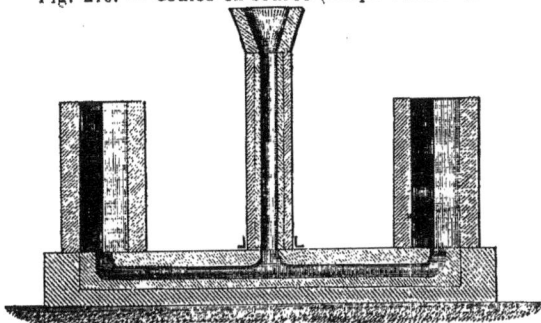

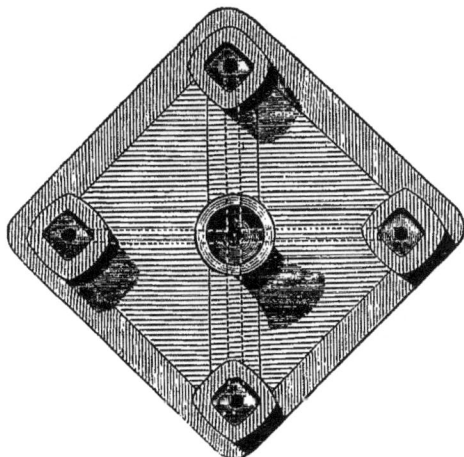

Fig. 271. — Coulée en source (plan).

en deux pièces que l'on ajuste aux extrémités d'une diagonale, chaque partie porte des rebords qui s'assemblent par goujons et clavettes. Ce système est plus coûteux à établir, les deux parties se déjettent et au bout de peu de temps ne vont plus l'une sur l'autre.

Pour couler en source (p. 424, T. II) on peut, avec avantage, employer la

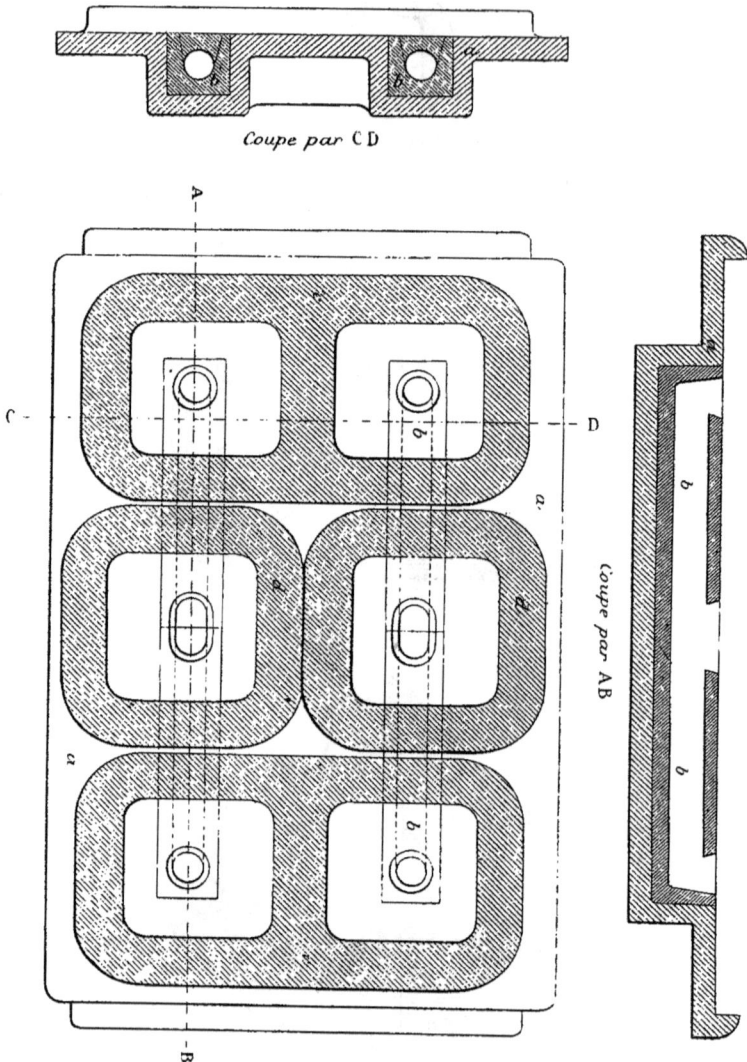

Coupe par C D

Fig. 271 bis. — Coulée en source de petits lingots.

disposition suivante : on groupe plusieurs lingotières autour d'un tube de coulée qui distribue le métal par des conduits horizontaux en briques réfractaires. Le tube de coulée, que l'on appelle *la mère*, est garni lui-même de matières réfractaires pour que le métal ne se refroidisse pas trop en le traversant.

Les figures 270 et 271 représentent une disposition de ce genre ; au milieu se trouve le tube vertical un peu plus long que les lingotières de manière à pouvoir alimenter celles-ci jusqu'à ce qu'elles soient pleines, autour de la mère on place quatre ou huit lingotières, quelquefois même davantage. Le tout est porté par une épaisse plaque de fonte garnie de briques réfractaires dans lesquelles sont ménagées des conduits horizontaux. On peut, si on le juge nécessaire, fixer le tube de coulée et les lingotières sur la plaque au moyen de goujons et de clavettes.

Après chaque coulée on remplace le tube de coulée et les briques creuses.

Nous représentons fig. 271bis un arrangement de lingotières que nous avons employé souvent pour couler de petits lingots d'une centaine de kilogrammes. Une plaque de fonte a, servant de fond, porte deux rainures parallèles dans lesquelles on loge des briques creuses bb. Sur cette plaque on dispose deux lingotières doubles cc et deux simples dd ; au moyen d'une petite auge en tôle revêtue de terre réfractaire, portant deux trous et que l'on place à cheval sur les lingotières d, on coule six lingots à la fois. Pour le démoulage on enlève d'abord les lingotières c au moyen de tenailles ad hoc, puis les deux autres qui se trouvent dégagées. (V.)

Avant de mettre en service des lingotières neuves, il est bon de les enduire d'une légère couche isolante qui les garantisse contre le contact trop brusque du métal liquide. On emploie à cet effet du graphite délayé dans un lait de chaux ou d'argile ou toutes autres matières analogues ; il est également prudent, pour éviter les ruptures, de les chauffer toutes les fois qu'elles n'ont pas conservé de la chaleur des coulées précédentes.

Une lingotière résiste ordinairement à un nombre de coulées compris entre 50 et 100. On les manœuvre, la plupart du temps, au moyen de grues hydrauliques de construction très simple qui reçoivent, d'un réservoir commun, l'eau sous pression.

Pour la fabrication des lingotières, on doit employer des fontes aussi peu phosphoreuses que possible et siliceuses, c'est-à-dire, correspondant au n° 2 de fonderie. Le mieux est, nous semble-t-il, d'employer, pour cette fabrication, des fontes Bessemer peu manganésées ; lorsque les lingotières sont hors de service, on les passe au cubilot, elles ont conservé la valeur de la fonte et la dépense se borne aux frais de moulage. (V.)

4. — Fabrication directe du fer et de l'acier fondu.

Si on fond un mélange, en proportions convenables, de fonte et de minerai de fer ou de scorie riche et, si on élève assez la température pour que le carbone, le silicium et le manganèse de la fonte réduisent l'oxyde à l'état métallique, on peut obtenir, du fer et de l'acier à l'état de fusion [1]. Ce traitement de la fonte par le minerai sera décrit plus loin comme une des variantes du procédé de fabrication au creuset et au four Martin.

On a souvent proposé et tenté d'obtenir directement du fer et de l'acier fondu sans employer de fonte et en partant du minerai. Il est certain, en effet, que, lorsque les hauts-fourneaux se trouvent en allure très froide, ils produisent une fonte caverneuse qui, par ses propriétés et sa composition chimique, est de telle nature qu'on lui donne le nom d'*acier sauvage* ; mais, comme nous l'avons expliqué en traitant de la marche des hauts-fourneaux, une pareille allure ne peut être maintenue, parce que le creuset se refroidit à tel point qu'il ne tarde pas à s'y former un loup d'une façon inévitable, si on n'apporte à ce refroidissement un prompt remède ; pour le réchauffer, il ne suffit pas d'élever la température du vent, on doit encore et promptement réduire le poids de la charge en minerai, ce qui a pour effet d'augmenter la proportion de combustible, de rendre plus intenses les actions de réduction et de carburation et de ramener à la production de la fonte.

Il serait plus difficile encore d'arriver, au haut-fourneau, à produire un métal moins carburé que l'acier sauvage ; dans les fours à loupe, qu'on peut, en raison de leur forme, considérer comme de petits hauts-fourneaux, on évite l'obstruction du creuset parce que la fabrication n'est pas continue ; on se borne à charger la quantité de minerai nécessaire pour la production d'une loupe, et, celle-ci obtenue, on vide le fourneau ; le produit d'ailleurs n'est pas à l'état de fusion, il est en réalité le résultat de soudages ; pour tirer d'un tel four un métal à l'état liquide, il faudrait y consommer beaucoup plus de combustible, ce qui augmenterait le degré de carburation.

Bull, de Liverpool, a tenté, il y a quelques années, de tourner cette difficulté en employant, comme combustible, le gaz à l'eau, mais il a complètement échoué comme on pouvait le prévoir. Les phénomènes qui s'opposent à ce qu'on puisse alimenter un haut-fourneau avec du gaz et que nous avons exposés p. 81, T. II, s'appliquent absolument à ce cas. Il a cependant été fait à Seraing des essais de ce procédé [2].

Fr. Siemens a cherché, depuis plusieurs années déjà, à fabriquer du fer et de l'acier fondu par un procédé analogue à celui imaginé par son frère William, c'est-à-dire, en fondant, dans un four à réverbère chauffé à assez haute température, des minerais de fer en contact avec du charbon comme agent réducteur. Les résultats de ces essais n'ont pas été publiés, mais il y a lieu de

---

[1] Il faudrait n'opérer que sur de faibles quantités de matières si on voulait obtenir ainsi du fer ou de l'acier sans passer par la fusion, parce que le protoxyde de fer ne se décompose qu'à très haute température. C'est ce que nous avons fait ressortir en exposant les phénomènes qui se passent dans les bas-foyers ou dans les fours à puddler.

[2] Voir pour plus de détails : *Iron*, T. XXI, p. 89 ; *Stahl und Eisen*, 1882, p. 325.

croire que la perte inévitable du fer par scorification [1], la moins bonne utilisation de la chaleur qui caractérise les fours à réverbère en comparaison de celle qu'on obtient dans les hauts-fourneaux, et la difficulté d'établir des revêtements de fours capables de résister à l'action des oxydes de fer portés à la température qu'exige la fabrication du fer et de l'acier fondu, toutes ces causes réunies opposeront des obstacles insurmontables à la réussite d'un semblable procédé.

On a également espéré produire du fer et de l'acier fondu en traitant des mélanges de minerais et de charbon, à la chaleur qu'on emploie pour le procédé Chenot (p. 350, T. II), de manière à obtenir une éponge de fer qu'on faisait descendre dans un bain de fer ou d'acier en fusion [2].

Nous n'indiquons ici que quelques-uns des nombreux procédés proposés ou essayés çà et là pour la transformation directe du minerai en fer ou en acier fondu ; aucun d'eux n'a pu franchir la période des expériences. La manière dont se comportent, au point de vue chimique, le fer et ses oxydes, autorise à conclure qu'il doit être impossible d'imaginer un procédé plus économique que celui qui consiste à traiter le minerai au haut-fourneau, et à transformer ensuite la fonte en fer ou en acier. Le haut-fourneau est l'appareil le plus parfait pour réduire les minerais et opérer la fusion du métal ; non seulement le déchet en fer y est presque nul, mais encore l'utilisation de l'agent réducteur, du combustible, y est si avantageux, que parfois, dans la pratique, on dépasse à peine ce que la théorie indique comme strictement indispensable (p. 98, T. II). La fonte obtenue, sans autre consommation de combustible, on peut produire du fer ou de l'acier à l'état de fusion (procédés Bessemer, acide ou basique). Il n'est pas à supposer que, par le traitement direct des minerais, alors que, pour les motifs déjà indiqués, le haut-fourneau ne peut pas donner le résultat désiré, on arrive jamais à réaliser des conditions aussi favorables.

5. — Essais de fabrication du fer et de l'acier fondus au cubilot.

Il est assez naturel d'admettre qu'il est possible d'obtenir du fer et de l'acier fondus en traitant au cubilot ces mêmes métaux obtenus par soudage et on a souvent essayé d'arriver, d'une manière pratique, à ce résultat ; nous avons exposé, page 161, T. II, les raisons pour lesquelles de pareilles tentatives

---

[1] Dans la fabrication du fer et de l'acier obtenus par fusion ou par soudage, de même que dans le haut-fourneau, la teneur en fer des scories, et par conséquent le déchet, varient en sens inverse du degré de carburation du produit.

[2] *Stahl und Eisen* 1891, p. 300.

devaient échouer. En contact avec le carbone du combustible porté à la chaleur blanche, le fer en absorbe une quantité telle qu'il se transforme en fonte à 2,5 % de carbone et quelquefois beaucoup plus.

Nous décrirons plus loin un procédé dans lequel la fonte obtenue de cette façon sert à mouler un certain nombre de pièces que l'on décarbure ensuite par une cémentation oxydante, pour obtenir un produit auquel on donne le nom de *fonte malléable*.

6. — **Fabrication de l'acier au creuset.**

(a) *Introduction.* — Les premiers aciers fondus ont été obtenus au creuset ; avant le XIXᵉ siècle, on ne connaissait pas d'autre méthode de fabrication [1]. On rapporte qu'un horloger, du nom de Benjamin Huntsman, habitant dans les environs de Sheffield, imagina de fabriquer l'acier fondu pour éviter les déceptions auxquelles il était exposé en se servant des ressorts en acier obtenu par soudage, le seul qu'on connût alors ; il devait fréquemment rebuter des pièces dans lesquelles se rencontraient des scories ou des pailles. Huntsman supposa qu'une fusion rendrait le métal plus homogène, et créa ainsi, de toutes pièces, une industrie nouvelle. Dans ses voyages métallurgiques, Jars rapporte, qu'en 1750, il existait dans le pays de Sheffield plusieurs fonderies d'acier au creuset en pleine activité. Actuellement encore, les descendants d'Huntsman fabriquent de l'acier au creuset dont la qualité est très appréciée, non seulement en Angleterre, mais même en Allemagne et dans d'autres contrées, pour la fabrication des outils destinés au travail des métaux.

Pendant longtemps, on s'est contenté de couler de petits lingots du poids de la charge contenue dans un seul creuset ; l'usine Krupp, à Essen, a été la première à produire de gros lingots en réunissant, dans le même moule, le contenu de plusieurs creusets, la première aussi à établir de puissants marteaux pour l'étirage du métal.

Jusqu'à cette époque, on réservait l'acier fondu à la fabrication de pièces d'un poids restreint, telles que les outils, les ressorts, etc. ; à partir de là, au contraire, on put aborder l'exécution de produits d'un poids considérable, des pièces de machines, des canons, etc.

Il y a une trentaine d'années, c'était la seule méthode que l'on connût, qui

---

[1] Jusqu'à la découverte des nouveaux procédés de fabrication de l'acier à l'état de fusion, celui obtenu au creuset portait seul le nom d'*acier fondu* ; on le distinguait ainsi de celui qui était fabriqué par soudage ; actuellement encore, on lui applique quelquefois cette dénomination, ce qui est un tort, puisqu'il est impossible de refuser à qui que ce soit le droit de désigner de la même façon tous les aciers obtenus, par un procédé quelconque, à l'état liquide.

permit d'obtenir de l'acier à l'état de fusion, mais depuis, on a découvert des procédés plus économiques qui fournissent des résultats analogues et font à l'acier au creuset une redoutable concurrence.

Ce dernier conserve, cependant, encore une place importante dans la sidérurgie et ne disparaîtra probablement jamais complètement, parce qu'il possède des qualités spéciales que nous indiquerons ultérieurement.

La fabrication de l'acier au creuset est assez simple; il est essentiel, néanmoins, pour obtenir un bon résultat, de tenir compte d'un grand nombre de détails qui ont leur importance. Comme point de départ, on prend un acier brut quelconque, de l'acier fabriqué au four à puddler, au bas-foyer, ou sortant du four de cémentation ; on peut employer également l'acier Bessemer ou l'acier Martin ; on le place dans des creusets et on détermine la fusion du métal : puis on laisse en repos la matière fondue et on la coule dans des moules ou des lingotières.

Dans le principe, on avait seulement en vue d'appliquer la fusion à l'acier obtenu par soudage pour le débarrasser des scories qu'il contenait et se procurer un produit plus homogène ; c'est encore là le but qu'on se propose le plus souvent, mais, il n'est pas douteux que l'acier fondu provenant d'autres méthodes peut acquérir, en passant par le creuset, dans des conditions convenables, certaines qualités recherchées.

Au lieu de refondre dans des creusets de l'acier déjà fait, on peut en fabriquer de toutes pièces, en partant, comme matières premières, de fontes et de fer en proportions telles que le produit contienne la dose de carbone voulue ; on y arrive également en traitant un mélange de fonte et de minerai combiné de telle sorte que le carbone, le silicium et le manganèse renfermés dans la fonte, assurent la réduction de l'oxyde de fer ; le produit final est de l'acier fondu, et cette variante porte le nom de procédé *Uchatius ;* nous indiquerons plus loin les raisons pour lesquelles ce procédé n'a eu qu'un succès limité.

Il est évidemment plus difficile de porter à très haute température un métal, lorsqu'il est enfermé dans un creuset, que lorsqu'il est immédiatement en contact avec le combustible ; d'un autre côté, plus la chaleur à produire est élevée et plus les creusets sont exposés à se détériorer ; aussi applique-t-on la fusion au creuset principalement à la qualité d'acier dont le point de fusion est le moins élevé ; quelquefois, cependant, on y a encore recours pour obtenir un métal ne renfermant pas plus de 0,4 % de carbone. Quant à la fusion du fer proprement dit, c'est-à-dire sans carbone, elle n'a été pratiquée que tout récemment au creuset et dans certains cas particuliers, pour la production du métal *Mitis.* Ce dernier n'est pas de l'acier à proprement parler, il convenait néanmoins de le signaler ici, parce que ses principales propriétés le rapprochent de l'acier fondu au creuset.

(b) *Creusets et Fours.* — Les creusets employés pour la fabrication de l'acier fondu ressemblent à ceux qui servent à la fusion des autres métaux ; on leur donne des dimensions variables suivant la charge qu'ils doivent contenir qui est généralement comprise entre 10 et 35^{kil}; parfois même on admet des poids plus considérables ; pour garantir le métal de tout contact avec le combustible, on place sur le creuset un couvercle percé d'un trou rond ; celui-ci permet de tâter le contenu, avec une tige de fer, pendant la fusion pour connaître le degré d'avancement ; ce trou est lui-même bouché par un petit tampon de terre réfractaire.

Comme les creusets doivent résister à une température très élevée, il est nécessaire que la fabrication en soit très soignée ; de bonne qualité, ils peuvent supporter deux ou trois fusions ; médiocres, ils ne résistent qu'à une seule ; mauvais, il peut arriver, que dès la première, ils laissent perdre le métal ; aussi dans un grand nombre d'usines, se résigne-t-on à ne les faire servir qu'une seule fois, tant on redoute les désastres que peuvent entraîner les fuites fréquemment renouvelées.

Il est essentiel de tenir compte, dans le choix des creusets à employer, de l'action chimique qu'ils peuvent exercer sur le métal par la silice et le carbone qui entrent dans leur composition ; c'est un point sur lequel nous aurons à revenir ; cette action peut, suivant le cas, suivant la nature de l'acier qu'on veut produire, être utile ou nuisible ; avec les mêmes matières métalliques, on obtient des résultats tout différents, suivant qu'on se sert de tels ou tels creusets.

La qualité des creusets a donc une grande importance au point de vue de la bonne marche de la fabrication ; dans les grandes usines on en fait une consommation considérable, aussi les fabrique-t-on généralement sur place. La pâte qui sert à les mouler est composée d'argile réfractaire additionnée de graphite ; on pulvérise les creusets qui ont servi, on y ajoute la quantité d'argile crue nécessaire pour donner du liant, puis on mélange le tout avec du graphite moulu. Ce dernier corps présente plusieurs avantages ; en premier lieu, il est infusible, du moins, lorsqu'il est pur [1], il rend donc le mélange plus réfractaire ; en outre, il arrête les gaz oxydants qui pourraient pénétrer à travers les pores du creuset et agir sur le métal; il maintient, par son contact avec ce dernier, son degré de carburation, enfin il favorise la réduction de la silice qui fait partie de la pâte du creuset.

Muller a constaté qu'en fondant des aciers de provenance quelconque dans des creusets composés d'argile réfractaire sans graphite, on diminue le degré de carburation d'une manière très sensible, qui peut atteindre la moitié de la

---

[1] On exclut naturellement le graphite qui contient une trop forte proportion d'alcalis, de terres et d'oxyde de fer ; on purifie celui qui est trop chargé de gangues par des préparations mécaniques, en le chauffant à l'abri de l'air et le traitant par des acides, etc.

teneur primitive, tandis qu'en employant les creusets de graphite, non seulement on ne diminue pas la proportion de carbone, mais, parfois même, on
l'augmente.

En outre, on obtient également une teneur en silicium deux ou trois
fois plus élevée et à la coulée le métal reste calme, tandis que dans les creusets sans graphite, il monte dans les moules et donne des lingots remplis de
soufflures [1].

On détermine les proportions de graphite, d'argile cuite et d'argile crue à
introduire dans la composition de la pâte, en tenant compte des effets que
l'on connaît de ces différentes substances ; il est clair que si l'argile crue est
très grasse, une faible proportion suffira ; elle entre dans le mélange pour
une part qui varie entre 25 et 66 %, le reste se composant de matières maigres ; si parmi ces dernières, il se trouve des débris de creusets contenant
du graphite, il en faut également tenir compte, de manière à n'avoir dans la
pâte que la quantité qu'on a déterminée comme la plus convenable. Celle-
ci est comprise entre 15 et 75 %. C'est, du reste, une matière d'un prix
élevé et qui influe d'une manière sérieuse sur le coût des creusets.

Le graphite n'est, d'ailleurs, jamais absolument pur, même quand il a été
soumis à des préparations spéciales ; les creusets contiennent donc moins de
carbone qu'on n'y a fait entrer de graphite et leur teneur est comprise entre
10 et 60 % de carbone.

Pour confectionner les creusets, on broie en poudre très fine les matières
qui doivent entrer dans leur composition, on les mélange avec la quantité
d'eau nécessaire, de manière à faire une pâte liante, à laquelle on donne la
forme voulue, soit à la main sur un tour de potier, soit à la presse. Celle-ci
peut être manœuvrée par une vis, ou par la vapeur, ou par de l'eau sous pression ; dans les grandes usines, c'est ce dernier moyen qui est préféré.

Lorsque le creuset est moulé, on le laisse sécher à l'air, on l'introduit ensuite
dans une étuve faiblement chauffée et on le fait passer successivement dans
des chambres de plus en plus chaudes ; enfin, on le porte au rouge lorsqu'on
est sur le point de le mettre en service. Le séchage complet d'un creuset demande plusieurs mois ; les grandes usines en ont donc nécessairement en
fabrication de grandes quantités à la fois.

Fours. — Les fig. 163 et 164 de la page 135, T. II, représentent un four du type
exclusivement employé jusqu'en 1865 pour fondre l'acier au creuset ; c'est ce
qu'on appelle un four à vent ; on y brûle du coke. Les fours à réverbère à
chauffage direct ne donnaient pas une température assez élevée, et les fours
à gaz n'avaient point atteint un degré de perfection suffisant à cette époque
pour qu'on pût y recourir avec succès ; dans les petits ateliers, ce sont encore

---

[1] *Stahl und Eisen* 1886, p. 696.

des fours du même genre, à grille et à tirage naturel, que l'on rencontre le plus fréquemment.

Ces fours contiennent un ou plusieurs creusets ; lorsqu'on en doit placer plus de trois, on les dispose sur deux rangs au nombre de deux, trois ou quatre sur chaque rang ; ainsi que nous l'avons déjà fait remarquer, plus le nombre de creusets renfermés dans un four est considérable et plus il est difficile de les chauffer tous d'une manière égale ; on ne devrait donc jamais dépasser le nombre de neuf et, la plupart du temps, on reste beaucoup au-dessous.

Pour obtenir une température suffisante, il faut disposer d'un tirage très énergique, aussi attribue-t-on généralement à chaque four une cheminée. Dans certaines usines, cependant, on a adopté une cheminée commune à laquelle se rendent, par une large galerie, tous les produits de la combustion.

Les fours sont rangés sur une ligne comme l'indiquent les fig. 163 et 164 ; le gueulard est au niveau du sol ou légèrement au-dessus ; les grilles se trouvent dans des caves de proportions assez vastes et d'un abord facile, dans lesquelles l'air doit arriver largement ; on ménage entre les fondeurs qui occupent l'atelier et les chauffeurs chargés du nettoyage des grilles, un moyen de communication aisé.

Dans les fours de ce genre, on consomme, par tonne d'acier fondu, de deux à cinq tonnes de coke, suivant que les creusets sont plus ou moins grands, qu'ils occupent en plus ou moins grand nombre le même four, et que la qualité du coke est plus ou moins bonne ; la consommation la plus fréquemment rencontrée est comprise entre 2500 et 3000^k.

Dans ces dernières années, et surtout en France, on a employé avec succès le four mobile, système Piat, que nous avons représenté page 137, T. II ; quand on peut fondre plusieurs charges successives dans le même four et avec le même creuset, la dépense en combustible se réduit à 1150^k par tonne d'acier.

Le système de chauffage imaginé par Siemens, en 1861, a permis d'obtenir dans les fours à réverbère une température convenable pour la fusion de l'acier au creuset, et présente sur les anciens fours des avantages considérables, parfaitement consacrés par une expérience déjà longue.

Il est facile de comprendre, en effet, que, lorsqu'on emploie les fours à vent, la plus grande partie de la chaleur produite par la combustion du coke passe dans la cheminée sans avoir été utilisée ; on ne peut, d'ailleurs, l'appliquer à aucun usage, toute disposition combinée dans ce sens ayant pour effet de diminuer le tirage ; en outre, chaque four ne reçoit de combustible que d'une manière intermittente et est presque vide au moment où on introduit les creusets et quand on les enlève ; il n'est pas possible, d'un autre côté, d'augmenter la profondeur de la cuve de façon à faire emmagasiner par le coke de la partie supérieure la chaleur que possèdent les produits de la combustion, parce que le tirage serait diminué, qu'il se produirait, en plus grande abondance, de l'oxyde de carbone au détriment du combustible ; on n'obtiendrait pas de meilleur résultat en chauffant, avec les produits de la combustion, l'air qui l'alimente.

Dans le système de chauffage Siemens, au contraire, la chaleur emportée par les produits de la combustion est recueillie par les régénérateurs et ramenée en grande partie dans le laboratoire par l'air et les gaz qui s'y rencontrent ; le combustible y est mieux utilisé et il est plus facile d'obtenir les hautes températures nécessaires pour la fusion au creuset ; en outre, ce genre

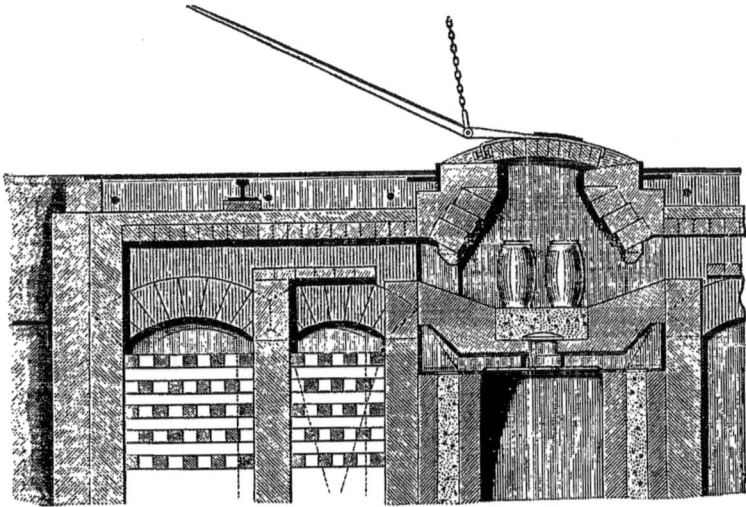

Fig. 272. — Four Siemens pour creusets, échelle de 1/48.

de fours, comme tous ceux à réverbère, peut être alimenté avec des combustibles crus, dont le prix est moins élevé ; nous entendons par là qu'on peut y employer non seulement de la houille, mais encore les lignites, la tourbe et le bois, pourvu que les appareils et les gazogènes soient établis d'une façon convenable. Ce point a surtout une grande importance là où le coke est rare et d'un prix élevé.

Enfin les creusets ne sont en contact ni avec le combustible ni avec leurs cendres ; ils restent donc visibles et faciles à atteindre à tout moment de la fusion, tandis que, dans les fours à vent, on doit baisser le niveau du coke pour les aborder, et que les scories résultant de la fusion des cendres sont une cause incessante de détérioration.

Ces avantages ont donc amené, dans un grand nombre d'ateliers, la substitution des fours Siemens aux anciens fours à vent ; sans doute l'installation en est beaucoup plus coûteuse ; ils doivent, d'ailleurs, pour travailler d'une façon économique, marcher d'une manière continue ; ils conviennent donc mieux aux grands ateliers qu'à ceux de faible importance.

La disposition des régénérateurs, des valves de distribution, etc., est la même que dans les fours à gaz du système Siemens que nous avons décrits ; quant à la forme du laboratoire, elle dépend du nombre de creusets qu'on veut y placer, et qui est généralement compris entre douze et vingt-quatre.

Le four est construit habituellement en dessous du sol de l'atelier ; pour tout le travail qui doit se faire dans le laboratoire, la pose et l'enlèvement des creusets, la surveillance de la fusion, les réparations, etc., on utilise les ouvertures ménagées dans la voûte qui le recouvre.

Si le gaz dont on dispose est pauvre en hydro-carbures et ne produit qu'une flamme courte, on ne donne au laboratoire, dans le sens du mouvement de la flamme, qu'une faible dimension, de façon à y loger seulement, dans ce sens, deux ou trois creusets ; quant à la largeur, on la calcule de façon à placer tous les creusets dont l'ensemble doit constituer le four.

La fig. 272 représente à l'échelle de $\frac{1}{48}$ la coupe verticale d'un four de ce genre faite dans le sens du mouvement de la flamme [1]. Dans le sens transversal, on divise le laboratoire en plusieurs compartiments de $0^m,60$ à $0^m,90$ de large, au moyen de cloisons verticales qui soutiennent la partie supérieure de la construction et qui sont parallèles à la direction de la flamme ; le four se trouve ainsi partagé en trois ou quatre chambres distinctes, dans chacune desquelles on peut loger quatre ou six creusets ; ces cloisons n'existent pas dans les régénérateurs.

Au-dessus des creusets de chaque compartiment, le four est fermé par deux couvercles mobiles juxtaposés ; ceux-ci sont formés de briques réfractaires maintenues par des fers méplats. Chaque couvercle, qui est une portion de voûte, peut être saisi par un levier attaché à une chaîne, laquelle est suspendue à un galet roulant sur un rail placé au-dessus du four ; il est ainsi très facile d'écarter le couvercle dès qu'on l'a soulevé et d'aborder l'intérieur du four.

La plaque de fonte qui supporte la sole en sable est percée, sous chaque creuset, d'un trou que l'on recouvre d'un bouchon en terre. Si un creuset vient à couler, on perce avec un outil le bouchon correspondant, on fait ainsi écouler dans la cave le métal et la scorie qui s'est formée et on remplace le bouchon par un autre. On voit cette disposition dans la fig. 272.

Comme le trajet de la flamme dans le laboratoire est très court, il faut que la combustion du gaz produise une flamme de faible longueur mais très chaude. A cet effet, les gaz combustibles et l'air sont dirigés de façon à se

---

[1] Cette figure est tirée de l'ouvrage de J. S. Jeans, *Steel, its history manufacture, properties and uses*. (Nota, les générateurs de droite ne sont qu'amorcés sur cette figure ; le four est absolument symétrique de part et d'autre du laboratoire.

heurter à l'endroit où ils se rencontrent, grâce à la direction et à la vitesse différentes qu'on leur imprime. La figure indique les dispositions adoptées pour arriver à ce résultat.

L'air vient du régénérateur le plus éloigné du laboratoire qui est d'une capacité plus grande que celui réservé au gaz, il suit une direction horizontale, tandis que le gaz sort de sa chambre verticalement par une fente étroite, par conséquent avec une plus grande vitesse. Les briques de la voûte à l'endroit où l'air et le gaz se rencontrent, sont disposées de manière à renvoyer la chaleur sur le bas des creusets.

Dans un four semblable à celui que nous venons de décrire, il peut arriver que la combustion du gaz ne s'achève pas complètement dans le laboratoire et qu'elle se termine seulement dans les régénérateurs de sortie, ce qui entraînerait une mauvaise utilisation du combustible. On est exposé à rencontrer cet inconvénient principalement quand on emploie des combustibles riches en hydro-carbures, comme les houilles à longue flamme et les lignites. Dans ce cas, on doit construire des laboratoires d'une longueur plus considérable, et on établit le four comme le montrent les fig. 273 à 275, dans lequel les creusets sont disposés sur deux rangées de six à huit chacune. Chaque creuset repose sur un fromage de 0^m,10 de hauteur; entre ceux-ci et dans le sens de la longueur, règne une rigole qui amène, dans un petit canal ménagé au centre, le métal et la scorie qui peuvent s'échapper d'un creuset en mauvais état; pendant la fusion, ce canal est fermé pour éviter les rentrées d'air; on ne le débouche que quand tous les creusets ont été extraits du four.

Si on a besoin de fondre à la fois un très grand nombre de creusets, on a plusieurs fours à sa disposition, ou bien on donne au laboratoire une forme différente que nous allons indiquer.

On établit la sole à une certaine hauteur au-dessus du niveau de l'atelier; l'enceinte du laboratoire est vaste et munie de portes latérales par lesquelles se font l'entrée et la sortie des creusets; une semblable disposition ressemble à celle que nous avons représentée dans les fig. 23 à 25, 29 et 30, pages 143 et suivantes, T. I, et n'en diffère que par la forme de la sole qui est plane au lieu de former un bassin. On ménage dans la voûte un nombre suffisant de petites ouvertures, par lesquelles on peut surveiller ce qui se passe dans les creusets et introduire des outils pour tâter la matière; ces ouvertures sont fermées par de petites briques faciles à enlever. Les ouvriers chargés de ce travail circulent sur un plancher en fer établi au-dessus de la voûte. Dans un four de ce genre, on place de vingt-cinq à quatre-vingt-dix creusets [1].

Dans les fours Siemens, fondant de l'acier au creuset et brûlant de bonne houille, on ne consomme ordinairement pas plus de 1200^k de combustible

---

[1] On trouvera des croquis d'un four de ce genre dans *Stahl und Eisen* 1891, p. 453.

par tonne d'acier fondu ; si la teneur en cendres est plus élevée, on peut
arriver à 1500 ou 1600^k ; avec du lignite, on atteint 2000 et quelquefois 4000^k.

On voit donc que les fours à gaz sont plus avantageux que les autres, mais
il ne faut pas oublier qu'un de ces fours, contenant de 18 à 20 creusets et
fondant de 25 à 30^k dans chacun d'eux, produit par 24 heures de 2 à 3000^k

Fig. 273 (Coupe par CD).

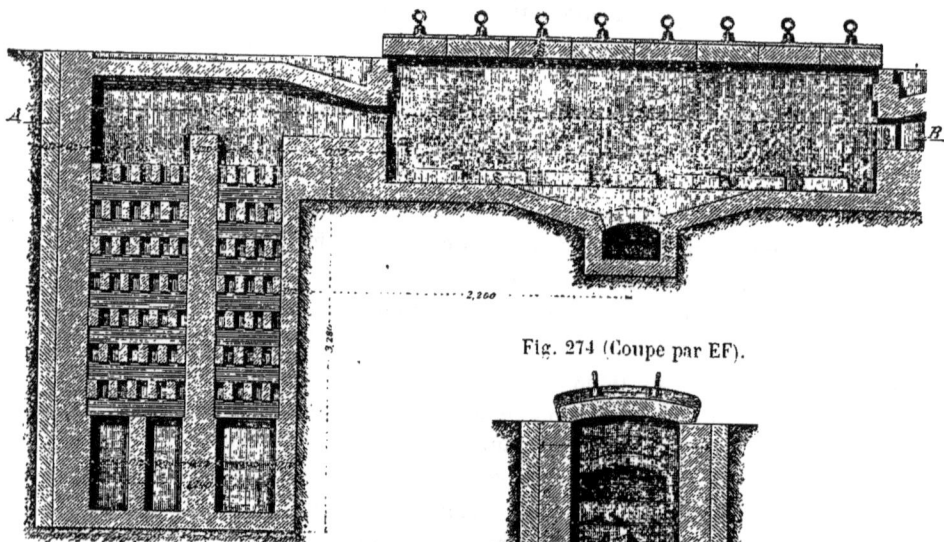

Fig. 274 (Coupe par EF).

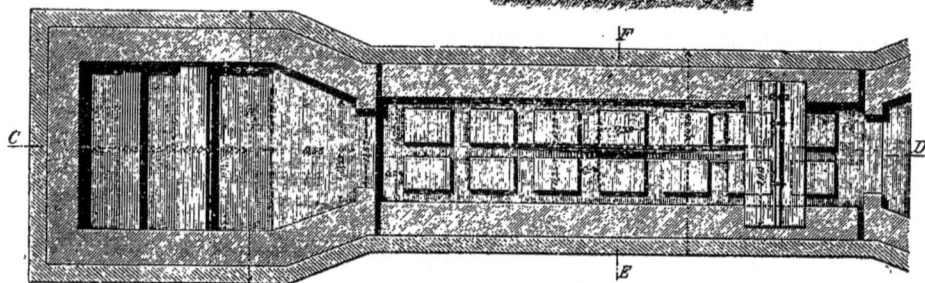

Fig. 275 (Coupe par AB).
Four Siemens pour creusets, échelle de 1/40.

d'acier et que, si on devait ralentir son allure, la consommation de combustible par tonne s'élèverait rapidement.

Lorsqu'on veut obtenir un produit très peu carburé connu sous le nom de métal Mitis, on n'emploie ni le four Siemens ni le four à vent; on se sert d'un four spécial chauffé avec du pétrole ou des résidus de pétrole ; le liquide combustible est placé dans un bassin à proximité du four, un jet d'air vient en lécher la surface et produit la combustion ; il en résulte un courant gazeux composé d'un mélange de gaz brûlé et de vapeur combustible qui pénètre dans le four où il achève de brûler. Le four contient six creusets disposés sur 2 files.

Lorsque les deux premiers, placés dans la partie la plus chaude du four, sont à point pour la coulée, on les enlève et on fait avancer les autres, puis on en introduit deux nouveaux dans les places restées vides qui se trouvent alors dans la partie la moins chaude [1]. On renouvelle cette manœuvre toutes les 90 minutes. Jusqu'à présent, il n'a rien été publié sur la consommation de combustible de ces fours.

(c) *Marche de l'opération.* — Ainsi que nous l'avons indiqué plus haut, on charge les creusets avec de l'acier provenant d'un bas-foyer, d'un four à puddler ou d'un four à cémenter, et comme le prix de revient de l'acier au creuset est toujours élevé, on ne trouve de bénéfice à cette fabrication que dans la production des qualités supérieures qui se vendent elles-mêmes plus cher. On choisit donc des matières aussi exemptes que possible de phosphore, de soufre et de toute autre impureté ; on sait que la fusion n'élimine absolument pas le phosphore et qu'elle ne peut diminuer la teneur en soufre que dans une faible proportion, on doit donc tenir grand compte de ces considérations dans le choix des matières à fondre.

Lorsque l'acier est destiné à la fabrication des outils fins, des limes et autres pièces analogues, on préfère généralement l'acier cémenté qui est plus pur que les autres et que l'on peut obtenir plus carburé.

Pour les moulages, on se contente souvent de refondre des aciers Bessemer ou Martin dont le prix est moins élevé.

Il ne faut pas oublier non plus que la fusion au creuset de graphite augmente ordinairement la teneur en carbone de 0,1 % et quelquefois plus.

Lorsqu'on veut obtenir un acier d'une dureté exceptionnelle qui, transformé en outils, soit capable d'entamer des corps très durs eux-mêmes, on ajoute à la charge des creusets des alliages de chrome ou de tungstène dont nous avons décrit les propriétés pages 335 et 337. On compose le mélange de façon à avoir, dans le produit final, une proportion de chrome qui peut s'élever à 1 %, mais qui le plus souvent ne dépasse pas 0,50 %, ou une teneur en tungstène qui peut varier de 4 à 8 %. Ces corps, comme nous l'avons indiqué antérieurement (p. 200, 211, 212, T. II), interviennent surtout en augmentant la dureté.

---

[1] On trouvera un dessin de ce four dans la *Revue universelle des mines*, 1888, 3e trimestre, pl. 8.

Pour améliorer la qualité, on introduit aussi quelquefois une certaine quantité de bioxyde de manganèse qui peut atteindre 5 °/₀ de la charge. Le manganèse se réduit au contact du carbone et passe dans le bain métallique où il atténue le dégagement des gaz au moment de la coulée et rend l'acier plus malléable à chaud [1].

Pour une assez grande variété d'aciers, il est important, cependant, que la proportion de manganèse ne dépasse pas 0,2 °/₀.

On se rappelle, en effet, que la présence de cet élément a pour effet d'augmenter la fragilité, surtout dans les aciers les plus carburés ; l'acier à outils est plus sensible que tout autre à cette influence.

On arriverait au même résultat par une addition de ferro-manganèse, mais· le manganèse métallique aggrave la tendance qu'a le fer à emprunter du carbone et du silicium aux parois des creusets ; avec une dose un peu forte de ferro-manganèse, on s'exposerait, grâce à cela, à obtenir un produit voisin de la fonte ; dans ce cas, les creusets sont fortement attaqués ; ils ont d'autant plus à souffrir qu'il entre plus de graphite dans leur composition.

Lorsque l'acier est destiné aux moulages, il est bon d'ajouter de petites quantités de fonte grise non phosphoreuse ou de ferro-silicium, afin d'augmenter la proportion de silicium et par conséquent d'éviter les soufflures ; on aurait tort de procéder de la même façon pour l'acier à outils, puisque la teneur en silicium s'accroît naturellement déjà pendant la fusion.

L'acier préparé pour la refonte est étiré en barres carrées de 20ᵐᵐ de côté que l'on a plongées dans l'eau quand elles étaient encore rouges; il est donc facile de les briser et de les classer d'après le grain qu'elles présentent ; on divise également en menus fragments toutes les matières qu'on ajoute à la charge et on remplit le creuset, de manière qu'il y ait le moins de vides possible.

Dans la plupart des usines, après avoir séché les creusets dans une enceinte très chaude, sans cependant qu'ils arrivent à la cuisson, on les garnit à froid, puis on les transporte dans un four où on les élève au rouge sombre ; de là on les amène dans le four à fondre, déjà chaud lui-même. Le four dans lequel on cuit les creusets est un four à réverbère à sole horizontale ; on les y dépose avant de l'allumer, puis on met le feu et on l'entretient pendant dix heures, après quoi on enlève les creusets et on laisse le four revenir à la température ordinaire, ce qui demande une dizaine d'heures également. Dans les ateliers où la fusion est continue, il faut donc avoir, à sa disposition, plusieurs de ces fours préparatoires, qui travaillent alternativement.

Dans d'autres usines, on chauffe les creusets avant de les remplir, on les

---

[1] On trouvera dans le paragraphe intitulé « Réactions chimiques qui se produisent pendant la fusion de l'acier au creuset » des détails sur l'action du manganèse.

porte à une haute température, puis on les place dans les fours à fondre et c'est seulement alors qu'on les charge sur place à l'aide d'un entonnoir en tôle.

Pour manœuvrer les creusets, on se sert de fortes tenailles en fer qui les saisissent par la panse, soit horizontalement, soit verticalement.

La charge faite, on place le couvercle et la fusion commence ; une opération complète, y compris le temps nécessaire pour mettre les creusets en place et les enlever après la fusion, demande quatre heures dans un four à gaz, de cinq à six dans un four à vent.

Dès que l'acier est fondu, il se produit dans le creuset un vif bouillonnement dû au dégagement de l'oxyde de carbone, le fondeur suit la marche du travail en plongeant dans le creuset, par le trou du couvercle, une baguette de fer ; si celle-ci arrive sans difficulté jusqu'au fond, il juge, d'après l'examen de la scorie et des parcelles métalliques qui s'attachent à la baguette, du degré d'avancement de l'opération. Au début, en effet, la scorie est noire, sa couleur s'éclaircit à mesure que le peroxyde de fer disparaît ; la couleur dépend d'ailleurs de la nature des matières qui composent la charge et une même couleur ne correspond pas toujours à la même phase du travail. Quant au métal, il ne s'attache à la baguette qu'au commencement : quand l'ébullition a cessé, la température étant plus élevée, l'acier est excessivement fluide, c'est à peine si, sur la baguette, on trouve quelque petite grenaille ; en même temps, lorsque l'opération est sur le point d'être terminée, on ne voit plus d'étincelles se dégager de l'extrémité de la baguette au moment où elle sort du creuset.

La fluidité se montrant parfaite et tout dégagement de gaz ayant cessé, on laisse l'acier se reposer quelque temps dans le four, sans faire de nouvelles charges de coke, si l'on a affaire à un four à vent ; on diminue ainsi la tendance du métal à monter dans les lingotières, puis on procède à la coulée.

On laisse quelquefois fort longtemps, en entretenant le feu, les creusets séjourner dans le four avant de couler. C'est ce que les fondeurs anglais appellent : *To kill the metal* (tuer le métal); il est clair que les creusets sont fort éprouvés par cette pratique qui a pour effet de réduire une certaine quantité de silice qui passe dans l'acier à l'état de silicium et donne, comme résultat, un métal sans soufflures. (V.)

On enlève le couvercle du four, un ouvrier saisit un creuset avec la tenaille, le soulève et le porte à l'endroit de l'atelier où doit se faire la coulée ; si les creusets sont très lourds, on accroche la tenaille à une chaine correspondant à l'extrémité d'un levier suspendu lui-même à un galet roulant sur un rail placé au-dessus du four, ce qui facilite la manœuvre. Les tenailles qui servent à arracher les creusets des fours à cuve ont leurs branches dressées verticalement ; aussitôt le creuset posé à terre, un autre ouvrier le reprend avec des tenailles à branches horizontales et l'incline de manière à le vider, tandis qu'un troisième, armé d'une baguette de fer, arrête la scorie et l'empêche de tomber avec le métal.

Lorsqu'on doit vider plusieurs creusets dans le même moule, il est nécessaire de régler la manœuvre de telle sorte que les creusets arrivent sans interruption et d'une façon régulière vider leur contenu ; le moindre arrêt provoquerait la formation d'une pellicule d'oxyde à la surface du bain et l'adhérence avec le nouveau métal ne se ferait plus ; dans la plupart des cas, le lingot ou la pièce moulée devrait être rebuté.

Cette continuité dans la coulée est d'autant plus difficile à réaliser que la masse à produire est plus forte, puisque le nombre de creusets à vider est plus considérable.

On a disposé au-dessus du moule un chenal en terre réfractaire et c'est là que les ouvriers viennent verser le contenu de leurs creusets en se conformant à un ordre parfaitement déterminé.

On peut, dans le même cas, recourir à une autre méthode qui consiste à placer au-dessus du moule un réservoir garni de terre réfractaire au fond duquel se trouve une ouverture pour la coulée du métal ; c'est dans ce réservoir qu'on vide les creusets avec assez de rapidité pour que l'écoulement par le fond se fasse sans interruption.

Quand on coule du métal Mitis, on le reçoit d'abord dans une poche chauffée d'une manière toute spéciale [1].

Si, pendant la coulée, on veut faire des additions, d'aluminium, par exemple, ce qui est de pratique courante pour le Mitis, et se fait souvent pour les moulages d'acier, on les place dans la poche ou dans le réservoir dans lequel on vide les creusets ; on ne procède ainsi, bien entendu, que dans le cas où la pièce doit recevoir le contenu de plusieurs creusets.

Pour être de bonne qualité, l'acier fondu au creuset doit couler sans bouillonnement, ne pas contenir de gaz en quantité notable et par conséquent ne pas remonter dans les moules ; tout lingot qui remonte doit être rebuté.

Il n'y a pas de déchet proprement dit, puisque les matières métalliques sont maintenues à peu près complètement à l'abri de l'oxydation, mais il se perd toujours une petite quantité de métal pendant les manœuvres, on l'évalue de 2 à 4 % du poids chargé.

Variantes. — Nous avons signalé dans l'introduction que le procédé de fabrication de l'acier au creuset comportait quelques variantes sur lesquelles nous devons nous arrêter un peu.

1° FONTE ET FER. — On a proposé, à plusieurs reprises, et tenté avec plus ou

[1] On en trouvera la description dans le numéro de la *Revue universelle* déjà cité.

moins de succès, de fabriquer de l'acier fondu au creuset en fondant ensemble
de la fonte et du fer ; mais il est difficile d'obtenir ainsi un produit d'un degré
de carburation qui réponde bien exactement à ce que l'on désire et qui ne
contienne pas en excès du silicium et du manganèse, ou quelqu'élément
nuisible.

2° FER ET CHARBON. — Une autre méthode consiste à fondre du fer mélangé
assez intimement avec des matières carburantes pour que celles-ci lui cèdent
le carbone nécessaire et le transforment en acier. D'après les récits des voyageurs, c'est ainsi que se fabrique l'*acier Wootz* ou le *Damas* très apprécié
pour la fabrication des armes tranchantes et des dards.

On prend de petites barres de fer obtenu dans un four à loupes, on les
réunit en paquet, en y entremêlant des fragments de bois, puis on chauffe
le tout en vase clos à très haute température ; le bois est promptement carbonisé, les parties du métal qui se trouvent en contact avec le charbon, absorbent du carbone en forte proportion et fondent à une température relativement basse, empâtant les parties moins carburées et remplissant les vides
qui se trouvent entre les barrettes non fondues. On laisse refroidir le creuset,
on le brise et on trouve un culot composé de fer enveloppé d'acier dur qui
réunit ainsi la ténacité du premier à la dureté du second.

On étire à la forge ce culot et on donne aux pièces leur forme définitive,
après quoi on les attaque par un acide qui ronge plus profondément les parties moins carburées, faisant apparaître des figures caractéristiques de ce
genre d'acier. On le décore parfois d'incrustations d'or ou d'argent.

3° FONTE ET MINERAI. — On a essayé également de remplacer, dans les creusets, l'acier par de la fonte et du minerai ; nous avons indiqué, p. 446, T. II, les
réactions auxquelles donnait lieu l'emploi de cette formule ; le silicium, le
manganèse et le carbone de la fonte réduisent l'oxyde de fer du minerai et on
obtient un acier plus ou moins carburé, suivant la composition des matières
employées.

Vers 1855, grâce aux travaux d'Uchatius, cette méthode a pris une certaine
importance et le produit qu'on en obtenait portait le nom de ce métallurgiste ;
on l'a appliquée pendant plusieurs années dans quelques usines autrichiennes,
russes, suédoises et même anglaises. On choisissait les fontes les plus pures ;
après les avoir refondues, on les granulait en les versant dans l'eau d'une
certaine hauteur, la grenaille obtenue était mélangée avec des minerais en
poudre aussi purs que possible et fondue dans des creusets ; on ajoutait souvent au mélange des minerais de manganèse.

La charge se composait de :

Fonte	100	parties.
Minerai carbonaté spathique . .	25	id.
Peroxyde de manganèse . . .	1,5	id.

On y introduisait aussi, fréquemment, du salpêtre et du charbon de bois, et, quand on désirait obtenir un métal plus doux, on composait la charge avec de 12 à 20 de fer pour 100 de fonte.

En employant cette méthode, on espérait pouvoir éviter la nécessité de fabriquer préalablement l'acier brut ; lorsqu'on refondait la fonte avec du fer, on était guidé en réalité par la même idée sous une autre forme ; les deux méthodes ont les mêmes points faibles. Aux corps nuisibles que la fonte peut contenir, viennent s'ajouter ceux qu'apporte le minerai. Il doit être, d'ailleurs, encore plus difficile, dans le procédé Uchatius, d'obtenir un produit de composition chimique déterminée, que lorsqu'on emploie fonte et fer ; la réduction du minerai en effet ne dépend pas seulement de sa proportion par rapport à la fonte, mais aussi de la température et de la composition du creuset. Il a été reconnu du reste que cet acier se comportait mal lorsqu'on le soumettait à la trempe et criquait facilement [1] ; aussi le procédé Uchatius est-il aujourd'hui très rarement employé.

4° ACIER MARTIN REFONDU. — Nous devons signaler, en terminant, une méthode employée depuis peu de temps, principalement pour la fabrication de pièces d'un poids considérable. Elle consiste à produire d'abord de l'acier au four Martin et à le verser liquide dans des creusets chauffés à l'avance dans un four Siemens ; les creusets restent ensuite une demi-heure ou même davantage dans le four et on procède à la coulée.

Ce séjour de l'acier dans les creusets diminue le dégagement des gaz et les pièces obtenues renferment moins de soufflures ; il ne paraît pas fort juste de donner à ce produit le nom d'acier fondu au creuset, ce n'est réellement qu'un métal amélioré par son passage dans des creusets.

(d) *Réactions qui se produisent dans la fabrication de l'acier au creuset.* — L'acier qu'on charge dans les creusets y apporte toujours une certaine quantité d'oxyde ; chaque fragment, en effet, est recouvert d'une couche d'oxyde magnétique, parfois de rouille ; en outre, il renferme, quand il est fabriqué par un procédé de soudage, une petite proportion de scorie, dont l'élément principal est de l'oxyde magnétique ; enfin, il reste de l'air entre les matières qui constituent la charge.

Lorsque la fusion se produit, les oxydes préexistants et ceux qui résultent de l'action de l'air, forment une scorie très ferrugineuse qui réagit sur le carbone du métal avec production d'oxyde de carbone caractérisé par le bouillonnement que nous avons signalé ; cette scorie est peu fluide parce qu'elle contient un excès d'oxyde de fer, et si on prend un échantillon et qu'on le laisse refroidir, elle apparaît toute boursouflée par le dégagement de l'oxyde de carbone.

[1] On trouvera quelques détails sur ce sujet dans : *Zeitschr. d. Ver. deutsch. Ingenieure* 1886, p. 782.

Si la pâte du creuset contient peu de graphite, la teneur en carbone du métal peut diminuer dans une forte proportion pendant cette période de la fusion. D'après les observations de Muller, de l'acier obtenu au bas-foyer et qui contenait 0,94 % de carbone, après une fusion dans un creuset en argile pure sans graphite, n'en renfermait plus que 0,49 % [1].

Quand, au contraire, il entre dans la composition du creuset une certaine quantité de carbone sous forme de graphite, il peut s'établir une compensation et on ne constate plus de diminution dans la teneur en carbone du métal.

A mesure que le métal fondu séjourne plus longtemps dans le creuset, la scorie devient moins ferrugineuse, le carbone réduisant l'oxyde de fer d'une part, et l'usure des parois du creuset fournissant de la silice qui augmente la proportion de scorie ; d'un autre côté, cette usure met à nu le graphite, ce qui facilite son absorption par le fer ; celle-ci est d'autant plus grande que la pâte du creuset renferme plus de graphite, et que le métal est par lui-même moins carburé.

En même temps que le carbone est pris par le métal, la silice est réduite et le silicium, résultant de cette réduction, passe dans le fer ; l'intensité de cette réaction est, pour ainsi dire, proportionnelle à la richesse de la pâte du creuset en graphite.

Muller et Ledebur ont fait des expériences qui font ressortir l'influence de la composition des creusets sur ces réactions [2], on en trouvera les résultats ci-après.

En général, l'absorption du carbone croît avec la proportion de ce corps contenue dans la pâte des creusets ; il se trouve cependant quelques anomalies dont il est assez difficile de découvrir la cause ; il peut se faire que, dans certaines circonstances, des gaz oxydants pénètrent dans le creuset ; dans les creusets anglais, la teneur en carbone de l'acier n'a pas varié, celle du silicium a augmenté considérablement ; dans une de ces expériences, avec un creuset contenant 25 % de carbone, il s'est trouvé que le métal avait perdu du carbone. Il est certain qu'à la haute température qui règne à la fin de l'opération, l'oxydation peut se porter plutôt sur le carbone que sur le silicium ; ce phénomène est d'accord avec ce que nous savons de la manière dont se comportent ces deux éléments si fréquemment associés au fer (p. 281, T. I).

D'autres expériences de Reiser montrent l'influence qu'exerce la proportion plus ou moins grande de carbone dans les creusets sur l'absorption du silicium par le métal [3]. Il prit trois creusets fabriqués avec des proportions de

---

[1] *Stahl und Eisen* 1886, p. 699 et 700. La perte de carbone a été constatée en analysant le métal, non pas immédiatement après la liquéfaction de l'acier mais après l'opération complète et normale.

[2] *Stahl und Eisen* 1885, p. 182, 371 ; 1886, p. 700.

[3] Communication faite à l'auteur par Reiser, directeur des forges de Kapfenberg.

INFLUENCE DE LA COMPOSITION DES CREUSETS.

NATURE DES CREUSETS et DU MÉTAL FONDU	C	Si	Mn
Acier obtenu par soudage avant fusion . . .	1,78	0,10	0,17
Id. id. id. après. . .	0,70	0,14	0,12
Acier au creuset.	0,45	0,08	0,11
le même après 2e fusion . .	0,33	0,10	n. d.
Acier au creuset	1,26	0,20	1,40
le même après 2e fusion	1,03	0,48	0,83
Acier obtenu par soudage avant fusion . . .	0,73	0,02	0,13
le même après. . .	0,75	0,08	0,18
Acier obtenu par soudage avant fusion . . .	0,94	0,10	0,26
le même après. . .	0,74	0,10	0,26
Acier obtenu par soudage avant fusion . .	0,94	0,02	0,24
le même après une fusion	1,19	0,36	n. d.
le même après une 2e fusion	1,27	0,63	0,22
Fer obtenu par soudage avant fusion	0,05	0,02	0,08
le même après une fusion	0,25	0,08	n. d.
le même après une 2e fusion.	0,35	0,26	n. d.
Acier obtenu par soudage avant fusion . . .	1,12	0,02	0,18
le même après. . .	1,15	0,35	n. d.
le même après une 2e fusion.	1,10	0,61	0,14
Fer obtenu par soudage avant fusion . .	0,09	0,02	0,09
le même après . .	0,32	0,20	n. d.
le même après une 2e fusion	0.39	0,39	0,10
Acier obtenu par soudage avant fusion . .	0,91	0,03	0,21
le même après . . .	1,13	0,31	n. d.
le même après une 2e fusion	1,45	0,62	0,19
Fer obtenu par soudage avant fusion	0,04	traces	0,11
le même après . . .	0,72	0,29	n. d.
le même après une 2e fusion.	0,67	0,62	0,09

Left vertical group labels:
- Creusets d'argile avec 5 % decoke soit 4 % de carbone (Muller).
- Creusets de graphite contenant 25 % de carbone (Ledebur).
- Creusets formés de 3 de graphite et de 3 ¹/₂ d'argile contenant environ 40 % de carbone (Muller).
- Creusets anglais contenant environ 50 % de carbone (Muller).
- Creusets composés de 5 de graphite pour 1 d'argile, contenant 70 % de carbone (Muller).

carbone différentes et mit dans chacun d'eux des charges identiques composées de 30 % d'acier brut et de 70 % de fer ; après fusion, les proportions
de silicium des trois aciers ont été déterminées par l'analyse et reconnues les
suivantes :

Creuset en bauxite avec 9 °/$_0$ de carbone, le métal contenait Si $= 0,144$ °/$_0$.

Creuset ordinaire avec 28 °/$_0$ id.   id.   Si $= 0,274$ °/$_0$.

Creuset ordinaire avec 40 °/$_0$ id.   id.   Si $= 0,392$ °/$_0$.

Nous avons fait remarquer plus haut que la présence d'une forte dose de manganèse dans le métal favorisait l'absorption du carbone et du silicium à tel point qu'on pouvait obtenir quelquefois de la fonte et qu'il en résultait une détérioration considérable des parois du creuset. Sur notre demande, il a été fait, dans une fabrique d'acier au creuset, une série d'expériences, pour constater ce fait. On a fondu, dans les conditions ordinaires, mais dans des creusets de natures différentes, de l'acier obtenu au bas-foyer, seul ou avec addition de ferro-manganèse ; nous avons analysé le métal produit et trouvé les résultats ci-dessous :

	C	Si	Mn
L'acier avant la fusion contenait.	1,29	0,01	0,12
Fondu dans un creuset fait avec 28 °/$_0$ de carbone et sans addition de ferro-manganèse, il a donné un produit contenant.	1,14	0,23	0,10
Ce même acier fondu dans les mêmes conditions dans un creuset fait avec 40 °/$_0$ de carbone, a donné un produit renfermant	1,24	0,24	0,15
Le ferro-manganèse dont on disposait contenait .	4,70	2,07	46,54
La charge d'un creuset composé de ce même acier, additionné de 2 °/$_0$ de ferro-manganèse, renfermait.	1,34	0,05	1,01
Après fusion dans un creuset à 40 °/$_0$ de carbone, on a trouvé.	1,86	0,49	0,75

Plus tard, il a été fait d'autres essais analogues en fondant d'abord de l'acier brut seul, puis ce même acier avec 3,4 °/$_0$ de ferro-manganèse, contenant 6,61 de carbone, 72,76 °/$_0$ de manganèse et 0,69 de silicium ; on a obtenu les résultats suivants :

	C	Si	Mn
L'acier brut avant la fusion renfermait.	0,73	0,02	0,13
Après fusion sans addition, il avait.	0,75	0,08	0,18
L'acier brut additionné de ferro-manganèse contenait avant la fusion	0,92	1,04	2,63
et après	2,81	0,37	1,32

On avait obtenu une véritable fonte.

Plus l'acier reste longtemps dans le creuset après fusion complète et plus cette influence du manganèse est sensible ; c'est ce que permettent de conclure les résultats suivants d'expériences faites par Muller [1] :

---

[1] *Stahl und Eisen*, 1886, p. 698.

	C	Si	Mn
Moyenne du mélange d'acier brut et de ferro-manganèse avant fusion.	1,03	0,14	2,43
Moyenne après fusion et séjour de 1/4 d'heure.	1,04	1,19	1,82
Id. id. id. 3/4 id. . .	1,36	0,64	0,83

La silice des parois du creuset est réduite directement par le manganèse, en même temps que la présence de ce dernier corps augmente la tendance du fer à absorber du carbone ; cette action est d'ailleurs facilitée par la nature de la scorie manganésée qui attaque la matière du creuset et met à nu le carbone.

Lorsque la charge renferme du manganèse métallique, sans que la scorie soit elle-même manganésée, la fusion produit une perte de ce métal, tandis que, si on fond un métal contenant peu de manganèse avec un oxyde de ce corps, une partie de ce dernier est réduite et passe dans le produit final ; dans ce cas aussi, le creuset est fortement attaqué, le carbone, mis en liberté par le départ de la silice qui forme la scorie, est absorbé par l'acier.

Cependant le silicium n'est pas réduit en plus forte proportion que lorsqu'il n'y a pas d'oxyde de manganèse dans le mélange ; il ne l'est que par le manganèse métal et celui-ci ne peut se trouver réduit de ses oxydes qu'à la fin de l'opération ; tant que la scorie est très chargée d'oxyde de manganèse, la production du silicium est plus difficile.

Muller a constaté qu'en fondant deux fois, dans les creusets dont la pâte contenait 40 °/₀ de carbone, de l'acier naturel additionné de 1 °/₀ de minerai de manganèse, le métal éprouvait les modifications suivantes :

	C	Si	Mn
L'acier naturel contenait avant fusion	0,91	0,05	0,14
Après fusion avec une addition de minerai de manganèse, on trouvait.	1,31	0,20	0,56
Après une seconde fusion dans les mêmes conditions, il contenait.	1,62	0,35	0,74

Dans certains cas, le manganèse métallique est oxydé et dans d'autres celui qui est à l'état d'oxyde dans la scorie est ramené à l'état métallique. Cette contradiction apparente s'explique facilement, si on remarque que la composition de la scorie n'est pas la même dans les deux cas. Lorsqu'on fond un mélange métallique peu manganésé avec des minerais de manganèse, il se produit, au moment de la fusion, une scorie abondante dans laquelle l'oxyde de fer se trouve dilué, ce qui s'oppose à ce qu'il agisse aussi énergiquement sur les éléments de l'acier, et le manganèse contenu dans cette scorie se réduit. Si, au contraire, le métal contient du manganèse en forte proportion, il se produit, dès le début, une scorie dans laquelle l'oxyde de fer apporté par le métal est prépondérant, mais celle-ci tend à échanger cet oxyde contre celui de manganèse, corps dont l'affinité pour l'oxygène est plus grande ; cette réaction est encore accentuée par la présence de la silice dans les parois du creuset.

On n'a pas encore déterminé par l'expérience quelle doit être la proportion entre la dose de manganèse de la scorie et celle du métal pour qu'il y ait équilibre, c'est-à-dire pour qu'il ne se produise ni oxydation ni réduction de cet élément. En tout cas, on doit tenir compte de la composition du creuset et de la température du milieu. En outre, si on prend deux charges ayant même composition chimique moyenne, mais dans l'une desquelles le manganèse fasse partie intégrante du métal fondu, tandis que l'autre le contient sous forme de ferro-manganèse, ces deux charges ne se trouvent pas dans les mêmes conditions; dans la seconde, le manganèse est dans un état de concentration particulière qui le fait agir plus énergiquement; en outre, il passe à l'état liquide avant que l'acier entre en fusion.

Si la pâte du creuset contient du *soufre*, le métal peut en absorber. Brand a remarqué qu'en prolongeant, dans un creuset fabriqué avec du coke et contenant 0,37 % de soufre, la fusion d'une charge renfermant déjà 0,029 de ce corps, le métal en a absorbé graduellement et a fini par en avoir 0,051 %. On a observé le même fait avec des creusets de graphite et même avec d'autres fabriqués en magnésie [1]. Les charges sur lesquelles portaient ces essais renfermaient 0,74 % de manganèse, ce qui n'est pas une proportion négligeable.

Quant au *phosphore*, il est rare que les creusets en contiennent des quantités suffisantes pour qu'elles puissent exercer une influence sur la qualité du métal.

On n'a pas jusqu'à ce jour étudié les changements que les scories peuvent éprouver pendant la fusion ; les analyses que l'on possède ont généralement été faites sur ces matières prises à la fin de l'opération. Nous donnons dans le tableau suivant les résultats obtenus sur quelques-unes d'entre elles.

ANALYSES DE SCORIES ACCOMPAGNANT L'ACIER FONDU AU CREUSET.

	I	II	III	IV
SiO_2	44,40	41,24	40,86	44,36
Al_2O_3	28,80	35,85	n. d.	18,05
FeO	1,08	2,30	4,00	4,41
Fe_2O_3	»	»	»	3,66?
MnO	24,04	18,45	30,52	17,43
CaO	0,87	n. d.	n. d.	7,74
Ca	0,29	id.	id.	n. d.
S	0,23	id.	id.	id.
MgO	traces	id.	id.	id.

[1] *Berg- und huttenmann. Zeitung*, 1885, p. 107, 117, 119.

I. Scorie prise à la fin d'une opération à Bochum, sa couleur était vert foncé ; on ignore la composition de la charge (Analys. p. Ledebur).

II. Scorie de couleur grise, prise à la fin d'une opération dans laquelle on a obtenu l'acier contenant 1,36 de carbone et 0,83 de manganèse (v. p. 463, T. II) (Muller).

III. Scorie de couleur grise prise à la fin d'une fusion dans laquelle on a traité 29^k,2 d'acier naturel avec 0,8 °/₀ de ferromanganèse. Ce métal obtenu contenait 2,60 de carbone et 1,17 de manganèse (Muller).

IV. Scorie de couleur gris-foncé ; la prise d'essai a été faite dès que la charge a été fondue ; celle-ci renfermant 0,74 °/₀ de manganèse et 0,23 °/₀ de carbone, le creuset avait été fabriqué avec un mélange de coke ; la teneur en manganèse était tombée à 0,30 dans le métal obtenu (Brand).

Cette dernière scorie contient beaucoup d'oxyde de fer, ce qui n'est pas d'accord avec nos conclusions précédentes ; on a peine à comprendre, qu'après un contact prolongé avec le carbone du creuset et une absorption considérable de silice, elle puisse encore renfermer du sesquioxyde de fer.

(e) *Propriétés de l'acier fondu au creuset.* — Si on compare les aciers obtenus par diverses méthodes et particulièrement ceux qui proviennent d'un procédé de fusion, on doit reconnaître la supériorité de ceux qui sont fondus au creuset ; s'il n'en était pas ainsi d'ailleurs, cette industrie, dont les produits sont plus coûteux que tous les autres, aurait disparu depuis longtemps.

Cette supériorité tient à plusieurs causes.

Lorsqu'on fabrique de l'acier fondu sur la sole d'un four à réverbère, par le procédé Martin, ou dans une cornue Bessemer, à revêtement acide ou basique, le métal reste pendant toute la durée de l'opération exposé au contact de l'air ou des gaz oxydants ; il se produit donc incessamment du protoxyde de fer qui se dissout dans le bain métallique, même lorsque celui-ci est fortement carburé ; cet oxyde ne pourrait disparaître entièrement par l'action du carbone en présence que s'il était possible de maintenir longtemps le métal à l'état liquide sans qu'il absorbât de nouvelle quantité d'oxygène.

Pour activer la décomposition de cet oxyde de fer, on fait des additions de manganèse, de silicium ou d'aluminium ; mais ces divers métaux donnent lieu à la formation d'autres oxydes qui ne sont pas éliminés instantanément ; ils demeurent pendant un certain temps mélangés au métal, soit à l'état de dissolution, soit en suspension comme un précipité dans une liqueur ; d'un autre côté, on doit procéder à la coulée peu de temps après avoir fait ces additions pour éviter que le métal n'absorbe de nouvelles quantités d'oxygène et on obtient, en fin de compte, un métal, qui, il est vrai, ne contient plus de protoxyde de fer, mais qui retient d'autres oxydes dont la présence altère sa qualité (p. 190, 193, T. II).

Lorsqu'au contraire, on emploie les creusets qui, dans leur composition renferment du carbone, le métal reste peu de temps en contact avec les gaz oxydants ; alors même que l'acier dissoudrait au début de la fusion un peu d'oxyde de fer, celui-ci serait décomposé pendant toute la durée de l'opération sans qu'il soit nécessaire de faire aucune addition ; cette cause d'altération de qualité n'existe donc pas pour l'acier fondu au creuset.

Aussi est-il facile de comprendre pourquoi cet acier dégage moins de gaz et produit des pièces plus saines que celui que l'on fabrique par les autres procédés. Quand le métal a séjourné un certain temps dans le creuset, il n'y a aucun motif pour qu'il se forme, à nouveau, de l'oxyde de carbone.

En outre, le contact entre le métal et les gaz étant limité, il y a moins d'hydrogène absorbé ; or nous savons que le travail d'étirage ultérieur ne remédie qu'incomplètement aux défauts résultant du dégagement des gaz pendant la coulée ; on améliore donc la qualité du métal en rendant ce dégagement moins abondant.

Ces considérations justifient l'emploi de l'artifice que nous avons indiqué et qui consiste à couler, dans des creusets, le produit d'une opération Martin ou même Bessemer aussitôt que les additions de ferromanganèse ont été faites, et à laisser le métal en repos dans un four pendant un temps assez long. L'élimination des oxydes qui résultent des additions a le temps de se faire, le gaz a le temps de se dégager et l'acier gagne en qualité.

Composition chimique. — La composition chimique de l'acier au creuset, c'est-à-dire sa teneur en manganèse, silicium, etc., varie suivant les usages auxquels on le destine ; elle n'est pas la même lorsqu'on a en vue la production de moulages, que lorsqu'on se propose de soumettre le métal à un étirage pour le transformer en outils, en pièces de canons, etc. Pour ces derniers, on cherche à se rapprocher de la pureté absolue et à avoir, dans la moindre proportion possible, les éléments nuisibles tels que le phosphore, le soufre et le cuivre.

Dans les meilleurs aciers la teneur en phosphore descend quelquefois au-dessous de 0,008 % ; elle oscille le plus souvent entre 0,01 et 0,03 % ; celle du soufre ne dépasse pas 0,03 % et celle du cuivre 0,20 %. On y admet volontiers 0,2 à 0,3 de manganèse parce que la présence de ce métal augmente la malléabilité à chaud ; aussi, lorsque le métal à fondre n'en contient pas suffisamment, fait-on une addition de minerai de manganèse pour y suppléer ; un excès de ce corps, cependant, est à éviter, parce qu'il augmenterait la fragilité.

On sait que pendant la fusion, l'acier se charge de 0,2 % de silicium, ce qui a pour effet de fournir des lingots plus sains ; au-delà de cette teneur, le silicium est nuisible.

Si l'acier, principalement celui qu'on destine à la confection des outils, doit présenter une dureté supérieure à ce que le carbone peut lui procurer même à teneur élevée, on ajoute du chrome ou du tungstène.

L'acier fondu au creuset contient une quantité variable de carbone suivant qu'on veut obtenir tel ou tel degré de dureté ; on trouvera dans le tableau suivant un certain nombre d'exemples.

COMPOSITION CHIMIQUE DE DIVERS ÉCHANTILLONS D'ACIERS FONDUS AU CREUSET, DESTINÉS A LA FABRICATION DES OUTILS OU AUTRES PIÈCES ANALOGUES.

PROVENANCE	DESTINATION	AUTEUR de L'ANALYSE	C	Si	Mn	Ph	S	Cu Ni, CO
Allemagne.	Mèches........	Bischoff	1,24	n. d.	0,15	0,016	0,016	n. d.
Styrie.....	Outils...	Id.	1,12	n. d.	0,23	0,023	0,024	id
?	Mèches (Cet acier se compor[ait]'d'une façon remarqu. ble malgré sa teneur en Si et Mn.	Muller	1,18	0,57	0,40	0.018	n. d.	id
?		Id	1,09	0,69	0,37	0,019	n. d.	id.
St-Etienne.	Outils..	?	1,00	0,06	0,08	0,020	0,015	traces
Kopfenberg	Id.	Ledebur	0,92	0,09	0,12	0,020	0,005	id.
Sheffield ..	Doppern..... .	Bischoff	0,75	n. d.	0,23	0,040	0,022	n. d.
Essen. ...	Canons Krupp 1875	Ledebur	0,50	0,11	0,16	0,040	0,030	0,260

L'acier destiné aux moulages peut contenir une plus forte proportion de matières étrangères, mais il est en général moins carburé, à moins qu'on ne recherche le haut degré de dureté que le carbone employé seul peut assurer. La propriété de durcir à la trempe n'a pas d'importance dans ce cas-là, mais le métal doit, après le recuit, être doué d'une certaine ductilité ; là les soufflures sont un défaut capital et une pièce soufflée ne peut être utilisée ; aussi force-t-on un peu la dose de manganèse et de silicium ; l'acier moulé contient parfois jusqu'à 1 °/₀ de manganèse et 0,7 % de silicium. On y trouve aussi, en général, plus de phosphore que dans l'acier à outils ; dans les moulages les moins carburés, on peut admettre jusqu'à 0,15 °/₀ de ce corps.

Dans le tableau suivant on trouvera la teneur moyenne, en carbone, silicium et manganèse de quelques pièces moulées ayant donné de bons résultats, elles ont été fabriquées au creuset dans des usines allemandes.

COMPOSITION CHIMIQUE DE DIVERS ACIERS FONDUS AU CREUSET ET COULÉS SOUS FORME DE PIÈCES MOULÉES.

DÉSIGNATION DES MOULAGES	C	Si	Mn
Cloches	1,30	0,35	0,80
Anneaux de broyeurs à cylindres pour minerais.	1,10	0,30	0,70
Cylindres de presses hydrauliques, pointes de cœur, roues pleines	0,80	0,25	0,60
Petites pièces de machines.	0,50	0,20	0,50

7. — Affinage par le vent. Procédé Bessemer, procédé Thomas.

(a) *Introduction*. — Ces deux procédés consistent à lancer de l'air comprimé à travers la fonte liquide contenue dans un récipient de forme appropriée ; la fonte a été amenée à l'état de fusion dans un appareil indépendant de celui qui caractérise les procédés en question.

L'air, en traversant la fonte, oxyde les corps étrangers qu'elle contient, particulièrement le carbone, le silicium et le manganèse, et, dans certaines circonstances, le phosphore ; il la transforme en fer ou en acier.

Henry Bessemer, prit en 1855, un brevet pour un procédé consistant à injecter, à travers la fonte liquide, de l'air ou de la vapeur d'eau[1] et à la transformer par ce moyen en acier. Plusieurs années ont été nécessaires pour surmonter les difficultés rencontrées au début dans la mise en pratique de ce procédé et pour arriver à le rendre réellement industriel[2] ; vers 1860, cependant, il réussissait à s'introduire dans un certain nombre d'usines et à y donner des résultats satisfaisants et, dès lors, il prit de tels développements qu'il fut promptement en état de lutter avec les autres modes de fabrication du fer et de l'acier et amena dans l'industrie du fer une complète révolution.

L'appareil imaginé par Bessemer, pour l'application de son procédé, est revêtu intérieurement de matières siliceuses ; les oxydes de fer, qui, comme nous l'avons vu, servent à garnir les fours dans lesquels on pratique l'affinage de la fonte, étaient incapables de résister aux hautes températures qu'exige la production de l'acier fondu et l'on ne connaissait pas, à cette époque, de matières basiques suffisamment réfractaires ; il était donc naturel de recourir aux substances siliceuses, seules susceptibles de se comporter convenablement aux degrés de chaleur élevés.

Les oxydes de fer et de manganèse, résultant des réactions de l'affinage, rencontrent par conséquent toute facilité pour se saturer de silice et former une scorie acide en présence de laquelle le phosphore ne peut être éliminé. Si donc on veut obtenir, par le procédé Bessemer, un acier exempt de phosphore, il faut n'employer pour la fabrication de la fonte, que des minerais qui ne contiennent que de faibles quantités de cet élément.

Aussi, depuis l'adoption de cette méthode, a-t-il fallu importer en France,

---

[1] Il est facile de comprendre que la vapeur d'eau est impropre à opérer la transformation voulue ; sa décomposition absorberait et entraînerait au dehors une grande quantité de chaleur.

[2] Le métallurgiste suédois Goranson, directeur des forges d'Edsken, a puissamment contribué à perfectionner l'invention de Bessemer en 1858. Voir *Stahl und Eisen*, 1893, p. 290.

en Angleterre et en Allemagne, d'énormes quantités de minerais purs, provenant de l'Espagne ou du nord de l'Afrique, qui permissent de produire, aux différents hauts-fourneaux, des fontes peu phosphoreuses.

Cependant les recherches de laboratoire permettaient d'espérer qu'on réussirait à éliminer le phosphore, dans l'appareil Bessemer, si on pouvait arriver à constituer des scories suffisamment basiques; il fallait, en premier lieu, imaginer un revêtement de nature essentiellement basique, et faire dans l'appareil, pendant l'opération, des additions de même caractère ; il fallait en outre que ce revêtement résistât à la température élevée que nécessite la fusion du fer [1].

C'est en 1878 que Thomas et Gilchrist, métallurgistes anglais, trouvèrent la solution de ce problème en garnissant l'appareil avec de la dolomie calcinée et en chargeant de la chaux vive avec le métal. Les premiers essais en petit furent faits à Blaenavon, ils donnèrent d'assez bons résultats pour que l'usine d'Eston appartenant à Bolkow-Vaughan de Middlesborough, se prêtât à les poursuivre.

Cependant l'intention des inventeurs était de donner lecture, au meeting de l'*Iron and Steel Institute* qui fut tenu à Paris en 1878, d'un mémoire dans lequel ils exposaient les résultats obtenus ; ils ne réussirent pas à en amener la discussion, tant les essais infructueux précédents avaient pénétré les esprits de l'idée qu'il était impossible de déphosphorer le métal dans l'appareil Bessemer.

Au mois d'avril 1879, on pouvait, cependant, montrer le procédé en marche à Eston et, la même année, on l'introduisait en Allemagne dans les aciéries du Rhin près de Ruhrort et à Hœrde. C'est ce qu'on appelle procédé Thomas ou Bessemer basique.

Inventé en Angleterre, c'est en Allemagne qu'il a été perfectionné, et c'est pour cette contrée qu'il a acquis plus d'importance que pour toute autre, grâce à la présence de puissants gisements de minerais phosphoreux en Lorraine, dans le Luxembourg et dans le voisinage de Peine.

En 1892, la production totale du métal Thomas dans le monde entier a été de 3.203.000 tonnes, dont l'Allemagne et le Luxembourg ont fourni près des deux tiers, soit 2.013.000 tonnes, tandis que l'Angleterre n'en produisait que 406.000.

Nous avons groupé ces deux procédés sous le titre commun d'affinage par le vent.

Pour que l'opération Bessemer se fasse dans de bonnes conditions, il est indispensable que la température du bain soit toujours supérieure au point

---

[1] Voir dans les ouvrages à consulter les communications de Snelus à l'*Iron and Steel Institute*.

de fusion du métal, aux divers degrés de sa transformation, point de fusion qui s'élève de plus en plus. Or, il existe plusieurs centaines de degrés entre la température de fusion de la fonte et celle du fer fondu, la chaleur du bain doit donc aller sans cesse en croissant pendant l'opération, et, comme on ne peut en emprunter à une source extérieure, il faut que la fonte contienne assez de corps combustibles pour que celle qui résulte de leur oxydation maintienne le métal au degré nécessaire.

En outre, l'allure doit être rapide et la masse traitée assez considérable pour que les pertes par rayonnement soient faibles relativement à la somme des chaleurs développées.

Il est bon, enfin, que la fonte soit elle-même à une haute température au moment où on l'introduit dans l'appareil, et que celui-ci soit fortement chauffé avant le commencement de l'opération.

Il est possible de calculer, avec une certaine approximation, la chaleur développée par la combustion de chacun des corps contenus dans la fonte ; ces corps sont brûlés par l'air ; or, chaque unité en poids d'oxygène est accompagnée par 3,35 unités d'azote, celui-ci, de même que les différents produits de la combustion, silice, protoxydes de fer et de manganèse, oxyde de carbone, acide phosphorique, sont élevés à la même température que le bain et absorbent par conséquent leur part de chaleur développée, part qui est représentée par leur poids multiplié par leur capacité calorifique et la température du bain [1] ; la différence entre cette quantité de chaleur absorbée par les corps étrangers et celle qui a été développée est employée à échauffer le bain de métal de $\frac{W}{S}$, W indiquant la quantité moyenne de chaleur absorbée par l'unité de poids de métal et S la chaleur spécifique moyenne des matières en fusion [2]. Si, comme il arrive dans l'application du procédé basique, il se forme de la scorie en abondance, la chaleur se répartit sur une plus grande quantité de matières et l'augmentation de température du métal est moins grande.

Dans les calculs ci-dessous qui ont principalement pour but de comparer l'influence que peut avoir, sur la température du bain, la combustion des divers éléments de la fonte, nous ne tenons compte ni de la quantité de chaleur absorbée par la scorie, ni de celle que nécessite la séparation des différents corps alliés au fer, ni de celle qui est produite par la formation des silicates ou des phosphates, toutes choses que nous ne connaissons pas; nous

---

[1] Le Chatelier a trouvé qu'à la fin de l'opération Bessemer, la température du bain de fer ou d'acier fondu était comprise entre 1580 et 1640°. (*Comptes rendus*, t. 140, p. 471).

[2] La chaleur spécifique du fer est égale à 0,11 à la température ordinaire ; d'après Weinhold, elle atteint 0,15 à 900°. Comme on le sait elle croît avec la température dans tous les corps solides ou liquides.

négligeons de même la chaleur latente des corps qui se trouvent à l'état liquide, parce que nous ne la connaissons qu'en partie [1].

Lorsque le *fer* brûle et se transforme en protoxyde, 1^k de fer développe 1352^{cal} ; il se forme $1^k,28$ de protoxyde de fer dont la chaleur spécifique est environ 0,20 ; l'azote de l'air employé à cette combustion pèse $0^k,96$; sa chaleur spécifique est 0,23 ; t étant la température du bain, les produits de la combustion absorbent une quantité de chaleur représentée par

$$(1,28 \times 0,20 + 0,96 \times 0,23)t = 0,496t.$$

La quantité de chaleur que les corps possèdent avant leur combustion s'ajoute à celle que celle-ci produit ; donc, si 0,18 représente la chaleur spécifique du fer entre 0 et t^o, un kilogramme de fer possédera une quantité de chaleur représentée par $0,18t$.

La quantité totale de chaleur appliquée à l'élévation de température du bain métallique est donc

$$W = 1352 + 0,18t - 0,496t = 1352 - 0,316t.$$

Si $t = 1500^o$, $W = 886^{cal}$ pour chaque kilogramme de fer brûlé.

Si à 1500°, la chaleur spécifique du fer est 0,20, un pour cent de fer brûlé augmentera la température du bain de

$$\frac{8,86}{0,2} = 44^o.$$

Comme on le voit, l'effet est peu considérable.

La combustion du *manganèse* développe un peu plus de chaleur, elle donne lieu à la formation d'un protoxyde dont la chaleur spécifique peut être supposée égale à celle du fer, c'est-à-dire à 0,20 [2].

1^k de manganèse produit 1,29 de protoxyde, l'air nécessaire à la combustion contient 0,96 d'azote qui disparaît à l'état gazeux après avoir été porté à la température du bain. Si on admet que la chaleur spécifique du manganèse est égale à celle du fer, soit, en moyenne, 0,18, et, comme nous l'avons indiqué, page 48, T. I, que ce corps dégage, en brûlant à l'état de protoxyde 1723^{cal} par kilogramme, la chaleur libre susceptible d'élever la température du bain sera

$$W = 1723 + 0,18t - (1,29 \times 0,20 + 0,96 \times 0,23)t = 1723 - 0,32t$$

et si $t = 1500^o$, $W = 1243^{cal}$ et un pour cent de manganèse brûlé élèvera la température de 62°.

Dans l'appareil Bessemer le *carbone* se transforme uniquement en oxyde

---

[1] La différence de chaleur latente est peu importante lorsque les corps sont à l'état liquide avant comme après leur oxydation ; il en est ainsi pour le fer, le silicium et le manganèse ; elle a au contraire une certaine valeur quand il s'agit d'un élément, comme le carbone, qui d'abord liquide passe à l'état gazeux par le fait de l'oxydation. On connaît le pouvoir calorifique du carbone à l'état solide et à l'état gazeux ; on ignore celui qu'il possède à l'état liquide.

[2] Regnault a trouvé qu'à la température ordinaire elle était égale à 0,157.

de carbone, ce que justifie la haute température du bain [1]. Or, un kilogramme de carbone solide développe, en se transformant en oxyde de carbone, 2473^{cal} ; nous ignorons la chaleur qu'il peut dégager à l'état liquide.

Le produit de la combustion se compose de 2^k,33 d'oxyde de carbone dont
la chaleur spécifique est 0,25 et de 4,47 d'azote qui possède cette même chaleur spécifique ; si nous admettons que cette valeur ne change pas à haute
température, la combustion de 1^k de carbone donnera une quantité de chaleur disponible représentée par

$$W = 2473 + 0,25t - (2,33 \times 0,25 + 4,47 \times 0,25)t = 2473 - 1,45t$$

et pour $t = 1500°$, $W = 298$ et l'élévation de température n'est que de
6° ; si la valeur de t augmente, si la température du bain s'élève, la combustion du carbone apporte un accroissement de chaleur de plus en plus
faible qui arrive même à être négatif, ce qui veut dire que les produits de la
combustion emportent plus de chaleur que celle-ci n'en développe. *La température du bain est donc abaissée par la combustion du carbone ;* on attein-
drait ce résultat vers 1700°, si nous supposons que les valeurs numériques
que nous avons admises pour la chaleur de combustion et pour les chaleurs
spécifiques sont exactes et qu'elles restent constantes.

*Le calcul montre donc que la combustion du carbone de la fonte ne peut pas
modifier d'une manière sensible la température du bain ; résultat très intéressant
pour l'étude du procédé et que la pratique confirme d'une manière absolue.*
Quand bien même on attribuerait à la chaleur dégagée par le carbone liquide
une valeur plus élevée, celle-ci n'arriverait jamais à produire qu'un accroissement de température relativement faible.

1^k de *silicium* produit en brûlant 2^k,14 de silice anhydre et développe par
sa combustion 7830^{cal} ; l'oxygène absorbé est accompagné de 3,82 d'azote.
La chaleur spécifique du silicium peut être supposée égale à 0,18 et celle de
la silice à 0,19 ; on aura par conséquent

$$W = 7830 + 0,18t - (2,14 \times 0,19 + 3,82 \times 0,25)t = 7830 - 1,18t,$$

le bain étant à 1500°, $W = 6060^{cal}$. La combustion de 1 °/$_0$ de silicium
élève la température de 300°.

Si on admet, pour les raisons que nous avons fréquemment invoquées, que
la valeur de ces chaleurs spécifiques, etc., ne soit pas absolument exacte et
que, par suite, les résultats auxquels nous sommes arrivés soient un peu
trop élevés, on n'en voit pas moins nettement que des quantités très faibles
de silicium suffisent pour élever considérablement la température du bain

---

[1] On a souvent trouvé de l'acide carbonique dans les gaz qui se produisent, mais c'est
seulement lorsqu'il y a excès d'oxygène et qu'ils renferment par conséquent de l'oxygène
libre. Le carbone et l'oxygène libre ainsi que l'azote correspondant absorbent de la chaleur
qu'ils empruntent au métal. Il n'est pas utile de tenir compte de ces faits pour les calculs
que nous faisons actuellement.

métallique, ce que la pratique a d'ailleurs confirmé depuis longtemps ; le silicium est donc le combustible principal dans le procédé Bessemer acide.

Pour compléter cette étude au point de vue du procédé Thomas, il reste à chercher quel est l'effet calorifique du *phosphore*.

1^k de phosphore développe 5760^{cal}, en produisant 2^k,29 d'acide phosphorique anhydre, l'air nécessaire à cette réaction apporte 4^k d'azote ; on peut admettre que la chaleur spécifique du phosphore est 0,18, celle de l'acide phosphorique 0,25. On aura alors

$$W = 5760 + 0,18t - (2,29 \times 0,25 + 4 \times 0,25)t = 5760 - 1,39t$$

si $t = 1500°$, $W = 3675^{cal}$, et la combustion de 1 % de phosphore élève la température de 183°.

Trois pour cent de phosphore produisent donc le même effet calorifique que deux pour cent de silicium.

La fabrication de la fonte riche en silicium est coûteuse parce qu'elle exige une forte consommation de combustible et que la production du fourneau est moindre, tandis que celle de la fonte à haute teneur en phosphore et contenant peu de silicium, par conséquent, blanche, peut se faire avec peu de combustible et à une allure rapide. Il en résulte que les frais de fabrication de cette dernière fonte sont plus faibles, sans compter le prix moins élevé des minerais.

D'après ce que nous savons de l'influence des scories siliceuses sur le phosphore, on comprend que, moins la fonte contiendra de silicium et plus elle pourra renfermer de phosphore et plus le départ de celui-ci sera assuré ; aussi se produit-il, dans l'opération Thomas, ce fait particulier, que les meilleures conditions seront celles où le phosphore sera en quantité assez élevée tandis que, dans tous les autres procédés d'affinage, il est à désirer que la fonte en contienne le moins possible ; dans le procédé Thomas, on n'arriverait pas à la température nécessaire à la fusion du métal décarburé, si la proportion de phosphore était trop faible.

Le phosphore ne pourrait pas servir de combustible dans l'opération Bessemer et remplacer le silicium qui remplit ce rôle dans le procédé acide, s'il n'avait pas, en même temps, la propriété d'abaisser, comme le carbone, le point de fusion du métal. Lorsqu'on traite une fonte contenant du silicium, celui-ci brûle en grande partie dès le début de l'opération, la température s'élève aussitôt et atteint promptement, avant le départ du carbone, le degré nécessaire pour que le métal reste liquide. Le phosphore au contraire, en raison de la manière dont il se comporte en présence du carbone et du fer (p. 288, T. I), ne commence à brûler que lorsque la majeure partie du carbone est éliminée ; le métal deviendrait donc pâteux, avant la combustion du phosphore, si la présence de ce dernier élément ne communiquait à la fonte une température de fusion inférieure à celle du métal non phosphoreux. C'est encore là une raison d'utilité pour une forte dose de phosphore.

Ainsi que nous l'avons fait remarquer plus haut, on arrive plus facilement aux hautes températures nécessaires en traitant à la fois de grandes masses de métal et en pressant l'allure de l'opération. La quantité de fonte que l'on peut traiter en une seule fois dépend seulement de la capacité de l'appareil et de la puissance de la machine soufflante ; celle-ci doit fournir une pression suffisante pour surmonter celle du bain métallique sur les orifices de sortie du vent.

La difficulté d'obtenir un produit homogène du traitement d'une forte charge, difficulté contre laquelle on vient se heurter dans les autres procédés d'affinage, n'existe pas ici, puisque le métal reste liquide et qu'il est incessamment agité et mélangé par le vent. Aujourd'hui on opère rarement sur moins de 5 tonnes à la fois, plus souvent on traite 6, 8, même 10^t et plus [1].

Il est cependant possible d'établir exceptionnellement des appareils pour le traitement de faibles charges, de 800 ou 3000^k par exemple, lorsque l'usine se trouve dans certaines conditions spéciales et surtout lorsqu'on ne peut assurer le placement que d'une production limitée ; on désigne ces appareils réduits par le nom de *petits convertisseurs*.

On ne peut réellement comprendre au nombre des *petits convertisseurs* ceux dont la charge atteint 3000^k, c'est avec des appareils de ce genre qu'ont été établis, dans un grand nombre d'usines, les premières installations Bessemer et il en existe encore qui travaillent avec profit dans ces conditions.

On trouve aujourd'hui des cornues de formes diverses traitant des charges de 200^k, 500^k, 800^k, 1000^k et 1500^k ; c'est à celles-là seulement que nous appliquerons la désignation de petits convertisseurs. (V.)

L'opération dure un temps plus ou moins long selon la quantité de vent qu'on introduit dans l'unité de temps ; l'allure doit être réglée d'après la nature de la fonte traitée ; lorsque celle-ci est très siliceuse, elle arrive dès le début à une haute température ; elle est plus longue à affiner qu'une fonte pauvre en silicium. En général, de 10 à 20 minutes suffisent à traiter une charge. Le procédé Bessemer est certainement le seul qui permette de transformer, en un temps aussi court, de telles masses de métal.

Le métal en fusion, étant incessamment mis en contact avec de l'oxygène libre constamment renouvelé pendant toute la durée de l'opération, est exposé à en absorber de grandes quantités. On doit donc, une fois l'affinage terminé, pour décomposer l'oxyde de fer en dissolution ou en suspension dans le métal, faire une addition de manganèse sous forme de spiegeleisen, de ferromanganèse ou d'alliage triple de fer, silicium et manganèse.

---

[1] En Amérique on fait parfois des charges de 13^t, en Suède, au contraire, on dépasse rarement 3500.

Ces additions sont particulièrement nécessaires lorsque l'affinage a été prolongé jusqu'au point où il ne reste plus dans le métal qu'une très faible quantité de carbone. On a, d'autre part, reconnu qu'elles étaient également utiles, lorsque, dans une fabrication de métal carburé, le soufflage a été arrêté dès que la proportion de carbone voulue était atteinte ; en effet, ainsi que nous l'avons déjà signalé, l'oxygène peut exister en dissolution dans le métal en même temps que le carbone, l'action de ces corps l'un sur l'autre devenant excessivement lente lorsqu'ils ne se trouvent qu'en faible proportion dilués dans le fer fondu.

On choisit, pour cette addition, des alliages plus ou moins riches en manganèse suivant la proportion de carbone qu'on veut conserver dans le métal. Plus l'alliage est riche en manganèse et moindre est la quantité qu'il est nécessaire d'en introduire dans le bain pour assurer sa désoxydation, moins on apporte de carbone et moins, par conséquent, le métal produit est lui-même carburé. On ne put arriver à obtenir du fer fondu peu carburé qu'à partir du moment où l'on réussit à fabriquer, au haut-fourneau, des ferromanganèses à forte teneur en manganèse.

A l'origine de ce procédé de fabrication on ne considérait les additions finales qu'au point de vue de la recarburation d'un métal affiné à l'extrème et le rôle du manganèse n'était pas compris. Les premiers essais de Bessemer, qui aient donné pleine satisfaction, étaient obtenus par le traitement de fontes suédoises contenant du manganèse, tandis que le soufflage de fontes grises anglaises ne produisait qu'un fer rouverin. C'est R. Mushet qui imagina le premier, guidé par la pratique des fondeurs au creuset, d'ajouter au métal décarburé, une petite quantité de fonte manganésée et c'est à lui, par conséquent, qu'est dû, en partie, le succès de la nouvelle méthode de fabrication. (Voir F. Gautier, Les alliages ferro-métalliques, etc., Bulletin de la Société de l'industrie minérale, 2ᵉ série, t. III.) (V.)

Si on a obtenu du fer fondu peu carburé et si on désire augmenter son degré de carburation sans y ajouter de manganèse, on peut profiter de la facilité avec laquelle le fer en fusion, mis en contact avec du carbone, peut en absorber. Quand le fer fondu est complètement affiné et quand, par une addition de manganèse, on a éliminé le protoxyde de fer qu'il contenait en dissolution, on le mélange avec une quantité convenable de charbon pulvérulent qui se dissout presqu'instantanément dans le métal ; c'est là un procédé qui porte le nom de son inventeur Darby et qu'on emploie depuis 1889. Nous y reviendrons avec plus de détails lorsque nous décrirons la marche des opérations Bessemer et Thomas.

(*b*) *Appareils Bessemer.* — *Dispositions générales.* — Pendant les premières années qui suivirent la découverte de Bessemer, on se servit d'une sorte de cubilot muni, à la partie supérieure, d'une ouverture pour l'échappement des

gaz [1] ; une autre ouverture latérale servait à l'introduction de la fonte et était
bouchée dès que l'appareil était chargé ; une série de tuyères disposées près
du fond, sur toute la circonférence, introduisait l'air destiné à la combustion ;
on faisait la coulée en perçant un orifice vers le point le plus bas, comme
dans les cubilots.

On trouvera une description de l'appareil suédois et des opérations dans le Bulletin de l'Industrie minérale, tome XI, p. 397 (1866). Nous reproduisons fig. 275bis le
dessin qui accompagne cette note parce qu'il nous semble intéressant au point de
vue historique, plusieurs des dispositions qu'on y remarque ayant été présentées
dans ces dernières années comme des nouveautés.

Comme le montre le dessin, le vent arrivait dans une ceinture creuse en fonte
enveloppant l'appareil ; à l'intérieur cette ceinture s portait des ouvertures correspondantes aux tuyères insérées dans l'épaisseur du garnissage réfractaire et maintenues par des busillons en fonte u calés dans des logements, de façon à résister à
la poussée du métal, des regards x ménagés en face de chaque tuyère dans la paroi
extérieure permettaient de les visiter et de les changer au besoin. Nous ferons remarquer que l'axe des tuyères, au lieu d'être dans le prolongement des rayons du
cylindre, était légèrement oblique, de manière à produire un mouvement de giration dans le bain métallique. (V.)

Cette disposition primitive avait de nombreux inconvénients ; lorsque,
pour un motif quelconque, le bain n'était pas suffisamment chaud, il devenait presqu'impossible de percer le trou de coulée, et comme on ne possédait aucun moyen de ramener la chaleur, le métal était exposé à se figer
complètement ; d'un autre côté les tuyères pouvaient se boucher, enfin les
réparations étaient longues et délicates.

Aussi a-t-on renoncé à peu près partout à ce genre d'appareil pour adopter
celui que Bessemer a imaginé un peu plus tard et qui s'est conservé jusqu'à
présent sans modifications essentielles.

Ce qui caractérise cette forme de l'appareil, c'est qu'il est porté sur deux
tourillons horizontaux, ce qui permet de le faire basculer pour le remplir et
le vider ; le mouvement de rotation est produit et transmis mécaniquement.

L'appareil Bessemer a la forme d'une poire ou d'une cornue, aussi les
Allemands le désignent-ils sous le nom de *poire* Bessemer (Bessemer birne) ;
en France on dit *cornue* Bessemer ou *convertisseur*, traduction littérale du
mot anglais *converter*.

Les convertisseurs ont la même forme, qu'ils soient destinés au travail
acide ou au travail basique ; le revêtement seul diffère, nous indiquerons
plus loin les modifications apportées dans les dimensions pour le procédé
Thomas.

Les figures 276 à 278 représentent la disposition d'une des cornues Besse-

---

[1] H. Bessemer a fait en 1886 une communication à l'*Iron and Steel Institute*, dans laquelle
il a décrit les transformations successives par lesquelles est passé son appareil.

mer basique d'une usine de Westphalie. Elle se compose d'une enveloppe
en tôle garnie intérieurement de matières réfractaires qui, dans ce cas parti-

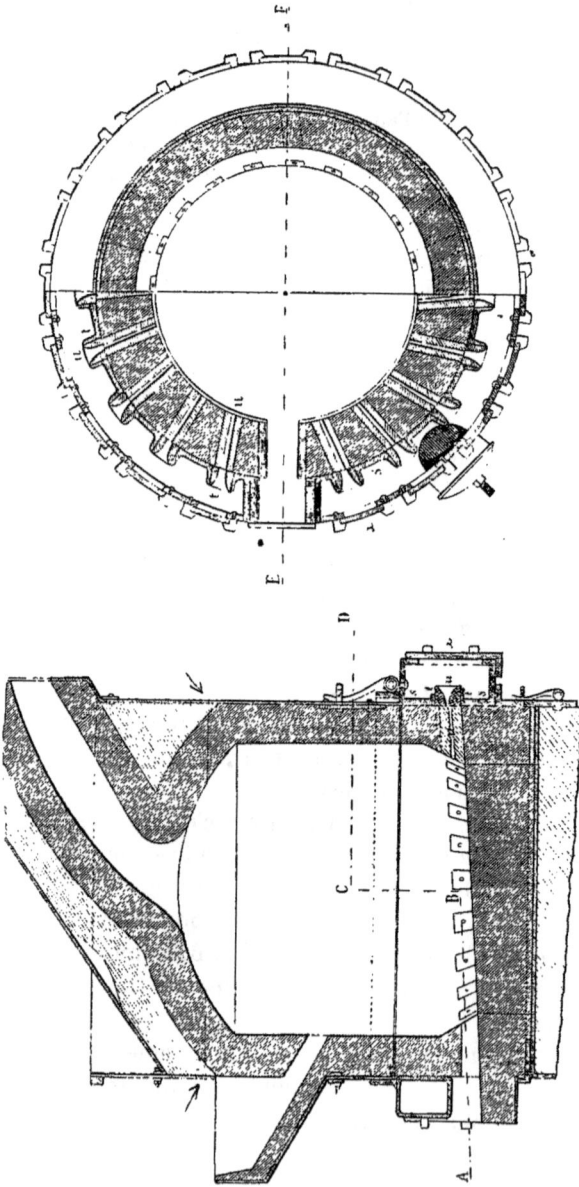

Fig. 275 bis. — Appareil Bessemer fixe suédois.

culier, sont de nature basique. Elle se divise en quatre parties, le haut, coiffe
ou calotte a, la partie centrale b, la partie basse c et le fond d. On rencontre

souvent des convertisseurs dans lesquels les parties *b* et *c* sont réunies, mais dans toutes les installations récentes le fond *d* peut être démonté.

La calotte *a* est disposée de façon à empêcher autant que possible, le métal d'être projeté hors de l'appareil pendant la période de bouillonnement ; aussi son orifice est-il généralement reporté sur le côté ; cependant, dans

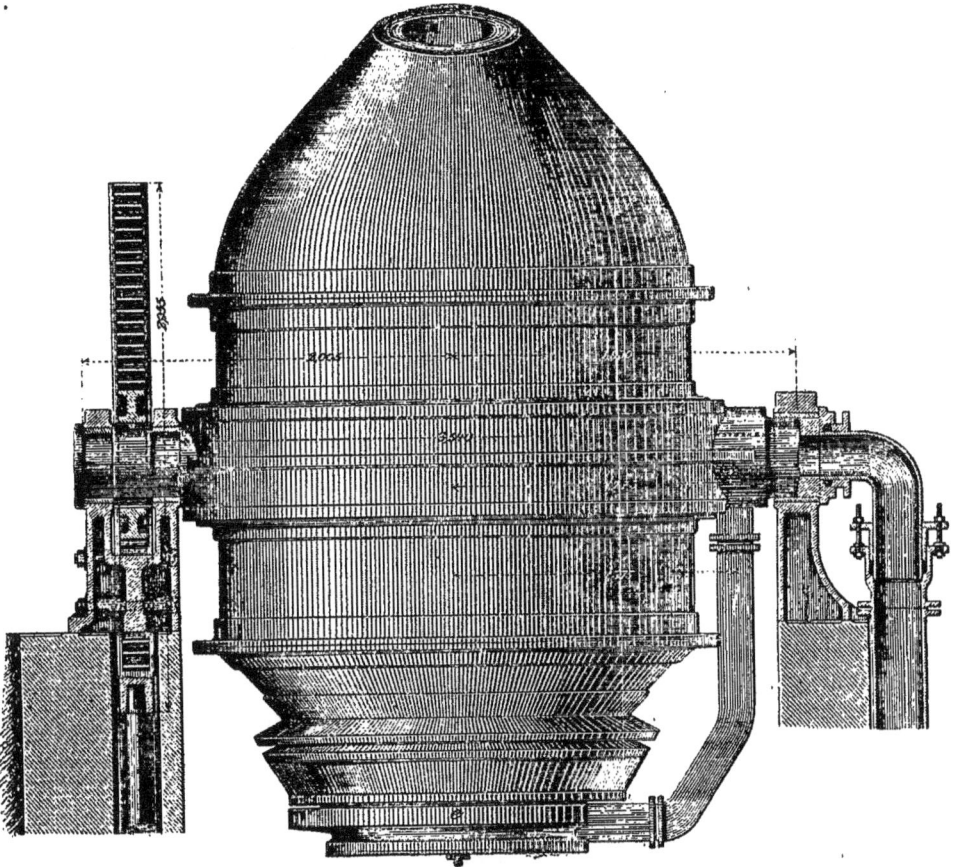

Fig. 276. — Convertisseur Bessemer-Thomas, échelle de 1/40.

quelques usines américaines, il est au milieu ; la calotte prend alors la forme d'un cône tronqué.

Il est nécessaire, dans tous les cas, que, lorsque le convertisseur est couché du côté de la panse, dans une position à peu près horizontale, on puisse voir le fond dans toute son étendue, l'examiner et s'assurer s'il y a des réparations à y faire, si les tuyères sont en bon état, etc.

La partie centrale *b* est fixée à l'intérieur d'un anneau robuste qui porte

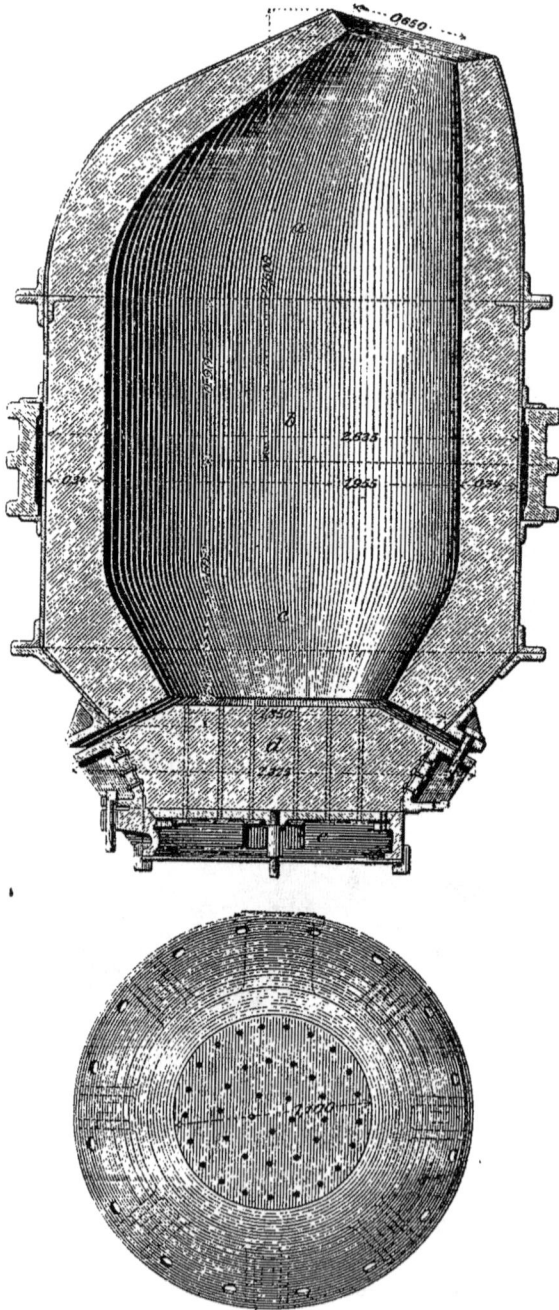

Fig. 277 et 278. — Convertisseur Bessemer-Thomas, échelle de 1/40.

les deux tourillons; cet anneau est en fonte ou en acier fondu, coulé le plus souvent d'une seule pièce avec les tourillons. Les paliers qui portent ceux-ci sont solidement établis mais n'ont rien de particulier, l'un des tourillons porte un pignon au moyen duquel on fait tourner le convertisseur. La plupart du temps, le mouvement est donné par un cylindre hydraulique dans lequel se trouve un piston qui peut recevoir l'eau en pression sur l'une ou l'autre de ses faces, et dont la tige se termine par une crémaillère qui engrène avec le pignon.

Dans la disposition que nous représentons, cylindre et crémaillère sont verticaux ; ailleurs ces organes sont disposés horizontalement, ce qui n'est pas sans inconvénients, surtout si la crémaillère est au-dessous du pignon, parce qu'elle est exposée à recevoir des matières projetées hors de la cornue, d'où peuvent résulter des ruptures de dents, etc.

C'est par le tourillon opposé à celui qui porte le pignon que le vent arrive à l'appareil en passant par la boîte e fixée sous le fond. Ce tourillon est donc creux et relié à la conduite de vent par un presse-étoupes, de telle sorte qu'on peut faire basculer l'appareil sans que le vent soit interrompu. Cet arrangement est visible sur la figure 276 sur laquelle on trouve aussi le tuyau qui fait communiquer le tourillon creux avec la boîte à vent.

La boîte à vent est généralement en fonte et se fixe sur la partie inférieure du convertisseur au moyen de boulons à clavettes ; le fond est fermé par une plaque de fonte ou une tôle épaisse ; il doit s'appliquer bien exactement sur la boîte pour la fermer hermétiquement et éviter toute perte de vent ; il faut, en même temps, qu'il soit facile de l'enlever pour atteindre les tuyères, les nettoyer ou y faire des réparations nécessaires. On retient cette plaque avec des serre-joints ou des coins comme on le voit sur la figure 277, on peut également employer des boulons à clavettes (fig. 279-280).

La pression du vent doit être suffisante pour empêcher le métal contenu dans le convertisseur de passer par les orifices des tuyères ; d'un autre côté quand la cornue est couchée, le métal et la scorie doivent avoir un espace assez grand pour qu'on puisse arrêter le vent et que les mêmes orifices soient à découvert ; il est donc nécessaire que le cercle dans lequel ils sont répartis, soit d'un diamètre plus petit que la partie médiane. La partie inférieure de la cornue a ordinairement la forme d'un tronc de cône dont la petite base est du côté de la boîte à vent. Cette disposition n'est cependant pas indispensable et, dans les figures 279 à 282, on voit des profils de cornues dans lesquelles le fond a presque le même diamètre que la section vers l'axe des tourillons et, quelquefois exactement la même dimension.

Généralement le fond est garni à part et on l'établit de manière qu'il soit possible de le changer entre deux opérations ; c'est, en effet, la partie dont le garnissage est le plus éprouvé et s'use le plus rapidement ; on relie donc ce fond au reste de la cornue de façon à pouvoir l'enlever promptement et le remplacer par un autre. C'est un résultat qu'on peut obtenir de différentes manières.

Dans le type représenté figure 277, le joint entre le fond et la partie inférieure de la cornue a la forme d'un tronc de cône très évasé; on commence

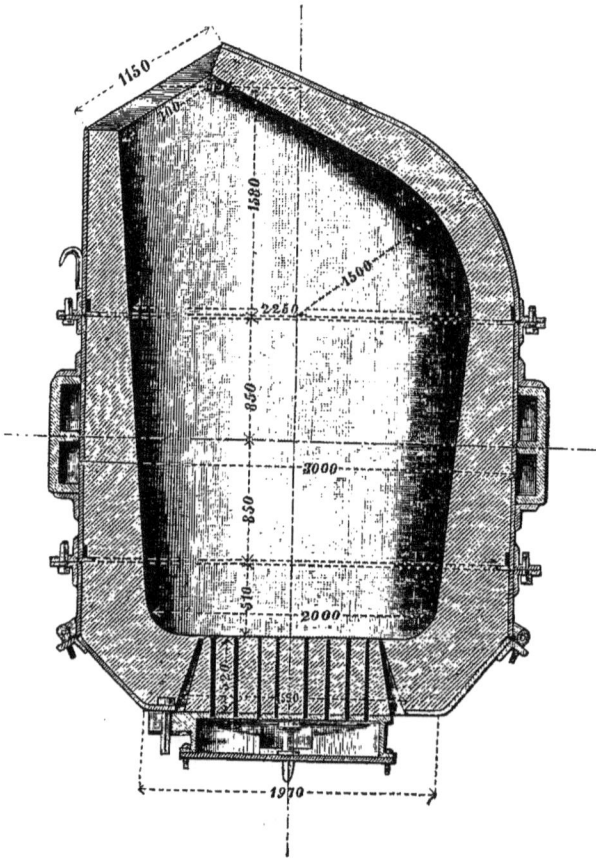

Fig. 279. — Convertisseur Bessemer-Thomas, autre disposition.

par recouvrir la surface de ce joint, faisant partie du fond, d'une couche assez molle de la matière qui constitue le garnissage, puis on amène la pièce de rechange sur un wagonnet en dessous du convertisseur débarrassé de la partie usée et placé dans la position verticale ; on soulève alors ce nouveau fond, au moyen d'un verrin ou, mieux encore, d'une presse hydraulique disposée au fond d'une fosse sous la cornue, jusqu'à ce qu'il vienne s'appliquer exactement à sa place et on serre les boulons qui le rattachent au corps de la cornue.

Le fond plat de la cornue américaine représenté fig. 282 est changé et rattaché de la même manière.

La fig. 279 représente une cornue Thomas de l'Allemagne du Nord ; là le joint a la forme d'un tronc de cône allongé ; à l'intérieur, le fond a pres- qu'exactement la dimension du vide qu'il doit remplir, son diamètre est un

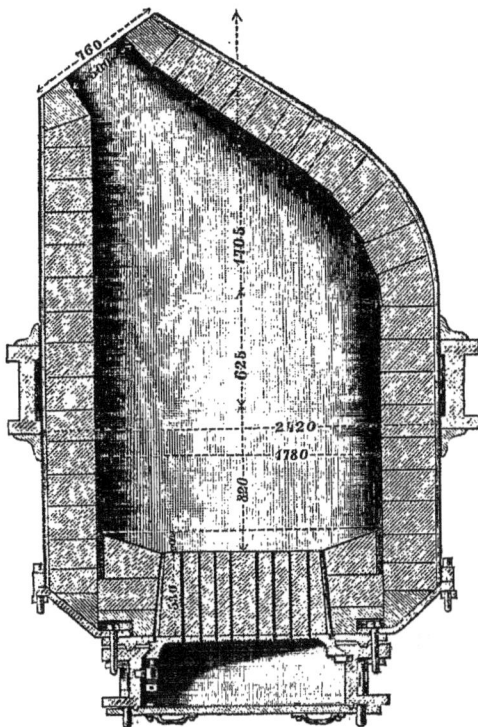

Fig. 280. — Convertisseur, disposition de la boîte à vent.

peu plus faible, cependant, pour qu'il ne fasse pas écailler le garnissage de la cornue : à l'extérieur, au contraire, ce diamètre est sensiblement plus petit que celui du garnissage ; il reste donc un joint ayant la forme d'un coin et bâillant à l'extérieur. Au lieu d'être muni d'un rebord sur tout son pourtour, la boîte à vent ne porte que les oreilles correspondant aux boulons qui doivent la fixer au convertisseur, de sorte que le joint n'est masqué que là où sont ces oreilles, comme le montre la fig. 279. On met donc le fond en place par le procédé que nous avons décrit plus haut, sans enduire le joint de mortier, puis on le fixe au moyen de clavettes ou de boulons. Cela fait, on fait tourner l'appareil, sur ses tourillons, de 180°, le joint circulaire se trouve alors à la partie supérieure et on le remplit du dehors en y bourrant un pisé réfractaire.

Pour changer le fond des deux cornues que nous venons de décrire, il faut commencer par enlever la boîte à vent; l'opération est plus simple lorsque la plaque qui porte le fond est indépendante de cette boîte et de dimension telle qu'elle puisse passer librement dans l'intérieur, une fois qu'on a enlevé le couvercle qui en ferme la partie inférieure. La figure 280 représente cette disposition qui a été adoptée dans une usine de l'Allemagne occidentale. La plaque du fond s'applique exactement sur deux sièges correspondants ménagés dans le fond de la boîte à vent et la partie inférieure de l'enveloppe de la cornue; elle est maintenue en place par des coins et par des vis dont les écrous sont assujettis dans la boîte à vent et peuvent être enlevés facile-

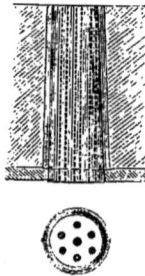

Fig. 281. — Tuyère.

ment; mais, comme il est impossible, avec cet arrangement, de remplir le joint de l'extérieur, le bourrage se fait par le col de la cornue; il doit rester un vide circulaire de 50 à 60ᵐᵐ et, avant de mettre le fond en place, on a eu soin de le recouvrir de mortier un peu clair.

On répartit de deux façons différentes les orifices du vent à l'intérieur de la cornue. On a commencé par préparer des tuyères en terre réfractaire percées de 7 à 12 petits canaux dans le sens de leur longueur et on plaçait dans le fond de 13 à 21 de ces tuyères. La fig. 281 représente une de ces pièces en plan et en coupe et dans la figure 282 on en voit deux en place dans le garnissage du fond; une d'elles occupe le centre, les autres sont disposées en cercles concentriques autour de celle-ci; la tuyère représentée fig. 281 est mise en place au moment où on fait le fond et se trouve maintenue par la plaque de fond; elle ne peut être enlevée isolément, souvent, au contraire, leur partie inférieure est conique et on ne les met en place que quand le fond est terminé; on peut alors les changer si on le juge nécessaire; un verrou fixé sur la plaque de fond, ou tout autre artifice, sert à la maintenir exactement à sa place. Dans la cornue de la figure 282 chaque tuyère est retenue par une vis annulaire à laquelle la plaque de fond sert d'écrou. Cette disposition a l'avantage de prolonger la durée des fonds puisqu'elle permet de changer les tuyères hors de service pour les remplacer par d'autres.

La deuxième méthode consiste à tracer, sur la surface que les conduits de vent doivent occuper, trois ou quatre cercles concentriques (fig. 278), à répartir, sur ces cercles, les emplacements que doivent occuper les conduits et à ménager ceux-ci, pendant la confection des fonds, en bourrant la terre autour des baguettes qui occupent la place des conduits. Dans ces conditions, le vent est réparti plus uniformément sur toute la surface que lorsqu'on emploie des tuyères qui le distribuent par faisceaux, et il est problable que l'air est mieux utilisé.

Dans les convertisseurs à garnissage basique, on a généralement adopté cette dernière méthode, tandis que, dans les autres, on emploie l'un ou l'autre système indifféremment.

S'il devient nécessaire de renouveler le garnissage d'une cornue, et, si celle-ci est fixée invariablement à l'anneau qui porte les tourillons, on doit démonter les chapeaux des paliers, enlever le presse-étoupes de la conduite de vent, saisir la cornue au moyen d'une grue assez puissante pour la soulever et la placer sur un wagon qui la conduise à l'atelier de réparation. C'est une manœuvre pénible, puisqu'un convertisseur de dimension moyenne pèse de 30 à 40 tonnes et que d'autres sont, d'un poids beaucoup plus considérable. Aussi se borne-t-on souvent à enlever la calotte supérieure et à refaire sur place la partie du milieu.

Cependant, lorsque l'atelier ne comporte que deux appareils, il résulte de cette manière de procéder une perte de temps considérable.

La difficulté est moindre, quand l'enveloppe peut se séparer de l'anneau qui est toujours fort lourd et qui, dès lors, peut rester en place et recevoir un autre appareil préparé à l'avance.

La fig. 282 représente une disposition de ce genre qui a été appliquée par Holley à un grand nombre d'usines américaines [1].

Une forte cornière *aa* est fixée sur l'enveloppe à la hauteur convenable pour qu'elle vienne reposer sur la partie supérieure de l'anneau, quand le convertisseur est dans sa position verticale normale ; de grands boulons à clavettes *bb*, qui traversent cette cornière et l'anneau de part en part, rendent la cornue solidaire de celui-ci, mais, si on retourne l'appareil, la calotte en bas et qu'on enlève les clavettes, il n'est plus retenu et peut se séparer de l'anneau avec la plus grande facilité.

On ménage à cet effet, entre l'enveloppe en tôle et l'anneau, un vide circulaire de 20 millimètres qui permet à la cornue de se dilater librement par l'effet de la chaleur et de sortir sans peine lorsque cela est nécessaire ; pour

---

[1] D'après Howe, *Métallurgie de l'acier*, traduction française de Hock, p. 429.

éviter le ballottement, on dispose tout autour de l'anneau un certain nombre de vis de pression qui maintiennent exactement le convertisseur au
centre de l'anneau, vis que l'on desserre à mesure que l'appareil se dilate.

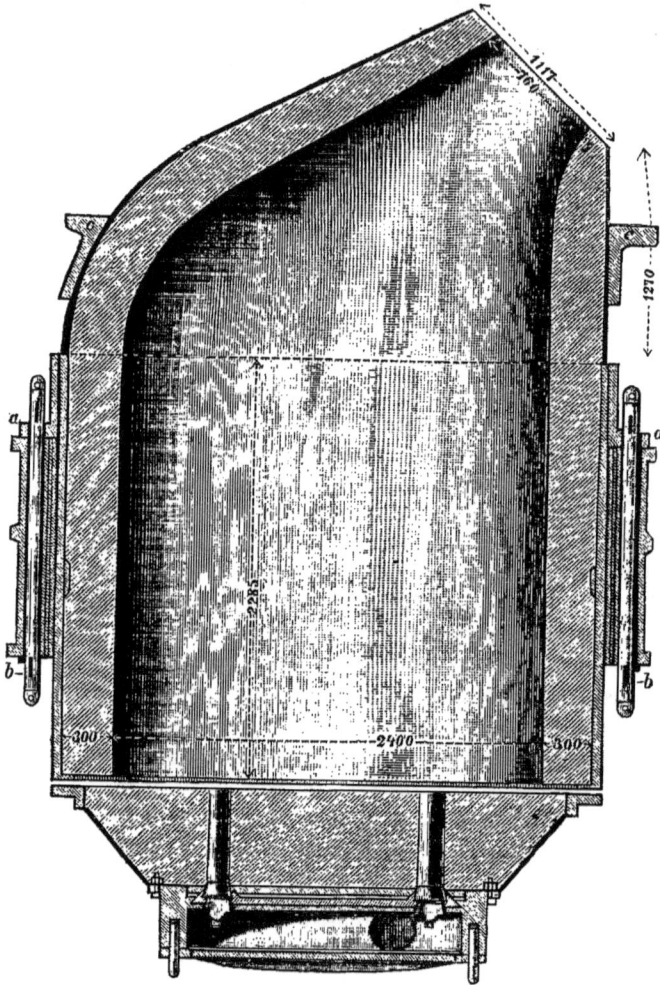

Fig. 282. — Convertisseur américain, type Holley.

Lorsqu'il est nécessaire de procéder au changement d'appareil, on commence par le renverser la calotte en bas, on amène en dessous un chariot de
forme appropriée qu'un piston hydraulique vient appliquer contre la calotte,
on enlève les clavettes, puis on laisse descendre le piston qui entraîne le
chariot et le convertisseur. On peut alors conduire celui-ci à l'atelier de

réparation. Des manœuvres inverses permettent de mettre en place un nouveau convertisseur.

Petits convertisseurs. — Comme nous l'avons indiqué, il peut convenir dans certains cas d'installer des convertisseurs d'une capacité inférieure à 5 tonnes. Les premiers essais pour des charges de moins de mille kilogs ont été faits à Avesta en Suède ; plus tard on a également installé en Amérique de petits convertisseurs, mais en Allemagne il n'a été fait dans ce sens que des tentatives isolées. Le prix de revient du produit augmente à mesure que la quantité de métal résultant d'une opération diminue. On a prétendu quelquefois, il est vrai, qu'il était plus facile d'obtenir, avec de petits appareils, du métal très décarburé susceptible de remplacer le fer obtenu par soudage [1] ; cette opinion ne repose sur aucun fondement sérieux ; on travaille en Allemagne, par le procédé Bessemer basique, des charges de 10 tonnes dont le produit ne laisse rien à désirer, au point de vue de la ténacité et de la malléabilité à chaud.

Dans les contrées peu développées, où l'écoulement, pour de grosses quantités de fer et d'acier, fait défaut, les petits appareils Bessemer peuvent avoir leur raison d'être ; il en est de même quand une fabrication spéciale, comme celle des clous, par exemple, exige une qualité particulière mais ne permet d'élaborer qu'une petite quantité de métal·à la fois.

Il est certain que les frais d'installation de ces petits appareils sont moins élevés que ceux des convertisseurs que nous avons décrits précédemment ; ils exigent une moindre pression de vent qu'il est possible d'obtenir à moins de frais. On utilise évidemment mieux la force dont on dispose, en traitant de petites charges qui se succèdent rapidement, qu'en faisant, dans une journée, un petit nombre d'opérations d'un poids considérable.

Dans quelques ateliers, en France et en Italie, on a tiré bon parti de petits convertisseurs pour la fabrication des moulages, lorsque la quantité produite ne justifiait pas l'établissement de grands appareils [2].

Il a été imaginé un grand nombre de petits convertisseurs, mais quelques-uns seulement ont survécu ; parmi ceux-là, certains sont eux-mêmes destinés à disparaître. Les uns sont simplement des réductions de l'appareil type de Bessemer soufflé par dessous, tels sont ceux d'Avesta et de Walrand Legénisel, d'autres en diffèrent par la position des tuyères, comme le modèle essayé à Tagilsk (Sibérie) que cite L. Gruner et l'appareil Walrand-Delattre perfectionné par Robert, d'autres enfin sont un retour au type fixe, depuis longtemps condamné, comme le Clapp-Griffiths.

Le convertisseur d'Avesta (Suède) qui a fait un certain bruit dans le monde, il y a une douzaine d'années, était un petit appareil de 1ᵐ de diamètre extérieur sur 1ᵐ,40 de hauteur totale, porté sur un seul tourillon, soufflé par dessous et manœu-

---

[1] *Oesterr. Zeitschr. für Berg- und Hüttenwesen*, 1885, p. 117 ; *Stahl und Eisen*, 1885, p. 441.
[2] *Revue universelle des mines*, série 3, tome XIII, p. 117.

vré à la main. Il traitait des charges de 700ᵏ au maximum ; le produit de l'opération devait manquer de chaleur, car on était obligé de vider la cornue, métal et scorie, dans les lingotières sans l'intermédiaire d'une poche. On obtenait ainsi un produit renfermant une petite quantité de scorie qui prenait, par l'étirage, l'apparence du nerf.

L'appareil Walrand-Legéniscl, également soufflé par dessous, est établi comme le type Bessemer connu et porté sur deux tourillons, il a 0ᵐ,70 de diamètre extérieur,

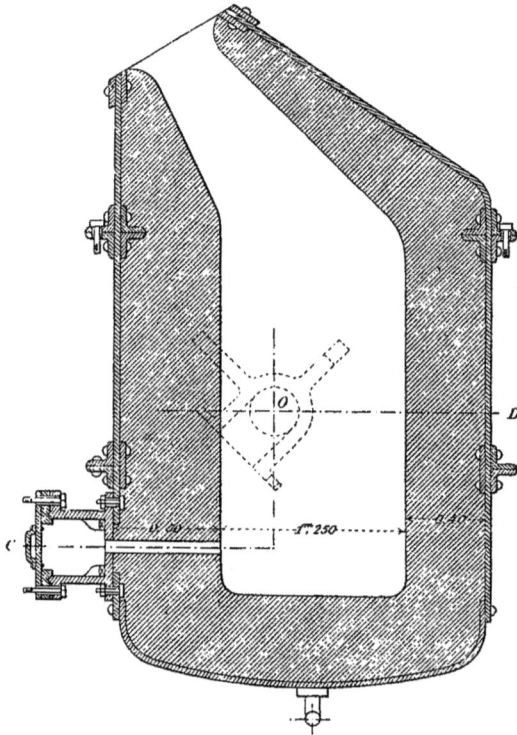

Fig. 282 bis. — Convertisseur Robert (coupe AB).

1ᵐ,30 de hauteur et traite des charges de 200 à 300ᵏ ; un mode d'opérer particulier, sur lequel nous reviendrons ultérieurement, assure au produit une fluidité convenable.

Le convertisseur de Tagilsk, mis au rebut depuis longtemps, était, d'après L. Gruner (*L'acier et sa fabrication*, 1867, p. 58), mobile sur tourillons, mais les tuyères, au lieu d'être multiples et placées par dessous, étaient réduites à deux et disposées latéralement, un peu plongeantes et obliques par rapport au diamètre, de manière à produire le mouvement giratoire des cornues suédoises.

Le convertisseur Robert, perfectionnement de celui imaginé par Walrand et Delattre, est également mobile et à tuyères latérales soufflant, non plus, comme dans l'appareil fixe suédois, près du fond, mais dans le voisinage de la surface du bain.

Nous le représentons fig. 282bis que nous empruntons à une notice publiée dans la

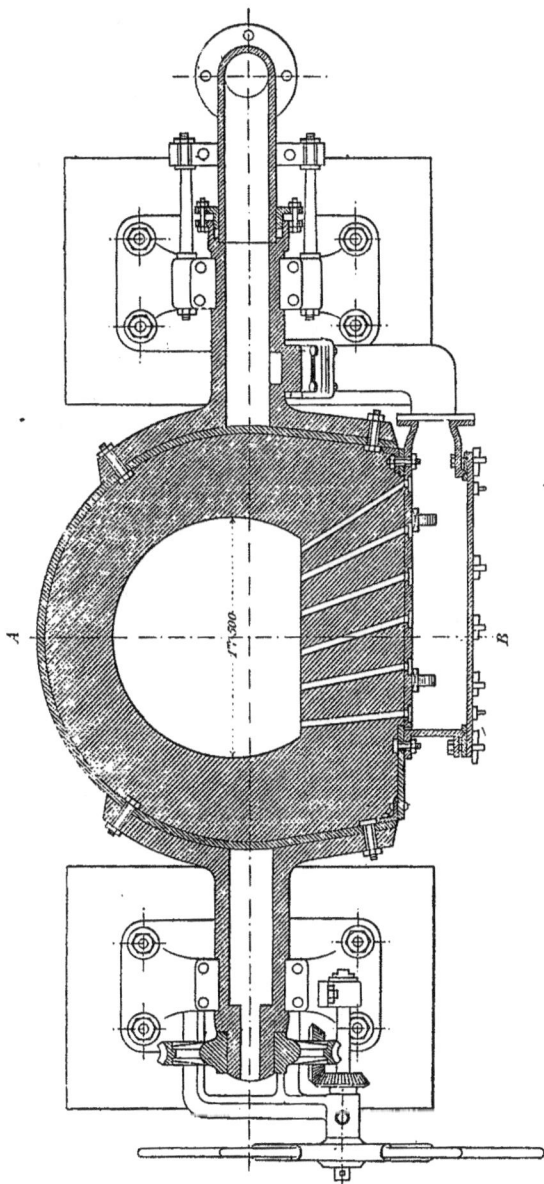

Fig. 282 bis. — Convertisseur Robert (coupe COD).

Revue universelle, 3e série, t. XIII (1891). Nous reviendrons sur le mode de travail de cet appareil. (V.)

Les petits convertisseurs sont généralement garnis de matières réfractaires siliceuses, et on les a souvent disposés d'une manière assez différente de celles que nous avons énumérées jusqu'ici. Le type adopté par *Clapp et Griffiths* est un de ceux dont il a été le plus parlé et dont la forme est la plus originale. Il a été établi, en premier lieu dans quelques usines de la Grande-Bretagne, puis aux Etats-Unis entre 1884 et 1887. Nous en donnons le dessin fig. 283 [1].

De même que les cornues primitives de Bessemer, cet appareil est fixe et vertical ; il est pourvu d'un trou de coulée *s*, mais le fond peut être séparé, comme dans la plupart des convertisseurs actuels. On voit en *f* le joint entre la partie fixe et la partie mobile, la première étant portée par des colonnes en fonte. Le tuyau de vent forme tout autour de l'appareil une ceinture qui n'est interrompue que par le trou de coulée ; il reçoit le vent qui lui arrive par le tuyau *K* qu'on peut démonter sans difficulté et le distribue par six tuyères ; chacune de celles-ci peut être fermée au moyen d'une soupape que l'on manœuvre à l'aide du volant *d*. En *h* se trouve l'ouverture par laquelle on introduit la fonte dans l'appareil. Sous le fond on voit le wagonnet qui sert à l'enlever, et, au-dessous, le cylindre hydraulique correspondant.

Ces appareils sont généralement établis pour recevoir des charges de 1500 à 3000[k] ; pendant le laps de temps que nous avons indiqué, il en a été construit une quinzaine aux Etats-Unis.

En Europe et surtout en France, on a installé comme petits appareils Bessemer, celui qui porte le nom de Robert. Celui-ci consiste en une cornue établie de manière à pouvoir basculer comme les convertisseurs ordinaires, mais elle diffère de ces derniers en ce que le vent débouche sur le côté au lieu de pénétrer par le fond. On peut donc souffler avec du vent à faible pression, mais il est probable que celui-ci n'est pas aussi complètement utilisé qu'avec la disposition ordinaire. Les tuyères n'existent que sur un seul côté ; en inclinant plus ou moins la cornue, il est donc possible de faire pénétrer l'air à une profondeur plus ou moins grande dans le bain. Les tuyères sont dirigées obliquement de manière à donner au métal un mouvement giratoire qui favorise l'action du vent.

Le convertisseur Clapp-Griffiths, quoique d'une construction plus soignée que celui établi primitivement en Suède, a tous les inconvénients des appareils fixes, car les obturateurs des tuyères destinés à empêcher le métal de rentrer dans les tuyères quand on arrête le vent, ne fonctionnent pas, la plupart du temps ; il n'appartient pas en réalité au type des petits convertisseurs puisqu'on y traite des charges qui atteignent trois tonnes, il est donc difficile de comprendre l'engouement avec lequel il a été accueilli en Angleterre et en Amérique, engouement passager d'ailleurs et qui diminue de jour en jour. L'installation d'un convertisseur de ce genre est à peine

[1] *Stahl und Eisen*, 1886, pl. XX, d'après *Engineering and Mining Journal*.

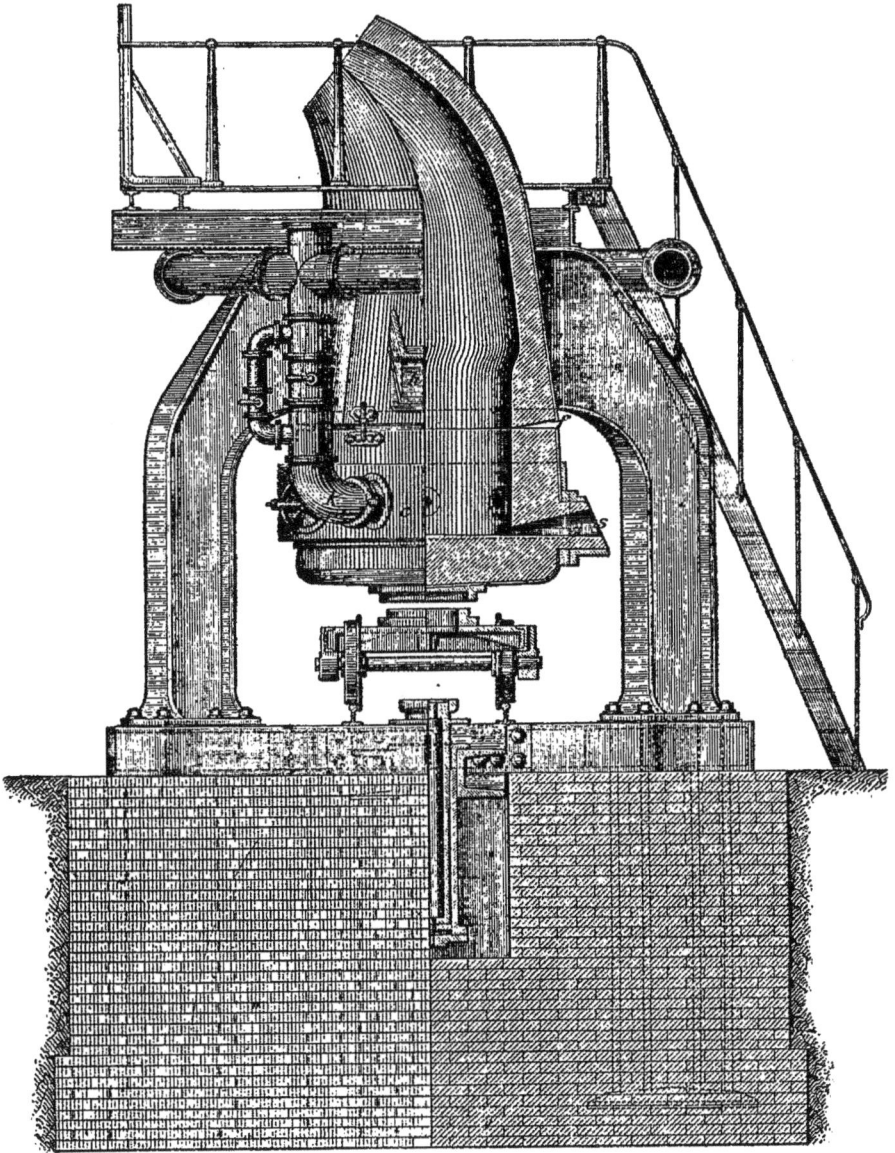

Fig. 283. — Convertisseur Clapp et Griffiths.

d'un prix moins élevé que celle du type Bessemer ordinaire de même capacité et le déchet y est plus considérable, enfin on rencontre, dans la pratique, toutes les difficultés qui ont, depuis longtemps, fait renoncer aux appareils fixes suédois que nous avons représentés.

Le soufflage latéral dans le convertisseur Clapp, comme dans celui de Robert, permet, il est vrai, d'employer le vent à moindre pression, parce que la hauteur du métal au-dessus des tuyères y est plus faible ; mais il en résulte infailliblement qu'une partie de l'oxygène de l'air n'est pas utilisée à l'intérieur du métal et ne peut intervenir qu'en brûlant l'oxyde de carbone au-dessus de la surface du bain. Il se produit là évidemment une très haute température, si toutefois la dissociation n'intervient pas, mais dont le bain ne peut recevoir que le rayonnement, puisque les produits de la combustion s'échappent aussitôt. Par contre, comme il faut que le métal reçoive la quantité d'oxygène nécessaire à sa complète décarburation, la machine devra fournir une quantité d'air supplémentaire.

Nous devons faire remarquer en outre que l'oxygène, qui n'a pas été utilisé à l'intérieur du bain, agit en partie à la surface en produisant une quantité d'oxyde qui ne peut être décomposé par le carbone et s'échappe sous forme de fumées rousses pendant toute la durée du soufflage. C'est ce qui explique que le déchet atteigne et dépasse quelquefois 20 %.

Il nous paraît probable que la disposition adoptée par Bessemer, c'est-à-dire, le soufflage par dessous, dans un appareil mobile sur tourillons, s'imposera pour les petits comme pour les grands convertisseurs et que dans quelques années, il n'en existera plus d'autres.

Voir Howe, *Métallurgie de l'acier*, traduction française de Hock, p. 441 et suivantes. (V.)

Quant aux autres petits appareils Bessemer de moindre importance nous les passons sous silence et renvoyons le lecteur aux ouvrages à consulter et notamment à celui publié par Vogel dans le *Zeitschr. d. V. deutsch. Ingenieure* 1892, p. 406.

Capacités et dimensions des convertisseurs. — Lorsque le vent traverse le métal en fusion et brûle le carbone sous forme d'oxyde de carbone, il se produit un violent bouillonnement ; la capacité de la cornue doit donc présenter un volume beaucoup plus grand que celui de la charge, si on veut éviter des pertes de métal par projections.

D'un autre côté, il est certain que la marche basique entraînant la production d'une plus forte proportion de scorie, les convertisseurs à revêtement dolomitique devraient avoir un volume plus considérable encore que ceux qui sont garnis de matières siliceuses.

On trouve cependant des rapports très variables entre la capacité des appareils et le poids de la fonte qu'on y traite ; on observe, par exemple, que ce rapport est parfois plus faible pour des convertisseurs basiques que pour d'autres à revêtement acide ; d'autres fois, dans des appareils destinés à de faibles charges, on en traite de plus fortes quand le calibre des orifices des tuyères s'est agrandi ; c'est ainsi qu'on peut s'expliquer pourquoi certaines cornues basiques n'ont qu'une capacité de 1^{mc} par tonne de métal traité, tandis que dans d'autres, pour travail acide, le volume s'élève à $1^{mc},50$ et même à $1^{mc},80$ comme en Amérique.

Pour les différents convertisseurs que nous avons représentés la valeur des capacités et des quantités traitées sont les suivantes :

Fig. 277   volume de l'appareil   8^{mc},   poids traité   10^t.
Fig. 279   id.   11^{mc},   id.   10^t.
Fig. 280   id.   7mo,   id.   7^t.
Fig. 282   id.   13mo,   id.   10^t.

Plus le soufflage est énergique et précipité et plus le bouillonnement est intense, plus aussi le rapport entre la capacité intérieure et le poids de la charge doit être élevé, si on tient à éviter des pertes de métal. C'est le cas qui se présente pour les grandes cornues américaines auxquelles on demande une allure très rapide.

Pour une vitesse modérée, une cornue acide doit avoir un mètre cube de capacité par tonne de métal traité, à une cornue basique on donnera 1^{mc},30 ; or, comme une tonne de fonte en fusion occupe 0^{mc},14, on voit que la capacité d'une cornue acide sera huit fois celle de la fonte ; une cornue basique devra offrir 9 ou 10 fois ce volume.

Il est très important de régler convenablement la hauteur qu'occupe le métal dans le convertisseur ; si cette profondeur du bain est forte, il sera nécessaire de communiquer au vent une pression plus considérable pour en triompher ; la soufflerie devra donc être plus puissante ; d'un autre côté, si le bain a peu d'épaisseur, il pourra se faire qu'une partie de l'oxygène soit mal utilisée : il faudra envoyer dans l'appareil un volume de vent supplémentaire, d'où plus grande quantité de travail à demander à la soufflerie.

Il ne faut pas perdre de vue, cependant, que, lorsque la température est très élevée dans la cornue, l'affinité de l'oxygène pour les divers éléments du bain métallique s'accroît rapidement, et qu'on est, par conséquent, moins exposé à voir l'air traverser le métal sans que tout son oxygène soit employé à l'oxydation de ces éléments, alors même que la couche à traverser est de peu d'épaisseur.

Dans les usines européennes, le bain a rarement moins de 0^m,500 d'épaisseur, en Amérique, on ne donne que 0^m,320 ou 0^m,400, ce qui permet d'affiner plus rapidement, à condition, toutefois, que l'oxygène soit complètement utilisé.

C'est la partie du garnissage qui constitue le fond qui s'use le plus rapidement, c'est à celle-là, par conséquent, qu'il importe de donner le plus de résistance, c'est à-dire le plus d'épaisseur surtout en marche basique ; les fonds siliceux ont de 0^m,40 à 0^m,50 d'épaisseur, les autres, 0^m,55 à 0^m,65. Aux parties centrales de la cornue, on établit le garnissage sur 0^m,20 à 0^m,30 en marche acide, 0^m,35 à 0^m,45 en marche basique ; on peut diminuer l'épaisseur à mesure qu'on se rapproche de l'orifice supérieur.

On donne à ce dernier un diamètre de 0^m,55 à 0^m,80 ; trop étroit, il pour-

rait être obstrué par les projections de scories, surtout en allure basique.
Quant à la calotte supérieure, on lui donne 1^m,50 ou 1^m,60 de hauteur.

L'usure des fonds de convertisseurs a pour origine celle des orifices par lesquels
débouche le vent et se produit par scorification d'une part et par les actions mécaniques d'autre part ; aux points où le vent pénètre dans l'appareil et où il rencontre le
métal, il se fait une certaine quantité d'oxyde de fer qui ronge le bord de l'orifice et
forme un entonnoir, celui-ci va sans cesse en s'élargissant jusqu'à rencontrer ceux
des trous voisins, le choc de la fonte détruit alors les cloisons minces qui les séparent et l'épaisseur du fond diminue.

Dans les convertisseurs acides pourvus de tuyères, on devra donc composer celles-
ci d'un mélange non seulement réfractaire mais qui en même temps prenne au feu
le plus grand degré de dureté possible. C'est à quoi il est facile d'arriver avec une
proportion d'argile convenable. Les pâtes trop siliceuses s'égrènent sous les actions
mécaniques. (V.)

Pour un convertisseur destiné à traiter des charges de 5 à 6^t, la partie
centrale aura de 1^m,60 à 2^m,00 de hauteur et un diamètre extérieur de 2^m,20 à
2^m,60, les orifices du vent seront répartis dans un cercle de 0^m,90 à 1^m,20 de
diamètre, et la hauteur totale, à partir du bord supérieur de la boîte à vent
sera de 4^m environ.

Pour des charges de 8^t, le diamètre intérieur sera compris entre 2^m et
2^m,20, à l'extérieur on aura 2^m,40 à 2^m,80, les tuyères occuperont un cercle
de 1^m,20 et la hauteur totale aura 4^m,50.

Enfin pour 10 ou 12^t on adoptera les dimensions suivantes :

      Diamètre intérieur de . . . 2^m,50 à 2^m,70.
      Id.   extérieur . . . . 3^m,40 à 3^m,60.
      Id.   du cercle des tuyères, 1^m,30 à 1^m,50.
      Hauteur totale. . . . . . 5^m 1.

La durée de l'affinage dépend de la section totale des orifices par lesquels
arrive le vent ; par tonne chargée, la somme des sections de tous les orifices est comprise entre 15 et 30 centimètres carrés ; en Suède, pour une
allure rapide, on admet jusqu'à 50 cent. carrés.

Le diamètre de chacun des petits canaux est de 15 à 20^{mm}, le vent se répartit d'autant mieux que ces conduits sont plus étroits et que le nombre en
est plus grand ; mais le frottement du vent contre les parois et, par conséquent, les pertes de pression, croissent à mesure que le diamètre diminue.

Lorsqu'on emploie les tuyères, au lieu de ménager les conduits dans le fond
lui-même, on peut multiplier le nombre de trous et leur donner un plus petit
diamètre.

---

[1] D'après Akerman les convertisseurs suédois pour charges de 3^t à 3^t,5 n'ont qu'un diamètre extérieur de 1^m,30 à 1^m,60 et une hauteur de 2^m à 2^m,50 et l'orifice de la gueule n'a que
0^m,20 à 0^m,30. *Stahl und Eisen*, 1893, p. 920.

Garnissage, sa préparation, sa durée. — Pour le garnissage acide on emploie ordinairement du grès ou du quartz moulus en mélange avec la proportion d'argile réfractāire nécessaire pour donner à la pâte, lorsqu'elle est humide, une cohésion suffisante ; dans les usines européennes on donne la préférence au *ganister* (p. 177, T. I).

Le ganister n'est guère employé qu'en Angleterre ; en France on se sert habituellement de diverses variétés de sables siliceux rendus naturellement plastiques par une faible proportion d'argile pure, telle est la terre de Voreppe et quelques autres de même nature. Du reste, tous les sables à peu près purs, ne contenant en notable quantité, ni calcaire, ni oxyde de fer, ni feldspath, tous les quartz broyés, mélangés avec la proportion d'argile réfractaire strictement nécessaire pour assurer la cohésion, peuvent être employés (V.)

Le revêtement basique se fait presque toujours avec de la dolomie frittée et préparée comme nous l'avons indiqué pages 183 et 185, T. I, avec une petite quantité de goudron qui lui donne de la cohésion.

Dans certaines aciéries américaines, on emploie, pour le revêtement des cornues, de la chaux provenant de calcaires à peu près purs, renfermant 1 1/2 °/₀ de magnésie, d'oxyde de fer et d'alumine ; ce calcaire est broyé avec 2 °/₀ de scorie basique, mélangé avec de l'eau, transformé en pâte consistante et moulé à la machine sous forme de briques. Ces briques sont cuites encore humides et portées progressivement à très haute température ; elles prennent un retrait de 60 °/₀. On les broie après cuisson et on mélange la matière avec du goudron.
Voir *Transactions of the American Institute of mining Engineers*, t. XXI, p. 743. (V.)

Le garnissage de la cornue et du fond se fait, soit avec des briques, soit avec du pisé ; ce dernier mode est le plus fréquemment employé, aussi bien pour les matières basiques que pour celles qui sont siliceuses, et c'est presque toujours ainsi que se préparent les fonds ; la fig. 280 est un exemple de revêtement en briques.

Les règles que nous avons indiquées pour les constructions réfractaires (p. 190, T. I) sont applicables au cas qui nous occupe et nous y renvoyons le lecteur.

Dans un garnissage basique que l'on doit réparer, on peut encastrer des briques neuves au milieu d'une paroi qui a servi déjà, la chaleur les ramollit et les unit étroitement aux matériaux voisins.

Pour effectuer un garnissage en pisé, on emploie un modèle en bois garni de tôle représentant le vide intérieur, et on dame la matière réfractaire dans l'espace resté libre entre ce modèle et l'enveloppe métallique. La calotte se fait à part sur un modèle spécial et n'est mise en place que quand son revêtement est terminé.

Le fond est damé dans un moule en fonte qui s'ajuste sur une plaque de fond ; si les tuyères doivent être placées après coup, on réserve leur place au moyen de modèles en bois ayant exactement la même dimension, qu'on enlève lorsque le pisé est terminé. Si, au contraire, les conduits du vent doivent traverser le fond lui-même, avant de battre le pisé, on dispose des broches en acier à la place que ces conduits doivent occuper et on les retire quand le garnissage est terminé.

La fig. 284 représente une disposition employée pour mener à bien ce travail [1]. En dessous, se trouve la boîte à vent, *a* ; sur le bord de cette pièce,

Fig. 284. — Préparation des fonds.

qui a été tourné avec soin, s'applique la plaque de fond, dont la surface de contact est également tournée, de même que la bride inférieure de la boîte conique *b*. L'extrémité inférieure des broches pénètre dans les trous de la plaque de fond et elles sont maintenues à la partie supérieure par des cercles en fer percés de trous correspondants, qui sont eux-mêmes supportés par des pièces *c*, *c*, *c* boulonnées sur la bride supérieure de la boîte.

Lorsqu'un revêtement siliceux est terminé, on le laisse d'abord sécher à une douce température, puis on le chauffe progressivement ; ceux qui sont en matériaux basiques peuvent être cuits sans séchage préalable.

Le garnissage du corps d'un convertisseur résiste ordinairement à plusieurs centaines d'opérations et, si on l'entretient avec soin, il peut faire un ser-

[1] D'après Lilienstern, *Zeichnungen der Hütte*, 1881, pl. 37.

vice extrêmement long ; d'après Howe, on fait aux Etats-Unis jusqu'à 30.000 charges dans une cornue sans en renouveler complètement le revêtement.

Le fond dure beaucoup moins, il arrive quelquefois qu'on doit le remplacer après une ou deux charges ; le cas est rare cependant, et, en moyenne, il supporte 24 charges, et dans quelques usines il va jusqu'à 40.

Les fonds en matériaux basiques ont une aussi longue durée que les autres, mais il est important de bien préparer les éléments qui entrent dans leur composition et d'apporter les soins minutieux dans leur emploi.

Plus on met d'attentions et d'habileté dans la préparation d'un fond et mieux on assure sa durée. Il faut bien reconnaître, cependant, que la nature de la fonte traitée et la température qui se produit dans le convertisseur ont une grande influence sur la manière dont les fonds se comportent; une fonte très manganésée, par exemple, attaque rapidement un fond en matières siliceuses ; d'autre part, il serait dangereux d'affiner une fonte riche en silicium sur un fond basique. Inutile d'ajouter que l'usure est d'autant plus rapide que la température est plus élevée.

Nombre et groupement des convertisseurs. — Pour que la production d'un atelier Bessemer ait une certaine importance, il doit comprendre au moins deux cornues afin que le changement de fonds, qui a lieu fréquemment, n'arrête pas la fabrication ; lorsqu'on dispose, pour le renouvellement des fonds, de moyens mécaniques bien organisés, on peut, dans ces conditions, arriver par jour à une fabrication considérable[1]. Souvent et, surtout lorsqu'on emploie les revêtements basiques, on préfère établir trois convertisseurs, ce qui permet, à un moment donné, d'obtenir un surcroît de production.

La halle où sont installées les cornues doit comprendre plusieurs étages de façon à disposer les divers appareils nécessaires pour introduire la fonte et les additions dans les cornues, pour verser le contenu de celles-ci dans la poche de coulée et couler dans les lingotières le métal obtenu.

Les lingotières sont, en général, rangées dans une fosse dont le fond est à 1ᵐ ou 1ᵐ,50 au-dessous du sol de l'atelier, la coulée se fait ainsi avec plus de facilité, et les ouvriers sont moins exposés aux éclaboussures du métal fondu.

A une hauteur qui varie de 4 à 7ᵐ au-dessus du fond de cette fosse, se trouve l'axe des tourillons des convertisseurs ; du côté opposé à la fosse et à une hauteur comprise entre 1ᵐ,50 et 3ᵐ au-dessus de l'axe des tourillons, est établie une plateforme sur laquelle on construit les cubilots.

La fig. 285 représente la coupe d'un atelier Bessemer basique installé dans ces conditions. Les lingotières sont rangées dans une fosse rectiligne peu pro-

---

[1] Pendant le 1ᵉʳ semestre de 1890, une usine américaine avec deux convertisseurs de 6ᵗ,5, à garnissage siliceux, a produit en moyenne 700ᵗ de lingots par 24 heures. (*Stahl und Eisen*, 1890, p. 1024).

Fig. 285.

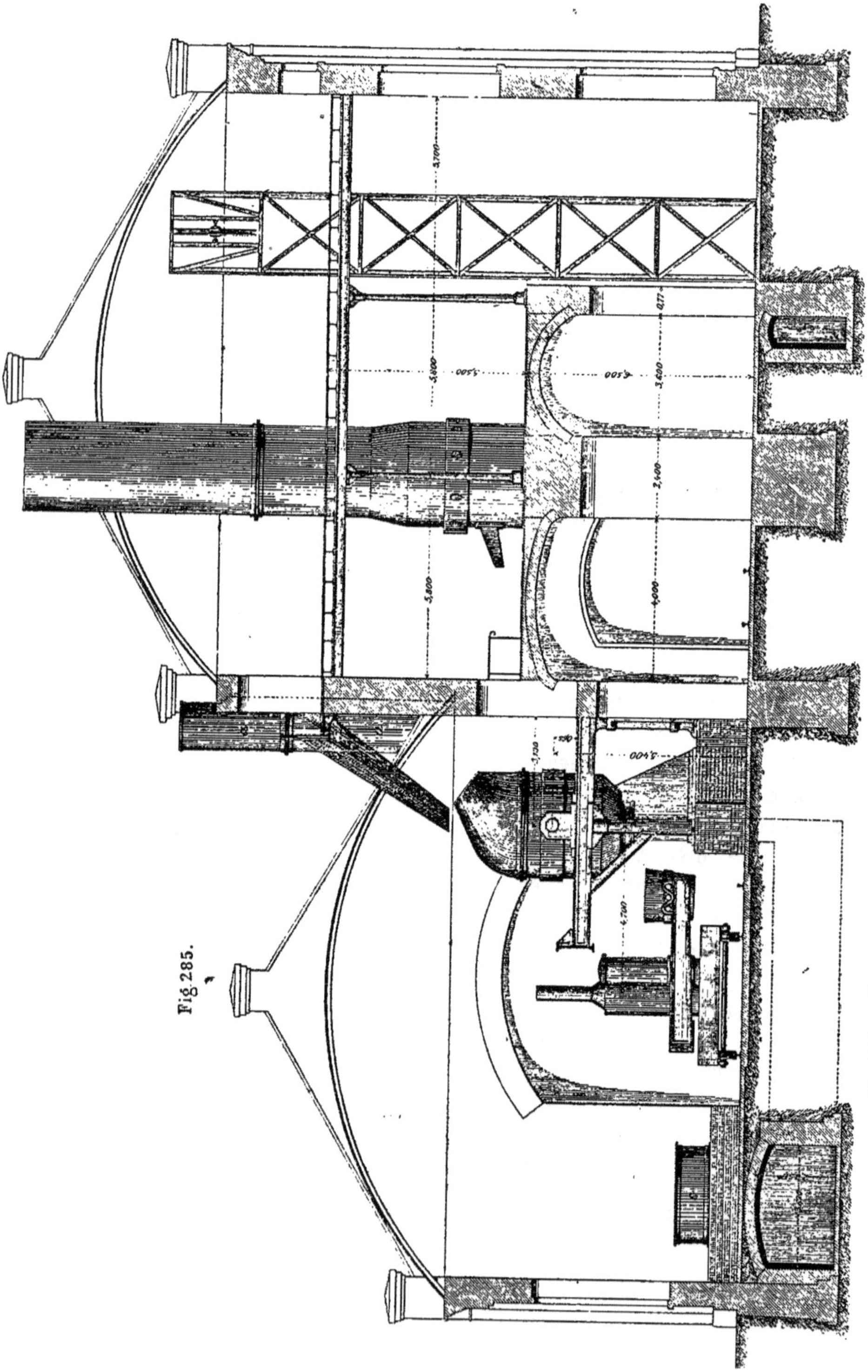

Fig. 285. — Disposition générale d'un atelier Bessemer en Allemagne, échelle de 1/150.

fonde qui n'est pas visible sur le dessin. La poche est portée par une grue roulante semblable à celle que nous avons décrite (fig. 267 et 268). Les tourillons des cornues sont à 5ᵐ,40 au-dessus du sol de l'atelier. A droite, on voit la plateforme, établie sur des voûtes, qui porte les cubilots, et à 5ᵐ,50 au-dessus de cette plateforme, un plancher en fer pour le chargement de ceux-ci ; on voit également un monte-charges qui sert à élever les matières à fondre au niveau de ce plancher.

L'espace voûté qui se trouve au-dessous des cubilots sert à emmagasiner les matières ; on l'utilise également pour les manœuvres de changements de fonds, et la circulation des wagonnets emmenant les scories.

Au-dessus de chaque cornue, on dispose une hotte a qui entraîne au dehors les flammes sortant de la gueule de la cornue ; cette hotte est garnie intérieurement de matières réfractaires ; on la construit quelquefois à double enveloppe avec circulation d'eau.

Dans l'atelier que nous représentons, le plancher de chargement des cubilots est utilisé également pour faire, dans les cornues, les additions de chaux qui sont indispensables en marche basique ; à cet effet, chaque cornue est surmontée d'une trémie b qui correspond à son ouverture supérieure, lorsqu'on a donné au convertisseur une faible inclinaison en arrière, en l'écartant de la hotte. De cette façon, la trémie n'est pas constamment au milieu de la flamme.

Sur la gauche, on aperçoit le banc de manœuvre où sont réunis les leviers qui commandent les appareils hydrauliques destinés à manœuvrer les convertisseurs, les grues, etc.; de cette place, on doit voir tous les appareils. En dessous, se trouve une galerie voûtée par laquelle passe la canalisation d'eau sous pression.

Lorsqu'on veut charger dans les cornues de la fonte liquide venant directement des hauts-fourneaux, on doit adopter une disposition un peu différente ; il n'est pas possible de se passer entièrement de cubilots, puisqu'on a toujours des fontes à refondre et qu'il faut prévoir des dérangements de fourneaux ou des mise-hors. Autrefois, on élevait au moyen d'un monte-charges, jusque sur la plateforme des cubilots, la poche contenant la fonte prise aux hauts-fourneaux, et on la vidait dans les mêmes rigoles servant aux cubilots ; dans ce cas, la disposition que nous venons de décrire peut être conservée, mais, dans les nouvelles installations, on en adopte généralement une autre.

On établit du côté opposé à la plateforme des cubilots, à gauche dans le dessin, par exemple, une voie élevée sur des colonnes et de fortes poutrelles, qui permet à une locomotive d'amener à la hauteur voulue la poche remplie de fonte prise au haut-fourneau et de la vider dans la cornue ; le monte-charges se trouve donc supprimé et la manœuvre est plus simple.

Pour que la production journalière d'un atelier Bessemer acide ou basique puisse se développer librement, il est important que les cornues soient placées de façon à laisser une place suffisante pour un grand nombre de lingotières, surtout si la fabrication est active et le nombre de coulées successives considérable. On a proposé, pour arriver à ce résultat, plusieurs solutions différentes.

Nous représentons fig. 286 la disposition la plus ancienne d'un atelier Bessemer ; elle a été adoptée en Angleterre d'abord et s'est répandue ensuite dans

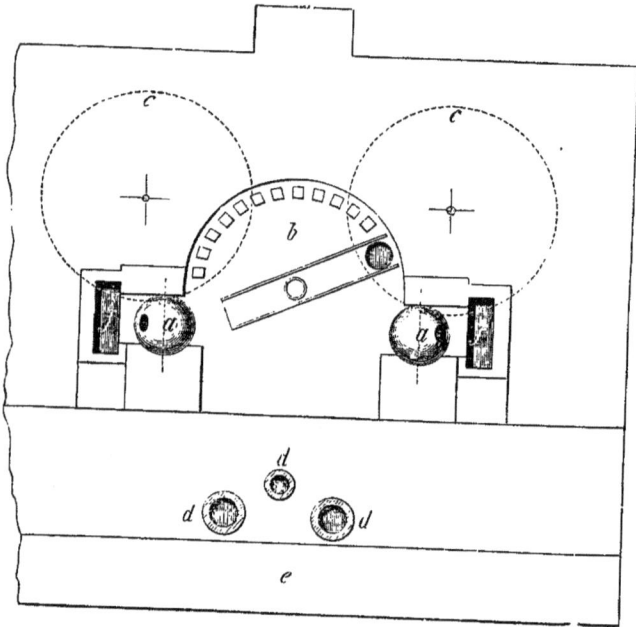

Fig. 286. — Atelier Bessemer en 1860.

les autres contrées. Deux cornues *aa* sont installées en face l'une de l'autre, la fosse de coulée *b* ou, s'il n'y a pas de fosse, l'espace réservé aux lingotières est demi-circulaire. Une grue centrale portant la poche et décrivant un cercle complet reçoit le métal et le répartit dans les moules ; sur le bord de la fosse, on dispose deux autres grues hydrauliques, plus rarement trois, pour manœuvrer, enlever, replacer les lingotières et les lingots, l'extrémité de leurs volées décrit le cercle *cc* ; *ddd* sont trois cubilots, dont celui du milieu, le plus petit, est destiné à la fusion du spiegeleisen de l'addition finale. Derrière les cubilots et à hauteur convenable est dressée la plateforme de chargement *e* ; *ff* sont les hottes qui entraînent les gaz et les fumées au-dessus de la toiture de l'atelier.

La fosse de coulée a de 6 à 7ᵐ de diamètre ; dans les installations plus ré-

centes, on lui donne 8 ou 9ᵐ ; il est évident que plus une fosse présente de
développement et plus on peut y mettre de lingotières, mais d'un autre côté,
le bras de la grue est plus grand, son poids augmente, l'équilibre entre les
deux extrémités est plus difficile à établir et tout l'appareil devient d'une importance considérable.

La disposition que nous venons de décrire se rencontre encore dans les
anciens ateliers Bessemer, dont la production est restée stationnaire.

Sans augmenter le diamètre de la fosse, on peut y trouver plus de place
pour ranger les lingotières qui y occupent les 4/5 de la circonférence, en
rapprochant les convertisseurs et les disposant comme l'indique la fig. 287,

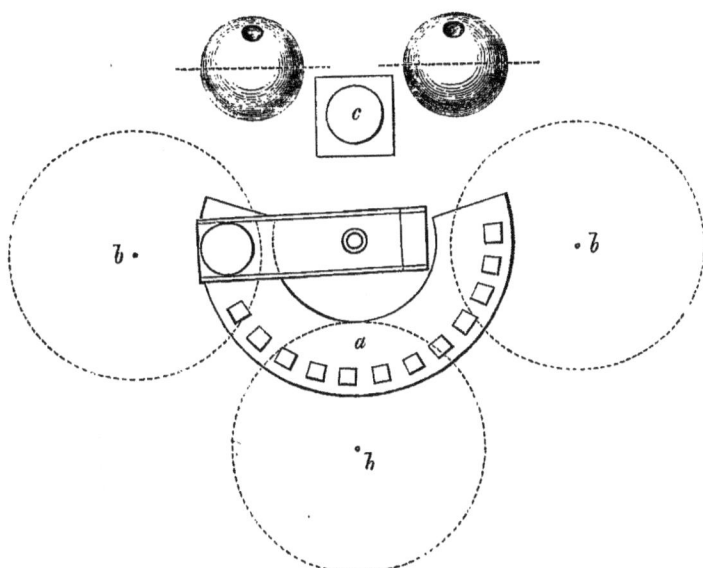

Fig. 287. — Atelier Bessemer en Amérique.

les axes des tourillons étant placés sur la même ligne horizontale. C'est ce
qu'on appelle la disposition *américaine*. Dans ce cas, on établit trois grues
pour l'enlèvement des lingots, etc.

Parfois on installe trois convertisseurs autour d'un même appareil de coulée ; dans ce cas, leurs axes de rotation sont perpendiculaires aux rayons du
cercle de la fosse.

Depuis l'introduction du procédé Thomas en Allemagne, on a adopté un arrangement différent qui s'applique principalement au cas où les convertisseurs
sont au nombre de trois et plus ; il a donné d'excellents résultats. C'est celui
que représente la fig. 285 ; les appareils sont placés à la suite les uns des autres, comme sur la fig. 287, et la poche de coulée est portée par une grue

roulante. Les lingotières sont placées sur une ou deux lignes, les unes à côté des autres, dans le voisinage des cornues, et de cette façon la place n'est pas limitée. Cette disposition permet, sans rien changer à ce qui existe, de développer indéfiniment l'atelier.

On trouvera, dans un certain nombre de publications, des détails sur les variantes qui ont été imaginées en grand nombre pour l'installation des ateliers Bessemer acide ou basique.

La Métallurgie de Howe et le volume spécial du *Journal of the Iron and steel Institute* (1890) contiennent un certain nombre des dispositions adoptées en Amérique pour les ateliers Bessemer et correspondantes à une allure très active de la fabrication. Il est évident que, lorsqu'on doit créer un atelier nouveau, il est nécessaire, avant toute autre considération, de choisir tel ou tel arrangement général qui satisfasse aux deux conditions suivantes : 1° tirer tout le parti possible de l'outillage ; 2° réduire celui-ci à ce qui est strictement nécessaire pour la production que l'on veut atteindre.

Le convertisseur qui est l'outil principal et dans lequel l'opération est de courte durée, peut se prêter à une marche quasi continue, les intervalles entre les soufflages pouvant se réduire au temps nécessaire pour la visite des fonds et des tuyères et pour de menues réparations ; on économise ainsi le combustible que l'on est obligé de brûler pour réchauffer l'appareil en marche intermittente. Il suffit donc pour obtenir cette quasi continuité :

1° d'avoir toujours prête une quantité de fonte suffisante pour une nouvelle opération, soit dans les cubilots, soit aux hauts-fourneaux, soit enfin dans un réservoir-mélangeur ;

2° de posséder un jeu de poches de coulées préparées et chauffées d'avance, de façon à remplacer sans délai celle qui vient de recevoir le produit d'un soufflage;

3° de disposer à tout instant d'un groupe de lingotières mis en place et prêt à recevoir le métal d'un nouveau soufflage ;

4° d'avoir, dressé, et distribué convenablement, un personnel suffisant pour que toutes les manœuvres se poursuivent avec ordre et sans hésitation.

Il est évident que, pour une fabrication à allure précipitée, comme celle que l'on pratique aux États-Unis, toutes ces conditions se rencontrent et qu'on peut les réunir partout en multipliant les appareils accessoires, poches, grues, fosses, etc.

Où l'on trouve le plus de difficultés et le plus grand nombre aussi de variantes dans les solutions adoptées, c'est dans la disposition des moules, dont le remplissage. l'enlèvement et le remplacement doivent se faire dans un temps très court, si on veut éviter les retards et l'encombrement. Citons, comme original et très pratique, le système adopté à Homestead (Pittsburg) qui est représenté dans la planche 6 du tome XXIV du Génie civil. Les lingotières sont portées sur des chariots réunis de manière à former un train qui vient les présenter tour à tour sous la poche de coulée ; une fois la coulée finie, le train s'éloigne et gagne l'atelier de démoulage, un train vide est prêt à le remplacer.

Ailleurs, le convertisseur verse son contenu dans une poche portée par un chariot automoteur ou qui peut être remorqué par une locomotive et va dans un atelier voisin le distribuer aux lingotières disposées dans un certain nombre de fosses parallèles.

Cette division en deux ateliers distincts pour la conversion et la coulée nous semble très favorable à une marche rapide et à une surveillance efficace. (V.)

Souffleries. — La quantité de vent nécessaire pour transformer une fonte en métal malléable dépend naturellement de la composition de celle-ci et de celle du produit qu'on veut obtenir ; elle varie également suivant les conditions dans lesquelles se fait l'opération. Cependant on peut admettre qu'il faut en moyenne 300^{mc} d'air par tonne de fonte pour effectuer sa conversion ; si donc la machine soufflante rend de 60 à 70 % d'effet utile, c'est de 450 à 500^{mc} qu'il faudra fournir à chaque tonne de métal traité ; on en déduit facilement la quantité de vent à souffler par minute, quand on connaît le poids de la charge et la durée que l'on fixe au soufflage, durée qui varie avec la composition de la fonte.

Dans la plupart des cas, on envoie, dans chaque convertisseur en marche, de 200 à 300^{mc} d'air par minute, ce qui correspond à 300 ou 450^{mc} aspirés par la machine.

Pour que cet air puisse surmonter la pression de la colonne liquide et triompher de la résistance qu'opposent à son mouvement les étranglements produits par l'étroitesse des tuyères, il faut que la pression dans les conduites atteigne 1 $^1/_2$ ou même 2 $^1/_2$ atmosphères (1^k,5 à 2^k,5 par cent. carré).

Aucun autre procédé de la métallurgie n'exige de semblables pressions, aussi les souffleries à piston sont-elles seules capables de les fournir, encore est-il nécessaire de prendre des dispositions spéciales dans la construction de ces appareils.

On sait que la compression de l'air entraîne un échauffement considérable des machines qui la produisent, échauffement qui aurait sur les joints et sur les garnitures un effet destructeur très rapide, et qui augmenterait, dans une large mesure, la quantité de travail consommée par la compression. Pour remédier aux inconvénients de ces développements de chaleur, on entoure les cylindres et leurs fonds d'une double enveloppe avec une circulation d'eau ; cet artifice ne procure cependant qu'un refroidissement limité.

Les clapets de caoutchouc, les plaques de même matière qui font un bon service dans les souffleries des hauts-fourneaux, ont été employés au début et se sont mal comportés ; le feutre réussit mieux pour les joints ; le cuir est préférable au caoutchouc pour les clapets et les soupapes, mais on emploie avec plus de succès des clapets métalliques sans aucune garniture, travaillant métal contre métal.

Pour l'aspiration on a eu souvent recours aux tiroirs analogues à ceux des machines à vapeur et mus par des excentriques calés sur l'arbre du volant. Aux pistons, on adapte des garnitures métalliques, ce sont les seules qui résistent malgré tous les artifices employés pour refroidir les cylindres.

La plupart des souffleries Bessemer sont à deux cylindres disposés comme dans celles des hauts-fourneaux. Il est fort rare qu'on établisse une semblable machine avec un seul cylindre parce que les arrêts et les mises en marche sont trop fréquentes et seraient difficiles à obtenir avec précision en raison des points morts ; en outre un seul cylindre nécessiterait la construction d'un régulateur ; or un semblable appareil ne permet d'atteindre la pression voulue qu'au bout d'un certain temps, à chaque arrêt il laisse perdre une certaine quantité de vent. Cela n'a pas d'inconvénient pour une machine qui marche d'une manière continue ; ce n'est pas le cas d'une soufflerie Bessemer qui ne travaille que d'une façon intermittente.

Avec deux cylindres le régulateur est inutile.

Les cylindres soufflants peuvent être horizontaux ou verticaux, la première disposition est la plus fréquemment employée, elle est d'une installation moins coûteuse, la surveillance et l'entretien en sont plus faciles. L'inconvénient que présentent toutes les machines horizontales, c'est-à-dire l'ovalisation des cylindres par le poids des pistons, a moins de gravité dans une machine qui ne marche que d'une manière discontinue, et dont les cylindres n'ont qu'un faible diamètre.

Les cylindres soufflants ont de 1ᵐ,20 à 1ᵐ,70 de diamètre, ceux de la machine à vapeur ont de 1ᵐ à 1ᵐ,40. La course varie de 1ᵐ,40 à 1ᵐ,70 ; ces machines font de 20 à 35 tours par minute, la vitesse des pistons est comprise entre 1ᵐ,50 et 1ᵐ,80 par seconde, quelquefois supérieure à ce dernier chiffre [1].

(d) *Opération Bessemer.* — La fonte à transformer en fer ou en acier fondu peut être prise au haut-fourneau et transportée dans une poche montée sur roues jusqu'auprès du convertisseur ; elle peut également être obtenue liquide par une fusion au cubilot ; on préfère, dans beaucoup de cas, employer directement la fonte à sa sortie du fourneau de manière à éviter les frais d'une refusion, mais on rencontre, dans le traitement, plus de difficultés provenant des variations inévitables qui se produisent dans l'allure d'un haut-fourneau et qui modifient incessamment la composition de la fonte. Dans le cas d'une fabrication importante, cependant, l'emploi du mélangeur que nous avons décrit p. 170, T. II, dans lequel on réunit la fonte de plusieurs hauts-fourneaux, diminue les inconvénients qui peuvent résulter de ces variations.

On doit, d'ailleurs, alors même qu'en marche normale on traite la fonte prise directement au fourneau, avoir des cubilots prêts à fonctionner, afin de ne pas être contraint d'arrêter l'atelier Bessemer toutes les fois que, pour une raison quelconque, il y a interruption dans la marche des hauts-fourneaux.

---

[1] On trouvera des renseignements sur les souffleries Bessemer dans les ouvrages suivants : J. Schlink, *Ueber Gebläsemaschinen*, Berlin 1880 et Albrecht von Jhering, *Die Gebläse*, Berlin 1893. Voir aussi les mémoires de H. Daelen, *Ueber Bessemergebläse, Zeitschr. d. Ver. z. Beförd. d. Gewerbfl.*, 1883, p. 174 ; *Stahl und Eisen*, 1888, p. 433 et 575, et de Riedlers, *Das Bessemergebläse zu Heft. Zeitschr. d. Ver. deutsch. Ingenieure*, 1884, p. 2.

On établit donc au moins deux cubilots, souvent trois et quelquefois cinq ; ces appareils doivent, en effet, être réparés après quelques jours de marche continue. Nous avons expliqué, dans les pages précédentes, comment on les dispose par rapport aux convertisseurs, et comment aussi on organise l'installation pour l'emploi des fontes du haut-fourneau. A la page 150, T. II, nous avons également indiqué les dimensions qu'il convient de donner aux cubilots.

On a rarement recours aux fours à réverbère pour refondre la fonte destinée à la conversion, nous avons examiné les raisons qui devaient faire donner la préférence aux cubilots et exposé les conditions particulières qui, dans certains cas spéciaux, pouvaient justifier l'emploi des fours (p. 158, T. II).

C'est en Suède qu'on a pour la première fois traité à l'appareil Bessemer de la fonte prise directement au fourneau ; cet exemple a été suivi peu de temps après en Autriche ; dans ces deux contrées, on envoyait au convertisseur des fontes produites au charbon de bois et, pendant fort longtemps, on fut convaincu qu'on ne pouvait traiter de la même façon les fontes au coke.

L'usine de Terrenoire fut la première, et, dès 1863, à organiser l'alimentation des convertisseurs avec de la fonte de fourneaux au coke. Une poche circulant dans une fosse devant les hauts-fourneaux et reposant sur une bascule recevait une certaine quantité de fonte de chacun d'eux ; elle était ensuite montée par un élévateur hydraulique au niveau de la plateforme d'où elle se vidait dans les convertisseurs.

En mélangeant ainsi, pour chaque coulée, la fonte de deux ou trois fourneaux on réalisait, à peu près, l'uniformité de composition qu'on obtient aujourd'hui à l'aide du mélangeur.

A partir du jour où l'on a commencé à prendre la fonte aux hauts-fourneaux, les cubilots, qui avaient été substitués aux fours à réverbère installés dans l'origine, ont été démolis et la prise directe a été pratiquée uniquement. (V.)

Procédé acide. — Pour le traitement dans une cornue à revêtement acide la fonte doit contenir au moins 0,6 % de silicium et généralement on préfère en avoir davantage, 1 ou 2 %, quelquefois, plus encore [1].

La teneur en phosphore doit être d'autant plus faible que le produit à obtenir devra contenir plus de carbone, puisque cet élément n'est pas éliminé pendant la conversion ; on le retrouve donc en plus forte proportion dans le produit qu'il n'était dans la fonte, le déchet de l'opération portant uniquement sur les autres corps. On n'en admet jamais plus de 0,12 %.

La quantité de *manganèse* est comprise entre 0,5 et 2 % ; elle s'élève quelquefois à 4 % mais cette teneur est rarement acceptée aujourd'hui ; celle de 1,5 à 2 % semble la plus favorable ; la présence de ce métal a pour effet de réduire l'oxydation du fer ; elle met donc obstacle à l'absorption du pro-

---

[1] Voir *Stahl und Eisen*, 1890, p. 1024, un article sur le traitement des fontes contenant moins de 0,6 % de silicium par Howe.

toxyde de fer et s'oppose, par conséquent, à ce que le métal devienne rouverin et dégage une quantité considérable de gaz pendant sa solidification. Le manganèse possède en outre la propriété de fournir des scories plus fluides ; celles-ci ont moins de tendance à rester collées contre les revêtements réfractaires ; enfin, comme sa combustion développe plus de chaleur que celle du fer, il élève la température du bain et permet d'obtenir un métal suffisamment chaud, alors même que la teneur en silicium est faible.

Par contre, les revêtements sont plus profondément attaqués par les fontes fortement manganésées, et comme le manganèse passe entièrement dans la scorie, sa présence dans la fonte constitue un déchet supplémentaire.

Il est rare que la fonte destinée à être traitée par le procédé acide soit notablement *sulfureuse* parce qu'elle est toujours produite à haute température et le plus souvent accompagnée de laitiers calcaires qui absorbent le soufre contenu dans les matières du lit de fusion.

La proportion de *carbone* varie de 3,5 à 4 $\%$; s'il s'en trouve davantage, cela n'a pas d'autre inconvénient que de prolonger la durée de l'opération et d'exiger une plus grande quantité de vent.

Procédé basique. — La fonte que l'on traite au convertisseur basique contient ordinairement de 0,2 à 0,5 de silicium, de 2 à 3 $\%$ de phosphore et de 1 à 2 $\%$ de manganèse ; nous avons expliqué p. 473, T. II, les raisons pour lesquelles la proportion de phosphore devait être élevée ; s'il s'en trouve moins de 2 $\%$, il faut introduire dans la fonte une plus forte dose de silicium pour faire compensation et assurer une température suffisamment élevée ; mais, dans ce cas, la scorie produite est moins phosphoreuse. Cette scorie est un produit accessoire d'une certaine valeur et qui se vend d'autant plus cher qu'il contient plus d'acide phosphorique. Il en résulte que le traitement d'une fonte riche en phosphore et pauvre en silicium est plus avantageux.

La présence du manganèse est aussi utile dans le procédé basique que dans le procédé acide, elle a même l'avantage tout particulier d'élever la température dès le début de l'opération ; c'est un résultat d'autant plus intéressant que les fontes contiennent peu de silicium et que le phosphore ne s'oxyde guère qu'après le départ du carbone.

La teneur en soufre est généralement plus élevée dans ces fontes que dans celles destinées au Bessemer acide ; elle est en même temps plus variable, parce que les conditions dans lesquelles on les produit au haut-fourneau sont moins favorables à son absorption par le laitier. On peut, cependant, remédier en partie aux inconvénients qu'entraîne la présence de ce corps en ayant recours au mélangeur quand on traite la fonte prise directement au haut-fourneau (p. 170, T. II), ou bien, si on refond la fonte au cubilot, en prenant des mesures pour avoir une scorie fortement calcaire dans cet appareil intermédiaire.

La proportion de carbone est généralement comprise entre 3 et 3,5 %.

Il ne faut oublier, dans aucun cas, que la refonte au cubilot fait perdre à la fonte une partie de son silicium et de son manganèse et tenir compte de ce fait de manière à s'assurer la composition la plus convenable du métal que l'on introduit dans le convertisseur ; rappelons que cette différence de teneur entre la fonte chargée au cubilot et celle qui en sort est d'autant plus grande qu'on consomme moins de combustible à la 2e fusion ; on la diminue donc en se résignant à employer plus de coke. Quant aux fours à réverbère nous avons vu (p. 158, T. II), que leur action oxydante est plus énergique encore et que la presque totalité du manganèse y est brûlée.

Dans l'aciérie Bessemer de Nijni-Salda (Sibérie) où l'on obtient difficilement des fontes au bois suffisamment riches en silicium, en partant de minerais magnétiques presqu'absolument purs, on emploie, pour élever la température initiale du métal, un artifice qui consiste à le faire séjourner pendant quelque temps dans un four Martin où on lui fait même absorber une certaine proportion de riblons. Il est probable que la fonte emprunte du silicium à la sole du four. Dans ces conditions les soufflages sont courts et le produit se coule à bonne température. (V.)

Chauffage préparatoire du convertisseur. — Avant d'introduire la fonte dans le convertisseur, on doit chauffer celui-ci avec du coke que l'on brûle en

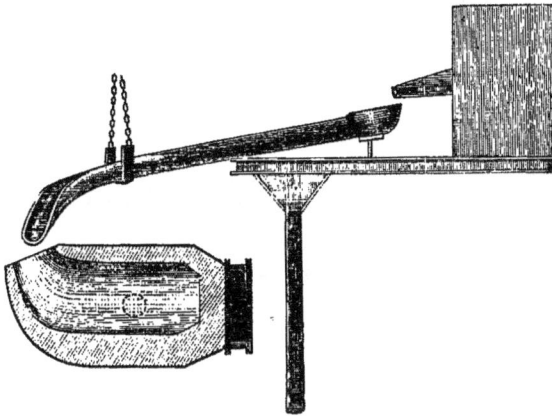

Fig. 288. — Coulée de la fonte dans le convertisseur.

lançant par les tuyères du vent à faible pression ; lorsque le degré de chaleur voulu est atteint, on renverse la cornue pour la débarrasser du coke non brûlé et des cendres, puis on la couche à peu près horizontalement, le bec tourné vers le haut et on y verse la fonte. Si celle-ci vient directement du haut-fourneau, la poche qui l'amène verse son contenu dans le convertisseur ; si, au contraire, on l'a refondue aux cubilots, ou, si la poche venant du fourneau arrive sur la même plateforme sur laquelle ceux-ci sont établis, on verse le métal dans un chenal en tôle garni de matières réfractaires, suspendu par des chaînes à quelque point de la charpente et dont on introduit l'extrémité dans le bec de la cornue (fig. 288). Aussitôt la fonte coulée, on écarte le chenal, on donne le vent et on relève la cornue, l'affinage commence.

Lorsqu'on opère par le procédé basique, on ajoute à la charge de fonte, avant de donner le vent, une certaine quantité de chaux vive qui s'élève à 12 ou 15 % du poids de la fonte[1]. Parfois cependant, on ne jette dans la cornue, tout d'abord, que les deux tiers de la quantité de chaux nécessaire et on ajoute le reste vers la fin du soufflage, après avoir enlevé la scorie phosphoreuse qui s'est formée jusqu'à ce moment.

On n'emploie jamais le calcaire parce que sa décomposition absorberait de la chaleur et refroidirait le métal.

Affinage. — Lorsqu'on traite dans un convertisseur acide une fonte très siliceuse et que la température de l'appareil, ou celle de la fonte n'est pas très élevée, les gaz qui s'échappent de prime abord sont peu éclairants; ils ont une teinte rougeâtre due aux parcelles métalliques qu'ils entraînent, le carbone ne brûle pas encore ou, du moins, sa combustion est insignifiante, l'oxydation se porte à peu près uniquement sur le silicium et le manganèse; les gaz ne contiennent donc que de l'azote et une faible quantité d'oxygène libre; de nombreuses étincelles sont projetées hors de l'appareil, et on entend à l'intérieur un bruit de clapotement provenant du passage de l'air à travers la masse métallique.

Dans cette première période comme pendant toute la durée du soufflage, le fer brûle et le premier effet de l'introduction du vent est de produire de l'oxyde magnétique Fe_3O_4 qui est immédiatement transformé en protoxyde FeO par le fer en excès. Celui-ci à son tour est réduit par les corps plus oxydables silicium et manganèse. (V.)

Bientôt après, la combustion du carbone commence, la flamme paraît avec une couleur d'un bleu blanchâtre et sous la forme d'un cône allongé; puis

---

[1] Une addition exagérée de chaux aurait l'inconvénient, d'une part d'augmenter la quantité de chaleur nécessaire à l'opération et par conséquent de réduire la température finale du métal, ensuite de donner lieu à une production plus considérable de scories pour une même quantité de phosphore, d'où moindre teneur de la scorie en acide phosphorique et par conséquent moindre valeur marchande; par contre une addition insuffisante de chaux rendrait impossible la déphosphoration; d'après les recherches d'Hilgenstock, la quantité de chaux introduite doit être suffisante pour donner naissance à un phosphate de chaux répondant à la formule $4CaO,Ph_2O_5$ qui renferme 61,20 % de chaux et 38,80 d'acide phosphorique, c'est-à-dire 16,93 de phosphore; tandis qu'il suffit d'un équivalent de chaux pour former un silicate de la forme CaO,SiO_2 et pour que la silice se trouve neutralisée et ne s'oppose plus à la déphosphoration. (*Stahl und Eisen*, 1886, p. 525; 1887, p. 557).

Pour une fonte à 3 % de phosphore on devra donc ajouter 11 % de chaux, en admettant qu'il n'y ait pas de silicium, ou que les autres bases en présence suffisent à neutraliser la silice. En réalité il est nécessaire d'augmenter un peu cette proportion de chaux parce qu'elle-même apporte, la plupart du temps, une certaine quantité de silice.

elle devient plus vivement éclairante, tandis que le nombre et la grosseur des étincelles diminuent.

Lorsque le métal est très chaud au moment de son introduction dans la cornue et peu chargé de silicium, les phénomènes qui dénotent la combustion du carbone se montrent dès le début de l'opération ; c'est ce qui se passe dans le procédé basique, la flamme est immédiatement éclairante, et en général colorée en jaune par des particules de chaux entraînées ou même en rouge, si cette chaux contient de la strontiane; il suffit d'une très faible quantité de strontiane pour donner à la flamme cette coloration bien connue des chimistes.

A partir du moment où le carbone a commencé à brûler, le dégagement des gaz augmente, la flamme devient d'un blanc éclatant, elle atteint jusqu'à 6ᵐ de longueur ; le clapotement du commencement se transforme en explosions retentissantes provoquées par la production de grandes quantités d'oxyde de carbone dans un espace restreint. Il se fait des projections de scories et de grenailles métalliques entraînées par le mouvement rapide des gaz, si la capacité de la cornue n'a pas été établie très largement ; on doit d'ailleurs, lorsque les projections se produisent de manière à faire craindre de perdre du métal, ralentir la machine, pour modérer les réactions.

Dès le moment où la flamme devient plus vive, on distingue à sa pointe une fumée brune qui augmente d'intensité à mesure que la décarburation s'avance ; elle se compose d'oxyde de fer et d'oxyde de manganèse emportés par le courant gazeux[1]. Il ne semble pas probable, quoiqu'on l'admette souvent, que le manganèse ait été d'abord volatilisé et brûlé ensuite en sortant du bec du convertisseur.

Cependant la carburation du métal diminue de plus en plus, l'oxygène atteint moins facilement le carbone plus dilué, sa combustion se fait plus lentement ; la flamme devient plus faible, plus inégale, plus transparente ; la fumée brune augmente et enveloppe bientôt toute la pointe de la flamme, les explosions à l'intérieur de la cornue se calment, les phénomènes extérieurs qu'on a remarqués au début se reproduisent, mais sans étincelles et avec une fumée de plus en plus intense.

[1] Il est difficile de se procurer des échantillons de cette fumée qui ne soient point souillés de corps étrangers ; Brusewitz a cependant pu en recueillir et les soumettre à l'analyse ; il a trouvé la composition suivante :

Silice	17,92
Alumine	2,08
Peroxyde de fer	15,55
Protoxyde de manganèse	61,61
Magnésie	0,25
Chaux	0,61

Nous devons faire remarquer que le manganèse doit se trouver non à l'état de protoxyde, mais à celui d'oxyde rouge Mn_3O_4. *Iron*, t. XIII, p. 674.

La dernière partie de l'opération varie suivant qu'on travaille par le procédé acide ou par le procédé basique, suivant aussi le degré de carburation qu'on veut obtenir dans le produit.

Lorsqu'on opère dans une cornue acide avec l'intention d'obtenir de véritable acier, on a pris pour matière première une fonte contenant de 1 à 1,75 de silicium et on arrête le vent avant que le carbone soit complètement brûlé; la fin du soufflage dépend donc surtout du degré de carburation que doit avoir le produit final, et on dispose de plusieurs points de repère pour arrêter ainsi l'affinage. Un œil exercé peut se guider, avec une exactitude suffisante, sur l'aspect de la flamme. Souvent aussi on se sert du spectroscope que l'on a braqué sur celle-ci [1]. Un spectroscope de poche suffit pour cet usage. Il a été observé, en effet, que, lorsqu'on traite constamment des fontes de même nature, le spectre éprouve toujours les mêmes changements successifs; par conséquent, si on a déterminé par tâtonnements quel est l'aspect du spectre qui correspond au moment où le degré de carburation voulu est atteint, on n'a plus qu'à arrêter l'opération à l'instant où cet aspect se présente; il n'est pas nécessaire d'avoir reçu une instruction technique spéciale pour utiliser cet instrument, l'ouvrier placé au *banc de manœuvre*, chargé de la manœuvre des leviers qui commandent les appareils hydrauliques et la soupape du vent, apprend très vite à s'en servir.

Au début du soufflage, tant que la flamme est peu éclairante, on distingue un spectre faiblement coloré, sans raies brillantes; dès que la température s'élève, le spectre devient plus net, il s'étend puis, tout à coup, on voit apparaître une raie jaune brillante, c'est celle du sodium qui se détache nettement; d'abord elle éprouve des éclipses successives, enfin elle devient plus claire et fixe. Outre cette raie jaune, on en distingue plusieurs autres de moindre intensité dans son voisinage, ensuite on voit apparaître une raie dans le rouge à gauche de celle du sodium, à droite d'autres raies dans le vert et plus loin des raies bleues; ces dernières, toutefois, ne se montrent que quand on traite certaines fontes spéciales. Ces raies disparaissent successivement dans un ordre inverse à celui où elles ont apparu, mais leur extinction se fait plus rapidement que leur apparition. A la fin la raie du sodium seule est visible.

Si donc l'affinage doit être arrêté lorsqu'un degré de carburation déterminé est atteint, on arrête le soufflage d'après la disparition des raies correspondant à cet état du métal.

L'emploi du spectroscope n'est pas absolument nécessaire pour conduire une opération Bessemer, et l'œil et l'oreille s'habituent vite à suivre les phases du soufflage; c'est néanmoins un instrument commode qui, mis dans la main d'un contremaître

---

[1] Le professeur Roscoë a le premier employé ce moyen en 1863 dans une aciérie de Sheffield.

lui permet d'éviter bien des erreurs. On l'a employé à Terrenoire, dès 1863, d'une
manière régulière.

Il devient inutile lorsqu'on affine des fontes riches en manganèse qui produisent
vers la fin d'épaisses fumées au milieu desquelles la flamme est enveloppée et qui
masquent toutes les raies du spectre, même celles du sodium. Dans ce cas le point
d'arrêt est fort incertain ; lorsque ce cas se présentait, on ajoutait dans le convertisseur une certaine quantité, de 5 à 10 °/o, de fonte de forge sulfureuse qui avait pour
effet de ramener le manganèse à la teneur convenable.

Voir sur l'emploi du spectroscope : Roscoë, *On spectrum Analysis*, p. 109 et 123
(1869) ; Deshayes. *Sur l'emploi du spectroscope dans le procédé Bessemer*. *Association française pour l'avancement des sciences*, Congrès de Nantes, 1875 ; F. Gautier,
Emploi du spectroscope en métallurgie, Génie civil, t. I. p. 25. (V.)

Ordinairement, lorsqu'on croit être arrivé à la teneur en carbone cherchée,
on prend une éprouvette ; à cet effet, après avoir couché la cornue de façon
que les tuyères soient hors du bain, on arrête le vent, puis on enfonce dans le
métal une tige de fer légèrement chauffée que l'on retire aussitôt ; on y
trouve une couche de scories contenant quelques grenailles de métal de
quelques millimètres de diamètre. On plonge la barre dans l'eau et quelques
coups de marteau font tomber la scorie ; la couleur de celle-ci indique déjà
avec assez d'exactitude le degré de carburation auquel le métal est arrivé,
leur teneur en fer augmente, en effet, à mesure que le carbone est éliminé,
elles deviennent noires et spongieuses alors que précédemment, moins
chargées de fer, elles avaient une couleur vert olive, ou vert grisâtre due au
manganèse. En même temps on choisit quelques grenailles que l'on aplatit
à coups de marteau sur une enclume et, d'après la résistance qu'elles
opposent à cet écrasement à froid, on juge de la dureté et de la ductilité du
métal, propriétés qui dépendent principalement de sa teneur en carbone ; le
fer peu carburé s'aplatit aisément sous le marteau, tandis que l'acier dur se
fend. Avec un peu d'habitude on se rend très bien compte ainsi de l'état du
métal.

Lorsqu'on emploie le garnissage acide et qu'on pousse l'affinage jusqu'à décarburation complète, on ne prend pas d'éprouvette avant d'arrêter le vent ; les caractères
qui indiquent la fin de la combustion du carbone sont tellement nets et le spectroscope donne des renseignements si précis qu'il n'y a aucun doute à avoir. Il n'en est
pas de même, cependant, quand on traite des fontes très manganésées ; il se produit des fumées intenses qui enveloppent la flamme et rendent les signes extérieurs
incertains. Dans ce cas on doit recourir à la prise d'éprouvettes. (V.)

Additions finales. — Alors même qu'on arrête le soufflage, le métal contenant encore une dose assez forte de carbone, une certaine quantité de
protoxyde de fer a pu se dissoudre, ce qui rend le produit rouverin et provoque, au moment de la coulée, un abondant dégagement de gaz, surtout lorsque la fonte traitée contient peu de manganèse. Aussi, pour décomposer ce

protoxyde de fer, doit-on toujours faire une addition de ferro-manganèse [1].

Pour addition finale on choisit un alliage d'autant plus riche en manganèse qu'on désire introduire de cette façon moins de carbone dans le métal (p. 475, T. II); on réduit ainsi au minimum le poids de l'addition; pour un métal encore carburé, une faible quantité de manganèse suffit parce qu'il n'a pas eu le temps d'absorber beaucoup de protoxyde de fer, aussi, si on dispose d'un ferro-manganèse riche suffit-il d'en introduire de 0,3 à 0,5 % du poids de la fonte chargée, soit de 15^k à 25^k pour une opération de 5^t; quelquefois même on en met moins encore.

Lors donc qu'on est certain que la décarburation voulue est atteinte, que la cornue est inclinée et le vent arrêté on introduit dans le convertisseur l'alliage de manganèse préalablement chauffé; cette addition provoque immédiatement un bouillonnement résultant de la formation d'une certaine quantité d'oxyde de carbone et on voit apparaitre une flamme au bec de la cornue.

Dans certaines usines, on relève le convertisseur et on donne le vent pendant quelques secondes, après l'addition, pour obtenir un mélange plus complet des matières.

Ensuite, on n'a plus qu'à procéder à la coulée, c'est-à-dire à verser le contenu de l'appareil dans la poche qui distribuera le métal dans les lingotières.

Si on veut, dans un convertisseur acide, fabriquer du métal peu carburé, ou s'il est nécessaire de pousser l'affinage assez loin pour se débarrasser d'un excès de silicium que la fonte avait apporté, on continue à souffler jusqu'à ce que la flamme ait à peu près complètement disparu, puis on fait l'addition ; dans ce cas, le moment convenable pour arrêter le vent est plus facile à saisir que dans le cas précédent. On a cependant coutume de procéder aux essais de scorie et de métal comme nous l'avons indiqué plus haut.

Le bain ayant absorbé plus d'oxygène que celui du métal plus carburé doit recevoir une plus forte dose de manganèse.

On compose donc l'addition de 0,3 à 2 % de ferro-manganèse ou d'une quantité de spiegeleisen comprise entre 2 et 10 % du poids de la fonte traitée suivant la teneur en manganèse de ces alliages et le degré de carburation qu'on veut obtenir.

Souvent même, on emploie d'abord du ferro-manganèse pour désoxyder, puis on ajoute du spiegeleisen pour recarburer.

Le ferro-manganèse se charge à l'état solide, mais chaud dans le conver-

---

[1] En Suède, d'après le professeur Akerman, on fabrique souvent de l'acier par le procédé Bessemer sans faire d'addition finale ; on se borne à traiter des charges contenant de 2 à 4 % de manganèse. Ce mode d'opérer, qui est pratiqué en Suède depuis fort longtemps, a été adopté autrefois en divers points de l'Allemagne sous le nom de méthode suédoise.

tisseur ; quant au spiegeleisen, on le fait fondre habituellement dans un petit cubilot ; la fusion fait perdre un peu de manganèse, ce dont il faut tenir compte en calculant le poids de l'addition. Le plus souvent d'ailleurs on introduit également ce spiegeleisen sans le fondre.

Le bouillonnement que nous avons signalé ci-dessus est plus fort avec un métal plus décarburé, la réaction est très vive, surtout si on introduit du spiegeleisen ; dans ce dernier cas, il est arrivé que tout le contenu de la cornue a été chassé par la trop brusque production de gaz comme par une explosion, au moment où on faisait une addition de spiegeleisen en fusion dans un bain à très haute température [1].

L'obstacle contre lequel on s'est toujours heurté dans l'emploi des petits convertisseurs est la difficulté d'obtenir un métal suffisamment chaud et fluide ; la perte de chaleur par les parois joue, en effet, un rôle d'autant plus important que le volume du bain métallique est plus réduit ; dans les convertisseurs de 3t, on devait, pour avoir de bonnes opérations, rechercher une forte teneur en silicium, et chauffer fortement la fonte, le convertisseur et la poche ; dans ceux de 10t, on a plutôt à craindre un excès de chaleur.

On n'arrive donc, dans les appareils de 1000k par exemple, à un degré de chaleur suffisant pour la coulée qu'en partant de fontes riches en silicium, possédant une haute température initiale et le plus souvent en se résignant à brûler du fer au prix d'un supplément de déchet.

D'après une communication récente de Snelus à l'*Iron and Steel Institute* (1894 t. I, p. 26 Walrand et Legénisel ont réussi à employer des convertisseurs de 2 à 300k, soufflés par dessous, du type ordinaire, dans lesquels ils traitent une fonte modérément siliceuse ; ils produisent, à la fin de l'opération, un surchauffage par la combustion *in extremis* d'une petite quantité de ferro-silicium à 10 % de silicium que l'on ajoute à l'état liquide au métal décarburé. Un soufflage supplémentaire de 2 à 3 minutes suffit à élever la température du bain de 200°. Après les additions convenables de ferro-manganèse et d'aluminium, le métal est coulé sans difficulté sous forme de moulages du poids le plus réduit.

D'après Akerman, dans plusieurs aciéries Suédoises, on ne fait aucune addition finale : les fontes au bois ne sont ni sulfureuses ni phosphoreuses, elles contiennent environ 1 % de silicium, de 2 à 4 % de manganèse et 4,5 % de carbone ; après décarburation, le métal renferme encore une certaine proportion de manganèse ; la scorie riche en MnO, est très fluide et suffit à absorber le protoxyde de fer. (V.)

Fin de l'opération dans le procédé basique.— La fin de l'opération dans le procédé Bessemer-Thomas diffère beaucoup de la précédente.

L'élimination du phosphore ne peut être obtenue aussi complètement qu'on le désire que lorsque le carbone n'existe plus dans le bain qu'à très faible dose.

[1] Les analyses de gaz pris avant et après l'addition montrent bien que le bouillonnement est dû à une nouvelle production d'oxyde de carbone. Nous savons que plus le métal possède un degré de chaleur élevé et plus est vive l'affinité du carbone pour l'oxygène ; on est donc exposé dans ce cas à des accidents résultant d'une réaction brusque du carbone de l'addition sur le protoxyde de fer.

A partir du moment où le carbone a été presque entièrement brûlé, on continue donc le soufflage, c'est ce qu'on désigne par le nom de période de *sursoufflage* qui a pour but de transformer le phosphore en acide phosphorique.

Ce n'est que par l'expérience qu'on arrive à déterminer le temps de sursoufflage nécessaire pour amener la réduction de la quantité de phosphore à ce qu'on la désire. Généralement 5 à 6 minutes suffisent à partir du moment où la flamme a disparu. Dans un grand nombre d'usines, on arrête l'opération après un nombre fixe de minutes, dans d'autres, on prend, pour base de la durée de ce soufflage supplémentaire, la quantité de vent lancé, c'est-à-dire, le nombre de coups de piston de la machine. On obtient ainsi une exactitude généralement suffisante.

Comme, cependant, la teneur en phosphore peut varier dans la fonte, on s'assure, par un essai, du degré de déphosphoration du métal avant de faire l'addition finale. On couche donc la cornue et on y puise, avec une cuiller, une petite quantité de métal que l'on coule dans une lingotière, puis on forge rapidement cette éprouvette au pilon, sous la forme d'un disque plat ou d'une barrette aplatie, on la trempe dans l'eau et on l'essaie au pliage (p. 245, T. II) ; elle doit se plier complètement sur elle-même, sans criquer puisque la dose de carbone est toujours inférieure à 0,1 %.

Comme ces essais sont terminés en quelques minutes, le métal, qui est recouvert de scories dans le convertisseur, ne se refroidit pas sensiblement. Si le résultat de l'essai est satisfaisant, on commence par faire tomber la scorie dans une poche spéciale qu'on amène en dessous du convertisseur, puis on fait l'addition de ferro-manganèse ou de spiegeleisen.

Si, au contraire, l'éprouvette est cassante et relativement à gros grains, ce qui prouve que le métal renferme encore du phosphore, on redresse la cornue et on souffle de nouveau pendant un moment [1].

Le grain relativement gros dû à la présence du phosphore se distingue assez facilement de celui du fer décarburé qui est carré, tandis que le phosphore produit un grain allongé presque plat et très brillant. (V.)

Lorsqu'on fait l'addition manganésée pendant que la scorie phosphoreuse couvre le métal, on s'expose à voir le carbone de cette addition réduire l'acide phosphorique et le phosphore repasser dans le produit final.

On calcule habituellement l'addition comme on le fait dans le cas de dé-

[1] Il n'est possible d'apprendre à apprécier la teneur en phosphore d'après le grain qu'en comparant entre elles des cassures d'échantillons dans lesquels la proportion de phosphore est connue. L'expression, *relativement à gros grains*, a été choisie avec intention parce que le métal Thomas traité comme nous venons de l'indiquer présente toujours un grain plus fin que beaucoup d'autres fers tels que celui obtenu par soudage : ce grain fin persiste, alors même que le métal contient encore 0,1 % de phosphore.

carburation presque totale sur revêtement acide et, si on ne veut pas obtenir un fer absolument doux, si on veut qu'il soit un peu carburé, on commence par y ajouter du ferro-manganèse, puis du spiegeleisen.

Désire-t-on, par exemple, produire un acier à 0,3 % de carbone, pour 100^k de fonte, on introduira, dans le convertisseur, 0^k,80 de ferro-manganèse à 60 % et 6^k de spiegeleisen à 12 % ou des proportions équivalentes suivant la richesse des alliages [1].

Après les additions dans la cornue d'alliages manganésés on verse le métal dans la poche, celle-ci le coule dans les lingotières.

Procédé Darby. — Il est possible de recarburer, dans une proportion déterminée un métal dont on a éliminé tout le carbone, sans recourir à une addition de spiegeleisen; on y réussit en employant le procédé Darby (p. 475, T. II), qui consiste à mettre en contact du carbone solide avec le fer en fusion; cette méthode peut s'appliquer de différentes façons. Ordinairement on met dans un récipient, ayant la forme d'un entonnoir, la quantité de charbon nécessaire réduit en poudre fine; l'entonnoir se termine par un tuyau qui vient déboucher immédiatement au-dessus du point où le métal est versé hors du convertisseur; un registre permet de régler l'écoulement du charbon; dès que le métal commence à sortir de la cornue, on ouvre le registre, le charbon tombe sur le jet qui l'entraîne dans la poche de coulée [2]. On emploie généralement du coke aussi peu sulfureux que possible, ou du graphite.

Une partie du carbone est brûlée ou projetée sans être utilisée; on en doit tenir compte pour les dosages; avec du graphite, la perte peut s'élever à 15 ou 20 %, elle est plus forte encore avec le coke; on doit donc en déterminer l'importance une fois pour toutes par expérience, et, dès lors, on règle avec une exactitude suffisante le degré de carburation du métal.

Ce procédé ne peut cependant pas remplacer entièrement l'addition de spiegeleisen, et, dans tous les cas, il faut introduire la proportion voulue de manganèse, sous forme de ferro-manganèse, pour décomposer le protoxyde de fer et faire disparaître l'état rouverin du métal [3].

[1] D'après ce que nous avons exposé p. 283, T. I, le métal Thomas peut contenir à la fin de la décarburation 1,1 % de protoxyde de fer qui exige 0,86 % de manganèse métal pour se décomposer, mais, comme l'addition apporte, en même temps que le manganèse, une certaine quantité de carbone qui agit également sur cet oxyde de fer, elle peut suffire à désoxyder le bain et à laisser dans le produit une petite dose de manganèse, alors même qu'elle ne contient pas tout à fait ce que nous avons indiqué, soit 0,86 %. La proportion qui reste dans le métal l'empêche d'être rouverin.

[2] On trouve un dessin de cet appareil dans *Stahl und Eisen*, 1890, p. 925.

[3] Dans l'usine du Phœnix, par exemple, on employait, (d'après Thielen, *Stahl und Eisen*, 1890, p. 924) pour transformer en lingots pour rails un métal obtenu par le procédé basique par charges de 9^t à 9^t,5, les additions suivantes :

Ferro-manganèse à 60 %	. . . .	80^k
Spiegeleisen à 12 %	. . . .	600^k
ou bien	Ferro-manganèse à 60 %	. . . .	80^k
	Coke pulvérisé	. . . .	60^k

Il ne faut pas perdre de vue, cependant, que le spiegeleisen apporte non seulement du carbone et du manganèse, mais encore du fer, il en résulte un rendement total en métal plus grand que lorqu'on a recours au procédé Darby ; si donc on veut connaître exactement les avantages et les inconvénients des deux procédés de recarburation, on doit tenir compte de ce fait.

Pour la recarburation par le procédé Darby inaugurée à Brymbo en 1888, on a employé d'abord des appareils assez compliqués ; on est arrivé depuis à les supprimer complètement et on se contente de verser le métal dans la poche au fond de laquelle on a jeté, au préalable, des fragments de briquettes composés d'anthracite ou de coke pulvérisé et aggloméré par de la chaux (variante Meyer). On admet généralement que 80 à 85 % du carbone sont absorbés par le fer. On doit éviter tout contact avec la scorie qui amènerait la réintégration, dans le métal, d'une partie du phosphore.

Ce procédé de recarburation s'applique particulièrement au fer provenant de fontes phosphoreuses ; on ne peut, en effet, introduire de spiegel dans le convertisseur sans provoquer une rentrée partielle du phosphore dans le bain décarburé.

Lorsqu'on n'a pas à craindre de phénomène de ce genre, la recarburation par le spiegeleisen est plus économique chaque fois que le prix de cette fonte spéciale refondue reste au-dessous de celui du métal décarburé, puisque 85 % à 90 % de la quantité ajoutée prend immédiatement la valeur du lingot. (V.)

Allure froide. — On n'obtient pas toujours dans le convertisseur la température désirable pour la bonne marche de l'opération, et il peut se produire une allure froide, tantôt, parce que la température initiale de la fonte a été insuffisante, tantôt, parce que la teneur en éléments combustibles susceptibles de développer beaucoup de chaleur, n'a pas été assez élevée ; tantôt, le convertisseur lui-même a été mal préparé par un chauffage trop précipité, tantôt enfin, le soufflage a été languissant, pas assez énergique.

L'allure froide provoque la projection de grosses étincelles formées de gouttelettes de métal peu fluide que le gaz entraine hors de l'appareil, le vent éprouve plus de résistance à traverser le bain, la soufflerie se ralentit, la pression augmente ; le métal se fige sur les orifices du vent, le bouillonnement est retardé parce que, à basse température, la combustion du carbone ne se fait pas aussi vite et en même temps parce que la quantité de vent qui traverse la fonte est moindre, puisque les orifices des tuyères sont en partie obstrués.

Dans ce cas, quand on renverse la cornue, on constate que la scorie est peu fluide et s'attache aux parois ; au moment de l'addition de spiegeleisen, il ne se produit qu'une flamme courte, le dégagement de gaz est insignifiant ; le métal lui-même est pâteux et se fige rapidement, il s'arrête souvent sur le trou de coulée de la poche, et on est obligé de renverser celle-ci pour la débarrasser de son contenu ; on y trouve alors un *fond de poche* plus ou moins volumineux, c'est-à-dire une croûte de métal restant collée aux parois.

Lorsque la personne qui dirige l'opération reconnaît qu'elle est en présence d'une allure froide, elle peut y remédier, dans une certaine mesure, en augmentant le volume de vent introduit dans l'unité de temps; on réussit d'une manière plus sûre en faisant des additions de ferro-silicium riche ou d'aluminium, si on peut y recourir sans nuire à la qualité du produit final.

Il y a lieu d'établir une distinction entre la véritable allure froide, dont l'auteur indique bien les signes et les causes, et une fausse allure froide qui est due le plus souvent à ce que la pression du vent étant insuffisante au début, la fonte trop chargée de graphite, ou le fond mal chauffé, un grand nombre de tuyères se sont bouchées; on voit l'opération languir, la pression monter démesurément pendant 10, 20 et quelquefois 30 minutes. Dans ce cas, si peu qu'il passe de vent, le silicium brûle, la température s'élève peu à peu, les orifices du vent se débouchent et, presque toujours, l'opération se termine extrêmement chaude. (V.)

Allure trop chaude. — L'allure trop chaude se manifeste lorsque les conditions inverses de celles que nous venons d'énumérer se trouvent réunies, par exemple, si la fonte initiale possédait un excès de chaleur, ou si sa teneur en silicium était trop élevée. Dans ce cas, la flamme est plus transparente et plus bleuâtre qu'en allure normale, elle disparaît plus graduellement; comme le métal possède une plus grande fluidité, le bruit, dans l'intérieur du convertisseur, est moins violent et, pour la même vitesse de la soufflerie, la pression reste plus basse.

Pendant l'addition de spiegeleisen, un bouillonnement très vif se produit accompagné d'une longue flamme se terminant en pointe.

Le revêtement de l'appareil est fortement attaqué, mais en outre, les réactions chimiques qui constituent les opérations ne s'accomplissent pas de la même façon qu'à l'ordinaire, et la composition du produit final ne répond pas toujours à ce que l'on se proposait. Nous reviendrons sur ce point quand nous étudierons la partie chimique de l'opération.

Pour ramener à être normale une allure trop chaude, il suffit d'ajouter, au bain métallique, du fer ou de l'acier à l'état solide, qui entre en fusion aux dépens de l'excédant de chaleur. On emploie dans ce but des débris ou scraps des opérations précédentes, des bouts de rails, etc.

Souvent on recherche ce genre d'allure qui a moins d'inconvénients que celle qui résulte du manque de chaleur, parce qu'elle permet d'utiliser, à peu de frais, une plus grande quantité de déchets et de rebuts.

Une allure trop chaude a non seulement l'inconvénient d'user les convertisseurs, fonds et tuyères, d'une façon exagérée, elle produit en outre un métal tellement fluide qu'on a peine à le maintenir dans la poche de coulée; il ronge les sièges et les bouchons; la distribution dans les lingotières se fait d'une façon irrégulière et pénible, les moules eux-mêmes sont profondément attaqués dans tous les points où le jet vient à les toucher.

Il est toujours facile de ramener une coulée trop chaude dès qu'on remarque son allure, qui se manifeste par un éclat inusité de la flamme, au moyen d'additions de matières froides, fonte, riblons, scraps des coulées précédentes en quantités suffisantes ; si la chaleur provient d'un excès de manganèse dans la fonte, 5 à 10 % de fonte sulfureuse, sans phosphore, ajoutés dans le convertisseur dès le début, suffisent à la réduire au degré convenable.

Dans quelques aciéries, on emploie, pour diminuer la température, une injection de vapeur d'eau en mélange avec le vent. C'est là un moyen certainement efficace, mais moins économique que les précédents. (V.)

On a souvent cherché à apporter au procédé d'affinage par le vent des perfectionnements en introduisant dans le bain métallique diverses substances destinées, soit à favoriser l'expulsion du phosphore et du soufre, soit à permettre l'emploi de fontes pauvres en silicium, soit, enfin, à obtenir quelqu'autre résultat. Mais, à part l'addition de chaux, qui fait partie intégrante du procédé Thomas, aucun de ces essais n'a réussi [1].

Dans quelques aciéries on a imaginé d'introduire dans le convertisseur, avec le vent, du charbon de bois en poudre pour augmenter la chaleur de l'opération. Il est douteux qu'on ait obtenu, de cette façon, des résultats bien sérieux. (V.)

On a également essayé de remplacer le vent froid insufflé par du vent chaud ; on peut, il est vrai, traiter ainsi des fontes plus pauvres en silicium, mais les inconvénients de cette méthode se sont promptement révélés ; l'usure des fonds est beaucoup plus rapide, la dilatation des tourillons porte-vent rend la manœuvre plus difficile, et le chauffage du vent est lui-même dispendieux [2].

(e) *Etude du procédé Bessemer aux points de vue chimique et physique.* — Nous avons vu que l'allure de l'opération Bessemer dépend de la température qui règne dans le convertisseur et de la nature du revêtement de l'appareil.

A mesure que la température s'élève, l'affinité du carbone pour l'oxygène croit plus vite que celle du phosphore, du silicium et du manganèse (p. 288, T. I). Au degré de chaleur du fer et de l'acier en fusion, le phosphore ne peut donc s'oxyder que quand la majeure partie du carbone a été élimi-

---

[1] Le lecteur trouvera dans Wedding. *Darstellung von Schmiedbaren Eisen*, p. 449 à 458, des détails sur les combinaisons, parfois très étranges, qui ont été proposées dans ce but ; on a préconisé, par exemple, l'introduction dans le convertisseur du gaz d'éclairage, du chlore, du sel ammoniac, etc., on a souvent aussi indiqué l'emploi de la vapeur d'eau pour désulfurer ou déphosphorer, et des essais ont même été entrepris dans quelques usines, par Forsyth entre autres (*Transactions of the American Institute of mining Engineers*, tome XII, p. 288). La connaissance des phénomènes physiques et chimiques qui caractérisent le procédé Bessemer aurait dû faire prévoir l'inutilité de pareilles tentatives.

[2] Consulter : *Jahrb. der Bergakademieen zu Leoben*, tome XXII, p. 436.

née, et même, si la température est très élevée, le carbone peut protéger le silicium et le manganèse ; il en résulte que, toutes choses égales d'ailleurs, le produit final peut renfermer des proportions de ces derniers corps très différentes, suivant le degré de chaleur auquel la conversion s'est effectuée.

Or ce degré de chaleur dépend de plusieurs causes que nous avons signalées (p. 470, T. II) ; puisque la combustion de 1 $\%$ de silicium élève de 300° la température du bain (p. 472, T. II), il suffit d'une faible variation dans la proportion de cet élément, dans la fonte traitée pour modifier d'une manière sensible la température pendant l'affinage.

Il en est de même de la teneur en phosphore, de même encore de celle en manganèse, bien que l'influence de ce dernier corps soit moindre.

Le poids de la charge joue aussi un rôle considérable ; plus il est fort et plus le rapport entre la chaleur développée et celle qui est perdue est avantageux ; nous avons indiqué également que la rapidité de l'opération avait son importance ; aussi, même au milieu de conditions défavorables, peut-on réaliser une température suffisante, si l'on dispose d'une puissante soufflerie qui permette d'affiner rapidement. Lorsqu'au contraire la composition de la fonte est telle qu'on doive prévoir une température élevée, il est mieux de conduire l'opération plus lentement. On comprend donc que la durée d'un soufflage puisse se réduire à 8 minutes dans certains cas, tandis que, d'autres fois, elle atteint 40 minutes.

Un garnissage très siliceux favorise l'oxydation du manganèse et du fer, un garnissage basique celle du silicium et du phosphore dont l'élimination est impossible en présence de la silice ; il arrive même que le produit final contient plus de phosphore que la fonte, puisque la même quantité de ce corps nuisible se répartit sur une moindre masse de métal. Quant au carbone, il brûle plus facilement en présence d'un revêtement basique parce que le fer et le manganèse ont une moindre tendance à s'oxyder, et que, par conséquent, l'oxygène se porte plus facilement sur le carbone ; le protoxyde de fer qui a pu se former et qui est passé dans la scorie se trouve, en l'absence de silice, réduit plus rapidement par le carbone ; il constitue une base moins essentielle, sa désoxydation est donc plus aisément obtenue.

La proportion de soufre diminue un peu quel que soit le garnissage employé ; une partie en est éliminée sous forme d'acide sulfureux, une autre passe dans la scorie, principalement lorsque celle-ci est basique et riche en manganèse [1].

---

[1] Niedt a trouvé de l'acide sulfureux dans les gaz sortant d'une cornue à revêtement basique ; d'après lui, la proportion de soufre éliminée dans une opération de ce genre varie entre 34 et 91 $\%$, soit en moyenne les 2/3 de la quantité contenue dans la fonte ; dans les cornues acide, la désulfuration est moindre. *Zeitschr. d. oberschlesischen berg- und huttenm. Ver.*, 1885, p. 392.

Toutefois, la proportion de soufre éliminée n'est pas bien importante, aussi doit-on toujours choisir une fonte qui en contienne le moins possible.

Ces modifications dans la composition chimique se reconnaissent par l'analyse du métal, des scories et des gaz ; les exemples que nous allons donner feront comprendre ce qui se passe dans quelques cas particuliers.

Compositions successives du métal. — *Affinage sur garnissage acide.* — *1er exemple.* — On a traité une fonte fortement siliceuse ; la température était basse au début de l'opération ; les analyses contenues dans le tableau suivant et exécutées par Barker, vers 1875, dans une usine anglaise, indiquent nettement la marche de l'opération.

ÉLÉMENTS ÉTRANGERS CONTENUS dans le métal	Fonte chargée	Métal après 6 minutes	Métal après 12 minutes	Fin de l'affinage avant l'addition	Métal après l'addit. 20' ap. le commencement
Carbone	3,570	3,940	1,640	0,190	0,370
Silicium	2,260	0,950	0,470	n. d.	n. d
Manganèse	0,040	traces	traces	traces	0,540
Soufre	0,107	0,098	0,098	0,098	0,090
Phosphore	0,073	0,070	0,070	0,070	0,036

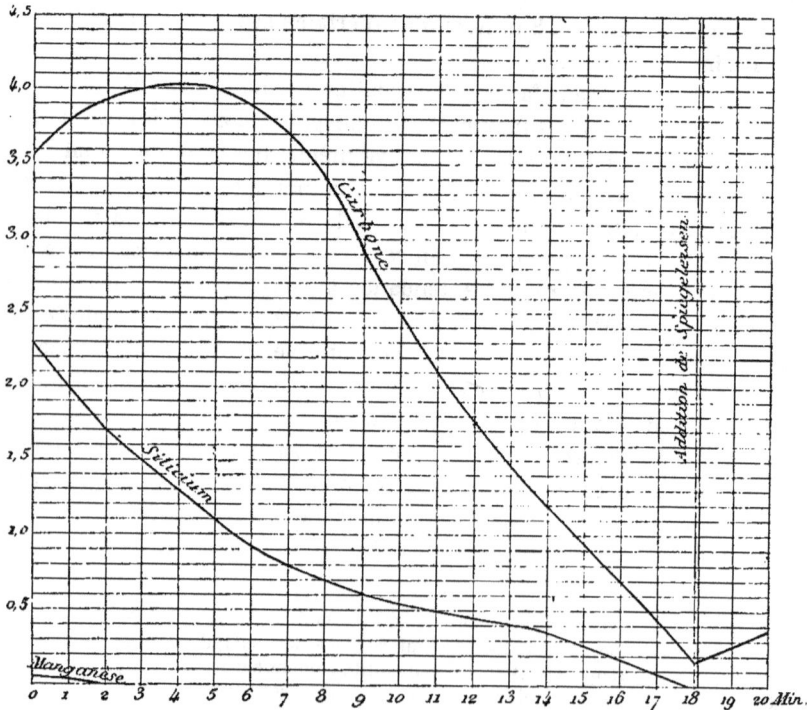

Fig. 289. — Étude graphique d'une opération Bessemer acide, fonte peu manganésée.

La fig. 289 est un tracé graphique correspondant au tableau ci-dessus ; il montre les transformations successives qu'éprouve le métal dans sa composition. On voit que, dès le début, le silicium brûle seul avec la petite quantité de manganèse renfermée dans la fonte ; comme cette combustion constitue un déchet et que, par conséquent, le poids total du métal diminue, tandis que la quantité de carbone n'a pas varié, sa teneur paraît augmenter pendant les six premières minutes, mais au bout de ce temps, la température du bain s'étant considérablement élevée, le carbone commence à brûler et sa combustion continue jusqu'à la fin de l'opération.

Vers 1870, Kessler a obtenu des résultats analogues dans deux usines de l'Allemagne du Nord qu'il ne nomme pas [1]. Nous donnons ci-dessous une des séries d'analyses correspondantes au traitement d'une fonte plus manganésée que la précédente.

ÉLÉMENTS ÉTRANGERS contenus dans le métal	Fonte chargée	PENDANT L'AFFINAGE Prises d'essai faites sans indication de temps.			Fin du soufflage	Après addition de spiegeleisen
Carbone	3,030	3,170	3,190	1,610	0,190	0,210
Silicium	2,410	1,260	0,270	0,030	0,010	0,160
Manganèse	2,450	0,700	0,190	0,120	0,060	0,220
Soufre	0,024	0,010	0,007	0,013	0,023	0,023
Phosphore	0,130	0,140	0,135	0,130	0,140	0,150

Un point à remarquer, c'est l'augmentation de la teneur en silicium après l'addition de spiegeleisen ; le manganèse a réduit de la silice du garnissage ou de la scorie ; cette réaction a sans doute été favorisée par la haute température résultant de la combustion de la forte dose de silicium initial ; pour la même raison, la majeure partie du carbone apporté par l'addition a été brûlée par l'oxygène du protoxyde de fer ; aussi cette addition n'a-t-elle que fort peu modifié le degré de carburation du métal.

Dans les deux opérations qui ont servi à établir les tableaux précédents, la presque totalité du silicium a été éliminée pendant l'affinage ; il n'est pas rare, cependant, de trouver encore 0,3 °/₀ de cet élément dans le produit final, soit parce que la température initiale était très élevée, soit parce que la fonte en contenait une plus forte proportion, soit enfin parce qu'une allure rapide a élevé la température du bain à un point extrême et exagéré par cela même la combustion du carbone.

---

[1] *Dinglers polyt. Journ.*, tome CCV, p. 436.

2e Exemple. — Moins de silicium que dans les exemples précédents, température initiale élevée.

Le tableau suivant est établi d'après les analyses faites par Muller en 1875 dans l'aciérie d'Osnabruck [1].

ÉLÉMENTS ÉTRANGERS PRINCIPAUX contenus dans le métal	Fonte chargée	APRÈS UN SOUFFLAGE DE			Après addition de spiegeleisen et 40" de soufflage
		5'	10'	18'	
Carbone.	3,460	2,710	1,630	0,092	0,104
Silicium.	1,930	1,070	0,790	0,532	0,346
Manganèse.	2,990	1,920	1,360	0,538	0,621

La haute température initiale a provoqué la combustion immédiate du carbone. On remarque donc que le tracé graphique de cette charge diffère du

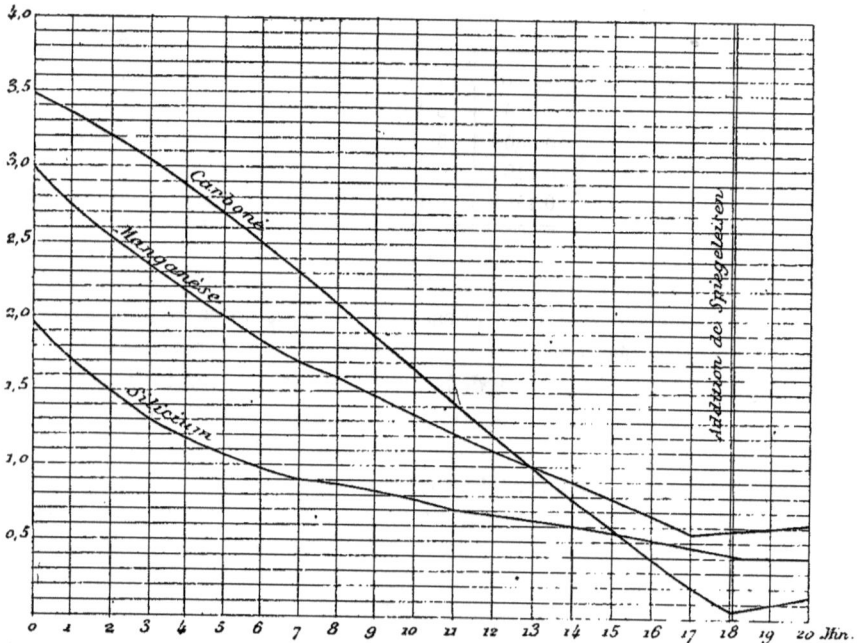

Fig. 290. — Etude graphique d'une opération Bessemer acide, fonte plus manganésée.

précédent, la ligne du carbone descend dès le début, celle du silicium se maintient davantage.

[1] *Zeitschr. d. Ver. deutsch. Ingenieure*, 1878, p. 390.

Dans le premier exemple, la teneur en silicium était plus élevée, et la température initiale plus basse.

Le soufflage, qui a suivi l'addition, explique pourquoi le produit final contient moins de silicium que l'échantillon qui a précédé l'introduction du spiegeleisen ; néanmoins, le fer fondu obtenu contient encore d'assez fortes proportions de silicium et de manganèse.

Dans des expériences faites à l'aciérie de Bochum, le même Muller a trouvé les résultats consignés dans le tableau ci-dessous :

ÉLÉMENTS ÉTRANGERS principaux contenus dans le métal	Fonte chargée	APRÈS UN SOUFFLAGE DE				Après l'addition de spiegeleisen
		3' 1/2	6' 1/2	9' 1/2	11' 1/4	
Carbone	3,870	2,980	1,750	0,300	0,070	0,420
Silicium . . .	1,480	0,880	0,750	0,630	0,130	0,340
Manganèse. . .	1,760	1,010	0,940	0,730	0,260	1,060

Ici la fonte contenait moins de silicium que dans le 2ᵉ exemple ; il en reste encore néanmoins ainsi que du manganèse dans le produit final, après décarburation presque complète.

Comme on n'a pas soufflé après l'addition, on remarque que la teneur en silicium a augmenté, comme dans l'opération étudiée par Kessler, par suite de l'action du manganèse sur le garnissage. Un tableau graphique établi d'après les données ci-dessus, montrerait les mêmes lignes que celui de la fig. 290.

3ᵉ Exemple. — La proportion de silicium est encore plus faible que la précédente, la température initiale élevée, l'allure rapide. (La proportion de silicium est comprise entre 0,6 et 1,30 °/₀.)

C'est sous cette forme que le procédé Bessemer, peu après sa découverte, s'est propagé en Suède d'abord, où les conditions naturelles se prêtent mal à la fabrication des fontes siliceuses ; elle a été ensuite adoptée dans l'Amérique du Nord, parce que, dans cette contrée, la fonte riche en silicium est beaucoup plus chère à fabriquer que l'autre.

Dans ce cas, la combustion du carbone s'établit immédiatement ; si les conditions sont favorables à la production d'une haute température telles que fonte et cornue fortement chauffées au préalable, traitement de grosses charges, allure rapide, on peut prolonger le soufflage jusqu'à décarburation complète, et les choses se passent comme dans l'exemple n° 2, avec cette seule différence, qu'il ne reste, à la fin du départ du carbone, ni silicium, ni manganèse en proportion notable. Si les conditions se prêtent moins bien à l'obtention d'une haute température, on doit interrompre le soufflage au moment où le silicium a disparu et avant la combustion complète du carbone ; on obtient ainsi, du premier coup, de l'acier, sans avoir à introduire des quantités importantes de carbone pour recarburer.

Goranson et Magnuson ont étudié, en 1877, une opération de ce genre à Sandviken ; on trouvera dans le tableau suivant les résultats qu'ils ont obtenus :

ÉLÉMENTS ÉTRANGERS CONTENUS dans le métal	Fonte chargée	APRÈS SOUFFLAGE DE			Après l'addition de spiegeleisen
		3'	6'	8'	
Carbone	4,490	3,870	1,300	0,330	0,700
Silicium	1,080	0,026	0,026	0,013	0,058
Manganèse	0,832	0,108	0,090	0,075	0,324
Soufre	0,020	0,015	0,010	0,010	0,015
Phosphore	0,017	0,018	0,016	0,016	0,018

On voit, fig. 291, le tracé graphique correspondant.

Dans une autre opération de la même usine, Tamm a obtenu des résultats analogues.

	C	Si	Mn	Ph
Fonte chargée.	4,34	0,66	0,83	0,02
Métal avant le spiegel. (soufflage, 5' 1/2).	0,06	0,06	0,04	0,02

Dans ce dernier cas, on a pu pousser l'affinage jusqu'à décarburation presque complète, bien que la fonte ne contînt qu'une faible proportion de silicium.

Affinage sur garnissage basique. — On ne remarque pas de différence aussi sensible dans l'allure du procédé basique, parce qu'on part toujours d'une fonte contenant peu de silicium, fortement surchauffée avant son introduction dans la cornue ; la combustion du carbone s'établit dès le début et se montre d'autant plus active que la fonte contient moins de silicium et de manganèse et qu'elle possède elle-même un degré de chaleur plus élevé.

La totalité du silicium est rapidement oxydée, le manganèse lui-même est éliminé en grande partie dans la première phase de l'opération, la scorie basique qui pourrait le protéger n'étant pas encore formée, parce que la chaux ne se dissout que progressivement dans la scorie. Cependant, lorsque la fonte contient de 1,5 à 2 % de manganèse, on en trouve encore dans le produit final de 0,2 à 0,5 %, et quelquefois plus.

Quant à la manière dont se comporte le phosphore, elle dépend de la proportion des deux éléments, phosphore et silicium, réunis dans la fonte. Si celle-ci tient moins de 2 % de phosphore et 0,5 ou plus de silicium, le pre-

mier de ces corps ne s'oxyde pas au début du soufflage, et sa proportion dans
le métal semble augmenter en raison du déchet qui résulte de l'oxydation
de certains autres ; si, au contraire, il existe dans la fonte plus de 2 % de
phosphore et une quantité insignifiante de silicium, l'oxydation du phosphore
commence, dans une faible proportion, en même temps que le soufflage.

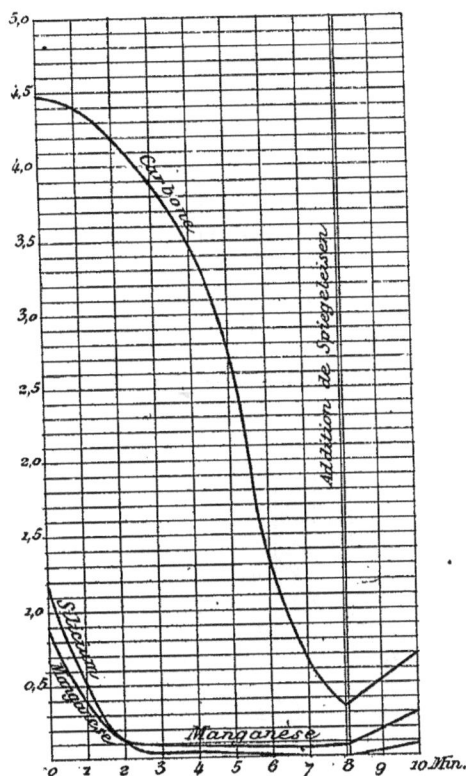

Fig. 291. — Étude graphique d'une opération Bessemer acide, fonte peu siliceuse.

Mais, dans tous les cas, la majeure partie de ce corps n'est éliminée que
pendant la période de sursoufflage, alors que la teneur en carbone est tombée
au-dessous de 0,2 %.

Un fait curieux à signaler, c'est que l'acide phosphorique, résultat de cette
oxydation, est non seulement absorbé par la scorie, mais s'unit directement
aux fragments de chaux encore libres qu'il rencontre ; il pénètre graduellement à l'intérieur des morceaux.

Pendant le sursoufflage, le manganèse se comporte d'une façon particulière ; si le métal renferme encore une forte quantité de phosphore en pré-

sence d'une scorie très manganésée, ce corps réduit l'oxyde de manganèse suivant la formule

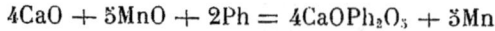

$$4CaO + 5MnO + 2Ph = 4CaOPh_2O_5 + 5Mn$$

et on constate que la teneur du métal en manganèse a augmenté, tandis que le phosphore est éliminé de plus en plus [1] pendant le sursoufflage. Les additions de spiegeleisen et de ferro-manganèse élèvent la teneur du produit final en manganèse.

Cette réaction du phosphore sur l'oxyde de manganèse ne se passe naturellement pas dans les convertisseurs acides.

1er Exemple. — Fonte contenant une proportion relativement faible de phosphore et relativement élevée de silicium.

Les analyses dont nous donnons les résultats dans le tableau suivant ont été faites par Finkener à Hœrde en 1879, peu de temps après l'introduction du procédé basique dans cette usine [2].

La charge était de $3^t,5$ de fonte et l'addition se composait de 220^k de spiegeleisen et de ferro-manganèse.

ELEMENTS étrangers contenus dans le métal.	Fonte chargée	APRÈS SOUFFLAGE DE							A la fin du sursoufflage	Après l'addition de spiegeleis.
		5'	7' 1/2	9'	12'	13' 1/4	13' 11/12	14' 1/4		
Carbone ..	3,120	2,510	1,730	1,190	0,070	0,030	0,080	»	0,070	0,200
Silicium ..	0,560	0,010	0,006	0,008	0,005	0,001	»	»	0,001	0,003
Manganèse	0,410	0,180	0,190	0,210	0,110	0,070	0,100	0,070	0,660	0,310
Soufre....	0,410	0,440	0,430	0,420	0,470	0,460	0,240	0,210	0,200	0,150
Phosphore	1,398	1,442	1,400	1,354	1,069	0,524	0,132	0,066	0,046	0,067
Nickel....	0,070	0,080	0,080	0,070	0,060	0,070	0,070	0,040	0,080	0,060
Cuivre....	0,040	0,040	0,040	0,030	0,050	0,050	0,030	0,030	0,040	0,060

Pour les motifs que nous avons indiqués antérieurement, on ne traite plus au convertisseur basique de fonte aussi peu phosphoreuse. Ces analyses sont

[1] Dans des essais de laboratoire, Stead a reconnu que le phosphore peut se comporter comme agent réducteur vis-à-vis du protoxyde de manganèse. Il a fondu dans un creuset, dont les parois intérieures étaient revêtues de chaux, 100 parties de ferrophosphore avec 20 parties de protoxyde de manganèse. Le métal contenait avant :

```
Fer . . . . . . . . . . . . . . . . . . .   87,50
Phosphore. . . . . . . . . . . . . . . .   12,38
Manganèse. . . . . . . . . . . . . . . .    0,12
```

Après fusion on y trouvait

```
Fer . . . . . . . . . . . . . . . . . . .   86,20
Phosphore. . . . . . . . . . . . . . . .   10,10
Manganèse. . . . . . . . . . . . . . . .    3,24
```

(*Journal of the Iron and Steel Institute*, 1893, I, p. 64).

[2] *Mittheilungen der Königl. Techn. Versuchsanstallt zu Berlin*, 1883, p. 31.

néanmoins intéressantes, elles font ressortir les transformations successives qui se produisent dans ces conditions spéciales. On y remarque, entre autres choses, et mieux que dans la plupart des autres charges étudiées plus tard, la manière dont se comporte le soufre ; on opérait, en effet, sur une fonte

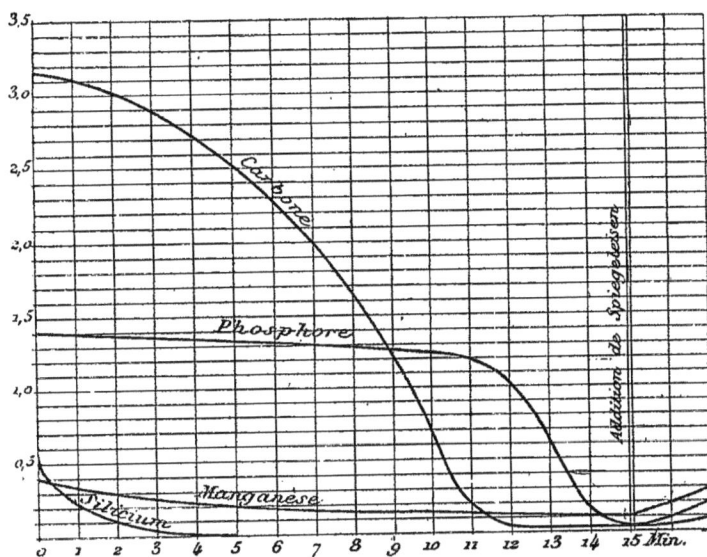

Fig. 292. — Etude graphique d'une opération Bessemer basique, fonte peu phosphoreuse.

extraordinairement sulfureuse ; on voit que les 3/5 environ de cet élément ont été éliminés vers la fin du soufflage. Le graphique de la figure 292, montre le départ des quatre éléments silicium, manganèse, carbone et phosphore.

2e Exemple. — La fonte est introduite très chaude dans le convertisseur, elle est riche en phosphore et plus pauvre en silicium ; cette charge a été étudiée par Niedt dans l'aciérie basique de Peine en 1885. La charge était de 10^t ; on a ajouté 90^k de spiegeleisen et de ferro-manganèse. On a fait intervenir 1650^k de chaux [1].

ÉLÉMENTS étrangers contenus dans le métal	Fonte chargée	APRÈS SOUFFLAGE DE							Après l'addition manganésée
		4'	7'	9'	10'	11'	12' 1/4	13' 1/4	
Carbone	3,163	1,983	0,755	0,046	0,045	0,018	0,018	0,018	0,070
Silicium	0,007	»	»	»	»	»	»	»	»
Manganèse . . .	1,190	0,400	0,400	0,400	0,400	0,320	0,140	0,110	0,280
Soufre	0,052	0,065	0,077	0,050	0,070	0,048	0,041	0,046	0,038
Phosphore . . .	2,982	2,525	2,012	1,465	0,886	0,206	0,109	0,090	0,090

[1] *Zeitschr. des oberschlesischen berg- und hüttenm. Vereins*, 1885, p. 340.

En comparant les tracés graphiques fig. 292 et 293, on voit, plus nettement encore que sur les tableaux, les différences qui existent entre l'allure de ces deux opérations. La température étant très élevée dans ce 2e exemple, la courbe du carbone descend rapidement, la teneur en phosphore diminue en même temps, grâce à l'absence de silicium.

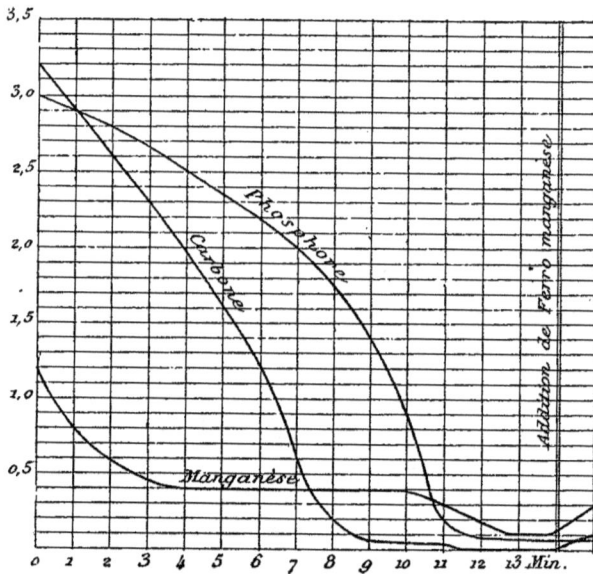

Fig. 293. — Etude graphique d'une opération Bessemer basique, fonte très phosphoreuse.

3° Exemple. — La fonte contient la même proportion de phosphore et de silicium que dans le second, et un peu moins de manganèse. Cette charge a été étudiée au laboratoire de l'usine de Peine en 1888. On avait traité 10t de fonte ; on a ajouté à la fin 40k de ferromanganèse ; la charge en chaux était de 1300k. Le silicium n'a pas été dosé, la fonte en contenait fort peu.

ÉLÉMENTS étrangers contenus dans le métal	Fonte chargée	APRÈS SOUFFLAGE DE							Après l'addition de ferro-mang.
		2′	4′	7′	8′	9′	10′	10′ 1/4	
Carbone . . .	3,400	2,400	1,420	0,120	0,060	0,030	0,030	0,020	0,060
Manganèse. . .	0,810	0,100	0,130	0,100	0,360	0,520	0,220	0,180	0,350
Phosphore . . .	2,920	2,300	2,150	1,700	0,990	0,250	0,070	0,070	0,070

Le tracé graphique correspondant, fig. 294, est semblable au précédent ; il en diffère cependant en ce qui concerne la courbe du manganèse qui remonte pendant la période de sursoufflage, alors que le carbone est éliminé; la courbe du phosphore a également une forme un peu différente qui fait mieux ressortir l'effet du sursoufflage.

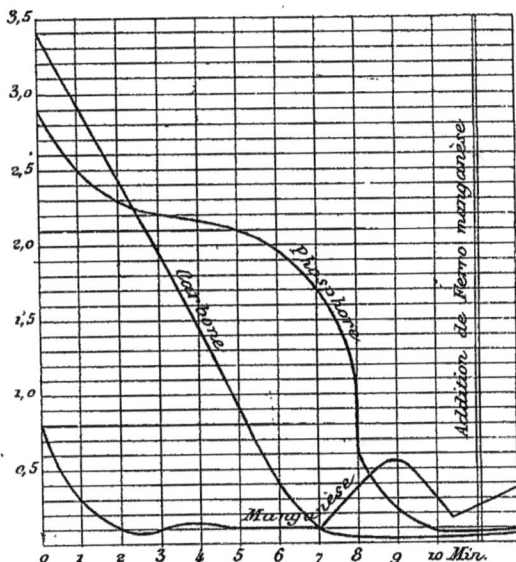

Fig. 294. — Etude graphique d'une opération Bessemer basique, fonte phosphoreuse moins manganésée.

Il n'est pas rare de voir le manganèse se comporter comme dans cet exemple, même lorsque sa proportion initiale est plus faible ; il arrive assez souvent qu'une teneur en manganèse qui était au début de 0,50 °/₀ et qui tombe à 0,10 au commencement de l'opération se relève à 0,35 °/₀ pendant le sursoufflage et reste ainsi dans le produit final. Dans le 2ᵉ exemple, l'opération a été poursuivie pendant 13′ 1/4 tandis que dans le 3ᵉ, elle était arrêtée au bout de 10′ 1/4. On doit admettre que, dans ce dernier cas, la température était plus élevée pendant le sursoufflage que dans le premier. On peut d'ailleurs supposer que la reprise du manganèse par le métal passe souvent inaperçue, si on néglige de faire une prise d'essai au moment opportun.

Composition des scories. — Les scories des opérations Bessemer acide ou basique sont moins ferrugineuses que celles qui se produisent dans la fabrication du fer ou de l'acier par soudage. La haute température, qui règne dans le convertisseur, exalte l'affinité du carbone pour l'oxygène de telle sorte que le protoxyde de fer est réduit, et qu'il se forme de l'oxyde de carbone, tandis que, dans les procédés de soudage, c'est par la décomposition partielle du peroxyde Fe_2O_3 que se fait la combustion du carbone.

En outre le garnissage des cornues, et l'addition de chaux, dans le procédé basique, introduisent dans la scorie des éléments étrangers qui diminuent d'autant la proportion de fer, et c'est grâce à la haute température qui règne dans l'appareil qu'on obtient, malgré cela, une décarburation aussi rapide.

Ordinairement les scories contiennent d'autant plus de fer que la décarburation est plus avancée, sauf cependant quand, par une température excessive, la matière du garnissage est fortement attaquée vers la fin de l'opération et vient augmenter, outre mesure, la quantité de scories produite.

Quand la fonte est riche en manganèse, ce corps passe presque complètement dans la scorie au poids de laquelle il s'ajoute ; il protège le fer contre l'oxydation et prend sa place dans la composition de la scorie. Cette influence du manganèse est surtout sensible dans les convertisseurs à revêtement siliceux ; dans ceux qui sont garnis en matériaux basiques, la quantité de scories est beaucoup plus forte, grâce aux additions de chaux qu'entraîne le procédé.

Nous allons, pour bien élucider le rôle de la scorie, citer quelques exemples qui mettront en évidence les transformations successives qu'éprouve sa composition pendant l'opération.

Affinage sur garnissage acide. — Le silicium de la fonte et le garnissage fournissent à la scorie une quantité indéfinie de silice ; le fer n'y peut entrer que sous forme de protoxyde, puisque les autres oxydes sont peu stables, qu'ils se décomposent en présence du fer en excès et que, d'ailleurs, le protoxyde joue le rôle d'une base énergique ; c'est donc sous cet état que le fer se trouve dans une scorie très siliceuse (p. 282, T. I).

Plus la température est élevée dans le convertisseur et plus la scorie est siliceuse, d'une part, parce que le revêtement est attaqué plus fortement, d'autre part, parce que l'affinité du carbone pour l'oxygène étant plus forte, le protoxyde de fer est réduit avec plus de facilité ; en outre un degré de chaleur très élevé précipite l'opération en déterminant une prompte oxydation du carbone dès le début.

1er Exemple. — Nous donnerons comme premier exemple les compositions successives de la scorie produite à Neuberg en 1866 pendant une opération qui a duré 48 minutes, ce qui est excessif. La fonte traitée contenait :

$$C. \quad . \quad . \quad . \quad . \quad . \quad . \quad 3,93 \; \%$$
$$Si. \quad . \quad . \quad . \quad . \quad . \quad 1,96 \; \%$$
$$Mn \quad . \quad . \quad . \quad . \quad . \quad 3,46 \; \%$$

La longue durée du soufflage permet de supposer que, malgré la forte teneur en silicium de la fonte, la température dans la cornue n'était pas très élevée. La grande proportion de fer constatée dans la scorie finale, alors que la fonte contenait beaucoup de manganèse, vient à l'appui de cette opinion[1].

ÉLÉMENTS entrant dans la scorie et le métal		APRÈS SOUFFLAGE DE			Après addition de speigeleisen
		28'	35'	38'	
Scorie	Silice	46,78	51,75	46,75	47,25
	Alumine	4,65	2,98	2,80	3,45
	Protoxyde de fer	6,78	5,50	16,86	15,43
	Protoxyde de manganèse	37,00	37,90	32,23	31,89
	Chaux, Magnésie	4,51	2,11	1,71	1,84
Métal	Carbone	2,64	0,95	0,09	0,23
	Silicium	0,41	0,11	0,03	0,03
	Manganèse	1,64	0,43	0,11	0,14

2ᵉ Exemple. — Celui-ci se rapporte à une opération à allure rapide dans l'aciérie de Sandviken, en 1877. La fonte était peu siliceuse, mais elle avait été chargée très chaude. Cette étude a été faite par Goranson et Magnuson. Les analyses du métal correspondant à ces scories figurent p. 523, T. II. La scorie finale, après l'addition de spiegeleisen, n'a pas été analysée.

CORPS ENTRANT DANS LA SCORIE	APRÈS SOUFFLAGE DE		
	3'	6'	8'
Silice	53,44	57,80	55,76
Alumine	1,84	1,94	1,58
Protoxyde de fer	20,24	17,04	18,48
Protoxyde de manganèse	23,90	22,80	22,23
Oxydes alcalino-terreux	0,44	0,46	0,39

Ces scories contiennent plus de fer et de silice que les précédentes, elles proviennent d'une opération faite avec une fonte moins manganésée ; il s'en est, par conséquent, formé une moindre quantité et c'est pour cette raison qu'elles semblent plus ferrugineuses. Au moment où on a fait la seconde prise d'essai, le convertisseur était arrivé à son plus haut degré de chaleur et c'est alors que la scorie contient plus de silice et moins de protoxyde de fer.

3ᵉ Exemple. — C'est par la comparaison des compositions successives de scories produites en traitant des charges pareilles, les unes en allure chaude,

---

[1] *Oesterr. Zeitschr. für Berg- und Huttenwesen*, 1867, p. 23 ; *Dinglers polyt. Journal*, tome CLXXXV, p. 30. Les analyses ont été exécutées dans le bureau général des essais de la Monnaie à Vienne.

les autres en allure froide, que l'on peut se rendre mieux compte de l'influence de la température.

Les scories, dont les analyses sont consignées dans le tableau ci-après, ont été obtenues pendant la conversion de fontes assez riches en manganèse, dans une usine de l'Allemagne. Ces expériences ont été faites par l'auteur ; les scories d'allure chaude étaient d'un vert olive, celles d'allure froide d'un vert brûnâtre.

CORPS ENTRANT DANS LA SCORIE	Scorie prise avant l'addition de spiegeleisen		Scorie prise après l'addition de spiegeleisen	
	Allure chaude	Allure froide	Allure chaude	Allure froide
Silice	50,85	49,45	53,95	49,05
Alumine.	3,15	1,30	2,31	2,30
Protoxyde de fer	4,13	9,59	5,54	6,55
Protoxyde de manganèse	40,68	38,23	35,14	40,27
Chaux, Magnésie	n. d.	n. d.	2,32	n. d.

Affinage sur garnissage basique. — Il n'est pas aussi facile, pendant une opération dans un convertisseur à garnissage basique, de prendre un échantillon de scorie qui indique la composition moyenne, parce que la chaux qui a été ajoutée à la charge de fonte ne se dissout que peu à peu, elle demeure en morceaux, plus ou moins gros, disséminés dans la scorie pendant un temps assez long ; c'est ce qui explique pourquoi la première scorie qui se forme est de nature relativement siliceuse.

Petit à petit, cependant, la chaux entre en combinaison, tandis que le phosphore se transforme en acide phosphorique et passe dans la scorie dont la masse augmente ; la proportion de silice diminue donc, celle de la chaux est à peu près constante, elle diminue même un peu à mesure que l'acide phosphorique vient accroître la quantité de scorie produite.

Vers la fin de l'opération, la proportion de protoxyde de fer augmente, surtout lorsque l'addition de chaux n'a pas été très considérable, parce que le sursoufflage a pour effet d'oxyder le fer en même temps que le phosphore. Dans les scories refroidies, on trouve du peroxyde de fer, mais on n'a pas encore vérifié s'il existait dans la scorie liquide ou s'il s'est formé seulement pendant le refroidissement.

Les scories d'opérations basiques sont plus sulfureuses que celles des opérations acides, parce que, dans ces dernières, on n'admet pas de fontes dans lesquelles la teneur en soufre dépasse 0,1 %. Dans les scories basiques, le soufre provient à la fois de la fonte et de la chaux, sa proportion augmente donc vers la fin du soufflage, à mesure que la chaux se dissout. Le passage du soufre dans la scorie se remarque surtout à la suite de l'addition de manganèse lorsque le métal est décarburé ; on trouve donc le soufre dans la scorie sous forme de sulfure de calcium ou de manganèse, à moins qu'un séjour prolongé au contact de l'air n'en ait altéré la composition. En général, lorsqu'on traite une scorie de ce genre par l'acide chlorhydrique, il se fait un dégagement d'hydrogène sulfuré.

On sait, d'ailleurs, que les sulfates ne peuvent résister longtemps à la température qui règne dans la cornue.

Si la scorie est abandonnée pendant longtemps au contact de l'air, il se produit une décomposition partielle (p. 195, T. I), et l'analyse y trouve ensuite des sulfates, en même temps que des sulfures [1].

1er Exemple. — On trouvera dans le tableau suivant les résultats d'analyses de scories prises pendant les phases successives d'une opération basique et exécutées par Finkener, en 1879, dans une aciérie du Rhin, peu après l'introduction du procédé basique. La fonte était exceptionnellement siliceuse, elle contenait : $Si = 1,22\ \%$, $Ph = 2,18\ \%$ et $Mn = 1,03\ \%$ [2].

CORPS entrant dans la scorie et dans le métal	APRÈS SOUFFLAGE DE								Après addition de spiegeleisen
	2',46"	5',21"	6',5"	10',45"	13',28"	15',13"	19',14"	19',49"	
SiO_2	41,15	36,30	34,41	31,94	16,64	14,65	12,94	11,71	12,77
Ph_2O_5	0,84	3,12	2,99	4,02	7,15	11,60	18,83	18,15	16,92
Al_2O_3	1,12	1,30	1,08	1,00	1,29	1,35	1,07	1,01	1,12
Fe_2O_3	»	0,46	0,13	0,74	4,95	3,84	3,74	2,78	2,87
FeO	2,40	3,97	3,60	4,23	8,42	7,15	5,84	7,19	5,94
MnO	9,03	11,02	10.72	9,94	8,51	7,39	4,25	4,05	4,80
CuO	41,27	39,50	42,80	43,12	44,37	46,63	47,76	48.19	47,87
MgO	4,13	3,39	3,35	4,01	7,34	6,34	6,00	6,38	6,75
S	0,25	0,10	0,13	0,05	0,13	0,12	0,07	0,09	0,05
SO_3	0,06	0,05	0,09	0,05	0,12	0,15	0,07	0,05	0,13
Si	0,72	0,15	»	»	»	»	»	»	0,01
Ph	2,15	2,22	2,16	2,10	2,05	1,91	0,23	0,09	0,14
Mn	0,71	0,05	0,18	0,16	0,14	0,01	0,01	»	0,48

2e Exemple. — Niedt a étudié les scories de la charge de fonte peu siliceuse dont nous avons reproduit les transformations chimiques, page 526, T. II, et le tracé graphique (fig. 293). Il a obtenu les résultats suivants :

[1] Le sulfate de chaux isolé se décompose complètement à la chaleur blanche (*Zeitschr. für anal. Chemie*, tome VII, p. 224). En outre le fer décompose le sulfate de chaux, il se forme du sulfure de fer (voir pour plus de détails : *Stahl und Eisen*, 1893, p. 50 et 51).

[2] *Mittheilungen der Königl. techn. Versuchsanstalt zu Berlin*, 1883, p. 31.

CORPS ENTRANT DANS LA SCORIE	APRÈS SOUFFLAGE DE		Après l'addition de ferro-manganèse
	10'	12' 1/4	
Silice.	6,14	5,90	4,42
Acide phosphorique	29,23	21,16	18,25
Alumine	n. d.	4,06	n. d.
Peroxyde de fer.	4,51	3,66	5,66
Protoxyde de fer.	5,19	13,64	19,46
Protoxyde de manganèse.	4,80	4,34	4,29
Chaux	45,49	44,16	41,73
Magnésie	2,21	2,46	3,02
Soufre	0,06	0,10	0,11

La proportion d'acide phosphorique trouvée dans la première prise d'essai est remarquable. Pour que ces résultats ne soient pas en contradiction avec la règle que nous avons énoncée, p. 507, T. II. sur la proportion nécessaire entre la chaux, l'acide phosphorique et la silice, il faut admettre que cette dernière a été neutralisée par les autres bases, oxydes de fer, de manganèse et de magnésium, et que la chaux a eu toute liberté de s'emparer de l'acide phosphorique.

Nous donnerons plus loin des exemples de la composition des scories recueillies à la fin de l'opération.

Composition des gaz. — La composition des gaz qui s'échappent du convertisseur subit également des transformations pendant la durée du soufflage ; il est même certains phénomènes qui se ne peuvent nettement constater que par l'analyse des gaz.

L'air qui traverse le bain se compose, en volume, comme on le sait, de 79 d'azote et de 21 d'oxygène, ou, ce qui revient au même, de 100 d'azote et de 26,50 d'oxygène ; l'azote ne subit aucune transformation, tandis que l'oxygène est employé entièrement, ou du moins en très grande partie, à opérer la combustion du silicium, du manganèse, du fer, du carbone et du phosphore ; ce dernier élément, cependant, n'est oxydé que si on opère par le procédé basique.

Lorsque le carbone brûle, c'est dans les gaz que l'on retrouve les produits de sa combustion sous forme d'oxyde de carbone et d'acide carbonique mélangés à l'azote. Le volume d'acide carbonique est égal à celui de l'oxygène qui entre dans sa composition, tandis que celui de l'oxyde de carbone est le double de celui de son oxygène ; le produit de la combustion d'aucun des autres éléments contenus dans la fonte ne se trouve à l'état gazeux.

Les produits gazeux de la combustion ne contiennent d'acide carbonique que lorsqu'une partie de l'oxygène de l'air a traversé le bain métallique sans être utilisé ; c'est ce qui arrive lorsque la température est trop basse, ou l'épaisseur du bain trop faible, ou encore, lorsqu'on précipite l'affinage par le soufflage d'une quantité de vent exagérée, en présence d'une fonte peu siliceuse.

Il n'est sans doute pas toujours facile de régler l'admission de vent de façon que l'oxygène soit totalement absorbé, puisque l'affinité de tous les éléments de la fonte pour l'oxygène augmente avec la température ; dans les opérations très chaudes, on trouve fort peu d'oxygène libre.

Quant à l'acide carbonique, il n'est pas probable qu'il puisse se former au sein même de la masse métallique ; il résulte, sans doute, de la combustion de l'oxyde de carbone par l'oxygène libre, en dehors de la surface du métal ; l'analyse des gaz permet donc d'apprécier dans quelle mesure cette réaction s'est effectuée, et, par cela même, quelle proportion d'oxygène n'a pas été utilisée.

L'air envoyé par la machine soufflante, contient de l'humidité, c'est-à-dire de la vapeur d'eau qui se décompose plus ou moins complètement au contact du métal en fusion.

C'est ce qui explique la présence d'une certaine quantité d'hydrogène dans les gaz sortant du convertisseur ; deux volumes de ce gaz correspondent à un volume d'oxygène qui a été employé, soit à brûler du carbone, soit à oxyder certains corps que l'on retrouve dans la scorie.

Lorsqu'on connaît la quantité d'azote et d'hydrogène qui existent dans le gaz du convertisseur, on peut en conclure l'oxygène fourni au métal, et, si on trouve dans ce gaz moins d'oxygène que le calcul n'en indique, cela prouve qu'une partie a été employée à oxyder du fer, du silicium, du manganèse ou du phosphore. Si, au contraire, la quantité trouvée dépasse celle que donne le calcul, c'est l'indice d'une décomposition partielle d'oxyde de fer produit antérieurement et qui a été réduit par le carbone.

C'est un phénomène qui se présente lorsque la température s'élève beaucoup pendant l'affinage.

1er Exemple. — Nous empruntons le premier exemple aux recherches de Snelus sur une opération dans laquelle on a traité une fonte très siliceuse ; la température était faible au début.

Les chiffres expriment des volumes [1].

NATURE des gaz de la cornue	APRÈS SOUFFLAGE DE					
	2'	4'	6'	10'	12'	14'
Oxygène	0,51	»	»	»	»	»
Acide carbonique	9.12	8,57	8,05	3,58	2,38	1,34
Oxyde de carbone	0,06	3,95	4,58	19,59	29,44	31,11
Hydrogène	»	0,88	2,00	2,00	2,16	2,00
Azote.	90,31	86,58	85,37	74,83	66,02	65,55

[1] *The Journal of the Iron and Steel Institute*, 1871, p. 247.

Si on veut calculer la quantité d'oxygène absorbée par le métal pendant les différentes phases de l'opération, on peut procéder de la manière suivante :

Deux minutes après le commencement du soufflage, le bain métallique recevait une quantité d'oxygène correspondant à 90,31 d'azote, soit :

$$\frac{90,31}{100} \times 26,5 = 23^{vol},93.$$

L'absence d'hydrogène prouvait qu'il n'y avait pas décomposition de vapeur d'eau.

Au même moment, les gaz contenaient :

$$
\begin{array}{lll}
\text{Oxygène libre .} & . & . & . & 0,51 \\
\text{Id.} & \text{de } CO_2 & . & . & . & 9,12 \\
\text{Id.} & \text{de } CO. & . & . & 0,03 \\
\hline
& \text{Total.} & . & . & 9,66
\end{array}
$$

Le silicium, le fer, le manganèse absorbaient donc à ce moment précis

$$23,93 - 9,66 = 14^{vol},27 \text{ d'oxygène.}$$

Dix minutes après le commencement du soufflage, le bain recevait un volume d'oxygène correspondant à 73,83 d'azote, c'est-à-dire : $\dfrac{73,83}{100} \times 26,50 =$ . . . . $19^{vol},8$

Et une autre quantité d'oxygène correspondant à 2^{vol} d'hydrogène, soit . . . . $1^{vol},0$

Le convertisseur recevait donc . . . . $20^{vol},8$
Les gaz contenaient :

$$
\begin{array}{lll}
\text{Oxygène de } 3,58 \text{ de } CO_2 . & . & . & 3,58 \\
\text{Id.} & \text{de } 19,59 \text{ de } CO & . & . & . & 9,79 \\
\hline
& & & & 13,37
\end{array}
$$

Par conséquent, le silicium, le manganèse et le fer absorbaient à ce moment : $20,8 - 13,37 = 7^{vol},43$ d'oxygène.

2° Exemple. — Ce deuxième exemple est pris dans les travaux de Tamm exécutés dans l'usine de Westanfors (Suède), sur une opération dans laquelle la fonte traitée contenait :

$$
\begin{array}{lll}
\text{Carbone .} & . & . & . & . & 4,07 \text{ °/}_0 \\
\text{Silicium .} & . & . & . & 1,39 \text{ °/}_0 \\
\text{Manganèse .} & . & . & . & 4,66 \text{ °/}_0.
\end{array}
$$

	APRÈS SOUFFLAGE COMPRIS ENTRE			
	3' et 5'	9' et 10'	21' et 23'	26' et 27'
Oxygène	4,76	1,69	0,96	0,55
Acide carbonique . . .	9,12	5,99	4,85	1,85
Oxyde de carbone	»	17,55	19,32	14,31
Hydrogène	»	0,91	1,12	1,70
Azote.	86,11	73,84	73,73	81,58

Comme on le voit, l'allure était très lente ; si, néanmoins, une proportion importante d'oxygène a pu traverser le bain sans se combiner, il faut l'attribuer ou bien, à ce que l'épaisseur du bain était insuffisante, ou à ce que le vent n'était pas réparti en jets assez menus, et en même temps à une température trop basse. Du reste, comme le montrent les analyses de Snelus, la proportion d'acide carbonique diminue à mesure que la conversion avance. Si on fait sur les chiffres du dernier tableau des calculs analogues à ceux que nous avons exécutés sur le premier, on constatera que, pendant toute la durée du soufflage, l'oxygène a été employé en partie à produire des oxydes non volatils.

3° Exemple. — Ces études ont été faites par Tamm sur la charge examinée à d'autres points de vue (3° exemple), p. 522, T. II, la fonte renfermait :

$$\begin{array}{ll} \text{Carbone} . & . . . . . . 4,34 \\ \text{Silicium} . & . . . . . . 0,83 \\ \text{Manganèse} . & . . . . . 0,66 \end{array}$$

La température initiale était très élevée et l'allure rapide.

	Après soufflage compris entre	
	2' 3/4 et 3' 3/4	4' 1/2 et 5' 1/4
Oxygène.	0,12	0,18
Acide carbonique. . . .	4,87	3,62
Oxyde de carbone. . . .	28,94	23,27
Hydrogène.	1,68	0,72
Azote	64,39	72,21

La haute température du début suffit à expliquer pourquoi la proportion d'oxygène libre était insignifiante, malgré la rapidité de l'affinage, qui n'a duré que cinq minutes et demie ; il est évident que, dès la troisième minute, la température avait atteint son maximum. Nous voyons, en effet, que, dans la première prise d'essai, le bain métallique recevait la quantité d'oxygène correspondante à 64,39 d'azote soit $\dfrac{64,39}{100} \times 26,5 = 17^{vol},06$, plus un volume apporté par la vapeur d'eau, soit $\dfrac{1,68}{2} =$ 0 ,84.

En tout. $18^{vol},90$.

Les gaz contenaient :

Oxygène de 4,87 de CO_2	$4^{vol},87$.
Oxygène de 28,94 de CO.	14 ,47.
Oxygène libre	0 ,12.

$19^{vol},46$.

Les gaz renfermaient plus d'oxygène que n'en apportait le vent, donc une partie du protoxyde de fer qui s'était formé pendant les deux minutes trois quarts depuis le commencement du soufflage, a été réduite par le carbone dès que, par la combustion du silicium, la température du bain a pu s'élever de 200° environ.

Si on fait le même calcul sur le gaz pris à la fin de l'affinage, on trouve qu'il contient moins d'oxygène que la quantité fournie par le vent, le carbone à ce moment était brûlé en grande partie, puisque le métal n'en contenait plus que 0,06 °/₀ ; le fer était donc oxydé de nouveau ; aussi la scorie finale était-elle très ferrugineuse, elle contenait :

Protoxyde de fer	34,44.
Protoxyde de manganèse	18,28.
Silice.	45,04.
Chaux et Alumine	2,46.

(*f*) *Résultats de l'affinage par le vent.* — *Déchet de l'opération Bessemer.* — Le déchet, qui **résulte** de l'affinage de la fonte par le procédé Bessemer, dépend de la composition de la fonte, de celle du produit que l'on veut obtenir et de la manière dont la conversion est conduite. Une partie de ce déchet provient des projections de métal pendant le bouillonnement ; elles sont d'autant plus fortes, toutes choses égales d'ailleurs, que le rapport entre la capacité de la cornue et le volume occupé par le métal liquide est plus petit.

D'un autre côté, on comprend que plus la fonte contiendra de corps à éliminer, silicium, carbone, manganèse, phosphore, et moins on obtiendra de rendement.

La fusion au cubilot est également une cause de perte de métal, le déchet total est donc plus grand, quand la fonte est refondue, que lorsqu'elle est prise directement au haut-fourneau.

Enfin, si on prolonge le soufflage jusqu'à décarburation totale et même au-delà, comme dans le procédé basique, on oxyde une plus grande quantité de fer et le poids du produit final est réduit.

Dans le procédé acide, le déchet est en moyenne de 12 %, c'est-à-dire que l'on obtient d'une charge de 100^k, un rendement de 88^k (pour obtenir 1000^k de produit il faut employer 1140 de métal chargé), il peut s'élever à 16 % et descendre à 8 % (1190 %$_{00}$; 1090 %$_{00}$)[1].

L'emploi du procédé basique entraîne une perte plus grande de métal grâce au sursoufflage ; on ne retire pas plus de 85^k de lingots d'une charge de 100^k, ce qui correspond à une mise au mille de 1180^k, y compris le déchet du cubilot. Celui-ci, d'ailleurs, ne dépasse pas 2 %, que l'on gagne en prenant la fonte au haut-fourneau.

Puissance de production. — Nous avons indiqué, page 474, T. II, les causes qui peuvent influer sur la puissance de production d'un atelier Bessemer acide ou basique. C'est aux Etats-Unis qu'on est arrivé, dans quelques usines, à obtenir, d'un nombre d'appareils donné, le rendement le plus considérable, il n'est pas rare de faire 70 charges en 12 heures, on est même arrivé à maintenir pendant longtemps une allure de 90 charges dans le même temps[2]. On comprend quelle énorme quantité de métal fournit une semblable rapidité de marche. En supposant qu'on ne traite que de 6 à 7^t par opération on arrive à produire 1600^t par jour.

Il est clair qu'on ne peut suivre une pareille allure que lorsqu'on a la certitude de trouver un débouché suffisant. Les ateliers Bessemer acide ou basique de l'Europe ne pourraient qu'exceptionnellement trouver à placer, avec profit, une aussi énorme production, en supposant qu'ils soient outillés pour l'atteindre.

Main-d'œuvre. — Le personnel ouvrier d'un atelier Bessemer acide ou basique se compose de la manière suivante :

Fondeurs attachés au service des cubilots et leurs aides.

Ouvriers chargés du service des cornues.

Ouvriers chargés du service de la fosse de coulée, de l'installation des lingotières, de la manœuvre des lingots, de l'enlèvement des scories, etc. et de la poche de coulée, etc.

Le nombre d'ouvriers varie de 50 à 500 suivant l'importance de l'atelier et la production que l'on veut réaliser.

La dépense de main-d'œuvre par tonne de lingots est ordinairement com-

---

[1] Dans les petits appareils Clapp et Griffüths, dans lesquels on traite des fontes très siliceuses afin d'obtenir une température convenable et où on scorifie beaucoup de fer, le déchet doit s'élever à 20 % (1250 %$_{00}$) (*The Journal of the Iron and Steel Institute*, 1886, II, p. 683). Par contre, d'après Howe, dans les usines des Etats-Unis où l'on traite de fortes charges de fonte ne contenant que 0,7 % de silicium et 0,6 % de manganèse, le déchet total y compris celui des cubilots ne dépasse pas 8 %. *Stahl und Eisen*, 1890, p. 1024.

[2] *Stahl und Eisen*, 1890, p. 1023.

prise entre 3f,75 et 5f[1]; elle peut s'élever à 10f quand la production est faible.

Combustible. — En Europe la quantité de combustible consommé pour la production de vapeur varie de 150k à 300k par tonne suivant l'importance de la production ; aux États-Unis, on descend jusqu'au-dessous de 100k grâce à l'intensité de la production journalière.

Lingotières. — La dépense occasionnée par les lingotières est comprise entre 1f,875 et 2f,50 par tonne, ce qui correspond à une consommation de 15 à 20k de fonte.

Garnissage. — *Fonds.* — L'entretien des convertisseurs et des fonds coûte de 1f,875 à 3f,75 par tonne.

Prix de revient. — Pour établir le prix de revient, il faut additionner les dépenses en fonte, main-d'œuvre, combustible, lingotières, matières réfractaires, y ajouter les frais généraux et, lorsqu'il s'agit du procédé basique, les frais occasionnés par les additions de chaux. Les frais généraux s'élèvent généralement à une fois et demie ceux de main-d'œuvre.

Lorsqu'on veut comparer le prix de revient du métal obtenu par le procédé acide, avec celui du métal basique, il faut tenir compte, d'un côté du prix plus élevé de la fonte siliceuse à faible teneur en phosphore qu'exige le procédé acide, et de l'autre, de la dépense en chaux, du déchet plus fort, du coût plus élevé du garnissage basique, etc.

En somme les frais de fabrication, c'est-à-dire la somme à ajouter à la dépense en fonte et en addition manganésée, s'élèvent à 20f par tonne dans le procédé acide et à 26f,25, dans le procédé basique. Nous comprenons dans ces prix, la refonte au cubilot.

Si donc nous considérons une usine où l'on travaille sur garnissage acide et où l'on consomme par tonne de lingots,

1100k de fonte à 75f	82f,50
8k ferromang à 200f	1,60 en ajoutant pour
les frais de fabrication.	20,00
Nous aurons un prix de revient de . . .	104f,10

Si, dans la même usine, la fonte convenable pour le procédé basique coûte seulement 56f,25, le prix de revient de la tonne de lingots s'établira comme suit :

1165k de fonte à 56,25 . .	65,525
8k de ferromang. à 200 .	1,60
Frais de fabrication. . .	26,25
	93,375

ce qui laisse une somme de 11,25 par tonne en faveur du procédé basique.

[1] Dans les usines de l'Amérique du Nord, les frais de main-d'œuvre sont à peu près les mêmes, bien que les salaires soient d'un quart plus élevés qu'en Europe ; c'est l'effet d'une production poussée à outrance.

Il est bon de faire remarquer que nous n'avons pas tenu compte de l'utilisation des scories basiques qui peuvent apporter un bénéfice de $2^f,50$ à $3^f,12$ par tonne de lingots.

Lorsqu'on prend la fonte au haut-fourneau, on peut réaliser une différence de $6^f,25$ à 10^f par tonne de lingots.

(g) *Produits de l'opération Bessemer.* — *Produits métalliques.* — On a cru, dans le principe, et répété souvent, que le procédé Bessemer amènerait la disparition de la fusion au creuset qui est beaucoup plus coûteuse : il n'en a rien été. On n'a pas remplacé l'acier au creuset pour la fabrication des outils qui exigent un métal dur, prenant la trempe, tout en conservant la ténacité, c'est-à-dire, sans devenir fragile ; pour les outils plus grossiers, cependant, les ressorts, etc., le métal Bessemer, contenant $0,5 \%$ de carbone, a pu être utilisé.

Mais la quantité consommée sous cette forme est insignifiante si on la compare à celle qui est livrée aux industries de toute sorte, avec des teneurs en carbone variant de $0,1 \%$ à $0,35 \%$, pour d'autres applications. A mesure que le procédé s'est perfectionné, il a conquis un terrain qu'on ne soupçonnait pas devoir lui revenir, au moment où il a fait son entrée dans la sidérurgie, et dont personne n'avait prévu l'importance.

Aujourd'hui la plus grande partie des rails de chemins de fer est fabriquée en métal Bessemer acide ou basique, de même qu'une foule d'autres échantillons destinés à l'établissement des voies ferrées ou au service de l'exploitation. On n'imagine pas comment on aurait pu se procurer, si on n'avait pas eu recours à un moyen de production aussi puissant, l'énorme quantité de fer et d'acier qu'on demande actuellement aux forges.

On emploie également, sur une vaste échelle, le même métal sous forme de poutrelles, de cornières, de tôles, etc., pour les constructions de toutes sortes, depuis qu'on est parvenu à surmonter les nombreuses difficultés rencontrées au début et qui provenaient de ce que les propriétés spéciales du fer et de l'acier fondus étaient mal connues et, aussi, de ce que les moyens d'élaboration employés altéraient la qualité du métal.

Dans ces dernières années on n'a pas craint de construire des ponts de grandes dimensions avec du métal produit dans les ateliers Bessemer, surtout par le procédé basique.

Il résulte, en effet, de l'étude des deux modes de fabrication basique et acide, qu'il est plus facile d'obtenir, au moyen des premiers, un métal qui soit à la fois très ductile à froid et à chaud et aisément soudable ; aussi le procédé Bessemer basique a-t-il trouvé des applications dans les travaux qui exigent un métal réunissant ces qualités précieuses ; c'est avec lui qu'on fabrique les fils de fer, les tôles fines, etc., pour lesquels on n'employait autrefois que du fer affiné au bas-foyer, même dans les contrées où le charbon de bois est loin d'être abondant ; c'est encore lui qui, chez les forgerons et les serruriers, a pris, sous la forme de barres de toutes sortes, la place du fer obtenu par soudage.

L'application du métal Bessemer à la production des moulages est relativement rare ; ce produit, en effet, obtenu en quelques minutes, grâce à l'intervention d'un volume de vent insufflé considérable, se trouve dans des conditions particulièrement favorables à l'absorption des gaz ; la coulée, d'ailleurs, doit être faite rapidement, dès que l'opération est terminée, les gaz n'ont pas le temps voulu pour se dégager ; il est donc plus difficile d'obtenir des pièces saines que par l'emploi d'un autre procédé.

Pour faire des moulages avec le métal Bessemer, il faut recourir à de petits convertisseurs à garnissages siliceux, dont le fonctionnement est intermittent ; ces appareils réduits présentent l'avantage de pouvoir fournir rapidement de petites quantités de métal, sans obliger à une marche continue. Il paraît que ce mode de fabrication donne de bons résultats dans quelques fonderies [1].

Scories. — Dans l'affinage par le procédé Bessemer acide, la composition des scories varie entre les limites suivantes :

Silice.	de 45 à 60 %
Protoxyde de manganèse.	de 10 à 45
Protoxyde de fer.	de 35 à 5

On y trouve en outre de l'alumine, de la chaux, de la magnésie provenant du garnissage des convertisseurs ou apportées par la fonte sortant du haut-fourneau ou du cubilot. Nous avons donné, p. 530 et 531, T. II, les résultats des analyses faites sur un certain nombre de ces scories.

Lorsqu'elles contiennent beaucoup d'oxyde de manganèse, on les ajoute, parfois, dans les charges du haut-fourneau, pour augmenter la teneur en manganèse des fontes ; on n'a pas jusqu'ici trouvé grand avantage à cette pratique.

Il n'en est pas de même des scories du procédé basique ; celles-ci trouvent dans l'agriculture un placement avantageux, parce que, grâce à la grande proportion d'acide phosphorique qu'elles contiennent, elles constituent un engrais précieux.

On croyait, dans le principe, qu'il était nécessaire d'augmenter leur richesse en acide phosphorique et de les désagréger par un traitement chimique pour pouvoir les utiliser comme engrais, mais on a reconnu depuis que cela n'était pas utile et qu'un simple broyage, poussé jusqu'au degré voulu, suffisait [2].

---

[1] Pour plus de détails, voir *Stahl und Eisen*, 1891, p. 454 ; 1893, p. 830.
[2] Le lecteur trouvera dans *Stahl und Eisen*, 1885, p. 593 ; 1886, p. 59 et 68, quelques renseignements sur l'utilisation des scories Thomas dans l'agriculture.

Aussi se borne-t-on aujourd'hui à broyer et à cribler la scorie, sans lui faire subir aucune préparation chimique.

Il est important que la teneur en acide phosphorique soit aussi grande que possible et qu'elle ne descende jamais au-dessous de 16 °/₀; c'est pourquoi on doit veiller à ce que l'addition de chaux ne dépasse pas la quantité nécessaire à la déphosphoration du métal, et à ce que la fonte ne contienne, en silicium et en manganèse, que ce qui est indispensable à la bonne marche des opérations, puisque ces deux éléments passent en entier dans la scorie.

Quelquefois, pour obtenir des scories aussi phosphoreuses que possible, on n'introduit, au début, dans le convertisseur, que les deux tiers ou les trois quarts de la quantité de chaux jugée nécessaire ; on fait écouler cette scorie lorsqu'elle est saturée de phosphore et on charge le reste de la chaux pour terminer la déphosphoration [1]. Pour pouvoir opérer ainsi, il faut disposer d'une très haute température afin que le métal ne se trouve pas refroidi d'une façon fâcheuse par cette addition de chaux faite vers la fin de l'opération.

Ces dernières scories sont, en général, moins riches en phosphore et souvent n'en contiennent pas assez pour pouvoir être utilisées.

Afin de compléter les renseignements que nous avons donnés plus haut sur la composition des scories provenant du procédé basique, nous en réunissons un certain nombre dans le tableau suivant ; elles proviennent d'opérations basiques faites récemment.

	I	II	III	IV	V	VIa	VIb
Silice	5,76	6,77	16,41	6,69	7,07	6,99	4,79
Acide phosphorique.	19,19	16,92	11,75	17,75	22,50	24,73	16,33
Alumine.	1,43	1,68	1,58	0,95	0,89	n.d.	n.d.
Peroxyde de fer	2,07	0,96	10,41	5,70	5,27	»	»
Protoxyde de fer	12,72	10,77	10,55	10,65	6,49	11,98	26,03
Protoxyde de manganèse . .	3,43	7,16	14,91	7,71	7,81	5,40	4,62
Chaux.	47,34	51.00	31,00	48,42	47,36	46,84	42,05
Magnésie	6,01	3,01	2,08	2,05	1,67	4,09	6,83
Oxyde de vanadium	1,19	»	»	»	»	»	»
Calcium	0,41	n.d.	n.d.	n.d.	n.d.	0,27	0,29
Soufre.	0,51	n.d.	n.d.	n.d.	n.d.	0,34	0,36

I. Scories de la North Eastern Steel Cᵒ. (*Journal of the Iron and steel Institute*, 1887, p. 223.)

[1] C'est ce qu'on appelle la méthode Scheibler. *Stahl und Eisen*, 1886, p. 687.

II à V. Scories de quatre usines allemandes, d'après von Reis. (*Zeitschr. fur angewandte Chemie*, 1892, p. 229.)

VI_a. Scories de Hœrde, recueillies alors qu'on n'avait introduit dans le convertisseur que les 2/3 de l'addition de chaux ; elles ont été retirées du convertisseur avant déphosphoration complète.

VI_b. Scories finales de la même opération, après introduction et scorification du reste de la chaux.

Les analyses VI_a et VI_b ont été l'objet de communications personnelles, elles ont été publiées ensuite dans *Stahl und Eisen*, 1890, p. 940.

Quelquefois, lorsque les minerais dont on dispose ne sont pas suffisamment phosphoreux pour produire des fontes s'appliquant bien au procédé basique, on repasse au haut-fourneau les scories ; on réserve surtout pour cet usage celles qui correspondent à la fin des opérations et qu'on obtient en appliquant le procédé Scheibler, c'est-à-dire en coulant d'abord les scories riches pouvant être utilisées comme engrais.

8. — **Procédé Martin**.

(*a*) *Introduction*. — On entend par procédé Martin la fabrication du fer ou de l'acier sur la sole d'un four à réverbère (en allemand, *Martinverfahren* ; en anglais, *open-hearth process*); de 1840 à 1860, de nombreuses tentatives ont été faites pour produire du fer ou de l'acier en fondant un mélange de fonte et de fer dans un four à réverbère, mais elles étaient condamnées à l'insuccès, tant qu'on ne se résolut pas à employer le four à régénérateur du système Siemens, le seul qui permît d'atteindre une température suffisamment élevée. C'est en 1865, que Pierre-Emile Martin réussit le premier à établir, au moyen d'un four du système Siemens, une fabrication régulière d'acier fondu.

Pierre-Emile Martin, maître de forges à Sireuil, avait installé pour le réchauffage de ses paquets de fer puddlé, un four du système Siemens ; c'est ce four qu'il transforma en four de fusion, en y introduisant les modifications nécessaires. La solution qu'il apportait en 1865 du problème longtemps poursuivi de la fabrication de l'acier fondu au four à réverbère, venait d'autant plus à propos que les usines, qui avaient entrepris la production du métal Bessemer, commençaient à être encombrées des chutes et rebuts provenant du laminage des rails et autres échantillons. Le procédé Martin leur fournissait un moyen pratique d'utiliser ces matières, aussi fut-il des mieux accueillis. On ne tarda pas, d'ailleurs, à comprendre les services qu'il pouvait rendre pour la fabrication des fers et des aciers de qualités spéciales, pour lesquels l'appareil Bessemer semblait un instrument d'allure trop expéditive. (V.)

Le four Martin peut, de même que les creusets, être chargé avec des matières de natures diverses, mais on ne doit pas perdre de vue que le bain métallique est exposé pendant plusieurs heures à l'action de gaz oxydants ; aussi commence-t-on par introduire une certaine quantité de fonte dont le carbone et le silicium sont destinés à être oxydés, protégeant ainsi le fer contre une combustion trop vive qui en ferait passer une grande partie dans la scorie.

La principale matière formant la charge d'un four Martin est le fer doux sous forme de débris, de riblons de toutes sortes, de bouts de barres laminées, de ferrailles, etc.; en somme, il n'existe guère de morceau de fer de quelque qualité et de quelque forme qu'il soit, dont on ne puisse tirer parti au four Martin; on ne doit exclure que les matières qui apporteraient dans le bain des éléments nuisibles impossibles à éliminer, comme du fer blanc, par exemple.

Cette possibilité d'utiliser une grande quantité de ferrailles est une propriété précieuse de ce procédé de fabrication, mais il se présente certaines circonstances où l'on est amené à préférer un dosage de matières comportant plus de fonte et moins de fer, sans cependant que le produit final renferme plus de carbone, de silicium ou de manganèse. Souvent, c'est en se basant sur le prix relatif de la fonte et des ferrailles que l'on établit la composition du lit de fusion, et rien ne s'oppose à ce que la proportion de fonte soit plus élevée, si on augmente les réactions oxydantes pendant la fusion. Le moyen le plus simple qu'on puisse employer pour atteindre ce but, consiste dans l'addition d'une certaine quantité de minerais de fer, dont l'oxygène intervient pour brûler le carbone; une partie du fer de ce minerai est réduit et vient s'ajouter à celui du bain.

On a été plus loin encore dans ce sens, et diminuant de plus en plus la proportion de fer à introduire dans le lit de fusion, on est arrivé à traiter uniquement de la fonte et du minerai. Les fusions de ce genre ont donné de bons résultats; elles n'ont pas cependant présenté des avantages suffisants pour constituer une pratique continue.

A mesure que la quantité de minerai chargé augmente, il devient plus difficile de maintenir la sole en bon état; comme dans tous les procédés de fabrication directe du fer en partant des minerais, la réduction est incomplète, une forte partie du fer passe dans la scorie; enfin la puissance de production du four est considérablement diminuée, et, par conséquent, la dépense en combustible accrue dans une large mesure.

La réaction des minerais sur la fonte exige en effet plus de temps qu'une simple fusion, le volume de scories est plus important, occupe plus de place dans le four, oblige à des charges plus réduites. La diminution de production est l'inconvénient le plus grave qu'on puisse reprocher à cette variante du procédé Martin[1].

Au début, on établissait les soles des fours Martin uniquement avec des matières siliceuses; dans ces conditions toute déphosphoration était impos-

[1] D'après Soltz, lorsqu'on a voulu fabriquer exclusivement avec fonte et minerai, la production a été réduite de moitié. *Oesterr. Zeitschr. f. Berg- und Huttenwesen*, 1893, p. 34.

sible aussi bien que dans les convertisseurs à revêtement acide ; mais lorsque le procédé Thomas fut connu, on appliqua aux fours des soles basiques afin de pouvoir, en éliminant le phosphore, y traiter des matières de moindre valeur. Le résultat fut promptement atteint et on reconnut bientôt que les soles basiques présentaient d'autres avantages ; elles facilitent, en effet, l'oxydation du carbone et du silicium, la rendent plus rapide, et protègent le fer ; les opérations marchent plus vite, la production du four est accrue [1], et on obtient plus aisément que sur une sole acide, du fer ou de l'acier débarrassé des corps étrangers qui altèrent sa qualité ; le produit est généralement d'une malléabilité à chaud et d'une soudabilité remarquables.

Le procédé Martin se pratique donc de deux manières différentes, sur sole basique ou sur sole acide ; la première est la plus fréquemment employée à l'heure actuelle en raison des avantages que nous venons d'énumérer ; le procédé Martin basique s'est substitué à l'autre pour la fabrication du fer doux fondu, même dans les contrées où l'on n'a pas à redouter la présence du phosphore dans les matières traitées, comme en Styrie, en Suède, etc.

Les soles acides ne sont cependant pas encore complètement abandonnées, on les utilise principalement pour la production des aciers carburés et des moulages.

Les soles siliceuses de même que celles qui sont constituées en matières basiques (chaux et magnésie) interviennent dans les réactions puisqu'une partie de leurs éléments passe dans la scorie. Un certain nombre de fours en France et à l'étranger sont construits en *fer chromé*, matière excessivement réfractaire, qui semble ne jouer aucun rôle de ce genre (procédé Valton-Rémaury) et transformer le four en une capacité inattaquable aux matières en fusion, métal ou scories ; on n'a donc plus à tenir compte que des réactifs que l'on ajoute à dessein et que l'on peut doser avec la plus grande précision. La résistance du fer chromé est telle qu'on peut indifféremment le mettre en contact avec du sable siliceux ou avec de la chaux et de la magnésie et travailler par le mode acide ou le mode basique. Aussi les inventeurs de cette application ont-ils désigné ce revêtement sous le nom de *neutre*. Voir *Génie Civil*, t. X, p. 22. (V.)

Le métal, se trouvant dans le four Martin exposé pendant des heures à des actions oxydantes, absorbe une certaine proportion d'oxyde de fer, FeO, qu'on décompose au moment de la coulée par des additions de ferromanganèse ou de spiegeleisen et celles-ci sont déterminées, comme nature et comme proportions, d'après les mêmes bases que nous avons indiquées pour l'affinage Bessemer (p. 475, T. II).

On peut également obtenir du métal carburé en recourant au procédé Darby, après avoir ajouté le ferromanganèse.

(b) *Fours Martin.* — Les fours Martin se construisent de capacités très dif-

---

[1] On retrouve là les mêmes différences que dans les convertisseurs acides et basiques, et les causes qui les déterminent sont les mêmes.

férentes, il en existe qui ne traitent que 4 tonnes, d'autres peuvent recevoir 40 tonnes de matières. Un four de grande capacité est économique sous le rapport de la main-d'œuvre et du combustible, il résiste plus longtemps sans réparations à l'action d'une haute température ; d'un autre côté, si on dépasse une capacité moyenne, la conduite du four est plus délicate, il est moins facile d'obtenir une chaleur uniforme dans toute l'étendue du laboratoire ; les appareils de coulée deviennent considérables comme poids et comme place occupée, et en même temps très coûteux à établir, la coulée elle-même est plus longue et le métal est exposé à se refroidir. En somme il est plus aisé de faire deux coulées de 15 tonnes chacune, qu'une seule de 30 tonnes.

En Allemagne, la capacité des fours les plus généralement employés est comprise entre 8t et 15t ; on en a établi quelques-uns, pour des fabrications de médiocre importance, de moins de 4t, mais la consommation de combustible y est plus élevée, la flamme se développant dans une enceinte moins étendue, attaque avec plus de facilité les parois du laboratoire, la dépense en main-d'œuvre est plus forte, et, pour tous ces motifs, le prix de revient plus élevé.

Comme nous l'avons fait remarquer dans l'introduction, le procédé Martin n'a pu devenir industriel que grâce à l'emploi du système de chauffage imaginé par Siemens, et, jusqu'à présent, tous les fours Martin sont établis sur ce principe [1].

De tous les systèmes de chauffage connus jusqu'à ce jour, c'est celui de William Siemens qui permet de réaliser les plus hautes températures.

Les figures 23 à 26 (p. 148, 149, t. 1) représentent un four Martin établi, en 1883, dans une aciérie allemande, pour des charges de 7500k ; fig. 29 et 30, on en voit un autre installé un peu différemment, avec des régénérateurs horizontaux ; enfin, depuis peu, on a imaginé la disposition figurée p. 153, t. 1. Pour compléter les indications fournies par ces dessins qui appartiennent à la première partie de cet ouvrage nous donnons ici ceux d'un four Martin de 15t établi en Hongrie [2].

Ce four a ses régénérateurs verticaux et souterrains, ce qui est encore la

---

[1] Nous comprenons sous ce terme les fours pourvus de deux régénérateurs seulement, dans lesquels l'air seul est chauffé ; on les emploie lorsque le gaz possède une température de combustion plus élevée que celle que peut atteindre le gaz à l'air, tels sont le gaz à l'eau et surtout le gaz naturel ; on les admet encore quand le gaz à l'air sort très chaud du gazogène et ne subit pas de refroidissement avant son entrée dans le four. Ces conditions, toutefois, ne se trouvent remplies qu'exceptionnellement, et dans la plupart des cas, les fours sont établis avec 4 régénérateurs.

[2] On trouvera plus loin fig. 297 et 298 les dessins d'un four muni de régénérateurs indépendants conformément au type des fig. 31 et 32. Le dessin du four Hongrois est emprunté à la publication suivante : *Oesterr. Zeitschr. f. Berg- und Hüttenwesen*, 1893, planche 1, et aussi, *Stahl und Eisen*, 1889, p. 397.

disposition la plus fréquemment adoptée ; nous reviendrons plus loin sur les quelques particularités de ce type.

La sole du four Martin est concave, elle est portée par des plaques de fonte ou de tôles rivées ensemble, que l'on s'arrange pour rafraîchir par le contact de l'air. On faisait reposer ces plaques autrefois sur de petits piliers en briques montés au-dessus des voûtes des régénérateurs (fig. 23 et 24) ; cette disposition est défectueuse, parce qu'elle rend solidaires les régénérateurs et la sole et que tout mouvement de dilatation ou de contraction de ceux-ci, par le fait de la chaleur, est transmis à la sole et peut y provoquer des cre-

Fig. 295. — Four Martin de 15 t., échelle de 1/120. (Coupe longitudinale.)

vasses. Dans les nouveaux fours, on fait donc porter la sole par des poutrelles qui vont prendre leurs points d'appui, au-delà des régénérateurs, sur des piliers spéciaux ou sur les murs d'enceinte (fig. 295, 296). Le laboratoire est, de la sorte, rendu indépendant des chambres.

Lorsqu'on adopte les régénérateurs horizontaux, ou bien ceux représentés fig. 31 et 32, 297 et 298, leurs parois et les voûtes qui les recouvrent n'ont aucun poids à supporter, mais cet arrangement occupe une place beaucoup plus grande et c'est ce qui l'a fait repousser fort souvent.

Les extrémités de la sole, du côté des autels, sont également en contact avec des plaques de fonte rafraîchies par l'air ; transversalement la sole est limitée par les parois du laboratoire ; les plaques d'armature qui entourent la construction doivent laisser assez de passages libres pour permettre à l'air de circuler facilement en dessous du four et de rafraîchir les plaques qui portent la sole et les autels.

On a bien essayé de rafraîchir ces plaques par un courant d'eau comme on le fait dans les fours à puddler, mais on obtient un refroidissement trop complet qui expose le métal ou la scorie à se figer contre les parois.

Les soles des fours acides sont établies en matériaux siliceux ; immédiatement au-dessus des plaques on met ordinairement un rang, sur champ, de briques de Dinas et c'est au-dessus de ces briques qu'on prépare la sole en pisé réfractaire.

Dans la plupart des fours, ce pisé se compose de quartz aussi pur que pos-

Fig. 296. — Four Martin de 15 t., échelle de 1/120. (Coupe par ABCDEF.)

sible broyé sous forme de sable à gros grain de la grosseur d'un pois que l'on mélange avec une quantité d'argile réfractaire qui varie de 2 à 5 %, et qui assure l'agglomération. Tantôt on établit la sole en une seule fois sur toute son épaisseur, puis on laisse sécher lentement, après quoi on procède à la cuisson en élevant graduellement la température, tantôt on la construit par couches successives de 20 millimètres que l'on cuit l'une après l'autre jusqu'à ce que l'épaisseur totale voulue soit obtenue.

En Autriche, on emploie un sable des environs de Vienne qui contient 87 % de quartz, un peu de feldspath et de terres ; il s'agglomère par la chaleur sans entrer en fusion ; ailleurs on mélange ensemble des sables de diverses provenances, les uns fusibles, les autres réfractaires, on arrive ainsi à composer une matière qui s'agglomère à haute température sans arriver à la fusion.

Lorsqu'on veut employer le procédé basique, on a recours à la dolomie ou à la magnésie ; cette dernière est plus résistante mais aussi généralement plus chère. On commence par couvrir les plaques de sole d'un rang de briques de magnésie, même dans les garnissages dolomitiques et, par dessus, on dame la dolomie ou la magnésie préalablement frittées et moulues. La magnésie s'emploie sans mélange, mais la dolomie est agglomérée par une certaine proportion de goudron, quelquefois on y ajoute une petite quantité de lait de dolomie, ou des scories broyées finement. Il faut d'ailleurs une certaine pratique pour établir une sole basique résistante et on éprouve fréquemment des mécomptes au début[1].

Quelquefois, on garnit la sole avec du fer chromé.

Aux soles basiques on donne une épaisseur de 0ᵐ,30 à 0ᵐ,45, aux soles acides 0ᵐ,50 et même davantage.

Les soles des fours Martin sont établies d'après deux principes très différents ; tantôt on leur donne une épaisseur dépassant 0ᵐ,50 comme le recommandait W. Siemens, tantôt on réduit celle-ci à 0ᵐ,15 ou 0ᵐ,20 comme le faisait Martin. Dans le premier cas, il est facile de comprendre qu'on ne peut chauffer, au point de l'agglomérer, une telle masse d'une matière réfractaire et mauvaise conductrice de la chaleur, aussi doit-on se résoudre à la cuire par couches minces successives, ce qui demande de 160 à 200 heures de grand feu.

Les soles Martin, au contraire, se battent d'un seul coup et sont cuites en une seule fois et en moins de 24 heures. Elles se comportent d'ailleurs aussi bien, si on a soin de rendre facile l'accès de l'air sous les plaques qui les portent ; elles ont même moins de tendance à se soulever par écailles et à augmenter d'épaisseur par l'infiltration des scories.

Les soles en fer chromé se font avec les fragments de minerai brut entre les vides desquels on dame un mortier composé de chaux et de minerai pulvérisé ; la chaux peut être remplacée par de la dolomie ou de la magnésie. Une épaisseur de 0ᵐ,15 à 0ᵐ.20 est suffisante ; cette matière conduit très peu la chaleur et s'agglomérerait mal sur une trop grande épaisseur. (V.)

Le trou de coulée se trouve au point le plus bas de la sole : on lui donne de 0ᵐ,15 à 0,20 en largeur et en hauteur ; pendant la fusion il est bouché par un tampon de terre réfractaire.

Le bain de métal doit avoir une profondeur minimum de 0ᵐ,30 ; elle atteint plus souvent, 0ᵐ,40 et 0ᵐ,50, quelquefois même 0ᵐ,60 ; on comprend que, trop faible elle oblige le métal à présenter une plus grande surface à l'oxydation par les gaz ; c'est ce qu'on doit rechercher dans certains cas, lorsque, par

---

[1] Dans *Stahl und Eisen*, 1887, p. 853 et 1890, p. 222, on trouvera des détails sur la confection des soles en magnésie.

exemple, la fonte est en proportion élevée dans la charge, ou lorsqu'on veut obtenir du métal peu carburé.

La sole doit contenir non seulement le métal mais encore la scorie. Celle-ci occupe un faible volume lorsqu'on travaille sans addition de minerai; elle est beaucoup plus abondante si on fait intervenir le minerai, et peut le devenir extrémement si, en outre, on opère sur sole basique avec additions de calcaire. On donne généralement à la sole une capacité égale au volume du métal augmenté de 1/8 pour travail acide sans minerai, augmenté de 1/3 si on fait des additions importantes de cet oxydant, et des 2/3 pour fusion basique.

Plus il y a de scories qui mettent le métal à l'abri de l'action directe de la flamme, et moins on a à craindre une oxydation excessive sur un bain de faible épaisseur ; aussi ne fait-on pas varier la profondeur de la sole d'un four à l'autre dans des limites aussi étendues que si on tenait compte, avant tout, de la quantité de scories produites dans les diverses allures. Dans les petits fours à sole siliceuse, cette profondeur est au moins de 0ᵐ,45, elle ne dépasse pas 0ᵐ,75 dans les grands fours à sole basique.

Lorsqu'on connaît la profondeur du bain de métal et son poids, on détermine par le calcul la surface de la sole de la manière suivante :

Soit f la surface de la sole en mètres carrés, p le poids de la charge en tonnes ; la surface de la sole est établie dans la plupart des fours conformément au tableau suivant :

Poids de la charge $= p =$	de 7ᵗ à 8ᵗ	de 8ᵗ à 10ᵗ	de 10ᵗ à 12ᵗ	de 12ᵗ à 15ᵗ	au-dessus de 15ᵗ.
Dans les fours acides $f =$	$p \times 1,1$	$p \times 1$	$p \times 0,9$	$p \times 0,8$	$p \times 0,7$
Dans les fours basiques $f =$	$p \times 1,2$	$p \times 1,3$	$p \times 1$	$p \times 0,9$	$p \times 0,8$

Reste à déterminer le rapport entre la longueur et la largeur du laboratoire pour une surface donnée. Si la sole est trop courte, il peut arriver que la combustion ne soit pas achevée dans le laboratoire, le combustible en ce cas est mal utilisé. Le rapport entre les deux dimensions $\frac{L}{l}$ doit donc être d'autant plus grand que le four est plus petit ; il est rare que L soit inférieur à 3ᵐ,50 même dans les plus petits fours ; dans les grands L atteint 8ᵐ [1].

Il existe à la largeur du four une limite qu'on ne peut dépasser sans inconvénient, parce qu'il serait difficile d'atteindre avec les outils, pour le brassage, le bouchage et les réparations, les parties trop éloignées de la porte ; on ne peut guère dépasser 3ᵐ,50 sans que les manœuvres deviennent très pénibles. (V.)

Le rapport $\frac{L}{l}$ est donc de $\frac{2}{1}$ pour les petits fours et les moyens et de $\frac{3}{2}$ pour les plus grands.

[1] D'après Campbell on peut aller jusqu'à 12ᵐ. *Transactions of the American Institute of mining Engineers*, t. XXII.

En plan la sole est un rectangle ; on lui a quelquefois donné la forme elliptique, mais il n'en est résulté aucun avantage.

Les pieds-droits et les voûtes des laboratoires de tous les fours, même de ceux qui sont à sole basique, sont construits en briques de Dinas[1]. Dans les fours à sole de dolomie, on intercale ordinairement entre la dolomie et les briques de Dinas une couche de briques de magnésie qui est moins fusible que la dolomie au contact de la silice ; on s'est également servi de fer chromé dans le même but.

Dans les fours à revêtement basique comme dans ceux à sole neutre, la partie inférieure des pieds-droits, qui se trouve en contact avec le métal et la scorie, doit être établie avec des matériaux de même nature que la sole elle-même. C'est par économie et pour plus de commodité qu'on ne les monte pas ainsi jusqu'à la voûte. Presque partout on a adopté comme intermédiaire entre les briques en silice de la partie supérieure et les matériaux basiques, des briques en fer chromé à l'exemple de l'aciérie de Terrenoire qui les employait dès 1875.

Les parties inférieures des pieds-droits qui sont baignées par le métal et la scorie et affouillées par le bouillonnement s'usent plus vite que celles qui restent en dehors du bain ; on a imaginé, dans quelques usines, de reporter le poids de la partie supérieure et par conséquent de la voûte sur les extrémités du four au moyen d'un arc surbaissé en briques de silice. On peut voir cette disposition sur la figure 298 *ter* qui représente un four à sole neutre ; elle permet de réparer le bas des pieds-droits sans que la solidité du reste de la construction soit compromise. (V.)

On donne à ces pieds-droits une épaisseur de $0^m,35$ et quelquefois plus[2]. La voûte est plus mince, elle dépasse rarement $0^m,225$ ou $0^m,250$; il faut en effet éviter que son poids et, par conséquent, sa poussée soit exagérée ; en même temps il est plus facile de la rafraîchir par l'air.

On ménage dans les pieds-droits du laboratoire un certain nombre d'ou_vertures pour le chargement du four et toutes les manœuvres et travaux qu'il est nécessaire de faire dans le laboratoire, pendant la fusion et après la coulée ; le nombre et l'emplacement de ces ouvertures est très variable. La porte de chargement se place ordinairement en face du trou de coulée et une seule suffit dans les petits fours pour l'introduction des matières et toutes les autres opérations ; dans les grands fours, on en dispose deux autres de moindre dimension à droite et à gauche de la première pour atteindre plus facilement les extrémités de la sole. Quelquefois on adopte deux portes pour le chargement et entre elles, en face du trou de coulée, une troisième plus petite.

On trouve assez souvent aussi deux portes supplémentaires à droite et à gauche du trou de coulée ; elles ont pour but de faciliter certaines réparations, mais il ne faut pas oublier que plus il y a d'ouvertures dans les parois d'un

---

[1] On a essayé de les faire en briques de magnésie, mais il ne parait pas qu'on ait réussi.

[2] Dans le four représenté fig. 295 et 296 les pieds droits ont $0^m,48$ d'épaisseur ; la voûte a $0^m,32$.

four et plus celui-ci est exposé à se refroidir. On donne aux portes de chargement de 0^m,70 à 1^m ; les autres n'ont que 0^m,50.

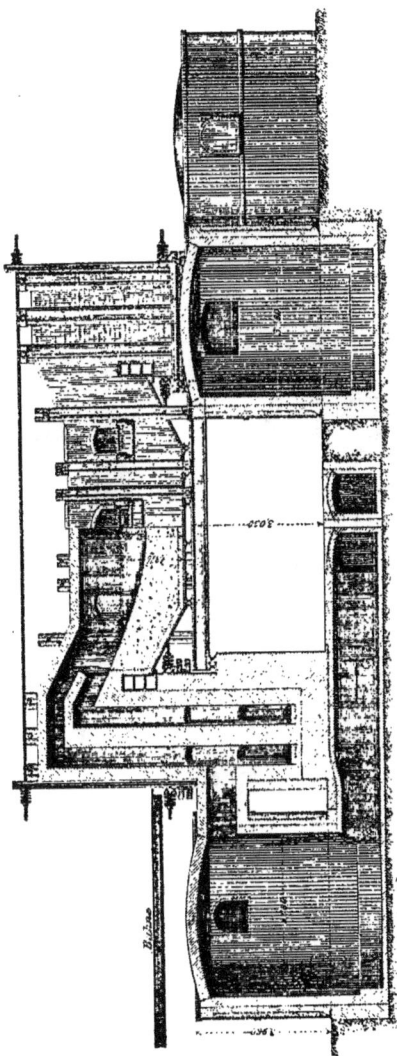

Fig. 297. — Four Martin de 20 t., échelle de 1/96. (Coupe verticale par ABCD.)

La voûte est supportée par les pieds-droits ; autrefois on la faisait plonger
vers le milieu du four pour obliger la flamme à s'abaisser et à chauffer la
sole ; c'est la forme qu'on remarque sur la figure 23 ; souvent même elle était
plus prononcée et on rencontre encore un certain nombre de voûtes semblables. Il en résultait que la flamme était obligée de lécher la voûte, ce qui

amenait une destruction rapide de celle-ci, en outre le gaz refroidi au contact de la brique se trouvait dans de moins bonnes conditions pour brûler.

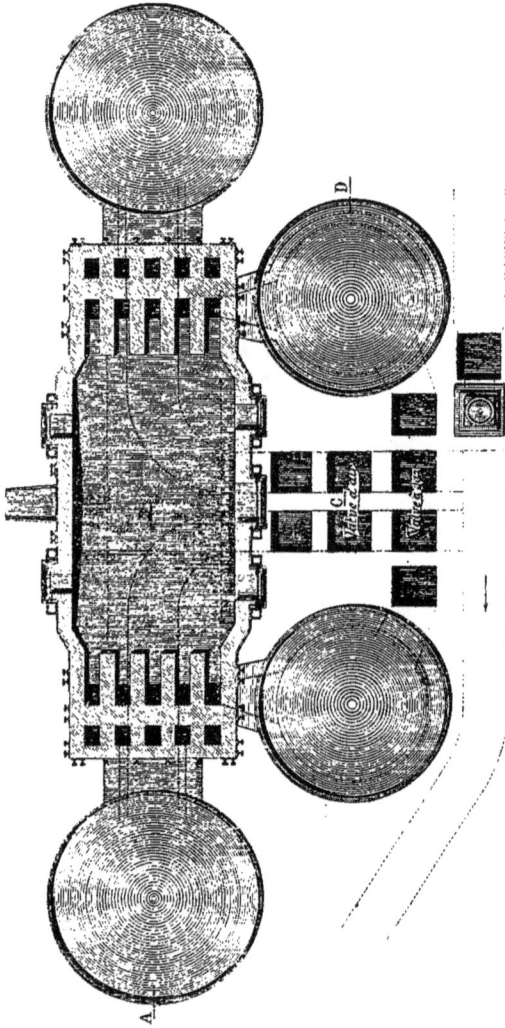

Fig. 208. — Four Martin de 20 t., échelle de 1/96. (Plan.)

Dans les fours à revêtement basique dont les murs en dolomie ou en magnésie montent jusqu'à la voûte, on peut craindre des tassements ou des contractions de ces matériaux, par le fait de la haute température du four et des mouvements correspondants de la voûte ; on fait donc, quelquefois, reposer les naissances de cette dernière sur des cornières rivées aux plaques d'armature. Les murs peuvent dès lors être remontés entièrement sans que la voûte soit touchée.

On donne habituellement aux voûtes l'épaisseur d'une brique dans sa plus grande dimension, c'est-à-dire 0^m,22 à 0^m,25 ; lorsqu'elles s'usent avec le temps ou par accident, coups de feu, etc., elles se tiennent encore fort bien avec une épaisseur réduite des deux tiers. On a proposé souvent de leur donner 0^m,40 ou 0^m,50 ou de les couvrir d'une couche de sable pour diminuer le rayonnement, il n'est résulté des essais faits dans ce sens qu'une usure plus rapide ou des désastres. On doit donc au contraire aérer autant qu'il est possible la surface extérieure et la tenir dans un grand état de propreté.

Les briques de Dinas se dilatent fortement par la chaleur ; si la flèche de la voûte est très prononcée, celle-ci tend donc à monter et les joints à s'ouvrir ; une voûte très surbaissée pousse sur ses naissances et exerce une forte traction sur les tirants ; lorsque ceux-ci sont pourvus de ressorts, elle reste convenablement bandée dans toutes les circonstances. (V.)

Dans les nouveaux fours on évite d'abaisser la voûte à ce point, souvent même on la fait rectiligne à partir du point où le gaz et l'air se mélangent ; ailleurs on la surélève vers le milieu (fig. 29, p. 152 et fig. 295) ; les fours du type de celui de la fig. 29 étaient employés à Gratz de 1870 à 1880 ; depuis 1885 leur usage s'est répandu après que Fr. Siemens eut signalé à plusieurs reprises, dans des brochures et des communications verbales, les inconvénients de l'ancienne disposition.

Dans les nouveaux fours de 5 à 10^t, la hauteur de la voûte au-dessus de la sole, au milieu du laboratoire est de 1^m,20 à 1^m,40 ; elle atteint 1^m,50 et 1^m,80 dans les plus grands, en sorte que, entre la voûte et la surface du bain, il reste un espace libre de 0^m,80 à 1^m de hauteur.

Les carneaux d'air et de gaz sont disposés à l'entrée du laboratoire comme nous l'avons indiqué p. 159, T. I. Leur section doit varier avec la dimension du four et la nature du gaz qui l'alimente. Il est clair que, si on emploie du gaz de lignite sans condenser la vapeur d'eau qu'il contient, pour fondre la même quantité de métal, il en faudra introduire un beaucoup plus grand volume que quand le gaz provient de houille et est peu chargé de vapeur d'eau.

On a imaginé un grand nombre de dispositions pour les carneaux de gaz et d'air, sans qu'il semble résulter de l'une ou de l'autre un avantage bien évident. Elles peuvent se ramener à deux systèmes différents. Dans le premier, ces carneaux sont superposés, l'air étant tantôt en dessus, tantôt en dessous ; dans le second, ils débouchent dans le laboratoire à la même hauteur et sont parallèles au grand axe du four. L'essentiel, c'est que leur section soit suffisante pour ne pas créer d'obstacle à la circulation des gaz, qu'ils facilitent le mélange et par conséquent la combustion dès leur entrée dans le four et qu'ils soient facilement abordables pour les réparations. Nous donnons fig. 298bis et 298ter deux exemples des carneaux du second système. (V.)

La chaleur est ordinairement mieux utilisée dans les grands fours que dans les petits, c'est-à-dire qu'il faut une moindre quantité de gaz pour fondre le même poids de métal. Il en résulte que le rapport entre la section totale des carneaux de gaz ou d'air peut être un peu plus faible dans les grands fours que dans les petits.

Mais en réalité on se préoccupe assez peu de cette considération et, si on fait la somme de toutes les sections par lesquelles l'air et le gaz pénètrent dans le laboratoire et, si on divise ce nombre par le poids de la charge en tonnes, on trouve des quotients qui varient de 330eq à 1000eq.

Il y a cependant moins d'inconvénient à ménager des carneaux trop grands qu'à en réduire la section au point de rendre plus difficile le mouvement du gaz à l'entrée et à la sortie du laboratoire. On calcule donc très largement ces sections, quitte à les rétrécir, si besoin est, à l'entrée dans le laboratoire.

Le rapport entre la section des carneaux par lesquels arrive l'air et celle des carneaux réservés au gaz est variable. S'il s'agit de brûler une certaine quantité de gaz à l'air peu chargé de vapeur d'eau, il faut un volume d'air à peu près égal, mais si le gaz contient peu d'éléments combustibles, il faudra moins d'air. Lorsque les gazogènes sont soufflés de telle façon qu'il y ait pression dans les carneaux de gaz, tandis que l'air arrive par simple aspiration, des arrivées d'air trop réduites pourraient amener une combustion incomplète ; si, au contraire, ces arrivées sont plus que suffisantes, il est facile de réduire la quantité d'air introduit en manœuvrant la soupape qui règle son admission. Aussi a-t-on l'habitude de donner une section plus grande aux orifices d'entrée de l'air qu'à ceux du gaz, dans un rapport compris entre $\frac{4}{3}$ et $\frac{6}{5}$.

Quand les gazogènes sont alimentés avec du lignite et que le tirage est naturel, le rapport est $\frac{1}{1}$.

Il est rare que les conduits et les orifices de l'air soient plus petits que ceux des gaz.

Dans les nouveaux fours et principalement dans ceux dont la voûte est surélevée, les extrémités des conduits d'air et de gaz plongent vers la sole comme on le voit sur la figure 297 ; presque toujours l'air arrive en dessus du gaz pour que le mélange se produise plus facilement. Dans ce cas, les conduits d'air et ceux du gaz débouchent dans le laboratoire sous un angle différent, l'inclinaison des premiers étant plus grande que celle des seconds.

Les générateurs et les gazogènes sont établis suivant les principes que nous avons exposés dans la première partie [1].

Le trou de coulée doit être assez élevé au-dessus du sol de l'usine pour que le métal puisse être reçu par la poche disposée en dessous pour le rece-

---

[1] Consulter *Stahl und Eisen*, 1892, p. 989, sur une disposition particulière des régénérateurs dont le but est d'augmenter la durée des carneaux d'air et de gaz aux points où ils débouchent dans le laboratoire (Brevet Schönwalder).

voir ; il se trouve habituellement à 2^m ou 3^m au-dessus du sol. Les portes de chargement sont naturellement plus élevées encore et, afin que les ouvriers puissent travailler commodément, on établit une plate-forme assez vaste pour recevoir les matières d'une ou plusieurs charges ; elle est ordinairement formée de tôles reposant sur une charpente en fer.

La durée d'une campagne pour un four Martin dépend de celle de la sole et de celle de la voûte. Si on a le soin de réparer la sole entre deux opérations, on peut la maintenir en état jusqu'au moment où la voûte doit être reconstruite, ce qui oblige à mettre le four hors feu. Si la sole et la voûte ont été convenablement établies, elles peuvent résister au moins à 150 charges, souvent on arrive à 300, 400, et même 600 et plus [1]. Quand on fabrique du métal peu carburé, les fours souffrent davantage, parce qu'on est obligé de les maintenir à plus haute température ; si on emploie de fortes quantités de minerais pour produire l'affinage, la sole est plus fortement attaquée ; pour ce genre de travail les soles en magnésie paraissent s'être mieux comportées que les autres [2]. Nous avons déjà indiqué que les voûtes des petits fours résistaient moins longtemps que celles des grands.

La durée des voûtes des fours Martin dépend de la qualité des matériaux employés et du mode de construction ; on ne saurait apporter trop de soins dans le choix des briques destinées à les composer et dans leur mise en œuvre ; malgré cela, il suffit quelquefois de quelques minutes d'inattention de la part du fondeur pour brûler une partie de voûte et rendre la réparation indispensable ; si l'accident a moins de gravité, il n'en a pas moins pour conséquence d'introduire dans le bain un élément de scorie qui, en marche basique, exige un supplément de calcaire. Les voûtes surélevées, telles qu'on les fait aujourd'hui presque partout, sont moins exposées que les autres à ce genre d'avaries.

Les soles siliceuses s'exhaussent la plupart du temps au lieu de s'user et leur démolition devient nécessaire parce que la capacité se trouve diminuée outre mesure. Celles en matières basiques se creusent assez rapidement si elles ne sont pas entretenues avec beaucoup de soin. Les soles neutres durent un grand nombre de campagnes et n'exigent que des réparations insignifiantes puisqu'elles ne cèdent rien au métal ni à la scorie. (V.)

Aux types de fours Martin figurés par l'auteur nous en ajouterons deux autres fig. 298bis et 298ter. Le premier est emprunté à la communication faite par l'ingénieur suédois Odelstjerna au meeting de l'American Institute of mining Engineers en 1894 ; ce four d'une capacité de 10 tonnes est employé pour marche acide ou basique. On s'est particulièrement attaché à diminuer les pertes par rayonnement en augmentant l'épaisseur des parois des régénérateurs et celles du laboratoire lui-même ; les régénérateurs sont égaux et leur volume est de 25^{mc} chaque ; l'air y est forcé par un ventilateur, de telle sorte que l'air et le gaz arrivent dans le four en pression tous deux. Les carneaux débouchent à la même hauteur et sont parallèles,

---

[1] *Stahl und Eisen*, 1887, p. 192 ; 1893, p. 258, 303, 480.

[2] D'après Sorge une sole en manganèse pour un four de 10^t coûte 2501f,25 et sa réparation après chaque opération revient à 28f,75. (*Stahl und Eisen*, 1887, p. 855).

ils sont fortement inclinés vers la sole. Ce four consomme de 200 à 250^k de houille par tonne de lingots.

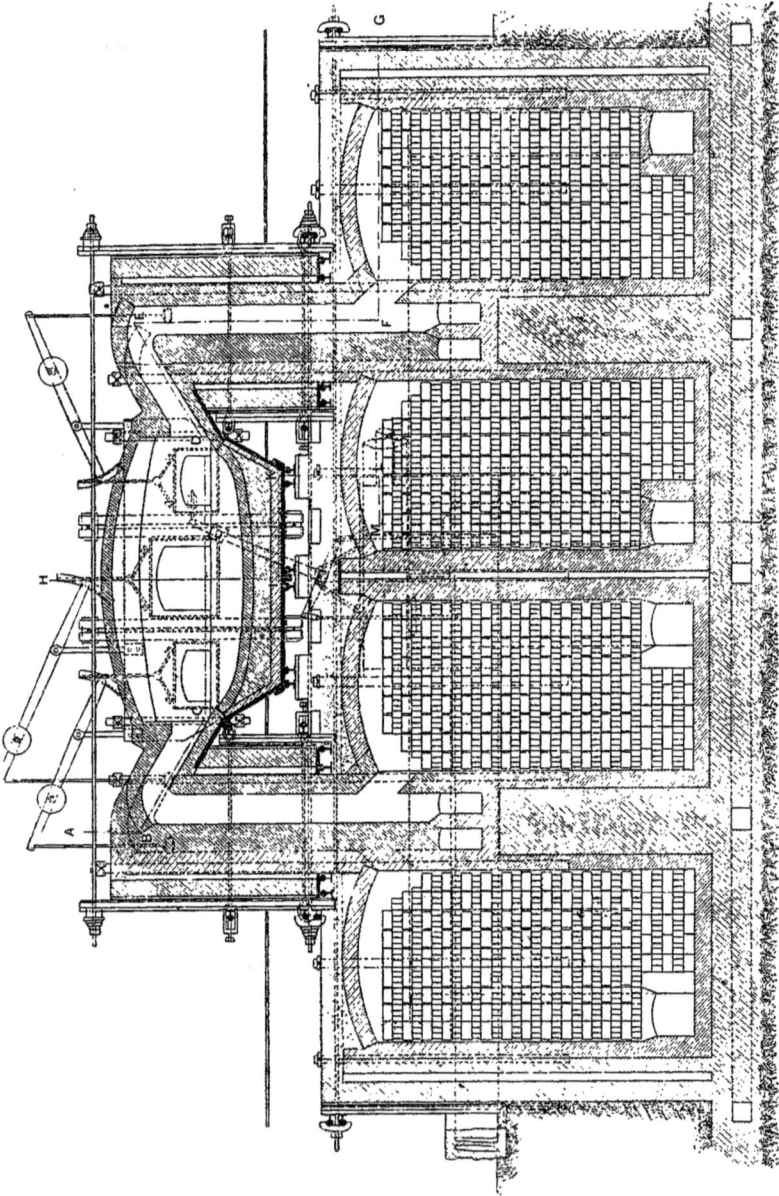

Fig. 298 bis. — Four Martin Suédois de 10 t., échelle de 1/100. (Coupe par OPQR.)

Le four représenté fig. 298ter est établi avec un revêtement en fer chromé ; il est destiné au travail avec minerai de fontes phosphoreuses. On y remarque l'isolement des carneaux, ce qui assure leur conservation et facilite les réparations lorsque celles-ci deviennent nécessaires. On y voit figurer le cintre surbaissé qui supporte

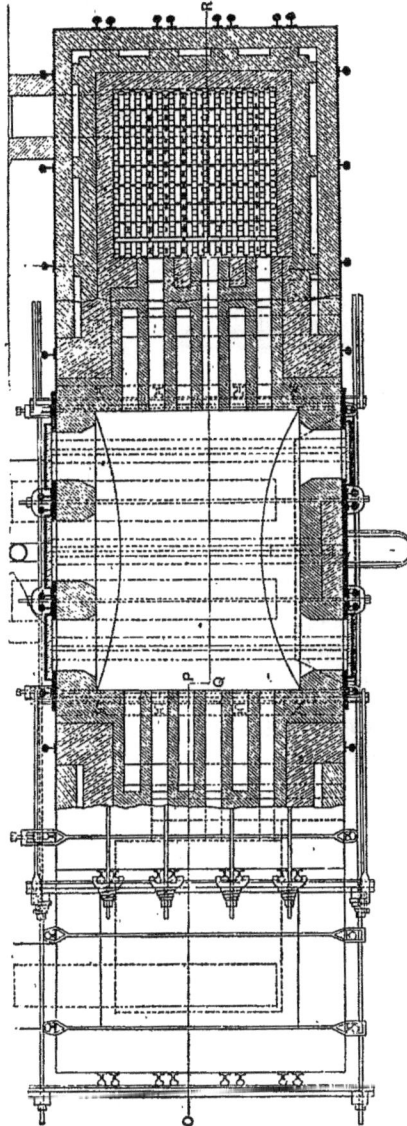

Fig. 298 bis. — Four Martin Suédois de 10 t. (Coupe par ABCDEFG.)

la partie supérieure des pieds-droits ; des dispositions spéciales sont prises pour aérer la sole au moyen d'une galerie centrale qui sépare les deux groupes de régénérateurs. La maçonnerie des laboratoire, murs et voûte repose tout entière sur les armatures et celles-ci sont portées par des marâtres en fonte *m* qui reposent elles-mêmes sur des murs *aba'* de façon à laisser les régénérateurs tout à fait indépendants. (V.)

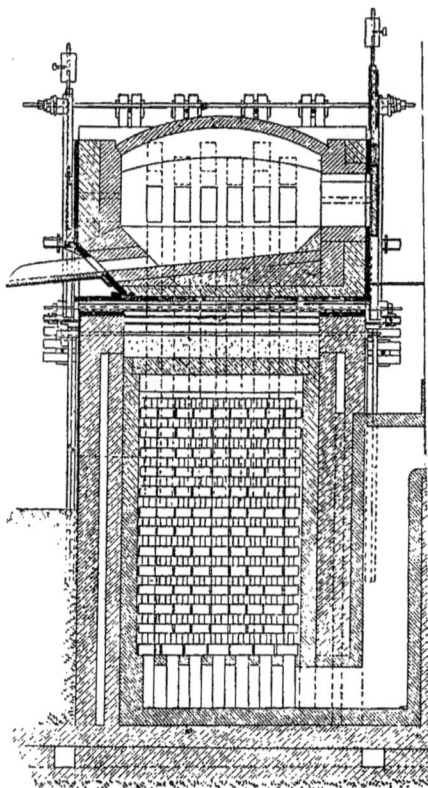

Fig. 298 bis. — Four Martin Suédois de 10 t. (Coupe par HIKLMN.)

Au lieu des fours à sole fixe du type de ceux que nous venons de décrire, on a employé, principalement en Amérique, des fours à sole mobile, dans l'espoir d'obtenir, un mélange plus parfait des matières chargées, un chauffage plus régulier de la sole dont toutes les parties viennent successivement s'offrir au contact de la flamme, enfin la facilité de réparer en marche, s'il est nécessaire, le trou de coulée, en plaçant l'appareil dans la situation où cette partie du four se trouve hors du bain.

C'est ainsi qu'on a souvent utilisé, pour le procédé Martin, le four Pernot chauffé au gaz par le système Siemens ; les inconvénients de ce four sont, paraît-il, le peu de durée de la sole et de la voûte et le danger auquel est exposé le coûteux appareil moteur placé en dessous, lorsqu'un accident arrive à la sole.

Campbell a construit des fours mobiles d'un type différent qui sont en
marche depuis plusieurs années dans une usine de l'Amérique du Nord[1]. Le
laboratoire repose tout entier sur des galets et peut recevoir un mouvement
d'oscillation auquel ne participent pas les orifices d'air et de gaz qui restent

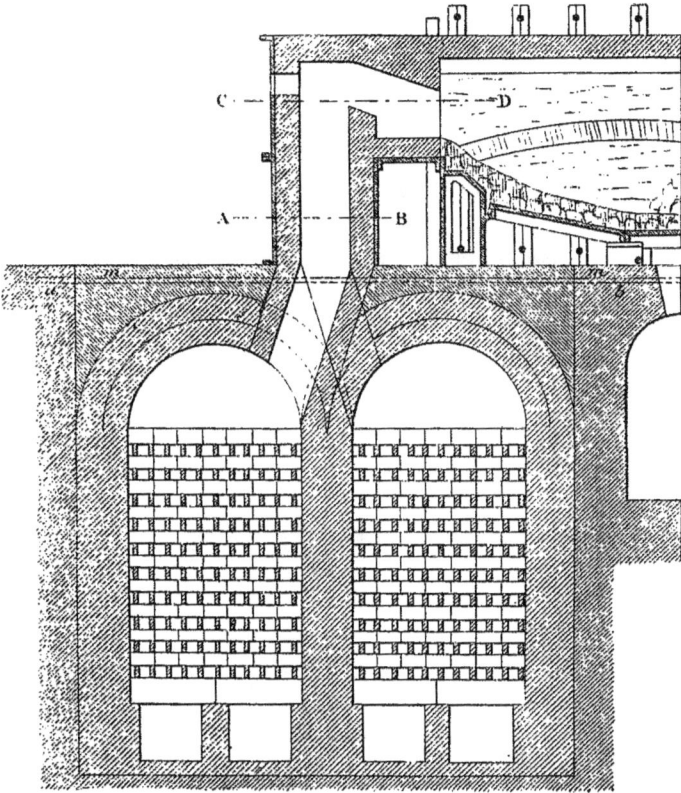

Coupe longitudinale

Fig. 298 ter. — Four de 10 t. à sole neutre.

fixes. Le mouvement est donné par le piston d'un cylindre hydraulique qui
est mis en relation avec le four par un levier. Lorsque le four est en travail
le trou de coulée se trouve au-dessus du bain de métal et de scories. Au
moment de la coulée, on incline le four et toutes les matières liquides peuvent en sortir.

[1] On trouvera des dessins de ce four dans *Stahl und Eisen*, 1892, p. 1028.

Nous donnons fig. 298ᵗᵉʳ le dessin du four Campbell emprunté au mémoire publié dans les *Transactions of the American Institute of mining Engineers*, t. XXII, p. 345. (V.)

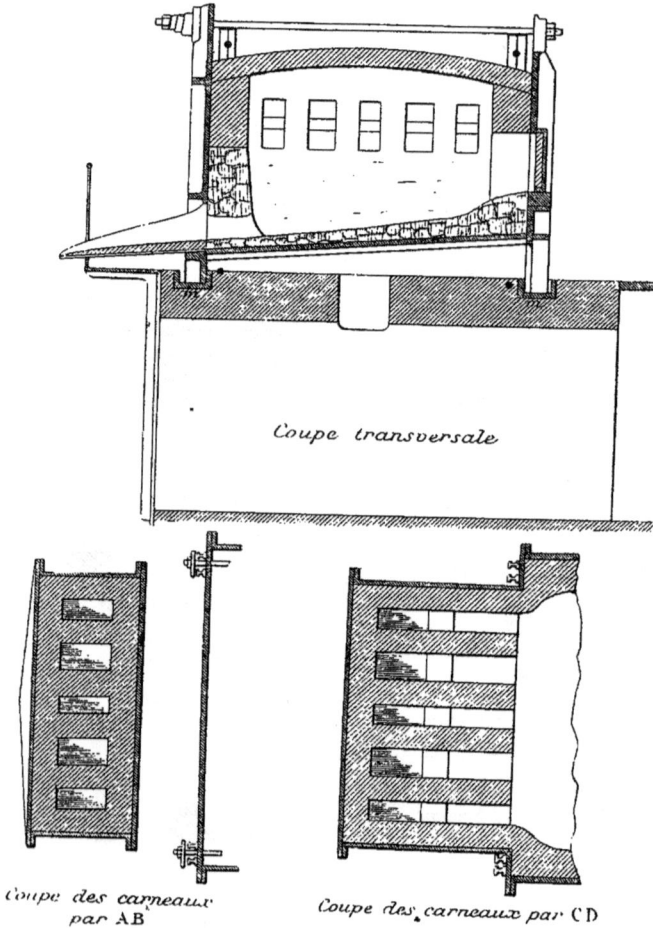

Coupe transversale

Coupe des carneaux par AB

Coupe des carneaux par CD

Fig. 298 ter. — Four de 10 t. à sole neutre.

Nous avons exposé, p. 172, T. I, les points faibles que présentent tous les fours tournants ; nous avons signalé surtout les frais occasionnés par leur installation et leur entretien ; ces mêmes inconvénients se retrouvent quand on applique ce genre d'appareil au procédé Martin et il est rare que les avantages qu'on y peut rencontrer assurent une compensation suffisante. Il est donc permis de prédire qu'à l'avenir on n'y aura recours que d'une manière exceptionnelle pour la fabrication de l'acier Martin.

(c) *Marche de l'opération Martin.* — Lorsqu'un four a été complètement refroidi, on doit commencer par le chauffer et l'amener progressivement à la température nécessaire, ce qui exige au moins 48 heures ; il faut plus de

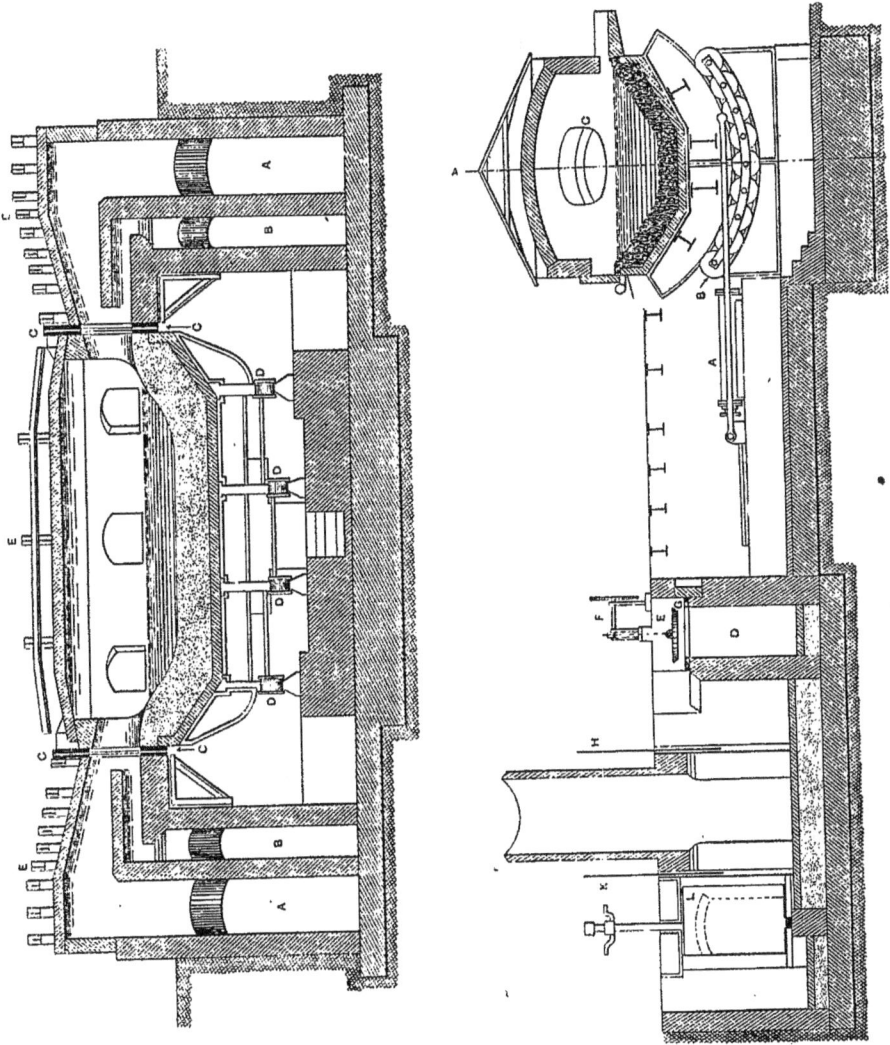

Fig. 298 IV. — Four Martin oscillant de Campbell.

temps encore s'il est neuf, parce qu'il est, avant tout, nécessaire de sécher complètement les maçonneries avec un feu doux, avant d'entreprendre le chauffage proprement dit.

Lorsqu'au contraire le four est en pleine marche on se borne, aussitôt la coulée faite, à examiner l'état de la sole et à réparer les points qui ont souffert, puis on procède, sans tarder, au chargement.

Dans les petits fours à sole siliceuse, on introduit d'abord la fonte, et dès qu'elle est fondue, on ajoute, par charges successives, le fer et l'acier qui se dissolvent dans le bain, on évite ainsi de refroidir le four et d'oxyder outre mesure le métal, ce qui arriverait nécessairement s'il restait trop longtemps sans se fondre exposé au contact des gaz de la combustion.

Dans les grands fours au contraire et, surtout lorsqu'ils sont à sole basique, on charge du premier coup, en même temps que la fonte, une partie du fer et de l'acier et parfois même la totalité des matières métalliques, ce qui a pour résultat d'abréger la durée de l'opération ; on est moins exposé, d'ailleurs, dans les fours basiques, à voir l'oxyde de fer produit passer immédiatement dans la scorie.

Le chargement se fait, soit à bras, soit par des moyens mécaniques. Dans le premier cas, on se sert d'une large pelle que l'on appuie sur le seuil de la porte et sur laquelle on dépose la matière à fondre ; le fondeur la pousse dans le four et va la vider au point voulu ; un fondeur et deux aides peuvent ainsi charger en cinq minutes une tonne de fonte en gros morceaux ; quant aux petits fragments, ils sont jetés directement dans le four.

Les appareils mécaniques employés pour le chargement sont assez variés. Ordinairement les matières à charger sont apportées dans une caisse en tôle découverte et portée par un wagonnet qui l'amène à la hauteur du seuil de la porte de chargement ; le piston d'un cylindre hydraulique transmet un mouvement horizontal à une tige de fer qui peut se déplacer également, d'une petite quantité, dans le sens vertical ; l'extrémité de cette tige vient s'assujettir, par un moyen simple, à l'arrière de la caisse ; puis on soulève légèrement la caisse, le piston la pousse dans le four et, par un mouvement de rotation, la vide sur la sole, et la sort ; on recommence avec une autre caisse la même manœuvre et ainsi de suite.

Le cylindre hydraulique est porté par un chariot ou une grue roulante de façon à passer d'un four à l'autre ; des tuyaux flexibles le mettent en relation avec le réservoir d'eau sous pression [1]. En 10 ou 15 minutes on peut charger ainsi un four de 15ᵗ.

On ne saurait prendre des dispositions trop pratiques pour activer le chargement des fours ; dans certaines usines, cette opération dure 3 heures et plus, pendant lesquelles le four se refroidit ; les régénérateurs eux-mêmes perdent une partie de la chaleur emmagasinée qu'il faudra leur fournir à nouveau ; cependant la production du gaz se poursuit dans une certaine mesure, causes multiples de consommation de combustible. Aussi, quelque compliqués que puissent être les engins de chargement, ou la préparation des matières, on ne doit pas hésiter devant les

[1] On trouvera dans *Stahl und Eisen*, 1891, p. 305, un dessin de cet appareil.

dépenses d'installation, ou les frais supplémentaires de main-d'œuvre pour précipiter le chargement des fours. On devra notamment paqueter les ferrailles de quelque dimension qu'elles soient.

Quant aux fontes, il sera utile de les couler en gueusets assez volumineux, ayant à peu près, comme longueur, la largeur du four, de façon à pouvoir les empiler rapidement les uns sur les autres par toutes les portes à la fois.

On a tenté à plusieurs reprises de charger la fonte liquide dans l'espoir de gagner, au moins, le temps nécessaire à sa fusion. On n'a généralement trouvé aucun bénéfice à cette pratique. Lorsque la fonte est empilée dans le four et en contact, par ses multiples surfaces, avec les gaz résultant de la combustion, elle s'oxyde superficiellement ; en fondant goutte à goutte, elle subit un commencement d'affinage, tandis qu'un bain tout formé, se recouvrant presqu'immédiatement de scorie, ne s'oxyde plus que par l'intermédiaire de celle-ci et sur une surface limitée. (V.)

Sur les soles basiques, avant d'y charger le métal, il est bon de mettre une couche de calcaire ou de chaux de 6 à 12 % du poids des matières métalliques pour le calcaire, une moindre quantité si on emploie la chaux ; l'addition de calcaire ou de chaux doit d'ailleurs être calculée d'après la quantité de phosphore et de silicium de la charge ; un excès de chaux rendrait la scorie difficile à fondre et visqueuse, ce qu'on doit éviter ; le calcaire est moins coûteux que la chaux, mais sa décomposition absorbe de la chaleur.

Bien que la décomposition du calcaire dans le four donne lieu à une certaine consommation de calories, on préfère cependant en général recourir à cette matière, plutôt que d'employer la chaux dont la conservation est difficile, le prix plus élevé, qui, grâce à sa légèreté, a tendance à flotter sur les matières fondues et dont enfin les poussières sont entraînées par le courant gazeux dans les chambres de régénération.

La perte de chaleur due à la décomposition du calcaire est d'ailleurs assez insignifiante, si on la compare à la somme des calories développées ; elle se produit dans une phase du travail où le point de fusion du métal est encore assez bas ; d'un autre côté, les fragments de calcaire adhérents plus ou moins à la sole, qui se recouvrent de fonte ou y sont empâtés, perdent leur acide carbonique et agissent à leur tour comme oxydants, cet acide se décomposant au contact du carbone.

Dans les fours à sole neutre, on commence par recouvrir la sole d'une couche mince de calcaire broyé grossièrement et légèrement humide que l'on recouvre de la quantité nécessaire de même matière concassée à la grosseur des cailloux des routes, et c'est au-dessus qu'on fait le chargement des ferrailles et des fontes. (V.)

Si on doit introduire dans le bain, pour l'affiner, une grande quantité de minerai, on en charge la majeure partie avec le métal, et on ajoute le reste peu à peu lorsque la fusion est complète ; on choisit, autant que possible, des minerais riches comme des oxydes magnétiques ou des hématites afin de ne pas augmenter le poids de la scorie ; on a quelquefois recours également aux oxydes de battitures provenant des marteaux ou des laminoirs.

L'emploi des battitures est particulièrement avantageux pour terminer l'opération et mettre exactement à point la qualité du métal. Il va sans dire qu'on ne doit se servir que de matières absolument propres, ne contenant surtout pas de quartz. Un moyen commode de les préparer consiste à les broyer sur une aire plane avec une petite quantité de chaux et d'eau à la façon d'un mortier un peu épais qu'on laisse reposer ; quand il a pris une certaine consistance, on le découpe, au moyen d'une pelle, en blocs de dimension telle qu'on puisse les manier aisément et on les laisse sécher. L'introduction dans le bain de quelques-uns de ces blocs provoque une vive effervescence due au dégagement et à la décomposition de la vapeur d'eau, puis à la réaction de l'oxyde sur les dernières traces de carbone et sur le phosphore. (V.)

Quand les minerais contiennent du soufre, celui-ci peut passer dans le métal et nuire à la qualité du produit final ; le phosphore n'est à redouter que dans le procédé acide.

L'addition de minerai varie de 0 à 50 % du poids du métal chargé ; il est rare cependant qu'il dépasse 20 %. Le plus souvent on se contente d'en ajouter une petite quantité à la fin de l'opération pour activer le départ du carbone, dans ce cas la proportion ne s'élève pas à plus de 4 % du poids du métal[1].

La proportion entre le poids de la fonte et celui du fer et de l'acier faisant partie d'une charge, varie dans des limites très étendues; elle dépend du prix relatif de ces matières ; c'est ainsi que le mélange ne contient parfois que 5 % de fonte et que dans d'autres circonstances, c'est la fonte seule qui constitue toute la charge et que l'on affine avec du minerai ; la proportion de fonte dépend aussi du degré de carburation qu'on demande au produit ; dans la plupart des cas elle varie de 1/4 à 1/2, le reste consistant en chutes de rails, de tôles, etc., et en vieilles ferrailles[2].

Il est clair que plus on emploie de fonte et plus l'affinage doit être énergique ; on a donc souvent proposé certains artifices pour décarburer la fonte sans avoir recours au minerai ; aucun d'eux n'a réussi industriellement. Ils consistaient, soit à souffler de l'air dans le four même, à l'intérieur du métal en fusion[3], soit à affiner pendant quelques minutes dans un convertisseur Bessemer la fonte prise au haut-fourneau et à la faire passer dans un four Martin[4] pour en achever le traitement. Dans ce dernier cas l'opération se

---

[1] Le procédé de fabrication au four Martin avec du minerai a été employé pour la première fois par Fréd. Siemens dans les aciéries de Landore. C'est pour ce motif qu'on le désigne quelquefois en France et en Angleterre sous le nom de procédé de Landore.

[2] On trouvera dans un grand nombre de publications des exemples de composition de charges adoptées dans diverses usines; voir entre autres, *Stahl und Eisen*, 1887, p. 249 ; 1889, p. 399 ; *Oesterr. Zeitschr. für Berg- und Hüttenwesen*, 1893, p. 32, et beaucoup d'autres.

[3] Procédé Würtenberger, *Oesterr. Zeitschr. für Berg- und Hüttenwesen*, 1882, p. 293. — Fornoconvertisseur Ponsard.

Oesterr. Zeitschr. für Berg- und Hüttenwesen, 1890, p. 262. A Witkowitz, après deux minutes de soufflage dans le convertisseur la composition de la fonte avait été modifiée comme l'indiquent les chiffres suivants.

	Carbone	Silicium	Manganèse
Avant soufflage	3,39	0,95	1,77
Après id.	3,03	0,26	0,75

trouve singulièrement compliquée ; l'installation et l'entretien de ces appareils entraînent des dépenses considérables, aussi, dans la plupart des usines où l'on a employé ces procédés pendant un temps plus ou moins long, les a-t-on abandonnés pour revenir à la méthode ordinaire.

L'idée de souffler de l'air à l'intérieur d'un bain métallique reposant sur la sole d'un four semble très rationnelle ; c'est en somme la reproduction des premières expériences de Bessemer dans un creuset. Il est donc assez surprenant que le procédé Wurtenberger, après avoir été pratiqué pendant quelques années dans l'usine du Phœnix à Ruhrort, ait été abandonné. On lui reprochait surtout de détruire trop rapidement les soles et de produire un bouillonnement tel que des parcelles de métal et de scories étaient projetées sur la voûte et entraînées dans les chambres ; peut-être l'emploi de matériaux plus résistants et une disposition différente du four eussent-ils assuré à ce procédé un succès qui lui a fait défaut et qu'il paraissait mériter. La fig. 298 V représente l'appareil de soufflage qu'on introduisait dans le four lorsque les matières étaient fondues. (V.)

L'emploi simultané d'un appareil Bessemer et d'un four Martin pour l'affinage rapide de la fonte a été préconisé et tenté bien des fois ; il est séduisant, en effet, au premier abord ; on reconnaît cependant qu'il ne fournit pas une solution vraiment industrielle, quand on réfléchit que, pour préparer par le soufflage dans un convertisseur une charge de fonte destinée à un four Martin, ce convertisseur doit avoir la même capacité que ce four lui-même. Il n'est donc pas permis d'employer de petits convertisseurs d'une installation sommaire, il faut recourir à des appareils volumineux d'une manœuvre pratique et par conséquent fort coûteux ; en outre, si on ne doit pas alimenter un grand nombre de fours, ce convertisseur marchera d'une façon tout à fait intermittente, ce qui se traduit nécessairement par une forte dépense. Ajoutons que la double opération donnera lieu à un double déchet, car une partie de la scorie produite au convertisseur ne suivra pas le métal dans le four où il s'en produira une nouvelle.

Il y a donc peu à espérer de cette solution complexe et le soufflage à l'intérieur du four lui-même paraîtrait plus satisfaisant s'il n'était accompagné d'inconvénients qui l'ont fait échouer jusqu'à ce jour. (V.)

La composition de la fonte joue également un rôle dans la proportion qu'on en doit admettre ; la présence du silicium retarde la décarburation, mais son oxydation développe de la chaleur dont profite le bain ; le plus ordinairement, la fonte en contient de 0,75 à 1,50 %. Cet élément est nuisible dans les fours basiques, parce que la silice qui résulte de sa combustion attaque la sole.

Le manganèse, comme le silicium, a pour effet de retarder la décarburation, mais sa présence est utile à divers points de vue ; tant que ce corps est à l'état de métal, il protège le fer contre l'oxydation et l'empêche par conséquent d'absorber du protoxyde de fer et de devenir rouverin ; en outre, le protoxyde de manganèse rend les scories plus fluides, qu'elles soient acides ou basiques ; enfin cet élément est d'une utilité encore plus incontestable dans la fabrication du véritable acier pour lequel on doit surtout éviter la

présence du protoxyde de fer, et conserver une certaine proportion de carbone. On recherche donc les fontes tenant de 1 à 4 $^n/_0$ de manganèse, et lors-

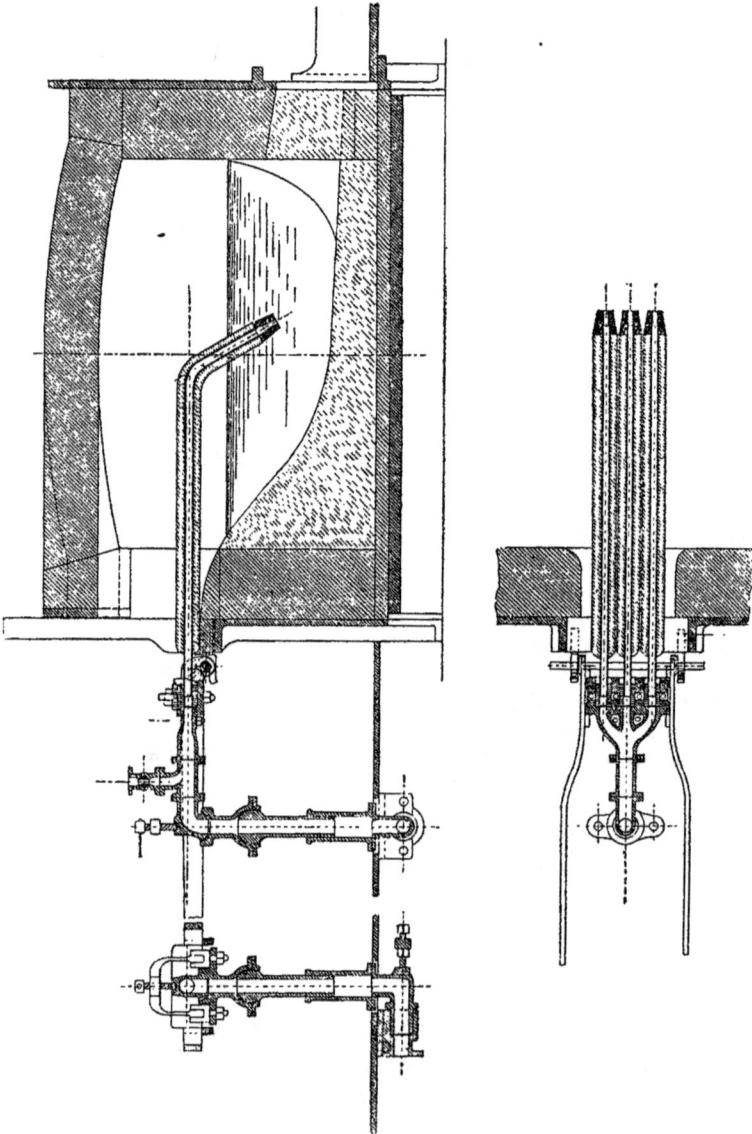

Fig. 298 V. — Soufflage d'un four Martin, procédé Wurtenberger.

que celles dont on dispose n'atteignent pas cette teneur, on les mélange avec
du spiegeleisen.

Le choix de la fonte dépend encore de la proportion dans laquelle elle entre dans la charge, par rapport au fer ou à l'acier ; lorsqu'on emploie peu de fonte, c'est-à-dire lorsqu'on a à refondre une grande quantité de riblons ou de ferrailles, on doit faire choix d'une fonte plus riche en silicium et en manganèse. En somme si on prend la composition moyenne d'un lit de fusion on trouve le plus souvent qu'il renferme :

Silicium. . . . . 0,4 à 0,8 %
Manganèse . . . . 0,8 à 1,4
Carbone. . . . . 1,0 à 1,6

La fonte ne doit jamais, dans un four à sole siliceuse, contenir plus de 0,1 de phosphore, surtout si on y doit ajouter des ferrailles phosphoreuses comme celles qui proviennent de certains fers obtenus par soudage. Sur sole basique, au contraire, on peut admettre une teneur quelconque en phosphore, pourvu qu'on fasse intervenir une quantité suffisante de calcaire et qu'on prolonge l'opération pendant un temps assez long ; néanmoins, comme les fusions prolongées entraînent de nombreux inconvénients, on préfère généralement n'employer que des fontes dans lesquelles la proportion de phosphore ne dépasse pas 0,5 %. On tient compte, naturellement, dans le choix de la fonte, de la différence de prix entre celles qui sont plus ou moins phosphoreuses.

Autant que possible, il faut que cette fonte ne contienne pas plus de 0,1 % de soufre, aussi bien pour le procédé acide que pour le procédé basique ; avec le premier, le corps ne peut être éliminé, il ne l'est que très peu avec le second [1].

Le cuivre, l'arsenic, l'antimoine, restent unis au fer dans le four Martin comme dans tous les autres appareils employés à l'affinage, la fonte n'en doit donc apporter que les quantités qu'on peut admettre sans inconvénient dans le fer et l'acier.

Nous venons d'indiquer comment devait être composée la charge du four et comment l'opération du chargement pouvait être effectuée ; pendant la fusion le fondeur doit veiller à ce qu'il ne se forme sur la sole aucun dépôt de fer adhérent; il doit, en même temps, s'occuper de régler convenablement les quantités d'air et de gaz qu'il admet dans le four ; comme, à mesure que le travail s'avance, le point de fusion du métal s'élève de plus en plus, la température du four doit suivre la même progression. De temps en temps, à l'aide d'un long crochet, il brasse le métal pour faciliter le mélange des matières ; ce travail est surtout nécessaire, lorsqu'on ajoute des matières à l'état solide au milieu du bain liquide.

L'oxydation du carbone se manifeste par le bouillonnement que produisent

---

[1] Quelquefois même le produit final contient plus de soufre que le mélange qui constitue le lit de fusion ; nous donnerons des détails sur ce fait lorsque nous étudierons les réactions chimiques qui se produisent dans le procédé Martin.

les bulles d'oxyde de carbone qui se dégagent du métal en fusion ; on suit ce phénomène en regardant à l'intérieur du four à travers un verre bleu qui protège les yeux contre le vif éclat de la flamme.

Quand le bouillonnement a cessé, ou s'est apaisé, on fait la première prise d'essai ; à cet effet, on plonge dans le bain une petite poche en fer préalablement chauffée, et on en retire un peu de métal qu'on verse dans un moule en fonte ; on obtient ainsi une éprouvette ; les étincelles qui se dégagent du métal pendant qu'on le coule, le boursouflement qui se produit dans le moule, ou le retassement sont déjà des indices de la nature du métal. Une fois l'éprouvette solidifiée, on la porte sous le marteau, on la forge rapidement et on essaie de la plier à froid. Quand on travaille avec un four acide, on étire généralement le petit lingot en une barrette de 15^{mm} que l'on trempe et qu'on ploie à froid ; si la décarburation a été poussée assez loin, elle supporte un pliage à $180°$, sinon elle casse avant d'arriver à ce point.

Dans le procédé basique, on forge le lingot sous forme de disque et on le plie en deux ou en quatre après l'avoir trempé, l'éprouvette doit subir cette épreuve sans criquer.

Pour un œil exercé, le simple examen de la cassure suffit à montrer le degré de décarburation du métal ; sur sole acide on voit le grain de l'éprouvette grossir à mesure que le carbone est éliminé ; le contraire se présente sur sole basique, parce que le phosphore, dont la présence a pour effet d'augmenter la dimension du grain, disparaissant peu à peu, celui-ci devient plus fin à mesure que l'épuration est plus complète.

Martin coulait ses éprouvettes sous forme de petits gâteaux cylindriques de $0^k,500$ à $0^k,700$ que l'on aplatissait immédiatement au marteau en disques de $0^m,12$ à $0^m,15$ et de 6 à 7^{mm} d'épaisseur, épreuve excessivement dure, qui fournit des indications très précises non seulement sur le degré de carburation, mais encore sur l'état plus ou moins rouverin du métal. Dès que cet état existe, il se manifeste en effet par des criques plus ou moins nombreuses, plus ou moins profondes à la circonférence. Les pliages et les cassures complètent ces renseignements et s'accomplissent en quelques minutes.

C'est ce système qui a été suivi à Terrenoire ; on l'a même appliqué couramment à l'atelier Bessemer au métal coulant de la poche ; deux ou trois éprouvettes de ce genre prises pendant la coulée restaient chaque fois comme témoins de la régularité du travail. (V.)

C'est sur ces diverses observations que l'on se guide pour arrêter l'opération ; lorsqu'on est certain d'être arrivé au point voulu, on procède à l'addition toujours obligatoire de spiegeleisen ou de ferro-manganèse.

Dans quelques aciéries, avant de faire les additions manganésées, on produit un brassage énergique des matières en introduisant dans le bain une perche de bois vert qui provoque un bouillonnement considérable et l'expulsion d'une certaine partie de la scorie.

Quand on affine des fontes phosphoreuses au moyen de minerais, la quantité de scorie produite arrive quelquefois à être considérable et empêche le métal de recevoir l'impression de la chaleur ; il devient nécessaire d'en écouler une partie. On doit disposer, à cet effet, un petit chariot sous la porte du travail, de façon à ne pas incommoder les ouvriers. (V.)

Si, au contraire, il résulte de l'examen de l'éprouvette que le métal contient encore un excès de carbone ou de phosphore, on prolonge l'opération ; quelquefois on fait une addition de minerai ou de calcaire, ce dernier seulement dans un four basique ; de temps en temps on prend une nouvelle éprouvette et c'est lorsque celle-ci paraît remplir les conditions voulues qu'on procède aux additions finales.

Les considérations qui doivent guider dans le choix du métal manganésé, et dans la quantité à ajouter, sont les mêmes que nous avons développées à propos de l'affinage Bessemer acide ou basique (p. 475, T. II).

Veut-on obtenir du fer doux destiné au laminage, l'addition se composera de ferro-manganèse contenant de 50 à 80 % de manganèse, et son poids sera compris entre 0,5 et 1 % du métal chargé. Pour obtenir du fer moins doux ou de l'acier, on ajoutera de 1 à 3 % de ce même ferro-manganèse.

Toutes choses égales d'ailleurs, l'addition peut être plus faible dans un four basique, parce que le manganèse s'y oxyde moins que dans un four acide et que le bain final en contient davantage à l'état métallique avant l'introduction des alliages spéciaux.

Si on veut éviter les soufflures, on ajoutera du ferro-silicium, soit 0,5 % de ferro-manganèse et 0,5 % de ferro-silicium ; on peut augmenter ces proportions, quand le métal est destiné à des moulages.

Le ferro-manganèse et le ferro-silicium sont généralement chargés après avoir été préalablement chauffés et on fait un brassage pour en assurer la dissolution ; dans certaines usines, au contraire, c'est dans la poche de coulée que se font les additions quoiqu'on courre le danger d'obtenir un mélange moins homogène [1].

L'aluminium se charge toujours dans la poche.

Lorsqu'on doit faire des additions d'alliages de chrome, de tungstène, etc., pour produire des aciers de qualités spéciales, il faut avoir le soin de ne les introduire dans le bain que lorsque celui-ci est complètement désoxydé par le manganèse et l'aluminium, sans quoi ces alliages s'oxydent eux-mêmes en partie et leur dosage devient des plus incertains. (V.)

Lorsque tout est prêt, on perce le trou de coulée et le contenu du four s'écoule dans la poche. On examine alors l'état de la sole, on la répare et on peut commencer à faire une autre charge.

---

[1] Campbell combat cette manière de voir. Voir *Stahl und Eisen*, 1893, p. 874.

Si une partie du métal doit être coulée en lingots et l'autre en moulage, on commence par les premiers, puis on fait une deuxième addition et on coule les pièces moulées.

Les premiers fours Martin étaient de faible capacité et la coulée se faisait directement du four dans les lingotières disposées sur un chariot circulant devant le four, ou sur une plaque tournante. C'est le procédé de coulage dit *à la pique* qu'on trouve encore dans un certain nombre de fours. L'ouvrier couleur, après avoir percé dans la terre du bouchage un trou de faible diamètre, s'armait d'une barre de fer pointue avec laquelle il interrompait le jet pendant le passage d'une lingotière à l'autre.

Ce mode de coulée avait l'inconvénient d'entraîner une perte de temps d'autant plus considérable que le poids du métal était plus fort et celui des lingots plus petit ; la qualité du métal était susceptible de changer du commencement à la fin.

Aujourd'hui on emploie toujours l'intermédiaire d'une poche semblable à celles que nous avons décrites ; le four est vidé d'un seul coup et immédiatement prêt pour les réparations et un nouveau chargement. Les poches sont portées tantôt par un chariot circulant à la main ou mécaniquement sur une voie ferrée, tantôt par une grue hydraulique analogue à celles employées dans les installations Bessemer. (V.)

(d) *Réactions chimiques du procédé Martin.* — *Modifications dans la composition du métal.* — Le procédé Martin consiste essentiellement dans l'oxydation graduelle du carbone, du silicium, du manganèse et même du phosphore ; cependant la marche de ces réactions varie avec la température du four et avec la nature de la sole.

Comme la température du laboratoire est toujours relativement élevée, une partie du carbone s'oxyde immédiatement même en présence du silicium et du manganèse ; sur sole basique, cette réaction est plus rapide encore (p. 518. T. II).

La combustion du silicium est facilitée, dans un four basique, par la présence de scories riches en bases ; aussi, dans ce cas, le métal final ne contient-il plus que des traces de cet élément, tandis que dans les fours acides, il n'est pas rare d'en trouver 0,1 % dans le produit à la fin de l'opération. De même que dans le convertisseur, l'addition de manganèse peut, en dernier lieu, réduire de la silice et augmenter la proportion de silicium. Les additions de minerais ont pour résultat de brûler rapidement le silicium contenu dans le bain.

Les deux natures de soles agissent sur le manganèse d'une façon tout à fait différente de celle que nous venons d'indiquer à propos du silicium. Sur les soles acides, l'oxydation du manganèse est très active, sur les autres, elle est retardée, et quand cet élément existait en notable proportion dans la charge initiale, il n'est pas rare d'en trouver 0,3 % et même plus dans le produit, alors même que la teneur en carbone s'est abaissée au-dessous de 0,1 % ; le manganèse persiste dans le métal même lorsqu'on fait des additions de minerai, surtout quand la température est très élevée, l'affinité du carbone pour l'oxygène le forçant à accaparer toute l'action oxydante du minerai.

Quant au phosphore, il est oxydé en partie dès le début de la fusion sur sole basique, malgré la haute température qui règne dans l'enceinte, pourvu qu'il ne se trouve dans la charge qu'en faible proportion, ce qu'on réalise en chargeant avec de la fonte phosphoreuse, du fer et de l'acier. L'élimination du phosphore se poursuit donc en même temps que celle du carbone et en prolongeant suffisamment la durée de l'opération, on pourrait obtenir, même d'un mélange très chargé de cet élément, nuisible, un métal très peu phosphoreux.

On préfère, cependant, comme nous l'avons fait observer antérieurement, opérer sur des matières moins impures qui permettent de mener le travail plus rapidement, de façon à réduire la consommation de combustible et le déchet.

Dans un four acide, il résulte de toutes les constatations faites jusqu'à ce jour, que le produit final contient autant de soufre que les matières chargées ; sur sole basique, on obtient une désulfuration partielle, parce que la scorie calcaire retient une certaine partie du soufre ; il en passe d'autant plus dans la scorie que le bain initial en contenait davantage ; la présence du manganèse dans la charge aide au départ du soufre et l'addition finale de ferro-manganèse en élimine une autre partie.

Campbell a reconnu qu'en traitant des charges de 16ᵗ d'un métal contenant au début 0,24 % de soufre, il ne s'en trouvait plus que 0,09 avant l'addition de ferro-manganèse et 0,08 après [1].

On trouvera dans les tableaux suivants des résultats d'analyses indiquant les variations de composition du métal sur sole basique, et on remarquera l'abaissement de la teneur en soufre.

Cependant lorsque les fours sont alimentés avec des gaz notablement sulfureux, il peut y avoir absorption de soufre par le métal ; cet effet est surtout sensible quand la matière première est elle-même à peu près exempte de cet élément nuisible. Campbell a remarqué que, dans des conditions semblables, la teneur en soufre s'était élevée de 0,04 % à 0,07 %. Des observations de ce genre ont été faites à plusieurs reprises sur des coulées basiques, elles ont été beaucoup plus rares sur celles obtenues sur sole siliceuse.

Lorsque les combustibles destinés à la production du gaz sont très sulfureux, on doit recourir au lavage des gaz avant leur entrée dans les régénérateurs ; dans quelques usines on ajoute une certaine proportion de chaux ou de calcaire à la houille dans les gazogènes, il est douteux que cet expédient soit réellement efficace, la scorie qui se forme sur les grilles est peu propre à absorber le soufre sous forme de sulfure de calcium. (V.)

[1] Ces expériences sont décrites tout au long dans les *Transactions of the American Institute of mining Engineers*, 1893.

1er *Exemple*. — Opération sur sole acide à Gutehoffnungshutte en 1879 : les expériences ont été faites par Kollmann [1].

		C	Si	Ph	S	Mn
Charge {	Fonte grise 400k					
	Fer ou acier fondu. . . 4000k	0,497	0,480	0,089	0,016	0,860
	Fer ou acier obtenus par soudage. . 600k					
7 heures après le commencement de l'opération. Vif bouillonnement		0,060	0,150	0,090	0,020	traces
Après addition de minerai.. . . . . 300k		0,050	traces	0,090	0,020	id.
Id. id. de ferromang. à 60 % 70k		0,100	id.	0,090	0,020	0,370

2e *Exemple*. — Opération sur sole acide dans une usine dont le nom n'est pas indiqué. Communication de Mehrtens.

		C	Si	Ph	S	Mn	Cu
Charge {	Fonte. 3500k	1,30	0,77	0,08	0,03	1,28	0,11
	Fer ou acier. . . 7000k						
7 h. après le commencement, bain très chaud .		0,80	0,35	n. d.	n. d.	0,20	n. d.
2 h. plus tard après addition de 600k minerai.		0,07	0,01	id.	id.	traces	id.
Après addition de 135k ferromang. à 40 %		0,18	0,04	0,08	0,05	0,30	0,11

3e *Exemple*. — Opération sur sole basique avec des matières très phosphoreuses, dans une usine anglaise. Les expériences ont été faites par F. W. Harbord [2].

		C	Si	Ph	S	Mn
Charge {	Fonte 65 %	2,300	0,870	2,300	0,230	0,960
	Fer ou acier 35 %					
4h après le commencement, fusion terminée.		0,420	0,060	1,220	0,230	0,080
1/2 heure après		0,230	0,070	1,180	0,213	0,060
Id.		0,178	0,070	1,000	0,206	0,088
Id.		0,094	0,050	0,840	0,183	0,062
Id.		0,075	0,040	0,700	0,170	0,064
Id.		0,070	0,045	0,480	0,165	0,060
Id.		0,060	0,050	0,330	0,157	0,085
Id.		0,050	0,045	0,192	0,160	0,065
Id.		0,045	0,025	0,116	0,137	0,080
Id.		0,050	0,010	0,085	0,130	0,051
Après addition de ferromanganèse		0,130	traces	0,065	0,125	0,510

[1] *Verh. d. Ver. z. Bef rd. d. Gewerbl.*, 1880, p. 221.
[2] *The Journal of the Iron and Steel Institute*, 1886, II, p. 700.

Cette série d'analyses met bien en évidence l'abaissement graduel de la teneur en phosphore dont près de la moitié avait été éliminée déjà pendant la fusion des matières, c'est-à-dire pendant les quatre premières heures ; l'élimination s'est continuée à peu près régulièrement. On y voit aussi nettement que la proportion de soufre, assez élevée au début, a diminué peu à peu pendant l'opération ; elle reste néanmoins trop élevée pour que le métal fondu soit bien malléable à chaud. Pendant la fusion, le carbone a été, en très grande partie, oxydé, ce qui permet de conclure que la température était très élevée.

Dans une autre série d'expériences du même auteur, la proportion de carbone n'a été réduite, pendant la fusion, qu'à 1,76 % bien que la durée ait été la même.

La fig. 299 donne le tracé graphique de ces variations pour le carbone, le silicium et le phosphore ; les deux courbes du silicium et du manganèse se seraient presque superposées, c'est pourquoi nous n'avons pas reproduit

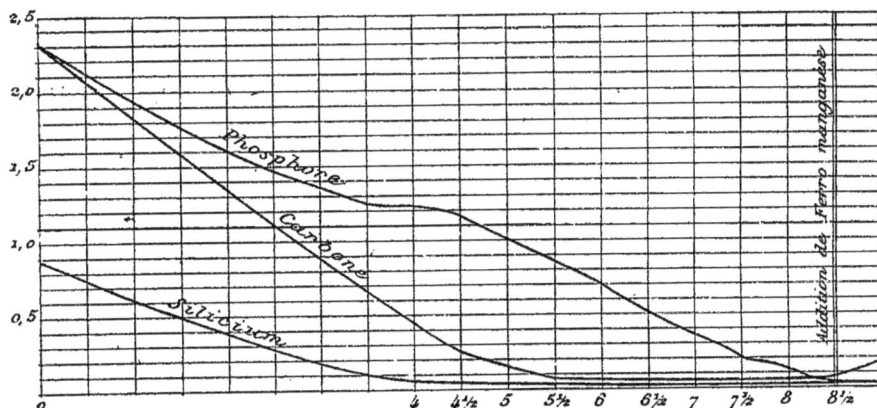

Fig. 299. — Etude graphique du procédé Martin basique.

cette dernière. Si on compare ces tracés avec ceux relatifs au procédé Thomas, on remarque dans quelle mesure diffèrent les réactions chimiques des deux opérations ; il faut tenir compte naturellement du fait que ces réactions s'accomplissent dans une période de temps 25 fois plus grande avec le procédé Martin qu'avec le procédé Thomas.

4e *Exemple*. — Opération sur sole basique faite avec des matières peu phosphoreuses, en 1890, dans une usine qui n'est pas indiquée. Communication de Mehrtens.

	C	Si	Ph	S	Mn	Cu
Charge { Fonte . . . . 2500ᵏ } { Bouts de rails Bessemer 5000ᵏ }	1,48	0,320	0,09	0,03	1,37	0,11
4 h. après le commencement, bain très chaud .	0,82	0,010	0,06	0,03	0,37	0,11
1 h. 10 plus tard, après addition de 230ᵏ minerai	0,09	0,005	0,03	0,03	0,35	0,11
Après addition de 50ᵏ ferromang. à 40 °/₀ . .	0,15	0,009	0,03	0,02	0,53	0,11

Dans cet exemple le carbone n'a pas été oxydé aussi rapidement que dans le 3° ; probablement la température n'était pas aussi élevée, le silicium a été oxydé très vite et presque complètement. La proportion de phosphore a diminué en même temps que celle de carbone. La charge initiale était très manganésée et le métal a retenu une quantité plus grande de manganèse que celui de l'exemple précédent.

Si on compare entre eux les exemples 2 et 4, on constate l'influence de la nature des soles sur la conservation du manganèse ; dans un cas, cet élément est complètement éliminé, dans l'autre, il en reste 0,35 °/₀ ; de sorte qu'avec une moindre addition de manganèse, le produit final en retient davantage ; sur la sole acide, pour une charge de 10500ᵏ on a ajouté 135ᵏ de ferromanganèse, soit 1,3 °/₀, dans le four basique, pour 7500ᵏ on a mis 50ᵏ de ferromanganèse, soit 0,65 °/₀.

Le tracé graphique établi sur les chiffres de ce dernier exemple serait semblable au précédent [1].

Scories. — Les scories des fours acides sont toujours très siliceuses, elles se forment aux dépens du silicium de la charge d'une part et à ceux de la sole d'autre part ; elles renferment également du protoxyde de fer et du protoxyde de manganèse ; ce dernier provient du manganèse métallique allié au fer ; son oxyde attaque vivement les parois siliceuses avec lesquelles il est en contact, il se forme donc d'autant plus de scories que la charge contient cet élément en plus grande proportion ; par contre, la scorie contient moins d'oxyde de fer lorsqu'elle est plus manganésée.

Cependant la teneur en oxyde de fer dépend aussi du degré de carburation du métal produit et de la température du four ; comme l'action réductrice du carbone sur l'oxyde de fer croît avec la température, la scorie est moins ferrugineuse lorsque celle-ci est plus élevée et que le métal contient plus de

[1] On trouvera dans un grand nombre de publications des séries d'analyses relatives aux variations de composition du bain pendant l'opération Martin acide ou basique ; voir *Stahl und Eisen*, 1884, p. 259 et 260 (acide), 1891, p. 549 ; *Oesterr. Zeitsch. f. Berg- und Hüttenwesen*, 1893, p. 93 (basique) ; *Bulletin de l'Industrie minérale*, série III, tome III, p. 1477 (1889) basique.

carbone. Si on fait des additions de minerais, la composition des scories ne
diffère pas beaucoup de celle qui correspond aux charges faites exclusivement avec des matières métalliques, le protoxyde de fer, fourni par la partie
du minerai qui a échappé à la réduction totale, emprunte de la silice aux parois en quantité suffisante pour faire une scorie analogue à celle qui peut
résulter de la température du four et du degré de carburation du métal.

Quant au peroxyde de fer Fe_2O_3, il ne peut pas plus se rencontrer dans les
scories des fours Martin acides que dans celles des convertisseurs revêtus
d'un garnissage siliceux [1] ; à haute température, et en présence de l'affinité
du protoxyde pour la silice, le peroxyde est tout à fait instable, l'action réductrice du carbone, du silicium et du manganèse aurait pour effet de ramener
immédiatement à l'état de protoxydes les oxydes qu'on introduirait dans le
four sous forme de minerai.

Les transformations qu'éprouvent les scories pendant l'opération Martin
dépendent à la fois, de la quantité et de la nature des matières chargées en
fonte, ferrailles et minerais, et des variations de température. Au début, le fer
et le manganèse s'oxydent, la scorie contient donc de fortes proportions de
ces deux éléments, mais, à mesure que l'opération avance, la quantité de
scorie augmente parce qu'elle emprunte de plus en plus de silice à la sole,
la teneur en oxydes métalliques diminue donc, celle en silice augmentant ;
plus le four est chaud et plus la scorie est siliceuse. Enfin, quand on a fait l'addition de fonte manganésée, une partie du manganèse passe dans la scorie
et s'ajoute à ce qu'elle en contient déjà, tandis que la proportion de protoxyde
de fer diminue.

NATURE DES PRISES DE SCORIES	Carbone du métal	SCORIES				
		SiO₂	Al₂O₃	MnO	FeO	CuO
1ʳᵉ OPÉRATION						
Après fusion des premières matières chargées, soit 3600ᵏ de fonte et 1000ᵏ de bouts de rails.	1,13	42,56	1,46	28,39	27,47	n. d.
Après fusion de 4000ᵏ de fer et d'acier chargés en second lieu.	0,09	42,94	1,53	22,23	31,47	id.
Après fusion de 3900ᵏ de vieux rails chargés en troisième lieu	0,27	48,03	1,76	18,48	30,15	0,78
1 heure après	0,20	47,87	2,34	19,53	29,99	n. d.
1 heure 20′ après	0,12	48,90	2,01	19,37	28,88	id.
Après addition de 120ᵏ de ferromanganèse	0,31	49,63	n. d.	20,89	25,42	»
2ᵉ OPÉRATION						
Après fusion des premières matières chargées, soit 3400ᵏ de fonte et 2200ᵏ de fer fondu.	1,46	42,13	1,57	35,19	20,37	0,70
Après fusion de 4400ᵏ de fer et d'acier chargés en second lieu	1,10	49,56	1,96	32,25	14,44	n. d.
Après fusion de 3000ᵏ de ferrailles chargés en troisième lieu	0,62	50,06	1,84	28,92	18,14	»
2 h. plus tard après addition de 100ᵏ hématite rouge	0,19	57,43	2,66	18,29	17,28	3,01
Après addition de 120ᵏ de ferromanganèse.	0,37	59,07	1,85	19,99	14,68	3,18

[1] L'action de l'air sur des scories exposées à un refroidissement lent peut donner naissance
à de petites quantités de peroxyde.

1er *Exemple.* — Le premier exemple est emprunté aux expériences entreprises par l'auteur en 1883 sur deux opérations effectuées dans un four Martin de l'usine de Gratz appartenant à la Compagnie du chemin de fer du Sud de l'Autriche. Ces résultats ont paru dans *Stahl und Eisen* en 1884, p. 259 et 260.

Les analyses ci-dessus montrent les modifications qui se sont produites dans la composition des scories de deux opérations identiques, sauf la température du four et une charge un peu différente ; dans le tableau suivant on trouvera un certain nombre d'analyses de scories finales de four Martin acide qui pourront servir à compléter les renseignements précédents.

PROVENANCE DES SCORIES	SiO₂	Al₂O₃	MnO	FeO	Fe₂O₃	Fe TOTAL	CaO MgO
Four d'essai de 1000ᵏ établi à Riesa, fin d'une charge ayant donné de l'acier à 0,18 de carbone (1881. Ledebur)	50,05	4,11	7,81	n. d.	n. d.	27,74	n. d.
Même four, acier à 0,10 de carbone	44,70	3,04	2,85	id.	»	38,19	id.
Four de 8000ᵏ de Gutehoffnungshutte, acier à 0,11 de carbone — Addition de 100ᵏ de minerai (1882. Ledebur).	46,00	2,33	9,30	id.	»	32,39	0,30
Même four, addition de minerai, acier à 0,13 de carbone (1882. Ledebur)	47,26	2,06	9,58	id.	»	31,20	traces
Même four, acier à 0,21 de carbone	47,90	2,39	14,32	32,85	1,24	26,40	n. d.
Four américain, pas de minerai (d'apr. Campbell) .	50,73	n. d.	19,60	27,93		21,72	id.
Four américain, après abondante addition de minerai (même source).	49,82	n. d.	16,50	30,22	»	23,50	id.

Dans les fours à garnissage basique, les scories dissolvent non seulement les additions de calcaire, mais encore une partie de la sole, d'où résulte que leur teneur en silice diminue à mesure que l'opération avance, tandis que celles en chaux et en magnésie vont sans cesse en augmentant ; d'un autre côté, la proportion des oxydes de fer et de manganèse devient moindre lorsque celle des bases terreuses s'élève. La teneur en protoxyde de fer subit néanmoins une augmentation quand on fait des additions de minerais, ou vers la fin de l'opération, alors que rien ne protège plus le fer contre les actions oxydantes.

Lorsqu'elles sont refroidies, les scories renferment presque toujours une petite quantité de peroxyde qui s'est formée, après coup, au contact de l'air.

La teneur en phosphore devrait aller constamment en augmentant, puisque ce corps se sépare graduellement du métal, mais comme la masse de scories est de plus en plus grande, on comprend qu'elle paraisse stationnaire à partir du moment où les matières chargées sont complètement liquéfiées ; elle

varie d'ailleurs, comme on le conçoit, avec la nature plus ou moins phosphoreuse des matières qui composent la charge.

On n'a pas toujours dosé le soufre dans les analyses précédentes ; sa teneur
varie entre 0,02 % et 0,5 %. Lorsqu'on compare la proportion que retient
de cet élément le produit final, métal et scorie, et celle que renfermait le lit de
fusion, on reconnait qu'une certaine partie a disparu ; elle s'est oxydée et a
été emportée par les gaz sous forme d'acide sulfureux.

2e *Exemple.* — Nous avons examiné page 573, T. II, les transformations du
métal dans une opération très phosphoreuse d'une usine anglaise (exemple n° 3) :
l'examen des scories a donné les résultats consignés dans le tableau suivant ;

	Carbone du métal	SCORIES							
		SiO_2	Al_2O_3	Ph_2O_5	MnO	FeO	Fe_2O_3	CaO	MgO
Après fusion des matières chargées	0,420	22,90	14,20	12,50	3,69	14,90	1,17	28,00	1,70
2 heures plus tard.	0,075	n.d.	n.d.	n.d.	n.d.	5,91	1,23	n.d.	n.d.
2 heures plus tard. . . . . . · . .	0,045	17,20	12,20	16,19	2,64	13,30	2,31	33,60	2,27

3e *Exemple.* — D'après Schmidhammer, les scories d'un four de Resicza
en Hongrie, pendant une opération sur des matières contenant en moyenne
0,085 % de phosphore, ayant produit un métal à 0,011 de phosphore, ont
présenté successivement les compositions suivantes [1] :

	Carbone du métal	SCORIES						
		SiO_2	Ph_2O_5	Al_2O_3	MnO	FeO	CaO	MgO
Après fusion des matières chargées au début	1,13	27,96	1,06	0,84	9,95	11,98	42,50	4,73
15' plus tard après addition de 120ᵏ de battitures.	1,01	16,16	2,73	1,10	14,01	18,67	39,00	5,82
Après une deuxième addition de 180ᵏ de battitures	0,93	19,60	2,77	0,72	19,74	19,23	35,00	4,80
Après addition de 72ᵏ de battitures . . .	0,61	18,56	2,74	1,21	12,68	21,97	36,00	5,60
Après 4e addition 48ᵏ de battitures . . .	0,42	16,16	2,24	0,76	11,59	28,37	36,50	6,14
19' après cette addition	0,27	14,76	2,77	0,82	10,99	30,77	36,60	4,70
51' plus tard, immédiatement avant l'addition de ferromanganèse.	0,20	13,90	2,30	2,80	10,41	24,62	39,50	5,76

Pour terminer nous donnerons ici la composition de diverses scories finales
provenant d'opérations sur soles basiques.

[1] *Stahl und Eisen*, 1891, p. 549 ; *Oesterr. Zeitschr. f. Berg- und Hüttenwesen*, 1893, p. 33.

PROVENANCES	SiO₂	Ph₂O₅	Al₂O₃	MnO	FeO	Fe₂O₃	CaO	MgO
Scories de Resicza, sans minerai, d'après Gouvy [1]	10,28	1,17	8,45	6,88	14,98	»	55,65	4,15
Scories d'une usine anglaise d'après Gillot [2]	13,64	0,81	2,23	8,76	18,57	1,37	39,70	11,75
Scories de Riesa, 1890 (Ledebur)	32,80	1,56	3,74	8,23	8,71	»	33,26	10,64
Scories d'une usine américaine d'après Campbell [3]	22,59	2,29	n. d.	n. d.	13,54	»	39,52	14,73
Scories de Saint-Chamond, opération faite avec des matières premières tenant 0,25 °/₀ de phosphore, d'après Lodin [4]	16,25	9,40	1,30	15,06	8,45	8,87	34,88	4,72
Scories d'une usine américaine d'après Campbell	17,05	2,88	n. d.	n. d.	27,63	»	34,57	14,23

(e) *Résultat de la fabrication par le procédé Martin.* — *Durée de l'opération.*
— Le temps nécessaire pour faire une opération au four Martin, dépend d'un assez grand nombre de circonstances que nous allons énumérer successivement : 1° PROPORTION DE FONTE DANS LA CHARGE. — Il est clair que la charge sera d'autant plus longue à traiter qu'elle contiendra plus de carbone à éliminer ; aussi les opérations dans lesquelles on traite de fortes proportions de fonte, même en ayant recours aux additions de minerais pour oxyder le carbone, sont-elles toujours plus longues que les autres.

La durée d'une opération dépend non seulement de la proportion de fonte qui entre dans le lit de fusion, mais aussi de la nature de cette fonte, c'est-à-dire de la quantité des éléments à éliminer et du genre de ces éléments. Une fonte riche en silicium et en phosphore exigera pour son affinage et sa purification plus de minerai et une plus grande quantité de calcaire, elle sera accompagnée d'une scorie plus abondante, son traitement demandera donc une action plus prolongée.

En général on ne peut comparer deux fours Martin sans tenir compte, avant tout, de la qualité des matières qu'ils ont à fondre. (V.)

2° NATURE DE LA SOLE. — Nous avons déjà fait remarquer que le travail sur sole basique était plus rapide que sur sole siliceuse et nous en avons indiqué les raisons.

3° TEMPÉRATURE DU FOUR. — Celle-ci dépend en grande partie du mode de construction.

4° TEMPS EMPLOYÉ AU CHARGEMENT. — Si le chargement se fait à la main, il demandera plus de temps, les portes resteront donc ouvertes plus longtemps et le four se refroidira plus que si on emploie un moyen mécanique.

[1] *Stahl und Eisen*, 1889, p. 400.
[2]   Id.   1885, p. 94.
[3] *Transactions of the American Institute of mining Engineers*, 1893.
[4] *Bulletin de la société de l'Industrie minérale*, 3ᵉ série, tome III, p. 1477.

5° Poids de la charge. — Le poids de la charge a moins d'influence, les grosses charges exigent de grands fours et dans ceux-ci, il se développe relativement plus de chaleur dans le même temps, et la fusion marche plus vite, principalement lorsque les matières ont été introduites en une seule fois dès le début.

En résumé, suivant les conditions plus ou moins favorables, le temps nécessaire pour faire une opération complète varie entre 4 et 12 heures ; le plus souvent on emploie de 5 à 8 heures, en sorte que l'on fait de 3 à 4 fusions par 24 heures.

Production. — La production d'un four résulte naturellement de la durée de l'opération et du poids de celle-ci. Un four de 10^t produira par 24 heures en moyenne 30^t de lingots s'il est à sole basique, seulement de 20 à 25^t sur sole acide.

Déchet. — Lorsqu'on travaille sans addition de minerai le déchet dépend presqu'uniquement de la proportion de fonte qui entre dans la charge. La fusion doit en effet éliminer la majeure partie du carbone, du silicium, du manganèse et dans certains cas du phosphore ; par conséquent, plus les fontes seront riches en éléments étrangers de ce genre, et plus la charge renfermera de fonte, plus le déchet sera important ; il dépend aussi de l'oxydation plus ou moins considérable produite, qui résulte en partie de la construction du four, du degré de décarburation que l'on veut atteindre et de l'état physique du fer et de l'acier associés à la fonte. La menue ferraille partiellement oxydée et plus ou moins mélangée de sable, rendra évidemment moins que le fer et l'acier moins rouillés et en morceaux plus volumineux. Le déchet est en général compris entre 5 et 8 % du poids de métal chargé. Lorsqu'on fait des additions de minerais ou de battitures, une partie du fer de ces matières passe à l'état métallique et s'ajoute au produit, il peut donc arriver que le poids du métal sortant du four soit plus élevé que celui qui y est entré. On ne peut apprécier que par le calcul la part qu'il faut attribuer à cette réaction dans le résultat du traitement d'une charge ; on l'évalue en partant du poids des matières chargées, du produit obtenu en métal et en scories. De nombreux calculs faits dans ce sens ont établi que la proportion d'oxyde de fer réduit oscille entre 30 et 60 % de la quantité introduite dans le four. Il en passe donc dans la scorie de 40 à 70 % [1].

Si on charge, par exemple, avec de la fonte seule une faible quantité de minerai, soit 25 de minerai pour 100 de fonte et si on cherche à obtenir un métal qui ne soit pas très décarburé, on peut recueillir du minerai lui-même de 50 à 60 % du fer qu'il contenait, quelquefois davantage ; si au contraire on

---

[1] On trouvera des calculs de ce genre dans *Oesterr. Zeitschr. für Berg- und Hüttenwesen*, 1882, p. 295 ; 1893, p. 34 ; *Berg- und hüttenm. Zeit.*, 1890, p. 6 ; *Mémoires de la Société des Ingénieurs civils*, mai 1891 ; *Note sur le procédé au minerai*, A. Pourcel.

augmente largement l'addition de minerai dans un bain auquel on ajoute, en
même temps, pour atteindre plus vite le but, beaucoup de fer et d'acier, la
proportion d'oxyde réduit peut se rapprocher du minimum que nous avons
indiqué [1].

Consommation de combustible. — La consommation de combustible par
tonne de métal produit est d'autant plus grande que l'opération est de plus
longue durée ; elle est moindre dans les grands fours que dans les petits, qui
utilisent moins bien la chaleur. Elle est donc excessivement variable d'une
usine à l'autre et d'un four à l'autre dans la même usine. Si on emploie des
fours de 12^t à sole basique, une faible proportion de fonte dans la charge,
des houilles peu chargées de cendres et convenables pour la production du
gaz, on peut arriver à ne consommer que 270^k par tonne et même moins [2].
Si au contraire les conditions sont mauvaises, petits fours, forte proportion de fonte, houille médiocre, on peut atteindre 700^k. Lorsqu'on emploie
des lignites, la quantité de combustible s'élève en raison inverse du pouvoir
calorifique. A Gratz, en 1882 et 1883, dans des fours de 12500^k, on consommait
environ 690^k de lignite par tonne d'acier fini ; dans les petits fours de la
même usine on arrivait à 880^k.

Dans une usine de Hongrie où on ne disposait que de lignites renfermant
15 °/₀ de cendres et de 25 à 30 °/₀ d'eau, on en brûlait 4560^k par tonne de
métal [3].

D'après la communication de l'ingénieur Odeltsjerna, le four que nous avons, représenté fig. 298bis, lorsqu'il est revêtu de dolomie et traite un lit de fusion dans
lequel la fonte, d'ailleurs pure, entre pour 40 °/₀, consomme seulement de 200 à 250^k
de houille par tonne de lingots ; on n'y ajoute que la quantité de calcaire strictement
nécessaire pour neutraliser la silice provenant du silicium de la fonte : c'est la plus
petite consommation de combustible que nous connaissions. (V.)

Utilisation de la chaleur. — Si on calcule, d'une part la quantité de chaleur
développée dans le laboratoire des fours Martin par la combustion des gaz et
par l'oxydation d'une partie des éléments de la charge, si on y ajoute la

---

[1] En opérant dans un four à garniture siliceuse, Campbell a remarqué que l'on réduit
moins de minerai lorsqu'on l'ajoute progressivement par petites quantités, que quand on en
charge à la fois de fortes quantités, ce qui paraît être en opposition avec ce que nous venons
d'établir. Cette contradiction apparente s'explique de la manière suivante : Une certaine
quantité d'oxyde de fer est empruntée au minerai pour former un silicate avec la silice qui
l'accompagne et celle des parois ; la réduction ne peut donc porter que sur l'excédent de cet
oxyde de fer ; or cet excédant est d'autant plus faible que l'addition est d'un moindre poids.
Il en résulte que le rapport entre l'oxyde réduit et celui qui ne l'est pas diminue, jusqu'à
une certaine limite, avec la quantité de minerai employé. Le maximum d'utilisation du minerai doit donc correspondre, dans chaque cas particulier, à une certaine proportion entre ce
dernier et le métal chargé, proportion qui peut varier elle-même avec la température du
four, la nature de la sole et les autres conditions dans lesquelles on opère.

[2] Voir des exemples dans *Stahl und Eisen*, 1887, p. 253 ; 1892, p. 998.

[3] *Oesterr. Zeitschr. f. Berg- und Hüttenw.*, 1893, p. 32.

chaleur recueillie par l'air et les gaz dans les régénérateurs et si on calcule d'autre part la quantité de chaleur absorbée par le métal et la scorie, celle qui est emportée par les gaz dans la cheminée, celle qui est perdue par le rayonnement, on peut établir, comme nous l'avons fait pour les hauts-fourneaux, une balance de chaleur pour un four Martin donné.

H. Von Juptner et F. Toldt ont entrepris ce travail, en prenant pour base la marche de trois fours de 5^t chauffés au gaz de lignite. Ils ont trouvé que dans l'un d'eux on utilisait 12,7 °/₀ de la chaleur produite, dans le second, 15 °/₀ et dans le troisième 19,9 °/₀. Le reste était emporté par la cheminée, ou dispersé par le rayonnement. Ces fours avaient consommé respectivement 720^k, 628^k et 381^k. En outre, la transformation de ce combustible en gaz avait fait perdre 50 °/₀ de son pouvoir calorifique total, par rayonnement, production d'escarbilles, etc. ; de sorte qu'en calculant l'utilisation, dans un four Martin, du combustible solide, on constate que l'effet utile ne dépasse pas 8 °/₀. Pour un four alimenté avec du gaz de houille, Campbell a trouvé un effet utile de 11 °/₀.

Main-d'œuvre. — Pour le service d'un four Martin, il faut par poste un fondeur et 2 ou 3 aides ; pour la fosse de coulée et les gazogènes, le personnel dépend du travail à exécuter ; il faut ajouter à cette équipe spéciale un certain nombre de manœuvres pour le transport des matières ; on comprend que la dépense en main-d'œuvre par tonne est d'autant plus élevée que la production est plus réduite ; elle est généralement comprise entre $5^f,625$ et $6^f,250$ par tonne de métal produit.

Prix de revient. — Le prix de revient s'établit en ajoutant aux dépenses en matières employées, celles provenant de la main-d'œuvre, des frais d'entretien du four et des outils et des frais généraux.

En Allemagne on peut admettre une somme de 25^f par tonne comme représentant les frais de fabrication et les frais généraux. En ajoutant cette somme à la dépense en matières chargées dans le four, on aura le prix de revient total. Par exemple, si par tonne de produit on consomme

250^k de fonte à $68^f,75$ °/₀₀.	$17^f,187$
820^k fer et acier à $56^f,25$ °/₀₀	46 125
6^k ferromanganèse à $200^f,00$ °/₀₀ .	1 200
Matières chargées. . .	$64^f,532$
en ajoutant les frais de fabrication . .	25 000

on aura un prix de revient de . . . . . $89^f,532$ par tonne de métal produit.

Toutes choses égales d'ailleurs, le prix de revient du métal fabriqué sur sole basique est un peu inférieur à celui du métal obtenu sur sole acide, bien que la construction du laboratoire et les réparations y soient plus dispendieuses et qu'il faille y faire des additions de calcaire. Cet avantage provient de ce qu'on y peut traiter des matières de moindre valeur et de ce que la consommation de combustible y est un peu plus faible.

(*f*) *Métal produit au four Martin.* — Ce que nous avons dit page 540, T. II, des propriétés du métal Bessemer et du métal Thomas peut s'appliquer au métal Martin. Ce dernier, pas plus que les deux autres, ne peut remplacer l'acier au creuset pour les usages qui exigent le plus haut degré possible de qualité, mais pour les outils moins délicats, pour la fabrication des ressorts, etc., le métal Martin lutte souvent avec celui qu'on obtient aux creusets, si, en raison d'un prix beaucoup moins élevé, on peut être un peu moins exigeant pour la qualité.

Depuis 1885, la production, au four Martin, du fer fondu a pris beaucoup plus d'importance que celle de l'acier proprement dit. Le fer fondu Martin a, comme résistance et ténacité, une supériorité indiscutable sur le fer obtenu par soudage, aussi l'emploie-t-on concurremment avec ce dernier pour les constructions de toutes sortes, sous forme de tôles, de fils, de pièces laminées de profil quelconque ; nous avons déjà indiqué, que, pour ces applications, le produit des fours basiques était plus convenable, c'est pourquoi le métal Martin a pris une importance sérieuse principalement depuis l'introduction des matières basiques pour le revêtement des fours.

On a souvent pensé, dans le principe, que le four Martin donnait des produits supérieurs à ceux de l'appareil Bessemer surtout au point de vue de la sécurité. Cette opinion reposait sur la plus grande lenteur de l'opération, sur la facilité qui en résulte pour en surveiller la marche, prendre des éprouvettes ; on supposait enfin que le métal n'étant pas en contact intime avec le vent et les gaz auxquels il donne naissance, était moins exposé à perdre ses qualités.

Les essais comparatifs et les constatations auxquels on s'est livré de 1870 à 1890, semblaient confirmer cette opinion [1] ; mais depuis peu, les procédés Bessemer, acide et basique, et surtout le dernier, ont été perfectionnés. Des nouvelles recherches ont démontré que les produits des deux procédés sont équivalents, en particulier au point de vue des constructions [2].

Il est néanmoins incontestable, quelle que soit la perfection avec laquelle se pratique aujourd'hui la fabrication du métal Bessemer, que la facilité qu'offre le procédé Martin de tâter la qualité du métal avant la coulée, de la corriger dans un sens ou dans l'autre jusqu'à la dernière minute, constitue une supériorité véritable pour ce mode de production du fer et de l'acier. Il est souvent le seul qui permette de répondre d'une façon absolument sûre aux exigences d'un contrôle de plus en plus sévère. Ce n'est donc pas sans raison que les consommateurs exigent, dans certaines circonstances, que le métal qui leur est livré provienne exclusivement des fours Martin. (V.)

[1] *Centralblatt der Bauverwaltung*, 1889, p. 339 ; *Deutsche Bauzeitung*, 1890, p. 203 ; *Stahl und Eisen*, 1889, p. 814 ; 1891, p. 804 et 901.
[2] *Stahl und Eisen*, 1891, p. 711 ; 1892, p. 279 et 558 ; 1893, p. 275.

Pour la fabrication des pièces moulées, on emploie beaucoup plus souvent le four que le convertisseur. Parfois même, dans une opération, on fabrique à la fois des lingots destinés à être laminés et des moulages. Dans ce cas, après avoir coulé les lingots, on bouche le four, on fait au métal qui y reste les additions nécessaires de spiegeleisen et de ferrosilicium et on coule dans les moules.

Lorsque le four Martin ne doit servir qu'aux moulages, on conserve la sole acide ; en effet, dans ce cas particulier, la combustion rapide du carbone et du silicium, qui caractérise le procédé basique, n'est plus un avantage ; l'expérience a cependant démontré qu'on pouvait également employer la sole basique.

Dans tous les cas, quand on travaille pour moulages, il y a bénéfice à composer la charge de matières assez manganésées (de 1 % à 1,5 %) pour qu'à la fin de l'opération il reste encore dans le métal une partie du manganèse initial : on fait alors une forte addition de ferromanganèse et de ferrosilicium [1]. Le métal coulé contient ordinairement de 0,20 à 0,60 % de carbone, de 0,50 à 1 % de manganèse, et de 0,20 à 0,60 % de silicium ; il renferme moins de 0,1 % de phosphore.

Nous donnons ci-dessous, à titre d'exemples, les analyses de trois échantillons de moulages de ce genre :

	C	Mn.	Si.
Patins de la Tour Eiffel	0,22	0,52	0,20
Pièces de machines (usine allemande) moy.	0,40	1,00	0,40
Engrenage, moyenne	0,50	0,70	0,25

Les pièces moulées en métal Martin doivent subir un recuit comme tous les moulages en fer ou en acier. La résistance à la traction est alors de 45 à 50^k et l'allongement de 15 à 30 % sur éprouvettes de 200^{mm} [2].

Scories. — Nous avons donné pages 576-579, T. II, des exemples de la composition des scories recueillies à la fin des opérations sur sole acide et sur sole basique. Cette composition varie, en général, entre les limites suivantes :

	Procédé acide.			Procédé basique.		
Silice	de 45	à	60 %	de 15	à	35 %
Acide phosphorique. . .	»		»	de 1	à	10 %
Alumine	de 2	à	4 %	de 1	à	9 %
Protoxyde de manganèse .	de 10	à	20 %	de 3	à	15 %
Protoxyde de fer	de 40	à	20 %	de 20	à	10 %
Chaux . . . . . } Magnésie . . . . }	de 0	à	4 %	de 60	à	35 %

---

[1] On trouvera un exemple dans *Stahl und Eisen*, 1891, p. 457.
[2] Exemple : *Stahl und Eisen*, 1891, p. 458.

Les scories acides sont, comme on le voit, analogues à celles qui se produisent dans les convertisseurs Bessemer, mais un peu plus pauvres en manganèse parce que les matières premières sont, généralement, moins manganésées ; comme elles sont assez riches en fer et en manganèse, on les utilise quelquefois dans les hauts-fourneaux voisins des aciéries.

Les scories basiques contiennent moins de phosphore que celles du procédé Thomas, aussi ne peut-on qu'exceptionnellement les utiliser en agriculture.

Ouvrages à consulter.

(a) Traités.

Henry Marion Howe, *Métallurgie de l'acier, traduction française de Octave Hoch.* Paris, 1894.

E. F. Durre, *Anlage und Betrieb der Eisenhütten.*, t. III. Leipzig 1892, p. 252-338, 397-554.

E. Breslauer, *Herstellung von Gussstahl in Masseformen*, Berlin 1892. *Contient des renseignements sur la fabrication au four Martin et sur celle des pièces moulées.*

(b) Mémoires

SUR LES PROPRIÉTÉS DU FER ET DE L'ACIER FONDUS ET SUR LA FABRICATION DES PIÈCES SANS SOUFFLURES.

Dr Kollmann, *Die Eigenschaften, Darstellung und Verwendung des Flusseisens.* Zeitschr. d. V. z. Beford. d. Gewerbfl. 1880, p. 211.

D. K. Tchernoff, *De la structure des lingots d'acier fondu. Traduction française.* Bulletin de l'Industrie minérale, 2e série, t. IX, p. 103.

G. J. Snelus, *On the distribution of elements in steel Ingots. Journal of the Iron and Steel Institute*, 1881, II, p. 379.

W. Cheever, *The segregation of impurities in Bessemer steel ingots. Transactions of the American Institute of Mining Engineers.*, t. XIII, p. 167.

H. Eccles, *An imperfection in mild steel plates. Journal of the Iron and Steel Institute*, 1888, I, p. 70.

A. Ledebur, *Ueber fehlerhafte Stellen in Zerreisproben aus Flusseisen. Stahl und Eisen*, 1889, p. 13.

F. C. G. Muller, *Ueber die Aufblähung der Flusseisenblöcke während des Walzens. Stahl und Eisen*, 1885, p. 79. .

Ueber verschiedene Verfahren zur Herstellung dichter Stahlgüsse. Stahl und Eisen, 1889, p. 766.

Ueber verschiedene Methoden zum Giessen kleiner Flusseisenblöke. Stahl und Eisen, 1887, p. 413.

Kunt Styffe, *Aluminium als Raffinirungsmittel für andere Metalle. Stahl und Eisen* 1893, p. 311.

W. Annable, *Ueber das Pressen flüssigen Stahles. Glasers Annalen*, t. X, p. 270.

F. Gautier, *Compression de l'acier. Génie civil*, t. II, p. 385, 1882. .

Die Einrichtung zur Comprimirung des Stahles in den Barrowerken. Zeitschr. d. berg- und hüttenm. Ver. für Steiermark und Kärten, 1880, p. 329.

F. D. Allen, *Ueber die Anwendung eines mechanischen Rührwerkes in der fabrikation des Bessemerstahles. Glasers Annalen*, t. IX, p. 178.

W. H. Greenwod, *On the treatment of Steel by hydraulic presure. Proceedings of the Institute of civil Engineers*, t. XCVIII, p. 6 (1889).

A. Thielen, *Ueber Darbys Rückkohlungprocess Stahl und Eisen*, 1890, p. 920.

APPAREILS DE COULÉE, LINGOTIERES ET MOULES.

A. Musil, *Die hydraulische Einrichung in der Bessemerhütten. Zeitschr. d. Berg- und hüttenm. Ver. für Steiermark und Kärnten*, 1877, p. 275, 309.

R. M. Daelen, *Die Hydraulik in den Bessemerwerken. Glasers Annalen*, t. VI, p. 242; t. VIII, p. 342.

R. M. Daelen, *Die Giessvorrichtungen in den Stahlwerken. Stahl und Eisen*, 1882, p. 152.

A. Trappen, *Neuer Giesskrahn für Bessemerhütten. Stahl und Eisen*, 1882, p. 405.

Ueber Bessemerkrahne. Mittheilungen von R. M. Daelen und F. Wrightson. Stahl und Eisen, 1883, p. 667.

Maschinelle Einrichtungen in amerikanischen Stahlwerken. Stahl und Eisen, 1891, p. 305.

Neuerungen in der Darstellung und Verarbeitung des Flusseisens Zeitschr. d. Ver. deutsch. Ingenieure, 1889, p. 125.

Lokomotivkrahn für Giessereizwecke. Zeitschr. d. Ver. deutsch. Ingenieure, 1889, p. 1.

J. Birkinbine, *A tilting ladle car for molten metal or slag. Transactions of the American Institute of Mining Engineers*, t. XV, p. 685.

R. M. Daelen, *Ueber verschiedene Einrichtungen in den Sthal- und Walzwerken Deutschlands. Stahl und Eisen*, 1890, p. 1040.

Ueber Stahlformguss. Stahl und Eisen, 1881, p. 143.

A. Ledebur, *Ueber Stahlformguss. Stahl und Eisen*, 1891, p. 452.

Gust. Schmidhammer, *Anwendung von Stahlguss an Stelle von Schmiedestücken. Oester. Zeitschr. für Berg- und Huttenwesen*, 1884, p. 138.

FABRICATION DIRECTE DU FER ET DE L'ACIER EN PARTANT DU MINERAI

J. v. Ehrenwerth, *Zur directen Darstellung von Stahl. Oesterr. Zeitschr. für Berg- und Hüttenwesen*, 1882, p. 279.

J. v. Ehrenverthe, *Zur directen Eisenerzeugung. Stahl und Eisen*, 1891, p. 299; 1892, p. 224.

Bull's Iron and Steel process. Iron, t. XXI, p. 89.

ACIER AU CREUSET.

J. Bischoff, *Ueber Werkzeug-Gussstahl. Zeitschr. d. Ver. deutsch. Ingenieure*, 1885, p. 780.

F. C. G. Müller, *Ueber den Einfluss des Siliciums auf die Beschaffenheit des Werkzeugstahles. Stahl und Eisen*, 1888, p. 375.

H. Seebohm, *On the manufacture of crucible cast steel. Journal of the Iron and steel Institute*, 1884, II, p. 372.

M. Boeker, *Werkzeugstahl, seine Herstellung und Verwendung. Stahl und Eisen*, 1886, p. 33.

A. Ledebur, *Zur Theorie des Tiegelstahlprocesses. Stahl und Eisen*, 1883, p. 603.

A. Ledebur, *Ueber das Verhalten des Mangans beim Tiegelschmelzen. Stahl und Eisen*, 1885, p. 370.

F. C. G. Müller, *Untersuchungen über den Tiegelstahlprocess. Stahl und Eisen*, 1885, p. 180 ; 1886, p. 695

A. Brand, *Einige Beiträge zur Kenntniss der Vorgänge bei Stahlschmelzprocessen in sauren und basischen Tiegeln. Berg- und hüttenmänn. Ztg.*, 1885, p. 105.

P. Oestberg, *Mitis castings. Transactions of the American Institute of mining Engineers*, t. XIV, p. 773.

J. Henrotte, *Note sur le fer mitis fondu par le procédé Nordenfelt. Revue universelle des mines*, série III, t. III, p. 190 (1888).

Procédés Bessemer et Thomas.

R. M. Daelen, *Ueber neuere Gebläse für Bessemer-Stahlwerke. Stahl und Eisen*, 1888, p. 433.

R. M. Daelen, *Ueber neuere Bessemerwerke. Zeitschr. d. Ver. deutsch. Ingenieure*, 1885. p. 1016.

Der Clapp-Griffiths-Process in Amerika. Stahl und Eisen, 1886, p. 172.

K. Sorge, *Notizen über den Clapp-Griffiths-Process in den Vereinigten Staaten. Stahl und Eisen*, 1887, p. 316.

J. Hardisty, *On modifications of Bessemer converters for small charges. Journal of the Iron and Steel Institute*, 1886, II, p. 651.

A. Pourcel et F. Valton, *Note sur le convertisseur Bessemer dit Robert. Revue universelle des mines*, série 3. t. XIII, p. 146.

Ch. Walrand, *Fabrication du fer fondu dans le convertisseur Walrand Delattre*.

W. Stercken, *Die Kleinbessemerei und ihre Fortschritte. Zeitschr. d. Ver. deutsch. Ingenieure*, 1887, p. 489.

O. Vogel, *Kleinbessemerei. Zeitschr. d. Ver, deutsch. Ingenieure*, 1892, p. 406.

B. Versen, *Herstellung der Birnenböden durch maschinelle Stampfer. Stahl und Eisen*, 1892, p. 1089.

H. M. Howe, *Notes on the Bessemer process. Transactions of the American Institute of Mining Engineers*, t. XIX, p. 1120, 1890.

R. Åkerman, *The Bessemer process. as Conducted in Sweden. Transactions of the Americ. Institute of Mining Engineers*, t. XXII, p. 265, 1893.

Ueber den Thomasprocess in Belgien. Stahl und Eisen, 1893, p. 101.

A. Holley, *The Bethleem Iron and Steel works in Nordamerika. Stahl und Eisen*, 1882, p. 54.

C. J. Copeland, *Die Bessemer anlage der Erimus works, Middlesborough. Stahl und Eisen*, 1882, p. 57.

A. Greiner, *Les installations Bessemer américaines adaptées au procédé basique d'après les plans de Holley. Revue universelle des mines*, série 2, t. XI, p. 1.

J. de Macar, *Note sur les aciéries allemandes et belges en 1882. Revue universelle des mines*, série 2, t. XII, p. 143.

H. Wedding, *Die Südwerke der Illinois-Stahlgesellschaft in Chicago. Stahl und Eisen*, 1891, p. 730.

Rob. Forsyth, *The Bessemer plant of the North-Chicago Rolling mill at South Chicago. Transactions of the American Institute of Mining Edgineers*, t. XII, p. 254.

F. C. G. Müller, *Untersuchungen über den deutschen Bessemer process. Zeitschr, d. V. deutsch. Ingenieure*, 1878, p. 385, 453.

D. K. Tschernoff, *Documents sur la fabrication de l'acier Bessemer. Revue universelle des mines*, série 2, t. I, p. 420. t. IV, p. 56.

Ch. F. King, *The chemical reactions in the Bessemer process the charge containing but a small percentage of manganese. Transactions of the American Institute of Mining Engineers*, t. IX, p. 258.

C. G. Dahlerus, *The results of some experiments with the Bessemer process. Iron*, t. XXI, p, 73.

C. A. Casperson, *Ueber den Einfluss des Wärmegrades der Bessemerchargen auf die Beschaffenheit der Stahlblöcke, nebst Betrachtungen von R. Åkermann. Stahl und Eisen*, 1883, p. 71.

J. E. Stead, *Ueber die chemischen Vorgänge im Bessemer Converter. Stahl und Eisen*, 1883, p. 260.

G. J. Snelus, *Sur la composition des gaz produits dans l'appareil Bessemer. Annales des mines*, série 7, t. II, p. 332.

A. Tamm, *The composition of the gases escaping from a Bessemer converter during the blow. Iron*, t. XIII, p. 674, 707, 739, 771, 803 ; t. XIV, p. 2, 67, 98, 131.

E. Heyrowski, *Ueber Bessemern mitt heissem Winde. Jahrbuch der Bergakademieen zu Leoben u. s. w.*, t. XXII, p. 436.

G. J. Snelus, *On the removal of phosphorus and sulphur during the Bessemer and Siemens-Martin processes. The Journal of the Iron and Steel Institute*, 1870, p. 135.

S. G. Thomas and P. C. Gilchrist, *On the elimination of phosphorus in the Bessemer converter. The Journal of the Iron and Steel Institute*, 1879, p. 120.

Thomas und Gilchrist, *Der heutige Stand des Entphosphorungsverfahrens. Stahl und Eisen*, 1881, p. 184.

S. G. Thomas und P. C. Gilchrist, *Die Stahlerzeugung aus phosphorhaltigem Roheisen. Stahl und Eisen*, 1882, p. 294.

J. v. Ehrenwerth, *Abhandlungen über den Thomas-Gilchristprocess. Sonderabdruck aus der Oesterr. Zeitschr. für Berg- und Huttenwesen 1879. Leoben.*

J. v. Ehrenwerth, *Studien über den Thomas-Gilchristprocess, même publication*, 1880 et 1881, Vienne.

G. Bresson, *Mémoire sur la fabrication et les emplois actuels de l'acier déphosphoré. Revue universelle des mines*, série 3, t. III, p. 134 ; t. IV, p. 43.

R. M Daelen, *Das Verfahren zum Ueberhitzen des Eisens in der Birne von Walrand und Legenisel. Stahl und Eisen*, 1893, p. 830.

PROCÉDÉ MARTIN.

P. v. Odelstjerna, *Notizen über die Erzengung des Martinmetals. Oesterr. Zeitschr. für Berg- und Hüttenwesen*, 1883, p. 201.

Julius Prochaska, *Notizen über den Siemens-Martinprocess auf dem Grazer Südbahn-Walzwerke, Oesterr. Zeitschr. für Berg- und Hüttenwesen*, 1883, p. 475.

J. v. Ehrenwerth, *Ueber Flussstahlerzengung unter Miterwendung von Erzblooms. Zeitschr. d. berg- und hüttenm. Ver. für Steirmark und Karnten*, 1880, p. 296.

J. v. Ehrenwerth, *Ueber den Martinprocess mit Erzen. Oesterr. Zeitschr. für Berg- und Hüttenwesen*, 1882, p. 542.

J. v. Ehrenwerth, *Ueber den Martinprocess mit ausschliesslicher Verwendung von Roheisen und Erzen*, même publication, 1886, p 622.

J. Fréson, *La fabrication de l'acier fondu au four à réverbère aux Etats-Unis*. Revue universelle des mines, série 2, t. XX, p. 402.

F. W. Härbord, *Some preliminary experiments on the removal of metalloids in the basic Siemens furnace*. Journal of the Iron and Steel Institute, 1886, II, p. 700.

A. Gouvy, *Die Flusseisenerzengung auf basischen Herde in Resicza*, Stahl und Eisen 1889, p. 396.

W. Söltz, *Die Martinöfen und die Martinsthalfabrikation*. Oesterr. Zeitschr. für Berg- und Hüttenwesen, 1893, p. 1.

H Campbell, *The physical and chemical equations of the open-hearth process*. Transactions of the American Institute of Mining Engineers, t. XIX, p. 128.

A. Ledebur, *Eine Abhandlung über das Martinverfahren in Nord-Amerika nach H. Campbell* Stahl und Eisen, 1893, p. 869

R. M. Daelen, *Die Erzengung von Flusseisen in Nordamerika*. Zeitschr. d. V. deutsch. Ingenieure, 1891, p. 122.

A. Pourcel, *Note sur le procédé au minerai pour obtenir l'acier sur sole*. Mémoires de la société des ingénieurs civils, mai 1891.

C. Steffen, *Neue Martinstahl-Anlage*. Stahl und Eisen 1887, p. 382.

F. Toldt, *Ueber Details von Siemens-Martinofen*. Jahrbuch der österreichischen Berg-akademieen, t. LI, chap. 3.

CHAPITRE V

AFFINAGE PAR CÉMENTATION OXYDANTE
FONTE MALLÉABLE

---

1. — Introduction.

Lorsqu'on expose la fonte à des actions oxydantes après l'avoir portée à la chaleur rouge, sans atteindre le point de fusion, le carbone qu'elle contient brûle et disparaît à l'état de gaz et il reste du fer malléable ; cette opération porte le nom *de cémentation oxydante*.

Cette réaction était utilisée dès le xvııe siècle, peut-être même avant cette époque ; Réaumur la décrit dans un ouvrage intitulé : « *L'art de convertir le fer forgé en acier et l'art d'adoucir le fer fondu. Paris 1722* », et dans le suivant : « *Nouvel art d'adoucir le fer fondu et de faire des ouvrages de fer fondu aussi finis que le fer forgé* ».

C'est à la même époque que l'on avait imaginé de recuire certains objets coulés en fonte après les avoir enveloppés de substances qui les maintenaient à l'abri du contact de l'air, et qui n'exerçaient sur le métal aucune action chimique, telles que de la cendre, ou du poussier de charbon de bois.

Dans ces conditions le carbone de la fonte change simplement d'état ; le carbone de trempe se transforme en carbone de carbure et même, si l'opération dure un temps suffisant, en carbone de cémentation (p. 302 et suivantes); le métal dur s'adoucit et peut être entamé par la lime.

On a recours à cet artifice dans les fonderies où l'on fabrique des pièces minces dont le métal coulé dans des moules en sable est fréquemment trop dur ; on les chauffe au rouge à l'abri de l'air et, si on a le soin de les maintenir longtemps à cette température, elles deviennent plus faciles à travailler et moins fragiles.

On a confondu longtemps ces deux méthodes d'adoucissement de la fonte parce que les résultats qu'on en obtient sont analogues et que les moyens employés ont une certaine ressemblance, aussi les Allemands n'ont-ils qu'un mot, *Tempern*, pour les désigner ; on les a appliquées pendant de longues années sans comprendre en quoi elles différaient.

Pour effectuer une cémentation oxydante, on emploie, comme *cément*, des oxydes métalliques capables de céder facilement une partie de leur oxygène au carbone de la fonte ; cette réaction est d'autant plus rapide que la matière oxydante est plus riche en oxygène et se prête mieux à en abandonner une partie ; mais il n'est pas à désirer que le phénomène s'accomplisse avec trop de rapidité, surtout lorsque les pièces que l'on soumet à cette cémentation doivent être employées telles qu'elles sortent de ce traitement : tels sont les objets en *fonte malléable*.

Il arrive en effet que l'oxyde de carbone qui se forme au sein du métal ramolli par la chaleur, le boursoufle, lui donne une texture poreuse et spongieuse, ou bien laisse à la surface une sorte de croûte de nature lâche qui peut se détacher de la masse restée compacte ; aussi a-t-on le soin de mélanger les oxydes riches en oxygène avec d'autres plus pauvres, des battitures, par exemple, ou même des matières complètement inertes comme la chaux, dans le but de diluer, pour ainsi dire, les oxydes trop riches.

Lorsqu'au contraire, le cément agit avec trop de lenteur, on augmente son action oxydante en le mélangeant avec un minerai de manganèse qui dégage de l'oxygène dès qu'on le porte au rouge. On a souvent essayé, mais sans grand succès, d'employer l'oxyde de zinc.

Le cément doit contenir aussi peu de soufre que possible ; on sait que cet élément est très facilement absorbé par le fer et en altère la qualité.

On emploie donc de préférence le peroxyde de fer sous forme d'hématites rouges, les carbonates grillés, ou des hématites brunes.

Ces oxydes sont pulvérisés, puis disposés autour des pièces à adoucir auxquelles ils cèdent une partie de leur oxygène ; si la température est trop élevée ou le contact trop prolongé, l'oxyde de fer peut être réduit complètement et se transformer en fer métallique ; on doit donc, après chaque opération rejeter le cément qui a subi une trop forte réduction et le remplacer par une même quantité de matière neuve.

On peut supprimer la dépense qu'entraîne cette consommation de minerai de fer en se servant de l'air comme agent d'oxydation, mais le contact de l'air à haute température produirait, à la surface des pièces, une croûte épaisse d'oxyde et une partie du métal passerait à l'état de fer brûlé ; on ne peut donc recourir à l'oxydation par l'air qu'à la condition de modérer son action, en entourant par exemple les objets en fonte de matières inertes qui ne s'opposent pas complètement au passage de l'air jusqu'au métal, mais qui l'empêchent de se renouveler trop aisément. Des corps quelconques peuvent être employés à cet effet pourvu qu'ils soient en grains et qu'ils n'éprouvent aucune altération pendant le chauffage ; en Styrie et sur le conseil de Tunner, on s'est longtemps servi, dans ce but, de sable quartzeux et on donnait au produit obtenu de cette façon le nom de Glüstahl (acier par incandescence) ; ce procédé n'a cependant pris aucune extension.

Un fait digne de remarque, c'est que, quel que soit l'agent d'oxydation employé, celle-ci pénètre jusqu'au centre des pièces pourvu que le contact avec le cément soit assez prolongé ; il faut donc admettre qu'il se produit un transport de carbone de l'intérieur même des objets soumis à ce traitement. A mesure que, dans le voisinage de la surface, la teneur en carbone diminue, une partie de cet élément renfermé dans la masse intérieure s'écoule, pour ainsi dire, vers l'extérieur moins carburé, de manière à tendre vers une composition homogène. Il semble qu'il se fasse un partage entre la molécule plus riche et celle qui l'est moins, en sorte qu'il s'établisse un mouvement continu de carbone de l'intérieur à l'extérieur, pendant toute la durée de la cuissson.

Dans la cémentation carburante c'est une action précisément inverse qui se produit, le carbone passe de l'extérieur à l'intérieur.

Bien que ce mouvement de carbone dans la cémentation oxydante ne soit pas interrompu, si on l'arrête avant complète disparition de cet élément, on trouvera les parties centrales plus carburées que celles qui sont voisines de la surface ; cette différence est encore plus accentuée dans les pièces épaisses qui doivent être soumises à l'action oxydante un temps beaucoup plus long. On ne traite d'ailleurs ainsi que des pièces relativement minces, il est rare qu'on admette des épaisseurs supérieures à 25^{mm}.

Cette opération ne s'applique qu'aux pièces moulées ayant déjà reçu par la coulée leur forme définitive et susceptibles d'être livrées brutes au commerce lorsqu'elles ont été adoucies. Elles doivent à leur transformation en fer doux une augmentation de ténacité.

L'avantage de ce procédé de fabrication consiste dans la facilité qu'il présente de fournir à peu de frais des pièces de formes compliquées que l'on ne pourrait obtenir qu'avec beaucoup de peines et de dépenses au moyen de la presse et du marteau en employant du fer comme matière première ; d'autre part, si on voulait couler les mêmes pièces en fer ou en acier fondu, on rencontrerait des difficultés d'autant plus grandes qu'on devrait produire des objets plus minces et un métal moins carburé, qui se prête mal à remplir les moules de faibles dimensions grâce à la rapidité avec laquelle il se fige.

La fusion de la fonte se fait au creuset pour les petits moulages, au cubilot lorsque leur dimension est plus forte ; les premiers se décarburent plus complètement que les autres ; aussi, en Allemagne, donne-t-on au métal qui conserve le plus de carbone le nom de *Tempersthal*, ce qui veut dire acier de cémentation oxydante. En somme, entre cet acier et la fonte malléable. il n'y a de différence que dans le procédé employé pour la fusion et dans quelques menus détails de l'opération décarburante, dont nous nous occuperons plus loin ; mais les propriétés des produits obtenus dans l'un et l'autre cas ont beaucoup de similitude.

Pour obtenir cet acier, auquel on donne le nom de Tunner, on coule des lames minces de fonte que l'on adoucit dans du sable ou du minerai, puis qu'on transforme, par une fusion au creuset, en acier fondu.

2. — Choix des fontes. Fusion.

La fonte blanche est celle qui s'applique le mieux au traitement par cémentation oxydante qui n'a d'action que sur le carbone combiné ; le graphite ne brûle que dans les points où il est directement en contact avec le corps fournissant l'oxygène.

Le manganèse a pour effet de retarder la décarburation. Forquignon[1] a soumis pendant 72 heures à la cémentation oxydante une fonte contenant 1,78 °/₀ de manganèse et 3,79 de carbone ; au bout de ce temps elle renfermait encore 3,03 de ce dernier élément. Des observations semblables ont été faites à plusieurs reprises et on en a conclu qu'à la teneur de 0,4 °/₀ le manganèse ne gênait pas la décarburation, mais qu'il ne fallait pas dépasser cette limite.

Une forte proportion de silicium déterminerait la précipitation du graphite dans une fonte carburée ; une fonte, qui se trouverait dans ces conditions, ne conviendrait donc point; cependant une faible quantité de ce corps est nécessaire pour produire des moulages sains et à angles vifs ; la fonte blanche, qui ne contient pas de silicium, fait beaucoup de retrait et peut, par conséquent, donner lieu à des ravalements ou à des cavités intérieures. On comprend qu'il est impossible de couler des pièces saines avec une fonte dont le retassement est considérable et qui présente, dans les parties où le refroidissement est le plus tardif, des cavités tapissées de cristaux. Il arrive quelquefois que la présence de ces cavités se traduit à l'extérieur par un affaissement de la surface des pièces dû à l'effet de la pression atmosphérique s'exerçant au-dessus d'un vide intérieur, comme si l'air avait cherché à y pénétrer.

D'autres fois, ce genre de défaut ne se reconnaît que lorsqu'on casse une ou plusieurs pièces après la cémentation, les parois intérieures des cavités sont devenues d'un bleu foncé ou noir ; le fondeur, qui ne comprend pas la raison de ces accidents, considère ces taches noires comme l'ennemi le plus à redouter du fabricant de fonte malléable.

[1] Recherches sur la fonte malléable et sur le recuit des aciers. *Annales de Chimie et de Physique.* Série 5, T. XXIII, p. 433.

Une proportion convenable de silicium met à l'abri de ce danger en diminuant
le retassement. De nombreux essais nous ont permis de reconnaître que,
pour obtenir un résultat satisfaisant, on devait rechercher une fonte ayant
au moins 0,4 °/₀ de silicium et qu'une teneur de 0,6 et 0,8 était encore plus
favorable.

Pour éviter que la fonte pauvre en manganèse, et renfermant cette quantité
de silicium, soit graphiteuse, on doit la choisir peu carburée ; une bonne
fonte ne doit guère contenir plus de 3 °/₀ de carbone, et on en emploie dans
lesquelles la teneur descend à 2,8 °/₀. Moins cette proportion sera forte et
plus il sera facile d'arriver à la décarburation ; d'un autre côté, on aura plus
de peine à couler convenablement les petites pièces.

Le soufre et le phosphore qui se trouvent dans la fonte restent dans le
produit et ont sur ses qualités les mêmes influences que sur les fers et les
aciers obtenus par les autres procédés ; il faut donc éviter les fontes dans
lesquelles ces éléments se rencontrent en proportion élevée ; on peut
admettre comme limites maxima 0,20 °/₀ pour le phosphore et 0,10 °/₀ pour
le soufre. Rappelons aussi que, si on chauffe le métal dans des creusets
dont la pâte contienne du soufre, celui-ci est absorbé inévitablement
en partie.

Nous venons d'indiquer quelle était, au point de vue de la cémentation
oxydante, la composition chimique la plus favorable, mais il ne faut pas
oublier que la fusion, qui précède la cémentation, modifie plus ou moins cette
composition ; c'est un fait dont on doit tenir compte.

La fusion au creuset est celle qui altère le moins la nature de la fonte ; la
proportion de carbone reste la même, même dans un creuset de graphite ;
quant à celle du silicium elle augmente plutôt, ce qui est utile, car, dans la
plupart des cas, la fonte blanche en contient fort peu ; si on refond à très
haute température, on peut enlever une certaine quantité de cet élément à la
pâte du creuset.

C'est d'ailleurs ainsi qu'on a, dès le début de la fabrication de la fonte malléable, refondu la fonte et c'est encore le moyen le plus sûr d'obtenir un
métal qui se présente dans les meilleures conditions ; aussi, malgré les frais
plus élevés qu'entraîne ce mode de fusion, il est encore très fréquemment
employé aujourd'hui.

En Allemagne, on charge les creusets avec de la fonte blanche obtenue des
minerais hématites du Cumberland par surcharge et on y ajoute des débris
des opérations antérieures. Ces fontes sont peu manganésées (moins de
0,1 °/₀), peu phosphoreuses et contiennent peu de carbone ; s'il est nécessaire,
on les mélange avec d'autres fontes, avec une petite quantité de fontes grises,
par exemple, si le silicium fait défaut.

Nous avons indiqué en détail, pages 134, T. II et suivantes, la disposition des fours employés pour la fusion au creuset, le mode de travail et les transformations chimiques auxquelles elle donnait lieu.

Depuis une vingtaine d'années on emploie le cubilot lorsqu'il s'agit de couler des pièces d'un poids un peu plus fort, telles que des roues, et souvent même pour des objets courants, bien que les premières tentatives n'aient pas donné de résultats bien satisfaisants.

Nous savons que, quand on refond au cubilot de la fonte peu carburée, elle absorbe du carbone, en même temps sa teneur en silicium diminue (p. 159, 161, T. II) ; mais la plus grande difficulté que l'on rencontre dans la fusion au cubilot, provient de ce que les causes accidentelles y ont une influence beaucoup plus grande sur la composition du métal que lorsqu'on emploie les creusets.

Pour diminuer le degré de carburation, on mélange à la fonte une grande quantité de ferrailles, jusqu'aux 9/10^m de la charge totale, on y ajoute de la fonte grise riche en silicium ou du ferro-silicium ; on obtient ainsi un métal qui se rapproche, au point de vue de la teneur en carbone, de la limite que nous avons indiquée plus haut [1].

Si le métal sortant du cubilot est trop pauvre en silicium, on y remédie par une addition de ferro-silicium.

On a quelquefois eu recours à des fours à réverbère analogues aux fours Martin pour la fusion de la fonte : mais ce genre d'appareils est d'une conduite plus difficile qu'un cubilot, il coûte beaucoup plus cher d'installation et d'entretien ; et d'ailleurs le mode de chauffage Siemens ne peut rendre de services réels que dans une marche continue ; il est donc très rare qu'il puisse s'appliquer au cas qui nous occupe.

3. — Fours de cémentation oxydante et leurs accessoires.

Il existe un grand nombre de types de fours pour la cémentation oxydante, ils diffèrent le plus souvent par la manière dont sont disposées les pièces à décarburer au milieu du cément oxydant qui doit les envelopper.

Pour les petites pièces, on emploie des pots en fonte ou en fer que l'on garnit avant leur introduction dans le four ; ils ont de 0^m,25 à 0^m,30 de diamètre et de 0^m,30 à 0^m,50 de hauteur, on les ferme au moyen de couvercles de même métal ; quelquefois ils sont pourvus de pieds pour que la flamme puisse passer en dessous, mais ces pieds ont l'inconvénient d'exiger plus de hauteur totale du four.

[1] Il est probable que le nom de Tempersthal qu'on a donné en Allemagne à la fonte malléable, dans le cas où la fusion était effectuée au cubilot, provient de ce qu'on se figurait obtenir ainsi un véritable acier, nous avons fait remarquer, p. 161, T. II, que cette espérance ne s'était pas réalisée.

Les figures 300 et 301 représentent un four établi pour la cuisson des pots[1] ; ceux-ci sont superposés trois par trois de façon à former 12 colonnes comprenant 36 pots. En dessous de la sole, qui est en maçonnerie et qui repose

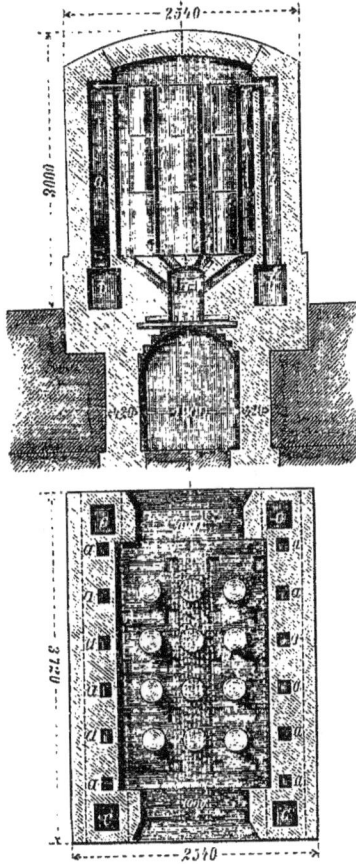

Fig. 300 et 301. — Four pour la fabrication de la fonte malléable.

sur une voûte percée de 20 ouvreaux, se trouve une grille ; elle occupe toute la longueur du four.

Les 20 ouvreaux sont répartis sur toute la surface de la sole, comme on peut le voir sur le plan ; les flammes et les produits de la combustion s'élèvent entre les colonnes formées par les pots, puis redescendent par douze carneaux verticaux aa ménagés dans l'épaisseur des parois latérales, et qui

---

[1] Cette figure est empruntée à l'ouvrage de C. Rott, *Die Fabrikation des schmiedbaren und Tempergusses.*

aboutissent à des galeries horizontales *bb*, lesquelles se terminent par des cheminées *cc* placées aux quatre coins du massif.

Les portes de chargement et de déchargement sont placées aux deux extrémités du four, elles sont fermées par un mur pendant le chauffage.

Lorsque la cémentation oxydante est terminée, on laisse refroidir le four, on enlève les pots, on les remplace par d'autres et on remet en feu ; il résulte évidemment de cette manière d'opérer une perte de temps et de combustible considérable.

On peut éviter cet inconvénient en employant des soles mobiles ; tandis qu'une sole est dans le four on en prépare une autre en dehors qui prend la place de la première dès que la décarburation des pièces portées par celles-ci est terminée [1].

Lorsque les pièces à cémenter par oxydation sont volumineuses, les pots sont remplacés par une grande caisse en briques qui est construite en même temps que le four, et dans laquelle on dispose par couches successives le cément et les pièces à décarburer ; la caisse doit être de faible largeur et ses parois peu épaisses pour que la chaleur pénètre uniformément partout. Il en existe plusieurs formes.

On peut employer par exemple les fours de cémentation carburante que nous décrirons dans le prochain chapitre, et on l'a fait, en effet, principalement pour la fabrication de l'acier Tunner ; mais, dans les usines allemandes, on fait usage plus fréquemment de fours à voûte mobile ; celle-ci se divise en plusieurs parties que l'on enlève pour rendre accessible l'intérieur du four. La caisse s'élève jusqu'auprès de la voûte supérieure, les parois latérales sont chauffées par les flammes et les produits de la combustion montent tout autour et se réunissent pour descendre par une cheminée ménagée au milieu même de la caisse et qui contribue à rendre le chauffage plus égal.

1. — Cémentation oxydante.

Conduite de l'opération. — Lorsque les pièces destinées à la cémentation oxydante ont été coulées, on les laisse refroidir lentement, après quoi on les nettoie avec soin ; les petites pièces sont, à cet effet, assez fréquemment enfermées dans un tambour que l'on anime d'un mouvement de rotation horizontal : elles roulent en se frottant les unes contre les autres et arrivent ainsi à se débarrasser automatiquement du sable de moulage qui adhérait à leur surface ; pour nettoyer les pièces plus fortes on emploie quelquefois la meule.

Ceci fait, on doit placer les objets à cémenter dans les pots ou dans les

---

[1] On trouvera dans Ledebur, *Handbuch der Eisen- und Stahlgiesserei*, 2ᵉ édition, p. 369, les dessins d'un four à sole mobile imaginé par Querfurth, et qui a donné de bons résultats.

caisses ; lorsque les parois des pots sont métalliques, on enduit leur surface
intérieure d'un lait de chaux pour empêcher le cément d'y adhérer.

On commence par étendre au fond des pots ou des caisses, sur une épaisseur de quelques centimètres, une couche de cément dont on a déterminé la
composition conformément aux indications que nous avons données plus
haut, puis on répartit les pièces à adoucir en ayant soin qu'elles ne se tou-
chent pas entre elles et qu'elles ne soient pas en contact avec les parois de la
capacité où on les enferme. On remplit bien exactement les vides avec le
cément dont on répand une nouvelle couche sur laquelle on met de nouveau
les objets en fonte et ainsi de suite alternativement ; ce remplissage exige
beaucoup de soins ; s'il est mal fait, si chaque pièce de fonte n'est pas envi-
ronnée d'une quantité suffisante de matière oxydante, la décarburation est
incomplète ou inégale.

Une fois les pots ou les caisses garnis de cette façon, on recouvre d'une
dernière couche de cément, puis on met les couvercles qui sont en tôle ou en
fonte pour les pots, en briques pour les caisses en maçonnerie, et on introduit les pots dans les fours, on ferme les portes de chargement et on allume
les feux.

La durée du chauffage varie suivant que les pièces de fonte sont plus ou
moins grosses et aussi suivant qu'on veut atteindre un degré de décarburation
plus ou moins avancé ; pour les petits objets, qu'on doit adoucir au point de
pouvoir les souder facilement, on met deux jours pour élever graduellement
la température ; on maintient la chaleur au même point pendant trois jours ;
il en faut deux pour le refroidissement qui doit s'effectuer peu à peu.

Lorsque les objets à décarburer sont plus gros, on doit maintenir la chaleur un ou deux jours de plus.

Dans les fours à sole mobile, comme les pots sont introduits dans une
enceinte déjà portée à une haute température, cinq jours suffisent pour l'opération.

Le degré de chaleur convenable est le rouge vif.

Il est très important de régler exactement la température du four ; en
effet, si elle est trop basse, la décarburation se fait trop lentement et le
résultat voulu n'est pas atteint complètement ; est-elle trop élevée, les pots
se déforment, le cément se transforme partiellement en fer métallique qui
adhère aux pièces, celles-ci même peuvent se gauchir sous la charge de celles
qui sont au-dessus.

On surveille la température en observant par des regards la couleur de
l'intérieur du four, il est encore plus exact d'employer un pyromètre, on
arrive ainsi au bout de peu de temps à déterminer le degré de chaleur le plus
convenable.

Lorsque le four est refroidi, on l'ouvre et on vide les caisses ; les pièces sont essayées au marteau ou à la lime ; si elles sont suffisamment douces et résistantes, si le résultat paraît satisfaisant, on les place dans un tambour rotatif avec du sable à grains anguleux qui les débarrasse du cément adhérent ; les objets trop durs sont soumis à une seconde opération.

5. — Etude chimique du procédé.

Les conditions particulières au milieu desquelles s'effectue la cémentation oxydante autorisent à prévoir que, si l'allure est normale, la proportion de carbone seule doit diminuer, le manganèse, le silicium et le phosphore n'éprouvant aucune modification ; le soufre seul pourrait se trouver en dose plus forte si le cément en contenait.

Les résultats ci-après des expériences de Davenport confirment ces prévisions :

EXPÉRIENCES DE DAVENPORT

NATURE DES ÉCHANTILLONS		C	Si	Ph	S	Mn
1re exp.	Avant cémentation	3,44	0,44	0,31	0,059	0,53
	Après une première cémentation .	1,51	0,44	0,32	0,067	0,58
	Après une seconde id. . .	< 0,10	0,45	0,31	0,083	0,52
2e exp.	Avant cémentation	3,48	0,58	0,28	0,100	0,58
	Après une première cémentation. .	0,43	0,61	0,29	0,140	0,61
	Après une seconde id. . .	< 0,10	0,61	0,29	0,160	0,57

Forquignon a reconnu qu'en maintenant, pendant 144 heures, la fonte à la température de la cémentation oxydante, soit au milieu de minerai, soit au milieu de sable quartzeux, la proportion de silicium ne varie pas.

Par exemple elle était avant cémentation de : 0,45 °/₀,
elle est devenue après cémentation dans du sable 0,44 °/₀.

Dans un autre essai elle était avant de : 0,77 °/₀,
elle était encore après cémentation dans du minerai de 0,77 °/₀.

Au contraire Richter aurait constaté que, lorsqu'on fabrique par ce procédé l'acier Tunner, il peut se produire, par liquation, une diminution dans la teneur en silicium et en manganèse[1] ; nous devons admettre que, dans l'opé-

[1] *Jarbuch der österr. Bergakademieen*, 1860, p. 359. Voici les résultats trouvés par Richter :

NATURE DES ÉCHANTILLONS		C	Si	S	Mn
1°	Avant cémentation	3,57	0,130	0,009	0,61
	Après id.	1,17	0,002	0,010	0,19
2°	Avant id.	3,42	0,110	0,008	0,58
	Après id.	1,20	0,008	0,011	0,21

De son côté, Gottlieb a trouvé que, dans la même fabrication, la proportion de silicium était passée de 0,01 °/₀ à 0,25 °/₀. Même publication, 1887, p. 105.

ration en question; la température s'est trouvée beaucoup plus élevée qu'elle n'est dans les cémentations oxydantes ordinaires et que les chiffres qu'il donne doivent être considérés comme des exceptions.

Si on retire du four un échantillon avant que la décarburation complète ait eu le temps de se produire, on remarque ordinairement, au centre de la cassure, un noyau sombre entouré de fer décarburé ; l'oxydation du carbone n'a pas encore pénétré jusqu'au centre ; mais la couleur sombre du métal qui forme le noyau central provient de la transformation du carbone en carbone de cémentation : si l'opération avait été prolongée, ce carbone aurait disparu [1].

Forquignon a étudié les transformations que subit le carbone dans la fonte soumise à cette opération ; il a pris, à cet effet, divers échantillons de fonte et les a soumis à un certain nombre de cémentations oxydantes de durées plus ou moins longues ; il a analysé le carbone avant et après chaque opération ; il a reconnu les résultats suivants.

RECHERCHES DE FORQUIGNON

DIVERS ÉTATS DU CARBONE	Avant cémentation	DURÉE de la CÉMENTATION OXYD.		
		36ʰ	72ʰ	144ʰ
1er essai Carbone de trempe et de carbure	2,94	2,13	0,96	0,84
Carbone de cémentation	traces	0,47	0,84	0,26
Carbone total	2,94	2,60	1,80	1,10
2e essai Carbone de trempe et de carbure	3,27	1,55	1,25	0,90
Carbone de cémentation	0,00	1,45	1,09	0,51
Carbone total	3,27	3,00	2,34	1,41
3e essai Carbone de trempe et de carbure	3,12	0,94	1,02	0,81
Carbone de cémentation	traces	1,61	1,19	0,50
Carbone total	3,12	2,55	2,21	1,31
4e essai Carbone de trempe et de carbure	3,51	1,17	0,85	0,71
Carbone de cémentation	0,02	2,28	1,56	0,81
Carbone total	3,53	3,45	2,41	1,52

Il résulte de toutes ces expériences que la cémentation oxydante transforme toujours le carbone de trempe et celui du carbure en carbone de

---

[1] Conformément aux opinions qui régnaient autrefois, Forquignon donne le nom de graphite au carbone de cémentation, et de carbone combiné au carbone de carbure et à celui de trempe.

cémentation, celui-ci s'oxydant peu à peu, ce qui diminue progressivement la proportion de carbone total. Cependant on ne sait pas encore, d'une façon positive, s'il est indispensable que la totalité du carbone passe à l'état de carbone de cémentation pour se faire éliminer, ou bien si une partie seulement éprouve cette transformation, tandis que l'autre disparait à l'état d'oxyde de carbone sans l'avoir subie.

Il parait probable que ces essais ont été faits à une température relativement basse puisque, malgré le temps assez long pendant lequel le métal a été soumis à la cémentation oxydante, il restait encore une proportion importante de carbone total.

Le plus fréquemment, c'est du carbone de cémentation qu'on trouve dans les objets de fonte malléable peu carburés.

La cémentation oxydante est sans influence sur le rapport entre le carbone de carbure et celui de trempe, parce qu'elle se fait à une température d'environ 1000° ; or le carbone de trempe ne se transforme en carbone de carbure qu'à une température plus basse, et la proportion entre ces deux états du carbone dépend surtout des conditions dans lesquelles le refroidissement s'est effectué ; celui-ci est toujours lent, il en résulte que le carbone de trempe n'existe qu'en faible proportion, même lorsque la teneur en carbone totale est assez forte.

Dans un échantillon de fonte malléable qui n'avait pas été suffisamment décarburé parce qu'il avait été mal enveloppé de cément, on a trouvé :

Carbone de trempe. . . .	0,10 %
Carbone de carbure. . . .	0,71 %
Carbone de cémentation . .	0,90 %
Total	1,71 %

On a constaté par des expériences faites en grand que l'on peut décarburer la fonte en la maintenant au rouge vif au milieu de substances pulvérisées qui n'exercent sur elle aucune action chimique, du quartz par exemple ; nous avons déjà signalé ce même résultat obtenu dans des essais exécutés sur une petite échelle.

Forquignon a maintenu au rouge, au milieu de quartz pulvérisé presque pur, des échantillons de fonte blanche peu manganésée. Il a remarqué qu'une partie du carbone a été éliminée et que l'autre a subi des transformations ; c'est ce que fait ressortir le tableau suivant.

Dans ce cas, comme nous l'avons fait observer, c'est l'air renfermé entre les grains de sable qui a servi d'agent de décarburation.

On n'emploie pas ce procédé dans les usines parce qu'il est plus lent et, même dans la fabrication de l'acier Tunner, on a renoncé au sable pour revenir au minerai.

AUTRES EXPÉRIENCES DE FORQUIGNON

DIVERS ÉTATS DU CARBONE	Avant cémentation	DURÉE de la CÉMENTATION OXYD.	
		72ʰ	144ʰ
1er essai { Carbone de trempe et de carbure.	2,94	1,45	1,00
{ Carbone de cementation	0,00	0,16	0,50
(Carbone total	2,94	1,61	1,50
2e essai { Carbone de trempe et de carbure	3,27	1,82	1,26
{ Carbone de cémentation	0,00	1,20	1,18
(Carbone total	3,27	3,02	2,44

L'hydrogène absolument sec, ainsi que l'azote, peuvent décarburer le métal à la chaleur jaune ; voici les résultats obtenus par Forquignon :

1ᵉʳ essai. Avant l'expérience. . . . . C. total = 3,27
    Après 46ʰ au rouge vif dans un courant d'H. .   Id.   = 1,82
2ᵉ essai. Avant l'expérience. . . . .   Id.   = 2,94
    Après 46ʰ au rouge vif dans un courant d'H. qui
     venait de servir au 1ᵉʳ essai . . . . . .   Id.   = 2,30
3ᵉ essai. Avant l'expérience. . . . .   Id.   = 2,94
    Après 62ʰ au rouge sombre dans un courant d'H.   Id.   = 3,02
    Le même échantillon a été maintenu au rouge vif
     dans un courant d'H. . . . .   Id.   = 1,79
4ᵉ essai. Avant l'expérience. . . . .   Id.   = 2,91
    Après 48ʰ au rouge vif dans un courant d'Az. .   Id.   = 2,44

On a trouvé des hydrocarbures dans les gaz qui provenaient du traitement par l'hydrogène et du cyanogène dans ceux qui venaient du passage de l'azote.

Cette action des gaz sur le carbone de la fonte peut servir à expliquer pourquoi, lorsqu'on chauffe au rouge vif de la fonte blanche telle que celle que l'on emploie pour la fonte malléable, il n'est pas rare de voir diminuer la teneur en carbone. Forquignon a également fait des essais de ce genre avec les résultats suivants :

1ᵉʳ essai. Avant l'expérience. . . . . C. total = 2,94
    Après 144ʰ au rouge vif au milieu du charbon de
     bois . . . .   Id.   = 2,26
  L'auteur a reproduit ces essais qui ont donné :
1ᵉʳ essai. Avant l'expérience. . . . .   Id.   = 2,82

Après 108ʰ au rouge vif au milieu du charbon de
bois . . . . C. total = 2.29
2ᵉ essai. Avant l'expérience. . . . . Id. = 2,31
Après 72ʰ dans les mêmes conditions . . . . Id. = 1,86
3ᵉ essai. Avant l'expérience. . . . . Id. = 3,83
Après 108ʰ dans les mêmes conditions. . . . Id. = 3,39

Un grand nombre d'autres essais ont donné ces mêmes résultats ; il en est quelques-uns cependant, exécutés dans des conditions semblables, où l'on n'a pas trouvé de modification dans la teneur en carbone [1].

L'élimination du carbone dans ces circonstances ne peut provenir que de l'hydrogène résultant de la décomposition de l'eau que contient toujours le charbon de bois. Ce fait mérite certainement quelqu'attention mais n'a aucune importance au point de vue de la cémentation oxydante qui nous occupe en ce moment.

6. — Produits de la cémentation oxydante.

La fonte malléable est appliquée à un grand nombre d'usages ; on en fait de petites pièces de différentes formes qui seraient trop fragiles en fonte et trop difficiles à exécuter en fer ou en acier fondu ; elles entrent dans la construction d'une multitude de machines, telles que les machines agricoles, les machines à coudre, etc. ; on en fabrique des clefs pour le serrage des boulons et d'innombrables pièces de serrurerie.

Des échantillons de ce métal, de bonne qualité, analysés par l'auteur, avaient la composition suivante :

ANALYSES DE FONTES MALLÉABLES

PROVENANCE DES ÉCHANTILLONS	C TOTAL	Si	Mn	S	Ph
Echantillon provenant de Vienne.	0,38	0,92	0,21	0,05	0,07
id. id. d'Allemagne.	0,35	0,69	0,16	0,30	0,05
id. id. id.	0.25	0,41	0,15	n. d.	n. d.

Si, malgré la forte teneur en carbone de ces échantillons, ils possédaient une remarquable ténacité, cela tient à ce que la lenteur du refroidissement, succédant à un chauffage prolongé à une température élevée, a eu pour effet,

[1] Voir dans *Stahl und Eisen*. 1886, p. 381 et 777, les résultats complets des essais faits en vue d'étudier ce genre de phénomène.

sans aucun doute, de déterminer la transformation de la totalité du carbone de trempe.

La plus grande partie du carbone que contenaient encore ces différents objets était à l'état de carbure et le reste s'y trouvait probablement sous celui de carbone de cémentation. On voit donc qu'il n'est pas nécessaire d'arriver à une décarburation complète pour obtenir des pièces en fonte malléable de bonne qualité.

On a fait de nombreux essais mécaniques sur la fonte malléable et on a constaté que les propriétés de ce métal se rapprochent parfois de celles du fer obtenu par soudage ; elles sont cependant sujettes à de grandes variations par suite d'accidents de fabrication qu'on ne peut éviter.

Dans les essais qui ont été faits au bureau technique royal de Charlottenbourg sur trois livraisons de fonte malléable, on a obtenu les résultats suivants :

ESSAIS MÉCANIQUES [1]

	Résistance à la traction K^{il} p. mm_q	Striction °/₀	Allongement °/₀ sur 200ᵐᵐ
1ᵉʳ essai. . .	25,1	8,8	2,5
2ᵉ id. . .	25,8	8,2	2,5
3ᵉ id. . .	38,6	2,0	»

Si l'on compare ce métal à du fer de bonne qualité obtenu par soudage, on constate qu'il offre un peu moins de résistance aux efforts de traction et que sa ténacité est beaucoup plus faible ; cependant, si la cémentation oxydante est bien réussie, la fonte malléable supporte une flexion assez grande, grâce sans doute à sa faible teneur en phosphore et à la lenteur du refroidissement qui termine l'opération ; des pièces de 2 à 3ᵐᵐ d'épaisseur peuvent supporter, à froid, une flexion de 180° environ sur une bigorne de moyenne dimension et, quelquefois même, on réussit à mettre les deux parties en contact à coups de marteau.

Lorsque la décarburation est suffisante, la fonte malléable se soude sans difficulté.

Quand la fusion a été effectuée au cubilot, le métal a été généralement coulé en pièces d'un certain poids pour lesquelles une décarburation complète est moins nécessaire ; les roues de wagonnets d'usine, par exemple, sont souvent fabriquées de cette façon : elles se déjettent souvent un peu pendant la cémentation ; pour corriger ce défaut on les porte au rouge et on les redresse à la presse dans une matrice.

[1] *Mittheilungen der Königlichen Technischen Versuchsanstalt*, 1886, p. 131.

Nous avons indiqué à quel usage était destiné la sorte d'acier de Tunner. Les résultats d'analyses exécutées par l'auteur à Donawitz en 1880 montrent qu'on peut pousser très loin la décarburation, surtout lorsqu'on emploie le minerai comme cément.

Carbone.	0,03
Silicium.	0,00
Phosphore	0,04
Manganèse	0,57
Cuivre-Nickel	0,07

Il est clair qu'on ne peut donner le nom d'acier à un produit de ce genre.

Depuis les perfectionnements apportés à la fabrication des pièces moulées en fer et en acier fondus, la production de la fonte malléable tend à diminuer d'importance. On a réussi à obtenir du traitement des fontes riches en silicium, dans les convertisseurs de petites dimensions, des moulages de poids très réduit, d'une qualité infiniment supérieure et d'un prix de revient moins élevé. (V.)

Ouvrages à consulter.

C. Rott, *Die Fabrikation des Schmiedbaren und Tempergusses. Separatabdruck aus dem Praktischen Maschinenconstructeur* Leipzig, 1881.

H. Wedding. *Die Darstellung der Eisen- und Stahlgiesserei*, 2ᵉ édition, Weimar, 1892, p. 362 à 374.

R. Davenport, *Chemische Untersuchungen über einige Punkte der Darstellungschmiedbaren Gusses. Denglers polyt. Journal*, t. CCVII, p. 51 (extrait du *Mechanics Magazine*, 1871, p. 392).

M. Forquignon, *Recherches sur la fonte malléable et sur le recuit des aciers. Annales de Chimie et de Physique*, série 5, t. XXIII, p 433 (1881).

C. Ricketts, *Physical tests of malleable cast Iron. Iron*, t. XXV, p 358.

Ergebnisse der Untersuchung von schmiedbaren Guss. Mittheilungen der Königlichen technischen Versuchsanstalt zu Charlottenburg, 1886, p. 131.

CHAPITRE VI

ACIER DE CÉMENTATION

1. — Introduction.

Lorsqu'on maintient pendant un certain temps, à la chaleur rouge, le fer entouré de charbon de bois ou, plus rarement, de quelqu'autre corps riche en carbone, cet élément est absorbé en partie et on obtient de l'acier.

Ce procédé de fabrication est connu depuis fort longtemps, on le pratiquait probablement au xviie siècle, car Réaumur en donne une description complète dans son traité sur l' « *Art de convertir le fer forgé en acier et l'art d'adoucir le fer fondu*, etc., » qui parut en 1722. En Angleterre, il a été employé sur une grande échelle dans le courant du xviiie siècle ; il s'est introduit en Allemagne en 1811 dans le district de Reimscheid qui est devenu le centre de cette industrie ; en Autriche il ne fut connu que plus tard.

Il est facile de comprendre que ce mode de production de l'acier est plus compliqué que tous ceux que nous avons décrits jusqu'ici, et qui emploient les fours à puddler, les feux d'affinerie, l'appareil Bessemer et le four Martin ; il est en même temps plus dispendieux ; si donc, dans ces conditions, il n'a pas été abandonné, nous devons admettre qu'il possède quelque supériorité universellement reconnue.

Nous savons, en effet, que l'épuration du fer, le départ des corps étrangers tels que le manganèse, le silicium, le soufre et le phosphore, sont d'autant plus complets que la décarburation a été poussée plus loin ; il en doit résulter que la conversion en acier du fer doux produit un métal de meilleure qualité que la transformation directe de la fonte en acier.

Nous devons ajouter, cependant, que le prix élevé de ce mode de fabrication s'oppose à son développement ; l'acier cémenté est donc réservé aux industries qui préparent les instruments et les outils délicats, les limes, etc., et, la plupart du temps, ce métal est refondu au creuset avant d'être employé à ces divers usages.

On soumet en général à la cémentation le fer obtenu par soudage, parce que, abstraction faite des scories emprisonnées dans la masse, ce fer est plus pur que celui que fournissent les procédés de fusion qui laissent toujours dans le métal du manganèse, du silicium et de plus fortes proportions de soufre ; quant aux scories, elles se trouvent en grande partie réduites à l'état métallique par la chaleur rouge maintenue longtemps en présence de corps carburants et réducteurs, et, d'ailleurs, lorsqu'on refond au creuset l'acier cémenté, elles se séparent naturellement.

Il est néanmoins préférable de choisir, pour la cémentation, le fer qui est le moins chargé de scories ; la présence de ces matières riches en oxyde de fer et disséminées irrégulièrement dans le métal, aurait, pour le moins, l'inconvénient de rendre la carburation inégale. On donne donc généralement la préférence au fer affiné au bas-foyer et surtout à celui que fournissent les forges suédoises, dont les produits sont justement réputés pour leur faible teneur en phosphore.

En Angleterre, en Westphalie et dans les autres pays où le bas-foyer a été abandonné, on se rabat sur le fer puddlé provenant des fontes pures que l'on a traitées avec des soins particuliers.

2. — Fours de cémentation.

Les barres à cémenter sont placées dans des caisses en briques de 2m,75 à 3m,50 de longueur sur 0m,80 à 1m,00 de large ; la profondeur varie de 0m,80 à 1m,20. Le four se compose d'une ou de deux caisses ; on a essayé de construire des fours à trois caisses, mais le chauffage y était irrégulier et les résultats ont toujours été moins bons.

Ces caisses sont établies de façon à recevoir de 8 à 14 tonnes de fer.

Les fours de cémentation, renfermant les caisses en maçonnerie, ont à peu près les mêmes dispositions dans tous les pays. La grille destinée au chauffage a la même longueur que les caisses et se trouve placée en dessous ; un certain nombre de carneaux permet aux flammes de circuler sous le fond et le long des parois latérales, après quoi elles s'échappent par une cheminée disposée à la partie supérieure. Telles sont les dispositions générales de tous les fours à cémenter qui ne diffèrent que par des détails.

Dans les fours anglais, dont le type a servi de modèle dans quelques autres contrées, la grille chauffe deux caisses, comme on peut le voir sur les fig. 302 et 303 qui représentent à l'échelle de 1/100 la disposition la plus fréquemment usitée [1].

[1] Kerl, *Grundriss der Eisenhüttenkunde*, fig. 199 et 200. Au siècle dernier, les fours em-

Les deux caisses AA sont parallèles entre elles et séparées par un intervalle suffisant pour le passage de la flamme qui doit chauffer les deux parois qui se font face; la grille a est accessible par ses deux extrémités, une partie

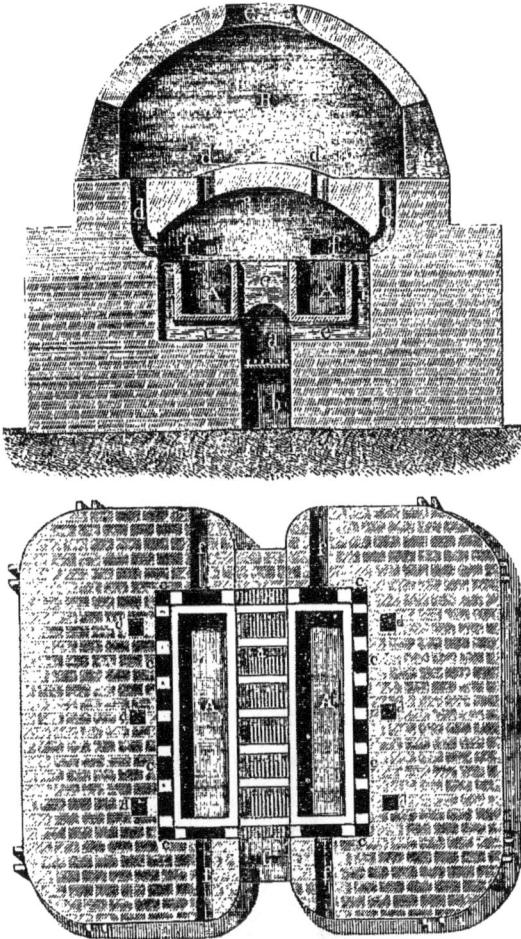

Fig. 302 et 303. — Four de cémentation anglais.

des flammes s'élève donc entre les deux caisses, une autre passe en dessous et remonte par les carneaux cc en chauffant l'autre paroi. Le fond des caisses et leurs côtés sont entourés de carneaux séparés par des cloisons très minces sur lesquelles elles reposent d'une part et qui les maintiennent latéralement d'autre part. Lorsque, dans le cours d'une chauffe, on remarque que la cha-

ployés en Angleterre avaient déjà exactement la même disposition. Voyez Jars, *Voyages métallurgiques*, 1777, T. I, p. 363.

leur se porte plus d'un côté que de l'autre, on ferme plus ou moins les orifices des carneaux correspondant à la partie la plus fortement chauffée, on arrive ainsi assez facilement à égaliser la température.

Le massif dans lequel sont logées les deux caisses est recouvert par une voûte à travers laquelle on a ménagé un certain nombre d'ouvertures *dd* par où s'échappent les produits de la combustion et le tout est recouvert

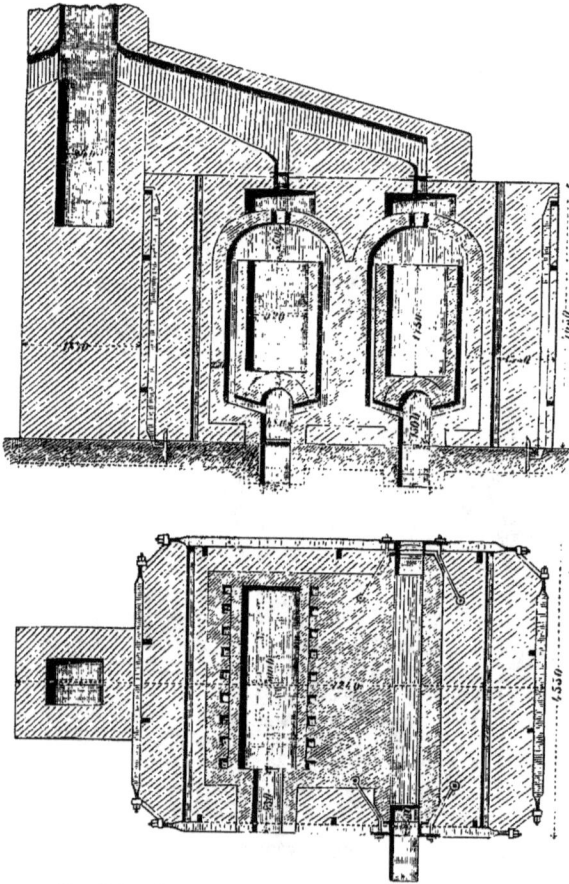

Fig. 304 et 305. — Four de cémentation allemand.

par une coupole *B* pourvue, à sa partie la plus élevée, d'un orifice *e* pour le dégagement de la fumée. Quelquefois, pour augmenter le tirage et rejeter la fumée plus haut, on établit sur la coupole *B* une cheminée suffisamment élevée. C'est ainsi qu'on fait en Autriche. Ailleurs, la cheminée est supportée par des piliers indépendants, comme à Sheffield, où elle est assez vaste pour recouvrir le four et la coupole ; *ff* sont des ouvertures ménagées dans les murs, par lesquelles on passe les barres de fer à cémenter pour les placer dans le four, et qui servent à les sortir après l'opération. Entre les deux ouvertures voisines se trouve un trou d'homme qui n'est pas indiqué sur le dessin, il permet aux ouvriers de s'introduire dans le four ; on le bouche avant d'allumer le feu sur la grille.

Les fours de cémentation du district de Reimscheid sont construits d'une manière plus simple. Les fig. 304 et 305 représentent deux de ces fours accolés ; chacun d'eux ne comprend qu'une seule caisse chauffée par sa grille ; il est ainsi plus facile de régler la température de chaque caisse de façon à obtenir, si on le veut, un degré de carburation différent. La cheminée est sur un massif spécial et commune à plusieurs fours. La suppression de la coupole rend la construction moins coûteuse [1].

Le chauffage au gaz est peu fréquemment employé [2].

Les caisses sont construites en briques réfractaires à base de quartz ou d'argile, ou en pisé. Il est très important que les joints soient exécutés avec assez de soins pour que l'air ne puisse s'y frayer un passage par lequel il

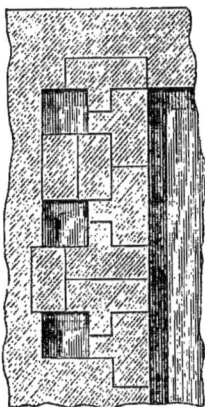

Fig. 306. — Construction d'une caisse de cémentation.

pénétrerait dans la caisse pendant le chauffage. On compose donc habituellement ces parois de plusieurs épaisseurs de briques à joints croisés de façon que chaque joint soit couvert par une partie pleine s'il venait à s'ouvrir. Quelquefois même on a recours à des matériaux de formes spéciales qui ont

[1] *Zeitschr. d. Ver. zur Beforderung des Gewerbf.*, 1879, pl. II, fig. 3 et 4, d'après Mannesmann.
[2] On trouvera dans la publication intitulée : *Zeitschr. f. Berg-Hutten- und Salinenwesen in Preussen*, T. XXIV, p. 482, un article de Wedding donnant le dessin d'un four de cémentation américain chauffé au gaz ; l'air et le gaz sont chauffés par leur passage dans des carneaux ménagés dans l'épaisseur des murs.

l'avantage de relier ensemble les différentes assises comme le montre la fig. 306 qui est la disposition adoptée à Reimscheid.

3. — La cémentation et ses résultats.

On doit commencer par remplir les caisses ; un ouvrier pénètre dans le four par le trou d'homme et un autre lui passe du dehors les matières destinées à le garnir.

Les barres de fer doivent être un peu plus courtes que la longueur de la caisse pour pouvoir se dilater sans rencontrer d'obstacle ; on emploie de préférence des barres plates à section rectangulaire, telles qu'elles sortent du marteau ou du laminoir ; le carbone pénètre facilement jusqu'au cœur de la barre quand elle est de faible épaisseur et la carburation du métal est plus régulière. On donne donc à ces barres une épaisseur de 10 à 20^{mm} et une largeur de 50 à 100^{mm} ; quant à la qualité de ce fer, nous avons indiqué déjà celle qu'on devait préférer.

Le cément employé est du charbon de bois en fragments ne dépassant pas la grosseur d'une noix ; celui qui provient des conifères est moins actif que le charbon des autres espèces, on l'emploie néanmoins dans les pays où il existe, entre les deux, une différence de prix importante.

Le charbon qui a servi agit plus lentement que le charbon frais ; on doit donc, après chaque fournée, rejeter une partie de celui qu'on a retiré de la caisse et le remplacer par une même quantité de charbon neuf. Ordinairement on compose le mélange de deux parties de neuf et une de vieux. Dans d'autres ateliers on fait servir deux fois le même charbon, puis on le renouvelle entièrement[1].

On a souvent cherché à ajouter au charbon de bois des matières devant activer l'action aciérante, mais toujours sans résultat appréciable ; aussi y a-t-on généralement renoncé ; les essais ont porté, dans la plupart des cas, sur des substances susceptibles de former des cyanures, comme des alcalis en poudre ou en dissolution dans de l'eau dont on arrosait le charbon, du carbonate de baryte, du sel marin, des prussiates, etc. On attribuait aux cyanures une influence favorable sur la cémentation, parce qu'on sait que ces corps carburent facilement le fer lorsqu'on les met en contact avec lui à haute température.

---

[1] On a diversement expliqué pourquoi le charbon perd son action carburante sur le fer. Il paraît certain que la raison de ce changement de propriété est une augmentation considérable de densité que produit, sur le charbon, son élévation à une haute température. Les ouvriers exercés reconnaissent très bien, au simple toucher, un charbon qui a déjà servi. (Voyez dans les ouvrages à consulter, le travail de Mannesmann sur ce sujet.)

On commence par recouvrir le fond de la caisse d'une couche de sable fin, de terre réfractaire pulvérisée ou de matière analogue pour boucher les fentes que la dilatation résultant de la chaleur pourrait produire. Ensuite on étend au-dessus une couche de fraisil de charbon de bois de 60 à 80^{mm} d'épaisseur sur laquelle on dispose un rang de barres de fer en évitant qu'elles puissent se toucher ; chaque barre doit se trouver enveloppée de charbon ; au-dessus on met un lit de charbon, puis une couche de barres et ainsi de suite.

Pour pouvoir suivre le travail de la cémentation, on a ménagé dans les parois des extrémités des caisses, vers la partie supérieure, une petite ouverture, correspondante à une autre de même dimension pratiquée dans le massif ; on y place un certain nombre de barreaux d'épreuve ou *témoins* qui font saillie en dehors de façon à pouvoir être retirés aisément et permettre de constater le degré de carburation auquel on est arrivé.

Les caisses sont remplies comme nous venons de l'indiquer jusqu'à 100^{mm} au-dessous du bord supérieur ; on recouvre le tout de vieux cément sur lequel on répand encore un lit de briques pilées ou de matières analogues pour obtenir une fermeture aussi hermétique que possible.

Le chargement terminé, on bouche le trou d'homme avec un mur postiche, on ferme également les ouvertures *ff*, on garnit d'argile les orifices par lesquels passent les témoins et on met en feu. On élève la température jusqu'au rouge vif ou mieux au jaune ; il faut un jour et demi pour atteindre ce degré de chaleur qu'on doit maintenir pendant une huitaine de jours, plus ou moins, suivant que les barres ont une plus ou moins grande épaisseur.

En retirant de temps à autre quelqu'une des barres qui servent de témoins on peut se rendre compte du degré de carburation auquel le fer est arrivé ; après avoir laissé refroidir cette barre on en casse une extrémité et on examine la texture ; on peut également lui faire subir des épreuves de forgeage, de trempe, de pliage, etc.

La carburation se poursuit même pendant que le métal se refroidit dans les caisses ; c'est un fait dont il faut tenir compte, car l'acier qu'on en retire, lorsque la fournée est terminée, contient toujours plus de carbone que le témoin dont l'aspect a fait suspendre le chauffage.

Le refroidissement du four doit s'opérer lentement ; lorsqu'on considère l'opération comme terminée, on cesse de charger du combustible sur la grille, on ferme le cendrier et, dès que la température est tombée au-dessous du rouge, on active le refroidissement en ouvrant peu à peu les ouvertures par lesquelles s'est fait le chargement, le trou d'homme, etc. ; c'est environ six jours après avoir cessé le chauffage que l'on peut procéder au déchargement des caisses.

Il s'écoule environ de 15 à 20 jours entre le moment où on allume le feu et celui où le défournement peut être commencé ; il ne faut pas moins de 6 à

8 jours pour cette dernière opération et un nouveau chargement ; ce laps de temps est nécessité par l'impossibilité d'employer plus de deux ouvriers à l'intérieur des caisses. Une opération complète exige donc de 21 à 28 jours suivant que les caisses sont plus ou moins grandes.

L'acier produit par cémentation carburante est cassé à froid et classé d'après le grain qu'il présente.

Puisque le but de cette opération est d'introduire du carbone dans le fer, le poids du métal qui y est soumis doit être plus grand après traitement qu'avant. On constate, en effet, une augmentation de poids qui varie de 0,50 à 0,75 °/°, suivant que le degré de carburation est plus ou [moins grand.

Par tonne d'acier il faut 30^k de charbon frais, de 800 à 1000^k de houille pour chauffage direct et la dépense en main-d'œuvre varie de 6^f,25 à 7^f,50, de telle sorte que les frais de cémentation peuvent se présenter de la manière suivante :

Main-d'œuvre . . . . . . de	6^f,25	à	7^f,50
Charbon de bois . . . . . de	3 ,75	à	5 ,00
Houille . . . . de	11 ,25	à	12 ,50
Réparations . . . . . . de	0 ,625	à	1 ,25
Frais généraux, impôts, amort. de	3 ,125	à	5 ,00
Totaux. . de	25 ,00	à	31 ,25

Autre mode de cémentation. — Lorsqu'on veut que la couche superficielle de certaines pièces de machines exécutées en fer doux résiste mieux à l'usure ou soit susceptible de recevoir un poli plus brillant, après leur avoir donné leur forme définitive, on les soumet à une cémentation partielle analogue à celle que nous venons de décrire.

Il est clair qu'on pourrait exécuter ces pièces entièrement en acier, mais on rencontrerait les inconvénients d'une matière première d'un prix plus élevé, d'un travail plus difficile et on ne pourrait éviter une fragilité au choc plus ou moins prononcée ; on préfère donc, dans certains cas, employer le fer doux et ne transformer en acier que la surface.

A cet effet, on entoure ces pièces de charbon de bois en poudre mélangé quelquefois de matières azotées, de charbon d'os, de débris de cuir, de prussiates et on les place dans des caisses en tôle que l'on chauffe pendant quelques heures sur une grille alimentée avec du coke ; on les retire de la caisse tandis qu'elles sont encore rouges et on les trempe à l'eau. Les surfaces peuvent dès lors recevoir un beau poli.

C'est ici le moment de signaler un procédé dû à *Harvey* qu'on emploie pour durcir la surface des plaques de blindages sans augmenter leur fragilité. On lamine ces plaques en fer fondu contenant de 0,10 à 0,35 °/° de carbone ; elles sont ensuite déposées sur un lit de sable sec ou d'argile finement pulvérisée, préparé dans un four à réchauffer construit spécialement pour cette opération ; on répand sur la surface à durcir, qui doit être en dessus, du charbon de bois en poussière que l'on recouvre d'une couche de briques réfractaires ; puis on chauffe plus ou moins longtemps suivant les dimensions de la plaque.

Le chauffage terminé, on enlève la plaque et on la trempe en l'arrosant avec de l'eau lorsqu'elle est à la température du rouge cerise. La surface qui était en contact avec le charbon de bois a acquis une teneur en carbone de près de 1 °/₀ ; la carburation va en diminuant vers l'intérieur, de telle sorte qu'à 75ᵐᵐ de profondeur elle n'a augmenté que de 0,1 °/₀.

4. — La cémentation au point de vue chimique.

Lorsqu'on a commencé à étudier, au point de vue chimique, la cémentation, on s'est principalement attaché à découvrir si le carbone solide pouvait s'allier directement au fer et pénétrer à l'intérieur de la masse sans qu'il fût à l'état liquide, ou si la cémentation était due à la présence de gaz renfermés dans le charbon, cheminant à travers les pores du métal et y déposant du carbone.

Ce problème a été très nettement résolu ; il n'est pas douteux que la carburation résulte de l'action directe du carbone solide sur le fer ; on serait arrivé plus aisément à cette certitude si on avait remarqué, que, dans l'opération inverse, la cémentation oxydante, le carbone se sépare du fer sans que celui-ci arrive a l'état liquide. Les deux opérations reposent donc sur la propriété que possède le carbone de cheminer de molécule à molécule, de la plus carburée à celle qui l'est moins, soit de l'extérieur à l'intérieur dans la cémentation carburante, soit de l'intérieur à l'extérieur dans la cémentation oxydante.

C'est à Mannesmann qu'on doit les recherches les plus sérieuses et les plus complètes sur ce point important ; il a étudié en même temps l'influence de la température, celle de la durée de l'opération, etc., sur le résultat obtenu.

Nous donnerons ci-dessous les conclusions principales auxquelles l'ont conduit ses travaux.

Pour se rendre compte du rôle que joue le carbone solide dans la cémentation, il a placé des barreaux de fer dans des creusets vernis, hermétiquement fermés ; dans les uns, les barres de fer plongeaient sur moitié de leur longueur dans du graphite de Ceylan en poudre, l'autre moitié était enveloppée d'argile réfractaire pulvérisée ; dans les autres, le graphite était remplacé par du charbon de sucre ou par de la suie. Ces creusets ont été chauffés à la température des fours de cémentation. Mannesmann a constaté que, dans la partie en contact avec le carbone solide, tous les barreaux avaient été cémentés, l'autre partie n'ayant éprouvé aucune transformation ; or les gaz extérieurs ne pouvaient pénétrer dans les creusets exactement remplis, et quant à ceux que les matières employées comme céments étaient capables de dégager, ils pouvaient agir sur les barreaux tout entiers.

L'expérience suivante a démontré d'une manière plus évidente encore le cheminement du carbone : le même expérimentateur a réussi à envelopper complètement un barreau de fer de fonte spéculaire en le plongeant dans un bain de ce métal au moment où il était sur le point de se solidifier, puis il a maintenu le tout au rouge vif pendant 21 minutes ; il a reconnu que la surface du barreau s'était transformée en acier sur un millimètre d'épaisseur [1].

Il résulte d'une autre série d'expériences que la quantité maximum de carbone que le fer peut absorber par cémentation, autrement dit, son point de saturation, s'élève en même temps que la température, et que cette absorption est d'autant plus rapide que la chaleur est plus grande. Un morceau de fer enveloppé de charbon de bois et chauffé au blanc était au bout de 45 minutes transformé en fonte blanche sur une épaisseur de 3 à 5 millimètres ; cette croûte superficielle contenait 4,76 % de carbone, c'est-à-dire la proportion admise comme limite pour la saturation du fer par le carbone. Au contraire, une barre de fer chauffée pendant 13 jours au rouge vif dans une caisse de cémentation ne renfermait que 1,2 % de carbone ; un chauffage supplémentaire de trois jours, à la même température et dans les mêmes conditions, fut sans effet sur la proportion de carbone absorbé.

Il ne faut pas oublier que plus le fer est carburé et plus son point de fusion s'abaisse ; par conséquent, il est plus difficile de faire absorber une grande quantité de carbone sans arriver à la fusion.

Cette relation entre la température et le degré de carburation permet de comprendre pourquoi, lorsqu'on chauffe au rouge vif de la fonte entourée de charbon de bois, elle peut perdre du carbone sous l'influence de l'hydrogène qui se dégage (p. 602, T. II), tandis que, dans les mêmes conditions, le fer peu carburé en absorbera, deux phénomènes qui semblent contradictoires au premier abord.

Ledebur a pris un morceau de fonte contenant 2,52 % de carbone et une barre de fer qui en renfermait 0,16 %, il les a placés tous deux dans le même récipient au milieu de charbon de bois ; après cémentation, la fonte ne tenait plus que 2,39 % de carbone et dans le fer la teneur s'était élevée à 0,69 %.

La cémentation s'était effectuée à la température jaune, c'est-à-dire à un degré de chaleur plus bas que celui qui correspond au point de saturation

---

[1] Il n'est pas douteux que beaucoup de gaz carburés puissent cémenter le fer (voir p. 269) ; mais dans le procédé de cémentation, tel qu'il se pratique, l'action des gaz est négligeable.

maximum ; dans ces conditions la fonte a pu abandonner une partie de son carbone, tandis que le fer en absorbait.

Ces expériences répétées à plusieurs reprises ont fourni les mêmes résultats, on doit donc admettre qu'il ne s'y est pas introduit de causes d'erreur [1].

Les recherches de Mannesmann ont encore démontré que, lorsque la température à laquelle s'est faite la cémentation est très élevée et le temps employé à la produire de courte durée, la carburation est plus irrégulière, la différence de teneur en carbone entre la surface et l'intérieur des barres est plus considérable. C'est ainsi que le morceau de fer, dont la surface extérieure avait été transformée en fonte blanche par une cémentation de 45 minutes à une température très élevée, présentait, après cette première croûte blanche, une autre zône concentrique de $2^{mm} 1/2$ qui était de l'acier et au centre un noyau qui n'avait subi aucune transformation. Dans d'autres circonstances, cette couche aciéreuse n'existait même pas et la fonte était immédiatement en contact avec le fer non carburé.

En opérant la cémentation dans des caisses à la manière ordinaire, on a reconnu que les barres de fer avaient éprouvé successivement les modifications de composition suivantes :

Après 7 jours la couche cémentée avait $0^{mm},5$ tenant 0,65 % de C.
Id.   8   id. $1^{mm},0$ id.   0,94 %   id.
Id.   9   id. $2^{mm},0$ id.   0,95 %   id.
Id. 10   id. $2^{mm},6$ id.   1,10 %   id.
Id. 11 1/2   id. $3^{mm},0$ id.   1,20 %   id.
Id. 13 1/2 la barre était à peu près homogène id.   1,20 %   id.

Ce dernier degré de carburation n'a pu être dépassé par une prolongation du chauffage.

Lorsque les barres à cémenter ont une plus grande épaisseur, on doit donc les laisser plus longtemps en contact avec le charbon, et le degré de carburation sera plus élevé si l'on entretient une plus forte chaleur.

Dans certains cas, les cassures des barres soumises aux expériences de Mannesmann présentaient une teinte grise provenant d'un dépôt de carbone ; il est probable qu'il s'était produit dans ces circonstances du carbone de cémentation, bien qu'on en rencontre rarement sous cette forme dans l'acier cémenté.

Deux échantillons d'acier pris à la sortie des caisses ont été analysés par Ledebur, ils contenaient :

[1] Les résultats de ces expériences ont été publiés dans *Stahl und Eisen*, 1886, p. 777.

	Acier cémenté de Suède.	Acier cémenté de Reimscheid.
Carbone de trempe	0,42	0,19
Carbone de carbure	1,07	0,97
Carbone de cémentation. . . .	»	0,04
Carbone total.	1,49	1,20

Il est probable que l'échantillon provenant de Suède a été trempé étant encore chaud et que c'est pour ce motif qu'il contenait une si forte proportion de carbone de trempe.

Boussingault a étudié les modifications que pouvaient subir le soufre, le phosphore et le silicium pendant la cémentation. Il a constaté que la teneur en soufre diminue constamment, ce qui concorde avec ce que nous avons signalé p. 292, T. I à propos du fer carburé contenant du soufre. Ajoutons qu'on n'emploie jamais du fer sulfureux pour la cémentation puisqu'on se propose de produire un métal de qualité supérieure ; c'est ce qui explique que la quantité de soufre éliminée ne peut être que très faible.

Un fer de Suède, contenant 0,055 % de soufre, transformé en acier par cémentation n'en renfermait plus que 0,009 %. Un autre échantillon dont la teneur était de 0,04 a perdu la moitié de son soufre par cette opération. Ce fait a d'ailleurs été confirmé par un grand nombre d'expériences. Ainsi, lorsqu'on a chauffé au rouge, pendant 35 jours, de la fonte blanche entourée de charbon de bois, la teneur en soufre est tombée de 0,101 % à 0,036 %.

Il résulte des recherches de Boussingault que la cémentation augmente quelquefois, dans une légère proportion, la teneur en phosphore et en silicium ; s'il n'est pas permis d'attribuer ces faits à une répartition irrégulière de ces éléments ou même à des erreurs d'analyses, il faut admettre que le charbon de bois a pu en céder au métal une petite quantité ; en pratique, d'ailleurs, ces faits n'ont aucune influence sur les propriétés de l'acier cémenté.

La réduction des oxydes de fer contenus dans les scories que le fer, obtenu par un procédé de soudage, retient toujours en plus ou moins grande quantité, exerce une influence plus intéressante. Nous ne connaissons pas de recherches faites sur les transformations que subissent ces oxydes pendant la cémentation, mais on peut les conclure de ce que nous savons sur la manière dont ils se comportent quand on les maintient pendant longtemps, en présence du carbone, à une température supérieure à 900°[1]. On a, d'ailleurs, la preuve de leur influence par la transformation des ampoules qui sont apparentes sur la surface des barres après la cémentation et qui caractérisent ce genre d'acier et lui ont valu le nom d'acier *poule* en Français et de *Blister*

---

[1] C'est à 900° que le protoxyde de fer est décomposé par le carbone.

steel en Anglais. Ces ampoules ont jusqu'à 20^{mm} de diamètre et lorsqu'on les perce, pendant que les barres sont encore rouges, il en sort un gaz qui s'enflamme et qui est de l'oxyde de carbone. Grâce à la malléabilité du métal au rouge, ces gaz l'ont soulevé de place en place et ont produit des gonflements. Rien de semblable ne se rencontre quand on cémente du métal fondu.

5. — Acier cémenté ou produit de la cémentation.

L'acier de cémentation présente un gros grain dans sa cassure parce qu'il a été pendant longtemps maintenu à une haute température ; il est jaunâtre et fragile. L'étirage à chaud le transforme en métal à grains fins et lui fait acquérir les propriétés physiques qu'il doit au carbone qu'il renferme ; mais on le traite ordinairement d'une façon différente. Il est démontré, en effet, que la carburation présente des irrégularités. Alors même que la cémentation a été suffisamment prolongée, que le carbone a pu pénétrer les barres à cœur, des circonstances fortuites, des différences de température d'un point à l'autre des caisses, des contacts insuffisants ou irréguliers avec le charbon, font varier l'absorption du carbone.

On réduit cet inconvénient, on le fait même disparaître complètement par un corroyage, c'est-à-dire en formant des paquets avec les barres cémentées que l'on soude et que l'on étire de nouveau ; on atteint encore mieux le même résultat par une fusion au creuset.

Ainsi que nous l'avons indiqué, on ne soumet à la cémentation que les fers les plus purs ; l'analyse des produits n'a donc pas d'intérêt ; on n'y trouve en général que quelques dix-millièmes de soufre, de phosphore, de silicium, de manganèse ou de cuivre, et une dose de 0,8 à 1,3 % de carbone suivant l'usage auquel on le destine.

On trouvera des détails très nombreux sur la fabrication de l'acier cémenté en Angleterre dans le mémoire célèbre de Leplay publié dans les Annales des mines, 4ᵉ série, tome III, sur la fabrication de l'acier dans le Yorkshire ; on pourra constater ainsi que les fours employés comme les méthodes n'ont pas varié d'une manière sensible depuis l'époque où ce travail a paru. (V)

Ouvrages à consulter.

H. Wedding, *Darstellung des schmiedbaren Eisens* Brunswig, 1875, p. 572 à 589.
Reinhard Mannesmann, *Studien über der Cementstahlprocess. Zeitschr. de Ver. zur Beförderung des Gewerbfl.*, 1879, p 31.

Boussingault, *Etudes sur la transformation du fer en acier par la cémentation.* Annales de chimie et de physique, série 5, t. V, p. 145.

J. Percy, *On the cause of blisters on blister-steel* The Journal of the Iron and Steel. Institute, 1877, p. 460.

F. L. Garrison, *Methods of hardening the surface of armour-plates.* Iron, t. XI, p. 120.

Das *Harveysche Kohlungsverfahren. Stahl und Eisen*, 1892, p. 760 (Extrait de l'Engineering).

CHAPITRE VII

ÉLABORATION COMPLÉMENTAIRE DU FER ET DE L'ACIER

---

1. — Introduction.

Il est extrèmement rare que les appareils dans lesquels sont produits le fer et l'acier donnent au métal la forme définitive et les propriétés suffisantes qui permettent de les livrer, sans modification, au commerce.

Sauf les pièces moulées en fonte malléable, en fer ou en acier fondu qui peuvent être employées directement sans qu'il y ait lieu de changer leur aspect extérieur et leur nature intime, dans tous les autres cas, à peu près, le fer et l'acier doivent subir un travail de transformation au marteau, au laminoir ou à la presse.

C'est donc sous la forme variée de barres, de tôles, de fils, de pièces forgées de sortes très diverses, que l'on doit amener le fer brut soudé ou fondu de même que l'acier ; les profils des barres peuvent eux-mêmes différer à l'infini, ils sont, suivant les besoins, ronds, carrés, rectangulaires ou de sections moins simples tels que les cornières, les T et doubles T, les U, les rails, etc., etc. ; les progrès dans l'art de construire apportent chaque jour de nouveaux besoins et exigent des formes nouvelles.

Sans doute ces opérations de transformations ressortent plutôt du domaine de la mécanique que de celui de la métallurgie ; comme cependant l'industrie du fer met à profit ces modifications dans la forme pour améliorer la qualité du métal, ce qui a son importance, comme en outre c'est dans les usines à fer qu'elles s'exécutent, elles rentrent bien, à ces points de vue, dans l'étude de la métallurgie.

Nous avons indiqué ailleurs l'influence qu'exerce le travail mécanique sur la résistance, la dureté et les autres propriétés physiques du fer et de l'acier, et celle de la température à laquelle ce travail a été appliqué ; nous n'avons pas à y revenir, mais, dans la plupart des cas, le but principal que l'on poursuit, par une élaboration de ces métaux à haute température, est l'élimination aussi complète que possible de la scorie interposée dans ceux qui proviennent de procédés de soudage, et la disparition des cavités et des soufflures dans ceux qui sont produits par fusion.

Ces opérations complémentaires doivent donc différer suivant qu'on se propose d'expulser la scorie ou de supprimer les soufflures.

2. — Traitement du métal obtenu par soudage.

(a) *Généralités.* — Pour enlever au fer et à l'acier obtenus par un procédé de soudage les scories qu'ils renferment, il faut porter le métal à une température suffisante pour que la scorie se liquéfie sans cependant que le fer entre en fusion, puis soumettre la pièce chauffée à l'action d'un marteau, d'un laminoir ou d'une presse ; le succès d'une semblable opération est d'autant mieux atteint que la scorie possède plus de fluidité et que son point de fusion est moins élevé, aussi ne parvient-on à éliminer que d'une manière tout à fait insuffisante celle qui est de nature très basique, riche en peroxyde de fer ou en chaux, que l'on ne peut rendre fluide même à un degré de chaleur considérable ; ce sont les scories qu'on désigne par le qualificatif de *sèches* (p. 187, T. II). Nous savons que le manganèse augmente la fluidité ; la présence de ce corps est donc avantageuse toutes les fois qu'on veut obtenir un métal bien dépouillé de scories.

Quelques soins, cependant, qu'on apporte à ces épurations mécaniques, il reste toujours de petites quantités de scories dans le fer et l'acier obtenus par soudage.

Nous avons déjà fait remarquer que plus grand est le poids de la masse de fer sortant du four où elle a été produite, et plus considérable est la proportion de scories qu'elle conserve ; celles-ci sont en outre moins fluides. Les anciens procédés d'affinage fournissent donc un métal plus épuré sous ce rapport, parce qu'on n'y produit que des loupes d'un petit nombre de kilogrammes ; les faibles moyens mécaniques dont on disposait autrefois n'auraient pas permis de fabriquer un métal de quelque valeur, si on avait voulu l'obtenir par unités d'un poids plus élevé.

Il ne faut pas oublier, d'ailleurs, qu'un fer très chargé de scories exige que l'on pousse beaucoup plus loin le travail d'épuration mécanique, ce qui ne peut se réaliser qu'au prix d'un supplément de consommation de combustible et de main-d'œuvre en même temps que de déchet. Ces aggravations dans la dépense compensent certainement en partie l'économie qui peut résulter du traitement de fortes charges ; il est donc plus profitable, dans la fabrication du fer par soudage, de ne pas aller trop loin dans la voie de l'accroissement du poids des charges.

Cependant, à mesure que l'augmentation de la consommation obligeait à pousser jusqu'à son extrême limite la production des fours et par conséquent à procéder par plus fortes charges, on était amené à installer des appareils d'étirage de plus en plus puissants. Le marteau à main suffisait aux premiers âges de la fabrication du fer ; on commença par lui substituer un martinet mis en mouvement par moteur hydraulique qui répondit pendant plusieurs siècles aux besoins de cette époque ; il fut remplacé lui-même par le laminoir et le marteau-pilon, outils d'une puissance infiniment plus considérable.

On ne traite pas de la même façon les petites loupes presqu'entièrement purgées de scories et les grosses masses dans lesquelles il en reste de fortes proportions. Dans le premier cas, et surtout lorsque la réduction de section est poussée très loin, un seul étirage suffit pour produire l'épuration convenable et donner au métal sa forme définitive.

C'est en effet ce qui se passe dans le traitement du fer affiné au charbon de bois ; aussitôt que les loupes ont été cinglées et coupées en maquettes, on réchauffe celles-ci et on les étire au marteau en barres prêtes à être livrées au commerce.

Il ne peut en être de même pour les loupes de puddlage qui sont beaucoup plus chargées de scories et auxquelles une seule opération ne suffirait pas pour leur assurer une qualité convenable. On commence donc, dès le cinglage terminé et sans réchauffer les massiaux, par les passer au laminoir pour les transformer en barres de fer brut ; ces barres ordinairement plates ont une surface rugueuse qui démontre une épuration incomplète et la présence de scories en forte proportion.

Pour en obtenir l'élimination au moins partielle, on coupe ces barres en tronçons dont on forme des *paquets* ; ceux-ci sont réchauffés à la chaleur soudante, puis étirés au marteau ou passés à un laminoir dégrossisseur et ensuite au finisseur d'où le fer sort avec la section définitive. Souvent encore ce produit n'est considéré que comme un intermédiaire que l'on doit chauffer et étirer de nouveau avant de le livrer au commerce ; dans ce cas le premier étirage est ce qu'on appelle un *corroyage*.

Le corroyage élimine une grande partie des scories, il présente en outre un autre avantage ; en effet, les barres brutes venant du puddlage ne sont pas toutes de même nature, il existe des différences non seulement entre les diverses charges d'un même four, mais même entre les barres d'une même fournée, différences que l'on constate par l'aspect de la cassure ; si donc on casse toutes les barres pour les classer d'après la grosseur et le caractère du grain et du nerf, il devient facile de composer les paquets de façon à faire dominer l'un ou l'autre de ces caractères, celui qui convient le mieux au produit qu'on se propose d'obtenir.

Si, par exemple, on veut fabriquer un fer à nerf bien régulier, on exclut du paquet celles de ces barres qui présentent du grain ou un mélange de grain et de nerf ; veut-on un fer à grains fins, on ne fera entrer dans la composition du paquet aucune barre dont la cassure révèle du gros grain ou du nerf.

On utilise également, pour la préparation des paquets, les extrémités de barres de fer fini fournies par la fabrication, et même des ferrailles achetées au dehors : ces matières renferment moins de scories que le fer brut et peuvent en conséquence être mélangées avec celui-ci dans les paquets destinés à produire, sans nouveau corroyage, du fer fini qui sera par cela même de meilleure qualité que s'il provenait exclusivement de fer brut [1].

Nous venons de montrer l'utilité du paquetage du fer, il nous faut aussi signaler les inconvénients de cette pratique dont le plus important est d'aboutir à un produit final composé d'éléments soudés ensemble, n'ayant pas, par conséquent, entre toutes ses parties, la même adhérence qu'une barre résultant de l'étirage d'une seule loupe.

Si on attaque par un acide la section d'un morceau de fer provenant de l'étirage d'un paquet, on fait apparaître tous les plans de soudure ; si on soumet un échantillon de ce genre à une série de pliages successifs inverses, à froid, les plans de soudure se séparent souvent les uns des autres, révélant ce manque d'adhérence ; des efforts de torsion, des coups répétés produisent fréquemment le même résultat.

Lorsque les paquets sont composés de fer carburé ou d'acier, il se produit une réaction chimique aux surfaces de soudure entre le carbone d'une part, les gaz oxydants ou la pellicule d'oxyde formée pendant le chauffage de l'autre ; il en résulte, dans le métal fini, un mélange de parties plus ou moins carburées et par conséquent de dureté différente ; c'est là un autre inconvénient du paquetage qui est d'autant plus sensible qu'on a pris moins de soins pour éviter l'oxydation.

Quoi qu'il en soit, la mise en paquets et le corroyage sont indispensables quand on veut expulser la scorie interposée et obtenir, du métal brut forcément irrégulier, un produit aussi homogène que possible [2].

(b) *Fours à réchauffer le fer et l'acier.* — *Chaufferies.* — On donne le nom de chaufferies aux fours employés dans les petites fabrications pour l'étirage des loupes des feux d'affinerie, par exemple, ou pour le soudage d'aciers très carburés qu'on tient à soustraire à l'oxydation.

La forme la plus simple d'un appareil de ce genre est celle d'un feu de

---

[1] Depuis qu'on emploie le procédé Martin, le paquetage a perdu beaucoup de son importance au point de vue de l'utilisation des chutes et ferrailles. On y a cependant encore recours lorsqu'on préfère obtenir un fer qui n'ait pas subi la fusion.

[2] Le cinglage soude ensemble les particules de fer brut, aussi en Allemagne appelle-t-on *Eisen doppelt gesshweisst*, fer deux fois soudé, celui qu'on obtient de paquets de fer brut.

maréchal établi sur de plus grandes dimensions. Le foyer est une cavité ménagée dans une maçonnerie, ou comprise entre des plaques de fonte ; on lui donne de 0ᵐ,20 à 0ᵐ,30 de profondeur, la largeur est comprise entre 0ᵐ,35 et 0ᵐ,45, la longueur entre 0ᵐ,50 et 0ᵐ,60 ; le vent pénètre horizontalement à travers une des parois latérales, ou verticalement par le fond ; on y brûle de la houille grasse en fragments de la grosseur d'une noix qui se collent les uns aux autres au-dessus de la pièce à chauffer et forment une voûte. Lorsqu'on veut ajouter de nouveau combustible, on fait écrouler la voûte et on remet de la houille qui la reforme immédiatement ; de cette façon le fer n'est jamais en contact qu'avec une matière déjà carbonisée et désulfurée, et on évite les influences nuisibles que les impuretés pourraient avoir sur le métal.

On souffle dans le foyer de 2 à 3ᵐᶜ de vent par minute, à la pression de 15 à 20 centimètres d'eau.

La consommation de combustible varie naturellement avec la grosseur des pièces à chauffer et le nombre de chaudes qu'on leur fait subir ; elle atteint généralement 500ᵏ par tonne de fer fini, si on ne donne qu'une seule chaude suante, et, dans ce cas, le déchet est compris entre 8 et 12 %[1].

Quand on a affaire à de l'acier, et que celui-ci est très carburé, il supporte moins bien la chaleur d'un feu de coke ou de houille et sa nature se modifie, il perd une partie de son carbone au contact des gaz chargés d'acide carbonique qui l'enveloppent ; il faut donc de préférence recourir à un combustible qui puisse brûler avec facilité et dont la combustion produise surtout de l'oxyde de carbone. C'est le charbon de bois qui remplit le mieux ces deux conditions ; il présente en outre cet avantage que ses cendres, composées principalement de terres et d'alcalis, sont particulièrement propres au soudage de l'acier.

Comme, cependant, le poids spécifique du charbon de bois est très faible, on est obligé de donner au foyer une beaucoup plus grande profondeur, c'est-à-dire de 0ᵐ,50 à 0ᵐ,60, pour que la pièce reste constamment recouverte de combustible et on dispose au-dessus une voûte en maçonnerie qui régularise la répartition de la chaleur.

Les figures 307 et 308 que nous empruntons à B. Kerl représentent deux anciennes chaufferies au charbon de bois. La chambre *a* a environ 0ᵐ,37 de large sur 0ᵐ,70 de long ; sa profondeur est de 0ᵐ,55. Le vent y pénètre à travers une paroi latérale ; en *h* est l'ouverture du travail au-dessous de

---

[1] Lorsqu'on soumet une même pièce à plusieurs chaudes suantes, aux premières correspond le plus fort déchet, parce que celui-ci se compose, non seulement du métal qui a été scorifié par la chaleur ou qui est passé dans les battitures, mais encore de la scorie qui s'est trouvée expulsée et c'est dans les premiers étirages que cette expulsion a principalement lieu.

laquelle se trouve le chio *e* par où s'écoule la scorie ; la hotte *f* est disposée pour recevoir les produits de la combustion de deux foyers voisins l'un de l'autre.

Souvent les chaufferies sont disposées comme les feux d'affinerie dans lesquels on fabrique l'acier. En Styrie elles sont garnies de taques en fonte et ont $0^m,50$ de large sur $0^m,55$ de long.

Fig. 307.
Chaufferies au charbon de bois.

Fig. 308.

Le charbon de bois brûlé dans ces conditions ne produit à peu près que de l'oxyde de carbone ; sa chaleur n'est donc pas utilisée aussi complètement que le serait celle du coke ou de la houille, aussi brûle-t-on, pour une seule chaude, de 1000 à 1500^k de charbon par tonne d'acier. Quant au déchet du métal il varie de 3 à 6 % pour la première chaude, il est moindre pour les suivantes [1].

(*c*) *Fours à souder.* — Les fours à souder sont des fours à réverbère sur la sole desquels on dépose les pièces à chauffer ; leur emploi est indispensable quand la fabrication est importante et se poursuit d'une façon continue ; ils permettent d'élever la température d'un grand nombre de pièces à la fois, de poids plus ou moins considérables, y compris les plus grosses qui se produisent dans la métallurgie du fer ; ils ont en outre l'avantage de les amener à un degré de chaleur régulier et uniforme, ce qui est impossible avec les chaufferies.

Les fours à souder peuvent être chauffés directement par des combustibles

[1] *Stahl und Eisen*, 1889, p. 489.

solides ou au moyen de gaz ; les fours à gaz y sont fréquemment appliqués, parce qu'on obtient ainsi une température plus uniforme et plus élevée, ce qui est très favorable au soudage du fer. On a souvent recours au système de

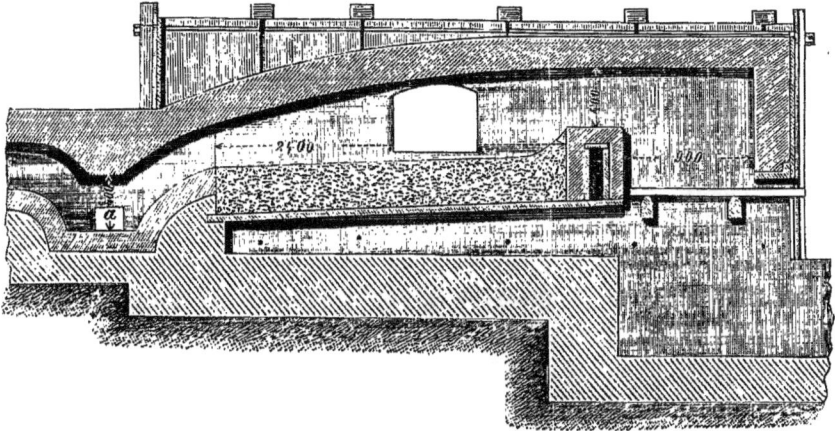

Fig. 309. — Four à souder (Coupe en long).

chauffage Siemens, là surtout où l'on doit se servir de combustibles inférieurs comme les lignites, la tourbe, etc.

Dans les fours à chauffage direct et dans ceux où l'on brûle des gaz, mais

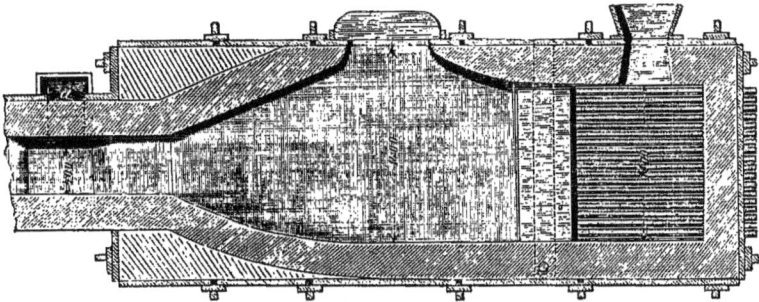

Fig. 310. — Four à souder (Coupe horizontale).

sans régénération, la chaleur considérable emportée par les produits de la combustion est généralement employée à la production de la vapeur.

A cet effet, des chaudières sont placées à la suite des rampants comme nous l'avons indiqué pour les fours à puddler ; elles reçoivent en général une quantité de chaleur suffisante pour produire la vapeur nécessaire à l'élaboration mécanique des fers et des aciers chargés dans les fours, pourvu que les machines utilisent cette vapeur dans de bonnes conditions.

Les figures 309, 310 et 311 représentent, à l'échelle de 1/50, un four à souder ordinaire. La sole est plate et formée d'une couche de sable étendue sur une plaque de fonte que supportent les murs latéraux. On a rarement besoin de recourir aux courants d'eau pour rafraîchir les parois, parce qu'on n'a pas, comme dans les fours à puddler, à les garantir de l'action corrosive des scories.

L'autel est habituellement traversé par un coffre en fonte dans lequel on détermine un courant d'air ; une des extrémités de ce coffre débouche sur un des côtés du four et y prend l'air, l'autre aboutit à un tuyau vertical qui fait office de cheminée d'appel.

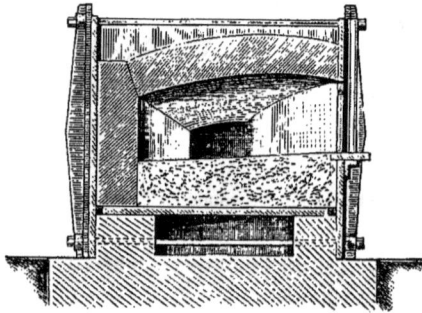

Fig. 311. — Four à souder (Coupe en travers .

On donne à l'autel une plus ou moins grande hauteur suivant qu'on veut chauffer plus ou moins fortement les pièces placées sur la sole, suivant aussi qu'on tient à les préserver plus ou moins du contact des gaz oxydants. Un autel élevé produit un moindre échauffement de la sole, mais en même temps, une moindre oxydation. Pour le soudage du fer à nerf, on emploie des autels plus bas que pour celui du fer à grains ou de l'acier.

Le fer oxydé et les matériaux qui entrent dans la construction du laboratoire forment une scorie qu'il faut évacuer. A cet effet, on donne à la sole une inclinaison vers le rampant et en même temps vers la face opposée à celle du chargement. Le rampant lui-même a une forte pente de façon que les scories se rassemblent à sa partie inférieure et coulent hors du four, d'une manière continue, par un orifice pratiqué spécialement pour l'évacuer et qu'on appelle le *flou a* ; à l'extérieur du four, on ménage une cavité dans laquelle elles se réunissent et se solidifient.

Les dimensions de la porte de chargement sont calculées d'après celles des plus grosses pièces à introduire dans le four ; la porte elle-même se compose, comme celles de tous les fours à réverbère, d'un châssis en fonte garni intérieurement de briques réfractaires ; elle est suspendue par une chaine à l'extrémité d'un levier qui sert à la manœuvrer ; elle est guidée dans son mouvement par un cadre en fonte faisant partie de l'armature.

Pour combattre le refroidissement qui peut résulter de la présence de la porte sur un côté, il est d'usage de surélever la voûte en ce point comme on le fait dans les fours à puddler et de rapprocher le rampant de ce même côté pour y attirer la flamme. (Cette disposition n'existe pas sur le four dont nous donnons le dessin.)

Un grand nombre de fours à souder sont chauffés au vent forcé ; il en résulte une réelle économie de combustible toutes les fois que la nature de celui-ci permet d'appliquer ce mode de chauffage.

D'après les communications faites en 1872 au congrès de la métallurgie du fer [1], les dimensions et la production des fours sont comprises entre les limites suivantes.

Charges des fours. Pour les petits fers, verges de tréfilerie, etc. de 600^k à 850^k

Pour les fers moyens . . . . de 600^k à 1250^k

Pour les gros fers. . . . . de 1400^k à 2500^k

Il est clair que plus les paquets sont volumineux, plus il faut de temps pour les amener au blanc soudant.

Nombre de charges par 24 heures : minimum 9, maximum 24, la moyenne est comprise entre 16 et 20.

La quantité de fer chargée en 24 heures varie donc de 8 à 22 tonnes ; elle est ordinairement comprise entre 12 et 14.

Surface de grille petits fours . . . . $0^{mq},80$

— moyens fours . . . . $1^{mq},00$

— grands fours. . . . . $1^{mq},30$

Sole. — De l'autel au rampant, la surface de la sole varie de $2^{mq},2$ à 3^{mq} ; la largeur mesurée de la porte de travail à la paroi opposée est comprise entre $1^m,30$ et $1^m,80$.

Profondeur de la grille. — Au-dessous de la crête de l'autel, elle peut aller de $0^m,35$ à $0^m,70$.

Hauteur de l'autel au-dessus de la sole, de $0^m,10$ à $0^m,40$.

Section du rampant. — Elle est généralement le septième de la surface de la grille.

On a appliqué aux fours à souder la plupart des systèmes de chauffage au gaz qui ont été imaginés et c'est même pour cet usage seul que beaucoup de dispositions diverses ont été conçues.

La plus fréquemment employée aujourd'hui est celle dont nous avons donné la description p. 167, T. I et qu'on désigne sous le nom de Bicheroux ; elle se distingue par la simplicité de sa construction et par la bonne utilisation du com-

---

[1] Voir les ouvrages à consulter.

bustible. Les fig. 41 et 42 représentent un four à souder de ce système ; il ne diffère en somme d'un four ordinaire que par le mode de chauffage.

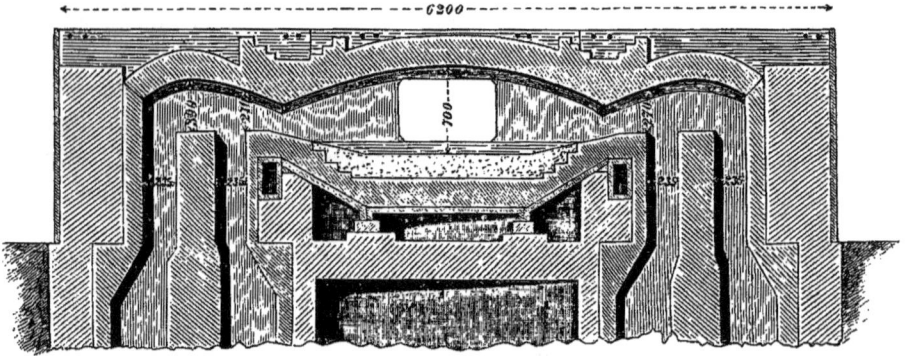

Fig. 312. (Coupe en long.)

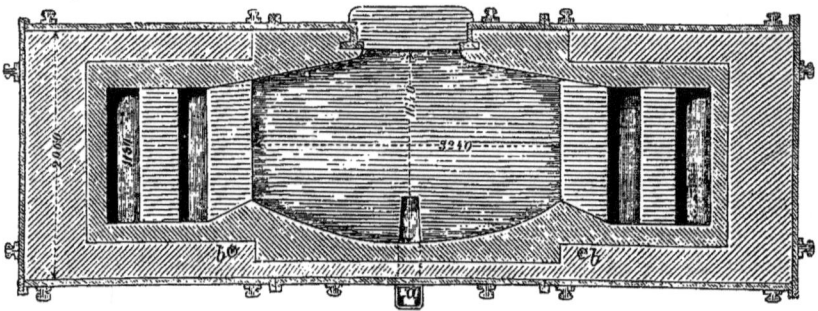

Fig. 313. (Coupe horizontale.)
Four à souder à gaz de lignite.

Le four Boëtius (fig. 39 et 40, p. 166, T. I) peut également servir pour le soudage ; nous avons fait remarquer qu'il est rarement employé depuis quelques années.

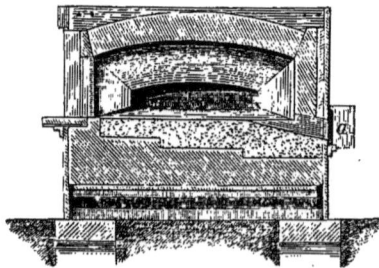

Fig. 314. — Four à souder à gaz de lignite (Coupe en travers).

Nous représentons, fig. 312 à 314, le laboratoire d'un four à souder du sys-

tème Siemens, alimenté par du gaz de lignite ; les régénérateurs, qu'on ne voit
pas sur le dessin, sont horizontaux ; ce four ne diffère des autres du même
système, des fours Martin par exemple, que par la forme de la sole qui est à
peu près plate et formée d'une couche de sable quartzeux portée par des
plaques de fonte ; le flou est en *a* et la sole est inclinée vers ce point dans
tous les sens. Les autels sont rafraîchis par des courants d'air en fonte aboutissant à des cheminées d'aérage *bb*.

Les fours Biederman et Harvey (nouveaux fours Siemens), que nous avons
signalés p. 164, T. I et représentés fig. 35 à 38, ont été employés dans quelques usines anglaises comme fours à souder.

Conduite du travail dans les fours à souder. — La conduite du travail dans
les fours à souder est des plus simples ; on enfourne les paquets ou les pièces
à chauffer au moyen d'une pelle de chargement, et on les dépose sur la sole
de manière à les exposer convenablement à l'action des flammes ; un peu
avant de les retirer du four pour les porter aux appareils mécaniques d'étirage, on doit retourner les paquets ou les pièces de façon à exposer en dessus la
face qui était en contact avec la sole et par conséquent moins chauffée, puis
on les saisit avec des tenailles et on les tire hors du four pour les transporter,
par un moyen quelconque, au laminoir ou au marteau. On doit commencer
l'enlèvement des pièces chauffées par celles qui ont atteint la plus haute température, c'est-à-dire par celles qui se trouvent dans le voisinage de l'autel, et,
pendant l'étirage des premières, on rapproche, autant qu'il est possible, les
autres de la partie la plus chaude du four.

La consommation de combustible dépend du type de four employé, de ses
dimensions et du poids des pièces chauffées ; par tonne de fer soudé *en une
seule chaude*, un four à chauffage direct brûle de 400 à 700^k de combustible ;
les fours à gaz consomment un peu moins ; dans un four Siemens alimenté
avec du gaz de houille, on ne dépasse pas de 200 à 350^k. Il est clair que si la
nature du combustible est inférieure, on en brûlera une plus grande quantité ; c'est ainsi que par tonne de fer chauffé, on consomme de 400 à 800^k de
lignite.

Quant au déchet, il varie : 1° avec la quantité de scories contenue dans le
fer ; 2° avec la forme et les dimensions des paquets ; 3° avec la disposition
du four, et enfin 4° avec la nature du combustible. Le premier chauffage d'un
paquet de fer entraîne généralement un déchet de 9 à 12 % du poids primitif ;
si on le soumet à un deuxième ou à un troisième chauffage, le déchet est
moindre, mais il atteint encore à chaque fois 4 ou 5 %.

Nous avons indiqué précédemment la quantité de métal qu'on pouvait
chauffer en 24 heures dans un four donné ; on peut compter sur une production de 4^t,50 à 6^t,50 par mètre carré de sole.

Deux ouvriers par poste sont nécessaires, un chauffeur et un aide.

Les scories des fours à souder ont la même apparence que celles des fours à puddler ou des bas-foyers ; elles ont à peu près la même composition et sont riches en fer. On y trouve généralement de 20 à 30 °/₀ de silice et au moins 50 °/₀ de fer en partie à l'état de protoxyde, en partie à un degré supérieur d'oxydation. Elles contiennent aussi de l'acide phosphorique, de l'alumine, du soufre, etc.

On les emploie dans les fours à puddler, ou bien on les repasse, comme des minerais, aux hauts-fourneaux.

3. — Traitement du métal obtenu par fusion.

(a) *Généralités.* — Le métal, fer ou acier, obtenu par fusion ne contenant pas de scories dont l'expulsion soit nécessaire, est d'une élaboration plus simple que celui qui provient de soudage. Il suffit de rendre plus denses et plus compacts les lingots, c'est-à-dire de faire disparaître les cavités qu'ils peuvent renfermer, tout en les amenant, par choc ou par pression, à leur forme définitive.

Il n'y a donc pas à faire de paquets et, si on en faisait, on obtiendrait de mauvais résultats, puisqu'on créerait des plans de soudure qui diminueraient les qualités et par conséquent la valeur de la pièce finie. Au lieu de cela, on choisit le lingot de poids et de dimension convenables pour le but qu'on se propose et on obtient, par le travail mécanique, un produit sans soudure qui possède, dans beaucoup de cas, une énorme supériorité sur celui qu'on fabriquerait par tout autre procédé.

Le principal résultat du traitement mécanique appliqué aux lingots est donc de faire disparaître les cavités et les soufflures ; on y réussit d'autant mieux qu'on exerce une pression plus considérable, mais il est facile de comprendre que la difficulté d'agir sur le métal, jusqu'au centre même de la masse, augmente avec la grosseur du lingot. Aussi dès que les nouveaux procédés de fabrication, permettant d'obtenir le métal fondu en grandes masses, se sont répandus, a-t-on presque partout établi de puissants marteaux-pilons pour ébaucher les lingots, leur effet sur le métal étant plus considérable que celui des laminoirs et pour ainsi dire illimité, puisqu'on peut presqu'indéfiniment augmenter le poids de la masse tombante et la hauteur de chute.

Cependant l'ébauchage au marteau est long et coûteux, il oblige à plusieurs réchauffages, ce qui se traduit par une forte consommation de combustible ; d'un autre côté, si on forge à trop basse température, il se produit à la surface des criques qu'il faut enlever à la tranche, sans quoi on les retrouve dans la pièce finie.

C'est pourquoi, depuis qu'on a découvert les moyens de produire des lingots plus sains et qu'on a adopté surtout ceux qui sont basés sur une composition chimique convenable, on a trouvé moins utile le travail au marteau et on a été amené, dans beaucoup de cas, à passer directement les lingots au laminoir, qui leur donne la forme voulue tout en assurant un resserrement suffisant des molécules.

On doit conclure, des considérations que nous avons développées précédemment, que les gros lingots sont moins exposés à contenir des soufflures que les petits ; c'est pour ce motif principalement qu'on s'est décidé à l'établissement de laminoirs dégrossisseurs de grande puissance que nous avons décrits p. 299, T. II.

On coule donc généralement de très gros lingots que l'on passe au dégrossisseur d'où ils sortent plus compacts et ayant déjà subi un étirage et on divise le bloom obtenu en lopins qu'on transforme en pièces finies par un second laminage.

Nous avons signalé également plus haut que les presses à forger remplaçaient avantageusement les marteaux-pilons pour le travail des pièces qui ne pouvaient s'exécuter au laminoir en raison de leur forme particulière.

(b) *Fours à réchauffer.* — Puisqu'il n'y a ni soudage à effectuer, ni scories à éliminer, le chauffage des lingots de fer ou d'acier n'exige pas une température aussi élevée que celle qui est nécessaire à l'élaboration du métal obtenu par soudage et que supportent cependant sans difficulté les produits les moins carburés de l'appareil Bessemer et du four Martin ; mais plus le métal contient de carbone, de silicium et de manganèse, plus il demande de ménagements dans le chauffage, sans quoi on est exposé à brûler les lingots ou à les fondre ; nous savons d'ailleurs que, de deux aciers de même composition chimique, l'un provenant de soudage et l'autre obtenu par fusion, le premier devra être chauffé beaucoup plus que le second pour que l'étirage se fasse dans de bonnes conditions.

On donne le nom de *fours à réchauffer* aux fours dans lesquels on amène les lingots à la température qui convient à leur nature pour le travail à chaud, réservant celui de *fours à souder* à ceux qui sont en réalité employés à porter à la chaleur soudante le fer et l'acier fabriqués par l'un quelconque des procédés de soudage.

Les fours à réchauffer sont des fours à réverbère qui, fort souvent, ont une extrême similitude avec ceux qui servent à souder : comme il n'existe pas de scories à écouler, la sole peut être horizontale ; elle est souvent formée par un dallage en briques, le sable n'étant pas nécessaire, puisque son effet principal dans les fours à souder est d'augmenter la fluidité de la scorie ; on donne plus de hauteur à l'autel pour mieux protéger les lingots de l'action immédiate de la flamme.

Le chauffage est tantôt direct, tantôt au gaz. Le système Siemens est fréquemment employé pour les grands fours.

Les fig. 315, 316 et 317 représentent à l'échelle de 1/200 un four Siemens,

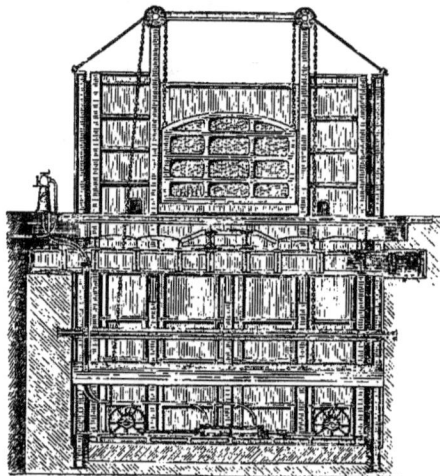

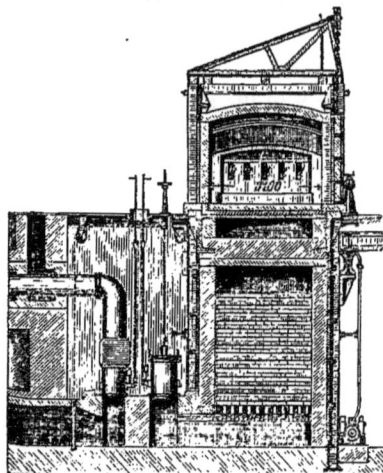

Fig. 315. (Vue de face).   Fig. 316. (Coupe en travers).
Four à réchauffer du Creusot pour gros lingots.

affecté, au Creusot, au chauffage des gros lingots de fer ou d'acier fondu ; quatre fours semblables desservent le pilon de 80ᵗ de la fig. 186 ; le gaz arrive

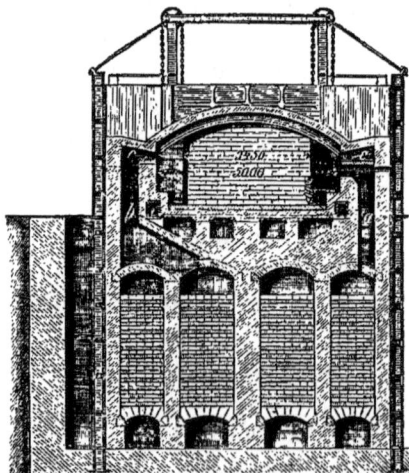

Fig. 317. — Four à réchauffer du Creusot pour gros lingots (Coupe en long).

par cinq carneaux parallèles *a*, l'air en quittant le régénérateur s'élève par cinq carneaux verticaux *b* qui se réunissent en un seul *c*, lequel débouche dans le laboratoire au-dessus du gaz ; les autels sont très élevés et la voûte fortement cintrée ; des courants d'air rafraîchissent les autels et les plaques de sole.

La porte est en fonte garnie de briques, comme dans les fours ordinaires, mais elle a des dimensions considérables, $3^m,70$ sur $2^m,30$, et son poids est énorme ; aussi est-il impossible de la manœuvrer, comme on le fait généralement, avec un système de chaînes, de leviers et de contrepoids ; on a donc disposé, au fond de la fosse, au niveau du sol des régénérateurs, un cylindre horizontal en communication avec l'eau sous pression ; ce cylindre renferme deux pistons qui agissent au moyen de crémaillères sur les treuils dd. Les chaînes fixées à la porte s'enroulent sur ces treuils ; on peut donc, en manœuvrant le distributeur e placé sur le sol de l'atelier, soulever ou baisser la porte sans difficulté.

Lorsque les lingots à réchauffer sont toujours de mêmes dimensions, comme dans les fabrications de rails, on emploie ordinairement un type de fours qui permet d'appliquer le principe de chauffage rationnel des courants contraires et, par conséquent de mieux utiliser le combustible ; dans ce cas on donne au laboratoire une grande longueur et on y peut maintenir à la fois un grand nombre de lingots ; chacun d'eux est avancé à son tour et graduellement vers la source de chaleur au fur et à mesure que d'autres, ayant séjourné plus longtemps, ont acquis la température convenable pour l'étirage ; on détermine ce mouvement de translation en faisant *rouler* pour ainsi dire les lingots sur eux-mêmes, ou mieux, en les faisant pivoter successivement autour de chacune de leurs arêtes, ce qui a pour effet en même temps de les chauffer également sur toutes leurs faces.

Généralement ces fours sont chauffés directement avec ou sans vent forcé ; pour faciliter le déplacement des lingots on donne à la sole une forte inclinaison vers l'autel et c'est quand ils sont arrivés ainsi à l'extrémité de leur course qu'on les conduit au laminoir.

Sur les fig. 318 et 319 on voit un four de ce genre, dont la sole a $7^m,25$ de longueur ; la pente est de $1/9$.

L'ouverture par laquelle on introduit les lingots est située à l'extrémité du four opposée à la grille, elle a toute la largeur du four, elle est fermée par une porte en fonte garnie de briques et guidée dans un châssis vertical ; des chaînes passant sur des poulies et portant des contrepoids servent à la manœuvrer. Un plateau fixé sur la tête d'un piston hydraulique élève les lingots à la hauteur de la sole, ce qui facilite beaucoup le chargement.

A l'intérieur du four, à droite et à gauche de la porte sont deux rampants qui plongent sous la sole et dirigent les gaz vers la cheminée. Dans les longs pieds-droits, de chaque côté, on a ménagé un certain nombre de petites ouvertures espacées de $0^m,75$ d'axe en axe, fermées par de petites portes ;

c'est par là qu'on introduit les outils au moyen desquels on fait avancer les lingots vers l'autel. Chaque porte est suspendue à une chaîne qui passe sur une poulie et porte un contrepoids.

Les lingots sortent du four par la porte a près de l'autel ; pour faciliter la manœuvre, on a disposé, en avant du four, un peu au-dessus du seuil des portes, un arbre horizontal b auquel on peut transmettre un mouvement de rotation sur son axe au moyen d'un appareil hydraulique ; devant la porte a

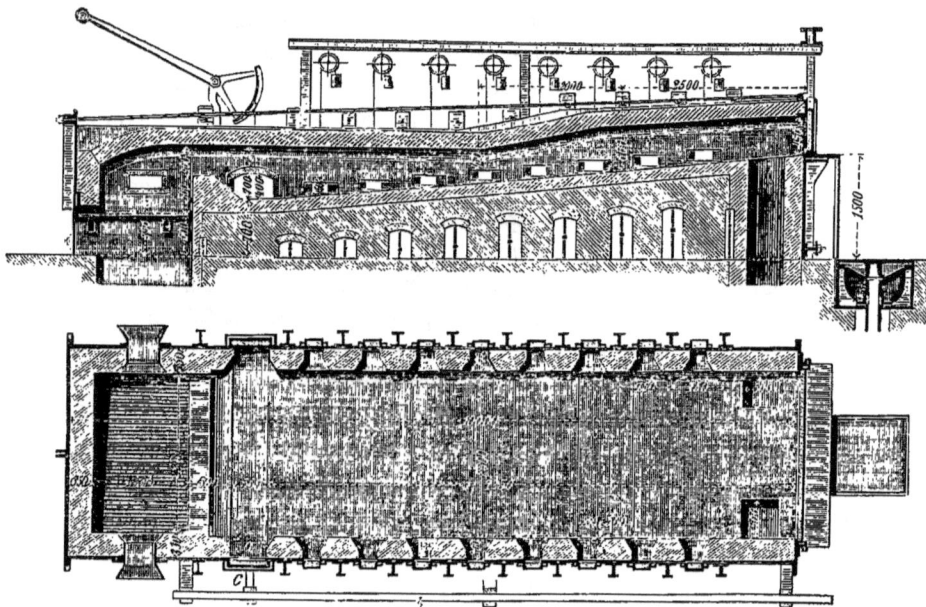

Fig. 318 et 319. — Four roulant.

se trouve un levier c qui arrive jusqu'au bas de cette porte et auquel on peut attacher un crochet au moyen d'une chaîne de peu de longueur dont le dernier anneau est fixé au levier. On introduit le crochet dans le four, il saisit le lingot ; si, à ce moment, on fait tourner l'arbre b, le levier entraîne le crochet et le lingot et amène celui-ci sur le chariot placé devant la porte.

Lorsque le four est très long, les produits de la combustion le quittent en entraînant trop peu de chaleur pour que celle-ci puisse être utilisée à la production de la vapeur.

Le four dont nous donnons le dessin peut contenir trente lingots capables de fournir deux rails, et chaque lingot reste 3 heures dans le four.

Pour introduire les lingots dans les fours à réchauffer et les en retirer, on emploie des tenailles et des crochets ou bien des appareils spéciaux.

Nous venons d'indiquer un des artifices usités pour extraire un lingot d'un four *roulant* (on appelle ainsi le système de four dans lequel le lingot est déplacé successivement ou roulé); mais lorsqu'on a affaire à des lingots d'un poids considérable, il est à propos de les soulever avant de les tirer au dehors pour éviter le frottement sur la sole ; il existe un grand nombre de dispositions qui permettent d'opérer ainsi ; elles varient naturellement avec les dimensions des masses à manœuvrer ; nous citerons à titre d'exemple celle

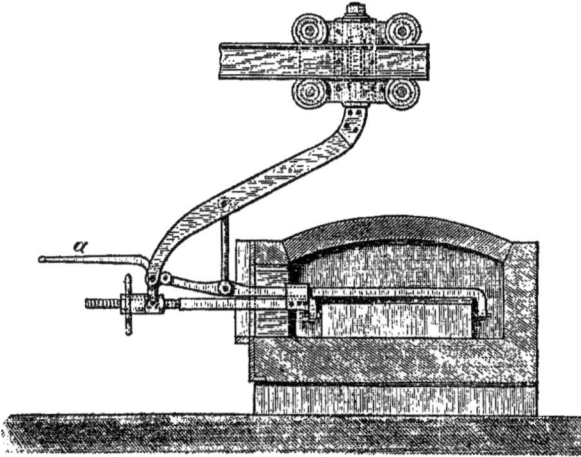

Fig. 320. — Chargement d'un four.

que représente la fig. 320 et qui est employée dans une usine de l'Amérique du Nord [1].

Sur la flèche horizontale d'une grue hydraulique, on place un chariot qui porte une pièce recourbée à l'extrémité inférieure de laquelle est attachée la tenaille ; celle-ci se compose de deux barres de fer dont les extrémités antérieures sont repliées en forme de crochets et qui saisissent le lingot. Un volant à main permet de régler l'écartement des deux crochets, de telle sorte que le lingot passe exactement entre les pointes, quand le levier *a* est dans la position qu'indique le dessin. Si on vient à abaisser le levier, les deux crochets se rapprochent et saisissent le lingot. On peut alors faire monter la volée de façon à soulever le lingot dont le poids augmente la pression des crochets et fait pénétrer les pointes dans le métal; en tirant en arrière, on fait sortir le lingot du four et on l'amène au-dessus du chariot qui doit le transporter ; il suffit alors de relever le levier pour dégager les pointes et la tenaille. Le même outil est employé pour introduire les lingots dans le four[2].

---

[1] D'après l'*Iron age (Stahl und Eisen)*, 1891, p. 307.

[2] On trouvera dans *Stahl und Eisen*, 1891, p. 305, la description d'autres appareils destinés à faire les mêmes manœuvres.

Nous représentons, fig. 320bis et 320ter, deux types de fours à réchauffer que Ledebur signale un peu plus loin, mais qui nous semblent mieux à leur place ici.

Ce sont les fours Hainsworth ; ils sont chauffés au gaz par le système Siemens et se distinguent de ceux précédemment décrits en ce qu'ils sont entièrement enterrés

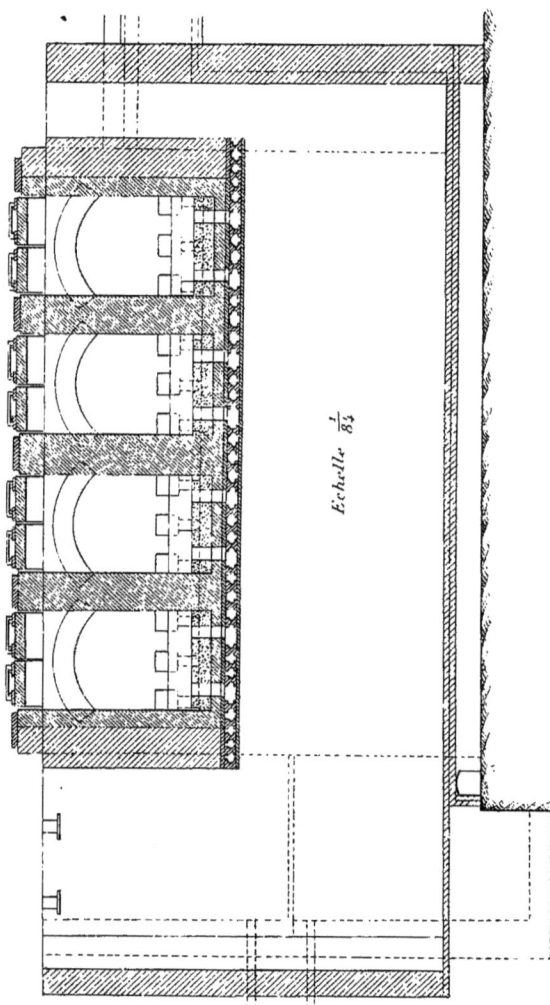

Echelle $\frac{1}{85}$

Fig. 320 bis. — Four à réchauffer Hainsworth.

dans le sol de l'atelier et seulement accessibles par leurs voûtes, comme les fours à creusets. Les lingots y sont placés debout, ce qui supprime la nécessité de les retourner pour égaliser la chaleur ; les manœuvres d'introduction et de sortie sont fort simplifiées puisqu'il suffit de saisir le lingot avec une tenaille après avoir écarté la portion de voûte qui le recouvre et de le soulever ou de le descendre au moyen d'une grue placée dans le voisinage.

Dans le second de ces fours, les régénérateurs sont séparés, le four lui-même est divisé en deux chambres parallèles par un mur longitudinal ; ce sont en réalité deux fours accolés avec régénérateurs communs. (V.)

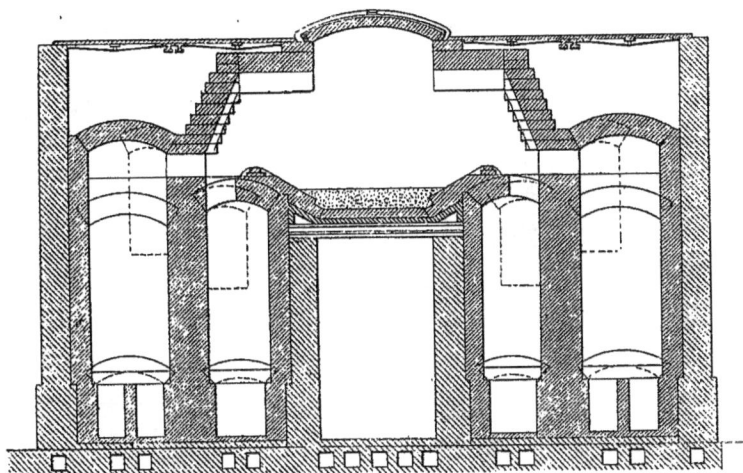

Fig. 320 bis. — Four à réchauffer Hainsworth.

Consommation de combustible. — La consommation de combustible d'un four à réchauffer dépend à la fois du système de four employé, du poids des lingots à chauffer et surtout de la chaleur qu'ils possèdent au moment où on les introduit dans le four ; il peut arriver en effet qu'on les charge absolument froids ; quelquefois au contraire on les amène au four alors qu'ils sont encore à très haute température ; il est évidemment plus avantageux de ne pas les laisser refroidir, mais on ne peut réaliser cette condition que si la production des lingots marche de pair avec le laminage.

Les fours à réchauffer du système Siemens brûlent de 160 à 200^k par tonne de lingots chargés froids ; les fours roulants ne consomment pas davantage. Plus les lingots sont introduits chauds dans le four et moins on emploie de combustible pour les amener à la température convenable ; on descend à 40^k et souvent au-dessous [1].

Déchet. — Chaque chaude donne lieu à un déchet qui est compris entre 2 et 4 % du métal chargé ; ces chiffres sont au-dessous de ce que nous avons indiqué pour les fours à souder, ce qui est facile à comprendre : d'une part il n'y a pas élimination de scories et de l'autre les lingots offrent moins de surface à l'action oxydante de la flamme que les barres nombreuses qui composent les paquets.

Il est inutile d'insister sur l'avantage qu'il peut y avoir, au point de vue de la

---

[1] *Stahl und Eisen,* 1890, p. 942.

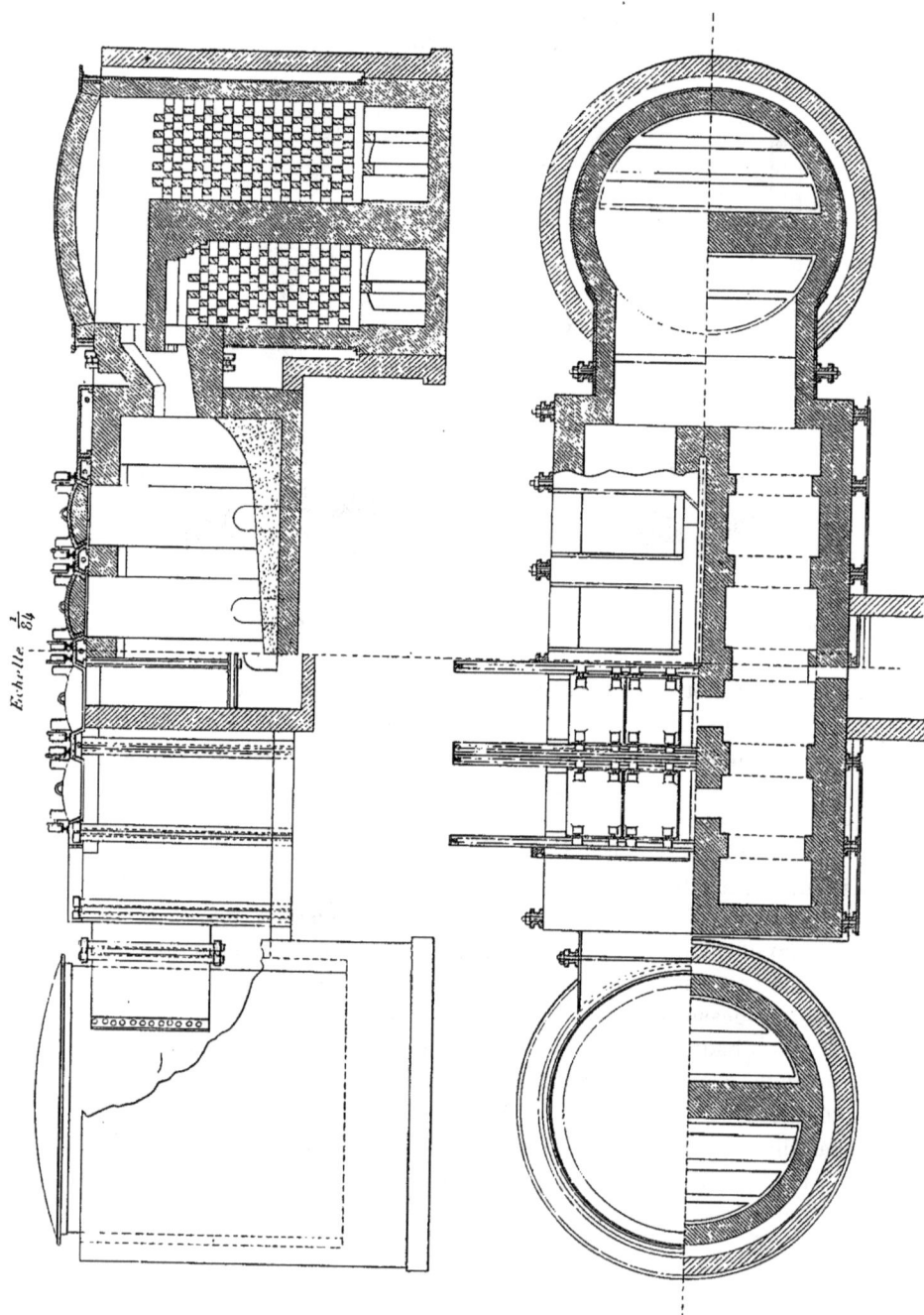

Echelle $\frac{1}{84}$

Fig. 320 ter. — Four à réchauffer Hainsworth à régénérateurs séparés.

dépense, à employer les lingots tandis qu'ils possèdent encore une partie de leur chaleur initiale ; une autre considération, non moins importante que l'économie de combustible, rend cette pratique des plus utile.

Lorsqu'on introduit des lingots absolument froids dans des fours où règne une haute température, il est presqu'impossible d'éviter des ruptures ; il se produit des fentes plus ou moins profondes sur les faces planes qui s'échauffent plus lentement que les angles ; nous avons vu certaines de ces fentes traverser tout le lingot et celui-ci ne tenir que par les quatre angles. Cet effet est d'autant plus à redouter que le lingot est de plus forte section et *plus sain*.

Les fours de grande longueur, dits roulants, dans lesquels on charge les lingots par l'extrémité la moins chaude, permettent d'éviter assez facilement ce genre d'accidents. Lorsqu'on ne dispose pas de fours de ce genre, on doit prendre des dispositions, soit pour que les lingots ne se refroidissent pas complètement, soit pour ne les introduire que dans des fours dont la température s'est notablement abaissée, soit enfin pour protéger leur surface extérieure pendant quelque temps. (V.)

(c) *Puits Gjers.* — Nous venons de faire remarquer l'intérêt qu'il y avait à charger les lingots lorsqu'ils se trouvent encore à haute température ; or, cette température s'abaisse graduellement à partir du moment où le métal a été coulé jusqu'au refroidissement complet ; il était donc naturel de prévoir qu'un réchauffage serait inutile et pourrait être évité, si on présentait le lingot au moment précis où il se trouve à la température convenable pour l'étirage.

Cette manière de procéder n'est cependant pas pratique parce que le refroidissement à l'air libre ne se fait pas de la même façon en tous les points d'une même masse ; il est plus rapide à la surface, plus lent au centre, la croûte extérieure est déjà dure et solide, alors qu'à l'intérieur le métal est encore très mou, quelquefois à peine figé ; si on le présentait en cet état au marteau ou au laminoir, l'intérieur serait chassé au dehors par le choc ou la pression, le lingot se viderait et la croûte extérieure insuffisamment chaude se briserait.

Si cependant la fabrication est assez active pour que les coulées se succèdent rapidement et que les lingots puissent arriver au laminoir peu de temps après leur production, on pourra supprimer complètement la dépense de combustible de réchauffage à la condition de rendre uniforme, dans toutes ses parties, la chaleur que conserve le lingot.

On obtient ce résultat en les enfermant, aussitôt après la coulée, dans des chambres étroites ou *puits* dont les parois sont établies en matériaux mauvais conducteurs et qui ont déjà été chauffées par les charges antérieures, et en les y laissant séjourner un certain temps.

Ce système d'*égalisation de température* a été organisé pour la première fois dans les aciéries de Darlington par John Gjers en 1882 et il a été adopté depuis par un grand nombre d'usines.

Les puits Gjers (en anglais Soaking-pits) sont revêtus de briques réfractaires ; on n'y met qu'un lingot et les dimensions du contenant sont très peu différentes de celles du contenu. Les fig. 321 et 322 représentent un groupe de 8 puits construits en briques réfractaires que l'on ferme avec des couvercles en fonte garnis de briques ; la sole est en menu coke, ce qui permet de faire varier la profondeur suivant que les lingots sont plus ou moins longs ; on donne au puits des dimensions telles qu'il reste entre le lingot, dans sa partie la plus large, et les parois, un vide de 5 à 10°. On place quelquefois sur

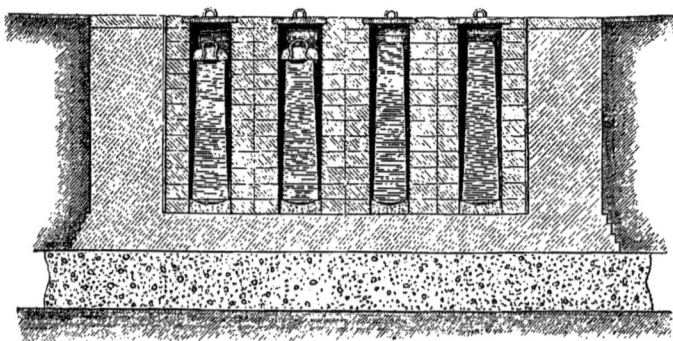

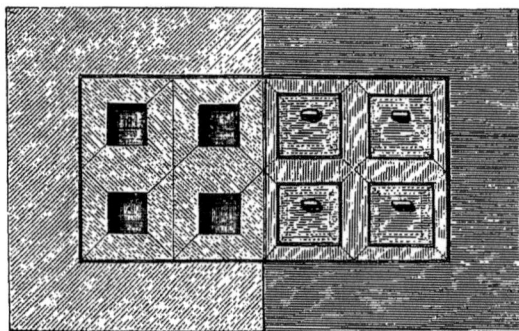

Fig. 321 et 322. — Puits de Gjers.

le haut du lingot lui-même une brique de forme spéciale comme on le voit du côté gauche du dessin, mais la pratique a démontré que cette précaution était inutile.

Lorsqu'un groupe de puits de Gjers vient d'être nouvellement construit, on doit commencer par le sécher progressivement en y laissant des lingots rouges et ne mettant pas les couvercles ; plusieurs jours après, alors qu'ils semblent secs, on y introduit des lingots à plus haute température et on couvre ; cette seconde période de préparation est terminée lorsque les parois sont arrivées au rouge vif ; à partir de ce moment, les puits fonctionnent

d'une façon normale et les lingots qui y ont séjourné peuvent être étirés sans
réchauffage ; ils restent de 8 à 20' dans le puits, quelquefois davantage, suivant leur poids, leur composition chimique et le plus ou moins de rapidité
du travail.

Les gros lingots doivent y faire un séjour plus prolongé que les petits ;
ceux qui sont très carburés, dont l'intérieur se solidifie plus lentement, y
resteront également davantage.

La manœuvre se fait au moyen de tenailles en fer suspendues à une grue ;
il faut de 2 à 4 ouvriers pour desservir un groupe de 16 à 24 puits.

Lorsqu'on doit interrompre le travail, on couvre les fosses d'une épaisse
couche de cendres après avoir mis les couvercles ; elles peuvent rester dans
cet état plusieurs jours et conserver leur chaleur.

Le déchet des lingots traités de cette façon est moindre que celui qu'amène
le chauffage dans des fours ; pour les gros lingots il n'atteint pas 1 %; l'avantage qui résulte de ce moindre déchet est pour le moins aussi important que
l'économie de combustible que l'on réalise.

L'emploi de ce système nécessite une grande activité dans la fabrication ;
si on ne peut la réaliser, s'il est impossible d'enlever les lingots avant qu'ils
soient tombés au-dessous de la température convenable pour l'étirage, on
doit prendre des dispositions pour avoir le moyen de les chauffer dans
les puits ; c'est ce qui s'est fait dans quelques usines.

Le chauffage se fait habituellement au gaz ; celui-ci est brûlé dans une
chambre de combustion voisine des puits, par de l'air préalablement chauffé ;
on évite ainsi que les lingots se trouvent exposés à une flamme oxydante ;
on peut faire entrer les flammes par le haut des puits et on les évacue par le
bas dans un carneau qui les conduit aux régénérateurs destinés à chauffer
l'air.

Les puits de ce genre sont en réalité des fours à réchauffer souterrains à
axe vertical ; pour simplifier leur installation on les fait assez spacieux pour
placer plusieurs lingots dans chaque compartiment [1].

4. — Exemples de traitements du fer et de l'acier obtenus soit par soudage soit par fusion.

(a) *Fabrication de l'acier corroyé.* — L'acier obtenu par soudage, au bas-
foyer ou au four à puddler, contient, comme le fer provenant des mêmes
méthodes de travail, des scories interposées ; en outre sa carburation est
irrégulière ; il en est de même de l'acier cémenté.

---

[1] Pour plus de détails sur ces puits chauffés, consulter *Sahl und Eisen*, 1885, p. 530 ;
1890, p. 18; 1891, pl. XIX.

Ce métal peut être amélioré par une opération complémentaire analogue à celle qu'on fait subir au fer.

Après avoir étiré une première fois l'acier brut, on en forme des paquets que l'on chauffe, que l'on soude et qu'on étire à nouveau ; quelquefois même ce nouveau produit est paqueté une seconde fois et soumis à un nouveau réchauffage suivi d'étirage ; chacune de ces opérations qui se compose d'une mise en paquets, d'un soudage et d'un étirage constitue ce qu'on appelle un *corroyage*.

Ce procédé est originaire de Styrie [1] et c'est vers le milieu du xviiie siècle que Crowley l'introduisit en Angleterre. On préparait ainsi le métal le plus convenable pour la fabrication des outils, jusqu'au jour où on commença à fondre l'acier au creuset, ce qui supprimait d'un coup les scories et les défauts de soudure.

Cependant, quelle que soit la supériorité de l'acier fondu, il n'a pu se substituer entièrement à l'acier corroyé qui se travaille et surtout se soude avec plus de facilité ; c'est donc ce mode de traitement que l'on applique encore, dans les Alpes autrichiennes, à l'acier obtenu au bas-foyer, pour le convertir en un métal qui est utilisé pour la fabrication des faulx, des faucilles, des couteaux, des ressorts et des outils peu délicats, etc. [2].

L'opération du corroyage est très simple ; elle exige néanmoins beaucoup de précautions et de soins, si on veut être certain de la qualité du produit.

L'acier brut est étiré au marteau ou au laminoir en barres de 8 à 15^{mm} d'épaisseur et de 50^{mm} de large que l'on jette dans l'eau tandis qu'elles sont encore rouges, pour pouvoir les casser plus facilement. On en forme alors des paquets d'environ 15^k composés de 4 ou de 8 fragments ; on saisit chacun d'eux par une extrémité avec des tenailles et on le chauffe dans un foyer alimenté avec du charbon de bois; on l'amène à la chaleur soudante, en employant tous les ménagements reconnus nécessaires au chauffage de l'acier et à son soudage. On retire ensuite le paquet du feu et on l'étire au marteau en le réchauffant plusieurs fois si cela est nécessaire.

Si l'on doit procéder à un second corroyage, on replie sur elle-même la barre résultant de la première opération, on la soude et on l'étire de nouveau; plus rarement, pour ce second corroyage, on forme un véritable paquet.

(*b*) *Fabrication des gros échantillons de fer ou gros fers.* — On appelle *gros fers* ceux dont la section présente une grande surface ou une forme simple, carrée, rectangulaire, ronde, hexagonale ou octogonale, et qu'on obtient du

---

[1] Jars, *Voyages métallurgiques*, T. I, p. 371.

[2] En Allemagne, le paquet est désigné sous le nom de *Gärbe*, le corroyage correspond à *Gärben* et l'acier corroyé à *Gärbstahl*; en anglais cette nature d'acier est dite : *Shear steel* ou acier à ciseaux, parce qu'il a longtemps servi à préparer les ciseaux avec lesquels on tondait les étoffes.

laminage de paquets en une seule chaude ; il n'existe pas de limite bien nette entre les gros fers et les autres, mais généralement on désigne ainsi ceux qu'on ne passe au laminoir qu'une seule fois pour arriver au fer fini.

Les paquets sont composés tantôt avec du fer brut, tantôt avec de la ferraille ou du fer fini provenant de barres coupées auxquels on donne le nom de *chutes*.

Le poids d'un paquet se calcule d'après celui de la barre finie, auquel on ajoute celui qui correspond au déchet et celui des chutes. On compose ordinairement les paquets de morceaux de $0^m,45$ à $0^m,60$ de longueur qu'on doit empiler de façon à croiser les joints et à réduire autant que possible la proportion des vides ; pour le placement des éléments du paquet on doit tenir compte de leur forme et apporter de l'intelligence et beaucoup de soins dans cette opération préparatoire. Si la forme des matériaux à assembler ainsi est telle que le paquet puisse se désorganiser, on doit le lier avec des fers minces ou des fils de fer.

On commence par souder le paquet en le passant à plat dans un certain nombre de cannelures rectangulaires, puis on le présente à plusieurs cannelures ogivales avant de le passer aux finisseuses.

Pour le fer rond, l'étirage se fait presque totalement dans des cannelures ogives et l'on n'emploie pour chaque grosseur de rond qu'une seule cannelure ronde dans laquelle on fait passer deux fois la barre, après l'avoir tournée de 180°, entre les deux passages.

On agit de même pour les fers carrés dont les cannelures finisseuses ne diffèrent des ogives que par la forme plus droite de leurs côtés.

Lorsqu'on fabrique des plats, après avoir fait passer la barre dans les cannelures ogives, on la présente aux cannelures emboîtantes en la tournant chaque fois de 180°. Ces cannelures sont établies, comme celles que nous avons représentées dans les cages de gauche du train pour fer brut, fig. 195, p. 282, T. II.

Le métal fondu n'est pas mis en paquets, et les lingots sont laminés immédiatement pour barres finies, sauf le cas où on a à sa disposition de très gros trains qui permettent d'opérer sur de gros lingots qu'on étire en blooms, ceux-ci sont alors coupés en tronçons, puis passés au laminoir finisseur.

(c) *Petits fers, verge de tréfilerie, machine.* — Pour la fabrication des petits fers, on commence par étirer le paquet au laminoir à gros fer, les barres obtenues sont coupées en tronçons auxquels on donne le nom de *billettes* ; celles-ci sont réchauffées à leur tour et étirées aux dimensions définitives.

Les sections des petits fers peuvent être les mêmes, comme forme, que celles des plus gros échantillons ; on nomme *verge de tréfilerie* ou plus simplement *machine* le plus petit fer rond qu'il soit possible d'obtenir au laminoir ; le diamètre varie de 3 à 5^{mm}. Sous cette forme, le fer est employé à divers usages, ou bien passé à la filière pour produire des fils de moindres diamètres ; cette dernière opération qui porte le nom de *tréfilage* est du domaine de la technologie mécanique, nous ne nous y arrêterons pas.

Pour la fabrication des petits fers, on doit employer des trios animés d'une grande vitesse, parce que le fer se refroidit d'autant plus vite qu'il est de section plus faible.

La machine s'obtient généralement dans des trains composés de 3 à 6 paires de cages ; dès que la billette a été suffisamment étirée dans les cannelures ébaucheuses, on l'engage dans les suivantes sans attendre qu'elle ait passé tout entière ; c'est le mode de travail qu'on désigne sous le nom de *serpentage*. On intercale ordinairement des cannelures ovales entre les ogives et les carrées pour activer l'étirage et on termine par une cannelure ronde.

Comme le travail à la filière est beaucoup plus coûteux que celui du laminoir, on cherche à obtenir de ce dernier appareil le rond du plus petit diamètre possible. Il a été fait dans cette voie d'énormes progrès depuis quelques années ; les trains à machine ont reçu, plus que tous autres, des perfectionnements importants.

On est arrivé d'une part à donner une extrême vitesse à la surface des cylindres de façon à augmenter la rapidité de l'étirage, en même temps on a imaginé des dispositifs spéciaux qui permettent d'engager à coup sûr et promptement, dans la cannelure convenable, l'extrémité de la barre, dès qu'elle sort de la précédente ; rappelons qu'à chaque nouveau passage cette barre doit être tournée de 90° sur elle-même.

Pour obtenir ce résultat, on emploie quelquefois des guides creux dans lesquels l'extrémité de la barre s'engage et qu'il suit ; ailleurs, on dispose les cages les unes devant les autres de telle sorte que le fer passe directement et en ligne droite de l'une à l'autre ; d'autres fois on supprime l'obligation de tourner la barre de 90° en installant les cages successives de façon que les axes des cylindres soient alternativement horizontaux et verticaux.

Une grande variété de trains ont été construits sur ces divers principes ; nous renvoyons le lecteur aux ouvrages à consulter pour les détails de l'établissement des trains à machine.

Au sortir de la dernière cannelure, la verge est enroulée sur une bobine et livrée dans cet état au commerce ou aux ateliers de tréfilerie.

(d) *Fers et aciers pour constructions.* — On désigne ainsi les échantillons qui entrent dans la construction des ponts, des navires et d'autres ouvrages de même importance [1] ; les barres de forme simple employées aux mêmes genres de travaux, sont fabriquées comme nous l'avons indiqué ; il nous reste à considérer la manière de produire les cornières, les poutrelles de diffé-

---

[1] Propositions du Congrès de la métallurgie du fer en Allemagne sur les conditions que doivent remplir les livraisons de fer et d'acier. *Dusseldorf*, 1893, p. 20.

rentes formes, etc. et les tôles auxquelles nous consacrerons un paragraphe spécial.

Le métal employé dans les constructions doit être très tenace et en même temps résister à la rupture de manière à supporter les efforts répétés auxquels il peut être soumis, les fers obtenus par soudage devront donc présenter une résistance de 33 à 36^k par millimètre carré dans le sens du laminage, ceux en métal fondu auront de 37 à 45^k de résistance [1].

Jusqu'en 1878 le fer obtenu par soudage formait le principal élément des constructions métalliques, on n'avait que rarement recours au métal fondu qui avait fréquemment donné de mauvais résultats et n'inspirait pas une confiance suffisante, mais, depuis qu'on a mis en pratique les procédés basiques Bessemer et Martin, on est arrivé à obtenir des produits d'une remarquable ténacité qui présentent l'avantage d'être moins sensibles aux influences accidentelles extérieures et offrent par conséquent plus de sécurité

Depuis lors, le fer fondu s'est de plus en plus substitué au fer soudé dans les constructions et l'on n'emploie plus ce dernier qu'exceptionnellement.

On n'a pas attendu, en France du moins, la découverte des procédés basiques pour introduire sur une vaste échelle le métal fondu dans les constructions, et dès 1867, Joret exposait à Paris un pont métallique uniquement composé de pièces en fer fondu Bessemer provenant de Terre-Noire. Aussitôt que, par l'emploi des alliages riches de fer et de manganèse, on fut assuré de produire, à coup sûr, un métal à faible teneur en carbone, complètement désoxydé, on n'eut plus à redouter d'accidents semblables à ceux qui s'étaient manifestés avec l'acier proprement dit. On apprenait en même temps à travailler le nouveau métal grâce à la persévérance et à l'intelligence du personnel supérieur de la marine, et dès 1873 plusieurs grands navires étaient mis en chantier, dans lesquels n'entrait que du métal doux fondu obtenu aux fours Martin. Ajoutons même que le métal basique est encore interdit pour les fournitures faites à la marine de guerre. Consulter l'*Etude sur l'emploi de l'acier dans les constructions*, par J. Barba, Paris, 1875. (V.)

Le fer fondu pour constructions contient en général :

Carbone de. . . . . 0,08 à 0,15
Manganèse de. . . . . 0,40 à 0,60
Silicium, au plus.   0,02
Phosphore, au plus . . . .   0,08.

Dans chaque cas particulier on doit naturellement se rendre compte de la manière dont la matière travaille et de ce qu'on peut lui demander.

Pour la fabrication de ce genre d'échantillons, le fer soudé se met généralement en paquets ; quant au métal fondu il se présente sous la forme de lingots de section le plus souvent carrée.

[1] Pour les détails des conditions à remplir et la nature des essais, on peut consulter la même brochure citée plus haut ; on trouvera en outre des communications intéressantes sur ce sujet dans *Stahl und Eisen*, 1891, p. 707; 1892, p. 593; 1893, p. 275.

La figure 323 montre la série de cannelures en usage en Allemagne pour .
la production des cornières ; dans la préparation des paquets, il est prudent
de placer en dessus et en dessous du fer corroyé, des rognures de tôles par
exemple ; on obtient ainsi une surface plus lisse qui supporte mieux le poinçonnage ; le laminage se fait en une ou deux chaudes.

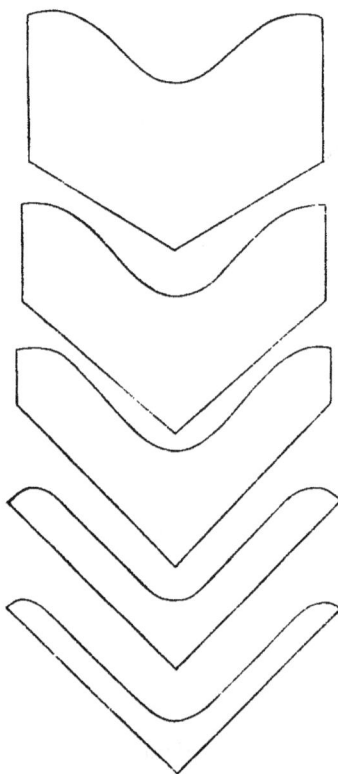

Fig. 323. — Cannelures pour cornières.

Pour les fers à double T, on donne aux paquets une forme se rapprochant
grossièrement du profil définitif ; les angles, qui sont les parties les plus
éprouvées par le travail de l'étirage, sont composés de fer corroyé, le reste du
paquet est formé de fer brut ou de chutes. Ces échantillons se laminent, l'âme
étant horizontale et les ailes verticales ; plus celles-ci sont larges et plus ce
profil est difficile à réussir ; les plus petits échantillons se font aux trios, les
plus gros au laminoir reversible.

(e) *Rails*. — Jusqu'en 1865 environ, les rails étaient fabriqués à peu près
exclusivement avec du fer obtenu par soudage. Dans la préparation des
paquets, on introduisait du fer à grains fins ou, plus rarement, de l'acier puddlé

pour la partie qui devait faire le champignon, le reste était en fer à nerf. Plus tard on remplaça l'acier puddlé par de l'acier Bessemer et jusqu'en 1875 on a continué à laminer ainsi, en quantités assez importantes, des rails dont le patin était formé de fer à nerf et le champignon d'acier. Mais il n'a pas tardé à se révéler, dans ce genre de produits mixtes, ce grave inconvénient qui est le propre de tous les métaux soudés, une séparation des mises sous le poids des trains et une exfoliation qui mettait bientôt les rails hors de service avant qu'ils fussent usés.

L'emploi du métal fondu supprime évidemment cette cause de destruction et augmente dans une forte proportion la durée des rails ; aussi, peu de temps après la découverte du procédé Bessemer, vers 1862, a-t-on commencé à appliquer le métal nouveau à la production des rails ; au début cependant on réservait les rails en métal fondu pour l'établissement des voies dans les gares importantes où l'usure est rapide et dans les fortes pentes ; le prix en était encore trop élevé pour une application générale ; on n'était pas d'ailleurs bien fixé sur la composition chimique du métal propre à faire un bon rail.

On s'imaginait, en effet, à cette époque, qu'il était préférable de demander aux forges un acier véritable, d'une dureté bien caractérisée, présentant une grande résistance à la traction, capable enfin de résister à l'usure le plus longtemps possible. Les premiers cahiers de charges exigeaient donc une résistance de 75^k par millimètre carré, quelquefois davantage ; un métal de ce genre ne prend qu'un très faible allongement avant de rompre ; ces rails étaient réellement trop cassants pour résister longtemps au service qu'on en exigeait.

De 1870 à 1880, grâce aux perfectionnements apportés d'une part à la fabrication du métal Bessemer, de l'autre aux procédés d'étirage, on est parvenu à produire des rails en métal fondu dont le prix ne dépasse pas celui des rails en fer soudé ; en même temps, une expérience déjà longue a établi d'une manière précise quelle était la qualité la plus convenable et comment on pouvait l'obtenir. Le rail fondu a donc pris partout la place du rail soudé, dont la fabrication a, à peu près, complètement disparu depuis 1880.

La différence de durée entre ces deux sortes de rails est énorme. Pour établir une comparaison bien exacte il faudrait tenir compte du nombre et de l'importance des trains qui ont passé sur les rails depuis le moment où ils ont été placés sur la voie, jusqu'à celui où ils se trouvent hors de service ; c'est un relevé qui n'est pas très commode à obtenir, mais on sait cependant que la durée des rails fondus est égale à plusieurs fois celle des rails soudés ; ainsi la Société du Grand-Central Belge a dû remplacer de 1869 à 1882 41 %, de ses rails en fer puddlé et seulement 0,42 % des rails fondus qui étaient en service. Au point de vue de l'économie sociale, c'est là un fait de la plus grande importance.

Un rail doit être assez tenace pour résister aux ébranlements violents et répétés auxquels il est soumis et en même temps assez dur pour ne pas se déformer sous le poids des trains [1].

D'après les conclusions du congrès allemand de la métallurgie du fer, la résistance des rails à la traction doit être de 45^k au moins par millimètre carré ; la ténacité se constate par des épreuves au choc.

Pour remplir ces conditions, la composition du métal doit être comprise dans les limites suivantes :

Carbone.	de 0,25 °/₀ à	0,35 °/₀.
Manganèse.	de 0,35 à	0,55
Silicium.	au plus	0,20
Phosphore	au plus	0,10

On regarde comme dangereuse une forte proportion de silicium, bien que des rails en renfermant 0,40 °/₀ se soient bien comportés [2] alors qu'ils étaient peu carburés. Quelquefois la teneur en manganèse dépasse celle que nous indiquons ci-dessus, elle arrive à 0,70 °/₀, à 1 °/₀ et même plus ; on a reconnu que cette plus forte proportion n'avait pas d'inconvénient lorsqu'il y a peu de phosphore dans le métal ; cependant le prix de revient est plus élevé.

Nous donnons ci-dessous quelques exemples de la composition chimique de rails considérés comme donnant de bons résultats.

RAILS EN MÉTAL FONDU

NATURE DES ÉCHANTILLONS	C	Mn	Si	Ph	S
Chemins de fer suisses ; moy. de 5 analyses d'après Tetmayer (*Stahl und Eisen*, 1884, p. 610).	0,33	0,48	0,05	0,07	0,06
Chemins de fer de Pensylvanie, d'après Dudley (*Trans. of the Americ. Instit. of min. Engin.*, t. IX, p. 321)	0,33	0,49	0,06	0,08	n. d.
Rails allemands, fabriqués de 1870 à 1880, d'après Braune (*Zeit. d. V. d. Ingenieure*, 1880, p. 241)	0,25	0,40	0,18	0,09	0,05
Ch. de fer de Finlande (8 analyses, d'après Tetmayer, comme ci-dessus).	0,35	0,93	0,05	0,03	0,13

La forte teneur en manganèse qu'on remarque dans les rails provenant du chemin de fer de Finlande s'explique par la présence du soufre en propor-

[1] Au point de vue de l'usure par frottement la dureté d'un rail a peu d'importance ; les statistiques ont mis à même de constater que des rails moins durs, presque mous, étaient moins usés que d'autres plus durs après un service identique de plusieurs années. (*Glasers Annalen*, T. XIV, p. 149.)

[2] Voir *Stahl und Eisen*, 1884, p. 611.

tion élevée ; dans quelques-uns on a trouvé jusqu'à 0,20 °/₀ de cet élément ; il eût été impossible de laminer sans criques un semblable métal, s'il n'eût été chargé en manganèse.

Le métal pour rails s'obtient, soit à l'appareil Bessemer, soit au four Martin.

Les lingots destinés à cette fabrication sont d'un poids suffisant pour fournir au moins deux longueurs de rails, quelquefois même 4 et 6 longueurs ; on est allé jusqu'à 8, partant de ce principe que les lingots de grandes dimensions présentent plus de garantie que les petits, au point de vue de la qualité du métal. La longueur d'un rail est d'environ 9ᵐ et son poids de 30ᵏ par mètre ; pour calculer le poids du lingot à couler, il faut ajouter, à celui des rails qu'on veut obtenir, le déchet de feu et les chutes. Il en résulte que pour deux longueurs on fera des lingots d'environ 600ᵏ, pour quatre, ils pèseront 1156ᵏ et pour huit, 2250ᵏ.

Lorsque les lingots doivent donner plus de 4 longueurs, on les passe d'abord à un train dégrossisseur au sortir des puits Gjers ou des fours à réchauffer, puis on les coupe à la cisaille en tronçons que l'on achève au finisseur ; quelquefois on réchauffe un peu ces tronçons avant d'en finir le laminage ; si le travail s'exécute avec une rapidité suffisante, on peut supprimer ce réchauffage.

On dégrossit même souvent les lingots pour 4 longueurs et on coupe en deux le bloom obtenu lorsque le train finisseur n'a pas une puissance suffisante ; les lingots pour deux rails et même pour trois, sont toujours laminés d'une seule chaude et passent au dégrossisseur et au finisseur sans être coupés ni réchauffés.

Les trains à rails sont le plus souvent des trios, quelquefois des duos reversibles ; ils se composent ordinairement d'une paire de cages ébaucheuse et d'une seconde pour les cylindres finisseurs.

Dans les trios, les cylindres ont de 0ᵐ,60 à 0ᵐ,65 de diamètre ; ils font de 100 à 120 tours à la minute, le volant pèse de 30 à 50 tonnes. Les cylindres des trains reversibles ont ordinairement 0ᵐ,70 de diamètre (voir fig. 229 et 230).

Suivant qu'on dégrossit le lingot dans un laminoir spécial ou qu'on le passe immédiatement au train à rails et suivant le nombre de longueurs que l'on tire d'un même lingot, il faut de 11 à 24 passages aux laminoirs.

En sortant du finisseur, les rails sont coupés à la longueur convenable au moyen de scies circulaires ; il en existe généralement plusieurs établies à la distance voulue pour opérer tous les sciages à la fois ; pour deux longueurs il faudra trois scies ; on en aura quatre si on lamine à trois longueurs.

Dans les grands ateliers de laminage pour rails, les lingots sortant des puits ou des fours sont transportés au blooming par des rouleaux mis en mouvement par la vapeur, de là et, par le même moyen, ils vont à la cisaille, puis au train à rails, aux scies et enfin au chantier où ils se refroidissent[1].

Des dispositions de ce genre diminuent, dans la limite du possible, la durée de chacune de ces manœuvres et permettent d'augmenter la production.

Les trains trios à deux paires de cages prenant des lingots pour deux longueurs sans passage au blooming, peuvent, dans de bonnes conditions, produire 350^t ou environ 1300 rails par 24 heures ; on obtiendra le double, si on alimente le train avec des blooms pour quatre longueurs préparés au blooming et divisés à la cisaille.

Certains laminoirs américains ont une production particulièrement considérable : les conditions d'écoulement ne sont pas partout assez favorables pour permettre de jeter, en peu de temps, sur le marché d'aussi grandes quantités de rails, eût-on à sa disposition tous les moyens de les fabriquer.

Après refroidissement, les rails sont dressés à la presse, fraisés aux deux extrémités, percés, etc. ; l'ensemble de ces opérations constitue ce qu'on appelle l'*ajustage* et ne rentre pas dans le domaine de la métallurgie.

Nous avons indiqué la consommation de combustible des fours à réchauffer : lorsqu'on emploie les puits Gjers, il ne se fait pas de vapeur, on doit donc disposer de chaudières spéciales ; les machines consomment de 120 à 130^k de houille par tonne de rails finis.

La main-d'œuvre du réchauffage et du laminage coûte de 2^f,50 à 3^f,125 et celle d'ajustage à peu près autant. En somme les frais de transformation des lingots en rails s'élèvent environ à 25^f par tonne de rails.

(*f*) *Tôles*. — La tôle en métal fondu tend de plus en plus à remplacer celle en fer obtenu par soudage qui était exclusivement employée autrefois ; on demande d'ailleurs aux tôles des deux sortes les mêmes qualités de résistance qu'on exige des fers employés dans les constructions.

Une grande ténacité est surtout nécessaire à celles qui entrent dans la fabrication des chaudières à vapeur, comme à celles, plus minces, qui doivent subir des pliages, des emboutissages et des martelages à froid.

Les tôles en fer soudé seront donc peu phosphoreuses, et autant que possible, purgées de scories. Il y a peu de temps encore que, là même où les conditions naturelles ne prêtaient pas à l'emploi du charbon de bois comme combustible, on conservait des feux d'affinerie pour fournir la matière première des tôles minces ; on y a à peu près partout renoncé depuis qu'on peut recourir au fer fondu, et surtout à celui qui provient des procédés basiques. C'est en effet le métal obtenu par l'un de ces procédés qui s'applique le mieux à la fabrication des tôles et c'est seulement depuis les progrès qui ont été

---

[1] Le lecteur trouvera la description de quelques nouvelles installations d'ateliers de laminage de rails dans *Glasers Annalen*, T. XVIII, p. 132; *Stahl und Eisen*, 1886, p. 667; 1889, p. 1 ; 1893, p. 29 et 33.

réalisés qu'on est parvenu à faire accepter d'une façon générale la substitution du métal fondu au métal soudé.

On considère comme *grosses tôles* celles dont l'épaisseur est comprise entre 5 et 35^{mm} ; ce sont celles de cette dimension qui sont employées pour la construction des chaudières, des ponts, des navires, etc. ; lorsqu'on doit leur faire subir des changements de forme, des pliages, des emboutissages, etc., c'est au rouge qu'on doit les travailler. Sont considérées comme *tôles minces* celles dont l'épaisseur est inférieure à 5^{mm} et qui doivent supporter à froid les diverses opérations énumérées ci-dessus.

Pour les grosses tôles en fer soudé, on compose les paquets en barres de fer brut disposées en lits alternatifs dont les joints se croisent à angle droit ; en sortant du four à souder, le paquet est forgé au marteau-pilon de 10^t environ qui en exprime la scorie autant qu'il est possible et le transforme en un prisme rectangulaire que les allemands appellent *Bramme*, en français *lopin*.

Le paquet ainsi transformé est chauffé et passé au laminoir à tôles ; si le poids de la tôle est considérable, on emploie le train reversible.

Le laminage des tôles d'un poids ordinaire se fait en train à tôle ordinaire composé de deux cylindres (fig. 212 et 213, p. 297, T. II) dont le cylindre supérieur est équilibré ; le train comprend habituellement une paire de cylindres ébaucheurs et une paire de finisseurs. Quelquefois on se sert du laminoir Lauth à trois cylindres.

On obtient la longueur et la largeur voulues au faisant passer la pièce à laminer, tantôt dans le sens de la longueur, tantôt dans l'autre sens ; l'étirage se fait donc dans les deux sens, ce qui ne permet pas aux fibres de s'orienter toutes de la même façon ; d'où résulterait une différence de résistance trop forte dans le sens du travers ; il n'en est pas moins vrai que c'est le dernier laminage qui détermine le sens définitif des fibres.

Avant chaque passage, on enlève avec un balai les battitures qui couvrent plus ou moins la feuille pour éviter qu'elles ne s'incrustent dans le métal et n'en rendent la surface rugueuse.

Une fois la tôle laminée, on l'étend sur une plaque de dressage en fonte et on la frappe avec des maillets en bois pendant qu'elle est encore rouge.

Les lingots de métal fondu ont généralement une section rectangulaire aplatie, ce qui diminue le travail du laminoir.

Dans les grands ateliers de fabrication de tôles, on passe les lingots au blooming avant de les amener au laminoir à tôle ; on coule dans ce cas des masses assez lourdes pour fournir un certain nombre de feuilles. On découpe le bloom obtenu et on en envoie les morceaux au train de tôlerie [1].

On se sert en général pour la production des tôles minces de plats ou *lar-*

---

[1] On trouvera la description d'une installation de ce genre dans l'Amérique du Nord dans *Stahl und Eisen*, 1891, p. 32 ; 1892, p. 732.

gets provenant de paquets de fer affiné au bois, de fer puddlé ou même de loupes simplement cinglées. Les barres plates se débitent en tronçons de telle dimension que chacun d'eux puisse donner une feuille ; chacun des tronçons porte le nom de *bidon* (en allemand Stürze) ; on chauffe les bidons dans des fours à souder, puis on les allonge jusqu'à ce que la longueur soit égale à la largeur de la tôle ; on les lamine alors dans l'autre sens après les avoir réchauffés s'il est nécessaire, mais sans atteindre la chaleur soudante et on poursuit le laminage jusqu'à ce que la dimension voulue soit obtenue ; pour activer le travail quand l'épaisseur des feuilles est devenue assez faible, on en place plusieurs les unes sur les autres de manière à en former un paquet que l'on passe plusieurs fois entre les cylindres.

Les trains se composent généralement d'une ou deux paires de cages à deux cylindres ; le laminoir de Lauth a également été utilisé avec succès pour ce genre de fabrication.

Comme les tôles, surtout celles qui sont minces, se finissent à basse température, il est utile de leur enlever la dureté qui résulte de l'écrouissage par un recuit qu'on opère dans des fours à réverbère dont l'autel est très élevé et où on entretient une flamme fumeuse. Les tôles les plus minces sont recuites dans des caisses spéciales. Le recuit contribue à donner à ces produits la couleur noire qui les caractérise, et quand on les livre au commerce sans leur faire subir d'autre opération, elles portent le nom de *tôles noires*, pour les distinguer des tôles minces recouvertes d'étain qui constituent le *fer blanc* (en allemand tôle blanche).

La fabrication des tôles minces en fer fondu diffère peu de celles que nous venons de décrire. On commence par laminer le lingot en barre plate (platine ou larget) qu'on divise en bidons et ceux-ci sont traités comme ceux provenant de fer soudé.

Lorsqu'un laminoir à grosse tôle se trouve dans le voisinage d'un train à tôles minces, on peut utiliser à ce dernier, avec avantage, les rebuts du premier après en avoir retranché les parties défectueuses.

Wittgenstein a imaginé un nouveau procédé de fabrication pour la tôle mince ; il consiste à passer en premier lieu le lingot dans un train universel à trois cylindres horizontaux pour le réduire en un lopin de 50^{mm} d'épaisseur. Tandis que ce lopin est encore chaud on en affranchit les bords, puis on le réchauffe pour le passer au train Lauth qui le réduit à l'épaisseur de 5^{mm}. En sortant de ce train la pièce est transportée par des rouleaux à une série de cinq paires de cylindres entre lesquelles elle passe successivement et dont elle sort avec une épaisseur de $1^{mm},5$ à 2^{mm} et une longueur de 40 à 50^m. On découpe cette longue feuille en parties de 14 à 17^m qui sont présentées à un laminoir finisseur qui l'amène à l'épaisseur voulue. Ce qui distingue ce procédé de ceux que nous avons décrits jusqu'ici, c'est qu'au lieu de laminer les tôles isolément, une à une, ce qui oblige à les cisailler toutes, on obtient des laminoirs une seule longue feuille que l'on ne découpe que lorsqu'elle est finie. On diminue ainsi la proportion des chutes, le déchet de feu et la consommation de combustible ; par contre l'installation est beaucoup plus coûteuse [1].

(g) *Plaques de blindage.* — L'épaisseur des plaques de blindage atteint 0^m,40 et leur poids 60^t [2] ; la plupart cependant n'ont que 0^m,20 ou 0^m,30 d'épaisseur et pèsent de 20 à 30^t. Le métal doit en être assez tenace pour que le choc du projectile ne produise pas de rupture, et assez dur pour résister à la pénétration.

Il n'y a pas bien longtemps que l'on cherchait encore à remplir ces deux conditions en composant la plaque de deux métaux différents (*compound*), la surface extérieure destinée à recevoir le choc était coulée en acier dur, et le reste se composait de mise de fer de grande ténacité obtenue par soudage ; le fer et l'acier étaient soudés ensemble et passés au laminoir. On commençait par souder les unes aux autres un certain nombre de fortes tôles en fer soudé que l'on passait au laminoir, puis on plaçait la plaque de fer, ainsi formée et portée à la chaleur soudante, dans un moule horizontal ou vertical, dans lequel était réservée la place de la partie en acier, et on coulait, dans le vide ainsi ménagé, un métal contenant de 0,55% à 0,90% de carbone. Après solidification, on portait la masse au four à réchauffer, puis au laminoir [3].

Cependant, d'une part, on découvrait les propriétés que possède le nikel d'augmenter la dureté et la résistance des fers et des aciers fondus (p. 335, T. I et 212, T. II), et, d'autre part, Harvey réussissait, par une cémentation locale, à augmenter la dureté de la surface, tout en laissant à la masse de la plaque ses qualités de douceur et de ténacité primitives. Dès lors, les plaques compound ont fait place aux plaques de métal fondu, dans la composition desquelles entre une certaine proportion de nikel et dont on durcit la surface par le procédé Harvey.

Nous avons donné, p. 212, T. II, la composition de quelques plaques en acier au nikel ; une autre, fabriquée dans une usine américaine et analysée dans notre laboratoire, a donné les résultats suivants :

Carbone . . . . 0,28 %
Nikel 3,21
Manganèse. . . . . n. d.
Silicium 0,08

[1] Le laminoir de Wittgenstein est décrit dans le *Stahl und Eisen*, 1892, p. 999.

[2] Une des plaques envoyées par F. Krupp à l'Exposition de Chicago pesait 62.400^k, elle avait 8^m,27 de longueur et 3^m,13 de largeur.

[3] Le mémoire de Brinks, cité parmi les ouvrages à consulter, renferme de nombreux détails sur les procédés employés dans diverses usines pour la fabrication des plaques compound.

Phosphore . . . . n. d.

Soufre. 0,03

La proportion de nikel est en moyenne de 3 % ; celle du carbone est très variable, suivant que la prise d'essai porte sur la partie cémentée, sur le centre de la pièce ou sur la face opposée à celle qui a été durcie, ou enfin que cette prise comprend toute l'épaisseur de la plaque ; mais comme on choisit pour cette fabrication un métal très tenace, c'est-à-dire peu carburé, nous devons admettre que la teneur trouvée 0,26 ou 0,28 % représente une moyenne.

Le fer fondu allié au nikel est fabriqué au four Martin, les lingots sont coulés et laminés par les moyens ordinaires.

Les laminoirs pour plaques de blindage sont reversibles et munis de rouleaux qui facilitent le mouvement de ces masses considérables. Celui de Krupp, à Essen, est garni de cylindres dont la table a 4^m de longueur ; leur diamètre est de 1^m,74 ; ils peuvent s'écarter de 1^m,30 [1].

5. — Cisailles et Scies.

Nous avons, à plusieurs reprises, fait allusion à la nécessité de diviser les pièces plus ou moins volumineuses de fer ou d'acier ; le fer brut provenant du puddlage doit être coupé pour entrer dans la composition des paquets ; les blooms, résultant du passage de gros lingots au train dégrossisseur, doivent être séparés en plusieurs tronçons avant d'être envoyés aux trains finisseurs, les barres et les tôles laminées doivent être rognées à leurs extrémités ou sur leurs bords avant d'être livrées à la consommation ; les rails laminés en plusieurs longueurs ont à subir une division, etc., etc.

Même dans les plus petites usines, on pratique ces opérations au moyen de machines qui empruntent quelquefois leur mouvement aux moteurs des laminoirs eux-mêmes ; mais dans les ateliers importants, on préfère avoir un moteur spécial qui commande à la fois plusieurs outils de ce genre.

La description de ceux-ci rentrerait dans le domaine de la mécanique, mais comme leur intervention est indispensable pour terminer les opérations métallurgiques, nous indiquerons brièvement la disposition des principaux d'entre eux.

(a) *Cisailles à mouvement alternatif.* — Ce sont les plus anciens outils qui aient été employés pour couper le fer et l'acier, ils fonctionnent à la manière des ciseaux. Deux lames d'acier aiguisées dont le biseau forme un angle de 75 à 85° glissent l'une contre l'autre en se croisant et tranchent les objets que l'on présente dans leur intervalle. Si les deux lames passent à côté l'une de

---

[1] Le dessin de ce laminoir se trouve dans *Stahl und Eisen*, 1893, p. 837.

l'autre sans se toucher exactement, la pièce que l'on veut couper peut se coincer et la cisaille est arrêtée ; on est d'autant plus exposé à cet accident que la pièce à couper est plus mince.

La fig. 325 représente à l'échelle de 1/40 un type de cisaille très répandu. Les deux lames ou couteaux sont en acier fondu dur et sont établies de façon à pouvoir être remplacées facilement. L'une d'elles est fixée à un levier en fonte résistante *a* qui oscille autour d'un axe horizontal ; l'autre fait partie

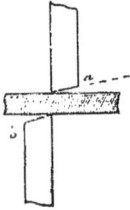

Fig. 324.
Mode d'action des cisailles.

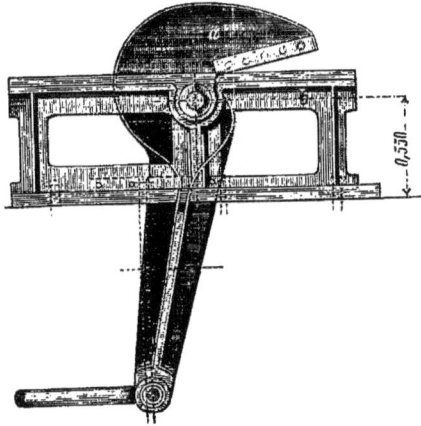

Fig. 325.
Cisaille à mouvement alternatif.

du bâti *b* qui porte en même temps une des extrémités de l'axe d'oscillation, l'autre extrémité étant portée par un support également en fonte ; dans cette disposition, le levier est coudé et mis en mouvement par une bielle.

On emploie souvent aussi une autre forme de cisaille dans laquelle le levier est droit et repose, par son bras le plus long, sur un excentrique avec lequel il est constamment en contact et qui fait ouvrir et fermer alternativement la mâchoire qui porte la lame mobile.

Dans notre figure, l'axe d'oscillation est placé plus bas que la lame fixe, ce qui présente l'avantage de trancher peu à peu les pièces que l'on présente, même lorsqu'elles sont petites ; d'un autre côté cette disposition a l'inconvénient de tendre à chasser les pièces un peu volumineuses en dehors.

Pour les gros échantillons le centre d'oscillation est placé au-dessus du bord supérieur de la lame fixe de telle façon que les deux couteaux deviennent parallèles un peu avant de se rencontrer.

Cette cisaille fait de 30 à 60 oscillations par minute, elle exige une force de 2 à 6 chevaux, suivant que les barres à couper sont plus ou moins grosses.

Ce genre de cisailles est très employé pour débiter les barres de fer brut ou affranchir les extrémités des fers marchands ; elles sont faciles à établir,

mais elles conviennent moins pour couper les barres larges et d'une épaisseur un peu forte ; il faut en effet, dans ce cas, que les mâchoires s'ouvrent
davantage, et quand elles sont ouvertes fortement, elles agissent d'une façon
moins directe et ont toujours tendance à repousser la pièce en dehors avant
que les lames aient mordu. Remarquons encore que, si un des bras du
levier est d'une longueur invariable (la longueur de la queue), l'autre est égal à
la distance entre l'axe d'oscillation et le point où la lame commence à mordre. Pour n'être pas obligé d'établir une queue d'une longueur démesurée,
il faut rapprocher les lames de l'axe d'oscillation d'autant plus que la pièce à
couper est plus épaisse, tout en ayant une ouverture de mâchoires suffisante.
Dans ces conditions le cisaillage ne se fait que d'une manière très irrégulière.

Toutes ces considérations ont conduit à limiter à $0^m,30$ la longueur des
lames de ce genre de cisaille. Souvent même on les fait beaucoup plus
courtes. Quand on veut, avec des outils de ce genre, trancher des pièces
larges, comme des tôles, il faut s'y reprendre à plusieurs fois, couper une
petite partie et avancer, à chaque ouverture de mâchoire, la plaque d'une
nouvelle quantité entre les deux lames ; ce qui demande plus de temps et
donne un résultat moins certain que lorsqu'on emploie les cisailles à guillotine.

(b) *Cisailles à couteaux parallèles ou à guillotine.* — Quand on dispose l'appareil de façon à donner au couteau mobile un mouvement de translation vertical en ligne droite, on réalise ce qu'on appelle la cisaille à guillotine et on
évite l'inconvénient de trancher sous un angle variable avec une puissance
qui varie elle-même suivant la distance entre le point de contact et l'axe de
rotation.

Ces cisailles peuvent avoir une longueur quelconque : elles conviennent
donc particulièrement pour couper les pièces très longues comme les tôles.
On en construit également à lames courtes pour couper les barres de fer
brut, les lingots de fer ou d'acier fondu, etc.

La lame inférieure est fixe et horizontale comme dans les cisailles à queue.
La lame supérieure, dans son mouvement de descente, vient raser la lame inférieure, mais son tranchant est établi suivant une inclinaison de $3^o 1/2$ à 7° de
manière qu'il ne rencontre pas à la fois sur toute sa longueur la pièce à couper,
ce qui produirait un choc et une section irrégulière. Le couteau agit donc
successivement d'abord par sa partie la plus basse, puis, progressivement, par
toutes les autres parties.

La lame supérieure reçoit son mouvement de haut en bas, soit du piston
d'un cylindre hydraulique, soit d'une manivelle ; dans ce dernier cas l'arbre
de cette manivelle porte un volant qui emmagasine le travail du moteur pendant que l'outil marche à vide.

La fig. 326 représente, en perspective, une grande cisaille de ce genre construite à Mulheim sur la Ruhr par l'usine Friedrich-Wilhelm. L'appareil porte son moteur dont on aperçoit le cylindre derrière le bâti ; un système de roues d'engrenage transmet le mouvement à l'arbre principal qui, au moyen d'une manivelle calée à une de ses extrémités, donne un mouvement vertical alternatif à la bielle *a*. Celle-ci se meut à l'intérieur d'un logement ménagé dans le bloc *b*, lequel est lui-même guidé par des coulisses verticales faisant corps avec le bâti ; c'est sur ce bloc qu'est fixé le couteau supérieur *c*, en acier fondu.

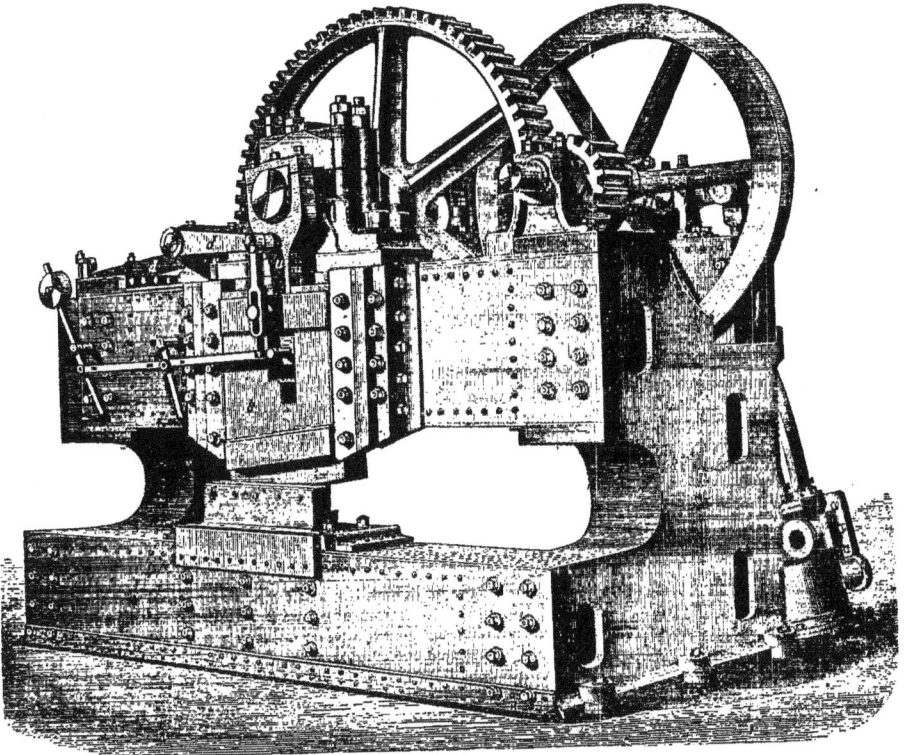

Fig. 326. — Cisaille à guillotine.

Le logement réservé dans le bloc pour la bielle *a* a plus de deux fois la largeur de cette bielle, et celle-ci peut être portée et maintenue à droite ou à gauche, au moyen des petits leviers à contrepoids visibles sur la face de l'appareil. Le fond du logement est taillé en gradin. Tant que la bielle *a* est au-dessus de la partie la plus profonde, elle peut accomplir sa course de haut en bas sans toucher au bloc lui-même qui constitue la tête de la cisaille. On peut donc introduire la pièce à couper entre les couteaux et la disposer tranquillement ; mais dès qu'on place la bielle au-dessus du gradin, elle presse sur lui en descendant et s'appuie sur le bloc qui s'abaisse et fait croiser les couteaux ; ceux-ci tranchent la pièce qu'on a placée entre eux.

La bielle n'agit sur le bloc que pour l'abaisser ; il est donc nécessaire de confier à une autre partie du mécanisme le soin de le faire remonter à son point de départ. Un levier dd, composé de deux bras, remplit cet office ; un des bras est articulé au bloc au moyen d'une petite bielle, l'autre supporte un contrepoids qui tend à relever le bloc ; celui-ci, lorsque la bielle a cesse d'appuyer sur le fond, est entraîné en haut par ce contrepoids.

Les lames de cette cisaille ont $0^m,940$ de longueur, les deux bâtis creux en fonte, qui constituent les deux montants latéraux, sont à $3^m,400$ l'un de l'autre, ils ont une forme évidée qui permet d'avancer la pièce à couper parallèlement aux couteaux quand celle-ci est de telle dimension qu'on ne puisse la couper d'un seul coup. Il existe des outils de ce genre dont les lames ont trois mètres de longueur.

Il a été établi depuis quelque temps un grand nombre de cisailles à guillotine dont la lame mobile est mue par pression hydraulique ; on les emploie pour trancher les blooms à leur sortie du train. Le bloc qui porte le couteau est relié directement à la tête du piston de la presse au moyen d'une bielle ; le cylindre reçoit l'eau, soit des pompes, soit d'un accumulateur ; pour relever la lame on peut recourir à un contrepoids comme dans les cisailles à manivelle.

Quelquefois, au lieu de donner à la lame un mouvement vertical, on la fait glisser horizontalement [1].

(c) *Cisailles circulaires*. — Ces appareils se composent de deux disques circulaires dont les axes sont parallèles et dont les bords tranchants se recouvrent d'une très petite quantité ; deux pignons de même diamètre, calés sur leurs axes et engrenant ensemble, font tourner ces disques avec une grande vitesse. Lorsqu'on leur présente une pièce de fer ils la saisissent comme les cylindres de laminoir et l'entraînent en la tranchant dans le sens de sa longueur ; ce sont, pour ainsi dire, des couteaux sans fin susceptibles de couper une longueur indéfinie.

Pour qu'une cisaille de ce genre puisse couper une barre de fer, il est nécessaire que le diamètre des disques soit au moins cinquante fois plus grand que l'épaisseur de la pièce à trancher ; aussi ne peut-on appliquer ce genre d'outil qu'à des échantillons de faible épaisseur ; ils sont beaucoup plus

---

[1] On trouvera des dessins de cisailles à pression hydraulique dans *Stahl und Eisen*, 1884, p. 725, et dans *Iron age*, T. LII, p. 465.

fréquemment employés dans les ateliers où on travaille les métaux que dans les forges proprement dites [1].

Si on dispose une série de disques semblables, les uns à côté des autres comme l'indique la figure 327, de façon que les deux groupes se croisent et forment un assemblage de cisailles circulaires, on obtient ce qu'on appelle

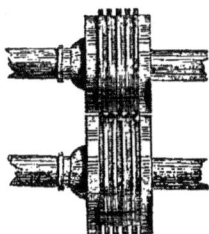

Fig. 327. — Fenderie.

une *fenderie*, appareil très usité autrefois pour diviser un fer plat en un faisceau de vergettes carrées ou rectangulaires étroites. Il est à peu près abandonné partout depuis les perfectionnements apportés au laminage des petits fers.

(d) Scies circulaires. — Les cisailles à queue ou à guillotine rendent d'excellents services quand la section des pièces à couper ne dépasse pas certaines mesures, et que la forme en est simple, mais elles se prêtent mal à trancher des profils compliqués tels que des poutrelles, des rails, etc., dont elles déforment profondément la partie tranchée.

On les remplace donc par la scie circulaire dont l'application s'étend même aux formes simples toutes les fois qu'on a affaire à des échantillons de fortes dimensions.

Les scies ont une autre supériorité sur les cisailles ; c'est qu'avec ces dernières, l'effort à produire croît dans une très large proportion avec la section de la pièce à couper, tandis qu'avec une scie, une section plus forte exige simplement un peu plus de temps.

En outre, la déformation produite par le coup de cisailles sur les parties tranchées est d'autant plus grande que la pièce est de plus grande section, tandis que la scie ne modifie en rien la forme qui reste aussi régulière qu'auparavant. Par contre, la scie donne lieu à une perte de métal qui est proportionnelle à la largeur du trait de scie et à la section de la pièce.

La scie circulaire se compose d'un disque en fer ou en acier dont la circonférence est taillée en forme de dents de scie ; il est compris entre deux

---

[1] Pour les détails sur les cisailles circulaires, consulter l'ouvrage de Ledebur, *Die Verarbeitung der Metalle auf mechanischen Wege. Brunswig,* 1877, p. 579.

plateaux en fonte montés sur un arbre horizontal animé d'un mouvement de rotation très rapide.

On amène les dents de la scie en contact avec la pièce à couper, soit en avançant celle-ci progressivement, soit en faisant mouvoir la scie elle-même; chaque dent enlève un copeau de métal et il se produit ce qu'on appelle un trait de scie qui constitue un déchet d'autant plus important que l'épaisseur de la scie est plus forte. Le travail dépensé est à peu près proportionnel au poids du métal enlevé.

Il en résulte qu'on serait conduit à réduire l'épaisseur du disque, si l'on n'était arrêté par la nécessité de conserver une certaine relation entre cette épaisseur et le diamètre, qui lui-même dépend de la section du métal à couper. Les lames ont de $0^m,80$ à $1^m,50$ de diamètre dans la plupart des cas ; on leur donne exceptionnellement jusqu'à 2^m ; quant à l'épaisseur elle varie de 3 à 6^{mm}.

Autant que possible, on doit couper les barres au moment où elles sortent du laminoir, c'est-à-dire, pendant qu'elles sont encore à la chaleur rouge ; les dents de la scie éprouvent ainsi une moindre résistance, on tranche plus vite et en dépensant moins de force.

On ne scie à froid que dans les ateliers dans lesquels on travaille le fer fini, pour l'ajustage des rails par exemple. Les dimensions des scies, la forme des dents et la vitesse de rotation dépendent de l'emploi auquel est destiné cet outil ; c'est ainsi qu'on ne craint pas de donner aux scies à chaud un plus grand diamètre parce que la résistance qu'elles rencontrent est plus faible et qu'elles sont moins exposées à se ployer.

Pour que les copeaux qui se produisent sous l'action excessivement rapide de l'outil puissent se dégager, on donne aux dents une longueur qui varie de 7 à 20^{mm} dans le sens du rayon du disque, et on les écarte l'une de l'autre de 14 à 30^{mm} ; les copeaux trouvent ainsi un espace suffisant pour se loger.

Les scies circulaires à chaud font de 800 à 2000 tours par minute, la vitesse à la circonférence atteint de 60 à 80^m par seconde.

On donne aux scies à froid un plus petit diamètre et une plus forte épaisseur ; leurs dents sont plus courtes et plus rapprochées, ce qui n'a pas d'inconvénient parce que l'avancement est moins rapide et que les copeaux sont plus minces. Leur vitesse ne dépasse pas $0^m,50$ à la circonférence par seconde.

Si c'est la pièce à couper qui doit s'avancer vers la scie, elle doit reposer sur une plateforme susceptible de se mouvoir parallèlement au plan de la lame ; elle y est maintenue de façon à ne pouvoir reculer sous la pression de l'outil ; l'avancement de la plateforme s'obtient au moyen de leviers, d'engrenages ou autrement.

Lorsque c'est la scie qui doit se rapprocher de la pièce, on fait supporter l'arbre par deux coussinets aux extrémités de deux bielles oscillantes assez longues auxquelles on communique un mouvement d'avancement par l'intermédiaire d'engrenages, de vis, etc. L'arbre de la scie porte des poulies, qui sont commandées par deux autres poulies calées sur l'arbre même sur lequel se fait l'oscillation. La distance entre les deux poulies est donc constante dans toutes les positions de la scie.

Pour mettre à longueur convenable des rails, des poutrelles, etc., on emploie fréquemment plusieurs scies montées parallèlement sur le même arbre.

Nous avons vu employer dans certains ateliers des Etats-Unis, pour couper à froid des rails, des poutrelles, etc., des disques *sans dents* animés d'une très grande vitesse. (V.)

Ouvrages à consulter.

(a) Traités.

S. Jordan, *Album du cours de métallurgie*, Paris, 1875, Pl. LXXVIIIbis, LXXXIII, CV, CXVIII, CVIII et CXI.

E. F. Dürre, *Anlage und Betrieb der Eisenhütten*, t. III. Leipzig, 1892, p. 690-718-797-807.

(b) Mémoires.

Zusammenstellung der Betriebsverhältnisse von Puddel- und Schweissöfen. Von dem technischen Verein für Eisenhüttenwesen. Zeitschr. d. Ver. deutsch. Ingenieure, 1872, p. 673.

C. W. Bildt, *Zwei Schweissofenconstructionen. Stahl und Eisen,* 1891, p. 558.

J. Gjers, *Ueber das Walzen von Stahlgussblöcken mit ihrer eigenen Hitze vermittelst der Anwendung der Durchweichungsgrube. Stahl und Eisen,* 1882, p. 496 ; 1884, p. 494.

Zu Gjers Durchweichungsgruben. Stahl und Eisen, 1882, p. 551.

F. Braune, *Die Fabrikation der Stahlschienen. Zeitschr. d. Ver. deutsch. Ingenieure,* 1880, p. 241.

G. Lincke, *Bemerkungen zu der Abhandlung von F. Branne über Fabrikation der Stahlschienen. Zeitschr. d. Ver. deutsch. Ingenieure,* 1880, p. 430.

Ueber die Dauer der Eisen- und Stahlschienen. Zeitschr. d. berg- und huttenm. Ver. für Steiermark und Kärnten, 1877, p. 341.

Vergleichsweise Dauer der Eisen- und Stahlschienen. Oesterr. Zeitschr. für Berg- und Hüttenwesen, 1883, p. 225.

Vergleich von Eisenbahnschienen aus Stahl mit solchen aus Eisen. Stahl und Eisen, 1883, p. 488.

Ch. B. Dudley, *The chemical composition and physical properties of steel rails. Transactions of the Americ. Instit. of mining Engineers,* t. VII, p. 172.

Ch. B. Dudley, *Does the wearing power of steel rails increase with the hardness of the steel? Transact. of the Americ. Instit. of mining Engineers,* t. VII, p. 202.

Ch. B. Dudley, *The wearing capacity of steel rails in relation to their chemical composition and physical properties. Transact. of the Americ. Instit. of mining Engineers,* t. IX, p. 321.

Th. Egleston, *The chemical and physical properties of steel rails. Transact. of the Americ. Instit. of mining Engineers*, t. VII, p. 371.

Discussion on steel rails. Transact. of the Americ. Instit. of. mining Engineers, t. IX, p. 529.

M. L. Gruner, *Sur la nature de l'acier le plus convenable pour les rails. Annales des mines*, série 7, t. XX, p. 171 (1881).

G. J. Snelus, *Ueber die chemische Zusammensetzung und die Prüfung der Stahlschienen. Stahl und Eisen*, 1883, p. 82 et 171.

Escalle, *Ueber Abnutzung der Stahlschienen. Glasers Annalen für Gewerbe und Bauwesen*, t. XIV, p. 149.

L. Tetmajer, *Zur Frage der Qualitätsbestimmung von Flussstahlschienen. Stahl und Eisen*, 1884, p. 608.

Schienenwalzenzugsmaschinen in Dowlais. Stahl und Eisen, 1885, p. 141.

Schienenwalzwerk der Edgar Thomson steel works. Stahl und Eisen, 1886, p. 667.

Betriebseinrechtungen zum Fertigstellen von Schienen. Glasers Annalen, t. IX p. 53 (tiré de l'*Engineering*).

C. P. Sandberg, *Ueber die Lieferungs- und Abnahmebedingungen von Schienen in Europa. Beilage zu Stahl und Eisen*, 1882, 1re liv.

H. Wedding, *Ueber die Bedingungen der deutschen Eisenbahnverwaltungen für die Lieferung von Schienen, Radreifen und Achsen aus Flusseisen vom Standpunckte der Fabrikation. Glasers Annalen*, t. X, p. 63, 149, 154.

Wöhler, *Discussion zu dem Vortrage von H. Wedding über die Bedingungen der deutschen Eisenbahnverwaltungen für die Lieferung von Schienen... Glasers Annalen*, t. X, p. 137, 153, 158.

W. Meyer, *Das Walzen von Doppelt-T. Trägern. Zeitschr. d. berg- und hüttenm. Ver. für Steiermark und Karten*, 1878, p. 319.

H. Wild, *Die Anfertigung von Universaleisen auf dem Neunkirchener Eisenwerke. Wochenschr. d. Ver. deutsch. Ingenieure*, 1880.

Das neue Blechwalzwerk auf dem Low Moor Iron works. Zeitschr d. berg- und hüttenm. Ver. für Steiermark und Karnten, 1880, p. 19.

Ueber die Fabrikation von Qualitätsblechen. Stahl und Eisen, 1885, p. 26.

Alfred Trappen, *Das Wittgensteinsche Feinblechwalzwerk. Stahl und Eisen*, 1892, p. 299.

Brix, *Ueber den jetzigen Stand der Panzerplattenfabrikation. Glasers Annalen*, t. X, p. 13.

J. Brink, *Ueber Eisen- und Compound-Panzerplatten. Stahl und Eisen*, 1885, p. 62, 131, 184.

F. Lynwood Garrison, *The development of American armour-plate. Iron*, t. XL, p. 28.

Neues amerikanisches Drahtwalzwerk. Stahl und Eisen, 1883, p. 55

H. Meinhardt, *Ueber die Drahtfabrikation in Westfalen. Zeitschr. d. Ver. deutsch. Ingenieure*, 1881, p. 79.

F. H. Daniels, *Rod Rolling mills and their development in Amerika. Iron age*, t. LII, p. 248 (1894).

NOTE SUPPLÉMENTAIRE

SUR LE GRILLAGE DES MINERAIS DE FER CARBONATÉS

Des études récentes sur le grillage des minerais carbonatés, entreprises dans la région de Bilbao, et consacrées par un succès pratique de trois années, permettent d'envisager cette opération sous un point de vue nouveau et tout particulier que M. S. Jordan a exposé depuis peu devant la Société des Ingénieurs civils de France.

Nous avons vu que le grillage appliqué aux minerais de fer carbonatés avait pour effet :

1° d'expulser l'acide carbonique ;

2° d'éliminer le soufre des pyrites de fer et de cuivre ;

3° de suroxyder le fer qui se trouve à l'état de protoxyde uni à l'acide carbonique.

Or, si l'expulsion de l'acide carbonique, c'est-à-dire la décomposition du carbonate, entraîne une consommation de calories, la suroxydation du fer, la transformation du protoxyde en oxyde supérieur dégage de la chaleur. Théoriquement, comme l'indique M. Jordan, un kilogramme de carbonate de fer exige, pour sa décomposition en acide carbonique et en protoxyde de fer, une dépense de 140 calories environ ; d'un autre côté, la peroxydation du protoxyde qui s'y trouvait contenu en produit 230, de telle sorte que, de l'opération du grillage, résulterait un excédant de chaleur.

En pratique, on réussit à produire un grillage parfait avec la faible consommation de combustible de 4ᵏ par tonne de minerai cru, tandis que nous avons signalé pour les différents fours de grillage employés en Angleterre, en Allemagne et en Autriche, des consommations variant de 40ᵏ à 50ᵏ pour la même quantité de minerai.

Le four de Bilbao est de grande capacité, il a 9ᵐ,50 de hauteur et 4ᵐ de diamètre intérieur ; il est à peu près cylindrique ; il traite, par jour, de 85 à 86ᵗ de minerai cru rendant à peu près 60ᵗ de minerai grillé avec une très faible proportion de menu ; il est disposé de telle sorte que l'air y arrive en abondance par la partie inférieure, s'échauffe en traversant le minerai déjà grillé, transforme le protoxyde en oxyde supérieur, et conserve encore une quantité d'oxygène suffisante pour brûler la petite proportion de combustible chargée avec le minerai. La chaleur résultant de cette combustion, jointe à celle qui provient de la suroxydation, est employée à produire la séparation de l'acide carbonique et l'échauffement des matières de la zone supérieure.

Le minerai n'étant pas un carbonate pur mais renfermant des matières stériles et de l'eau, une partie des calories développées est utilisée pour l'échauffement de ces matières et la production de la vapeur d'eau, une autre partie est perdue par rayonnement.

Il est évident qu'une aussi faible consommation de combustible, rend inutiles les dispositions que l'on a souvent prises pour griller au gaz et dont le principal avantage était d'éviter de souiller le minerai par les cendres de coke ou de houille.

(Voir le compte rendu de la séance du 1er février 1895, de la Société des Ingénieurs Civils, page 45.) V.

TABLE DES FIGURES

PREMIER VOLUME

DEUXIÈME VOLUME

INDEX ALPHABÉTIQUE

A

C

153 ; — Greiner et Erpf, 155 ; — Herbertz, 148 ; conduite de la fusion, 156 ; réactions chimiques, 158; emploi du ferrosilicium, 160 ; influence des corps alliés, 161 ; scorie, gaz du gueulard, 162 ; à l'atelier Bessemer, 503 ; à la fabrication directe de l'acier, 444 ; à la fabrication de la fonte malléable, 595.

Cuirasse Boivin pour creusets de hauts-fourneaux, I, 436.

Cuivre, dans les sphérosidérites, I, 219 ; ne peut être séparé du fer, 289 ; s'allie au fer, 333 ; rend le fer rouverin, 334; peut être introduit accidentellement, id. ; se concentre dans le fer au haut-fourneau, II, 22 ; se conserve pendant la 2ᵉ fusion, 161 ; son influence sur les propriétés du fer, 185, 216 ; n'est pas oxydé au four Martin, 568.

Cuve des hauts-fourneaux, formes diverses, I, 388, 389, 404 ; son refroidissement, 432.

Cyanogène carburant du fer, I, 300.

Cyanures carburants du fer, I, 300 ; leur production dans les hauts-fourneaux, II, 27 ; produits accidentels, 131 ; résultant de l'action de l'air sur le fer dans la cémentation carburante, 602.

Cylindres concasseurs, I, 238.

Cylindres de laminoirs, II, 288 ; table, tourillons, collets, etc. ; trempe, composition de la fonte, 289 ; — équilibrés, 296 ; — à empreintes, 322 ; excentrés, en escaliers, id.

D

Damas (acier), voir Wootz.

Dame (haut-fourneau), I, 392.

Darby, procédé pour recarburer le fer, II, 514.

Décapage (fragilité dûe au), II, 230.

Décarburation par la chaleur, l'air, les gaz et les corps solides oxydants, I, 287.

Densité des aciers diminuée par la trempe, II, 203.

Déphosphoration de la fonte, conditions dans lesquelles elle est possible, 1, 322, II, 166 ; procédé Bell-Krupp, 167, ses résultats, id.

Désulfuration, dans les cubilots, II, 162, 168, procédé Rollet, 169 ; par le manganèse, mélangeur Massenez, 170.

Deuxième fusion, II, 133 ; au creuset, four à cuve, 134; four Piat, 136, fusion, 138 ; étude chimique, 139 ; fusions successives, id. ; au four à réverbère, 140, les fours, Ponsard, Siemens, 43 ; étude chimique, 144 ; au cubilot, voir Cubilots.

Diabase, fondant, I, 236.

Dinas, voir Briques réfractaires, I, 178.

Dolomie, matière réfractaire, I, 183 ; sa préparation, 184 ; fondant, 234 ; son emploi dans le procédé basique Bessemer, II, 469, 494 ; Martin, 549.

Ductilité (voir Malléabilité).

Durée d'une campagne de haut-fourneau, II, 106.

Dureté des alliages, I, 279; du fer et de l'acier, influence du carbone et des autres corps alliés, 315, 320, 322, 332, 336 ; — de la fonte influencée par le mode de refroidissement, la présence d'autres corps, 364 ; — dans les aciers au manganèse, au wolfram, au chrome, II, 197 ; — naturelle ; — aciers au nikel ; influence du travail à froid et de la trempe, 199.

E

F

H

I

L

N

O

Œil des tuyères, I, 427.

Opération Bessemer (voir Affinage par le vent).

Or, allié au fer, I. 343.

Osmium, allié au fer, I, 343.

Ouvrage des hauts-fourneaux, diamètre et hauteur, I, 399 ; entièrement enveloppé, 406 : isolé, id. ; refroidissement de l'ouvrage, 433 ; emploi des bâches, cascades, cuirasse et boîtes, 434, 435.

Oxydation, influence de la température sur l'ordre d'oxydation des éléments, I, 288 ; — lente par l'action des liquides et des gaz, 289.

Oxyde de carbone, agent de réduction, I, 35, 295 ; n'agit jamais comme oxydant ; calories produites et dépensées, 297; décomposé par l'oxyde de fer, id. ; pas carburant, 300 ; s'allie au fer, 351 ; analyses de Muller, 352 ; principal réducteur des minerais, II, 17 ; sa production continue dans le fer et l'acier exposés à l'oxydation, 414.

Oxydes de fer, matière basique, I, 182; leur combinaison avec la chaux, 201 ; température à laquelle ils sont réduits par le carbone et l'oxyde de carbone, 295 ; expériences de Akerman et de Tunner, de Bell; décomposent l'oxyde de carbone avec dépôt de carbone, 297, 298 ; employés comme cément, 591.

Oxydes de manganèse, leur réduction, II, 21 ; 463.

Oxyde de zinc, essayé comme cément, II, 501.

Oxyde magnétique, minerai, I, 289 ; combinaison de protoxyde et de peroxyde, id., 282.

Oxygène, son affinité pour le fer, I, 282 ; combinaisons, acide ferrique, sesquioxyde, oxyde magnétique, protoxyde, 283, 284 ; variations des affinités avec la température, 288 ; rouille, 289 ; action de l'oxygène à 200° ; battitures, 285 ; en dissolution dans le fer, son influence sur ses propriétés, II, 183, 191.

P

Paliers de laminoirs, II, 289.

Palladium, allié au fer, I, 343.

Pannes de marteaux, II, 257 ; leur forme, 272.

Paquetage, du fer puddlé brut, II, 622 ; emploi de la ferraille et des chutes, 623 ; emploi simultané du fer et de l'acier, id ; — pour gros et petits fers, 644 ; pour fer à double T, 647 ; pour rails, 648 ; pour tôles, 651.

Patouillet, (voir Lavage des minerais), I, 242.

Peroxyde de fer ou sesquioxyde, peut oxyder les sulfures, I, 246 ; est le produit de l'oxydation au rouge, oxydant énergique, perd de l'oxygène à la chaleur blanche, se combine avec la chaux, 282.

Pétrole, combustible liquide, I, 127; son emploi dans la fusion du métal Mitis, II, 454.

Pignons à chevrons, II, 309 ; en bronze, 310.

Piliers de cœur (hauts-fourneaux), I, 404.

Pisés réfractaires, I, 179 ; leur emploi dans les hauts-fourneaux, 423 ; dans l'appareil Bessemer, 494 ; au four Martin, 548.

Phosphates, sont décomposés par le fer, I, 320, 321 ; leur présence dans les scories, 195.

Phosphore, agent de réduction, I, 34; sa présence dans les calcaires, 234 ; conditions de son oxydation, 288 ; son influence sur la carburation du fer, 301 ; allié au fer, 320 ; son affinité ; passe dans les scories basiques, peut former des phosphures,

Q

R

CATALOGUE DE LIVRES

SUR

LA MÉTALLURGIE, LA GÉOLOGIE

LA CHIMIE ET L'EXPLOITATION DES MINES

PUBLIÉS PAR

LA LIBRAIRIE POLYTECHNIQUE, BAUDRY ET Cie

15, RUE DES SAINTS-PÈRES, PARIS

Le Catalogue complet est envoyé franco sur demande.

Métallurgie de l'acier.

La métallurgie de l'acier, par HENRY MARION HOWE, professeur à Boston (Etats-Unis), traduit par OCTAVE HOCK, ingénieur aux usines à tubes de la Société d'Escaut et Meuse, à Anzin, ancien chef de service des Aciéries d'Isbergues. 1 volume in-4°, avec de nombreuses figures dans le texte, relié. . . . . 75 fr.

Métallurgie.

Principes de la fabrication du fer et de l'acier, par sir J. LOWTHIAN BELL, traduit de l'anglais par HALLOPEAU, professeur à l'Ecole centrale. 1 volume grand in-8°, avec 7 planches hors texte . . . . 15 fr.

Métallurgie.

Album du cours de métallurgie professé à l'Ecole centrale des arts et manufactures, par JORDAN, ingénieur d'usines métallurgiques, professeur à l'Ecole centrale. 1 atlas de 140 planches in-folio, cotées et à l'échelle, et 1 volume grand in-8°. . . . . 80 fr.

Métallurgie.

Traité complet de métallurgie, comprenant l'art d'extraire les métaux de leurs minerais et de les adapter aux divers usages de l'industrie, par PERCY, professeur à l'Ecole des mines de Londres. Traduit avec l'autorisation et sous les auspices de l'auteur, avec introduction, notes et appendices, par A.-E. PETITGAND et A. RONNA, ingénieurs. 5 vol. grand in-8°, avec de nombreuses gravures. . . . . 75 fr.
Chaque volume se vend séparément . . . . 18 fr.

Métallurgie.

Cours de métallurgie professé à l'Ecole des mines de Saint-Etienne, par URBAIN LE VERRIER, ingénieur des mines.
1re *partie.* Métallurgie des métaux autres que le fer, comprenant la métallurgie du plomb, du cuivre, du zinc, de l'étain, de l'antimoine et du bismuth, du nickel et cobalt, du mercure, de l'argent, de l'or et du platine. 1 volume in-4°, avec 43 planches . . 18 fr.
2e *partie.* Métallurgie générale. 1 volume in-4°, avec 36 planches. . . . . 25 fr.
3e *partie.* Métallurgie de la fonte. 1 volume in-4°, avec 17 planches. . . . . 18 fr.

Métallurgie.

Etat actuel de la métallurgie du fer dans le pays de Siegen (Prusse), notamment de la fabrication des fontes aciéreuses, par JORDAN. 1 volume in-8°, avec planches. . . . 5 fr.

Préparation des minerais.

Traité pratique de la préparation des minerais, manuel à l'usage des praticiens et des ingénieurs des mines, par C. LINKENBACH, ingénieur des usines à plomb argentifère d'Ems, traduit de l'allemand par M. H. COUTROT, ingénieur des mines. 1 volume grand in-8° avec 24 planches. Relié. . . . . 30 fr.

Grillage des minerais.

Traité théorique des procédés métallurgiques de grillage, par PLATTNER, traduit de l'allemand, annoté et augmenté par ALPHONSE FÉTIS. 1 volume in-8°, avec planches. . 12 fr.

Presse hydraulique à forger.

Presse hydraulique à forger de 1.200 tonnes, système Breuer, Schumacher et Cⁱᵉ, avec 1 planche. Ce mémoire a paru dans la livraison de septembre 1893 du *Portefeuille des machines*. Prix de la livraison . . . . 2 fr.

Marteau-pilon.

Marteau-pilon de 80 tonnes et atelier de martelage des usines de Saint-Chamond, avec 1 planche. Ce mémoire a paru dans la livraison de janvier 1880 du *Portefeuille des machines*. Prix de la livraison. 2 fr.

Fabrication des bandages de roues.

Laminoir à bandages de M. Munton ; grue-enclume et table de forge à lingots de M. Kennedy, avec 2 planches. Ce mémoire a paru dans la livraison de mai 1892 du *Portefeuille des machines*. Prix de la livraison . . . . 2 fr.

Fabrication de la tôle.

De la fabrication de la tôle en Belgique, et description des installations récentes pour la production des fers de poids extra, par RONGÉ. 1 vol. in-8°, avec 3 planches. . . 5 fr.

Fabrication des poutrelles ou fers I.

Sur les conditions techniques et économiques actuelles de la fabrication des poutrelles ou fers I en Belgique : le minerai et le charbon étant pris comme point de départ, par H. WOLTERS. 1 vol. in-8°, avec 2 planches . . . . 6 fr.

Hauts-fourneaux.

Construction et conduite des hauts-fourneaux et fabrication des diverses fontes, par A. DE VATHAIRE, ancien directeur des hauts-fourneaux de Bessèges, Saint-Louis, Marnaval, Forges de Champagne et Balaruc. 1 volume grand in-8°, et 1 atlas in-4° de 16 planches . 18 fr.

Hauts-fourneaux.

Documents concernant le haut-fourneau pour la fabrication de la fonte de fer, par SCHINZ, traduit de l'allemand par FIEVET. 1 volume grand in-8°, avec planches. 6 fr. 50

Pyromètres.

Appareils pour la mesure des hautes températures. Descriptions des pyromètres Siemens, Tremeschini, Trampler, Decomet, Saintignon, Amagat, Boulier frères, avec 1 planche. Ce mémoire a paru dans la livraison d'avril 1884 du *Portefeuille des machines*. Prix de la livraison. . . . . 2 fr.

Machine à mouler.

Machine à mouler Schold et Neff, avec 1 planche. Ce mémoire a paru dans la livraison d'avril 1884 du *Portefeuille des machines*. Prix de la livraison. . . . . 2 fr.

Emploi de l'acier moulé.

Emploi de l'acier moulé pour la confection de différents organes de machine à vapeur et particulièrement des locomotives, avec 1 planche. Ce mémoire a paru dans la livraison de mai 1893 du *Portefeuille des machines*. Prix de la livraison. . . . . 2 fr.

Cylindres de laminoirs.

Fabrication des cylindres de laminoirs, par DENY. 1 vol. in-8°, avec 3 planches. 5 fr.

Fers et aciers.

Les fers et aciers modernes considérés à un point de vue rationnel et sous celui de leurs propriétés mécaniques et électriques, par L. DE GÉRANDO, ingénieur de la marine. 1 broch. grand in-8° . . . . 1 fr. 50

Métallurgie de l'aluminium.

Note sur la métallurgie de l'aluminium et sur ses applications, par U. LE VERRIER, ingénieur en chef des mines, professeur au Conservatoire des Arts et Métiers. 1 brochure grand in-8°. . . . . 2 fr. 50

Galvanisation du fer.

Galvanisation à froid, système Cowper-Coles. Ce mémoire a paru dans la livraison de septembre 1894 du *Portefeuille des machines*. Prix de la livraison. . . . . 2 fr.

Histoire de la chimie.

Histoire de la chimie. I. Histoire des grandes lois chimiques. — II. Histoire des métalloïdes et de leurs principaux composés. — III. Histoire des métaux et de leurs principaux composés. — IV. Histoire de la chimie organique, par R. Jagnaux. 2 volumes grand in-8°, contenant plus de 1 500 pages . . . . 32 fr.

Aide-mémoire du chimiste.

Aide-mémoire du chimiste. Chimie inorganique, chimie organique, documents chimiques, documents physiques, documents minéralogiques, etc., etc., par R. Jagnaux. 1 beau volume contenant environ 1 000 pages, avec figures dans le texte, solidement relié en maroquin. . . . . 15 fr.

Traité de chimie.

Traité de chimie avec la notation atomique, à l'usage des élèves de l'enseignement primaire supérieur, de l'enseignement secondaire moderne et classique, des candidats aux Écoles du gouvernement et aux élèves de ces écoles, par Louis Serres, ancien élève de l'École polytechnique, professeur de chimie à l'École municipale supérieure Jean-Baptiste Say. 1 volume in-8°, avec figures dans le texte. . . . . 10 fr.

Chimie appliquée à l'industrie.

Traité de chimie appliquée à l'industrie, par Adolphe Renard, docteur ès-sciences, professeur de chimie appliquée à l'École supérieure des sciences de Rouen. 1 volume grand in-8°, avec 225 figures dans le texte . . . . 20 fr.

Analyse chimique.

Traité d'analyse chimique des substances commerciales, minérales et organiques, par R. Jagnaux. 1 volume grand in-8°, avec figures dans le texte. . . . . 20 fr.

Analyse chimique.

Tableau d'analyse chimique minérale, d'après Frésénius, par C. Desmazures. 11 tableaux figuratifs renfermés dans un carton. . . . . 20 fr.

Dictionnaire d'analyse.

Dictionnaire d'analyse des substances organiques, industrielles et commerciales, par Adolphe Renard, docteur ès-sciences, professeur de chimie à l'École supérieure des sciences de Rouen. 1 volume in-8°, avec figures dans le texte. relié . . . . 10 fr.

Méthodes de travail pour le laboratoire.

Méthodes de travail pour les laboratoires de chimie organique, par le Dr Lassar Cohn, professeur de chimie à l'université de Kœnigsberg, traduit de l'allemand par E. Ackermann, ingénieur civil des mines. 1 volume in-12, avec figures dans le texte, relié . . . 10 fr.

Docimasie.

Docimasie. Traité d'analyse des substances minérales, par Rivot, ingénieur en chef des mines, professeur de docimasie à l'École des mines de Paris. 2e éd., 5 vol. gr. in-8°. 50 fr.

Épuration des eaux.

Traité de l'épuration des eaux naturelles et industrielles; analyse et essais des eaux, inconvénients de l'impureté des eaux, examen des procédés physiques employés à l'épuration des eaux, épuration ou correction chimique, systèmes mixtes, corrections des eaux dans les chaudières, description et examen critique des appareils, épuration des eaux résiduelles, par Delhotel. 1 volume grand in-8°, avec 147 figures dans le texte, relié. 15 fr.

Épuration des eaux.

N. B. — Les études suivantes ont paru dans le *Portefeuille des machines* et se vendent avec la livraison qui les renferme au prix de 2 fr. la livraison :
Appareil d'épuration et de filtration des eaux, système Pullen. Livraison de décembre 1890. . . . . 2 fr.
Note sur la filtration mécanique par tissus : filtres Loze et Helaers, Breitfeld-Danek, Rolikowski, Muller, Bontemps, Philippe, avec 1 planche. Livraison de juin 1891. 2 fr.
Épuration des eaux destinées à l'alimentation des chaudières à vapeur. Livraison d'août 1893. . . . . 2 fr.

Traitement des eaux par la chaux, avec 1 planche. Livraison de mai 1894 . . . 2 fr.
Réchauffeur-épurateur d'eau, système Chevallet. Livraison de juillet 1894 . . . 2 fr.

Fabrication du gaz.

Traité théorique et pratique de la fabrication du gaz et de ses divers emplois, à l'usage des ingénieurs, directeurs et constructeurs d'usines à gaz, par EDMOND BORIAS, ingénieur des arts et manufactures, directeur d'usines à gaz. 1 volume in-8°, avec figures dans le texte, relié.
25 fr.

Traité de minéralogie.

Traité de minéralogie à l'usage des candidats à la licence ès-sciences physiques et des candidats à l'agrégation des sciences naturelles, par WALLERAND, professeur à la Faculté des sciences de Rennes. 1 volume grand in-8°, avec 341 figures dans le texte. . . 12 fr. 50

Les minéraux des roches.

Les minéraux des roches. 1° Application des méthodes minéralogiques et chimiques à leur étude microscopique, par A. MICHEL LÉVY, ingénieur en chef des mines. 2° Données physiques et optiques, par A. MICHEL LÉVY et LACROIX. 1 volume grand in-8°, avec de nombreuses figures dans le texte et 1 planche en couleur. . . . ` . . . . 12 fr. 50

Tableaux des minéraux des roches.

Tableaux des minéraux des roches. Résumé de leurs propriétés optiques, cristallographiques et chimiques, par A. MICHEL LÉVY et LACROIX. 1 volume in-4° relié. . . . 6 fr.

Roches éruptives.

Structures et classification des roches éruptives, par A. MICHEL LÉVY, ingénieur en chef des mines. 1 volume grand in-8°. . . . . 5 fr.

Détermination des feldspaths.

Etude sur la détermination des feldspaths dans les plaques minces, au point de vue de la classification des roches, par A. MICHEL LÉVY, ingénieur en chef des mines. 1 volume grand in-8°, avec 9 figures dans le texte et 8 planches en couleur. . . . . . 7 fr. 50

Minéralogie de la France.

Minéralogie de la France et de ses colonies. Description physique et chimique des minéraux, étude des conditions géologiques de leurs gisements, par A. LACROIX. 1re *partie du tome* 1er. 1 volume grand in-8°, avec de nombreuses figures dans le texte . . . 15 fr.
NOTA. — La 2e partie du Tome 1er sera mise en vente dans le milieu de l'année 1895. Le Tome II et dernier paraîtra avant la fin de 1896.

Les Méthodes de synthèse en minéralogie.

Les méthodes de synthèse en minéralogie. Les productions spontanées des minéraux contemporains. — Les synthèses accidentelles. — Les synthèses rationnelles : les méthodes de la voie sèche ; les méthodes de la voie mixte ; les méthodes de la voie humide. Cours professé au Muséum d'histoire naturelle par STANISLAS MEUNIER. 1 volume grand in-8°, avec figures dans le texte . . . . 12 fr. 50

Traité des gîtes minéraux et métallifères.

Traité des gîtes minéraux et métallifères. Recherche, étude et conditions d'exploitation des minéraux utiles. Description des principales mines connues. Usages et statistique des métaux. Cours de géologie appliquée de l'Ecole supérieure des mines, par ED. FUCHS, ingénieur en chef des mines, professeur à l'Ecole supérieure des mines, et DE LAUNAY, ingénieur des mines, professeur à l'Ecole supérieure des mines. 2 volumes grand in-8°, avec de nombreuses figures dans le tex,e et 2 cartes en couleur, relié. . . . . . . 60 fr.

Etude industrielle des gîtes métallifères.

Etude industrielle des gîtes métallifères. — Classification des gîtes ; formation des fractures et cavités ; remplissage des gîtes ; gîtes sédimentaires ; les minerais ; gîtes caractéristiques ; études minières ; traitement des minerais ; étude économique d'un gîte , par G. MOREAU, ingénieur des mines. 1 volume grand in-8°, avec de nombreuses figures dans le texte, relié . . . . 20 fr.

Géologie appliquée.

Géologie appliquée à l'art de l'ingénieur, par E. NIVOIT, ingénieur en chef des mines, professeur à l'Ecole des ponts et chaussées. 2 volumes grand in-8°, avec de nombreuses figures dans le texte . . . . 40 fr.

Géologie de la France.

Géologie de la France, par BURAT, ingénieur, professeur à l'Ecole centrale des arts et manufactures. 1 volume. grand in-8°, avec de nombreuses figures intercalées dans le texte. . . . . 16 fr.

Carte géologique de la France au 80 millième.

Carte géologique détaillée de la France à l'échelle du 80 millième publiée par le ministère des Travaux publics, comprenant 267 feuilles de 91 centimètres sur 72 centimètres.

PRIX DE CHAQUE FEUILLE ACCOMPAGNEE DE SA NOTICE EXPLICATIVE
En feuilles . . . . 6 fr.
Collée sur toile et pliée . . . . 10 fr.
Ajouter 1 fr. 35 par envoi pour l'emballage et l'affranchissement des cartes en feuilles.

Carte géologique de la France au 320 millième.

Carte géologique de la France à l'échelle du 320 millième publiée par le Ministère des Travaux publics. Chaque feuille de la carte au 320 000e comprendra le contenu de 16 feuilles de la carte au 80 000e.
Prix : Collée sur toile et pliée, chaque feuille. . . . . 10 fr.
En feuille . . . . 6 fr.

Carte géologique de la France au millionième.

Carte géologique de la France à l'échelle du millionième exécutée en utilisant les documents publiés par le service de la carte géologique détaillée de la France par un comité composé de MM. Barrois, Bergeron, Bertrand, Depéret, Fabre, Fontannes, Fouqué, Gosselet, Jacquot, Lecornu, Lory, Michel Lévy, Potier et Vélain, sous la direction de MM. JACQUOT, inspecteur général des mines, et MICHEL LÉVY, ingénieur en chef des mines. 4 feuilles de 65 centimètres sur 60 centimètres, imprimées, en 41 couleurs.
Prix : Collée sur toile et pliée . . . . 15 fr. »
Collée sur toile, montée sur rouleaux et vernie . . . . 20 fr. »
En feuilles . . . . 9 fr. 50
Ajouter 1 fr. 35 par envoi pour l'emballage et l'affranchissement des cartes en feuille, et 2 fr. 25 pour l'emballage et l'affranchissement des cartes montées sur rouleaux.

L'Ardenne.

L'Ardenne, par J. GOSSELET, professeur de géologie à la Faculté des sciences de Lille. 1 volume in-4° contenant 26 planches en héliogravure tirées en taille-douce, 243 figures intercalées dans le texte et 11 planches de cartes et de coupes géologiques. . . 50 fr.

Le pays de Bray.

Le pays de Bray, par A. DE LAPPARENT, ingénieur au corps des mines. 1 volume in-4° avec 20 figures intercalées dans le texte et 4 planches de cartes . . . . . 7 fr. 25

Explication de la carte géologique de la France.

Explication de la carte géologique de la France publiée par le ministère des Travaux publics.
Tome Ier. . . . . (Epuisé.)
Tome II. Terrain du trias et terrain jurassique, par DUFRÉNOY et ELIE DE BEAUMONT. 1 volume in-4° avec 104 figures dans le texte . . . . 14 fr. 40
Tome III (1re partie). Craie, terrain tertiaire, chaine des Pyrénées, terrain volcanique, par DUFRÉNOY. 1 volume in-4° avec 18 figures dans le texte . . . . 4 fr.
Tome IV (2e partie). Végétaux fossiles du terrain houiller, par ZEILLER. 1 volume in-4°. . . . . 3 fr. 75

Atlas de paléontologie.

Atlas de paléontologie, par BAYLE et ZEILLER.
1re partie : Fossiles principaux des terrains, par BAYLE.
2e partie : Végétaux fossiles du terrain houiller, par ZEILLER.
1 volume in-folio contenant 176 planches. Chaque planche est accompagnée d'une feuille de texte contenant l'explication des figures. . . . . 80 fr.
Cet ouvrage forme l'atlas du 4e volume de l'explication de la carte géologique de la France.

Carte géologique des environs de Paris.

Carte géologique des environs de Paris à l'échelle du 40 millième, publiée par le ministère des Travaux publics, comprenant 4 feuilles de 84 centimètres sur 64 centimètres chacune.

Prix : En feuilles . . . . 15 fr.
      Collée sur toile en 4 feuilles et pliée . . . . 25 fr.
      Collée sur toile, montée sur rouleaux et vernie . . . . 30 fr.

Notice sur la carte géologique des environs de Paris.

Notice sur une nouvelle carte géologique des environs de Paris, par GUSTAVE DOLLFUS. 1 volume grand in-8° avec 2 planches . . . . 7 fr. 50

Carte géologique du bassin d'Autun.

Carte géologique du bassin d'Autun à l'échelle du 40 millième, par MICHEL LÉVY, DELAFOND et RENAULT, publiée par le ministère des Travaux publics. 1 feuille de 1m,05 sur 75 centimètres . . . . 6 fr.

Carte géologique de l'Algérie.

Carte géologique de l'Algérie à l'échelle du 800 millième, publiée par le ministère des Travaux publics, sous la direction de MM. POMEL, directeur de l'Ecole supérieure des sciences d'Alger, et POUYANNE, ingénieur en chef des mines. 4 feuilles de 78 centimètres sur 58 centimètres, accompagnées d'un volume grand in-8°.
Prix : Collée sur toile et pliée . . . . 21 fr.
      Collée sur toile, montée sur rouleaux et vernie . . . . 26 fr.
      En feuilles. . . . . 15 fr.
Ajouter 1 fr. 35 par envoi pour l'emballage et l'affranchissement des cartes en feuilles et 2 fr. 25 pour l'emballage et l'affranchissement des cartes montées sur rouleaux.

Bulletin de la Carte géologique de la France.

Bulletin des services de la Carte géologique de la France et des Topographies souterraines (ministère des Travaux publics) publié sous la direction de M. MICHEL LÉVY, ingénieur en chef des mines, avec le concours des professeurs, des géologues et des ingénieurs qui collaborent à la Carte géologique détaillée de la France et aux topographies souterraines publiées par le ministère des Travaux publics.
Ce Bulletin paraît depuis le mois d'août 1889 par fascicules contenant chacun un mémoire complet, dont la réunion forme chaque année un beau volume grand in-8° accompagné d'un grand nombre de planches et avec de nombreuses figures intercalées dans le texte
Prix de l'abonnement . . . . 20 fr.
Prix de l'année parue . . . . 20 fr.

Législation des mines.

Législation des mines française et étrangère, 2e tirage augmenté d'un Index alphabétique, par LOUIS AGUILLON, ingénieur en chef, professeur à l'Ecole des mines de Paris. 3 volumes grand in-8°. . . . . 40 fr.

Codes miniers.

Codes miniers. Recueil des lois relatives à l'industrie des mines dans les divers pays, publié sous la direction du COMITÉ CENTRAL DES HOUILLÈRES DE FRANCE
Russie 1 volume grand in-8° . . . . 15 fr.
Belgique 1 volume grand in-8° . . . . 10 fr.
Les autres pays. *En préparation.*

Aide-mémoire du mineur.

Aide-mémoire du mineur. Description des principales matières minérales, programme d'une exploitation minière, sondages, abatage, percement des galeries, forage des puits, ventilation, éclairage, assèchement des mines, transports, extraction, translation des ouvriers, emploi de l'air comprimé, emploi de l'électricité, méthodes d'exploitation, levé des plans de mines, législation des mines, glossaire français-anglais-espagnol, tables et renseignements divers, par PAUL F. CHALON, ingénieur des arts et manufactures. 1 volume in-12°, relié . . . . 6 fr.

Exploitation des mines.

Exploitation des mines. — Gîtes minéraux. — Minéraux utiles non métallifères. — Minerais. — Eaux souterraines. — Marche générale d'une exploitation, recherches, aménagements. — Transmission de la force dans les mines. — Travaux d'excavation, outillage et procédés de l'abatage. — Sondages. — Puits, galeries, tunnels. — Aérage, éclairage. — Transports souterrains. — Extraction, descente des remblais, translation des ouvriers. — Assèchement des mines. — Méthodes d'exploitation. — Sièges d'exploitation, transports extérieurs, manipulations au jour. — Préparation mécanique des minerais, épuration de la houille. — Accidents, personnel, loi des mines, prix de revient, par E.-J. DORION, ingénieur civil, répétiteur à l'Ecole centrale. 1 volume grand in-8°, avec figures dans le texte. . . . . 25 fr.

Exploitation des mines.

Cours d'exploitation des mines, professé à l'Ecole centrale des arts et manufactures, par BURAT. 1 volume grand in-8° et 1 atlas in-4° de 143 planches doubles. . . . 80 fr.

Exploitation des mines.

Traité de l'exploitation des mines de houille, ou exposition comparative des méthodes employées en Belgique, en France, en Allemagne et en Angleterre, pour l'arrachement et l'extraction des minéraux combustibles, par PONSON. 2ᵉ édition. 4 gros volumes in-8° et 1 atlas de 80 planches. . . . . 72 fr.
Supplément au traité de l'exploitation des mines de houille, par le même auteur. 2 gros volumes in-8° et 1 atlas de 68 planches in-folio. . . . . 60 fr.

Air comprimé.

Traité élémentaire de l'air comprimé par JOSEPH COSTA, ingénieur civil, ancien élève de l'Ecole polytechnique. 1 volume grand in-8° avec 20 figures dans le texte . . . . . 5 fr.

Moyens de transport.

Les moyens de transport appliqués dans les mines, les usines et les travaux publics, voitures, tramways, chemins de fer, plans inclinés, traînage par câble et par chaine, etc., organisation et matériel, par A. EVRARD, directeur des aciéries et forges de Firminy. 2 volumes in-8°, avec un atlas de 123 planches in-folio contenant 1 400 figures. . . 100 fr.

Atlas du comité des houillères.

Atlas du comité central des houillères de France. Cartes des bassins houillers de la France, de la Grande-Bretagne, de la Belgique et de l'Allemagne, accompagnées d'une description technique générale et de renseignements statistiques et commerciaux, par E. GRUNER, ingénieur civil des mines. 1 volume in-4° avec 39 planches imprimées en couleur. . . . . 40 fr.

Bar-le-Duc. — Imprimerie Comte-Jacquet.

COLLECTION

DES

AIDE-MÉMOIRE

PUBLIÉS PAR LA

LIBRAIRIE POLYTECHNIQUE BAUDRY ET Cⁱᵉ, ÉDITEURS

15, rue des Saints-Pères, à Paris

Agenda Oppermann.

Agenda Oppermann paraissant chaque année. Élegant carnet de poche contenant tous les chiffres et tous les renseignements techniques d'un usage journalier. Rapporteur d'angles, coupe géologique du globe terrestre, guide du métreur. — Résumé de géodésie. — Poids et mesures, monnaies françaises et étrangères. — Renseignements mathématiques et géométriques. — Renseignements physiques et chimiques. — Résistance des matériaux. — Électricité. — Règlements administratifs. — Dimensions du commerce. — Prix courants et séries de prix. — Tarifs des Postes et Télégraphes.
Relié en toile, 3 fr.; en cuir, 5 fr. — Pour l'envoi par la poste 24 c. en plus.

Aide-mémoire de l'ingénieur.

Aide-mémoire de l'ingénieur. Mathématiques, mécanique, physique et chimie, résistance des matériaux, statique des constructions, éléments des machines, machines motrices, constructions navales, chemins de fer, machines-outils, machines élévatoires, technologie, métallurgie du fer, constructions civiles, législation industrielle. Deuxième édition française du Manuel de la Société « Hütte », par PHILIPPE HUGUENIN. 1 volume in-12, contenant plus de 1 200 pages avec 500 figures dans le texte, solidement relié en maroquin. . . . . . 15 fr.

Aide-mémoire des conducteurs des ponts et chaussées.

Aide-mémoire des conducteurs et commis des ponts et chaussées, agents-voyers, chefs de section, conducteurs et piqueurs des chemins de fer, contrôleurs des mines, adjoints du génie, entrepreneurs, et en général de toute personne s'occupant de travaux, par EUG. PETIT, conducteur des ponts et chaussées. 1 volume in-12, avec de nombreuses figures dans le texte, solidement relié en maroquin. . . . . 15 fr.

Aide-mémoire du chimiste.

Aide-mémoire du chimiste. Chimie inorganique, chimie organique, documents chimiques, documents physiques, documents minéralogiques, etc., etc., par R. JAGNAUX. 1 beau volume, contenant environ 1 000 pages, avec figures dans le texte, solidement relié en maroquin. . . . . 15 fr.

Aide-mémoire de poche de l'électricien.

Aide-mémoire de poche de l'électricien; guide pratique à l'usage des ingé. nieurs, monteurs, amateurs électriciens, etc., par PH. PICART, et A. DAVID, ingénieurs des arts et manufactures. 1 petit volume, format oblong de $0^m,125$ × $0^m,08$, relié en maroquin, tranches dorées. . . . . 5 fr.

Aide-mémoire du mineur.

Aide mémoire du mineur. Description des principales matières minérales, programme d'une exploitation minière, sondages, abatage, percement des galeries, fonçage des puits, ventilation, éclairage assèchement des mines, transports extraction, translation des ouvriers, emploi de l'air comprimé, emploi de l'électricité, méthodes d'exploitation, levé des plans de mines, législation des mines, glossaire français-anglais-espagnol, tables et renseignements divers, par PAUL F. CHALON, ingénieur des arts et manufactures. 1 volume in-12, relié. . . . . 6 fr.

Aide-mémoire de filatures.

Aide-mémoire pratique de la filature du coton. Formules, renseignements usuels, données pratiques pour toutes les opérations de la filature, réglage et emploi des machines, classification des cotons, marchés, conditions d'achats, établissement des prix de revient, devis et frais de marche, précédé des principes de mécanique sur les poulies et engrenages, par PAUL DUPONT, sous-directeur de l'École de filature et de tissage mécanique de Mulhouse. 2ᵉ édition, 1 joli volume in-12, avec figures dans le texte, relié . . . . 5 fr.

Aide-mémoire de tissage mécanique.

Aide-mémoire de tissage mécanique et en particulier du tissage du coton. Notions sur la composition et la décomposition des tissus, analyse des tissus fondamentaux, formules, renseignements usuels, données pratiques pour toutes les opérations du tissage, réglage des machines, établissement des prix de revient. etc., précédé des principes de mécanique sur les poulies et engrenages, par PAUL DUPONT, sous-directeur de l'École de filature et de tissage mécanique de Mulhouse, et VICTOR SCHLUMBERGER, manufacturier. 1 volume in-12, avec 49 figures intercalées dans le texte, relié. . . . . 5 fr.

Aide-mémoire de sucrerie.

Aide-mémoire de sucrerie. Renseignements chimiques, renseignements techniques, renseignements agricoles, par D. SIDERSKY, ingénieur-chimiste, conseil technique de sucrerie et de distillerie. 1 volume in-12, avec de nombreux tableaux, relié . . . . 10 fr.

Aide-mémoire de l'ingénieur agricole.

Aide-mémoire de l'ingénieur agricole, à l'usage des agriculteurs, viticulteurs élèves des écoles d'agriculture, par V. VERMOREL, avec la collaboration de nombreux agronomes, professeurs et praticiens. 1 volume in-12 contenant, plus de 1000 pages, avec figures dans le texte, relié. . . . . 12 fr.

www.ingramcontent.com/pod-product-compliance
Lightning Source LLC
Chambersburg PA
CBHW031544210326
41599CB00015B/2008